Chemical Process
Design and Integration

2nd Edition

Robin Smith

스미스의

화학공정설계

제 2판

| 이문용 · 정재학 · 김진국 옮김 |

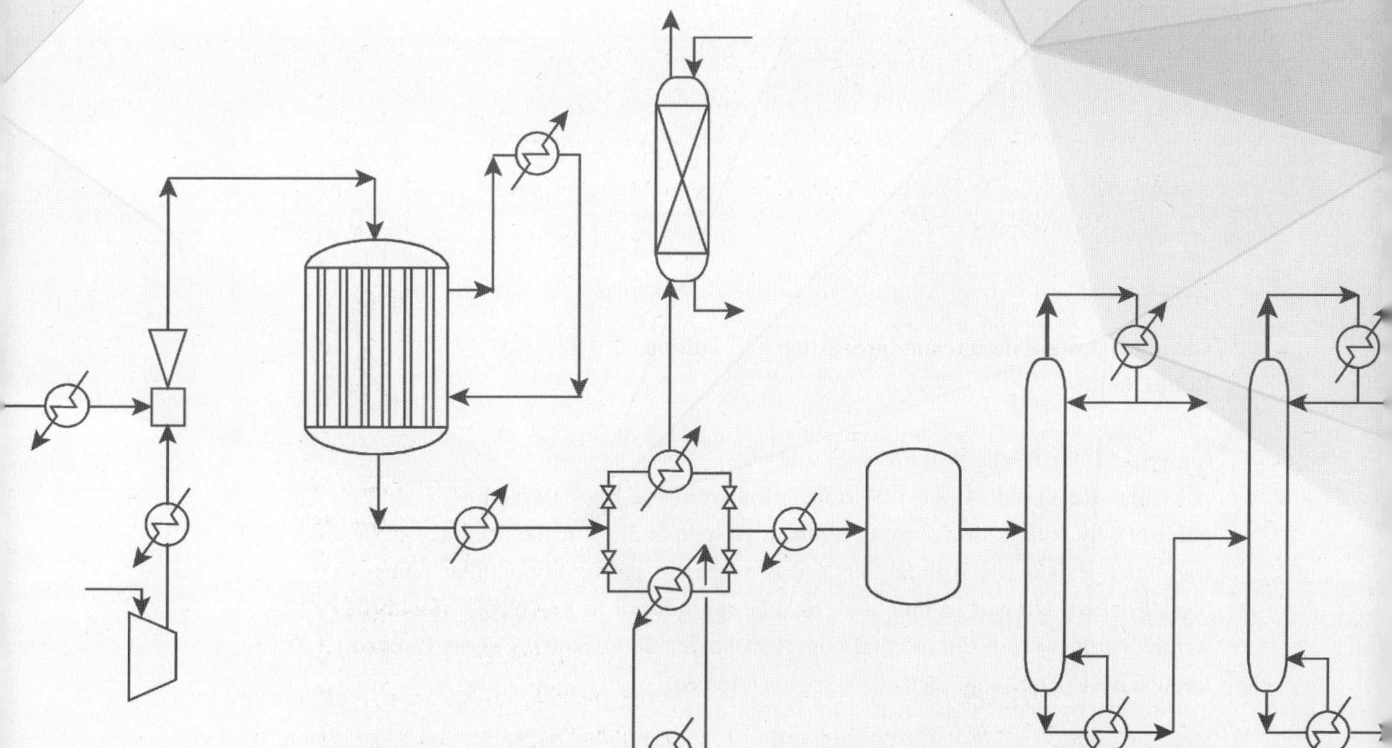

WILEY

사이플러스
Science plus

Chemical process design and integration | 2nd edition
Robin Smith

옮긴이 머리말

Preface

공정설계 분야는 자연자원은 미천하지만 우수한 인력자원과 공정기술을 가지고 있는 우리나라가 전략적으로 육성해야 할 매우 중요한 고부가 산업 분야이다. 화학공정의 설계는 경험적 know-how와 수학적 접근이 잘 조화를 이루어야 하므로 교재가 지나치게 경험적인 내용에 의존하거나 혹은 수학적인 방법론에 치우치게 될 경우 입문자들이 핵심 원리와 개념을 이해하기가 어려울 수 있다. 이런 점에서 이 책은 공정 합성과 설계 분야의 발전된 최신의 내용들을 많이 포함하면서도 수학적 표현에만 편중하지 않고 저자의 풍부한 현장 경험을 바탕으로 그 기술이 가지는 핵심 개념들을 알기 쉽게 풀이하여 기술하고 있다는 데 강의 교재로서 큰 장점이 있다.

또한 이 책은 환경친화적인 화학공정의 설계와 합성을 위한 여러 가지 전략과 기술들을 체계적으로 설명하고 있으며, 특히 핀치 기술을 이용하여 공정의 열 및 자원을 통합하고 열교환망을 합성하는 개념과 응용을 심도 있게 다루고 있다. 에너지와 환경 문제는 지속 가능한 화학산업을 구현하기 위한 가장 뜨거운 이슈이므로 화학공정의 설계 단계에서 반드시 고려해야 할 문제이다. 이 책은 이 두 가지 이슈가 화학공정의 설계에 어떻게 반영되어야 하는지를 일관된 구도하에서 제시해 준다는 점에서 기존의 다른 설계 관련 저서들과 구별된다. 원서의 1판이 나온 이후, 보다 심화되고 폭넓은 내용과 최신의 기술이 새로이 대폭 포함된 2판이 나오기까지 꽤 시간이 지났다. 책이 가지는 내용상의 차이점을 최대한 살리면서도 대학의 교재로서 적절한 분량을 유지하기 위하여 일반적인 다른 책에서 쉽게 찾아볼 수 있는 일부 내용과 몇몇 장들을 부득이 하게 번역에서 제외하였으나, 독자들의 이해를 높이기 위해 예제와 연습 문제는 가능한 한 모두 포함시켰다.

끝으로 출판을 위하여 애써주신 사이플러스의 박종성 사장님, 김영복 부장님과 직원들에게 감사드리며, 이 책이 화학공정의 설계와 합성을 공부하고자 하는 학부생이나 대학원생, 그리고 관련 실무자들에게 조금이나마 도움이 된다면 역자들에게는 가장 큰 보람이 될 것이다.

2020년 2월 2일
옮긴이 적음

지은이 머리말

Preface

이 책은 화학공정의 설계와 통합에 대하여 다룬다. 제2판은 초판 전체를 새롭게 구성하고, 다시 작성되었고 개선되었다. 이 책의 핵심은 화학공정을 구성하고 완전한 생산 시스템을 구성하기 위한 통합적 설계에 기본이 되는 개념적인 문제를 설명하는 것이다. 초판과 비교하여 이번 판은 전반적으로 개념 설계에 대한 이해를 높이면서 동시에 설비 소재 선택을 포함한 장치 설계와 설비에 대한 심도 깊은 이해를 높이는 점에 주력하였다. 물리적 특성, 공정 모사 및 회분식 공정을 강조하였다. 환경 문제에 대한 인식이 확대됨에 따라서 환경적 지속 가능성에 대한 강조가 필요함을 요구하고 있다. 이는 공정 설계 과정에서 원료, 에너지 및 용수 사용의 효율성과 공정 안전성의 증대에 중점을 두어야 함을 의미한다, 환경적으로 지속 가능한 통합된 생산 시스템을 개발하기 위해서는 화학공정의 시스템적 통합은 단일 공정에만 국한되지 않고 여러 공정들이 모두 통합되어야 한다. 따라서 이 책은 설비, 공정 및 제조 시스템 설계에 대한 전체적인 통합에 대한 방법을 제공하고 있다. 이번 판은 초판보다 화학공학을 전공하는 학부생에게 더 쉽게 접근할 수 있도록 재작성되었고, 화학공학 분야의 대학원생과 현장 엔지니어들에게도 여전히 유용한 책이 되도록 구성하였다.

초판과 마찬가지로 이번 판은 공정 설계 방법론과 이를 효과적으로 적용하는 내용에 대한 이해를 최대한 높이고자 하였다. 수학적 식들의 한계를 이해하고, 이를 적절히 활용하는 방법을 학습하는 것이 가장 좋은 방법이기 때문에 설계에 관련된 수학식들과 관련 설명들이 포함되었다.

이 책은 모든 수준의 화학공학 학생들은 물론 공정 설계자, 화공 엔지니어 및 공정 개발 분야에 참여하는 응용화학자들에 대한 실용적 지침서를 제공하고자 한다. 대학의 학부 교과목으로 이 책을 활용하는 경우에는 학생들이 물질 및 에너지 수지식, 열역학에 대한 기본 지식 그리고 기초적인 스프레드시트를 사용하는 방법들을 알고 있다는 것을 전제로 한다. 풀이 과정이 제시된 예제들을 새롭게 다수 포함하였으며, 이 예제의 대부분은 전문적인 소프트웨어를 필요로 하지 않고, 수작업 또는 스프레드시트 프로그램을 사용하여 해결할 수 있다. 좀 더 복잡한 예제에 대한 계산을 보다 편리하게 수행할 수 있도록 Microsoft Excel® 스프레드시트 기반 예제도 제공하였다. 마지막으로, 독자들이 계산 절차를 연습할 수 있도록 각 장의 끝에 연습 문제를 추가하였고, 연습 문제에 대한 해답도 제공하였다.

Robin Smith

차례

Contents

옮긴이 머리말 • 3
지은이 머리말 • 4

제 1 장 화학공정 설계 및 통합의 본질 • 11

1.1 화학제품 • 11
1.2 설계 문제의 공식화 • 14
1.3 공정합성 및 시뮬레이션 • 15
1.4 화학공정 설계 및 공정통합의 계층구조 • 19
1.5 연속 공정 및 회분 공정 • 23
1.6 신규 설계와 개조 설계 • 24
1.7 안정성, 가용성 및 유지 보수성 • 25
1.8 공정 제어 • 26
1.9 화학공정 설계 및 통합 접근법 • 28
1.10 화학공정 설계 및 통합의 성격 – 요약 • 32
참고 문헌 • 33

제 2 장 화학 반응기의 선정 • 35

2.1 반응 경로 • 36
2.2 반응 시스템의 종류 • 37
2.3 반응기의 성능 • 41
2.4 반응속도 • 43
2.5 이상화된 반응기 모델 • 44
2.6 이상화된 반응기 모델의 선택 • 55
2.7 반응기 성능의 선택 • 60
2.8 반응기의 성능 – 요약 • 62
2.9 연습 문제 • 62
참고 문헌 • 64

제 3 장 화학반응기 II – 반응기 조건 • 65

3.1 반응평형 • 65
3.2 반응기의 온도 • 71
3.3 반응기 압력 • 79
3.4 반응기 상 • 81
3.5 반응기 농도 • 82
3.6 생물화학 반응 • 86
3.7 촉매 • 87
3.8 반응기 조건 – 요약 • 91
3.9 연습 문제 • 91
참고 문헌 • 94

제 4 장 화학 반응기 III – 반응기 구성 • 97

4.1 온도 제어 • 97
4.2 촉매 성능 저하 • 103
4.3 기–액 및 액–액 반응기 • 104
4.4 반응기의 구성 • 109
4.5 비균질 고체 촉매 반응기의 반응기 구성 • 116
4.6 반응기의 선정 – 요약 • 117
4.7 연습 문제 • 118
참고 문헌 • 119

제5장 비균질 혼합물의 분리 • 121

5.1 균질/비균질 분리 • 121
5.2 침강 및 침전 • 122
5.3 관성 및 원심분리 • 127
5.4 전기집진기 • 130
5.5 여과 • 131
5.6 가스세정기 • 133
5.7 부유 • 133
5.8 건조 • 135
5.9 비균질 혼합물의 분리 – 요약 • 137
5.10 연습 문제 • 137
참고 문헌 • 138

제6장 균질 혼합물의 분리 I – 증류 • 139

6.1 기체–액체 평형 • 139
6.2 기체–액체 평형 계산 • 141
6.3 단일단 분리 • 147
6.4 증류탑 • 148
6.5 이성분 증류 • 153
6.6 다성분계에서의 전 환류 및 최소 환류 조건 • 159
6.7 다성분 혼합물에서의 유한 환류 조건 • 163
6.8 증류탑 개념 설계 • 165
6.9 증류의 상세 설계 • 169
6.10 증류의 한계 • 170
6.11 증류에 의한 균질유체 혼합물의 분리 – 요약 • 171
6.12 연습 문제 • 171
참고 문헌 • 173

제7장 균질 혼합물의 분리 II – 다른 방법들 • 175

7.1 흡수와 탈거 • 175
7.2 액체–액체 추출 • 181
7.3 흡착 • 185
7.4 분리막 • 189
7.5 결정화 • 195
7.6 증발 • 196
7.7 균질 혼합물의 분리를 위한 다른 방법들 – 요약 • 199
7.8 연습 문제 • 200
참고 문헌 • 201

제8장 증류 배열 • 203

8.1 단순탑을 사용하는 증류 배열 • 203
8.2 선택을 제한하는 실제적 제약조건 • 205
8.3 열통합되지 않은 단순 증류탑 배열의 선택 • 205
8.4 두 가지 이상의 생산물을 갖는 증류탑 배열 • 212
8.5 열결합을 이용한 증류 배열 • 216
8.6 증류 배열의 구조 최적화 • 220
8.7 증류 배열 – 요약 • 222
8.8 연습 문제 • 223
참고 문헌 • 226

제9장 공비증류의 증류 배열 • 227

9.1 공비 시스템 • 227
9.2 압력의 변화 • 228
9.3 공비증류의 표현 • 229
9.4 전 환류 조건에서의 증류 • 232
9.5 최소 환류 조건에서의 증류 • 238
9.6 유한 환류 조건에서의 증류 • 240
9.7 공비첨가제를 사용한 증류 배열 • 244
9.8 비균질 공비증류 • 251
9.9 공비첨가제 선정 • 256
9.10 다성분계 • 258
9.11 공비증류에서의 절충점 • 258
9.12 막 분리 • 259
9.13 공비증류의 증류 배열 – 요약 • 260
9.14 연습 문제 • 261
참고 문헌 • 262

제 10장 연속 공정 재순환 구조 • 265

10.1 공정 재순환의 기능 • 265
10.2 퍼지가 있는 재순환 • 272
10.3 반응과 분리의 융합 • 275
10.4 공정수율 • 277
10.5 원료, 제품 및 중간 저장소 • 279
10.6 연속 공정 재순환 구조 – 요약 • 281
10.7 연습 문제 • 281
참고 문헌 • 282

제 11장 열교환망 I– 열교환망 구조 목표치 • 283

11.1 복합선도 • 283
11.2 열회수 핀치 • 288
11.3 한계치 문제들 • 292
11.4 문제 표 알고리듬 • 294
11.5 열교환기별로 다른 최소 열교환 온도 차이 • 303
11.6 공정 제약 • 303
11.7 유틸리티의 선택 • 306
11.8 로(furnace) • 309
11.9 열과 동력의 조합 • 312
11.10 히트펌프의 열통합 • 319
11.11 단위 열교환기 수 • 322
11.12 열교환 면적의 목표치 • 324
11.13 목표들의 민감도 • 330
11.14 투자 비용 및 전체 비용 목표치 • 330
11.15 열교환망과 목표치 – 요약 • 333
11.16 연습 문제 • 333
참고 문헌 • 336

제 12장 열교환망 II – 열교환망 설계 • 339

12.1 핀치 설계 방법 • 339
12.2 한계치 문제의 설계 • 347
12.3 흐름 분기 • 348
12.4 다중 핀치에서의 설계 • 354
12.5 잔류 문제 분석 • 358
12.6 열교환망 모사 • 362
12.7 고정된 열교환망 구조의 최적화 • 365
12.8 자동설계 방법의 열교환망 설계 • 369
12.9 열교환망 설계 – 요약 • 372
12.10 연습 문제 • 373
참고 문헌 • 376

제 13장 반응기의 열통합 • 379

13.1 반응기의 열통합 특성 • 379
13.2 반응기의 적절한 배치 • 382
13.3 반응기의 열통합을 위한 총괄복합선도의 이용 • 384
13.4 열통합 향상을 위한 반응기 설계의 전개 • 389
13.5 반응기의 열통합 – 요약 • 390
13.6 연습 문제 • 390
참고 문헌 • 391

제 14장 증류탑의 열통합 • 393

14.1 증류탑의 열통합 특성들 • 393
14.2 증류탑의 적절한 배치 • 393
14.3 증류탑 열통합을 위한 총괄복합선도의 이용 • 395
14.4 열통합 향상을 위한 단순 증류탑 설계 • 396
14.5 증류탑에서의 히트펌프 적용 • 398
14.6 증류탑 통합에서의 투자 비용 고려 • 399
14.7 증류 배열에서의 열통합 특성 • 400
14.8 증류탑의 열통합 – 요약 • 404
14.9 연습 문제 • 405
참고 문헌 • 406

제 15장 증발기와 건조기의 열통합 • 407

15.1 증발기의 열통합 특성 • 407
15.2 증발기의 적절한 배치 • 407
15.3 열통합 향상을 위한 증발기 설계 • 407

15.4 건조기의 열통합 특성 • 409
15.5 열통합 향상을 위한 건조기 설계 • 410
15.6 사례 연구 • 410
15.7 증발기와 건조기의 열통합 – 요약 • 412
15.8 연습 문제 • 413
참고 문헌 • 413

제 16 장 스팀 시스템 및 열병합 • 415

16.1 보일러 공급수 처리 • 418
16.2 스팀 보일러 • 421
16.3 가스 터빈 • 427
16.4 스팀 터빈 • 436
16.5 스팀 분배 • 444
16.6 전공정 복합선도 • 449
16.7 열병합 발전 • 457
16.8 전기 생산 및 기계 구동 설비 • 460
16.9 유틸리티 시스템 공정 모사 • 466
16.10 스팀 시스템 최적화 • 470
16.11 스팀 가격 • 475
16.12 스팀 시스템과 열병합 발전 – 요약 • 478
16.13 연습 문제 • 478
참고 문헌 • 483

제 17 장 냉각수 및 냉동 시스템 • 485

17.1 냉각수 시스템 • 485
17.2 일회용 냉각수 시스템 • 485
17.3 재순환 냉각수 시스템 • 486
17.4 공냉식 열교환기 • 490
17.5 냉동 • 495
17.6 압축식 냉동용 단일 성분 냉매의 선택 • 502
17.7 단일 냉매를 사용하는 압축식 냉동 사이클의 동력 소모량 계산 • 507
17.8 단일 성분 압축식 냉동 사이클의 열통합 • 512
17.9 혼합 냉매 기반의 압축식 냉동 사이클 • 515
17.10 팽창기 • 519
17.11 흡수식 냉동 • 523
17.12 간접 냉동 • 525
17.13 냉각수 및 냉동 시스템 – 요약 • 526
17.14 연습 문제 • 527
참고 문헌 • 529

제 18 장 대기 오염 관련 환경 시스템 설계 • 531

18.1 대기 오염 • 531
18.2 대기 오염원 • 533
18.3 대기로의 고체 오염 입자 배출의 제어 • 535
18.4 VOC 배출 제어 • 537
18.5 황 오염 물질의 배출 제어 • 553
18.6 질소 산화물의 배출 제어 • 560
18.7 연소 오염 물질의 배출 제어 • 564
18.8 대기 분산 • 568
18.9 대기 오염 관련 환경 시스템 설계 – 요약 • 570
18.10 연습 문제 • 572
참고 문헌 • 576

제 19 장 화학제품 생산에 대한 환경적 지속 가능성 • 577

19.1 전주기 평가 • 578
19.2 공정 원료의 효율적인 사용 • 583
19.3 공정들 간의 원료의 효율적인 사용 • 592
19.4 재생 가능 원료의 활용 • 595
19.5 효율적인 에너지 사용 • 596
19.6 폐기물 처리와 에너지 시스템의 통합 • 611
19.7 재생 가능 에너지 • 612
19.8 효율적인 용수 사용 • 613

19.9 화학제품 생산에 대한 환경적 지속 가능성 – 요약 • 614
19.10 연습 문제 • 615
참고 문헌 • 616

제20장 공정 안전 • 617

20.1 화재 • 617
20.2 폭발 • 618
20.3 독성 물질 방출 • 620
20.4 위험 요인 식별 • 621
20.5 공정 안전 관리의 계층 • 623
20.6 본질적으로 안전한 설계 • 624
20.7 여러 보호 계층 • 629
20.8 위험성 및 운전성 검토 • 633
20.9 보호 방법 분석의 계층 • 635
20.10 공정 안전 – 요약 • 636
20.11 연습 문제 • 638
참고 문헌 • 638

부록 A 예비 경제성 평가 • 641

A.1 공정 경제의 역할 • 641
A.2 간단한 경제적 기준들 • 641
A.3 조업비 • 642
A.4 자본 비용 • 646
A.5 연간 자본 비용 • 650
A.6 프로젝트 현금흐름과 경제성 평가 • 652

부록 B 열교환면적 목표를 위한 알고리듬 • 656

▶▶ 찾아보기 • 559

스미스의 제2판

화학공정설계

Chemical Process

Design and Integration

제 1 장 화학공정 설계 및 통합의 본질

The Nature of Chemical Process Design and Integration

1.1 화학제품

화학제품은 현대 표준 생활에 필수적이다. 일상생활의 거의 모든 측면은 어떤 방식으로든 제품에 의해 지원된다. 그러나 삶의 질이 근본적으로 달라지더라도 사회는 이러한 제품을 당연하게 여기는 경향이 있다.

화학제품 제조 공정 설계를 고려할 때, 판매되는 시장은 근본적으로 공정설계의 목표와 우선순위에 영향을 미친다. 화학제품은 크게 3가지로 분류할 수 있다.

1) ***범용 화학제품*** 대량으로 생산되며, 화학 성분, 순도 및 가격을 기준으로 구매된다. (예, 황산, 질소, 산소, 에틸렌 및 염소)
2) ***정밀 화학제품*** 소량으로 생산되며, 화학 성분, 순도 및 가격을 기준으로 구입된다. 예를 들면, 클로로 프로필렌 옥사이드(에폭시 수지, 이온 교환 수지 및 기타 생성물의 제조에 사용), 디메틸 포름 아미드(예, 용매, 반응 매질 및 의약품의 중간체로 사용), *n*-부티르산 향료 및 티탄산 바륨 분말(전자 충전기 제조에 사용)
3) ***특수 효과 또는 기능성 화학제품*** 성분보다는 효과(또는 기능) 때문에 구매된다. (예, 의약품, 살충제, 염료, 향수 및 향료)

범용 및 정밀 화학제품은 화학 성분만을 기준으로 구매하는 경향이 있기 때문에 성분이 제품에 *일반화*된 것으로 간주될 수 있다. 예를 들어 99.9%의 벤젠을 제조하는 한 제조사와 다른 제조사의 제품을 선택할 때 단지 가격이나 배달 이슈만으로 선택한다. 반면 특수 화학제품은 그 효과 또는 기능에 따라 구매되는 경향이 있으므로 *차별화*된 제품으로 간주될 수 있다. 예를 들어, 경쟁력 있는 의약품은 화학적 구성보다는 제품의 효용성에 따라 차별화된다. 접착제는 화학적인 성분보다는 물건을 함께 붙일 수 있는 능력에 기초하여 구입한다.

그러나 실제로는 거의 차별화되지 않으며, 완전히 차별화된 제품이 거의 없다. 범용 및 정밀 화학제품에는 순도 사양뿐만 아니라 불순물 사양이 있을 수 있다. 불순물의 흔적은 경우에 따라 범용 및 정밀 화학제품의 제조 과정을 일부 차별화할 수 있다. 예를 들어 99.9%의 아크릴산은 일반화된 생성물로 간주될 수 있다. 그러나 미량의 수 ppm 농도의 불순물이 반응의 일부를 방해할 수 있으며 일부 용도에 중요한 영향을 미칠 수 있다. 이러한 불순물은 제조 공정마다 다를 수 있다. 모든 전문 제품이 차별화된 것은 아니다. 예를 들어 아스피린(acetylsalicylic acid)과 같은 의약품은 일반화되어 있다. 다른 제조사가 아스피린을 생산할 수 있으며, 제품의 마케팅을 통해 만들어진 가격 및 차별화 이외에는 이들 제품 간에 선택할 수 있는 것이 없다. 따라서 일반화와 차별화라는 것은 절대적이기보다는 상대적이다.

생산 규모도 세 가지 부류의 화학제품 간에 차이가 있다. 정밀 화학 및 특수 화학제품은 1000 t/yr 미만의 용적으로 생성되는 경향이 있다. 대조적으로 범용 화학제품은 이보다 훨씬 많은 양으로 생산되는 경향이 있다. 그러나 구분은 명확하지 않다. 고분자는 기계적 특성을 기준으로 구매되기 때문에 차별화된 제품이지만 1000 t/yr보다 훨씬 많은 양으로 생산될 수 있다.

새로운 화학제품이 처음 개발되면 상업적 독점 초기에 특허로 보호받을 수 있다. 제품이 특허를 받을 자격을 얻으려면 새롭고, 유용하며, 재현 가능해야 한다. 특허 보호가 획득될 수 있다면, 이는 특허가 만료될 때까지 제품을 상업적으로 활용할 수 있는 독점권을 효과적으로 부여받는다. 특허 보호는 특허 출원일로부터 20년간 지속된다. 특허가 만료되면 경쟁 업체는 제품에 참여하고 제품을 제조할 수 있다. 경쟁자가 특허가 만료될 때까지 기다릴 수 없다면 대체 경쟁 제품을 개발해야 한다.

신제품의 경쟁 우위를 보호하는 또 다른 방법은 특허를 내지 않고 비밀로 보호하는 것이다. 코카콜라의 원료 조합은 100년 이상 비밀로 유지되어 왔다. 잠재적으로 이러한 보호에는 시간 제한이 없다. 그러나 기밀성을 통한 보호가 실행 가능하기 위해서는 경쟁자가 화학 분석에서 제품을 재현할 수 없어야 한다. 이는 특정 화학 물질 및 제품의 특성이 화학 성분과 제조 방법에 의존하는 특정 화학제품 및 식품의 경우에만 해당될 수 있다.

그림 1.1은 다양한 제품의 수명주기를 보여준다(Sharratt 1997; Brennan, 1998). 일반적인 추세는 신제품이 시장에 출시될 때 판매가 시장이 형성될 때까지 천천히 성장하고 시장이 형성되면 더 빠르게 성장한다는 것이다. 특허 보호가 있는 경우 경쟁 업체는 특허가 만료될 때까지 경쟁 업체가 동일한 제품을 상업적으로 이용할 수 없으며, 특허가 만료되어 경쟁 업체가 동일한 제품을 생산할 수 있있을 때 비로소 동일 제품이 시장 점유율을 차지할 수 있다. 판매가 너무 낮아서 회사가 시장에서 철수할 것으로 예상될 때까지를 제품의 수명주기라 하는데, 후반에 판매가 감소할 것으로 예상된다. 그림 1.1에서 제품 *A*는 판

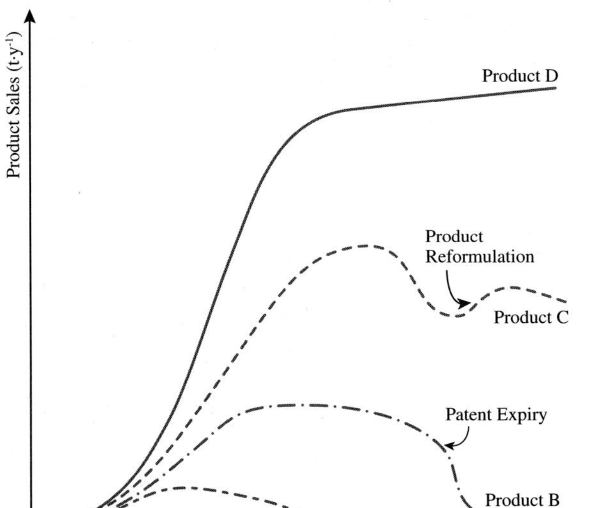

그림 1.1 ▸ 제품의 수명주기. (Adapted from Sharratt PN, 1997, Handbook of Batch Process Design, Chapman & Hall, reproduced by permission.)

매량이 적고 수명이 짧은 빈약한 제품인 것을 나타내고 있다. 다른 경쟁 제품과 경쟁하기가 쉽지 않을 수 있으며, 대체 제품으로 인해 회사가 해당 비즈니스에서 빠르게 퇴출되게 된다. 그러나 낮은 판매량은 시장에서 제품을 철회하는 주요 기준이 아니다. 낮은 판매량의 제품은 시장 틈새를 찾아 높은 가격으로 판매될 수 있다. 반면에 다른 제품과 경쟁하고 있다면 동일한 시장 부문에서 비슷한 기능으로 판매 가격과 양이 같아지면 시장에서 철수하는 것이 현명하게 보일 것이다. 그림 1.1의 제품 *B*는 A보다 나은 제품으로 보이며 수명주기가 길고 판매량이 많다. 특허 보호가 되어 있지만 특허 보호가 사라지면 판매가 급격히 감소하여 경쟁을 통해 시장을 잃을 수 있다. 그림 1.1의 제품 *C*는 더욱 우수한 제품이다. 이는 제품의 재구성을 통해 제품 수명이 연장된 높은 판매량을 보여준다(Sharratt, 1997). 마지막으로 그림 1.1의 제품 *D*는 범용 화학상품의 제품 라이프 사이클을 보여준다. 범용 화학제품은 정밀 화학 및 특수 화학제품과 같은 종류의 라이프 사이클을 나타내지 않는 경향이 있다. 상업적 이용 초기에 판매량은 빠르게 증가하지만 판매량은 줄어들지 않고 성숙기에 접어들었다. 일부 예외적인 경우에는 완만한 감소를 보인다. 이는 범용 화학제품이 다양한 범위의 제품을 사용하기 때문에 경쟁이 일부 용도를 벗어날 수도 있지만, 새로운 사용 용도가 도입되어 수명주기가 연장된다.

품질이 높은 화학제품은 부가가치(원료비와 제품판매가 간의 차이)가 높다. 범용 화학제품은 부가가치가 낮은 경향이 있고, 정밀 · 특수 화학제품은 부가가치가 높은 경향이 있다. 즉 범용 화학제품은 저부가가치 대량 생산, 정밀 · 특수 화학제품은 고부가가치 소량 생산의 경향이 있다.

따라서 범용 화학 물질을 위한 공정을 설계할 때 운영비용을 가능한 한 낮게 유지하는 것이 중요하다. 범용 화학제품 공정의 자본 비용은 생산 규모 때문에 정밀 화학 또는 특수 화학제품의 공정에 비하여 높은 경향이 있을 것이다.

특수 화학제품의 공정을 설계할 때, 공정보다는 제품에 우선순위를 부여하는 경향이 있다. 이는 제품의 고유한 기능을 보호해야 하기 때문이다. 이 공정은 규모가 작고 운영비용은 범용 화학공정보다 덜 중요하다. 공정의 투자 비용은 규모 때문에 범용 화학공정에 비해 낮다. 제품의 출시 시기도 특수 화학제품이 중요할 것이다. 특히 특허 보호가 있는 경우, 기본 연구에서부터 제품 테스트, 파일럿 플랜트 연구, 공정 설계, 제품 제조에 이르는 공장 건설까지 전체 프로젝트 수익성에 중요한 영향을 미친다.

공정 설계의 우선순위는 공정이 범용, 정밀 또는 특수 화학제품의 제조를 위해 설계되고 있는지 여부에 따라 크게 다를 수 있다. 범용 화학에서 제품 혁신은 상대적으로 적지만 집중적인 공정 혁신이 가능할 것이다. 또한 장비는 특정 공정 단계를 위해 설계된다. 반면에 정밀 및 특수 화학제품의 제조에는 다음이 포함될 수 있다.

- 적은 양으로 시장에 판매
- 짧은 제품 수명주기
- 시장 출시에 대한 빠른 시간의 요구로 인해 공정 개발에 소요되는 시간이 단축되고 제품 및 공정 개발이 동시에 진행된다.

결과적으로, 정밀 및 특수 화학 물질의 제조는 다목적 장비에서 수행되는 경우가 많으며, 일년 중 서로 다른 시간에 동일한 장비에서 다른 화학 물질이 제조될 수 있다. 장비의 수명은 제품의 수명을 크게 초과할 수 있다.

제약 제품의 개발은 본격적인 생산 전에 안전 및 임상 연구를 수행할 수 있도록 공정 개발 과정에서 고품질 제품을 제조해야 한다. 제약 생산은 공정을 설계하는 극단적인 사례로, 생산을 통제하는 규제 체계가 개발 단계에서도 공정 변경을 어렵게 만든다. 의약품 공정에 대한 상당한 개선이 제시될 수 있다고 하더라도, 그러한 변경으로 인해 공정이 생산에 대한 라이센스가 부여되는 것을 방해하거나 지연시킬 수 있다.

1.2 설계 문제의 공식화

또한 공정 설계를 시작하기 전에 설계 문제를 공식화해야 한다. 설계 문제의 공식화는 제품의 사양을 요구한다. 잘 정의된 화학제품을 제조하는 경우, 제품의 사양을 명확히 나타날 수 있다(예, 순도 규격). 그러나 특수 제품을 제조하는 경우 화학적 특성보다는 기능적 특성이 더 중요할 수 있고 제품을 명시하기보다 *제품 설계* 단계를 요구할 수 있다(Seider 외, 2010; Cussler 및 Moggridge, 2011).

설계 문제의 초기 설정은 종종 잘못 정의된다. 예를 들어, 설계팀은 생산된 고분자 제품의 전구체인 화학 물질을 생산하는 기존 설비의 생산 능력을 확장하도록 요청받을 수 있다. 이것은 고분자 생산물 및 전구체를 생산하는 공장이 현재 최대 용량으로 운영되는 결과이다. 또한 설계팀은 확장을 위한 사양을 제공받을 수 있다. 예를 들어, 마케팅 부서는 시장이 2년 동안 30%까지 확장될 수 있다고 평가할 수 있다. 이는 공정의 30% 확장을 정당화한다. 그러나 예측은 쉽게 잘못될 수 있다. 경제 환경이 변경되어 예상되는 증가율이 너무 크거나 작을 수 있다. 또는 시장에서 고분자 전구체를 다른 고분자 제조업체에게도 판매하여 30%보다 큰 확장을 정당화할 수도 있다. 시장에서 고분자 전구체가 오래 사용되고 있다면 현재의 순도 규격이 시장에 적합한가? 현재 시장은 현재 회사 사양보다 높은 순도를 요구할 수 있다. 아마도 현재 사양이 받아들여질 수는 있지만 사양을 향상시킬 수 있다면 제품을 더 높은 가격 또는 더 많은 양을 판매할 수 있다. 또다른 옵션은 고분자 전구체의 생산을 30%까지 확장하지 않고 대신 시장에서 구입하는 것이다. 시장에서 구매할 경우, 회사의 규격에 부합할 수 있는가? 아니면 회사의 고분자 공정에 적합하기 위해 정제가 필요한가? 시장 출처는 얼마나 신뢰할 수 있는가? 이러한 모든 불확실성은 특정 공정에 대한 설계 문제보다 시장에서의 공급 및 수요 문제에 더 관련되어 있다.

현재 공정의 설계를 면밀히 검토하면 자본 투자를 매우 적게 하면서 용량을 10%까지 확장할 수 있다는 결론을 얻을 수도 있다. 만약 20%까지 추가로 증가시키려면 어느 정도의 자본 투자가 필요하지만 30%로 확장하려면 막대한 자본 투자가 필요하다면 이것은 추가적 옵션을 요구할 것이다. 공장을 10% 확대해야 하고 잔액을 파악할 수 있는 시장 출처가 있는가? 공장을 비슷하게 20%까지 확장해야 하는가? 시장 확장이 예상되고 30%로 확장하는 것이 매우 비쌀 경우 기존 공정을 확장하고자 노력하는 대신 완전히 새로운 공정을 구축할 수도 있다. 새로운 공정이 구축되어야 한다면, 공정 기술은 무엇이 되어야 하는가? 새로운 공정 기술은 원래의 공장이 만들어졌기 때문에 동일한 제품을 훨씬 저렴한 비용으로 제조할 수 있기 때문에 개발되었을 수 있다. 공정이 구축되어야 한다면, 어디에서 건설되어야 하는가? 다른 나라에서 운영비용을 낮추는 것이 가능할 것으로 생각되며, 이 제품은 기존 고분자 공정으로 공급하기 위해 다시 운송될 수 있다. 동시에, 이것은 다른 나라의 새로운 시장의 발전을 자극할 수 있는데, 그 경우에 새로운 공장의 용량은 얼마나 되어야 하는가?

따라서 초기에 잘못 정의된 문제부터 설계팀은 일련의 매우 구체적인 옵션을 만들어야 하며, 그 다음에는 원자재 및 제품 가격과 같은 일련의 가정을 토대로 비교해야 한다. 옵션을 지정하면 설계팀에게 엔지니어링 및 경제 분석 방법을 적용할 수 있는 잘 정의된 문제가 도출된다.

설계 옵션을 검토할 때 설계팀은 문제를 최상위 수준에서 검사하여 시작해야 한다(Douglas, 1985). 제품의 가치와 원재료의 비용 간에 큰 차이가 있는가? 전반적인 가능성이 매력적이라면 세부 사항 추가, 옵션 재평가, 세부 사항 추가 등이 가능하다. 부산물은 환경생태학 분야에서 특히 중요한 역할을 담당할 수 있다. 현재 공정이 소량으로 시장에 판매될 수 있는 부산물을 생산할 수도 있다. 그러나 공정이 확장됨에 따라 새로운 생산 규모에 대한 시장의 제약이 있을 수 있다. 부산물을 판매할 수 없는 경우 어떻게 이것이 경제에 영향을 미치는가?

요약하면 초기 설계 사양이 잘 정의된 것으로 보일지라도 공정 설계팀에게 제기된 원래의 문제는 종종 잘못 정의될 수 있다. 설계팀은 엔지니어링 및 경제 분석 방법으로 선별할 수 있는 일련의 적절한 설계 옵션을 공식화해야 하며, 이러한 설계 옵션은 매우 구체적인 설계 문제로 공식화된다. 이러한 방식으로 설계는 잘 정의되지 않은 문제의 분석을 위한 일련의 잘 정의된 설계 옵션으로 전환된다.

1.3 공정합성 및 시뮬레이션

화학공정에서 원재료를 원하는 화학제품으로 전환하는 것은 일반적으로 단일 단계로 이루어질 수 없다. 대신 일반적인 화학 변환은 중간 변환이 제공되는 여러 단계로 나뉜다. 이들은 반응, 분리, 혼합, 가열, 냉각, 압력 변화, 입자 크기 감소 또는 고형물에 대한 확대를 통해 수행된다. 개별 단계가 선택되면 전반적인 변환을 수행하기 위해 상호 연결되어야 한다(그림 1.2a). 따라서 화학공정의 *합성*은 두 가지 광범위한 활동을 포함한다. 먼저 개별 변환 단계가 선택된다. 둘째, 이러한 개별적인 변환은 필요한 전체적인 변환을 달성하는 완전한 공정을 형성하기 위해 상호 연결되어야 한다. *흐름도*(flowsheet) 또는 *공정 흐름도*(process flow diagram, PFD)는 상호 연결을 통해 공정 단계를 도표로 나타낸 것이다.

일단 흐름도 구조가 정의되면 *시뮬레이션* 과정을 수행할 수 있다. 시뮬레이션은 공정이 어떻게 구성되는지를 예측하려고 시도하는 공정의 수학적 모델이다(그림 1.2b). 물질 및 에너지 수지는 공정의 내부 작동에 대한 보다 나은 정의를 제공하도록 공식화될 수 있으며 보다 자세한 공정 설계가 개발될 수 있도록 도움을 준다. 공정의 모델을 만들면, 초기의 공급물의 유속, 조성, 온도 및 압력 등은 가정될 수

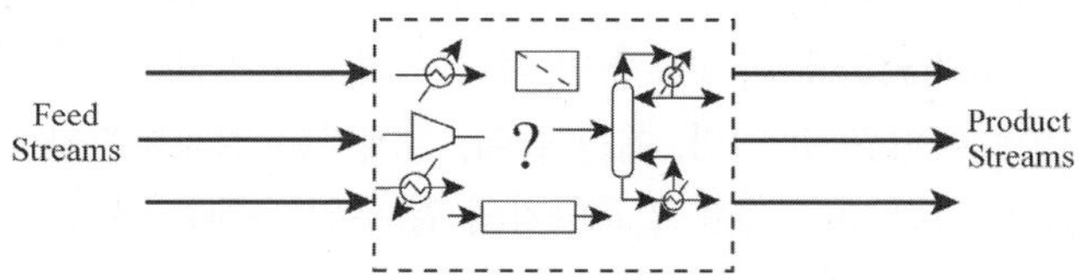

(a) 공정설계는 원료물질이 원하는 제품으로 전환되게 하는 공정의 합성으로부터 시작된다.

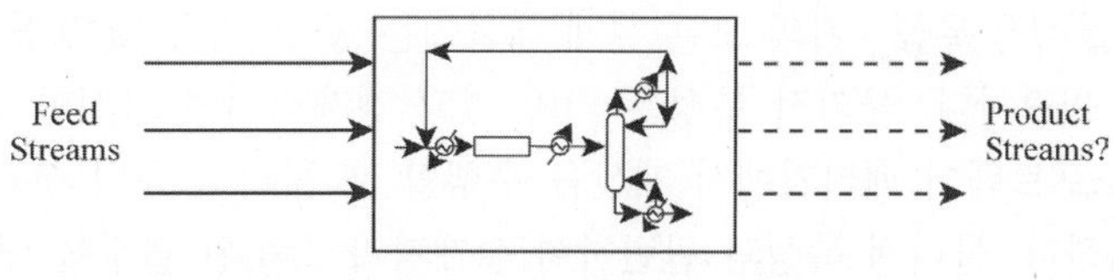

(b) 만약 공정이 건설되었다면 시뮬레이션은 이 공정이 어떻게 작동할 것인지를 예측한다.

그림 1.2 ▸ 공정합성은 원료 흐름을 제품 흐름으로 전환해 주는 공정을 생성한다. 시뮬레이션은 구축될 경우 공정이 어떻게 작동될 것인가를 예측한다.

있다. 그런 다음 시뮬레이션 모델이 흐름의 유속, 조성, 온도, 압력 및 제품의 물성을 예측한다. 또한, 공정의 개별 장비 항목의 크기를 결정하고 사용된 원재료의 양 또는 소비되는 에너지의 양을 예측할 수 있다. 그리고 설계의 성능이 평가될 수 있다.

1) ***설계 계산의 정확성*** 시뮬레이션은 일단 설계가 합성되면 더 많은 세부 사항을 추가한다. 이를 위한 설계 계산은 범용 시뮬레이션 소프트웨어 패키지에서 수행되고 높은 정밀도로 계산된다. 그러나 높은 수준의 정밀도일지라도 공장이 건설된 후 공장 운영 측면에서 일반적으로 정당화될 수 없다. 이 공장은 원래의 설계 유량, 온도, 압력 및 구성에서 정확하게 작동하지 않는다고 본다. 이것은 원자재가 설계에서 가정한 것과 약간 다르기 때문일 수 있다. 계산에 가정된 물성치가 어떤 식으로든 잘못되었거나 원래의 설계 조건에서의 조작으로 부식이나 오염 문제가 발생할 수도 있으며, 또는 공장이 원래 상태에서 적절하게 제어될 수 없는 등 여러 가지 이유로 달라질 수도 있다. 공장의 계측은 유량, 온도, 압력 및 조성을 수행한 계산만큼 정확하게 측정할 수 없다. 설계의 특정 부분에 대한 계산에는 높은 정밀도가 필요할 수 있다. 예를 들어, 고분자 전구체는 특정 불순물을 백만 분의 1 수준까지 매우 엄격하게 제어해야 하거나 폐기물 흐름의 일부 오염 물질이 예외적으로 환경적으로 유해할 수 있다.

설계 계산이 공장 운영 측면에서 높은 수준의 정밀도를 정당화시킬 수는 없지만 일반적으로 설계 계산은 합리적으로 높은 정밀도로 수행된다. 설계 계산 및 시뮬레이션 정확성의 가치는 계산의 일관성을 검사하여 오류 또는 잘못된 가정을 식별할 수 있다는 것이다. 또한 설계 옵션을 유효한 유사공정의 기초 설계와 비교할 수 있다.

설계 수행 시 모든 불확실성으로 인해 사양이 설계 계산에 표시된 것 이상으로 증가되고 공장이 *과도하게 설계*되거나 *비상인자*(contingency)가 추가되기도 한다. 추가적으로, *안전 요인*의 응용 프로그램을 통한 설계, 예를 들어 설계자는 정교한 계산을 사용하여 증류 분리에 필요한 증류 단의 수를 계산하여 경험적으로 단의 수에 임의의 추가 10%를 추가할 수 있다. 이렇게 하면 장치에 대한 원료가 정확히 지정되지 않았거나 물리적 특성의 오류, 공정의 이상 상태, 제어 요구 사항 등이 다소 허용된다. 너무 작은 비상인자가 추가되면 공장이 작동하지 않을 수 있다. 너무 많은 비상인자가 추가된다면, 공장은 불필요하게 비싸질 뿐만 아니라 과도한 설계가 너무 많아 설비 운영이 어려워지고 비효율적인 설비로 이어질 수 있다. 예를 들어, 설계자는 열교환기가 만나는 곳의 유속에서 두 흐름값을 더할 수 있다. 이런 경우 대형 열교환기의 쉘 부위 유체는 유속이 느려져 더 적은 열교환기보다 쉽게 성능 저하 및 파손을 초래할 수 있다.

설계 여유가 너무 적으면 설비가 작동하지 않을 수 있다. 반면 설계를 너무 과잉으로 하게 되면 설비가 불필요하게 고가가 되어 운영이 어렵고 효율성이 낮아질 수 있다. 서로 다른 위험 사이에서 균형을 이루어야 한다.

2) ***공정 설계의 물리적 특성*** 거의 모든 설계 계산에는 공급, 가공 및 생산되는 고체, 액체 및 기체의 물리적 특성이 필요하다. 물리적 특성은 의미 있고 경제적이며 안전한 설계를 얻는 데 중요할 수 있다. 컴퓨터 소프트웨어 패키지에서 계산을 수행할 때 물리적 특성 상관관계 및 데이터에 대한 선택이 매우 중요하다. 물리적 특성과 관련하여 설계자가 잘못된 결정을 내리면, 비록 계산이 높은 정밀도로 수행되었다 하더라도 설계 계산 결과가 덜 위험하거나 심지어 더 위험할 수도 있다. 그들이 의도했던 조건의 범위를 벗어나는 물리적 특성 상관관계를 사용하는 것은 똑같이 심각한 문제가 될 수 있다.

3) ***성능 평가*** 성능 평가에는 많은 측면이 있다. 좋은 경제성은 명백한 첫 번째 기준이지만, 분명히 유일한 것은 아니다. 화학공정은 산업 활동의 지속 가능성을 극대화하도록 설계되어야 한다. 지속 가능성을 극대화하기 위해서는 산업 시스템이 경제적이고 실용적이며, 사회적으로 유익한 방법으로 수요를 충족시키도록 노력해야 한다(Azapagic, 2014). 화학공정 설계의 경우, 공정은 가능한 한 지속 가능한 자원을 사용해야 한다. 공정 원료는 환경적으로 유해할 수 있는 생산 폐기물을 방지하기 위해 경제적이고 실용적인 방법으로 효율적으로 사용해야 한다. 원자재의 제조시 사용량을 가능한 한 최소화해야 한다. 화석 연료를 태움에 의해 대기 중 이산화탄소가 증가하는 것을 방지하고, 화석 연료 사용량을 줄이기 위해서는 경제적인 면에서 가능한 한 적은 에너지를 사용해야 한다. 또한 물은 수원의 질과 보유량의 장기적인 양을 저하시키지 않는 지속 가능한 양을 소비해야 한다. 수자원 및 대기 중 배출은 환경적으로 유해하지 않아야 하며, 매립에 대한 고체 폐기물은 피해야 한다. 고려해야 할 한계는 사회에의 이익을 극대화하기 위해 제조 시설의 즉각적인 한계를 뛰어넘어야 하며, 악영향을 피하기 위해 운송, 냄새, 소음 등의 불필요한 부담을 극복해야 한다.

공정은 건강과 안전기준의 요구 조건 역시 맞추어야 한다. 시동, 비상 정지 및 제어의 용이함은 다른 중요한 요소이다. 유연성, 즉 공급 원료 및 제품 사양의 차이와 같은 다양한 조건에서 작동하는 능력이 중요할 수 있다. 가용성, 즉 공정이 생산 요구 사항을 충족하는 총 시간 또한 결정적으로 중요할 수 있다. 예를 들어, 열악한 설계 데이터 또는 불확실한 경제성 데이터로 인한 설계의 불확실성은 설계를 특정 옵션에서 벗어나게 할 수도 있다. 경제성 효과와 같은 일부 인자는 쉽게 수치화될 수 있다. 그러나 안전과 같은 요소는 종종 불가능하다. 쉽게 수치화할 수 없는 요소인 무형 자산을 평가하려면 설계팀의 적절한 판단이 필요하다.

4) ***건축 자재*** 건축 자재 선택은 장비의 기계 설계 및 자본 비용에 모두 영향을 미친다. 많은 요소들이 재료의 선택 결정에 영향을 미친다. 그중에서 가장 중요한 것은

- 기계적 특성(특히 항복 및 인장 강도, 압축 강도, 연성, 인성, 경도, 피로 한계 및 크리프 저항)
- 기계적 성질에 대한 온도의 효과(저온 및 고온 모두)
- 가공의 용이성(가공, 용접 등)
- 내 부식성
- 재료에 표준 장비의 가용성
- 비용(예, 건설 자재가 특히 비싸면 비용을 줄이기 위해 공정 측면의 라이닝과 함께 저렴한 재료를 사용하는 것이 바람직할 수 있음)

성능 평가를 위한 자본 비용 및 장비의 예비 사양을 추정하려면 건설 자재와 관련된 사양의 결정을 내려야 한다.

5) ***공정 안전*** 설계 공정을 평가할 때 공정 안전이 가장 중요하다. 안전 고려 사항은 설계가 완료될 때까지 남아 있으면 안 된다. 과도한 압력을 완화하고, 위험한 상황에서 공정을 벗어나게 하기 위해 안전 시스템이 설계에 추가되어야 한다. 그러나 공정 안전에 대한 가장 큰 영향은 설계를 통해 설계 초기에 이루어져야 본질적으로 더욱 *안전*하다. 이것은 20장에서 자세하게 다루어질 것이다. 본질적으로 안전한 설계라 함은 가능하면 유해 물질에 대한 필요성을 줄이거나 더 낮은 온도 또는 압력에서 사용하거나 불활성 물질로 희석하는 것 등을 의미한다. 공정을 본질적으로 보다 안전하게 만드는 주요 접근법 중 하나는 위험한 물질을 제한하는 것이다. 가연성 또는 독성 액체들은 되도록 피해야 하

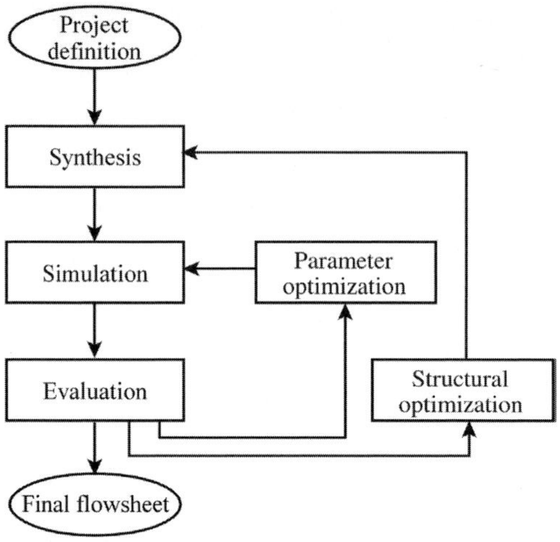

그림 1.3 ▸ 구조 또는 매개 변수 최적화로 설계 평가를 향상시키기 위해 최적화를 수행할 수 있다.

며, 액체는 대기압 끓는점보다 높은 압력 하에 두어야 한다(20장 참조).

6) *최적화* 디자인의 기본 성능이 평가되면 성능을 향상시키기 위해 변경이 가능하다. 그 과정에 의해 공정이 *최적화*된다. 이러한 변화는 대체 구조의 합성, 즉 *구조의 최적화*를 포함할 수 있다. 따라서 공정은 시뮬레이션되고 재평가되며, 구조를 최적화한다. 각 구조는 해당 구조 내에서 작동 조건을 변경하여 *매개 변수 최적화*를 시도할 수 있다. 보통 프로젝트 정의에서 초기 설계가 합성된다. 그런 다음 이를 시뮬레이션하고 평가할 수 있다. 일단 평가되면 유량, 조성, 온도 및 압력의 연속 매개 변수를 변경하여 평가를 향상시키고 매개 변수를 최적화하여 설계를 최적화할 수 있다. 그러나 이 매개 변수 최적화는 최적의 구성이 아닐 수도 있는 초기 설계 구성만 최적화한다. 따라서 설계팀은 구조 최적화에서 다른 구성을 탐색하기 위해 초기 구조 합성 단계로 돌아갈 수 있다. 또한 매개 변수 최적화가 원래 가정과 크게 다른 조건 설정을 조정하면 설계팀은 합성 단계로 돌아가 구조 최적화에서 다른 구성을 고려할 수 있다. 이 설계 과정을 따라갈 수 있는 다양한 방법들이 이 장의 뒷부분에서 고려될 것이다.

7) *설계 옵션* 설계 개념을 개발하려면 먼저 설계 옵션을 생성하고 평가해야 한다. 디자인 개발 초기에 예비 평가를 수행하면 처음에는 매력이 없는 것으로 보이는 옵션을 일찍 제외하려는 유혹에 빠질 수 있다. 어쨌든 이 유혹은 피해야 한다. 설계의 초기 단계에서 설계 옵션이 실행 가능하지 않다는 것이 절대적으로 명백하지 않다면, 평가의 불확실성으로 인한 특정 옵션의 조기 제외는 심각한 오류를 초래할 수도 있다. 초기 비용 견적은 매우 잘못 산정될 수 있으며, 초기 결정의 전체 안전 및 환경 영향은 세부 사항이 추가된 후에만 명확해진다. 미리 결정을 내리는 모든 것을 예견할 수 있다면 일찍부터 결정이 다를 수도 있다. 더 많은 정보가 있을 때 나중에 유효성에 대한 가정을 다시 확인하지 않고 하나의 옵션에 집중하는 것은 위험하다. 설계팀은 선입관에 의해 일찍 옵션을 배제해서는 안 된다. 이는 옵션을 폐쇄할 수 있을 때까지 가능한 한 오랫동안 설계 옵션을 열어두어야 함을 의미한다. 처음에는 매력적이지 않더라도 모든 옵션을 고려해야 한다.

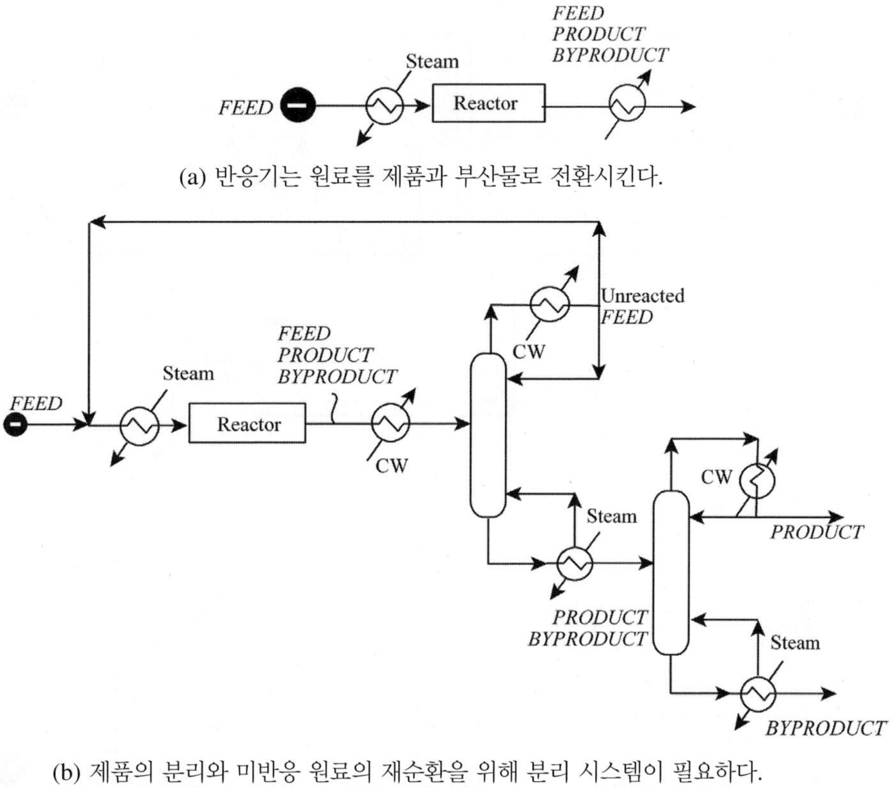

그림 1.4 ▸ 공정 설계는 반응기부터 출발한다. 반응기 설계는 곧 분리기와 회수공정의 설계로 이어진다. (Reproduced from Smith R and Linnhoff B, 1998, Trans IChemE ChERD, 66: 195 by permission of the Institution of Chemical Engineers.)

1.4 화학공정 설계 및 공정통합의 계층구조

그림 1.4에 보인 공정을 고려해 보자. 공정은 *원료*를 *생산물*로 변환해주는 반응기가 필요하다(그림 1.4a). 불행하게도 모든 *원료*가 반응하지는 않는다. 또한 *원료*의 일부는 원하는 *생산물* 대신 *부산물*을 형성하게 된다. *생산물*을 적정 순도로 빼내기 위한 분리 시스템이 필요하다. 그림 1.4b는 두 개의 증류탑으로 이루어진 분리 시스템을 보여준다. 그림 1.4b의 미반응 원료는 재순환되고 *생산물*과 *부산물*은 공정으로부터 제거된다. 그림 1.4b는 모든 가열과 냉각이 외부 *유틸리티*(이 경우는 스팀과 냉각수)에 의해 이루어지는 공정의 예를 보여준다. 아마도 이 공정도는 에너지 사용 면에서 너무 비효율적이므로 열을 회수할 수 있도록 모색되어야 할 것이다. 그러므로 열통합(heat integration)이 되고 가열이 필요한 흐름과 냉각이 필요한 흐름간의 열교환이 이루어져야 한다. 그림 1.5는 많은 열통합 배열 중 두 가지 가능한 열교환망(heat exchanger network) 설계를 보여준다.

그림 1.5에 나타낸 공정도들은 반응기 설계가 같다는 특징이 있다. 반응기 설계를 달리하는 것도 유용할 수 있다. 예를 들어, 반응기 크기를 늘림으로써 반응되는 *원료량*을 늘릴 수 있다(그림 1.6a). 이 경우 반응기 유출물 중에서의 미반응 *원료*가 줄어들 뿐만 아니라 더 많은 *생산물*과 *부산물*이 생긴다. 그러나 *부산물*의 증가가 *생산물*의 증가보다 더 크므로 비록 그림 1.6a의 반응기가 그림 1.4a의 반응기에서와 같은 세 가지 유출물 조성 성분을 가지더라도 보다 적은 *원료*와 많은 *생산물*, 그리고 훨씬 많은 *부산물*을 가지게 된다. 반응기 설계에서의 이와 같은 변화는 분리 시스템에 대한 다른 일을 가져오며 그

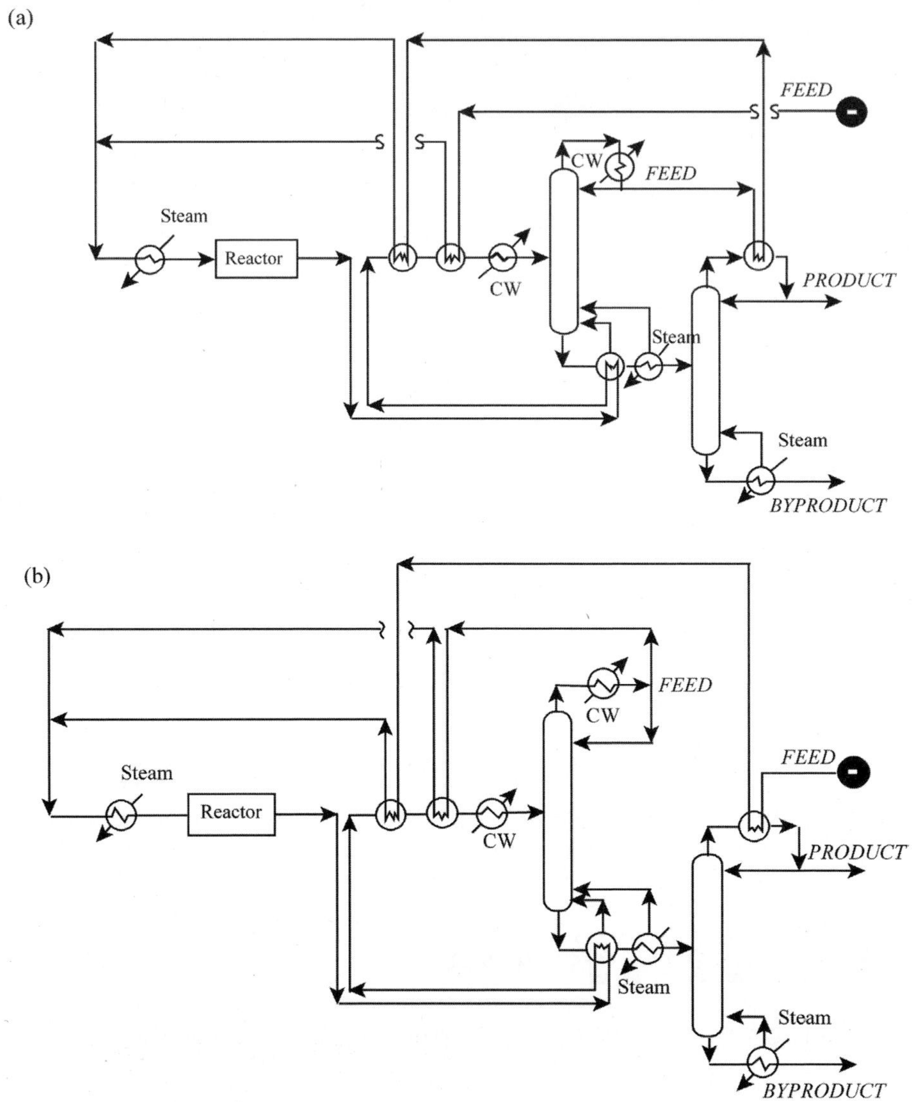

그림 1.5 ▸ **주어진 반응기와 분리기 설계에 대해 다른 가능한 여러 가지의 열통합이 있다.**
(Reproduced from Smith R and Linnhoff B, 1998, Trans IChemE ChERD, 66: 195 by permission of the Institution of Chemical Engineers.)

림 1.4와 1.5에 보여진 것과는 다른 분리 시스템이 보다 적절할 수 있다. 그림 1.6b는 가능한 다른 분리 시스템 예를 보여주는데 두 개의 증류탑을 사용하는 것은 같으나 분리가 다른 순서로 이루어지고 있다.

그림 1.6b는 반응기와 분리 시스템이 서로 다르고 열통합이 없는 공정도를 보여준다. 전과 같은 이유로 이 경우도 에너지 사용에서 너무 비효율적이므로 열통합 안이 모색될 수 있다. 그림 1.7는 많은 가능한 공정도 중의 두 가지 예를 보여준다.

시뮬레이션과 비용평가에 의해 다른 공정도들도 평가할 수 있다. 이와 같은 기준으로 그림 1.5b의 공정도가 그림 1.5a, 1.7a, 1.7b의 그것보다 더 바람직할 지도 모른다. 그러나 각각에 대한 조업 조건을 최적화하지 않고서는 가장 좋은 공정도에 대해 단언할 수는 없으며, 단지 그림 1.7b의 공정도가 그림 1.5의 그것보다 더 넓은 개선 범위를 가질 수도 있다고 말하는 정도이다.

따라서 화학공정 합성에서의 복잡성은 두 가지에 있다. 첫째는 가능한 모든 구조를 찾아낼 수 있는

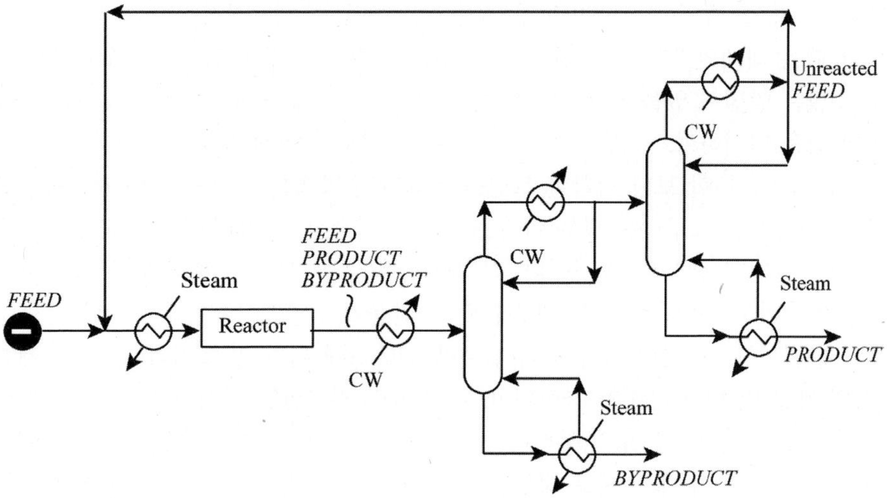

그림 1.6 ▸ **반응기를 교체하면 분리 및 재활용 문제가 달라진다.** (Reproduced from Smith R and Linnhoff B, 1998, *Trans IChemE ChERD*, **66**: 195 by permission of the Institution of Chemical Engineers.)

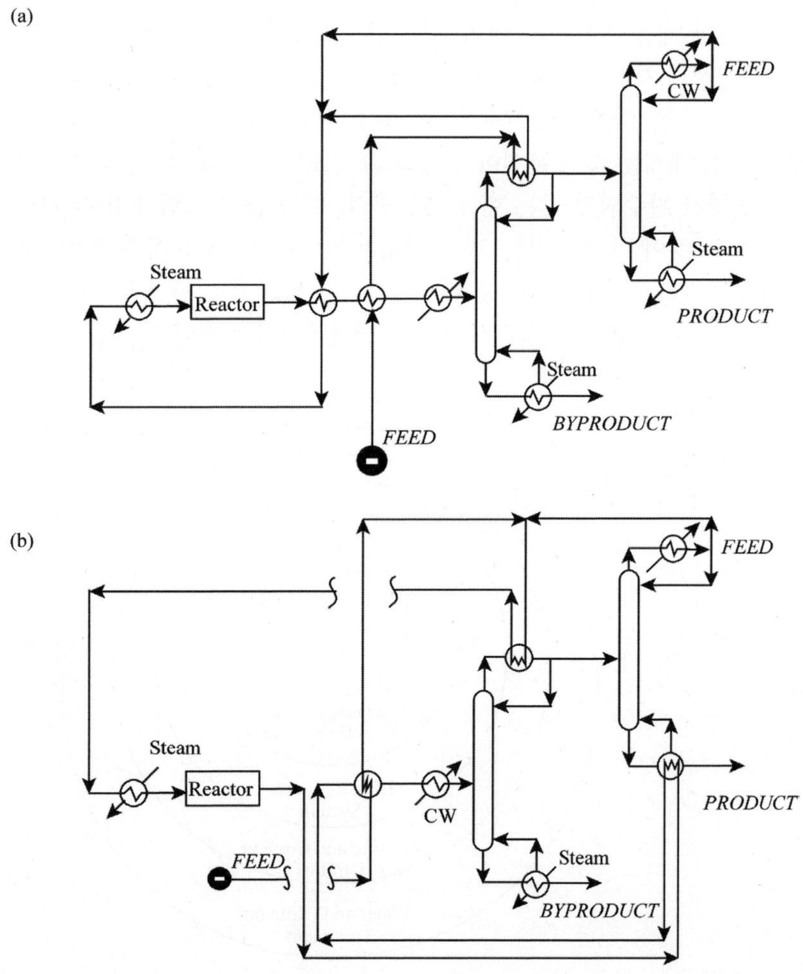

그림 1.7 ▸ **다른 반응기 설계는 다른 분리 시스템을 이끌어 낼 뿐만 아니라 열통합을 위한 추가적인 가능성을 제시한다.** (Reproduced from Smith R and Linnhoff B, 1998, *Trans IChemE ChERD*, **66**: 195 by permission of the Institution of Chemical Engineers.)

가 하는 점이며, 둘째는 공정한 비교를 위하여 각각의 구조를 최적화할 수 있는가 하는 것이다. 구조를 최적화할 때는 개개의 임무를 수행하는 데 수많은 경우가 있게 되며, 또 개개의 임무를 서로 연결하는 데에도 수많은 방법이 있을 수 있다. 이것은 수많은 구조에 대하여 조업 조건의 시뮬레이션과 최적화를 수행해야 함을 의미하며, 일견 너무나도 복잡한 문제로 보여진다.

문제의 구조에 대한 보다 명확한 그림을 가진다면 방법론 개발을 위한 시도에 도움이 될 것이다. 만약 공정이 반응기를 요구하는 경우 이것은 설계의 시작점이 된다. 이것은 공정에서 원료 물질이 생산물로 변환되는 유일한 장소가 될 것이다. 선택된 반응기 설계는 분리를 필요로 하는 미반응 원료, 생산물, 부산물을 산출하고 미반응 원료는 재순환된다. 반응기 설계는 분리 및 재순환 문제를 요구하며, 따라서 분리 및 재순환 시스템 설계가 반응기 설계에 뒤따르게 된다. 반응기와 분리 및 재순환 시스템 설계에서 공정의 가열 및 냉각 부하가 결정되며, 이에 따라 열교환망 설계가 세 번째로 대두된다. 열회수에 의해 달성될 수 없는 가열 및 냉각 부하는 곧 외부 *유틸리티*(스팀, 냉각수 등)의 필요를 뜻하게 되며, 유틸리티의 선택 및 설계가 네 번째로 대두된다. 이 계층은 그림 1.8에 있는 "양파 모델"의 층으로 상징적으로 표현될 수 있다. 이 도표는 공정설계의 순차적 혹은 계층적 특성을 강조하고 있다.

물론 정유 정제공정과 같은 어떤 공정들은 반응기가 필요하지 않으며, 이때 설계는 분리공정으로부터 시작해서 열교환망과 유틸리티로 진행되지만 기본적인 계층은 유지된다.

공정설계에서의 계층적 특성은 여러 저자들에 의해 다르게 표현되어 왔다. 결정계층(hierarchy of decision)과 공정설계 사다리(process design ladder)라고도 제안되어 왔다.

반응과 분리 시스템 설계에서의 매개변수 최적화와 올바른 구조의 합성은 종종 공정 설계에서의 가장 중요한 일이다. 대개는 많은 옵션이 있으며 그것들을 충분히 평가한다는 것은 양파의 "바깥 계층"에 대한 완전한 설계가 완수되지 않는 한 불가능하다. 예를 들면 그림 1.4b의 기본 계획이나 그림 1.6b의 기본 계획 중 어느 것이 더 좋은지는 그림 1.5a, b 및 그림 1.7a, b 등과 같이 유틸리티를 포함하여 모든 것이 완료된 모든 가능한 설계들을 충분히 평가하지 않고서는 판단할 수 없다. 이러한 완전한 조사는 일반적으로 시간이 너무 많이 소요되기 때문에 실제적이지 못하다.

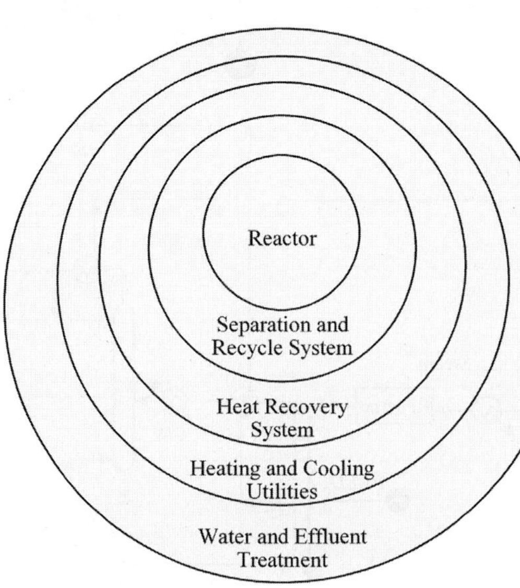

그림 1.8 ▸ 공정설계의 양파 모델. 분리 및 재순환 시스템을 설계하기 전에 반응기 설계가 필요하다.

이 책의 뒷부분 11장에 바깥 계층에 대한 완전한 설계 없이도 초기 결정(즉, 반응기와 분리기 옵션에 대한 결정)이 평가될 수 있는 접근 방법을 소개할 것이다.

1.5 연속 공정 및 회분 공정

그림 1.4~1.6의 공정을 고려할 때 공정이 연속적으로 작동한다는 암묵적인 가정이 이루어졌다. 그러나 모든 공정이 연속적으로 작동하는 것은 아니다. *회분 공정*(batch process)에서 주요 단계는 불연속적으로 작동한다. 연속 공정(continuous process)과 달리, 회분 공정은 원료를 연속적으로 공급하지 않고 별개의 양으로 공급한다. 이것은 열, 질량, 온도, 농도 및 기타 속성이 시간에 따라 달라짐을 의미한다. 실제로, 대부분의 회분 공정은 일련의 회분 및 *반 연속 단계*로 구성된다. 반 연속 단계는 주기적으로 가동 및 정지동작을 지속적으로 실행한다.

그림 1.9와 같은 간단한 공정을 고려하자. 공급 재료는 펌프를 사용하여 원료저장조에서 배출된다. 공급 재료는 회분 반응기에 공급되기 전에 열교환기에서 예열된다. 일단 반응기가 가득차면, 반응이 진행되기 전에 반응기 재킷 내로 스팀을 통과시킴으로써 반응기 내부에서 추가적인 가열이 일어난다. 반응의 후반 단계 동안 냉각수가 반응기 재킷에 가해진다. 일단 반응이 완료되면, 펌프를 사용하여 반응기 생성물을 회수한다. 반응기 생성물은 제품저장조에 들어가기 전에 열교환기에서 냉각된다.

반응기 충전 및 공급물 예열을 위한 펌프 수송의 처음 두 단계는 모두 반 연속적이다. 반응기 내부의 가열, 반응 자체 및 반응기 재킷을 이용한 냉각은 모두 회분적이다. 반응기를 비우기 위한 펌핑 및 생성물 냉각 단계는 다시 반 연속적이다.

회분 공정 설계의 계층 구조는 그림 1.8의 연속 공정에 설명된 계층 구조의 것과 다르지 않다. 그러나 회분 공정의 경우에는 시간 차원이 우선한다. 문제를 일으키지 않는 제약 조건을 설계할 때 부분적 연속 공정이 될 수 있다. 예를 들어, 열회수는 그림 1.9의 공정을 위한 것이다. 반응기 유출물(냉각을 필요로 함)은 유입되는 공급물을 반응기로 도입하기 전에 예열하는 데 열원으로 사용될 수 있다(가열이 필요함). 불행하게도, 비록 반응기 유출물이 이것을 허용할 만큼 충분히 높은 온도일지라도 반응기 공급과 배출은 서로 다른 시간에 일어난다. 이것은 열을 저장하는 어떤 방법 없이는 가능하지 않다는 것

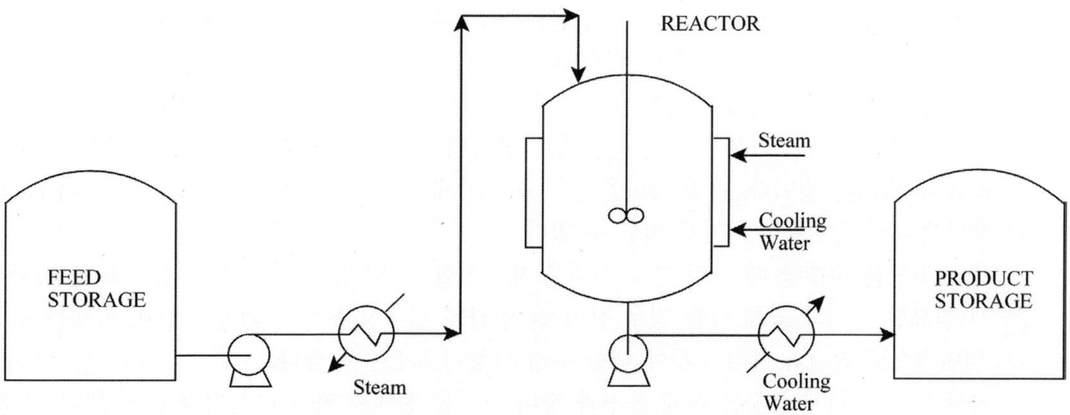

그림 1.9 ▸ 간단한 회분 공정.

을 의미한다. 이러한 열저장은 가능하지만 특히 소규모 공정의 경우 일반적으로 비경제적이다.

회분 공정이 단일 제품만을 생산하는 경우, 장비를 설계 및 최적화하는 해당 제품에 최적화될 수 있다. 회분 공정의 근본적인 동특성은 공정설계와 최적화에 추가적인 도전을 요구한다. 일부 경험에 따르면 최적화는 일괄 처리 시간 동안 조건의 변화를 요구할 수 있다. 예를 들어, 회분 반응기의 온도는 회분 공정이 진행됨에 따라 증가 또는 감소해야 할 수 있다.

동일한 장비에서 제조된 여러 제품이 있는 다품종 회분 공정은 설계 및 최적화에 더 큰 어려움을 초래한다(Biegler, Grossman 및 Westerberg, 1997). 서로 다른 제품은 서로 다른 설계, 상이한 작동 조건 및 시간 경과에 따른 작동 조건의 상이한 궤적을 요구할 것이다. 따라서 다중 생산 설비를 위한 장비의 설계는 많은 다른 제품의 요구 사항에 걸쳐 만들어질 필요가 있다. 장비의 설비 및 구성이 유연할수록 각 제품의 최적 요구 사항에 더 잘 적응할 수 있다.

회분 공정은 소량의 경우 경제적이다. 제품 배합의 변경 사항을 유연하게 수용하여 생산 속도를 유연하게 변경할 수 있다. 어떤 기간에 만들어진 회분의 수를 변경함으로써 동일한 공장의 다양한 제품을 생산하기 위해 표준화된 다목적 장비를 사용할 수도 있다. 오염으로 인해 장비를 정기적으로 청소해야 하거나 정기적인 살균이 필요한 경우에 가장 적합하다. 실험실에서 직접 스케일 업(scale-up)하고 또 제품 식별을 허용할 수 있다. 제품의 각 배치는 제조 시기, 관련 원료 및 처리 조건에 대해 명확하게 식별할 수 있다. 이것은 의약품 및 식료품과 같은 산업에서 특히 중요하다. 특정 회분에 문제가 발생하면 해당 회분의 모든 제품을 식별하여 시장에서 회수할 수 있다. 그렇지 않으면 시판중인 모든 제품을 회수해야 한다.

회분 공정의 주요 문제점 중 하나는 회분 공정-회분 공정 간의 적합성이다. 작업을 약간 변경하면 회분 공정에서 제품도 약간 변경될 수 있다. 고급 및 특수 화학 물질은 일반적으로 회분 공정에서 제조된다. 그러나 이러한 제품은 종종 최종 제품의 불순물에 대해 매우 엄격한 허용 오차를 가지며, 회분 간 변동을 최소화할 것을 요구한다.

1.6 신규 설계와 개조 설계

공정 설계에서 발생할 수 있는 두 가지 상황이 있다. 첫 번째는 *신규* 또는 *풀뿌리*(grass-root) 설계이다. 두 번째로, 기존 공장을 *개조*(retrofit) 또는 *개선*하기 위해 설계가 수행되는 것이다. 기존 공장을 개조하려는 동기는 예를 들어 용량을 늘리거나, 원료 또는 제품 사양을 달리하거나, 운영 비용을 줄이거나, 안전을 개선하거나 환경 배출을 줄이는 것이다. 가장 일반적인 동기 중 하나는 용량을 늘리는 것이다. 개조를 수행할 때 동기 부여가 무엇이든 기존 장비를 가능한 한 효과적으로 사용하려고 시도하는 것이 바람직하다. 이것에 대한 기본적인 문제는 기존 장비의 설계가 새로운 장비의 역할에 이상적으로 적합하지 않을 수 있다는 것이다. 반면 장비를 재사용하면 새로운 역할에 이상적으로 적합하지 않더라도 새로운 장비에 대한 불필요한 투자를 피할 수 있다.

개조 작업을 수행할 때 장비 간의 연결을 재구성할 수 있다. 필요한 경우 장비 또는 기존 장비가 개조 시 필요한 장비와 크게 다를 경우 장비 간 연결을 재구성하는 것 외에도 장비 자체를 수정할 수 있다. 일반적으로 연결과 장비 모두에 대한 수정 사항이 적을수록 좋다.

가장 단순한 설계 상황은 설계 옵션과 장비 크기를 선택할 자유도가 가장 큰 풀뿌리 설계의 경우이다. 개조 설계 시에는 기존 장비의 제약 조건 내에서 설계를 하도록 시도해야 한다. 이 때문에 개조 설계의 궁극적인 목표는 분명하지 않다. 예를 들어 설계의 목적함수가 공장 용량을 50% 증가시키는 것이라고 하자. 공장의 기존 용량 한도에서 최소한 하나의 장비 항목의 그 장치의 최대 용량으로 존재해야 한다. 대부분의 장비의 항목이 그 장비의 최대 용량보다 낮을 수 있다. 기존 설계에서 장비의 다른 항목의 여유 용량의 차이는 원래 설계의 다른 설계 방법(또는 우연성), 설비의 상대적 작동 범위에 대한 원래 설계의 오류, 원래 설계 데이터의 오류 등이 있다. 최대 용량의 장비 항목은 용량 증가를 막는 *병목*(bottleneck) 현상이다. 따라서 *병목*을 극복하기 위해 장비 항목을 수정하거나 용량이 증가된 새 장비로 교체하거나, 새 항목을 기존 항목과 병렬 또는 직렬로 배치하거나, 기존 장비 간의 연결을 재계산해야 한다. 또는 이러한 모든 행동의 조합이 시행되어야 한다. 예를 들어, 발전소의 용량이 증가함에 따라 장비의 다른 항목이 최대 용량에 도달해야 한다. 따라서 장비의 다른 항목의 한계에 의해 생성되는 발전소 용량에는 임계값이 있을 것이다. 임계값보다 작은 용량을 가진 모든 장비는 임계값을 극복하기 위해 어떤 식으로든 수정되거나 시스템이 재구성되어야 한다. 각 임계값을 극복하려면 자본 투자가 필요하다. 기존 한계에서 용량이 증가함에 따라 설계 기준 중 하나를 증가시키더라도 투자가 반드시 늘어나는 것은 아니다. 예를 들어 용량이 50% 증가한 것과 달리 원래의 설계 한계 내에서 생산될 가능성도 있다.

개조 시 또 다른 중요한 문제는 수정하기 위해 필요한 가동 중단 시간이다. 공장이 수정되기 위해 중단되는 동안 손실된 생산 비용은 엄청나게 비쌀 수 있을 수도 있다. 따라서 개조를 위한 목표 중 하나는 짧은 종료를 위한 수정 설계일 수도 있다. 이는 종종 공정이 작동 중일 때 대량의 작업을 수행할 수 있는 수정 설계를 하는 것을 의미한다. 예를 들어, 새로운 장비는 공정이 종료될 때 잠시 최종 배관 연결로 설치될 수 있다. 주요 공정 구성 요소를 완전히 대체할 것인지 또는 기존 구성 요소와 직렬 또는 병렬로 작동하는 새로운 구성 요소로 보완할 것인지 결정하는 것은 개조에 필요한 가동 중단 시간에 수행되어야 할 중요한 요소라 할 수 있다.

1.7 안정성, 가용성 및 유지 보수성

이미 논의한 바와 같이 *가용성*은 종종 공정 설계에서 중요한 문제이다. 공장이 계획대로 작동하지 않으면 생산적이지 않다. 가용성은 전체 시간 중 공정이 생산 요구 사항을 충족하는 시간을 말한다. 가용성은 *안정성*과 *유지 보수*와 관련이 있다. *신뢰성*은 단위 시스템이 일정 기간 동안 작동할 확률이다(예, 8000시간 후에 95%의 생존 가능성을 가짐). 신뢰성은 고장 빈도를 정의하고 가동 시간 패턴을 결정한다. *유지 관리 가능성*은 단위 시스템을 수리하는 데 걸리는 시간을 의미하며, 이는 *가동 중간 시간*의 패턴을 결정한다. 가용성은 공정이 일정 기간 동안 생산 요구 사항을 위해 작동하는 가동 시간 백분율을 측정하여 정의하며 안정성 및 유지 관리 가능성에 의해 결정된다.

가용성은 여러 면에서 개선될 수 있다. 유지 관리 정책은 직접적인 영향을 미친다. *예방 정비*는 불필요한 고장을 막기 위해 사용될 수 있다. 상태를 *모니터링*할 수 있는 압축기와 같은 회전 장비의 진동 모니터링과 같은 기술을 사용하여 일찍 문제를 탐지하고 불필요한 고장을 방지할 수 있다. *대기* 구성 요소를 사용한 *스페어* 설계(*중복* 구성 요소)는 시스템 가용성을 높이는 일반적인 방법이다. 장비 라인이 하나이면 라인은 고장으로 인한 위험이 있을 수도 있다. 한 라인과 한 라인에 두 개가 있을 수도 있다. 이 두 장비라인은 여러 가지 방법으로 크기조절과 작동이 가능하다.

- 2 × 100% 온라인, 오프라인 스위치 오프
- 2 × 100% 온라인 1회, 오프라인 오프닝 1회

- 온라인 상태에서 2 × 50%, 시스템 용량이 50%로 줄었을 때
- 2회에서 75%로 2/3 용량에서 2/3 용량으로 작동 운영 체제이지만 장애가 발생하면 시스템 용량이 75%인 경우

펌프 및 압축기와 같은 회전 장비와 같은 크기가 큰 장비로 인해 경우에 따라 신뢰성이 높아질 수 있다. 대기 장비에 대한 최적의 정책을 결정하는 것은 복잡한 최적화 문제이고, 그 자본 비용, 운영 비용, 유지보수 비용 및 신뢰성 등이 고려되어야 한다.

1.8 공정 제어

기본 공정 구성이 확정되면 *제어 시스템*(control system)을 추가해야 한다. 제어 시스템은 원료 유량, 원료 조건, 원료 비용, 제품 요구 사항, 제품 사양, 제품 가격, 주변 온도 등의 변화와 같은 외부 *교란*의 영향을 보상한다. 안전한 작동을 보장하는 것은 제어 시스템의 가장 중요한 임무이다. 이는 공정 조건을 모니터링하고 이를 안전한 작동 한계 내에서 유지함으로써 달성된다. 조업이 안전한 조업 한계 내에서 유지하는 동안 제어 시스템은 외부 교란의 영향으로부터 공정 성능을 최적화해야 한다. 여기에는 제품 사양을 유지하고 생산 목표를 충족하며 원자재 및 유틸리티를 효율적으로 사용하는 것이 포함된다.

교란의 부정적인 영향을 없애기 위해 공정을 변경하는 제어 메커니즘이 도입된다. 또한 공장의 운영 성과를 측정한다. 이 *측정된 변수*는 온도, 압력, 유속, 성분 수준, pH, 밀도 및 입자 크기를 포함할 수 있다. *1차 측정*은 제어 목표를 직접 얻어내기 위해 수행될 수 있다(예, 통제가 필요한 직접 변수 측정). 제어 목표가 측정 가능하지 않다면 다른 변수에 대한 2차 측정이 이루어져야 하며, *2차 측정*은 제어 목표와 관련이 있어야 한다. 제어해야 할 변수를 측정한 후에는 제어 목표를 달성하기 위해 다른 변수를 *조작*해야 한다. 측정된 변수의 변화에 반응하고 공정을 제어하기 위해 다른 변수를 조작하는 제어 시스템이 설계되기도 한다.

연속 공정을 위한 공정 구성이 설계되고, 정상 상태에서 어떤 목표(예, 이익의 극대화)를 달성하기 위한 최적화가 이루어질 때 제어 시스템의 영향으로 그 전의 최적화된 공정이 지금 최적이 아닌 것으로 되게 할 수 있는가? 연속 공정조차도 공정은 항상 외란과 제어 목표의 영향에 응답하여 한 상태에서 다른 상태로 변화할 가능성이 높다. 대신에 공정 설계와 연속 공정의 최적화에서 *다중 조업 사례*를 고려하여 여러 가지 상태를 허용할 수 있다. 각 조업 사례는 해당 연도의 특정 비율로 운영되는 것으로 가정한다. 전반적인 정상 상태 설계 및 최적화에 대한 조업 사례의 기여도는 공장이 다른 상태에서 운영되는 시간의 비율에 따라 가중치가 적용된다.

이것이 다른 조건하의 조업을 고려하더라도 한 상태에서 다른 상태로의 동적 전환을 고려하지는 않는다. 이러한 일시적인 상태가 최적 상태에 중요한 영향을 미칠 가능성이 있는가? 전환되는 상태가 최적화된 목표 함수와 관련하여 전반적인 공정 성능에 중요한 영향을 미친다면, 공정 설계 및 제어 시스템 설계는 동시에 수행되어야 할 것이다. 공정과 제어 시스템의 동시 설계는 매우 복잡한 문제를 야기한다. 흥미로운 점은 연속 공정을 위한 정상 상태의 최적화가 공정과 제어 시스템의 동시 최적화와 비교되는 경우 두 공정 설계가 거의 동일하다는 것이 밝혀졌다는 점이다(Bansal *et al*., 2000a 2000b; Kookos and Perkins, 2001).

산업 실무는 먼저 공정 구성을 설계하고 최적화한 다음 필요에 따라 여러 상태를 고려한 다음 제어 시스템을 추가하는 것이다. 그러나 정상 상태 조건을 기반으로 한 설계 결정에 공정 동적거동이 고려되

면 제어 문제로 이어지지 않을 것이라는 보장은 없다. 예를 들어, 정상 상태 고려 사항을 기반으로한 설계 데이터의 불확실성 또는 향후 병목현상 해소 전망으로 인해 장비 항목이 만일의 사태를 대비해 그 크기가 너무 커질 수 있다. 공정 동역학이 고려되면, 이 대형 설비는 대형 설비 내의 공정 재료 재고가 많기 때문에 제어하기 어려울 수 있다. 공정 제어에 대한 접근 방식은 개별 공정 단계를 고립시키지 않고 전체 공정을 통제하는 접근법을 채택해야 한다(Luyben, Tyreu and Luyben, 1999).

제어 시스템 배치는 공정을 위한 *배관계장도*(piping and instrumentation diagram, P & ID)에 수록한다(Sinnott all Towler, 2009). 배관계장도는 공정 장비, 배관 연결부, 밸브, 파이프 피팅 및 제어 시스템을 보여주며, 모든 장비 및 연결이 표시된다. 여기에는 장비 및 연결의 주요 항목뿐만 아니라 기동, 종료, 유지 보수 작업 및 비정상 작동에 사용되는 대기 장비, 장비, 배관이 포함된다. 그림 1.10a에 매우 간단한 *공정 흐름도*를 나타내었다. 여기에는 장비의 주요 항목과 일반적인 공정 흐름만 표시된다. 이러한 공정 흐름도에 표시된 정보와 그 양식은 회사의 관행에 따라 다르다. 예를 들어 그림 1.10a는 구성 요소의 유량과 흐름 온도 및 압력을 보여준다. 대조적으로 그림 1.10b는 해당 배관 및 계장 도면을 보여준다. 이것은 시동, 정지, 유지 보수 및 비정상 작동에 사용되는 것과 모든 배관 연결 및 피팅을 포함하며 이 경우 대기 펌프를 포함한 모든 장비를 보여준다. 또한 제어 시스템의 레이아웃을 보여준다. 일반적으로 포함된 추가 정보는 장비의 식별 번호, 배관 연결, 제어 장비이다. 건축 자재에 대한 정보도 포함될 수 있다. 그러나 공정 흐름 및 조건에 대한 정보는 일반적으로 표시되지 않는다. 공정 흐름도와

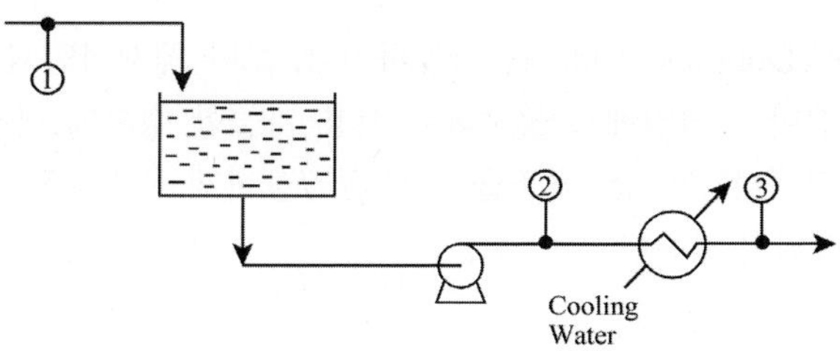

Line	1 Aqueous Recycle	2 Pump Discharge	3 Cooled Recycle
Water ($t \cdot h^{-1}$)	11.6	11.6	11.6
Salts ($t \cdot h^{-1}$)	0.37	0.37	0.37
Sulfuric Acid ($t \cdot h^{-1}$)	-	-	-
Total ($t \cdot h^{-1}$)	11.97	11.97	11.97
Temperature (°C)	60	60	30
Pressure (bar)	1.1	5.0	4.4

(a) 간략한 공정 흐름도

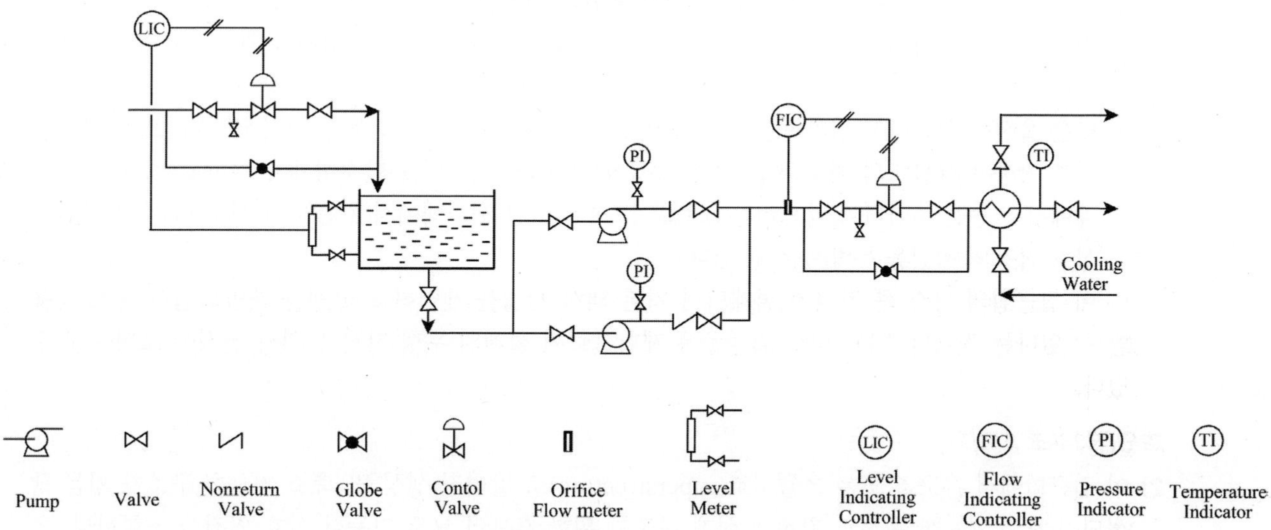

(b) P & ID

그림 1.10 ▸ 공정 흐름도(PFD)와 배관계장도(P & ID).

마찬가지로 배관 및 계장 다면의 형태는 여러 회사의 관행에 따라 다르다.

이 책에서는 공정 구성의 설계 및 최적화에 중점을 두며 공정 제어를 다루지는 않을 것이다. 공정 제어는 다양한 기술에 대한 전문 지식을 요구하며, 다른 전공 저술을 참고하기 바란다(Luyben, Tyreus and Luyben, 1999). 따라서 본문에서는 공정 흐름도를 작성하는 방법을 설명하지만, 배관 계장 도면에서 최종 엔지니어링 설계에 필요한 계장, 제어, 보조 파이프 및 밸브를 추가하는 마지막 단계는 수행하지 않는다.

1.9 화학공정 설계 및 통합 접근법

화학공정 설계 및 통합에는 넓은 의미에서 3가지 접근법이 있다.

비가역적 최적화

1) ***환원 불가능한 구조 만들기*** 첫 번째 접근법은 "양파 모델(onion logic)"을 따르고 반응기를 선택하여 설계를 시작한 다음 분리 및 재순환 시스템을 추가하여 바깥쪽으로 이동하는 식으로 진행된다. 각 계층에서 해당 단계에서 사용할 수 있는 정보에 기반을 두어 결정해야 한다. 완성된 설계를 미리 바라보는 능력(상상하는 능력)은 다른 결정을 이끌어낼 수 있다. 이 접근법에서는 불행히도 이것이 불가능하며, 대신 결정은 불완전한 그림을 기반으로 해야 한다.

설계를 만드는 이 접근 방식은 일련의 최상의 지역 최적 의사결정을 포함한다. 이는 경험에서 개발된 *경험적 방법*(heuristics)이나 *경험 법칙*(Douglas, 1985)을 사용하거나, 보다 체계적인 접근 방식을 기반으로 할 수도 있다. 장비는 불완전한 그림임에도 불구하고 사용 가능한 정보에 근거하여 경제적으로 정당화될 수 있는 경우에만 추가된다. 이것은 구조를 *환원 불가능*하게 유지하고 기술적으로 또는 경제적으로 중복되는 특징은 포함되지 않는다.

이 접근 방식에는 두 가지 단점이 있다.

a) 설계의 각 단계에서 다양한 결정이 가능하다. 최상의 결정이 내려졌는지 확인하려면 다른 옵션을 평가해야 한다. 그러나 각 옵션은 해당 옵션의 설계를 완료하고 작동 조건을 최적화하지 않으면 올바르게 평가될 수 없다. 즉, 최고의 설계를 찾기 위해서는 많은 설계를 완성하고 최적화해야 한다.

b) 많은 옵션을 완성하고 평가하는 것은 전역 최적 설계를 찾는 데 도움이 되지 않는다. 또한 복잡한 상호 작용은 흐름도의 여러 부분 간에 발생할 수 있다. 시스템을 단순하게 유지하고 초기 단계 설계에서 기능을 추가하지 않으려는 노력은 보다 복잡한 시스템에서 흐름도의 서로 다른 부분 간의 상호 작용의 이점을 누락시킬 수 있다.

이 접근법의 가장 큰 장점은 설계팀이 기본 의사 결정을 제어하고 설계를 개발되면서 상호 작용할 수 있다는 것이다. 기본 의사 결정을 통제함으로써 설계의 무형 자산을 의사 결정에 포함시킬 수 있다.

초월(온)구조 최적화

2) 이 접근법에서 *온구조 또는 초월구조*(superstructure)로 알려진 생성 및 *축소 가능한 구조*가 처음 생성되어 모든 가능한 옵션과 최적의 설계 구조를 위한 후보인 모든 가능한 상호 연결을 포함한다. 초기에는 과잉의 구조가 온구조에 내장되어 있다. 예를 들어, 그림 1.11(Kocis and Grossmann, 1988)을 생각해 보자. 이것은 톨루엔과 수소의 반응으로부터 벤젠을 제조하는 공정의 한 가능한 구조를

보여준다. 그림 1.11에서 수소는 소량의 메탄 불순물이 포함되어 공정으로 들어간다. 따라서 그림 1.11에서 분리막으로 수소 공급물을 정화하거나 공정에 직접 통과시키는 옵션이 포함되어 있다. 수소와 톨루엔을 혼합하고 반응 온도로 예열한다. 고온이 요구되기 때문에 이 경우에는 가열로만 실행 가능한 것으로 간주된다. 그런 다음 두 개의 대체 반응기 옵션인 등온 및 단열 반응기가 내장되어 있다. 최적의 솔루션에 포함될 수 있는 모든 기능이 포함되도록 하기 위해 중복 기능이 포함되었다.

다음으로 설계 문제는 다음으로 수학적 모델로 공식화된다. 설계 특징 중 일부는 연속적이며, 각 단위의 작동(예, 유속, 구성, 온도, 압력) 및 크기(예, 부피, 열전달 면적 등)를 설명한다. 다른 특징들은 이산적(즉, 흐름도의 연결이 포함되는지 여부, 막 분리기가 포함되는지 아닌지 여부, 즉 0 혹은 1 선택)이다. 일단 문제가 수학적으로 공식화되면, 그 해법은 최적화 알고리듬의 실행을 통해 수행된다. 구조 및 매개 변수 최적화에서 객관적인 기능이 최대화되거나 최소화된다(예를 들어 이익이 최대화되거나 비용이 최소화됨). 최적화를 통하여 모든 구조적 가능성의 존재를 정당화하고 경제적으로 정당화될 수 없는 구조는 삭제된다. 이러한 방식으로 구조의 복잡성이 감소되며, 동시에 작동 조건 및 장비 크기도 최적화된다. 실제로 공정 설계의 개별 의사 결정 측면은 개별/연속 최적화로 대체

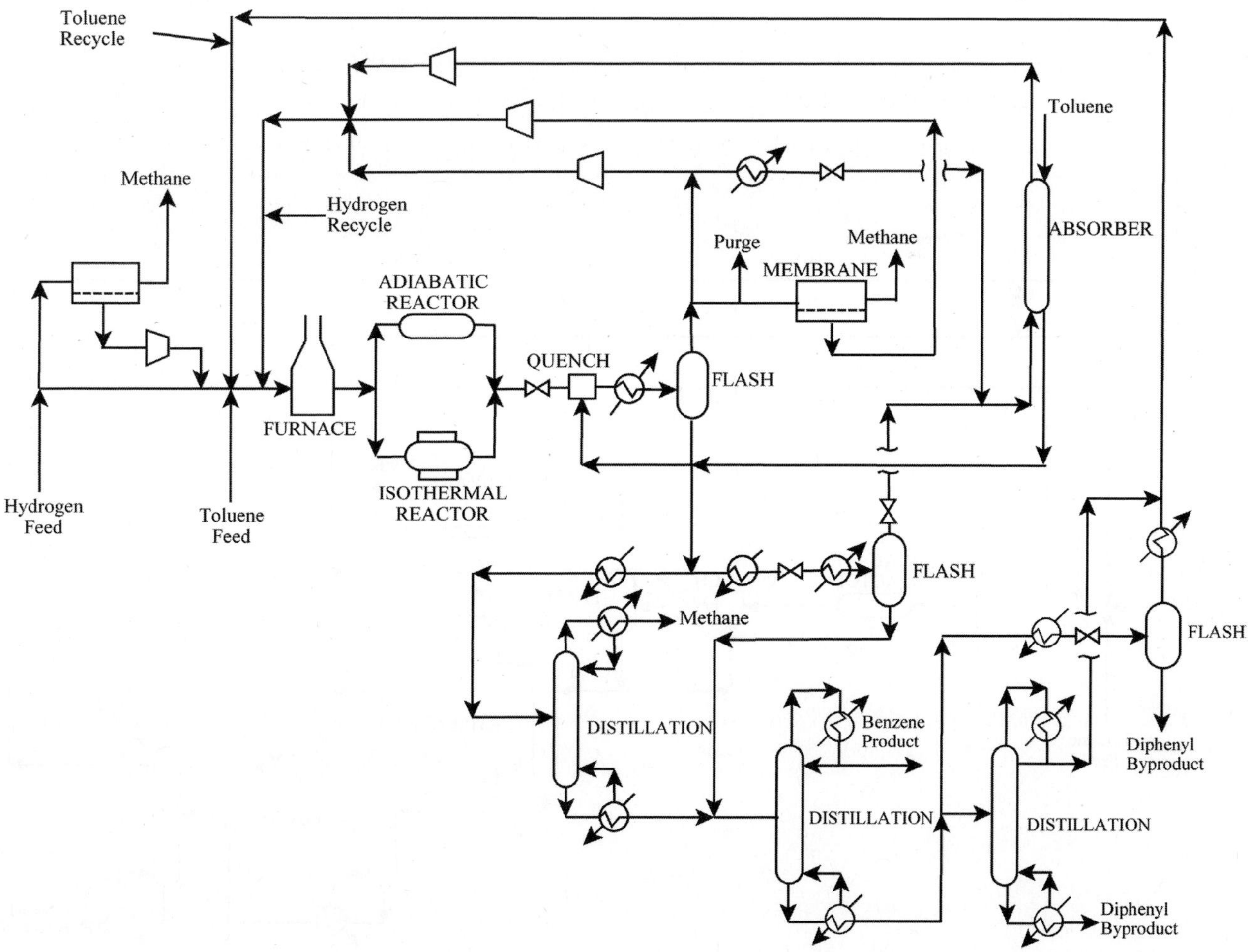

그림 1.11 ▸ **톨루엔과 수소로부터 벤젠을 제조하기 위한 온구조로서, 몇 가지 여분의 특징을 포함하고 있다.**
(Reproduced from Kocis GR and Grossman IE, *Comp Chem Eng*, **13**: 797, with permission from Elsevier.)

된다. 따라서 그림 1.11의 초기 구조는 그림 1.12와 같은 최종 설계로 구조가 축소되어 최적화된다 (Kocis and Grossmann, 1988). 그림 1.12에서 수소 공급 장치의 막 분리기는 등온 반응기와 그림 1.11에 표시된 초기 구조의 다른 많은 기능을 포함하여 최적화 과정 중에 제거되었다.

이 접근법에는 다음과 같은 많은 어려움이 있다.

a) 초기 구조가 최적의 구조를 포함하지 않으면 최적의 구조를 찾을 수 없다. 더 많은 옵션이 포함되어야 최적의 구조가 포함될 가능성이 높다.

b) 개별 단위 연산이 정확하게 표현된다면, 결과적으로 수학적 모델은 매우 커질 것이고, 최적화되어야 하는 목적 함수는 극히 불규칙할(비선형성이 큼) 것이다. 목적 함수의 모양은 많은 봉우리와 골짜기가 있는 산맥의 지형과 같을 수 있다. 목적 함수가 최대화되는 경우(예, 이익 극대화) 산맥의 지형 범위의 각 피크는 목적 함수에서 *지역 최적값*(local optimum)을 나타낸다. 최고 피크는 *전역 최적*을 나타낸다. 최적화는 두꺼운 안개 속에서 산 주위를 검색하여 지도와 방향을 나타내는 나침반과 높이를 표시하는 고도계 없이 최고봉을 찾는 작업이다. 어떤 피크의 꼭대기에 도달하면 안개 때문에 가장 높은 피크인지 여부를 알 수 있는 방법이 없다. 가장 높은 것을 찾으려면 모든 봉우리를 검색해야 한다. 거기로 빠져 나가기가 불가능할 수도 있는 깊은 골짜기가 있을 수 있다.

이러한 문제는 여러 가지 방법으로 해결할 수 있다. 첫 번째 방법은 해답 공간이 보다 규칙적이 되도록 모델을 변경하여 최적화를 단순화하는 것이다. 이것은 수학적 모델을 단순화하는 것을 의미한다. 두 번째 방법은 검색을 여러 번 반복하는 것이지만 다른 초기 위치에서 각각의 새로운 검색을

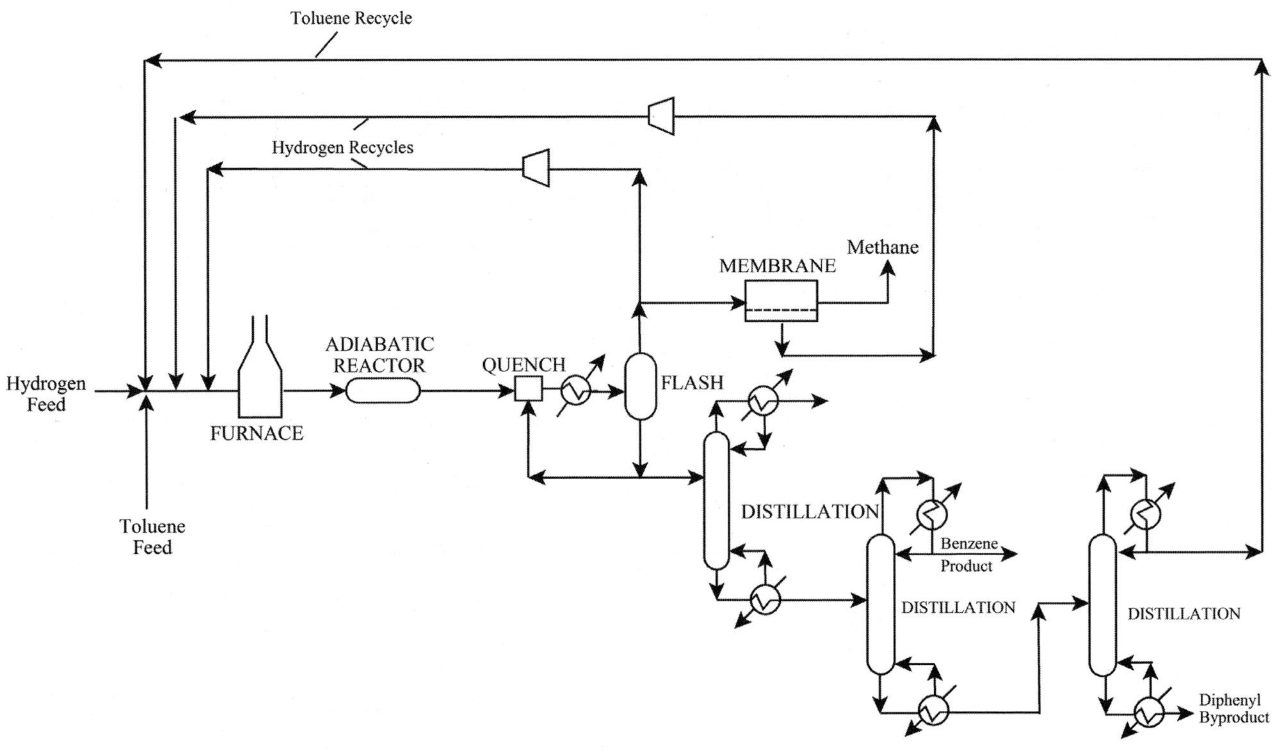

그림 1.12 ▸ 최적화는 최적화된 구조를 유지하면서 많은 구조적 특징을 폐기한다. (Reproduced from Kocis GR and Grossman IE, *Comp Chem Eng*, 13: 797, with permission from Elsevier.)

시작하는 것이다. 세 번째 방법은 전역적 최적을 발견할 수 있는 수학 표현의 일부 형태에 대한 수학적 변환과 경계 기법을 이용한다(Floudas, 2000). 네 번째 방법은 최적화를 통해 해답 공간을 검색하여 오르막뿐만 아니라 최적의 지점에서 내리막길도 더 높은 피크를 찾는 데 도움이 될 수 있는 가능성을 허용하는 것이다. 탐색이 진행됨에 따라 알고리듬이 내리막으로 움직일 수 있는 능력을 서서히 제거해야 한다.

c) 이 접근법의 가장 심각한 단점은 설계 엔지니어가 의사 결정에서 제외된다는 것이다. 따라서 수학적 공식에 포함하기 어려운 안전 및 설계배치와 같은 설계상의 많은 무형 자산을 만족스럽게 고려할 수 없다.

다른 한편, 이 접근법은 많은 장점을 가지고 있다. 많은 다른 설계 옵션을 동시에 고려할 수 있으며, 화학공정 설계에서 일반적으로 발생하는 복잡한 다중 상충 관계를 처리할 수 있다. 또한 전체 설계 절차가 자동화되어 설계를 빠르고 효율적으로 생성할 수 있다.

초기 설계의 진화적 최적화

3) ***초기 설계를 작성하고 구조 및 매개 변수 최적화를 통해 진화한다.*** 세 번째 접근법은 하나의 온구조를 만들고 최적화하는 진화적 변형이다. 이 접근법에서는 초기 설계가 먼저 작성된다. 이 온구조는 반드시 최적의 디자인을 위한 것은 아니며 중복 기능이 반드시 필요한 것이 아닌 단지 출발점일 뿐이다. 초기 설계는 최적화 알고리듬을 사용하여 구조 및 매개 변수 최적화를 통해 진화를 거친다. 초월(온)구조 접근법과 마찬가지로 설계 문제는 수학적 모델로 산출된다. 설계는 한 번에 한 단계씩 진화한다. 각 단계는 *이동*으로 알려져 있다. 진화의 각 이동은 흐름도의 연속 변수 중 하나(예, 유량, 구성, 온도 또는 압력)를 변경하거나 흐름도 구조를 변경시킬 수 있다. (적절한 연결과 함께) 장비를 삭제하거나 새로운 연결을 추가하거나 기존 연결을 삭제하는 것이다.

각각의 이동(진화)에서 객관적인 기능이 평가된다(예, 이익 또는 비용). 새로운 기능의 이동은 목적 기능을 향상시키기 위해 수행된다. 이 진화적 접근법에서는 온구조 접근법에 포함된 것과 동일한 구조 옵션이 허용될 수 있다. 구조 이동이 한 번에 하나씩 구조 형상을 추가하거나 삭제하면서 수행된다. 구조 이동 이외에 연속 이동도 흐름도 조건을 최적화하기 위해 수행된다.

이 접근법과 관련된 어려움은 온구조의 생성 및 최적화에 대한 어려움과 유사하다.

a) 구조 이동에 실패할 경우 최적의 구조를 찾기 위한 접근법은 이동 순서가 초기 설계에서 최적의 구조로 이어질 수 있도록 정의되지 않았다.

b) 어려움을 겪어야 하는 객관적인 기능은 매우 불규칙하다. 따라서 다시 매번 진화 과정이 전역 최적 문제가 된다. 이 방법에 대한 최적화 방법이나 진화는 이동 후 목적 함수가 악화되더라도 검색을 진행할 수 있다. 알고리듬이 저하된 목적 함수를 수용할 수 있는 능력은 최적화가 진행됨에 따라 서서히 제거된다.

c) 설계 엔지니어가 의사 결정에서 제외된다는 단점을 가지고 있다.

요약하면, 화학공정 설계에 대한 세 가지 일반적인 접근 방식에는 장단점이 있다. 그러나 실제로 사용되는 것이 무엇이든, 문제를 이해하기 위한 대용품이 없다.

여기에서는 설계의 각 단계에서 필요한 개념을 이해하는 데 집중한다. 이러한 이해는 화학공정 설계 및 통합의 중요한 부분 중 하나이다.

1.10 화학공정 설계 및 통합의 성격 – 요약

화학제품은 세 가지 광범위한 종류의 상품, 즉 범용(대량 생산), 정밀화학, 특수 화학 물질로 나눌 수 있다. 범용 화학제품은 저 부가가치로 대량 생산된다. 정밀 및 특수 화학제품은 고 부가가치의 저용량으로 제조되는 경향이 있다. 이러한 3가지 종류의 화학 물질의 제조를 위한 공정 설계의 우선순위는 다르다.

원래 설계 문제는 설계팀에게 제기되는데, 표면적으로는 잘 정의된 것처럼 나타나더라도 실제로는 잘 정의되어 있지 않은 경우가 종종 있다. 획일화되지 않은 각기 다른 기준에 따라 비교해야 한다.

설계는 설계 옵션을 합성한 다음 시뮬레이션 및 평가를 수행함으로써 시작된다. 시뮬레이션을 통해 세부 사항을 설계에 추가할 수 있다. 적절한 물리적 속성 상관관계 및 데이터를 선택하기 위해 시뮬레이션을 수행할 때는 주의를 기울여야 한다. 설계를 개발할 때 안전을 최대한 고려하여 설계를 본질적으로 안전하게 해야 한다. 구조 및 매개 변수 최적화를 수행하여 평가를 향상시킬 수 있다. 모든 설계 옵션은 잠재적인, 매력적인 옵션이 불확실한 데이터에 근거하여 부적절하게 제거될 수 있는 것을 피할 수 있도록 하기 위해 실행 가능한 한 열어 두어야 한다.

설계는 기존 공정의 신규 또는 개조일 수 있다. 디자인이 개조된 경우 새로운 목적에 이상적으로 적합하지 않더라도 기존 장비의 사용을 극대화해야 한다. 또 다른 목적은 수정을 수행하는 데 필요한 가동 중단 시간을 최소화하는 것이다.

연속 및 회분 공정 작업 모두 사용할 수 있다. 회분 공정은 일반적으로 소규모 및 특수 화학제품 생산에 적합하다.

화학공정 설계를 개발할 때 두 가지 기본 문제가 있다.

- 가능한 모든 구조를 식별할 수 있는가?
- 각 구조를 최적화하여 모든 구조를 유효한 기준으로 비교할 수 있는가?

반응기는 원료가 원하는 화학제품으로 변환되는 공정의 유일한 장소이기 때문에 반응기로부터 설계가 시작된다. 반응기 설계는 분리 및 재순환 문제를 제공한다. 함께, 반응기 설계 및 분리 및 재순환은 열교환망에 대한 가열 및 냉각 임무를 지시한다. 열회수로 충족될 수 없는 열량은 외부 냉난방 설비에 대한 필요성을 요구한다. 공정과 유틸리티 시스템은 모두 물에 대한 수요가 있고 수용성 유출물을 생성하여 물 시스템을 발생시킨다. 이 계층 구조는 그림 1.8의 "양파 모델"의 계층으로 표현된다. 회분 공정의 시간 차원이 추가 제약 조건을 초래하더라도 연속 및 회분 공정 설계는 이 계층을 따른다.

- 환원 불가능한 구조를 만든다(비가역 양파모델 최적설계법).
- 온구조 생성 및 최적화(온구조 수리적 최적설계법)
- 초기 설계를 작성하고 구조 및 매개 변수 최적화를 통해 진화한다(진화적 최적설계법).

이러한 접근 방식들에는 각기 장단점이 있다.

참고 문헌

Azapagic A (2014) Sustainability Considerations for Integrated Biorefineries, *Trends in Biotechnology*, **32**: 1.

Bansal V, Perkins JD, Pistikopoulos EN, Ross R and van Shijnedel JMG

(2000a) Simultaneous Design and Control Optimisation Under Uncertainty, *Comp Comput Chem Eng*, **24**: 261.

Bansal V, Ross R, Perkins JD, Pistikopoulos EN (2000b) The Interactions of Design and Control: Double Effect Distillation, *J Process Control*, **10**: 219.

Biegler LT, Grossmann IE and WesterbergAW(1997), *Systematic Methods of Chemical Process Design*, Prentice Hall.

Brennan D (1998) *Process Industry Economics*, IChemE, UK.

Cussler EL and Moggridge GD (2011) *Chemical Product Design*, 2nd Edition, Cambridge University Press.

Douglas JM (1985) A Hierarchical Decision Procedure for Process Synthesis, *AIChE J*, **31**: 353.

Floudas CA (2000) *Deterministic Global Optimization: Theory, Methods and Applications*, Kluwer Academic Publishers.

Kocis GR and Grossmann IE (1988) A Modelling and Decomposition Strategy

for the MINLP Optimization of Process Flowsheets, *Comp Comput Chem Eng*, **13**: 797.

Kookos IK and Perkins JD (2001) An Algorithm for Simultaneous Process Design and Control, *Ind Eng Chem Res*, 40: 4079.

Linnhoff B, Townsend DW, Boland D, Hewitt GF, Thomas BEA, Guy AR and Marsland RH (1982) *A User Guide on Process Integration for the Efficient Use of Energy*, IChemE, Rugby, UK.

Luyben WL, Tyreus BD and Luyben ML (1999) *Plant-wide Process Control*, McGraw-Hill.

Seider WD, Seader JD, Lewin DR and Widagdo S (2010) *Product and Process Design Principles*, 3rd Edition, John Wiley & Sons, Inc.

Sharratt PN (1997) *Handbook of Batch Process Design*, Blackie Academic and Professional.

Sinnott R and Towler G (2009) *Chemical Engineering Design*, 5th Edition, Butterworth-Heinemann, Oxford, UK.

Smith R and Linnhoff B (1988) The Design of Separators in the Context of Overall Processes, *Trans IChemE ChERD*, **66**: 195.

스미스의

제2판

화학공정설계

Chemical Process

Design and Integration

제 2 장 화학 반응기의 선정

Chemical Reactors I – Reactor Performance

공정설계가 반응기로부터 시작되므로 첫 번째 결정은 반응기를 선정하는 것이다. 이 결정은 전체 설계를 통하여 가장 중요한 것 중의 하나이다. 좋은 반응기 성능은 전체 설계의 경제성을 결정하는 데 있어서 극히 중요하며, 공정의 환경적 영향을 결정짓는 데에도 근본적으로 중요하다. 반응기에서는 원하는 생산물과 더불어 원치 않는 부산물도 생산된다. 이 원치 않는 부산물은 환경문제를 유발한다. 후에 논의하겠지만 환경문제에 대한 최선의 해법은 처리 방법을 고심해서 만드는 것이 아니라 처음부터 폐기물을 생산하지 않는 것이다.

생산물의 사양이 정해지면 생산물이 만들어지는 *반응 경로*를 결정해야 한다. 생산물은 몇 가지 다른 반응 경로를 가질 수 있다. 예를 들어, 에탄올은 에틸렌과 물을 반응하여 만들 수도 있고, 메탄올 합성 가스(일산화탄소와 수소의 혼합물)을 사용하여 생산할 수도 있다. 세 번째 반응 경로는 *생화학 반응*(또는 *발효*)으로 생화학 배양 반응조에서 미생물을 배양하는 방법이 있다. 탄수화물을 사용하여 *미생물* 배양으로 에탄올을 만든다.

대부분의 공정에서 반응에 대한 촉매가 알려질 경우에는 촉매를 이용한다. 이 경우의 전략은 촉매와 반응 시스템에 필요한 조업 조건 및 이상적 특성을 선택하는 것이다. 반응기의 다음 인자들에 대한 결정이 내려져야 한다.

- 반응기 종류
- 촉매
- 크기(부피)
- 조업 조건(압력, 온도)
- 상
- 원료 조건(농도, 온도, 압력)

그 후 설계가 계속 진행될 수 있도록 실제 반응기를 선정하게 되는데, 되도록이면 가장 이상형에 가깝도록 선택한다. 그러나 반응기 설계는 이후 논의하겠지만 공정도의 다른 부분에 상당한 영향을 미치므로 이 단계에서 확정될 수는 없다. 여기에서는 이 책의 논의 범위를 벗어나는 반응기의 상세 크기 결정[자세한 내용은 Levenspiel(1999), Denbigh와 Turner(1984), Rase(1977) 참조]이 아닌 반응기의 선정에만 관심을 국한하도록 한다.

2.1 반응 경로

어떤 생산물을 만드는 목표가 주어졌을 때, 그 생산물로 이르는 많은 대안적인 *반응 경로*(reaction path)가 존재한다. 가장 싼 원료물질을 사용하면서 가장 적은 양의 부산물을 생성하는 반응 경로가 선호된다. 많은 양의 원치 않는 부산물이 생산되는 반응 경로는 중대한 환경적 문제를 유발하기 때문에 피해야 한다.

그러나 이것 외에도 많은 다른 인자들이 반응 경로를 선택할 때 고려되어야 한다. 어떤 것은 원료물질과 부산물의 미래 가격에 대한 불확실성과 같은 상업적인 인자일 수 있으며, 또는 안전 및 에너지 소비와 같은 기술적인 인자일 수도 있다.

적절한 촉매의 부재는 새로운 반응 경로의 개발을 방해하는 가장 일반적인 원인이다. 설계 초기 단계에서 선택된 한 반응 경로나 다른 경로에 의한 모든 결과를 미리 파악할 수는 없으나, 일부는 초기 단계에서도 명확히 알 수 있다. 다음 예를 고려하자.

예제 2.1

염화비닐을 생산하고자 할 때 최소한 아래 세 가지의 쉽게 이용할 수 있는 반응 경로가 있다(Rudd, Powers and Siirola, 1973).

경로 1

$$\underset{\text{acetylene}}{C_2H_2} + \underset{\text{hydrogen chloride}}{HCl} \longrightarrow \underset{\text{vinyl chloride}}{C_2H_3Cl}$$

경로 2

$$\underset{\text{ethylene}}{C_2H_4} + \underset{\text{chlorine}}{Cl_2} \longrightarrow \underset{\text{dichloroethane}}{C_2H_4Cl_2}$$

$$\underset{\text{dichloroethane}}{C_2H_4Cl_2} \xrightarrow{\text{heat}} \underset{\text{vinyl chloride}}{C_2H_3Cl} + \underset{\text{hydrogen chloride}}{HCl}$$

경로 3

$$\underset{\text{ethylene}}{C_2H_4} + \underset{\text{oxygen}}{{}^1\!/_2O_2} + \underset{\text{hydrogen chloride}}{2HCl} \longrightarrow \underset{\text{dichloroethane}}{C_2H_4Cl_2} + \underset{\text{water}}{H_2O}$$

$$\underset{\text{dichloroethane}}{C_2H_4Cl_2} \xrightarrow{\text{heat}} \underset{\text{vinyl chloride}}{C_2H_3Cl} + \underset{\text{hydrogen chloride}}{HCl}$$

반응 경로에 포함된 물질들의 시장가격과 분자량이 표 2.1에 주어졌다.

이 단계에서 산소는 대기로부터 구할 수 있는 것으로 한다. 어떤 반응 경로가 원료비용과 생산물 및 부산물 가격을 기준으로 볼 때 가장 합당한가?

표 2.1 ▸ 예제 2.1의 물질들에 대한 분자량과 가격

Material	Molar mass ($kg \cdot kmol^{-1}$)	Value ($\$ \cdot kg^{-1}$)
Acetylene	26	1.0
Chlorine	71	0.23
Ethylene	28	0.58
Hydrogen chloride	36	0.39
Vinyl chloride	62	0.46

›풀이

결정은 공정의 잠재 경제성(economic potential)을 기준으로 내릴 수 있다. 이 단계에서 우리가 할 수 있는 최선은 아래와 같이 *잠재 경제성*(EP)을 정의하는 것이다.

$$EP = (\text{생산제품의 가격}) - (\text{원료비용})$$

경로 1

$$EP = (62 \times 0.46) - (26 \times 1.0 + 36 \times 0.39)$$
$$= -11.52\ \$ \cdot kmol^{-1} \text{ vinyl chloride product}$$

경로 2

$$EP = (62 \times 0.46 + 36 \times 0.39) - (28 \times 0.58 + 71 \times 0.23)$$
$$= 9.99\ \$ \cdot kmol^{-1} \text{ vinyl chloride product}$$

이것은 염산 부산물의 판매를 가정한 것이며, 판매를 할 수 없는 경우에는

$$EP = (62 \times 0.46) - (28 \times 0.58 + 71 \times 0.23)$$
$$= -4.05\ \$ \cdot kmol^{-1} \text{ vinyl chloride product}$$

경로 3

$$EP = (62 \times 0.46) - (28 \times 0.58 + 2 \times 36 \times 0.39)$$
$$= -15.8 \text{ \$·kmol}^{-1} \text{ vinyl chloride product}$$

경로 1과 3은 부적절하며, 오로지 경로 2에서 염산 부산물을 팔 수 있을 때 양의 잠재 경제성을 보여준다. 실제로는 염산 시장이 한정되는 경우가 많으므로 이 또한 매우 어려울 수 있다.

가격 면으로도 비싼 염산보다는 아세틸렌과 염소를, 또 이보다 덜 비싼 에틸렌을 이용하는 공정이 선호된다. 염산보다는 염소가 전해전지를 이용해 훨씬 더 쉽고 저렴하게 공급된다. 아울러 부산물이 없는 것을 선호한다.

예제 2.2

예제 2.1의 반응 경로들로부터 에틸렌과 염소를 원료로 하여 물 이외의 부산물이 나오지 않는 공정을 고안하라. 그 공정은 경제적으로 타당하게 보이는가?

›풀이

세 반응 경로의 화학양론을 살펴보면 네 번째 경로는 경로 2와 3을 조합함으로써 얻어질 수 있음을 알 수 있다.

경로 2와 3

$$\underset{\text{ethylene}}{C_2H_4} + \underset{\text{chlorine}}{Cl_2} \longrightarrow \underset{\text{dichloroethane}}{C_2H_4Cl_2}$$

$$\underset{\text{ethylene}}{C_2H_4} + \underset{\text{oxygen}}{\tfrac{1}{2}O_2} + \underset{\text{hydrogen chloride}}{2HCl} \longrightarrow \underset{\text{dichloroethane}}{C_2H_4Cl_2} + \underset{\text{water}}{H_2O}$$

$$\underset{\text{dichloroethane}}{2C_2H_4Cl_2} \xrightarrow{\text{heat}} \underset{\text{vinyl chloride}}{2C_2H_3Cl} + \underset{\text{hydrogen chloride}}{2HCl}$$

이들 세 반응을 더하여 전체 화학양론 식을 얻으면,

경로 4

$$\underset{\text{ethylene}}{2C_2H_4} + \underset{\text{chlorine}}{Cl_2} + \underset{\text{oxygen}}{\tfrac{1}{2}O_2} \longrightarrow \underset{\text{vinyl chloride}}{2C_2H_3Cl} + \underset{\text{water}}{H_2O}$$

또는

$$\underset{\text{ethylene}}{C_2H_4} + \underset{\text{chlorine}}{\tfrac{1}{2}Cl_2} + \underset{\text{oxygen}}{\tfrac{1}{4}O_2} \longrightarrow \underset{\text{vinyl chloride}}{C_2H_3Cl} + \underset{\text{water}}{\tfrac{1}{2}H_2O}$$

이제 잠재 경제성은 다음과 같이 주어진다.

$$EP = (62 \times 0.46) - (28 \times 0.58 + 1/2 \times 71 \times 0.23)$$
$$= 4.12 \text{ \$·kmol}^{-1} \text{ vinyl chloride product}$$

요약하면, 예제 2.1의 경로 2가 염산의 시장이 클 경우 가장 괜찮은 반응 경로가 된다. 실제로는 이러한 공정에서 생산된 많은 양의 염산을 판다는 것은 어려운 일이다. 결국 경로 4가 염화비닐 생산을 위한 일반적인 상업적 방법이다.

2.2 반응 시스템의 종류

반응 경로를 선정하기 위해서는 반응기 조건에 대한 평가와 반응기 종류의 선정이 필요하다. 이는 선정된 반응 경로에 대한 반응기 성능의 평가를 가능하게 하여 설계를 진행하도록 해준다.

반응기와 운전 조건의 선정에 대한 논의에 앞서, 직면할 수 있는 반응 시스템 종류에 관한 일반적 분류가 수행되어야 한다. 반응 시스템은 대략 다섯 가지로 분류할 수 있다.

1) ***단일 반응*** 대부분의 반응 시스템은 복합 반응을 포함한다. 실제로는 단일 *주*(primary) 반응만 고려 대상으로 남고 *부*(secondary) 반응은 때로 무시될 수 있다. 단일 반응의 종류는

$$FEED \longrightarrow PRODUCT \tag{2.1}$$

또는

$$FEED \longrightarrow PRODUCT + BYPRODUCT \tag{2.2}$$

또는

$$FEED\,1 + FEED\,2 \longrightarrow PRODUCT \tag{2.3}$$

등이 있다.

부산물을 생산하지 않는 이러한 반응 부류의 예는 프로필렌 산화물로부터 *isomerization*(반응물이 화학조성은 같으나 구조가 다른 생산물을 얻는 반응)이다.

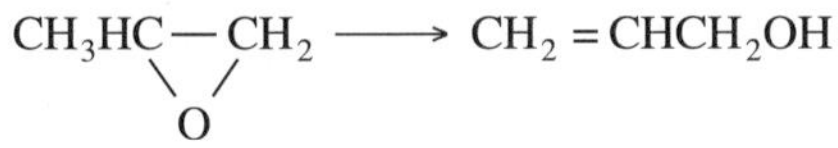

propylene oxide　　　　allyl alcohol

부산물을 생산하는 반응의 예로는 수소 부산물이 나오는 이소프로필로부터 아세톤을 생산하는 반응이 있다.

$$\underset{\text{isopropyl alcohol}}{(CH_3)_2CHOH} \longrightarrow \underset{\text{acetone}}{CH_3COCH_3} + H_2$$

2) *부산물이 동시에 생산되는 병렬 복합 반응* 어떤 시스템은 단일 반응보다는 주 반응과 함께 (추가의) 부산물이 생산되는 부 반응을 포함할 수도 있다. 병렬 복합 반응의 종류는

$$\begin{array}{l} FEED \longrightarrow PRODUCT \\ FEED \longrightarrow BYPRODUCT \end{array} \tag{2.4}$$

또는

$$\begin{array}{l} FEED \longrightarrow PRODUCT + BYPRODUCT\,1 \\ FEED \longrightarrow BYPRODUCT\,2 + BYPRODUCT\,3 \end{array} \tag{2.5}$$

또는

$$\begin{array}{l} FEED\,1 + FEED\,2 \longrightarrow PRODUCT \\ FEED\,1 + FEED\,2 \longrightarrow BYPRODUCT \end{array} \tag{2.6}$$

등이 있다.

병렬반응 시스템의 예는 에틸렌 산화물의 생산에서 나타난다.

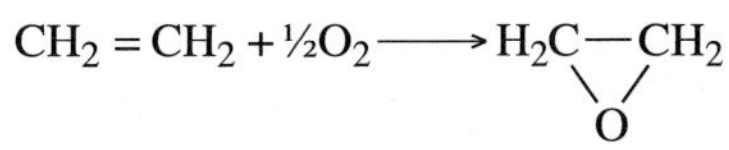

ethylene　oxygen　ethylene oxide

병렬 반응은

$$\underset{\text{ethylene}}{CH_2 = CH_2} + \underset{\text{oxygen}}{3O_2} \longrightarrow \underset{\text{carbon dioxide}}{2CO_2} + \underset{\text{water}}{2H_2O}$$

3) *부산물을 생산하는 직렬 복합 반응* 주 반응과 부 반응이 동시에 일어나기보다는 순차적으로 일어날 수 있다. 직렬 복합 반응의 종류는

$$\begin{array}{l} FEED \longrightarrow PRODUCT \\ PRODUCT \longrightarrow BYPRODUCT \end{array} \tag{2.7}$$

또는

$$\begin{aligned} &FEED \longrightarrow PRODUCT + BYPRODUCT1 \\ &PRODUCT \longrightarrow BYPRODUCT2 + BYPRODUCT3 \end{aligned} \tag{2.8}$$

또는

$$\begin{aligned} &FEED\,1 + FEED\,2 \longrightarrow PRODUCT \\ &PRODUCT \longrightarrow BYPRODUCT\,1 + BYPRODUCT\,2 \end{aligned} \tag{2.9}$$

등이 있다.

직렬 복합반응 시스템의 예로는 메탄올로부터 포름알데히드의 생산이 있다.

$$\underset{\text{methanol}}{CH_3OH} + \underset{\text{oxygen}}{{}^1\!/_2O_2} \longrightarrow \underset{\text{formaldehyde}}{HCHO} + \underset{\text{water}}{H_2O}$$

포름알데히드의 직렬 반응은

$$\underset{\text{formaldehyde}}{HCHO} \longrightarrow \underset{\text{carbon monoxide}}{CO} + \underset{\text{hydrogen}}{H_2}$$

4) ***부산물을 생산하는 병렬과 직렬 혼합 반응*** 보다 복잡한 반응 시스템에서는 병렬과 직렬 반응이 동시에 일어날 수 있다. 병렬과 직렬이 혼합된 반응의 종류로는

$$\begin{aligned} &FEED \longrightarrow PRODUCT \\ &FEED \longrightarrow BYPRODUCT \\ &PRODUCT \longrightarrow BYPRODUCT \end{aligned} \tag{2.10}$$

또는

$$\begin{aligned} &FEED \longrightarrow PRODUCT \\ &FEED \longrightarrow BYPRODUCT\,1 \\ &PRODUCT \longrightarrow BYPRODUCT\,2 \end{aligned} \tag{2.11}$$

또는

$$\begin{aligned} &FEED\,1 + FEED\,2 \longrightarrow PRODUCT \\ &FEED\,1 + FEED\,2 \longrightarrow BYPRODUCT\,1 \\ &PRODUCT \longrightarrow BYPRODUCT\,2 + BYPRODUCT\,3 \end{aligned} \tag{2.12}$$

병렬과 직렬 혼합 반응의 예로는 에틸렌 산화물과 암모니아의 반응에 의한 에탄올아민의 생산이 있다(Waddams, 1978).

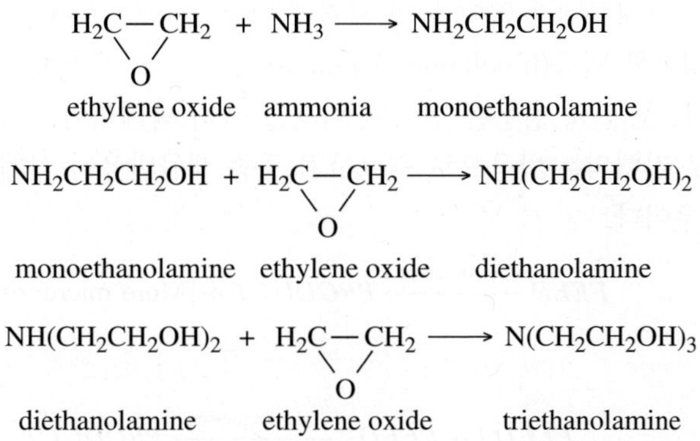

여기서 에틸렌 산화물이 병렬 반응을 하는 반면 모노에탄올아민은 디에탄올아민과 트리에탄올아민

으로의 직렬 반응을 한다.

5) *중합 반응* 중합 반응(polymerization reaction)은 *정지단계*(termination step)를 갖는 부류와 그렇지 않은 부류의 두 가지 종류가 있다. 정지단계를 포함하는 예는 알켄 분자의 자유 라디칼 중합을 들 수 있다. 이 경우 중합은 peroxide와 같은 개시제 화합물로부터의 자유 라디칼을 필요로 한다. 개시제는 분해하여 자유 라디칼(예, $\bullet CH_3$ 또는 $\bullet OH$)을 형성하고, 이는 알켄 분자에 붙어서 또 다른 자유 라디칼을 생성한다. 자유 라디칼 개시제 •R로부터의 염화비닐 중합을 고려해보자. 처음에는 *개시단계*(initiation)가 일어난다.

$$\underset{\text{initiator}}{\dot{R}} + \underset{\text{vinyl chloride}}{CH_2 = CHCl} \longrightarrow \underset{\text{vinyl chloride free radical}}{RCH_2 - \dot{C}HCl}$$

활성 중심(active center) 주위의 성장을 포함하는 *전개단계*(propagation step)가 뒤따른다.

$$RCH_2 - \dot{C}HCl + CH_2 = CHCl \longrightarrow RCH_2 - CHCl - CH_2 - \dot{C}HCl$$

계속되어 아래 구조를 가진 분자로 이른다.

$$R - (CH_2 - CHCl)_n - CH_2 - \dot{C}HCl$$

마침내 이 사슬은 라디칼이 소모되기만 하고 생성되지는 않는 라디칼 결합단계에 의해 종료된다.

$$\begin{aligned}&R - (CH_2 - CHCl)_n - CH_2 - \dot{C}HCl + \dot{C}HCl - CH_2 - (CHCl - CH_2)_m - R \longrightarrow \\ &R - (CH_2 - CHCl)_n - CH_2 - CHCl - CHCl - CH_2 - (CHC1 - CH_2)_m - R\end{aligned}$$

이 *정지단계*는 고분자 사슬의 성장을 멈추게 한다. 사슬 길이가 커지는, 즉 종료 이전 기간은 고분자의 *활성수명*(active life)으로 알려져 있다. 다른 정지단계도 가능하다.

정지단계가 없는 중합 반응의 예는 *축중합*이다(Denbigh and Turner, 1984).

$$\begin{aligned}&HO - (CH_2)_n - COOH + HO - (CH_2)_n - COOH \\ &\longrightarrow HO - (CH_2)_n - COO - (CH_2)_n - COOH + H_2O\end{aligned}$$

여기서 고분자는 정지단계가 없이 물의 제거에 따른 연속적인 에스터화 반응에 의해 자란다.

6) *생화학 반응* 생화학 반응(biochemical reaction)은 종종 *배양*(fermentation)으로 불리며, 넓게 두 가지로 분류한다. 첫 번째 경우는 선택된 미생물(특히 박테리아, 이스트, 곰팡이, 해조류) 내에서 신진대사 과정으로 진행되는 반응으로 원료물질(종종 생물반응기 설계 시 *기질*로 불림)이 원하는 생산물로 바뀌는 경우이다.

$$FEED \xrightarrow{\text{microorganisms}} PRODUCT + [\text{More microorganisms}] \tag{2.13}$$

또는

$$FEED\ 1 + FEED\ 2 \xrightarrow{\text{microorganisms}} PRODUCT + [\text{More microorganisms}] \tag{2.14}$$

등이 있다.

이런 반응은 미생물이 복제되며, 마치 먹이를 주듯이 원료물질을 추가할 때 미생물이 살아남도록 하는 것이 필요하다.

$$\underset{\text{glucose}}{C_6H_{12}O_6} + \tfrac{3}{2}O_2 \longrightarrow \underset{\text{citric acid}}{HOOCCH_2COH(COOH)CH_2COOH} + 2H_2O$$

두 번째로 효소에 의해 진행되는 것이다. 효소는 미생물에서 생성되는 단백질 촉매이며, 미생물 내에서 화학반응을 가속화시킨다.

$$FEED \xrightarrow{\text{enzyme}} PRODUCT \tag{2.15}$$

미생물내의 반응과 달리 효소반응은 촉매물질이 스스로 복제되지 않는다. 한 예가 글루코스를 프룩토스로 변환시키는 isomerization(구조만 바뀜) 반응이다.

$$\underset{\text{glucose}}{CH_2OH(CHOH)_4CHO} \xrightarrow{\text{enzyme}} \underset{\text{fructose}}{CH_2OHCO(CHOH)_3CH_2OH}$$

생화학 반응은 온화한 온도와 압력 반응 조건에서 일어나고, 액상 반응기에서 주로 일어나며, 유기용매를 사용하지 않는 장점이 있다.

2.3 반응기의 성능

어떻게 반응기 조건들을 선정하는지에 대해 살펴보기에 앞서, 반응기 성능에 대한 어떤 척도가 필요하다.

중합 반응기의 경우, 성능에 대한 가장 중요한 척도는 고분자 생산물에서의 분자량 분포이다. 분자량 분포는 그 고분자의 기계적 성질을 말해 준다. 다른 부류의 반응기에 대해서는 세 가지 중요한 매개변수가 성능을 나타내기 위하여 사용된다(Wells and Rose, 1986).

$$\text{전환율(coversion)} = \frac{(\text{반응기에서 소모된 반응물})}{(\text{반응기로 }\textit{공급된}\text{ 반응물})} \tag{2.16}$$

$$\text{선택도(selectivity)} = \frac{(\text{생산된 원하는 생산물})}{(\text{반응기에서 }\textit{소모된}\text{ 반응물}) \times \text{화학양론 인자}} \tag{2.17}$$

$$\text{반응기 수율(reactor yield)} = \frac{(\text{생산된 원하는 생산물})}{(\text{반응기로 }\textit{공급된}\text{ 반응물}) \times \text{화학양론 인자}} \tag{2.18}$$

여기서 화학양론 인자는 생산물 몰당 요구되는 반응물의 화학양론 몰이다. 하나 이상의 반응물(또는 원하는 생산물)이 필요한 경우 식 (2.16)~(2.18)이 각 반응물(또는 생산물)에 적용될 수 있다.

다음 예제는 이들 세 매개변수 간의 차이를 명확히 이해하는 데 도움을 줄 것이다.

예제 2.3

다음 반응에 의해 톨루엔으로부터 벤젠이 생산된다.

$$\underset{\text{toluene}}{C_6H_5CH_3} + \underset{\text{hydrogen}}{H_2} \longrightarrow \underset{\text{benzene}}{C_6H_6} + \underset{\text{methane}}{CH_4}$$

생성된 벤젠 중 일부는 계속해서 다음의 부 반응에 의해 원치 않는 부산물인 디페닐로 전환된다.

$$\underset{\text{benzene}}{2C_6H_6} \rightleftharpoons \underset{\text{diphenyl}}{C_{12}H_{10}} + \underset{\text{hydrogen}}{H_2}$$

표 2.2 ▸ 예제 2.3의 반응기 원료와 유출물 흐름

Component	Inlet flowrate ($kmol \cdot h^{-1}$)	Outlet flowrate ($kmol \cdot h^{-1}$)
H_2	1858	1583
CH_4	804	1083
C_6H_6	13	282
$C_6H_5CH_3$	372	93
$C_{12}H_{10}$	0	4

표 2.2는 배출 흐름과 반응기 원료의 조성을 보여준다. (a) 톨루엔 원료와 (b) 수소 원료에 대하여 전환율, 선택도, 반응기 수율을 계산하라.

›풀이

a)

$$\text{Toluene conversion} = \frac{\text{(Toluene consumed in the reactor)}}{\text{(Toulene fed to the reactor)}} = \frac{372-93}{372} = 0.75$$

$$\text{Stoichiometric factor} = \text{Stoichiometric moles of toluene required per mole of benzene produced} = 1$$

$$\text{Benzene selectivity from toluene} = \frac{\text{(Benzene produced in the reactor)}}{\text{(Toluene consumed in the reactor)}} \times \text{Stoichiometric factor} = \frac{282-13}{372-93} \times 1 = 0.96$$

$$\text{Reactor yield of benzene from toluene} = \frac{\text{(Benzene produced in the reactor)}}{\text{(Toluene fed to the reactor)}} \times \text{Stoichiometric factor} = \frac{282-13}{372} \times 1 = 0.72$$

b)

$$\text{Hydrogen conversion} = \frac{\text{(Hydrogen consumed in the reactor)}}{\text{(Hydrogen fed to the reactor)}} = \frac{1858-1583}{1858} = 0.15$$

$$\text{Stoichiometric factor} = \text{Stoichiometric moles of hydrogen required per mole of benzene produced} = 1$$

$$\text{Benzene selectivity from hydrogen} = \frac{\text{(Benzene produced in the reactor)}}{\text{(Hydrogen consumed in the reactor)}} \times \text{Stoichiometric factor} = \frac{282-13}{1858-1583} \times 1 = 0.98$$

$$\text{Reactor yield of benzene from hydrogen} = \frac{\text{(Benzene produced in the reactor)}}{\text{(Hydrogen fed to the reactor)}} \times \text{Stoichiometric factor} = \frac{282-13}{1858} \times 1 = 0.14$$

이 공정에 공급되는 원료가 두개이므로 반응기 성능은 두 원료 모두에 대해 계산될 수 있다. 그러나 톨루엔이 수소보다 훨씬 고가이기 때문에 톨루엔에 대한 성능이 주된 관심사가 된다.

만약 반응이 가역적이라면 도달할 수 있는 최대 전환율, 즉 *평형 전환율*이 존재하며 그것은 1.0보다 적다. 반응물의 몰비, 온도 및 압력이 고정되면 평형 전환율도 고정된다.

반응기 성능을 논의하는 데 있어서 일반적으로 선택도가 반응기 수율보다 더 의미 있는 매개변수이다. 반응기 수율은 소모된 반응물보다는 반응기에 투입된 반응물에 기준한다. 명백히 투입된 반응물 중의 일부는 명백히 새 공급물이라기보다는 재순환된 물질일 수도 있다. 이와 같은 이유로 반응기 수율은

미전환된 원료물질의 분리 및 재순환 능력을 고려하지 않는다. 반응기 수율은 어떤 이유로든 미전환 원료물질이 반응기 입구로 재순환될 수 없는 경우에 한하여 의미 있는 매개변수가 된다. 대조적으로 전체 공정의 수율은 후에 논의되는 바와 같이 전체 공장의 성능을 묘사하는 데 있어서 매우 중요한 매개변수이다.

2.4 반응속도

반응속도를 정의하기 위해 한 성분이 선정되어야 하고, 그 성분을 기준으로 정의해야 한다. 반응속도는 주어진 시간에 반응 혼합물의 단위 부피에 대한 생성된 성분의 몰수로 정의된다.

$$r_i = \frac{1}{V}\left(\frac{dN_i}{dt}\right) \tag{2.19}$$

여기서 r_i = 성분 i의 반응속도(kmol·m^{-3}·s^{-1})
N_i = 생성되는 성분 i의 몰(kmol)
V = 반응 부피(m^3)
t = 시간(s)

만약 반응기 부피가 주어진다면(V = constant),

$$r_i = \frac{1}{V}\left(\frac{dN_i}{dt}\right) = \frac{d\,N_i/V}{dt} = \frac{dC_i}{dt} \tag{2.20}$$

여기서 C_i는 성분 i의 몰농도(kmol·m^{-3}) 성분이 반응물인 경우 속도는 음의 값이고, 제품인 경우 양의 값이다. 예를 들어, 일반적인 비가역 반응의 경우

$$bB + cC + \cdots \longrightarrow sS + tT + \cdots \tag{2.21}$$

반응속도는 다음과 같이 관련된다.

$$-\frac{r_B}{b} = -\frac{r_C}{c} = -\cdots = \frac{r_S}{s} = \frac{r_T}{t} = \cdots \tag{2.22}$$

반응의 속도 제어 단계가 반응 분자의 충돌인 경우, 반응속도를 정량화하는 방정식은 종종 다음과 같은 화학양론(stoichiometry)을 따른다.

$$-r_B = k_B C_B^b C_C^c \cdots \tag{2.23}$$

$$-r_C = k_C C_B^b C_C^c \cdots \tag{2.24}$$

$$r_S = k_S C_B^b C_C^c \cdots \tag{2.25}$$

$$r_T = k_T C_B^b C_C^c \cdots \tag{2.26}$$

여기서 r_i = 성분 i의 반응속도(kmol·m^{-3}·s^{-1})
k_i = 성분 i의 반응속도 상수([kmol·m^{-3}]$^{NC-b-c\ldots}$ · s^{-1})
NC = 속도식의 구성 성분의 수

C_i = 성분 i의 몰농도(kmol·m^{-3})

농도의 지수(b, c, ...)는 *반응 차수*(order of reaction)로 알려져 있다. 반응속도 상수는 다음 장에서 논의되는 바와 같이 온도의 함수이다.

따라서 식 (2.22)~(2.26)까지의 식은 다음 식으로 나타난다.

$$\frac{k_B}{b} = \frac{k_C}{c} = \cdots = \frac{k_S}{s} = \frac{k_T}{t} = \cdots \tag{2.27}$$

속도 방정식이 방정식 (2.23)~(2.26)에 주어진 것처럼 화학양론을 따르는 반응을 *단일 반응*(elementary reacation)이라고 한다. 반응 화학량과 반응속도 사이에 직접적인 일치가 없다면, 이들은 *비단일 반응*(non-elementary reacation)으로 알려져 있으며, 종종 다음과 같은 형태를 취한다.

$$-r_B = k_B C_B^{\beta} C_C^{\delta} \cdots C_S^{\epsilon} C_T^{\xi} \cdots \tag{2.28}$$

$$-r_C = k_C C_B^{\beta} C_C^{\delta} \cdots C_S^{\epsilon} C_T^{\xi} \cdots \tag{2.29}$$

$$r_S = k_S C_B^{\beta} C_C^{\delta} \cdots C_S^{\epsilon} C_T^{\xi} \cdots \tag{2.30}$$

$$r_T = k_T C_B^{\beta} C_C^{\delta} \cdots C_S^{\epsilon} C_T^{\xi} \cdots \tag{2.31}$$

여기서 β, σ, ε, ξ은 반응 차수이다.

반응속도 상수와 반응 차수는 실험적으로 결정되어야 한다. 반응 메커니즘이 화학 중간체를 포함한 여러 단계를 포함다면, 반응속도 방정식의 형태는 식 (2.28)~(2.31)보다 더 복잡한 형태일 수 있다.

반응이 가역적이면 다음과 같다.

$$bB + cC + \cdots \rightleftharpoons sS + tT + \cdots \tag{2.32}$$

반응속도는 순방향 및 역방향 반응의 순비율이다. 순방향 및 역방향 반응이 둘 다 단일 반응의 경우

$$-r_B = k_B C_B^b C_C^c \cdots - k'_B C_S^s C_T^t \cdots \tag{2.33}$$

$$-r_C = k_C C_B^b C_C^c \cdots - k'_C C_C^s C_T^t \cdots \tag{2.34}$$

$$r_S = k_S C_B^b C_C^c \cdots - k'_S C_S^s C_T^t \cdots \tag{2.35}$$

$$r_T = k_T C_B^b C_C^c \cdots - k'_T C_S^s C_T^t \cdots \tag{2.36}$$

여기서 k_i = 순방향 반응의 성분 i에 대한 반응속도 상수
k'_i = 역방향 반응의 성분 i에 대한 반응속도 상수

순방향 및 역방향 반응이 비단일 반응으로 여러 단계로 화학 중간체를 형성하는 것을 포함한다면, 반응속도 방정식의 형태는 방정식 (2.33)~(2.36)보다 복잡할 수 있다.

2.5 이상화된 반응기 모델

세 가지 이상화된 반응기 모델이 반응기 설계에 사용된다(Rase, 1977; Denbigh and Turner, 1984;

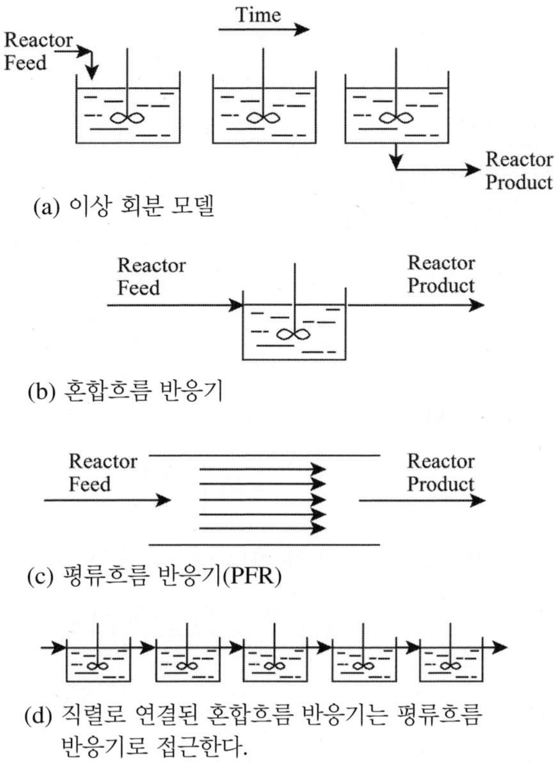

그림 2.1 ▸ 이상화된 반응기 모델이 반응기 설계에 활용된다. (Reproduced from Smith R and Petela EA (1992) Waste Minimization in the Process Industries Part 2 Reactors, Chem Eng, Dec (509–510): 17, by permission of the Institution of Chemical Engineers.)

Levenspiel, 1999). 첫 번째 모델, *이상 회분 모델*(ideal-batch model, 그림 2.1a)에서는 반응물이 운전 시작 시점에 채워진다. 충진물은 일정시간 완전히 혼합된 후 생산물로 배출된다. 농도는 시간에 따라 변화하는 데 완전 혼합은 어느 순간에서도 반응기 전지점에서의 농도와 온도가 균일하도록 해 준다.

두 번째 모델, *연속완전혼합 혹은 연속교반탱크 반응기(CSTR) 모델*(그림 2.1b)에서는 원료와 생산물의 공급 및 배출이 연속적이며, 반응기 내용물이 완전히 혼합되는 것으로 가정한다. 이것은 전체를 통해 균일한 조성과 온도로 이르게 한다. 완전혼합 때문에 유체요소는 반응기에 들어간 순간 배출될 수 있고, 또는 어느 기간 머무를 수 있다. 반응기 내에서의 개개 유체요소의 체류시간은 변한다.

세 번째 모델, *평류 모델*(plug-flow model, 그림 2.1c)에서는 반응물이 흐름 방향으로의 혼합은 일체 없으며, 지속적이고 균일하게 움직인다고 가정된다. 이상 회분 반응기(ideal-batch reactor)에서처럼 평류흐름 반응기에서의 모든 유체요소의 체류시간은 같다. 평류 운전은 직렬로 연결된 연속교반탱크 반응기들(그림 2.1d)을 이용하여 접근될 수 있다. 직렬로 연결된 연속교반탱크 반응기의 수가 많을수록 평류 운전에 가까워진다.

1) ***이상 회분 반응기*** 회분이 시작될 때 공급 원료가 충전되고 회분이 완료될 때까지 제품이 회수되지 않는 회분 반응기를 고려하자. 그러면 다음식이 주어진다.

$$\begin{bmatrix}\text{Moles of reactant}\\ \text{converted}\end{bmatrix} = -r_i = -\frac{1}{V}\frac{dN_i}{dt} \tag{2.37}$$

식 (2.37)의 양변을 적분하면 다음과 같다.

$$t = \int_{N_{i0}}^{N_{it}} \frac{dN_i}{r_i V} \tag{2.38}$$

여기서 t = 회분 시간
N_{i0} = 성분 i의 초기 몰
N_{it} = 최종 성분 i의 시간 t 후의 몰

또는 방정식 (2.37)은 반응기 전환율(X_i)의 관점에서 쓸 수 있다.

$$\frac{dN_i}{dt} = \frac{d[N_{i0}(1 - X_i)]}{dt} = -N_{i0}\frac{dX_i}{dt} = r_i V \tag{2.39}$$

식 (2.39)의 양변을 적분하면

$$t = N_{i0}\int_0^{X_i} \frac{dX_i}{-r_i V} \tag{2.40}$$

또한 반응기 전환율의 정의로부터 일정한 밀도(예, 액상반응)의 반응 혼합물의 경우,

$$X_i = \frac{N_{i0} - N_{it}}{N_{i0}} = \frac{C_{i0} - C_{it}}{C_{i0}} \tag{2.41}$$

여기서 C_i = 성분 i의 몰농도
C_{i0} = 성분 i의 초기 몰농도
C_{it} = 시간 t에서의 성분 i의 농도

식 (2.41)을 식 (2.39)에 대입하면 $N_{i0}/V = C_{i0}$이므로 다음과 같이 나타낼 수 있다.

$$-\frac{dC_i}{dt} = -r_i \tag{2.42}$$

식 (2.42)의 적분은 다음을 제공한다.

$$t = -\int_{C_{i0}}^{C_{it}} \frac{dC_i}{-r_i} \tag{2.43}$$

2) *혼합흐름 반응기* 그림 2.2a의 혼합흐름 반응기를 고려해 보자. 단위 시간당 성분 i의 물질 수지는 다음과 같다.

[단위 시간당 원료흐름 중 반응물의 몰] − [단위 시간당 변환된 반응물의 몰]
= [단위 시간당 제품 흐름 내의 반응물의 몰] **(2.44)**

식 (2.44)는 단위 시간당 다음과 같이 쓸 수 있다.

$$N_{i,in} - (-r_i V) = N_{i,out} \tag{2.45}$$

여기서 $N_{i,in}$ = 단위 시간당 성분 i의 유입 몰
$N_{i,out}$ = 단위 시간당 성분 i의 배출 몰

방정식 (2.45)를 다시 정리하면 다음과 같다.

$$N_{i,out} = N_{i,in} + r_i V \tag{2.46}$$

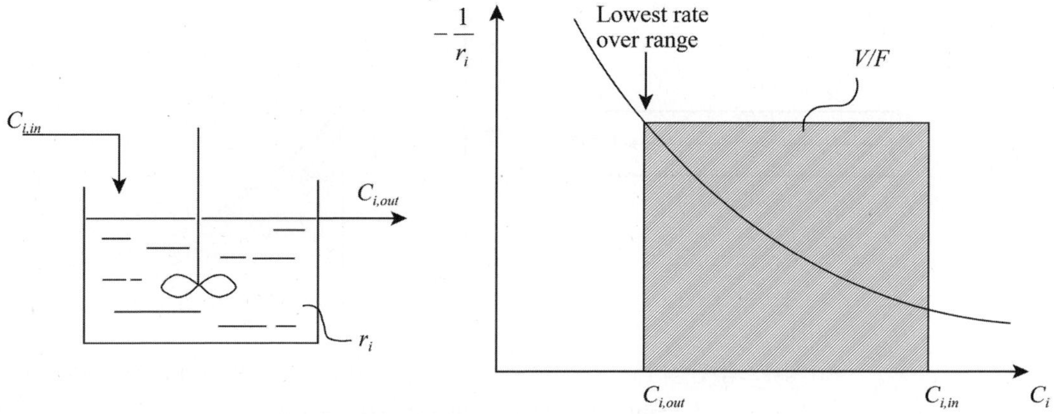

(a) 반응기 혼합흐름 (b) 농도와 반응속도 관계 도표

그림 2.2 ▸ 혼합흐름 반응기에서의 반응속도.

$N_{i,out} = N_{i,in}(1 - X_i)$를 식 (2.46)에 대입하면

$$V = \frac{N_{i,in}X_i}{-r_i} \tag{2.47}$$

일정 밀도 시스템의 특별한 경우의 식 (2.41)은 다음과 같이 대체될 수 있다.

$$V = \frac{N_{i,in}\left(C_{i,in} - C_{i.out}\right)}{-r_iC_{i,in}} \tag{2.48}$$

회분 반응기의 성능 척도로서 시간 관계식과 유사하게, 연속 반응기에 대해서는 *시공간*(τ)을 정의할 수 있다.

$$\tau = [\text{하나의 반응기 부피의 원료를 처리하는 데 필요한 시간}] \tag{2.49}$$

시공간이 공급 조건에 기초한 경우

$$\tau = \frac{V}{F} = \frac{C_{i,in}V}{N_{i,in}} \tag{2.50}$$

여기서 F는 원료의 체적 유량($m^3 \cdot s^{-1}$)이다.

시공간의 역수는 *공간 속도*(s)이다.

$$s = \frac{1}{\tau} = [\text{단위 시간당 처리되는 반응기 수량}] \tag{2.51}$$

일정한 밀도를 갖는 혼합흐름 반응기에 대한 식 (2.48)을 결합하면 식 (2.50)은,

$$\tau = \frac{C_{i,in} - C_{i,out}}{-r_i} \tag{2.52}$$

그림 2.2b는 수식 (2.52)의 그래프 $C_{i,in}$에서 $C_{i,out}$까지 반응속도는 $C_{i,out}$에서 최소로 감소한다. 반응기 내부가 완벽하게 혼합된 것으로 가정하면, $C_{i,out}$는 반응기 전체의 농도이다. 즉, 반응기 전체에서 최저 속도를 나타낸다. 그림 2.2b의 음영 영역은 시공간(V/F)을 나타낸다.

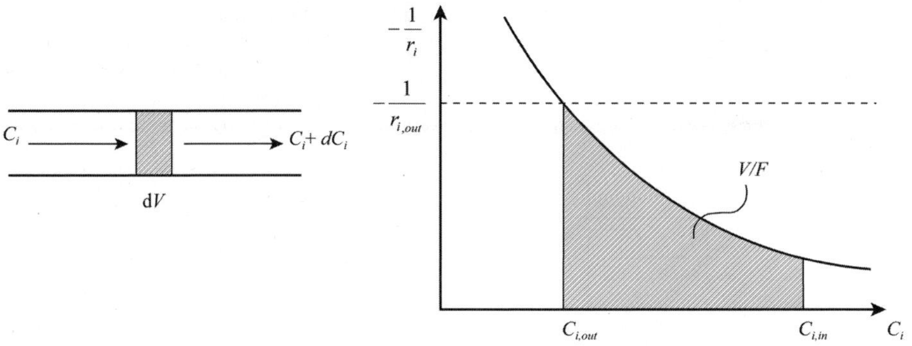

(a) 평류흐름 반응기 (b) 농도와 반응속도 간의 관계 도표

그림 2.3 ▸ 평류흐름 반응기에서의 반응속도.

3) *평류흐름 반응기* 이제 성분 i가 반응하는 그림 2.3a의 평류흐름 반응기를 고려하자. 물질수지는 그림 2.3a의 증분 부피 dV 내에서 단위 시간당 취해진다.

[단위 시간당 증분 부피 내로 도입되는 반응물의 몰] – [단위 시간당 변환된 반응물의 몰]
= [단위 시간당 증분 부피를 나가는 반응물의 몰] **(2.53)**

식 (2.53)은 단위 시간당 다음과 같이 쓸 수 있다.

$$N_i - (-r_i dV) = N_i + dN_i \qquad \textbf{(2.54)}$$

여기서 N_i = 단위 시간당 성분 i이며,

식 (2.54)를 재정리하면,

$$dN_i = r_i\, dV \qquad \textbf{(2.55)}$$

반응기 전환율을 식 (2.55)에 대입하면

$$dN_i = d\left[N_{i,in}(1 - X_i)\right] = r_i\, dV \qquad \textbf{(2.56)}$$

여기서 $N_{i,in}$ = 단위 시간당 성분 i의 작은 유입이다.

식 (2.56)을 $dN_{i,in} = 0$을 대입하여 재정리하면,

$$N_{i,in} dX_i = -r_i\, dV \qquad \textbf{(2.57)}$$

식 (2.57)을 적분하면

$$V = N_{i,in} \int_0^{X_i} \frac{dX_i}{-r_i} \qquad \textbf{(2.58)}$$

시공간에 관한 식 (2.58)을 나타내면

$$\tau = C_{i,in} \int_0^{X_i} \frac{dX_i}{-r_i} \qquad \textbf{(2.59)}$$

일정 밀도 시스템의 경우 식 (2.50)의 대입은,

$$V = -\frac{N_{i,in}}{C_{i,in}} \int_{C_{i,in}}^{C_{i,out}} \frac{dC_i}{-r_i} \qquad \textbf{(2.60)}$$

$$\tau = -\int_{C_{i,in}}^{C_{i,out}} \frac{dC_i}{-r_i} \tag{2.61}$$

그림 2.3b는 식 (2.61)의 그래프로 반응속도는 $C_{i,in}$에서 높고, 가장 낮은 곳으로 감소한다. 곡선 아래의 $C_{i,out}$ 영역은 이제 시공간을 나타낸다.

이상 회분 반응기에 대한 분석은 평류흐름 반응기에 대한 분석과 동일하다는 점에 유의해야 한다[식 (2.43), (2.61) 비교]. 유체 요소는 두 경우 모두 동일한 체류 시간을 갖는다. 그러므로

$$t_{Ideal-batch} = \tau_{Plug-flow} \tag{2.62}$$

그림 2.4a는 동일한 유입구와 배출구 농도 사이의 혼합흐름 및 평류흐름 반응기에 대한 반응속도 변화 추이를 비교한 것으로, 혼합흐름 반응기가 더 큰 용적을 필요로 한다는 결론을 내릴 수 있다. 혼합흐름 반응기에서의 반응속도는 반응물이 이미 형성된 생성물에 의해 즉시 희석되어 균일하게 된다. 평류흐름 또는 이상 회분 반응기에서는 초기 반응속도가 빨라지고 반응물 농도가 감소함에 따라 느려진다.

자동 촉매 반응(autocatalytic reaction)에서는 생성물의 농도가 낮기 때문에 반응속도가 낮게 시작하지만 생산물이 형성됨에 따라 반응속도가 증가한다. 반응속도는 최대에 도달한 다음 반응물이 소비됨에 따라 감소한다. 이것을 그림 2.4b에 나타내었다. 이러한 상황에서는 주어진 유량을 처리하는 장치의 부피를 최소화하기 위해 그림 2.4b에서 설명한 것처럼 반응기 유형의 조합을 사용하는 것이 가장 좋다. 혼합흐름 반응기는 최대 속도에 도달하고 중간 생성물이 평류흐름(또는 이상 회분) 반응기에 공급될 때까지 사용해야 한다. 대안적으로, 비전환 원료물질의 분리 및 재순환이 가능하다면, 최대 유량이 달성될 때까지 혼합흐름 반응기를 사용할 수 있으며, 전환되지 않은 원료물질은 분리되어 반응기 입구로 재순환된다. 이 분리 및 재활용 옵션이 비용 효율적인지 여부는 원료 분리 및 재활용 비용에 따라 달라진다. 일련의 혼합흐름 반응기와 재사용이 가능한 평류흐름 반응기의 조합도 자동 촉매 반응에 사용할 수 있지만, 성능은 항상 혼합 및 평류흐름 반응기 또는 재활용 및 혼합흐름 반응기의 조합보다 열등하다(Levenspiel, 1999).

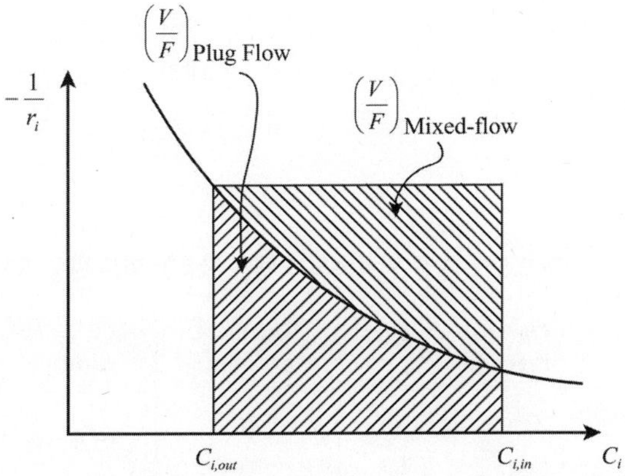

(a) 혼합흐름과 평류흐름 반응기 간의 비교

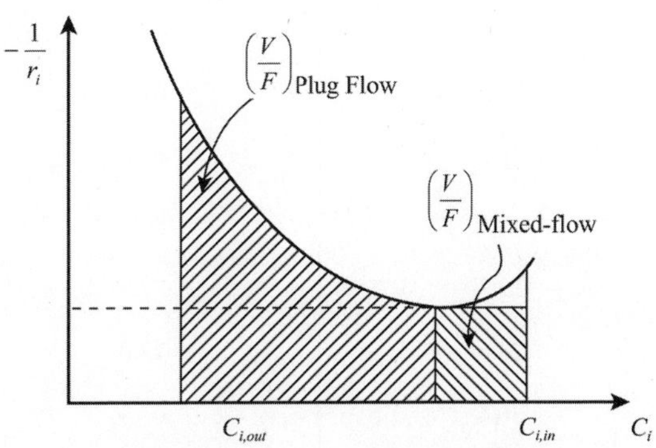

(b) 반응속도는 최대치에 도달한다

그림 2.4 ▸ 혼합흐름 및 평류흐름 반응기.

예제 2.4

벤질 아세테이트는 향수, 비누, 화장품 및 가정용품에서 사용되는 과일 향과 재스민 향기가 있으며 향료로 사용된다. 이는 촉매로서 트리 에틸 아민의 존재 하에 자일렌 용액에서 벤질 클로라이드와 아세트산 나트륨 사이의 반응에 의해 제조될 수 있다(Huang and Dauerman, 1969).

$$C_6H_5CH_2Cl + CH_3COONa \longrightarrow CH_3COOC_6H_5CH_2 + NaCl$$

또는

$$A + B \longrightarrow C + D$$

이 반응은 표 2.3에 주어진 초기 조건으로 수행된 회분 반응에서 Huang Dauerman(1969)에 의해 실험적으로 조사되었다.

용액의 부피는 1.321×10^{-3} m^3이었고, 온도는 102°C로 유지되었다. 시간에 따른 벤질 클로라이드의 몰% 측정치는 표 2.4에 나와 있다(Huang and Dauerman, 1969).

표 2.3 ▸ 벤질 아세테이트 생산을 위한 초기 반응 혼합물

Component	Moles
Benzyl chloride	1
Sodium acetate	1
Xylene	10
Triethylamine	0.0508

표 2.4 ▸ 벤질 아세테이트 생산을 위한 실험 데이터

Reaction time (h)	Benzyl chloride (mole%)
3.0	94.5
6.8	91.2
12.8	84.6
15.2	80.9
19.3	77.9
24.6	73.0
30.4	67.8
35.2	63.8
37.15	61.9
39.1	59.0

실험 데이터를 기반으로 반응에 대한 반응속도 모델을 유도하라. 단, 반응기의 부피가 일정하다고 가정한다.

›풀이

회분 반응식은 식 (2.38)에 의해 주어진다.

$$t = \int_{N_{A0}}^{N_{Af}} \frac{dN_A}{r_A V}$$

초기에 반응은 A와 B의 농도로부터 반응차수가 0차, 1차 또는 2차가 될 수 있다고 가정할 수 있다. 그러나 모든 반응 화학양론 계수가 1이고 초기 반응 혼합물이 A와 B의 등 몰량을 가지면 A의 농도 면에서 반응속도를 모델링하려고 먼저 시도하는 것이 현명해 보다 이 경우 반응은 두 반응물에 대한 같은 몰 변화로 동일한 비율로 진행되기 때문이다. 따라서 반응은 A의 농도가 0차, 1차 또는 2차일 수 있다고 가정 될 수 있다. 원칙적으로, 많은 다른 가능성이 있다. 적절한 식을 식 (2.47)에 대입하고 적분하면 표 2.5의 식을 얻는다. 실험 데이터는 세 가지 모델로 대체되었으며 그림 2.5에 그래프로 나타내었다. 그림 2.5에서 3가지 모델 모두 합리적인 직선을 제공하기 때문에 합리적인 데이터 표현을 제공하는 것처럼 보인다. 어떤 라인이 가장 잘 맞는지 그래프에서 알기는 어렵다. 3가지 모델에 대한 데이터에 최소자승법을 적용하여 오차의 제곱합이 가장 적은 경우를 따져 적합성을 더 잘 판단할 수 있다. 모델로부터 계산된 값과 실험값의 차이는

$$\text{minimize } R^2 = \sum_{j}^{10} \left[(N_{A,j})_{calc} - (N_{A,j})_{exp} \right]^2$$

여기서 R = 오차

$(N_{A,j})_{calc}$ = 측정 j에 대한 A의 계산된 몰

$(N_{A,j})_{exp}$ = 측정 j에 대한 A의 실험적으로 측정된 몰

표 2.5 ▸ 다른 반응속도 모델을 사용한 회분 반응 표현식

Order of reaction	Kinetic expression	Ideal-batch model
Zero order	$-r_A = k_A$	$\frac{1}{V}(N_{A0} - N_A) = k_A t$
First order	$-r_A = k_A C_A$	$\ln \frac{N_{A0}}{N_A} = k_A t$
Second order	$-r_A = k_A C_A^2$	$V\left(\frac{1}{N_A} - \frac{1}{N_{A0}}\right) = k_A t$

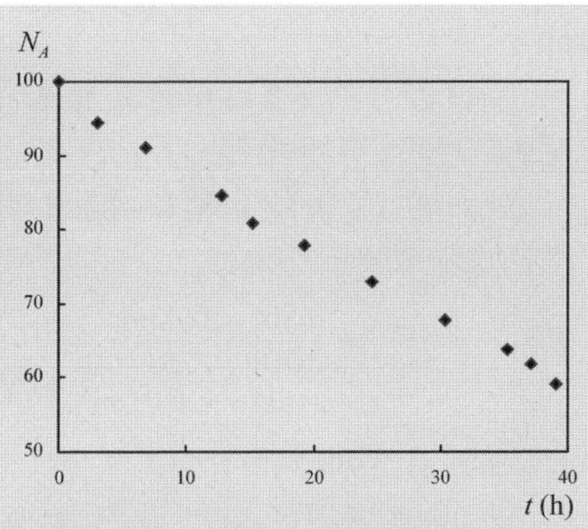

(a) 0차 모델

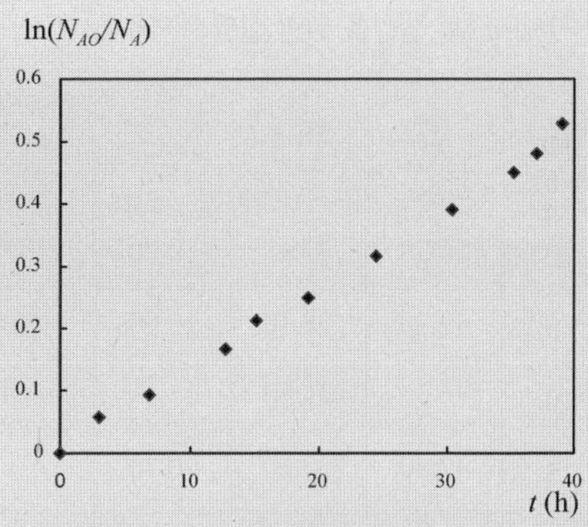

(b) 1차 모델

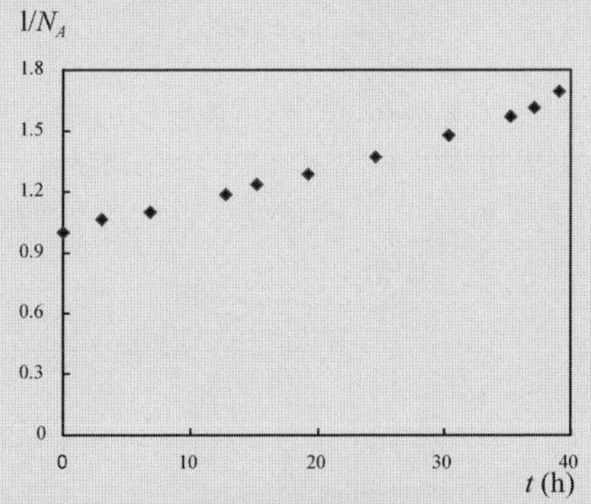

(c) 2차 모델

그림 2.5 ▸ **벤질 아세테이트의 생산을 위한 반응속도(kinetic) 모델.**

하지만 각 모델에 대한 속도 상수의 가장 적절한 값을 결정해야 한다. 예를 들어 스프레드시트에서 R에 대한 함수를 설정하고 스프레드시트 해석기를 사용하여 k_A의 값을 조작하여 R을 최소화할 수 있다. 결과는 표 2.6에 요약되어 있다.

표 2.6에서 1차 반응 모델에 의해 가장 잘 맞는 것을 알 수 있다. $r_A = k_A C_A$, $k_A = 0.01306\ \text{h}^{-1}$

표 2.6 ▸ **3가지 반응속도 모델에 대한 최소 제곱의 결과**

Order of reaction	Rate constant	R^2
Zero order	$k_A V = 1.066$	26.62
First order	$k_A = 0.01306$	6.19
Second order	$k_A/V = 0.0001593$	15.65

예제 2.5

에틸 아세테이트는 인쇄 잉크, 접착제, 래커를 제조하는 데 널리 사용되며, 식품 가공에서 용매로 사용된다. 반응에 따라 액상의 에탄올과 아세트산이 반응으로 제조될 수 있다.

$$\underset{\text{acetic acid}}{CHCOOH} + \underset{\text{ethanol}}{C_2H_5OH} \rightleftharpoons \underset{\text{ethyl acetate}}{CH_3COOC_2H_5} + \underset{\text{water}}{H_2O}$$

또는

$$A + B \rightleftharpoons C + D$$

실험 데이터는 60°C에서 회분 실험을 기반으로 한 이온 교환 수지 촉매를 사용하여 얻을 수 있다(Helminen *et al*., 1998). 이 데이터는 표 2.7에 나와 있다(Helminen *et al*., 1998).

성분의 질량 및 밀도 표 2.8에 주어진다.

초기 조건은 반응물들의 초기 농도는 같은 몰이며, 제품 농도는 0이다. 실험 데이터로부터 일정 밀도 시스템을 가정한다.

표 2.7 ▸ 에틸 아세테이트 생산을 위한 실험 데이터

Sample point	Time (min)	A (mass %)	B (mass %)	C (mass %)	D (mass %)
1	0	56.59	43.41	0.00	0.00
2	5	49.70	38.10	10.00	2.20
3	10	46.30	35.50	15.10	3.10
4	15	42.50	32.50	20.70	4.30
5	30	35.40	27.20	30.90	6.50
6	60	28.10	21.90	41.40	8.60
7	90	24.20	18.60	47.60	9.60
8	120	22.70	17.40	49.80	10.10
9	150	21.20	17.00	51.10	10.70
10	180	20.90	16.50	51.70	10.90
11	210	20.50	16.20	52.30	11.00
12	240	20.30	15.70	52.90	11.10

표 2.8 ▸ 아세테이트제조에 관련된 성분들 대한 몰 측정치

Component	Molar mass ($kg \cdot kmol^{-1}$)	Density at 60 °C ($kg \cdot m^{-3}$)
Acetic acid	60.05	1018
Ethanol	46.07	754
Ethyl acetate	88.11	847
Water	18.02	980

a) 실험 데이터에 반응속도 모델을 만들어라.

b) 하루에 10톤의 에틸 아세테이트를 생산하는 경우, 60°C에서 작동하는 혼합흐름 반응기와 평류흐름 반응기에 필요한 부피를 계산한다. 어떤 생성물도 반응기로 재순환되지 않으며, 반응기 공급물이 에탄올과 아세트산의 등 몰량 혼합물이라고 가정한다. 또한 반응기 전환율이 전환 평형의 95%라고 가정하라.

›풀이

a) 데이터에 모델을 맞추려면 먼저 표 2.7의 질량을 몰 농도로 변환해야 한다.

반응 혼합물 1 kg당 반응 혼합물의 부피(용액의 부피 변화 없음을 가정)는

$$= \frac{0.566}{1018} + \frac{0.434}{754}$$
$$= 1.1316 \times 10^{-3}\ m^3$$

몰농도는 표 2.9에 나와 있다.

반응속도 표현은 다음 같은 형태로 가정할 수 있다.

$$-r_A = k_A C_A^{\alpha} C_B^{\beta} - k'_A C_C^{\delta} C_D^{\gamma}$$

여기서 $\alpha, \beta, \delta, \gamma$은 $n_1 = \alpha + \beta$, $n_2 = \delta + \gamma$와 같이 0, 1 또는 2일 수 있다. 많은 다른 형태의 모델이 가정될 수도 있다. 이상 회분 반응기의 방정식은 식 (2.38)에 의해 주어진다.

$$t = -\int_{C_{A0}}^{C_A} \frac{dC_A}{-r_A}$$

반응속도에 반응속도 모델을 대입하고 적분하는 것은 반응 차수 값에 따라 표 2.10의 결과를 얻는다. 적분은 표준 적분 표에서 찾을 수 있다(Dwight, 1961).

표 2.10에서 많은 적분이 다른 반응속도 모형에 공통적이라는 점에 유의하라. 이것은 모든 화학양론 계수가 1이고, 초기 반응 혼합물이 등몰인 반응에 특정지어진다. 즉, 몰수의 변화는 모든 구성 요소에서 동일하다. 적분을 분석적으로 결정하기보다는 수치로 결정할 수 있다. 해석적 적분은 특히 스프레드시트에 적합하다면, 이 목적으로 만들어진 소프트웨어를 활용하는 것보다 더 편리하다. 최소 자승 최적화는 목적 함수를 최소화를 통해 반응속도 상수를 결정해 준다.

$$\text{minimize} \quad R^2 = \sum_{i=1}^{4} \sum_{j=1}^{11} \left[(C_{i,j})_{calc} - (C_{i,j})_{exp} \right]^2$$

여기서 R = 오차

$(C_{i,j})_{calc}$ = 측정 j에 대한 성분 i의 계산된 몰농도

$(C_{i,j})_{exp}$ = 측정 j에 대한 성분의 i의 실험적으로 측정된 몰농도

표 2.9 ▸ 에틸 아세테이트의 제조를 위한 몰농도

Time(min)	A (kmol·m^{-3})	B (kmol·m^{-3})	C (kmol·m^{-3})	D (kmol·m^{-3})
0	8.3277	8.3266	0.0000	0.0000
5	7.3138	7.3081	1.0029	1.0789
10	6.8134	6.8094	1.5144	1.5202
15	6.2542	6.2339	2.0761	2.1087
30	5.2094	5.2173	3.0991	3.1875
60	4.1352	4.2007	4.1522	4.2174
90	3.5612	3.5677	4.7740	4.7078
120	3.3405	3.3376	4.9946	4.9530
150	3.1198	3.2608	5.1250	5.2472
180	3.0756	3.1649	5.1852	5.3453
210	3.0167	3.1074	5.2454	5.3943
240	2.9873	3.0115	5.3055	5.4434

다시 말하지만, 스프레드시트 소프트웨어를 통해 이 작업을 수행할 수 있으며, 그 결과는 표 2.11에 나와 있다. 표 2.11에서 최상의 두 모델 중간쯤에 그 결과가 도출되는 경우는 거의 없다. 가장 잘 맞는 모델은 다음과 같은 역반응에 대해서는 1차 모델이, 정반응에 대해서는 2차 모델로 결정된다.

$$k_A = 0.002688\ \text{m}^3\cdot\text{kmol}^{-1}\cdot\text{min}^{-1}$$
$$k'_A = 0.004644\ \text{min}^{-1}$$

그러나 이 모델들 사이에서 정반응 순방향 및 역방향 반응 모두에 대해 2차 모델을 선택하는 경우는 거의 없다.

b) 이제 반응속도 모델을 사용하여 하루 10톤의 에틸 아세테이트를 생산하는 반응기 크기를 정하라. 첫째, 평형에서의 전환이 계산되어야 한다. 평형 상태에서 정반응 및 역반응 반응속도는 동일하다.

$$k_A C_A^2 = k'_A C_C$$

평형 전환율 X_E에서의 변환을 대입하면 다음과 같다.

$$k_A[C_{A0}(1 - X_E)]^2 = k'_A C_{A0} X_E$$

재배치는 다음을 제공한다.

$$\frac{(1 - X_E)^2}{X_E} = \frac{k'_A}{k_A C_{A0}}$$

$k_A = 0.002688$, $k'_A = 0.004644$ 및 $C_{A0} = 8.3277$을 대입하고, 시행착오로 X_E를 구하면 다음을 얻는다.

$$X_E = 0.6366$$

실제 전환이 평형 전환의 95%라고 가정한다면.

$$X = 0.95 \times 0.6366$$
$$= 0.605$$

등량의 공급물을 갖는 혼합흐름 반응기에서 하루에 10톤의 생산 속도는 0.0788 kmol·min^{-1}이다. 60°C에서 $C_{A0} = C_{B0} = 8.33$ kmol·m^{-3}이다.

$$V = \frac{N_{A,in}X_A}{-r_A} = \frac{N_{C,out}}{k_A C_{A0}^2(1 - X_A)^2 - k'_A C_{A0} X_A}$$
$$= \frac{0.0788}{0.002688 \times 8.33^2 \times (1 - 0.605)^2 - 0.004644 \times 8.33 \times 0.605}$$
$$= 13.83\ \text{m}^3$$

표 2.10 ▸ 에틸 아세테이트의 제조를 위한 데이터에 맞추는 데 사용되는 반응속도 모델

n_1	n_2	Rate equation	Final concentration from the model
1	1	$-r_A = k_A C_A - k' C_C$	
		$-r_A = k_A C_B - k' C_C$	$C_A = \frac{k_A \exp(-(k_A + k'_A)t) + k'_A}{k_A + k'_A} C_{A0}$
		$-r_A = k_A C_A - k'_A C_D$	
		$-r_A = k_A C_B - k'_A C_D$	
2	1	$-r_A = k_A C_A^2 - k'_A C_C$	
		$-r_A = k_A C_B^2 - k'_A C_C$	
		$-r_A = k_A C_A^2 - k'_A C_D$	$C_A = \frac{(k'_A - a)(2k_A C_{A0} + k'_A + a) - (k'_A + a)(2k_A C_{A0} + k'_A - a)\exp(-at)}{2k_A(2k_A C_{A0} + k'_A - a)\exp(-at) - 2k_A(2k_A C_{A0} + k'_A + a)}$
		$-r_A = k_A C_B^2 - k'_A C_D$	
		$-r_A = k_A C_A C_B - k'_A C_C$	$a = \sqrt{k'_A + 4k_A k'_A C_{A0}}$
		$-r_A = k_A C_A C_B - k'_A C_D$	
1	2	$-r_A = k_A C_A - k'_A C_C^2$	
		$-r_A = k_A C_B - k'_A C_C^2$	$C_A = \frac{(k_A + 2k'_A C_{A0} + b)(k_A - b)\exp(-bt) - (k_A + 2k'_A C_{A0} - b)(k_A + b)}{-2k'_A(k_A + b) + 2k'_A(k_A - b)\exp(-bt)}$
		$-r_A = k_A C_A - k'_A C_D^2$	
		$-r_A = k_A C_B - k'_A C_D^2$	$b = \sqrt{k_A^2 + 4k_A k'_A C_{A0}}$
		$-r_A = k_A C_A - k'_A C_C C_D$	
		$-r_A = k_A C_B - k'_A C_C C_D$	
2	2	$-r_A = k_A C_A^2 - k'_A C_C^2$	
		$-r_A = k_A C_B^2 - k'_A C_C^2$	
		$-r_A = k_A C_A^2 - k'_A C_D^2$	
		$-r_A = k_A C_B^2 - k'_A C_D^2$	$C_A = \frac{\sqrt{k_A k'_A}(1 + \exp(2C_{A0}\sqrt{k_A k'_A} t))}{(k_A + \sqrt{k_A k'_A})\exp(2C_{A0}\sqrt{k_A k'_A} t) - (k_A - \sqrt{k_A k'_A})} C_{A0}$
		$-r_A = k_A C_A C_B - k'_A C_C^2$	
		$-r_A = k_A C_A C_B - k'_A C_D^2$	
		$-r_A = k C_A^2 - k' C_C C_D$	
		$-r_A = k_A C_B^2 - k'_A C_C C_D$	
		$-r_A = k_A C_A C_B - k'_A C_C C_D$	

표 2.11 ▸ **에틸 아세테이트 제조를 위한 모델 계산의 결과**

n_1	n_2	k_A	k'_A	R^2
1	1	0.01950	0.01172	1.01108
2	1	0.002688	0.004644	0.3605
1	2	0.01751	0.002080	1.7368
2	2	0.002547	0.0008616	0.5554

평류흐름 반응기의 경우

$$\tau = \frac{VC_{A0}}{N_{A0}} = \int_0^{X_A} \frac{C_{A0}dX_A}{-k_A C_{A0}^2(1-X_A)^2 + k'_A C_{A0}X_A}$$

표준 적분의 표에서(Helminen *et al.*, 1998), 이것은 통합되어

$$\tau = -\frac{1}{a}\ln\frac{(2k_A C_{A0}(1-X_A)+k'_A-a)(2k_A C_{A0}+k'_A+a)}{(2k_A C_{A0}(1-X_A)+k'_A+a)(2k_A C_{A0}+k'_A-a)}$$

여기서 $a = \sqrt{k'_A k'_A + 4k_A k'_A C_{A0}}$이다. k_A, k'_A, C_{A0}, X_A 값을 대입하면 다음과 같다.

$$\tau = 120.3 \text{ min}$$

반응기의 부피는 다음과 같이 주어진다.

$$V = \frac{\tau N_{A0}}{C_{A0}} = \frac{\tau N_C}{X_A C_{A0}} = \frac{120.3 \times 0.0788}{0.605 \times 8.33} = 1.88 \text{ m}^3$$

대안으로 평류흐름 반응기에서의 체류 시간은 표 2.10에 주어진 일괄 식으로부터 계산될 수 있다. 이는 체류 시간이 둘 다 동일하기 때문에 발생한다. 따라서 평류흐름 반응기의 최종 농도는 표 2.10에 의해 주어진다.

$$C_A = \frac{(k'_A-a)(2k_A C_{A0}+k'_A+a)-(k'_A+a)(2k_A C_{A0}+k'_A-a)\exp(-a\tau)}{2k_A(2k_A C_{A0}+k'_A-a)\exp(-a\tau)-2k_A(2k_A C_{A0}+k'_A+a)}$$

여기서 $a = \sqrt{k'_A k'_A + 4k_A k'_A C_{A0}}$이다. C_A의 최종 농도는 $8.33 \times 0.395 = 3.29 \text{ kmol·m}^{-3}$로부터 변환된다(부피 변경 없음 가정). 따라서 위의 식은 시행착오법에 의해 120.3분의 체류 시간을 구할 수 있다.

예상과 같이 혼합흐름 반응기에 요구되는 부피는 평류흐름 반응기에 필요한 부피보다 훨씬 크다.

예제 2.4 및 2.5에 관해서는 많은 점들이 주목해야 한다.

1) 반응속도 모델은 특정 조건의 몰 공급 비율 및 온도에서 실험 데이터에 적합하였다. 모델은 이러한 조건에서만 유효하다. 비 동량의 원료 또는 다른 온도에서의 사용은 유효하지 않다.

2) 반응속도 모델은 반응 조건이 적용되는 조건에서만 유효하다는 것을 감안할 때, 반응속도와 반응기 설계에 대한 실험적 조사가 병열로(동시에) 수행되는 것이 좋다. 이 접근법이 준수된다면 실험실에서 사용되는 실험 심의 조건의 범위가 반응기 설계에 사용된 조건의 범위를 포괄한다는 것을 확신할 수 있다. 실험 프로그램이 반응기 설계 이전에 수행되고 완료된다면, 최종 설계에서 선택된 조건에 대해 반응속도 모델이 적합하다는 보장이 없다.

3) 다른 모델은 제한된 조건 범위에서 매우 유사한 예측을 하는 경우가 종종 있다. 그러나 실험 데이터에 맞는 범위를 벗어난 범위에서 사용하면 다른 모델 간의 차이가 커질 수 있다.

2.6 이상화된 반응기 모델의 선택

이제 2.2절에서 소개된 6가지 반응 시스템 분류에 대하여 어떤 이상화 모델이 바람직한가에 대해 논의하자.

1) ***단일 반응*** 식 (2.1)의 단일 반응을 고려하자.

$$FEED \longrightarrow PRODUCT \quad r = kC_{FEED}^a \tag{2.63}$$

여기서 r = 반응속도
k = 반응속도 상수
C_{FEED} = 원료의 몰농도
a = 반응 차수

명백히 가장 높은 반응속도는 가장 높은 원료 농도(C_{FEED}, $\text{kmol}\cdot\text{m}^{-3}$)에 의하여 유지된다. 연속식 완전혼합 반응기에서는 들어오는 원료가 이미 생성되어 있는 생산물과 순간적으로 희석된다. 따라서 연속식 완전혼합 반응기는 원료의 출구 농도에 해당되는 낮은 반응속도로 운전되기 때문에 이상 회분이나 평류흐름 반응기에 비해 반응속도가 느리다. 따라서 연속식 교반탱크 모델은 이상 회분이나 평류흐름 반응기에 비해 더 큰 부피가 필요하다. 결과적으로 단일 반응에서는 이상 회분이나 평류흐름 반응기가 선호된다.

2) *부산물을 병렬로 생산하는 복합 반응* 식 (2.64)과 (2.65)의 병렬반응 시스템에 대해 다시 고려하자. 회분식이나 평류흐름 반응기는 유입된 원료가 생산물이나 부산물에 의해 순간적으로 희석되는 연속 교반탱크 반응기에 비해 높은 평균원료농도(C_{FEED})를 유지한다. 만약 식 (2.64)와 (2.65)에서 $a_1 > a_2$이면 생산물로 가는 주 반응은 높은 원료 농도에 의해 선호된다. 만약 $a_1 < a_2$이면 생산물로 가는 주 반응은 낮은 원료 농도에 의해 선호된다. 따라서 만약

- $a_2 < a_1$이면 회분식이나 평류흐름 반응기
- $a_2 > a_1$이면 연속식 완전혼합 반응기

$$\begin{aligned} &FEED \longrightarrow PRODUCT && r_1 = k_1 C_{FEED}^{a_1} \\ &FEED \longrightarrow BYPRODUCT && r_2 = k_2 C_{FEED}^{a_2} \end{aligned} \tag{2.64}$$

여기서 r_1, r_2 = 주 반응과 부 반응의 반응속도
k_1, k_2 = 주 반응과 부 반응에서의 반응속도 상수
C_{FEED} = 반응기 내의 원료의 몰농도
a_1, a_2 = 주 반응과 부 반응에서의 반응 차수

$$\frac{r_2}{r_1} = \frac{k_2}{k_1} C_{FEED}^{a_2 - a_1} \tag{2.65}$$

일반적으로 원하는 생산물로 가는 반응이 부산물 반응보다 높은 차수라면 회분식이나 평류흐름 반응기를 이용한다. 원하는 생산물로 가는 반응이 부산물 반응보다 낮은 차수라면 연속식 완전혼합 반응기를 이용한다.

만약 반응이 하나보다 많은 원료를 포함하면 상황은 좀 더 복잡해진다. 아래와 같은 속도식을 가진 식 (2.6)의 반응 시스템을 고려하자.

$$\begin{aligned} &FEED\,1 + FEED\,2 \longrightarrow PRODUCT && r_1 = k_1\, C_{FEED1}^{a_1}\, C_{FEED2}^{b_1} \\ &FEED\,1 + FEED\,2 \longrightarrow BYPRODUCT && r_2 = k_2\, C_{FEED1}^{a_2}\, C_{FEED2}^{b_2} \end{aligned} \tag{2.66}$$

여기서 C_{FEED1}, C_{FEED2} = 반응기 내의 *FEED* 1과 *FEED* 2의 몰농도
a_1, b_1 = 주 반응의 반응 차수
a_2, b_2 = 부 반응의 반응 차수

최소화시키고자 하는 비율은 다음과 같다(Rase, 1977; Denbigh and Turner, 1984; Levenspiel, 1999).

$$\frac{r_2}{r_1} = \frac{k_2}{k_1} C_{FEED1}^{a_2-a_1} C_{FEED2}^{b_2-b_1} \tag{2.67}$$

주어진 이 반응 시스템에 대한 옵션들은

- C_{FEED1}과 C_{FEED2}를 낮게(즉 연속식 완전혼합 반응기를 사용) 유지한다.
- C_{FEED1}과 C_{FEED2}를 높게(즉 회분식이나 평류흐름 반응기를 사용) 유지한다.
- 한 농도는 높게 다른 한 농도는 낮게(이것은 반응이 진행됨에 따라 원료 중 하나를 유입시킴으로써 얻어짐) 유지한다.

그림 2.6는 병렬 복합반응 시스템에 대한 반응기 선택을 요약한 것이다(Smith and Petela, 1992).

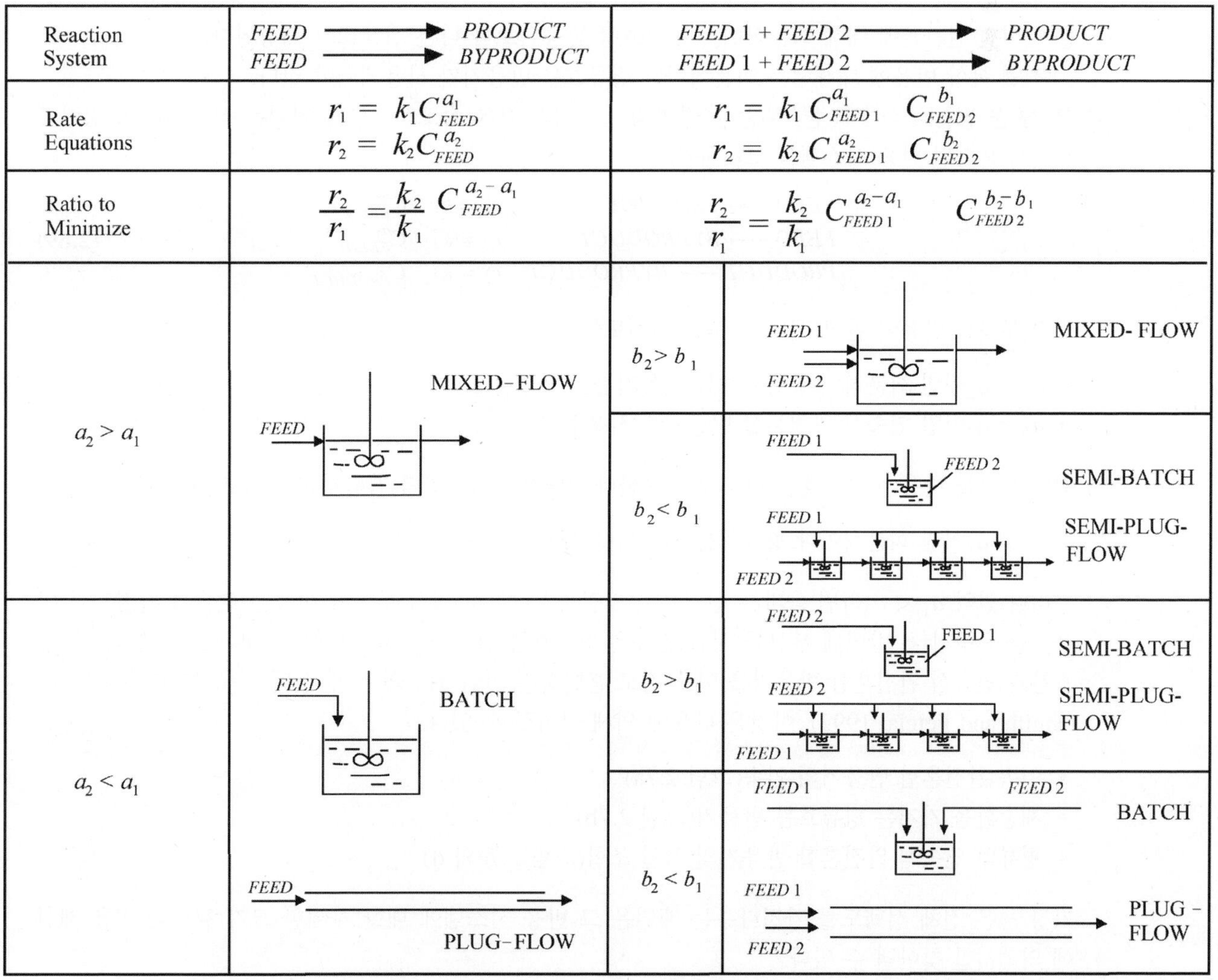

그림 2.6 ▸ 병렬 복합 반응의 반응기 선택. (Reproduced from Smith R and Petela EA (1992) Waste Minimization in the Process Industries Part 2 Reactors, Chem Eng, Dec (509-510): 17, by permission of the Institution of Chemical Engineers.)

3) *부산물을 직렬로 생산하는 복합 반응* 식 (2.7)의 직렬반응 시스템을 고려하자.

$$\begin{array}{ll} FEED \longrightarrow PRODUCT & r_1 = k_1 C_{FEED}^{a_1} \\ PRODUCT \longrightarrow BYPRODUCT & r_2 = k_2 C_{PRODUCT}^{a_2} \end{array} \quad (2.68)$$

여기서 r_1, r_2 = 주 반응과 부 반응의 반응속도
k_1, k_2 = 반응속도 상수
C_{FEED} = 원료의 몰농도
$C_{PRODUCT}$ = 생산물의 몰농도
a_1, a_2 = 주 반응과 부 반응에서의 반응 차수

임의의 반응 전환율에 대해 원료는 반응기 내에서 해당되는 체류시간을 가져야 한다. 연속식 완전혼합 반응기에서는 원료는 그것이 들어가자마자 나갈 수도 있고, 연장된 기간 동안 머무를 수도 있다. 유사하게, 생산물도 즉시 나가거나 연장되어 머무를 수 있다. 원료와 생산물 모두 실질적인 부분이 주어진 전환율을 이루기 위한 특정 체류시간 이전과 이후에도 남는다. 따라서 연속식 완전혼합 모델은 주어진 전환율에 대해 회분식이나 평류흐름 반응기보다 나쁜 선택도가 예상된다.

직렬 복합 반응에 대해서는 회분식이나 평류흐름 반응기가 사용되어야 한다.

4) *부산물을 병렬과 직렬로 생산하는 혼합 반응* 아래와 같은 속도식으로 표현되는 식 (2.10)의 병렬과 직렬이 혼합된 반응 시스템을 고려하자.

$$\begin{array}{ll} FEED \longrightarrow PRODUCT & r_1 = k_1 \; C_{FEED}^{a_1} \\ FEED \longrightarrow BYPRODUCT & r_2 = k_2 \; C_{FEED}^{a_2} \\ PRODUCT \longrightarrow BYPRODUCT & r_3 = k_3 \; C_{PRODUCT}^{a_3} \end{array} \quad (2.69)$$

병렬 부산물 반응이 관여되는 한, 높은 선택도를 위해서는

- $a_1 > a_2$이면 회분식이나 평류흐름 반응기를 사용한다.
- $a_1 < a_2$이면 연속식 완전혼합 반응기를 사용한다.

직렬 부산물 반응은 평류흐름 반응기를 요한다. 따라서 위의 병렬-직렬 혼합 시스템에 대해서

- $a_1 > a_2$이면 회분식이나 평류흐름 반응기를 사용한다.

그러나 만약 $a_1 < a_2$라면 올바른 선택은 무엇일까? 여기서 병렬 부산물 반응은 연속식 완전혼합 반응기를 요구한다. 반면에 부산물 직렬 반응은 평류흐름 반응기를 요구한다. 이러한 상황에서는 평류흐름과 연속식 완전혼합 반응기를 어느 정도 혼합하는 것이 최선의 전체 선택도를 가져다 줄 것이다 (Smith and Petela, 1992). 이것은 다음에 의해 얻어질 수 있다.

- 연속 완전혼합 반응기의 연속(그림 2.7a)
- 재순환을 가지는 평류흐름 반응기(그림 2.7b)
- 평류와 연속식 완전혼합 반응기의 직렬 조합(그림 2.7c와 d)

가장 높은 전체 선택도를 가져다주는 배열은 그 반응 시스템에 대한 자세한 크기 결정과 비용 계산에 의해서만 찾아낼 수 있다.

5) *중합 반응* 고분자는 평균분자량과 평균 주변의 분자량 분포에 의해 특징지어진다. 분포의 너비는 회분식이나 평류흐름 반응기가 사용되는지 또는 연속식 교반탱크 반응기가 사용되는지에 따라 달라

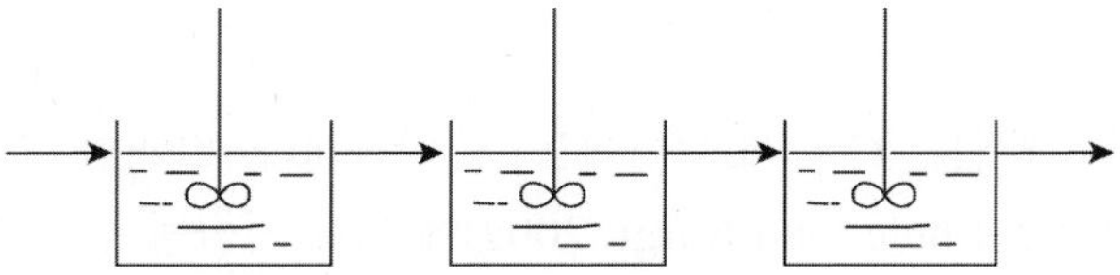

(a) 연속 혼합흐름 반응기의 직렬 구성

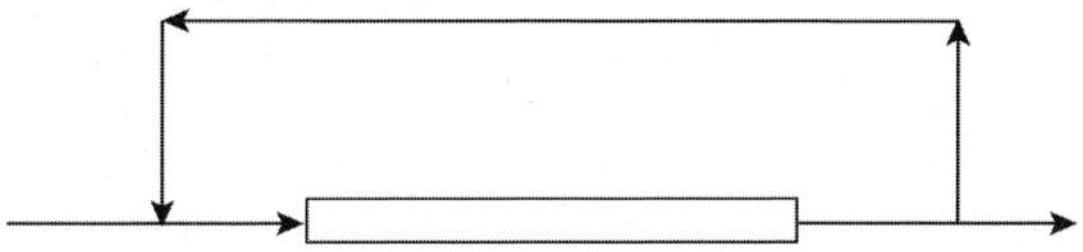

(b) 재순환을 가지는 평류흐름 반응기

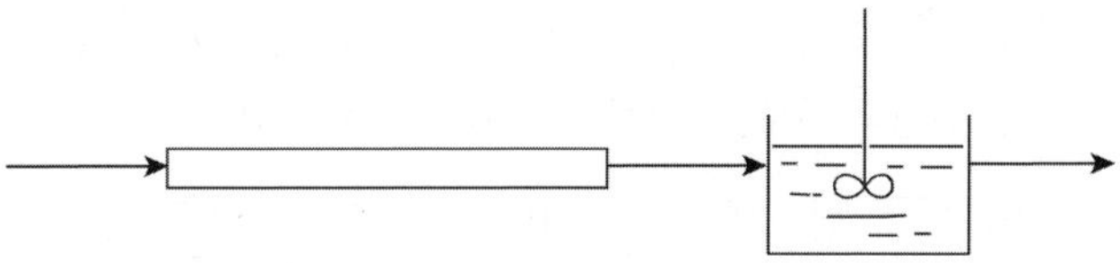

(c) 평류흐름에 이어지는 혼합흐름 반응기 구성

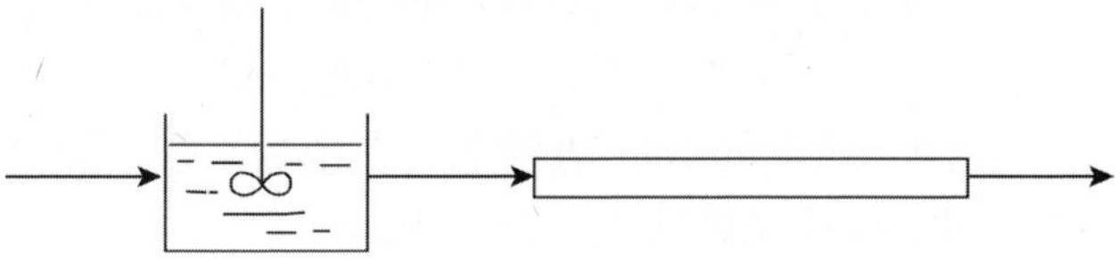

(d) 혼합흐름에 이어지는 평류흐름 반응기 구성

그림 2.7 ▸ **주 반응 차수보다 병렬 반응 차수가 높을 때 혼합 병렬 및 직렬 반응에서의 반응기 선택.**

진다. 분포 폭은 고분자의 기계적 성질과 다른 특성들에 중요한 영향을 미치며 반응기 선택에 있어서 중요한 인자이다.

중합 반응의 두 가지 주요 부류가 정의될 수 있다.

a) 종결 반응이 없거나 활성고분자 수명이 반응기에서의 평균체류시간에 비해 길다. 회분식 또는 평류흐름 반응기에서 모든 분자는 같은 체류시간을 가지고 있으며 종결 영향이 없이(2.2절 참조) 모든 분자는 같은 길이로 자라고 결국 좁은 분자량 분포를 가져온다. 반면에 연속교반탱크 반응기는 반응기 안에서의 체류시간 분포 때문에 넓은 분포를 가져온다.

b) 활성 고분자 수명은 반응기 내의 평균 체류시간에 비해 짧다. 자유 라디칼을 포함하는 메커니즘에 의해 일어날 때 활동적으로 자라는 중심의 수명은 두 자유 라디칼의 결합과 같은 종결과정에 의해 극히 짧아질 수 있다(2.2절 참조). 이러한 종결과정은 자유 라디칼의 농도에 의해 영향을 받고 이것은 또한 단량체 농도에 비례한다. 회분식 또는 평류흐름 반응기에서 단량체와 자유 라디칼의 농도는 감소한다. 이것은 체류시간의 증가와 함께 사슬 길이를 증가시켜 넓은 분자량 분포를 가져온다. 연속교반탱크반응기는 단량체 농도를 일정하게 유지하여 일정한 사슬 종결 속도를 가져온다. 이것은 좁은 분자량 분포를 가져다준다. 고분자의 활성수명이 짧기 때문에 체류시간의 변화는 중요한 영향을 끼치지 못한다.

6) ***생화학 반응*** 앞서 논의한 바와 같이 두 가지 광범위한 생화학 반응이 있다. 선택된 미생물의 대사경로를 이용하고, 효소가 촉매 작용을 하는 종류의 반응이다. 다음 유형의 미생물 생체 화학 반응을 고려하자.

$$A \xrightarrow{C} R + C$$

A는 원료, R은 생성물, C는 세포(미생물)를 나타낸다. 그러한 종류의 반응속도는 Monod 방정식(Levenspiel, 1999; Shuler and Kargi, 2002)에 의해 기술될 수 있다.

$$-r_A = k\frac{C_C\,C_A}{C_A + C_M} \tag{2.70}$$

여기서 r_A = 반응속도
k = 속도 상수
C_C = 세포(미생물)의 농도
C_A = 원료의 농도
C_M = 상수(반응과 조건의 함수인 Michaeli 상수)

속도 상수는 온도, 미량 원소의 존재, 비타민, 독성 물질, 광 강도 등과 같은 여러 요소에 따라 달라질 수 있다. 반응속도는 원료(미생물에 대한 먹이)의 가용성뿐만 아니라 미생물 증식을 방해하는 미생물 폐기물의 축적량에 달려 있다. 그들의 폐기물이 성장을 방해하는 지점이 있다. 과량의 원료 또는 미생물은 반응속도를 늦출 수 있다. 식 (2.70)은 그림 2.4b에서와 같이 자동 촉매 반응과 동일한 특성 곡선을 제공한다. 따라서 농도 범위에 따라 혼합흐름, 평류흐름, 혼합흐름과 평류흐름 또는 혼합흐름과 분리 및 재순환의 조합이 적절할 수 있다.

효소가 촉매 작용을 하는 생화학 반응은 다음과 같다.

$$A \xrightarrow{\text{효소}} R$$

반응속도 Monod 방정식에 의해 기술될 수 있다(Levenspiel, 1999; Shuler and Kargi, 2002).

$$-r_A = k\frac{C_E\,C_A}{C_M + C_A} \tag{2.71}$$

여기서 C_E = 효소 농도

일부 물질이 있으면 반응이 느려질 수 있다. 이러한 물질은 *억제제*로 알려져 있다. 이것은 효소상의 활성 부위에 대한 원료와 경쟁하는 억제제 또는 인접한 부위를 공격하는 억제제에 의해 야기되며, 그렇게 함으로써 활성 물질에 대한 공급 물질의 접근을 억제한다.

식 (2.71)에서 높은 반응속도는 높은 농도의 효소(C_E) 및 고농축 원료(C_A)에 의해 선호된다. 이는 원료와 효소가 모두 존재할 경우 평류흐름 또는 이상 회분 반응기가 선호된다는 것을 의미한다.

2.7 반응기 성능의 선택

이제 설계 단계에서 반응기 선택의 목표를 정의하는 것이 가능하게 되었다. 변환되지 않은 원료는 보통 분리되어 나중에 재활용될 수 있다. 이 때문에 반응기 전환은 단순히 반응기를 선택하는 것보다 설계가 훨씬 진행될 때까지는 결정될 수 없다. 나중에 볼 수 있듯이, 반응기 전환의 선택은 나머지 공정에 큰 영향을 미친다. 그럼에도 불구하고 설계가 진행될 수 있는 반응기에 관한 결정은 내려져야 한다. 따라서 전체 시스템 설계에 세부 사항이 추가되면 이것이 변하기 쉽다는 인식하에 반응기 변환을 위한 초기화를 해야 한다.

원하지 않는 제품은 일반적으로 유용한 제품이나 원자재로 다시 변환할 수 없다. 불필요한 부산물에 대한 반응은 처분 시 낭비되는 원재료와 처분을 위한 환경 큰 비용으로 인해 비용을 발생시킨다. 따라서 선택된 반응기 전환에 대해 최대 선택도가 요구된다. 이 단계의 목표는 다음과 같이 요약할 수 있다.

1) *단일 반응* 식 (2.2)와 같은 부산물을 생성하는 단일 반응은 생성된 부산물과 생선물의 상대적 양에 영향을 미치지 않는다. 따라서 식 (2.1)~(2.3)과 같은 단일 반응의 목표는 반응기 자본 비용을 최소화하는 것이다. 반응기 자본 비용은 주어진 반응기 전환에 대해 반응기 용량을 최소화하는 것을 의미한다. 반응기 전환율을 증가 시키면 반응기의 크기 및 비용이 증가하지만, 후술하는 바와 같이 흐름도의 다른 많은 부분의 비용이 감소된다. 이 때문에 단일 비가역 반응에 대한 반응기 전환의 초기 설정은 약 95%로 두고 단일 가역 반응에 대한 반응기 전환은 평형 전환의 약 95%로 둔다(Smith and Petela, 1992). 평형상태 변환은 다음 장에서보다 자세히 고려된다.

   회분 반응기의 경우 주어진 전환을 달성하는 데 필요한 시간을 고려해야 한다.

2) *병렬로 부산물을 생성하는 복합 반응* 원료 비용은 대개 공정의 경제성을 지배한다. 이 때문에 병렬, 직렬 연속 또는 혼합의 여러 반응을 처리할 때 목표는 대개 주어진 반응기 변환에 대한 부산물 생성을 최소화하는 것(선택도를 최대화하는 것)이다. 선정된 반응기 조건은 1차 반응 및 2차 반응에서의 반응속도 및 평형상태 효과 간의 차이를 이용하여 부산물보다는 원하는 생성물의 형성, 즉 선택도 개선을 촉진해야 한다. 변환에 영향을 미치는 요인들도 선택도에 중요한 영향을 미칠 수 있기 때문에 변환에 대한 합리적인 초기 설정 제안은 단일 반응보다 어렵다.

   식 (2.64)와 (2.65)의 병렬반응 시스템을 고려하자. 반응기에서의 높은 전환율은 C_{FEED}를 감소시키는 경향이 있다. 따라서

   - $a_2 > a_1$ 전환율이 증가함에 따라 선택도가 증가한다.
   - $a_2 < a_1$ 전환율이 증가함에 따라 선택도가 감소한다.

   전환율이 증가함에 따라 선택도가 증가하면 반응기 전환에 대한 초기 설정은 95%의 순서로 이루어져야 하며, 가역적 인 반응의 경우에는 평형 전환의 95% 정도가 되어야 한다. 전환율이 증가함에 따라 선택도가 감소하면 지침을 제시하는 것이 훨씬 더 어려워진다. 비가역적 반응에 대한 전환의 50% 또는 가역적 반응에 대한 평형 전환의 50%의 초기 설정을 이 단계에서 제안할 수 있다. 그러나 이것은 초기 설정값일 뿐이며, 거의 나중에 변경될 것이다.

3) *부산물을 생성하는 직렬연속의 복합 반응* 반응식 (2.68)을 고려하자. 반응식 (2.7)에서 주어진 직렬 연속 반응에 대한 반응식 (2.9)의 선택도는 2차 반응과 관련하여 반응물의 농도가 낮을수록 증가한다. 이는 낮은 농도의 주 생산물, 즉 전환율이 낮은 반응기 작동을 의미한다. 직렬연속 반응의 경우 전환율이 증가함에 따라 선택도가 크게 감소할 수 있다.

   반복적인 반응 시스템으로 반응기 전환의 초기 설정을 선택하는 것은 어렵다. 비가역적 반응에 대해 50%의 전환율 또는 가역적인 반응에 대한 평형 전환율의 50%는 이 단계에서 제안된 바와 같이 합리적인 것으로서, 원료와 함께 유입되어 반응을 일으키는 불순물과의 반응도 발생할 수 있다. 또한 이러한 반응은 최소화되어야 하지만, 공급 불순물에 의해 야기된 부산물 반응을 처리하는 가장 효과적인 수단으로 반응기 조건을 변경하는 것이 아니라 원료 정제를 수행하는 것이 효과적이라 할 수 있다.

2.8 반응기의 성능 – 요약

반응기 변환에 대한 초기화는 설계가 진행될 수 있는 순서로 이루어져야 한다. 나중에 볼 수 있듯이, 반응기 전환과 나머지 흐름 순서로 사이에 밀접한 상호 작용이 있기 때문에 이것은 설계 진행 중에 설계에서 변경될 가능성이 있다.

1) ***단일 반응*** 단일 반응의 경우 합리적인 초기 설정은 비가역적 반응에 대해 95% 전환, 가역적 반응에 대해 95%의 평형 전환이다.

2) ***복합 반응*** 부산물이 병렬로 형성되는 다중 반응의 경우, 전환율이 증가함에 따라 선택도가 증가하거나 감소할 수 있다. 부산물 반응이 1차 반응보다 높은 차수라면, 반응기 조건을 높이기 위해 선택도를 증가시켜야 한다. 이 경우 단일 반응과 동일한 초기 설정을 사용해야 한다. 병렬 시스템의 부산물 반응이 1차 반응보다 낮으면 단일 반응보다 낮은 전환율이 적절할 것으로 예상된다. 이 단계에서 가장 좋은 초기 제안은 비가역적 반응의 경우 전환율을 50%로, 가역적 반응의 경우 평형 전환율의 50%로 설정하는 것이다. 부산물이 연속적으로 형성되는 복합 반응의 경우 전환율이 증가함에 따라 선택도가 감소한다. 이 경우 단일 반응의 경우보다 낮은 전환율이 적절할 것으로 예상된다. 다시 말하지만, 이 단계에서 가장 좋은 제안은 비가역 반응의 경우 전환율을 50%로, 가역적 반응의 경우 평형 전환율 50%로 조정하는 것이다.

   반응기 전환은 매우 중요한 최적화 변수이기 때문에 반응기 전환의 초기 설정에 대한 이러한 권장 사항은 이후 단계에서 거의 확실하게 변경될 것이라는 점에 유의해야 한다.

또는 복합 반응을 처리할 때 선택한 전환을 위해 선택도 또는 반응기 수율이 최대화되어야 한다. 반응기에서의 혼합 패턴과 원료 첨가 정책은 마지막으로 선택되어야 한다.

2.9 연습 문제

1. 아세트산 무수물은 아세톤 및 아세트산으로부터 제조되어야 한다. 이 공정의 첫 번째 단계에서, 아세톤은 반응을 통해 700°C 및 1.013 bar에서 케텐으로 분해된다.

$$\underset{\text{acetone}}{CH_3COCH_3} \longrightarrow \underset{\text{ketene}}{CH_2CO} + \underset{\text{methane}}{CH_4}$$

불행히도, 형성된 케텐의 일부는 분해되어 반응을 통해 원하지 않는 에틸렌 및 일산화탄소를 형성한다.

$$\underset{\text{ketene}}{CH_2CO} \longrightarrow \underset{\text{ethylene}}{\tfrac{1}{2}C_2H_4} + \underset{\text{carbon monoxide}}{CO}$$

이러한 반응에 대한 실험적 연구는 케톤 선택도 S (아세톤의 전환된 kmole당 케톤이 생성된 kmole)가 전환율 X (원료로 도입된 아세톤 kmol당 반응된 아세톤)에 따라 변하는 관계를 나타낸다(Jeffreys, 1964).

$$S = 1 - 1.3X$$

이 공정의 두 번째 단계는 80°C 및 1.013 bar에서 케톤을 빙초산과 반응시켜 반응을 통해 아세트산 무수물을 생성하는 것이다.

$$\underset{\text{ketene}}{CH_2CO} + \underset{\text{acetic acid}}{CH_3COOH} \longrightarrow \underset{\text{acetic anhydride}}{CH_3COOCOCH_3}$$

포함된 화학 물질의 값과 그 몰질량은 표 2.12에 나와 있다.

공장에서 15,000 $t{\cdot}y^{-1}$ 아세트산 무수물을 생산한다고 가정할 때,

a) 부 반응이 억제되어 100% 수율을 얻는다고 가정하여 경제 잠재력을 계산한다.

b) 부 반응을 억제할 수 없다면 공장이 수익을 낼 수 있는 아세톤 전환율(X)의 범위를 결정하라

표 2.12 ▸ 아세트산 무수물 생산에 대한 데이터

Chemical	Molar mass ($kg \cdot kmol^{-1}$)	Value ($\$ \cdot kg^{-1}$)
Acetone	58	0.60
Ketene	42	0
Methane	16	0
Ethylene	28	0
Carbon monoxide	28	0
Acetic acid	60	0.54
Acetic anhydride	102	0.90

c) 공개된 데이터는 프로젝트의 자본 비용이 최소 $ 35 m가 될 것임을 나타낸다. 연간 고정 요금이 자본 비용으로 가정된다면 플랜트가 수익을 창출할 수 있는 15%의 전환으로 범위를 수정하라.

2. 시간에 따른 반응물의 변화율을 보여주는 간단한 반응에 대한 실험 데이터가 표 2.13에 주어진다.

데이터가 반응속도 방정식에서 반응 차수가 1.5가 됨을 보이고 속도 상수를 결정하라.

3. 화합물 A가 반응하여 화합물 B가 액상에서 비가역적으로 합성된다. 반응속도는 반응물 A에 대해 반응속도 상수 $k_A = 0.003\ min^{-1}$로 반응차수는 1차다.

a) 혼합흐름 반응기,

b) 동일한 부피의 직렬 혼합흐름 반응기 3개, 반응물 A의 95% 전환까지의 체류시간을 구하라.

c) 평류흐름 반응기.

표 2.13 ▸ 간단한 반응을 위한 실험 데이터

Time (min)	Concentration ($kg \cdot m^{-3}$)
0	16.0
10	13.2
20	11.1
35	8.8
50	7.1

4. 스티렌(A) 및 부타디엔(B)은 일련의 혼합흐름 반응기에서 각각 50 m^3의 부피로 중합되어야 한다. A와 B의 반응속도는 다음과 같이 주어진다.

$$r = k\, C_A C_B$$

여기서 $k = 10^{-5}\ m^3 \cdot kmol^{-1} \cdot s^{-1}$

스티렌의 초기 농도는 0.8 $kmol \cdot m^{-3}$이며, 부타디엔은 3.6 $kmol \cdot m^{-3}$이다. 반응물의 공급 속도는 20 $t \cdot h^{-1}$이다. 스티렌의 70% 중합에 필요한 반응기의 총수를 계산하라. 반응 혼합물의 밀도가 870 $kg \cdot m^{-3}$이고, 스티렌의 몰질량이 104 $kg \cdot kmol^{-1}$이며, 부타디엔의 몰질량이 54 $kg \cdot kmol^{-1}$인 것으로 가정한다.

5. 순수한 액체 A의 10 $t \cdot h^{-1}$을 원하는 생성물 B가 되도록 반응시킨다. 부산물 C와 D는 직렬 및 병렬 반응을 통해 형성된다.

$$A \xrightarrow{k_1} B \xrightarrow{k_2} C$$
$$B \xrightarrow{k_3} D$$

$$k_1 = k_2 = k_3 = 0.1\ min^{-1}$$

반응속도를 1차 반응으로 가정하고 평균 밀도를 800 $kg \cdot m^{-3}$, A의 입구 농도를 15 $kmol \cdot m^{-3}$로 가정한다. B의 최대 수율을 제공할 반응기에 필요한 체류시간, 부피 및 수율을 계산하라.

a) 단일 혼합흐름 반응기

b) 3개의 동일한 크기의 직렬 혼합흐름 반응기

6. 다음과 같은 병렬 반응에서 선택도를 극대화하기 위해 어떤 반응기 구성을 사용해야 하는가?

$$A + B \longrightarrow R \quad r_R = 15\, C_A^{0.5} C_B$$
$$A + B \longrightarrow S \quad r_S = 15\, C_A C_B$$

여기서 원하는 제품은 R이고, 원하지 않는 제품은 S이다.

7. 원하는 액상 반응은

$$A + B \xrightarrow{k_1} R \qquad r_R = k_1 C_A^{0.3} C_B$$

다음의 병렬 반응을 동반하다.

$$A + B \xrightarrow{k_2} S \qquad r_S = k_2 C_A^{1.5} C_B^{0.5}$$

a) 다수의 반응기 구성이 가능하다. 이상 회분, 반 회분, 평류흐름 및 반 평류흐름을 모두 사용할 수 있

다. 반 회분 및 반 평류흐름 반응기의 경우, A 및 B의 첨가 순서가 변경될 수 있다. 원하는 생성물의 생산을 최대화하기 위해 반응기 구성을 가장 바람직하지 않은 것에서 가장 바람직한 것으로 순으로 제시하라.

b) 혼합흐름 반응기로의 공급 흐름은 순수 A와 B의 등 몰량 혼합물이다(각각 20 kmol·m^{-3}의 밀도를 가짐). $k_1 = k_2 = 1.0$ kmol·m^{-3}·min^{-1}으로 가정할 때, 90%의 전환율을 위해 혼합흐름 반응기로부터 출구 흐름의 조성을 계산하라.

8. 자유 라디칼 중합 및 응축 중합 공정의 경우 혼합흐름 또는 평류흐름 반응기의 사용 여부에 따라 중합체 생성물의 몰질량 분포가 다른 이유를 설명하라. 몰질량 분포의 차이점은 무엇인가?

참고 문헌

Denbigh KG and Turner JCR (1984) *Chemical Reactor Theory*, 3rd Edition, Cambridge University Press.

Douglas JM (1985) A Hierarchical Decision Procedure for Process Synthesis, *AIChE J*, **31**: 353.

Dwight HB (1961) *Tables of Integrals and Other Mathematical Data*, The Macmillan Company.

Helminen J, Leppamaki M, Paatero E and Minkkinen P (1998) Monitoring the Kinetics of the Ion-Exchange Resin Catalysed Esterification of Acetic Acid with Ethanol Using Near Infrared Spectroscopy with Partial Least Squares (PLS) Model, *Chemometr Intell Lab Syst*, **44**: 341.

Huang I and Dauerman L (1969) Exploratory Process Study, *Ind Eng Chem Prod Res Dev*, **8**(3): 227.

Jeffreys GV (1964) A Problem in Chemical Engineering Design — *The Manufacture of Acetic Acid*, The Institution of Chemical Engineers, UK.

Levenspiel O (1999) *Chemical Reaction Engineering*, 3rd Edition, John Wiley & Sons.

Rase HF (1977) *Chemical Reactor Design for Process Plants*, Vol. 1, John Wiley & Sons.

Rudd DF, Powers GJ and Siirola JJ (1973) *Process Synthesis*, Prentice Hall.

Shuler ML and Kargi F (2002) *Bioprocess Engineering*, 2nd Edition, Prentice Hall.

Smith R and Petela EA (1992) Waste Minimization in the Process Industries. Part 2: Reactors, *Chem Eng*, **Dec**(509–510): 17.

Waddams AL (1978) *Chemicals from Petroleum*, John Murray.

Wells GL and Rose LM (1986) *The Art of Chemical Process Design*, Elsevier.

제 3 장 화학반응기 II – 반응기 조건

Chemical Reactors II – Reactor Conditions

3.1 반응평형

앞 장에서 단일 반응에서의 반응기 크기의 최소화 혹은 주어진 전환율에서의 복합 반응의 최대 선택도(혹은 수율)을 얻기 위한 가장 적절한 농도 유형을 갖는 반응기 종류를 선택해 보았다. 그러나 아직 반응기의 조건인 온도, 압력, 상, 농도 등이 고려되어 나타나는 중요한 효과들이 남아 있다. 이러한 반응 조건들을 고려하기 전에 화학평형의 기초 원리의 검토가 필요하다.

화학반응은 가역뿐만 아니라 필수적으로 비가역반응을 고려한다. 필수 비가역 반응의 예는 다음과 같다.

$$\underset{\text{ethylene}}{C_2H_4} + \underset{\text{chlorine}}{Cl_2} \rightarrow \underset{\text{dichloroethane}}{C_2H_4Cl_2} \tag{3.1}$$

가역반응의 예는 다음과 같다.

$$\underset{\text{hydrogen}}{3H_2} + \underset{\text{nitrogen}}{N_2} \rightleftharpoons \underset{\text{ammonia}}{2NH_3} \tag{3.2}$$

가역반응의 경우,

a) 주어진 반응물들이 주어진 온도, 압력 하에 반응기 설계와 무관한 최대 전환율(즉, *평형 전환율*)이 있다.

b) 평형 전환율을 바꾸려면 반응물 농도, 온도, 그리고 압력이 변화되어야 한다.

반응평형을 이해할 수 있는 열쇠는 다음과 같이 정의되는 *Gibbs 자유에너지* 혹은 *자유에너지*(Dodge, 1944; Hougen Watson and Ragatz, 1959; Couil and stuart, 1964; Smith 1990)이다.

$$G = H - TS \tag{3.3}$$

여기서 G = 자유에너지(kJ)

H = 엔탈피(kJ)

T = 절대온도(K)

S = 엔트로피($kJ \cdot K^{-1}$)

엔탈피와 같이 어떤 물질의 G의 절대값은 측정할 수 없고, 단지 그 변화량이 유의미하다. 주어진 온도에서 공정이 일어나면 자유에너지는 식 (3.4)과 같이 변한다.

$$\Delta G = \Delta H - T\,\Delta S \tag{3.4}$$

음의 ΔG 값은 반응물이 생성물로 되는 자발적 정반응을, 양의 ΔG 값은 자발적 역반응을 뜻한다. 평형을 이루었을 때의 시스템은 그림 3.1과 같다(Dodge, 1944; Hougen, Watson and Ragatz, 1959; Coull and Stuart, 1964; Smith, 1990).

$$\Delta G = 0 \tag{3.5}$$

자유에너지는 다른 유형으로 표현될 수 있다(Dodge, 1944; Hougen, Watson and Ragatz, 1959; Coull and Stuart, 1964; Smith, 1990).

$$dG = -S\,dT + V\,dP \tag{3.6}$$

여기서 V는 시스템의 부피이다. 온도가 일정하다면 $dT = 0$이 되어 식 (3.6)은 다음과 같다.

$$dG = V\,dP \tag{3.7}$$

N 몰의 이상기체에서 $PV = NRT$, 여기서 R은 이상기체 상수이다.

이것을 식 (3.7)에 대입하면,

$$dG = NRT\frac{dP}{P} \tag{3.8}$$

식 (3.8)과 같이 압력 조건을 P_1으로부터 P_2로 바꾼다면 식 (3.8)은 적분되어 다음과 같다.

$$\Delta G = G_2 - G_1 = NRT\int_{P_1}^{P_2}\frac{dP}{P} \tag{3.9}$$

표준상태의 자유에너지를 G^O라 표현한다. 기체는 상온 단열공정 및 1기압 상태를 표준상태라 한다. 식 (3.9)을 표준상태로부터의 변화로 간주하면 다음의 식이 된다.

$$G = G^o + NRT\ln\frac{P}{P_o} \tag{3.10}$$

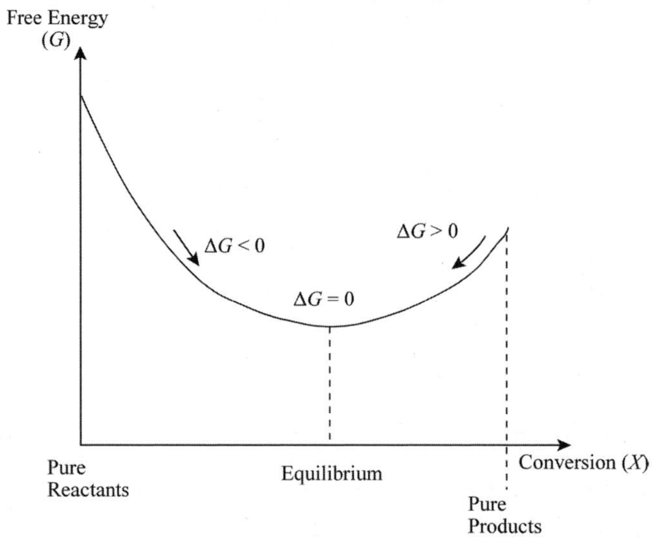

그림 3.1 ▸ **반응 혼합물에서의 자유에너지 변화.**

실제 상태는 실제 기체를 사용하므로 식 (3.10)은 다음이 된다.

$$G = G^o + NRT \ln \frac{f}{f^o} = G^o + NRT \ln a \tag{3.11}$$

여기서 f = 휘산도(N·m^2 또는 bar)
f^0 = 표준상태 휘산도(N·m^2 또는 bar)
a = 활동도(−) = f/f^0

휘산도(fugacity)와 *활동도*(activity) 개념은 이상 시스템의 수식을 실제 시스템의 수식으로 바꾸는 인자 이외에 다른 물리적 표현이 없다. 휘산도는 표준상태에 대한 실효적 압력(effective pressure), 활동도는 실효적 농도(effective concentration) 정도가 될 수 있다(Smith, 1990).

일반적 가역반응을 고려하자.

$$bB + cC + \cdots \rightleftharpoons sS + tT + \cdots \tag{3.12}$$

위 반응에서 자유에너지 변화는 다음과 같다.

$$\Delta G = s\overline{G}_S + t\overline{G}_T + \cdots - b\overline{G}_B - c\overline{G}_C - \cdots \tag{3.13}$$

여기서 ΔG = 자유에너지 변화(kJ)
$\overline{G}_i$ = i 성분의 부분 몰 자유에너지(partial molar free energy)(kJ·kmole^{-1})

*부분 몰 자유에너지*는 *혼합물 속에 존재*하는 개별 성분들의 몰 자유에너지이다. 이것은 이상 시스템이 아닐 때 혼합물의 물성은 순수성분의 물성에 추가되는 물성이 아니므로 필수적이다. 결과적으로 $G = \sum_i N_i \overline{G}_i$가 혼합물의 값이 된다. 표준상태에서의 반응물로부터 생산물로 변할 때의 자유에너지 변화량은

$$\Delta G^O = s\overline{G}_S^O + t\overline{G}_T^O + \cdots - b\overline{G}_B^O - c\overline{G}_C^O - \cdots \tag{3.14}$$

여기서 ΔG^O = 모든 반응물과 생산물이 표준상태에 있을 때 반응에 따른 자유에너지 변화(kJ)
$\overline{G}_i^O$ = 표준상태의 i 성분의 부분 몰 자유에너지(kJ·kmol^{-1})

식 (3.13)과 식 (3.14)를 통합하면,

$$\begin{aligned}\Delta G - \Delta G^O = &\, s(\overline{G}_S - \overline{G}_S^O) + t(\overline{G}_T - \overline{G}_T^O) + \cdots \\ &- b(\overline{G}_B - \overline{G}_B^O) - c(\overline{G}_c - \overline{G}_C^O) - \cdots\end{aligned} \tag{3.15}$$

식 (3.11)을 혼합물 내의 i 성분의 부분 몰 자유에너지로 고쳐 쓰면,

$$\overline{G}_i - \overline{G}_i^O = RT \ln a_i \tag{3.16}$$

여기 a_i는 혼합물내의 i 성분의 활동도, 식 (3.16)을 식 (3.15)에 대입하면

$$\begin{aligned}\Delta G - \Delta G^O = &\, sRT\, ln\, a_S + tRT\, \ln a_T + \cdots \\ &- bRT \ln a_B - cRT \ln a_c - \cdots\end{aligned} \tag{3.17}$$

$$\Delta G - \Delta G^O = RT \ln\left(\frac{a_S^s a_T^t \cdots}{a_B^b a_C^c \cdots}\right) \tag{3.18}$$

$s \ln a_S$는 $\ln a_S^s$이므로 수식에서 $RT \ln a_S^s$의 단위는 kJ이며, a_S^s는 무차원이다. 평형에서 $\Delta G = 0$이므로 식 (3.18)은,

$$\Delta G^O = -RT \ln\left(\frac{a_S^s\, a_T^t \cdots}{a_B^b\, a_C^c \cdots}\right) = -RT \ln K_a \tag{3.19}$$

여기서,

$$K_a = \frac{a_S^s a_T^t \cdots}{a_B^b a_C^c \cdots} \tag{3.20}$$

K_a는 평형상수로 알려져 있다. 이 값은 표준조건 하에서의 시스템의 평형활동도를 나타내며 온도가 주어지면 상수가 된다.

1) *균질 기상반응* 식 (3.20)의 휘산도를 사용하면

$$K_a = \left(\frac{f_S^s f_T^t \cdots}{f_B^b f_C^c \cdots}\right)\left(\frac{f_B^{Ob}\, f_C^{Oc} \cdots}{f_S^{Os}\, f_T^{Ot} \cdots}\right) \tag{3.21}$$

균질 기상반응, 표준상태의 휘산도는 1로 간주되어 $f_i^O = 1$이다. 성분 i의 분압에 대한 휘산도는

$$f_i = \phi_i\, p_i \tag{3.22}$$

여기서 f_i $= i$ 성분 휘산도
$\phi_i = i$ 성분의 휘산도 계수
$P_i = i$ 성분의 분압

$f_i^O = 1$을 가정하고, 식 (3.22)를 식 (3.21)에 대입하면

$$K_a = \left(\frac{\varphi_S^s\, \varphi_T^t \cdots}{\varphi_B^b\, \varphi_C^c \cdots}\right)\left(\frac{p_S^s\, p_T^t \cdots}{p_B^b\, p_C^c \cdots}\right) = K_\varphi\, K_P \tag{3.23}$$

또한 정의에 의해

$$p_i = y_i P \tag{3.24}$$

여기서 $y_i = i$ 성분의 몰분율
P = 전체 압력

식 (3.24)를 식 (3.23)에 대입하면

$$K_a = \left(\frac{\varphi_S^s\, \varphi_T^t \cdots}{\varphi_B^b\, \varphi_C^c \cdots}\right)\left(\frac{y_S^s\, y_T^t \cdots}{y_B^b\, y_C^c \cdots}\right) P^{\Delta N} = K_\varphi K_y P^{\Delta N} \tag{3.25}$$

여기서 $\Delta N = s + t + \cdots - b - c - \cdots$

이상기체에 대해 $\phi_i = 1$이므로

$$K_a = K_p = \left(\frac{p_S^s\, p_T^t \cdots}{p_B^b\, p_C^c \cdots}\right) \tag{3.26}$$

$$K_a = K_y\, P^{\Delta N} = \left(\frac{y_S^s\, y_T^t \cdots}{y_B^b\, y_C^c \cdots}\right) P^{\Delta N} \tag{3.27}$$

$f_i^O = 1$ bar일 때 K_a 값의 단위는 무차원이 된다.

2) *균질 액상 반응* 균질 액상 반응에서 활동도는 다음과 같다.

$$a_i = \gamma_i x_i \quad \textbf{(3.28)}$$

여기서 $a_i = i$ 성분의 활동도
$\gamma_i = i$ 성분의 활동도 계수
$x_i = i$ 성분의 몰분율

식 (3.28)의 활동도 계수($\gamma_i = a_i/x_i$)는 실제 농도에 대한 효과로 볼 수 있다.

$$K_a = \left(\frac{\gamma_S^s \gamma_T^t \cdots}{\gamma_B^b \gamma_C^c \cdots}\right)\left(\frac{x_S^s x_T^t \cdots}{x_B^b x_C^c \cdots}\right) = K_\gamma K_x \quad \textbf{(3.29)}$$

이상용액의 경우 활동도 계수는 1이므로 다음과 같다.

$$K_a = \left(\frac{x_S^s x_T^t \cdots}{x_B^b x_C^c \cdots}\right) \quad \textbf{(3.30)}$$

3) *비균질 반응* 비균질 반응은 모든 성분의 상태가 균일하지 않다. 이 경우 모든 성분에 대한 표준상태 정의가 요구된다. 평형상태 내의 고체 활동도는 모두 1로 간주될 수 있다.

이 열역학적 원리를 적용하는 예제를 풀어보기로 하자.

예제 3.1

다음의 양론식을 갖는 반응이 1 bar에서 일어난다.

$$\underset{\text{hydrogen}}{3H_2} + \underset{\text{nitrogen}}{N_2} \rightleftharpoons \underset{\text{ammonia}}{2NH_3}$$

이상기체를 가정하라(R = 8.3145 kJ · K^{-1} · kmol^{-1}), 300 K에서 다음을 계산하라.

a) 평형상수
b) 수소의 평형 전환율
c) 평형상태에서의 생산물 농도 분율

1 bar에서의 표준자유에너지는 표 3.1(Lide, 2010)에 나타내었다.

표 3.1 ▸ 암모니아 합성반응의 표준자유에너지 자료

Component	$\overline{G}_{300}^O$ (kJ.kmol^{-1})
H_2	0
N_2	0
NH_3	−16,223

›풀이

a) $3H_2 + N_2 \rightleftharpoons 2NH_3$

$$\Delta G^O = 2\overline{G}_{NH_3}^O - 3\overline{G}_{H_2}^O - \overline{G}_{N_2}^O$$
$$= -RT \ln K_a$$

$$\ln K_a = \frac{-(2\overline{G}_{NH_3}^O - 3\overline{G}_{H_2}^O - \overline{G}_{N_2}^O)}{RT}$$

300 K에서,

$$\ln K_a = \frac{-(-2 \times 16223 - 0 - 0)}{8.3145 \times 300}$$
$$= 13.008$$
$$K_a = 4.4597 \times 10^5$$

또한,

$$K_a = \frac{p_{NH_3}^2}{p_{H_2}^3 p_{N_2}}$$

양론식이

$$\tfrac{3}{2}H_2 + \tfrac{1}{2}N_2 \rightleftharpoons NH_3$$

$$K_a' = \frac{p_{NH_3}}{p_{H_2}^{3/2} p_{N_2}^{1/2}}$$

$$K_a' = \sqrt{K_a}$$

b) 초기와 평형상태에서의 몰수와 몰분율은 표 3.2와 같다.

$$K_a = \frac{y_{NH_3}^2}{y_{H_2}^3 y_{N_2}} P^{-2}$$

$P = 1$ bar,

$$K_a = \frac{16X^2(2-X)^2}{27(1-X)^4}$$

300 K에서,

$$4.4597 \times 10^5 = \frac{16X^2(2-X)^2}{27(1-X)^4}$$

시행착오법 혹은 스프레드시트 소프트웨어로 계산하면,

$$X = 0.97$$

c) 평형 전환율이 $X = 0.97$이므로 표 3.2에 의해 구해보면,

$$y_{H_2} = 0.0437$$
$$y_{N_2} = 0.0146$$
$$y_{NH_3} = 0.9418$$

표 3.2 ▸ 암모니아 합성반응의 몰과 몰분율

	H_2	N_2	NH_3
Moles in initial mixture	3	1	0
Moles at equilibrium	$3-3X$	$1-X$	$2X$
Mole fraction at equilibrium	$\frac{3(1-X)}{4-2X}$	$\frac{1-X}{4-2X}$	$\frac{2X}{4-2X}$

식 (3.19)는 평형 전환율에 대한 정성적 지표를 제공한다. 만약 ΔG^O가 음수이면, 생산물이 반응물보다 많다($\ln K_a > 0$). 만약 ΔG^O가 양수이면($\ln K_a < 0$), 반응물이 평형혼합물 내에 더 많이 있다고 생각할 수 있다. 표 3.3은 여러 가지 ΔG^O와 평형상수에 대한 평형혼합물 내의 성분들에 대해 지표를 제공한다(smith, 1990).

화학반응기의 조건을 구하기 위해 가역반응에서는 주로 평형 전환율을 고려한다. 평형상수 K_a는 온도의 함수이다. 식 (3.19)는 정량적 관계를 제공한다. 그러나 압력의 변화와 농도의 변화는 평형상수를

표 3.3 ▸ 298 K에서 여러 가지 ΔG^0, 평형상수에 따른 평형 성분의 농도

ΔG^O (kJ)	K_a	Composition of equilibrium mixture
−50,000	6×10^8	Negligible reactants
−10,000	57	Products dominate
−5000	7.5	
0	1.0	
+5000	0.13	
+10,000	0.02	Reactants dominate
+50,000	1.7×10^{-9}	Negligible products

Source: Reproduced from Smith EB, 1990, *Basic Chemical Thermodynamics*, 3rd Edition, Oxford Chemistry Series, by permission of Oxford University Press.

이동시켜 활동도를 변화시킨다. 평형의 기본적인 원리는 *Le Châtelier 법칙*에 기반한다.

3.2 반응기의 온도

반응기 온도의 선택은 많은 인자들에 의존한다. 평형 전환율에는 온도 영향이 첫 번째 고려조건이다. 정압공정에서 식 (3.6)으로 출발하자.

$$dG = -S\,dT \tag{3.31}$$

$$\left(\frac{\partial G}{\partial T}\right)_P = -S \tag{3.32}$$

$$\left(\frac{\partial G}{\partial T}\right)_P = \frac{G}{T} - \frac{H}{T} \tag{3.33}$$

표준 조건에서 G와 H는 압력의 함수가 아니다. 표준조건에서 미소 변화량 표현은 다음과 같다.

$$\frac{d\,\Delta G^O}{dT} = \frac{\Delta G^O}{T} - \frac{\Delta H^O}{T} \tag{3.34}$$

또한

$$\begin{aligned}\frac{d}{dT}\left(\frac{\Delta G^O}{T}\right) &= \frac{1}{T}\frac{d\,\Delta G^O}{dT} + \Delta G^O\frac{d(1/T)}{dT}\\ &= \frac{1}{T}\frac{d\,\Delta G^O}{dT} - \frac{\Delta G^O}{T^2}\end{aligned} \tag{3.35}$$

식 (3.34)와 식 (3.35)를 결합하면

$$\frac{d}{dT}\left(\frac{\Delta G^O}{T}\right) = -\frac{\Delta H^O}{T^2} \tag{3.36}$$

식 (3.19)의 ΔG^O(kJ)을 식 (3.36)에 대입하면

$$\frac{d\ln K_a}{dT} = \frac{\Delta H^O}{RT^2} \tag{3.37}$$

양변을 적분하면

$$\ln K_{a2} - \ln K_{a1} = \frac{1}{R}\int_{T_1}^{T_2}\frac{\Delta H^O}{T^2}\,dT \tag{3.38}$$

ΔH^O가 온도에 무관하다면

$$\ln\frac{K_{a2}}{K_{a1}} = -\frac{\Delta H^O}{R}\left(\frac{1}{T_2} - \frac{1}{T_1}\right) \tag{3.39}$$

K_{a1}은 T_1에서의 평형상수, K_{a2}는 T_1에서의 평형상수이다. ΔH^O는 반응물과 생성물이 표준상태에서의 표준 반응열(kJ)이다.

$$\Delta H^O = (s\overline{H}_S^O + t\overline{H}_T^O + \cdots) - (b\overline{H}_B^O + c\overline{H}_C^O + \cdots) \tag{3.40}$$

여기서 $\overline{H}_i^O$는 성분 i의 몰 표준 생성엔트로피(RT)이다.

식 (3.39)에 의하면 그래프(ln K_a) 대 ($1/T$)은 기울기($-\Delta H^O/R$)의 직선이 된다. 발열 반응은 $\Delta H^O <$ 0 그리고 온도가 증가함에 따라 K_a는 감소하고 흡열 반응은 $\Delta H^O > 0$이며, 온도가 증가함에 따라 K_a도 증가한다.

식 (3.39)는 요구되는 온도에서의 평형상수를 어떤 다른 온도에서 주어진 생성엔탈피 데이터로 평가하는 데 사용될 수 있다. 생성 엔탈피는 주로 표준상태에서 주어진다. 식 (3.39)는 ΔH^O가 상수로 가정한다. 그렇다면 그림 3.2에 나타나 있는 경로로 열용량 데이터와 함께 계산하게 되면 더 정확히 평형상수를 계산할 수 있다. 즉, (Dodge, 1944; Hougen, Watson and Ragatz, 1959; Coull and Stuart, 1964; Smith, 1990)

$$\Delta H_T^O = \Delta H_{T_o}^O + \int_{T_o}^{T} C_{P,prod}\, dT - \int_{T_o}^{T} C_{P,react}\, dT \qquad \textbf{(3.41)}$$

여기서 ΔH_T^O = T_O에서의 표준생성 엔탈피
$C_{P,prod}$ = 온도의 함수로서 반응 생성물의 열용량
$C_{P,react}$ = 온도의 함수로서 반응물의 열용량

열용량 데이터는 종종 온도에 대한 다항식으로 표현된다. 예를 들면(Poling, Prausnitz and O'connell, 2001),

$$\frac{C_P}{R} = \alpha_0 + \alpha_1 T + \alpha_2 T^2 + \alpha_3 T^3 + \alpha_4 T^4 \qquad \textbf{(3.42)}$$

여기서 C_P = 열용량(kJ·K^{-1}·kmol^{-1})
R = 기체상수(kJ·K^{-1}·kmol^{-1})
T = 절대온도(K)
$\alpha_0, \alpha_1, \alpha_2, \alpha_3, \alpha_4$ = 실험에 의해 얻어지는 상수

식 (3.41)은 다음과 같이 표현된다.

$$\Delta H_T^O = \Delta H_{T_O}^O + \int_{T_O}^{T} \Delta C_P\, dT \qquad \textbf{(3.43)}$$

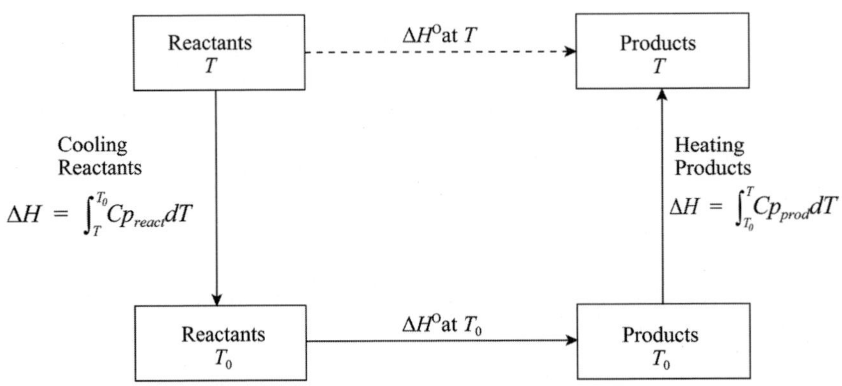

그림 3.2 ▸ 표준온도에서의 자료로부터 임의의 온도에서의 표준 생성열의 계산.

일반적인 반응에서 식 (3.12)은 다음과 같다.

$$\frac{\Delta C_P}{R} = \Delta\alpha_0 + \Delta\alpha_1 T + \Delta\alpha_2 T^2 + \Delta\alpha_3 T^3 + \Delta\alpha_4 T^4 \tag{3.44}$$

여기서

$$\Delta\alpha_0 = s\alpha_0 + t\alpha_0 + \cdots - b\alpha_0 - c\alpha_0 - \cdots$$

$$\Delta\alpha_1 = s\alpha_1 + t\alpha_1 + \cdots - b\alpha_1 - c\alpha_1 - \cdots$$

식 (3.43)과 식 (3.44)로부터

$$\begin{aligned} \Delta H_T^O &= \Delta H_{T_O}^O + R\int_{T_O}^{T} (\Delta\alpha_0 + \Delta\alpha_1 T + \Delta\alpha_2 T^2 + \Delta\alpha_3 T^3 + \Delta\alpha_4 T^4)dT \\ &= \Delta H_{T_O}^O + R\left[\Delta\alpha_0 T + \frac{\Delta\alpha_1 T^2}{2} + \frac{\Delta\alpha_2 T^3}{3} + \frac{\Delta\alpha_3 T^4}{4} + \frac{\Delta\alpha_4 T^5}{5}\right]_{T_O}^{T} \\ &= \Delta H_{T_O}^O + R\left(\Delta\alpha_0 T + \frac{\Delta\alpha_1 T^2}{2} + \frac{\Delta\alpha_2 T^3}{3} + \frac{\Delta\alpha_3 T^4}{4} + \frac{\Delta\alpha_4 T^5}{5}\right) - I \end{aligned} \tag{3.45}$$

여기서,

$$I = R\left(\Delta\alpha_0 T_O + \frac{\Delta\alpha_1 {T_O}^2}{2} + \frac{\Delta\alpha_2 {T_O}^3}{3} + \frac{\Delta\alpha_3 {T_O}^4}{4} + \frac{\Delta\alpha_4 {T_O}^5}{5}\right) \tag{3.46}$$

식 (3.45)를 식 (3.38)에 대입하면

$$\begin{aligned} [\ln K_a]_{K_{aT_O}}^{K_{aT}} &= \frac{1}{R}\int_{T_O}^{T}\left(\frac{\Delta H_{T_O}^O}{T^2} + \frac{R}{T^2}\left[\Delta\alpha_0 T + \frac{\Delta\alpha_1 T^2}{2} + \frac{\Delta\alpha_2 T^3}{3} + \frac{\Delta\alpha_3 T^4}{4} + \frac{\Delta\alpha_4 T^5}{5}\right] - \frac{I}{T^2}\right)dT \\ \ln K_{aT} - \ln K_{aT_O} &= \int_{T_O}^{T}\left(\frac{\Delta H_{T_O}^O}{RT^2} - \frac{I}{RT^2} + \frac{\Delta\alpha_O}{T} + \frac{\Delta\alpha_1}{2} + \frac{\Delta\alpha_2 T}{3} + \frac{\Delta\alpha_3 T^2}{4} + \frac{\Delta\alpha_4 T^3}{5}\right)dT \\ \ln\frac{K_{aT}}{K_{aT_O}} &= \left[-\frac{\Delta H_{T_O}^O}{RT} + \frac{I}{RT} + \Delta\alpha_0 \ln T + \frac{\Delta\alpha_1 T}{2} + \frac{\Delta\alpha_2 T^2}{6} + \frac{\Delta\alpha_3 T^3}{12} + \frac{\Delta\alpha_4 T^4}{20}\right]_{T_O}^{T} \end{aligned} \tag{3.47}$$

K_{aT0}를 대체하면

$$\ln K_{aT} = \left[-\frac{\Delta H_{T_O}^O}{RT} + \frac{I}{RT} + \Delta\alpha_0 \ln T + \frac{\Delta\alpha_1 T}{2} + \frac{\Delta\alpha_2 T^2}{6} + \frac{\Delta\alpha_3 T^3}{12} + \frac{\Delta\alpha_4 T^4}{20}\right]_{T_O}^{T} - \frac{\Delta G_{T_O}^O}{RT_O} \tag{3.48}$$

주어진 각각의 성분의 $\Delta G_{T_O}^O$, $\Delta H_{T_O}^O$, 그리고 α_0, α_1, α_2, α_3, α_4을 식 (3.48)에 대입하면 K_{aT}를 계산할 수 있다.

달리 말하면 식 (3.48)은 온도 T 및 표준조건에서 다음과 같이 표현된다.

$$\Delta G_T^O = \Delta H_T^O - T\Delta S_T^O \tag{3.49}$$

식 (3.19)를 식 (3.49)에 대입하면

$$\ln K_{aT} = \frac{\Delta S_T^O}{R} - \frac{\Delta H_T^O}{RT} \tag{3.50}$$

식 (3.43)에 의해

$$\Delta S_T^O = \Delta S_{T_O}^O + \int_{T_O}^{T} \frac{\Delta Cp}{T} dT \tag{3.51}$$

식 (3.44)에 대입하면

$$\begin{aligned} \Delta S_T^O &= \Delta S_{T_O}^O + \int_{T_O}^{T} \frac{R}{T}(\Delta\alpha_0 + \Delta\alpha_1 T + \Delta\alpha_2 T^2 + \Delta\alpha_3 T^3 + \Delta\alpha_4 T^4) dT \\ &= \Delta S_{T_O}^O + R\int_{T_O}^{T} \left(\frac{\Delta\alpha_0}{T} + \Delta\alpha_1 + \Delta\alpha_2 T + \Delta\alpha_3 T^2 + \Delta\alpha_4 T^3\right) dT \\ &= \Delta S_{T_O}^O + R\left[\Delta\alpha_0 \ln T + \Delta\alpha_1 T + \frac{\Delta\alpha_2 T^2}{2} + \frac{\Delta\alpha_3 T^3}{3} + \frac{\Delta\alpha_4 T^4}{4}\right]_{T_O}^{T} \end{aligned} \tag{3.52}$$

즉, ΔH_T^O는 식 (3.45), ΔS_T^O는 식 (3.52)로 계산될 수 있다.

예제 3.2에서 보듯 발열 반응의 경우 온도가 증가함에 따라 평형 전환율이 낮아진다. 이것은 Le

예제 3.2

(예제 3.1에서 계속)

a) 300 K, 400 K, 500 K, 600 K, 700 K, 1 bar에서 ln *Ka*를 계산하여 식 (3.39)의 효율성을 검토하라. NH_3의 표준생성자유에너지와 표준생성엔탈피 데이터는 표 3.4에 주어져 있고(Poling, Prausnitz and O'Connell, 2001), H_2와 N_2의 생성 자유에너지는 0이다.

b) 298.15 K에서의 표준상태 데이터로부터 식 (3.39)와 (3.48)을 이용하여 ln K_a 값을 구하라. 열용량 계수 데이터는 표 3.5에 주어져 있다(Poling, Prausnitz and O'Connell, 2001).

c) 표 3.4를 이용하여 온도가 수소의 평형 전환율에 미치는 영향을 결정하라.

표 3.4 ▸ **표준기압 1 bar에서 여러 가지 온도에서의 암모니아 열역학적 데이터**(Lide, 2010)

T(K)	$\overline{G}^O_{NH_3}$ (kJ·kmol^{-1})	$\overline{H}^O$ (kJ·kmol^{-1})
298.15	−16,407	−45,940
300	−16,223	−45,981
400	−5980	−48,087
500	4764	−49,908
600	15,846	−51,430
700	27,161	−52,682

표 3.5 ▸ **열용량 데이터**(Poling, Prausnitz and O'Connell, 2001)

	C_P (kJ·kmol^{-1}·K^{-1})				
	α_0	$\alpha_1 \times 10^3$	$\alpha_2 \times 10^5$	$\alpha_3 \times 10^8$	$\alpha_4 \times 10^{11}$
H_2	2.883	3.681	−0.772	0.692	−0.213
N_2	3.539	−0.261	0.007	0.157	−0.099
NH_3	4.238	−4.215	2.041	−2.126	0.761

›풀이

a) $\ln K_a = -(2\overline{G}^O_{NH_3} - 3\overline{G}^O_{H_2} - \overline{G}^O_{N_2})/RT$

300 K	$\ln K_a = 13.008$ (예제 3.1로부터)
400 K	$\ln K_a = 3.5961$
500 K	$\ln K_a = -2.2919$
600 K	$\ln K_a = -6.3528$
700 K	$\ln K_a = -9.3334$

그림 3.3a에 ln K_a 대 $1/T$를 그렸다. 식 (3.39)대로부터 1차 직선이 구해졌다. 그래프의 기울기 −97,350 kJ로 ΔH^O도 구할 수 있다.

$$\begin{aligned} \Delta H^O &= 2\overline{H}^O_{NH_3} - 3\overline{H}^O_{H_2} - \overline{H}^O_{N_2} \\ &= 2\overline{H}^O_{NH_3} - 0 - 0 \end{aligned}$$

즉, 암모니아 표준생성엔탈피는 −48.675 kJ·kmol^{-1}이 된다. 또한 ΔH^O는 300 K에서 −45.981 kJ·kmol^{-1}

로부터 700 K에서 −49,332 kJ·kmol^{-1}이 됨을 알았다. 이 또한 그림 3.3a에 잘 맞는 결과이다.

b) 표 3.4에 나타나 있는 데이터로 ln K_{aT}를 먼저 계산하자.

$$\ln K_{aT} = \frac{\Delta G_T^O}{RT}$$

여기서, $\Delta G_T^O = 2\overline{G}^O_{\mathrm{NH_3},T} - 3\overline{G}^O_{\mathrm{H_2},T} - \overline{G}^O_{\mathrm{N_2},T}$

표 3.6에 $\overline{G}^O$와 T를 대입해 구한 결과를 나타내었다. 다음으로 온도 변화에 따라 식 (3.37)로 계산한 K_{aT}를 계산해보자.

$$\ln K_{aT} = -\frac{\Delta H^O_{T_O}}{R}\left(\frac{1}{T}-\frac{1}{T_O}\right) + \ln K_{aT_O}$$

$$= -\frac{\Delta H^O_{T_O}}{R}\left(\frac{1}{T}-\frac{1}{T_O}\right) - \frac{\Delta G^O_{T_O}}{RT_O}$$

$$\Delta G^O = 2\overline{G}^O_{\mathrm{NH_3}} - 3\overline{G}^O_{\mathrm{H_2}} - \overline{G}^O_{\mathrm{N_2}}$$

$$\Delta G_{T_O} = 2\times(-16,407) - 0 - 0$$

$$= -32,814\ \mathrm{kJ}$$

$$\Delta H^O = 2\overline{H}^O_{\mathrm{NH_3}} - 3\overline{H}^O_{\mathrm{H_2}} - \overline{H}^O_{\mathrm{N_2}}$$

$$\Delta H^O_{T_O} = 2\times(-45,940) - 0 - 0$$

$$= -91,880\ kJ$$

$$\ln K_{aT} = -\frac{-91,880}{8.3145}\left(\frac{1}{T}-\frac{1}{298.15}\right) - \frac{-32,814}{8.3145\times 298.15}$$

각기 다른 온도 T 값을 대입한 결과는 표 3.6에 나타내었다. 다음 계산은 식 (3.46)에 표 3.5의 데이터를 이용한 값이다.

$$\Delta\alpha_i = 2\alpha_{\mathrm{NH_3}} - 3\alpha_{\mathrm{H_2}} - \alpha_{\mathrm{N_2}}$$

$$\Delta\alpha_0 = -3.7120$$
$$\Delta\alpha_1 = -1.9212\times 10^{-2}$$
$$\Delta\alpha_2 = 6.3910\times 10^{-5}$$
$$\Delta\alpha_3 = -6.4850\times 10^{-8}$$
$$\Delta\alpha_4 = 2.2600\times 10^{-11}$$

이들 값을 식 (3.46)에 대입하면,

$$I = -12,583\ \mathrm{kJ.kmol^{-1}}$$

식 (3.48)에 대입한 결과 또한 표 3.6에 나타내었다. 두 계산 결과가 각각의 온도에서 비교적 잘 맞는 것으로 나타났다.

c)

300 K	$K_a = 4.4597\times 10^5$ (예제 3.1로부터)
400 K	$K_a = 36.456$
500 K	$K_a = 0.10107$
600 K	$K_a = 1.7419\times 10^{-3}$
700 K	$K_a = 8.8421\times 10^{-5}$

또한 예제 3.1로부터

$$K_a = \frac{16X^2(2-X)^2}{27(1-X)^4}$$

의 식으로 소프트웨어를 사용하면 다음을 얻는다.

300 K	$X = 0.97$ (예제 3.1로부터)
400 K	$X = 0.66$
500 K	$X = 0.16$
600 K	$X = 0.026$
700 K	$X = 0.0061$

그림 3.3b에 평형 전환율 대 온도의 그래프가 도출되었다. 이 반응은 발열 반응이기 때문에 온도가 증가함에 따라 평형 전환율은 감소하였다.

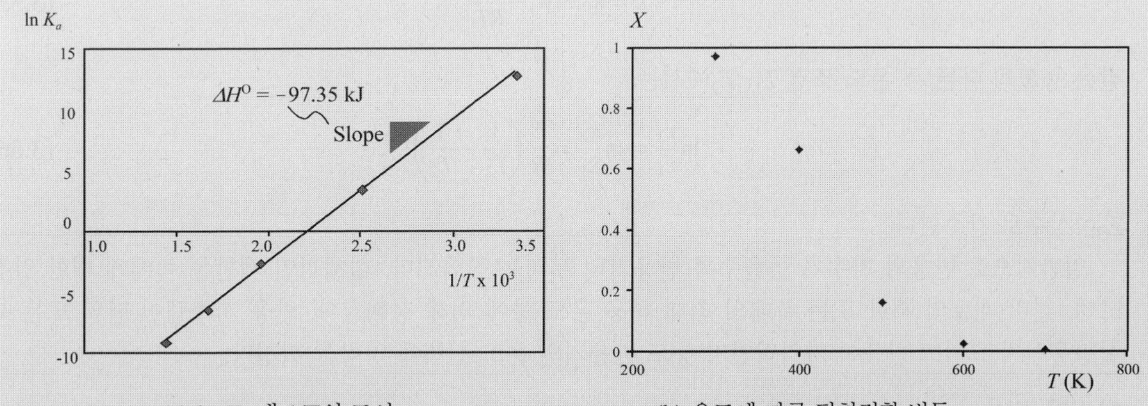

(a) ln K_a 대 1/T의 도시

(b) 온도에 따른 평형전환 변동

그림 3.3 ▸ 암모니아 합성반응에서의 온도 영향.

표 3.6 ▸ 여러 가지 온도에서 $\ln K_{aT}$의 여러 가지 계산 결과의 비교

T (K)	$\ln K_{aT}$		
	$-\frac{\Delta G_T^O}{RT}$ G_T^O (표 3.4)	$-\frac{\Delta H_{T_O}}{R}\left(\frac{1}{T}-\frac{1}{T_O}\right)-\frac{\Delta G_T^O}{RT_O}$	식 (3.48)
300	13.0078	13.0084	13.0083
400	3.5961	3.7996	3.5977
500	−2.2919	−1.7257	−2.2891
600	−6.3528	−6.4092	−6.3497
700	−9.3334	−8.0403	−9.3300

Châtelier 법칙을 따르고 있다.

이제 반응속도에서의 온도 영향을 고려하자. 대부분의 반응에서 온도가 올라가면 반응은 빨라진다. 용액에서 표준상태 온도에서 10°C 상승할 때마다 유기화학물질의 반응은 2배씩 증가한다. 반응속도 상수의 (로그값 대 1/절대온도)의 그래프가 1차식으로 나타나므로 실험에서는 그러하다. 같은 농도에서 온도가 다를 경우,

$$\ln k = (\text{절편}) + (\text{기울기}) \times \frac{1}{T} \tag{3.53}$$

절편이 $\ln K_0$와 $-E/R$에 의한 기울기로 도출된다면, E는 반응의 *활성화 에너지*이고, R은 이상기체 상수이다. 여기서 k_0는 빈도 계수라 한다.

$$\ln k = \ln k_0 - \frac{E}{RT} \tag{3.54}$$

또는

$$k = k_0 \exp\left[-\frac{E}{RT}\right] \tag{3.55}$$

같은 농도의 다른 두 온도 조건 T_1, T_2에서는,

$$\ln\frac{r_2}{r_1} = \ln\frac{k_2}{k_1} = \frac{E}{R}\left(\frac{1}{T_1} - \frac{1}{T_2}\right) \tag{3.56}$$

E는 상수로 간주한다.

일반적으로 반응의 차수가 높을수록 반응기의 부피는 작아진다. 실제적인 제한은 촉매에 대한 안전 고려, 설비 재료의 제한 또는 촉매의 최대 허용 온도 등에 의해 정해진다. 반응 시스템이 단일 또는 복합반응인지 그리고 반응이 가역적인지 등도 반응기의 온도 선택에 영향을 끼친다.

1) *단일 반응*

a) ***흡열 반응*** 만약 흡열 반응이 가역적이라면 Le Châtelier 법칙에 따라 높은 온도의 조업은 최대 전환율을 증가시킨다. 높은 온도에서의 조업은 반응속도를 증가시켜서 반응기 부피의 축소를 가

능하게 한다. 그러므로 흡열 반응에 대해서 온도는 안전성, 설비 재료의 제한, 촉매 수명과 상응하여 가능한 한 높게 정해져야 한다.

그림 3.4a 평형 전환율 대 온도의 그래프로 흡열 반응의 거동을 보여준다. 만약 반응기가 단열로 조작된다면 반응 전환율에 따라 열수지에 의해 온도가 바뀌게 된다. 만약 반응물과 생산물의 평균 몰 열용량이 상수로 가정한다면 반응기 시작 온도인 T_{in}에 대해 반응 혼합물 온도는 단열 조작에서 반응 전환율에 비례할 것이다(그림 3.4a). 흡열 반응이기 때문에 전환율이 증가함에 따라 온도는 감소할 것이다. 반응기 평형에 도달한다면 이때 온도는 평형온도 T_E에 도달할 것이다. 그래서 그림 3.4b에서 보듯 평형 전환율을 올리기 위해 단계를 나누어 재가열하여 여러 단계로 반응물을 반응시켜야 한다.

b) ***발열 반응.*** 발열 비가역 반응의 경우, 반응기의 부피를 최소화하기 위해서 온도는 설비재료, 촉매, 안정성 등과 상응하여 가능한 높게 정해져야 한다. 가역 발열 반응의 경우 상황은 더 복잡해진다.

그림 3.5a는 발열 반응에 대해 평형 전환율 대 온도를 그려 놓은 그래프이다. 반응기가 단열조작을 할 경우, 반응물과 생성물의 평균 몰 열용량이 상수라면 주어진 반응 시작 온도 T_{in}에 대해 단열 반응의 반응기 전환율은 반응혼합물의 온도와 비례한다(그림 3.5a). 전환율이 증가함에 따라 발열 반응에서는 온도가 상승한다. 반응이 평형에 도달하게 되면 온도 역시 평형온도 T_E에 도달한다(그림 3.5a). 그림 3.5b는 어떻게 평형 전환율을 높일 수 있는지에 대해 보여주고 있다. 몇 개의 단계를 나누어 중간 단계 냉각을 통해 평형 전환율을 높일 수 있다.

만약 발열 반응이 가역적이라면 Le Châtelier 법칙에 의해 낮은 온도에서의 조업이 최대 전환율을 증가시킨다. 그러나 낮은 온도에서의 조업은 반응속도를 감소시키므로 반응기 부피를 증가시킨다. 따라서 초기에 평형에서 먼 경우 반응속도를 높이기 위해 높은 온도를 사용하는 것이 유리하다. 평형에 가까워질수록 최대 전환율을 높이기 위해 온도는 낮추어져야 한다. 그러므로 가역 발열 반응에 대한 이상적인 온도는 전환율이 증가함에 따라 연속적으로 감소한다.

2) ***복합 반응*** 단일 반응에 대해 반응기의 부피를 최소화하기 위해 제시된 방안은 복합 반응에서의 주반응에 대해 그대로 적용될 수 있다. 그러나 복합 반응을 다룰 때 이 단계의 설계에서의 목적은 주어진 전환율에 대해 부피를 최소화하는 것이라기보다는 선택도를 최대화하는 것이다.

식 (3.57), (3.58), (3.59)를 고려하자.

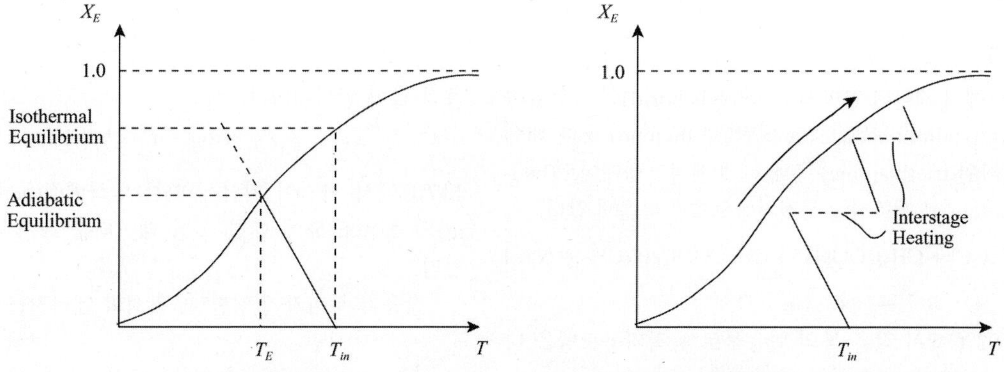

(a) 단열 평형 (b) 중간 가열을 통한 다단계 단열 반응

그림 3.4 ▸ 흡열 반응에서 온도변화에 따른 평형거동.

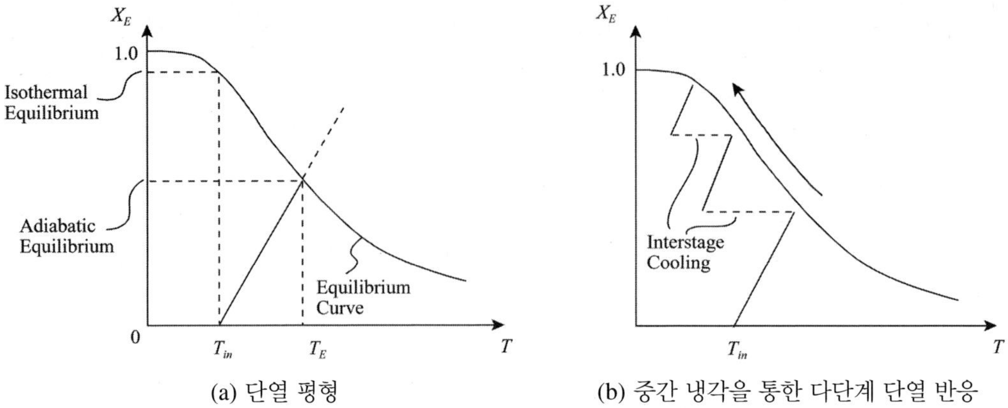

그림 3.5 ▸ 발열 반응에서 온도 변화에 따른 평형거동.

$$\begin{aligned} &FEED \rightarrow PRODUCT \qquad r_1 = k_1 C_{FEED}^{a_1} \\ &FEED \rightarrow BYPRODUCT \quad r_2 = k_2 C_{FEED}^{a_2} \end{aligned} \tag{3.57}$$

$$\frac{r_2}{r_1} = \frac{k_2}{k_1} \quad C_{FEED}^{a_2 - a_1} \tag{3.58}$$

$$\begin{aligned} &FEED \rightarrow PRODUCT \qquad\qquad r_1 = k_1 C_{FEED}^{a_1} \\ &PRODUCT \rightarrow BYPRODUCT \quad r_2 = k_2 C_{PRODUCT}^{a_2} \end{aligned} \tag{3.59}$$

반응속도 상수 k_1과 k_2는 온도 증가에 따라 증가하기 때문에 반응속도는 온도와 함께 변화한다. 온도에 따른 변화율은 주 반응과 부 반응에서 크게 다를 수 있다.

- 만약이 k_2보다 빠르게 증가한다면, 높은 온도로 조업한다(그러나 안전성과 설비 재료의 제약에 주의하라).
- 만약 k_2가 k_1보다 빠르게 증가한다면, 낮은 온도로 조업하라(그러나 낮은 온도가 선택도 증가에 더하여 반응기의 부피도 증가시키므로 투자비용을 주의하라). 여기서는 부산물 형성 감소와 투자비용 증가간의 경제적인 분기점이 존재한다.

예제 3.3

예제 2.4에서 개발된 염화벤질(benzyl chorid)와 나트륨아세테이트(sodium acetate)로 에틸렌(ethylene) 용매 내에 삼에틸아민(triethlamine) 촉매 하에 벤질아세테이트(benzyle acetate)를 제조하는 동적거동모델은 다음과 같다.

$C_6H_5CH_2Cl + CH_3COONa \rightarrow CH_3COOC_6H_5CH_2 + NaCl$

즉, $A \quad + \quad B \quad \rightarrow \quad C \quad + \quad D$

온도 102°C에서 같은 몰의 반응물로 동적거동모델을 다음과 같이 얻어내었다.

$$-r_A = k_A C_A \quad \text{이때,} \quad k_A = 0.01306\ \text{h}^{-1}$$

117°C에서 시간이 지남에 따른 염화벤질(benzyl chlorid)의 몰농도 %에 대한 실험 데이터를 표 3.7에 나타내었다.

반응기 부피가 일정할 때 활성화 에너지를 결정하라.

표 3.7 ▸ 117°C에서 염화벤질의 생산 데이터

Reaction time (h)	Benzyl chloride (mole %)
0.00	100.0
3.00	94.5
6.27	88.1
7.23	87.0
9.02	83.1
10.02	81.0
12.23	78.8
13.23	76.9
16.60	69.0
18.00	69.4
23.20	63.0
27.20	57.8

›풀이

예제 2.4에 나타난 3가지 동적거동모델을 다음의 최소자승법에 대입해 보자.

$$\text{minimize } R^2 = \sum_{j}^{11}\left[(N_{A,j})_{calc} - (N_{A,j})_{exp}\right]^2$$

여기서 R = 오차
$(N_{A,j})_{calc}$ = 측정된 j 단계의 A의 계산된 몰
$(N_{A,j})_{exp}$ = 측정된 j 단계의 A의 실험적으로 측정된 몰

스프레드시트 등을 이용한 최소 R^2 계산 결과를 표 3.8에 나타내었다.

가장 좋은 답은 1차 반응으로 도출되었다.

$$-r_A = k_A C_A \quad \text{이때,} \quad k_A = 0.02034\ \text{h}^{-1}$$

102°C(375 K)와 117°C(390 K)에서의 결과를 식 (3.56)에 대입하면,

$$\ln\frac{r_2}{r_1} = \ln\frac{k_2}{k_1} = \frac{E}{R}\left(\frac{1}{T_1} - \frac{1}{T_2}\right)$$

$$\ln\frac{0.02034}{0.01306} = \frac{E}{8.3145}\left(\frac{1}{375} - \frac{1}{390}\right)$$

$$E = 35,900\ \text{kJ} \times \text{kmol}^{-1}$$

표 3.8 ▸ 117°C에서 3가지 동적거동모델의 오차 최소자승법 결과

Order of reaction	Rate constant	R^2
Zero order	$k_A V = 1.676$	37.64
First order	$k_A = 0.02034$	7.86
Second order	$k_A/V = 0.0002432$	24.94

3.3 반응기 압력

이제 압력에 대해 고려하자. 가역반응의 경우 평형 전환율에 큰 영향을 미친다. 비록 평형상수가 온도의 함수이고, 압력과는 무관할지라도 평형 전환율은 반응물과 생산물의 활성화도(혹은 휘산도)를 바꾸는데 영향을 준다.

예제 3.1과 예제 3.2의 암모니아 합성 예를 다시 고려하자.

예제 3.4

예제 3.2에 계속하여 온도는 700 K로 고정하자. 수소의 평형 전환율을 압력 1 bar, 10 bar, 100 bar, 300 bar에서 계산하여 반응기 압력 증가의 영향을 조사해보자. 기체는 이상기체를 가정한다.

›풀이

식 (3.26)과 (3.27)로부터

$$K_a = \frac{p_{NH_3}^2}{p_{H_2}^3 p_{N_2}} = \frac{y_{NH_3}^2}{y_{H_2}^3 y_{N_2}} P^{-2}$$

예제 3.2에서 700 K일 때

$$K_a = 8.8421 \times 10^{-5}$$

$$8.8421 \times 10^{-5} = \frac{y_{NH_3}^2}{y_{H_2}^3 y_{N_2}} P^{-2}$$

$$8.8421 \times 10^{-5} = \frac{16X^2(2-X)^2}{27(1-X)^4} P^{-2}$$

시행착오법에 의해 다음의 결과를 얻는다.

1 bar	$X = 0.0061$ (예제 3.2에서)
10 bar	$X = 0.056$
100 bar	$X = 0.33$
300 bar	$X = 0.54$

압력이 증가함에 따라 평형 전환율이 매우 증가한 것을 볼 수 있다.

예제 3.5

예제 3.4에 계속하여 만약 실제 기체로 반응이 진행된다면 어떤 결과가 나타날까? 휘산도 계수는 Peng-Robinsin 상태방정식으로 구하라(Poling, Prausnitz and O'Connell (2001) 참조).

›풀이

$$K_\phi = \frac{\phi_{NH_3}^2}{\phi_{H_2}^3 \phi_{N_2}}$$

휘산도 계수 ϕ_i는 Peng-Robinsin 상태방정식으로 구한다. ϕ_i은 온도, 압력, 조성의 함수로 계산이 매우 복잡하다(Poling, Prausnitz and O'Connell (2001) 참조). 성분간 상호작용인자는 0으로 간주한다. 결과는 표 3.9에 나타내었다.

압력이 증가함에 따라 실제 기체의 평형 전환율 역시 크게 증가한다. K_a와 같이 K_ϕ 역시 반응의 양론비에 크게 의존한다. 예를 들면,

표 3.9 ▸ 실제 기체의 평형 전환율 대 압력의 거동

Pressure (bar)	X_{IDEAL}	K_ϕ	X_{REAL}
1	0.0061	0.9990	0.0061
10	0.056	0.9897	0.056
100	0.33	0.8772	0.34
300	0.54	0.6182	0.58

$\frac{3}{2}H_2 + \frac{1}{2}N_2 \rightleftharpoons NH_3$에서

$$K'_\phi = \frac{\phi_{NH_3}}{\phi_{N_2}^{1/2} \phi_{H_2}^{3/2}}$$

$$K'_\phi = \sqrt{K_\phi}$$

기상 가역반응에 대한 반응기 압력의 선택은 몰수의 증가 또는 감소가 있는지, 단일 또는 복합 반응 시스템인지에 의존한다.

기상반응에서 압력의 증가는 반응속도를 증가시키고 결국 주어진 반응기 전환율에 요구되는 체류시간을 줄이고 스팀 밀도를 증가시킴으로써 반응기 부피를 감소시킨다. 일반적으로 압력은 액상반응의 속도에는 거의 영향을 주지 않는다.

1) *단일 반응*

a) *몰수의 감소* 기상반응에서의 몰수 감소는 반응물이 생성물로 전환됨에 따라 부피를 감소시킨다. 이것은 고정된 반응기 부피에 대해 반응물이 생성물로 전환됨에 따라 압력이 감소됨을 의미한다. 시스템 압력의 증가 영향은 더 작은 부피를 가지는 조성으로 기상 혼합물의 조성을 변화시킨다. 반응기 압력을 증가시키면 평형 전환율이 증가한다. 압력을 증가시키면 반응속도가 증가되고 반응기 부피가 줄어든다. 따라서 반응이 몰수의 감소를 포함한다면 압력은 가용한 가장 높은 값으로 설정되어야 한다. 단, 고압은 압축기 동력을 통해 얻어지므로 비용이 많이 들 수 있고 기

계적 설비가 비쌀 수 있다는 점을 유의해야 한다.

b) *몰수의 증가* 기상반응에서의 몰수 증가는 반응물이 생성물로 전환됨에 따라 부피를 증가시킨다. Le Châtelier 법칙에 따라 반응기 압력의 감소는 평형 전환율의 증가를 가져온다. 그러나 낮은 압력에서의 운전은 기상반응에서의 반응속도를 낮추고 반응기 부피를 증가시킨다. 그러므로 평형으로부터 멀리 떨어져 있는 초기에는 반응속도를 높이기 위해 높은 압력을 사용하는 것이 유리하다. 평형에 도달함에 따라 압력은 전환율을 높이기 위해 낮아져야 한다. 이상적인 압력은 전환율이 바람직한 값으로 증가함에 따라 연속적으로 감소한다. 요구되는 낮은 압력은 감압 하에서 시스템을 운전하거나 또는 희석제를 도입하여 부분압력을 감소시킴으로써 얻어질 수 있다. 희석제는 불활성 물질(예, 스팀)이고, 증기상에서 단순히 분압을 낮추는 데 사용된다. 예를 들면 에틸벤젠은 스타이렌으로 탈수소화될 수 있다(Waddams, 1978).

$$\underset{\text{ethylbenzene}}{C_6H_5CH_2CH_3} \rightleftharpoons \underset{\text{styrene}}{C_6H_5CH=CH_2} + H_2$$

이것은 몰수 증가를 수반하는 흡열 반응이다. 높은 전환율은 높은 온도와 낮은 압력에 의해 얻어진다. 압력을 낮추는 것은 실제로는 희석제로서 과열 스팀을 사용하거나 반대로 상압 아래에서 운전하게 함으로써 얻어진다. 이 경우에 스팀은 반응을 위한 열을 공급해줌으로써 두 가지 목적을 달성하게 한다.

2) *부산물을 생성하는 복합 반응* 단일기상반응에서의 압력의 영향에 대해 제시된 논의는 복합 반응을 다룰 때 주 반응에 대해 사용될 수 있다. 선택도는 주어진 전환율에 대해 반응기의 부피보다 더 중요하기 쉽다.

만약 주 반응과 부 반응에 대한 압력의 영향에 중요한 차이점이 있다면 압력은 주 반응보다는 부 반응속도를 가능한 한 많이 줄일 수 있도록 선택되어야 한다. 이런 방법으로 선택도를 증가시키는 것은 시스템 압력의 변화 또는 아마도 희석제의 도입이 필요할지도 모른다.

액상반응에서는 선택도와 반응기 부피에 대한 압력의 영향은 덜 심각하다. 그리고 압력은

- 생성물의 기화를 막기 위해
- 반응열을 제거하는 수단으로서 반응기로 응축되어 환류되도록 반응기에서의 액체 기화를 허용하기 위해
- 가역반응에서 최대 전환율을 높이기 위해 한 성분을 제거하고자 기화를 허용하기 위해(3.5절)
- 기상 도입흐름을 증류탑으로 직접 넣어 반응과 분리를 동시에 얻기 위해(10장) 기화를 허용한다.

3.4 반응기 상

반응기 온도와 압력을 결정한 후에는 반응기 상이 기체, 액체 또는 여러 상이어야 할지를 결정해야 한다. 기상과 액상 반응 간의 선택이 자유롭다면 대개 액상에서의 조업이 선호된다. 단일 반응 시스템을 고려하자.

$$FEED \rightarrow PRODUCT \quad r = kC_{FEED}^{a}$$

C_{FEED}(kmol·m^{-3})의 농도는 분명히 기상보다 액상에서 훨씬 높게 유지될 수 있다. 이것이 액상 반응을

일반적으로 더 빠르게 만들고, 결국 액상반응기에 대해 더 작은 반응기 부피를 가져다준다.

그러나 많은 다상 반응 시스템에서 다른 상들 사이의 물질전달 속도는 반응기 부피를 결정하는 데 있어서 반응기구와 동등하거나 혹은 더욱 중요할 수 있다는 점에 유의해야 한다. 일반적으로 물질전달 속도는 액상 시스템보다 기상 시스템에서 더 높다. 이런 상황에서 기상 또는 액상 중 어느 상을 선호해야 할 것인지 판단하는 것은 쉬운 일이 아니며, 대부분의 경우 선택이 불가능하게 된다. 예를 들면 반응기 온도가 화학종의 임계온도 이상이라면 반응기는 기상이 되어야 한다. 온도가 임계점 이하로 낮추어 질지라도 극히 높은 압력이 액상에서의 운전을 위해 요구될 수 있다. 반응기의 온도, 압력, 상의 선택은 우선 바람직한 평형상태와 선택도의 영향을 고려해야 한다. 만약 기상과 액상간의 선택이 그래도 자유롭다면 액상에서의 운전이 선호된다.

3.5 반응기 농도

한 가지 이상의 반응물이 사용될 때 종종 반응물 중 하나의 과량 사용이 바람직하다. 때로는 불활성 물질을 공급하거나 혹은 더 이상의 반응이 수행되기 전에 반응의 중간산물을 분리하는 것이 바람직하다. 때로는 반응기에 원하지 않는 부산물을 재순환시키는 것이 바람직할 수 있다. 이러한 경우들을 조사해 보자.

1) ***단일비가역반응*** 한 원료 성분의 과잉은 다른 성분을 완전한 전환율에 이르도록 한다. 예로서 에틸렌과 염소의 이염화메탄으로의 반응을 고려해보자.

$$\underset{\text{ethylene}}{C_2H_2} + \underset{\text{chlorine}}{Cl_2} \rightarrow \underset{\text{dichloroethane}}{C_2H_4Cl_2}$$

에틸렌의 과잉은 염소의 완전한 전환을 확보하기 위해 사용되고, 따라서 하부 공정에서의 분리 시스템 문제가 제거된다. 단일 반응(선택도가 문제가 되지 않는)에서 과잉반응물은 하부공정의 분리 시스템에서 분리하기 힘든 성분을 제거할 수 있도록 해 준다. 또는 성분 중 좀 더 해로운 성분(이 예에서는 염소)에 대한 완전한 전환이 이루어지도록 한다.

2) ***단일가역반응*** 가역반응에서 최대 전환율은 평형 전환율로 제한되고, 반응기 조건은 보통 평형 전환율을 증가시키기는 방향으로 선택된다.

   a) ***공급비율*** 평형상태의 시스템으로 공급물 중의 하나가 과잉으로 보내진다면 그 효과는 공급물 농도를 줄이는 방향으로 평형을 이동하게 하는 것이다. 즉, 한 공급물의 과잉은 평형 전환율을 증가시키기 위해 사용될 수 있다.

예제 3.6

에틸 아세테이트는 반응에 따라 황산 또는 이온 교환 수지와 같은 촉매의 존재 하에 아세트산과 에탄올의 에스테르화에 의해 제조될 수 있다.

$$\underset{\text{acetic acid}}{CH_3COOH} + \underset{\text{ethanol}}{C_2H_5OH} \rightleftharpoons \underset{\text{ethyl acetate}}{CH_3COOC_2H_5} + \underset{\text{water}}{H_2O}$$

변환에 대한 설계 데이터를 제공하기 위한 실험실 연구가 수행되었다. 아세트산 60 g과 에탄올 46 g의 화학량론적 혼합물을 반응시키고 평형에 도달할 때까지 일정한 온도로 유지하였다. 반응 생성물을 분석하였더니 63.62 g의 에틸 아세테이트를 함유하는 것으로 밝혀졌다.

a) 아세트산의 평형 전환율을 계산하라.

b) 50%와 100% 과량의 에탄올을 사용하는 효과를 추정하라.

액체 혼합물이 이상적이어야 하고, 아세트산 및 에틸 아세테이트의 몰질량이 각각 60 kg·kmol^{-1} 및 88 kg·kmol^{-1}이라고 가정하자.

〉풀이

a) 반응 혼합물 중 아세트산의 몰수 = 60/60 = 1.0
생성된 아세트산 에틸 몰수 = 63.62/88 = 0.723
아세트산의 평형 전환율 = 0.723

b) 에탄올과 에탄올의 몰비를 r이라고 하자. 표 3.10은 초기 및 평형에서의 몰수 및 몰분율을 나타낸다.

이상적인 해를 가정하면 [즉, 식 (3.29)에서 $K_\gamma = 1$],

$$K_a = \frac{X^2}{(1-X)(r-X)}$$

화학양론적 혼합물의 경우, 실험실 측정치에서 $r = 1$, $X = 0.723$이다.

$$K_a = \frac{0.723^2}{(1-0.723)^2} = 6.813$$

과량의 에탄올의 경우,

$$6.813 = \frac{X^2}{(1-X)(r-X)}$$

$r = 1.5$와 2.0을 대체하고 시행착오를 거쳐 X를 풀어라. 결과는 표 3.11에 제시되어 있다.

과잉 에탄올의 증가는 아세트산을 에틸 아세테이트로 전환하는 전환율을 증가시킨다. 계산을 보다 정확하게 수행하려면 혼합물에 대한 활동도 계수를 계산해야 한다(Poling, Prausnitz and O'Connell (2001) 참조). 활동도 계수는 각 이성분계, 혼합물, 농도, 온도 간의 상관 계수에 따라 달라진다.

표 3.10 ▸ **에틸 아세테이트 생산을 위한 평형의 몰분율**

	CH_3COOH	C_2H_5OH	$CH_3COOC_2H_5$	H_2O
Moles in initial mixture	1	r	0	0
Moles at equilibrium	$1-X$	$r-X$	X	X
Mole fraction at equilibrium	$\frac{1-X}{1+r}$	$\frac{r-X}{1+r}$	$\frac{X}{1+r}$	$\frac{X}{1+r}$

표 3.11 ▸ **에틸 아세테이트 생산을 위한 도입흐름 비율에 대한 평형 전환율의 변화**

r	X
1.0	0.723
1.5	0.842
2.0	0.894

예제 3.7

수소는 메탄과 스팀으로 촉매 하에 합성될 수 있다.

$$\underset{\text{methane}}{CH_4} + \underset{\text{water}}{H_2O} \rightleftharpoons \underset{\text{hydrogen}}{3H_2} + \underset{\text{carbon monoxide}}{CO}$$

$$\underset{\text{carbon monoxide}}{CO} + \underset{\text{water}}{H_2O} \rightleftharpoons \underset{\text{hydrogen}}{H_2} + \underset{\text{carbon dioxide}}{CO_2}$$

1100 K, 20 bar에서 반응이 되며, 도입흐름의 몰분율(스팀/메탄)이 3, 4, 5, 6일 때 평형 전환율을 계산하라. 이상기체를 가정하라($K_\phi = 1$, $R = 8.314$ kJ·K^{-1}·kmol^{-1}). 표준기압 1 bar에서의 열역학적 데이터는 표 3.12에 따라 나타내었다.

표 3.12 ▸ 수소 생산을 위한 열역학적 데이터(Lida, 2010)

	$\overline{G}^O_{1100\text{ K}}$ (kJ.kmol^{-1})
CH_4	30,358
H_2O	−187,052
H_2	0.0
CO	−209,084
CO_2	−359,984

›풀이

1차 반응일 경우,

$$\begin{aligned}\Delta G_1^O &= 3\Delta\overline{G}^O_{H_2} + \Delta\overline{G}^O_{CO} - \Delta\overline{G}^O_{CH_4} - \Delta\overline{G}^O_{H_2O}\\ &= 3\times 0 + (-209,084) - 30,358 - (-187,052)\\ &= -52,390\text{ kJ}\\ -RT\ln K_{a1} &= -52,390\text{ kJ}\\ K_{a1} &= 307.42\end{aligned}$$

2차 반응일 경우,

$$\begin{aligned}\Delta G_2^O &= \Delta\overline{G}^O_{H_2} + \Delta\overline{G}^O_{CO_2} - \Delta\overline{G}^O_{CO} - \Delta\overline{G}^O_{H_2O}\\ &= 0 + (-359,984) - (-209,084) - (-187,052)\\ &= 36,152\text{ kJ}\\ -RT\ln K_{a2} &= 36,152\\ K_{a2} &= 1.9201\times 10^{-2}\end{aligned}$$

r을 도입흐름에서의 물/메탄의 비율이라고 하자. X_1은 1차 반응의 전환율, X_2는 2차 반응의 전환율이다.

$$\underset{1-X_1}{CH_4} + \underset{r-X_1-X_2}{H_2O} \rightleftharpoons \underset{3X_1}{3H_2} + \underset{X_1-X_2}{CO}$$

$$\underset{X_1-X_2}{CO} + \underset{r-X_1-X_2}{H_2O} \rightleftharpoons \underset{X_2}{H_2} + \underset{X_2}{CO_2}$$

$$\begin{aligned}\text{총 평형 몰수} &= (1-X_1) + (r-X_1-X_2) + 3X_1 +\\ &\quad (X_1-X_2) + X_2 + X_2\\ &= r+1+2X_1\end{aligned}$$

표 3.13에 몰분율을 나타내었다.

$$\begin{aligned}K_{a1} &= \frac{y_{H_2}^3 y_{CO}}{y_{CH_4}\, y_{H_2O}} P^2\\ &= \frac{\left(\dfrac{3X_1+X_2}{r+1+2X_1}\right)^3\left(\dfrac{X_1-X_2}{r+1+2X_1}\right)}{\left(\dfrac{1-X_1}{r+1+2X_1}\right)\left(\dfrac{r-X_1-X_2}{r+1+2X_1}\right)} P^2 \qquad (3.57)\\ &= \frac{(3X_1+X_2)^3(X_1-X_2)}{(1-X_1)(r-X_1-X_2)(r+1+2X_1)^2} P^2\end{aligned}$$

$$\begin{aligned}K_{a2} &= \frac{y_{H_2} y_{CO_2}}{y_{CO}\, y_{H_2O}} P^0\\ &= \frac{\left(\dfrac{3X_1+X_2}{r+1+2X_1}\right)\left(\dfrac{X_2}{r+1+2X_1}\right)}{\left(\dfrac{X_1-X_2}{r+1+2X_1}\right)\left(\dfrac{r-X_1-X_2}{r+1+2X_1}\right)} P^0 \qquad (3.58)\\ &= \frac{(3X_1+X_2)X_2}{(X_1-X_2)(r-X_1-X_2)} P^0\end{aligned}$$

K_{a1}과 K_{a2}를 알고 r의 값을 고정하면 X_1과 X_2에 대해 두 식은 동시에 풀릴 수 있다. 여기서는 X_1 혹은 X_2가 대입에 의해 없어지지 않기 때문에 수치해석적으로 풀어야 한다. 우선 X_1 값을 가정하고 두 방정식에 대입해 X_2를 계산한다. 그래서 두식에서 모두 X_2 값이 같은 값이 나오는 X_1 값이 정답이 된다. 혹은 최소자승법같은 비선형 최적화로 답을 얻을 수도 있다. 만약 스프레드시트 소프트웨어를 사용할 때 식 (3.57) 우변의 값으로 K_{a1}을 선정하여 우변을 계산하여 주어진 값과의 차이인 *목적함수 1*을 만들고, 이들 값은 궁극적으로 0이 되어야 한다. K_{a2}의 경우도 같은 방법으로 *목적함수 2*를 얻을 수 있다. *목적함수 1*과 *목적함수 2*가 동시에 0이 될 때의 X_1, X_2 값을 구한다.

$$(\text{목적함수 }1)^2 + (\text{목적함수 }2)^2 = 0$$

(어느 에러 범위 내에서)

결과는 표 3.14에 나타내었다.

표 3.14에서 H_2O/CH_4 몰분율이 늘어날수록 CH_4와 H_2의 몰분율은 감소한다. 기상반응일 경우 결과는 표 3.15에 나타내었다.

표 3.13 ▸ 수소 생산 시 평형 몰분율

	CH_4	H_2O	H_2	CO	CO_2
Moles at equilibrium	$1-X_1$	$r-X_1-X_2$	$3X_1+X_2$	X_1-X_2	X_2
Mole fraction at equilibrium	$\dfrac{1-X_1}{r+1+2X_1}$	$\dfrac{r-X_1-X_2}{r+1+2X_1}$	$\dfrac{3X_1+X_2}{r+1+2X_1}$	$\dfrac{X_1-X_2}{r+1+2X_1}$	$\dfrac{X_2}{r+1+2X_1}$

표 3.14 ▸ 수소 생산 시 평형 전환율과 생산물 몰분율

H_2O/CH_4	X_1	X_2	y_{CH_4}	y_{H_2O}	y_{H_2}	y_{CO}	y_{CO_2}
3	0.80	0.015	0.0357	0.3902	0.4313	0.1402	0.0027
4	0.86	0.019	0.0208	0.4644	0.3868	0.1251	0.0028
5	0.91	0.025	0.0115	0.5198	0.3523	0.1132	0.0032
6	0.93	0.031	0.0079	0.5687	0.3184	0.1015	0.0035

표 3.15 ▸ 기상반응에서 수소 생산 시 생산물 몰분율

H_2O/CH_4	y_{CH_4}	y_{H_2}
3	0.0586	0.7072
4	0.0389	0.7221
5	0.0240	0.7337
6	0.0183	0.7383

b) *불활성 농도* 때때로 반응기 내에 불활성 물질이 존재한다. 이것은 액상 반응에서의 용매이거나 기상 반응에서의 불활성 기체 상태일 수 있다. 다음 반응을 생각해보자.

$$A \rightleftharpoons B + C$$

몰 증가의 효과는 불활성 물질을 첨가함으로써 인위적으로 감소될 수 있다. Le Châtelier 법칙은 이것이 평형 전환율을 증가시킬 것이라고 규정한다. 예를 들어, 위 반응이 이상 기체 상태인 경우,

$$K_a = \frac{p_B p_C}{p_A} = \frac{y_B y_C}{y_A} P = \frac{N_B N_C}{N_A N_T} P \tag{3.59}$$

여기서 N_i = 성분 i의 몰수
N_T = 총 몰수

$$\frac{N_B N_C}{N_A} = \frac{K_a N_T}{P} \tag{3.60}$$

불활성 물질을 첨가한 결과 N_T가 증가하면 반응물에 대한 생성물의 비율이 증가한다. 불활성 물질을 첨가하면 단위 부피당 몰수가 감소하고 평형 전환율은 반대로 증가한다. 불활성 물질을 첨가하는 경우, 분리의 용이성이 중요한 고려 사항이다 예를 들어, 스팀은 탄화수소 분해 반응에 불활성으로 첨가되며 응축에 의해 탄화수소 성분으로부터 쉽게 분리되기 때문에, 이 점에서 매력적인 물질이다.

다음 반응을 생각해보자.

$$E + F \rightleftharpoons G$$

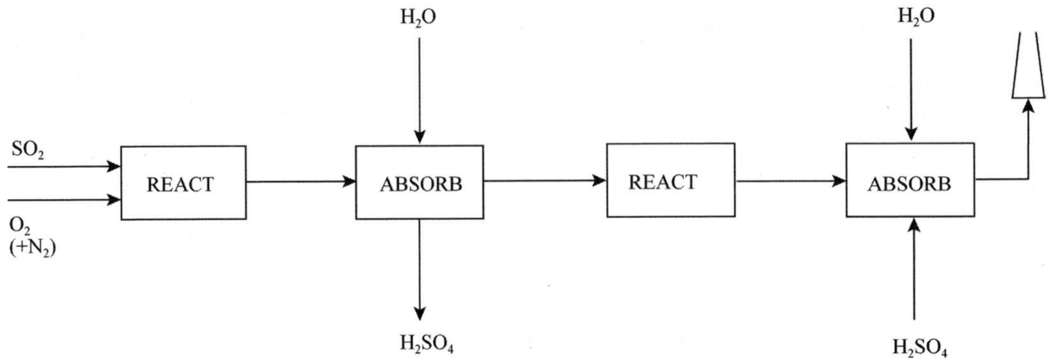

그림 3.6 ▸ 중간 생산물 분리에 의해 반응이 진행됨에 따른 황산 생산 평형 전환율이 증가될 수 있다.

예를 들어, 위 반응이 이상 기체 상태인 경우,

$$K_a = \frac{p_G}{p_E p_F} = \frac{y_G}{y_E y_F}\frac{1}{P} = \frac{N_G N_T}{N_E N_F}\frac{1}{P} \tag{3.61}$$

따라서

$$\frac{N_G}{N_E N_F} = \frac{K_a P}{N_T} \tag{3.62}$$

불활성 물질을 제거한 결과로 N_T가 감소하면 반응물에 대한 생성물의 비율이 증가한다. 불활성 물질을 제거하면 단위 부피당 몰수가 증가하고 평형 전환율은 증가한다.

반응이 몰수의 변화를 수반하지 않는다면, 불활성 물질은 평형 전환율에 영향을 미치지 않는다.

c) ***반응 중 생성물 제거*** 반응이 진행됨에 따라 반응기에서 제품(또는 생성물 중 하나)을 연속적으로 제거하여(예를 들어 액상 반응기에서 생산물을 증발시키는 등의 방법) 평형 전환율을 높일 수 있다. 또 다른 방법은 제품을 중간 단계에서 분리하여 반응을 수행하는 것이다. 중간 분리의 예로서 그림 3.6에서와 같이 황산 제조를 고려할 수 있다. 이산화 황은 삼산화 황으로 산화된다.

$$\underset{\text{sulfur dioxide}}{2SO_2} + O_2 \rightleftharpoons \underset{\text{sulfur trioxide}}{2SO_3}$$

이 반응은 평형에 접근하기 위한 반응을 먼저 수행함으로써 완전한 전환율을 효과적으로 달성할 수 있다. 삼산화 황은 흡수에 의해 분리된다. 삼산화 황의 제거는 평형을 변화시키고 나머지 이산화 황과 산소의 추가 반응은 이산화 황의 효과적인 완전한 전환을 가능하게 한다(그림 3.6). 이 방법은 황산 생산의 경우처럼 중간분리를 곧바로 할 수 있을 때 가장 적당하다.

3.6 생물화학 반응

생화학 반응은 생체 시스템에 적합해야 하며, 결과적으로 좁은 범위의 조건에서 액상 매질에서 수행된다. 미생물의 각 종은 특정 조건 하에서 가장 잘 자란다. 최적의 작동을 위해 온도, pH, 산소량, 반응물 및 제품의 농도, 가능한 영양소 양을 신중하게 관리해야 한다.

1) 온도 미생물은 성장을 위한 최적 온도 범위에 따라 분류될 수 있다(Madigan, Martinko and Parker, 2003).

- *Psychrophiles*는 최적 성장 온도가 약 15℃이고, 최대 성장 온도가 20℃ 이하이다.
- *Mesophiles*는 20 ~ 45℃에서 가장 잘 자란다.
- *Thermophiles*은 최적 성장 온도가 45~80℃이다
- *Extremphiles*는 극단적인 조건하에서 성장하며, 일부 종은 100℃ 이상, 다른 종은 0℃ 이하로 자란다.

효모, 곰팡이 및 조류는 일반적으로 최대 온도가 약 60℃이다

2) *pH* 미생물의 pH 요건은 종에 따라 다르다. 대부분의 미생물은 중립에서 멀지 않은 pH 값을 선호한다. 그러나 일부 미생물은 극한의 pH에서 자랄 수 있다.

3) *산소량* 반응은 자유 산소가 요구되는 *호기성* 조건 하에서 또는 자유 산소가 없는 *혐기성* 조건 하에서 수행될 수 있다. 박테리아는 호기성 또는 혐기성 조건에서 작동할 수 있다. 효모, 곰팡이 및 조류는 호기성 조건을 선호하지만 산소 수준을 낮추더라도 성장할 수 있다.

4) *농도* 반응속도는 사료, 미량 원소, 비타민 및 독성 물질의 농도에 따라 달라진다. 이 비율은 미생물 증식을 방해하는 미생물 폐기물의 축적량에 따라 달라지는데, 이 폐기물이 성장을 방해하는 지점이 있다.

3.7 촉매

반응에 대한 촉매가 알려져 있는 공정의 대부분에서 이용되고 있다. 촉매의 선택은 매우 중요하다. 촉매는 반응속도를 증가시키지만 반응 완료단계에서 자신의 화학적 조성과 양은 변화하지 않는다. 촉매가 가역반응을 가속화시키는 데 사용된다면 그 자체로는 평형 위치를 변경시키지 않는다.

복합 반응 시스템이 포함될 때 촉매는 대개 반응속도에 대해 다른 영향을 미친다. 이것은 촉매가 바람직하지 않은 반응에 비해 바람직한 반응의 속도를 증가시키도록 개발되게 한다. 이런 이유로 불행하게도 촉매반응에 대한 많은 연구에도 불구하고 촉매의 선택은 여전히 경험에 의존한다. 촉매공정은 균질이거나 비균질일 수 있다.

1) *균질촉매* 균질촉매(homogeneous catalyst) 반응은 기상 및 액상에서 완전하게 진행된다. 촉매는 반응에 참여하여 반응 메커니즘을 수정하나 뒤따르는 단계에서 재생되어 반응을 촉진할 수 있게 된다. 그러한 균질촉매 반응의 예로는 아세틱 무수물의 생산을 들 수 있다. 공정의 첫 단계에서 아세트산은 700°C 기상에서 케텐으로 열분해된다.

$$\underset{\text{acetic acid}}{CH_3COOH} \rightarrow \underset{\text{ketene}}{CH_2 = C = O} + \underset{\text{water}}{H_2O}$$

이 반응은 삼에틸 인산염을 균질촉매로 사용한다(Waddams, 1978).

종종 균질촉매의 분리와 순환이 어렵기 때문에 일반적으로는 비균질촉매가 균질촉매보다 선호되어진다. 균질촉매의 손실은 물질 손실을 통한 직접 비용도 유발시킬 뿐만 아니라 환경적인 문제도 야기한다.

2) *비균질촉매* 비균질촉매(heterogeneous catalyst)에서 촉매는 반응상과 다른 상이다. 비균질촉매는

거의 대부분 액상 또는 기상 내의 여러 종에 작용하는 고체가 된다. 반응 후 생산물은 탈착되어 액상 또는 기상에 벌크로 확산되어 돌아온다. 고체 촉매는 다음 둘 중의 하나가 된다.

- 백금 망사그물처럼 전체 조성이 물질을 통해 크게 변하지 않는 *대량 촉매 재료*
- 다공성 고체의 표면에 활성촉매 물질이 분산되어 있는 *지지촉매*

기상촉매반응은 메탄올, 암모니아, 황산, 질산 등의 생산과 같은 많은 대량 화학공정들에서 중요한 역할을 한다. 대부분의 공정에서 촉매의 유효 면적은 대단히 중요하다. 이러한 반응들은 흡착과 탈착 공정이 표면에서 일어나기 때문에 표면적의 어떠한 변화도 자연스럽게 반응속도를 변화시킨다. 반응기 단위 부피당 훨씬 큰 활성면적을 가져다주므로 공업촉매는 대개 다공성 물질로 지지된다.

반응속도는 촉매 기공률에 의존할 뿐만 아니라 반응물의 농도, 압력, 온도의 함수이다. 그러나 이런 함수는 비촉매반응 경우처럼 간단하지가 않다. 반응이 일어날 수 있기 위해 반응물은 공극을 통해 고체 표면에 확산되어야 한다. 비균질 기상–고상 반응의 전체 반응속도는 화학반응뿐 아니라 충진된 촉매에 의해 이루어지는 반응을 위한 물리적 단계에 의해서도 결정된다. 그 단계는 다음과 같은 것들이다.

a) 대량의 기상 내 반응물의 고체 촉매 표면으로의 물질전달
b) 고체 표면으로부터 내부 활성화 점까지의 확산
c) 고체 표면에의 흡수
d) 흡수된 반응물의 활성화
e) 화학반응
f) 생산물의 탈착
g) 고체 외부 표면까지의 내부 생산물 확산
h) 생산물의 대량 기상으로의 물질전달

모든 이 단계들의 공정속도는 온도에 의존적이다. 고체 촉매 내부의 활성화 점으로부터 외부 대량 기상까지의 온도 구배는 매우 클 것이라는 점이 중요하다. 한 단계가 다른 단계보다 특별히 많이 느리다면 그 단계가 속도 지배(율속) 단계가 된다. 이들 촉매의 *효과특성*(effectiveness factor)은 같은 농도의 반응물이 외부에 들어나 있는 촉매에서 반응한 속도에 대한 촉매 페렛 내부 전체에서 측정되는 반응속도의 비율로 주어진다. 일반적으로 높은 효과특성값은 높은 반응속도를 말한다.

효과특성은 촉매 페렛의 모양, 크기 그리고 촉매 내의 활성화 점의 고른 분포에 달려 있다.

a) ***페렛의 크기*** 활성화 점의 분포가 균일하다면 페렛의 크기가 작을수록 효과특성이 크다. 그러나 충진층 촉매 반응기에서 압력 강하에 의해 페렛의 크기는 더 작아질 수 없다. 촉매 충진 기상반응에서 압력 강하 허용치는 도입 기상 압력의 10% 이내이다(Rase, 1990).

b) ***페렛의 모양*** 촉매는 여러 가지 모양을 지닌다. 가장 많이 사용되는 모양은 구형, 원기둥형, 판형이다. 만약 활성화 점의 분포가 균일하고 같은 부피와 크기의 촉매를 사용한다면 효과특성의 크기는 다음과 같은 순서이다.

판형 > 원기둥형 > 구형

c) ***활성 물질의 분포*** 촉매를 준비할 때 활성 물질의 분포를 조절할 수 있다(Rase, 1990). 활성 물질의 균일하지 않는 분포는 전환율, 선택도 혹은 활성저하 저항을 균일 활성분포촉매에 비해 증

가될 수 있다. 원론적으로 활성 물질은 어떤 분포로든 충진 기술에 의해 만들 수 있다(shyra and Ernist,1980). 그림 3.7은 몇 가지 구형 촉매 페렛 내의 몇 가지 가능한 분포를 그려 놓았다. 그림 3.7a와 같은 균일분포 이외에도 활성 물질이 외부 껍질에 분포하는 *달걀껍질형 분포*(그림 3.7b)과 내부 중심에 분포하는 *달걀노른자형 분포*(그림 3.7c)이 있다. 또 활성 물질이 내부와 껍질 사이에 분포하는 *중간분포형*이 있다(그림 3.7d). 또 활성화 층이 중간 부분에 모여 있어 그 외의 부분에는 '0'에 가까운 농도로 존재하는 Dirac Delta Function형 분포가 있다(Morbidelli, Gavriilidis and Varma, 2001)(그림 3.7e). 반응속도의 극대화를 위해 Dirac Delta Function형이 사용될 수 있다. 불행히도 이 분포는 실제로는 가능하기 어렵다. 결국 이 구조를 실질적으로 만들어보면 촉매 내의 활성 물질이 계단함수층 분포를 가진 촉매로 재현될 수 있다(그림 3.7f). 활성물질층에 5% 이내인 계단함수형 촉매는 Dirac Delta Function형의 촉매 거동을 가진다(Morbidelli, Gavriilidis and Varma, 2001).

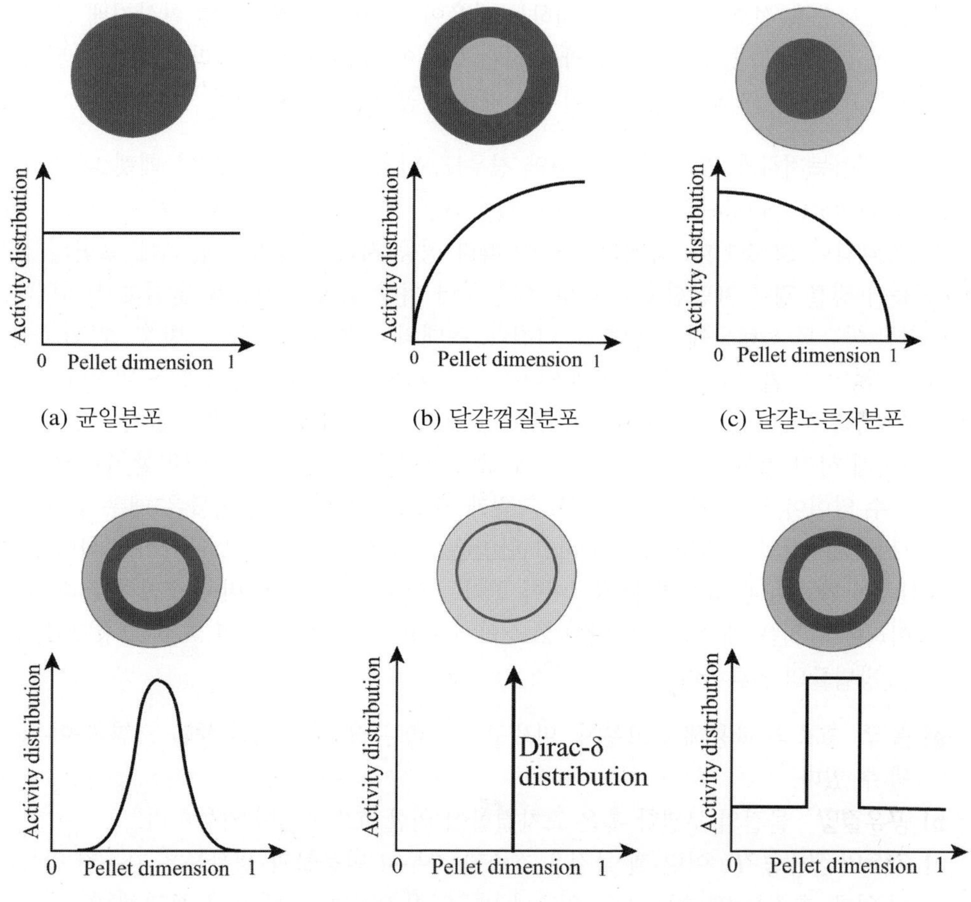

(a) 균일분포 (b) 달걀껍질분포 (c) 달걀노른자분포

(d) 중간분포 (e) Dirac-delta 분포 (f) 계단함수분포

$$\text{페렛 크기} = \frac{\text{페렛 중심으로부터의 거리}}{\text{페렛 변경}}$$

그림 3.7 ▸ **촉매 담채 페렛 내의 촉매 활성 부분의 분포.**

고체촉매반응은 복합 반응이다. 병렬반응에서 선택도를 높이기 위한 핵심은 촉매 표면에서 반응물의 농도를 적절히 높거나 낮게 유지함으로써 원하는 반응을 촉진시키고 부산물반응을 억제시키는 것이다. 직렬반응에서의 핵심은 다른 조성을 가진 유체의 혼합을 피하는 것이다. 반응기를 통한 유체의 전체적인 흐름 형태에 대한 논의는 이미 소개된 바 있다.

그러나 균질반응에서의 반응기를 통한 전체적 형태의 논의를 고체 촉매반응으로 확장하기 전에 촉매반응에서 촉매 입자 내부의 유체는 입자 외부의 유체와 다르다는 것을 인식해야 한다. 촉매 입자 내부의 낮은 반응물 농도에 의해 야기되는 국부적 불균질성은 관측되는 것과는 다른 생성물 분포를 가져온다.

a) ***표면반응지배*** 표면반응이 속도를 지배하는 경우 입자 안과 주 기체흐름 안에서의 반응물 농도는 근본적으로 같다. 이런 상황에서는 반응기를 통한 유체의 전체적 흐름 형태가 고려된다.

b) ***확산지배*** 입자 주위의 기체막을 통한 확산 저항이 지배할 때는 촉매 표면에서 반응물 농도는 주 기체흐름에서보다 낮다. 예를 들어 식 (2.64)를 다시 참조한다면 낮은 반응물 농도는 낮은 차수의 반응을 선호한다. 따라서 원하는 반응이 낮은 반응 차수라면 확산지배 조건하에서 운전하는 것이 선택도를 증가시킨다. 만약 원하는 반응이 높은 반응 차수라면 반대가 된다. 촉매의 선택과 반응 조건은 선택도에 영향을 미치기 때문에 공정의 성능에 매우 중요하다.

촉매 성능저하가 없는 복합 반응의 경우도, 단일 반응에서와 같이 페렛 내의 최적 촉매 분포는 Dirac Delta Function형이다. 즉, 실제 활용되는 촉매는 5% 미만의 두께로 분포한 계단함수형 촉매가 그 해답이 될 것이다. 촉매는 시간에 따라 성능 저하가 생기는데, 촉매 표면의 침착물에 의한 피독 등이 생길 경우 계단함수 분포형 촉매도 더 이상 최적의 성능을 발휘하기 어렵다. 비균질촉매는 이러한 이유로 선택도에 큰 영향을 미친다. 촉매의 교체는 이러한 주 반응, 부 반응에 영향력을 바꾸어 줄 수 있고, 활성부위의 반응 메커니즘과 담채의 확산속도에도 영향을 미친다.

3) ***생물화학촉매*** 어떤 반응은 효소가 촉매인 것도 있다. 효소를 미생물 없이 사용하는 것은 미생물을 생존하게 하지 않아도 되는 점에서 매우 선호된다. 하지만 효소를 격리할 수 있어야 하거나 안정화시킬 수 있어야 하는 제약이 따른다. 그렇게 효소든 미생물이든 이들은 매우 민감하다. 격리된 효소를 사용하는 것의 미생물 사용에 비한 단점은 단일 사용 기준으로 가격이 비싸다. 또 하나의 단점은 생산물이 완료된 후 효소가 분리되어야 한다는 것이고, 이 또한 비용이 많이 든다.

이러한 단점을 해결하는 방법이 효소의 고정이다. 여러 가지의 효소 고정법이 개발되었고, 다음은 그 방법들의 분류이다.

a) ***흡착*** 효소의 불용해성 고분자, 미세구멍이 많은 유리, 활성탄 등을 포함한 이온교환수지에 흡착될 수 있다.

b) ***공유결합*** 물질의 부결합 혹은 교차결합에 의한 효소반응이 가능하다.

c) ***가두어 잡아놓기*** 어떤 젤 물질은 효소만 가두고 반응물과 생산물은 가두지 않는다. 대체물로 막이 있다. 효소는 막 속에 갇혀 있으나 반응물은 압력에 의해 막을 통과해 흘러간다.

이 외에도 많은 가능성이 있다.

3.8 반응기 조건 – 요약

화학평형은 자유에너지 데이터에 의해 예측된다. 자유에너지 데이터는 여러 가지 정보로부터 얻을 수 있다.

1) 다른 온도에서의 생성물 표준 자유에너지는 도표화된 데이터가 유용하다.
2) 도표화된 데이터는 다른 온도에서의 ΔH^O와 ΔS^O뿐만 아니라 ΔG^O를 계산하는 데도 유용하다. 표준 상태에서 다음 식을 활용한다.

$$\Delta G^O = \Delta H^O - T\Delta S^O$$

3) 도표화된 데이터는 표준온도에서 ΔG^O와 ΔH^O를 얻는 데 유용하다. 이것은 열용량 데이터를 이용해 다른 온도에서의 값을 얻을 수 있다.
4) 이 방법들은 어떤 화합물이 그들의 화학적 구조로부터 열역학적 물성을 얻는 데 유용하다(Poling, Pransnitz and O'connell, 2001).

평형 전환율은 기상, 액상의 비이상성을 감안한 물성을 포함시킨 자유에너지 지식으로 계산될 수 있다. 평형 전환율은 반응기의 온도, 압력 그리고 농도의 적절한 변화로 바뀔 수 있다. 일반적인 반응 평형의 유형들이 그림 3.8에 요약되어 있다.

촉매 충진층의 경우 촉매 활성점들의 최적 위치가 최대 효과 혹은 선택도, 반응기 수율을 얻게 해준다. 미생물의 신진대사 경로 혹은 효소의 직접 사용이 생물화학반응기에서 촉매로 사용될 수 있다. 효소의 직접 사용은 효소가 격리, 고정화될 수 있다면 매우 큰 이점이 된다. 부산물을 생산하는 복합 반응 시스템에서 적절한 반응기 온도, 압력, 농도의 변화 역시 선택도와 반응기 수율을 증진시킬 수 있다. 적절한 촉매의 선정 또한 마찬가지이다. 이것들이 그림 3.9 (Smith, and Petela, 1992)에 요약되어 있다.

3.9 연습 문제

1. 암모니아는 수소, 질소 및 불활성 기체를 포함하는 기체 혼합물을 촉매에 50 bar의 압력으로 통과시켜 반응시켜 제조한다.

$$N_2 + 3H_2 \rightleftharpoons 2NH_3$$

이 시스템은 이상적인 기체 거동을 따르는 것으로 가정할 수 있다. $K_P = 0.0125$일 때 도입 흐름이 다음과 같을 때 최대 전환율을 계산하라.

a) 60% H_2, 20% N_2 및 나머지 불활성 기체.
b) 65% H_2, 15% N_2 및 나머지 불활성 기체.

2. 25몰% CO_2와 75% CO의 가스 혼합물을 화학양론적 H_2와 혼합하여 다음의 반응을 수행한다.

$$CO_2 + 3H_2 \rightleftharpoons CH_3OH + H_2O \qquad K_P = 2.82 \times 10^{-6}$$

$$CO + 2H_2 \rightleftharpoons CH_3OH \qquad K_P = 2.80 \times 10^{-5}$$

평형 전환은 촉매의 존재 하에 300 bar의 압력에서 수행된다. 이상적 거동이라고 가정할 때 각 반응에 대한 전환율을 계산하고, 따라서 평형상태 혼합물의 부피 구성을 계산하라.

3. 다음과 같은 반응에서

$$2CO + 4H_2 \rightleftharpoons C_2H_5OH + H_2O$$

공급물은 CO 1몰당 H_2의 r몰로 이루어져 있다. 반응은 20 bar 압력 및 온도 573 K에서 이루어지며, 표준 압력 1 bar에서 $\Delta G^O = 8900\ \text{kJ·kmol}^{-1}$이다.

a) 과량의 수소의 존재 하에 (즉, $r > 2$에 대해) CO

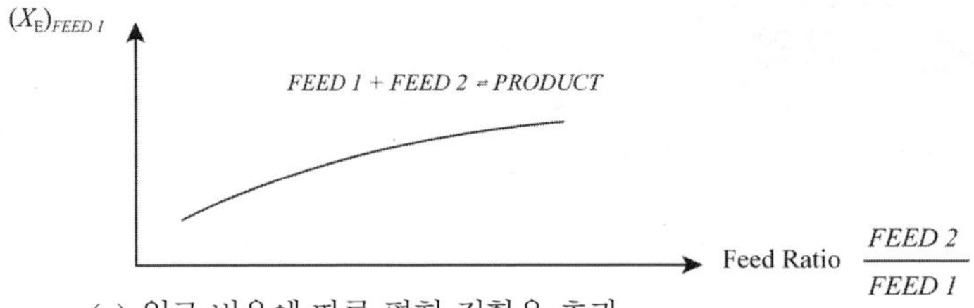

(a) 원료 비율에 따른 평형 전환율 효과

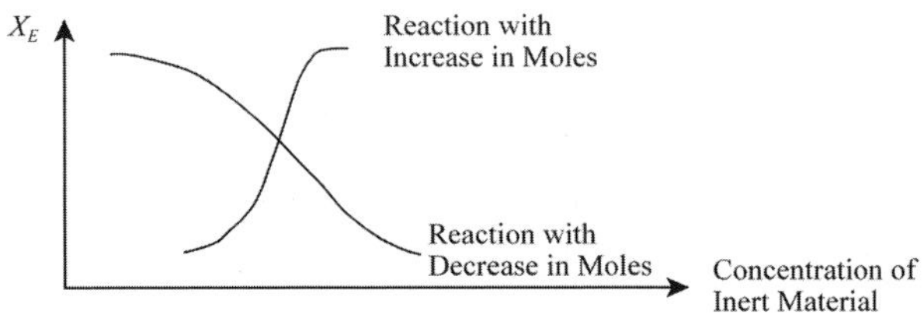

(b) 기상, 액상 반응에서 불활성 농도 효과

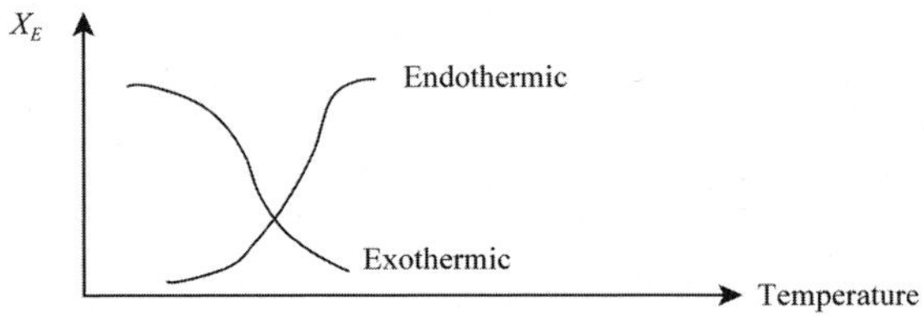

(c) 온도의 평형 전환율 효과

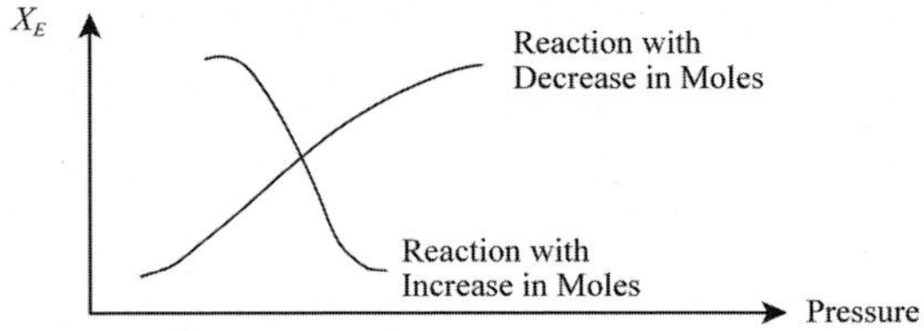

(d) 기상 반응물을 위한 평형 전환율의 압력 효과

그림 3.8 ▸ 가역반응에서 여러 가지 측정, 조작이 평형 전환율을 증가시킬 수 있다.
(Reproduced from Smith R and Petela EA (1992) Waste Minimization in the Process Industries Part 2 Reactors, Chem Eng, Dec (509-510): 17, by permission of the Institution of Chemical Engineers.)

의 분율 전환에 대한 표현식을 개발하라.

b) CO가 과량일 때 H_2의 분율 전환에 상응하는 표현식을 작성하라.

4. 표 3.16은 반응물의 이성질체화에 대한 배치로부터 얻어진 전환율 데이터를 제공한다. 기상에서 생성물 *B*로의 실험을 할 때

a) 1차 가역 반응에 대한 반응기 전환율에 대한 표현식을 전개하라.

b) 100°C 및 150°C에서 1차 반응 차수 모델을 적용

표 3.16 ▸ 이성질체화 반응에 대한 데이터

	Conversion	
Time (s)	100 °C	150 °C
0	0	0
100	0.05	0.15
500	0.21	0.49
1000	0.35	0.68
2000	0.52	0.81
5000	0.73	0.89

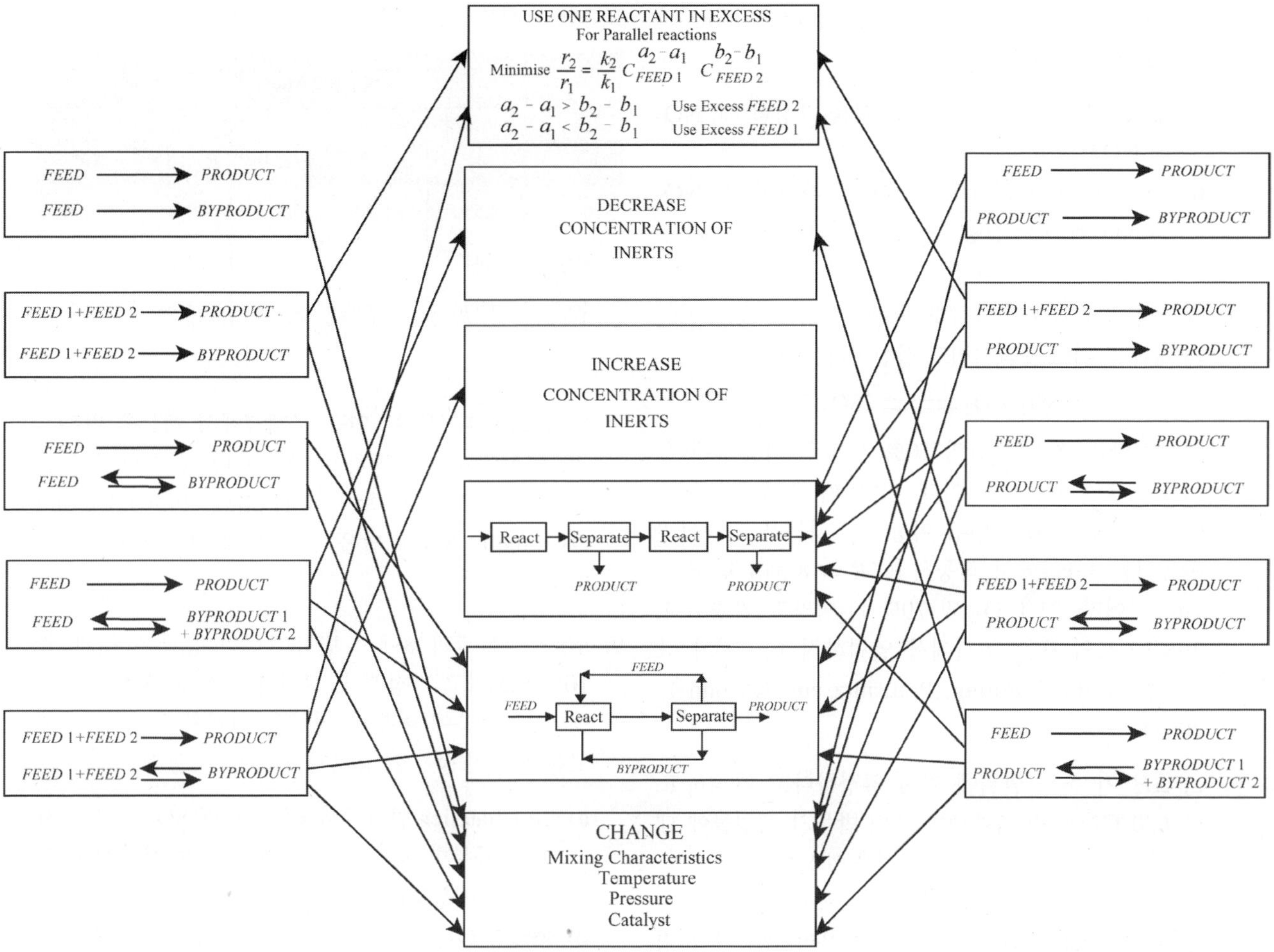

그림 3.9 ▸ 부산물을 생산하는 부합 반응의 최대 안전을 얻기 위한 반응기 선택. (Reproduced from Smith R and Petela EA (1992) Waste Minimization in the Process Industries Part 2 Reactors, Chem Eng, Dec (509–510): 17, by permission of the Institution of Chemical Engineers.)

하여 반응 데이터가 1차 가역 반응으로 모델링될 수 있음을 보여라.

c) 100°C에서 150°C 범위의 정방향 및 역방향 반응에 대한 활성화 에너지를 결정하라. $R = 8.3145$ $kJ \cdot K^{-1} \cdot kmol^{-1}$ 평류흐름을 가정한다.

5. 1차 정방향 반응의 평류흐름 반응기를 통과하는 흐름을 20% 증가하고, 전환율 분율을 이전 값으로 유지하기 위해 반응기 작동 온도를 증가시키기로 결정되었다. 반응의 활성화 에너지가 18,000 $kJ \cdot kmol^{-1}$이고, 초기 온도가 150°C인 경우 새로운 작동 온도를 찾아라. 반응기가 혼합흐름인 경우 요구되는 온도 상승은 달라지는가? $R = 8.3145$ $kJ \cdot K^{-1} \cdot kmol^{-1}$을 가정하라.

6. 연소 과정에서 나오는 연도 가스는 질소 산화물(주로 NO와 NO_2)을 포함한다. 연도 가스의 흐름은 10 N $m^3 \cdot s^{-1}$이며, 0.1% vol NO_x(0°C 및 1 atm에서 NO_2로 표시)와 3% vol 산소를 함유한다. 기상에서 두 개의 주요 질소 산화물 사이의 가역 반응에 따르면,

$$NO + \tfrac{1}{2}O_2 \rightleftharpoons NO_2$$

반응에 대한 평형 관계는 다음과 같다.

$$K_a = \frac{p_{NO_2}}{p_{NO}\,p_{O_2}^{0.5}}$$

여기서 K_a는 반응에 대한 평형상수이고, p는 분압이다. 25°C에서 평형상수는 1.4×10^6이고, 725°C에서는 0.14이다. 이상기체 거동을 가정할 때, 표준 조건에서 kg mole 질량의 물질의 부피는 22.4 m^3을 차

지하고 NO와 NO_2의 몰질량은 각각 30 kg·kmol^{-1}과 46 kg·kmol^{-1}이다

a) 25°C 및 725°C에서 화학 평형을 가정할 때, NO_2 대 NO의 몰비를 구하라.

b) 25°C와 725°C에서 화학 평형을 가정할 때, NO_2의 NO_2에 대한 질량 유속을 구하라.

7. 황산의 제조에서 이산화황과 공기의 혼합물을 일련의 촉매층 위로 통과시키고 삼산화황을 얻는다.

$$2SO_2 + O_2 \rightleftharpoons 2SO_3$$

이산화황은 초기 부피의 10% 부피로 반응기에 유입되고, 나머지는 공기이다. 첫 번째 촉매층의 출구에서 온도는 620°C이다. 이상기체 거동을 가정하면 반응기는 1 bar에서 작동하고, R = 8.314 kJ·K^{-1}·kmol^{-1}이다. 21% O_2 및 79% N_2이라고 가정한다. 298.15 K의 표준 조건에서 열역학적 데이터가 표 3.17에 주어진다(Poling, Prausnitz and O'Connell, 2001).

a) ΔH^O가 온도 범위에 걸쳐 일정하다고 가정하고, 620°C에서 첫 촉매층 이후의 반응기 생성물에 대한 평형 전환율 및 평형 조성을 계산하라.

b) 반응은 발열 반응인가 또는 흡열 반응인가?

c) Le Châtelier 법칙에서 온도가 올라감에 따라 평형 전환이 어떻게 변할 것이라고 기대할 수 있는가?

d) 압력이 증가함에 따라 평형 전환이 어떻게 변할 것으로 예상하는가?

8. ΔH^O의 온도 변화를 고려하면서 평형 전환 및 평형 농도에 대해서는 연습 문제 7에서 계산을 반복하라. 이상기체를 가정하자. 식 (3.42)에 대한 열용량 계수는 표 3.18에 주어진다(Poling, Prausnitz and O'Connell, 2001). 답을 연습 문제 7의 결과와 비교하라.

표 3.17 ▸ 298.15 K 및 1 bar에서의 황산 생산 표준 조건에서 열역학적 데이터.

	$\overline{H}^O$ (kJ·kmol^{-1})	$\overline{G}^O$ (kJ·kmol^{-1})
O_2	0	0
SO_2	−296,800	−300,100
SO_3	−395,700	−371,100

표 3.18 ▸ 황산 생산을 위한 열용량 데이터

	C_P (kJ·kmol^{-1}·K^{-1})				
	α_0	$\alpha_1 \times 10^3$	$\alpha_2 \times 10^5$	$\alpha_3 \times 10^8$	$\alpha_4 \times 10^{11}$
O_2	3.630	−1.794	0.658	−0.601	0.179
SO_2	4.417	−2.234	2.344	−3.271	1.393
SO_3	3.426	6.479	1.691	−3.356	1.590

9. 연습 문제 7과 8에서 반응기로의 공급은 대기 중 10% SO_2라고 가정했다. 그러나 공기 중 질소는 불활성이며, 반응에 아무런 영향을 미치지 않는다. 실제로는 산소가 풍부한 공기가 공급될 수 있다.

a) Le Châtelier 법칙에서 같은 O_2 대 SO_2 비율로 산소가 풍부한 공기가 사용되면 평형 전환에 어떤 영향이 예상되는가?

b) 동일한 O_2를 가정 할 때 연습 문제 7의 계산을 반복하라. 산소 21% 순도에서 50%, 70%, 90% 및 99% 순도로 농축된 공기 공급을 사용하고 각 공기 산소 순도에서 성분 몰분율을 계산하라.

c) 평형 전환에 대한 잠재적 장점을 제외하고, 풍부한 공기 공급으로 어떤 이점을 기대할 수 있는가?

참고 문헌

Coull J and Stuart EB (1964) *Equilibrium Thermodynamics*, John Wiley & Sons.

Dodge BF (1944) *Chemical Engineering Thermodynamics*, McGraw-Hill.

Hougen OA, WatsonKMand Ragatz RA (1959) *Chemical Process Principles. Part II: Thermodynamics*, John Wiley & Sons.

Lide DR (2010) *CRC Handbook of Chemistry and Physics*, 91st Edition, CRC Press.

Madigan MT, Martinko JM and Parker J (2003) *Biology of Microorganisms*, Prentice Hall.

Morbidelli M, Gavriilidis A and Varma A (2001) *Catalyst Design: Optimal Distribution of Catalyst in Pellets, Reactors, and Membranes*, Cambridge University Press.

Poling BE, Prausnitz JM and O'Connell JP (2001) *The Properties of Gases and Liquids*, 5th Edition, McGraw-Hill.

Rase HF (1990) *Fixed-Bed Reactor Design and Diagnostics – Gas Phase Reactions*, Butterworths.

Shyr Y-S and Ernst WR (1980) Preparation of Nonuniformly Active Catalysts, *J Catal*, **63**: 426.

Smith EB (1990) *Basic Chemical Thermodynamics*, 3rd Edition, Oxford Chemistry Series, Oxford University Press.

Smith R and Petela EA (1992) Waste Minimisation in the Process Industries, IChemE Symposium on Integrated Pollution Control Through Clean Technology, Wilmslow UK, Paper 9: 20.

Waddams AL (1978) *Chemicals from Petroleum*, John Murray.

스미스의 제2판

화학공정설계

Chemical Process
Design and Integration

제 4 장 화학 반응기 III – 반응기 구성

Chemical Reactors III – Reactor Configuration

이상반응기 모델과 대조되게 실제 반응기는 반드시 온도, 농도, 체류시간 외에도 많은 요소들을 고려해야 한다. 반응기의 온도 제어는 그 중 가장 첫 번째 고려 대상이다.

4.1 온도 제어

온도를 제어하는 방법을 고려하기 전에 반응이 필요로 하는 열 입력 혹은 열 출력을 결정해야 한다. *발열 반응*은 원료 도입에서 제품이 되는 동안 엔탈피가 감소하여 열이 발생한다. 원료 도입부터 제품이 되는 동안 엔탈피가 증가하여 열을 흡수하게 되면 *흡열* 반응이다. 대부분의 경우 반응물과 생성물은 서로 다른 온도에 있게 된다. 반응물과 생성물의 온도로부터 방출되거나 흡수된 열을 계산하기 위해 그림 4.1에 제시된 열역학 경로를 따를 수 있다(Hougen *et al.*, 1954). 실제 반응 과정은 온도 T_1의 반응물에서 온도 T_2의 생성물로 진행된다. 그러나 초기에 반응물을 온도 T_1으로부터 298 K의 표준 온도로 냉각(또는 가열)시키는 대체 경로를 따르는 것이 더 편리하다. 그 다음, 연소 반응은 298 K의 일정 온도로부터 수행된다. 즉 표준상태로부터 계산되는 표준 반응열은 표준 생성열(Hougen Watson and Ragatz, 1954)으로부터 계산될 수 있기 때문이다. 연소 생성물은 298 K에서 T_2의 최종 온도까지 가열(또는 냉각)된다. 결국 연소의 실제 열은 다음에 의해 주어진다(Hougen, Watson and Ragatz, 1954).

$$\Delta H_R = \Delta H_1 + \Delta H^O + \Delta H_2 \qquad \textbf{(4.1)}$$

여기서 ΔH_R = 반응열($J \cdot kmol^{-1}$)

ΔH_1 = 반응물 초기 온도에서 표준 온도로 가져오는 열($J \cdot kmol^{-1}$)

$= \int_{T1}^{298} Cp_{react}\, dT$

ΔH^o = 298 K에서 표준 반응열($J \cdot kmol^{-1}$)

ΔH_2 = 표준 온도에서 최종 온도로 생성물을 가져오는 열($J \cdot kmol^{-1}$)

$= \int_{298}^{T_2} Cp_{prod}\, dT$

Cp_{react} = 반응물의 열용량($J \cdot kmol^{-1} \cdot K^{-1}$)

Cp_{prod} = 생성물의 열용량($J \cdot kmol^{-1} \cdot K^{-1}$)

단열 반응의 경우 $\Delta H_R = 0$, 그리고 식 (4.1)은

$$\Delta H_2 = -\Delta H_1 - \Delta H^O \qquad \textbf{(4.2)}$$

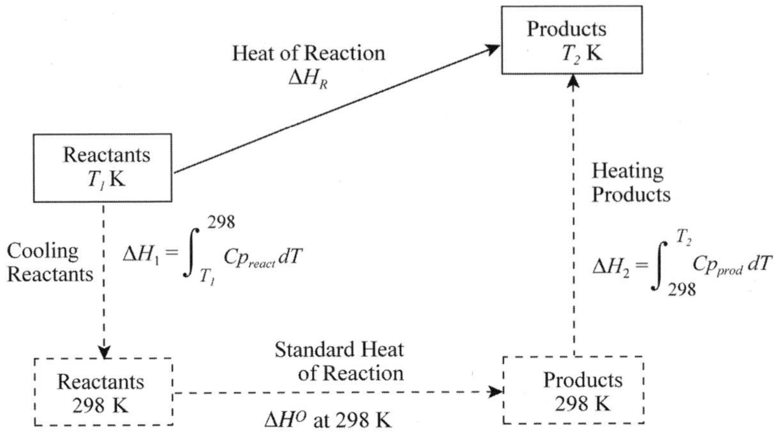

그림 4.1 ▸ 반응 공정에서 초기 상태에서 최종 상태로의 엔탈피 변화.

가 된다. 다음 예는 접근 방식을 보여준다.

예제 4.1

산화에틸렌이 순수 에틸렌과 산소에 의해 하루 100톤의 속도로 반응기에서 생산될 때,

$$CH_2 = CH_2 + \tfrac{1}{2}O_2 \longrightarrow H_2C - CH_2 \ (\backslash\ O\ /)$$

ethylene oxygen ethylene oxide

$$\Delta H^O = -1.20 \times 10^5 \text{ kJ} \cdot \text{kmol}^{-1}$$

동시에 다음의 부 반응이 일어나 선택도의 손실을 초래한다.

$$\underset{\text{ethylene}}{CH_2 = CH_2} + \underset{\text{oxygen}}{3O_2} \longrightarrow \underset{\text{carbon dioxide}}{2CO_2} + \underset{\text{water}}{2H_2O}$$

$$\Delta H^O = -1.32 \times 10^6 \text{ kJ} \cdot \text{kmol}^{-1}$$

반응기 전환율은 20%로 선택도는 80%로 가정하라. 양론비보다 10% 과량의 산소가 사용된다.

a) 반응기 도입 시와 도출 시의 각 성분들의 흐름량을 결정하라. 몰당 질량은 표 4.1에 나타내었다.

b) 산소가 150°C, 에틸렌의 200°C로 도입되고 생산물은 260°C로 빠져나갈 때의 열 제거 속도를 계산하라. 식 (3.42)의 열용량 데이터를 표 4.2에 나타내었다.

표 4.1 ▸ 예제 1의 데이터

Component	Molar mass ($kg \cdot kmol^{-1}$)
C_2H_4	28
O_2	32
C_2H_4O	44
CO_2	44
H_2O	18

›풀이

a) X를 반응기 전환율로 두고 S는 선택도일 때 에틸렌 A kmole, 산소 B kmol이라 하자.

반응 1	C_2H_4	+	$0.5O_2$	⟶	C_2H_4O
도출 초기 혼합물의 몰	A		B		0
도출흐름의 몰	$[A - AXS]$		$[B - 0.5AXS]$		$[AXS]$

반응 2	C_2H_4	+	$3O_2$	⟶	$2CO_2$	+	$2H_2O$
초기 혼합물의 몰	A		B		0		0
도출 흐름의 몰	$[A - AX(1 - S)]$		$[B - 3AX(1 - S)]$		$[2AX(1 - S)]$		$[2AX(1 - S)]$

표 4.2 ▸ **열용량 데이터**(Poling, 2001)

	C_P (kJ·kmol^{-1}·K^{-1})				
	α_0	$\alpha_1 \times 10^3$	$\alpha_2 \times 10^5$	$\alpha_3 \times 10^8$	$\alpha_4 \times 10^{11}$
C_2H_4	4.221	−8.782	5.795	−6.729	2.511
O_2	3.630	−1.794	0.658	−0.601	0.179
C_2H_4O	−0.9043	26.73	−1.511	0.3117	0.0
CO_2	3.259	1.356	1.502	−2.374	1.056
H_2O	4.395	−4.186	1.405	−1.564	0.632

하루 100톤의 생산물이 요구되므로 산화 에틸렌

$$AXS = 100\frac{\text{ton}}{\text{d}} \times \frac{1000\text{ kg}}{1\text{ ton}} \times \frac{\text{kmol}}{44\text{ kg}} \times \frac{1\text{ d}}{24\text{ h}}$$

$$= 94.70\text{ kmol}\cdot\text{h}^{-1}$$

도입흐름 조건에서,

$$A = \frac{94.70}{0.2 \times 0.8} = 591.88\text{ kmol}\cdot\text{h}^{-1}$$

$$B_{react1} = 0.5 \times \frac{94.70}{0.2} = 236.75\text{ kmol}\cdot\text{h}^{-1}$$

$$B_{react2} = 1.5 \times \frac{47.35}{0.2} = 355.13\text{ kmol}\cdot\text{h}^{-1}$$

O_2가 10% 과량이라면,

$$B = 1.1 \times (236.75 + 355.13) = 651.07\text{ kmol}\cdot\text{h}^{-1}$$

도출흐름 조건에서,

$$B = 651.07 - 118.38 = 532.69\text{ kmol}\cdot\text{h}^{-1}$$

Component	Inlet flowrate (kmol·h^{-1})	Outlet flowrate (kmol·h^{-1})
C_2H_4	591.88	473.50
O_2	651.07	532.69
C_2H_4O	0	94.70
CO_2	0	47.35
H_2O	0	47.35

C_2H_4	O_2	C_2H_4O	CO_2	H_2O
$A - AXS$ $- AX(1-S)$ $= A(1-X)$ $= 473.50$	$B - 0.5AXS$ $- 3AX(1-S)$ $= B - 3AX + 2.5AXS$ $= B - 118.38$	AXS $= 94.70$	$2AX(1-S)$ $= 47.35$	$2AX(1-S)$ $= 47.35$

$$\Delta H_1 = \int_{T1}^{298} Cp_{react}\, dT$$

$$\frac{C_{Pi}}{R} = \alpha_{0i} + \alpha_{1i}T + \alpha_{2i}T^2 + \alpha_{3i}T^3 + \alpha_{4i}T^4$$

$$\Delta H_{1i} = R\left[\alpha_{0i}\,T + \frac{\alpha_{1i}\,T^2}{2} + \frac{\alpha_{2i}\,T^3}{3} + \frac{\alpha_{3i}\,T^4}{4} + \frac{\alpha_{4i}\,T^5}{5}\right]_{T_1}^{298}$$

$$\Delta H_1 = \sum_i m_i \Delta H_{1i}$$

$$\Delta H_2 = \int_{298}^{T_2} Cp_{prod}\, dT$$

$$\Delta H_{2i} = R\left[\alpha_{0i}\,T + \frac{\alpha_{1i}\,T^2}{2} + \frac{\alpha_{2i}\,T^3}{3} + \frac{\alpha_{3i}\,T^4}{4} + \frac{\alpha_{4i}\,T^5}{5}\right]_{298}^{T_2}$$

$$\Delta H_2 = \sum_i m_i \Delta H_{2i}$$

열용량 계수를 대입한 후 계산

$$\Delta H_1 = m_{C_2H_4}\Delta H_{C_2H_4} + m_{O_2}\Delta H_{O_2}$$
$$= 591.88 \times -8954 + 651.07 \times -3730$$
$$= -7.728 \times 10^6\text{ kJ}\cdot\text{h}^{-1}$$

$$\Delta H_2 = m_{C_2H_4}\Delta H_{C_2H_4} + m_{O_2}\Delta H_{O_2} + m_{C_2H_4O}\Delta H_{C_2H_4O} + m_{CO_2}\Delta H_{CO_2} + m_{H_2O}\Delta H_{H_2O}$$
$$= 473.50 \times 12699 + 532.69 \times 7126 + 94.70 \times 15173 + 47.35 \times 9791 + 47.35 \times 8115$$
$$= 12.094 \times 10^6\text{ kJ}\cdot\text{h}^{-1}$$

b) 열 수지(그림 4.1 참조)

$$\Delta H_R = \Delta H_1 + \Delta H^O + \Delta H_2$$

여기서 ΔH_R = 반응열

ΔH_1 = 반응물 표준상태로 냉각시킬 때의 엔탈피 변화

ΔH_0 = 표준 반응열

ΔH_2 = 반응물을 최종 상태로 가열할 때의 엔탈피 변화

$$\Delta H^O = \Delta H^O_{R1} + \Delta H^O_{R2}$$
$$= 94.7 \times -1.2 \times 10^5 + \frac{47.35}{2} \times -1.32 \times 10^6$$
$$= -42.615 \times 10^6 \text{ kJ} \cdot \text{h}^{-1}$$

그러므로 열 제거 속도는 다음과 같다.

$$\Delta H_R = -7.728 \times 10^6 - 42.615 \times 10^6 + 12.094 \times 10^6$$
$$= -38.25 \times 10^6 \text{ kJ} \cdot \text{h}^{-1}$$

a) *단열 조작* 첫 번째로 단열 반응기를 고려해야 하는데, 이는 가장 간단하고 저렴한 반응기 설계를 유도하기 때문이다. 단열 조작으로 인해 발열 반응의 온도가 허용치를 초과하거나 최종 반응의 온도가 용인할 수 없을 정도로 낮아지는 경우 온도 제어 방법을 고려해야 한다.

b) *뜨거운 주입과 차가운 주입* *차가운 주입*(cold shot)으로 알려진 중간 지점에서 차가운 원료 흐름을 반응기에 직접 주입하는 것은 발열 반응에서 온도를 제어하는 데 매우 효과적일 수 있다. 이것은 차가운 물질과의 혼합을 통한 직접 접촉 열전달에 의해 온도를 제어할 뿐만 아니라 공급 물질의 농도를 조절함으로써 반응속도를 제어한다. 반응이 완충제인 경우 예열된 원료 흐름을 중간 지점[*뜨거운 주입*(hot shot)이라고 함]에 주입할 수 있다. 다시 온도 조절은 직접 접촉 열전달과 농도 조절을 통해 이루어지게 된다.

c) *반응기와의 열전달* 간접 가열 또는 간접 냉각도 고려할 수 있다. 관 내에서 반응을 수행하고 관 외부에 가열 또는 냉각 매체를 제공하는 것과 같이 반응기 내부의 열전달 표면을 가열하는 것이다. 대안적으로, 반응기의 중간 지점에 열전달 장치로 반응물을 반응기 외부로 취하여 가열 또는 냉각을 제공한 다음 반응기로 되돌릴 수 있다. 다른 배열이 가능하며 나중에 더 자세히 고려할 것이다.

d) *열 운반체* 불활성 물질을 반응기 공급물과 함께 넣어 열용량 흐름(즉, 질량 유속 및 비열 용량의 곱)을 증가시키고 발열 반응의 온도 상승을 감소시키거나 흡열 반응에 대한 온도 저하를 감소시킨다. 가능하면 기존 공정 유체 중 하나를 열 운반체로 사용하는 것이 좋다. 예를 들어, 과량 도입흐름 공정은 온도 변화를 제한하기 위해 사용될 수 있으며, 온도 제어 목적을 위해서도 효과적이다. 제품 또는 부산물은 온도 변화를 제한하기 위해 반응기로 재순환될 수 있지만, 이것이 선택성 또는 반응기 수율에 해로운 영향을 미치지 않도록 주의해야 한다. 또는 수증기와 같은 외부의 불활성 물질을 사용하여 온도 상승 또는 하강을 유도할 수 있다.

e) *촉매 분포* 다공성 담체 상에 활성 물질이 담지된 불균질촉매를 사용하는 경우, 3장에서 논의된 바와 같이 촉매 펠렛 내의 활성 물질의 크기, 형상 및 분포는 다양할 수 있다. 활성 물질의 균일한 분포는 충진된 촉매층에서의 압력 강하의 증가를 가져오지만 성능을 증가시킨다. 동일한 펠렛 용적에 대해 다른 형상의 촉매는 일반적으로 다음 순서대로 효과적이다.

판형 > 원기둥형 > 구형

원기둥형은 제조비용이 저렴하다는 장점이 있다. 모양을 변화시키는 것 외에도 그림 3.7에 나와 있듯이 펠렛 내에서 활성 물질의 분포가 다양할 수 있다. 촉매 충진층 반응기의 경우 펠렛의 크기 및 모양 그리고 펠렛 내의 활성 물질의 분포는 반응기의 길이에 따라 열 방출율(발열 반응의 경우) 또는 열 흡수율(흡열 반응의 경우)의 제어를 수행하기에 매우 다양하다. 이것은 반응기 길이에 따라 각각의 촉매 디자인을 가진 서로 다른 구역을 생성하는 것을 말한다.

예를 들어, 튜브 내부에 촉매를 채우고 튜브 외부에 냉각 매체를 통과시킴으로써 고도의 발열 반응 온도 제어를 수행해야 한다고 가정하자. 균일한 분포의 촉매가 사용된다면, 공급 물질의 농도가 높은 반응기 입구 근처에서 높은 열 방출이 기대된다. 그런 다음 열 방출은 반응기를 통해 진행함에 따라 서서히 감소할 것이다. 이것은 전형적으로 냉각 매체가 초기 단계에서 완전히 제거되지 않고 피크에 도달한 열 방출을 감당하지 못하고 반응기 출구로 가면서 서서히 열 방출을 지속하기 때문에 반응기 입구로부터의 온도 상승으로 나타낸다. 반응기를 통한 효율성이 증가하는 입구에서의 효율성이 낮은 촉매 디자인을 갖는 입구 구역설계를 사용하면, 반응기를 통한 보다 균일한 분포로 반응속도를 제어하여 보다 양호한 온도 제어를 허용할 수 있다.

대안적으로, 반응기를 통해 다른 구역에서 상이한 디자인의 펠렛을 사용하기보다는, 촉매 펠렛 및 비활성 펠렛의 혼합물이 촉매를 효과적으로 "희석"하는 데 사용될 수 있다. 활성 및 불활성 펠렛의 혼합물의 비율을 변화시키면 촉매층의 상이한 부분에서의 반응속도가 보다 쉽게 제어될 수 있다. 반응기를 통과하는 불활성 펠렛의 양이 감소하는 구역을 사용하면, 반응속도를 제어하여 반응기를 통해 보다 균일한 온도 분포로 제어할 수 있어 보다 나은 온도 제어가 가능하다.

예를 들어, 예제 4.1에서 조사한 산화 에틸렌의 생산을 고려해 볼 수 있다. 이것은 은 담지 촉매를 사용한다(Waddams, 1978). 반응 시스템은 매우 발열성이 있으며 촉매가 충진된 튜브 내부에서 수행되며, 튜브 외부에 냉각제가 순환되어 반응열을 제거한다. 튜브 전반에 걸쳐 균일한 촉매 설계가 사용된다면, 높은 온도 피크가 입구 근처에서 발생한다. 온도의 피크는 2차 반응을 촉진시켜 높은 선택도 손실을 초래한다. 반응기 입구에서 보다 낮은 효율을 갖는 촉매를 사용하면 온도 피크를 감소시키고 선택도를 증가시킬 수 있다. 반응기 튜브를 따라 균일 한 온도 분포를 얻기 위해 반응기를 통해 상이한 구역에서 촉매 설계를 변화시키는 것이 바람직하다.

다른 예로서, 메탄올 생산을 위한 고정층 관형 반응기의 적용을 고려하자. 합성 기체(수소, 일산화탄소 및 이산화탄소의 혼합물)는 구리 기반 촉매(Supp, 1973)를 통해 반응한다. 주요 반응은 다음과 같다.

$$\underset{\text{carbon monoxide}}{CO} + \underset{\text{hydrogen}}{2H_2} \rightleftharpoons \underset{\text{methanol}}{CH_3OH}$$

$$\underset{\text{carbon dioxide}}{CO_2} + \underset{\text{hydrogen}}{H_2} \rightleftharpoons \underset{\text{monoxide}}{CO} + \underset{\text{water}}{H_2O}$$

첫 번째 반응은 발열 반응이고, 두 번째 반응은 흡열 반응이다. 전반적으로 반응은 상당한 열을 발생시킨다. 그림 4.2는 두 개의 대안적인 반응기 설계를 보여주고 있다(Supp, 1973). 그림 4.2a는 쉘 측면에서 생성되는 쉘 및 튜브 유형의 장치를 보여준다. 온도 분포는 입구 근처에서 높은 반응속도로 인해 반응기 입구 직후에 피크를 나타낸다. 그러면 온도가 다시 제어로 돌아온다. 그림 4.2a의 반응기를 통과하는 온도 분포는 비교적 부드럽게 보인다. 그림 4.2b는 차가운 주입 냉각을 사용하는 대체 반응기 설계를 보여준다. 관형 반응기와 달리 그림 4.2b의 차가운 주입 반응기는 상당한 온도 변동을 야기한다. 이러한 변동은 일부 상황에서 우발적인 촉매 과열을 야기하고 촉매 수명을 단축시킬 수 있다.

반응기 온도가 수용 가능한 한계 내에서 제어되더라도 반응기 유출물은 과도한 부산물 형성을 방지해야 하고, 신속하게 반응을 중지시키기 위해 급속하게 냉각될 필요가 있을 수 있다. 이 급속 냉각은 종래의 열전달 장치를 사용하는 간접 열전달 또는 다른 유체와 혼합함으로써 직접 열전달에 의해 달성될 수 있다. 일반적으로 반응기의 기체 생성물은 증발하는 액체와 혼합하여 빠른 냉각이 필요하다. 액체를 증발시키는 데 필요한 열은 기체 생성물을 빠르게 냉각시킨다. 급냉액은 냉각된 생산물 또는 물과 같은 불활성 물질로 재순환될 수 있다.

실제로, 직접 열전달에 의한 반응기 유출물의 냉각은 다양한 이유로 이용될 수 있다.

- 반응이 매우 빠르며 과도한 부산물 형성을 방지하기 위해 신속하게 중단되어야 한다.
- 반응기의 생산물이 너무 뜨겁거나 부식되어 열교환기에 직접 통과하면 특수 건축자재나 값비싼 기계 설계가 필요할 수 있다.
- 반응기 생산물 냉각이 보통의 열교환기에서 과도한 오염을 야기할 것이다.

직접 열전달에 사용되는 액체는 반응기 제품에서 쉽게 분리되어 최소한의 비용으로 재순환될 수 있도록 선택되어야 한다. 가능하면 공정에서 존재하지 않는 물질인 외래 물질의 사용을 피해야 한다. 그 이유는 다음과 같다.

- 외부 물질은 추가적인 분리 문제를 야기할 수 있으며, 공정 내에서 본질적으로 존재하지 않는 새로운 분리가 필요하다.
- 외부 물질의 도입은 제품 순도 규격을 달성하는 데 새로운 문제를 야기할 수 있다.

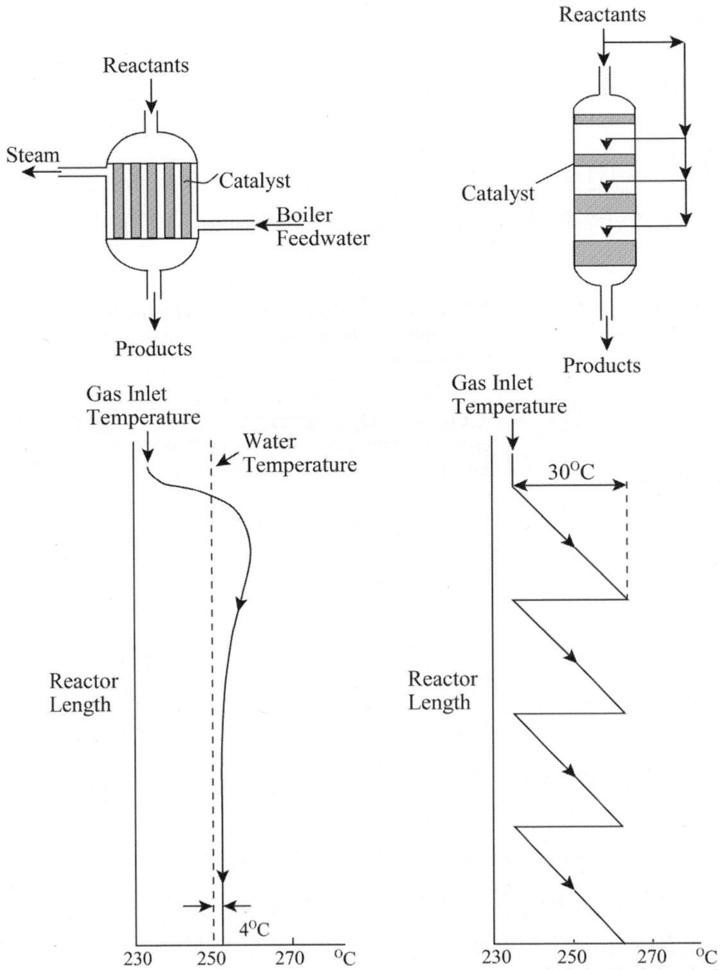

(a) 관형 반응기 (b) 차가운 주입을 가지는 반응기

그림 4.2 ▸ **메탄올 생산을 위한 두 가지 대체 반응기 설계는 상당히 다른 열 분포를 제공한다.**

- 불필요한 물질을 분리하고 재활용하는 것이 종종 어렵다. 재활용되지 않는 물질은 환경문제가 될 수 있다. 나중에 논의하겠지만, 배출물 문제를 다루는 가장 좋은 방법은 처음부터 배출물 문제를 만들지 않는 것이다.

4.2 촉매 성능 저하

대개의 경우 촉매의 성능은 시간에 따라 떨어진다(Butt and Petersen, 1988; Rase, 1990; Wijngaarden, Kronberg and Westerterp, 1998). 성능 저하가 일어나는 속도는 촉매의 선택과 반응기 조건의 선택에 또 다른 중요한 요소이다. 성능 저하는 반응속도를 떨어뜨리고, 이것은 주어진 반응기 설계에서 전환율을 떨어뜨리는 것으로 귀착된다. 이것은 종종 반응기의 온도를 증가시킴으로써 보정될 수 있다. 그러나 온도의 중대한 증가는 선택도를 현저히 떨어뜨릴 수 있고 종종 촉매의 성능 저하를 가속화시킬 수 있다.

촉매 성능의 손실은 여러 가지 양상으로 일어날 수 있다.

a) *물리적 손실* 물리적 손실은 반응 생성물로부터 분리되어 재순환될 필요가 있는 균질촉매에서 특히 중요하다. 이것이 높은 효율로 행해질 수 없다면 물리적 손실을 가져오고 환경문제가 뒤따른다. 그러나 물리적 손실 문제는 균질촉매에 한정되지 않으며 비균질촉매에서도 문제될 수 있다. 이것은 특별히 촉매 유동층 반응기가 사용될 때 더 심각해진다. 입자의 마찰은 촉매 입자가 깨져서 작아지게 한다. 유동층으로부터 딸려나간 입자는 보통은 반응기 유출물로부터 분리되어 층으로 재순환된다. 그러나 매우 미세한 입자는 분리되어 재순환되지 못하여 손실된다.

b) *표면 퇴적물* 고체 촉매 표면에의 퇴적물의 형성은 반응 종에 물리적 장애를 가져온다. 이 퇴적물은 대부분 불용성(액상반응에서)이거나 비휘발성(기상반응에서) 부산물이다. 예로서는 탄화수소반응에서의 촉매 표면에 탄소 퇴적물의 형성(*코크스*로 알려진)이 있다. 이러한 코크스의 형성은 때때로 공급물 조성의 적절한 조절로 억제될 수 있다. 코크스 형성이 일어나는 경우 촉매는 온도를 높여서 탄소 퇴적물을 공기 산화시킴으로써 재생될 수 있다.

c) *소결* 고체 촉매를 사용하는 고온 기상반응에서의 지지물이나 활성 물질의 *소결*이 일어날 수 있다. 소결은 물질의 융점 아래에서 일어나며 촉매 유효 표면적의 감소를 일으키는 분자 재배열이다. 이 문제는 빈약한 열전달이나 반응물 유효 혼합이 촉매층에서 국소 고온점을 가져올 때 더욱 가속화된다. 소결은 촉매 융점의 반 정도에서부터 일어날 수 있다.

d) *피독* *피독*은 촉매와 화학적으로 반응하거나 강한 화학적 결합을 형성하는 물질이다. 이러한 반응은 촉매 성능과 활성을 저하시킨다. 보통 피독은 원재료 중의 불순물이거나 부식의 산물이다.

e) *화학적 변화* 이론적으로 촉매는 화학적 변화를 해서는 안 된다. 그러나 어떤 촉매는 화학적으로 천천히 변하며 결과적으로 활성의 감소를 가져온다.

촉매가 손실되거나 성능이 저하되는 속도는 설계에 중요한 영향을 미친다. 성능 저하가 빠르다면 촉매는 연속적으로 재생되거나 대체될 필요가 있다. 비용 문제에 더하여, 손실 혹은 활성이 떨어진 촉매는 폐기물을 뜻하기 때문에 비용뿐만 아니라 환경적인 의미도 가지게 된다. 성능이 떨어진 촉매로부터 유용한 물질을 회수하거나 새로운 촉매의 재료로 재순환시키는 것은 종종 가능한 반면 물질의 회수가 완전할 수는 없기 때문에, 이것은 여전히 어쩔 수 없이 폐기물을 생산하게 된다.

4.3 기-액 및 액-액 반응기

반응물이 기-액 또는 액-액 혼합물로 다른 상으로 공급되는 하나 이상의 반응물을 포함하는 많은 반응이 있다. 도입 원료가 입구 조건에서 본질적으로 다른 상에 있기 때문에 이것은 필연적으로 해결책을 찾아야 한다. 도입 원료는 대안적으로, 두 가지 상들 중 하나로부터 원하지 않는 성분을 제거하거나 선택도를 향상시키기 위해 2상 거동을 생성하도록 하는 것이 바람직할 수 있다. 즉, 반응이 2상인 경우 상들 사이의 반응물의 대량 전달이 효율적으로 일어나도록 상들을 철저하게 혼합할 필요가 있다. 전체 반응속도는 화학 반응의 저항뿐만 아니라 반응물을 함께 가져 오기 위해 물질전달 저항을 고려해야 한다. 물질전달, 반응 그리고 혼합이 세 가지 조작은 문제에 따라 크게 다른 어려움을 나타낼 수 있다.

1) *기-액 반응기* 기-액 반응기는 매우 일반적이다. 기상 성분은 일반적으로 작은 몰질량을 가질 것이다. 기체와 액체 사이의 계면을 고려하여 액체와 기체의 서로 접하는 계면에 정체된 막의 흐름 패턴을 갖는 것으로 가정하자. 접하는 계면의 도면은 그림 4.3에 나타내었다.

기체 및 액체의 벌크는 균일한 농도를 갖는 것으로 가정된다. 여기서 반응물 A는 반응을 일으키기 위해 기체에서 액체로 이동해야 한다고 가정하자. 기체막과 액체막에는 확산기체 저항이 있다. 저항반응은 없고 저항이동이 모두 발생하는 극단적인 경우를 생각해보라. 물질전달 속도는 계면 면적 및 농도에 의한 구동력에 비례한다. 반응 혼합물의 단위 부피당 기체막을 통한 기체에서 액체로의 성분 i의 이동 속도에 대한 표현은 다음과 같다.

$$N_{G,i} = k_{G,i} A_I (p_{G,i} - p_{I,i}) \tag{4.3}$$

여기서 $N_{G,i}$ = 기체막에서의 성분 i의 이동 속도(kmol·s^{-1}·m^{-3})
$k_{L,i}$ = 기체막의 물질전달 계수(kmol·Pa^{-1}·m^{-2}·s^{-1})
A_I = 단위 부피당 계면 면적(m^2·m^{-3})
$P_{G,i}$ = 벌크 기체상의 성분 i의 분압(Pa)
$P_{I,i}$ = 계면에서의 성분 i의 분압(Pa)

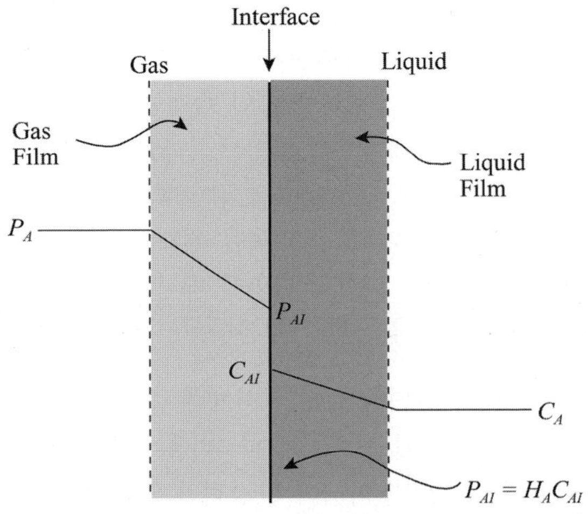

그림 4.3 ▸ 기-액 계면.

반응 혼합물의 단위 부피당 액막을 통한 성분 i의 이동 속도에 대한 표현도 다음과 같이 나타낼 수 있다.

$$N_{L,i} = k_{L,i} A_I (C_{I,i} - C_{L,i}) \tag{4.4}$$

여기서 $N_{L,i}$ = 액체막에서의 성분 i의 이동 속도($kmol \cdot s^{-1} \cdot m^{-3}$)

$k_{L,i}$ = 액체막의 물질전달 계수($m \cdot s^{-1}$)

A_I = 단위 부피당 계면 면적($m^2 \cdot m^{-3}$)

$C_{I,i}$ = 계면에서 성분 i의 농도($kmol \cdot m^{-3}$)

$C_{L,i}$ = 벌크 액상에서 성분 i의 농도($kmol \cdot m^{-3}$)

계면에서의 평형 조건이 Henry 법칙에 의해 설명된다고 가정한다면,

$$\begin{aligned} p_{I,i} &= H_i x_{I,i} \\ &= \frac{H_i}{\rho_L} C_{I,i} \end{aligned} \tag{4.5}$$

여기서 H_i = 성분 i에 대한 Henry 상수(Pa)

$x_{I,i}$ = 계면에서의 액체 중의 성분 i의 몰분율(–)

$C_{I,i}$ = 계면에서의 액체 중의 성분 i의 농도($kmol \cdot m^{-3}$)

ρ_L = 액상의 몰농도($kmol \cdot m^{-3}$)

Henry 상수는 기체마다 다르며 실험적으로 결정되어야 한다. 정상 상태가 가정되면($N_{G,i} = N_{L,i} = N_i$) 식 (4.3), (4.4), (4.5)를 결합하여,

$$N_i = \frac{1}{\left[\dfrac{1}{k_{G,i}A_I} + \dfrac{1}{k_{L,i}A_I}\dfrac{H_i}{\rho_L}\right]}\left(p_{G,i} - \frac{H_i}{\rho_L}C_{L,i}\right) \tag{4.6}$$

또는

$$N_i = K_{GL,i}A_I\left(p_{G,i} - \frac{H_i}{\rho_L}C_{L,i}\right) \tag{4.7}$$

여기서

$$\frac{1}{K_{GL,i}A_I} = \frac{1}{k_{G,i}A_I} + \frac{1}{k_{L,i}A_I}\frac{H_i}{\rho_L} \tag{4.8}$$

$K_{GL,i}$ = 전체 물질전달 계수($kmol \cdot Pa^{-1} \cdot m^{-2} \cdot s^{-1}$), $k_{G,i}$, $k_{L,i}$, A_I는 물리적 특성 및 접촉 배열의 함수이다. 식 (4.8)의 오른쪽에 있는 첫 번째 항은 기체막 저항이며 두 번째 항은 액체막 저항을 나타낸다. $k_{L,i}$가 $k_{L,i}/H_i$에 비해 클 경우, 물질 이동은 액체막에 의해 조절되고, 이것은 용해도가 낮은 기체의 경우이다(H_i는 큼). $k_{L,i}/H_i$가 $k_{L,i}$에 비해 클 경우 기체막으로 조절된다. 이것은 매우 용해도가 높은 가스의 경우이다(H_i는 작음).

기체의 용해도는 다양하다. 낮은 용해도를 갖는 기체(예, N_2, O_2)는 Henry 법칙 계수의 값이 크다. 이것은 식 (4.8)의 액체막 저항이 기체막 저항에 비해 크다는 것을 의미한다. 다른 한편으로, 기체가 고체 용해성(예, CO_2, NH_3)이면 Henry 계수는 작다. 이것은 식 (4.8)의 액체막 저항에 비해 기체막 저항이 커진다. 그러므로

- 용해도가 낮은 기체에 대한 액체막 저항 제어
- 용해도가 높은 기체에 대한 기체막 저항 제어

액체에 용해되는 기체의 용량은 기체의 용해도에 의해 결정된다. 액체의 화학종과 반응하면 기체를 용해시키는 액체의 용량이 증가한다.

이제 화학반응의 효과를 고려하자. 반응이 빠르면 그 효과는 액체막 저항을 감소시키는 것이다 그 결과, 전체 물질전달 계수가 효과적으로 증가한다. 액체의 용해 용량 또한 증가한다.

반응이 느리면 전체 물질전달 계수에 약간의 영향이 있다. 물질전달에 대한 동력은 용해 기체가 반응하여 순수한 물리적 흡수와 동등한 정도로 벌크 액체에 축적되지 않기 때문에 물리적 흡수만의 추진력보다 클 것이다.

그림 4.4는 기-액 반응을 수행하는 데 사용할 수 있는 몇 가지 장치를 보여준다. 그림 4.4a의 첫 번째 배열은 기체 흐름과 액체 흐름 모두에서 평류흐름이 유도되는 역류 배열을 보여준다. 충진 물질 또는 단은 기체와 액체 사이의 계면 영역을 생성하는 데 사용될 수 있다. 어떤 경우에는 충진층이 불활성 물질이 아닌 불균일한 고체 촉매일 수 있다.

그림 4.4b는 기체와 액체 모두에서 평류흐름이 유도되는 충진층을 보여 주지만, 두 상 모두 병류로 흐른다. 이것은 일반적으로 그림 4.4a의 역류 배열보다 성능이 떨어진다. 그러나 *세류 반응기* (trickle-bed reactor)로 알려진 병류 배열은 기체의 유동이 액체의 유동보다 훨씬 큰 경우에 필요할 수 있다. 이는 과량의 기체상과 함께 불균질촉매를 포함하는 일부 기-액 반응의 경우일 수 있다. 연속 기상 및 막과 꾸불꾸불한 누로 형태의 액상이 유동 형태를 특징으로 한다. 역류 접촉이 바람직할 수도 있지만, 기체의 큰 흐름은 이것을 극도로 어렵게 만든다.

두 상 모두에서 병류 평류흐름을 제공하는 또 다른 방법은 그림 4.4c와 같이 인라인 고정 혼합기가 포함된 파이프에 두 상을 공급하는 것이다. 고정 혼합기의 다양한 설계가 가능하지만 혼합은 일반적으로 액체 및 기체 흐름이 통과할 때 장치 내의 흐름 방향을 반복적으로 변경함으로써 촉진된다. 이것은 병류 흐름으로 두 상의 평류흐름에 대한 좋은 근사값을 제공한다. 고정 혼합기는 짧은 체류 시간이 필요할 때 특히 적합하다.

그림 4.4d는 스프레이 컬럼을 보여준다. 이것은 액상의 기체상 및 평류흐름에서의 혼합흐름 거동을 근사화한다. 상기 배열은 높은 기체막 물질전달 계수 및 낮은 액체막 물질전달 계수를 가져오는 경향이 있다. 큰 액체막이 제어되는 경향이 있으므로 용해도가 낮은 기체(큰 Henry 계수 값)를 분사할 때 이 배열을 피해야 한다. 스프레이 컬럼은 일반적으로 역류 충진 컬럼보다 구동력이 낮지만, 예를 들어 액체가 고형물을 함유하거나 반응에서 고체가 생성되는 경우에 필요하다. 반응이 충진층을 오염시키는 경향이 있다면, 실용성의 이유로 스프레이 컬럼이 바람직할 수 있다.

그림 4.4e는 기체방울 칼럼이다. 기상의 평류흐름 및 액상의 혼합흐름을 근사하고, 기체막 물질전달 계수가 낮고 액막 물질전달 계수가 커지는 경향이 있다. 기체막이 제어되기 쉽기 때문에, 높은 용해도(작은 Henry 계수 값)로 기체를 반응시킬 때 피해야 한다. 기체방울 칼럼은 역류 충진층보다 성능이 떨어지는 경향이 있지만, 충진층보다 두 가지 장점이 있다. 첫째, 단위 반응기 용적당 액체 보유량은 충진층보다 높으며, 이는 주어진 액체 유량에 대한 느린 반응에 대해 더 큰 체류 시간을 제공한다. 둘째, 액체가 분산된 고체를 함유하면(예, 미생물을 이용한 생화학 반응), 충진층이 급속히 막히게 된다. 단점은 액체가 고점도인 경우 효과적이지 않을 것이라는 점이다.

마지막으로 그림 4.4f는 기체가 액체로 뿌려지면서 퍼지게 되는 교반탱크를 보여준다. 이것은 두

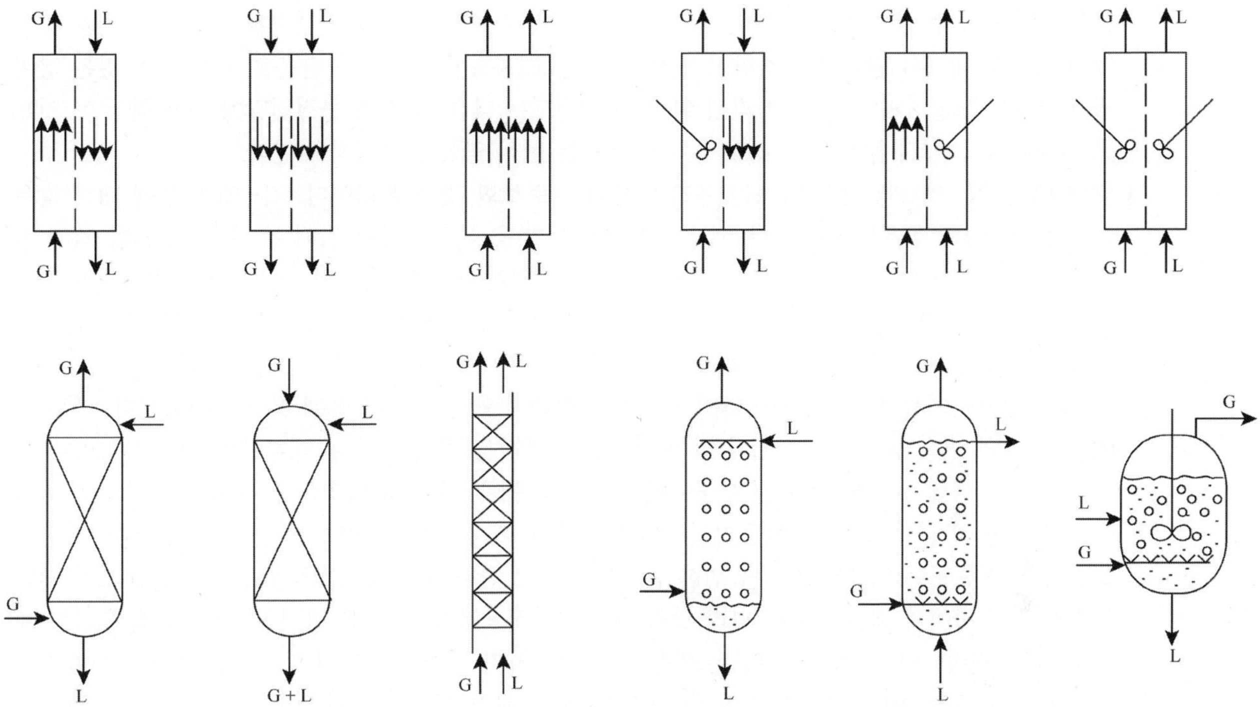

(a) 역류 충진층 혹은 판형 칼럼 (b) 병류 충진층 (c) 인라인 고정 혼합기 (d) 스프레이 칼럼 (e) 기체방울 칼럼 (f) 교반탱크

그림 4.4 ▸ **기–액 반응기에 대한 접촉 패턴.**

상의 혼합흐름 거동을 근사화한다. 구동력은 역류 충진층에 비해 낮다. 그러나 분산 교반 용기를 사용하는 실제적인 이유가 있을 수 있다. 액체가 점성이면(예를 들어 미생물을 사용하는 생화학적 반응), 교반기는 기체가 작은 기포로서 분산되도록 하고, 액체는 기체와 액체 사이의 양호한 접촉을 유지하도록 순환시킨다.

그림 4.4의 접촉 패턴에서 역류 충진층은 가장 큰 물질전달 추진력을 제공하고, 교반탱크는 물질전달 추진력이 가장 낮다.

기–액 반응에 대한 온도의 영향은 균일한 상의 반응보다 더 복잡하다. 온도가 상승함에 따라

- 반응속도가 증가하고,
- 액체 내의 기체가 감소하고,
- 물질전달 속도가 증가하고,
- 액체상의 부분 휘발성이 증가하여 식 (4.6)에서 용해성 기체의 압력이 감소한다.

이러한 효과 중 어떤 것은 반응속도에 좋은 영향을 미치고, 다른 어떤 것은 해로운 영향을 끼칠 것이다. 이러한 효과의 상대적 크기는 문제의 시스템에 따라 달라진다. 부산물을 생산하는 복합 가역 반응이 고려될 경우는 더욱 더 상황이 어려워진다. 온도의 영향에 관한 3장에서 논의된 모든 인자는 기–액 반응에도 적용된다.

이에 덧붙여 물질전달은 선택도에도 영향을 줄 수 있다. 예를 들어, 부 반응이 원하지 않는 부산

물을 생성하고 주 반응에 비해 느린 부 반응이 있는 병렬 반응 시스템을 생각해보자. 용해 기체 종은 액체 경계막 내에서 반응하는 경향이 있으며, 부산물을 생성하는 추가 반응을 위해 의미 있는 양이 벌크 액체에 도달하지 못한다. 따라서 이 경우 선택도는 다른 상 간의 물질전달에 의해 향상 될 것으로 기대된다. 그렇지 않은 다른 경우에는 거의 또는 전혀 영향을 끼치지 못한다.

2) ***액-액 반응기*** 액-액 반응의 예는 유기 액체의 니트로화 및 술폰화이다. 기-액 반응에 대한 많은 논의는 액-액 반응에도 적용된다. 액-액 반응에서 반응을 일으키기 위해 두 개의 비 혼화 액체 사이에서 물질을 이동시켜야 한다. 그러나 그림 4.3과 같은 기체와 액체의 막 저항보다 두 개의 액막 저항이 더 크다. 반응은 하나의 상 또는 두 상 모두에서 동시에 일어날 수 있다. 일반적으로 용해도 관계는 상들 중 하나에서 반응의 범위가 너무 작아서 무시될 수 있는 정도이다.

물질전달(이어서, 반응)이 일어나기 위해서는 한쪽의 액상이 다른 쪽에 분산되어야 한다. 어느 상에 다른 상의 연속 상에 분산되어야 하는지에 대한 결정을 내려야 한다. 대부분의 경우 유량이 적은 액체는 다른 액체에 분산된다. 전체 물질전달 계수는 액체 및 계면 영역의 물리적 특성에 의존한다. 이어서, 액체 방울의 크기 및 반응기에서의 분산상의 부피 분율은 계면 면적에 지배받는다. 분산은 교반기의 작동 또는 액체의 펌핑을 위한 전력을 필요로 한다. 결과 분산의 정도는 투입 전력, 액체와 물리적 특성 사이의 계면 장력에 따라 달라진다. 일반적으로 높은 계면 면적 및 작은 액적을 갖는 것이 바람직하지만, 너무 과도한 분산은 반응 후에 분리하기 어려운 에멀젼의 형성을 유도할 수 있다.

그림 4.5는 액-액 반응기에 사용될 수 있는 장치 배열의 일부를 나타낸다. 그림 4.5a에 표시된 첫 번째 배열은 두 액체가 역류로 흐르는 충진층이다. 이는 기-액 반응에 대한 그림 4.4a와 유사하다. 플레이트(판)는 또한 충진층이 아닌 두 액상 사이의 접촉을 생성하는 데 사용될 수 있다. 이 배열은 두 상 모두에서 평류흐름을 대략적으로 나타낸다.

그림 4.5b는 다단 교반식 접촉기를 보여준다. 많은 다수의 단과 작은 역 혼합은 두 상에서 평류흐름과 유사하게 나타내는 경향이 있다. 그러나 평류흐름에 대한 유사성은 세부적인 설계에 달려 있다.

그림 4.5c는 인라인 고정 혼합기를 보여준다. 분산은 일반적으로 액체가 펌핑될 때 혼합 장치 내에서 국부적으로 유동 방향을 반복적으로 변화시킴으로써 촉진된다. 이는 병류 내의 각 흐름에서 두 상이 평류흐름을 갖게 하는 데 근접한 결과를 제공한다. 기-액 반응기와 마찬가지로 특히 짧은 체류 시간이 필요할 때 고정 혼합기가 적합하다.

그림 4.5d은 가벼운 액체가 분산되는 스프레이 컬럼을 보여준다. 이것은 가벼운 액상의 평류흐름 및 무거운 액상의 혼합흐름 거동을 근사한다. 그림 4.5e는 무거운 액체가 분산되어 있는 스프레이 컬럼을 보여준다. 이것은 무거운 액상의 평류흐름과 가벼운 액상의 혼합흐름 거동을 대략적으로 나타낸다. 스프레이 컬럼은 일반적으로 역류 충전 컬럼, 다단 교반 접촉기 및 인라인 고정 혼합기보다 낮은 구동력을 제공한다.

그림 4.5f는 교반탱크와 혼합기-침하 장치의 침강기를 보여주며, 두 상에서 혼합흐름을 나타낸다. 그림 4.5f는 단일 교반탱크와 침강기를 보여 주었지만 여러 개의 교반기-침강기 조합이 연결될 수도 있다. 이러한 교반기-침강기 장치의 연결에 대해, 두 액상은 여러 장치의 연속 연결을 통해 역류로 흐르게 할 수 있다. 사용되는 단계가 많을수록 계단식 흐름을 역류시키는 경향이 있다. 여러 장치의 연결을 통한 역류 배열보다는 오히려 단계 중 하나가 여러 장치를 연속 연결을 통해 다른 지점에서 점진적으로 추가되고 제거되는 교차 흐름 배열을 사용할 수도 있다. 이러한 흐름 배열은 반응이 화학 평형에 의해 제한되는 경우에 유용할 수 있다. 액체의 제거로 인해 생성된 생성물이 제거되

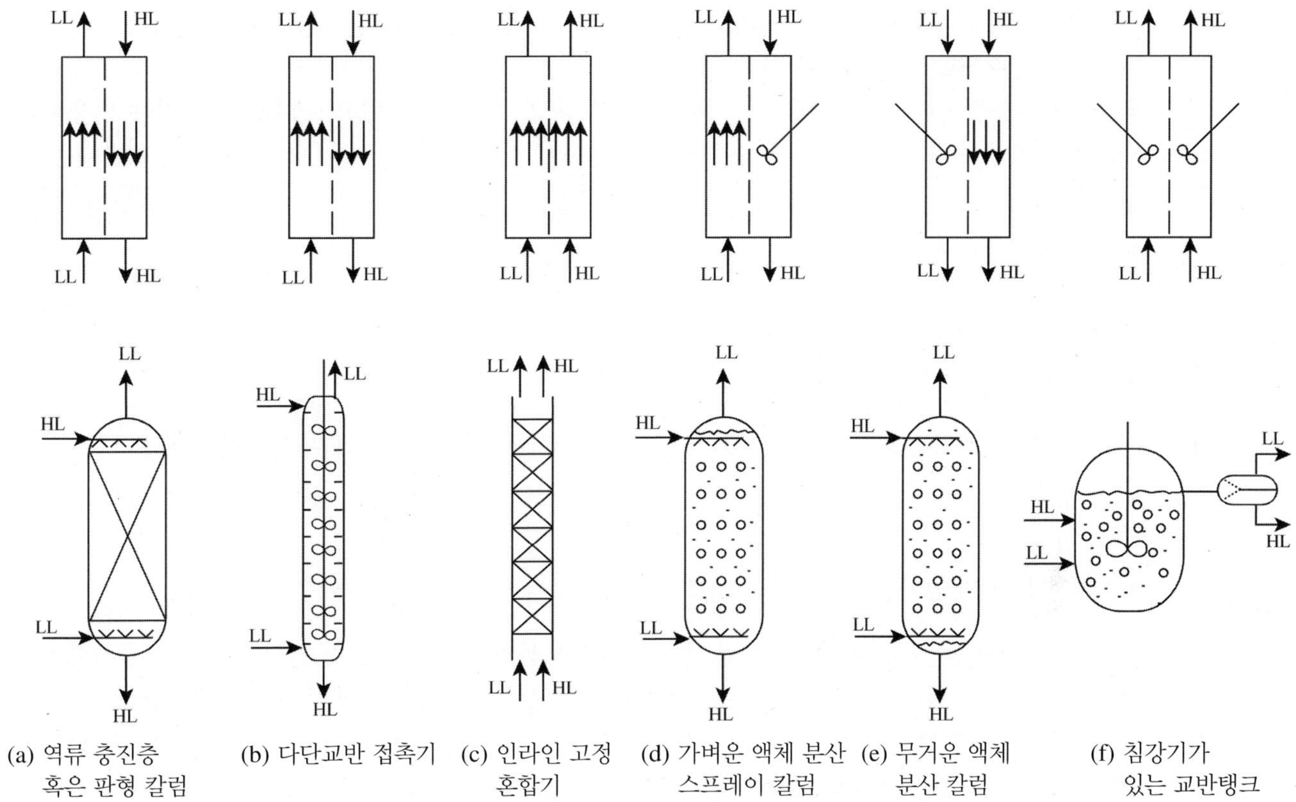

그림 4.5 ▸ 액-액 반응기에 대한 접촉 패턴.

면, 반응은 3장에서 논의한 것처럼 역류 배열보다 더 높은 전환율이 도출될 수 있다.

4.4 반응기의 구성

이상적인 모델과는 대조적으로 실제적 반응기는 온도, 농도, 체류시간 이외의 많은 요인들을 고려해야 한다. 실제적 반응기는 세 가지 이상적 모델에서는 벗어나지만 여러 가지 일반적인 형태로 분류될 수 있다.

1) ***관형 반응기*** 관형 반응기는 관의 실제적 형태에서 유래되었지만 한 방향만으로의 안정된 이동이 있는 어떠한 반응기도 관형 반응기로 분류할 수 있다. 관은 다관형 열교환기에서와 유사하게 병렬로 배열될 수 있다. 이 설계는 외부 가열이나 냉각이 요구될 때 사용한다. 고온 반응에서는 관이 가열로 안에 설치된다.

관형 반응기의 특성이 평류흐름에 가깝기 때문에 직렬 복합 반응이 있는 경우와 같이 체류시간의 주의 깊은 조절이 중요한 경우에 사용된다. 높은 표면적 대 부피비가 가능하므로 열전달 속도가 요구될 때 유리하다. 열전달 배열에 대한 주의 깊은 설계에 의해 등온조건 또는 미리 정해진 온도 추이에 도달하는 것도 가능하다.

또한 이전에 논의된 것처럼 관형 반응기는 더 얇은 용기 벽을 위해 더 작은 직경의 실린더 용기가 사용되는 고압 반응에 대해 유리하다. 관형 반응기는 상 간의 좋은 혼합을 이루기 어렵기 때문에 복합 반응을 수행할 때는 피해야 한다.

2) *교반탱크 반응기* 교반탱크 반응기는 단순히 교반탱크로 구성되어 있고, 액체를 포함하는 반응에 사용된다. 응용 분야로는

- 균질 액상 반응
- 불균질 기상 반응
- 불균질 액-액 반응
- 불균질 고-액 반응
- 불균질 기-고-액 반응

교반탱크 반응기는 회분식, 반회분식, 연속식 모드로 운전될 수 있다. 회분식 운전에서는

- 운전은 다양한 생산 속도 또는 같은 장비에서 유사한 생산물을 다양하게 생산하는 데 더 유연성이 있다.
- 노동비용이 더 높아진다(컴퓨터 제어를 사용함으로써 어느 정도 극복될 수 있지만).

연속운전에서는 자동제어가 보다 용이하다(낮은 노동비용과 높은 운전 일관성). 사실, 유체상의 점도가 그리 높지 않다면 실제로 교반탱크 반응기는 이상적인 교반기 모델에 더 가까이 접근하게 된다. 이러한 반응기는 병렬반응 시스템(그림 2.6 참조)이나 일부의 직렬반응을 통하여 부산물이 형성되는 모든 시스템에 대해서는 피해야 한다.

반응이 고압에서 일어난다면 교반탱크 반응기는 적절하지 않다. 고압 하에서 작은 직경의 실린더는 큰 직경의 실린더보다 더 얇은 벽을 요한다. 고압 하에서는 불균질 반응에서의 혼합 문제와 다른 인자가 장애가 될지라도 관형 반응기가 선호된다. 연속교반탱크 반응기의 단점에 대한 또 다른 중요한 인자는 주어진 전환율에 대해 관형 반응기보다 많은 양의 재고를 요구한다는 것이다. 이것은 만약 반응물이나 생성물이 특별히 위험한 경우 안전상 이유로 바람직하지 않다.

열은 외장 재킷(그림 4.6a), 내장 코일(그림 4.6b) 또는 유량 루프에 의한 별도의 열교환기(그림 4.6c)를 통해 교반흐름 반응기로 더해지거나 제거될 수 있다. 그림 4.6d는 내용물을 기화시키고 이를 응축하여 환류시킴으로써 열을 제거하는 것을 보여준다.

큰 부피의 평류흐름이 요구된다면 관형 장치에서보다 교반탱크에서 훨씬 더 경제적으로 배열될 수 있기 때문에 조작은 교반탱크를 연속적으로 사용함으로써 접근할 수 있다. 이것은 또한 관형 반응기 배열보다 더 우수한 온도 제어를 가져올 수 있게 한다.

3) *고정층 촉매 반응기* 관형 반응기는 촉매반응에도 폭넓게 사용된다. 이때 반응기는 고체 촉매의 입자로 채워진다. 대부분의 설계는 평류흐름으로 근사한다. 그림 4.7은 고정층 반응기에 대한 4가지 가능한 배열을 보여준다.

가장 간단한 고정층 촉매 반응기는 그림 4.7a에서 보인 바와 같이 단열 구조이다. 온도가 급격하게 오르는 발열 반응 혹은 급격히 떨어지는 흡열 반응으로 단열 조작이 받아들여질 수 없다면 그림 4.7b와 같이 차가운 주입 혹은 뜨거운 주입을 사용할 수 있다.

세 번째(그림 4.7c)는 온도 제어를 위해 중간 중간에 냉각 또는 가열을 가진 단열층이 연속되어 있다. 가열이나 냉각은 내부 또는 외부 교환기에 의해 이루어질 수 있다. 그림 4.7b와 같이 관내에 촉매 충전층을 사용하는 원통다관식 열교환기와 비슷한 관형 반응기를 사용할 수 있다. 가열과 냉각

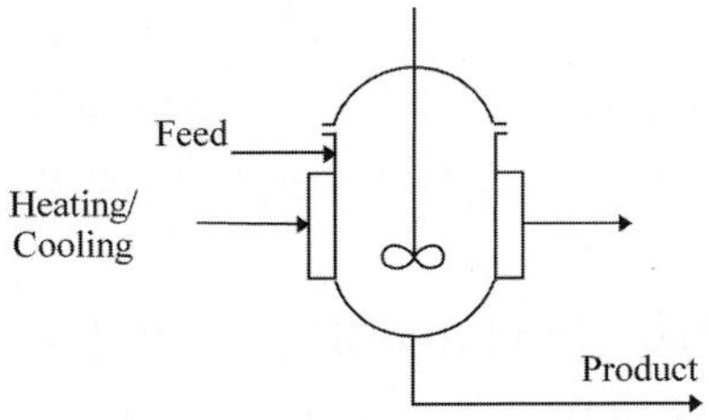

(a) 외장 자켓 교반탱크

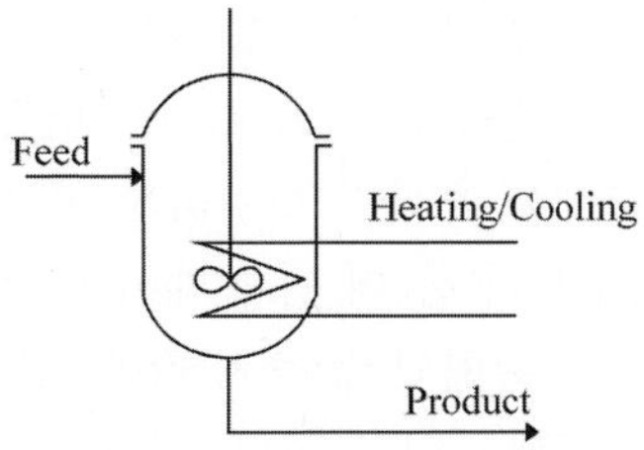

(b) 내부 코일 교반탱크

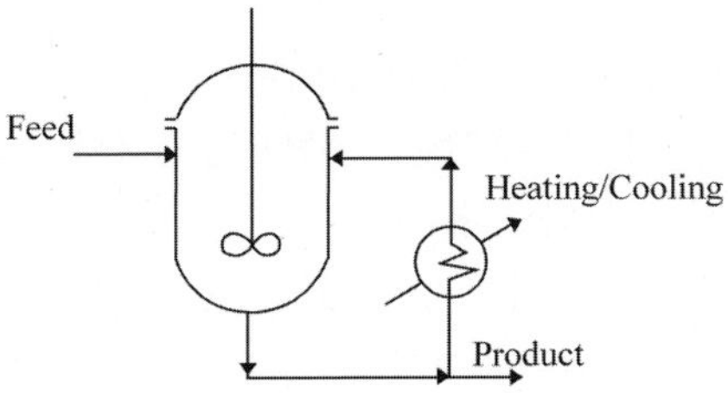

(c) 외부 열교환기 교반탱크

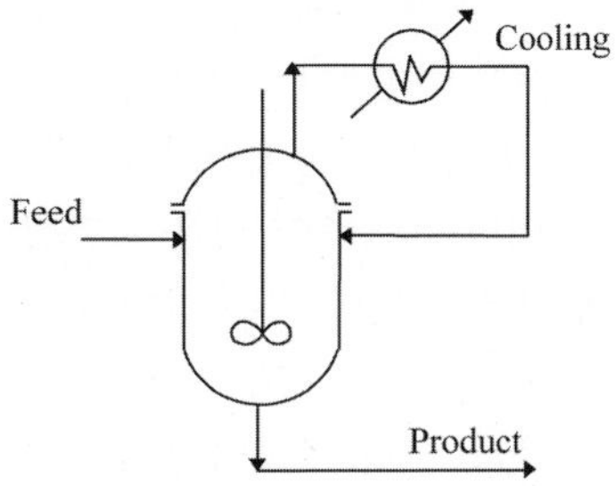

(d) 열 제거 후 재순환 교반탱크

그림 4.6 ▸ **교반탱크의 열전달.**

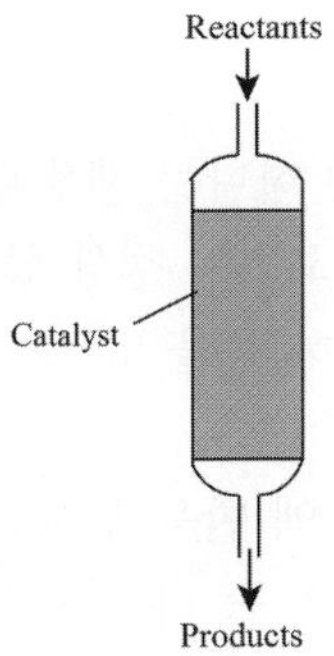

(a) 단열고정층

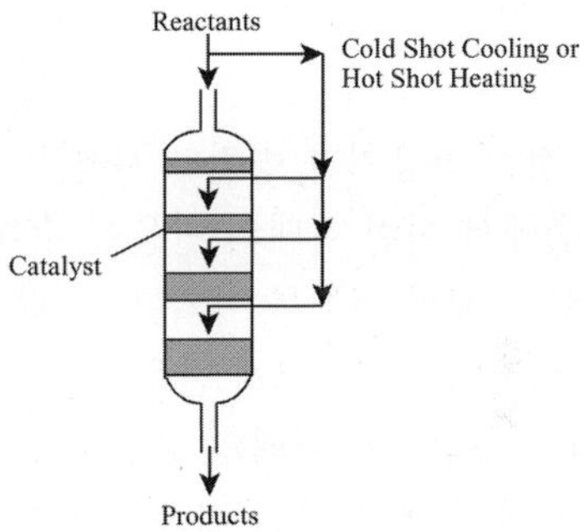

(b) 찬 주입 혹은 뜨거운 주입

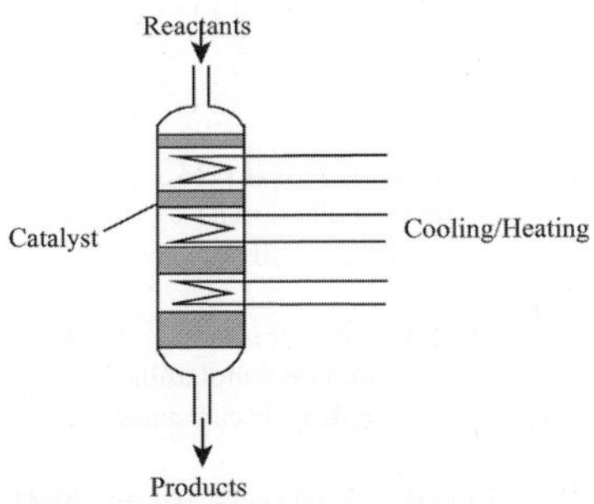

(c) 중간 냉각/가열을 갖는 고정층

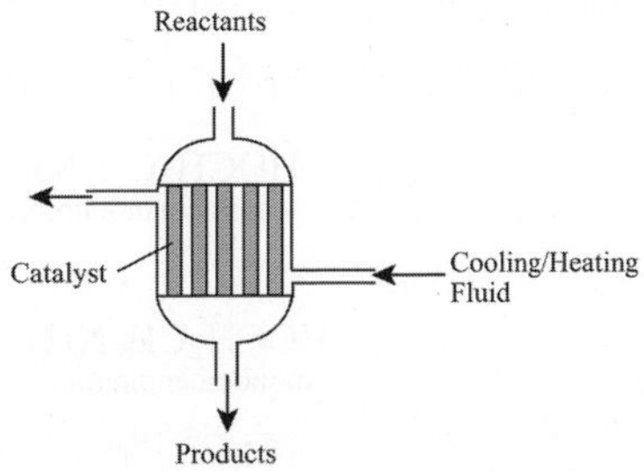

(d) 간접 냉각/가열을 갖는 관형 반응기

그림 4.7 ▸ **고정층 촉매 반응기의 열전달 배열.**

물질은 관의 바깥을 순환하여 흐른다. 다른 많은 배열도 가능하다.

일반적으로 열 부하는 층을 통해 변하기 때문에 고정층에서의 온도 제어는 어렵다. 또한 발열 반응에서 촉매 내의 온도는 국부적으로 과도하게 올라갈 수 있다. 이러한 "국소 과열"은 바람직하지 못한 반응이나 촉매 성능의 저하를 야기한다. 그림 4.7d에서 볼 수 있듯이 관형 장치에서는 관 직경이 더 작을수록 온도 조절이 더 용이하다. 온도 제어 문제는 촉매와 불활성 고체의 혼합물을 사용하여 촉매를 효과적으로 묽게 함으로써 극복될 수 있다. 이 혼합물을 조절함으로써 각각의 층에서의 반응속도가 좀 더 쉽게 제어될 수 있다.

만약 촉매의 성능 저하(예, 코크가 표면에 침착)가 일어나면 고정층 촉매장비는 라인 밖으로 꺼내져서 재생을 해야 한다. 이것은 공장의 가동 정지나 반응기 대기를 유발한다. 만약 대기 반응기를 사용한다면 촉매 재생을 위해 두 반응기가 주기적으로 대체되어 하나가 라인 밖으로 나오는 동안 하나는 계속 라인에서 조업하도록 한다. 몇몇 반응기는 전체 공정이 정상상태와 가깝게 유지되기 위해 이러한 방식을 사용해야 한다. 그러나 촉매 재생이 자주 일어나야 한다면 고정층은 적합하지 않고 이동층이나 유동층이 더욱 적합할 것이다. 기-액 혼합물은 촉매 충전층에서 종종 반응한다. 또 다른 기-액 반응을 위한 접촉 방법이 4.3절에서 논의되었다.

4) ***고정층 비촉매 반응기*** 고정층 비촉매 반응기는 기체와 고체의 반응에서 사용될 수 있다. 예를 들어 황화수소는 산화 철과의 반응에 의해 연료 가스부터 제거될 수 있다.

$$\underset{\text{ferric oxide}}{Fe_2O_3} + \underset{\text{hydrogen sulfide}}{3H_2S} \longrightarrow \underset{\text{ferric sulfide}}{Fe_2S_3} + 3H_2O$$

산화철은 공기를 사용하여 재생된다.

$$2Fe_2S_3 + 3O_2 \longrightarrow 2Fe_2O_3 + 6S$$

두 고정층 반응기가 병렬로 사용될 수 있는데, 하나는 반응을 다른 하나는 재생을 전담한다. 그러나 충전층에서 이런 형태의 반응을 수행하는 데는 많은 단점이 있다. 조업이 정상 상태에서 이루어지지 못하므로 제어 문제를 야기할 수 있다. 결국은 고체를 대체하기 위해 층을 밖으로 꺼내야 한다. 유동층은 비촉매 기체-고체 반응에 선호된다.

기체 흡수장치 형태의 고정층 반응기는 일반적으로 비촉매 기-액 반응에 사용된다. 여기서 충전층은 기체와 액체 간의 접촉을 좋게 해주는데, 평류식과 향류식 조업 둘 다 사용된다. 향류식 조업은 가장 높은 반응속도를 가져다주고, 병류식 조업은 짧은 액체 체류 시간이 요구될 때 선호된다.

예를 들어, 황화수소와 이산화탄소는 다음 반응에 따라 흡수기에서 모노에탄올아민과 반응함으로써 천연 가스로부터 제거될 수 있다.

$$\underset{\text{monoethanolamine}}{HOCH_2CH_2NH_2} + \underset{\text{hydrogen sulfide}}{H_2S} \rightleftharpoons \underset{\text{monoethanolamine hydrogen sulfide}}{HOCH_2CH_2NH_3HS}$$

$$\underset{\text{monoethanolamine}}{HOCH_2CH_2NH_2} + \underset{\text{carbon dioxide}}{CO_2} + H_2O \rightleftharpoons \underset{\text{monoethanolamine hydrogen carbonate}}{HOCH_2CH_2NH_3HCO_3}$$

이러한 반응들은 증류탑에서 역방향으로 진행될 수 있으며, 후처리를 위해 황화수소와 이산화탄소를 방출하고 모노에탄올아민은 재순환된다.

5) ***이동층 촉매 반응기*** 만약 고체 촉매의 성능 저하가 일어난다면 고정층 성능 저하 속도는 받아질 수 없을 만큼 빠를 것이다. 이 경우는 이동층 반응기가 사용될 수 있을 것이다. 이 경우, 촉매는 반응기로 들어오는 도입흐름과 생산물에 의해 움직임을 유지한다. 이는 촉매를 연속적으로 제거하고 재생하여 사용할 수 있다는 것이 된다. 정유의 수첨분해 반응기의 예를 그림 4.8a에 나타내었다.

6) ***유동층 촉매 반응기*** 유동층 반응기에서는 미세한 입자 형태의 고체 물질이 반응 유체의 상방향 흐름에 의해 부유하게 된다. 입자의 빠른 운동은 우수한 열전달과 온도 균일성 효과를 가지므로 고정층에서 일어날 수 있는 국소 과열 형성을 막는다.

유동층 반응기의 성능은 교반형이나 평류형의 이상적 모델에 의해서는 근사되지 못한다. 고체상은 교반형에 가까운 경향이 있으나, 기포는 교반형보다는 못한 성능을 기체상에 가져온다. 전체적으로 유동층 반응기의 성능은 교반형과 평류형 사이 어딘가에 해당한다.

높은 열전달의 장점에 더하여 유동층은 촉매 입자의 재생이 필요한 곳에도 유용하다. 이러한 상황에서는 입자는 층으로부터 연속적으로 제거되어 재생된 후 다시 층으로 순환될 수 있다. 발열 반응에서 촉매의 재순환은 반응기로부터 열을 제거하기 위해 사용될 수 있으며, 흡열 반응에서는 열을 더하기 위해 사용된다.

유동층의 단점 중 하나는 촉매의 마찰이 촉매를 미세화시켜 손실되게 하는 것이다. 촉매 입자의 이월은 열교환기를 오염시키는 경향이 있기 때문에 때때로 찬 유체와 혼합함에 의한 직접적인 열전달을 통해 반응 유출물을 냉각시킬 필요성을 대두하게 한다.

그림 4.8b은 정유촉매 분해장치의 중요한 특징을 보여준다. 이 반응은 촉매 표면에서의 탄소 침착을 수반한다. 유동층 반응기는 촉매가 연속적으로 거두어져서 유동층 재생기로 순환되어 그 곳에서 탄소가 공기에 의해 연소된 후, 재생된 촉매를 다시 분해장치를 통해 보내지도록 되어 있다.

7) ***유동층 비촉매 반응기*** 유동층은 기체–고체 비촉매 반응에 대해서 적합하다. 기체–고체 촉매 반응에서 논의된 모든 장점이 적용된다. 예로서 유동층 반응기에서 다음 반응에 의해 산화 칼슘을 생산하기 위해 석회석이 가열될 수 있다.

$$CaCO_3 \xrightarrow{\text{heat}} CaO + CO_2$$

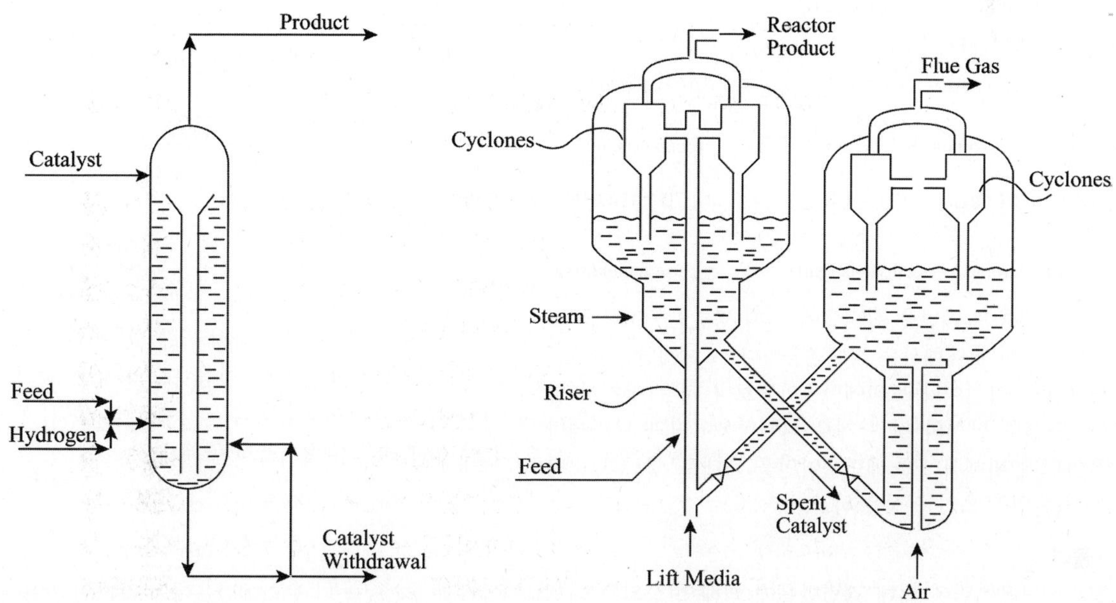

(a) 이동층 수첨분해 반응기 (b) 유동층 촉매 반응기

그림 4.8 ▸ 이동층 혹은 유동층은 촉매를 연속적으로 제거, 재생하도록 허용한다.

고체 입자들은 공기와 연료에 의해 유동화되며, 유동층에 유입된 후 반응에 요구되는 높은 온도를 내기 위해 연소된다.

8) ***킬른*** 자유롭게 움직일 수 있는 고체, 반죽, 슬러리 물질들을 포함하는 반응은 킬른에서 수행될 수 있다. 회전 킬른에서는 천천히 회전하는 원통형 통이 수평에서 작은 각도를 가지고 설치된다. 반응될 물질은 킬른의 꼭대기 부분에 공급 되며 회전에 의해 킬른 내에서 혼합되어 내려온다. 반응기의 작용은 대개 평류흐름에 가깝다. 고온 반응은 내화 처리된 철 통이 사용되며, 통상적으로 직화에 의해 가열된다. 이러한 장치에서 수행되는 반응의 예로는 불화수소의 생산이 있다.

$$\underset{\text{calcium fluoride}}{CaF_2} + \underset{\text{sulfuric acid}}{H_2SO_4} \longrightarrow \underset{\text{hydrogen fluoride}}{2HF} + \underset{\text{calcium sulfate}}{CaSO_4}$$

다른 킬른 설계로는 회전 통보다는 정지 통을 사용하며 반응기를 통하는 고체 재료의 이동은 기계식 갈퀴를 사용하는 것이 있다.

반응기 종류와 조업 조건의 선택에 대한 두 예제를 풀어보자.

예제 4.2

모노에탄올아민이 생성물로서 요구된다. 이것은 에틸렌 산화물과 암모니아 사이의 반응으로부터 생산될 수 있다 (Waddams, 1978).

H_2C-CH_2 + NH_3 $\longrightarrow$ $NH_2CH_2CH_2OH$
 \ /
 O

ethylene oxide ammonia monoethanolamine

디에탄올아민과 트리에탄올아민으로의 두 가지 주요 부반응이 일어난다.

$NH_2CH_2CH_2OH$ + H_2C-CH_2 $\longrightarrow$ $NH(CH_2CH_2OH)_2$
 \ /
 O

monoethanolamine ethylene oxide diethanolamine

$NH(CH_2CH_2OH)_2$ + H_2C-CH_2 $\longrightarrow$ $N(CH_2CH_2OH)_3$
 \ /
 O

diethanolamine ethylene oxide triethanolamine

부 반응은 에탄올 산화물에 대해 병렬반응이나 모노에탄올아민에 대해서는 직렬반응이다. 모노에탄올아민은 디 에탄올아민이나 트리에탄올아민보다 더 값어치가 있다. 공정도 합성의 첫 단계로 디에탄올아민과 트리에탄올아민에 비해서 모노에탄올아민을 최대로 생산하는 반응기를 위한 초기 선정을 하라.

›풀이

모노에탄올아민에 대해 직렬반응에 의해 형성되는 디에탄올아민과 트리에탄올아민의 생산이 최소화되기를 원한다. 연속교반탱크에서는 주 반응에 의하여 형성되는 모노에탄올아민의 일부가 오랜 기간 동안 머물 수 있고, 디에탄올아민과 트리에탄올아민으로 전환될 기회가 증가한다. 반응기 내의 체류시간이 잘 조절된 이상적인 회분식 또는 평류 배열이 선호되며, 반응 시스템을 살펴보면 암모니아 공급물은 주 반응에만 참여하고, 부 반응에는 관여하지 않는다는 것을 알 수 있다. 주 반응에 대한 속도식은

$$r_1 = k_1 C_{EO}^{a_1} C_{NH_3}^{b_1}$$

여기서 r_1 = 주 반응의 반응속도
k_1 = 주 반응의 반응속도 상수
C_{EO} = 반응기 내의 에틸렌 산화물의 몰농도
C_{NH3} = 반응기 내의 암모니아의 몰농도
a_1, b_1 = 주 반응 차수

과잉 암모니아 하의 운전은 $C_{NH_3}^{b_1}$때문에 속도를 증가시키는 효과를 가진다. 그러나 과잉 암모니아 운전은 에틸렌 산화물의 농도를 저하시켜 $C_{EO}^{a_1}$로 인한 속도 감소를 가져온다. 전체적 영향이 반응속도의 소폭 증가인지 감소인지는 a_1와 b_1의 상대적 크기에 달려 있다. 부산물 반응에 대해 속도 방정식을 고려해 보자.

$$r_2 = k_2 C_{MEA}^{a_2} C_{EO}^{b_2}$$

$$r_3 = k_3 C_{DEA}^{a_3} C_{EO}^{b_3}$$

여기서 r_2, r_3 = 디-트리에탄올아민 각각의 반응속도
k_3, k_3 = 디-트리에탄올아민 반응에 대한 각각의 반응속도 상수
C_{MEA} = 모노에탄올아민의 몰농도

C_{DEA} = 디에탄올아민의 몰농도

a_2, b_2 = 디에탄올아민 반응에 대한 반응 차수

a_3, b_3 = 트리에탄올아민 반응에 대한 반응 차수

반응기에서 과잉 암모니아는 모노에탄올아민과 디에탄올아민 및 에틸렌 산화물의 농도를 줄이고 모든 부 반응의 반응속도를 감소시킨다.

따라서 과잉 암모니아는 주 반응에 대해서는 느슨한 영향을 미치나 부 반응속도는 상당히 저하시킨다. 과잉 암모니아의 사용은 암모니아에 대해 낮은 전환율로 반응기를 운전시키는 것으로 해석될 수 있다.

과잉 암모니아 운전은 산업체에서 많이 사용되고 있다(Waddams, 1978). 에틸렌 산화물 대 암모니아 몰비를 10:1로 운전하면 75% 모노에탄올아민, 21% 디에탄올아민, 4% 트리에탄올아민를 생성시킨다. 같은 반응 조건 하에서 1:1 몰비를 사용하면 각각의 몰분율이 12, 23, 65%가 된다.

선택도를 증가시키기 위한 또 다른 가능성은 모노에탄올아민의 중간 분리를 포함하는 다수의 반응기를 사용함으로써 반응기에서 모노에탄올아민을 줄이는 것이다. 표 4.3에 주어진 성분의 끓는점을 고려해보면 증류에 의한 분리가 확실히 가능함을 알 수 있다. 불행히도 반복적 증류조작은 매우 고가이다. 또한 디-트리에탄올아민 값이 모노에탄올아민보다 저렴하기는 해도 디-트리에탄올아민의 시장이 존재한다. 따라서 이 경우 반복적 반응과 분리는 적합하지 않으며 단일 평류 반응기가 선호된다.

반응기 전환율에 대한 초기 추측은 어렵다. 높은 전환율은 모노에탄올아민의 농도를 증가시키고 부 반응의 속도를 증가시킨다. 나중에 알 수 있듯이 낮은 전환율은 반응기 투자비용을 감소시키지만, 생산 공정도 상의 다른 많은 장비 품목의 투자비용을 증가시킨다. 그래서 50%의 초기 전환율 값이 아마도 이 단계에서 내릴 수 있는 가장 좋은 추측이라 할 것이다.

표 4.3 ▸ **성분들의 정상 끓는점**

Component	Normal boiling point (K)
Ammonia	240
Ethylene oxide	284
Monoethanolamine	444
Diethanolamine	542
Triethanolamine	609

예제 4.3

tert-부틸 황화수소는 연속된 반응에서의 중간체로서 요구된다. 이것은 이소 부틸텐과 적당히 농축된 황산 간의 반응에 의해 생산된다.

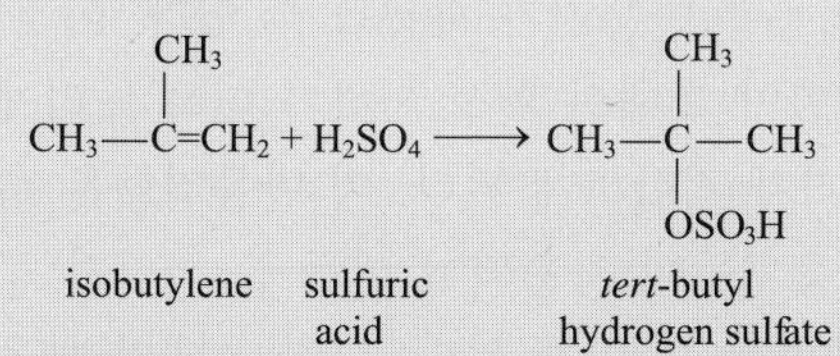

tert-부틸 황화수소가 원하지 않는 *tert*-부틸 알코올로 전환되는 직렬반응이 일어난다.

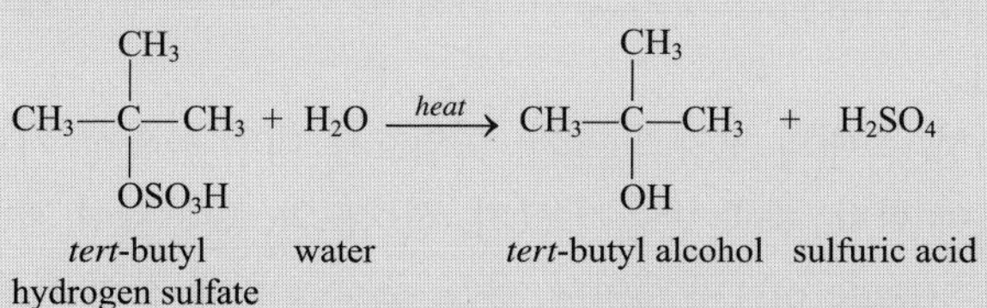

다른 직렬반응은 원하지 않는 고분자를 형성한다. 반응에 대한 추가 정보로는

- 주 반응은 빠르고 발열이다.
- 실험실 연구 결과, 반응기 수율은 황산의 농도가 63%에서 유지될 때 최대가 됨을 보여준다(Morrison and Boyd, 1992).
- 온도는 0°C 주위에서 유지되어야 하며, 그렇지 않으면 부산물이 과잉으로 형성된다(Albright and Goldsby, 1977; Morrison and Boyd, 1992).

반응기의 초기 선택을 하라.

›풀이

피해야 할 부산물 반응은 모두 직렬반응이다. 이것은 혼합흐름 반응기를 사용해서는 안 되고, 회분식이나 평류 반응기를 사용해야 됨을 제시한다.

그러나 실험 데이터는 반응기에서 63%의 황산을 유지하는 것이 바람직한 것으로 나타났다. 주의 깊은 온도 조절 역시 중요하다. 이러한 두 가지 요인은 혼합흐름 반응기가 적당하다고 제안한다. 따라서 절충점이 존재한다.

어떻게 잘 정해진 체류시간을 유지하면서도 황산 농도를 일정하게 유지할 수 있는가?

회분식 반응기를 사용하면 황산의 농도는 반응이 진행될 때 농축된 황산을 더함으로써(즉, 반회분식) 일정하게 유지될 수 있다. 이런 시스템에서는 정밀한 온도 조절이 가능하다. 연속반응기를 선택하면 혼합흐름 반응기를 연속으로 사용함으로써 평류에 접근될 수 있다. 이것은 그림 2.6에서의 병렬 시스템에 대해 제안된 것과 비슷한 방법으로 반응이 진행하면서 농축된 황산이 더하여지도록 한다. 나중에 논의하겠지만 반응기를 연속된 혼합흐름 반응기로 나눈다면 온도 조절을 잘 할 수 있다.

반응기 전환율에 대한 초기 추측을 하는 것은 역시 어렵다. 부산물반응의 직렬적 성질을 감안하면 50%의 값이 아마도 이 단계에서 제안될 수 있는 최선이라 할 것이다.

4.5 비균질 고체 촉매 반응기의 반응기 구성

고체 촉매하의 비균질 반응은 반응기의 중요한 유형이며 특별한 조건을 요구한다. 앞장에서 논의한 바와 같이 이들 반응기는 그 구성법이 다르다.

- 고정층 단열 반응기
- 중간 차가운 주입 혹은 뜨거운 주입이 있는 고정층 단열 반응기
- 간접 가열 혹은 냉각을 갖는 관형 반응기
- 이동층 반응기
- 유동층 반응기

이들 중 고정층 단열 반응기는 투자비 측면에서 가장 저렴하다. 관형 반응기는 고정층 단열 반응기보다 고가이다. 또 이동층과 유동층 반응기는 투자비가 가장 높다. 고체 촉매층이 있는 반응기 구성의 선택은 종종 촉매의 활성 저하에 의해 결정된다.

만약 촉매의 활성 저하가 매우 빨리 일어난다면 이동층 혹은 유동층 반응기가 선택되어 촉매를 연속적으로 버리고 재생시켜 반응기로 넣어야 한다. 그림 4.8b에서 보인 바와 같이 정유 촉매 분해 활성 저하는 수초 내에 일어나 반드시 반응기로부터 빠르게 제거되어 재생되어야 한다. 만약 촉매 활성 저하가 조금 더 천천히 일어난다면 그림 4.8a에 나타나 있듯이 이동층 반응기가 사용될 수 있다. 이것 역시 촉매가 연속적으로 제거되고 재생되어 반응기로 돌아온다. 만약 촉매의 활성 저하가 더욱 느리게 일어나 1년 단위로 일어난다면 고정층 단열 반응기나 관형 반응기가 적합하게 된다. 이 반응기들은 촉매 재생이 별도로 수행된다. 대기 반응기를 포함한 여러 개의 반응기들이 사용되어 이들 중 하나가 공정 흐름 내에서 빠져나와 촉매를 재생하여 반응 자체는 작동을 계속할 수 있게 한다. 그러나 대기 반응기가 포함될 경우 투자비는 눈에 띄게 증가할 것이다.

그래서 설계자는 가능한 한 고정층 단열 반응기를 사용하는 것이 좋다. 반응기 조건과 촉매 설계는 활성 저하를 최소화하는 관점에서 조작되어야 한다.

반응기 도입 온도, 압력, 도입흐름의 반응물 조성, 촉매의 모양과 크기, 도입흐름 내의 불활성 기체의 포함 등, 이 모든 것이 이 목적에 맞게 조작되어야 한다. 종종 반응기 크기, 선택도와 촉매 활성 저하뿐만 아니라 나머지 공정과의 상호 영향들은 상충적(trade off) 관계이다. 온도 조절을 위해 간접 가열, 냉각이 요구된다면 같은 변수가 열전달 특성에 의해 조작되는 관형 반응기를 고려해야 한다. 만약 모든 것이 적절치 않다면 연속적 촉매 재생 방법이 고려될 필요가 있다(수직관형 유동층과 이동층 반응기).

4.6 반응기의 선정 – 요약

반응기 선택에서의 우선적인 고려는 보통(설비 재료, 안정성을 고려한) 원재료의 효율이다. 원료물질의 비용은 전 공정에서 통상적으로 가장 중요한 비용이다. 또한 원료물질 사용에서의 어떠한 비효율도 환경문제가 되는 폐기물흐름을 만들기 쉽다. 반응기는 아래의 경우에 원료물질의 사용에 있어서 비효율적이 된다.

- 전환율이 낮거나 미반응 원료물질의 분리 및 재순환이 어려운 경우.
- 원하지 않는 부산물 형성을 통하여 때때로 부산물은 그 자체로 가치가 있다. 때로는 연료로서의 가치를 가진다. 때로는 비싼 폐기물 처리 공정에서의 처리를 요구해야 한다.
- 공급물 중의 불순물은 추가적인 부산물을 형성하는 반응을 일으킬 수 있다. 최선의 방법으로는 반응 전에 공급물을 정화하는 것이다.

설계를 진행하기 위해서는 반응기 전환율에 대한 어떤 추측이 이루어져야 한다. 나중에 논의하겠지만 반응기의 온도 제어는 다음의 방법들로 구현될 수 있다.

- 차가운 주입, 뜨거운 주입
- 간접 열전달
- 열 운반체
- 촉매의 분포

추가적으로, 반응을 빠르게 정지해야 하거나 일반적 열전달 장치의 문제를 피하기 위해서는 반응기를 급랭해야 한다.

활성 저하 속도에 연관하여 반응기 구성의 선택에서는 촉매의 성능 저하가 주된 이슈이다. 느린 촉매 활성 저하는 주기적 조업 정지와 재생 혹은 촉매 교체로 처리할 수 있다. 만약 이것이 받아들여지지 않는다면 조업을 지속하기 위해 대기 반응기가 사용될 수 있다. 만약 활성 저하가 빠르다면 촉매의 연속적 제거-재생을 수행하는 이동층 그리고 유동층 반응기들을 사용하는 것이 유일한 방법이다.

기-액, 액-액 반응기를 사용할 때 반응만큼이나 물질전달도 똑같이 중요한 고려 대상이다.

일반적 설계에서 반응기 구성은 다음과 같이 분류될 수 있다.

- 관형
- 교반조
- 고정층 촉매
- 고정층 비촉매
- 이동층 촉매
- 유동층 촉매
- 유동층 비촉매
- 킬튼

반응기 설계에서의 이러한 결정들은 종종 전체 공정 흐름도에서 가장 중요하다. 반응기 설계는 나머지 공정 흐름도에 강하게 영향을 주고받는다.

4.7 연습 문제

1. 클로로벤젠은 벤젠과 염소의 반응에 의해 제조된다. 여러 가지 2차 반응은 원치 않는 부산물을 생성한다.

$$C_6H_6 + Cl_2 \longrightarrow C_6H_5Cl + HCl$$

$$C_6H_5Cl + Cl_2 \longrightarrow C_6H_4Cl_2 + HCl$$

$$C_6H_5Cl_2 + Cl_2 \longrightarrow C_6H_3Cl_3 + HCl$$

반응기 유형들 중 초기 선택을 하라.

2. 1000 kmol의 A와 2000 kmol의 B는 400 K에서 반응하여 가역 반응에 따라 C와 D를 형성한다.

$$A + B \rightleftharpoons C + D$$

반응은 기상에서 일어난다. 성분 C는 원하는 생성물이고 400 K에서의 평형상수는 $K_a = 1$이다. 이상 기체 거동 가정하여 평형 전환율을 계산하고 C가 반응 혼합물로부터 연속적으로 제거되어 C의 분압이 낮게 유지하도록 하는 반응기를 사용함으로써 얻을 수 있는 이점을 설명하라.

3. 성분 A와 G는 3가지 반응이 동시에 일어난다. D는 원하는 생성물이고, U와 W는 원치 않는 부산물이다.

원하는 생성물: 이 기상 반응은 다음과 같은 반응속도식을 갖는다.

$$A + G \longrightarrow D$$

$$r_D = 0.0156 \exp\left[18,200\left(\frac{1}{300} - \frac{1}{T}\right)\right] C_A C_G$$

첫 번째 원치 않는 부산물:

$$A + G \longrightarrow U$$

$$r_U = 0.0234 \exp\left[17,850\left(\frac{1}{300} - \frac{1}{T}\right)\right] C_A^{1.5} C_G$$

두 번째 원치 않는 부산물 :

$$A + G \longrightarrow W$$

$$r_W = 0.0588 \exp\left[3500\left(\frac{1}{300} - \frac{1}{T}\right)\right] C_A^{0.5} C_G$$

T는 온도(K)이고, C_A와 C_G는 A와 G의 농도이다.

목적은 D의 수율을 최대화하기 위한 조건을 선택하는 것이다.

a) 주어진 반응속도식에 적합한 반응기 유형을 선택하라.

b) 불활성 물질을 도입하는 것이 제안되었다. 반응기 수율에 대한 불활성 물질의 영향은 무엇인가?

c) 고온 또는 저온에서 반응기를 작동시켜 반응기 수율을 향상시킬 수 있는지 평가하라.

d) 고압 또는 저압에서 반응기를 작동시켜 반응기 수율을 향상시킬 수 있는지 평가하라.

4. 순수한 반응물 A는 단열 반응기에서 330 K로 공급되어 유용한 제품 B로 가역적으로 변환된다.

$$A \rightleftharpoons B$$

반응기는 출구 온도에서 반응 혼합물을 평형에서 가져온다. 반응은 발열 반응이며 평형 상수 K_a는 다음과 같이 주어진다.

$$K_a = 120,000 \exp\left[-20.0\left(\frac{T - 298}{T}\right)\right]$$

여기서 T는 K로 나타낸 온도이다. 반응열은 $-60,000\ kJ \cdot kmol^{-1}$. A와 B의 열용량은 $190\ kJ \cdot kmol^{-1} \cdot K^{-1}$.

a) 엔탈피 수지를 사용하여 전환율의 함수로서 반응 혼합물의 온도를 계산하라. 반응기 길이에 따른 온도를 도시하라.

b) 출구 온도와 평형 전환율을 계산하라.

c) 하나의 단열 반응기, 직렬로 연결된 2개의 단열 반응기 또는 직렬로 연결된 3개의 단열 반응기의 부피 V를 각각 구하라. 다음 중 어느 것이 더 나은 전환으로 이어질 것인가?

5. 에틸렌에서 에탄올을 생산하는 정반응에서,

$$\underset{\text{ethylene}}{CH_2 = CH_2} + \underset{\text{water}}{H_2O} \rightleftharpoons \underset{\text{ethanol}}{CH_3 - CH_2 - OH}$$

부 반응이 발생하여 디에틸 에테르가 생성된다.

$$\underset{\text{ethanol}}{2CH_3 - CH_2 - OH} \rightleftharpoons \underset{\text{diethylether}}{CH_3CH_2 - O - CH_2CH_3} + \underset{\text{water}}{H_2O}$$

a) 첫 번째 단계로 반응기의 초기 선택을 수행하라. 반응기는 원하는 제품에 대한 선택도를 어떻게 극대화할 수 있는가?

b) 이 반응기에 적합한 작동 압력은 무엇인가?

c) 반응 원료 중 과량의 물(수증기)이 반응기의 선택도에 어떤 영향을 주는가?

참고 문헌

Albright LF and Goldsby AR (1977) *Industrial and Laboratory Alkylations, ACS Symposium Series No. 55*, ACS, Washington DC.

Butt JB and Petersen EE (1988) Activation, *Deactivation and Poisoning of Catalysts*, Academic Press.

Hougen OA, Watson KM and Ragatz RA (1954) *Chemical Process Principles. Part I: Material and Energy Balances*, 2nd Edition, John Wiley & Sons.

Kohl AL and Riesenfeld FC (1979) *Gas Purification*, Gulf Publishing Company.

Morrison RT and Boyd RN (1992) *Organic Chemistry*, 6th Edition, Prentice- Hall.

Poling BE, Prausnitz JM and O'Connell JP (2001) *The Properties of Gases and Liquids*, 5th Edition, McGraw-Hill.

Rase HF (1990) *Fixed-Bed Reactor Design and Diagnostics – Gas Phase Reactions*, Butterworths.

Supp E (1973) Technology of Lurgi's Low Pressure Methanol Process, *Chem Tech*, **3**: 430.

Waddams AL (1978) *Chemicals from Petroleum*, John Murray.

Wijngaarden RJ, Kronberg A and Westerterp KR (1998) *Industrial Catalysis – Optimizing Catalysts and Processes*, Wiley-VCH.

스미스의 제2판

화학공정설계

Chemical Process

Design and Integration

제 5 장 비균질 혼합물의 분리

Separation of Heterogeneous Mixtures

5.1 균질/비균질 분리

반응기에 대한 초기 사양이 정해지면 다음 단계로서 반응기 유출물의 분리에 대하여 고려해야 한다. 또한 원료를 정화하기 위해 반응기 유입 전에 분리를 수행하는 것도 필요할 수 있다. 반응기 앞이나 혹은 뒤에서 전체 분리 작업은 다수의 중간 분리 작업으로 나뉘어져야 한다. 첫 번째로 생각할 것은 중간 분리 작업을 위한 분리기의 선택이다. 다음으로는 어떻게 이러한 분리 작업이 반응기에 연결되어야 하는지를 생각할 것이다. 이 단계에서는 반응기에서와 같이 분리기의 세세한 크기 등과 같은 상세 설계 결정이 아닌 분리기 종류와 예비 사양 결정에 주안점을 두어야 한다.

만약 분리되어야 할 혼합물이 균질하다면, 분리는 시스템 내에서 다른 상의 첨가 혹은 생성에 의해서만 이루어질 수 있다. 예를 들어 기체 혼합물이 반응기에서 나가고 있다면 다른 상이 부분적인 응축에 의해 생성될 수 있다. 분리가 되면서, 부분 응축으로부터 생긴 증기는 휘발성이 강한 성분이 상대적으로 많아지고 액체는 다소 휘발성이 작은 성분이 많아지면서 분리가 이루어진다. 혹은 다른 상을 생성하기보다는 혼합물로부터 하나 혹은 그 이상 성분을 선택적으로 용해하는 용매가 기체 혼합물에 첨가될 수 있다. 더욱이 분리는 용매의 재순환이 가능한 공정 물질로부터 용매를 분리하기 위해 필요하다. 많은 물리적 특성들이 균질 혼합물을 분리하기 위해 이용될 수 있다(King, 1980; Rousseau, 1987).

만약 비균질 혹은 다상 혼합물이 반응기에서 나간다면 분리는 그 상들 간의 밀도 차이를 이용함에 의해 물리적으로 이루어질 수 있다. 비균질 혼합물에서의 다른 상들의 분리는 이미 존재하는 다상의 이점을 이용하기 위해 균질 분리 전에 이루어져야 한다. 상 간의 분리는 용이하므로 먼저 수행되어야 한다. 수행됨직한 상 분리는 다음과 같다.

- 증기-액체
- 액체-액체(비혼화성)
- 고체-액체
- 고체-증기
- 고체-고체

이러한 상 분리 방법들에 대한 심도 깊은 논의는 이 책의 범위를 벗어나므로 다른 문헌들을 참조하기를 추천한다(Foust *et al.*, 1980; King, 1980; Rousseau, 1987; Walas, 1988; Coulson *et al.*, 1991; Schweitzer, 1997).

비균질 혼합물의 분리를 위한 주요 방법으로는

- 침강 및 퇴적
- 관성 및 원심분리
- 전기 집진
- 여과
- 가스세정(scrubbing)
- 부유
- 건조

5.2 침강 및 침전

침강(settling) 공정에서는 입자들에 작용하는 중력에 의해 유체로부터 입자들이 분리된다. 입자들은 고체 입자 혹은 액적일 수도 있다. 유체는 액체나 기체일 수 있다.

그림 5.1a는 기-액 혼합물을 중력에 의해 분리하기 위해 사용된 "플래시드럼"을 나타낸다. 플래시드럼을 통과하는 증기의 속도는 액체 방울의 침강속도보다 작아야 한다.

입자가 중력 하에서 낙하할 때 그 입자는 항력과 부력에 의한 힘이 중력과 같아질 때까지 가속하게 된다. 만약 입자가 단단한 구체라면 이 종말 속도에서의 힘 수지는(Ludwig, 1977; Coulson *et al.*, 1991; Geankopolis, 1993; Schweitzer, 1997),

$$\underbrace{\rho_P \frac{\pi d^3}{6} g}_{\text{중력}} = \underbrace{\rho_F \frac{\pi d^3}{6} g}_{\text{부력}} + \underbrace{c_D \frac{\pi d^2}{4} \frac{\rho_F v_T^2}{2}}_{\text{항력}} \tag{5.1}$$

여기서 ρ_P = 입자 밀도($kg \cdot m^{-3}$)

ρ_F = 분산유체의 밀도($kg \cdot m^{-3}$)

d = 입자 직경(m)

g = 중력가속도($9.81\ m \cdot s^{-2}$)

C_D = 항력 계수(–)

v_T = 종말 침강속도($m \cdot s^{-1}$)

식 (5.1)을 정리하면,

$$v_T = \sqrt{\left(\frac{4gd}{3c_D}\right)\left(\frac{\rho_P - \rho_F}{\rho_F}\right)} \tag{5.2}$$

더 일반적인 형태로는,

$$v_T = K_T \sqrt{\frac{\rho_P - \rho_F}{\rho_F}} \tag{5.3}$$

여기서 K_T = 종말속도 상수($m \cdot s^{-1}$)

만약 입자가 단단한 구체라면 식 (5.2)와 (5.3)은(Ludwig, 1977; Coulson *et al.*, 1991; Geankopolis, 1993; Schweitzer, 1997),

$$K_T = \left(\frac{4gd}{3c_D}\right)^{1/2} \tag{5.4}$$

그러나 식 (5.3)의 K_T에 대한 보다 일반적인 관계식을 찾을 수 있다. 만약 흐름이 Reynolds 수가 1 (2까지도 큰 오차 없이 적용될 수 있음)보다 작은 Stoke 법칙 영역으로 알려진 층류영역에 속하는 경우에는,

$$c_D = \frac{24}{Re} = \frac{24}{dv_T\,\rho_F/\mu_F} \qquad 0 < Re < 2 \tag{5.5}$$

여기서 Re = Reynolds 수
μ_F = 유체 점도($kg \cdot m^{-1} \cdot s^{-1}$)

식 (5.5)를 식 (5.2)에 대입하면

$$v_T = \frac{gd^2(\rho_P - \rho_F)}{18\mu_F} \qquad 0 < Re < 2 \tag{5.6}$$

식 (5.6)을 적용하기 위해서는 침강조에 난류 구간이 없어야 한다. Reynolds 수가 2보다 큰 영역에서는 식 (5.5)는 항력 계수가 과소 추정되어 침강속도를 과다 추정되게 된다. $Re > 2$에 대해서는 다음의 경험적 관계식이 사용된다(Geankopolis, 1993).

$$c_D = \frac{18.5}{Re^{0.6}} \qquad 2 < Re < 500 \tag{5.7}$$

식 (5.7)을 식 (5.2)에 대입하면,

$$v_T = \left(\frac{gd^{1.6}(\rho_P - \rho_F)}{13.875\,\rho_F^{0.4}\mu_F^{0.6}}\right)^{0.7143} \qquad 2 < Re < 500 \tag{5.8}$$

더 큰 Re에 대해서는(Geankopolis, 1993),

$$c_D = 0.44 \qquad 500 < Re < 200{,}000 \tag{5.9}$$

식 (5.9)를 식 (5.2)에 대입하면,

$$v_T = \sqrt{\frac{gd(\rho_P - \rho_F)}{3.03\,\rho_F}} \qquad 500 < Re < 200{,}000 \tag{5.10}$$

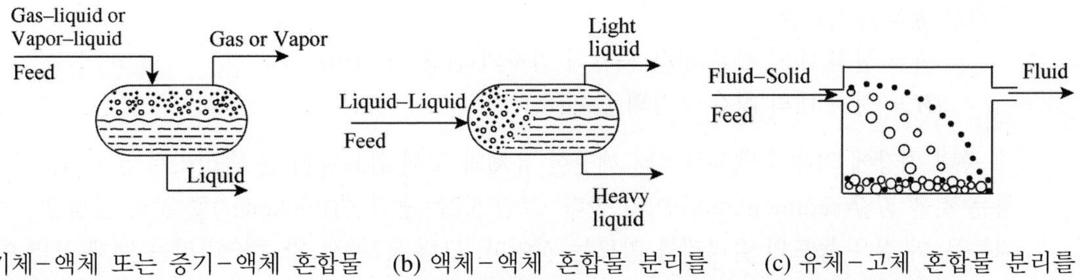

(a) 기체–액체 또는 증기–액체 혼합물 분리를 위한 중력 침강조 (b) 액체–액체 혼합물 분리를 위한 중력 침강조 (c) 유체–고체 혼합물 분리를 위한 중력 침강조

그림 5.1 ▸ 비균질 혼합물의 분리에 사용되는 침강 공정.

그림 5.1a 유형의 침강장치를 설계할 때, 장치 내의 최대 허용속도는 종말 침강속도보다 작아야 한다. 식 (5.6)에서 (5.10)을 적용하려면 입자의 크기를 알아야 한다. 기체–액체 또는 증기–액체 분리의 경우 분리 가용한 입자 크기의 범위가 있는데, 100 μm보다 작은 입자를 위와 같은 단순한 장치로 분리하는 것은 실제적이지 않다. 따라서 그림 5.1a 유형의 단순한 장치는 100 μm 정도의 입자들에 대한 종말 침강속도를 기준으로 한다(Woods, 1995; Schweitzer, 1997).

메시 패드(mesh pad)를 탈속(disengagement) 구간에 설치하여 작은 입자를 큰 입자로 뭉치게 함으로써 기체–액체 (또는 증기–액체) 혼합물 분리 성능을 높일 수 있다. 이런 경우 식 (5.3)의 K_T는 대개 0.11 $m \cdot s^{-1}$ (진공 시스템의 경우는 0.06 $m \cdot s^{-1}$)으로 지정된다(Ludwig, 1977).

그림 5.1b는 다른 액체상으로부터 분산된 액체상을 제거하기 위한 단순한 중력 침강조, 즉 *디켄터*(decanter)를 보여준다. 수평속도는 저밀도 액적들이 용기의 바닥으로부터 표면으로 올라오게 하고, 고밀도 액적들이 표면에서 침전(sedimentation)되고 유착될 수 있을 정도로 충분히 낮아야 한다. 디켄터는 연속상의 속도가 분산상 방울들의 종말 침강속도보다 작도록 설계되어야 한다. 연속상의 속도는 분리 경계면 면적으로부터 추정될 수 있다(Ludwig, 1977; Woods, 1995; Schweitzer, 1997).

$$v_{CP} = \frac{F_{CP}}{A_I} \tag{5.11}$$

여기서 v_{CP} = 연속상의 속도($m \cdot s^{-1}$)

F_{CP} = 연속상의 용적흐름양($m^3 \cdot s^{-1}$)

A_I = 디켄터 분리 경계면 면적(m^2)

종말 침강속도는 식 (5.6) 또는 (5.8)로 구한다. 디켄터는 일반적으로 150 μm 정도의 방울 크기에 대하여 사용되지만(Woods, 1995; Schweitzer, 1997), 100 μm 정도 크기의 방울까지도 설계될 수 있다. 방울의 유착을 증진시키고 난류를 줄이기 위해서 수평 방해판이 이용될 수 있다. 유착을 도와줄 보다 정교한 방법으로는 용기 내에 그물판의 사용이나 유착 향상을 위한 전기장의 사용 등이 포함된다.

그림 5.1c는 중력 침강조의 개략적인 그림이다. 증기나 액체 그리고 고체 입자를 가지는 혼합물이 큰 방의 끝에서 들어오며 입자들은 바닥으로 침강된다. 그 방의 수직 높이를 입자들의 침강속도로 나눈 값은 공기의 잔류 시간보다 더 작은 시간이 되어야 한다. 기체–고체 입자 분리의 경우 다른 경우에 비하여 고체 입자의 크기를 알 수 있는 경우가 많다. 주어진 크기의 고체 입자에 대한 그림 5.1c의 침강조에서의 포집 효율은(Dullien, 1989),

$$\eta = \frac{h}{H} \tag{5.12}$$

여기서 η = 수집효율(–)

h = 장치 내의 체류 시간 동안의 입자의 침강 거리(m)

H = 장치 내의 침강 구간의 높이(m)

중력 침강에 의해서 액체로부터 깨끗한 유체와 고체 함유량이 큰 슬러리로 부유 입자상 물질을 분리하는 것을 *침강*(sedimentation)이라 한다. 그림 5.2는 *농축기*(thickener)로 알려진 침강장치로서 주요한 기능은 더 짙은 농도의 슬러리를 만드는 것이다. 그림 5.2에서 원료 슬러리는 액체 표면 아래의 탱크의 중심으로 공급되며 깨끗한 액체는 탱크 꼭대기 가장자리로 넘치게 된다. 천천히 회전하는 갈퀴는 농축된 슬러리나 슬러지를 제거하고 바닥의 중심으로 슬러지를 모아서 내보낸다.

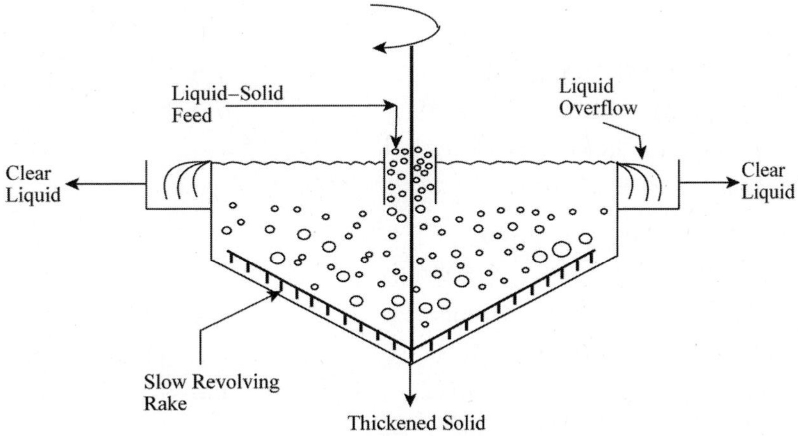

그림 5.2 ▸ **액체–고체 분리를 위한 농축기.**

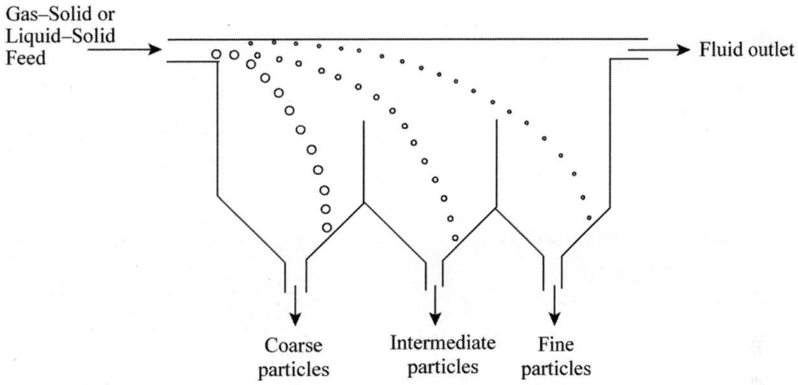

그림 5.3 ▸ **단순한 중력 침강 분류기.**

이런 조작에서는 침강 과정을 돕기 위해 혼합물에 *엉김제*(flocculating)를 첨가한다. 이 보조제는 입자들이 서로 붙지 못하게 하고 분산되어 있게 하는 전하를 중성화하는 효과가 있다. 이 효과는 *응집제*(aggregate)나 *엉김물*(flocs)을 형성하여 침강을 더욱 빠르게 한다. 침전의 주요 기능이 보다 더 고농도의 고체–액체 혼합물을 만들기보다는 액체로부터 고체를 제거하는 것일 때 그 장치를 *정화기*(clarifier)라 한다. 대개의 경우 정화기는 농축기와 설계 면에서 유사하다.

그림 5.3은 단순한 형태의 *분류기*(classifier)를 나타낸다. 이 장치에서 탱크는 여러 개의 부분으로 다시 나누어진다. 증기 혹은 액체에 부유하는 크기 정도의 고체 입자가 탱크로 들어오며 입자가 클수록, 더 빨리 침강되는 입자들은 입구에서 가까운 바닥에 침강하고 더 느린 침강 입자들은 출구에서 가까운 바닥에 침강한다.

이 형태의 분류장치는 다른 고체들의 혼합물에서 고체–고체 분리를 행하기 위해 사용될 수 있다. 입자들의 혼합물은 처음에는 액체에 부유시킨 후 그림 5.3의 분류기와 유사한 장치에서 다른 크기나 밀도의 부분들로 분리된다.

예제 5.1

침강조에서 100 μm 이상 크기의 고체 입자를 분리하고자 한다. 기체 유량은 8.5 $m^3 \cdot s^{-1}$이고 기체 밀도와 점도는 각각 0.94 $kg \cdot m^{-3}$과 2.18×10^{-5} $kg \cdot m^{-1} \cdot s^{-1}$이다. 고체 입자의 밀도는 2780 $kg \cdot m^{-3}$이다.

a) 입자가 구체라 가정하고 침강속도를 구하라.

b) 침강조가 기체흐름에 대하여 직사각형의 단면이고 길이와 폭이 같은 상자 형태라 할 때, 100 μm 이상 크기의 고체 입자를 완전하게 분리하기 위한 침강조의 치수는 얼마인가?

›풀이

a) 침강이 Stoke 법칙 영역에 있다고 초기 가정을 하면,

$$\begin{aligned} v_T &= \frac{gd^2(\rho_P - \rho_F)}{18\mu_F} \\ &= \frac{9.81 \times (100 \times 10^{-6})^2 \times (2780 - 0.94)}{18 \times 2.18 \times 10^{-5}} \\ &= 0.69 \text{ m}\cdot\text{s}^{-1} \end{aligned}$$

Reynolds 수를 확인하면,

$$\begin{aligned} Re &= \frac{dv_T\rho_F}{\mu_F} \\ &= \frac{100 \times 10^{-6} \times 0.69 \times 0.94}{2.18 \times 10^{-5}} \\ &= 3.0 \end{aligned}$$

따라서 Stoke 법칙 영역 밖임을 알 수 있으나 오차는 그리 크지 않을 것으로 예상할 수 있다. 식 (5.8)의 결과와 비교하면,

$$\begin{aligned} v_T &= \left(\frac{gd^{1.6}(\rho_P - \rho_F)}{13.875\,\rho_F^{0.4}\mu_F^{0.6}}\right)^{0.7143} \\ &= \left(\frac{9.81 \times (100 \times 10^{-6})^{1.6} \times (2780 - 0.94)}{13.875 \times 0.94^{0.4} \times (2.18 \times 10^{-5})^{0.6}}\right)^{0.7143} \\ &= 0.61 \text{ m}\cdot\text{s}^{-1} \end{aligned}$$

b) 100% 분리를 위하여,

$$\tau = \frac{H}{v_T}$$

여기서 τ = 침강조에서의 평균 체류시간
H = 침강조 높이

또한,

$$\tau = \frac{V}{F} = \frac{LBH}{F}$$

여기서 V = 침강조 부피
F = 용적 흐름유량
L = 침강조 길이
B = 침강조 폭

$L = B$로 가정하면,

$$\frac{H}{v_T} = \frac{L^2H}{F} \tag{5.13}$$

여기서

$$\begin{aligned} L &= \sqrt{\frac{F}{v_T}} \\ &= \sqrt{\frac{7.5}{0.61}} \\ &= 3.51 \text{ m} \end{aligned}$$

위의 식에서 원칙적으로는 어떠한 높이도 선택할 수 있다. 만약 큰 높이를 선택하면 입자의 침강이 더 늘어나겠지만 체류시간이 길어질 것이다. 작은 높이는 입자의 이동거리가 단축될 것이지만 체류시간도 줄어들 것이다. 투자비용을 낮추려면 작은 높이로 선택해야 하겠지만 침강조에서의 뭉치(bulk) 속도가 너무 커서는 안 된다. 일반적으로 기체의 최대 뭉치 평균속도는 5 $m \cdot s^{-1}$ 이하로 유지되어야 한다(Dullien, 1989). 또한 보수와 접근성을 위해서는 침강조 높이가 최소 1 m가 되어야 한다. 만약 높이를 1 m로 선택할 경우 뭉치 평균속도는 F/LH = 2.1 $m \cdot s^{-1}$가 되어 적절함을 알 수 있다.

예제 5.2

5 $kg \cdot s^{-1}$의 탄화수소와 0.5 $kg \cdot s^{-1}$의 물로 구성된 액체-액체 혼합물을 디켄터(decanter)에서 분리하고자 한다. 물성치는 표 5.1에 주어져 있다.

물이 탄화수소 속에 분산되어 있다고 가정할 수 있다. 길이:직경이 3:1인 수평 드럼이고, 액액 경계면이 드럼의 중심에 있다고 할 때 혼합물 분리를 위한 침강조의 적정 크기를 추정하라.

›풀이

입자 크기가 150 μm이고, Stoke 법칙 영역에 있다고 가정하면,

표 5.1 ▸ 예제 5.2의 물성치 자료.

	Density ($kg \cdot m^{-3}$)	Viscosity ($kg \cdot m^{-1} \cdot s^{-1}$)
Hydrocarbon	730	8.1×10^{-4}
Water	993	8.0×10^{-4}

$$v_T = \frac{9.81 \times (150 \times 10^{-6})^2 \times (993 - 730)}{18 \times 8.1 \times 10^{-4}}$$
$$= 0.0040 \text{ m} \cdot \text{s}^{-1}$$

Reynolds 수를 계산하면,

$$Re = \frac{730 \times 150 \times 10^{-6} \times 0.0040}{8.1 \times 10^{-4}}$$
$$= 0.54$$

식 (5.10)에서,

$$v_{CP} = \frac{F_{CP}}{A_I} = v_T$$
$$0.0040 = \frac{5.0}{730 \times A_I}$$
$$A_I = 1.712 \text{ m}^2$$

또: $A_I = DL$

여기서 D = 디켄터 직경

L = 디켄터 길이

$3D = L$로 가정하면,

$$A_I = \frac{L^2}{3}$$
$$L = \sqrt{3A_I}$$
$$= 2.27 \text{ m}$$
$$D = L/3$$
$$= 0.76 \text{ m}$$

분산상(물)에서 올라가는 연속상(탄화수소) 방울에 대해서,

$$\text{물 상의 속도} = \frac{0.5}{993 \times 1.712}$$
$$= 2.94 \times 10^{-4} \text{ m} \cdot \text{s}^{-1}$$

물 상의 속도에 의하여 올려지는 탄화수소 방울의 직경은,

$$v_T = -2.94 \times 10^{-4} \text{ m} \cdot \text{s}^{-1} \text{(i.e. rising)}$$

$$d = \sqrt{\frac{18 v_T \mu_F}{g(\rho_P - \rho_F)}}$$
$$= \sqrt{\frac{18 \times -2.94 \times 10^{-4} \times 8.0 \times 10^{-4}}{9.81 \times (730 - 993)}}$$
$$= 0.4 \times 10^{-6} \text{ m}$$

따라서 0.4 μm보다 작은 방울들만 분리되어 올라갈 것이다.

5.3 관성 및 원심분리

앞의 공정에서 입자들은 입자에 작용하는 중력에 의해 유체로부터 분리되었다. 중력 분리는 입자나 유체간의 비슷한 밀도나 낮은 침강 속도를 가지는 작은 크기의 입자 혹은 안정한 에멀션의 형성 때문에 너무 느릴 수도 있다.

관성(inertia) 또는 *모멘텀* 분리기는 입자들에 중력에 더하여 하강 모멘텀을 부가해 줌으로써 기체–고체 분리기의 효율을 증진시킨다. 그림 5.4는 세 가지 가능한 관성분리기 형태를 보여주고 있다. 이 밖에 많은 다른 형태의 관성분리기도 가능하다(Svarovsky, 1981; Dullien, 1989). 기체–고체 분리를 위한 관성분리기의 설계는 그림 5.5에 나타낸 것과 같은 입자의 수집 효율 관계 곡선에 기반한다. 이러한 관계 곡선은 실험적으로 구해지며 주어진 크기의 입자가 어느 비율로 모아질 수 있는지를 보여준다. 입자 크기가 줄어들수록 수집 효율도 줄어들게 된다. 표준 설계를 위한 수집 효율 곡선은 (Ludwig, 1977)에서 찾을 수 있으며 보다 정확한 데이터는 장치 제공자에서 제공될 수 있다.

원심분리기는 중심으로부터 일정한 축방향 거리에서 축을 중심으로 회전하는 물체는 힘이 작용하고 있다는 원리를 이용한다. 원심력은 입자에 작용하는 힘을 증가시킨다. 중력 침강기에서 쉽게 침강되지 않는 입자들은 종종 원심력에 의해 유체로부터 분리될 수 있다.

원심장치의 가장 단순한 형태는 원추형 바닥을 가진 수직 실린더로 구성된 사이클론분리기(그림 5.6)이다. 원심력은 유체 운동에 의해 생성된다. 혼합물은 꼭대기 가까이에 있는 접선입구로 들어오며

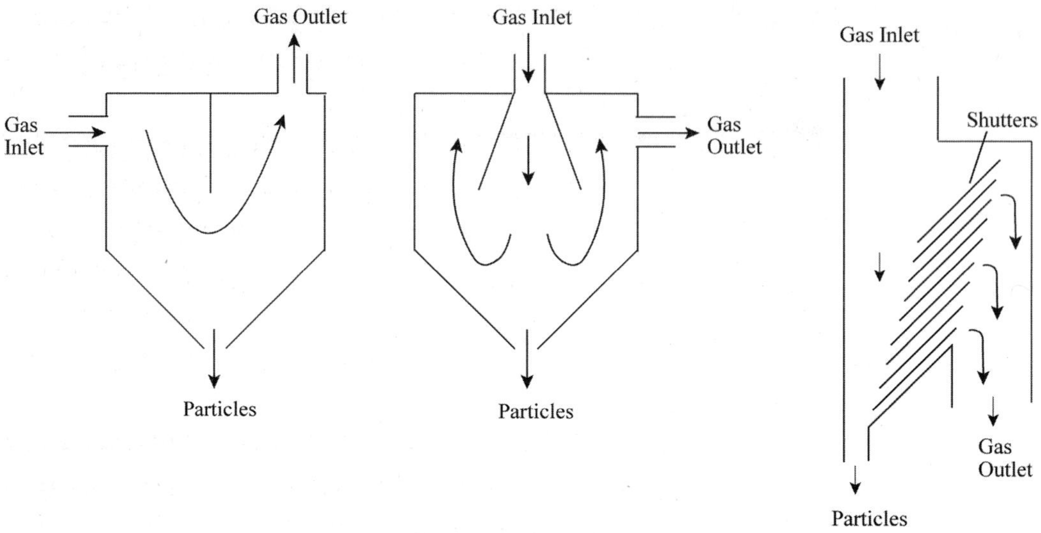

그림 5.4 ▸ 관성분리기는 입자에 하방 모멘텀을 줌으로써 분리 효율을 증가시킨다.

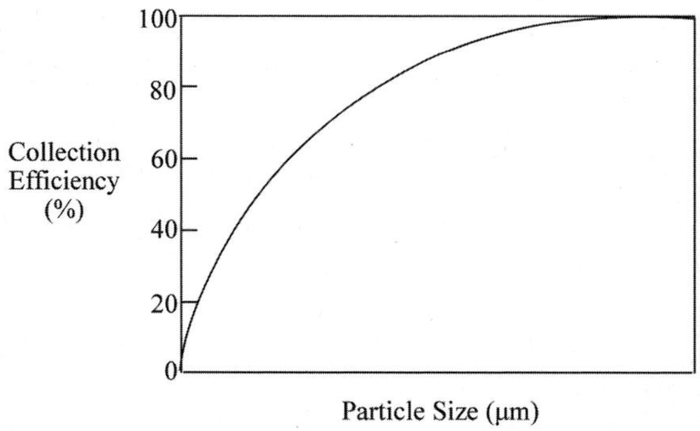

그림 5.5 ▸ 수집 효율 곡선은 수집하고자 하는 크기의 입자의 수집 분율을 보여준다.

생성된 회전 운동은 벽을 향해 방사적으로 입자들을 던지는 원심력을 만들어 준다. 들어오는 유체는 벽에 인접해서 나선형으로 아래로 흐른다. 유체가 원추의 바닥에 도착하면 원추와 실린더의 중심에서 더 작은 나선형으로 위로 회전하며 흐른다. 위아래 회전은 같은 방향이다. 입자들은 벽 쪽으로 던져져 아래로 떨어지고 원추의 바닥으로 나간다.

원심분리기의 설계는 통상적으로 그림 5.5에 나타낸 것과 같은 입자의 수집 효율 관계 곡선에 기반한다. 표준규격의 원심분리기에 대한 수집 효율곡선은 문헌(Svarovsky, 1981; Dullien, 1989)에서 찾을 수 있고 스케일 파라미터를 이용하여 다른 규격의 원심분리기 설계에 활용할 수 있다. 보다 정확한 데이터는 장치 제공자에서 제공될 수 있다. 실제에서는 표준 설계를 사용하며 표준보다 큰 유량을 다루어야 하는 경우에는 복수개의 표준 유닛을 병렬로 설치한다.

같은 원리가 액체로부터 고체를 분리하는 *하이드로 원심분리기*(hydro cyclone)의 경우에도 적용될 수 있다. 비록 원리는 동일하지만 액체로부터 기체 또는 증기를 분리하느냐에 따라 원심분리기의 형상이 달라진다. 하이드로 원심분리기는 물과 기름과 같이 섞이지 않는 액체 혼합물의 분리에도 적용될 수 있다. 물과 기름의 분리에서는 밀도가 큰 물이 원심력에 의해 원심분리기의 벽을 타고 하부로 모이며

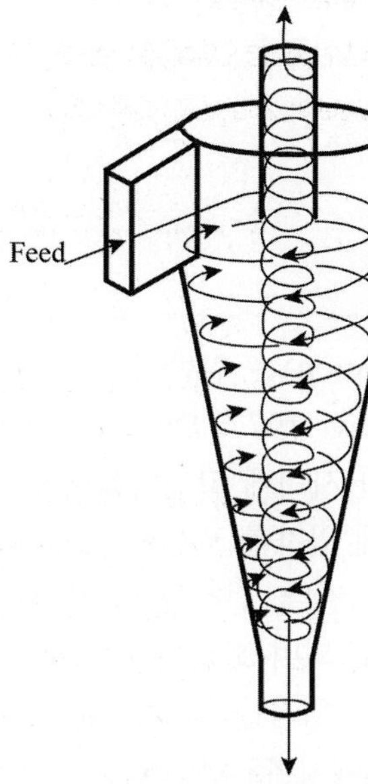

그림 5.6 ▸ 사이클론분리기는 입자운동에 의한 원심력을 생성시킨다.

기름은 상부에서 포집되게 된다. 하이드로 원심분리기의 설계 또한 그림 5.5에 보인 바와 같은 수집 효율 곡선과 표준 설계를 이용하며 큰 유량을 다루기 위해서는 표준 유닛을 병렬로 설치하게 된다.

그림 5.7은 실린더 용기가 원심력을 생성하기 위해 회전되는 *원심기*를 나타낸다. 그림 5.7a는 중심으로 들어오는 고체–액체 혼합물 원료와 함께 회전하는 실린더 용기를 나타낸다. 원료는 즉시 용기 벽을 향해 밖으로 던져진다. 입자들은 바깥쪽으로 수평하게 침강하면서 수직 용기 벽 쪽으로 압력을 준

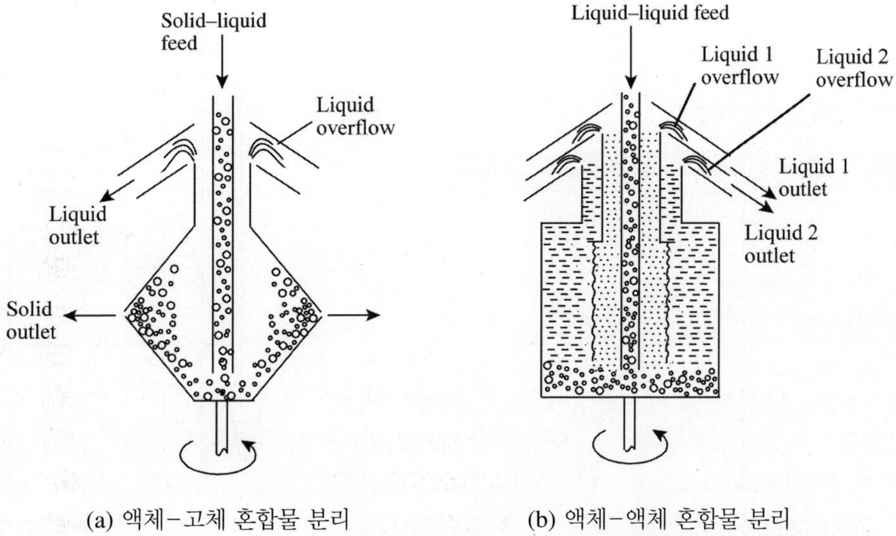

(a) 액체–고체 혼합물 분리　　(b) 액체–액체 혼합물 분리

그림 5.7 ▸ 원심분리기는 원심력을 만들기 위하여 원통형 용기를 회전시킨다.

다. 용기로부터 고체를 제거하는 다른 배열도 가능하다. 그림 5.7b에서는 다른 밀도를 가지는 두 액체가 원심분리기에 의해 분리된다. 원심력은 밀도가 높은 유체에서 더 크기 때문에 밀도가 높을수록 바깥쪽을 차지한다.

5.4 전기집진기

전기집진기(electrostatic precipitation)는 일반적으로 이온화가 쉽게 되는 입자상 물질을 기체흐름으로부터 분리할 때 사용된다(Ludwig, 1977; Dullien, 1989; Schweitzer, 1997). 집진은 그림 5.9에 보인 바와 같이 선 또는 망과 수집판 사이에 고전압을 걸음으로써 전하장을 생성시킴으로써 이루어진다. 음극 주위에 형성된 코로나는 고체 입자를 포함한 기체가 주변을 통과할 때 기체흐름에 존재하는 O_2와 CO_2와 같은 기체 분자를 이온화시킨다. 전하를 띤 분자는 서로 합쳐져서 전하를 띤 입자상 물질이 되어 반대 극성을 가진 포집판에 포집되며 포집판에 기계적 진동을 가함으로써 포집판에서 제거된다. 전기집진은 높은 전기 저항을 가지는 입자를 제거할 때 가장 효과적인 방법이다. 운전 전압은 운전 온도와 설계에 따라 다르지만 대개 25에서 45 kV 또는 그 이상이다. 전기집진기의 적용은 큰 부피의 기체로부터 고체나 액체를 분리하고자 하는 경우로 제한된다. 조기 설계는 그림 5.5에 보인 바와 같은 수집 효율 곡선에 기반한다(Ludwig, 1977).

예제 5.3

건조기 배출 가스를 사이클론을 이용하여 세정하고자 한다. 기체흐름은 60 $m^3 \cdot s^{-1}$, 고체 입자의 밀도는 2700 $kg \cdot m^{-3}$, 농도는 10 $g \cdot m^{-3}$이다. 고체 입자의 크기 분포는 표 5.2에 주어져 있다.

사이클론 설계를 위한 수집 효율 곡선은 그림 5.8과 같다. 고체 입자의 제거 정도와 출구에서의 최종 농도를 구하라.

표 5.2 ▸ 예제 5.3의 입자 크기 분포

Particle size (μm)	Percentage by mass less than
50	90
40	86
30	80
20	70
10	45
5	25
2	10

›풀이

입자를 크기별로 구분하여 정리 한 후 각 크기 구간의 평균 크기 값들을 수집 효율 곡선에 적용한 결과는 표 5.3과 같다.

전체적 수집 효율은 69.5%이고, 출구에서의 고체 농도는 3.05 $g \cdot m^{-3}$이다.

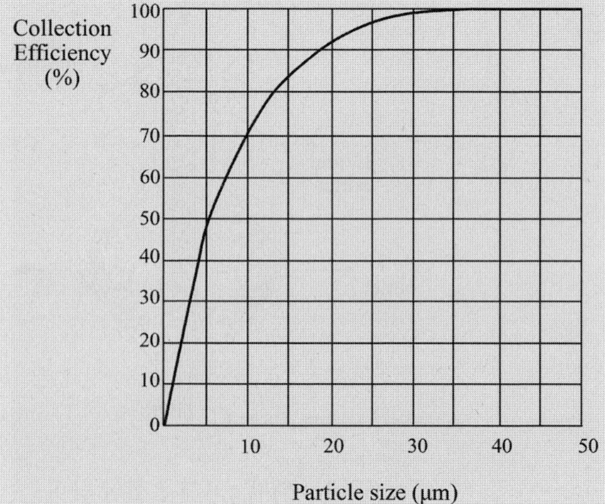

그림 5.8 ▸ 예제 5.3의 사이클론 설계를 위한 수집 효율 곡선.

표 5.3 ▸ 예제 5.3의 수집 효율

Particle size range (μm)	Percent in range (%)	Efficiency at mean size (%)	Overall collection (%)	Outlet	
				Fraction in range	Outlet %
>50	10	100	10	0	0
40–50	4	100	4	0	0
30–40	6	99	5.9	0.1	0.3
20–30	10	96	9.6	0.4	1.3
10–20	25	83	20.8	4.2	13.8
5–10	2	60	12.0	8.0	26.2
2–5	15	41	6.2	8.8	28.9
0–2	10	10	1.0	9.0	29.5
			69.5	30.5	100.0

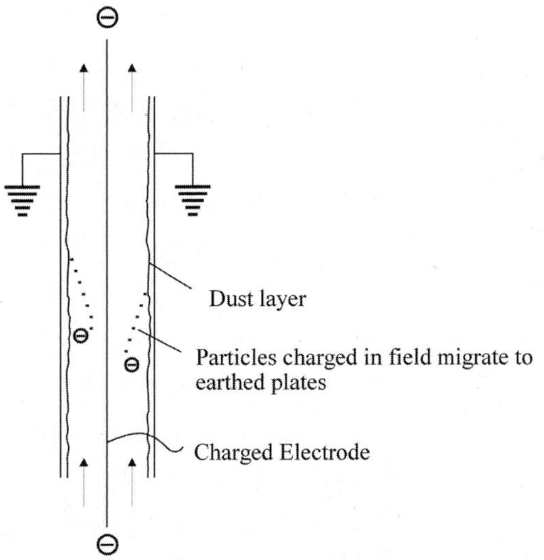

그림 5.9 ▸ **전기집진기.** (Reproduced from Stenhouse JIT, 1981, in Teja (ed) Chemical Engineering and the Environment, with permission from Blackwell Scientific Publications.)

5.5 여과

여과(filtration)에서는, 액체 혹은 기체 속의 부유 고체 입자가, 입자는 잡히고 유체는 통과하는 다공 매체를 통과함에 의해 제거된다. 고체는 *케이크여과*(cake filtration)에 의해 여과 매체의 표면상에 유지될 수 있고 혹은 *깊이여과*(depth filtration)에 의해 여과 매체 내에 잡혀 있을 수도 있다. 여과 매체는 여러 가지 방법으로 배열될 수 있다.

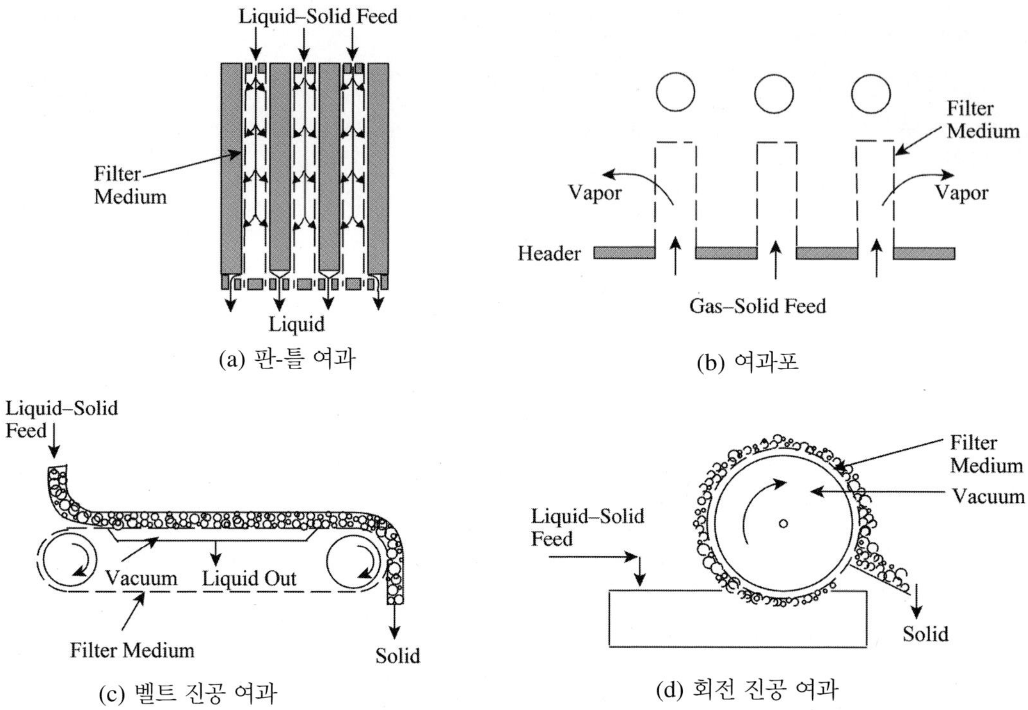

그림 5.10 ▸ 여러 가지 형태의 여과.

그림 5.10은 여과 매체가 천연의 *천*(cloth)이거나, 혹은 인공 섬유, 혹은 금속인 케이크여과의 네 가지 예를 보인다. 그림 5.10a는 밀봉체 안의 판들 사이에 배열된 여과 천을 보인다. 그림 5.10b는 고리로서 배열된 천을 나타낸다. 이 배열은 *여과포*(bag filter)로 알려진 것으로 통상적으로 기체로부터 고체 입자의 분리에 대해 사용된다. 골무 내에 입자가 쌓이게 되므로 장치를 주기적으로 오프라인 상태로 전환하여 흐름이 방향을 역으로 흐르게 함으로써 여과된 입자를 제거한다. 고체상 입자의 기체로부터의 분리에는 일반적 여과 매체를 250°C 부근까지 사용할 수 있다. 보다 고온 운전에는 세라믹이나 금속 여과 매체가 필요하며 250°C에서 1000°C 범위까지 사용할 수 있다. 고온 매체의 세척을 위해서는 장치를 오프라인으로 전환한 후 압력 충격파를 가함으로써 여과된 입자를 회수한다. 그림 5.10c는 액체, 고체 입자, 슬러리의 분리를 위한 회전 벨트를 보여준다. 그림 5.10d는 드럼이 슬러리를 통하여 돌고 있는 회전 드럼을 나타낸다. 두 경우 모두 진공을 걸어줌으로써 여과를 위한 흐름을 유도하게 된다. 액체로부터 고체를 걸러낼 때 만약 여과 케이크의 순도가 중요하지 않다면, 다공성 고체 입자인 *여과보조제*(filter aid)가 여과 공정을 돕기 위해서 혼합물에 첨가될 수 있다. 액체로부터 고체를 걸러 낼 때, 여과에 앞서 혼합물을 농축하기 위해서 농축기가 여과 상부 공정에 종종 사용된다.

천을 사용하는 대신 보조 격자체에 입자화된 고체의 층으로 구성된 입자층(granular) 매체가 사용될 수도 있다. 혼합물의 아래 방향 흐름은 고체 입자들을 매체 속에서 잡을 수 있게 한다. 이러한 *심층여과*(deep-bed filter)는 많은 양의 액체로부터 작은 양의 고체를 제거하기 위해 사용된다. 층 내에서 잡힌 고체 입자를 풀어놓기 위해서, 흐름은 주기적으로 반대 방향으로 바꿔줌으로써 층을 확장시키게 하고 잡힌 입자들을 풀어 놓아준다. 처리량의 3% 정도는 이런 역세척을 위해 필요하다.

낮은 농도의 부유 고체를 액체로부터 분리할 때는 *교차흐름여과*(cross-flow filtration)가 사용될 수 있다. 가장 일반적인 설계는 다공성 관을 사용하는 것이다. 혼탁액이 높은 속도로 관을 통과하며 액체는 다공성 매체를 통과하면서 농축된다. 난류흐름은 여과 케이크의 형성을 막아주고 고체는 더 농축된 슬러리가 되어 제거된다.

5.6 가스세정기

기체−고체 혼합물을 분리하고자 할 때 액체(일반적으로 물)로 씻는 것이 입자의 포집을 더욱 강화시킬 수 있다. 그림 5.11은 가스세정기(scrubbing)에 대한 많은 가능한 설계 중 세 가지 예를 보여준다. 그림 5.11a는 흡수탑과 유사한 충진탑을 보여준다. 이 탑은 여러 경우에 효과적이지만 고체 입자가 뭉쳐서 충진층이 막히는 문제를 가지고 있다. 증류탑이나 흡수탑과 유사하게 타공판 형태의 단을 사용할 수 있으나 충진탑의 경우에서와 같이 막힘 문제가 발생할 수 있다. 이와 대조적으로 그림 5.11b는 상대적으로 파울링에 강건한 스프레이 시스템을 사용한다. 여기서는 원료를 접선 방향으로 유입함으로써 소용돌이를 일으켜 분리 성능을 높인다. 그림 5.11c에 보인 설계는 *벤투리*(venturi)를 사용한다. 액체는 기체의 유속이 가장 높은 벤투리관의 목 부분으로 유입되어 유입된 물의 속도를 기체흐름의 속도만큼으로 가속화시켜 액적을 미세한 스프레이 입자로 깨뜨려 입자들을 잡아채게 한다. 이러한 벤투리형 가스세정기는 매우 높은 포집 효율을 가능하게 하지만 높은 압력 손실이 주요 문제이다. 다른 고체 분리장치에서와 같이 그림 5.5에 보인 것과 같은 수집 효율 곡선 자료를 사용하여 예비 설계를 수행할 수 있다.

5.7 부유

부유(flotation)는 입자의 표면 특성 차이를 이용하는 중력 분리 공정이다. 기체 방울들이 액체로부터

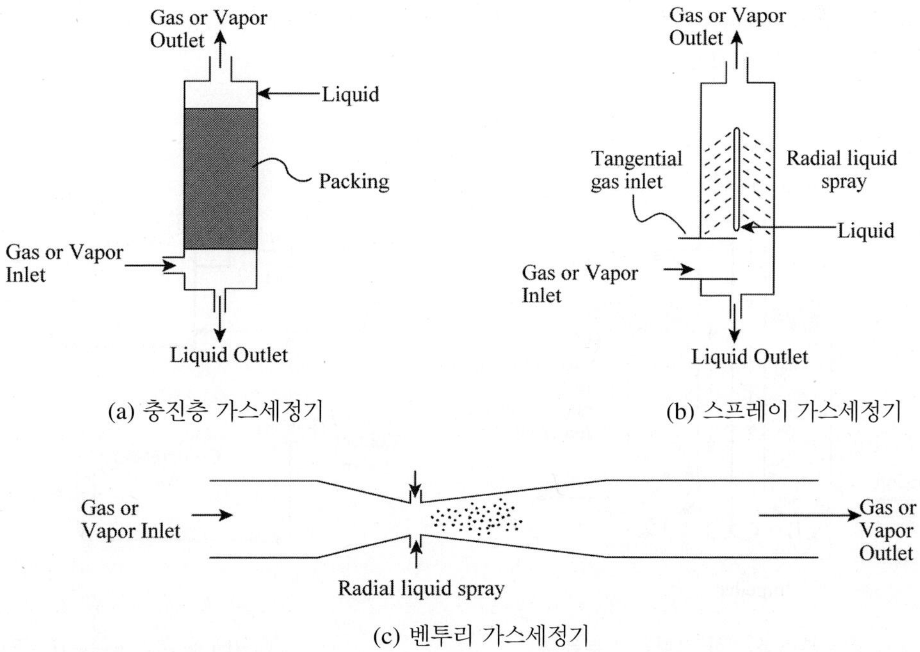

(a) 충진층 가스세정기 (b) 스프레이 가스세정기

(c) 벤투리 가스세정기

그림 5.11 ▸ 기체나 증기 중의 고체를 분리하기 위한 여러 가지 형태의 가스세정기. (Reproduced from Stenhouse JIT, 1981, in Teja (ed.) Chemical Engineering and the Environment, with permission from Blackwell Scientific Publications.)

생성되어 고체 입자나 비혼화성 액적에 부착되어 입자나 방울들이 표면으로 올라오게 한다. 이것은 고체-고체 입자들의 혼합물이나 비혼화성 액적으로 미세하게 나뉜 액체-액체 혼합물을 분리하기 위해 사용된다. 액체로는 물을 일반적으로 사용하며 *소수성*을 가진 고체 입자나 비혼화성 액체(예를 들면 물에 분산된 기름방울)가 기포에 부착되게 된다.

기포는 다음의 세 가지 방법으로 생성된다.

a) 기포가 살포 시스템에 의해 직접적으로 주입되는 분산
b) 가압하의 액상에서 용해된 후 감압하여 부유 셀 내에서 분리
c) 액체의 전기분해

부유는 다른 형태의 광석을 분리하기 위한 광물공정에서 중요한 기술이다. 고체-고체 혼합물을 분리하기 위해 사용될 때 원료는 회수하는 화학성분 입자들을 *자유롭게* 할 만큼 충분히 작은 입자로 갈아지며, 고체 입자들의 혼합물은 물이 보통 사용되는 부유 매개체 내에서 분산된다. 기체 방울들은 고체 입자들에 붙게 되고 액체 표면으로 부유된다. 이후 혼합물은 그림 5.12에 보인 것과 같은 부유셀로 보내어진다. 기체도 셀로 보내져서 기포가 고체 입자에 부착된 후 액상의 표면으로 부유되게 된다. 부유된 고체 입자들은 물넘이 둑이나 기계적 스크래퍼에 의해 표면으로부터 모아진다. 고체 입자들의 분리는 한 종류가 방울에 선택적으로 부착되는 것과 같은 표면 특성 차이에 의해 결정된다. 부유 공정의 다양한 요구를 만족하기 위해서 여러 가지 화학 약품들이 부유 매체에 첨가된다.

a) 분리의 pH를 조절하기 위해 *변형제*(modifier)가 첨가되는데 산, 석회, 수산화나트륨 등이 있다.
b) *포집제*(collector)는 특정 고체의 표면 위에 선택적으로 흡수되기 위해 첨가된 방수제이다. 고체의 표면을 전부 혹은 부분 코팅함으로써 그 고체가 더욱 소수성을 갖게 하고 기체 방울들에 더 잘 부착하게 한다.
c) *활성화제*(activator)는 포집제에 대해 광물질 표면을 "활성화"하기 위해 사용된다.
d) *저하제*(depressant)는 고체의 표면에 선택적으로 부착하여 소수성과 기체 방울에 부착하는 경향을 감소시키기 위해 사용된다.

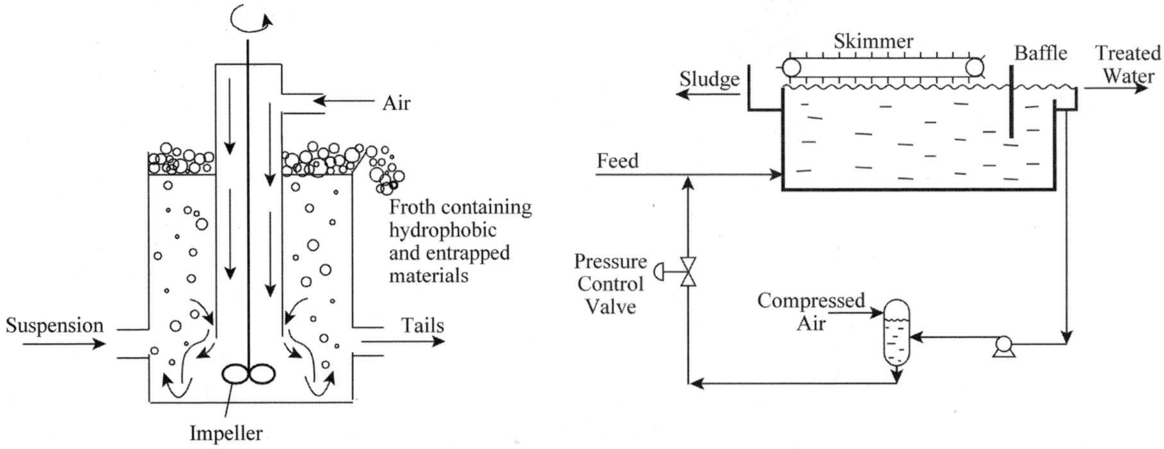

(a) 고체 분리를 위한 전형적인 부유셀 (b) 용존공기 부유(DAF)

그림 5.12 ▸ 부유 배열들.

e) *기포제*(frother)는 안정한 기포를 생성하여 분리를 돕기 위하여 부유 매체에 첨가하는 표면 활성화제이다.

부유는 물로부터의 저밀도 고체 입자의 분리나 기름−물 혼합물로부터 기름방울의 분리와 같은 응용에도 사용된다. 이 응용에서는 기름이 소수성이므로 소수성 입자를 만들기 위한 시약을 첨가 할 필요가 없다. 물로부터 저밀도 고체 입자의 분리나 기름방울의 분리를 위해서는 그림 5.12b에 보인 전형적인 배열과 같은 용해−공기 부유 법이 가장 많이 사용된다. 여기서 장치로부터의 유출물흐름 중 일부는 다시 순환되며 공기는 가압 하에 순환흐름 내에 용해되며 이후 순환흐름의 압력을 감압함으로써 용액으로부터 공기를 미세한 기포 형태로 분리한 후 다시 그 원료흐름과 섞여져서 셀로 유입되게 된다. 저밀도 물질은 공기 기포에 부착되어 표면으로 부유된 후 제거된다.

5.8 건조

건조(drying)는 증류, 증발, 그리고 원심기와 같은 물리적 분리조차도 포함하는, 공정의 전 범위를 통하여 어떤 물질로부터 물을 제거하는 것이다. 여기서는 고체와 액체로부터 기체흐름(보통 공기)으로 열에 의해 습기를 제거하는 것, 즉 *열 건조*(thermal drying)만을 고려한다. 물의 제거를 위한 몇 가지 형태의 장비들이 고체로부터 유기 액체를 제거하기 위해서도 사용될 수 있다.

공정 산업에서 사용되고 있는 네 가지 일반적인 열 건조기들이 그림 5.13에 나타나 있다.

1) *터널 건조기(그림 5.13a)* 단이나 컨베이어 벨트 위의 젖은 물질이 터널을 통하여 지나가면서 뜨거운 공기에 의해 건조가 일어난다. 공기흐름은 향류나 병류 또는 둘의 혼합 형태로 흐를 수 있다. 이 방법은 보통 생산물의 흐름이 자유롭지 못할 때 사용된다.
2) *회전 건조기(그림 5.13b)* 여기서는 수평에서 작은 각으로 비스듬히 설치된 원통이 느린 속도로 회전한다. 젖은 물질이 상단에서 공급되어 중력에 의해 흐른다. 건조는 향류 또는 병류의 공기흐름에 의해서 발생한다. 가열은 건조기 기체에 직접 할 수도 있고 혹은 건조기 원통을 통하여 간접적으로 할 수도 있다. 이 방법은 보통 물질이 자유롭게 흐를 때 이용된다. 회전 건조기는 건조기 내에서의 긴 잔류 시간 때문에 열에 특히 민감한 물질에는 잘 맞지 않는다.
3) *통 건조기(그림 5.13c)* 이것은 가열된 금속 통으로 구성되어 있다. 통이 회전하면서 액체 혹은 슬러리 층이 건조된다. 최종 건조 고체는 얇은 조각 형태로 통에서 떨어져 나간다. 통 건조기는 미세 현탁에서의 슬러리나 고체판을 다루는 데 적당하며 소량에서 중간 정도의 처리량에 한정된다.
4) *분무 건조기(그림 5.13d)* 여기서는 액체 혹은 슬러리 생산물이 짧은 동안 뜨거운 기체에 노출된다. 또한 용액이 뜨거운 기체흐름 속에 미세 입자로 분사된다. 건조기로의 원료는 분무기에서 요구되는 고압을 얻기 위해 펌프에 의해 공급될 수 있어야 한다. 생산물은 가볍고 다공성의 입자이기 쉽다. 분무 건조기의 중요한 장점은 분사로부터의 액체 증발로 인해 뜨거운 기체가 존재함에도 불구하고 생산물 온도를 낮게 유지할 수 있다는 것이다. 따라서 분무 건조기는 열 분해에 민감한 생산물에 특히 적당하다.

건조기의 다른 중요한 부류는 *유동층 건조기*(fluidized-bed dryer)이다. 몇몇 설계에서는 분무와 유동층 건조기를 결합하기도 한다. 건조기의 선택은 보통 물질을 다루는 특성, 생산물 분해, 생산물의 물리적 형태(예를 들면, 만약 다공성 과립상 물질이 필요하다면) 등과 같은 실용성에 기초를 둔다. 또한

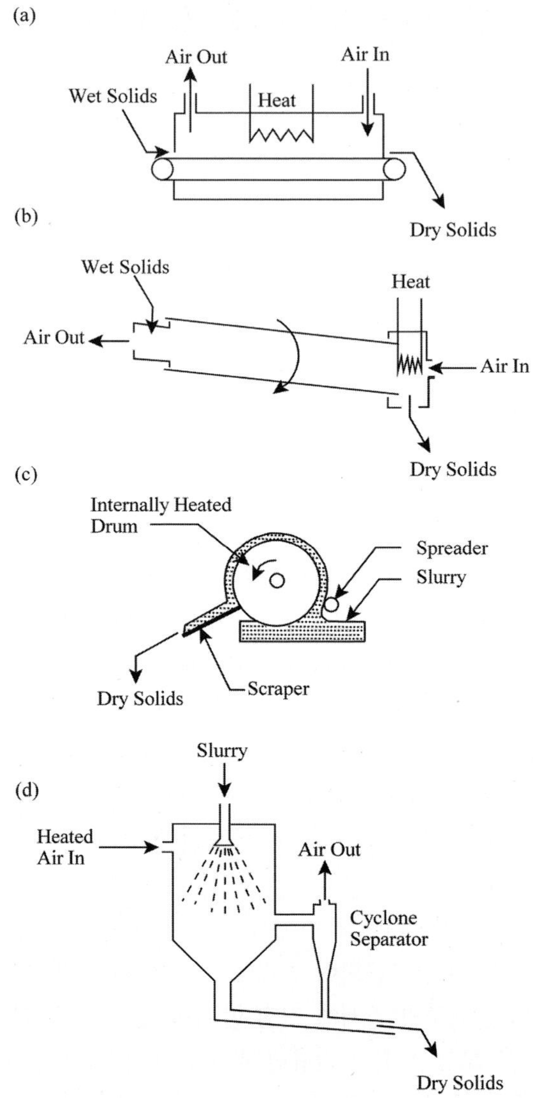

그림 5.13 ▸ **4가지 일반적인 유형의 열 건조기.**

건조기 효율은 다른 건조기 설계의 성능을 비교하기 위해 사용될 수도 있다. 이것은 보통 다음과 같이 정의된다.

$$\text{건조기 효율} = \frac{\text{증발열}}{\text{전체 소비열}} \tag{5.14}$$

만약 전체 소비열이 외부 유틸리티(예, 스팀)로부터라면, 높은 투자비용을 감수하더라도 높은 효율이 바람직하다. 그러나 15장에서 논의되듯이 만약 소비 열이 공정 어딘가로부터 회수된다면, 건조기 효율을 기준으로 한 비교는 의미가 줄어든다.

5.9 비균질 혼합물의 분리 – 요약

비균질 혹은 다상 혼합물에 대해서는, 분리가 보통 상분리에 의해 얻어질 수 있으며 이러한 상분리는 어떠한 균질 분리 이전에 이루어져야 한다. 상분리는 더 쉬운 경향이 있으므로 먼저 행해져야 한다.

비균질 혼합물을 분리하는 가장 단순한 장치는 중력을 이용하는 침강 또는 침전 장치이다. 이 장치 내의 액체흐름의 속도는 분리하고자 하는 입자의 최종 침강 속도보다 작아야 한다. 고농도이 입자들을 침강시킬 때는 주변 입자들에 의한 간섭으로 침강이 방해받게 된다. 다른 액상에서 분산된 액상을 분리하고자 하는 경우에는 디켄터를 사용한다. 디켄터는 연속상의 속도가 분산상 액적의 최종 침강속도보다 작도록 설계된다.

만약 중력으로 분리를 달성하기에 부적절하다면, 관성, 원심력, 정전력을 활용하여 분리 성능을 강화할 수 있다.

여과에서는 기체, 증기, 또는 액체 내의 분산된 고체 입자를 다공성 매체를 통하여 혼합물을 통과시킴으로써, 입자는 남고, 유체만 통과되는 원리로 제거된다. 액체(일반적으로 물)를 사용하는 가스세정기는 기체–고체 혼합물의 분리 시, 입자의 포집성을 강화시킬 수 있다. 부유는 입자간의 표면 성질 차이를 활용하는 중력 분리공정이다. 기포는 액상에서 생성되어 고체 입자나 비혼화성 액적에 부착되어 표면으로 떠오르게 된다.

열 건조는 뜨거운 기체흐름(일반적으로 공기)을 주입하여 고체로부터의 수분을 제거하는 데 사용될 수 있다. 여러 가지 형태의 건조기가 나와 있으며, 그들의 열효율을 기준으로 성능을 비교한다.

기체–고체 혼합물의 분리를 위한 관성분리기, 원심분리기, 전기집진기, 가스세정기 및 몇 가지 형태의 여과기의 예비설계는 실험으로부터 얻어진 수집 효율 곡선을 기반으로 수행될 수 있다.

그러나 이 설계 단계에서는 최적화를 위한 어떠한 시도도 수행하지 않는다.

5.10 연습 문제

1. 1.6 $m^3 \cdot s^{-1}$ 유량의 기체흐름으로부터 75 μm 이하의 입자를 분리하기 위한 중력 침강조를 설계하고자 한다. 입자의 밀도는 2100 $kg \cdot m^{-3}$이다. 기체 밀도와 점도는 각각 1.18 $kg \cdot m^{-3}$과 1.85 $\times 10^{-5}$ $kg \cdot m^{-1} \cdot s^{-1}$이다. 길이가 폭의 2배이고 직사각형 단면을 가지는 침강조의 치수를 설계하라.

2. 원통형 드럼에서 액체–액체 혼합물을 분리할 때 수직보다 수평으로 설치하는 것이 더 유리한 이유를 설명하라.

3. 6 $kg \cdot s^{-1}$의 물과 0.5 $kg \cdot s^{-1}$의 오일을 포함한 액체–액체 혼합물을 디켄터에서 분리하고자 한다. 유체의 물성치는 표 5.4에 주어져 있다.

물이 연속상이고 디켄터가 길이 대 직경이 3:1인 수평형 드럼이고 분리 경계가 드럼의 중심에 있다고 할 때, 150 μm 이하의 물 입자를 분리하는 디켄터의 치수를 설계하라.

4. 연습 문제 3에서는 분리 경계가 드럼의 중심에 있다고 가정하였다. 만약 분리 경계면이 드럼 중심보다 아래에 위치하는 경우 설계에 어떤 변화가 있어야 하는가?

표 5.4 ▸ 연습 문제 5.3의 물성치

	Density ($kg \cdot m^{-3}$)	Viscosity ($kg \cdot m^{-1} \cdot s^{-1}$)
Water	993	0.8×10^{-3}
Oil	890	3.5×10^{-3}

5. 증기와 액체 암모니아 혼합물을 메시 패드가 설치된 원통형 수직 용기에서 분리하고자 한다. 증기의 유량은 0.3 $m^3 \cdot s^{-1}$이다. 액체와 증기의 밀도는 각각 648 $kg \cdot m^{-3}$과 2.71 $kg \cdot m^{-3}$이다. $K_T = 0.11\ m \cdot s^{-1}$라 할 때 분리조의 직경은 얼마인가?

6. 높이 1 m, 폭 1 m, 길이 3 m의 중력 침강조를 이용하여 유량 1.6 $m^3 \cdot s^{-1}$의 기체흐름 속의 고체 입자를 분리하고자 한다. 입자의 밀도는 2100 $kg \cdot m^{-3}$이다 기체 밀도와 점도는 각각 1.18 $kg \cdot m^{-3}$과 1.85×10^{-5} $kg \cdot m^{-1} \cdot s^{-1}$이다. 50 μm 이하의 입자를 침강시키기 위한 대략적 수집 효율 곡선을 작성하라.

7. 표 5.5는 어떤 기체흐름 속에 포함된 고체 입자의 크기 분포를 보여준다.

기체 유량은 10 $m^3 \cdot s^{-1}$이고, 고체 입자의 농도는 12 $g \cdot m^{-3}$이다. 입자를 그림 5.14에 보인 수집 효율 곡선 특성을 가지는 가스세정기에서 분리하고자 한다. 전체 포집 효율과 출구에서의 입자 농도를 구하라.

표 5.5 ▸ 입자 크기 분포

Particle size (μm)	Percentage by mass less than
30	95
20	90
10	70
5	30
2	20

참고 문헌

Coulson JM and Richardson JF with Backhurst JR and Harker JH (1991) *Chemical Engineering*, Vol. **2**, 4th Edition, Butterworth Heinemann.

Dullien FAL (1989) *Introduction to Industrial Gas Cleaning*, Academic Press.

Foust AS, Wenzel LA, ClumpCW,MausLand Anderson-LB(1980) *Principles of Unit Operations*, John Wiley & Sons, Inc., New York.

Geankopolis CJ (1993) *Transport Processes and Unit Operations*, 3rd Edition, Prentice Hall.

King CJ (1980) *Separation Processes*, 2nd Edition, McGraw-Hill, New York.

Ludwig EE (1977) *Applied Process Design for Chemical and Petrochemical Plants*, 2nd Edition, Gulf Publishing Company, Houston.

Rousseau RW (1987) *Handbook of Separation Process Technology*, John Wiley & Sons, Inc., New York.

Schweitzer PA (1997) *Handbook of Separation Process Techniques for Chemical Engineers*, 3rd Edition, McGraw-Hill, New York.

Svarovsky L (1981) *Solid–Gas Separation*, Elsevier Scientific, New York.

Walas SM (1988) *Chemical Process Equipment Selection and Design*, Butterworths.

Woods DR (1995) *Process Design and Engineering Practice*, Prentice Hall, New Jersey.

제 6 장 균질 혼합물의 분리 I – 증류

Separation of Homogeneous Fluid Mixtures I - Distillation

이전 장에서 언급했듯이 균질 혼합물의 분리를 위해서는 분리를 촉진하는 화학종의 추가 또는 새로운 상의 생성이 필요하다. 균질 액체 혼합물을 고려해보자. 만약 이 액체 혼합물이 부분적으로 기화된다면 또 다른 상이 생성되고, 기상에서는 액상에 비해 보다 휘발성이 높은 성분(즉, 저비점 성분들)이 많아질 것이다. 액상은 휘발성이 덜한 성분들(즉, 고비점 성분들)이 많아질 것이다. 만약, 그 시스템이 평형조건에 달하게 된다면, 기상과 액상 사이에서의 성분의 분포는 기체-액체(기-액) 평형 관계에 의해서 결정된다. 원칙적으로 모든 성분은 두 상에 다 나타날 수 있다.

반면에 액체를 부분적으로 기화하는 대신, 기상에서의 균질 혼합물로부터 출발하고, 기체를 부분적으로 응축한다고 하자. 이 경우에도 분리가 일어나게 되는데, 생성된 액상은 휘발성이 덜한 성분을 많이 포함할 것이고, 기상은 휘발성이 덜한 성분이 적게 될 것이다. 다시, 만약 시스템이 평형에 도달하였다면, 기상과 액상 사이에서의 성분 분포는 기-액 평형에 의해 결정된다.

증류는 균질 액체 혼합물의 기화와 응축의 반복으로 이루어진다. 어떤 경우에는 단일 기화 또는 응축으로 효과적인 분리를 달성할 수 있다. 첫 번째로, 기-액 평형을 고려해보자.

6.1 기체–액체 평형

서로 접촉하고 평형 관계에 있는 액체와 기체에 대한 몰분율은 다음과 같이 기-액 평형상수 K 값으로 관계지어진다.

$$K_i = \frac{y_i}{x_i} = \frac{\phi_i^L}{\phi_i^V} \qquad \textbf{(6.1)}$$

여기서 K_i = 성분 i의 K 값

y_i = 성분 i의 기상에서의 물분율

x_i = 성분 i의 액상에서의 물분율

ϕ_i^L = 액상 휘산도(fugacity) 계수

ϕ_i^V = 기상 휘산도 계수

식 (6.1)은 기체와 액체 몰분율간의 관계를 정의하며, 상태방정식에 기반한 기-액 평형 계산에 대한 기본을 제공한다. ϕ_i^L과 ϕ_i^V에 대한 상태방정식으로부터의 열역학 모델이 필요하다. 대안적으로는 액상 활

동도 계수 모델을 기반으로 기-액 평형 계산을 할 수 있다.

$$K_i = \frac{y_i}{x_i} = \frac{\gamma_i P_i^{SAT}}{\phi_i^V P} \quad \textbf{(6.2)}$$

여기서 γ_i = 액상 활동도 계수
P_i^{SAT} = 포화 액체의 증기압

식 (6.2)에서 ϕ_i^V을 위한 상태방정식으로부터의 열역학 모델과 γ_i을 위한 액상 활동도 계수의 열역학 모델이 필요하다. 적절이 낮은 압력에서 기상은 이상기체로 근사화될 수 있어 $\phi_i^V = 1$이 되므로 식 (6.2)는 다음과 같이 단순화된다.

$$K_i = \frac{y_i}{x_i} = \frac{\gamma_i P_i^{SAT}}{P} \quad \textbf{(6.3)}$$

모든 분자는 크기가 같고 모든 분자 간의 힘이 같으면, 액상은 이상용액 거동을 보이며 혼합물의 성질은 그 혼합물을 구성하는 개개의 순수한 성분의 특성에만 의존한다. 이성질체 혼합물 예로 *o*-, *m*-, *p*-자일렌 혼합물, 인접한 분자 성분의 혼합물 예로 *n*핵산–*n*햅탄 혼합물, 또는 벤젠–톨루엔 혼합물 등은 이상용액 거동을 보인다. 이 경우, $\gamma_i = 1$이 되며, 식 (6.3)은 다음과 같이 단순화된다.

$$K_i = \frac{y_i}{x_i} = \frac{P_i^{SAT}}{P} \quad \textbf{(6.4)}$$

이 식이 이상적인 기상과 액상거동을 나타내주는 Raoult 법칙이다.

Antoine 식은 성분의 증기압과 온도간의 관계를 나타내주는 가장 널리 통용되는 식이다.

$$\ln P^{SAT} = A - \frac{B}{C + T} \quad \textbf{(6.5)}$$

여기서 *A*, *B*, *C*는 실험데이터로부터 얻어진 상수이다. Antoine 식을 확장한 여러 가지 관계식도 제안된 바 있다(Poling, Prausnitz and O'Connell, 2001). 데이터가 얻어진 온도 범위를 벗어나서 증기압 관계식을 사용할 때는 심각한 오차가 발생할 수 있기 때문에 상관 계수를 사용해서는 안 된다.

식 (6.3)과 (6.4)를 비교할 때, 액상 비이상성은 활동도 계수에 의해 특성화된다. γ_i가 1인 경우 거동은 이상적이며, γ_i가 1이 아닌 경우는 그 γ_i 값은 비이상성을 특징짓는 데 사용될 수 있다. γ_i가 1보다 큰 것은 Raoult 법칙으로부터의 양의 방향으로의 이탈을 뜻한다. γ_i가 1보다 작은 것은 Raoult 법칙으로부터의 음의 방향으로의 이탈을 나타낸다.

그림 6.1은 이성분 혼합물에 대하여 이러한 다른 부류의 비이상성을 잘 보여준다. 그림 6.1a은 Raoult 법칙 거동을 나타낸다. Raoult 법칙은 어떤 용액에서의 어떤 성분에 의해 발현되는 평형분압이 그 성분의 몰분율의 비례한다는 것을 말해주고 있다. 따라서 그림 6.1a에서 보듯이 성분 *A*의 몰분율이 증가하면 성분 *A*의 분압이 선형적으로 증가하는 반면 동시에 성분 *B*의 분압은 선형적으로 감소한다. 조합된 분압은 혼합물의 증기압이 몰분율에 선형적으로 변동함을 보여준다. Raoult 법칙으로부터의 이탈은 1이 아닌 활동도 계수에 의해 특징지어진다. 활동도 계수가 1보다 클 때는 Raoult 법칙으로부터의 양의 이탈을 가져오고, 시스템에서의 성분 분자는 서로 배척하게 되어, 그 거동이 이상적이었을 때에 비하여 더 높은 분압을 보이게 된다. 그림 6.1b에 이러한 현상을 나타내었다. 활동도 계수가 1보다 작을 경우에는 시스템의 성분 분자가 서로 화학적 상호작용에 의해 끌어당기게 되어 그림 6.1c에서 보듯이 이상적인 경우에 비하여 낮은 분압을 보이게 된다. 이러한 현상은 극성이 매우 다른 성분을 분리할

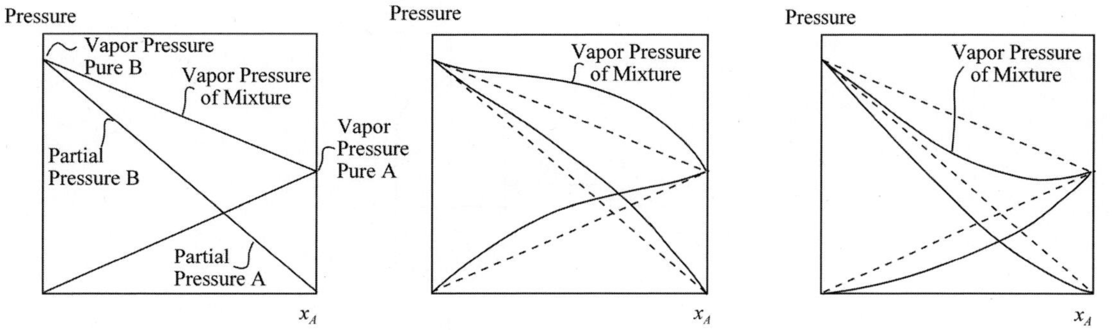

(a) Raoult 법칙을 따르는 이상적 혼합물 (b) 이상조건으로부터의 양의 이탈 (c) 이상조건으로부터의 음의 이탈

그림 6.1 ▸ **Raoult 법칙으로부터의 이탈.**

때 전형적으로 나타난다.

두 성분에 대한 평형 K 값의 비는 그들의 *상대적 휘발도*를 보여준다.

$$\alpha_{ij} = \frac{K_i}{K_j} \tag{6.6}$$

여기서 α_{ij} = 성분 j에 대한 성분 i의 휘발도

이러한 관계식은 기–액 평형 계산을 위한 아래의 두 가지 상대적 접근법의 근간을 이룬다.

a) $K_i = \phi_i^L/\phi_i^V$은 상태방정식에 기반한 계산의 기본이 된다. 액상과 기상에 대한 상태방정식을 사용하면 많은 이점을 가진다. 원칙적으로 임계점에서의 연속성이 모든 열역학 특성들에 대하여 보장될 수 있다. 기본적으로 비응축성 가스의 존재는 추가적인 복잡성을 유발하지 않는다. 그러나 상태방정식의 적용은 비극성 성분에 제한되어 있다.

b) $K_i = \gamma_i P_i^{SAT}/\phi_i^V P$은 액상 활동도 계수 모델에 기반한 계산의 기본이 된다. 극성 분자가 존재할 때, 사용된다. 저압 하에서의 대부분의 시스템에 대하여 ϕ_i^V은 1로 가정될 수 있다. 만약, 시스템이 고압인 경우 ϕ_i^V은 상태방정식으로부터 계산되어야 한다. 그러나 고압 시스템에 대하여 γ_i과 ϕ_i^V에 대한 다른 모델들을 혼합하여 맞출 때, 이러한 조합이 적절한지에 대하여 확인해야 한다.

6.2 기체–액체 평형 계산

그림 6.2에 보인 다성분 원료가 평형 상태의 기상과 액상으로 분리되는 단일 평형단을 고려해보자. 이때 전체 물질수지와 성분 물질수지는,

$$F = V + L \tag{6.7}$$

$$Fz_i = Vy_i + Lx_i \tag{6.8}$$

여기서 F = 원료 유량(kmol·s^{-1})

V = 분리기로부터의 증기흐름 유량(kmol·s^{-1})

L = 분리기로부터의 액체흐름 유량(kmol·s^{-1})

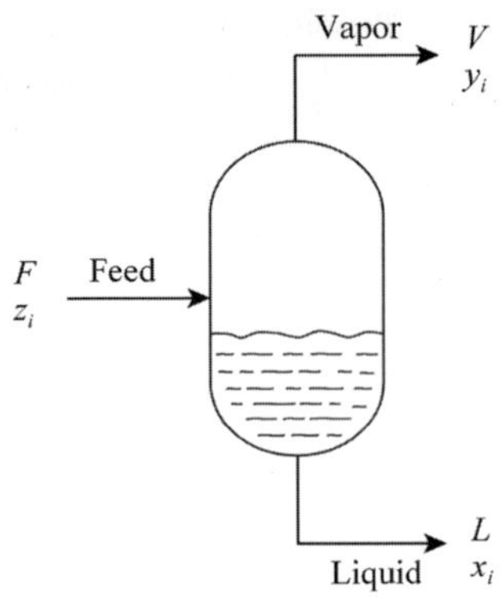

그림 6.2 ▸ 단일단 분리.

z_i = 원료흐름 중 성분 i의 몰분율(–)
y_i = 증기흐름 중 성분 i의 몰분율(–)
x_i = 액체흐름 중 성분 i의 몰분율(–)

식 (6.1)로부터 기–액 평형 관계는 K 값의 항으로 다음과 같이 정의될 수 있다.

$$y_i = K_i x_i \tag{6.9}$$

식 (6.7), (6.8), (6.9)를 풀면 분리기를 떠나는 기상과 액상 흐름에 대한 아래의 관계식을 얻을 수 있다.

$$y_i = \frac{z_i}{\dfrac{V}{F} + \left(1 - \dfrac{V}{F}\right)\dfrac{1}{K_i}} \tag{6.10}$$

$$x_i = \frac{z_i}{(K_i - 1)\dfrac{V}{F} + 1} \tag{6.11}$$

식 (6.10)과 (6.11)에서 기체분율(V/F)은 $0 < V/F < 1$ 범위를 가진다.

주어진 온도와 압력에 대하여 식 (6.10)과 (6.11)은 시행착오법으로 풀어야 한다.

$$\sum_i^{NC} y_i = \sum_i^{NC} x_i = 1 \tag{6.12}$$

여기서 NC는 성분의 수이다. 따라서,

$$\sum_i^{NC} y_i - \sum_i^{NC} x_i = 0 \tag{6.13}$$

식 (6.10)과 (6.11)을 식 (6.13)에 대입하여 정리하면 Rachford–Rice 식(Rachford and Rice, 1952)으로 알려진 다음의 식이 된다.

$$\sum_i^{NC} \frac{z_i(K_i - 1)}{\dfrac{V}{F}(K_i - 1) + 1} = 0 = f(V/F) \tag{6.14}$$

식 (6.14)를 풀기 위해서는 $f(V/F)$ 값이 0이 되는 V/F 값을 찾을 때까지 V/F 값을 가정하고 $f(V/F)$를 계산하는 과정을 반복해야 한다.

기본적인 *플래시*(flash) 계산은 압력과 V/F가 주어지고 T를 계산하는 등의 많은 경우가 가능하지만 (King, 1980; Walas, 1985) 다음의 두 가지 경우가 가장 많이 사용된다. 기포점을 계산하는 것이 필요할 경우에는 식 (6.14)에서 $V/F = 0$이 되어,

$$\sum_{i}^{NC} z_i(K_i - 1) = 0 \tag{6.15}$$

이때

$$\sum_{i}^{NC} z_i = 1 \tag{6.16}$$

이므로 기포점에 대한 관계식은 다음과 같이 단순화된다.

$$\sum_{i}^{NC} z_i K_i = 1 \tag{6.17}$$

따라서 주어진 혼합물에 대하여 정해진 압력 조건에서의 기포점의 계산은 식 (6.17)을 만족하는 온도를 찾는 문제로 귀결된다. 반면에 온도가 주어진다면 식 (6.17)을 만족하는 압력, 즉 기포 압력을 찾는 문제가 된다.

또 다른 경우로는 이슬점을 계산하는 것이 있다. 이 경우 식 (6.14)에서 $V/F = 1$이 되어,

$$\sum_{i}^{NC} \frac{z_i}{K_i} = 1 \tag{6.18}$$

따라서 주어진 혼합물과 압력에서 식 (6.18)을 만족하는 온도를 찾거나 주어진 온도에서 *이슬점 압력*을 찾는 문제가 된다.

그림 6.3은 벤젠과 톨루엔 이성분 혼합물에 대한 기-액 평형 거동의 예를 보여준다(Smith and Jobson, 2000). 그림 6.3a는 벤젠의 몰분율의 변화에 따른 포화액체와 포화기체(즉, 평형 쌍)의 온도 거동

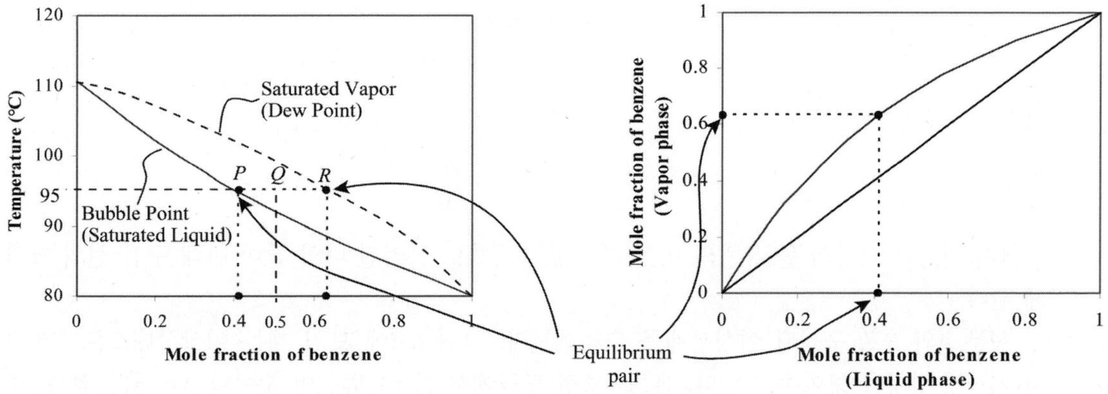

(a) 온도-조성 거동　　　　(b) $x-y$ 표현

그림 6.3 ▸ 1 atm에서의 벤젠-톨루엔 혼합물의 기-액 평형. (Reproduced from Smith R and Jobson M (2000) Distillation, Encyclopedia of Separation Science, Academic Press, with permission from Elsevier.)

을 보여준다. 이 그림은 여러 가지 다른 농도에 대한 기포점과 이슬점을 계산함으로써 구해질 수 있다. 그림 6.3b는 기-액 평형에서의 조성을 보여주는 대안적 방법인 x–y 도표이며, 상대휘발도[식 (6.6)]로부터 만들어질 수 있다. 성분 A와 B로 구성된 이성분 혼합물에 대한 상대휘발도의 정의로부터,

$$\alpha_{AB} = \frac{y_A/x_A}{y_B/x_B} = \frac{y_A/x_A}{(1-y_A)/(1-x_A)} \tag{6.19}$$

정리하면

$$y_A = \frac{x_A \alpha_{AB}}{1 + x_A(\alpha_{AB} - 1)} \tag{6.20}$$

따라서 기-액 평형으로부터 α_{AB}를 알고, x_A가 규정되면 y_A가 계산된다. 그림 6.3a는 전형적인 기-액 평형 쌍을 보여주고 있는데 예를 들면 휘발성 높은 벤젠의 액상에서의 몰분율이 0.4일 때 기상에서의 몰분율은 이 보다 큰 0.62이다. 그림 6.3b의 x–y 도표를 가로지르는 대각선은 기-액 조성이 같은 경우를 나타낸다. 그림 6.3b에서의 대각선 위의 곡선은 상평형 거동을 보여준다. 이것은 벤젠이 톨루엔보다 기상에서 더 높은 조성을 가지는, 즉 벤젠이 톨루엔보다 휘발성이 큰 성분임을 보여준다. 그림 6.3b는 그림 6.3a에 보인 것과 같은 기-액 평형 쌍을 보여준다.

그림 6.3a는 주어진 원료와 온도에서의 단일 평형단 분리를 예측하는 데 사용될 수 있다. 예를 들어, 벤젠과 톨루엔이 같은 조성(즉, 0.5)으로 구성된 이성분 원료가 평형 온도 95°C의 분리단에 들어간다고 하자. 이는 그림 6.3a의 점 Q에 해당되며 기-액 평형 결과로 벤젠은 액상에서 0.4 기상에서 0.62의 몰분율로 존재함을 보여준다. 또한, 두 상의 양은 그림 6.3a의 선 PQ와 QR의 길이로부터 알 수 있다. 분리기의 물질수지로부터,

$$m_Q = m_P + m_R \tag{6.21}$$

성분 i의 물질수지는,

$$m_Q x_{i,Q} = m_p x_{i,P} + m_R x_{i,R} \tag{6.22}$$

식 (6.21)을 식 (6.22)에 대입하여 정리하면,

$$\frac{m_P}{m_R} = \frac{x_{i,R} - x_{i,Q}}{x_{i,Q} - x_{i,P}} \tag{6.23}$$

따라서 그림 6.3에서,

$$\frac{m_P}{m_R} = \frac{QR}{PQ} \tag{6.24}$$

따라서 기상과 액상의 몰 유량의 비는 *지렛대 법칙*으로 알려진 바와 같이 반대 구간 선의 크기 비와 같게 된다.

성분 A와 B로 구성된 이성분계를 고려해보자. 그림 6.4에 보인 계는 이상상태으로부터 약간 벗어난 기-액 평형을 보여주고 있다. 온도-조성 도표에서 볼 수 있듯이 순수한 A의 끓는점은 B의 그것보다 낮다. 또한 A는 B보다 휘발성이 강함을 알 수 있는데 이것은 기-액 조성도표(x–y 도표)에서 평형곡선이 대각선보다 위에 위치하는 사실로부터도 명확히 알 수 있다. 그림 6.4a은 이러한 휘발도 순서가 조성에 따라 변하지 않음을 보여준다. 반면에, 그림 6.4b는 $\gamma_i > 1$(Raoult 법칙으로부터 양의 방향으로 이탈한 비이상성)로 *최소공비점*(minimum-boiling azeotrope)을 형성하는 더욱 비이상성이 강한 계

의 거동을 보여준다. 가장 낮은 끓는점은 최소공비점에서 발생하며 순수한 두 성분의 그것보다도 더 낮다. 휘발도 크기의 순서도 공비점을 지나면서 뒤바뀜을 볼 수 있다. 그림 6.4c도 공비거동을 보여주고 있는데, 이 경우는 $\gamma_i < 1$(Raoult 법칙으로부터 음의 방향으로 이탈한 비이상성)로 *최대공비점*(maximum-boiling azeotrope)을 형성하는 비이상계에 해당된다. 가장 높은 끓는점은 최대공비점에서 발생하고 순수한 두 성분의 그것보다도 더 높으며 휘발도 크기의 순서가 조성에 따라 뒤바뀜을 볼 수 있다. 최소공비 현상은 최대공비 현상보다 훨씬 흔히 볼 수 있다. 휘발도 순서가 바뀜에 따라 공비를 가지는 혼합물의 분리는 특별한 문제를 가져오는데 이에 대한 상세한 논의는 9장에서 할 것이다. 이 장에서는 공비가 없는 계만 다루도록 한다.

기–액 혼합물에서의 비이상성과 관련한 지침은 다음과 같다.

a) 이성질 혼합물은 이상용액을 형성한다.

b) 10 bar 이하의 근비점 지방족 탄화수소는 거의 이상적 특징을 가진다.

c) 분자량과 구조가 비슷한 성분의 혼합물은 이상상태에서 크게 이탈하지 않는다.

d) 단순한 지방족 성분과 방향족 성분 간의 혼합물은 이상상태에서 약간 이탈한 특성을 가진다.

e) CO_2, H_2S, H_2, N_2 등의 불응축성 가스가 중질 성분과 함께 혼합물에 존재할 경우 다른 성분에 대하여 비이상적 거동을 보이는 경향이 있다.

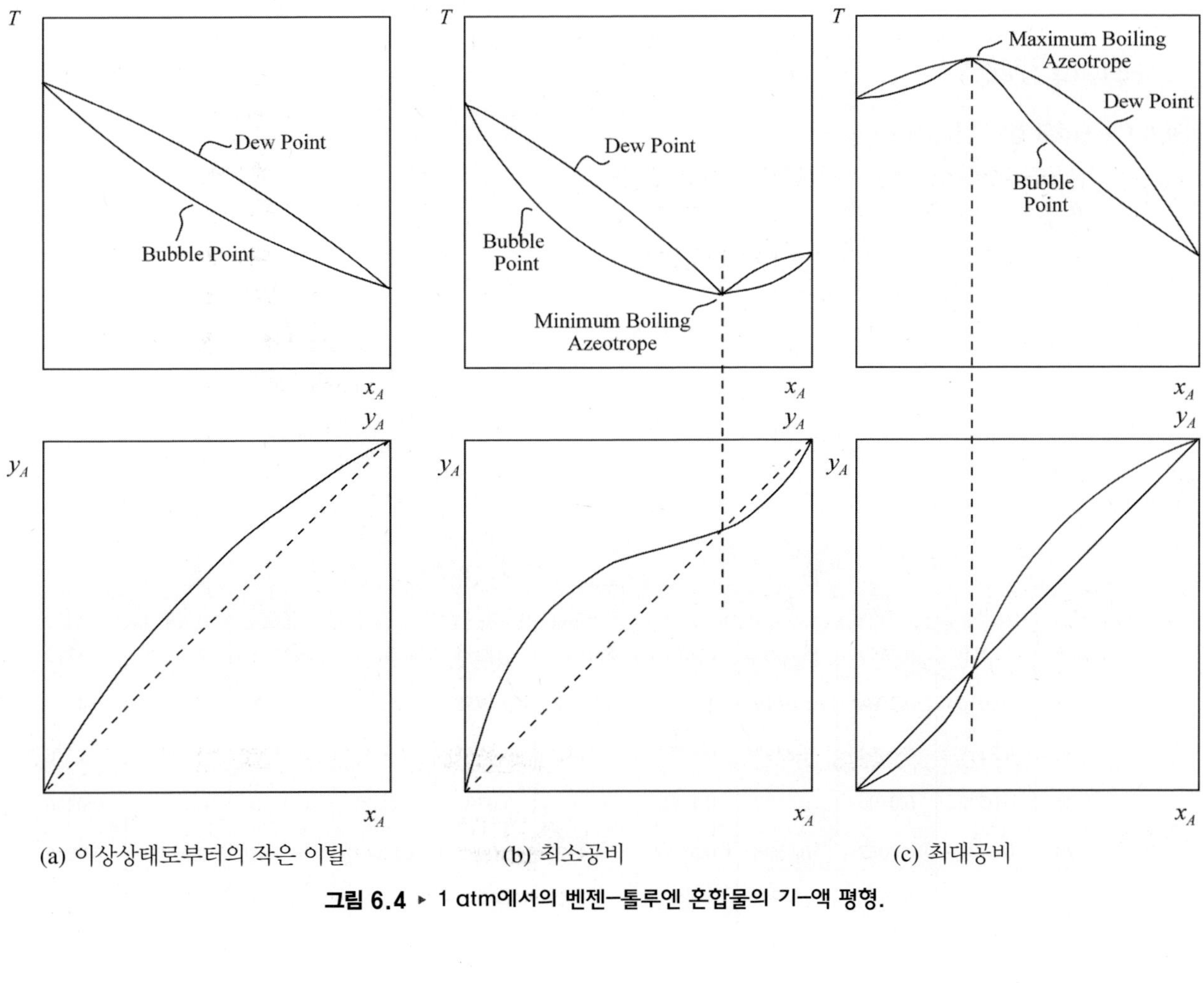

(a) 이상상태로부터의 작은 이탈 (b) 최소공비 (c) 최대공비

그림 6.4 ▸ 1 atm에서의 벤젠–톨루엔 혼합물의 기–액 평형.

f) 극성 성분과 비극성 성분의 혼합물은 언제나 강한 비이상성을 보인다.
g) 공비와 액체-액체 상분리를 야기하는 혼합물은 비이상성의 극한적 경우이다.

위의 지침에서, 아래로 내려올수록 비이상성이 증가한다.

예제 6.1

표 6.1에 보인 바와 같은 에탄, 프로판, n-부탄, n-펜탄, n-헥산으로 이루어진 혼합물이 있다. K 값이 이상적이고 Raoults 법칙을 따른다고 가정하면 이 혼합물의 K 값은 Antoine 식의 항으로 표현될 수 있다.

$$K_i = \frac{1}{P}\exp\left[A_i - \frac{B_i}{T + C_i}\right] \qquad \textbf{(6.25)}$$

여기서 P는 압력(bar), T는 절대온도(K)이고 Antoine 상수 A_i, B_i, C_i는 표 6.1에 보인 바와 같다.

a) 5 bar에서의 기포점을 계산하라.
b) 5 bar에서의 이슬점을 계산하라.
c) 313 K에서 완전한 응축이 일어나기 위한 압력을 계산하라.
d) 압력 6 bar, 온도 313 K에서 얼마만큼의 액체가 응축되어 있을 것인가?

›풀이

a) 기포점은 식 (6.17)을 사용하거나 식 (6.14)에서 $V/F = 0$으로 하여 계산할 수 있다. 식 (6.17)을 사용하여 계산하면 296.4 K가 된다. 그 결과를 표 6.2에 보였다.
b) 이슬점은 식 (6.18)을 사용하거나 식 (6.14)에서 $V/F = 1$로 하여 계산할 수 있다. 식 (6.18)을 사용하여 계산하면 359.1 K가 되며 그 결과는 표 6.3와 같다.
c) 313 K에서 완전 응축이 되는 압력을 구하기 위해서 기포점 압력을 계산한다. 그 과정은 a)에서와 같으며 7.4 bar가 됨을 알 수 있다.
d) 식 (6.14)를 사용하여 구하며 $V/F = 0.0951$이 되어 원료 중 90.49%가 응축됨을 알 수 있다. 상세한 결과는 표 6.4에 나와 있다.

표 6.1 ▸ **원료와 성분의 물성치**

Component	Formula	Feed (kmol)	A_i	B_i	C_i
1. Ethane	C_2H_6	5	9.0435	1511.4	−17.16
2. Propane	C_3H_8	25	9.1058	1872.5	−25.16
3. n-Butane	C_4H_{10}	30	9.0580	2154.9	−34.42
4. n-Pentane	C_5H_{12}	20	9.2131	2477.1	−39.94
5. n-Hexane	C_6H_{14}	20	9.2164	2697.6	−48.78

표 6.2 ▸ **기포점 계산**

		$T = 275$ K		$T = 350$ K		$T = 300$ K		$T = 290$ K		$T = 296.366$ K	
i	z_i	K_i	z_iK_i	K_i	z_iK_i	K_i	z_iK_i	K_i	z_iK_i	K_I	z_iK_i
1	0.05	4.8177	0.2409	18.050	0.9025	8.0882	0.4044	6.6496	0.3325	7.5448	0.3772
2	0.25	1.0016	0.2504	5.6519	1.4130	1.9804	0.4951	1.5312	0.3828	1.8076	0.4519
3	0.30	0.2212	0.0664	1.8593	0.5578	0.5141	0.1542	0.3742	0.1123	0.4594	0.1378
4	0.20	0.0532	0.0106	0.6802	0.1360	0.1464	0.0293	0.1000	0.0200	0.1279	0.0256
5	0.20	0.0133	0.0027	0.2596	0.0519	0.0437	0.0087	0.0280	0.0056	0.0373	0.0075
	1.00		0.5710		3.0612		1.0917		0.8532		1.0000

표 6.3 ▸ 이슬점 계산

i	z_i	$T = 325$ K		$T = 375$ K		$T = 350$ K		$T = 360$ K		$T = 359.105$ K	
		K_i	z_i/K_i	K_i	z_i/K_i	K_i	z_i/K_i	K_i	z_i/K_i	K_i	z_i/K_i
1	0.05	12.483	0.0040	24.789	0.0020	18.050	0.0028	20.606	0.0024	20.370	0.0025
2	0.25	3.4951	0.0715	8.5328	0.0293	5.6519	0.0442	6.7136	0.0372	6.6138	0.0378
3	0.30	1.0332	0.2903	3.0692	0.0977	1.8593	0.1614	2.2931	0.1308	2.2517	0.1332
4	0.20	0.3375	0.5925	1.2345	0.1620	0.6802	0.2941	0.8730	0.2291	0.8543	0.2341
5	0.20	0.1154	1.7328	0.5157	0.3879	0.2596	0.7704	0.3462	0.5778	0.3376	0.5924
	1.00		2.6911		0.6789		1.2729		0.9773		1.0000

표 6.4 ▸ 플래시 계산

i	z_i	K_i	$V/F = 0$	$V/F = 0.5$	$V/F = 0.1$	$V/F = 0.05$	$V/F = 0.0951$
			$\frac{z_i(K_i-1)}{\frac{V}{F}(K_i-1)+1}$	$\frac{z_i(K_i-1)}{\frac{V}{F}(K_i-1)+1}$	$\frac{z_i(K_i-1)}{\frac{V}{F}(K_i-1)+1}$	$\frac{z_i(K_i-1)}{\frac{V}{F}(K_i-1)+1}$	$\frac{z_i(K_i-1)}{\frac{V}{F}(K_i-1)+1}$
1	0.05	8.5241	0.3762	0.0790	0.2147	0.2734	0.2193
2	0.25	2.2450	0.3112	0.1918	0.2768	0.2930	0.2783
3	0.30	0.6256	−0.1123	−0.1382	−0.1167	−0.1145	−0.1165
4	0.20	0.1920	−0.1616	−0.2711	−0.1758	−0.1684	−0.1751
5	0.20	0.0617	−0.1877	−0.3535	−0.2071	−0.1969	−0.2060
	1.00		0.2258	−0.4920	−0.0081	0.0866	0.0000

6.3 단일단 분리

혼합물이 상대휘발도가 충분히 큰 성분으로 구성되었다면 증기를 일부 응축하거나 액체를 일부 기화시켜 단순한 상분리를 시키는 것으로도 종종 효과적인 분리 방법이 될 수 있다(King, 1980).

그림 6.2에 보인 원료가 평형 상태에서 기체와 액체로 분리되는 시스템에서, 만약 원료가 연속적으로 분리기에 들어가고 기체와 액체가 연속적으로 플래시되어 나온다면 식 (6.10), (6.11), (6.14)로부터 물질수지를 수립할 수 있다(King, 1980). 만약 식 (6.10)에서 K_i가 V/F에 비하여 충분히 크다면(대개, $K_i > 10$) (Douglas, 1988),

$$y_i \approx z_i/(V/F) \\ \text{즉,} \quad Vy_i \approx Fz_i \tag{6.26}$$

원료에 포함된 성분 i의 대부분(Fz_i)은 기상흐름(Vy_i)으로 나오게 됨을 의미한다. 따라서 어떤 성분이 기체흐름으로 대부분 나오게 하기 위해서는 K_i 값이 V/F보다 충분히 커야 한다.

반면에, 식 (6.10)에서 K_i가 V/F에 비하여 충분히 작다면(대개 $K_i < 0.1$),

$$x_i \approx Fz_i/L$$
$$\text{즉,}\quad Lx_i \approx Fz_i \tag{6.27}$$

즉, 원료에 포함된 성분 i의 대부분(Fz_i)은 액상흐름(Lx_i)으로 나오게 됨을 의미한다. 따라서 어떤 성분의 대부분이 액체흐름으로 나오려면 K 값이 V/F보다 충분히 작아야 한다.

이상적으로는 상분리에서 경질 주성분의 K 값이 10보다 커야 하고 중질 주성분의 K 값은 0.1보다 작아야 하는데, 이러한 경우가 단일 분리단에 의한 분리에 적합한 경우가 된다. 그러나 주성분의 K 값이 그 정도로 크거나 작은 경우가 아니더라도 단일단 상분리기의 사용이 효과적일 수도 있으며, 이러한 상황에서는 대략적인 분리도 받아들여져야 한다.

6.4 증류탑

단일단에 의한 분리는 제한적인 분리만이 가능하다. 그러나 기체와 액체를 각각 다른 단으로 보내서 부분 응축과 기화시키는 과정을 반복하게 할 수 있으며, 이러한 반복된 응축과 기화 과정을 거쳐 보다 높은 수준의 분리를 달성할 수 있다. 이러한 여러 개의 분리단을 사용하는 분리 개념은 그림 6.5에 보인 다단식 분리 형태로 산업 분야에 실제 구현되었다. 이 다단 분리단 시스템에서 각 단에서 나가는 액체와 기체는 평형을 이룬다고 가정한다. 이러한 다단 시스템은 휘발성 성분을 기상으로 비휘발성 성분은 액상으로 전달시키게 되며 충분히 많은 분리단을 채용함으로써 완전에 가까운 분리를 가능하게 해준다.

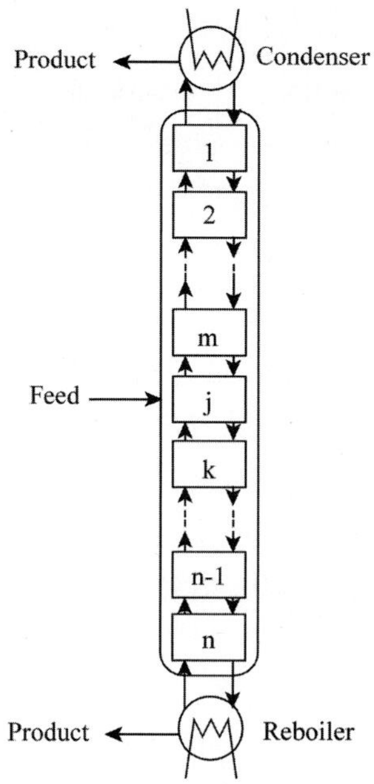

그림 6.5 ▸ 환류와 재기화를 포함하는 다단식 평형단. (Reproduced from Smith R and Jobson M (2000) Distillation, Encyclopedia of Separation Science, Academic Press, with permission from Elsevier.)

원료단 상단 부분을 *정류부*(rectifying section), 하단 부분을 *탈거부*(stripping section)라 한다. 그림 6.5의 다단식 평형단 시스템의 최상단에서는 액상흐름이 다단 시스템으로 공급되어야 하는데, 이는 맨 위의 평형단에서 나오는 기상흐름을 응축시켜 다시 그 단으로 돌려보냄으로써 가능하며, 이를 *환류*(reflux)라 한다. 윗단에서 나온 기상흐름을 모두 응축시켜 탑정생산물로 만드는 것을 *완전 응축*이라 하며, 일부를 응축시키는 것을 *부분 응축*이라 한다. 다단 시스템의 최하부에는 기상흐름이 필요한데, 이는 맨 하단에서 나오는 액상흐름의 일부를 *재비기*(reboiler)에서 기화시켜 만든다. 원료는 중간 위치로 들어오며 생산물은 탑정과 탑저에서 취하게 된다.

다단식 증류에서 기체와 액체 흐름이 접촉하는 방식은 단탑과 충진탑의 두 부류로 구분된다.

1) *단탑* 단(tray)으로 구성된 증류탑은 그림 6.6a에 보인 바와 같다. 액상 환류흐름이 증류탑 탑정으로 들어와 그림 6.6a에 보인 체(sieve) 단을 가로질러 흘러간다. 기체 버블은 단의 구멍들을 통하여 액체를 가로질러 올라가게 되는데, 이 접촉 과정에서 물질전달이 일어나게 된다. 이 증기 흐름에 의해 액체가 구멍으로 새는 현상을 방지하게 된다. 기체흐름이 너무 작아서 단의 액체 수위를 유지하지 못하게 될 경우 *누수*(weeping)가 발생할 수 있다. 액체는 단에 설치된 둑을 넘어 *다운커머*(down-

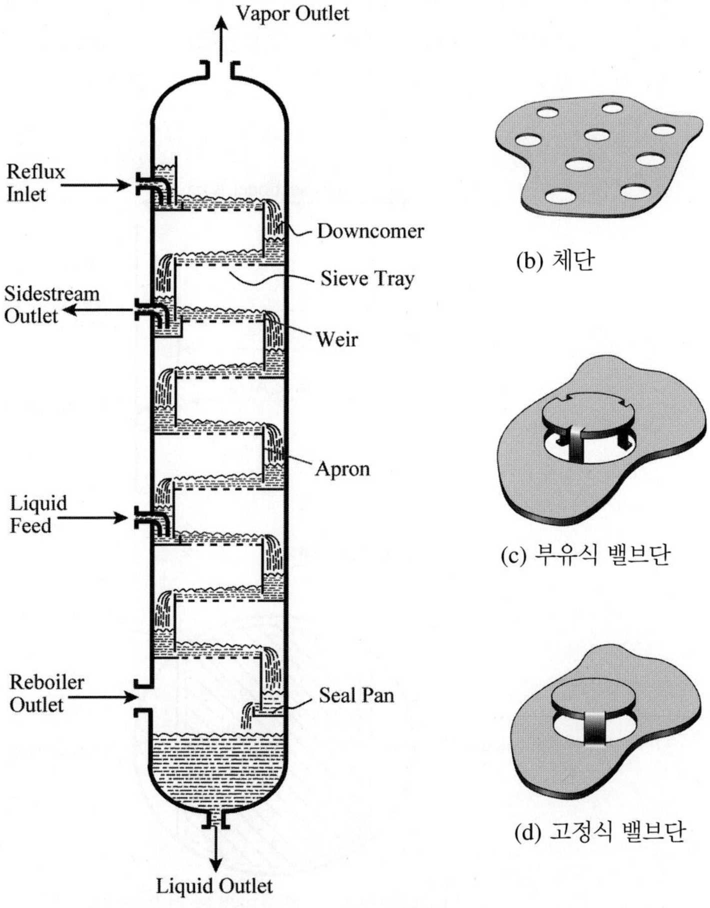

(b) 체단

(c) 부유식 밸브단

(d) 고정식 밸브단

(a) 탑 레이아웃

그림 6.6 ▸ 단으로 구성된 증류탑.

comer)로 들어가서 인접한 아래 단으로 흘러 내려가게 된다. 세 가지 종류의 단이 가장 널리 사용되고 있다.

a) *체단(그림 6.6b)* 가장 단순한 단 형태로 여러 개의 구멍이 천공된 형태이다. 구멍의 크기는 3~25 mm이며 파울링이 예상되는 경우에는 더 큰 크기의 구멍이 사용될 수 있다. 체(sieve)단은 저렴하고, 단순하며 성능 예측이 용이한 반면 유연성 특히 감소 가능 조업비(turn-down ratio)가 2:1 정도로 제한적이다.

b) *부유식 밸브단(그림 6.6c)* 부유식 밸브는 구멍의 크기를 조절할 수 있도록 부유식 뚜껑을 구멍에 설치한 형태이다. 운전 유연성을 개선시켜 넓은 범위의 기체 및 액체 흐름을 다룰 수 있으며 감소 가능 조업비가 2:1~5:1로 높다, 그러나 오염(fouling) 발생 시 뚜껑의 개폐에 영향을 줄 수 있다.

c) *고정식 밸브단(그림 6.6d)* 뚜껑이 고정되어 개폐 정도의 조절이 안되지만 기상흐름의 속도를 높여 물질전달 효과와 오염 문제를 향상시킬 수 있다. 운전 유연성은 체단과 유사하지만 감소 가능 조업비와 분리효율은 체단보다 좋다.

단을 사용하는 증류탑의 단점 중 하나는 다운커머에 의해 기체와 액체가 접촉할 수 있는 공간이 제약을 받는다는 점이다. 다운커머는 대략 단면적의 10~15% 정도를 점유한다. 그림 6.7a는 탑 내부 공간을 보여준다. 여기서 단면적(cross-sectional area)은 다운커머와 단을 포함한 총 단면적을 의미한다. 순면적(net area)은 다운커머를 제외한 면적이다. *활성면적*(active area)은 단 위와 아래의 다운커머와 기타 천공이 안 된 모든 부분을 제외한 면적으로 기체가 단에 접근할 수 있는 최소 면적이다. 만약 기

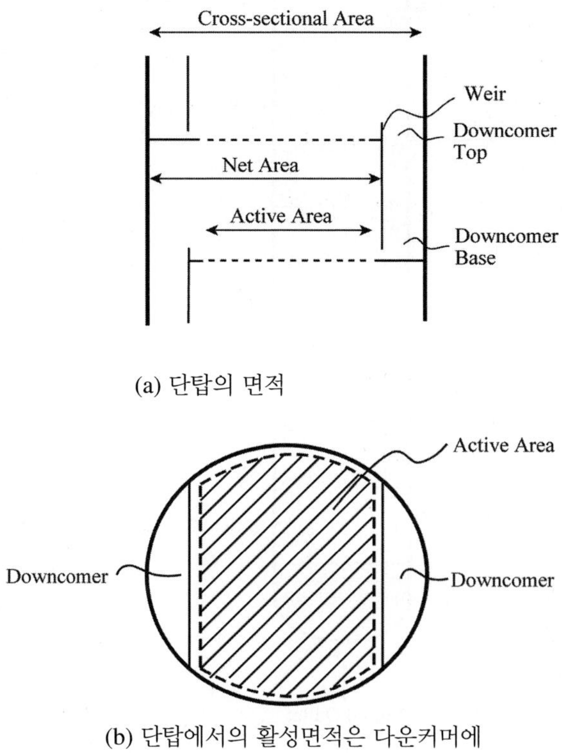

(a) 단탑의 면적

(b) 단탑에서의 활성면적은 다운커머에 의하여 제한된다.

그림 6.7 ▸ 증류단 면적의 레이아웃.

존 증류탑의 용량을 늘려야 한다면 이 활성면적을 늘리는 것이 한 방법이 될 수 있는데, 예를 들면 그림 6.8a는 경사진 다운커머를 보여주며 그림 6.8b는 *매달린 형태의 다운커머*를 보여준다. 단 둑(weir)의 부하는 단 설계에서 중요한 변수이다. 이는 액체 부피를 출구 둑의 길이로 나눈 값으로 단에서의 거품(froth) 높이에 직접적인 영향을 미친다. 둑 부하가 증가하면 둑을 넘는 액체의 높이가 증가하여 압력 강하가 증가하게 된다. 이는 다운커머 역류를 증가시켜 심한 경우 *다운커머 역류 플러딩*(downcommer backup flooding)을 야기시켜 단의 기능을 저하시킨다. 동시에 둑넘이 액체가 충분히 크지 않은 경우에는 기체가 다운커머를 통하여 올라가서 *다운커머 초크 플러딩*(downcommer choke flooding)을 야기할 수 있다. 둑 부하가 너무 큰 경우 둑넘이 높이가 과도하게 증가되게 되므로, 이를 해결하기 위해서는 액체 경로를 늘려서 다운커머 개수를 늘리는 방법이 있다. 그림 6.9는 1, 2, 3, 4개의 경로를 가지는 예를 보여준다.

2) *충진탑* 널리 사용되는 또 다른 유형의 증류탑은 큰 표면적을 가지는 고체 물질이 충진된 충진탑(packed column)이다. 충진탑에서 액체는 충진재 표면을 따라 흐르고 기체는 충진재 사이의 빈 공간을 통해 흐르면서 기-액 접촉이 일어나게 된다. 그림 6.10a는 구조화 충진재를 사용한 충진탑 예를 보여주고 있다. 다른 충진재 유형으로 랜덤 충진재가 있다. 그림 6.10b~f는 다양한 종류의 충진재 예를 보여준다. 일반적으로 같은 분리에 대해서 충진재는 단보다 작은 압력 강하를 보이며, 더구나 구조화 충진재는 랜덤 충진재보다 작은 압력 강하, 높은 분리 효율과 용량을 보여준다. 충진탑은 액체흐름의 고른 분산을 위한 분배기와 충진층을 지지해주는 지지기가 추가로 필요하다.

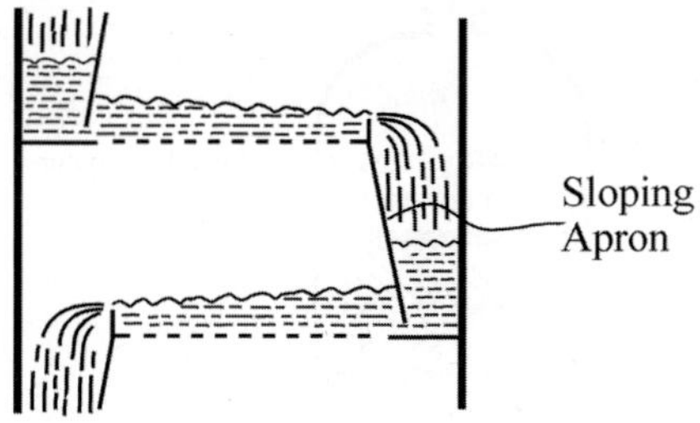

(a) 경사진 다운커머는 활성 면적을 늘려준다.

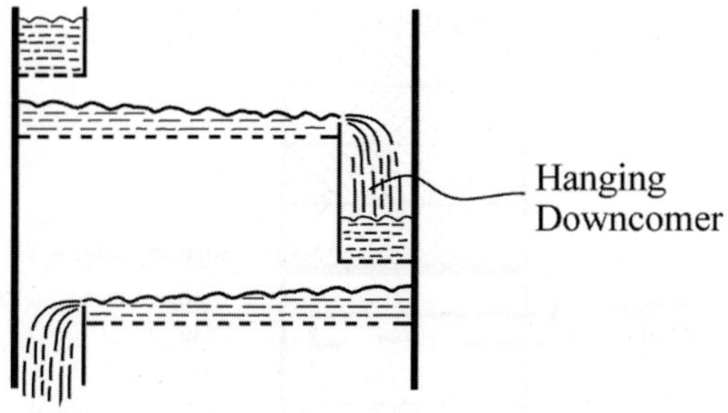

(b) 매달린 다운커머는 활성 면적을 더욱 늘려준다.

그림 6.8 ▸ 다운커머 설계 대안들.

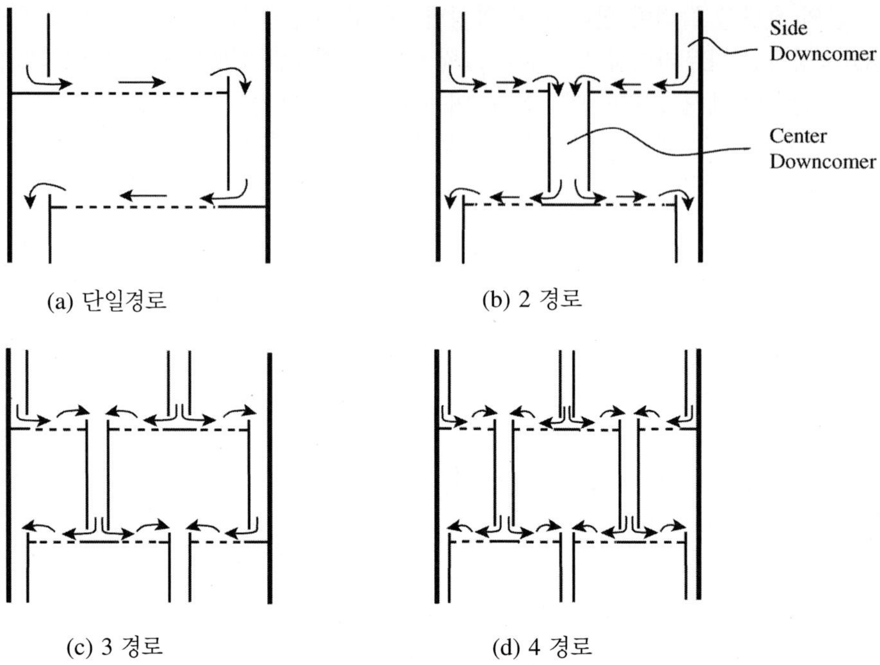

(a) 단일경로 (b) 2 경로

(c) 3 경로 (d) 4 경로

그림 6.9 ▸ 다중 경로 단의 레이아웃.

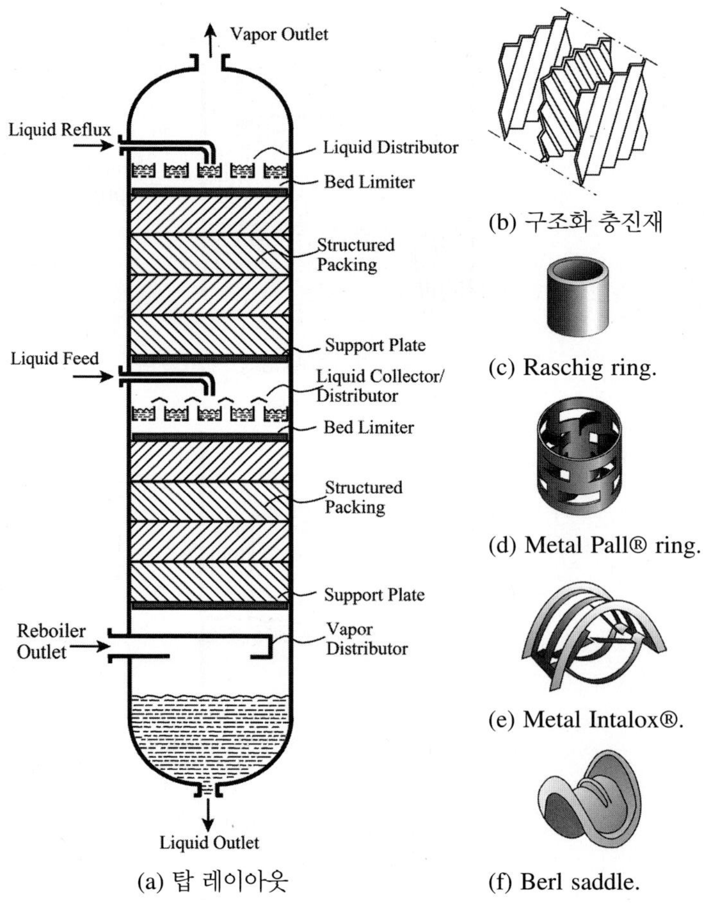

(a) 탑 레이아웃

(b) 구조화 충진재

(c) Raschig ring.

(d) Metal Pall® ring.

(e) Metal Intalox®.

(f) Berl saddle.

그림 6.10 ▸ 충진 증류탑.

6.5 이성분 증류

McCabe–Thiele 방법(McCabe and Thiele, 1925)으로 알려진 이성분 증류의 도식적 분석 방법에 대하여 살펴보자. 단순한 형태의 증류탑은 그림 6.11에 보인 바와 같이 하나의 원료 흐름, 두 개의 생산물 흐름, 하나의 재비기와 응축기로 구성된다. 단순한 이성분 증류탑에서의 총괄물질수지는,

$$F = D + B \tag{6.28}$$

성분 i에 대한 물질수지는,

$$Fx_{i,F} = Dx_{i,D} + Bx_{i,B} \tag{6.29}$$

해석을 단순화하기 위하여 증류탑 내의 기상 및 액상 흐름의 유량이 일정하다는 일정 몰흐름(constant molar overflow) 가정을 도입하자. 각 성분의 몰당 기화 잠열이 같을 때 이 가정은 정확히 성립되지만 이상적 거동을 보이는 많은 유기성분 혼합물에 대해서도 적절한 가정이 된다. 그림 6.12a는 정류부에서의 조성과 흐름을 보여준다. L과 V가 일정하므로 정류부에서의 총괄물질수지는 다음과 같다.

$$V = L + D \tag{6.30}$$

성분 i에 대한 물질수지는,

$$Vy_{i,n+1} = Lx_{i,n} + Dx_{i,D} \tag{6.31}$$

환류비 R을 다음과 같이 정의하면,

$$R = L/D \tag{6.32}$$

주어진 환류비에서 기상흐름은,

$$V = (R + 1)D \tag{6.33}$$

이들 식을 조합하면 n번째 단으로 들어가는 기체흐름과 나오는 액체흐름 조성 간의 관계를 나타내는 식을 다음과 같이 얻을 수 있다.

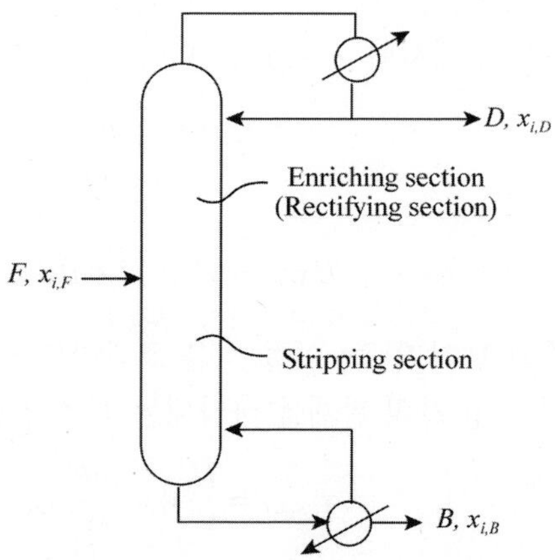

그림 6.11 ▸ 단순 증류탑의 물질수지.

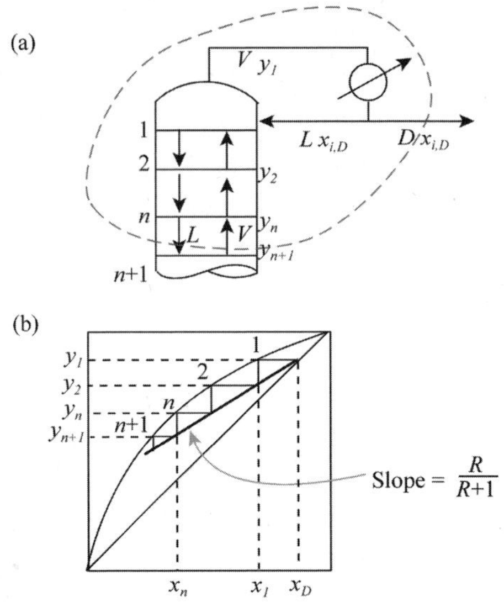

그림 6.12 ▸ 정류부의 물질수지. (Reproduced from Smith R and Jobson M (2000) Distillation, Encyclopedia of Separation Science, Academic Press, with permission from Elsevier.)

$$y_{i,n+1} = \frac{R}{R+1}x_{i,n} + \frac{1}{R+1}x_{i,D} \tag{6.34}$$

성분 i에 대한 위의 식은 x–y 도표 상에서 대각선 상의 (x_D, x_D) 점을 통과하고 기울기 $R/(R+1)$인 직선으로 표현된다.

그림 6.12b에서 탑정생산물 조성 x_D에서 출발하여 수평선을 그었을 때 평형선과 만나는 점 y_1는 1단에서 나오는 증기흐름의 조성이 되며 여기서 수직선을 그어 조작선과 만나는 점 x_1은 1단에서의 액상평형 조성, 즉 1단에서 나오는 액상흐름의 조성이 된다. 다시 수평선을 그어 평형선과 만나는 점 y_2은 2단에서 나와 1단으로 들어가는 기상흐름의 조성이 되고 여기서 수직선을 그어 조작선과 만나는 점 x_2은 2단에서 나오는 액상흐름의 조성이 된다. 그림 6.12b에 보인 것과 같이 이와 같은 과정을 반복하면 정류부에서의 각 단의 기상흐름과 액상흐름에서의 조성 변화를 도식적으로 구할 수 있다.

이번에는 원료단 아래 부분인 탈거부에 대한 물질수지를 고려해 보자. 그림 6.13a는 탈거부에서의 조성과 흐름을 보여준다. 탈거부에서의 $m+1$ 단을 기준으로 총괄물질수지를 세우면,

$$L' = V' + B \tag{6.35}$$

성분 i에 대한 물질수지는,

$$L'x_{i,m} = V'y_{i,m+1} + Bx_{i,B} \tag{6.36}$$

일정 몰흐름을 가정하여(L'과 V'이 일정) 이들 식을 조합하면 m번째 단으로 들어가는 기체흐름과 m번째 단에서 나오는 액체흐름 조성 간의 관계를 나타내는 식을 얻을 수 있다.

$$y_{i,m+1} = \frac{L'}{V'}x_{i,m} - \frac{B}{V'}x_{i,B} \tag{6.37}$$

성분 i에 대한 x–y 도표 상에서 위의 식은 그림 6.13b에서와 같이 x–y 도표 상에서 대각선 상의(x_B, x_B) 점을 통과하고 기울기가 L'/V'인 직선이 된다. 탑저생산물 조성인 x_B에서 출발하여 평형선까지 수직선

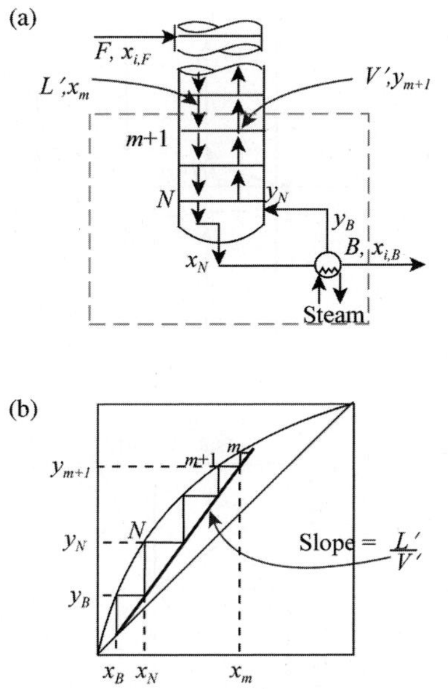

그림 6.13 ▸ 탈거부의 물질수지. (Reproduced from Smith R and Jobson M (2000) Distillation, Encyclopedia of Separation Science, Academic Press, with permission from Elsevier.)

을 그었을 때 평형선과 만나는 점 y_B는 재비기에서 나오는 증기의 조성이 되며 여기서 수평선을 그어 조작선과 만나는 점 x_N은 N단에서 나오는 액상흐름의 조성이 된다. 여기서 다시 수직선을 그어 평형선과 만나는 점 y_N은 N단에서 나오는 기상흐름의 조성이 된다. 그림 6.13b에 도시한 것과 같이 이와 같은 과정을 반복하면 탈거부에서의 각 단의 기상흐름과 액상흐름에서의 조성 변화를 도식적으로 구할 수 있다.

정류부와 탈거부를 모두 원료단으로 가져왔을 때 정류부와 탈거부의 조작선이 만나는 점은 식 (6.31)과 (6.36)에서,

$$Vy_i = Lx_i + Dx_{i,D} \tag{6.38}$$

$$V'y_i = L'x_i - Bx_{i,B} \tag{6.39}$$

여기서 x_i와 y_i는 두 조작선이 만나는 점이다. 식 (6.38)에서 (6.39)를 빼면,

$$(V - V')y_i = (L - L')x_i + Dx_{i,D} + Bx_{i,B} \tag{6.40}$$

성분 i에 대한 물질수지 식 (6.29)를 대입하면 식 (6.40)은,

$$(V - V')y_i = (L - L')x_i + Fx_{i,F} \tag{6.41}$$

이제 기상흐름과 액상흐름이 원료단에서 어떻게 변하는지를 살펴보자.

이는 원료의 조건, 즉 과냉 액체, 포화 액체, 부분 기화, 포화 기체, 또는 과열 기체인지에 따라 결정된다. 원료의 조건을 규정하기 위하여 변수 q를 다음과 같이 정의한다.

$$q = \frac{\text{원료 1몰 기화에 소요되는 열}}{\text{원료의 몰당 기화잠열}} \tag{6.42}$$

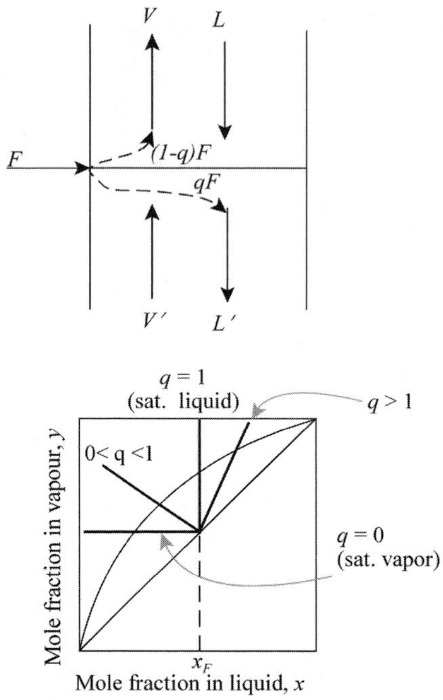

그림 6.14 ▸ 원료단에서의 물질수지. (Reproduced from Smith R and Jobson M (2000) Distillation, Encyclopedia of Separation Science, Academic Press, with permission from Elsevier.)

따라서 원료가 포화 액체 상태이면 $q = 1$이고, 포화 기체이면 $q = 0$, 과냉 액체이면 $q > 1$, 과열 기체 상태이면 $q < 0$이 된다. 원료단에서 액체로서 유입되는 원료유량은 qF가 되고 기체로서 들어가는 유량은 $(1 - q)F$가 된다. 그림 6.14는 원료단에서의 기체와 액체 흐름의 변화를 보여준다. 원료단 주변에서의 기상흐름에 대한 물질수지는,

$$V = V' + (1 - q)F \tag{6.43}$$

액상흐름의 물질수지는,

$$L' = L + qF \tag{6.44}$$

가 된다.

식 (6.41), (6.43), (6.44)를 조합하여 정리하면 원료의 조성과 원료단을 떠나는 흐름에서의 조성 간의 (q 선으로 알려진) 다음의 관계식을 얻을 수 있다.

$$y_i = \frac{q}{q-1}x_i - \frac{1}{q-1}x_{i,F} \tag{6.45}$$

이 선은 x–y 도표에서 (x_F, x_F)를 지나고 기울기가 $q/(q - 1)$인 직선으로 표시된다. 그림 6.14에 여러 q 값에 대한 q 선을 도시하였다.

그림 6.15a는 정류부와 탈거부를 모두 고려한 완전한 설계를 보여주고 있다. q 선은 정류부와 탈거부 조작선이 만나는 점을 통과하게 된다. 계단 구성은 q 선이 만나는 지점을 기준으로 한 조작선에서 다른 조작선으로 이동해야 한다. 계단 작성은 탑저 조성이나 탑정 조성 어느 쪽에서도 시작할 수 있다. 그림 6.15는 전체 분리단의 수를 최소로 하는 적절한 원료단의 위치가 정류부와 탈거부 조작선이 만나

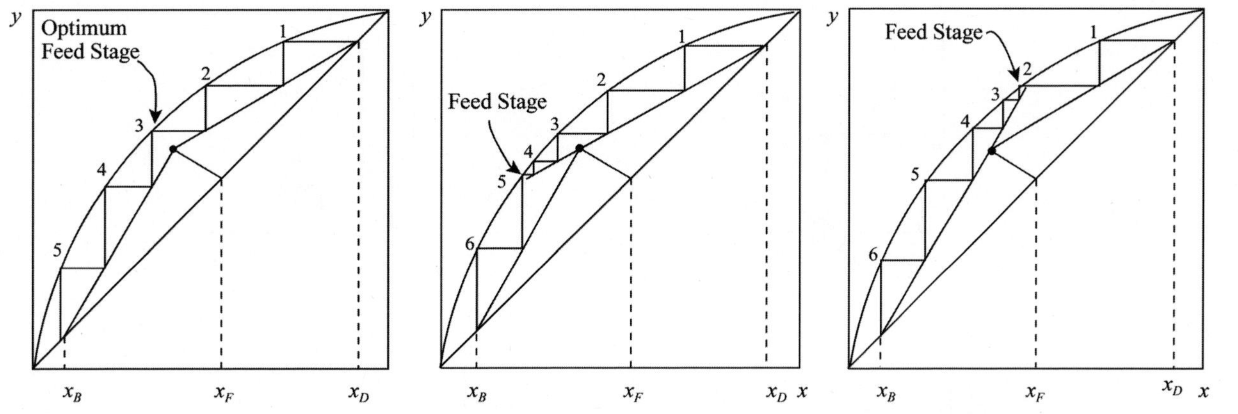

(a) 최적 원료단 위치

(b) 최적 위치 밑에 치우친 원료단

(c) 최적 위치 위에 치우친 원료단

그림 6.15 ▸ **정류부와 탈거부 물질수지의 조합.**

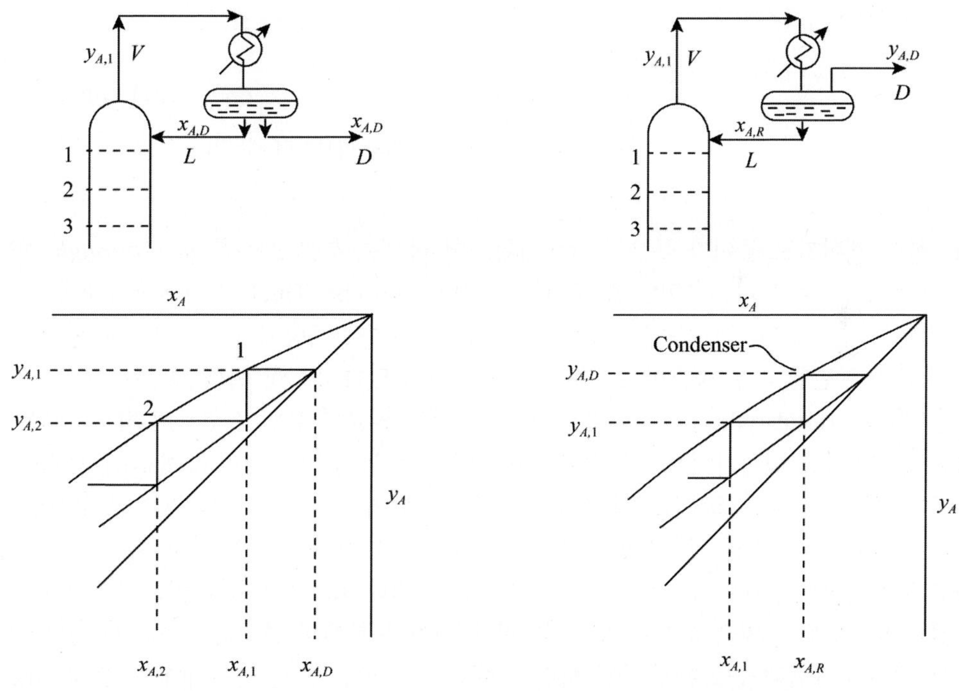

(a) 완전응축기

(b) 부분응축기

그림 6.16 ▸ **McCabe–Thiele 도표에서의 완전응축기와 부분응축기.**

는 지점임을 보여주고 있다. 이 도식적 설계 방법이 *McCabe–Thiele 방법*(McCabe and Thiele,1925)으로 알려진 방법이다.

그림 6.16은 McCabe–Thiele 도표에서 완전응축기와 부분응축기가 어떻게 반영되는지를 비교해 주고 있다. 부분응축기는 1개의 분리단으로 간주할 수 있다.

그림 6.17은 두 개의 다른 유형의 재비기에 대한 McCabe–Thiele 도표를 보여준다. 그림 6.17a는 액

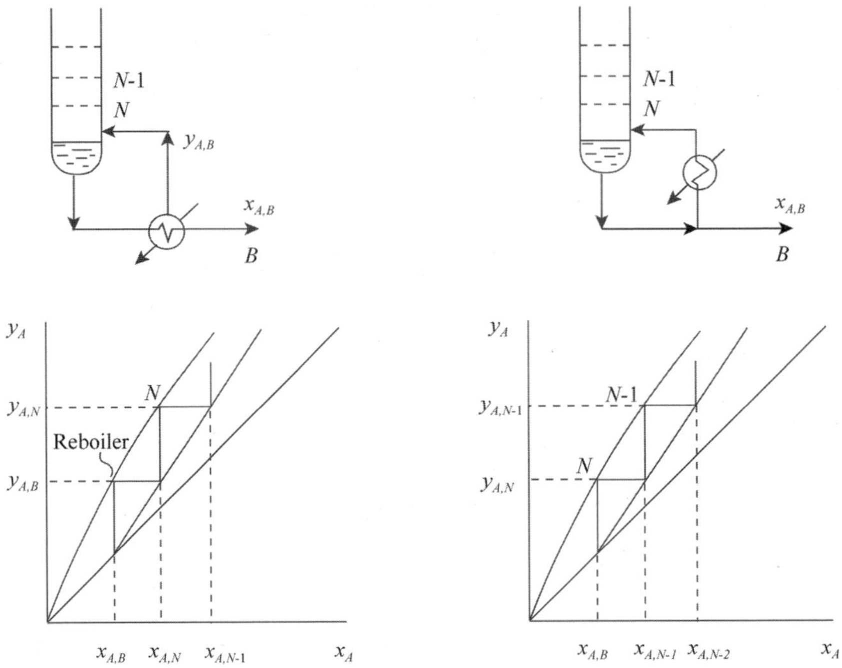

(a) 부분 재비기　　(b) 열사이펀 재비기

그림 6.17 ▸ 부분 재비기와 열사이펀 재비기.

체흐름이 재비기로 들어가 부분적으로 기화되어 나오는 *부분재비기*, *once-through 재비기*, 혹은 *케틀(kettle) 재비기*로 불리는 재비기를 보여주고 있다. McCabe–Thiele 도표에서 1개의 분리단으로 간주할 수 있다. 그림 6.17b는 *열사이펀(thermosyphon) 재비기*에 해당되며 분리단으로 간주하지 않는다.

증류와 관련한 매우 중요한 두 개의 극한 조건이 있다. 그 첫 번째 경우는 그림 6.18a에 보인 바와 같은 전 환류(total reflux) 조건이다. 이 조건에서는 원료의 유입이 없으며 탑정흐름은 전량 환류되고, 모든 탑저흐름도 재비기에서 모두 기화되어 탑으로 되돌려진다. 그림 6.18a의 x–y 도표에서 볼 수 있듯이 전 환류 조건 때에 조작선은 대각선과 일치하게 되어 주어진 분리를 위한 분리단이 최소로 소요되게 된다. 또 다른 극한조건은 그림 6.18b에 보인 바와 같이 두 조작선이 만나는 점이 평형선에 위치하도록 환류비를 설정했을 때이다. 이 경우 주어진 분리를 위한 최소의 환류비가 요구되지만 계단 접근은 모두 q 선과 평형선의 교차점으로 무한히 접근하게 되어 무한개의 단수가 필요하게 된다. 또한 이성분계의 경우 대개 원료단과 근접한 상단과 하단 부분에 단에 따른 조성 변화가 없는 *핀치*(pinch) 영역이 형성되게 된다. 그러나 그림 6.18c에 보인 바와 같이 혼합물의 비이상성에 의해 피치 영역이 원료단과 떨어져 형성될 수도 있는데 이를 *접선 핀치*(tangent pinch)라 한다.

McCabe–Thiele 방법은 일정 몰흐름이 적용되는 이성분계 증류에만 제한적으로 적용될 수 있지만 증류에 대한 개념적 도식적 직관을 얻을 수 있는 매우 유용한 방법으로 그 가치가 더 높다.

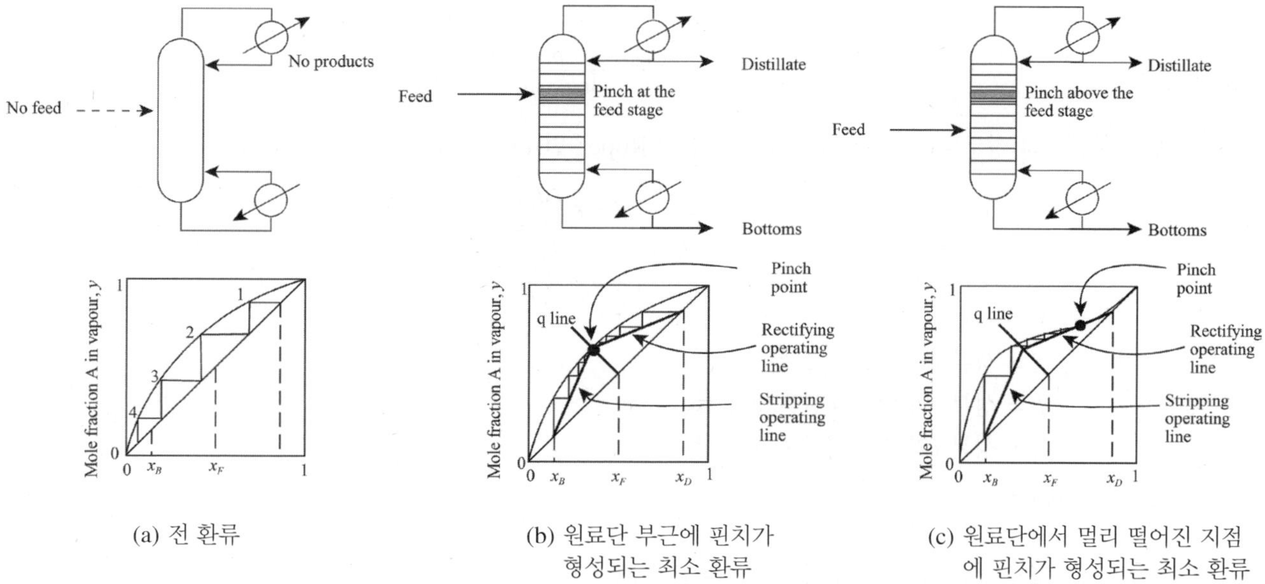

그림 6.18 ▸ **이성분 증류에서의 전 환류와 최소 환류.** (Adapted from Smith R and Jobson M (2000) Distillation, Encyclopedia of Separation Science, Academic Press, with permission from Elsevier.)

6.6 다성분계에서의 전 환류 및 최소 환류 조건

이성분계 증류에서와 같이 다성분계 증류에서도 한계 상황에서의 조건을 이해하는 것은 매우 중요하다. 전 환류와 최소 환류의 두 가지 극한 조건에 대해서 고려해 보자. 다성분 증류를 설계하기 위해서는 먼저 분리하고자 하는 두 *주성분*(key component)을 결정해야 한다. 경질 주성분(light key component)은 탑저생산물에서 불순물로 작용하여 정해진 규격을 만족하기 위하여 배제되어야 할 성분이며, *중질 주성분*(heavy key component)은 탑정생산물에서 정해진 규격을 만족하기 위하여 불순물로 배제되어야 할 성분이다. 비 주성분(non-key component)의 분리는 규정될 수 없다. 경질 주성분보다 가벼운 성분들은 대부분 탑정생산물에 포함되어 나갈 것이며, 중질 주성분보다 무거운 성분들은 대부분 탑저생산물에 포함되어 나갈 것이다. 두 경질 및 중질 주성분들 사이의 중간 비점 성분들은 탑정생산물과 탑저생산물 모두에 공히 포함되어 나가게 된다. 예비 설계 단계에서는 경질 주성분의 회수율이나 탑정생산물에서의 농도가 규정되어야 하며, 중질 주성분의 회수율 또는 탑저생산물에서의 농도가 규정되어야 한다.

먼저 전 환류 조건에서의 설계에 대하여 살펴보자. 완전응축기와 일정한 상대휘발도를 가정하면 전 환류 조건에서의 이론단수는 경질 주성분 L과 중질 주성분 H 간의 항으로 다음과 같이 Fenske 식을 적용하여 구해진다(King, 1980; Treybal, 1980; Geankopolis, 1993; Seader, Henley and Roper, 2011).

$$N_{min} = \frac{\log\left[\dfrac{d_L}{d_H}\,\dfrac{b_H}{b_L}\right]}{\log \alpha_{LH}} \tag{6.46}$$

$$N_{min} = \frac{\log\left[\dfrac{x_{L,D}}{x_{H,D}}\,\dfrac{x_{H,B}}{x_{L,B}}\right]}{\log \alpha_{LH}} \tag{6.47}$$

$$N_{min} = \frac{\log\left[\dfrac{r_{L,D}}{1-r_{L,D}} \dfrac{r_{H,B}}{1-r_{H,B}}\right]}{\log \alpha_{LH}} \tag{6.48}$$

탑정생산물의 성분흐름은(Seader, Henley and Roper, 2011),

$$d_i = \frac{\alpha_{ij}^{N_{min}} f_i \left(\dfrac{d_j}{b_j}\right)}{1 + \alpha_{ij}^{N_{min}} \left(\dfrac{d_j}{b_j}\right)} \tag{6.49}$$

여기서 f_i = 성분 i의 원료 몰흐름
d_i = 성분 i의 탑정생산물 몰흐름
b_i = 성분 i의 탑저생산물 몰흐름
$x_{i,D}$ = 성분 i의 탑정생산물 몰분율
$x_{i,B}$ = 성분 i의 탑저생산물 몰분율
$r_{i,D}$ = 성분 i의 탑정생산물에서의 회수율
$r_{i,B}$ = 성분 i의 탑저생산물에서의 회수율
α_{ij} = 성분 i와 j 간의 상대휘발도
N_{min} = 최소 분리단 수

또한 경질 주성분과 중질 주성분 간의 상대휘발도는,

$$(\alpha_{ij})_{mean} = \sqrt{(\alpha_{ij})_{top} (\alpha_{ij})_{bottom}} \tag{6.50}$$

이들 관계식이 얼마나 잘 맞느냐는 증류하고자 하는 다성분 혼합물의 이상상태 정도에 크게 의존한다. 일반적으로 비이상성이 클수록 오차가 많이 발생한다.

또 다른 극한 조건은 최소 환류 조건이다. 최소 환류 조건에서는 모든 성분에 대하여 최소 1개 이상의 지점에서 핀치 영역이 나타나게 된다. 다성분계에서의 최소 환류 조건을 예측하기 위해서 널리 사용되는 식으로는 Underwood 식이 있다(Underwood, 1946). 이 관계식은 일정한 상대휘발도와 핀치 영역 사이에서의 일정 몰흐름을 가정하여 유도되었다.

$$\sum_{i=1}^{NC} \frac{\alpha_{ij} x_{i,F}}{\alpha_{ij} - \theta} = 1 - q \tag{6.51}$$

여기서 α_{ij} = 상대휘발도
$x_{i,F}$ = 원료 중 성분 i의 몰분율
θ = 식의 근
q = 원료의 열적 조건
NC = 포함된 성분의 개수

식 (6.51)에서 구한 θ $(0 < \theta < \alpha)$를 다음의 식에 대입하여 최소 환류 조건을 구하게 된다.

$$R_{min} + 1 = \sum_{i=1}^{NC} \frac{\alpha_{ij} x_{i,D}}{\alpha_{ij} - \theta} \tag{6.52}$$

예제 6.2

표 6.5에 보인 성분 조성으로 구성된 1000 kmol·h^{-1} 유량의 원료를 탑정과 탑저에서 각각 n-부탄 99%와 i-펜탄 95%의 순도로 분리하고자 하는 증류탑을 설계하고자 한다.

a) Fenske 식을 사용하여 최소 분리단 개수를 구하라.
b) 탑정생산물과 탑저생산물에서의 조성을 구하라.
c) Underwood 식을 사용하여 최소 환류비를 계산하라.

표 6.5 ▸ 증류탑 원료와 상대휘발도

Component	f_i (kmol·h^{-1})	α_{ij}
Propane	30.3	16.5
i-Butane	90.7	10.5
n-Butane (LK)	151.2	9.04
i-Pentane (HK)	120.9	5.74
n-Pentane	211.7	5.10
n-Hexane	119.3	2.92
n-Heptane	156.3	1.70
n-Octane	119.6	1.00

›풀이

a) $r_{L,D}=0.99$, $r_{H,B}=0.95$, $\alpha_{LH}=1.5749$를 식 (6.48)에 대입하면,

$$N_{min} = \frac{\log\left[\dfrac{0.99}{(1-0.99)}\dfrac{0.95}{1-0.95}\right]}{\log 1.5749}$$

$$= 16.6$$

b) 중질 주성분을 기준하여,

$$\frac{d_H}{b_H} = \frac{f_H(1-r_{H,B})}{f_H r_{H,B}} = \frac{1-r_{H,B}}{r_{H,B}} = \frac{1-0.95}{0.95} = 0.05263$$

$N_{min}, \alpha_{i,H}, f_i, d_H/b_H$를 식 (6.49)에 대입하여 d_i를 구하고, 전체 물질수지로부터 b_i를 구한다. 프로판의 예를 들면,

$$d_i = \frac{2.875^{16.6}\times 30.3\times 0.05263}{1+2.875^{16.6}\times 0.05263}$$

$$= 30.30\ \text{kmol}\cdot\text{h}^{-1}$$

$$b_i = f_i - d_i$$

$$= 30.30 - 30.30$$

$$= 0\ \text{kmol}\cdot\text{h}^{-1}$$

표 6.6에 모든 성분에 대한 결과가 나와 있다.

표 6.6 ▸ 예제 6.2의 성분 분포 결과

Component	d_i	b_i	$x_{i,D}$	$x_{i,B}$
Propane	30.30	0.0	0.1089	0.0
i-Butane	90.62	0.08	0.3257	0.0001
n-Butane	149.69	1.51	0.5380	0.0021
i-Pentane	6.05	114.86	0.0217	0.1591
n-Pentane	1.55	210.15	0.0056	0.2911
n-Hexane	0.0	119.30	0.0	0.1653
n-Heptane	0.0	156.30	0.0	0.2165
n-Octane	0.0	119.60	0.0	0.1657
Total	278.21	721.80	0.9999	0.9999

c) 식 (6.50)을 시행착오법으로 풀면 $\theta = 7.2487$의 결과를 얻는다. 상세한 과정은 표 6.7과 같다.

d) $\theta = 7.2487$을 식 (6.51)에 대입하면 표 6.8에 보인 바와 같이

$$R_{min} + 1 = 3.866$$

$$R_{min} = 2.866$$

표 6.7 ▸ Underwood 식의 근 구하기

			$\frac{\alpha_{ij}x_{i,F}}{\alpha_{ij}-\theta}$			
$x_{F,i}$	α_{ij}	$\alpha_{ij}x_{i,F}$	$\theta = 7.0$	$\theta = 7.3$	$\theta = 7.2$	$\theta = 7.2487$
0.0303	16.5	0.5000	0.0526	0.0543	0.0538	0.0540
0.0907	10.5	0.9524	0.2721	0.2796	0.2886	0.2929
0.1512	9.04	1.3668	0.6700	0.7855	0.7429	0.7630
0.1209	5.74	0.6940	−0.5508	−0.4449	−0.4753	−0.4600
0.2117	5.10	1.0797	−0.5682	−0.4908	−0.5141	−0.5025
0.1193	2.92	0.3484	−0.0854	−0.0795	−0.0814	−0.0805
0.1563	1.70	0.2657	−0.0501	−0.0474	−0.0483	−0.0479
0.1196	1.00	0.1196	−0.0199	−0.0190	−0.0193	−0.0191
			−0.2797	0.0559	−0.0532	0.0000

표 6.8 ▸ 두 번째 Underwood 식의 해

$x_{D,i}$	α_{ij}	$\alpha_{ij}x_{i,D}$	$\frac{\alpha_{ij}x_{i,D}}{\alpha_{ij}-\theta}$
0.1089	16.5	1.7970	0.1942
0.3257	10.5	3.4202	1.0519
0.5380	9.04	4.8639	2.7153
0.0217	5.74	0.1247	−0.0827
0.0056	5.10	0.0285	−0.0133
0.0	2.92	0.0	0.0
0.0	1.70	0.0	0.0
0.0	1.00	0.0	0.0
			3.8655

6.7 다성분 혼합물에서의 유한 환류 조건

증류탑 설계를 위하여 결정해야 할 많은 중요한 변수들이 있다. 운전 비용을 추정하기 위해서는 재비기와 응축기의 부하량이 계산되어야 한다. 투자비용을 산정하고 탑을 사이징하기 위해서는 탑의 실제 단수와 단 간 거리 및 탑 직경을 알아야 한다.

앞 절에서는 Underwood 식을 사용하여 최소 환류비를 계산하는 방법을 소개하였다. 그림 6.19에 나타낸 바와 같이 일정 몰흐름 가정 하에 최소 환류 조건에서의 탑정 부근의 물질수지를 세우면,

$$V_{min} = D(1 + R_{min}) \tag{6.53}$$

여기서 V_{min} = 원료단 상단의 최소 증기 흐름양(kmol·s^{-1})
R_{min} = 최소 환류비(–)
D = 탑정생산물 흐름양(kmol·s^{-1})

식 (6.53)은 유한 환류조건에서도 적용될 수 있다(그림 6.19). R_F를 R/R_{min}으로 정의하면,

$$V = D(1 + R_F R_{min}) \tag{6.54}$$

여기서 V = 원료단 상단의 증기 흐름양(kmol·s^{-1})

따라서 완전응축기의 응축 부하량은,

$$Q_{COND} = \Delta H_{VAP} V = \Delta H_{VAP} D(1 + R_F R_{min}) \tag{6.55}$$

여기서 Q_{COND} = 응축기 부하량(kJ·s^{-1}, kW)
ΔH_{VAP} = 탑정증기 증발열(kJ·kmol^{-1})

부분응축기의 경우는,

$$Q_{COND} = \Delta H_{VAP} D R_F R_{min} \tag{6.56}$$

원료단 하단의 기상 흐름양은 원료의 열적 조건에 의존한다. 일정 몰흐름을 가정하면,

$$V' = V - (1 - q)F \tag{6.57}$$

여기서 V' = 원료단 하단의 증기 흐름양(kmol·s^{-1})

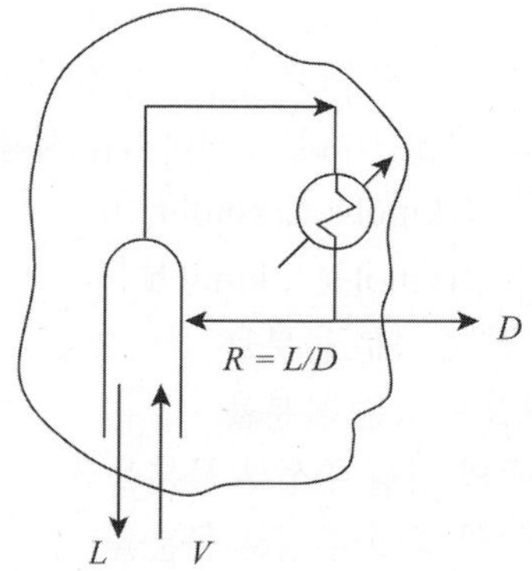

그림 6.19 ▸ 증류탑 상부에서의 물질수지.

V = 원료흐름 위의 증기 흐름양($kmol{\cdot}s^{-1}$)
q = 원료 열적 조건
F = 원료 흐름양($kmol{\cdot}s^{-1}$)

따라서 완전응축기의 재비기 부하량은,

$$Q_{REB} = \Delta H'_{VAP}V' = \Delta H'_{VAP}(V - F + qF) \tag{6.58}$$

여기서 Q_{REB} = 재비기 부하량($kJ{\cdot}s^{-1}$, kW)
ΔH_{VAP} = 탑저생산물 증발열($kJ{\cdot}kmol^{-1}$)

식 (6.54)를 대입하면,

$$Q_{REB} = \Delta H'_{VAP}(D + DR_F R_{min} - F + qF) \tag{6.59}$$

이제 탑의 단수를 어떻게 추정하는지에 대하여 알아보자. Fenske 식으로부터 최소 이론단수를 계산하고, Underwood 식으로부터 최소 환류비를 구하면, Gilliland(1940)의 경험적 관계식을 이용하여 유한 환류조건에서의 이론단수를 구할 수 있다.

$$Y = \frac{N - N_{min}}{N + 1}, \quad X = \frac{R - R_{min}}{R + 1} \tag{6.60}$$

여기서 X, Y = 관계식 매개변수
N = 실제 이론단수
N_{min} = 최소 이론단수
R = 실제 환류비
R_{min} = 최소 환류비

아래의 관계식에 대입하여 N에 대하여 정리하면 요구되는 이론단수를 구할 수 있다.

$$\begin{aligned} Y = {} & 0.2788 - 1.3154X + 0.4114X^{0.2910} \\ & + 0.8268 \ln X + 0.9020 \ln\left(X + \frac{1}{X}\right) \end{aligned} \tag{6.61}$$

한편, 정류부와 탈거부 간의 단수 분포는 Kirkbride(1944)의 경험식을 사용하여 추정할 수 있다.

$$\frac{N_{REC}}{N_{STRIP}} = \left[\frac{B}{D}\left(\frac{x_{H,F}}{x_{L,F}}\right)\left(\frac{x_{L,B}}{x_{H,D}}\right)^2\right]^{0.206} \tag{6.62}$$

여기서 N_{REC} = 원료단 상부의 이론단수(부분응축기를 사용하는 경우)
N_{STRIP} = 원료단 하부의 이론단수(부분재비기를 사용하는 경우)
B = 탑저생산물 유량($kmol{\cdot}s^{-1}$, $kmol{\cdot}h^{-1}$)
D = 탑정생산물 유량($kmol{\cdot}s^{-1}$, $kmol{\cdot}h^{-1}$)
$x_{H,F}$ = 원료 중의 중질 주성분 몰분율
$x_{L,F}$ = 원료 중의 경질 주성분 몰분율
$x_{L,B}$ = 탑저생산물 중의 경질 주성분 몰분율
$x_{H,D}$ = 탑정생산물 중의 중질 주성분 몰분율

이때 N_{RFC}와 N_{STRIP}은 원료단을 포함하지 않은 단수이므로 총 단수는 $N = N_{RFC} + N_{STRIP} + 1$로 구해진다.

물질전달 제약으로 인하여 각 분리단은 완전한 평형조건에 도달하기 어려우며, 따라서 실제 설치를 위한 실제단수는 이론단수보다 커야 할 것이다. 실제단수를 추정하기 위해서는 이론단수를 총괄 단효율로 나누어야 한다. 총괄 단효율은 대개 0.7에서 0.9 범위에 있으나 분리특성과 분리단의 유형에 따라 달라져서 0.7보다 훨씬 작을 수도(최대 0.4까지도) 반대로 0.9보다 클 수도 있다. O'Connell(1946)은 총괄 단효율의 대략적 초기 추정을 위한 실험을 수행하여 다음과 같은 결과를 얻었다.

$$E_O = -0.3143 - 0.285 \log(\alpha_{LH}\,\mu_L) \tag{6.63}$$

여기서 E_O = 총괄 단효율($0 < E_O < 1$)

α_{LH} = 주성분들 간의 상대 휘발도

μ_L = 탑 평균 조건에서의 원료의 점도($kg \cdot m^{-1} \cdot s^{-1}$)

식 (6.63)은 단지 초기 추정 목적으로만 사용될 수 있음에 유의하라. 활성 영역을 가로지르는 긴 경로를 가지는 증류탑의 경우 식 (6.63)은 단효율을 실제보다 작게 추정하는 경향이 있다. 실제 설계 시에는 종종 불확실성을 고려하여 단수를 5~10% 정도로 초과 설계한다.

6.8 증류탑 개념 설계

일반적으로 증류에서 원료 조성과 유량, 생산물의 규격이 정해진다. 생산물 규격은 어떤 성분의 생산물 조성이나 회수율이 될 수 있다. 개념 설계 시에 결정해야 할 사항은

- 운전압력
- 환류비
- 원료 조건
- 응축기 유형
- 재비기 유형
- 평형단의 예비 설정
- 분리단 종류의 예비 설정

1) *압력* 압력은 첫 번째로 결정해야 할 중요한 변수이다. 압력이 증가하면,

- 상대휘발도가 낮아져서 분리가 어렵게 된다. 즉 더 많은 환류와 분리단이 필요하다.
- 기화 잠열이 줄어들어 재비기와 응축기에서의 부하가 줄어든다.
- 기체 밀도가 증가하여 탑 직경이 줄어든다.
- 재비기 온도가 증가하여 증발하는 물질의 열분해나 과도한 오염을 야기한다.
- 응축기 온도가 증가한다.

압력이 낮아지면 이러한 효과는 반대가 되며 아래의 인자에 의해 제한된다.

- 진공운전
- 응축기에서의 냉동

진공운전과 냉동 사용은 투자비용과 운전비용의 상승을 야기하며 설계를 더욱 복잡하게 하므로 되도록 피해야 하지만, 때로는 피치 못하게 사용해야 할 수도 있다. 공정 제약 조건들을 충족한다면 압력은 냉각수나 공기냉각을 사용할 수 있는 한도에서 되도록 낮게 설정하는 것이 좋다. 만약 완전응축기를 사용하고 액상으로 탑정생산물을 취한다면 압력은 다음 사항을 만족하도록 설정해야 한다.

- 만약 냉각수가 사용된다면 탑정제품의 기포점이 하절기 기준 냉각수 온도보다 10°C 정도 높도록
- 만약 공기냉각이 사용된다면 탑정제품의 기포점이 하절기 기준 대기 온도보다 20°C 높도록
- 만약 이러한 조건을 만족하기 위해 진공운전이 요구된다면 압력은 상압 수준으로

만약 부분응축기를 사용하고 탑정제품을 기체 상태로 취한다면 액체 탑정제품의 기포점이 아닌 기체 탑정제품의 이슬점으로 이 기준들이 적용되어야 한다. 또 기체 탑정제품의 경우 제품이 가는 종착지의 운전압력을 기준으로 탑 압력이 정해질 수도 있다(예, 탑정제품이 연료 가스 시스템으로 보내지는 경우).

이러한 지침이 적용되지 않는 두 가지 예외적인 경우로는

- 응축기에 냉각수나 공기를 사용하는 것이 과도하게 높은 압력을 초래하는 경우 압력 증가와 냉동을 적절히 조합하여 사용해야 한다. 이러한 경우는 경질 탄화수소나 가스를 분리하는 경우 종종 나타난다.
- 공정제약에 의해 증류의 최대 허용 온도가 제한되는 경우 제품 분해가 일어나지 않는 온도 수준을 달성하기 위하여 진공운전이 적용되어야 한다. 주로 고분자량 물질의 분리 시에 발생한다.

2) *환류비* 증류 설계를 위하여 결정해야 할 또 하나의 중요한 변수는 환류비이다. 응축열과 재비열을 유틸리티로부터 공급받는 독립된 증류탑에서는 그림 6.20에 보인 바와 같이 환류비에 대한 운전비용과 투자비용 간의 분기점이 존재한다. 환류비가 최소값으로부터 증가하면 투자비용은 분리단수의 감소에 의해 감소하게 되는 반면 운전비용은 재비량과 응축량의 증가로 증가하게 된다. 탑, 응축기, 재비기의 투자비용을 연간화하여 운전비용과 조합하면 최적 환류비가 구해진다. 실제 환류비 대비

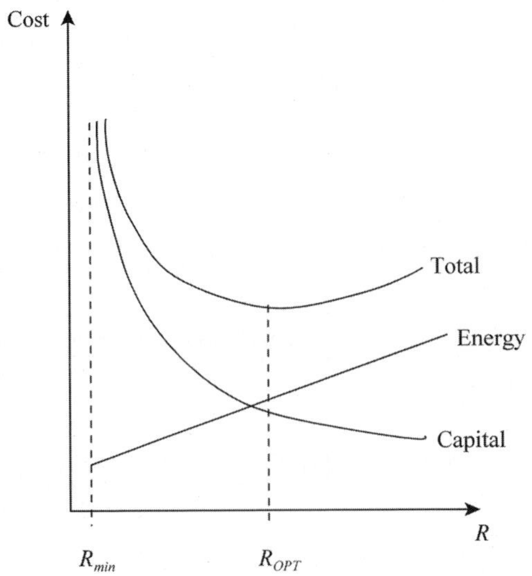

그림 6.20 ▸ 독립 증류탑에서의 투자–운전 비용 분기점.

최소 환류비의 비는 많은 경우 1.1보다 작은 값을 가지게 된다. 그러나 대부분 설계자들은 특별한 상황을 제외하면 1.1보다 최소 환류에 더 가깝게 설계하는 것을 꺼려 하는데, 그 이유는 설계 데이터에서의 작은 오차 혹은 조업 조건에서의 작은 변화가 불가능한 설계를 가져올 수도 있기 때문이다. 또한, 총괄 비용 곡선은 최적점을 부근으로 넓은 범위에서 평평한 특성을 보이는 경우가 많다. 전체 공정설계에 대한 윤곽이 완성될 때까지는 그림 6.20에 보인 최적화를 시도해서는 안 된다. 이후 증류탑을 다른 공정 부분과 열통합하게 되면 이 절충점의 특성과 최적점의 위치가 독립된 증류탑의 경우와 크게 달라질 수 있기 때문이다. 이 시점에서는 어떠한 합리적인 최적 환류비 가정(예를 들면 실제 대 최소 환류비의 비가 1.1)을 적용해도 적절할 것이다.

3) ***원료조건*** 결정해야 할 또 다른 변수로 원료조건이 있다. 증류 자체를 고려하면 최적의 원료단 위치는 원료와 탑 내 흐름 간의 혼합 효과가 최소인 지점이 된다. 이론상, 이성분계 증류는 원료 조성과 탑내 흐름 조성이 완전하게 일치시키는 것이 가능하다. 그러나 실제상에서는 분리단 간의 조성이 불연속적으로 변하기 때문에 불가능할 수도 있다. 다성분계에서는 특별한 상황을 제외하고는 일반적으로 이러한 완벽한 일치는 가능하지 않다. 원료를 부분 기화시킴으로써 원료의 기상과 액상 흐름에서의 조성과 원료단에서의 기상과 액상 흐름에서의 조성을 좀 더 잘 일치시킬 수 있는 추가의 자유도를 가질 수 있다. 그러나 원료 혼합을 최소화하는 것이 반드시 운전비용을 최소로 해주지는 않는다. 일반적으로 원료의 가열은

- 정류부의 필요 단수의 증가를 가져오는 반면 탈거부의 필요 단수의 감소를 가져온다.
- 재비기 부하량을 줄이는 반면 응축기 부하량을 증가시킨다.

원료의 냉각은 위와 반대인 효과를 가져온다.

원료의 예열에 공급된 에너지만큼 재비기에 들어가는 에너지가 대체되는 것은 아니다(Liebert, 1993). 그러나 원료 조건[식 (6.42)의 q]이 바뀌게 되어 최소 환류비의 변화를 가져온다. 포화액체 상태의 원료가 포화 기체 상태의 원료로 바뀌는 경우 최소 환류비는 증가하는 경향이 있다. 따라서 예열에 공급된 에너지와 재비기에서 절약된 에너지의 비는 q 값, 주성분 간의 상대휘발도, 원료 조성, 실제와 최소 환류비 간의 비 등에 복잡하게 연관되어 있다. 어떤 상황에서는, 특히 실제 대 최소 환류비의 비가 매우 큰 경우 원료의 예열은 재비기의 부하량을 증가시킨다(Liebert, 1993).

주어진 분리에서 원료조건은 최적화될 수 있다. 하지만 열통합이 설계에 적용되면 이 최적 조건은 달라질 수 있으므로 초기 설계 단계에서는 최적화를 시도해서는 안 된다. 탑 내 증기흐름에 영향을 주지 않고 운전압력을 높여야 될 경우 펌프로 간단히 해결될 수 있으므로 단순히 포화 액체로 산정하는 것이 적절할 것이다.

4) ***응축기 유형*** 완전응축기 또는 부분응축기가 선택될 수 있으나 대부분의 경우 완전응축기가 사용된다. 최종 생산물이 중간 또는 최종 저장소로 이송되어야 하는 경우에는 완전응축기를 사용하는 것이 최선이다. 펌프를 사용하여 압력을 용이하게 올릴 수 있으므로 탑정생산물이 압력이 더 높게 운용되는 다른 증류탑의 원료로 들어가야 하는 경우에도 완전응축기를 사용하는 것이 좋다.

부분응축기를 사용하는 경우 응축기는 이론상 1개의 분리단으로 작용한다. 그러나 실제로는 1단보다 낮은 성능을 보이는 경향이 있다. 부분응축기를 사용하면 응축기 부하를 줄일 수 있으므로 냉동과 같이 비싼 냉각물질을 사용해야 하는 경우 유리하다. 완전응축기를 사용할 경우 저온 냉동(매우 비싼)이 필요한 저비점 성분을 증류하는 경우에는 부분응축기의 사용이 종종 필수적인 선택이 된다. 이러한 상황에서는 응축이 가능한 부분은 액화하여 환류와 액상 생산물로 취하고 응축이 안되는

성분은 기상 생산물로 함께 취하는 *혼합응축기*도 사용될 수 있다. 이 경우 비응축 생산물은 주로 가스 수집기나 *연료헤더*로 보내진다. 만약 기상 생산물이 하부공정의 증류탑 원료로 공급되어야 하는 경우 하부공정 증류탑의 재비량과 응축량에 복합적인 영향을 주게 된다. 기상 원료는 응축기 부하를 증가시키는 반면 재비기 부하를 감소시킨다. 이러한 결과가 운전비용에 유리한지 또는 불리한지는 냉각 유틸리티와 가열 유틸리티 중 어느 것이 더 비싼 유틸리티인지에 달렸다. 열통합이 진행되면 이러한 복합적 영향은 더욱 중요하게 될 수 있다.

5) ***재비기 유형*** 주로 케틀 재비기과 열사이펀 재비기 중 하나를 선택한다. 케틀 재비기는 이론상 1개의 분리단으로 작용하지만 열사이펀 재비기는 비록 일부 분리가 수행되지만 1개의 분리단 역할을 온전히 하지는 못한다. 재비기를 선택하는 기준은

- 유체의 속성(주로 점도와 파울링 경향성)
- 탑저생산물의 열 민감도
- 공정과 가열물질 간의 온도차
- 장치 레이아웃(수두 공간 가용성)

열사이펀 재비기는 가장 저렴하면서 고점도 액체나 진공운전에 적합하다.

6) ***평형단의 예비 설정*** Gilliland 식을 이용하여 이론단수를 설정하고 Kirkbride 식을 사용하여 정류부와 탈거부 비를 설정한다.

7) ***탑 내부 분리단 유형 설정*** 단과 충진재 중에 어느 종류를 사용할 것인지를 선정한다. 일반적으로 단은 다음의 조건에서 사용해야 한다.

- 액상흐름이 클 때(분리가 어려운 경우에 발생)
- 탑 직경이 클 때(충진탑의 경우 액체흐름의 분포가 나빠질 수 있음)
- 원료 조건의 변동이 클 때(단은 조건 변동에 보다 강건)
- 복수의 원료흐름과 생산물흐름이 요구될 때(단탑이 좀 더 용이하게 구현이 가능)

충진탑은 다음의 조건에서 선호된다.

- 단 직경이 작을 때(작은 직경의 탑은 단 설치 비용이 높음)
- 진공 조건이 요구될 때(충진탑이 작은 압력강하와 낮은 비말동반을 보임)
- 작은 압력 강하가 요구될 때(충진탑이 단탑보다 압력 강하가 작음)
- 시스템이 부식성이 강할 때(다양한 내부식성 물질을 충진재에 사용할 수 있음)
- 거품(foaming)이 예상될 때(거품 진행 경향성이 상대적으로 작음)
- 작은 액체 체류가 요구될 때

단탑으로 간다면 가장 흔한 선택은 체단, 부유식 밸브단, 고정식 밸브단이 된다. 체단은 가장 저렴하고 널리 사용되지만 감소 조업비가 좋지 않다. 단에서의 흐름 경로의 개수도 결정해야 한다.

만약 충진탑을 택한다면 구조화 충진재와 랜덤 충진재 중에 선택을 해야 한다. 같은 분리에 대하여 구조화 충진재가 랜덤 충진재에 비하여 작은 부피를 필요로 하지만 비용이 더 들어간다.

6.9 증류의 상세 설계

개념설계 과정에서 중요한 설계 사안이 결정되면 상세 시뮬레이션이 수행되어야 한다. 증류 설계를 위한 정밀 접근방법을 알아보기 위하여 그림 6.21에 보인 증류탑에서의 가장 일반적인 평형단을 보여준다. 이 일반적인 평형단은 하나의 원료흐름과 두 개의 생산물흐름으로 구성된 단순 증류탑과 달리 많은 설계 옵션을 제공해 준다. 원료가 기상과 액상 형태로 들어올 수 있으며 생산물도 기상 또는 액상 형태로 나갈 수 있다. 열 유입과 제거가 가능하다. 그림 6.21에 보인 바와 같은 가장 일반적인 평형단 표현을 사용함으로써 복수개의 원료흐름과 생산물흐름, 중간 열교환을 가지는 증류탑 설계가 가능하다.

각 평형단에서의 열 및 물질수지에 연관된 식은,

1) 성분 i의 분리단 j에서의 물질수지(각 단당 NC개의 식):

$$L_{j-1}x_{i,j-1} + V_{j+1}y_{i,j+1} + F_j z_{i,j} - (L_j + U_j)x_{i,j} - (V_j + W_j)y_{i,j} = 0 \quad \textbf{(6.64)}$$

2) 각 성분 i에 대한 평형 관계식(각 단당 NC개의 식):

$$y_{i,j} - K_{i,j}x_{i,j} = 0 \quad \textbf{(6.65)}$$

3) 성분 i의 분리단 j에서의 몰분율 합산식(각 단당 1개의 식):

$$\sum_{i=1}^{NC} y_{i,j} - 1.0 = 0, \ \sum_{i=1}^{NC} x_{i,j} - 1.0 = 0 \quad \textbf{(6.66)}$$

4) 열수지(각 분리단당 1개의 식):

$$L_{j-1}H_{j-1}^{L} + V_{j+1}H_{j+1}^{V} + F_j H_j^{F} - (L_j + U_j)H_j^{H} - (V_j + W_j)H_j^{V} - Q_j = 0 \quad \textbf{(6.67)}$$

여기서 z_{ij}, y_{ij}, x_{ij} = 분리단 j에서의 성분 i 의 원료, 증기, 액체 흐름에서의 몰분율

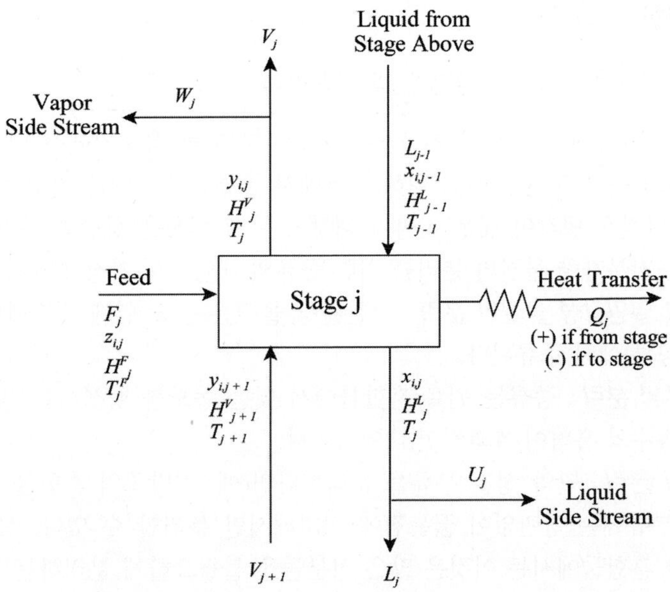

그림 6.21 ▸ 증류탑에서의 일반적인 평형단. (Reproduced from Smith R and Jobson M (2000) Distillation, Encyclopedia of Separation Science, Academic Press, with permission from Elsevier.)

F_j, V_j, L_j = 분리단 j에서의 원료, 증기, 액체 흐름의 몰 흐름양

W_j, U_j = 분리단 j에서의 증기와 액체 측면흐름 몰 흐름양

H_F = 원료의 몰 엔탈피

H_j^V, H_j^L = 분리단 j에서의 증기와 액체 흐름의 몰 엔탈피

Q_j = 분리단 j에서 유출된 열(음의 값은 단으로 유입된 열)

K_{ij} = 분리단 j에서의 성분 i의 기-액 평형상수

NC = 성분의 개수

식 (6.64)~(6.67)이 물질수지(M), 평형관계식(E), 몰분율 합산식(S), 엔탈피수지(H)을 포함하므로 이들의 앞 글자를 따서 MESH 식이라 알려져 있다. 이들 식은 기-액 평형과 엔탈피 계산을 위한 물성치 자료를 필요로 하며 동시에 해를 구해야 한다. 이 복잡한 MESH 식을 풀기 위한 많은 방법들이 나와 있으나(King, 1980; Kister, 1992; Seader, Henley and Roper, 2011) 이들 방법들에 대한 상세한 내용은 이 책의 범위를 벗어난다. 실제에서는 대부분의 경우 상용 컴퓨터 시뮬레이션 패키지를 사용하여 MESH 식을 풀음으로써 설계를 수행하게 된다.

6.10 증류의 한계

균질 유체 혼합물의 분리를 위한 가장 일반적인 방법은 증류이다. 증류는 대부분의 균질 유체 혼합물의 거의 완벽한 분리가 가능하다. 증류는 다른 경쟁적인 분리공정들과 비교하여 세 가지 주요 장점을 가진다.

1) ***넓은 범위의 처리량을 다루는 능력*** 증류 외의 대안들은 단지 작은 처리량만을 다룰 수 있다.
2) ***넓은 범위의 원료 농도를 다루는 능력*** 증류 외의 많은 대안들은 단지 상대적으로 순수한 원료만을 다룰 수 있다.
3) ***높은 생산물 순도에 대한 능력*** 증류 외의 많은 대안들은 단지 부분적 분리만을 수행하고 순수한 생산물은 생산할 수 없다.

그러나 증류에 적당하지 않은 경우들은 다음과 같다.

1) ***저분자량 물질의 분리*** 저분자량 물질은 가능하다면 탑 응축기에서 냉각수 혹은 공냉을 사용할 수 있을 정도로 응축 온도를 높이기 위해 고압에서 증류된다. 극저분자량 물질은 응축기에서 냉각을 필요로 하며, 이것은 냉각이 매우 비싸기 때문에 분리 비용을 상당히 증가시킨다. 흡수, 흡착과 막 기체 분리기는 저분자량 물질의 분리를 위한 증류의 대안으로 가장 흔하게 사용된다.
2) ***큰 분자량의 열민감성 물질의 분리*** 고분자량 물질은 종종 열에 민감하며 보통 끓는점 온도를 낮추기 위해 진공 하에서 증류된다.
3) ***저농도 성분의 분리*** 증류는 원료 혼합물에서 낮은 농도를 형성하는 생산물의 분리에 그리 적합하지 않으며 흡수와 흡착이 효과적인 대안들이다.
4) ***성분 부류의 분리*** 만약 성분 부류를 분리한다면(예, 지방족의 혼합물로부터 방향족 혼합물), 증류는 성분의 부류에는 상관없이 끓는점에 의거해서만 분리할 수 있다. 성분의 부류가 분리될 필요가 있는 복잡한 혼합물에서는 이것은 많은 성분들을 불필요하게 분리하는 것을 의미할 수도 있다. 액-액 추출이 성분 부류의 분리에 응용될 수 있다.

5) ***낮은 상대휘발도 물질 또는 공비 양상을 보이는 물질*** 낮은 상대휘발도와 공비혼합물의 분리를 다루는 가장 흔한 수단은 추출증류와 공비증류를 사용하는 것이다. 이러한 공정들은 나중에 자세히 소개된다. 결정화, 액–액 추출, 결정화 공정 등도 사용될 수 있다.

6) ***응축성과 비응축성 성분 혼합물의 분리*** 만약 유체 혼합물이 응축성과 비응축성 성분 모두를 가지고 있다면, 단순 상분리기 다음에 오는 부분응축은 종종 괜찮은 분리를 가져올 수 있다. 이것은 근본적으로 1단 증류 조작이며, 나중에 보다 자세히 다룰 필요가 있는 특별한 경우이다.

요약하면, 증류는 저분자량 물질이나 고분자량의 열민감성 물질을 분리하는 데는 그리 적합하지 않다. 그러나 증류의 기본적인 장점(많은 처리량과 다양한 원료 농도 및 고순도에 대한 잠재성)이 여전히 우세하기 때문에, 이들 경우에 대해서도 증류가 가장 좋은 방법일 수 있다. 다음 장에서는 균질액체 혼합물의 분리를 위한 다른 방법들에 대해서 다룰 것이다.

6.11 증류에 의한 균질유체 혼합물의 분리 – 요약

증류 설계는 다음 단계로 수행된다.

a) 분리와 생산물 규격을 정한다.
b) 운전압력을 정한다.
c) 이론단수와 에너지 소요량을 정한다.
d) 요구되는 실제 단수 또는 충진층 높이와 탑의 직경을 결정한다.
e) 탑 내부를 설계한다(단의 크기, 충진재, 기–액 분포 등).

공정설계가 끝나면 용기 벽의 두께, 내부 피팅 등의 결정을 위한 기계설계가 수행되어야 한다.

비록 증류의 개념 설계가 공정설계나 개조의 초기 단계에서 수행되어야 하지만, 증류공정의 평가는 이상적으로는 전체 시스템 관점에서 이루어져야 한다. 이후에 논의되겠지만, 증류와 같이 분리를 위해 에너지 공급이 필요한 분리장치들은 공정의 다른 부분과 적절하게 열통합을 함으로써 종종 거의 에너지 비용을 들이지 않고도 운전이 가능할 수 있다. 비록 증류가 에너지 다소비적인 기술이지만 만약 적절한 열통합이 구현된다면 전체 공정 관점에서는 에너지 효율적인 분리가 될 수 있다. 이들 변수는 전체 시스템의 설계 단계에서 변하게 될 것이므로 전체적인 열통합 구도가 이루어질 때까지는 압력, 원료 조건, 환류비, 분리단 수 등의 최적화에 집중할 필요는 없다.

6.12 연습 문제

1. 표 6.9에 보인 방향족 혼합물에 대하여 다음을 구하라.

a) 1 bar에서의 기포점
b) 5 bar에서의 기포점
c) 313 K에서 완전히 응축되기 위한 압력
d) 1 bar, 400 K에서 얼마나 많은 응축이 일어나겠는가?

식 (6.25)를 이용하라. 여기서 P는 압력(bar), T는 절대온도(K)이고 Antoine 상수 A_i, B_i, C_i는 표 6.9에 보인 바와 같다

2. 아세톤이 2-프로판올의 탈수소화 반응으로 생산된다. 이 공정에서 반응기에서 나온 생산물은 수소, 아세톤, 2-프로판올, 물을 포함하고 있다. 예냉된 후 플래시드

표 6.9 ▸ 방향족 혼합물 자료

Component	Feed (kmol)	A_i	B_i	C_i
Benzene	1	9.2806	2789.51	−52.36
Toluene	26	9.3935	3096.52	−53.67
Ethylbenzene	6	9.3993	3279.47	−59.95
Xylene	23	9.5188	3366.99	−59.04

럼으로 유입된다. 플래시드럼에서는 수소가 다른 성분들로부터 분리되어 가열로의 연료로 보내진다. 일부 아세톤도 증기흐름에 포함되어 나간다. 냉각수를 이용하여 플래시드럼을 냉각시킬 때의 최소 가능 온도는 35°C이다. 운전압력은 절대압 1.1 bar이다. 플래시드럼으로 들어가는 흐름의 성분 유량은 표 6.10과 같다. K 값은 식 (6.25)를 이용한다고 할 때[P는 압력(bar), T는 절대온도(K)이고, Antoine 상수 A_i, B_i, C_i는 표 6.10 참조],

a) 증기흐름에서의 아세톤과 2-프로판올 성분 흐름의 유량은?

b) 액체흐름에서의 수소 흐름양은?

c) 더 적절한 K 값을 계산하기 위한 다른 방법은?

3. 벤젠–톨루엔 혼합물의 상대휘발도는 2.34이다. 상대휘발도가 일정하다고 할 때, 이 혼합물의 x–y 도표를 그려라.

4. 메탄올과 물 혼합물에서 메탄올이 가장 휘발성이 높다. 1 atm에서 상대휘발도가 3.60으로 일정하다고 할 때 x–y 도표를 그려라.

5. 메탄올이 0.4 몰분율 포함된 메탄올–물 혼합물을 1 atm에서 증류에 의해 분리하고자 한다. 탑정생산물은 95% 순도의 메탄올을 탑저생산물은 95% 순도의 물을 얻고자 한다. 원료는 포화액체 상태라 할 때 연습 문제 4에서 작성한 x–y 도표를 사용하여 McCabe–Thiele 선도를 작성하라.

a) 최소 환류비를 구하라

b) 최소 환류비의 1.1배로 실제 환류비를 선정했을 때의 이론단수를 구하라.

6. 방향족 공장의 증류 공정에 톨루엔과 에틸벤젠을 분리하는 증류탑에서 탑정에서의 톨루엔 회수율이 95%이고, 탑저에서는 90%의 에틸벤젠이 회수되어야 한다. 원료 중 톨루엔과 에틸벤젠 외에 벤젠과 자일렌도 포함하고 있다. 원료는 170°C의 포화조건에서 표 6.11의 유량으로 증류탑으로 들어간다. Fenske 식을 사용하여 증류탑 주위의 물질수지를 세워라. K 값은 식 (6.25)로 표현되며, Antoine 상수 A_i, B_i, C_i는 표 6.11과 같다.

7. 표 6.12에 보인 에탄, 프로판, n-부탄, n-펜탄, n-헥산 혼합물을 증류탑에서 탑정생산물로 프로판의 95%를 회수하고 부탄의 96%를 탑저생산물로 회수하고자 한다. 원료와 상대휘발도에 대한 자료는 표 6.12와 같다.

a) Fenske 식을 사용하여 비 주성분들의 분리 분포를 보여라.

b) Underwood 식을 사용하여 최소 환류비를 구하라.

c) R/R_{min} = 1.1일 때 Gilliland 관계식을 사용하여

표 6.10 ▸ 아세톤 생산 관련 유량과 기–액 평형 자료

Component	Flowrate (kmol·h^{-1})	A_i	B_i	C_i
Hydrogen	76.95	7.0131	164.90	3.19
Acetone	76.95	10.0311	2940.46	−35.93
2-propanol	9.55	12.0727	3640.20	−53.54
Water	36.6	11.6834	3816.44	−46.13

표 6.11 ▸ 방향족 혼합물 자료

Component	Feed (kmol·h^{-1})	A_i	B_i	C_i
Benzene	1	9.2806	2789.51	−52.36
Toluene	26	9.3935	3096.52	−53.67
Ethylbenzene	6	9.3993	3279.47	−59.95
Xylene	23	9.5188	3366.99	−59.04

표 6.12 ▸ 5성분계 자료

Component	Formula	Feed (kmol·h^{-1})	α_{ij}
Ethane	C_2H_6	5	16.0
Propane	C_3H_8	25	7.81
n-Butane	C_4H_{10}	30	3.83
n-Pentane	C_5H_{12}	20	1.94
n-Hexane	C_6H_{14}	20	1.00

실제 이론단수를 구하라.

8. 연습 문제 7과 같은 운전압력, 상대휘발도, 원료에 대하여 중질 주성분이 펜탄으로 바뀌었다고 가정하자. 탑정으로는 프로판의 95%가 회수되고 탑저로는 펜탄의 95%가 회수되어야 한다. 경질 주성분보다 가벼운 모든 경질 비 주성분은 탑정으로, 중질 주성분보다 무거운 모든 중질 비 주성분은 탑저로 분리되어 나간다고 할 때, 부탄의 생산물에서의 분포를 추정하고, Underwood 식을 사용하여 최소 환류비를 추정하라.

참고 문헌

Bahadori A and Vuthaluru HB (2010) Predictive Tools for the Estimation of Downcomer Velocity and Vapor Capacity Factor in Fractionators, *Applied Energy*, **87**: 2615.

Douglas JM (1988) *Conceptual Design of Chemical Processes*, McGraw-Hill.

Enríquez-Gutiérrez VM, Jobson M and Smith R(2014) A Design Methodology for Retrofit of Crude Oil Distillation Systems, *24th European Symposium on Computer Aided Process Engineering – ESCAPE 24*, June 15–18, Budapest, Hungary.

Fair JR (1961) How to Predict Sieve Tray Entrainment and Flooding, *Petrol Chem Eng*, **33**: 45.

Fenske MR (1932) Fractionation of Straight-Run Pennsylvania Gasoline, *Ind Eng Chem*, **24**: 482.

Geankopolis CJ (1993) *Transport Processes and Unit Operations*, 3rd Edition, Prentice Hall.

Gilliland ER (1940) Multicomponent Rectification – Estimation of the Number of Theoretical Plates as a Function of the Reflux Ratio, *Ind Eng Chem*, **32**: 1220.

Kessler DP and Wankat PC (1988) Correlations for Column Parameters, *Chem Eng*, **Sept**: 72.

King CJ (1980) *Separation Processes*, 2nd Edition, McGraw-Hill.

Kirkbride CG (1944) Process Design Procedure for Multicomponent Fractionators, *Petroleum Refiner*, **23** (9): 87.

Kister HZ (1992) *Distillation Design*, McGraw-Hill.

Kister HZ, Scherffius J, Afshar K and Abkar E (2007) Realistically Predict Capacity and Pressure Drop for Packed Columns, *Chem Eng Progr*, **July**: 28.

Kister HZ and Olsson M(2010) Understanding Maldistribution in 3-Pass Trays, *Distillation Absorption 2010*, 12–15 Sept 2010, Eindhoven, The Netherlands, p. 617.

Liebert TC (1993) Distillation Feed Preheat – Is It Energy Efficient? *Hydrocarbon Process*, **Oct**: 37.

McCabe WL and Thiele EW (1925) Graphical Design of Fractionating Columns, *Ind Eng Chem*, **17**: 605.

O'Connell HE (1946) Plate Efficiency of Fractionating Columns and Absorbers, *Trans AIChE*, **42**: 741.

Perry RH and Green DW (2007) *Perry's Chemical Engineers' Handbook*, 8th Edition, McGraw-Hill.

Pilling M (2005) Ensure Proper Design and Operation of Multipass Trays, *Chem Eng Progr*, **June**: 22.

Pilling M and Holden BS (2009) Choosing Trays and Packings for Distillation, *Chem Eng Progr*, **Sept**: 44.

Poling BE, Prausnitz JM and O'Connell JP (2001) *The Properties of Gases and Liquids*, 5th Edition, McGraw-Hill.

Rachford HH and Rice JD (1952) Procedure for Use in Electrical Digital Computers in Calculating Flash Vaporization Hydrocarbon Equilibrium, *Journal of Petroleum Technology*, Sec. 1 **Oct**: 19.

Rusche FA (1999) Gilliland Plot Revisited, *Hydrocarbon Process*, **Feb**: 79.

Seader JD, Henley EJ and Roper DR (2011) *Separation Process Principles*, 3rd Edition, John Wiley & Sons.

Smith R and Jobson M (2000) *Distillation, Encyclopedia of Separation Science*, Academic Press.

Souders M. and Brown GG (1934) Design of Fractionating Columns, Entrainment and Capacity, *Ind Eng Chem*, **38**: 98.

Treybal RE (1980) *Mass Transfer Operations*, 3rd Edition, McGraw-Hill.

Underwood AJV (1946) Fractional Distillation of Multicomponent Mixtures – Calculation of Minimum Reflux Ratio, *J Inst Petrol*, **32**: 614.

Walas SM (1985) *Phase Equilibria in Chemical Engineering*, Butterworth Publishers.

제 7 장 균질 혼합물의 분리 II – 다른 방법들

Separation of Homogeneous Fluid Mixtures II – Other Methods

7.1 흡수와 탈거

흡수(absorption)에서 기체 혼합물은 기체 중의 특정 성분을 선택적으로 용해시키는 액체 *용매*와 접촉한다. 흡수공정은 두 부류로 분류될 수 있다.

1) ***물리적 흡수*** 용매와 흡수 성분 간에 반응이 일어나지 않는다. 물과 유기 용매를 이용한 휘발성 유기화합물(VOCs)의 제거, 메탄올을 이용한 H_2S나 CO_2 제거, 납사를 용매로 사용하여 탄화수소 기체 혼합물 중의 중질 탄화수소의 회수 등이 있다.
2) ***화학적 흡수*** 용매와 흡수 성분 간에 반응이 일어나서 흡수율을 증진시킨다. 아민과 알카놀아민 용매를 이용한 H_2S나 CO_2 제거, NaOH 용액을 이용한 SO_2 제거 등이 이에 속한다.

흡수는 저분자량 물질의 분리를 위한 증류의 가장 일반적인 대안책이다. 흡수 공정은 종종 액체 용매로서 작용하기 위한 추가적인 별도 물질의 유입을 필요로 한다. 이전에 논의된 이유와 같이, 이미 공정에 있는 물질을 용매로 사용하는 것이 가능하다면 외부 물질의 도입에 우선하여 고려되어야 한다.

먼저, 물리적 흡수에 대하여 살펴보자. 액체 유량, 온도, 압력은 결정되어야 할 중요한 변수이다. 이 시스템에서의 기–액 평형은 Henry 법칙으로 간략화될 수 있다.

$$p_i = H_i x_i \tag{7.1}$$

여기서 p_i = 성분 i의 분압
H_i = 실험적으로 구한 Henry 법칙 상수
x_i = 성분 i의 액상에서의 몰분율

이상기체 거동($p_i = y_i P$)을 가정하면,

$$y_i = \frac{H_i x_i}{P} \tag{7.2}$$

따라서 K 값은 $K_i = H_i/P$가 되어 x_i에 대한 y_i의 경향은 직선으로 표시된다. 흡수공정의 분석은 기체와 액체흐름이 일정하다고 가정될 수 있을 경우 대폭 단순화될 수 있다. 이 가정은 증류에서의 일정 몰흐름 가정에 해당된다. 만약 증류에서 일정 몰흐름 가정이 적용된다면 McCabe–Thiele 방법이 유도될 수 있다. 흡수에서 조작선을 구하기 위하여 그림 7.1과 같이 흡수탑 주변의 물질수지를 세울 수 있다. 흡수

의 결과로서 흡수탑 내의 기체와 액체 흐름양이 일정하다면,

$$y = \frac{L}{V}x + \left(y_{in} - \frac{L}{V}\right)x_{out} \tag{7.3}$$

여기서 y, x = 기체와 액체의 몰분율

y_{in} = 기체흐름 입구의 몰분율

x_{out} = 액체흐름 출구의 몰분율

L = 액체흐름 유량

V = 기체흐름 유량

이 경향성은 그림 7.1에서 기울기 L/V인 직선으로 표현된다. 고정된 기체흐름양에 대하여 그림 7.2

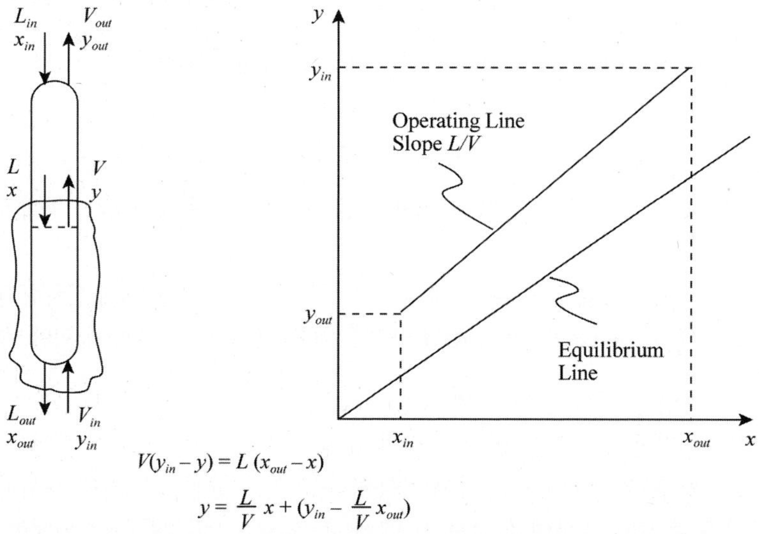

그림 7.1 ▸ **흡수탑에서의 평형선과 조작선들.**

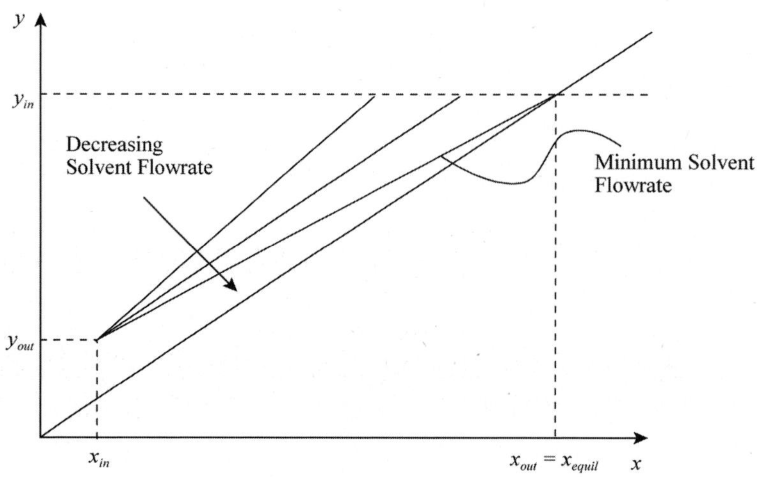

그림 7.2 ▸ **흡수탑에서의 최소 액체–증기 비.**

에서 보인 방법으로 용매흐름양을 조정하여 최소 용매흐름양을 구할 수 있다.

증류에서의 McCabe–Thiele 방법 적용 때와 같이 흡수탑에서의 소요 단수도 그림 7.3에 보인 바와 같이 도식적으로 구할 수 있다. 그림 7.3에서 용매는 1단으로 들어온다. 조작선은 분리단으로 들어가고 나오는 액상 및 기상 흐름의 조성과 연관되어 있으므로 출발점은 $y_1(y_{out})$과 x_{in}이 된다. y_1과 평형인 용매의 조성은 x_1이 되어 조작선에서 평형선에 수평으로 만나는 점과 같다. 1단으로 들어가는 기상흐름의 조성은 y_2가 되어 평형선에서 조작선으로 수직선을 그어서 만나는 점에 해당된다. y_2와 평형인 용매의 조성은 x_2가 다시 조작선에서 평형선으로 수평선을 그어 만나는 점에 해당된다. 이러한 방식으로 탑의 평형단을 통한 액체와 기체 조성 변화를 추적할 수 있다.

도식적 방법 이외에 Kremser 식과 같이 해석적으로 접근할 수도 있다(Treybal, 1980; King, 1980; Geankopolis, 1993; Seader, Henley and Roper, 2011). Kremser 식은 평형선이 원점을 통과하는 직선이고 조작선도 직선이라는 가정 하에 유도된다. 이 방법은 그림 7.3에 보인 계단식 도식적 방법에 대한 해석적 표현이다. 이에 대한 상세한 유도는(King, 1980; Geankopolis, 1993; Seader, Henley and Roper, 2011)을 참고하라. 조성을 알 때 이론단수 N은(Treybal, 1980; King, 1980; Geankopolis, 1993),

$$N = \frac{\ln\left[\left(\frac{A-1}{A}\right)\left(\frac{y_{in} - Kx_{in}}{y_{out} - Kx_{in}}\right) + \frac{1}{A}\right]}{\ln A} \tag{7.4}$$

여기서 A = 흡수인자, L/KV
K = 기–액 평형상수 K 값(y/x)

$A = 1$일 때 위의 식은

$$N = \frac{y_{in} - y_{out}}{y_{out} - Kx_{in}} \tag{7.5}$$

만약 이론단수가 주어졌을 경우 조성은 다음과 같이 계산된다.

$$\frac{y_{in} - y_{out}}{y_{in} - Kx_{in}} = \frac{A^{N+1} - A}{A^{N+1} - 1} \tag{7.6}$$

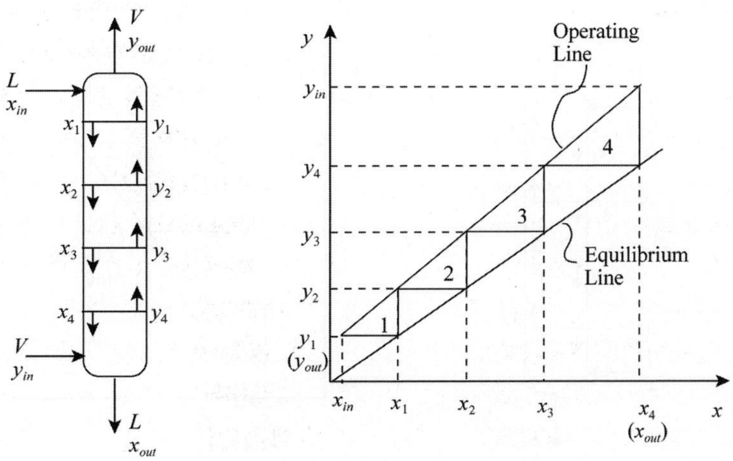

그림 7.3 ▸ 흡수에서의 평형 향류단 조작.

다성분 시스템에서 식 (7.4)는 한계성분, 즉 가장 높은 K_i를 가지는 성분에 대하여 표현된다. 흡수와 탈거에 있어서의 총괄 단효율은 증류에 비하여 훨씬 낮아서 때로는 0.1~0.2의 매우 낮은 값을 보인다. 총괄 단효율에 대한 초기 추정은 경험적 관계식으로부터 구할 수 있다(Seader, Henley and Roper, 2011).

$$\log_{10} E_O = -0.773 - 0.415 \log_{10} X - 0.0896(\log_{10} X)^2 \quad \textbf{(7.7)}$$

여기서 E_O = 총괄 단효율($0 < E_O < 1$)

$X = \dfrac{KM_L\mu_L}{\rho_L}$

M_L = 액체 분자량(kg·kmol^{-1})

μ_L = 액체(용매) 점도($\text{mN·s·m}^{-2} = \text{cP}$)

ρ_L = 액체(용매) 밀도(kg·m^3)

이때 액체의 점도와 밀도는 흡수탑의 평균조건에서 구한다.

식 (7.7)에 주어진 총괄 단효율에 대한 관계식은 단지 초기 추정 목적으로 사용되어야 한다. 보다 정교한 방법은 단의 종류나 형태, 물성치 등의 훨씬 많은 정보를 알아야 한다. 충진재를 사용하는 흡수탑의 경우에는 충진재의 HETP로부터 충진층의 높이를 계산할 수 있다. HETP는 분리와 충진재에 따라 크게 달라진다. 같은 충진재라도 그 성능은 증류 또는 흡수냐에 따라 크게 다를 수 있으며 신뢰할 만한 자료는 충진재 업체로부터만 가능하다.

탈거(stripping)은 흡수의 반대조작으로서 액상에 포함된 용질을 기상으로 빼내는 것으로 그림 7.4에 보인 바와 같이 조작선이 평형성 아래에 위치하게 된다. K_i, L, V가 일정하다면 그림 7.4에 보인 도식적 방법은 Kremser 식으로 표현이 가능하다(Treybal, 1980; King, 1980; Geankopolis, 1993; Seader, Henley and Roper, 2011).

$$N = \frac{\ln\left[(1-A)\left(\dfrac{x_{in} - y_{in}/K}{x_{out} - y_{in}/K}\right) + A\right]}{\ln(1/A)} \quad \textbf{(7.8)}$$

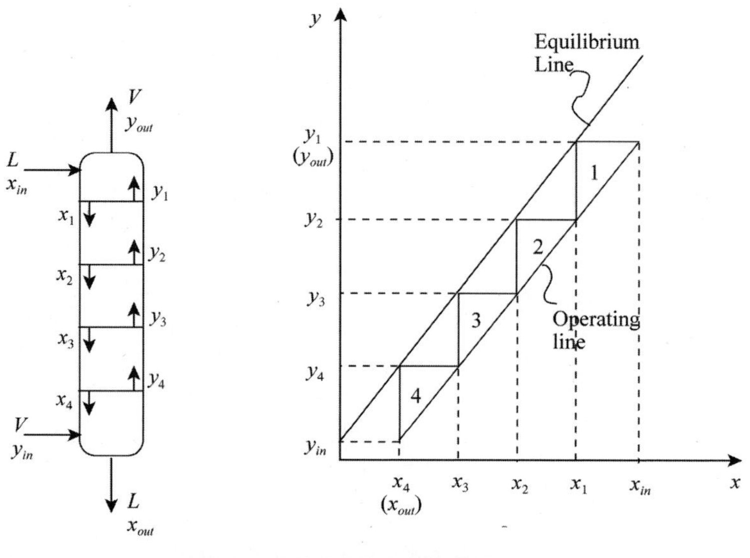

그림 7.4 ▸ 탈거에서의 평형 향류단 조작.

$A = 1$에 대하여

$$N = \frac{x_{in} - x_{out}}{x_{out} - y_{in}/K} \tag{7.9}$$

만약 단수를 안다면 조성은 다음과 같이 계산된다.

$$\frac{x_{in} - x_{out}}{x_{in} - y_{in}/K} = \frac{(1/A)^{N+1} - (1/A)}{(1/A)^{N+1} - 1} \tag{7.10}$$

식 (7.8)~(7.10)은 $S = 1/A$인 *탈거인자*(S)로 표현될 수 있다. 다성분 시스템에서 식 (7.8)~(7.9)는 한계성분(즉, 가장 작은 K_i를 가지는 성분)으로 대체되며, 식 (7.10)은 다른 성분들의 분포를 구하는 데 사용될 수 있다.

흡수를 분리의 수단으로 선택하는 경우, 주요 설계변수들에 대한 예비적 선택이 이루어져야 한다.

1) ***액체 유량*** 성분 i의 흡수인자 L/K_iV는 성분 i가 얼마나 쉽게 액상에 흡수될 것인가를 결정한다. 여기에서 L과 V는 액체와 기체의 유량이고 K_i는 성분 i에 대한 기–액 평형 K 값이다. 이 인자가 클 때, 성분 i는 액상으로 더 쉽게 흡수될 것이다. 흡수인자는 용질의 충분한 제거를 위해 1보다 더 커야 한다. 그렇지 않으면 제거 정도는 주어진 액체 유량에 의거한 낮은 값으로 제한될 것이다. L/K_iV는 액체 유량이 증가함에 따라 증가하기 때문에 액체 유량이 증가하면 주어진 분리를 달성하기 위해 필요한 단의 수는 감소한다. 그러나 높은 수치의 L/K_iV에서 액체 유량의 증가는 오히려 단 효과 감소를 가져온다. 이것은 $1.2 < L/K_iV < 2.0$의 범위에서 경제적인 최적에 이르게 한다. 약 1.4 정도의 흡수인자가 종종 사용된다(Douglas, 1988).

2) ***온도*** 온도의 감소는 용질의 용해도를 증가시킨다. 흡수탑에서, 기체에서 액체로의 용질의 전달은 가열 효과를 발생시키므로 대개는 탑 아래쪽으로 갈수록 온도가 증가되게 된다. 분리되고 있는 성분이 묽다면 흡수열은 작을 것이고, 따라서 탑 아래로의 온도 상승 또한 작을 것이다. 그렇지 않다면 용해도가 온도 증가에 따라 감소하기 때문에 이것은 바람직하지 못하며 탑 아래로의 온도 상승이 커질 것이다. 흡수탑에서의 온도 상승을 상쇄시키기 위해 때때로 액체는 탑 아래로 통과하는 중간점에서 냉각된다. 냉동이 사용되는 특별한 상황을 제외하고 냉각은 보통 냉각수로 가용한 온도에서 이루어진다.

만약 용매가 휘발성이라면 기체흐름으로의 약간의 손실이 있을 것이다. 이것은 용매가 비싸거나 환경적으로 해롭다면 흡수탑을 떠나는 증기에 응축기(또는 냉동)를 사용하여 방지되어야 한다.

3) ***압력*** 고압은 액체 내 용질이 더 높은 용해도를 갖게 한다. 그러나 고압은 기체 압축기를 필요로 하기 때문에 만들기가 비싼 경향이 있으며, 따라서 최적의 압력이 존재한다.

증류와 마찬가지로 이 초기 설계 단계에서는 액체 유량, 온도, 압력의 최적화를 수행하기 위한 어떠한 시도도 이루어져서는 안 된다.

액체에서 용질을 용해한 후에 흡수탑으로 재순환하기 위해 탈거 조작에서 액체로부터 용질을 분리하는 것이 종종 필요하다. 성분 i에 대한 탈거인자, K_iV/L는 기상에서의 농도를 짙게 하고 액상으로부터의 탈거를 확실히 하기 위해 큰 값을 가져야 한다. 탈거탑에서 탈거인자는 $1.2 < K_iV/L < 2.0$ 범위 내에 있어야 하며 종종 1.4 근처에 있다(Douglas, 1988). 흡수에서와 같이, 탈거의 경우도 탑 내에 상당히 큰 온도 변화가 있을 수 있다. 탈거의 경우 탑저로 갈수록 액체 온도가 내려가게 된다. 온도 증가와 압력 감소는 탈거 성능을 향상시킨다.

예제 7.1

벤젠 증기를 포함하고 있는 탄화수소 기체흐름에서 벤젠을 큰 분자량의 액체 탄화수소(200 kg·kmol^{-1})로 흡수하여 분리 제거하고자 한다. 기체흐름에서의 벤젠 농도는 부피로 2%, 액체흐름에서의 벤젠 농도는 무게로 0.2%이다. 기체흐름 유량은 850 m^3·h^{-1}, 압력은 1.07 bar, 온도는 25°C이다. 기체와 액체 흐름은 일정하며, 표준상태에서 1 kg의 기체 분자는 22.4 m^{3}를 차지한다. 벤젠의 분자량은 78 kg·kmol^{-1}이며, Rault 법칙을 따른다. 흡수탑 온도에서의 벤젠의 포화액체 증기압은 0.128 bar이다. 기체흐름 중의 벤젠의 95% 제거를 위해서 액체흐름양과 소요 이론단수는 얼마가 되어야 하는가?

›풀이

먼저, 증기흐름양을 추정하면

$$V = 850 \times \frac{1}{22.4\left(\frac{298}{273}\right)\left(\frac{1.013}{1.07}\right)}$$
$$= 36.6\ \text{kmol} \cdot \text{h}^{-1}$$

Raoult 법칙에서

$$K = \frac{p^{sat}}{P} = \frac{0.128}{1.07} = 0.12$$

$A = 1.4$로 가정하면

$$L = 1.4 \times 0.12 \times 36.6 = 6.15\ \text{kmol} \cdot \text{h}^{-1} = 6.15 \times 200\ \text{kg} \cdot \text{h}^{-1} = 1230\ \text{kg} \cdot \text{h}^{-1}$$

$$x_{in} = 0.002 \times \frac{200}{78} = 0.0051$$

$$y_{out} = 0.02(1 - 0.95) \text{ assuming } V \text{ constant} = 0.001$$

$$N = \frac{\ln\left[\left(\frac{A-1}{A}\right)\left(\frac{y_{in} - Kx_{in}}{y_{out} - Kx_{in}} + \frac{1}{A}\right)\right]}{\ln A}$$

$$= \frac{\ln\left[\left(\frac{1.4-1}{1.4}\right)\left(\frac{0.02 - 0.12 \times 0.0051}{0.001 - 0.12 \times 0.0051} + \frac{1}{1.4}\right)\right]}{\ln 1.4}$$

$= 8$ 이론 단

흡수탑에서의 분리는 때로 용질과 반응하는 성분을 액체에 추가함으로써 향상된다. 화학적 흡수에서는 흡수 성능을 향상시키기 위하여 가역 또는 비가역 반응을 사용한다. 수산화나트륨 용액을 사용하여 기체흐름으로부터 SO_2를 제거하는 반응흡수는 비가역 반응의 예이다.

$$\underset{\text{sodium hydroxide}}{2NaOH} + SO_2 \longrightarrow \underset{\text{sodium sulphite}}{Na_2SO_3} + H_2O$$

$$\underset{\text{sodium sulfite}}{Na_2SO_3} + \tfrac{1}{2}O_2 \longrightarrow \underset{\text{sodium sulfate}}{Na_2SO_4}$$

비가역 반응을 적용하는 다른 예로는 기체흐름 속의 산화질소군의 과산화수소를 사용한 질소 산화물의 제거가 있다.

$$\underset{\text{nitric oxide}}{2NO} + \underset{\text{hydrogen peroxide}}{3H_2O_2} \longrightarrow \underset{\text{nitric acid}}{2HNO_3} + 2H_2O$$

$$\underset{\text{nitrogen dioxide}}{2NO_2} + \underset{\text{hydrogen peroxide}}{H_2O_2} \longrightarrow \underset{\text{nitric acid}}{2HNO_3}$$

가역반응 흡수의 예로는 기체흐름 속의 황화수소와 이산화탄소의 모노에탄올아민 용액을 이용한 제거가 있다.

$$\underset{\text{monoethanolamine}}{HOCH_2CH_2NH_2} + H_2S \underset{\text{Regeneration}}{\overset{\text{Absorption}}{\rightleftharpoons}} \underset{\text{monoethanolamine hydrogen sulphide}}{HOCH_2CH_2NH_3HS}$$

$$\underset{\text{monoethanolamine}}{HOCH_2CH_2NH_2} + CO_2 + H_2O \underset{\text{Regeneration}}{\overset{\text{Absorption}}{\rightleftarrows}} \underset{\substack{\text{monoethanolamine}\\ \text{hydrogen carbonate}}}{HOCH_2CH_2NH_3HCO_3}$$

이 경우, 탈거탑의 재생 단계에서는 반대의 반응이 발생하게 된다. 용매로부터의 용질을 탈거하여 용매를 회수하는 경우에는 반응흡수는 물리적 흡수보다 더 많은 에너지가 필요하게 된다. 이는 반응흡수의 경우 반응열과 용해열을 극복하기에 충분한 에너지가 필요하기 때문이다. 그러나 반응흡수는 물리적 흡수에 비하여 더 작은 용매흐름을 필요로 한다.

반응흡수에서의 기-액 평형 거동은 단순한 Henry 법칙으로 표현되지 않는다. 또한 기상흐름에 포함된 다른 성분들이 반응에 영향을 줄 수 있다. 따라서 반응흡수의 경우 설계와 모델링을 위해서 Kremser 식과 같은 간단한 방법은 더 이상 적용할 수 없으며, 복잡하고 정교한 시뮬레이션 소프트웨어가 필요하다.

7.2 액체-액체 추출

기체 흡수에서와 같이 액체-액체(액-액) 추출도 다른 상을 추가함으로써 분리를 수행하는데, 이 경우에는 섞이지 않는 비혼화성 액상을 액상 원료와 접촉하게 함으로써 분리를 수행한다. 액-액 추출에 사용되는 장치는 액-액 반응에 사용되는 것과 같은 장치를 사용한다. 원료 중의 성분들이 두 액상에 다르게 분포됨으로써 원하는 분리를 달성하게 된다. 이때 원료로부터 *용질*(solute)을 추출하기 위하여 원료와 접촉하는 액체를 *추출용매*(extraction solvent)라고 한다. 원료 중의 용질은 원료용매에 용해된다. 분리에 의해서 얻어진 용매로 구성된 상을 *추출상*(extract)이라 하고, 남겨진 원료로 구성된 상을 비용해상 또는 *라피네이트상*(raffinate)이라 한다. 그림 7.5a는 추출단 조작을 보여준다.

두 상 간에서의 용질성분의 평형 분포를 정량화하기 위하여 *분포 계수*(distribution coefficient) K를 사용한다.

$$K_i = \frac{x_{E,i}}{x_{R,i}} = \frac{\gamma_{R,i}}{\gamma_{E,i}} \tag{7.11}$$

여기서 $x_{E,i}$, $x_{R,i}$ = 성분 i의 추출상과 라피네이트상에서의 몰분율
$\gamma_{E,i}$, $\gamma_{R,i}$ = 성분 i의 추출상과 라피네이트상에서의 활동도 계수

증류에서의 상대휘발도와 유사하게, 두 성분 i와 j에 대한 분포 계수의 비를 취함으로써 *분리인자*(separation factor)가 정의된다.

$$\beta_{ij} = \frac{K_i}{K_j} = \frac{x_{E,i}/x_{R,i}}{x_{E,j}/x_{R,j}} = \frac{\gamma_{R,i}/\gamma_{E,i}}{\gamma_{R,j}/\gamma_{E,j}} \tag{7.12}$$

분리인자(또는 선택도)는 성분 i가 성분 j에 비하여 얼마나 라피네이트상으로부터 잘 추출되는지를 보여준다.

액-액 추출에서의 분리단 조작 계산은 증류, 흡수 및 탈거의 경우와 많은 공통점을 가진다. 일정한 기상 및 액상 몰흐름을 가정한 McCabe–Thiele 도식 방법은 평형선과 조작선이 직선일 때 간편한 분리단 조작 계산을 가능하게 해 준다. 액-액 추출에서도 원료 F와 용매 S에서 용질을 제외시킴으로써 일정 몰흐름을 만들어 증류 때와 유사한 접근 방법을 활용할 수 있다. 이때, 몰흐름에서 용질이 제외되었

기 때문에 농도도 용질 대 용매의 비로 수정 표현되어야 한다. 이러한 방법으로 조작선이 직선으로 표현될 수 있어 계산이 단순화된다.

대부분의 액-액 추출 시스템은 용매가 비혼화성인 경우에 해당된다. 이 경우 그림 7.5a에서 $F = R$이고 $S = E$이므로, 추출탑 분리단 1부터 n까지의 용질에 대한 물질수지를 세우면,

$$Fx_F + Sx_{E,n+1} = Fx_{R,n} + Ex_{E,out} \tag{7.13}$$

정리하면

$$x_{E,n+1} = \frac{F}{S}x_{R,n} + \frac{Ex_{E,out} - Fx_F}{S} \tag{7.14}$$

따라서 그림 7.5b에 보인 기울기 F/S의 직선이 된다. 분리단 N부터 n까지의 라피네이트를 기준으로 용질에 대한 물질수지를 세워도 같은 조작선을 구할 수 있다.

$$x_{E,n} = \frac{F}{S}x_{R,n-1} + \frac{Sx_s - Rx_{R,out}}{S} \tag{7.15}$$

추출탑에서의 총괄물질수지는

$$x_{E,out} = \frac{Fx_F + Sx_S - Rx_{R,out}}{E} \tag{7.16}$$

따라서 조작선은 $(x_{R,out}, x_S)$과 $(x_F, x_{E,out})$을 끝점으로 가진다. 그림 7.5b는 조작선과 평형선, 그리고 증류, 흡수, 탈거 때와 같은 분리단 해석을 위한 계단식 도식법을 보여준다.

분포 계수와 액체흐름(용질제외)이 일정하다면 탈거 때 사용된 Kremser 식에 의한 해석이 적용될

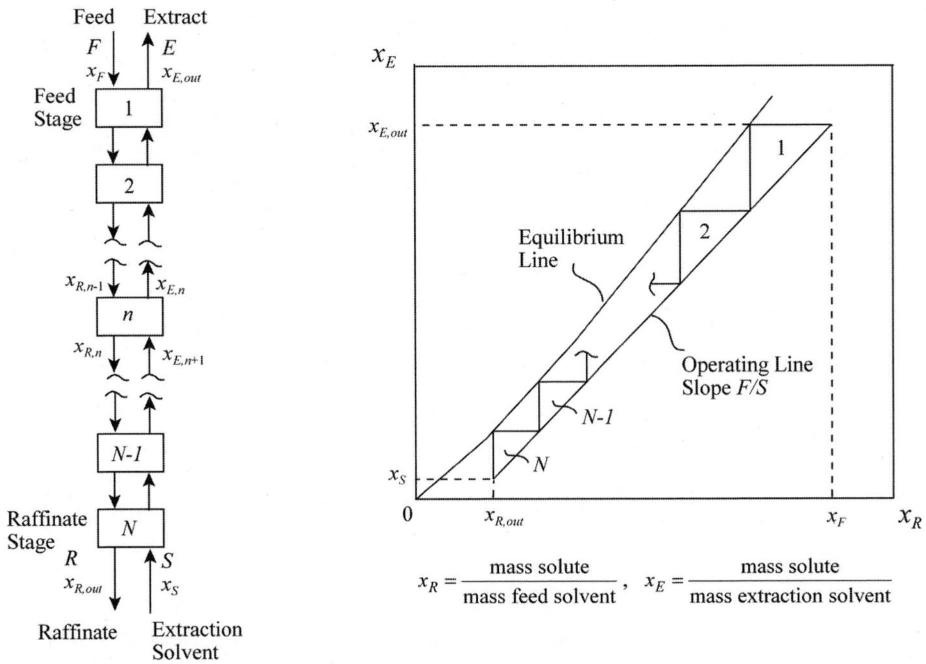

(a) 액-액 추출 물질수지

(b) 이론단수를 구하기 위한 계단식 도식법

그림 7.5 ▸ 향류 액-액 추출.

수 있다. 액–액 추출에서는 탈거 때와 같이 용질이 원료에서 이동된다($\varepsilon \neq 1$).

$$N = \frac{\ln\left[\left(\frac{\varepsilon - 1}{\varepsilon}\right)\left(\frac{x_F - x_S/K}{x_R - x_S/K}\right) + \frac{1}{\varepsilon}\right]}{\ln \varepsilon} \tag{7.17}$$

여기서 N = 이론단수
x_F = 용질 제외 원료에서의 용질의 몰분율
x_S = 용질 제외 용매에서의 용질의 몰분율
x_R = 용질 제외 라피네이트에서의 용질의 몰분율
K = 평형선 기울기
ε = 추출인자(KS/F)
S = 용질 제외 용매 유량($\text{kmol}\cdot\text{s}^{-1}$)
F = 용질 제외 원료 유량($\text{kmol}\cdot\text{s}^{-1}$)

만약 $\varepsilon = 1$이면

$$N = \frac{x_F - x_R}{x_R - x_S/K} \tag{7.18}$$

N을 아는 경우, 조성은 다음과 같이 계산될 수 있다.

$$\frac{x_F - x_R}{x_F - x_S/K} = \frac{\varepsilon^{N+1} - \varepsilon}{\varepsilon^{N+1} - 1} \tag{7.19}$$

다성분계의 경우, 한계성분(즉, 가장 작은 K_i 값을 가지는 성분)을 기준으로 식 (7.17)과 (7.18)을 분리단을 구하는 데 사용될 수 있으며, 식 (7.19)는 다른 성분들의 조성을 구하는 데 사용될 수 있다.

이론 분리단이 결정되면 이를 기반으로 실제 장치의 분리단이나 분리층 높이를 결정할 수 있다. 여러 추출탑 내부 유형에 대한 전형적인 HETP는 다음과 같다(Humphrey and Keller, 1997).

Contactor	HETP (m)
Sieve tray	0.5–3.5
Random packing	0.5–2.0
Structured packing	0.2–2.0
Mechanically agitated	0.1–0.3

이론단과 실제단 간의 관계는 접촉단의 모양, 교반속도, 액상 흐름양 및 물성치, 계면특성에 영향을 줄 수 있는 불순물 정도 등 많은 인자에 영향을 받기 때문에 유사한 분리부하와 장치로부터의 실험결과나 파일럿 실험결과만이 신뢰성 있는 자료를 제공해 줄 수 있다.

추출공정에서의 용매 선정을 위하여 고려해야 할 요소들은 다음과 같다.

1) ***분포 계수*** 식 (7.11)에 정의되었듯이 큰 분포 계수는 요구되는 분리를 위하여 작은 양의 용매가 필요함을 의미하므로 큰 것이 바람직하다. 용매는 용질을 잘 용해하기 위해서 용질과 화학적으로 유사해야 한다. 물과 같은 극성 액체는 일반적으로 이온성 및 극성 성분에 적합하다. 헥산과 같은 비극성 물질은 비극성 성분에 적합하다.

2) ***분리인자*** 식 (7.12)에 정의된 분리인자는 한 성분이 다른 성분에 비하여 얼마나 더 잘 추출되는지를 보여준다. 만약 원료 중의 한 성분을 다른 성분보다 선택적으로 추출하고자 할 때는 분리인자는 최소한 1보다 커야 하고 클수록 바람직하다.

3) *용매의 비혼화성* 용매의 라피네이트상으로의 용해 정도는 낮을수록 좋다.

4) *회수의 용이성* 용매는 재사용을 위하여 회수되어야 한다. 주로 증류를 이용하여 회수하게 되는데, 이 경우 용매는 열에 안정해야 하고 용질과 공비를 형성해서는 안 되며 상대휘발도가 높고 잠열이 작아야 한다.

5) *밀도 차이* 추출과 라피네이트상의 밀도 차이가 커야 상 간의 합체에 유리하다.

6) *계면장력* 두 액체간의 계면장력이 되도록 커야 합체에 유리하다. 그러나 장력이 클수록 추출 시의 분산이 어려워질 수 있다.

7) *부 반응* 용매는 화학적으로 안정하고 원료 중의 불순물과 부 반응을 일으켜서는 안 된다.

8) *증기압* 유기용매가 사용되는 경우 증기압은 낮을수록 좋다. 그렇지 않은 경우 공정 중 VOC 발생에 따른 환경적 문제를 유발할 수 있다.

9) *일반적 성질* 식품 분야 응용에는 비독성이어야만 한다. 일반 화학물질 제조 공정의 경우에도 안전상의 이유로 비독성이 선호된다. 또한 비인화성, 낮은 점도, 높은 빙점을 가지는 것이 바람직하다.

그러나 이러한 조건을 모두 만족하는 용매를 찾는 것은 매우 드물기 때문에 적절한 절충을 고려해야 한다.

지금까지는 물리적인 액–액 추출만을 논의하였으나 흡수에서와 같이 때로는 용질과의 반응을 활용하여 분리를 향상시킬 수 있다. 비가역 및 가역 반응 모두 화학적 추출에 적용될 수 있다. 예를 들면, 유기염기 용매를 사용하여 산–염기 반응을 활용하여 초산을 물로부터 더욱 용이하게 추출할 수 있다. 화학적 추출의 해석은 물리적 추출에 비교하여 매우 복잡하여 상평형을 일정한 분포 계수의 항으로 근사적으로 표현할 수 없다. 즉, Kremser 식과 같은 단순한 해석 방법을 더 이상 적용할 수 없으며, 정확한 해석을 위한 복잡한 시뮬레이션 소프트웨어가 필요하다.

예제 7.2

질량 대비 6% 농도의 수용성 불순물을 포함하는 1000 $kg{\cdot}h^{-1}$ 유량의 유기성분 생산물이 있다. 실험 결과, 같은 양의 물을 사용하면 불순물의 90%를 물로 추출할 수 있음을 확인하였다. 물과 유기 생산물은 전혀 섞이지 않고, 향류 방식의 2단 추출을 사용한다고 가정한다.

a) 유기 생산물에 있는 불순물의 90%를 제거하기 위해서는 얼마만큼의 물이 필요할 것인가?

b) 원료흐름양과 동일한 양의 물을 사용하는 경우 추출된 불순물 분율은 얼마인가?

›풀이

a)

$$\text{원료 중의 불순물의 양} = 1000 \times 0.06 = 60\ kg{\cdot}h^{-1}$$

$$\text{용질 제외 원료 유량} = 1000 - 60 = 940\ kg{\cdot}h^{-1}$$

$$x_F = \frac{60}{940} = 0.06383$$

$$\text{라피네이트 중의 불순물의 양} = 60 \times 0.1 = 6\ kg{\cdot}h^{-1}$$

$$\text{추출물 중의 불순물의 양} = 60 - 6 = 54\ kg{\cdot}h^{-1}$$

물과 유기 생산물이 전혀 섞이지 않으므로, $F = R$, $S = E$가 되어

$$x_R = \frac{6}{940} = 6.383 \times 10^{-3}$$

$$x_E = \frac{54}{1000} = 0.054$$

$$K = \frac{x_E}{x_R} = \frac{0.054}{6.383 \times 10^{-3}} = 8.460$$

식 (7.19)로부터

$$\frac{x_F - x_R}{x_F - x_S/K} = \frac{\varepsilon^{N+1} - \varepsilon}{\varepsilon^{N+1} - 1}$$

$$\frac{0.06383 - 6.383 \times 10^{-3}}{0.06383 - 0/8.460} = \frac{\varepsilon^3 - \varepsilon}{\varepsilon^3 - 1}$$

$$0.9 = \frac{\varepsilon^3 - \varepsilon}{\varepsilon^3 - 1}$$

$$0 = 0.1\varepsilon^3 - \varepsilon + 0.9$$

시행착오법으로 ε를 구하면

$$\varepsilon = 2.541$$

$$S = \frac{\varepsilon F}{K} = \frac{2.541 \times 940}{8.460} = 282.3\ \mathrm{kg \cdot h^{-1}}$$

b)

$$\varepsilon = \frac{8.460 \times 1000}{940} = 10.0$$

식 (7.19)로부터

$$\frac{x_F - x_R}{x_F - x_S/K} = \frac{\varepsilon^{N+1} - \varepsilon}{\varepsilon^{N+1} - 1}$$

$$\frac{0.06383 - x_R}{0.06383 - 0/8.460} = \frac{9.0^3 - 9.0}{9.0^3 - 1}$$

$$x_R = 7.0 \times 10^{-4}$$

$$\text{라피네이트 중의 불순물의 양} = 940 \times 7 \times 10^{-4} = 0.658\ \mathrm{kg \cdot h^{-1}}$$

$$\text{추출된 불순물의 분율} = \frac{60 - 0.658}{60} = 0.989$$

7.3 흡착

흡착(adsorption)은 흡착물 분자가 고체 흡착제의 표면에 부착됨으로써 분리가 일어나게 되는데 다음의 두 가지 부류로 구분된다.

1) ***물리적 흡착*** 흡착물과 흡착제 간의 물리적 접착

2) ***화학적 흡착*** 흡착물과 흡착제 간의 화학적 접착

화학적 흡착의 예로서 황화수소와 산화철 간의 반응은

$$\underset{\text{hydrogen sulphide}}{6H_2S} + \underset{\text{ferric oxide}}{2Fe_2O_3} \longrightarrow \underset{\text{ferric sulfide}}{2Fe_2S_3} + 6H_2O$$

흡착 전환된 산화철 흡착제는 산화 과정으로 재생될 수 있다.

$$\underset{\text{ferric sulfide}}{2Fe_2S_3} + \underset{\text{oxygen}}{3O_2} \longrightarrow \underset{\text{sulphur}}{6S} + \underset{\text{ferric oxide}}{2Fe_2O_3}$$

반면에, 물리적 흡착제는 흡착제와 흡착물 간의 화학적 접착이 수반되지 않는다. 표 7.1에 물리적 흡착과 화학적 흡착에 대한 비교를 하였다(Hougen, Watson and Ragatz, 1959).

여기서는 주로 물리적 흡착에 한하여 논의하도록 한다. 물리적 흡착은 가스 성분 간의 분리에 주로 사용되지만 액체에 포함된 소량의 유기 성분의 제거에도 사용된다.

많은 종류의 흡착제가 물리적 흡착에 사용되고 있으나 모두 다공성이라는 공통점을 가진다. 흡착제의 주 유형은 다음과 같이 분류될 수 있다.

1) ***활성탄소*** 활성탄소는 많은 내부 기공을 가지는 탄소 형태로서 석탄, 석유잔류물, 목재, 견과류 껍질 등 어떤 탄소물질도 활성탄소를 제조하는 데 사용될 수 있다. 기체로부터의 유기증기 성분 제거에 가장 널리 사용되고 있으며, 액체의 색깔 제거 등에도 사용된다.

2) ***실리카겔*** 실리카겔은 다공성 비정질 형태의 실리카(SiO_2)로서 소듐실리카 용액을 산 처리 후 건조

표 7.1 ▸ 물리적 흡착과 화학적 흡착 비교(Hougen, Watson and Ragatz, 1959)

	Physical adsorption	Chemical adsorption
Heat of adsorption	Small, same order as heat of vaporization (condensation)	Large, many times greater than the heat of vaporization (condensation)
Rate of adsorption	Controlled by resistance to mass transfer	Controlled by resistance to surface reaction
	Rapid rate at low temperatures	Low rate at low temperatures
Specificity	Low, entire surface availability for physical adsorption	High, chemical adsorption limited to active sites on the surface
Surface coverage	Complete and extendable to multiple molecular layers	Incomplete and limited to a layer, one molecule thick
Activation energy	Low	High, corresponding to a chemical reaction
Quantity adsorbed per unit mass	High	Low

하여 제조된다. 실리카겔 표면은 물과 유기물질에의 친화성을 가지며, 기체와 액체의 탈수에 주로 사용된다.

3) ***활성알루미나*** 활성알루미나는 높은 표면적을 가지는 다공성 형태의 산화알루미나(Al_2O_3)로서 수산화알루미나를 공기 중에서 400°C 정도 가열하여 제조된다. 주로 기체와 액체를 건조하는 데 사용되며, 물 이외의 기체와 액체의 흡착에도 사용될 수 있다.

4) ***분자체 제올라이트*** 제올라이트는 알루미늄실리케이트 결정으로서 결정질이고 흡착이 결정 내에서 이루어진다는 점이 타 흡착제와의 주된 차이점이다. 따라서 기공 크기가 보다 일정하다는 것이 다른 흡착물질과의 기공 구조상에서의 주요 차이점이다. 결정구조 내부의 흡착 사이트로의 접근은 기공 크기에 의하여 제한되게 되어, 주로 큰 분자로부터 작은 분자를 분리하는 데 사용될 수 있으며 분자 거름체로 불리는 이유가 된다. 분자의 크기, 모양, 극성 등 기타 다른 물성 차이를 기반으로 선택적 흡착 또는 제거를 하게 된다. 제올라이트의 광범위한 기체 및 액체 관련 분리에 적용되고 있다. 심냉 처리 전의 천연 가스로부터 황화수소의 제거, 수소의 분리, 공기 중의 이산화탄소 제거에 사용되며 방향족 혼합물 중에서의 *p*-자일렌 분리, 당 혼합물로부터의 과당 성분 분리 등 다양한 분리에 사용되고 있다.

흡착공정의 설계는 주로 실험 및 측정 자료에 기반한다. 흡착물을 흡착하기 위한 흡착제의 용량은 흡착하고자 하는 성분, 흡착물의 처리 및 유형, 입구 조성, 온도, 압력에 의존한다. 또한 흡착은 다른 분자 간의 흡착 사이트로의 경쟁적 흡착 공정을 거칠 수 있는데, 예를 들면 톨루엔과 아세톤 혼합 증기가 기체흐름으로부터 활성탄소에 흡착되는 경우 톨루엔이 아세톤보다 선택적으로 흡착됨으로써 이미 흡착되었던 아세톤도 톨루엔이 대체하게 된다.

흡착물을 흡착하기 위한 흡착제의 용량은 그림 7.6a에 보인 바와 같은 흡착등온선(adsorption isotherms)으로 표현될 수 있다. 일반적으로 온도가 낮을수록 압력이 높을수록 흡착은 증가한다. 흡착등온 자료는 Freundlich 등온선 식으로 표현될 수 있다.

액체로부터의 흡착은

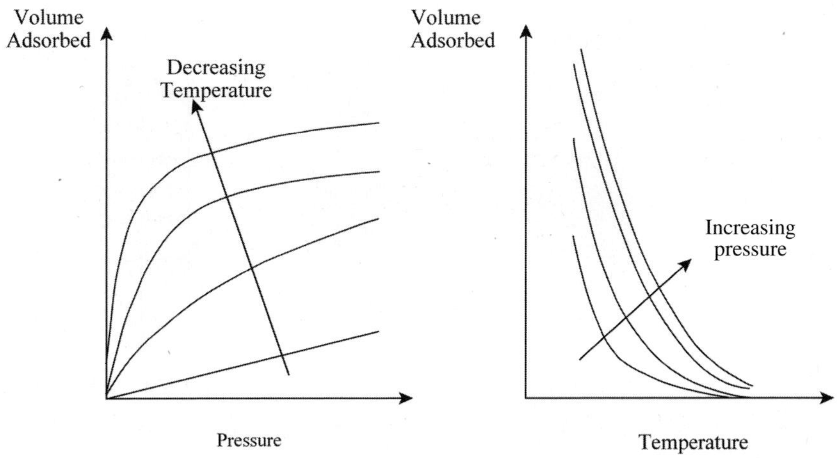

(a) 흡착등온선 (b) 흡착등압선

그림 7.6 ▸ **기체와 증기의 고체 상의 흡착.**

$$w = kC^n \tag{7.20}$$

여기서 w = 평형에서의 단위 흡착제당 흡착량
C = 농도
k, n = 실험적 상수

가스나 증기의 흡착 자료는 표준상태(0°C , 1 atm)에서 흡착된 부피와 분압의 항으로 표현된다.

$$V = k'p^{n'} \tag{7.21}$$

여기서 V = 표준 상태에서의 흡착된 가스 또는 증기의 부피($m^3 \cdot kg^{-1}$)
p = 분압(Pa, bar)
k', n' = 실험적 상수

위 식은 흡착된 평형 흡착물질의 양(또는 부피)를 농도(또는 분압)에 대하여 로그 스케일로 그렸을 때 직선으로 표현됨을 보여준다. 흡착 관계식에 대한 다른 이론적 방법들(Hougen, Watson and Ragatz, 1959)도 보고되어 있으나, 이 모든 식들은 각자의 제약을 가진다.

흡착은 주로 고정층 배열(그림 7.7a)을 통하여 수행된다. 때로는 유동층(그림 7.7b) 및 이동층(그림 7.7c) 배열도 사용된다. 고정층에서의 흡착은 균일하게 일어나지 않으며, 그림 7.8에 보인 바와 같이 흡착 선두층이 시간에 따라 이동하게 된다. 출구의 농도가 올라가는 시점(즉, breakthrough 점)이 되면 흡착장치는 오프라인으로 전환하여 재생을 시작하게 된다. 이러한 과정은 여러 개의 흡착층을 동시에 운영하면서 다른 흡착층이 흡착을 수행할 때 하나의 흡착장치는 재생을 하고 있는 방식으로 수행된다.

재생은 다음과 같은 방법으로 수행된다.

1) *스팀* 활성탄소에 흡착된 유기물질의 회수에 가장 널리 사용된다. 저압 스팀을 흡착층에 향류 방식으로 흘리면서 재생하는 데 유기물질은 응축된 스팀에 포함된다.

2) *뜨거운 가스* 재생 가스가 열산화를 위해 공급되어야 할 때 사용될 수 있으며, 주로 공기를 인화성 범위 한도 내로 가열하여 사용하거나 질소를 사용한다.

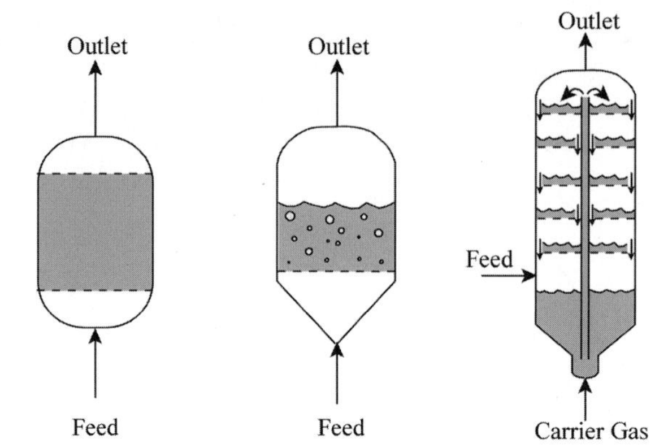

(a) 고정층 (b) 유동층 (c) 이동층

그림 7.7 ▸ 다른 접촉 방식의 흡착 설계.

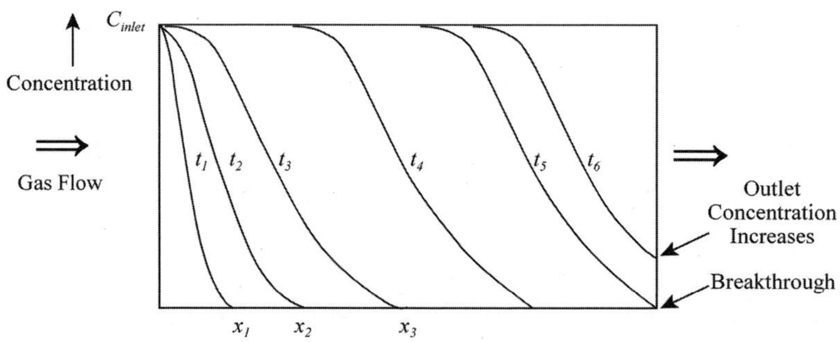

그림 7.8 ▸ 흡착층 내의 농도 분포는 흡착 전선의 움직임을 보여준다.

3) *압력 스윙* 흡착압력보다 낮은 압력을 적용하여 탈착한다.

4) *오프사이트(off-site) 재생* 현장에서의 재생이 어렵거나 불규칙적일 때 사용한다. 예를 들면 유기물질이 흡착제 내에서 고분자화될 수 있으면 현장에서의 재생이 어렵다. 활성탄소를 사용하는 경우 가열로에서 열처리하거나 스팀으로 활성화해야 한다.

고정층이 사용되는 경우 흡착과 탈착 간의 전환을 구현하기 위한 여러 가지 배열이 있을 수 있다. 이러한 전환 사이클은 2, 3, 또는 4개의 흡착탑으로 구성될 수 있는데, 흡착탑의 수가 많아질수록 사이클 전환도 복잡해지겠지만 보다 효과적 운용이 가능해질 것이다.

실제 조업에서는 흡착층의 평형조건 달성이 어려우며, 다음의 이유로 용량 손실을 가질 수 있다.

- 흡착열
- 흡착 사이트에 경쟁적으로 흡착되는 원료 중의 불순물. 예를 들면, 원료 중의 수분에 의한 흡착 사이트의 점유
- 가스 흡착의 경우 재생 시의 잔류 수분에 의한 흡착 사이트 점유

따라서 실제 흡착공정 설계는 통상적으로 이론적 평형 용량의 2~3배의 용량으로 설계하게 된다.

7.4 분리막

분리막(membrane)은 두 상 사이에 *반투과성* 장벽으로 작용하여 분리막을 통과하는 종의 이동속도를 제어함으로써 분리가 일어나게 한다. 분리는 두 기체(증기)상, 두 액체상, 또는 증기상과 액체상을 수반할 수 있다. 원료 혼합물은 분리막을 통과하지 못한 *잔류*(retentate)와 분리막을 통과한 *침투*(permeate)로 분리된다. 분리막에서의 분리 구동력은 가스나 증기의 경우는 분압이 되고 액체의 경우는 농도가 된다. 분리막 사이의 분압과 농도의 차이는 분리막 사이의 압력 차이를 가함으로써 발생한다. 그러나 액체 분리에 대한 구동력은 침투 유체 측에 용매를 사용하여 농도 차이를 생성시키거나 용질이 이온 형태이면 전기장을 부가하여 생성시키기도 한다.

효과적 분리를 위해서 분리막은 높은 *침투능*(permeance)과 분리하고자 하는 두 종 간의 높은 *침투능비*(permeance ratio)를 가져야 한다. 주어진 두께의 분리막을 통하여 확산하는 종에 대한 침투능은 단위 분리막 면적과 단위 구동력(분압 또는 농도)에 대한 어떤 종의 흐름속도인 물질전달 계수에 해당된다. 분리막을 통과하는 성분 i의 플럭스(단위면적당 흐름속도)는 다음과 같이 표현된다(Hwang and Kammermeyer, 1975; Winston and Sirkar, 1992; Mulder, 1996; Seader, Henley and Roper, 2011).

$$N_i = \overline{P}_{M,i} \times (\text{driving force}) = \frac{P_{M,i}}{\delta_M} \times (\text{driving force}) \tag{7.22}$$

여기서 N_i = 성분 i의 플럭스
$\overline{P}_{M,i}$ = 성분 i의 침투능
$P_{M,i}$ = 성분 i의 침투성
δ_M = 분리막 두께

플럭스, 침투능, 침투성은 부피, 무게, 몰 흐름 기준으로 정의될 수 있다. 침투성의 정확한 예측은 일반적으로 불가능하므로 실험 결과를 사용해야 한다. 침투성은 일반적으로 온도가 증가하면 증가한다. *분리인자* 또는 *선택도* α_{ij}는 두 침투성의 비로 정의된다.

$$\alpha_{ij} = \frac{P_{M,i}}{P_{M,j}} \tag{7.23}$$

또 하나의 중요한 변수는 컷(cut), 즉 원료침투율 θ이다.

$$\theta = \frac{F_P}{F_F} \tag{7.24}$$

여기서 θ = 원료 침투율
F_P = 침투 부피유량
F_F = 원료 부피유량

분리막은 크게 두 부류로 나뉠 수 있다.

1) ***세공성 분리막*** 세공성(microporous) 분리막은 작지만 작은 분자의 크기보다는 큰 서로 연결된 기공으로 구성된다. 만약 원료 혼합물의 어떤 분자의 크기가 기공의 크기보다 상당량 크다면 그 분자의 분리막을 통한 확산은 방해받게 될 것이다. 가스(증기) 시스템의 분압 분포, 액체 시스템의 농도 분포는 그림 7.9a에 보인 것과 같이 원료와 침투 측이 연속적이 된다. 세공성 분리막은 작은 분자들에 대해서 높은 침투성과 낮은 선택도를 보인다.

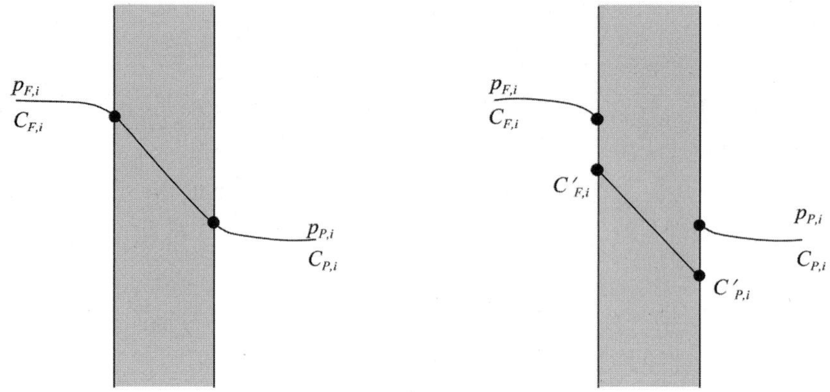

(a) 세공성 분리막　　　(b) 조밀 분리막

그림 7.9 ▸ 분리막을 통한 분압과 농도 분포.

2) *조밀 분리막* 기공이 없는 조밀한 고체 분리막도 사용된다. 조밀(dense) 분리막에서는 가스나 액체 원료의 성분이 분리막 표면에 확산되어 분리막 물질에 용해되어 확산된 후 하류 분리막 경계에서 탈착되는 과정으로 분리가 이루어지며 침투성은 침투유체의 분리막 물질에서의 확산도와 용해도에 의존한다. 분리막을 통한 확산은 느리지만 선택도가 매우 높을 수 있다. 조밀 분리막에서의 농도 또는 압력 분포는 그림 7.9b와 같은 양상을 띤다.

그림 7.10은 분리막에서의 4가지 이상적 흐름 유형을 개념화하여 보여준다. 그림 7.10a의 유형에서 분리막의 원료와 침투 측은 모두 잘 혼합된다. 그림 7.10b는 원료 또는 잔류층 흐름이 분리막 표면을 따라 흐르는 병류(cocurrent)흐름 유형을 보여준다. 분리막 하부흐름 측의 침투층 유체는 그 지점에서 분리막을 통과한 유체와 그 지점으로 흘러온 침투유체가 합쳐진 것이다. 그림 7.10c는 분리막 표면을 따라 흐르는 침투 유체가 없는 교류(crosscurrent)흐름 유형을 보여준다. 그림 7.10d는 향류(countercurrent)흐름 유형으로 원료흐름이 분리막과 평행하게 흐르면서 분리막으로 침투액이 통과하여 반대편에서 흘러오는 침투흐름과 합쳐진다.

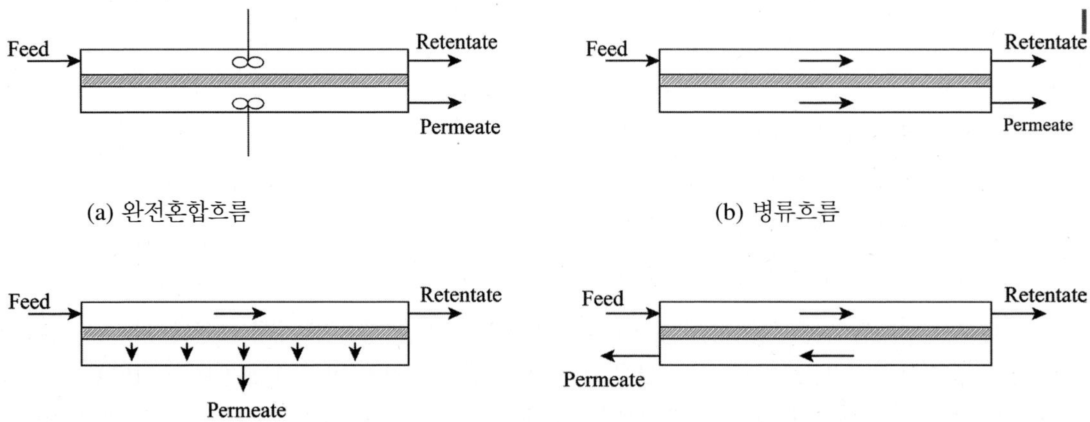

(a) 완전혼합흐름　　　(b) 병류흐름

(c) 교류흐름　　　(d) 향류흐름

그림 7.10 ▸ 막분리에서의 이상적인 흐름 유형.

같은 운전 조건에 대해, 향류흐름 유형이 이들 이상적인 흐름 유형들 중 가장 우수한 분리를 가져오고 가장 작은 분리막 면적을 필요로 한다. 향류흐름을 제외하면 분리 성능은 교류, 병류, 그리고 완전 교반형 흐름의 순이 된다. 그러나 실제의 경우 이상적인 흐름 유형의 가정에 의한 결과를 항상 보이지는 않는다. 흐름 유형은 단순히 분리막 배열 형태뿐만 아니라 침투율에도 의존한다. 가장 많이 사용되고 있는 실제적 배열은 나선형(spiral wound) 배열과 중공사형(hollow fiber) 배열이다. 나선형 배열에서는 원료와 침투흐름 공간으로 분리되어 있는 분리막 판이 나선형으로 말려져 압력 용기에 담겨져 있는 형태이다. 중공사형 배열은 그 이름이 의미하는 바와 같이 원통다관식 열교환기처럼 원통형 분리막이 압력 용기에 직렬로 배치되어 있는 형태이다. 원료흐름이 쉘 쪽으로 들어오고 침투 성분은 분리막 중공사의 중심으로 침투된다. 다른 배열도 가능하지만 실제에서는 극히 드물다. 이제 중요한 막분리들에 대하여 살펴보자.

1) *기체 침투* 높은 압력의 원료에 고분자량 성분으로부터 분리하고자 하는 저분자량 성분(전형적으로 50 kg·kmol^{-1})이 포함되어 있다. 분리막의 반대편은 저압으로 대개 20~40 bar 정도의 높은 압력구배를 형성한다. 기체보다 유기성분에 더 침투성이 좋은 분리막을 사용함으로써 기체(질소, 수소) 중의 유기 증기 분리도 가능하다. 기체 침투(gas permeation)의 전형적인 응용은 다음과 같다.

- 메탄으로부터 수소의 분리
- 공기 분리
- 천연 가스로부터 CO_2와 H_2S 분리
- 천연 가스로부터 헬륨 회수
- 합성 가스 중의 H_2/CO비 조정
- 천연 가스와 공기의 탈수화
- 공기로부터 유기 증기의 제거
- 천연 가스 중 메탄에서 중질 탄화수소(C_3 +)의 회수

일반적으로 조밀 분리막이 사용되지만 때로는 세공 분리막도 사용된다. 만약 그림 7.9에서 물질전달에 대한 외부 저항이 무시될 만하다면 $p_{F,i} = p'_{F,i}$, $p_{P,i} = p'_{P,i}$되어 식 (7.22)는 부피 플럭스의 항으로 다음과 같이 표현될 수 있다.

$$N_i = \frac{P_{M,i}}{\delta_M}(p_{F,i} - p_{P,i}) \tag{7.25}$$

여기서 N_i = 성분 i의 몰 플럭스(kmol·m^{-2}·s^{-1})
$P_{M,i}$ = 성분 i의 침투성(kmol·m·s^{-1}·m^{-2}· bar^{-1})
δ_M = 분리막 두께(m)
$p_{F,i}$ = 원료 중 성분 i의 분압(bar)
$p_{P,i}$ = 침투 중 성분 i의 분압(bar)

저분자량의 기체와 높은 극성의 기체는 높은 침투성을 가져서 *빠른 기체*(fast gases)로 알려져 있으며 반면에 고분자량의 기체와 대칭 분자는 *느린 기체*(slow gases)가 된다. 효과적인 분리막 분리를 위해서는 빠른 기체와 느린 기체 간의 침투성의 비(즉, 분리인자)가 2 이상이 되어야 한다. 따라서 분리막을 이용한 기체 분리는 분리하고자 하는 기체의 압력이 높고 부분적 분리만을 필요로 할 때 효과적이다. 완전에 가까운 분리는 일반적으로 달성하기 어렵다. 재순환이 포함된 직렬 분리막

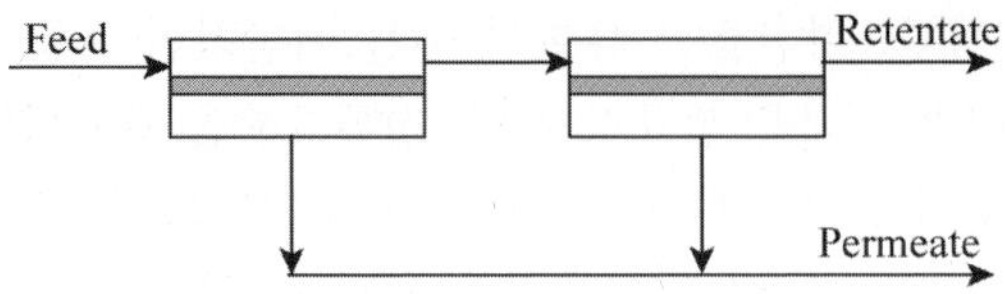

(a) 2단

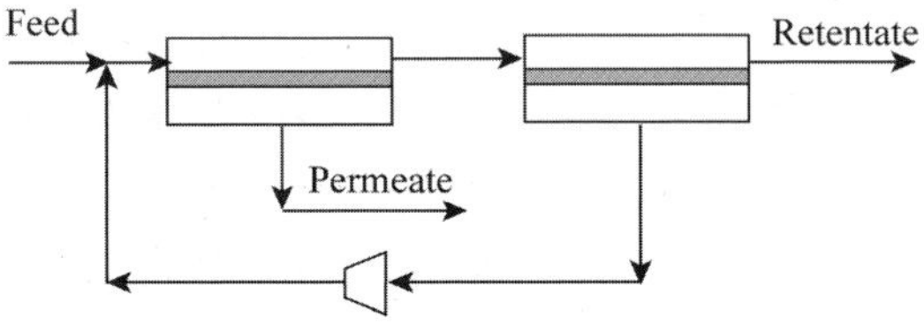

(b) 침투 재순환을 가지는 2단

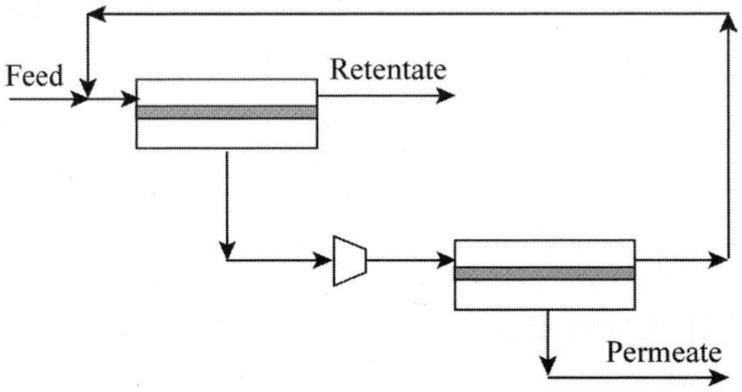

(c) 잔류 재순환을 가지는 2단

그림 7.11 ▸ 분리막 망의 예.

망을 구성함으로써 전체적인 분리성능을 높일 수 있다. 그림 7.11는 분리막 망에 대한 예를 보여주고 있다.

2) *역삼투* 역삼투(reverse osmosis)에서는 용매를 용질보다 선택적으로 통과시키는 조밀 비대칭 분리막을 통하여 용매가 침투된다. 일반적으로 물이 용매이고 용존염이 용질이 된다. 그림 7.12는 역삼투의 원리를 보여준다. 그림 7.12a에서 용매에 농축되어 녹아 있는 용질과 희석되어 용매에 녹아 있는 용질이 조밀 분리막에 의하여 분리되어 있다. 분리막 사이의 농도 차이가 존재할 때, 자연적으로 용매가 분리막을 통하여 농축된 용액 쪽으로 침투하는 (삼투라고 알려진) 현상을 보이게 된다. 이 삼투는 그림 7.12b에 나타낸 바와 같이 평형에 도달할 때까지 계속된다. 평형에서는 용매의 양 방향으로의 흐름이 같아지고 분리막 양측 사이에 *삼투압*(osmetic pressure)이라 불리는 압력 차이가 형성되게 된다. 비록 일종의 분리가 발생하였으나 이 삼투는 용매가 바람직하지 못한 방향으로 이동되었기 때문에 유용한 분리가 아니다. 그러나 농축 편에 압력을 가한다면 그림 7.12c에서와 같이 분리막을 통한 용매의 이동 방향이 반대로 전환될 수 있다. 용매가 농축 용액 측에서 희석 용액 측으로 침투되는 *역삼투* 현상을 가져와 용질–용매 혼합물로부터 용매를 분리할 수 있게 된다.

이 밖에 역삼투와 유사한 압력 구동 분리막 공정으로서 좀 더 기공성인 비대칭 분리막을 사용하

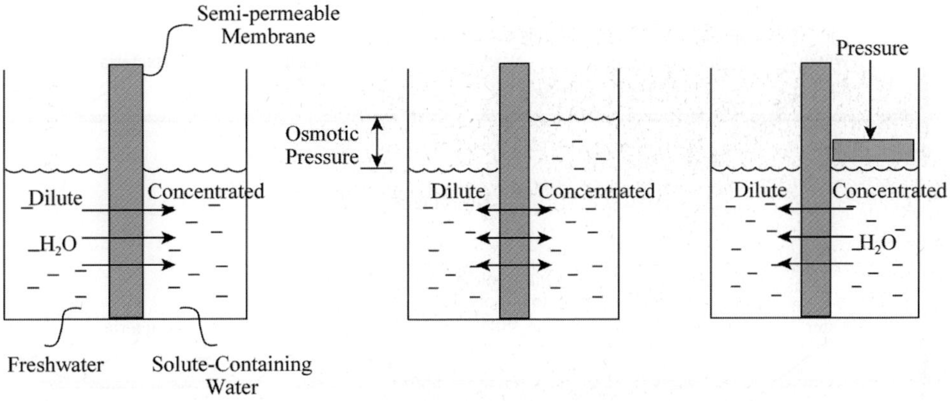

(a) 삼투흐름 (b) 평형에서는 순 흐름이 없음 (c) 역삼투

그림 7.12 ▸ 역삼투.

는 나노여과(nanofiltration)와 한외여과(ultrafiltration), 비균질 혼합물을 분리할 수 있는 정밀여과(microfiltration)이 있다. 그림 7.13에 이들 분리막 공정의 주요 분리 특성을 비교하였다.

3) *투석* 투석(dialysis)은 세공 분리막에서의 확산속도 차이를 이용한 분리에 분리막을 사용하며 평-틀(plate-frame)과 중공사형 배열이 모두 사용된다. 분리하고자 하는 용질을 포함한 투석액이나 원료 용액이 분리막의 한쪽 편으로 흘러오고 용매 또는 확산액 흐름은 반대편으로 흘러든다. 투석은 그 크기와 확산속도가 상당량 다른 종들을 분리하는 데 사용된다. 분리를 위한 구동력은 분리막을 통한 농도 차이이다. 따라서 투석은 압력으로 구동되는 다른 분리막 공정과 비교할 때 상대적으로 작은 플럭스 속도를 보여준다. 투석의 중요한 응용은 혈액 정제를 위한 인공신장으로서의 사용이다. 혈액 세포나 다른 고분자량의 필수 성분들로부터 요소, 요산 및 기타 불순물을 분리막을 통하여 투석 수용액으로 확산시킴으로써 그들의 혈중 농도를 낮추어 준다.

4) *전기투석* 전기투석(electrodialysis)은 용액으로부터 이온성 종의 분리를 촉진시키기 위하여 전기장과 이온 선택성 분리막을 이용하여 이온성 수용액을 농축 용액과 희석 용액으로 분리한다. 그림 7.14는 전기투석의 원리를 보여준다. 양이온 선택성 분리막은 양이온(양전하를 띤 이온)을 음이온 선택성 분리막은 음이온(음전하를 띤 이온)을 선택적으로 통과시킨다. 원료 중의 이온들은 각각의 전하에 선택적인 해당 분리막을 통과함으로써 분리된다. 전기투석은 이온성 종의 농축이나 희석에만 적합하므로 용액 중의 금속 성분의 회수, 유기 성분 중의 이온종의 회수, 유기염으로부터 유기 성분의 회수 등에 적합하다.

6) *투과증발* 투과증발(pervaporation)은 분리막 양쪽의 상이 다르다는 점에서 다른 분리막 공정과 다르다. 투과증발은 투과되면서 증발됨을 의미한다. 원료(예, 에탄올-물 혼합물)가 액상으로 유지할 수 있는 충분히 높은 압력으로 분리막 모듈에 들어와서 조밀 분리막과 접촉한다. 분리막의 반대쪽은 증기상이 될 수 있도록 침투조성의 이슬점 압력 이하로 유지되며, 대개는 진공 조건이 된다. 투과증발은 공비혼합물(예, 에탄올-물 혼합물)의 분리에 잠재적 유용성을 가진다. 공비거동을 극복하기 위하여 기-액 평형을 변화시키기 위한 방법 중의 하나는 기상과 액상 사이에 분리막을 두는 것이다. 온도는 100°C 이하로 제한되며, 다른 액체 분리막 공정에서와 같이 원료의 전처리와 분리막의 세척이 필수적이다.

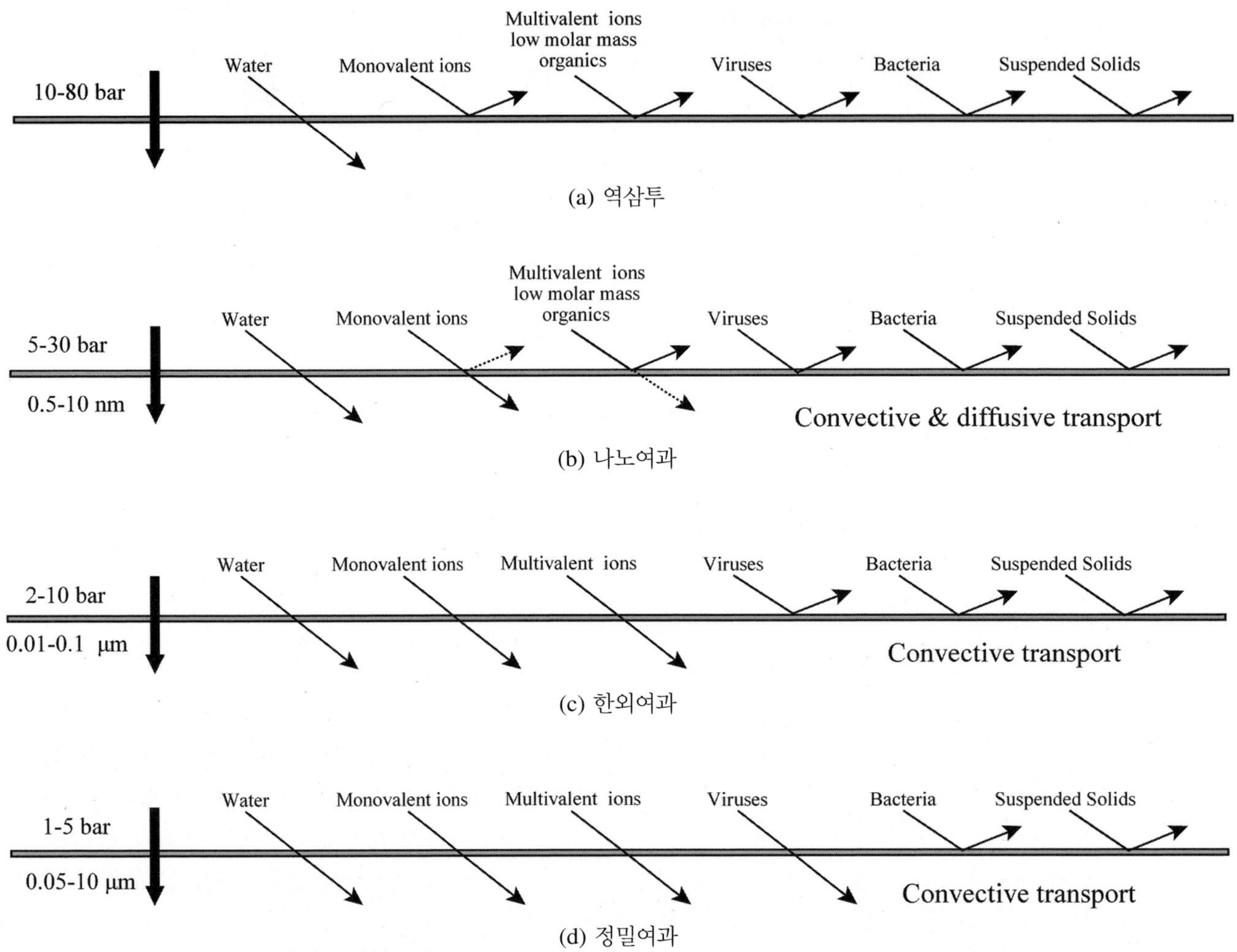

그림 7.13 ▸ **액체 막분리.** (From Jevons K, 2010, The Chemical Engineer, June, Issue 828: 39-41, reproduced by permission of the Institution of Chemical Engineers.)

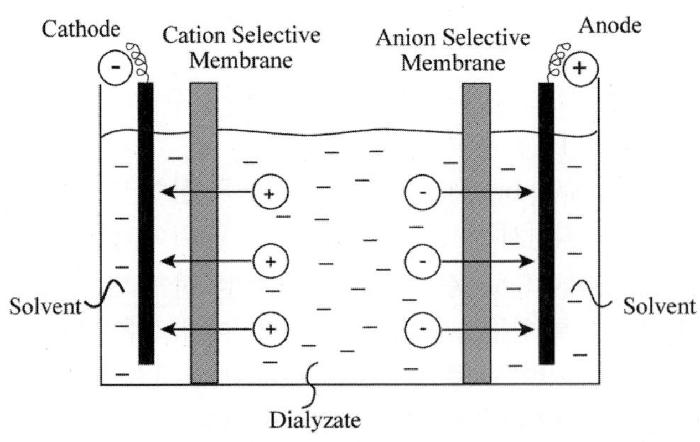

그림 7.14 ▸ **전기투석.**

모든 분리막 공정은 해결해야 할 잠재적 오염 문제를 가진다. 특히 액체 원료는 다른 전처리뿐만 아니라 고상 불순물을 매우 작은 크기까지 제거해야 한다. 액체 분리를 위한 분리막은 종종 매일 혹은 더욱 잦은 정기적 세척을 필요로 한다. 세척은 역류세정(back-flushing)이나 화학적 처리를 통하여 이루어진다. 세척은 일반적으로 현장에서 분리막을 세척회로에 연결시키는 방식으로 진행된다. 분리막은 과도한 온도, 세척 주기 중의 기계적 충격, 공격적 성분에 의한 화학적 충격 등에 의하여 쉽게 손상된다.

7.5 결정화

결정화(crystalization)는 균질 액상 혼합물로부터 고체 생산물의 형성을 수반하며 종종 고체 형태의 생산물이 요구된다. 결정화의 반대 공정은 용매에 고체가 분산되어 녹아드는 *용해*(dissolution)이며, 이때 용액에 분산되는 고체가 *용질*(solute)이다. 용해가 진행될수록 용질의 농도는 증가되는데, 정해진 조건에서 충분한 시간이 흐르면 용질은 용해 속도와 결정화 속도가 같아져서 더 이상의 용해가 이루어질 수 없는 최대 용해도까지 용해되게 된다. 이 조건에서는 용액은 용질로 포화되어 더 이상의 용해는 불가능하게 된다.

그림 7.15a는 이성분계의 전형적인 용해도 특성을 보여준다. 그림 7.15a의 선 *CED*는 포화용액에서의 온도와 조성을 나타낸다. 만약 혼합물이 선 *CE*를 따라서 냉각이 된다면 순수한 결정 *B*가 생성이 되어 잔류 용액에서 석출될 것이다. 이러한 현상은 선 *CE*가 *공융점*(eutectic point) *E*에 도달할 때까지 계속된다. 혼합물이 선 *DE*를 따라서 냉각이 된다면 *E*점에 도달할 때까지 순수한 결정 *A*가 생성이 되어 잔류용액에서 석출될 것이다. 이 공융점에서는 두 성분이 공히 결정화되어 더 이상의 분리는 일어나지 않는다. 그림 7.15a에서 점 *C*와 *D*는 각각 순수한 성분 *B*와 *A*의 녹는점이다. 공융점 이하에서는 *A*와 *B*가 고체로 혼합되어 존재한다. 그림 7.15a에 보인 것과 같은 거동을 보이는 이성분계의 예로서 벤젠–나프탈렌, 초산–물 혼합물을 들 수 있다. 모든 이성분계가 그림 7.15a와 같은 거동을 보이지는 않으며, 어떤 것은 기–액 평형 거동을 닮은 거동을 포함하여 다양한 다른 거동을 보일 수 있다. 이러한 고체–액체(고–액) 평형은 열역학 모델로부터 예측될 수 있으나 다성분계의 경우 극히 복잡한 평형거동을 보일 수 있다(Walas, 1985).

그림 7.15b는 여러 가지 염의 물에서의 평형용해도를 보여준다. 일반적으로 온도가 올라갈수록 용해도도 증가한다. 황산구리염은 온도 증가에 따라 용해도가 급격히 증가하는 반면 염화나트륨(sodium chloride)의 경우는 용해도 증가가 크지 않으며, 흔하지 않지만 황화나트륨(sodium sulfate)의 경우는 온도가 증가하며 용해도는 감소한다. 용해도는 온도의 주요 함수이며, 일반적으로 온도가 증가할수록 증가한다. 압력이 용해도에 미치는 영향은 무시할 만하다.

비록 결정 자체는 순수하더라도 잔류 액체로부터 고체 결정을 분리할 때 대량의 결정물에는 아직 액체가 남아 있을 수 있다. 만약 결정에 부착된 액체를 건조할 때 오염의 가능성이 존재한다. 저점도 액체로부터 균일 크기의 결정질을 분리하는 경우 잔류 액체는 크지 않지만 고점도 액체로부터 비균질 결정을 분리하는 경우에는 많은 양의 액체가 남을 수 있다. 따라서 실제적으로는 여과나 원심분리를 사용하여 잔류 액체를 제거한다.

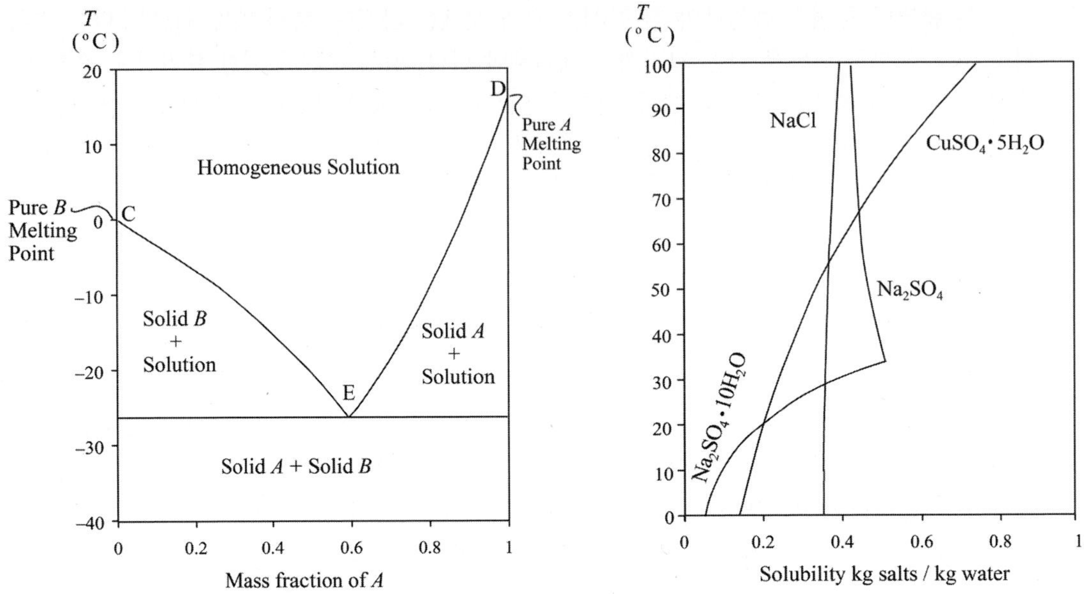

(a) $A-B$ 이성분 혼합물의 상 (A = 초산, B = 물)

(b) 여러 가지 염의 물에 대한 용해도

그림 7.15 ▸ 용질의 온도에 대한 평형 용해도.

7.6 증발

단단 증발기는 필요한 용량이 작은 경우에만 이용된다. 큰 용량의 경우에는 증발(evaporation)된 물질의 잠열을 회수하여 재사용하는 다단 시스템을 사용하는 것이 보다 일반적이다. 그림 7.16은 3단 증발기에 대한 세 가지 다른 배열구조를 보여준다.

1) ***순류 공급 조작****(forward-feed operation, 그림 7.16a)* 새 원료가 첫 번째 단에 들어오고 증기 흐름과 같은 방향으로 다음 단으로 흐른다. 끓는점은 다음 단으로 갈수록 감소한다. 따라서 농축된 생산물이 고온에서 분해되기 쉬울 때 이 배열이 이용된다. 또한 펌프의 사용 없이도 한 단에서 다음 단으로 용액을 전달할 수 있다는 장점을 가지고 있다.

2) ***역류 공급 조작****(backward-feed operation, 그림 7.16b)* 여기에서는 순 원료가 가장 낮은 온도의 마지막 단으로 들어온다. 그리고 농축 생산물로서 첫 번째 단을 떠난다. 이 방법은 농축 생산물의 점성이 매우 높을 때 사용된다. 초기의 단들에서 높은 온도는 점성을 감소시키고 더 높은 열전달 계수를 제공한다. 용액은 단 간의 압력 구배에 반대로 흐르기 때문에 단들 사이에서 용액을 전달하기 위해 펌프가 필요하다.

3) ***병류 공급 조작****(parallel-feed operation, 그림 7.16c)* 새 원료가 각 단에 들어가고 생산물은 각 단으로부터 얻어진다. 각 단으로부터의 증기는 다음 단을 가열하기 위해 계속 사용된다. 이 배열은 원료가 거의 포화되었을 때와 특히 고체 결정이 생산물일 때 주로 사용된다.

각 배열 구조의 장점을 살린 다양한 다른 *혼합 공급 배열*(mixed-feed arrangement)의 구성이 가능하다. 그림 7.17은 유입 용액과 유출 용액이 포화 상태에 있고 모든 증발과 응축 부하가 일정 온도에 있

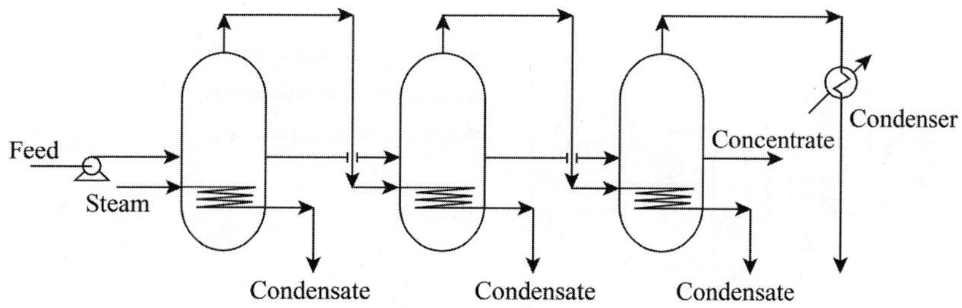

(a) 순류 공급 조작

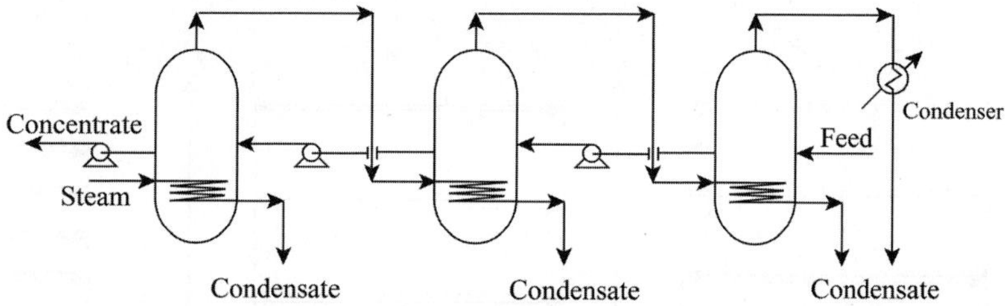

(b) 역류 공급 조작

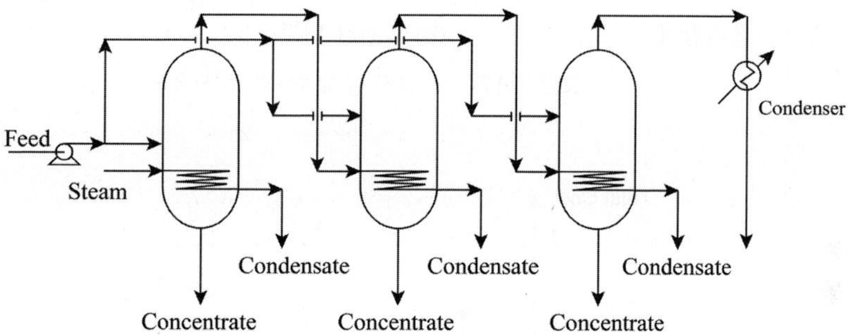

(c) 병류 공급 조작

그림 7.16 ▸ 3단 증발기에 대한 배열구조.

다고 가정할 때의 3단 증발기를 온도-엔탈피 관점에서 본 것이다.

단일 증발기 설계에서의 3가지 주요한 자유도는 다음과 같다.

1) 온도는 운전 압력을 조절함으로써 바뀔 수 있다. 그림 7.17a는 압력 감소에 따른 효과를 보여 준다.

2) 단 사이에서의 온도 차이는 열전달 면적을 바꿈으로써 조절될 수 있다. 그림 7.17b는 열전달 면적 감소에 따른 효과를 보여 준다.

3) 계를 통한 열흐름은 단수를 바꿈으로써 조절될 수 있다. 그림 7.17c는 3단에서 6단으로 증가시켰을 때의 효과를 보여 준다.

주어진 이들 자유도에 대해 설계에서의 초기화는 어떻게 결정될 수 있을까? 가장 중요한 자유도는 단수의 선택이다. 만약 증발기가 뜨거운 유틸리티와 차가운 유틸리티를 사용하여 운전된다면 단수가 증가함에 따라 그림 7.18에서 볼 수 있듯이 분기점이 예상될 수 있다. 여기에서 한 개의 단으로 시작하

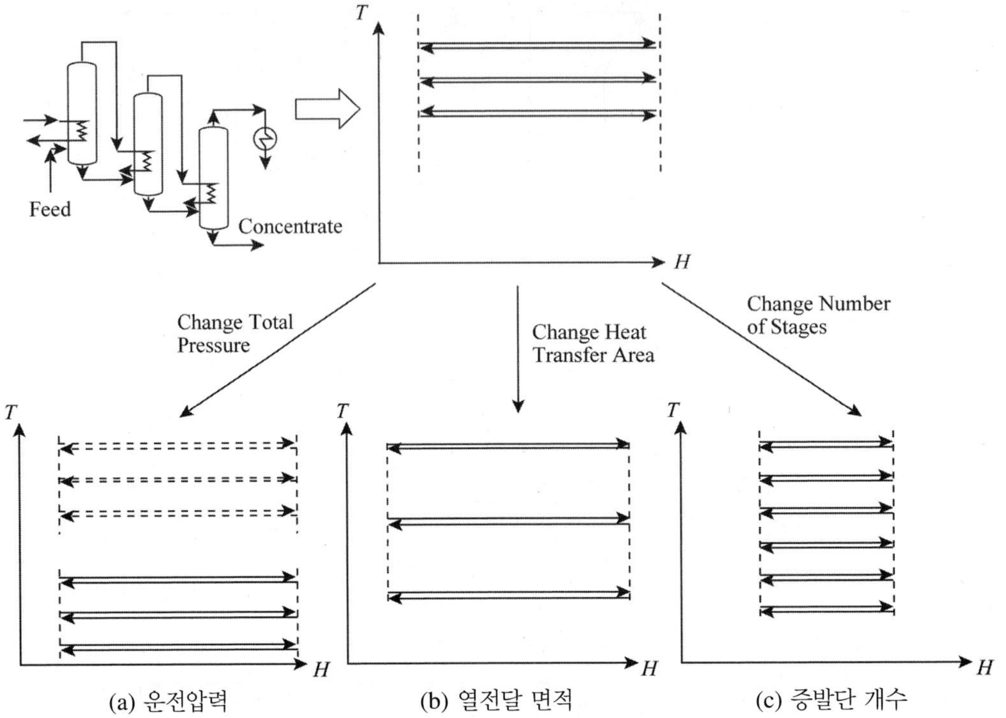

그림 7.17 ▸ 증발기 설계에서의 주 자유도.

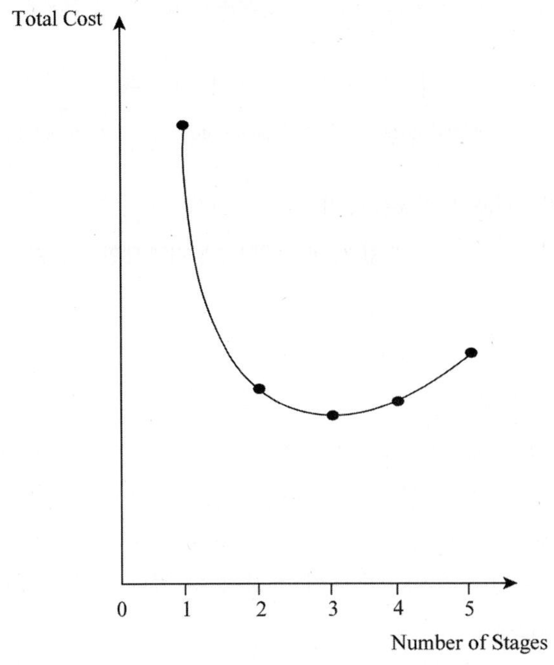

그림 7.18 ▸ 단 개수에 따른 전체 비용 변화 추세는 독립적으로 운영되는 이 예제의 경우 3단이 최적 개수임을 보여주고 있다.

면, 투자비용이 적게 들지만 에너지 비용이 많이 든다. 두 개의 단으로 단수를 증가시키면 투자비용은 약간 더 들지만 대신 에너지 비용이 감소되고 전체 비용이 감소한다. 그러나 단수가 증가함에 따라 어느 순간 투자비용의 증가가 더 이상 해당되는 에너지 비용 감소를 보상하지 않게 되며 결국 전체 비용이 증가한다. 따라서 최적의 단수가 존재한다. 그러나 이 단계에서는 최적화를 이루기 위한 어떠한 시도도 행해져서는 안 된다. 왜냐하면 나중에 열통합이 고려될 때 설계가 상당히 변할 가능성이 매우 높기 때문이다.

다른 대안적 방법으로 널리 사용되는 배열은 증발기 간에 히트펌프를 적용하는 것이다. 압축을 통하여 증발기에서 나온 증기흐름의 열을 회수하여 온도를 다음 증발기에 증발열을 공급할 수 있는 수준으로 상승시킨다. 히트펌프 배열의 선택도 공정의 열통합이 고려되면 상당히 달라지기 때문에 이 단계에서 정하는 것은 부적절하다.

이 단계에서 할 수 있는 모든 것은 단수의 타당성 있는 초기 계산을 하는 것이다. 단수에 대해서 결정을 내리기 전에 시스템을 통한 열흐름을 임시로 고정해서 설계가 진행될 수 있도록 한다. 일반적으로 증발기에서 최고 온도는 생산물 분해와 오염에 의해 정해진다. 따라서 가장 높은 압력의 단은 이 최고 온도보다 낮도록 충분히 낮은 압력에서 작동된다. 가장 낮은 압력 단의 압력은 냉각수나 공냉에 의한 열 제거가 가능하도록 적절히 선택된다. 만약 분해나 오염이 문제가 되지 않는다면 가장 높은 압력의 단이 스팀 온도보다 낮고 가장 낮은 압력의 단이 냉각수나 공냉 온도보다 높게 되도록 단의 압력이 선택되어야 된다.

주어진 단수에 대해 만약,

- 모든 열전달 계수가 같고,
- 모든 증발과 응축 부하가 일정 온도에 있으며,
- 증발 혼합물의 끓는점 상승이 무시할 만하고,
- 잠열이 계를 통하여 일정하다면,

모든 온도차가 같을 때 최소 투자비용이 얻어진다(Smith and Jones, 1990). 만약 증발기 압력이 스팀 온도에 의해 제한되지 않고 생산물 분해와 오염에 의해 제한된다면 온도차는 온도의 실제적 상한치와 찬 유틸리티 사이에서 균등하게 분포되도록 선정되어야 한다. 이것은 이후에 열통합이 고려될 때 설계가 대폭적으로 바뀔 경우를 대비한 충분히 좋은 초기 선정이 될 것이다.

증발기의 설계에서 또 하나의 중요한 인자는 원료의 상태이다. 만약 원료가 차갑다면 역류 공급 배열은 더 작은 양의 액체가 두 번째와 첫 번째 단의 좀 더 높은 온도로 가열되어야 한다는 장점을 가진다. 그러나 이와 같은 인자들은 공정의 나머지 부분에서의 열통합에 의해 차가운 원료를 예열하는 것이 가능할 수 있기 때문에 초기의 공정도 설계에서의 주요 설계 지침이 되어서는 안 될 것이다.

만약 증발기 설계가 바탕 공정에 대응하여 고려되고 바탕 공정에서의 열통합이 가능하다면, 매우 다른 설계가 나올 수 있다. 분리기를 초기 선택할 때는 단순하고 저투자 비용의 증발기 설계가 선택되어야 한다.

7.7 균질 혼합물의 분리를 위한 다른 방법들 – 요약

증류를 대신하는 저분자량 물질의 분리를 위한 가장 일반적인 대안은 흡수이다. 원료 흐름양, 온도, 압력이 중요한 변수이지만 이 초기 설계 단계에서의 최적화 시도는 바람직하지 않다.

흡착은 가스나 증기의 분리에 효과적이다. 물리적 흡착에서는 일반적으로 온도가 낮을수록 압력이 높을수록 흡착이 증가한다. 흡착조업은 주기적 재생을 필요로 한다.

분리막은 가스나 증기의 분리와 액체의 분리에 공히 효과적이다. 만약 반투과성 분리막을 통한 두 가스의 투과성 비가 2보다 월등히 크다면 가스 분리막에 의한 분리가 효과적일 수 있다. 그러나 높은 압력 강하가 종종 요구된다. 분리막 공정은 액체 분리에도 사용될 수 있다. 분리 구동력은 일반적으로 분리막을 통한 압력 구배이며 요구되는 압력구배는 분리의 특성에 따라 크게 변한다.

증류에서와 같이 증발기가 선택된 경우에도 초기 설계 단계에서는 최적화를 위한 어떤 시도도 해서는 안 된다.

분리기술(흡수, 탈거, 액–액 추출 등)의 선택 시에 다음과 같은 이유로 분리를 위한 외부의 추가 물질의 도입은 지양되어야 한다.

- 외부 물질의 도입은 생산물의 요구 순도를 달성하는 과정에서 새로운 문제를 일으킬 수 있다.
- 외부 물질을 효율적으로 분리 재순환시키는 것이 어려운 경우가 많으며, 재순환되지 않을 경우 환경 문제를 유발시킬 수 있다.
- 외부 물질은 추가적인 안전 및 저장 문제를 야기할 수 있다.

때로는 공정에 이미 존재하는 물질을 분리 촉진매체로 사용하여 외부 물질의 도입을 피할 수 있다. 그러나 많은 경우 실제적인 어려움과 과도한 비용으로 인하여 어쩔 수 없이 외부 물질을 도입해야 할 수도 있다.

7.8 연습 문제

1. SO_2를 0.1%(부피 기준) 포함하는 8 $Nm^3 \cdot s^{-1}$ 유량의 기체흐름이 있다. 10°C, 1.01 bar에서 물을 사용한 흡수조작으로 SO_2의 95%를 제거하고 한다. 10°C 물에서의 SO_2의 Henry 상수는 22.3 bar이다. 기체 및 액체 흐름이 흡수탑 내에서 일정하고 1 kmol의 분자가 22.4 m^3을 차지하며, 흡수탑 출구에서의 물의 농도가 평형의 70%에 도달한다고 하면,

a) 얼마나 많은 물이 필요한가?
b) 얼마나 많은 이론단이 필요한가?
c) 흡수 성능을 증진시킬 수 있는 방법은 무엇인가?

2. 초산을 25%(무게 기준) 함유하는 폐용액 5 $t \cdot h^{-1}$을 배출하는 공정이 있다. 순수한 이소프로필에테르 10 $t \cdot h^{-1}$을 사용하여 추출로 초산을 회수하고자 한다. 평형 데이터는 표 7.2에 보인 바와 같다. 라피네이트와 추출에서의 평형 초산 농도 관계는 아래의 식과 같다.

$$x_E = 0.3098x_R^3 + 0.104x_R^2 + 0.3007x_R - 0.0006 \quad \textbf{(7.26)}$$

분리단은 평형상태이고, 1단 혼합–침강분리기를 사용하여,

a) 공정도를 그려라.
b) 완전한 비혼화성을 가정할 때, 추출물에서의 초산 회수율은 얼마인가?

3. 연습 문제 2의 공정과 조건에 대하여 향류식 3단 혼합–침강분리기로 대체하는 경우,

a) 공정도를 그려라.
b) 완전한 비혼화성을 가정할 때, 추출물에서의 초산 회수율은 얼마인가? (Kremser 식을 사용하라.)

4. 포화된 니트로벤젠을 포함하는 40 $m^3 \cdot h^{-1}$, 1.2 bar, 25°C의 배출 가스를 활성탄소 흡착을 통하여 니트로벤젠을 ppm 수준으로 낮추고자 한다. 니트로벤젠의

표 7.2 ▸ **초산-물-이소프로필에테르의 평형 데이터** (Campbell, 1940; Treybal, 1980).
(From Cambell H, 1940, Trans AIChE, 36: 628, reproduced by permission of the American Institute of Chemical Engineers.)

Mass fraction in water phase			Mass fraction ether phase		
Acetic acid	Water	Isopropyl ether	Acetic acid	Water	Isopropyl ether
0.0069	0.981	0.012	0.0018	0.005	0.993
0.0141	0.971	0.015	0.0037	0.007	0.989
0.0289	0.955	0.016	0.0079	0.008	0.984
0.0642	0.917	0.019	0.0193	0.010	0.971
0.1330	0.844	0.023	0.0482	0.019	0.933
0.2550	0.711	0.034	0.1140	0.039	0.847
0.3670	0.589	0.044	0.2160	0.069	0.715

표 7.3 ▸ **연습 문제 5의 투과성 데이터**

Component	Permeability (m^3 STP·m^{-2}·s^{-1}·bar^{-1})
Oxygen	1.80×10^{-3}
Nitrogen	6.93×10^{-4}

몰 분자량은 123 kg·$kmol^{-1}$이고 25°C에서의 증기압은 0.00026 bar이다. 배출 가스는 이상기체 거동을 따르며 1 kmol의 분자가 22.4 m^3을 차지한다고 하자. 만약 활성탄소가 25°C에서 니트로벤젠 자체 무게의 10%를 흡착할 수 있는 성능을 가지고 있다면, 90 kg의 탄소를 설치했을 때 얼마나 오래 사용할 수 있을 것인가?

5. 공기(21% 산소, 79% 질소)를 표 7.3의 분리막을 사용하여 산소 농도를 높이고자 한다. 0.1 dm 공기를 블로어를 통하여 압력을 1.7 bar까지 올려 분리막에 보낸다. 분리막 반대 측은 진공펌프로 0.25 bar를 유지한다. 원료침투율 θ를 0.1에서 0.9까지 변화시키면서 침투 순도, 분리막 면적, θ 간의 관계와 효과를 분석하라.

6. 완전 혼합 연속식 결정화기를 사용하여 수용액으로부터 칼륨황산염(potassium sulfate)를 분리하고자 한다. 칼륨황산염의 용해도는 다음과 같다.

$$C^* = 0.0666 + 0.0023T - 6 \times 10^{-6}T^2$$

여기서 C^* = 운전온도에서의 용해도(kg 용질/kg 용매)
T = 온도(°C)

결정화기로 들어가는 원료가 80°C로 포화되어 있을 때,

a) 결정화 온도를 냉각을 통하여 40°C로 낮추었을 때 결정으로 석출되는 칼륨황산염 수율은 얼마인가?

b) 50%의 석출 칼륨황산염 수율을 달성하기 위한 냉각 온도는 얼마인가?

참고 문헌

Campbell H (1940) Report on the Estimated Costs of Doubling the Production of the Acetic Acid Concentrating Department, *Trans AIChE*, **36**: 628.

Douglas JM (1988) *Conceptual Design of Chemical Processes*, McGraw-Hill, New York.

Geankopolis CJ (1993) *Transport Processes and Unit Operations*, 3rd Edition, Prentice Hall.

Hougen OA, WatsonKMand Ragatz RA (1959) *Chemical Process Principles. Part I: Material and Energy Balances*, John Wiley & Sons.

Humphrey JL and Keller GE (1997) *Separation Process Technology*, McGraw-Hill.

Hwang S-T and Kammermeyer K (1975) *Membranes in Separations*, John Wiley Interscience.

King CJ (1980) *Separation Processes*, 2nd Edition, Mc-

Graw-Hill.

Mulder M (1996) *Basic Principles of Membrane Technology*, Kluwer Academic Publishers.

Schweitzer PA (1997) *Handbook of Separation Process Techniques for Chemical Engineers*, 3rd Edition, McGraw-Hill, New York.

Seader JD, Henley EJ and Roper DR (2011) *Separation Process Principles*, 3rd Edition, John Wiley & Sons.

Smith R and Jones PS (1990) The Optimal Design of Integrated Evaporation Systems, *Heat Recovery Systems and CHP*, **10**: 341.

Treybal RE (1980) *Mass Transfer Operations*, 3rd Edition, McGraw-Hill.

Walas SM (1985) *Phase Equilibrium in Chemical Engineering*, Butterworth Publishers.

Winston WS and Sirkar KK (1992) *Membrane Handbook*, Chapman & Hall.

제 8 장

증류 배열

Distillation Sequencing

이제 단순히 두 제품으로 분리되는 것이 아닌 여러 개의 제품으로 분리되어야 하는 균질 다성분 혼합물의 경우를 고려해보자. 증류가 균질상 혼합물을 분리하는 가장 일반적인 방법이므로, 증류에 제한하여 고려하도록 한다. 이 경우 제품을 분리하는 순서, 즉 *증류 배열*(distillation sequence)을 선택해야 한다.

8.1 단순탑을 사용하는 증류 배열

먼저, 단순탑(simple column)만을 포함하는 증류 시스템의 설계에 대해 고려해 보자. 이러한 단순탑은 다음과 같은 요소들을 포함한다.

- 하나의 공급물과 두 개의 생산물
- 근접한 휘발도의 주성분들(key components), 또는 주성분 사이의 작은 양으로 존재하는 성분들은 제품의 불순물로 간주된다.
- 하나의 재비기와 하나의 응축기

만약 삼성분 혼합물이 있어 단순 증류탑이 사용된다면, 공정은 그림 8.1에 보인 바와 같은 두 가지 순서 중에서 결정된다. 그림 8.1a은 *순차 배열*(direct sequence)이라고 불리는 방법으로서, 가장 가벼운 성분이 각각의 증류탑에서 탑상 물질로서 나오게 된다. 그림 8.1b에 보인 *비순차 배열*(indirect sequence)은 가장 무거운 성분이 각 증류탑의 탑저생산물로 나오게 된다.

만약 증류탑의 응축기와 재비기에 필요한 에너지가 모두 외부 유틸리티에 의하여 공급되는 경우이면 그림 8.1a의 순차 배열이 그림 8.1b의 비순차 배열보다 작은 에너지를 소모하는 경우가 많다. 왜냐하면 순차 배열에서는 가벼운 성분(성분 *A*)만이 기화되기 때문이다. 그러나 혼합물 원료가 휘발성 성분(성분 *A*)을 소량 포함하고 비휘발성 물질(성분 *C*)을 다량 포함하는 경우에는 비순차 배열이 높은 에너지 효율성을 가질 수 있다. 이 경우, 비순차 배열에서 휘발성 성분을 두 번 기화시키는 것은 순차 배열에서 다량의 비휘발성 물질을 두 번 주입하는 것보다는 에너지 소요량이 작을 수 있기 때문이다.

삼성분 혼합물에 대하여는 두 가지의 대안적 순서가 있다. 성분의 수가 증가함에 따라 복잡도는 급수적으로 증가하게 된다. 그림 8.2는 5성분 혼합물에 대한 대안적 순서들을 보여주고 있다. 표 8.1은 단순 증류탑의 생산물의 수에 따른 가능한 순서의 관계를 보여주고 있다(King, 1980).

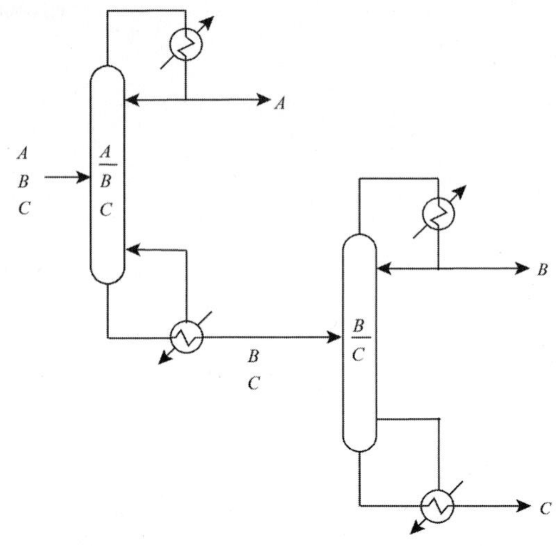

(a) 순차 배열

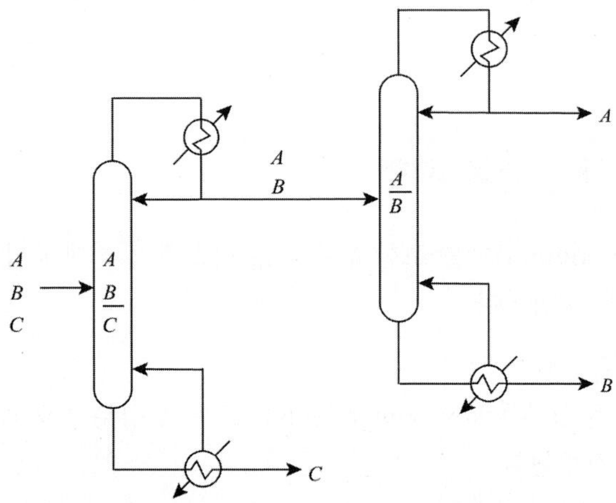

(b) 비순차 배열

그림 8.1 ▸ 단순탑을 사용한 삼성분 혼합물 분리에 대한 순차 배열과 비순차 배열. (Reproduced from Smith R and Linnhoff B, 1998, Trans IChemE ChERD, 66: 195 by permission of the Institution of Chemical Engineers.)

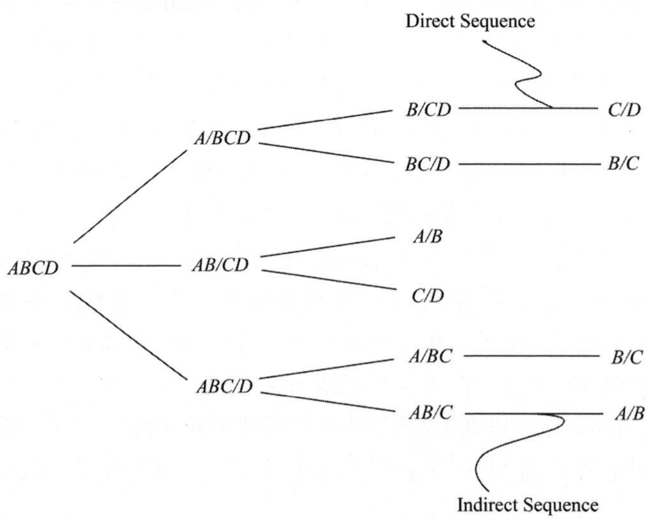

그림 8.2 ▸ 4성분계 혼합물 분리를 위한 대안적 증류 순서들.

표 8.1 ▸ 단순 증류탑을 사용할 때의 가능한 증류 배열의 수

Number of products	Number of possible sequences
2	1
3	2
4	5
5	14
6	42
7	132
8	429

따라서 같은 제품을 생산하기 위한 다양한 분리 순서가 있을 수 있으며 각각의 증류 배열에 따라 투자비용과 운전비용이 많은 차이를 보일 수 있다. 일반적으로 증류 배열을 결정하는 데 있어서 운전비용이 가장 영향이 크다. 이 운전비용은 주로 스팀이나 가열로를 통한 재비를 위한 열 공급 또는 저온 분리 시스템에서의 열 제거를 위한 저온 응축기의 냉동을 공급하기 위한 비용 등을 포함한다.

8.2 선택을 제한하는 실제적 제약조건

공정의 제약조건들은 고려할 수 있는 선택 가능한 수를 감소시킨다. 이러한 제약조건의 예는 아래와 같다.

1) 안전상의 고려는 특별히 위험한 성분의 재고량을 최소화하기 위하여 그것을 가능한 한 먼저 제거하도록 한다.
2) 반응성이 있고 열에 민감한 성분은 먼저 제거되어야 한다.
3) 부식 문제와 관련하여, 비싼 설비재의 사용을 최소화하기 위해 특히 부식성인 성분은 먼저 제거되어야 한다.
4) 재비기에서의 분해가 생산물을 오염시킨다면 증류탑의 하부로 최종 생산물이 나오지 않아야 한다.
5) 어떤 성분은 중합을 방지하기 위하여 화학물질을 첨가하지 않는 경우 증류 시 중합되려는 경향이 있다. 이러한 중합억제제는 비휘발성인 경우가 많고, 증류탑의 하부에서 축적된다. 이런 경우에는 최종제품을 탑의 하부에서 생산할 수 없다.
6) 종종 분리를 위하여 보내지는 공급물 중 어떤 성분은 응축하기가 어렵다. 이러한 성분들의 완전 응축은 저온냉동 혹은 매우 높은 운전압력을 요구할 수도 있다. 이런 상황 하에서 경질성분은 증류 배열에서의 냉동과 고압 사용을 최소화하기 위하여 대개 첫 번째 탑으로부터 제거된다.

8.3 열통합되지 않은 단순 증류탑 배열의 선택

에너지 비용을 최소화하는 통합되지 않은 단순 증류탑 배열의 선택을 위한 경험법칙들이 제안되어 왔

다(King, 1980). 이들 경험법칙은 상온 이상에서 운영되는(따라서 재비기 공급 열에 의한 비용이 전체 비용에서 우선적인 비중을 차지하는) 증류탑 문제들로부터의 관찰 결과를 일반화하고자 한다는 특징이 있다(Stephanopoulos, Linnhoff and Sophos, 1982).

경험법칙 1. 주성분들 간의 상대휘발도가 거의 같거나, 공비 거동을 보이는 경우의 분리는 비 주성분이 존재하지 않는 상황에서 수행되어야 한다. 즉, 어려운 분리를 가장 나중에 행하라.

경험법칙 2. 가장 가벼운 화합물들이 탑상물질로 하나씩 분리되도록 하라. 즉, 순차 배열을 지향하라.

경험법칙 3. 공급물에 많이 포함된 성분을 먼저 제거하라.

경험법칙 4. 각각의 증류탑에서 탑상제품과 탑저제품이 비슷한 양으로 분리되도록 하라.

이 경험법칙들은 많은 실제적인 응용에서의 관찰 결과에 기초를 두고 있다. 이 관찰은 단순 증류탑에 제한되며, 열통합이 없는(각각의 재비기와 응축기들이 유틸리티들에 의해서만 가열 혹은 냉각되는) 경우에만 해당된다. 더구나 경험법칙들의 적용 결과가 서로 상충되는 경우에는 선택이 어려워질 수 있으며, 이러한 상충점들은 향후의 평가를 위한 후보 순서들을 결정하는 데 도움이 되지 못하게 된다.

이러한 문제를 피하기 위하여 중요성에 따라 경험법칙들의 순서를 매길 수도 있겠으나 그 중요도 또한 문제에 따라 크게 바뀔 수 있다. 어떤 문제에서는 경험법칙들이 올바른 순서에 대한 명백한 결론을 주지 못할 수도 있겠지만 어떤 문제에서는 줄 수도 있다. 이러한 상황을 종합할 때 경험법칙보다 더 일반적인 어떤 방법이 필요해 보인다.

모호할 수 있거나 서로 상충될 수 있는 경험법칙에 의존하기보다는 각기 다른 순서들의 상대적 성능을 정량적으로 측정할 수 있는 어떤 매개변수가 있다면 바람직할 것이다. 그 선택은 궁극적으로 투자비용과 운전비용에 기반해야 할 것이다. 대부분의 문제에서는 비용은 운전비용에 가장 큰 영향을 받는다. 열통합이 설계에 지대한 영향을 줄 수 있으나 이 단계에서는 열통합을 배제한 공정 성능에 국한하여 평가하기로 하자.

- ***상온 이상에서 운영되는 공정*** 운전비용은 재비기에 공급되는 에너지 비용에 의하여 지배된다. 다수준의 열 유틸리티가 수반되는 경우에는 저온의 유틸리티가 고온의 유틸리티에 비하여 절대적으로 선호된다. 초대용량 재비기로 가열로가 사용될 수도 있으나 대부분의 경우는 스팀 재비기가 사용된다. 냉각비용이 가열비용에 추가될 수도 있겠지만 운전비용의 대부분은 가열비용에 의하여 결정된다.
- ***상온 이하에서 운영되는 공정*** 운전비용은 응축기의 냉각을 위한 냉동 시스템에 소요되는 에너지 비용에 의하여 지배된다. 다수준의 냉각 유틸리티가 수반되는 경우에는 고온의 유틸리티가 저온의 유틸리티에 비하여 절대적으로 선호된다. 냉동 유틸리티에서의 저온은 더 큰 동력 소요량과 비용을 수반한다. 냉각수에 드는 비용은 냉동비용보다 훨씬 저렴하다. 가열비용이 냉각비용에 추가될 수도 있겠지만 운전비용의 대부분은 냉동을 생성하는 데 소요되는 동력비용에 의하여 결정된다.

가열과 냉각비용을 산정하려면 먼저 응축 부하량과 재비 부하량이 계산되어야 한다. 상온 이상에서 운영되는 공정에 대해서는 총괄 재비 부하량이 첫 번째 기초 수준 평가의 거름(screening) 도구로서 사용될 수 있으며 상온 이하에서 운영되는 공정에 대해서는 총괄 냉각량이 사용될 수 있다. 6장에서 보인 바와 같이 완전응축기의 개별 응축 부하량은 다음과 같이 계산된다.

$$Q_{COND} = \Delta H_{VAP} D(1 + R_F R_{\min}) \quad \textbf{(8.1)}$$

여기서 Q_{COND} = 응축기 부하량(kJ·s^{-1}, kW)
N_{min} = 최소 이론단수
D = 탑정생산물 유량(kmol·s^{-1})
R_F = R/R_{min}비
R_{min} = 최소 환류비(–)

부분응축기에 대한 개별 응축 부하량은

$$Q_{COND} = \Delta H_{VAP} D R_F R_{min} \tag{8.2}$$

따라서 완전응축기 경우의 개별 재비 부하량은

$$Q_{REB} = \Delta H'_{VAP}(D + DR_F R_{min} - F + qF) \tag{8.3}$$

여기서 Q_{REB} = 재비기 부하량(kJ·s^{-1}, kW)
$\Delta H'_{VAP}$ = 탑저생산물 증발열(kJ·kmol^{-1})
F = 원료 유량(kmol·s^{-1})
q = 원료 열적 조건

6장에서 논의된 이유로 대부분의 경우 포화액체 형태의 원료가 선호된다($q = 1$).

위의 계산을 증류 배열에 포함된 모든 증류탑에 대하여 반복하게 되며 상온 이상 혹은 이하에서 운영하는지에 따라 총괄 재비 부하량 또는 응축 부하량을 고려한다. 비교 대상이 되는 모든 증류 순서에서의 재비 부하량 또는 응축 부하량을 비교한다. 대안적으로는 만약 유틸리티 온도나 비용을 아는 경우, 개별 재비기나 응축기에서의 유틸리티 비용을 더하여 총괄 비용을 구한다. 최소 환류비는 Underwood 식을 이용하여 구할 수 있다. 증류 배열 결정에 Underwood 식을 어떻게 응용하는지를 예제 8.2와 8.3에 보였다.

예제 8.1

표 8.2에 보인 알칸계 혼합물의 각 성분들이 상대적으로 순수한 생산물들로 분리되어진다. 표 8.2에서 압력은 6 barg, 기–액 평형은 Peng–Robinson 상태방정식을 사용하였다. 다음 단계의 정밀한 평가를 위한 후보 순서를 결정하기 위해 경험법칙을 이용하라.

›풀이

경험법칙 1. 가장 작은 상대휘발도를 가지고 있는 D/E 성분의 분리를 가장 나중에 행하라.

경험법칙 2. 순차 배열을 지향하라.

A/BCDE

경험법칙 3. 가장 양이 많은 성분을 먼저 분리하라.

ABCD/E

경험법칙 4. 탑상물질과 탑저물질 간의 양이 비슷하도록 분리하라.

ABC/DE

408.3 kmol × h^{-1}/498.9 kmol × h^{-1}

여기에서 4개의 경험법칙 모두가 서로 상충된다. 경험법칙 1은 D/E의 분리를 가장 나중에 하도록 제안하고, 그에 반하여 경험법칙 3은 이것을 가장 먼저 하도록 제안하고 있다. 경험법칙 2는 A/B 간의 분리를 가장 먼저 하도록 제안하고 있고, 경험법칙 4는 C/D의 분리를 가장 먼저 하도록 제안하고 있다.

일단 A/B의 분리를 가장 먼저 하는 방법을 선택하였다고 하면, 남은 증류탑의 배열을 결정하여야 한다.

표 8.2 ▸ 증류에 의해 분리할 알칸계 혼합물의 자료

Component	Flowrate (kmol·h^{-1})	Normal boiling point (K)	Relative volatility	Relative volatility between adjacent components
A. Propane	45.4	231	5.77	1.93
B. *i*-Butane	136.1	261	2.99	1.27
C. *n*-Butane	226.8	273	2.36	1.95
D. *i*-Pentane	181.4	301	1.21	1.21
E. *n*-Pentane	317.5	309	1.00	

경험법칙 1. *D*/*E*의 분리를 가장 나중에 하라.

경험법칙 2.

B/*CDE*

경험법칙 3.

BCD/*E*

경험법칙 4.

BC/*DE*

$362.9\ \text{kmol} \times \text{h}^{-1}/498.9\ \text{kmol} \times \text{h}^{-1}$

각각의 경험법칙들은 또 다시 상충된다. 경험법칙 1은 *D*/*E*의 분리를 가장 나중에 하도록 제안하고, 그에 반하여 경험법칙 3은 이것을 가장 먼저 하도록 제안하고 있다. 경험법칙 2는 *B*/*C*의 분리를 먼저 하도록 하고, 경험법칙 4는 *C*/*D*의 분리를 가장 먼저 하도록 제안하고 있다.

이 과정은 계속될 수 있고 가능한 순서들이 고려 대상으로 남겨질 것이다. 몇몇 가능한 순서들이 제거될 것이고, 표 8.1에서 제시된 숫자는 줄어들 것이다.

예제 8.2

(a) 및 (b)의 두 경우에 대하여 표 8.2의 알칸계 혼합물의 분리를 위한 최적 증류 순서배열을 총괄 재비기 부하량을 기준으로 결정하라. 각 성분의 회수율은 100%로 가정한다. Underwood 식을 사용하여 최소 환류비를 구하고 실제 대 최소 환류의 비를 1.1로 가정하라. 상대휘발도와 증발 잠열은 Peng–Robinson 상태방정식을 사용하여 계산할 수 있다. 각 증류탑에서의 상대휘발도는 그 증류탑의 원료조성을 기준으로 계산된다.

a) 각 증류탑의 압력을 일률적으로 모두 6 barg로 고정했을 때

b) 각 증류탑의 압력을 탑정제품의 기포점이 냉각수 귀환 온도인 35°C보다 10°C 높게 되거나(즉 45°C) 혹은 상압이 되도록 개별 설정하였을 때

›풀이

(a)와 (b) 두 경우에 대한 결과는 각각 표 8.3과 8.4와 같다. 표에서 볼 수 있듯이 상위 최선의 배열들 간의 총괄 재비기 부하량 값은 두 가지 경우 모두 차이가 미미하다. 더구나 이 예제에서는 최선과 최악의 배열 간에도 그리 큰 부하량 차이가 없는 것으로 나왔다. 두 경우를 비교했을 때는 배열의 순위가 바뀜을 알 수 있다. 그림 8.3에 (a)와 (b) 각각의 경우에서의 가장 좋은 3개의 배열을 도시하였다. 적용한 가정에 따라 순위가 바뀌는 민감성은 각 배열 간의 작은 차이를 생각하면 그리 놀라운 결과가 아니다. 모든 가능한 배열에서의 모든 증류탑은 상압보다 높은 0.7~14.4 barg 사이로 설정이 되었다.

표 8.3 ▸ 알칸계 혼합물 분리를 위한 증류 배열 순위(모든 증류탑을 일률적으로 6 barg로 고정했을 때)

Rank order	Total reboiler duty (MW)	% Best	Sequence			
1	32.40	100	*ABCD/E*	*ABC/D*	*AB/C*	*A/B*
2	32.62	100.7	*ABCD/E*	*AB/CD*	*A/B*	*C/D*
3	33.39	103.1	*ABCD/E*	*ABC/D*	*A/BC*	*B/C*
4	33.76	104.2	*ABCD/E*	*A/BCD*	*BC/D*	*B/C*
5	34.14	105.4	*ABCD/E*	*A/BCD*	*B/CD*	*C/D*
6	35.10	108.3	*A/BCDE*	*BCD/E*	*BC/D*	*B/C*
7	35.21	108.7	*AB/CDE*	*A/B*	*CD/E*	*C/D*
8	35.37	109.2	*ABC/DE*	*AB/C*	*D/E*	*A/B*
9	35.48	109.5	*A/BCDE*	*BCD/E*	*B/CD*	*C/D*
10	36.36	112.2	*ABC/DE*	*A/BC*	*D/E*	*B/C*
11	37.54	115.9	*A/BCDE*	*B/CDE*	*CD/E*	*C/D*
12	37.59	116.0	*A/BCDE*	*BC/DE*	*B/C*	*D/E*
13	37.73	116.5	*AB/CDE*	*A/B*	*C/DE*	*D/E*
14	40.06	123.7	*A/BCDE*	*B/CDE*	*C/DE*	*D/E*

표 8.4 ▸ 알칸계 혼합물 분리를 위한 증류 배열 순위(응축기에서의 냉각수를 고려하여 개별 증류탑 압력을 설정했을 때)

Rank order	Total reboiler duty (MW)	% Best	Sequence			
1	31.05	100	*ABC/DE*	*AB/C*	*D/E*	*A/B*
2	31.44	101.2	*ABCD/E*	*ABC/D*	*AB/C*	*A/B*
3	31.60	101.8	*ABCD/E*	*AB/CD*	*A/B*	*C/D*
4	31.86	102.6	*ABC/DE*	*A/BC*	*D/E*	*B/C*
5	32.25	103.9	*ABCD/E*	*ABC/D*	*A/BC*	*B/C*
6	32.75	105.5	*ABCD/E*	*A/BCD*	*BC/D*	*B/C*
7	32.99	106.2	*AB/CDE*	*A/B*	*CD/E*	*C/D*
8	33.02	106.3	*ABCD/E*	*A/BCD*	*B/CD*	*C/D*
9	33.29	107.2	*AB/CDE*	*A/B*	*C/DE*	*D/E*
10	33.48	107.8	*A/BCDE*	*BC/DE*	*B/C*	*D/E*
11	33.82	108.9	*A/BCDE*	*BCD/E*	*BC/D*	*B/C*
12	34.09	109.8	*A/BCDE*	*BCD/E*	*B/CD*	*C/D*
13	35.39	114.0	*A/BCDE*	*B/CDE*	*CD/E*	*C/D*
14	35.69	114.9	*A/BCDE*	*B/CDE*	*C/DE*	*D/E*

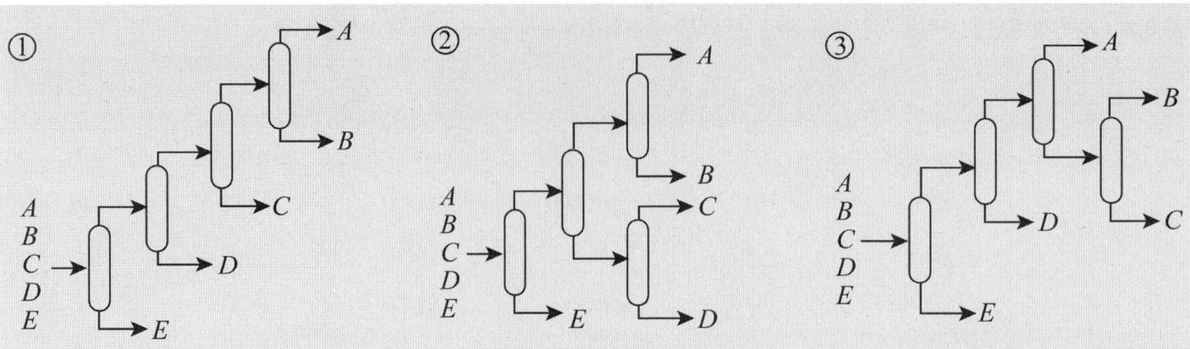

(a) 모든 증류탑을 일률적으로 6 barg로 고정했을 때

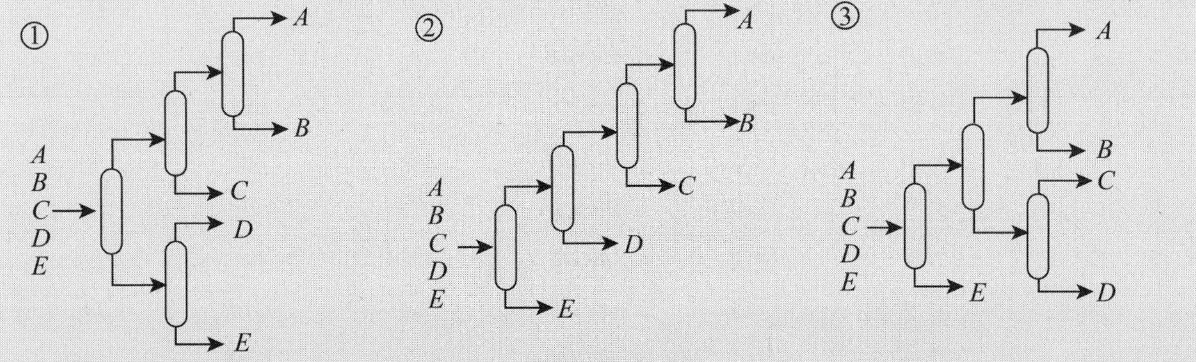

(b) 응축기에서의 냉각수를 고려하여 개별 증류탑 압력을 설정했을 때

그림 8.3 ▸ **예제 8.2의 알칸계 혼합물 분리를 위한(총괄 재비기 부하량 기준) 최선의 증류 배열.**

예제 8.3

표 8.5는 분리를 위한 방향족 혼합물 자료를 보여준다. 표에서 자일렌 이성질체 성분들은 하나의 제품이다. C9s는 C_9H_{12}(1-methylethylbenzen)으로 가정한다. 각 성분의 회수율은 100%로 가정한다. Underwood 식을 사용하여 최소 환류비를 구하고 실제 대 최소 환류의 비를 1.1로 가정한다. 상대휘발도와 증발 잠열은 Peng–Robinson 상태방정식을 사용하여 계산한다. 각 증류탑에서의 상대휘발도는 그 증류탑의 원료조성을 기준으로 계산한다. 모든 원료는 포화액체 상태이고 증류탑은 완전응축기를 사용한다. 각 증류탑의 압력은 탑정제품의 기포점이 냉각수 귀환 온도인 35°C보다 10°C 높게 되거나(즉 45°C) 혹은 상압이 되도록 개별 설정한다. 총괄 재비기 부하량을 기준으로 최선의 순서를 결정하라.

❯풀이

표 8.6은 각 성분들의 1 atm에서의 상대휘발도를 보여준다. 표의 상대휘발도 결과는 에틸벤젠과 자일렌의 분리가 매우 어려울 것임을 보여준다. 또한 모든 분리가 상압에서 가용한 것을 보여준다. 따라서 모든 증류탑을 일률적으로 상압으로 고정하였다. 표 8.7은 각 증류 배열의 총괄 재비기 부하량을 순위에 따라 나타내고 있다. 그림 8.4는 가장 작은 재비기 부하량을 가지는 3개의 배열을 보여준다. 결과로 나온 두개의 최상의 배열은 가장 분리가 어려운 성분(*C*/*D*)를 가장 먼저 분리하는 배열이어서 가장 어려운 분리는 가장 늦게 분리한다는 경험법칙과 상충되는 결과이므로 사뭇 생소해 보인다. 그러나 가장 어려운 분리에 대한 상대 휘발도는 다른 성분들의 존재에 따라 민감하게 변할 수 있다. 이 예제에서 벤젠과 톨루엔의 존재가 *C*/*D* 분리에 대한 상대휘발도를 증가시켜 어려운 분리를 비 주성분의 존재 하에 먼저 수행하는 것에 이점을 가져오게 하였다. 100% 회수의 가정이나

표 8.5 ▸ 증류 분리를 위한 방향족 5성분 혼합물 자료

Component	Flowrate ($kmol \cdot h^{-1}$)
A. Benzene	269
B. Toluene	282
C. Ethyl benzene	57
D. *p*-Xylene	47
m-Xylene	110
o-Xylene	58
E. C9s	42

표 8.6 ▸ 1 atm에서의 원료 성분 상대휘발도

Component	Relative volatility	Relative volatility between adjacent components
Benzene	7.570	2.33
Toluene	3.243	2.07
Ethyl benzene	1.564	1.07
p-Xylene	1.467	1.04
m-Xylene	1.417	1.16
o-Xylene	1.220	1.22
C9s	1.000	

표 8.7 ▸ 예제 8.3의 방향족 혼합물 분리를 위한(총괄 재비기 부하량 기준) 증류 배열 순위

Rank order	Total reboiler duty (MW)	% Best	Sequence			
1	57.40	100	*ABC/DE*	*A/BC*	*D/E*	*B/C*
2	60.04	104.6	*ABC/DE*	*AB/C*	*D/E*	*A/B*
3	61.40	107.0	*A/BCDE*	*BC/DE*	*B/C*	*D/E*
4	64.81	112.9	*ABCD/E*	*ABC/D*	*A/BC*	*B/C*
5	65.98	115.0	*A/BCDE*	*B/CDE*	*C/DE*	*D/E*
6	66.02	115.0	*A/BCDE*	*BCD/E*	*BC/D*	*B/C*
7	66.63	116.1	*A/BCDE*	*B/CDE*	*CD/E*	*C/D*
8	67.02	116.8	*AB/CDE*	*A/B*	*C/DE*	*D/E*
9	67.46	117.5	*ABCD/E*	*ABC/D*	*AB/C*	*A/B*
10	67.67	117.9	*AB/CDE*	*A/B*	*CD/E*	*C/D*
11	68.50	119.3	*ABCD/E*	*A/BCD*	*BC/D*	*B/C*
12	70.26	122.4	*A/BCDE*	*BCD/E*	*B/CD*	*C/D*
13	72.73	126.7	*ABCD/E*	*A/BCD*	*B/CD*	*C/D*
14	73.97	128.9	*ABCD/E*	*AB/CD*	*A/B*	*C/D*

Peng–Robinson식에서 이성분 계수를 0으로 단순화한 가정도 결과에 오차를 가져올 수 있다. 따라서 최선의 증류 배열에 대한 정확한 최종 결정은 엄밀 시뮬레이션을 수행하여 정해야 하며 또한 열통합이 이루어진 다음에야 가능할 것이다.

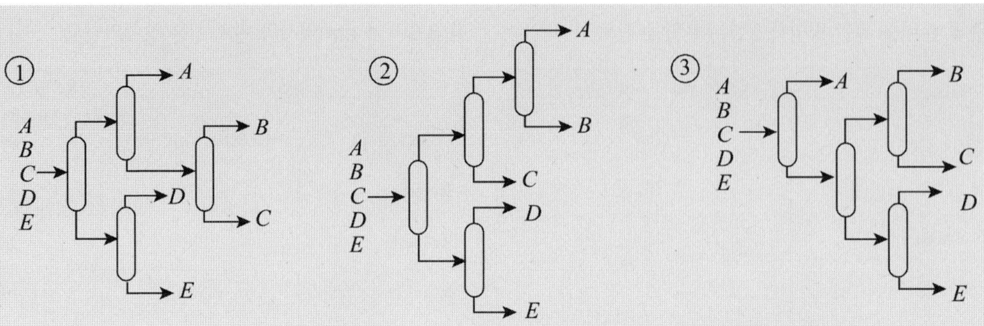

그림 8.4 ▸ 예제 8.3의 방향족 혼합물 분리를 위한(총괄 재비기 부하량 기준) 최선의 증류 배열.

응축 부하량이나 재비 부하량만을 이용하는 것은 일종의 지침을 제공할 뿐이며 증류 순서에 대한 올바른 우선순위를 제공하지 못할 수도 있다. 유틸리티 온도나 비용이 알려져 있는 경우, 에너지 비용을 산정함으로써 좀 더 정확한 결과에 한걸음 더 다가갈 수 있다. Fenske–Gilliland–Underwood 방법과 같은 사이징 및 비용에 대한 간략한 방법을 사용하고 컴퓨터 계산을 활용하면 모든 증류 순서 배열에 대한 사이징과 비용을 곧바로 수행할 수 있다.

가능한 증류 배열을 거르기 위해 어떠한 방법을 사용하던 간에 최소의 재비 부하량이나 응축 부하량, 최소 운전비용이나 총 비용을 가지는 어느 하나의 증류 배열에만 관심을 집중하지 않아야 한다는 것이 중요하다. 특히 선택 가능한 증류 배열 후보의 경우가 많은 경우, 최선의 몇몇 증류 배열 간의 선택을 이런 관점에서만 하는 경우는 거의 드물다. 또한 열통합이나 안전성 등과 같은 다른 고려 사항들 또한 최종 결정에 있어 중요할 수 있다. 그러므로 증류 배열의 선택은 한 개보다는 몇몇 개의 유망한 증류 배열 후보들을 함께 고려하는 것이 바람직할 것이다.

8.4 두 가지 이상의 생산물을 갖는 증류탑 배열

단순 증류탑을 사용하여 삼성분의 혼합물을 분리하는 경우, 오직 두 가지의 가능한 순서가 존재한다(그림 8.1 참조). 단순 증류탑의 첫 번째 특성에 대해 고려해 보자. 단일 원료가 두개의 생산물로 분리된다. 두 개의 단순탑 사용에 대한 첫 번째 대안으로서 그림 8.5에 보인 증류탑 구조가 고려될 수 있다. 여기에서는 3개의 생산물이 한 개의 탑으로부터 얻어진다. 독립적인 단순 배열(즉, 재비기와 응축기에 유틸리티 사용)과 비교할 때 어떤 범위의 조건에 대해서는 사실 위의 설계는 타당할 뿐만 아니라 비용면에서도 효율적일 수 있다. 만약 원료가 중간 비점 성분이 지배적이고(일반적으로 원료의 50% 이상), 가장 높은 비점의 물질이 소량으로 존재한다면(일반적으로 5% 미만), 그림 8.5a에 보인 배열이 좋은 선택이 될 수 있다(Tedder and Rudd, 1978). 중질 성분은 측면흐름(side stream)을 지나쳐 탑저로 내려가야 한다. 중질 생산물이 소량 흐름이고 중간 생산물의 흐름이 많지 않은 한, 고순도의 중간 생산물은 얻어질 수 없다. 이런 상황에서 측면흐름은 높은 순도를 얻기 위해 일반적으로 기체 흐름에서 얻어진다. 또한, 높은 순도의 측면흐름 생산물을 얻기 위해서는 측면흐름 생산물 *B*와 탑저생산물 *C* 간의 상대휘발도가 충분히 커야 한다.

기상 형태의 측면흐름 생산물을 얻는 것은 액상 측면흐름의 경우보다 기술적 어려움이 존재한다. 증류탑에서 액체흐름을 분기하는 것은 직접적으로 가능한 반면 기상에서 분기하는 것은 직접적이지 못하

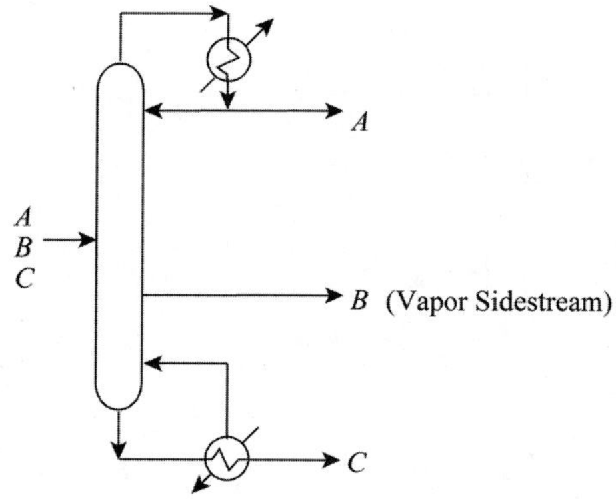

(a) 50% 이상의 중간 비점 성분과 5% 미만의
가장 무거운 성분

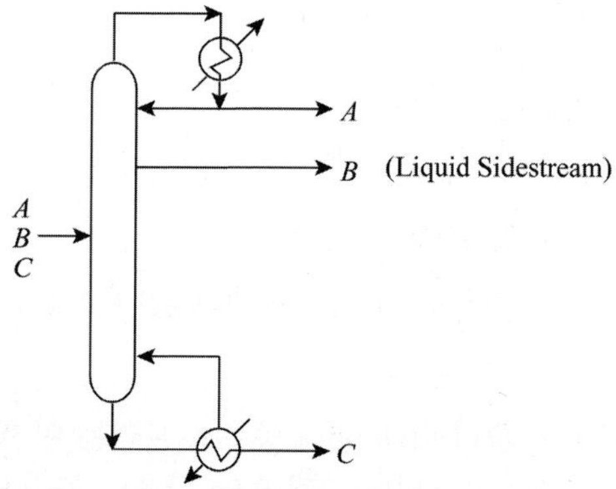

(b) 50% 이상의 중간 비점 성분과 5% 미만의
가장 가벼운 성분

그림 8.5 ▸ 3개의 생산물흐름을 가지는 증류탑. (Reproduced from Smith R and Linnhoff B, 1998, *Trans IChemE ChERD*, **66**: 195 by permission of the Institution of Chemical Engineers.)

다. 기상흐름의 압력이 측면흐름과 연계된 배관이나 장치로의 압력 강하를 극복할 수 있을 만큼 높아야 한다. 또한, 측면흐름 유량의 제어가 필요할 수 있으며 기상 측면흐름으로의 액적동반을 방지할 장치(예를 들면, 액적 비말 제거기가 설치된 분리 드럼)가 필요할 수도 있다. 측면흐름에 연계된 장치에서의 압력강하를 극복하기 위하여 높은 압력강하를 가지는 분리단을 측면흐름 윗단에 설치해야 하고, 이는 추가적인 압력강하를 유발하게 된다.

만약 원료의 성분이 중간 비점 성분이 지배적이고(일반적으로 50% 이상), 가장 낮은 비점의 성분이 소량(일반적으로 5% 미만) 존재한다면 그림 8.5b에 보인 배열이 좋은 선택이 될 수 있다(Tedder and Rudd, 1978). 이때는 가벼운 물질이 측면흐름을 지나서 탑정으로 올라가야만 한다. 경질 생산물이 소량이고, 중간 생산물이 많은 양이 아니라면 높은 순도의 중간 생산물은 얻어질 수 없다. 이번에는 고순도의 측면흐름을 얻기 위해서 측면흐름이 액상 생산물로서 얻어진다.

요약하면, 측면흐름을 가지는 단일 탑 구성은 특별한 원료 조성 상황에 한하여 적용될 수 있는데 중간 생산물이 과량이고, 나머지 하나의 성분이 소량으로 존재할 때 유용하다. 분리가 이웃한 주 성분들 사이에서 이루어져야 한다는 제한을 완화하는 경우, 보다 일반적인 배열의 적용이 가능하다.

그림 8.6a에 보인 가장 가벼운 성분과 가장 무거운 성분이 첫 번째 탑에서 주로 분리되는 3개의 생

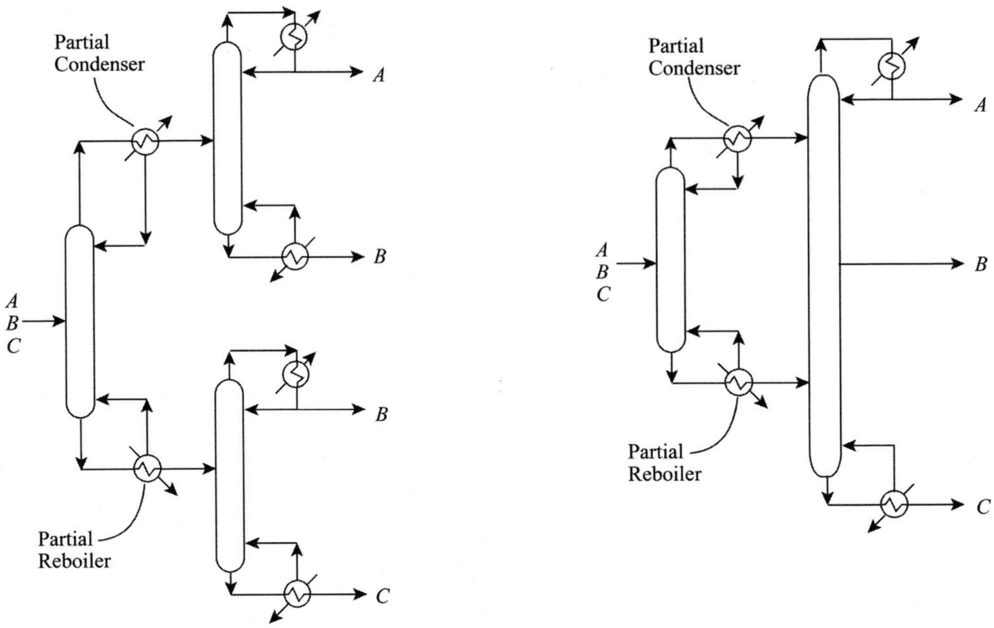

(a) 비인접 주성분을 분리하는 증류 배열

(b) 예비분리기 배열

그림 8.6 ▸ 예비분리기 배열은 비인접 주성분을 분리한다.

산물 분리를 고려해 보자. 슬러피(sloppy) 증류로 불리는 이 배열에서는 두 개의 증류탑이 순수한 생산물의 생산을 위해서 추가로 요구된다(그림 8.6a 참조). 그러나 그림 8.6a에서 두 번째 탑의 탑저생산물과 세 번째 탑의 탑정생산물이 모두 순수한 *B* 성분이라는 사실을 주목하라. 그러므로 두 번째와 세 번째 탑이 같은 압력에서 운전된다면 두 증류탑은 단순히 연결될 수 있고, *B* 성분은 측면흐름으로서 얻어진다(그림 8.6b 참조). 그림 8.6b의 배열은 예비분리기(prefractionator) 배열로 알려져 있다. 그림 8.6b의 첫 번째 탑인 예비분리기는 총괄 에너지 소비를 줄여주는 부분응축기를 가지고 있다는 것에 주목하라. 같은 분리 용량일 때 그림 8.6b의 예비분리기 배열은 그림 8.1의 전형적인 단순 증류탑 순차 배열과 비교하여 일반적으로 20~30% 정도의 에너지를 절감할 수 있는 것으로 알려져 있다. 이 차이점에 대한 이유는 예비분리기 배열이 단순 배열에 비해 원리상 열역학적으로 더 효율적이라는 사실에 기인한다. 왜 그런지를 생각해 보자.

그림 8.7에 보인 단순 증류탑의 배열을 고려하자. 그림 8.7의 순차 배열에서 첫 번째 탑의 성분 *B*의 조성은 더 휘발성인 성분 *A*의 감소에 따라 원료 단 아래에서 증가한다. 그러나 탑의 아래쪽으로 내려가면 성분 *B*의 조성은 *B*보다 휘발성이 낮은 *C*의 증가에 따라 다시 감소한다. 그러므로 성분 *B*의 조성은 정점에 도달하여 재혼합된다(Triantafyllou and Smith, 1992).

유사하게, 비순차 배열에서의 첫 번째 탑에서의 성분 *B*의 조성은 원료 단의 위쪽에서 보다 휘발성이 낮은 성분 *C*의 감소에 따라 증가한다. 그리고 더 위쪽에서는 휘발성이 더 높은 성분 *A*의 증가에 따라 감소하게 된다. 성분 *B*의 조성은 정점에 도달하여 재혼합된다.

이 재혼합 현상은 단순 증류탑 순차 및 비순차 배열에서의 분리 비효율성의 원인이 된다. 이에 반해 그림 8.8에 보인 예비분리기 배열에 대해 고려하여 보자. 예비분리기에서는 성분 *B*가 탑의 탑정과 탑저로 분산됨으로써 원료의 분리가 이행된다. 예비 분류기 위쪽 부분에서는 *AB*와 *C*를 분리하고, 반면 아

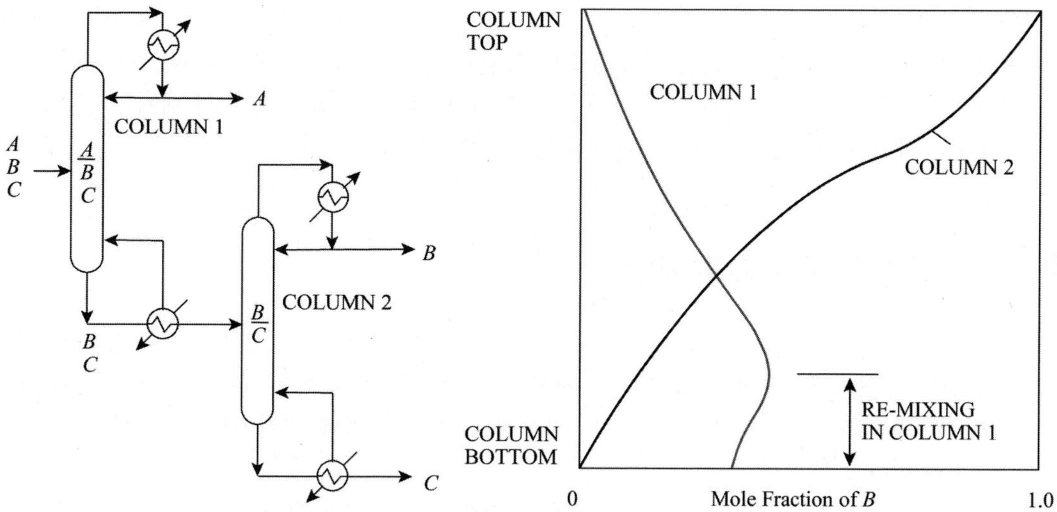

그림 8.7 ▸ 순차 배열에서 첫 번째 탑의 중간 비점 성분의 조성은 재혼합 효과를 보인다.
(Reproduced from Triantafyllou C and Smith R (1992) The Design and Optimization of Fully Thermally-coupled Distillation Columns, *Trans IChemE*, **70A**: 118, by permission of the Institution of Chemical Engineers.)

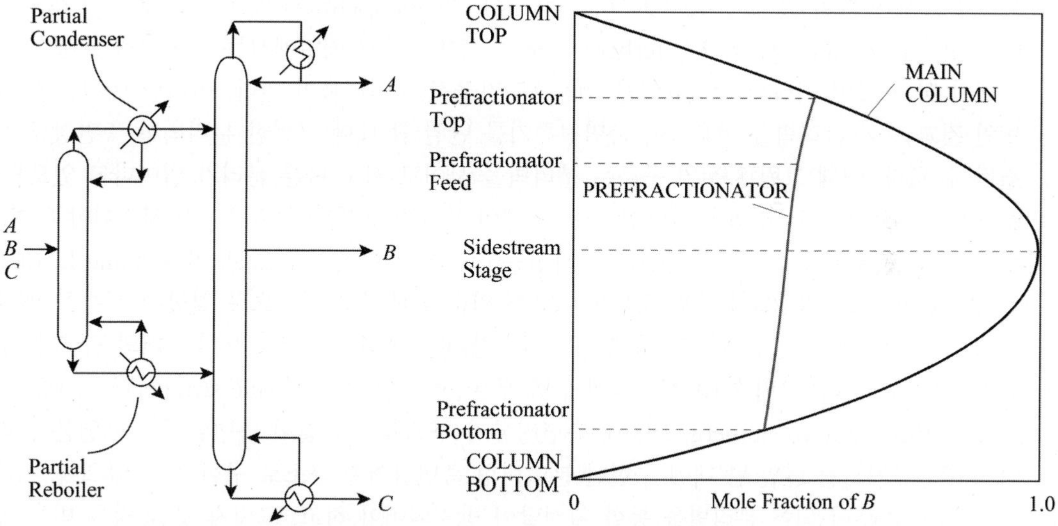

그림 8.8 ▸ 예비분리기 배열을 사용하여 중간 비점 성분의 재혼합 효과를 없앨 수 있다.
(Reproduced from Triantafyllou C and Smith R (1992) The Design and Optimization of Fully Thermally-coupled Distillation Columns, *Trans IChemE*, **70A**: 118, by permission of the Institution of Chemical Engineers.)

래쪽에서는 *BC*와 *A*를 분리한다. 그러므로 두 부분 모두 탑 부분의 해당 생산물로부터 오직 하나의 성분만을 제거하게 되며, 이것은 주 증류탑의 4개 부분 모두에서도 똑같이 일어난다. 이런 방식으로 단순 증류탑 배열이 가지는 재혼합 효과(remixing effect)를 피할 수 있다(Triantafyllou and Smith, 1992).

또한 예비분리기 배열은 원료 혼합 효과를 낮추는 또 다른 특징을 가진다. 원료단에서 탑의 조성과 원료 조성의 불일치는 증류 조작에 있어서 손실을 가져온다. 단순 증류탑을 이용한 이성분계 증류에서는 원료흐름과 원료단에서의 조성을 일치시키는 것이 이론적으로 가능하다. 물론 단 간의 조성 변화가 연속적이지 않기 때문에 완벽한 일치가 언제나 가능하지는 않을 수 있다. 다성분계 증류에서는 특수한 상황을 제외하면 원료 조성을 원료단과 일치시키는 것이 불가능하다. 예비분리기 배열에서는 성분 *B*가 탑정과 탑저로 분산되기 때문에 원료단에서의 원료 혼합 손실을 줄이기 위해 원료와 원료단의 조성을 일치시키기 위한 자유도를 높일 수 있다. 예비분리기 배열에서의 혼합 손실 제거는 이 배열이 단순탑을 사용하는 배열에 비해 원천적으로 더 효율적임을 의미한다.

8.5 열결합을 이용한 증류 배열

이전에 기술한 바와 같이, 단순 증류탑에서의 마지막 제약사항은 탑이 재비기와 응축기를 가지고 있어야만 한다는 것이다. 그러나 열교환기를 사용하는 간접 접촉 방법 이외에 물질흐름을 사용하여 직접 접촉 방식으로 필요한 열을 전달하는 것도 가능하다. 직접 접촉에 의한 이러한 열전달은 *열결합*(thermal coupling)이라고 알려져 있다.

먼저 그림 8.9a에 보인 간단한 순서의 열결합에 대해 고려해 보자. 그림 8.9a는 열적으로 결합된 순차 배열을 보여준다. 첫 번째 탑의 재비기는 열결합으로 대체되어 있다. 첫 번째 탑의 탑저로부터의 액체는 앞서와 같이 두 번째 탑으로 전달된다. 그러나 첫 번째 탑에서 요구되는 기상흐름은 재비기 대신에 두 번째 탑에서의 기체흐름에 의해 공급된다. 탑의 구조를 특징하는 4개 부분들이 그림 8.9a에 1, 2, 3, 4로 표시가 되어 있다. 그림 8.9c에는 *측면정류기*(side-rectifier) 배열의 형태로 탑의 4개 부분이 재배열되어 있다(Calberg and Westerberg, 1989). 측면정류기 배열에서는 기상 측면흐름 증류탑에서 논의했던 바와 같이 기상의 측면흐름을 얻는 데 기술적인 어려움이 있다. 이러한 어려움은 그림 8.9d에 보인 것과 같이 분리벽을 이용하여 측면정류기를 단일 탑 내에 구현한 분리벽형 측면정류기 구조로 해결될 수 있다. 이때 그림 8.9d의 구조는 분리벽을 사이로 서로 다른 분리가 일어나고 있으므로 온도 수준이 다르게 되므로 분리벽은 단열이 충분히 되어 분리벽을 통한 열전달이 방지되어야 하며, 그렇지 못할 경우 벽을 통한 열전달로 증류탑의 분리성능이 저하될 수 있다(Lestak, Smith and Dhole, 1994).

유사하게, 그림 8.10a와 그림 8.10b는 단순 비순차 배열과 열적으로 결합된 비순차 배열을 보여준다. 그림 8.10b에서 첫 번째 탑의 응축기는 열결합에 의해 대체되어 있으며, 4개의 탑 부분들이 1, 2, 3, 4로 표기되어 있다. 그림 8.10c에는 4개의 탑 부분들이 *측면탈거기*(side-stripper)의 형태로 재배열되어 있다(Calberg and Westerberg, 1989). 측면정류기 구조에서와 같이 측면탈거기 배열은 분리벽을 이용하여 측면탈거기를 단일 탑 내에 구현한 분리벽형 측면탈거기 구조로 구현될 수 있으며, 이때도 분리벽은 단열이 충분히 되어 분리벽을 통한 열전달이 방지되어야 하고, 그렇지 못할 경우 벽을 통한 열전달은 증류탑의 분리성능 저하를 야기할 수 있다(Lestak, Smith and Dhole, 1994).

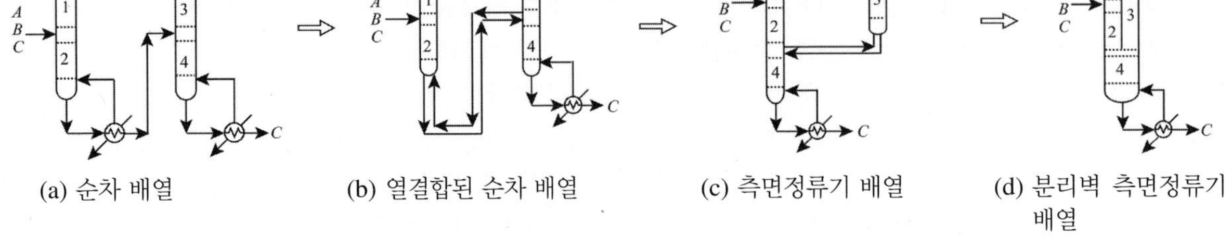

그림 8.9 ▸ 순차 배열의 열결합.

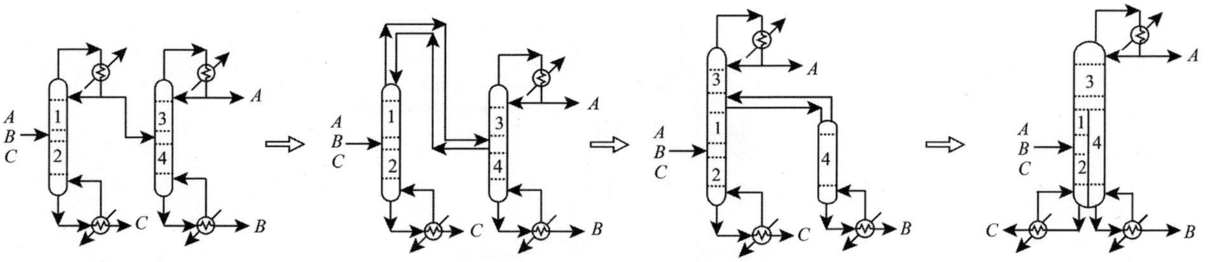

(a) 비순차 배열 (b) 열결합된 비순차 배열 (c) 측면탈거기 배열 (d) 분리벽 측면탈거기 배열

그림 8.10 ▸ 비순차 배열의 열결합.

측면정류기 배열과 측면탈거기 배열은 해당 단순탑 배열과 비교하여 에너지 소모를 줄여준다고 알려져 있는데, 이는 첫 번째 증류탑에서의 재혼합 손실의 감소에 기인한다(Tedder and Rudd, 1978; Glinos and Malone, 1988). 단순 증류 배열의 첫 번째 탑에서처럼 조성의 정점이 중간 생성물에서 나타나지만, 이제는 이 분리된 물질을 측면정류기 혹은 측면탈거기로 전달함에 의해 조성 정점의 이득이 얻어진다.

정유공장에서 원유를 정제하여 석유제품으로 분리하는 복잡한 구조의 상압증류탑은 측면탈거기 배열의 대표적인 예이다. 그림 8.11에서 보듯이 상압증류탑은 비순차 배열의 열결합을 다수의 측면탈거기로 구현한 구조이다. 그러나 그림 8.11의 배열은 여러 가지 한계점으로 실제 상압증류탑에 직접 적용될 수 없기 때문에 그림 8.12과 같이 수정 개선되어 사용된다. 실제 상압증류탑에서는 고비점 성분들로 인한 재비기에서의 고온 문제를 피하기 위하여 스팀을 직접 주입하여 열을 공급함과 동시에 성분의 비

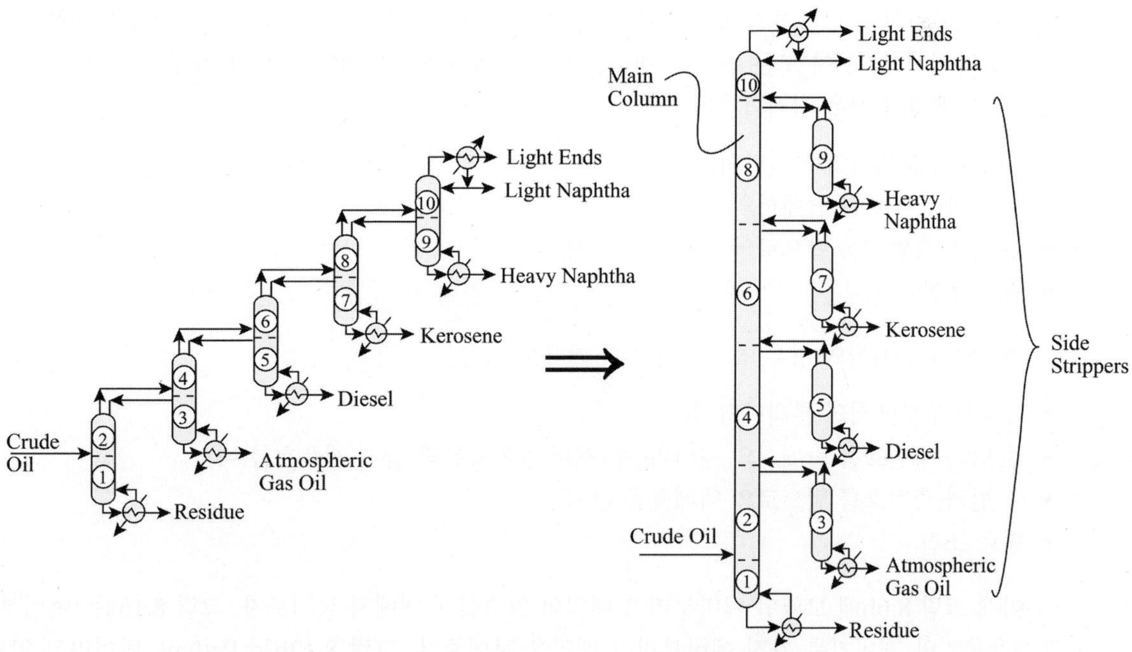

(a) 열결합된 비순차 배열 (b) 측면탈거기 배열

그림 8.11 ▸ 원유 정제를 위한 열결합된 비순차 증류 배열.

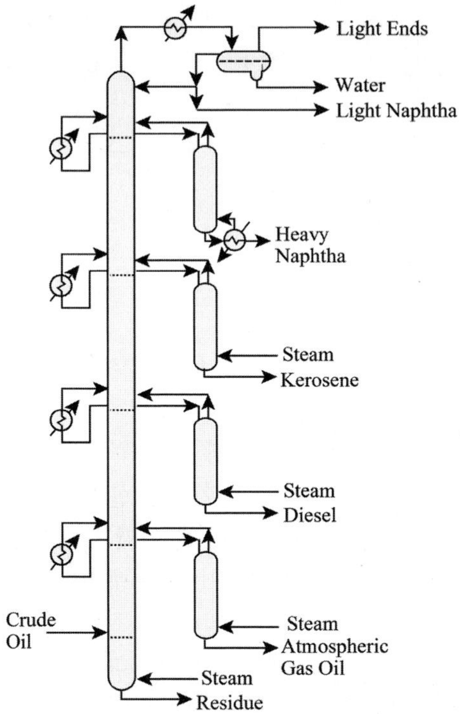

그림 8.12 ▸ 스팀 주입을 통한 재비기 대체와 중간 응축의 도입.

등 분압을 낮추어 분리를 향상시키는 장점도 얻게 된다. 또한 중간 중간에 펌프 재순환(pump-around) 루프를 설치하여 탑 내의 기체흐름 과다를 조절함과 동시에 해당 생산물의 규격 제어에도 활용한다.

측면정류기와 측면탈거기 배열은 탑이 구조 상 4개의 부분으로 구성되어 최적화를 위한 중요한 자유도를 가지게 되며 이 모든 자유도 변수들이 동시에 최적화되어야 최선의 설계를 달성할 수 있다. 측면정류기 배열의 경우 최적화해야 할 자유도는

- 각 4개 부분에서의 분리단의 수
- 주 탑과 측면흐름 탑에서의 환류비
- 주 탑과 측면흐름 탑으로의 기체흐름 분기
- 원료 조건

측면탈거기 배열의 경우 최적화해야 할 자유도는

- 각 4개 부분에서의 분리단의 수
- 주 탑과 측면흐름 탑에서의 재비비(즉, 재비 증기흐름과 탑저 제품흐름 비)
- 주 탑과 측면흐름 탑으로의 액체흐름 분기
- 원료 조건

이제 그림 8.6b에 보였던 예비분리기 배열의 열결합에 대해서 살펴보자. 그림 8.13a는 예비분리기에 부분응축기와 재비기를 가진 예비분리기 배열을 보여준다. 그림 8.13b는 Petlyuk 탑이라고 알려진 열적으로 결합된 등가의 예비분리기 배열을 보여준다. 그림 8.13에 보인 두 개의 증류 배열을 등가로 만들기 위해서, 열적으로 결합된 예비분리기 배열은 예비분리기의 응축기와 재비기를 대신할 수 있는 여

분의 단을 필요로 한다(Aichele, 1992). 이 두 배열에서 주 탑에서의 탑정과 탑저에서의 기상과 액상흐름은 예비분리기 배열에서 예비분리기는 재비기와 응축기를 가지고 있음으로 인하여 차이를 가지게 된다. 예비분리기 배열에서는 열이 두 지점에서 다른 온도 수준으로 공급되고 두 지점에서 다른 온도 수준으로 열이 제거된다. 그림 8.13c는 단일 탑 내에 분리벽을 이용하여 예비분리기를 구현하는 *분리벽형 증류탑*(dividing-wall column)으로 알려진 또 다른 형태의 열결합 예비분리기 배열을 보여준다. 분리벽을 통한 열전달이 없는 경우 그림 8.13b와 8.13c는 등가의 배열이다. 분리벽형 측면정류기 및 측면탈거기 구조에서와 같이 분리벽은 단열이 충분히 되어 분리벽을 통한 열전달이 방지되어야 하며, 그렇지 못할 경우 벽을 통한 열전달은 증류탑의 분리성능 저하를 야기할 수 있다(Lestak, Smith and Dhole, 1994).

분리벽형 증류탑은 다음과 같은 많은 장점을 가지고 있다.

1) 단순 증류탑만을 사용하는 전통적인 방법(그림 8.1)에 비해 일반적으로 20~30% 가량 에너지를 덜 소모한다.

2) 단순 증류탑 배열에 비해 일반적으로 20~30% 가량의 투자비용을 절감할 수 있다.

3) 오직 한 번의 재비만을 필요로 하므로 단순 증류탑 배열에 비해 열에 민감한 물질이 고온 영역에서 머무는 체류시간을 줄일 수 있다.

완전히 열적으로 결합된 예비분리기 배열은 측면정류기 배열과 측면탈거기 배열에 비교하여 같은 분리에서 더 적은 에너지가 소요된다. 분리벽형 증류탑은 일반적인 표준 증류탑 장치를 사용하여 제작할 수 있다. 현재까지는 충진탑에 더 많이 적용되고 있지만 단탑에도 적용이 가능하다.

그러나 분리벽형 증류탑은 단순 증류탑 배열에 비해 다음과 같은 단점도 가지고 있다.

1) 비록 총괄 에너지 소요는 일반 증류 배열에 비하여 작을 수 있으나 재비와 응축을 위한 에너지 공급

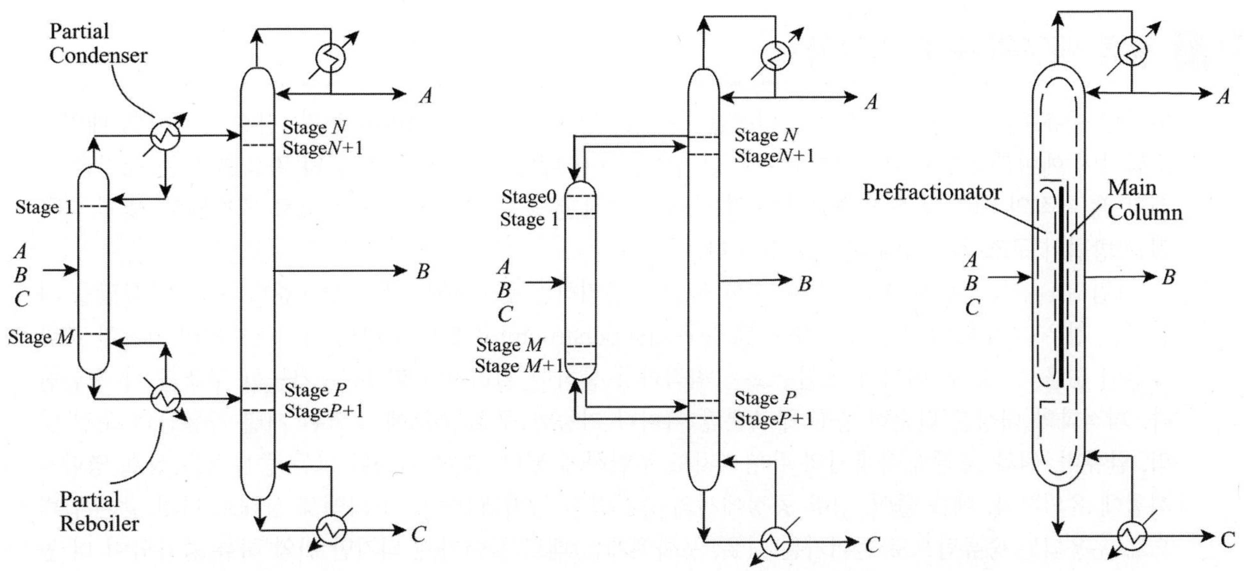

(a) 예비분리기 배열 (b) 열결합된 예비분리기 배열 (c) 분리벽으로 열결합된 예비분리기 배열

그림 8.13 ▸ 열결합된 예비분리기 배열.

과 제거가 가장 높고 가장 낮은 온도 수준에서 각각 이루어진다. 만약 응축에 냉동이 필요한 경우에는 낮은 온도에서의 응축을 최소화 하는 것이 매우 중요한데, 이 경우 다른 수준에서의 열 공급과 제거가 이루어지는 일반 증류 배열이나 예비분리기 배열이 더 바람직할 수 있다.

2) 두 증류탑이 완전히 다른 압력에서 운용되어야 하는 경우, 단일 압력에서 운용되어야 하는 분리벽형 증류탑은 문제를 야기할 수 있으므로 단순 증류탑 배열을 대체하기 어려울 수 있다.

3) 단순 증류 배열의 두 증류탑이 다른 재질(매우 비싼 재질과 싼 재질)을 사용해야 하는 경우, 분리벽형 증류탑은 비싼 재질을 사용해야 하므로 대체에 따른 투자비용 감소 효과가 상쇄될 수 있다.

4) 분리벽 양쪽 부분에서의 압력수지를 맞추기 위한 수력학적 설계가 어렵다.

이러한 그림 8.13c에 보인 분리벽형 증류탑의 시뮬레이션은 그림 8.13b에 보인 등가의 배열을 사용하여 수행할 수 있다. 그러나 측면탈거기와 정류기 경우에서와 같이 최적화를 위한 더 많은 중요한 자유도를 가진다. 열결합 예비분리기 배열 또는 분리벽형 증류탑은 6개의 부분으로 나뉠 수 있다(분리벽 위 부분과 아래 부분, 원료단 위 부분과 아래 부분, 측면흐름 위 부분과 아래 부분). 분리벽형 증류탑에서 최적화해야 할 자유도는

- 각 6개 부분에서의 분리단의 수
- 환류비
- 탑 상부에서 분리벽 상단부로 내려가는 액상흐름 분기
- 탑 하부에서 분리벽 하단부로 올라가는 기상흐름 분기
- 원료 조건

이 모든 자유도 변수들이 동시에 최적화되어야 분리벽형 증류탑이 가지는 잠재적 장점을 극대화할 수 있는 최선의 설계를 달성할 수 있다.

8.6 증류 배열의 구조 최적화

최선의 증류 배열을 더 체계적으로 결정할 수 있는 방법에 대하여 고찰해 보자. 단순 증류탑의 배열을 포함하여 예비분리기 배열, 측면정류기 및 측면탈거기 배열, 열결합 배열 등의 가능한 모든 배열을 고려할 때 최적의 배열 구조를 결정하는 일은 매우 복잡한 공정 구조 최적화 문제로 귀결된다. 몇몇 다른 접근 방법이 구조 최적화에 적용될 수 있다.

그림 8.14는 4성분계 혼합물을 순수한 물질로 분리하는 증류 배열 예를 보여준다. 단순 증류탑을 사용하는 경우 그림 8.14의 온구조 또는 초월구조(superstructure)에 보인 바와 같이 5가지의 가능한 증류 배열이 있을 수 있다. 여기서 초월구조는 최적화를 통하여 걸러져야 할 모든 가능한 구조를 다 포함한다. 최적화의 대상은 단순히 증류 구조뿐만 아니라 가능한 구조 후보에 포함된 개별 증류탑의 운전 압력, 환류비, 원료 조건과 응축기의 유형까지도 포함하게 된다. 또한 연계된 모든 증류탑은 상호 영향을 끼침에 유의하라. 예를 들어, 상류 공정에서의 증류탑의 탑저생산물이 포화액체 상태로 나와 같은 압력으로 운용되는 증류탑으로 들어가는 경우, 포화액체 상태로 들어가게 되지만 만약 하류 증류탑이 더 높은 압력으로 운용되는 경우에는 과냉각 상태의 액체로 들어가게 된다. 반대로 하류 증류탑이 낮은 압력인 경우 과열 상태의 원료로 들어가게 된다.

그림 8.14는 단순 증류탑을 사용하는 경우의 옵션만을 포함하고 있다. 그림 8.15은 두 개의 연계된

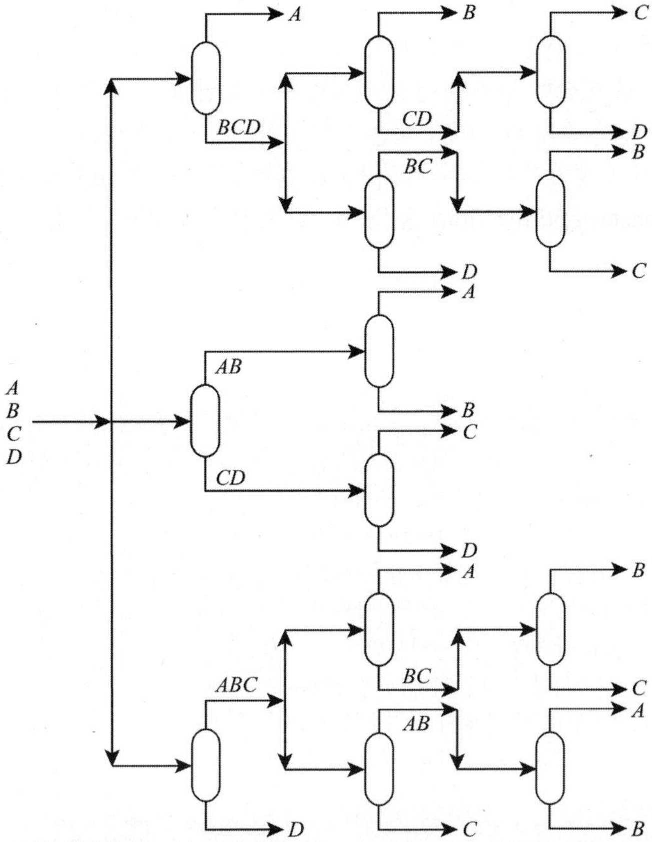

그림 8.14 ▸ 단순탑을 사용하여 4성분계 혼합물을 순수한 물질로 분리하는 증류 배열 초월구조.

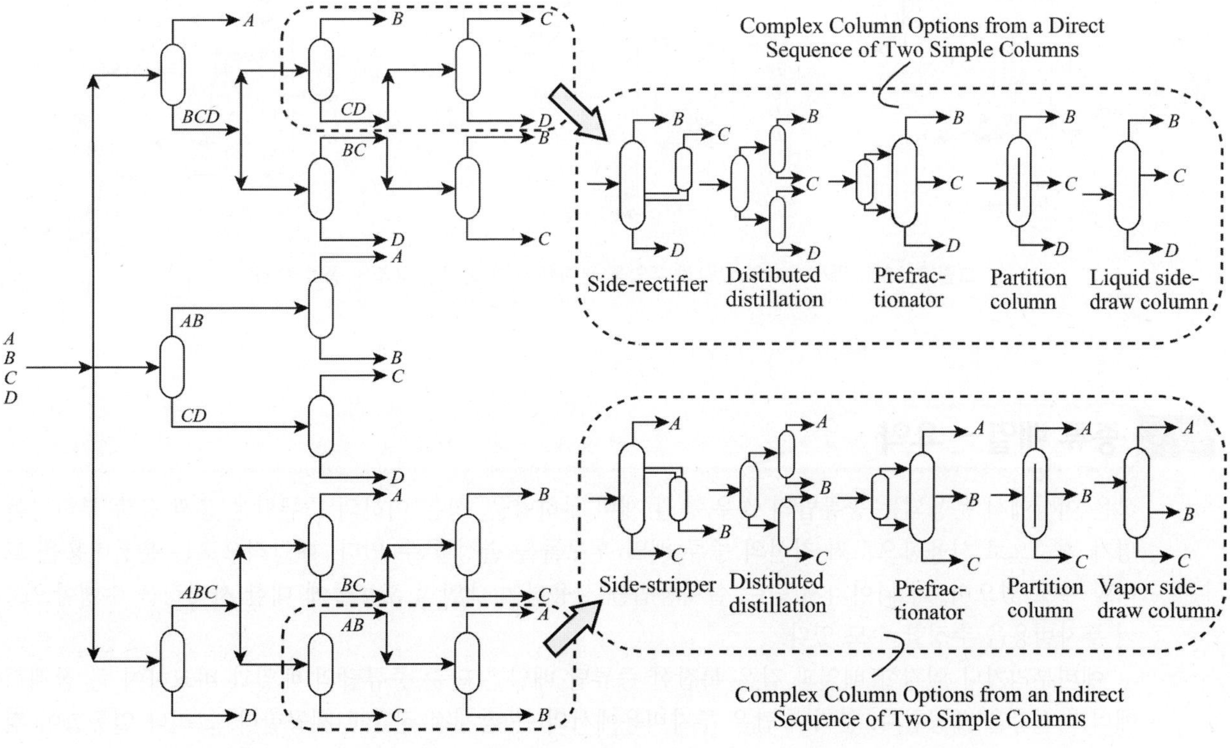

그림 8.15 ▸ 증류 배열 초월구조에서 단순탑 쌍은 복잡한 구조의 증류 배열로 대체될 수 있다.

증류탑을 복잡한 구조의 증류탑으로 대체하는 경우까지도 포함하는 예를 보여준다. 두 개의 연속된 증류탑은 원칙적으로 복잡한 구조의 단일 증류탑으로 통합될 수 있으나 적절한 통합구조 배열은 단순 증류탑 배열의 형태, 즉 순차 배열이냐 비순차 배열이냐에 의존한다.

구조 최적화를 수행하기 위해서 초월구조의 혼합정수 최적화(mixed-integer optimization)나 확률론적 최적화(stochastic optimization) 등을 적용할 수 있으나 아직은 풀이가 어려운 도전적인 최적화 문제이다.

예제 8.4

표 8.2에 보인 알칸계 혼합물의 분리를 위한 단순 증류 배열보다 총괄 재비기 부하량을 줄여주는 개선된 복잡한 구조의 증류 배열을 3개 제시하라. 각 성분들은 상대적으로 순수한 생산물들로 분리되고 회수율은 100%로 가정한다. Underwood 식을 사용하여 최소 환류비를 구하고 실제 대 최소 환류의 비를 1.1로 가정하라. 상대휘발도와 증발 잠열은 Peng–Robinson 상태방정식을 사용하여 계산할 수 있다. 각 증류탑에서의 상대휘발도는 그 증류탑의 원료조성을 기준으로 계산된다. 증류탑의 압력은 탑정 제품의 기포점이 냉각수 귀환 온도인 35°C보다 10°C 높게 되거나(즉, 45°C) 혹은 상압이 되도록 개별 설정한다.

풀이

그림 8.16은 총괄 재비기 부하량을 줄여주는 개선된 복잡한 구조의 증류 배열 결과의 예를 보여준다. 이들 배열은 재비기 부하량을 표 8.4에 보인 단순 증류 배열과 비교하여 30% 정도 줄여준다.

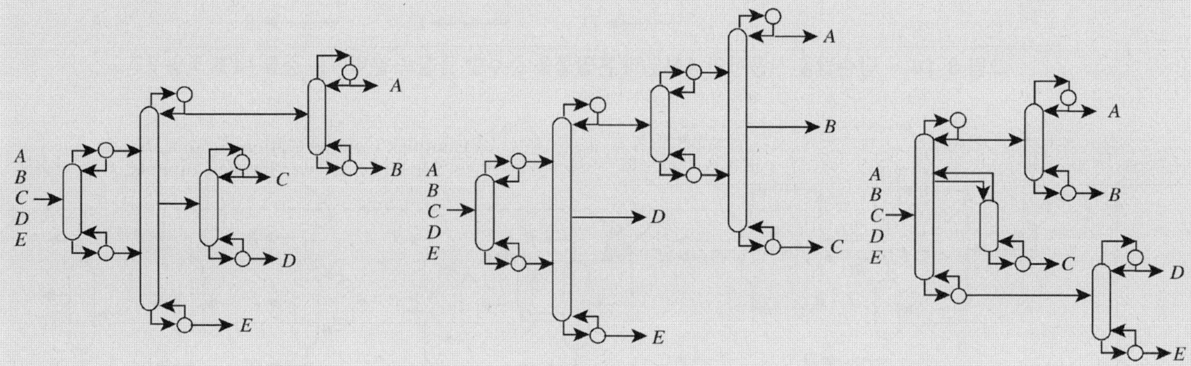

그림 8.16 ▸ 예제 8.4의 알칸계 혼합물 분리를 위한 복잡한 구조의 증류 배열.

8.7 증류 배열 – 요약

상온 이상에서 운용되는 증류탑의 경우 총괄 재비 부하량을, 상온 이하의 증류탑은 총괄 응축 부하량을 평가 기준으로 사용함으로써 최선의 증류 배열 후보들을 결정할 수 있다. 대안적으로는 운전비용을 고려할 수도 있으며, 더 나아가서 단순 설계방법을 사용하여 대안적 후보들에 대한 사이징을 수행함으로써 투자비용을 추정할 수도 있다.

예비분리기나 열결합 배열과 같은 복잡한 증류탑 배열은 단순 증류탑의 배열과 비교하여 큰 잠재적 에너지 절감을 제공한다. 분리벽 탑은 투자비용에서의 큰 잠재적 절감도 제공한다. 그러나 열통합이 적용되는 경우 최적의 배열이 달라질 수 있기 때문에 이 설계 단계에서 어떤 증류 배열을 미리 확정하는 것은 극히 주의를 요한다.

단순 증류 배열이나 복잡 증류 배열의 설계는 구조 최적화를 통하여 수행될 수 있으며, 다양한 구조 옵션이 확률론적 최적화나 초월구조 최적화 접근 방법을 통하여 탐색될 수 있다. 최적화는 단순히 증류 구조뿐만 아니라 구조 안에 포함된 개별 증류탑의 운전 압력, 환류비, 원료 조건과 응축기의 유형까지도 포함하게 된다. 이 단계에서는 모든 재비와 응축이 유틸리티에 의해서 다 충족된다고 가정하며 여러 수준의 유틸리티가 사용될 수 있다.

8.8 연습 문제

1. 표 8.8의 4성분계 혼합물을 분리하기 위하여 그림 8.17의 증류 배열이 제안되었다. 모든 기–액 평형은 이상조건을 따르고, 모든 원료와 제품은 포화액체 상태이며, 각 증류탑에서의 중질 및 경질 주성분의 완전한 회수를 가정할 때

a) 그림 8.17의 모든 흐름에서의 유량과 조성을 계산하라.

b) 실제 대 최소 환류비 비를 1.1로 가정하고 총괄 증기량(모든 재비기에서의 재비 기상흐름의 합)을 계산하라.

c) 총괄 증기량은 어떤 중요성을 가지는가?

2. 경험법칙을 적용하여 표 8.8의 4성분계 혼합물을 분리하기 위한 증류 배열을 제안하라. 그림 8.17의 배열은 경험법칙에 기준할 때 바람직한가?

3. 표 8.9는 삼성분계 혼합물 분리를 위한 복잡한 구조의 증류 배열 선정을 위한 경험법칙을 보여준다. 이 경험법칙을 적용하여 표 8.8의 혼합물을 분리하기 위한 복잡한 구조의 증류 배열 2개를 제안하라.

표 8.8 ▸ 연습 문제 1의 4성분계 혼합물 자료

Component	Mole fraction in feed	K-value	Normal boiling point (°C)
n-Pentane	0.05	3.726	36.3
n-Hexane	0.30	1.5373	69.0
n-Heptane	0.45	0.6571	98.47
n-Octane	0.20	0.284	125.7
Total flowrate ($kmol{\cdot}h^{-1}$)	150		

4. 표 8.10의 조성을 가지는 180 $kmol{\cdot}h^{-1}$의 원료 혼합물을 순수한 성분으로 분리하고자 한다.

a) 경험법칙을 이용하여 단순 증류탑 배열을 제안하라.

b) 표 8.9의 경험법칙을 이용하여 복잡한 구조의 증류 배열 2개를 제안하라.

5. 단순 증류탑을 사용하여 순수한 성분으로 분리하고자 할 때 증류 배열은 몇 개의 분리 업무(separation task)들의 연속으로 분해될 수 있다(Shah and Kokossis, 2002). 어떤 분리 업무는 다른 배열들에 공통으로 포함된다. 연습 문제 4의 분리를 위한 분리 업무가 표 8.11에 나와 있다. 각각의 업무에 대한 R_{min}, N_{min}, ΔH_{VAP}, T_{COND}, T_{REB}는 표 8.11에 나와 있다. 실제 대 최소 환류비 비는 1.1이고, 모든 원료는 포화액체 상태라 하면,

a) 분리에 사용된 단순 증류탑 배열의 분리 업무를 나열하라.

b) 모든 가능한 배열에서 분리 업무를 위한 탑정생산물 유량을 계산하라. 또한, 탑정생산물 유량으로부터 총괄 증기 부하량과 재비기 부하량을 계산하라.

6. 그림 8.18은 경질 탄화수소를 분리하기 위하여 운영되고 있는 기존의 증류 공정을 보여준다(Lestak and Collins, 1997). 이제 에너지 절감을 위하여 이 공정

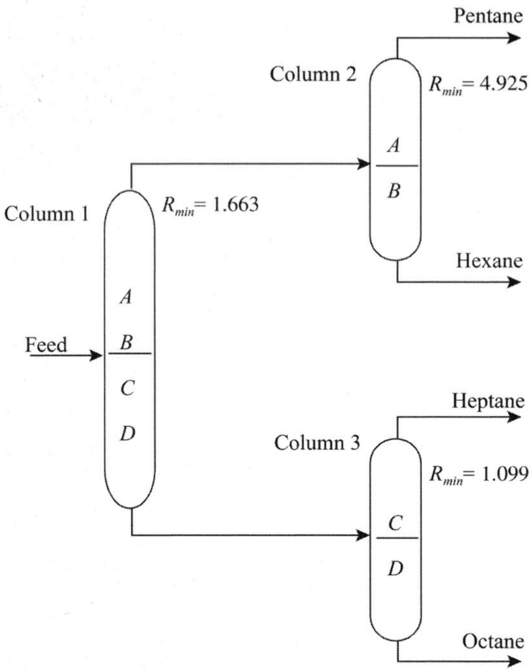

그림 8.17 ▸ 연습 문제 1의 단순 증류 배열.

표 8.9 ▸ **삼성분계 혼합물 분리를 위한 복잡한 구조의 증류 배열 선정을 위한 경험법칙**(Glinos and Malone, 1988)

Complex column	Heuristic for using columns
Sidestream column (sidestream below feed)	$B > 50\%$ of feed, $C < 5\%$ of feed; $\alpha_{BC} \gg \alpha_{AB}$
Sidestream column (sidestream above feed)	$B > 50\%$ of feed, $A < 5\%$ of feed; $\alpha_{AB} \gg \alpha_{BC}$
Side-rectifier	$B < 30\%$ of feed; less C than A in the feed
Side-stripper	$B < 30\%$ of feed; less A than C in the feed
Prefractionator arrangement	Fraction of B in the feed is large; α_{AB} is similar to α_{BC}

표 8.10 ▸ **연습 문제 4의 4성분계 방향족 혼합물 자료**

Component	Mole fraction	Relative volatility	Relative volatility between adjacent components
Benzene	0.40	6.215	
			2.33
Toluene	0.35	2.673	
			2.33
p-Xylene	0.20	1.48	
			1.148
o-Xylene	0.05	1.00	

을 복잡한 구조의 증류 배열로 개조하고자 한다. 개조의 경제성을 높이기 위해서 가능한 많이 기존 장치를 활용해야 한다.

a) 기존 공정의 증류탑 중 두개의 증류탑을 복잡한 구조의 증류 배열에 포함시키는 방안들을 제안하라.

b) 새로운 증류탑 용기에 두개의 기존 증류탑을 더하여 3개의 탑으로 구성되는 복잡한 구조의 증류 배열을 구성하는 방안을 제안하라. 어떻게 하면 기존 장치의 활용을 극대화할 수 있는지에 중점을 두라.

c) 만약 그림 8.18의 증류탑 중 두 개를 복잡한 구조의 증류 배열에 편입시킨다면 어떤 증류탑이 적절할 것인가?

표 8.11 ▸ 연습 문제 5의 방향족 혼합물 분리에 관련된 분리 업무 자료

Separation	R_{min}	N_{min}	ΔH_{VAP} (kJ kmol^{-1})	T_{COND} (°C)	T_{REB} (°C)
B/T pX oX	1.49	19.7	35170	80.2	120.1
B T/pX oX	0.63	19.6	35170	91.2	139.8
B T pX/oX	1.96	111.3	35170	97.4	143.6
B/T pX	1.5	19.8	34764	80.2	118.6
B T/pX	0.61	19.5	34764	91.2	139.0
T/pX oX	1.43	22.1	35476	110.3	139.8
T pX/oX	3.74	129.3	35476	118.6	143.6
B/T	1.36	20.0	32599	80.2	110.3
T/pX	1.34	22.8	35182	110.3	139.0
pX/oX	10.31	151.2	36349	138.9	143.6

B: benzene; *T*: toluene; *pX*: *p*-xylene; *oX*: *o*-xylene.

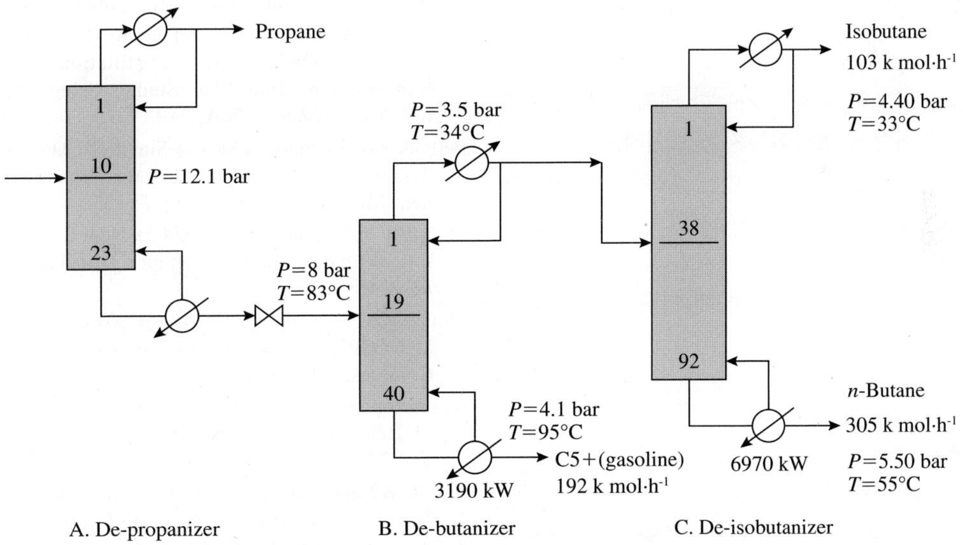

그림 8.18 ▸ **경질 탄화수소 분리를 위한 기존의 증류 배열.** (From Lestak F and Collins C, 1997, *Chem Engg*, July: 72, reproduced by permission of McGraw Hill.)

d) 기존 공정의 증류탑 중 두개의 증류탑을 편입시켜 상당한 에너지 절감을 달성할 수 있는 복잡한 구조의 증류 배열들을 제안하라.

7. 개별 분리업무 달성을 위한 증기 유량(kmol·h^{-1})이 다음과 같을 때,

A/BCD	100	*B/CD*	90	*A/B*	70
AB/CD	120	*BC/D*	250	*B/C*	100
ABC/D	240	*A/BC*	130	*C/D*	220
		AB/C	140		

최소의 총괄 증기 유량을 내어 주는 최선의 증류 배열을 정하라.

표 8.12 ▸ 연습 문제 8의 증기 유량

Task number	Task	Vapor flow rate (kmol·h^{-1})
1	A/BCD	100
2	AB/CD	120
3	ABC/D	240
4	B/CD	90
5	BC/D	250
6	A/BC	130
7	AB/C	140
8	C/D	220
9	B/C	100
10	A/B	80

8. 개별 분리 업무 달성을 위한 증기 유량(kmol·h^{-1})이 표 8.12와 같을 때,

a) 단순탑을 사용하는 모든 가능한 배열에서 이들 분리업무가 어떻게 조합되는지를 보여라.

b) 분리 업무 간의 상호 영향이 없을 경우 단순탑을 사용하는 모든 가능한 배열에서의 총괄 증기 유량을 계산하라.

c) 총괄 증기 유량 관점에서 볼 때 어떤 배열이 최선의 배열인가?

참고 문헌

Aichele P (1992) Sequencing Distillation Operations Being Serviced by Multiple Utilities, MSc Dissertation, UMIST, UK.

Asprion N and Kaibel G (2010) Dividing Wall Columns: Fundamentals and Recent Advances, *Chem Eng and Processing*, **49**: 139–146.

Becker H, Godorr S, Kreis H and Vaughan J (2001) Partitioned Distillation Columns – Why, When and How, *Chem Eng*, **Jan**: 68.

Calberg NA and Westerberg AW (1989) Temperature-Heat Diagrams for Complex Columns 2, Underwood's Method for Side-Strippers and Enrichers, *Ind Eng Chem Res*, **28** (9): 1379.

Glinos K and Malone MF (1988) Optimality Regions for Complex Column Alternatives in Distillation Columns, *Trans IChemE, Chem Eng Res Dev*, **66**: 229.

Kaibel G. (1987) Distillation Columns with Vertical Partitions, *Chem Eng Technol*, **10**: 92.

Kaibel G. (1988) Distillation Column Arrangements with Low Energy Consumption, *IChemE Symp Ser*, **109**: 43.

King CJ (1980) *Separation Processes*, 2nd Edition, McGraw-Hill.

Lestak F and CollinsC(1997) Advanced Distillation Saves Energy and Capital, *Chem Eng*, **July**: 72.

Lestak F, Smith R and Dhole VR (1994) Heat Transfer Across the Wall of Dividing Wall Columns, *Trans IChemE*, **49**: 3127.

Mutalib MIA and Smith R (1998) Operation and Control of Dividing Wall Distillation Columns. Part I: Degrees of Freedom and Dynamic Simulation, *Trans IChemE*, **76A**: 308.

Mutalib MIA, Zeglam AO and Smith R (1998) Operation and Control of Dividing Wall Distillation Columns. Part II: Simulation and Pilot Plant Studies Using Temperature Control, *Trans IChemE*, **76A**: 319.

Petlyuk FB, Platonov VM and Slavinskii DM (1965) Thermodynamically Optimal Method for Separating Multicomponent Mixtures, *Int Chem Eng*, **5**: 555.

Shah PB and Kokossis AC (2002) New Synthesis Framework for the Optimization of Complex Distillation Systems, *AIChE J*, **48**: 527.

Shultz MA, Stewart DG, Harris JM, Rosenblum SP, Shakur MS and O'Brien DE (2002) Reduce Costs with Dividing-Wall Columns, *Chem Eng Prog*, **May**: 64.

Stephanopoulos G, Linnhoff B and Sophos A (1982) Synthesis of Heat Integrated Distillation Sequences, *IChemE Symp Ser*, **74**: 111.

Stupin WJ and Lockhart FJ (1972) Thermally-coupled Distillation – A Case History, *Chem Eng Prog*, **68**: 71.

Tedder DW and Rudd DF (1978) Parametric Studies in Industrial Distillation, *AIChE J*, **24**: 303.

Triantafyllou C. and Smith R (1992) The Design and Optimization of Fully Thermally-Coupled Distillation Columns, *Trans IChemE*, **70A**: 118

제 9 장 공비증류의 증류 배열

Distillation Sequencing for Azeotropic Distillation

9.1 공비 시스템

8장에서는 균질액체 혼합물을 분리하는 증류 배열에 대해서 다루었지만 공비를 형성하는 매우 비이상적 기-액 평형 거동을 보이는 혼합물에 대해서는 다루지 않았다. 일부 성분이 공비를 형성하는 다성분 혼합물을 분리하는 한 가지 방법은 공비를 형성하는 성분을 단일 의사성분으로 취급하여 8장에서 언급한 증류 순서 배열에 따라 분리하는 것이다. 공비물의 분리는 다른 성분들이 분리된 상태에서 진행할 수 있으나 이 방법이 항상 최선의 결과를 낳는 것은 아니기 때문에 주의해야 한다. 성분들 사이에 복잡한 상호작용이 일어날 수 있으며 종종 공비 형성에 관여하지 않는 다른 성분들이 공비증류를 쉽게 만들 수 있다. 뒤에 서술하겠지만 실제로 물질분리 작용제(agent)를 분리에 사용한다면 공정에 이미 존재하는 성분을 사용하는 것이 바람직하다.

많은 경우에 공비 현상은 이성분 공비와 관련된 두 성분 사이에서 나타난다. 공비는 다성분 공비와 같이 세 개 이상의 성분 사이에 일어날 수도 있다.

6장에서 언급한 바와 같이 공비 현상의 문제점은 매우 비이상적인 혼합물에 대해서는 일정한 끓는점을 가지는 혼합물은 기체와 액체가 같은 조성을 가지는 특정 조성이 형성될 수 있다는 것이다. 이것은 기-액 평형의 물리적 성질에 의해 결정된다. 증류를 통하여 공비 조성에 근접한 조성으로 분리할 수는 있으나 유한한 개수의 분리단으로는 공비점에 도달할 수 없고 무한개의 분리단을 사용한다 하더라도 공비점을 넘어갈 수는 없다. 따라서 경질과 중질 주성분 간에 공비를 형성하면 단순 증류보다 더 정교한 무언가가 필요해진다. 공비를 형성하는 혼합물을 증류를 이용해 분리하려면 공비를 극복하기 위해 기-액 평형 거동을 어떻게든 바꿔야 한다. 이렇게 하는 방법은 다음의 세 가지가 있다.

1) ***압력을 바꾼다.*** 공비를 형성하는 혼합물을 분리할 때 처음 고려해야 할 것은 압력을 변화시켜 공비 조성을 바꾸는 것이다. 만약 공비를 형성하는 성분이 압력에 민감하고 다양한 압력 범위에 대해 다른 물질로 분해되지 않는다면 이 성질을 이용할 수 있다. 대체로 압력에 대해 공비조성이 최소 5% 변화가 필요하다(Holland, Gallum and Lockett, 1981).
2) ***증류에 공비첨가제를 추가한다.*** 공비첨가제(entrainer)라고도 알려져 있는 물질분리 작용제를 증류에 첨가할 수 있다. 공비첨가제는 공비를 형성하는 물질 중 어느 한 성분과 더 강하게 상호작용하여 분리를 가능하게 한다. 이것은 주성분 간의 상대휘발도에 좋은 영향을 끼칠 수 있다.
3) ***분리막을 사용한다.*** 반투과성 막이 증기와 액체 상 사이에 설치된다면 기-액 평형에 영향을 주어

분리를 가능하게 할 수 있다. 이러한 기법을 *투과증발*이라고 한다.

9.2 압력의 변화

공비혼합물을 분리할 때 가장 먼저 고려할 수 있는 선택지는 압력을 이용해 공비 조성에 변화를 주는 것이다. 공비혼합물은 보통 압력 변화에 영향을 받지 않는다. 그러나 만약 공비혼합물의 성분이 압력에 민감하고 다양한 압력 범위에 대해 물질의 분해가 이루어지지 않는다면 압력에 변화를 주는 것으로 분리를 할 수 있다. 대체로 압력에 대해 공비조성이 최소 5%의 변화가 있어야 한다(Holland, Gallum and Lockett, 1981).

그림 9.1a는 압력의 변화에 민감한 최소 비점 공비물에 대한 온도-조성 도표이다(Holland, Gallum and Lockett, 1981). 이 공비물은 그림 9.1b에서와 같이 다른 압력에서 조작되는 두 탑을 이용하여 분리될 수 있다. 조성이 f_1인 원료가 고압탑에 공급된다. 이 고압탑으로부터의 탑저생산물 b_1은 상대적으로 순수한 B이며, 반면에 탑정생산물 d_1은 고압에서의 공비점에 가까운 조성을 가진다. 이렇게 증류된 d_1은 저압탑에 f_2로 공급되어 탑저에서 상대적으로 순수한 A를 생산하고 탑정에서는 저압에서의 공비조성과 가까운 탑정생산물 d_2로 분리되어 고압탑으로 재순환된다.

그림 9.2a는 압력에 민감한 최대 비점 공비물에 대한 온도-조성 도표이다(Holland, Gallum and Lockett, 1981). 유사하게 이것은 그림 9.2b에 나타낸 다른 압력의 두 탑을 이용하여 분리될 수 있다.

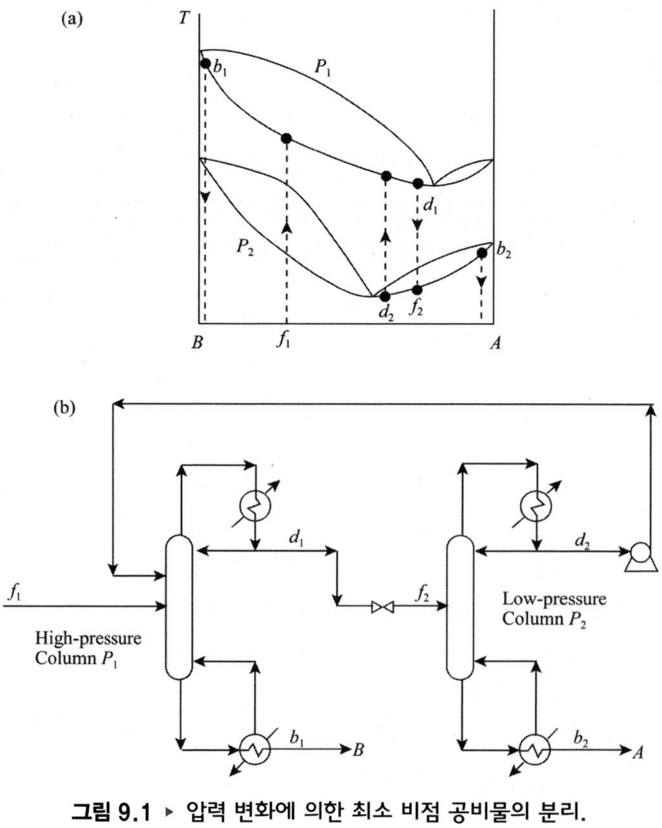

그림 9.1 ▸ 압력 변화에 의한 최소 비점 공비물의 분리.

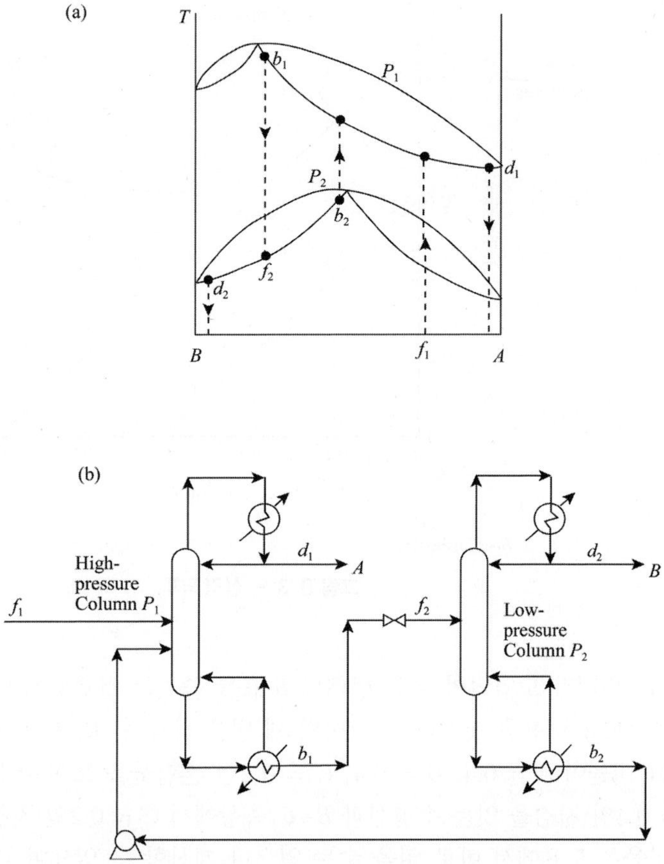

그림 9.2 ▸ **압력 변화에 의한 최대 비점 공비물의 분리.**

조성이 f_1인 원료가 고압탑으로 공급되어 상대적으로 순수한 A를 탑정에서 생산하고 고압 공비점에 가까운 조성의 생산물을 탑저로 분리한다. 이 탑저생산물 b_1은 다시 저압탑으로 공급되어 탑정에서는 상대적으로 순수한 B를 생산하고, 탑저에서는 저압 공비점에 가까운 조성으로 분리되어 고압탑으로 재순환 공급된다.

압력 변화를 이용한 방법의 문제점은 공비조성의 변화가 작을수록 그림 9.1b와 9.2b에서의 재순환양이 커진다는 점이다. 큰 재순환은 증류탑에 요구되는 많은 원료로 인한 높은 에너지 소모와 높은 투자 비용을 의미한다. 만약 공비혼합물이 압력 변화에 민감하지 않다면 주성분의 휘발도를 용이한 쪽으로 바꿔주는 공비첨가제가 증류에 첨가될 수 있다. 공비첨가제를 이용한 공비 혼합물의 증류를 고려하기 위해서는 먼저 공비증류를 삼각도표상에 표현할 필요가 있다.

9.3 공비증류의 표현

이러한 시스템에서의 분리의 개념적 이해를 위해서 삼각도표상에서 도식적으로 표현될 수 있다 (Doherty and Malone, 2001). 그림 9.3은 A, B, C 삼성분의 삼각도표이다. 이등변 삼각형이나 직각삼각형과 같은 다양한 종류의 삼각도표가 사용된다(Hougen, Watson and Ragatz, 1954). 각각의 삼각도

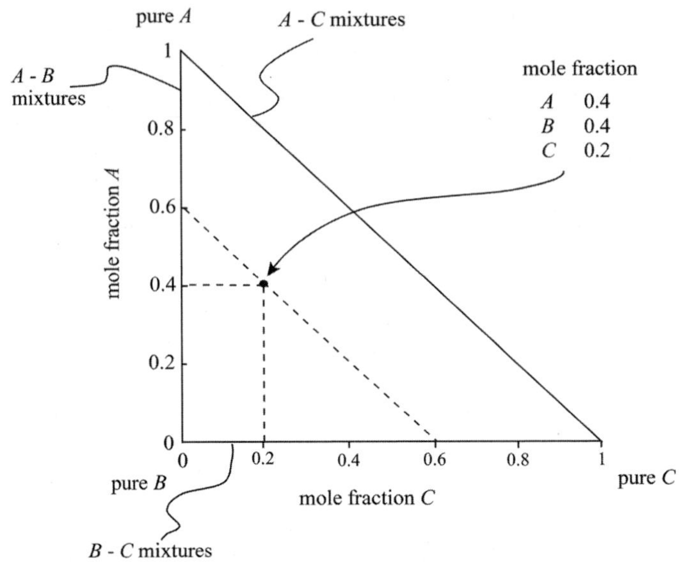

그림 9.3 ▸ 삼각도표.

표에 대해서 같은 원리가 도입되며 어떤 형태의 도표를 쓸지는 선호도에 달려 있다. 여기서는 그림 9.3과 같이 직각 삼각도표 이용할 것이다. 삼각형의 세 변은 각각 $A-B$, $A-C$, $B-C$ 혼합물을 의미한다. 그림 9.3에서는 몰 비율이 $A = 0.4$, $B = 0.4$, $C = 0.2$인 혼합물을 보여준다. 도표에서 혼합물의 위치는 $A-B$ 축상 $A = 0.4$인 지점을 잇는 수평선과 $B-C$ 축상에서 $C = 0.2$인 지점을 잇는 수직선의 교차점이 된다. B의 몰 비율은 도표에서 바로 읽을 수는 없으나 계산할 수 있으며, 그 값은 0.4이다. B의 일정한 몰 비율을 나타내는 선은 삼각형의 $A-C$ 선과 평행하다.

먼저, 삼각도표에서 혼합기(mixer)가 어떻게 표현되는지를 살펴보자(Hougen, Watson and Ragatz, 1954). 그림 9.4a는 P와 R 두 가지 흐름이 만나 혼합물 Q를 형성하는 혼합기를 보여준다. 총괄물질수지는

$$m_Q = m_P + m_R \tag{9.1}$$

성분 A에 대한 물질수지는

$$m_Q\, x_{A,Q} = m_P\, x_{A,P} + m_R\, x_{A,R} \tag{9.2}$$

성분 C에 대한 물질수지는

$$m_Q\, x_{C,Q} = m_P\, x_{C,P} + m_R\, x_{C,R} \tag{9.3}$$

식 (9.1)의 m_Q를 식 (9.2)에 치환하면,

$$\frac{m_R}{m_P} = \frac{x_{A,P} - x_{A,Q}}{x_{A,Q} - x_{A,R}} \tag{9.4}$$

식 (9.1)의 m_Q를 식 (9.3)에 치환하면,

$$\frac{m_R}{m_P} = \frac{x_{C,Q} - x_{C,P}}{x_{C,R} - x_{C,Q}} \tag{9.5}$$

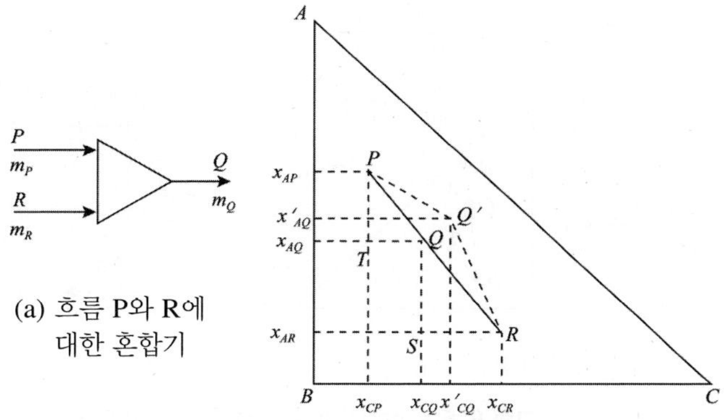

(b) 삼각도표상에 표현된 혼합기

그림 9.4 ▸ 지렛대 법칙.

식 (9.4)와 식 (9.5)를 같게 놓으면,

$$\frac{x_{A,P} - x_{A,Q}}{x_{A,Q} - x_{A,R}} = \frac{x_{C,Q} - x_{C,P}}{x_{C,R} - x_{C,Q}} \tag{9.6}$$

식 (9.6)은 삼각도표를 참고하지 않고 온전히 물질수지로부터 유도되었다. 따라서 Q 점은 식 (9.6)이 만족되는 삼각도표 내에 위치해야만 한다. 만약 Q가 그림 9.4b에서와 같이 P와 R을 잇는 직선에 위치한다면 삼각형 PQT와 QRS는 기하학적으로 닮음이며, 그로 인해 식 (9.6)이 만족된다. Q 점이 P와 R을 잇는 직선 위에 위치하지 않고 그림 9.4b에서의 Q'와 같은 위치에 존재한다고 가정하면 두 개의 삼각형은 닮은 삼각형이 아니기 때문에 식 (9.6)이 만족되지 않는다. 따라서 혼합물 Q의 성분이 삼각도표에 표현될 때는 혼합기의 두 개 원료의 성분을 잇는 직선 위에 위치해야만 한다. 그림 9.4b로부터

$$\frac{x_{AP} - x_{AQ}}{x_{AQ} - x_{AR}} = \frac{PQ}{QR} = \frac{x_{CQ} - x_{CP}}{x_{CR} - x_{CQ}} \tag{9.7}$$

식 (9.7)을 식 (9.4)와 (9.5)에 치환하면,

$$\frac{m_R}{m_P} = \frac{PQ}{QR} \tag{9.8}$$

식 (9.8)은 두 흐름의 몰 유량의 비율이 삼각도표상에서의 직선 부분의 비율과 같다는 것을 의미하며 (Hougen, Watson and Ragatz, 1954), 6장에서 개발되었던 단일 기–액 평형단 관계식과 같이 *지렛대 법칙*으로 알려져 있다.

그림 9.5a는 어떻게 혼합된 흐름이 지렛대 법칙에 의해서 두 개의 흐름을 의미하는 두 점을 잇는 직선상에 위치하는지를 보여준다. 그림 9.5b는 삼각도표 상에서의 증류탑을 보여준다. 증류탑이 역혼합기와 같은 역할을 하므로 기본적으로 같게 표현된다. 원료 탑정생산물과 탑저생산물의 조성은 모두 지렛대 법칙에 의해 결정된 상대적 거리를 가지는 직선상에 놓이게 된다.

그림 9.6a는 삼각도표로 표현된 두 개의 증류탑 순서를 보여준다. 이 경우에 분리는 공비현상 없이 간단할 것으로 예상된다. 그림 9.6a에서는 성분 A가 가장 휘발성이 강하며 성분 C가 가장 휘발성이 작다. F 점에서의 A, B, C의 혼합물은 먼저 순수한 A와 $B-C$ 혼합물로 분리된다. 이는 그림 9.6a에서 F와 순수한 A를 연결하는 직선이 삼각형의 $B-C$ 면과 만나는 점으로 표현된다. $B-C$ 혼합물은 이후 두

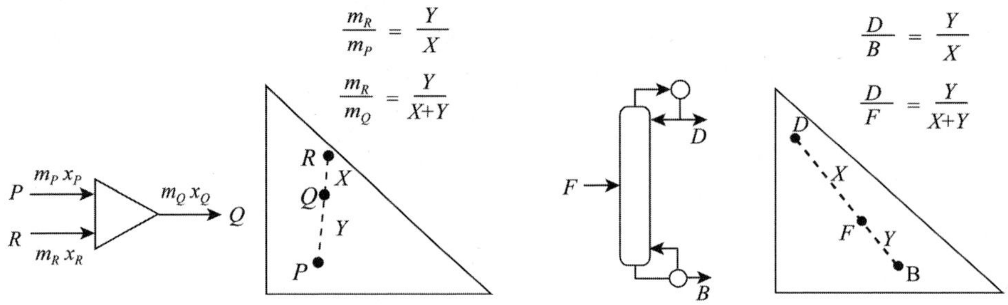

(a) 혼합기 표현 (b) 증류탑은 역 혼합기이다.

그림 9.5 ▸ 삼각도표 상에서의 혼합기와 분리기.

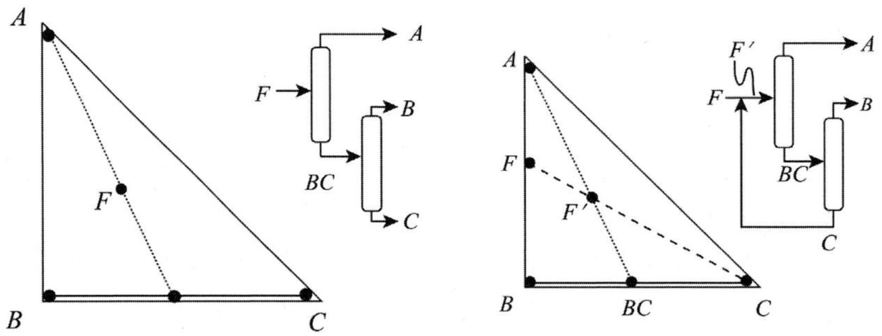

(a) 증류 배열 (b) 재순환이 있는 증류 배열

그림 9.6 ▸ 삼각도표 상에서의 증류 시스템 표현.

번째 탑에서 순수한 *B*와 *C*로 분리된다. 여기서도 상대적인 유량은 지렛대 법칙에 의해서 결정된다. 그림 9.6b는 재순환과 혼합기를 포함한 보다 복잡한 배치를 다룬다. 원료 혼합물인 *F*는 *A*와 *B*의 혼합물이다. 이는 다시 순수한 *C*와 섞여 원료 *F′*을 이루고, 이것은 첫 번째 탑의 원료가 된다. 따라서 *F′*는 *A*, *B*, *C*의 혼합물이 된다. 혼합물은 첫 번째 탑에서 순수한 탑정생산물 *A*와 탑저생산물 *B*–*C*로 분리된다. 두 번째 탑에서 *B*와 *C*는 순수한 생산물로 분리되고, *C*는 재순환되어 원래의 원료 *F*와 섞이게 된다.

9.4 전 환류 조건에서의 증류

기존의 증류와 같이 공비증류를 공부함에 있어서 전 환류 조건과 최소 환류 조건에 대한 두 개의 제한적 경우를 고려하는 것이 좋다(Doherty and Malone, 2001). 전 환류에서의 증류를 고려해보자. 단탑과 충진탑 둘 다 전 환류에서 생각해야 한다. 먼저 전 환류 조건에 있는 단증류탑을 고려해보자. 전 환류 조건에 있는 단증류탑의 탈거부는 그림 6.19에 나타나 있다.

전 환류의 단 *n*에서는,

$$y_{i,n} = x_{i,n-1}$$

또한 임의의 탑저 조성에 대하여 전 환류 조건에서는 재비기로 들어가는 액체와 떠나는 증기의 조성은 같다. 이것은 탑저단에 들어가는 증기와 나가는 액체에도 똑같이 적용된다. 탑저단을 떠나는 액체의 성분을 알면 기-액 평형을 통해 탑저단을 떠나는 증기의 조성을 계산할 수 있다. 이제, 두 번째 탑저단을 떠나는 액체의 성분을 알면 기-액 평형을 통해 두 번째 탑저단을 떠나는 증기의 성분을 계산할 수 있다. 이러한 전 환류에서의 관계를 응용하면 세 번째 탑저단과 이후 탑을 따라 올라가면서 액체의 성분을 계산할 수 있다. 통상적으로 탑의 윗부분으로 가면서 압력은 동일하다고 가정한다. 각각의 단에서 액체 성분을 삼각도표에 그림으로써 *증류선*(distillation line)을 얻을 수 있다(Zharov, 1968). 증류선은 주어진 삼성분 혼합물에 대하여 고유하며 오직 기-액 평형 데이터, 압력, 그리고 시작점의 성분에 의해서 결정된다. 여러 가지 다른 탑저 조성을 가정하여 이 과정을 반복하면 그림 9.7과 같이 증류선 지도를 그릴 수 있다(Petlyuk and Avetyan, 1971; Petlyuk, Kievskii and Serafimov, 1975a). 그림 9.7a의 증류선 지도는 공비혼합물이 없는 간단한 시스템을 보여준다. 기-액 평형은 각각의 시스템에 대하여 고유하기 때문에 증류선 지도에서 증류선은 서로 만날 수 없다. 증류선 위의 점들은 단탑에서 각각의 단의 별개의 액체 성분을 나타낸다. 단탑에서의 변화는 단마다 독립적이기 때문에 점 사이의 *연결선*은 실제로 어떠한 물리적 중요도도 갖지 않는다. 점들 사이의 연결선은 단순히 전체적인 그림을 명확하게 하는 역할만 한다. 도표를 해석하기 위하여 화살표를 도입할 수 있는데 여기서 화살표는 온도가 높아지는 쪽으로 그려진다.

그림 9.7b는 두 개의 이성분 공비물을 포함하고 있는 좀 더 복잡한 증류선 지도를 보여준다. 증류선 위 점들 사이의 가까운 거리는 분리에 있어서의 어려움을 의미한다. 공비물에 가까워질수록 점들은 서로 가까워지며 단에 따른 성분 변화가 작음을 뜻한다.

그림 9.7은 전 환류 상태의 단탑에서의 성분 변화를 보여준다. 전 환류 상태의 충진탑에 대해서도 유사한 원리가 적용될 수 있다(Doherty and Perkins, 1979a). 이를 시작하기 위하여, 우선 그림 9.8a에 보인 바와 같이 전 환류 조건이 아닌 정류부를 중심으로 한 물질수지를 고려해보자. 식을 단순화하기 위해 일정 몰흐름을 가정하자. 성분 i에 대한 탑정 부분의 물질수지는

$$Vy_{i,n+1} = Lx_{i,n} + Dx_{i,D} \tag{9.9}$$

또한 환류비 R에 대한 정의는

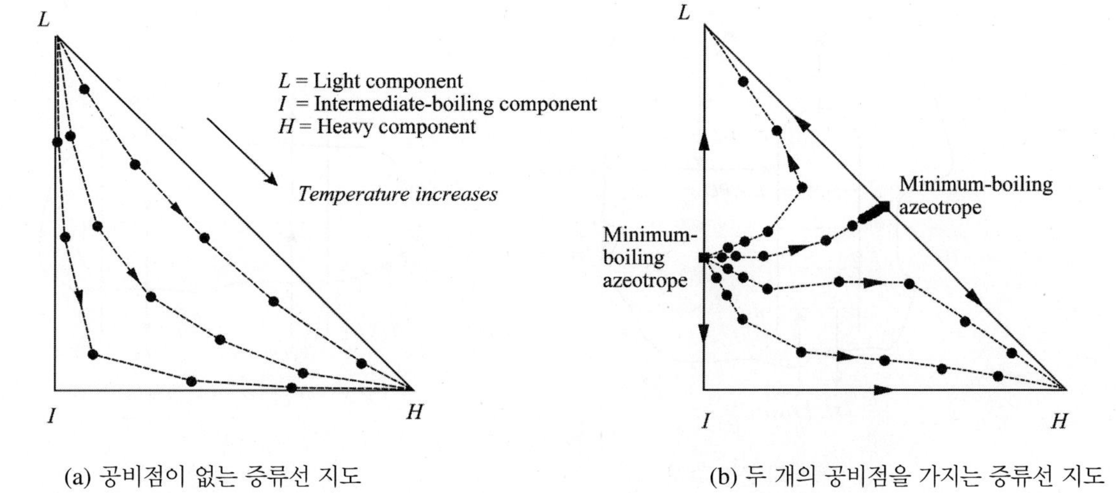

(a) 공비점이 없는 증류선 지도

(b) 두 개의 공비점을 가지는 증류선 지도

그림 9.7 ▸ 증류선 지도.

$$L = RD \tag{9.10}$$

탑정 부분의 총괄수지는

$$V = (R+1)D \tag{9.11}$$

식 (9.9)와 (9.11)을 합치면

$$y_{i,n+1} = \frac{Rx_{i,n}}{R+1} + \frac{x_{i,D}}{R+1} \tag{9.12}$$

그림 9.8b에 보인 단 n에서의 성분 i에 대한 물질수지는

$$Lx_{i,n-1} + Vy_{i,n+1} = Lx_{i,n} + Vy_{i,n} \tag{9.13}$$

식 (9.13)을 정리하면,

$$\begin{aligned} x_{i,n} - x_{i,n-1} &= \frac{V}{L}(y_{i,n+1} - y_{i,n}) \\ &= \frac{R+1}{R}(y_{i,n+1} - y_{i,n}) \end{aligned} \tag{9.14}$$

식 (9.12)와 (9.14)를 결합하면,

$$x_{i,n} - x_{i,n-1} = x_{i,n} + \frac{x_{i,D}}{R} - \frac{(R+1)y_{i,n}}{R} \tag{9.15}$$

식 (9.15)에 보인 차분식은 아주 작은 차분에 대하여 미분식으로 근사화될 수 있다.

$$\frac{dx_i}{dh} = x_i + \frac{x_i}{R} - \frac{(R+1)y_i}{R} \tag{9.16}$$

여기서 h = 충진탑에서의 무차원 높이이다.

즉, 식 (9.16)은 성분 변화가 연속적일 때의 충진탑에서의 높이에 따른 농도 변화를 나타낸다. 전 환

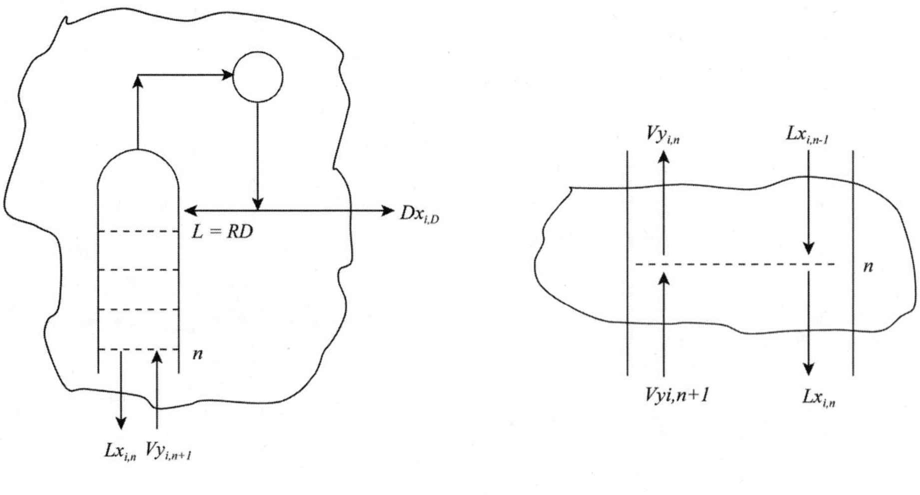

(a) 정류부의 물질 수지 (b) 단 n의 물질 수지

그림 9.8 ▸ 유한 환류조건 하의 정류부의 물질 수지.

류에서 $R = \infty$이므로 식 (9.16)은 다음과 같이 단순화할 수 있다.

$$\frac{dx_i}{dh} = x_i - y_i \tag{9.17}$$

기–액 평형 K 값으로 치환하면,

$$\frac{dx_i}{dh} = x_i(1 - K_i) \tag{9.18}$$

이 식은 일정 압력, 초기 성분 $x_{i,0}$에서 무차원 높이 h까지 수치적으로 적분할 수 있다. K_i가 x_i에 대한 함수이므로 식 (9.18)은 비선형이며, 또 각각의 성분에 대하여 연계되어 있다. 적분은 통상적으로 4차 Runge–Kutta 적분법 등의 수치적 방법으로 수행되어야 한다(Doherty and Perkins, 1979a).

충진탑에 대한 식 (9.17)과 (9.18)은 탑저 부분의 물질수지를 고려하는 것으로부터도 유도될 수 있으며 동일한 결과를 얻을 수 있다.

식 (9.18)은 전 환류 조건에 있는 충진탑에 대한 농도 분포를 예측할 수 있게 해준다. 그 결과로 얻게 되는 분포는 *잔류선*(residue curve)으로 알려져 있는데, 이는 원래 혼합물의 회분식 증발에서의 시간에 따른 변화에서 유도되었기 때문이다(Schreinemakers, 1901; Doherty and Perkins, 1978). 이러한 회분식 증발은 종종 *단순증류*(simple distillation)라고 명명되기도 한다. 단순증류 공정에 대한 분석도 식 (9.17)과 (9.18)과 같은 형태로 나타난다(Doherty and Perkins, 1978). 그러나 단순증류의 경우는 무차원 충진 높이 대신 무차원 시간에 대해 표현된다. 따라서 단순증류에서의 잔류선이 가지는 중요성은 물질이 기화하면서 남아 있는 액체 성분이 시간에 따라 변하는 것을 나타낸 것이 되며, 그 이름은 이러한 점에서 유래한다. 잔류선의 화살표는 온도뿐만 아니라 시간의 흐름에 따라 배정된다. 이 장에서의 분석을 위해서는 잔류선을 전 환류 조건의 충진탑에서의 높이에 따른 조성 변화로 해석하는 것이 보다 유용할 것이다. 잔류선은 어떠한 삼성분 혼합물에 대해서도 고유하며 오직 기–액 평형 데이터와 압력, 시작점에서의 성분에 의해서만 결정된다.

서로 다른 시작점이 주어졌을 때, 여러 개의 잔류선이 같은 삼각도표에 그려질 수 있다. 이것이 *잔류선 지도*이다(Doherty and Perkins, 1979b). 그림 9.9a는 공비물이 없는 혼합물의 잔류선 지도를 보여준다. 기–액 평형은 그 시스템에 대해서 고유하기 때문에 잔류선 지도에서 잔류선은 절대 서로 교차할 수 없다. 증류선과는 다르게 잔류선은 연속적이다. 해석을 용이하게 하기 위해 화살표를 도입할 수 있으며, 화살표는 온도가 증가하는 방향으로 배정된다. 그림 9.9b에서는 보다 복잡한 잔류선 지도를 보여준다. 이 잔류선은 저 비점과 중간 비점 성분 사이의 이성분 최소 비점 공비물을 보여준다. 그림 9.10은 3개의 이성분 공비물과 1개의 삼성분 최소 비점 공비물을 포함하고 있는 보다 복잡한 잔류선 지도를 보여준다.

그림 9.11은 같은 삼성분 시스템에 대하여 증류선과 잔류선을 겹쳐서 보여준다. 그림 9.11a는 상대적으로 큰 비점 차이를 가지는 성분으로 구성된 *n*-펜탄, *n*-헥산, *n*-헵탄 혼합물을 보여준다. 그림 9.11a를 통해 증류선과 잔류선의 경로에 상당한 차이가 있음을 알 수 있다. 반대로, 그림 9.11b에 나타난 에탄올, 이소프로필알코올, 물 시스템은 비점 차이가 밀접한 삼성분 혼합물이다. 이번에는 증류선과 잔류선이 서로 꽤나 가깝다. 이는 단탑 상에서 어려운 분리의 경우 단과 단 사이의 변화가 작아져 충진탑에서의 연속적인 변화에 접근해간다는 것을 의미한다. 중요한 특징은 증류선과 잔류선이 순수한 생산물 또는 공비물로 수렴할 때 그 점에서는 증류선과 잔류선이 같은 성질을 가진다는 것이다.

증류선과 잔류선 둘 다 높은 환류비 조건에서 공비 분리의 초기 가능성을 평가하는 기준으로 쓰일

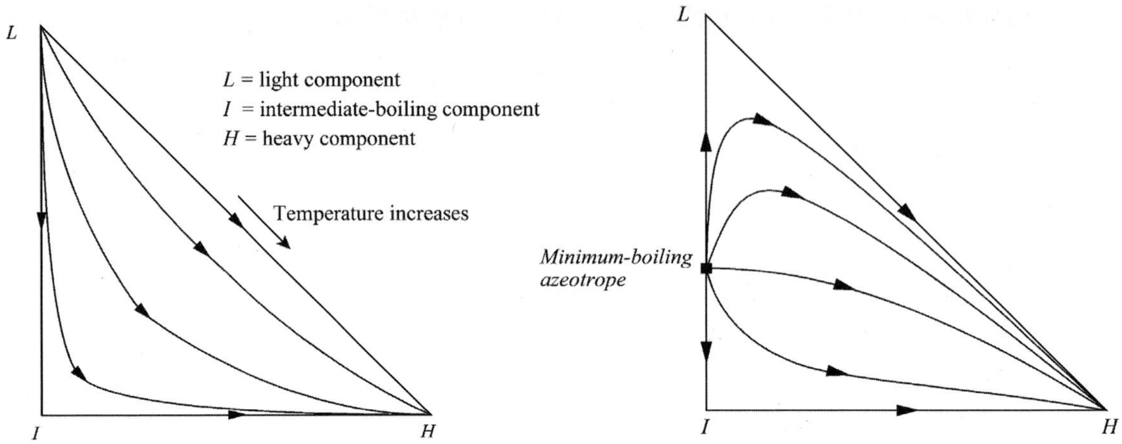

(a) 공비점이 없는 잔류선 지도 (b) 한 개의 공비점을 가지는 잔류선 지도

그림 9.9 ▸ 잔류선 지도.

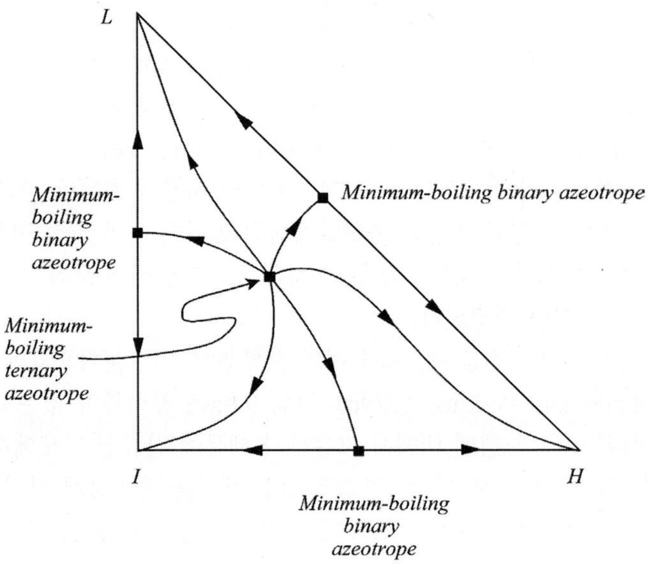

그림 9.10 ▸ 3개의 이성분 공비물과 1개의 삼성분 공비물을 포함하는 잔류선 지도.

수 있으며 두 방법 모두 비슷한 결과를 낼 것이다. 그림 9.12a는 저비점과 중간비점 성분 사이의 이성분 공비물에 대한 잔류선 지도를 보여준다. 또한 그림 9.12a에는 제안된 두 가지 증류 분리 안이 직선으로 그려져 있다. 전 환류 조건에서 충진탑의 분리가 타당해지려면 탑정생산물과 탑저생산물 모두 동일 잔류선에 위치해야 하고, 또한 원료와 생산물이 동일 직선상에 위치해야 한다. 그림 9.12a의 윗부분에 표시된 분리안이 이 경우를 보여주며 이론적으로 타당하다고 예측할 수 있다. 그림 9.12a 아래 부분에 표시된 분리는 생산물들이 동일 잔류선에 있지 않는 분리를 보여준다. 그러나 최종 설계에서는 전 환류가 사용되지 않으며 원료와 생산물 규격에 약간의 변화가 있을 수 있다. 그림 9.12a의 두 분리에서 얻을 수 있는 결론은 그 분리가 실현 가능할 수도 있다는 것뿐이며, 이를 보장하지는 않는다. 이후에 각

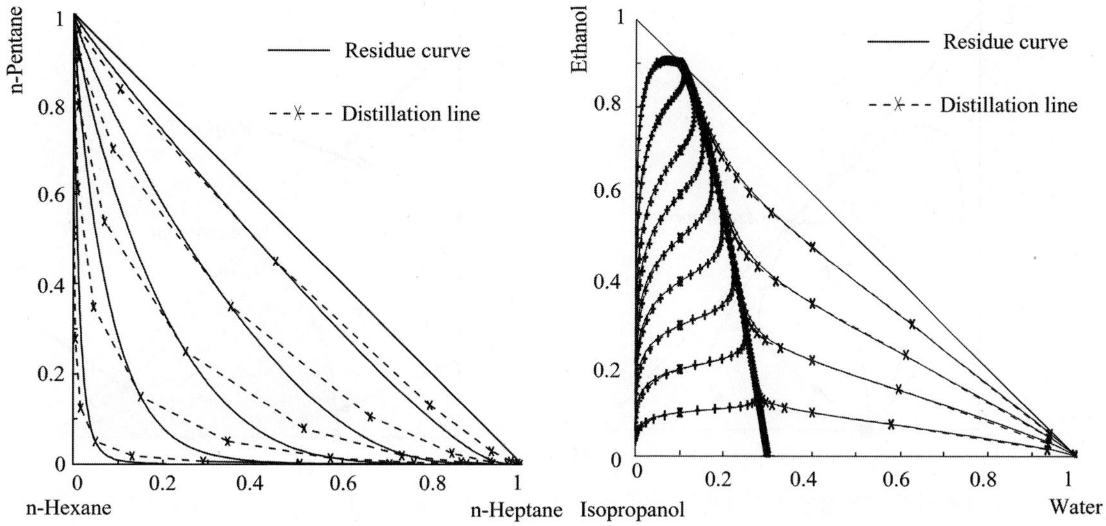

(a) 넓은 비점의 혼합물 (b) 밀접한 비점의 혼합물

그림 9.11 ▸ **증류선과 잔류선의 비교.**

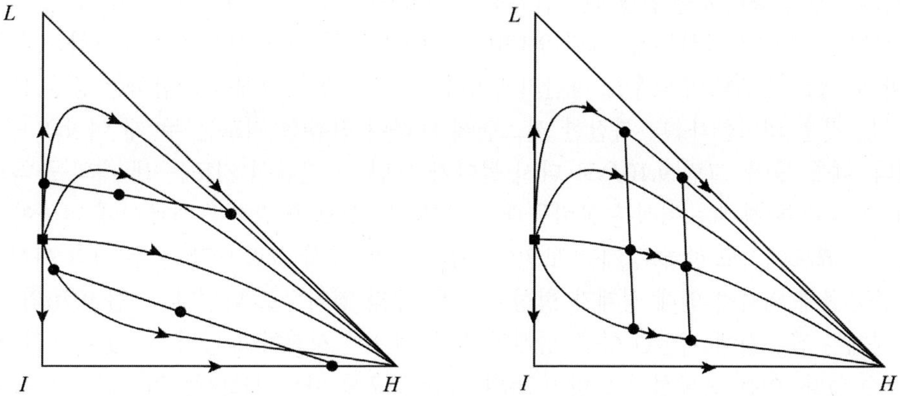

(a) 타당할 수 있는 분리 (b) 타당하지 않은 분리

그림 9.12 ▸ **잔류선은 어떤 분리안이 타당할 수 있는지를 보여 준다.**

각의 증류탑의 타당성에 대한 보다 엄격한 평가기준이 고려되어야 할 것이다. 그에 반해서 그림 9.12b는 같은 잔류선 지도에 대한 두 개의 다른 분리안을 보여주는데, 이 경우에는 분리가 실현 가능하지 않다.

그림 9.13은 잔류선 지도와 증류선 지도의 또 다른 중요한 성질을 보여준다. 그림 9.13a의 잔류선 지도는 두 개의 이성분 공비물을 보여준다. 잔류선 지도의 어디에서 시작하든 항상 같은 점, 즉 중간 비점과 고비점 성분 사이의 공비점에서 끝날 것이다. 그림 9.13b의 잔류선 지도는 상당히 다른 거동을 보인다. 여기에도 두 개의 이성분 공비점이 있지만 잔류선 지도가 *증류 경계*(distillation boundary)에 의하여 두 개의 별개의 *증류영역*으로 나뉜다(Petlyuk, Kievskii and Serafimov, 1975b; Doherty and Perkins, 1979b). 그림 9.13b의 증류 경계의 왼쪽 부분 어디서 시작하든 항상 고비점 성분에서 종료될

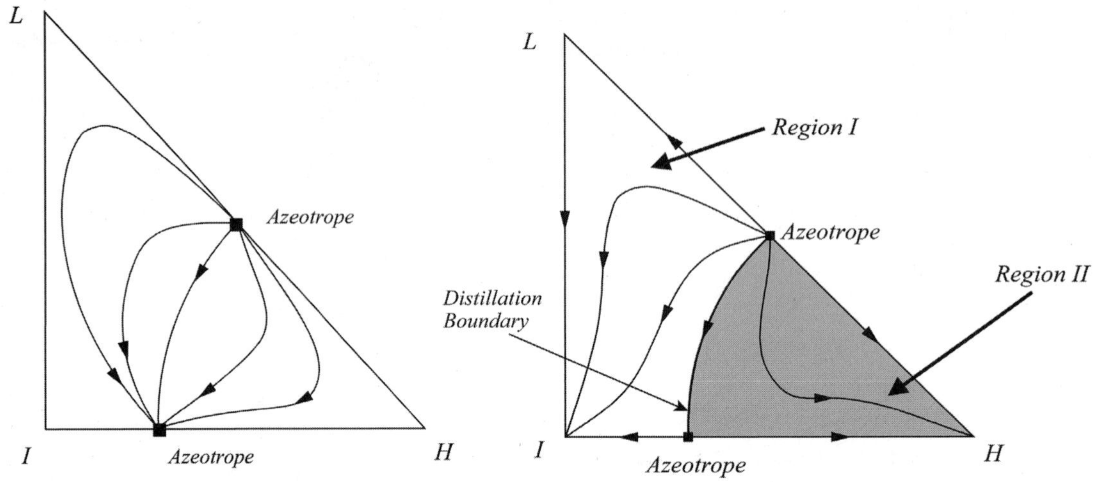

(a) 어떤 중간 출발점에서 시작해도 같은 조성에 도달하는 잔류선

(b) 최종 도달 조성이 다른 잔류선은 지도를 다른 구역으로 나눈다.

그림 9.13 ▸ 잔류선 지도는 증류 경계에 의한 구역으로 나눠질 수 있다.

것이다. 두 개의 공비물을 연결하는 잔류선은 잔류선 지도를 두 개의 별개 구역으로 나눈다. 이것은 매우 중요한 사실을 시사하는데, 그림 9.13b의 구역 I 중의 어느 성분에서 시작하든 구역 II의 성분에는 도달할 수 없으며 반대의 경우도 마찬가지이다. 이것은 증류 경계를 포함하는 증류 문제는 매우 다루기 힘들다는 것을 의미한다. 더 복잡한 시스템에 대하여 잔류선 지도는 두 개 이상의 구역으로 나누어질 수 있다. 예를 들어, 그림 9.10으로 다시 돌아가 보면 이 잔류선 지도는 세 개의 구역으로 나뉘어져 있다. 세 개의 증류 경계는 이성분 공비물과 삼성분 공비물을 연결하는 잔류선에 의하여 형성된다.

증류선 지도에서도 증류 경계를 보인다. 예를 들어, 앞서 그림 9.7b는 두 개의 이성분 공비물을 연결하는 증류선에 의하여 인해 경계가 형성되어 두 개의 영역으로 나뉜다. 그림 9.7b의 시스템 상의 잔류선의 경계는 잔류선에 기반한 증류 경계와 같은 점에서 시작하고 끝날 수 있지만 약간 다른 경로를 따라 갈 수 있다. 이는 잔류선이 그림 9.7b의 이산 분포를 따르기보다는 연속적인 분포를 따르기 때문이다. 그림 9.11b 또한 두 개의 영역을 가진다. 그림 9.11b에서는 증류선과 잔류선이 서로 겹쳐져 있으며, 이를 통해 이 경우의 각각의 경계가 서로 비슷하게 따라가는 것을 알 수 있다.

9.5 최소 환류 조건에서의 증류

지금까지는 단탑과 충진탑에 대해 극한적 경우인 전 환류 조건에서의 증류선과 잔류선을 유도하는 방법만을 모색했다. 이제부터는 또 다른 극한 조건인 최소 환류에 대해서 알아볼 것이다(Wahnschafft *et al.*, 1992; Doherty and Malone, 2001). 그림 9.14a에 보인 탑의 정류부에 대해서 고려해보자. 이 탑은 성분 변화가 미세하게 작은 핀치 영역이 존재하게 되는 최소 환류에서 운전되고 있다. 이것은 단탑에서 단탑에서는 단 간의 조성 변화가 혹은 충진탑에서는 높이에 따른 조성 변화가 미세하게 작음을 의미한다. 탑정의 물질수지는 탑정을 떠나는 액체의 성분과 탑정생산물의 성분과 탑정 부분으로 들어오는 증기의 성분이 그림 9.14b에서 보이는 바와 같이 모두 삼각도표상에서 한 직선 위에 있어야 함을 말해준

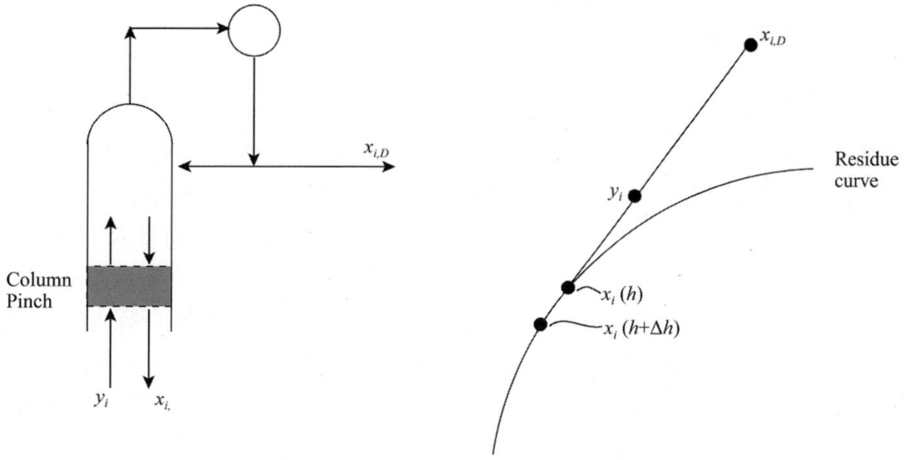

(a) 최소 환류 조건에서의 정류부 (b) 최소 환류 조건에서 잔류선의 접선은 탑정생산물 조성을 지난다.

그림 9.14 ▸ 최소 환류 조건은 잔류선의 접선으로 규정된다.

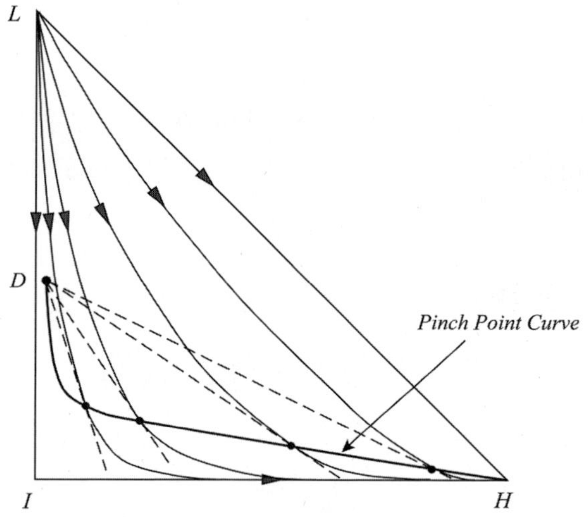

그림 9.15 ▸ 잔류선으로의 접선의 궤적으로 핀치선을 구할 수 있다.

다. 또한, 핀치 조건에서 성분의 변화는 미세하다. 잔류선에서 높이에 따른 성분의 미소 변화에 대해서는 그림 9.14b에서 보인 바와 같이 두 미소 변화점 모두 잔류선 위에 있어야 한다. 또한 미소 변화는 잔류선에 접하는 직선을 정의한다(Wahnschafft *et al*., 1992). 따라서 핀치점 x_i에서의 잔류선에 대한 접선은 탑정생산물 조성 $x_{i,D}$를 지나야 한다. 이 원리는 주어진 어떤 탑정생산물 조성에 대해 따라야 하는 핀치 조건에서의 경로에 대한 아주 간단한 방법을 제시해 준다. 그림 9.15는 탑정생산물 성분 *D*와 잔류선에 대한 여러 개의 접선을 보여준다. 잔류선에 대한 접선의 접점들을 연결하는 것으로 *핀치선*(pinch point curve)을 정의한다(Wahnschafft *et al*., 1992). 핀치 조건에서의 변화가 미세하게 작으므로 단탑과 충진탑 두 경우 모두 같은 핀치선을 적용할 수 있다.

9.6 유한 환류 조건에서의 증류

유한 환류 조건에 있는 그림 9.8a의 정류부를 다시 고려해보자. 식 (9.12)은 환류비와 증류조성이 주어진 상황에서 어떤 단에서의 통과하는 증기와 액체 흐름의 성분을 관련짓는다. 그림 9.8a의 정류 부분의 탑정생산물 조성을 명시함으로써 기−액 평형을 이용해 증류탑의 탑정단을 떠나는 증기 조성을 계산할 수 있다. 이것을 이용해 첫 단을 떠나는 증기 조성과 첫 단(탑정생산물 조성과 같은)으로 들어오는 액체 조성을 알 수 있다. 첫 단을 떠나는 액체 조성은 첫 단을 떠나는 증기 조성과 평형에 있을 것이다. 따라서 기−액 평형 계산을 통해 첫 단을 떠나는 증기 조성으로부터 첫 단을 떠나는 액체 조성을 계산할 수 있다. 그 다음에 식 (9.12)를 이용해 첫 단으로 들어가는 증기 조성을 계산할 수 있다. 이것은 두 번째 단을 떠나는 증기이므로 두 번째 단을 떠나는 액체 조성은 기−액 평형을 통해 계산할 수 있다. 식 (9.12)를 이용해 두 번째 단으로 들어가는 증기를 계산할 수 있고, 이런 방식으로 탑 전체에 대해서 진행할 수 있다. 이런 방식으로 환류비와 탑정생산물 조성만 명시하면 일정 몰흐름 가정을 바탕으로 정류 부분의 조성을 계산할 수 있다(Levy, Van Dongen and Doherty, 1985).

그림 9.16에 보인 것처럼 탑의 탈거부에 대한 물질수지가 수행될 수 있다. 탑저 부분의 성분 i에 대한 물질수지는

$$Lx_{i,n-1} = V_{yi,n} + Bx_{i,B} \tag{9.19}$$

또한 재비비 S에 대한 정의는

$$V = SB \tag{9.20}$$

탑저 부분의 총괄수지는

$$L = (S+1)B \tag{9.21}$$

식 (9.19)와 (9.21)을 조합하면

$$x_{i,n-1} = \frac{Sy_{i,n}}{S+1} + \frac{x_{i,B}}{S+1} \tag{9.22}$$

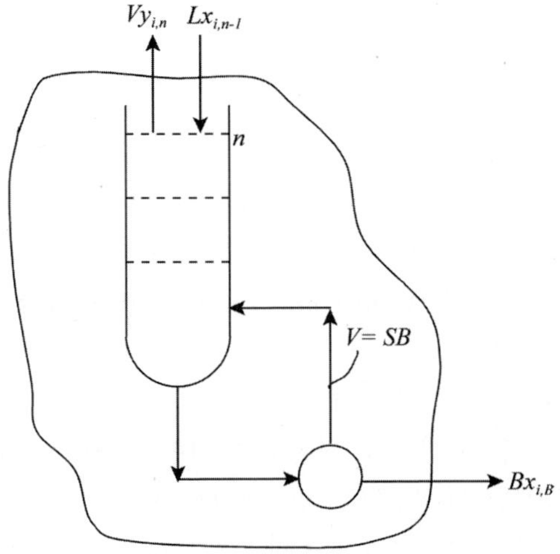

그림 9.16 ▸ 유한 환류 조건에서의 탈거부 물질 수지.

식 (9.22)는 탑의 탈거부에서 서로 지나치는 증기와 액체 흐름에서의 조성 관계를 보여준다. 앞서 논의한 정류부와 마찬가지로 탑의 탈거부에 대한 조성 분포를 계산하기 위해 식 (9.22)와 기-액 평형 계산이 함께 사용된다. 계산은 가정된 탑저 조성으로부터 시작하여 식 (9.22)를 기-액 평형 계산과 함께 탑을 따라 계속해서 사용한다.

그림 9.17은 이러한 방식으로 유도된 정류부와 탈거부의 조성 분포를 그린 구역 분포(section profile)를 보여준다(Levy, Van Dongen and Doherty, 1985). 가정된 탑정생산물 조성 *D*에서 시작해서 계산은 주어진 환류비에 대하여 탑을 따라 진행된다. 탑 하부로 내려가면서 단 간의 변화는 가벼운 성분이 사라짐에 따라 점차 감소한다. 정류부 구역 분포는 종료점으로 접근할수록 가벼운 성분이 사라지면서 핀치 조건을 향해 간다. 그림 9.17은 또한 탑의 탈거부의 구역 분포를 보여준다. 주어진 재비비에 대한 탑저 조성 *B*에서 시작하여 구역 분포는 탑 상부로 올라간다. 탈거부 구역 분포의 끝을 향할수록 무거운 성분이 고갈되고 다시 핀치 조건에 접근하면서 단 간의 변화는 작아진다. 그림 9.17의 *D*와 *B*에서 시작하는 두 구역 분포는 핀치 조건에 도달하기 전에 서로 교차한다. 이 교차점은 원료 조건에 해당된다. 그림 9.17은 이러한 정류부와 탈거부의 구역 분포가 교차하므로 이러한 설정들이 이론적으로 실현 가능한 증류탑으로 이어진다는 것을 시사한다.

유의해야 할 두 가지 이슈가 있다. 첫째, 구역 분포는 사실은 단 간의 이산적 변화이므로 엄밀히 말하면 타당성을 위해서 정류부와 탈거부의 단에 해당되는 이산점의 조성이 교차해야 한다. 만약 이산점이 서로 교차하지 않는다면 타당성을 위해 생산물 성분, 환류비, 혹은 재비비를 약간 조정할 수 있다. 둘째, 구역 분포는 일정 몰흐름을 가정하여 근사적으로 유도되었다.

그림 9.17은 *B′*에서 시작하는 탈거부 구역 분포도 보여준다. *B′*에서 시작하는 탈거부 분포는 *B*에서 시작하는 분포와는 다른 경로를 따르고 정류부 분포와 교차하지 않는다. 이것은 탑정생산물 조성 *D*와 *B′*의 조합은 타당하지 않은 탑 디자인으로 이어지는 것을 의미한다. 그림 9.17과 같이 구역 분포의 교차점은 주어진 생산물 성분과 환류비 및 재비비의 설정에 대한 타당성을 시험해보는 데 사용할 수 있다. 그러나 환류비와 재비비가 변함에 따라 분포도 변하기 때문에 시행착오가 필요하다.

한 가지 주목해야 할 사항은 여기서는 구역 분포를 유도하기 위해 일정 몰흐름을 가정했지만 엄밀한 분포를 유도하는 것도 가능하다는 것이다. 엄밀한 분포는 물질과 열수지를 동시에 푸는 것을 요구한다.

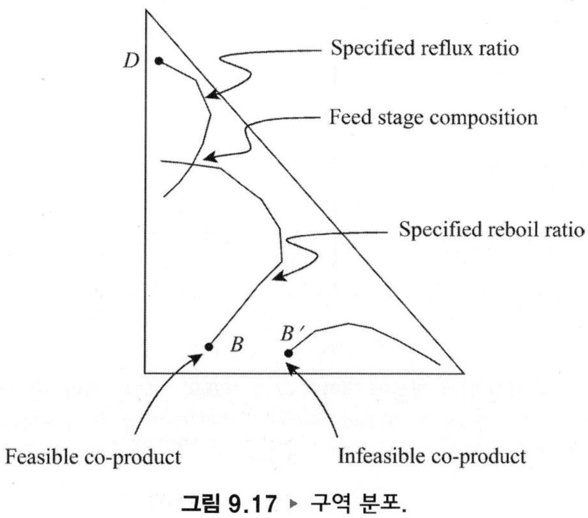

그림 9.17 ▸ 구역 분포.

따라서 엄밀한 분포를 구하기 위해서는 단순히 물질수지만을 푸는 것이 아니라 탑에 대해 한 단씩 물질 및 열 수지를 풀게 되어 계산은 더욱 복잡해진다.

그림 9.18은 탑저 조성 *B*에서 시작하는 클로로폼, 벤젠, 아세톤 시스템에서 재비비가 $S = 1$에서부터 $S = 100$까지 증가할 때의 탈거부 구역 분포들을 보여준다. 구역 분포는 재비비의 설정에 따라(정류부의 경우는 환류비에 따라) 변화하며, 각각의 구역 분포는 핀치 조건에서 끝난다. 이것은 적당한 재비비 설정 값을 가진 탑의 탈거부가 시작 조성 *B*에서 시작해서 삼각도표의 넓은 면적을 접근할 수 있다는 것을 보여준다. 그러나 그림 9.18과 같이 모든 구역 분포를 나타낼 필요 없이 가능한 조성 분포 영역을 표시하는 것이 더 편리할 것이다.

탑의 정류부 혹은 탈거부는 전 환류와 최소 환류 조건 사이의 어딘가에서 운전되어야 한다. 따라서 주어진 생산물 조성에 대하여 증류탑 부분의 가용 운전 조건 범위가 정의될 수 있다. 그림 9.19에서 볼 수 있듯이 이러한 구역 분포는 단탑에서는 증류선과 핀치선에 의해 경계지어진다. 앞에서 이미 언급했듯이, 핀치 조건에서의 변화는 미세하게 작다는 정의로 인해 핀치선은 단탑과 충진탑 모두에 최소 환류 경계를 제공한다.

그림 9.19는 또한 같은 생산물 조성에서 예상된 잔류선을 보여준다. 잔류선과 핀치선으로 둘러싸인 부분은 주어진 생산물 조성에서 충진탑 부분으로부터 얻을 수 있는 가용한 조성을 의미한다. 주어진 생산물 조성에 대해, 증류탑의 어떤 부분이 가질 수 있는 가용한 운전 영역을 보여주는 *운전 잎새*(operation leaf)는 증류선(혹은 잔류선)과 핀치선을 그림으로써 규정될 수 있다(Levy, Van Dongen and Doherty, 1985; Castillo Thong and Towler, 1998). 탑은 전 환류와 최소 환류 조건 사이에서 작동되어야 한다.

탈거부와 정류부가 가용한 증류탑이 되려면 두 개의 운전 잎새가 서로 포개져야 한다. 그림 9.20은 클로로폼, 벤젠, 아세톤의 시스템을 보여준다. 그림 9.20에서 탑정생산물 성분 *D*에 대한 운전 잎새와 탑저 조성 B_1에 대한 운전 잎새는 서로 교차한다. 이것은 이 두 생산물의 환류비와 재비비의 설정에 있

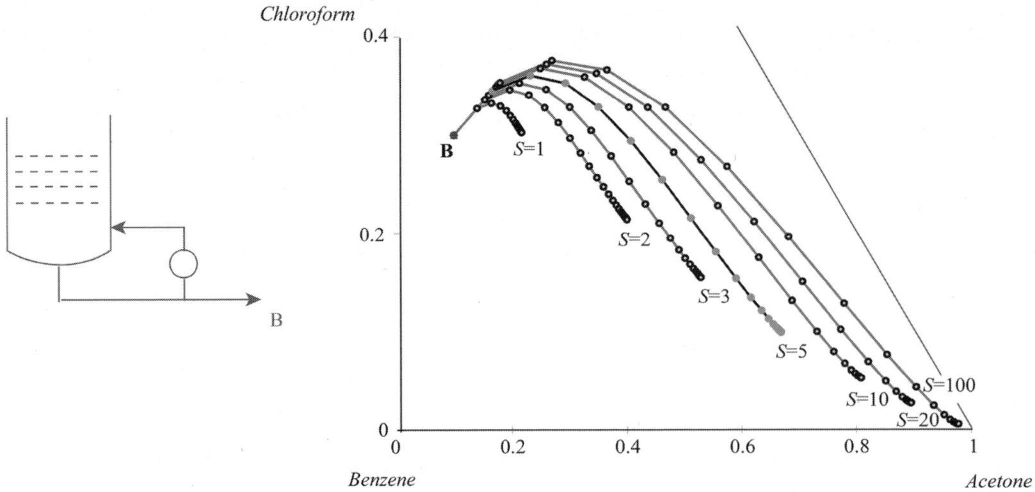

그림 9.18 ▸ 주어진 탑저 제품에 대하여 구역 분포의 범위는 재비비를 변화시켜서 생성될 수 있다.
(Reproduced from Castillo F.J.L, Thong D.Y.C and Towler G.P (1998) Homogeneous Azeotropic Distillation 1. Design Procedure for Single-Feed Columns at Non-total Reflux, *Ind Eng Chem Res*, **37**: 987. Copyright © 1998, American Chemical Society.)

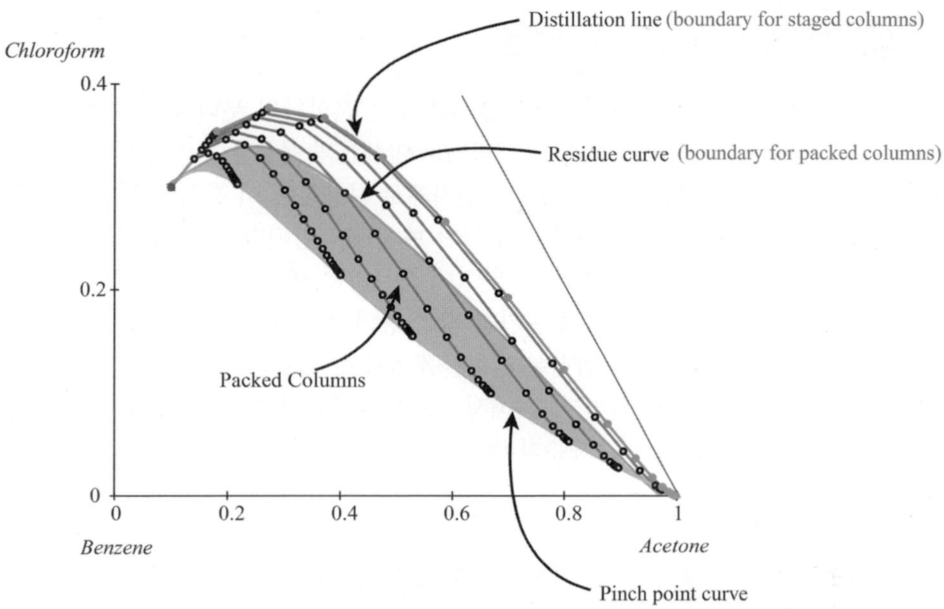

그림 9.19 ▸ **운전 잎새는 증류선(또는 잔류선)과 핀치선에 의하여 경계지어진다.**

(Reproduced from Castillo F.J.L, Thong D.Y.C and Towler G.P (1998) Homogeneous Azeotropic Distillation 1. Design Procedure for Single-Feed Columns at Non-total Reflux, *Ind Eng Chem Res*, **37**: 987. Copyright © 1998, American Chemical Society.)

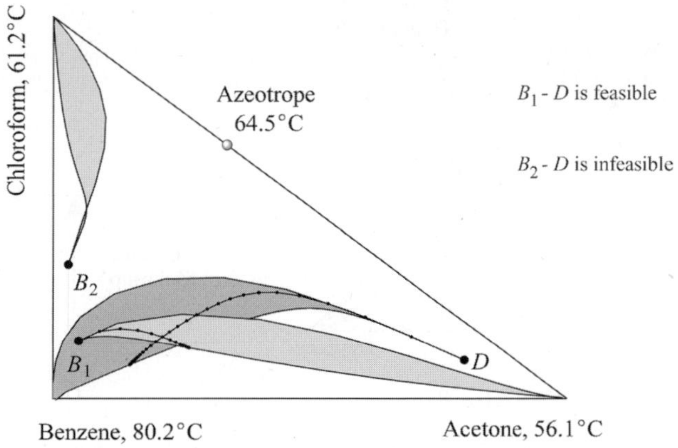

그림 9.20 ▸ **타당한 분리가 되기 위해서는 탑 부분의 운전 잎새가 겹쳐져야 한다.**

(Reproduced from Castillo F.J.L, Thong D.Y.C and Towler G.P (1998) Homogeneous Azeotropic Distillation 1. Design Procedure for Single-Feed Columns at Non-total Reflux, *Ind Eng Chem Res*, **37**: 987. Copyright © 1998, American Chemical Society.)

어서 몇 가지 조합이 구역 분포를 서로 교차하게 만들며 탑의 설계를 타당하게 만든다는 것을 의미한다. 반대로 탑저 조성 B_2의 운전 잎새는 탑정생산물 조성 D의 운전 잎새와 만나지 않는다. 이것은 두 생산물 D와 B_2는 같은 탑에서 생성될 수 없으며 설계가 실현 불가능함을 의미한다. 재비비와 환류비에 대한 어떠한 설정도 B_2와 D의 조합을 타당하게 만들 수 없다.

운전 잎새는 높은 환류비에서는 분리가 불가능하지만 낮은 환류비에서는 타당한 경우에 특별히 더 흥미롭다. 이러한 거동을 나타내는 이유에 대해서는 후에 서술할 것이다.

9.7 공비첨가제를 사용한 증류 배열

0.7 몰분율의 아세톤과 0.3 몰분율의 헵탄을 포함하는 혼합물의 분리를 고려해보자. 이 혼합물은 분리되어 순수한 아세톤을 생성해야 한다. 불행하게도 아세톤의 몰분율이 0.95일 때, 아세톤과 헵탄 사이에 공비가 형성된다. 그림 9.21a는 벤젠을 공비첨가제로 사용하여 이 혼합물은 순수한 아세톤과 헵탄으로 분리할 때의 물질수지를 보여준다. 먼저, 원료가 벤젠과 혼합된다. 그림 9.21a는 원료와 섞이는 벤젠의 양에 따라 생성되는 원료 혼합물 *A*, *B*, *C*와 그에 상응하는 세 개의 서로 다른 물질수지를 보여준다. 지렛대 법칙에 의해 그림 9.21a의 점 *A*는 가장 많은 양의 벤젠과 섞이고, 점 *C*는 가장 적은 양의 벤젠과 섞인다. 첫 번째 분리탑 *C*1은 이 삼성분 혼합물을 순수한 헵탄과 아세톤 + 벤젠의 혼합물로 분리한다. 조성은 처음 원료에 섞인 벤젠의 양에 의해서 결정된다. 두 번째 탑 *C*2에서 순수한 아세톤과 벤젠으로 분리하고 벤젠은 첫 번째 탑으로 재순환된다. 그림 9.21b는 이 물질수지에 상응하는 증류순서를 보여준다.

물질수지가 타당하다고 해도, 기-액 평형이 이 분리를 가능하게 한다는 보장은 없다. 증류탑이 타당한지 알아보기 위해서는 물질수지가 제안한 생산물에 상응하는 운전 잎새가 그려져야 한다. 그림 9.21a의 점 *C*에 상응하는 벤젠 유량을 가지고 생각해보자. 이것은 세 개의 설정 중에서 가장 낮은 벤젠 유량

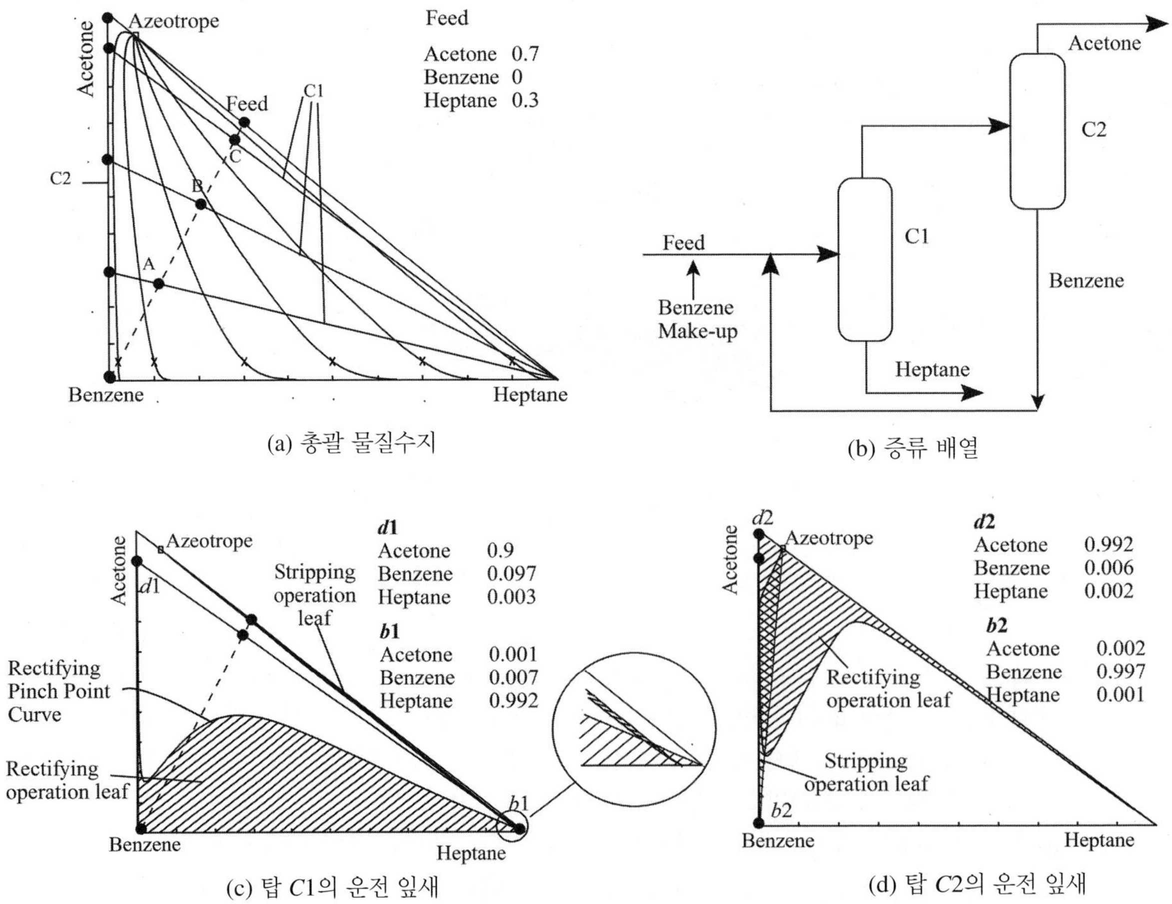

(a) 총괄 물질수지 (b) 증류 배열 (c) 탑 *C*1의 운전 잎새 (d) 탑 *C*2의 운전 잎새

그림 9.21 ▸ 아세톤-헵탄 분리를 위하여 벤젠을 공비첨가제로 사용하는 증류 배열.

에 상응한다. 그림 9.21c는 탑 $C1$에 대한 운전 잎새들을 보여준다. 탈거부 잎새는 아주 좁고 b_1으로부터 삼각도표의 아세톤–헵탄 모서리 면을 따라 이동한다. 정류부 잎새는 d_1에서 시작해서 아세톤–벤젠 모서리를 따라가며 길고 좁다. 나중에 이 잎새는 넓게 열려서 탈거부 운전 잎새와 만나는 곳에서 순수한 헵탄으로 수렴한다. 정류부 운전 잎새는 그림 9.21c에서 나타난 바와 같이 정류부 핀치선으로 인해 경계지어진다. 또한 d_1의 잔류선은 삼각도표에서 아세톤–벤젠, 벤젠–헵탄 모서리를 따른다. 탑 $C1$에 대한 탈거부 잎새와 정류부 잎새가 서로 만나기 때문에 이론적으로 이 탑은 타당하다. 정류부 잎새에 대해 주목해야 할 점이 한 가지 더 있다. 잎새의 모양을 봤을 때 탑 안의 벤젠의 농도는 탑의 양끝에서 낮고 중간에서 높을 것이라고 예상할 수 있다. 이것은 벤젠이 아세톤과 헵탄 사이의 휘발도를 가지는 *중간비점 공비첨가제*라는 점과 일맥상통한다. 탑 $C1$에 대한 자세한 시뮬레이션은 이러한 경향을 따르는 탑 내의 벤젠의 농도를 보여줄 것이다. 그림 9.21d는 탑 $C2$에 대해 운전 잎새가 서로 겹치고 있음을 보여준다. 따라서 이 증류 배열은 타당하다 여겨지며 설계의 최적화를 고려해 볼 만한다.

사실 벤젠을 공비첨가제로 사용해서 아세톤과 헵탄을 분리하는 방법은 그림 9.21에 제시된 방법뿐만 아니라 첫 탑에서 아세톤을 탑정생산물로 분리하는 방법 또한 가능하다. 헵탄은 두 번째 탑에서 탑저생산물로 분리되고 두 번째 탑에서의 탑정 벤젠은 재순환된다.

그림 9.21a에서 벤젠 재순환에 따라 다른 설정의 물질수지가 가능하다. 일견 보면 벤젠 재순환이 작을수록(즉, 점 C가 점 A보다) 더 나을 것이라고 생각할 수도 있겠으나 그렇게 간단하지 않다. 탑 $C1$에서 벤젠의 높은 농도는 분리에 도움이 될 것이다. 그림 9.21a의 설정 C는 탑 $C1$에 대해서는 매우 높은 환류비를 요구하고 이것은 재비기에 많은 양의 에너지를 요구하게 된다. 벤젠의 재순환 정도가 커질수록, 즉 그림 9.21a에서 점 A를 향해 갈수록, 탑 $C1$에서의 환류비는 많이 감소한다. 벤젠 재순환이 증가할수록 탑 $C1$에서의 성능 향상이 정체되는 점을 향해 갈 것이고, 그 점을 지나면 시스템에 과도한 부하가 걸리게 될 것이다. 따라서 재순환에서 벤젠의 유량은 그림 9.21의 탑 $C1$과 $C2$ 둘 다의 크기에 영향을 끼치는 중요한 최적화 변수이다.

두 번째 예시로 몰분율 0.88 근방에서 공비를 형성하는 에탄올과 물의 혼합물을 분리하는 경우를 보자. 공비첨가제로는 에틸렌글리콜이 제안되었다. 그림 9.22a는 분리에 대한 총괄물질수지를 보여준다. 앞서 그림 9.21의 예시와 같이 원료는 서로 다른 양의 공비첨가제와 섞여 점 A, B, C를 이룬다. 결과적으로 생성되는 혼합물은 먼저 순수한 에탄올을 생성하기 위해 증류된다(그림 9.22b). 물과 에틸렌글리콜은 두 번째 탑에서 분리되며 에틸렌글리콜은 재순환된다. 그림 9.22c와 같이 낮은 에틸렌글리콜 재순환의 타당성을 시험하기 위해 첫 번째 탑에 대한 운전 잎새를 그려 볼 수 있다. 운전 잎새들은 서로 겹치지 않으며 따라서 탑은 타당하지 않다. 그림 9.22d은 탑 $C1$에 대한 타당성을 보다 높은 에틸렌글리콜의 유량에 대해서 시험한 예이다. 불행히도 이 또한 운전 잎새가 겹치지 않기 때문에 타당하지 않은 설계이다.

그림 9.21와 9.22의 설계가 공통적으로 가지는 요소는 공비첨가제가 원료와 섞여서 단일 원료로 공급된다는 점이다. 에탄올–물–에틸렌글리콜의 경우에 탑정과 탑저 부분의 운전 잎새는 서로 만나지 않고 떨어져 있다. 몇몇 시스템에서는 탑에 중간 구역을 만들어줌으로써 탑정과 탑저 부분 사이의 간격을 연결하는 것이 가능하다. 이것은 그림 9.23에 보인 바와 같이 이중-원료탑을 사용하는 것으로 달성할 수 있다. 이 때 무거운 공비첨가제(때로 용매라고 칭해지는)를 원료 혼합물의 원료 주입단보다 상부로 탑에 공급하게 된다(Doherty and Malone, 2001). 이때 공비첨가제는 시스템 상에서 어떠한 새로운 공비도 형성하면 안 된다. 그림 9.23에 보이는 이 방식이 *추출증류*(extractive distillation)이다. 첫 번째 탑(*추출탑*)에서 무거운 공비첨가제는 원료혼합물의 원료단보다 높은 지점에서 탑에 공급된다. 이 공비

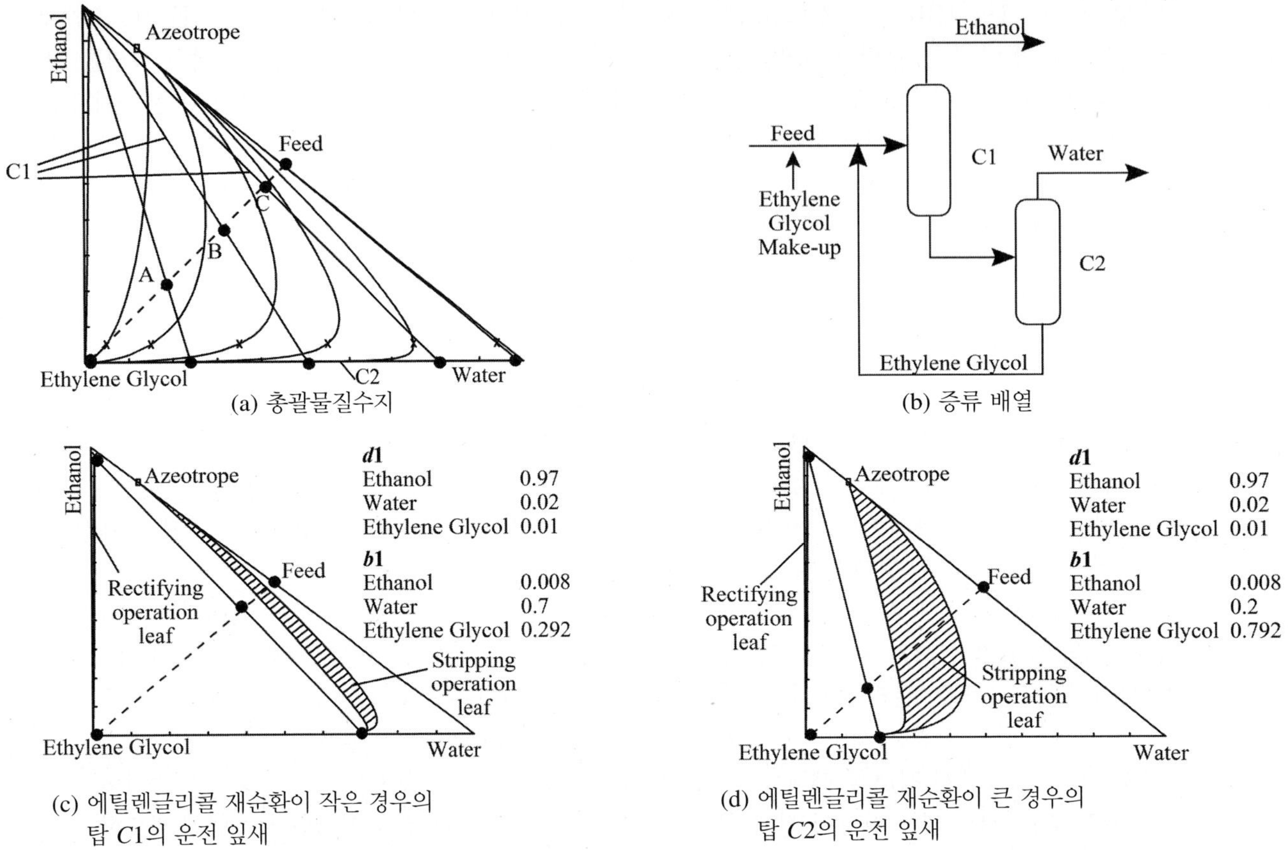

그림 9.22 ▸ 에탄올–물 분리를 위하여 에틸렌글리콜을 공비첨가제로 사용하는 단일 원료탑 증류 배열은 타당하지 않다.

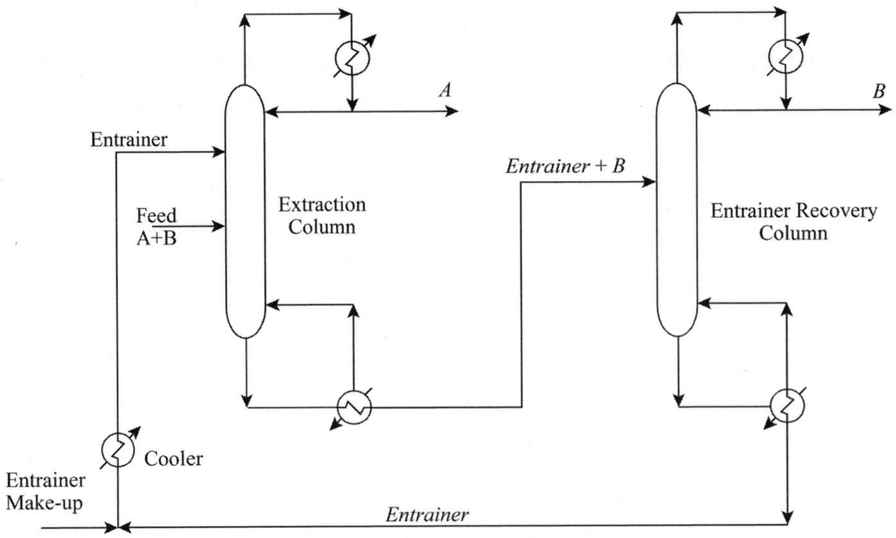

그림 9.23 ▸ 추출증류 공정 흐름도.

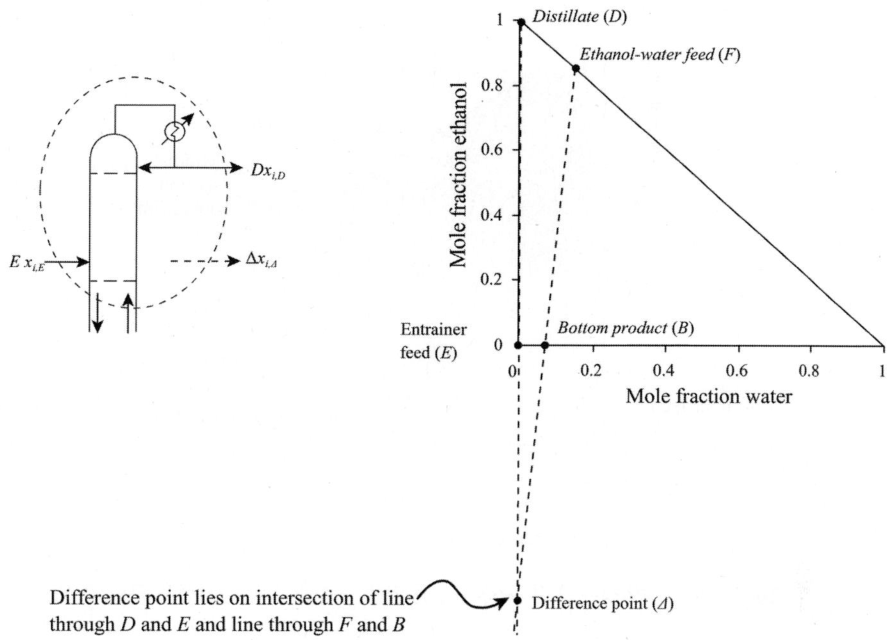

그림 9.24 ▸ **이중-원료탑의 상이점.**

첨가제는 탑을 타고 흐르면서 탑정과 탑저 부분 사이의 다리를 생성한다. 한 성분이 순수한 A로 탑정에서 증류된다. 다른 성분들과 공비첨가제는 추출탑 탑저를 떠나 *공비첨가제 회수탑*에 공급된다. 이 탑은 공비첨가제로부터 순수한 B를 분리하고 공비첨가제를 재순환한다. 그림 9.23의 설계에서 중요한 부분은 이중-원료 추출탑이다. 공비첨가제 회수탑의 설계는 표준 설계로서 단순하다. 이중-원료탑에 있어서 탑정 부분(공비첨가제 공급단의 위)과 탑저 부분(원료 혼합물 공급단의 아래)의 운전 잎새가 교차하는지 보기 위해서 중간 구역의 운전 잎새가 구축되어야 한다.

그림 9.24는 공비첨가제 유입부를 포함한 탑정 부분에서의 물질수지를 보여준다. *상이점*(difference point)는 순탑정생산물의 조성 즉, 탑정생산물과 공비첨가제 원료의 차이로 정의된다.

$$\Delta = D - E \tag{9.23}$$

또한 탈거부의 물질수지는

$$\Delta = F - B \tag{9.24}$$

따라서 그림 9.24에서와 같이 원료 F와 생산물 B를 연결한 직선과 탑정생산물 D와 공비첨가제 원료 E를 연결한 직선이 만나는 점이 상이점(순 탑정생산물)이 된다. 이제 상이점(순 탑정생산물)에서 잔류선에 접선을 그리는 것으로 탑 중간 구역에 대한 핀치선을 그릴 수 있다. 그림 9.25는 이 방법을 에탄올-물-에틸렌글리콜 시스템에 적용한 결과를 보여준다. 핀치선에 의해 경계지어진 구역이 중간 구역의 운전 잎새를 정의한다.

중간 구역 운전 잎새가 탑정 부분(공비첨가제 공급단의 윗부분)과 탑저 부분(원료혼합물 공급단의 아래 부분)의 것을 교차하기만 하면 탑 설계는 타당할 것이다. 항상 최대 가용 환류비가 있음을 염두에 두어라. 이 비를 넘으면 탑정과 탑저 구역 분포가 잔류선을 따를 것이고 이는 서로 교차할 수 없으므로 분리가 불가능하다. 또한 높은 환류비로 갈수록 공비첨가제가 저비점 성분의 환류로 희석되므로 분리

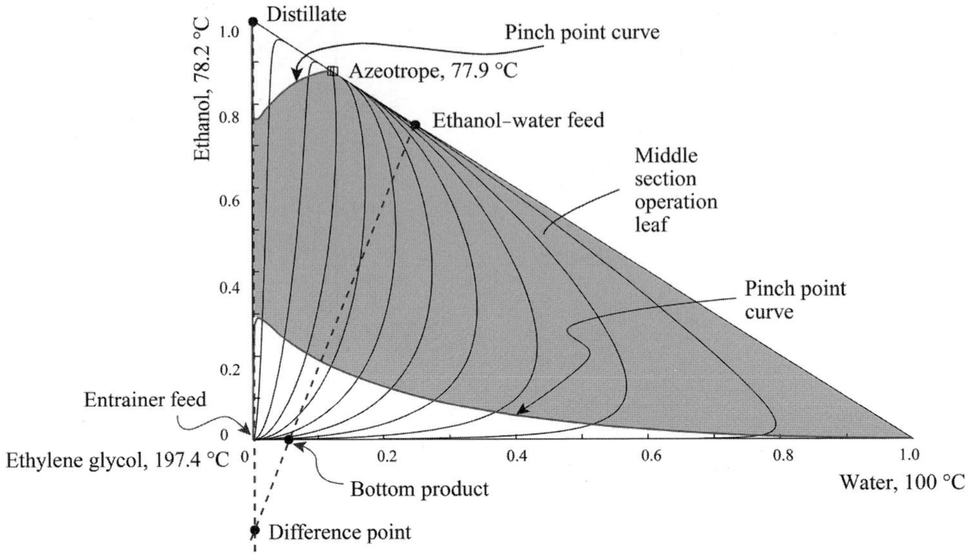

그림 9.25 ▸ 상이점은 중간 구역의 운전 잎새 구축을 위한 핀치선을 구할 수 있게 해준다.

가 나빠진다. 중간 구역 운전 잎새의 크기와 모양은 상이점의 위치에 의존하며, 이는 결국 공비첨가제의 유량에 의해 결정된다. 공비첨가제는 타당한 설계를 위한 최소 허용 유량이 있으며 공비첨가제의 실제 유량은 이를 만족하면서 최적화되어야 하는 중요한 자유도이다.

이중-원료탑에 대한 구역 분포는 단일-원료탑에 대한 구역 분포를 유도하는 것과 유사한 방식으로 할 수 있다(Laroche *et al*., 1992). 이중-원료탑의 구역 분포는 공비첨가제 공급단 위[식 (9.12)]와 원료 혼합물 공급단 아래[식 (9.22)]에서는 단일-원료탑과 같다. 그림 9.26은 중간 구역의 물질수지를 보여준다. 물질수지는 그림 9.26a와 같이 탑정 부근이나 그림 9.26b와 같이 탑저 부근에서 행해질 수 있다. 그

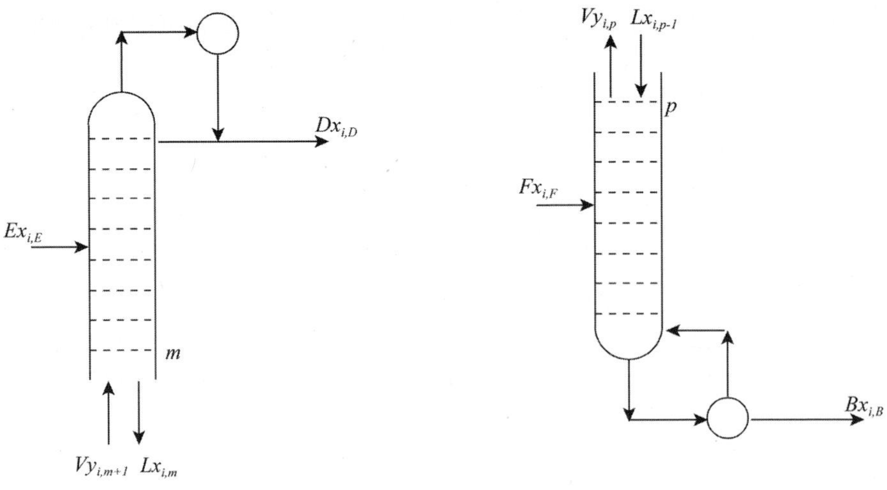

(a) 탑정부의 중간 구역 물질수지 (b) 탑저부의 중간 구역 물질수지

그림 9.26 ▸ 이중-원료탑 중간 구역 물질수지.

림 9.26a에서 탑정 부근의 물질수지는

$$Vy_{i,m+1} + Ex_{i,E} = Lx_{i,m+}Dx_{i,D} \tag{9.25}$$

또한

$$V = (R+1)D \tag{9.26}$$

$$L = RD + E \tag{9.27}$$

식 (9.25)를 식 (9.26)과 (9.27)과 조합하면

$$y_{i,m+1} = \frac{(RD+E)x_{i,m} + Dx_{i,D} - Ex_{i,E}}{(R+1)D} \tag{9.28}$$

또한 물질수지는 그림 9.26b와 같이 탑저 부근에서 시행될 수 있다.

$$Lx_{,p-1} + Fx_{i,F} = Vy_{i,p} + Bx_{i,B} \tag{9.29}$$

그리고

$$V = SB \tag{9.30}$$

$$\begin{aligned} L &= V + B - F \\ &= SB + B - F \end{aligned} \tag{9.31}$$

식 (9.29)를 식 (9.30)과 (9.31)과 조합하면

$$x_{i,p-1} = \frac{SBy_{i,p} + Bx_{i,B} - Fx_{i,F}}{SB + B - F} \tag{9.32}$$

식 (9.28) 또는 식 (9.32)를 기−액 평형 계산과 함께 이중-원료탑의 중간 구역의 구역 분포를 계산하는 데 사용할 수 있다.

그림 9.27은 이중-원료탑의 세 부분에 대한 구역 분포를 보여준다. 그림 9.27에서 세 부분의 구역 분

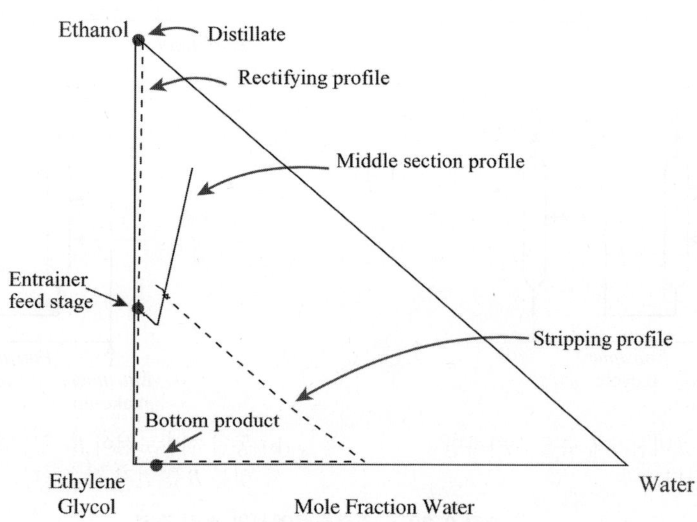

그림 9.27 ▸ 타당한 이중-원료탑 설계를 위해서는 이중-원료탑의 세 부분의 분포선이 교차해야 한다.

포는 교차하므로 이론적으로 탑은 타당하다.

따라서 이중-원료 추출 증류탑 설계의 첫 단계는 적절한 생산물과 공비첨가제 원료 유량을 선정해서 탑의 세 부분에 대해 운전 잎새가 교차하는 시스템을 찾는 것이다. 그 다음, 앞에서 논의한 바와 같이 환류비를 선택하여 정류부 분포를 계산할 수 있다. 타당한 공비첨가제 유량으로부터 식 (9.28)을 이용해 중간 구역의 분포를 계산할 수 있다. 탈거부 분포의 계산은 먼저 재비비를 가정하는 것이 필요하다. 만약 세 구역 분포가 교차하면 설계는 타당하다. 세 분포의 교차와 타당한 설계를 위해서는 환류비와 재비비에 대한 시행착오가 필요할 수 있다. 그림 9.27은 구역 분포가 성공적으로 교차하여 타당한 설계가 된 이중-원료탑을 보여준다. 또한 구역 분포로부터 각각 탑 부분의 단 개수를 구할 수 있다. 이로써 엄밀한 시뮬레이션에 필요한 모든 정보를 제공할 수 있다.

그림 9.28은 추출증류에 대한 마지막 핵심을 보여준다. 분리의 순서는 분리하려는 두 성분의 상대적 휘발도의 변화에 의존한다. 그림 9.28은 *A*–*B*–공비첨가제 시스템에 대한 잔류선과 동일 휘발도선 (equivolatility curve)을 보여준다. 이 동일 휘발도선은 성분 *A*와 *B*의 상대 휘발도가 어디에서 1이 되는지를 보여준다. 이 동일 휘발도선의 양쪽으로 성분 *A*와 *B*의 휘발도가 뒤바뀐다. 그림 9.28a에서 동일 휘발도선이 *A*–공비첨가제 축을 교차하면 성분 *A*가 먼저 회수되어야 한다. 그러나 만약 동일 휘발도선이 *B*–공비첨가제 축을 교차하면 그림 9.28b와 같이 성분 *B*가 먼저 회수되어야 한다.

지금까지 다룬 시스템들은 전부 균질 분리, 즉, 전체를 통하여 단일 상 액체인 시스템에 대한 것이었다. 이제부터는 액–액 상을 포함하는 증류 시스템에 대해서 고려해 볼 것이다.

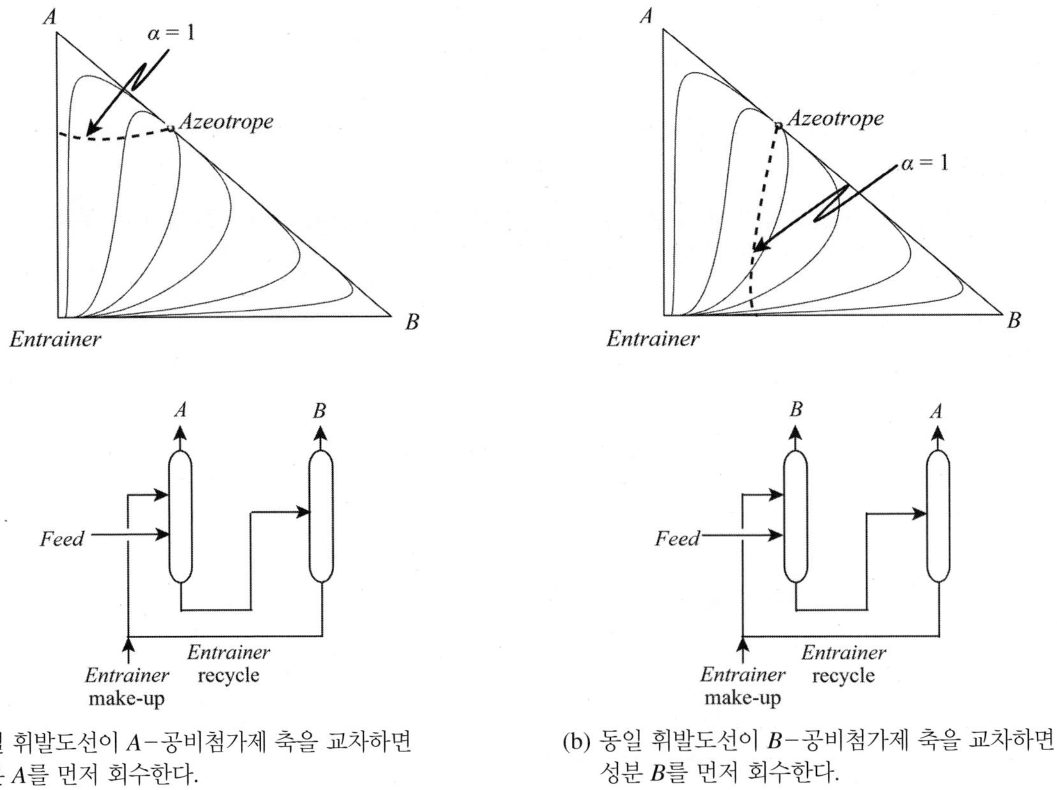

(a) 동일 휘발도선이 *A*–공비첨가제 축을 교차하면 성분 *A*를 먼저 회수한다.

(b) 동일 휘발도선이 *B*–공비첨가제 축을 교차하면 성분 *B*를 먼저 회수한다.

그림 9.28 ▸ 추출증류에서의 분리 순서.

9.8 비균질 공비증류

액체 혼합물에서 성분들이 화학적으로 덜 비슷해질수록 그들의 상호 용해도는 감소한다. 이것은 그들의 활동도 계수가 증가(즉, Raoult 법칙으로부터의 양의 이탈)하는 것으로 특정지어진다. 화학적 이질성과 그로 인한 활동도 계수의 증가가 충분히 커지면 용액은 두 개의 액체상으로 분리될 수 있다. 액–액 평형에 대해 각 상에서 각각의 성분의 휘산도는 같아야 한다.

$$(x_i\gamma_i)^I = (x_i\gamma_i)^{II} \tag{9.33}$$

여기서 x_i는 액상에서의 성분 i의 몰분율, γ_i는 액상 활동도 계수, 1과 2는 평형 상태의 두 개의 액체상을 나타낸다.

이성분계에서 두 개의 공존 액상의 조성을 계산하기 위해서 상평형에 대한 두 식을 풀어야 한다.

$$(x_1\gamma_1)^I = (x_1\gamma_1)^{II} \quad \text{and} \quad (x_2\gamma_2)^I = (x_2\gamma_2)^{II} \tag{9.34}$$

여기서

$$x_1^I + x_2^I = 1, x_1^{II} + x_2^{II} = 1 \tag{9.35}$$

NRTL이나 UNIQUAX 식 등으로부터 액상 활동도 계수에 대한 예측이 주어지면 식 (9.34)와 (9.35)는 x_1^I과 x_1^{II}에 대해서 동시에 풀 수 있다. 이 식들에 대한 해는 $x_1^I = x_1^{II}$와 같은 사소한 해를 포함해 여러 개가 있다. 해가 의미를 가지기 위해서는

$$0 < x_1^I < 1, \qquad 0 < x_1^{II} < 1, \qquad x_1^I \neq x_1^{II} \tag{9.36}$$

삼성분계의 경우 풀어야 할 상응하는 식들은

$$(x_1\gamma_1)^I = (x_1\gamma_1)^{II} \text{ and } (x_2\gamma_2)^I = (x_2\gamma_2)^{II} \text{ and } (x_3\gamma_3)^I = (x_3\gamma_3)^{II} \tag{9.37}$$

이 식들은 물질수지식과 함께 동시에 풀음으로써 x_1^I, x_2^I, x_1^{II}, x_2^{II}를 구한다.

그림 9.29는 어떤 조성에서 두 개의 액체상을 형성하는 삼성분계의 삼각도표를 보여준다. 그림 9.29로부터 이성분 *I–L* 계는 완전히 혼화성이며 이성분 *I–H* 계도 완전히 혼화성이다. 그러나 이성분 *L–H* 계는 여러 가지 농도 범위에서 부분적인 혼화성을 보여준다. *L–I–H* 혼합물에 대해 두 개의 액체상을 형성하는 혼화되지 않는 영역이 있다. 그림 9.29의 2상(two-phase) 영역에서 성분 *F*에 대한 혼합물은 성분 *E*와 *R*의 2상으로 분리될 것이다. 서로 평형에 있는 상들은 *결합상*(conjugate phase)라 칭하며 결합상 *E*와 *R*을 연결하는 *E–R* 선은 *이음선*(tie line)이라고 칭한다. 그림 9.29에서 보여준 바와 같이 2상 영역에서는 정해지지 않은 숫자의 이음선이 그려질 수 있다. *F*를 *E*와 *R*로 분리할 때의 2상의 비율은 지렛대 법칙에 의해 결정된다. 따라서 그림 9.29에서 *E*의 유량은 직선 *F–R*의 길이로 *R*의 유량은 직선 *F–E*의 길이로 주어진다. 그림 9.29는 삼각도표를 이용하여 어떻게 디켄터(decanter)를 설계하는지를 보여준다.

이제 디켄터를 이용한 증류를 고려해보자. 증류와 디켄터를 함께 쓰는 경우에는 다양한 배치가 가능하다. 첫 번째 예시인 그림 9.30은 탑의 탑정부가 두 개의 액상 혼합물로 응축되는 독립형 디켄터를 보여준다. 일부는 환류되고, 일부는 디켄터로 가서 *E*와 *R* 두 층으로 분리된다. 그림 9.30의 배치에서 한 가지 문제점은 *D* 점에서 탑에 대한 환류는 2상 혼합물이라는 것이다. 탑 내에서는 피할 수 있다면 2 액상을 가지지 않는 것이 선호된다. 그림 9.31은 다른 배치를 보여준다. 이번에 디켄터는 일부만 탑과 통

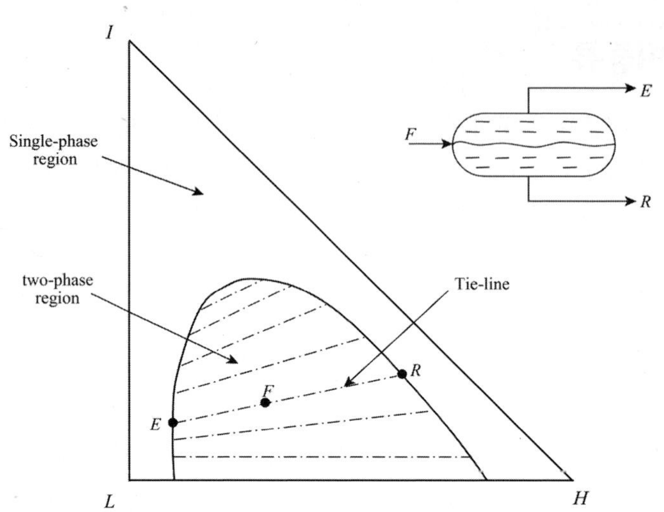

그림 9.29 ▸ 삼성분계에서의 상 분기.

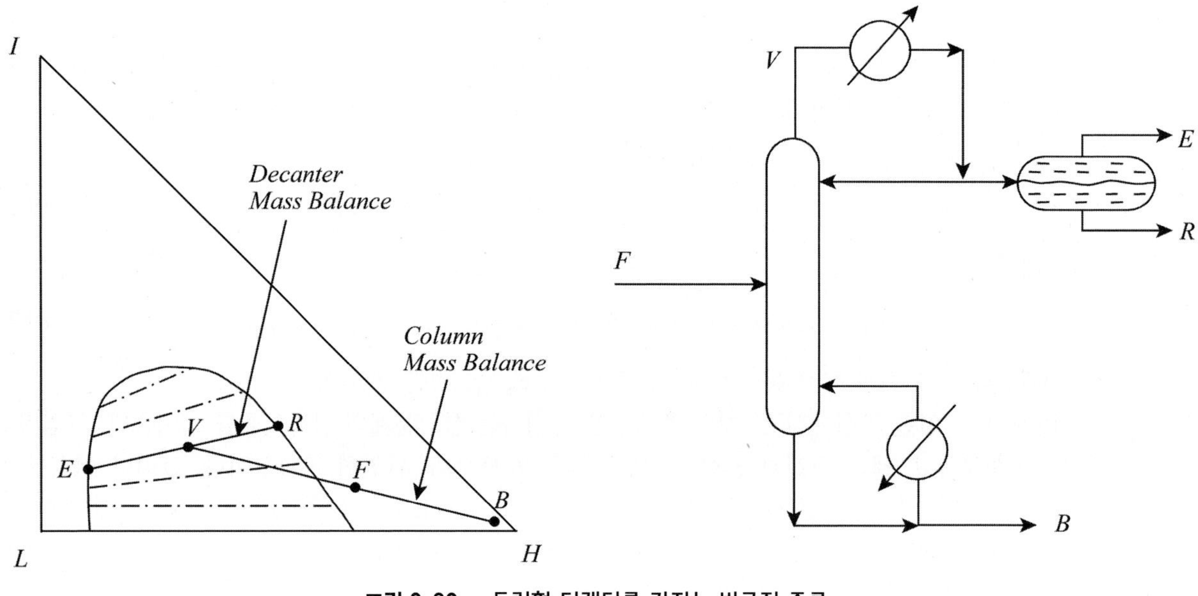

그림 9.30 ▸ 독립형 디켄터를 가지는 비균질 증류.

합되어 있고 탑정 증기는 두 개의 액상 *D*와 *R*로 응축된다. *D*는 탑정생산물로 얻어지고 *R* (하층부의 단일 상)은 탑으로 환류된다. 전체 분리는 *F*, *D*, *B*에 대해 이루어져서 그림 9.31과 같은 물질 수지를 보인다. 그림 9.32는 완전히 통합된 디켄터를 보여준다. 여기서 탑정 증기는 응축되어 디켄터에 공급되어 가벼운 디켄터 액체 *DL*과 무거운 디켄터 액체 *DH*로 나뉜다. 이 경우에는 가벼운 층과 무거운 층 액체의 일부를 부분적으로 섞어 환류와 탑정생산물을 만들게 되는데, 환류와 생산물에 각각 어느 정도로 섞느냐가 설계에서의 주요 자유도가 된다. 삼각도표에서 혼합의 정도는 지렛대 법칙에 의해서 나타낼 수 있다.

비균질 증류의 한 가지 강력한 특징은 증류 경계를 넘을 수 있다는 것이다. 앞서 증류 경계는 성분을 서로 접근할 수 없는 두 개의 영역으로 나눈다는 것에 주목했다. 디켄터는 그림 9.33에 나타난 바와 같

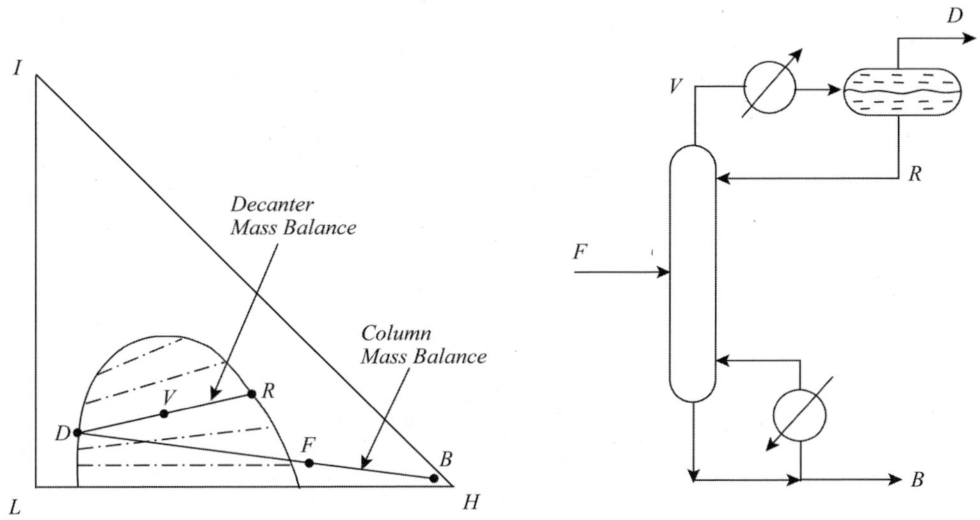

그림 9.31 ▸ 부분적으로 통합된 디켄터를 가지는 비균질 증류.

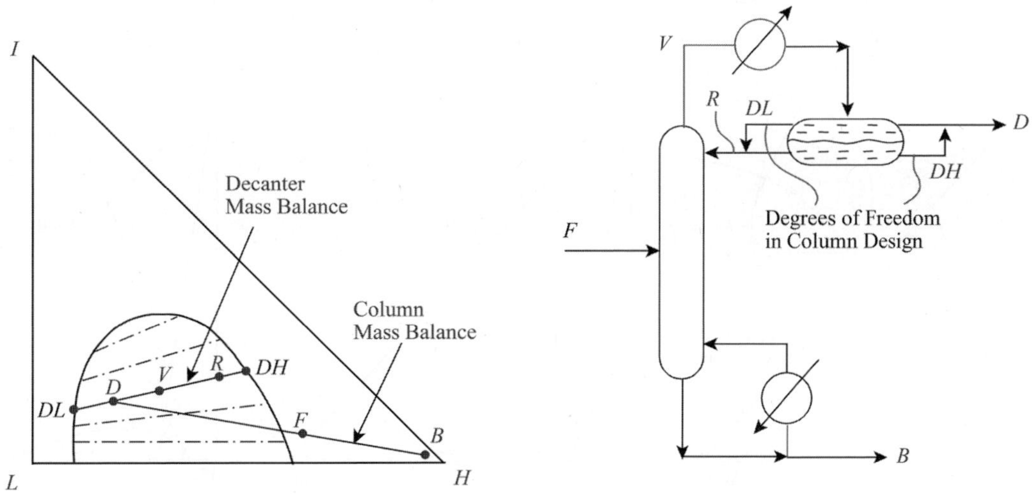

그림 9.32 ▸ 완전히 통합된 디켄터를 가지는 비균질 증류.

이 증류 경계를 오고 갈 수 있게 한다. *F*점에서 디켄터에 대한 원료는 증류 경계의 한 쪽에 있다. 이것은 디켄터 내부에서 두 개의 액상 *E*와 *R*로 나눠진다. 이들 두 개의 액상은 이제 증류 경계의 서로 다른 쪽에 있다. 이러한 방식의 상 분기는 증류 경계의 제약을 받지 않기 때문에 증류 경계를 넘어가기 위한 극히 효과적인 방법이 된다.

그림 9.34의 예시와 같이 몰분율 0.6의 이소프로필 알코올과 몰분율 0.4의 물이 포함된 원료가 상대적으로 순수한 이소프로필 알코올과 물로 분리되어야 한다. 이소프로필 알코올의 몰분율이 0.68 근방일 때 이소프로필 알코올(IPA)와 물 사이에 공비가 형성된다. 디이소프로필 에테르(DIPE)가 이 혼합물 분리를 위한 공비첨가제로 제안되었다. 그림 9.34a의 삼각도표는 IPA–DIPE–물 계의 매우 복잡한 평형 거동을 보여준다. IPA와 DIPE, DIPE와 물 사이에 새로운 공비가 형성되며 삼성분 공비 또한 형성된다.

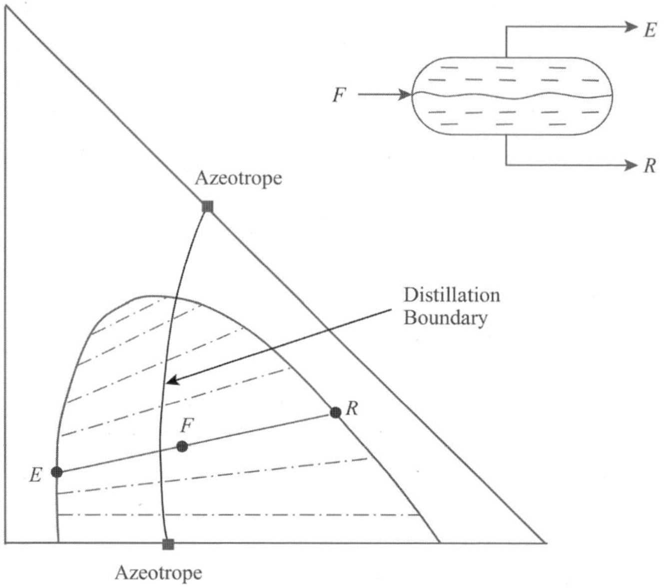

그림 9.33 ▸ 상 분기 현상은 증류 경계를 넘어가는 데 사용될 수 있다.

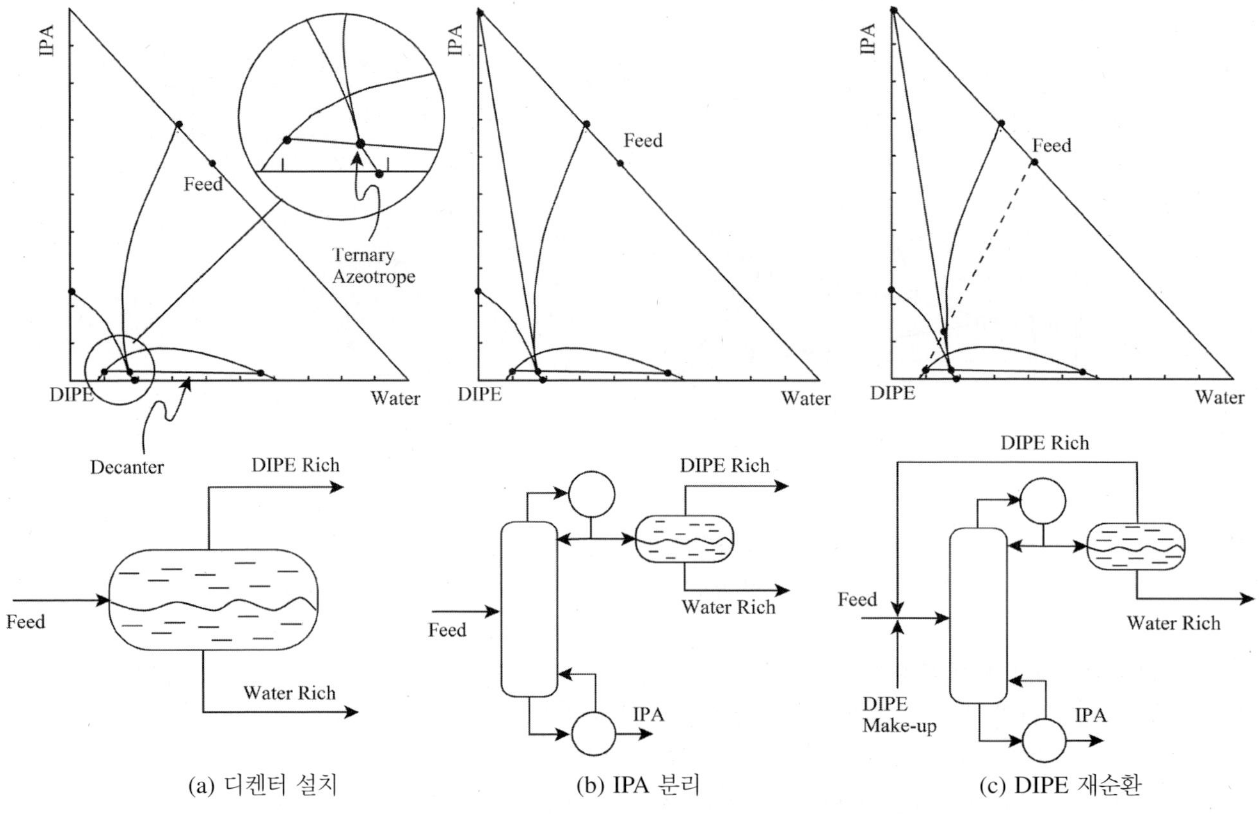

그림 9.34 ▸ 디이소프로필 에테르(DIPE)를 공비첨가제로 사용하여 이소프로필 알코올(IPA)와 물을 분리하는 비균질 공비증류.

그림 9.34a의 증류 경계는 이 분리를 매우 어렵게 만들 것이다. 그러나 그림 9.34a의 두 개의 상 영역은 증류 경계를 넘어갈 수 있게 해준다. 분리 시스템의 합성은 그림 9.34a와 같이 삼성분 공비에 디켄터를 두는 것으로 시작할 수 있다. 이것은 이음선을 따라가며 삼성분 공비를 DIPE-농축층과 물-농축층으로 분리한다. 다음으로 그림 9.34b와 같이 IPA와 삼성분 공비물을 생산하기 위해 증류탑이 들어간다. 마지막으로 DIPE-농축층은 디켄터로부터 재순환되어 탑에 공급된다. 이것은 그림 9.34c와 같이 들어오는 원료 혼합물과 섞여 탑에 원료를 공급한다. 그림 9.34의 디켄터 설계는 디켄터에서 나온 물 생산물은 순수하지 않으며 그 이상의 분리가 필요할 것이라 예측할 수 있게 해준다.

그림 9.34의 삼각도표의 상평형은 NRTL 식에 의해서 예측된다. NRTL 식은 기-액 평형, 액-액 평형과 기-액-액 평형을 예측하는 데 모두 쓰일 수 있다. 그러나 이러한 거동들을 모두 대표하는 한 쌍의 상호작용 매개변수는 찾기 어렵다. 그림 9.34의 삼각도표에 대한 매개변수들은 기-액 평형 거동과 밀접한 관련이 있다. 그림 9.35a는 기-액 데이터에 기반한 NRTL 매개변수 값을 적용한 2상 영역을 보여준다. 그림 9.35b는 같은 시스템에 대하여 액-액 평형 데이터로부터 얻은 매개변수 값들로 NRTL 식을 계산한 2상 영역을 보여주는데 훨씬 넓은 2상 영역은 디켄터로부터 거의 순수한 물을 생산할 수 있을 것이라는 예측을 해준다.

이러한 도표에서는 2상 영역과 관련해 더 많은 주의를 요구한다. 그림 9.34에서 9.35a와 9.35b의 상평형은 포화 조건에 기반한 것이다. 증류는 이론적으로 포화 조건에서 작동하기 때문에 이 조건은 증류 시스템의 설계와 2 액상 거동이 일어나는 지점에 대해 판단하는 데 유용하다. 그러나 디켄터의 경우는 꼭 그렇지는 않다. 디켄터는 탑의 외부에 있기 때문에 온도를 임의로 고정할 수 있다. 그림 9.35c는 액-액 평형 데이터로부터 얻은 NRTL 매개변수에 기반한 2상 영역을 보여주지만 이 경우에는 30°C의 과냉 조건에 대해 그려졌다. 2상 영역이 포화 조건과 비교해봤을 때 30°C에서 약간 더 커졌음을 볼 수 있다. 대부분 온도가 낮을수록 2상 영역이 커진다. 온도를 낮추면 2 액체상의 상호 용해도가 감소한다. 이것은 디켄터를 설계할 때 중요한 자유도가 된다. 응축된 증류 탑정생산물을 2 액체상으로 상 분리하기 전에 과냉각함으로써 디켄터에서 보다 나은 분리 결과를 얻을 수 있다.

탑 안에서 두 개의 액체상이 존재할지를 이해하는 것이 중요하다. 만약 탑의 많은 부분에서 두 개의

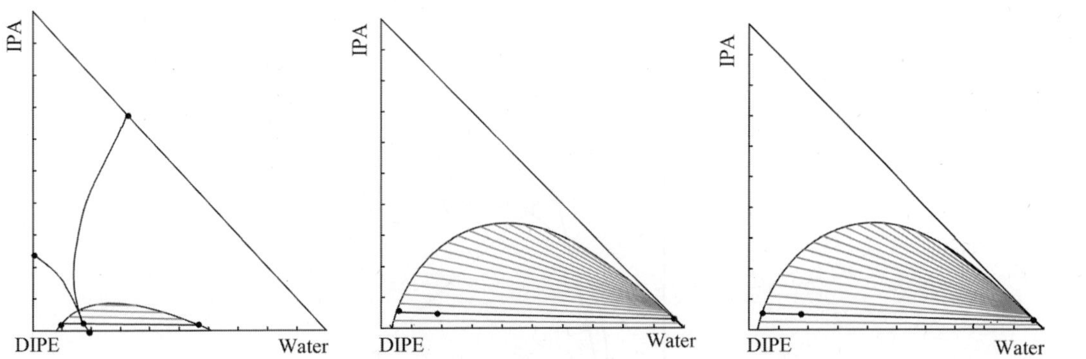

(a) 포화조건의 VLE 데이터로부터 구해진 NRTL 매개변수에 기반한 디켄터

(b) 포화조건의 LLE 데이터로부터 구해진 NRTL 매개변수에 기반한 디켄터

(c) 30°C의 2상 영역에서의 LLE 데이터로부터 구해진 NRTL 매개변수에 기반한 디켄터

그림 9.35 ▸ 두 개 상 영역은 VLE 또는 LLE 데이터 관계로부터 그려질 수 있으며 또한 포화조건이나 고정된 온도 조건에 대하여 그려질 수 있다.

액체상이 형성되면 탑을 운행하는 것이 어려워질 수 있다. 두 개의 액체상의 형성은 탑 내부의 수력학 설계와 증류에서의 물질전달(단효율로 이어지게 되는)에 영향을 끼친다. 탑 안에서 두 액체상의 형성을 피할 수 있다면 피하는 것이 바람직하다. 불행히도 몇몇 분리단에서 두 개의 액체상을 막을 수 없는 경우가 종종 있다. 또한 두 개의 액체상의 형성은 환류비 변화에 민감하게 영향을 받을 수 있다.

9.9 공비첨가제 선정

다음의 이유로 공비혼합물을 분리할 때 가능하면 외부의 물질분리 작용제를 사용하는 것보다는 압력에 따른 공비 조성의 변화가 활용되어야 한다.

- 외부 물질을 도입하는 것은 공정 내의 생산물 순도를 달성하는 데 새로운 문제를 발생시킬 수 있다.
- 외부 물질을 높은 효율로 분리하고 재순환하는 것이 어려울 수 있다. 재순환되지 않은 그 어떤 물질도 환경에 문제가 될 수 있다. 이후에 다루겠지만, 폐수에 대한 가장 좋은 방법을 애초에 폐수를 발생시키지 않는 것이다.
- 외부 물질은 추가적인 안전과 보관 문제를 발생시킬 수 있다.

가끔 공정에 이미 존재하는 성분을 공비첨가제로 사용함으로써 공비증류를 위한 외부 물질의 도입을 막을 수 있다. 그러나 많은 경우에 현실적인 어려움과 초과 비용이 외부 물질을 사용하게 만들 수 있다. 이미 공정 내에 존재하는 성분을 공비첨가제로 이용하든 외부 물질을 이용하든 서로 다른 공비첨가제들 중에 적절한 공비첨가제를 선택할 수 있어야 한다. 증류선 지도와 잔류선 지도는 이 지도들의 배치에 따라 분리 어려움의 정도가 결정될 수 있으므로 공비첨가제 선택에 특히 유용하다. 예를 들어, 증류 경계가 어떻게 증류선과 잔류선 지도를 서로 다른 구역으로 나누는지와 증류가 한 구역에서 다른 구역으로 접근할 수 없다는 것에 대해서 이미 논의되었다. 앞서 다룬 바와 같이 비균질계에서의 증류 경계는 액-액 분리를 이용해 가로질러 갈 수 있다. 증류 배열에서 경계를 넘어가는 또 다른 방법은 경계 한쪽의 흐름을 다른 쪽의 흐름과 섞는 것이다. 섞이는 흐름의 유량비에 따라 혼합기를 나온 흐름이 경계의 어느 쪽에 있게 될지가 결정된다.

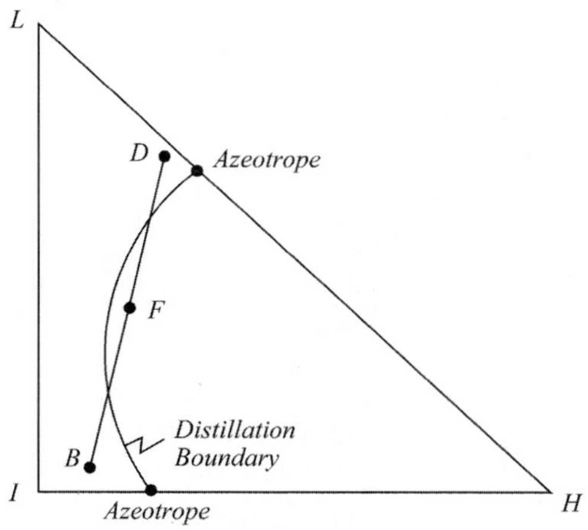

그림 9.36 ▸ 증류 경계를 넘어간다.

이론적으로는 그림 9.36에 보인 바와 같이 균질계에서도 증류 경계를 가로지르는 것이 가능하다(Laroche *et al.*, 1992). 그림 9.36의 증류 경계는 뚜렷한 곡선을 가지므로 탑은 원료가 경계의 한쪽에 오고 다른 한쪽에 생산물들이 오게 배치될 수 있다. 증류선이나 잔류선의 모양에 따라서 생산물 *D*와 *B*는 동일 증류선이나 잔류선에 위치할 수 있다. 이렇게 하면, 증류 경계는 액-액 분리에 의해 증류 경계를 가로지르게 하는 것보다 증류를 이용해 넘어가게 할 수 있게 된다. 그림 9.36의 배치는 이론적으로는 가능하지만 여기에는 다음과 같은 잠재적인 위험이 있다(Laroche *et al.*, 1992).

1) 증류 경계는 그림 9.36에서와 같이 굽어 있어야 한다. 그러나 경계가 매우 큰 곡률을 가진다 해도 그림 9.36에 배치된 것과 같은 탑의 운전은 매우 큰 제약을 가질 것이다.
2) 기-액 평형 데이터와 그로부터의 상관관계에는 항상 불확실성과 부정확성이 존재하며, 이것은 경계의 위치와 모양에 대한 잘못된 예측으로 이어진다.
3) 증류선과 잔류선, 증류 경계에 대한 지금까지의 논의는 평형 거동을 가정한 것이다. 실제 탑은 평형 조건에서 운행되지 않기 때문에 단효율로 이를 보상하게 된다. 각각의 성분은 각각의 단효율을 가질 것이고 이것은 각각의 조성이 평형 거동으로부터 서로 다르게 벗어남을 의미한다(Castillo and Towler, 1998). 따라서 실제 탑에서 증류 경계는 평형 예측과는 다를 것이다. 만약에 시스템이 평형을 가정하고 설계되었다면 비이상적인 단을 가지는 실제 탑에서 제대로 운전될 지는 보장되지 못한다. 원리상, 이러한 비평형 효과를 단효율을 사용하여 분석에 포함시킬 수는 있겠으나 단효율에 대한 계산이 상당한 불확실성을 가지며 탑 내부의 기하학적 구조와 종류에 대한 많은 양의 정보가 필요하다는 문제를 가진다.
4) 기-액 평형 데이터에 대한 불확실성과 비평형 효과에 대해 검증이 이루어져도 설계와 탑을 실제로 운영하는 것은 종종 큰 차이가 있다. 전체적인 공장의 운영은 여러 가지 이유로 인해 설계와 다른 경우가 종종 있다. 만약 설계가 극히 제약되어 있어서 운전 중의 변화를 수용할 만큼 유연하지 않다면 제 기능을 하지 못할 수도 있다.

따라서 그림 9.36에서 보인 바와 같이 이론적으로는 굽어진 증류 경계를 가로지르는 것이 가능할 수 있겠으나 다양한 범위의 환류비와 불확실성이 존재하는 상황에서는 타당한 설계를 따라가는 것이 보통 더 간단하다. 그러한 설계는 증류선과 잔류선 지도를 이용해서 쉽게 유도할 수 있다.

공비첨가제를 도입할 때는 분리하려고 하는 공비 성분의 상대적 휘발도에 지대한 영향을 끼쳐야 하고 공비첨가제를 분리하는 것이 상대적으로 쉬워야 한다. 공비첨가제를 쉽게 분리하기 위한 확실한 방법은 두 액체상으로의 분리가 일어나는 성분을 고르는 것이다. 그러한 공비첨가제는 대개는 추가적인 증류 경계를 생성하지만 두 액상에 의하여 혼합물이 증류 경계의 양쪽으로 분리된다면 전체적인 분리 면에서는 오히려 효과적이다(Doherty and Perkins, 1979b).

균질 혼합물의 분리를 위해 공비첨가제를 사용할 때는 추가적인 공비물을 생성하지 않는 성분을 고르는 것이 가장 좋다. 균질 혼합물의 분리에 사용하는 고전적인 방법은 추출증류이다. 이것은 공비첨가제 공급단 아래쪽 탑 부분에 대한 공비첨가제의 상대휘발도에 대한 영향에 의존한다. 이와 같은 탑은 잘 운전될 수 있지만 가끔 직관에 어긋나는 거동을 보이곤 한다. 특히 높은 환류비 시의 공비첨가제 희석에 의한 해로운 결과가 있을 수 있다. 그러나 대부분의 경우에서는 균질 증류의 가장 좋은 선택지는 고비점 공비첨가제일 것이다. 다른 가능한 방법은 공비물을 생성하지 않는 중간 비점 공비첨가제를 선택하는 것이다. 이는 증류 경계가 없는 잔류선 지도로 이어질 것이기 때문이다. 그러나 중간 비점 공비첨가제는 비점 차이가 큰 성분들의 공비를 깨는 것에만 실용적일 수 있다. 그렇지 않으면 중간 비점 공비첨가제는 아주 어렵고 많은 에너지를 필요로 하는 근접한 비점의 혼합물 분리로 이어질 것이다. 마지막으로 공비를 생성하지 않는 저비점 공비첨가제를 이용하는 것은 대체로 실용적이지 않다. 왜냐하면 그러한 성분들은 액상에서 충분히 축적되지 않는 경향이 있어서 분리해야 할 성분들 사이의 상대적 휘발도에 차이를 만들지 않기 때문이다.

따라서 증류선과 잔류선 지도는 고비점 공비첨가제를 사용하는 경우를 제외하면 공비 분리의 타당성을 평가하는 데에 좋은 도구가 된다. 여기서 한 가지 예외가 있다면 분리에 고비점 공비첨가제를 사용하는 것이다. 이러한 경우에는 분리 타당성을 결정하기 위해 이번 장에서 이야기한 동일 휘발도선을 사용하는 것이 낫다.

9.10 다성분계

이번 장에서 다룬 것은 아직까지 이성분 혹은 삼성분계에 국한되었다. 공비 거동을 보이는 시스템은 다성분인 경우도 많다. 삼성분계에 대해 유도한 개념들은 쉽게 4성분계로 확장할 수 있다. 차이점은 이 경우는 삼각도표에 나타낼 수 없고 대신 피라미드 같이 3차원으로 구현되어야 한다는 것이다. 삼각도표에서의 선은 피라미드 삼각도표에서는 면이 된다. 단순히 그래픽 상으로 구현하기 더 어려워지고 해석하기 어려워질 뿐이다. 개념은 4성분계 이상까지 확장될 수 있으나 3~4개의 성분을 골라내서 다른 성분을 배제하고 나타내는 방법을 택하지 않고서는 전체를 그래픽으로 구현할 수는 없다.

다성분계를 다룰 때 문제를 간단하게 하기 위한 한 가지 가능한 방법은 성분들을 함께 덩어리지어서 삼성분계로 해석하여 구현하는 것이다. 그러나 이러한 접근 방법은 매우 조심해서 해야 한다. 공비 시스템에서는 아주 작은 양의 성분도 분석을 상당히 변화시킬 수 있다. 예를 들어, 99%를 차지하는 성분만을 고려하여(나머지 1%의 성분은 무시하여) 가정한 삼성분계가 실제 계의 특성을 잘 대표해 줄 것이라 생각할 수도 있을 것이다. 그러나 몇몇 시스템에서는 1%의 조성을 바꾸는 것이 운전 잎새의 모양과 다차원의 공간에서 그들의 등가물을 크게 바꿀 수 있고, 혼합물의 99%의 거동에 따라 내린 평가로 타당해 보이던 설계를 타당하지 않게 만들 수 있다. 따라서 주요 성분만을 삼각도표에 표현하더라도 잔류선, 증류선, 핀치선과 운전 잎새는 온전히 다성분 계산으로부터 구축되어야 한다.

설계 구도가 완성되면 가능한 가장 상세한 시뮬레이션으로 확인해봐야 한다. 이 시뮬레이션으로 설계가 타당하다고 확인되어도 1) 상평형 데이터의 교란에 의한 상평형 거동, 2) 원료 조성의 변화 등의 가능성이 있으므로 시뮬레이션을 이용해 설계의 민감도를 확인해봐야 한다.

9.11 공비증류에서의 절충점

간단한 이성분 증류탑에서는 원료의 조성이 고정되면 오직 두 생산물에서의 조성만이 각각 독립적으로 규정될 수 있다. 삼성분계를 분리하는 간단한 증류탑에 대해서는 원료의 조성이 고정되면 세 개의 생산물 조성이 명시될 수 있다. 이때 각각의 생산물에 대해 적어도 한 개의 성분 조성이 명시될 수 있다. 나머지 조성들은 삼각도표에서 상호 선형성(colinearity)으로 결정된다. 일단 물질수지가 명시되고 나면 탑 압력, 환류비(또는 재비비)와 원료 조건이 명시되어야 한다.

공비가 없는 일반 증류 시스템과는 반대로 공비 시스템은 분리가 악화되는 환류비의 상한선이 있다 (Laroche *et al.*, 1992). 이것은 환류비의 증가가 두 가지 경쟁 효과로 이어지기 때문이다. 먼저, 일반

증류 시스템에서처럼 평형 표면에 대한 운전 표면의 상대적 위치가 분리를 개선하는 쪽으로 변한다. 동시에 환류의 증가에 의한 희석으로 공비첨가제의 농도가 감소하게 되어 공비 조성 성분의 상대적 휘발도의 감소로 이어져서 분리 성능이 저하된다(Laroche *et al.*,1992).

그러나 여기까지는 아직 탑에 대한 원료가 고정되어 있다고 가정하고 있다. 분리 시스템에 대한 전체 원료가 고정되어 있다고 해도 각각의 탑에 대한 원료는 재순환되는 공비첨가제의 양을 변화시키면 바뀔 수 있다. 이러한 절충점은 이미 그림 9.21에서 확인했다. 재순환되는 공비첨가제의 양이 증가할수록 공비형성물의 분리를 돕는다. 이것은 환류비를 감소시킨다. 그러나 공비첨가제 재순환이 증가할수록 전체 시스템에 대한 과도한 부하가 생겨난다. 따라서 재순환되는 공비첨가제의 양은 최적화에 있어서 중요한 자유도이다.

9.12 막 분리

지금까지 다룬 공비 시스템의 분리는 압력 변화와 공비첨가제를 사용하는 것에 국한되어 있었다. 세 번째 방법은 분리막을 사용하여 기-액 평형 거동을 바꾸는 것이다. *투과증발*은 분리막의 양쪽 상이 서로 다르다는 점에서 다른 분리막 공정과 구분된다. 분리막에 대한 원료는 액상을 유지하기에 충분히 높은 압력 조건에 있는 액체 혼합물이다. 분리막의 다른 쪽의 압력은 투과물을 증기 상태로 유지하기 위해 이슬점이나 그 아래로 유지된다. 투과증발에서는 조밀 분리막이 사용되며 선택도는 화학적 친화력에 의해 결정된다. 대부분의 상업적 투과증발 분리막은 친수성이다(Wynn, 2001). 이것은 분리막이 물을 투과하는 것을 선호하며, 따라서 유기합성물의 탈수에 적합하다. 공비를 형성하는 에탄올-물과 이소프로판올-물 혼합물의 탈수 공정이 전형적인 응용 예이다(Wynn, 2001). 그림 9.37은 에탄올의 탈수에 대한 공정 흐름도를 보여준다. 에탄올-물 혼합물은 일반적인 증류탑에 공급된다. 이때 공비 조성에

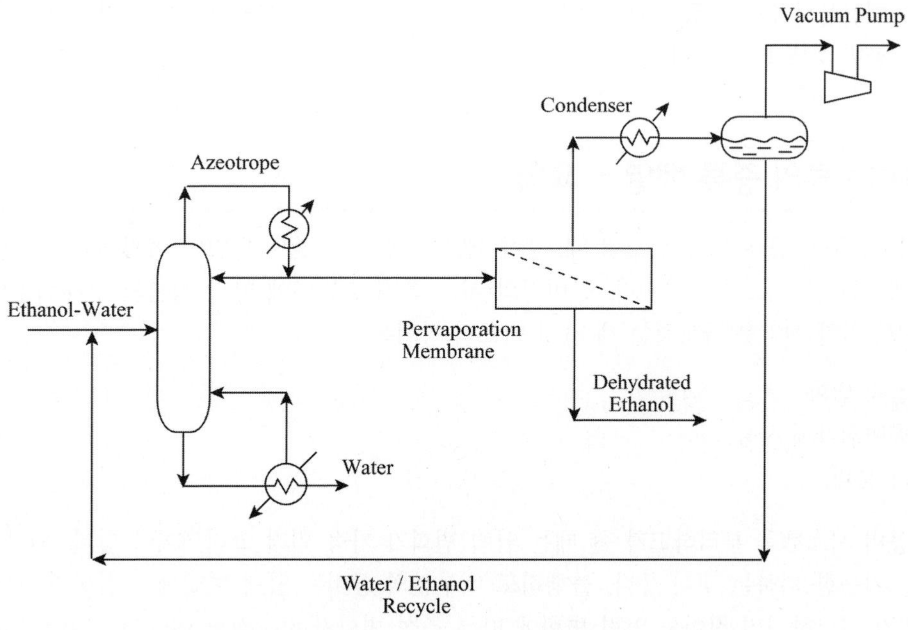

그림 9.37 ▸ **투과증발 분리막을 이용한 에탄올 탈수 공정 흐름도.**

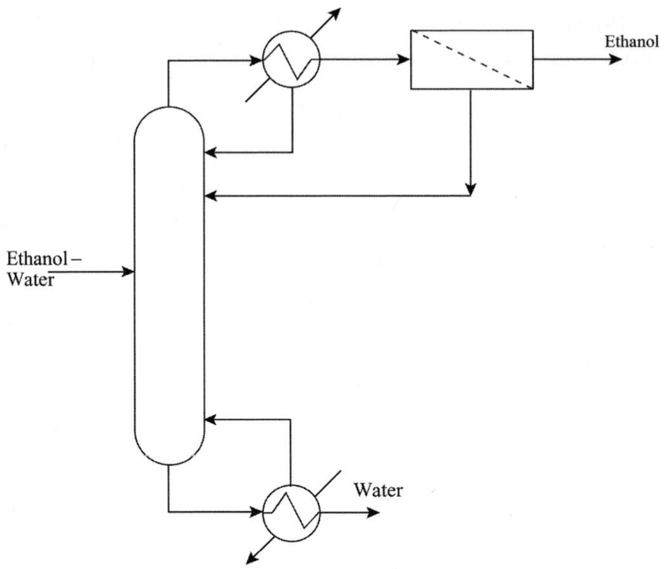

그림 9.38 ▸ 기체 침투 분리막를 이용한 에탄올 탈수 공정 흐름도.

가까운 탑정생산물로부터 과잉 물이 탑저로 분리된다. 이것은 다시 물을 투과하는 투과증발 분리막에 공급되어 에탄올을 탈수함으로써 공비를 벗어난다. 그림 9.37의 분리막의 저압 쪽은 진공 상태로 유지되어 물이 증기 상태로 나갈 수 있게 보장한다. 분리막을 투과해서 회수되어야 할 에탄올의 양이 상당하므로 이것을 다시 응축되어 증류탑으로 재순환하여 회수한다.

그림 9.38은 분리막을 사용한 공비혼합물의 분리의 공정 흐름도를 보여준다. 그러나 이번에는 기체 침투 분리막을 이용한다. 혼합물은 먼저 부분응축기가 있는 증류탑을 이용해서 공비 조성에 가깝게 증류된다. 응축되지 않은 증기는 유기물질을 우선적으로 투과하는 기체 침투 분리막으로 공급되어 고순도의 에탄올로 분리되고 투과되지 않은 잔류 증기는 다시 증류탑으로 돌아간다. 이러한 방식으로 분리막은 공비 장벽을 넘게 된다.

9.13 공비증류의 증류 배열 – 요약

액체혼합물이 공비 거동을 보일 때, 증류 배열을 정하는 것은 특별히 어렵게 된다. 공비조성에서 증기와 액체는 같은 조성을 가진다. 공비점의 어느 쪽에 있느냐에 따라 성분의 상대휘발도가 바뀌게 된다. 공비로 인한 제약을 극복하는 세 가지 대표적 방법은

- 압력 변화
- 공비첨가제 사용
- 막 분리

공비 시스템을 분리하고자 할 때는 압력 변화가 가장 먼저 고려되어야 한다. 외부 물질을 추가하는 것은 가능한 피하는 것이 좋다. 불행히도 대부분의 공비는 압력 변화에 둔감하며, 압력 변화를 이용한 분리가 타당하려면 적어도 압력 변화에 따른 조성 변화가 5% 정도 이상이 되어야 한다(Holland, Gallun and Lockett, 1981).

만약 압력 변화를 활용할 수 없다면 다음 방법은 공비첨가제를 추가하는 것이다. 공비첨가제는 혼합물의 성분과 서로 다르게 상호작용하여 기-액 평형 거동을 원하는 방향으로 바꿔준다. 삼성분계를 다룰 때 물질수지와 기-액 평형 거동을 삼각도표에 나타낼 수 있다. 전 환류 조건과 최소 환류 조건의 두 가지 극한적 경우가 이러한 시스템을 이해하는 데 이용된다. 전 환류 조건의 단탑에 대해서는 증류선을 그릴 수 있다. 잔류선은 전 환류에서의 충진탑의 거동을 나타낸다. 탑의 타당성은 전 환류선과 핀치선 사이의 영역, 즉 운전 잎새로 나타낼 수 있다. 만약 탑의 정류부와 탈거부에 대한 운전 잎새가 서로 교차하면 탑은 이론적으로 타당하다.

몇몇 시스템은 어떤 특정 조성에 대해 두 액체상을 형성하고, 이것은 비균질 공비증류에 활용될 수 있다. 디켄터 상에서의 액-액 분리는 매우 효과적일 수 있고 증류 경계를 극복하는 데 이용할 수 있다.

균질 혼합물의 분리에 대한 공비첨가제를 선택할 때 공비첨가제는 새로운 공비를 형성하지 않는 편이 좋다. 그렇지 않으면 분리해야 하는 성분에서 공비첨가제를 분리하는 것이 어려워진다. 다성분 혼합물을 분리할 때 대체로 먼저 해야 할 것은 공비 형성 성분을 분리할 수 있는 성분이 원료에 있는지를 확인하는 것이다. 왜냐하면 기존 성분을 이용하는 것이 공비물 분리의 순서가 마지막으로 밀려 있고 외부의 분리작용제를 선택하는 공정보다 대체로 더 비용 효율이 높기 때문이다. 원료에 존재하지 않는 성분을 이용하는 것은 대개는 복잡한 회수 단계를 요구한다.

분리막도 기-액 평형 거동을 변화시켜 공비물을 분리하는 데 사용할 수 있다. 액체 혼합물은 분리막의 한쪽으로 공급되고 투과물은 증기 상태를 유지하는 조건 아래 놓인다. 대부분의 분리는 유기물질보다 물을 선택적으로 투과시키는 친수성 분리막을 사용한다. 따라서 유기 성분을 탈수하기 위해서는 보통 투과증발이 쓰인다.

9.14 연습 문제

1. 등 몰의 에탄올과 에틸아세테이트 혼합물을 증류를 사용하여 상대적으로 순수한 성분으로 분리하고자 한다. 이 혼합물은 표 9.1에 보인 바와 같이 최소 비점 공비물을 형성한다. 그러나 공비물 조성이 압력에 민감하여 표 9.1에서와 같이 압력이 증가하면 에탄올의 공비조성이 큰 폭으로 증가한다. 압력 변화를 통하여 이 혼합물을 분리하는 공정 구도를 그려라.

2. 등 몰의 메탄올과 에틸아세테이트 혼합물을 증류를 사용하여 상대적으로 순수한 성분으로 분리하고자 한다. 이 혼합물은 표 9.2에 보인 바와 같이 최소 비점 공비물을 형성한다. 그러나 공비물 조성이 압력에 민감하여 표 9.2에서와 같이 압력이 증가하면 메탄올의 공비조성이 큰 폭으로 증가한다. 압력 변화를 통하여 이 혼합물을 분리하는 공정 구도를 그려라.

3. 그림 9.39는 어떤 증류 배열과 그 공정의 물질수지를 보여준다. 이 공정의 물질수지를 삼각도표 상에서 표현하라.

4. 표 9.1과 9.2의 데이터로부터 1 atm과 5 atm에서의 에탄올-에틸아세테이트-메탄올 시스템의 증류선 지도(잔류선 지도)를 그려라. 이 시스템은 증류 경계를 가지는가? 경계의 위치는 압력에 민감한가?

5. 에탄올, 에틸아세테이트, 메탄올이 각각 0.15, 0.6, 0.25의 몰분율로 구성된 삼성분 혼합물을 상대적으로 순수한 성분으로 분리하고자 한다. 첫 번 분리에서 탑정생산물로 에틸아세테이트과 메탄올을, 탑저생산물로 에틸아세테이트과 에탄올을 분리 생산하고자 한다. 다음 이 두 생산물을 연습 문제 1과 2의 공

표 9.1 ▸ 에탄올–에틸아세테이트 혼합물 자료

Component	Boiling temperature (°C) and azeotrope composition at 1 atm	Boiling temperature (°C) and azeotrope composition at 5 atm
Ethanol	78.2	125.6
Ethyl acetate	77.1	135.8
Ethanol–ethyl acetate azeotrope	72.2 °C, 0.465 mole fraction of ethanol	122.7 °C, 0.677 mole fraction of ethanol

표 9.2 ▸ 메탄올–에틸아세테이트 혼합물 자료

Component	Boiling temperature (°C) and azeotrope composition at 1 atm	Boiling temperature (°C) and azeotrope composition at 5 atm
Methanol	64.5	111.8
Ethyl acetate	77.1	135.8
Methanol–ethyl acetate azeotrope	62.3 °C, 0.709 mole fraction of methanol	110.6 °C, 0.82 mole fraction of methanol

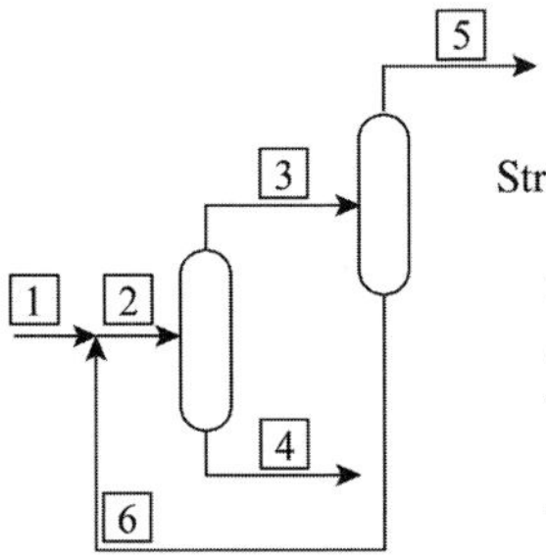

Stream	Mole fractions A	B	C	Flowrate $kmol \cdot h^{-1}$
1	0.40	0.60	0	100
2	0.30	0.35	0.35	200
3	0.124	0.438	0.438	160
4	1.0	0	0	40
5	0	1.0	0	60
6	0.20	0.10	0.70	100

그림 9.39 ▸ 삼각도표 상의 증류 배열 표현.

정 흐름도를 사용하여 분리한다. 압력에 따른 증류 경계 이동을 이용하여 분리를 수행하는 증류탑과 혼합기 배열을 삼각도표 상에 그려라. 이 물질수지에 상응하는 공정 흐름도를 그려라.

6. 성분 A, B, C의 삼성분계에 대한 기–액 평형이 다음과 같이 표현된다.

$$y_A = 0.2x_A$$
$$y_B = 2.0x_B$$
$$y_C = 1 - y_A - y_C$$

재비비가 1일 때 탑저 조성 $x_A = 0.95$, $x_B = 0.04$, $x_C = 0.01$로부터 시작하여 재비기와 탑저 5단에 대한 탈거부 분포를 계산하라. 삼각도표에 분포를 그려라.

7. 그림 9.21의 분리는 대안적 방법으로 n-헵탄–아세톤 원료를 벤젠 공비첨가제와 혼합하여 첫 번째 탑에서 순수한 아세톤을 분리함으로써 수행될 수 있다. 이 대안적 배열의 물질수지를 삼각도표에 표현하고, 공정 흐름도를 그려라.

참고 문헌

Castillo FJL and Towler GP (1998) Influence of Multi-component Mass Transfer on Homogeneous Azeotropic Distillation, *Chem Eng Sci*, **53**: 963.

Castillo FJL, Thong DYC and Towler GP (1998) Homogeneous Azeotropic Distillation 1. Design Procedure for Single-Feed Columns at Non-total Reflux, *Ind Eng Chem Res*, **37**: 987.

Doherty MF and Malone MF (2001) *Conceptual Design of Distillation Systems*, McGraw-Hill.

Doherty MF and Perkins JD (1978) On the Dynamics of Distillation Processes: I. The Simple Distillation of Multi-component Non-reacting Homogeneous Liquid Mixtures, *Chem Eng Sci*, **33**: 281.

Doherty MF and Perkins JD (1979a) The Behaviour of Multi-component Azeotropic Distillation Processes, *IChemE Symp Ser*, **56**: 4. 2/21.

Doherty MF and Perkins JD (1979b) On the Dynamics of Distillation Process: III. Topological Structure of Ternary Residue Curve Maps, *Chem Eng Sci*, **34**: 1401.

Holland CD, Gallun SE and Lockett MJ (1981) Modeling Azeotropic and Extractive Distillations, *Chem Eng*, **88** (March 23): 185.

Hougen OA, WatsonKMand Ragatz RA (1954) *Chemical Process Principles. Part I: Material and Energy Balances*, 2nd Edition, John Wiley & Sons.

Laroche L, Bekiaris N, Andersen HW and Morari M (1992) Homogeneous Azeotropic Distillation: Separability and

Flowsheet Synthesis, *Ind Eng Chem Res*, **31**: 2190.

Levy SG, Van Dongen DB and Doherty MF (1985) Design and Synthesis of Homogeneous Azeotropic Distillation: 2. Minimum Reflux Calculations for Non-ideal and Azeotropic Columns, *Ind Eng Chem Fund*, **24**: 463.

Petlyuk FB and Avetyan VS (1971) Investigation of Three Component Distillation at Infinite Reflux, *Theor Found Chem Eng*, **5**: 499.

Petlyuk FB, Kievskii VY and Serafimov LA (1975a) Thermodynamic and Topological Analysis of the Phase Diagrams of Polyazeotropic Mixtures: I. Definition of Distillation Regions Using a Computer, *Russ J Phys Chem*, **49**: 1834.

Petlyuk FB, Kievskii VY and Serafimov LA (1975b) Thermodynamic and Topological Analysis of the Phase Diagrams of Polyazeotropic Mixtures: II. Algorithm for Construction of Structural Graphs for Azeotropic Ternary Mixtures, *Russ J Phys Chem*, **49**: 1836.

Schreinemakers FAH (1901) Dampfdrueke im System: Wasser Aceton and Phenol, *Z Phys Chem*, **39**: 440.

Thong DYC and JobsonM(2001) Multi-component Azeotropic Distillation 1. Assessing Product Feasibility, *Chem Eng Sci*, **56**: 4369.

Wahnschafft OM and Westerberg AW (1993) The Product Composition Regions of Azeotropic Distillation Columns: II. Separability in Two- Feed Columns and Entrainer Selection, *Ind Eng Chem Res*, **32**: 1108.

Wahnschafft OM, Koehler JW, Blass E and Westerberg AW (1992) The Product Composition Regions of Single-Feed Azeotropic Distillation Columns, *Ind Eng Chem Res*, **31**: 2345.

Wynn N (2001) Pervaporation Comes of Age, *Chem Eng Prog*, **97**(10): 66.

Zharov VT (1968) Phase Representations and Rectification of Multi-component Solutions, *J Appl Chem USSR*, **41**: 2530.

스미스의 제2판

화학공정설계

Chemical Process
Design and Integration

제10장 연속 공정 재순환 구조

Continuous Process Recycle Structure

반응기 선택에 관한 기본적 결정 사항과 분리 시스템의 결과가 만들어지면, 이 두 시스템이 하나로 묶여야 한다. 저장조로부터 원료를 가져와야 하고, 만약 필요하다면 정제 혹은 처리되어야 하며, 반응기 시스템으로 도입되어야 한다. 반응기 도출물은 분리 시스템을 경유하여 원하는 생산물이 부산물과 미반응 원료로부터 분리되어야 한다. 생산물은 보통 생산물 저장조로 간다. 미반응 원료 물질과 같은 몇몇은 바로 진행되지 않고 *재순환*을 거쳐 공정의 앞 단계로 되돌아간다. 부산물과 미반응 원료 물질 역시 저장조가 필요하다. 반응기, 분리기와 재순환 시스템의 구조가 완성되면 비로소 완성된 기본 공정의 물질 및 에너지수지가 얻어질 수 있다. 첫 번째 저장조의 요구량 역시 산정될 수 있다.

10.1 공정 재순환의 기능

물질의 재순환은 대부분의 화학공정에 있어서 필수적인 특징이다. 그러므로 공정의 재순환 구조를 가져오는 주 인자들을 고려할 필요가 있다. 연속 공정에 한정하여 공정 재순환의 기능을 고려하는 것으로부터 시작해 보자. 이후 회분식 공정을 포괄하도록 범위를 확대할 것이다.

1) ***반응기 전환율*** 2~4장에서 반응기 형태, 운전 조건, 전환율에 대한 초기 선택을 하였다. 극단적인 상황에서만 완전 전환에 가깝도록 반응기를 운전하였다. 전환율의 초기 선택은 단일 반응인지 부산물을 생성하는 복합 반응인지 또는 가역 반응인지에 따라서 바뀐다. 아래의 단일 반응을 고려해 보자.

$$FEED \longrightarrow PRODUCT \tag{10.1}$$

일반적으로 반응기에서 완전한 전환율을 얻기 위해서는 극단적으로 긴 체류시간이 요구되고, 이것은 통상 비경제적이다(적어도 연속 공정들에 있어서). 그러므로 만약 부산물이 형성되지 않는다면 초기 반응기 전환율은 2장에서 논의하였듯이 95% 부근으로 설정한다. 따라서 반응기 유출물에는 미반응 원료와 생산물이 포함되어 있다(그림 10.1).

순수한 제품을 원하므로 분리기가 필요하다. 일반적으로 미반응 공급물은 버리기에는 너무 고가이기 때문에 펌프 또는 압축기를 통해 반응기 입구로 재순환된다(그림 10.1). 더구나, 미반응 원료를 재순환하지 않고 폐기하는 것은 환경오염 문제를 일으킨다.

2) ***부산물 구조*** 이제 주 반응에 의해 부산물이 만들어지는 경우, 즉

$$FEED \longrightarrow PRODUCT + BYPRODUCT \tag{10.2}$$

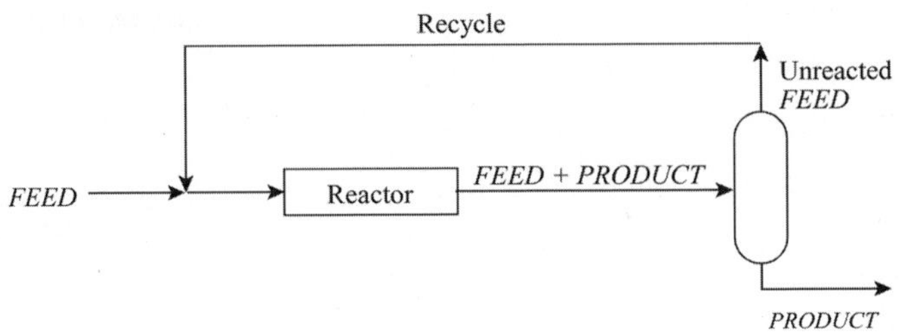

그림 10.1 ▸ 반응기 내의 불완전 전환은 전환되지 않은 원료 물질의 재순환이 필요하다.

또는 부 반응에 의한 경우, 즉

$$\begin{array}{lcl} FEED & \longrightarrow & PRODUCT \\ PRODUCT & \longrightarrow & BYPRODUCT \end{array} \quad \textbf{(10.3)}$$

를 고려해 보자. 그림 10.2a에 보듯이 추가적인 분리기가 필요하다. 여기에서 미반응 원료는 보통 재순환되지만, 부산물은 전체 물질수지를 유지하기 위해 제거되어야 한다. 분리순서가 바뀔 수 있기 때문에 두 개의 분리기 사용은 추가적인 복잡성을 야기한다(그림 10.2b).

또한, 두 개의 분리기를 사용하는 대신에 퍼지(purge)가 사용될 수도 있다(그림 10.2c). 퍼지를 사용하는 것은 분리기의 비용을 줄여주지만, 원료 물질의 손실과 때로는 폐기물 처리비용이 든다. 만약 원료-부산물 분리가 비싸다면 퍼지는 의미를 가진다. 퍼지를 사용하기 위해서는 원료와 부산물의 휘발도 차이가 적어야 한다(분리를 위해 증류를 사용한다면).

물론, 반응기 내의 부산물 농도의 결과적인 증가가 반응기 성능을 저하시키는 효과를 주지 않아

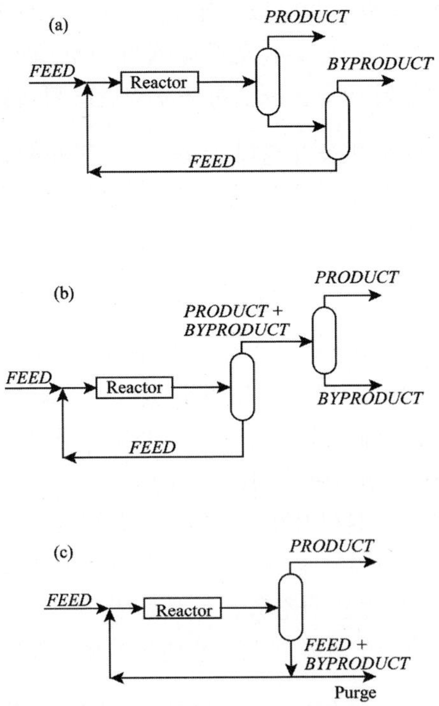

그림 10.2 ▸ 만약 부산물이 생성된다면 다른 몇 가지 재순환 구조가 가능하다.

야 한다. 예를 들어, 너무 많은 양의 부산물은 촉매 성능을 떨어뜨릴 수도 있다. 그림 10.2에 보인 분리 구성은 성분 간의 휘발도 순위가 바뀌면 그에 따라 바뀐다.

3) *선택도 향상을 위한 부산물의 재순환* 복합 반응 시스템에서 부산물은 때때로 가역 부 반응에 의해 형성된다.

$$\begin{array}{lcl} \textit{FEED} & \longrightarrow & \textit{PRODUCT} \\ \textit{FEED} & \rightleftharpoons & \textit{BYPRODUCT} \end{array} \tag{10.4}$$

그림 10.2에 보인 세 가지 재순환 구조가 이 경우에도 역시 사용될 수 있다. 여기서는 부산물이 가역 부 반응에 의해 생성되기 때문에, 그림 10.3에 보인 부산물의 재순환에 의해 그 생성을 방지할 수 있다. 그림 10.3에서 부산물 생성은 그것이 효과적으로 멈추는 수준까지 방지된다. 그림 10.3에서는 부산물 생성은 감소될 뿐이고 순 부산물은 제거된다. 여기서도 분리 시스템의 구성은 성분 간의 휘발도 순위가 바뀌면 그에 따라 바뀔 것이다.

4) *반응기에 손상을 주는 부산물 또는 오염물의 재순환* 미전환 원료 물질을 재순환할 때, 어떤 부산물이나 부식성 오염물은 반응기 내의 촉매를 피독할 수 있다. 아주 미미한 양일지라도 때로는 촉매에 엄청난 손상을 줄 수 있다. 따라서 그림 10.2에 보인 것과 유사한 배열로 재순환류로부터 촉매에 손상을 주는 성분을 제거해 주는 것이 확실히 바람직하다.

5) *원료 불순물들* 지금까지는 원료가 순수할 경우만 고려하였다. 원료내의 불순물은 재순환 구조에 대한 또 다른 옵션들을 가져온다. 첫 번째 옵션은 그림 10.4a에 보였듯이 불순물이 반응기에 들어가기 전에 분리된다. 만약 불순물이 반응에 안 좋은 영향을 주거나 촉매독으로 작용한다면 이 방법이 적합하다. 그러나 만약 불순물이 반응에 중대한 영향을 주지 않는다면, 그림 10.4b에서 보였듯이 불순물을 반응기 통과 후 분리할 수도 있다. 대안으로는 그림 10.4c에 보인 것처럼 분리 순서가 바뀔 수 있다(Smith and Linnhoff, 1988).

그림 10.4d에 보인 네 번째 옵션은 퍼지를 이용하는 것이다(Smith and Linnhoff, 1988). 부산물 분리에 사용할 때처럼 퍼지는 분리비용을 절감하지만 원료 물질의 손실을 가져온다. 만약 원료-불순물 분리가 비싸다면 퍼지는 가치가 있다. 퍼지를 사용하기 위해서는 원료와 불순물의 휘발성이 비슷해야 한다(분리를 위해 증류를 사용한다면). 반응기에서의 불순물 농도의 결과적 증가가 반응기 성능에는 악영향을 주지 않는다는 확신이 있을 때 사용해야 한다.

분리 시스템의 구성 또한 휘발도 순위가 바뀜에 따라 바뀐다.

6) *반응기 희석제와 용매* 3장에서 지적했듯이, 때로는 스팀과 같은 불활성 희석제가 반응기 내에서 기

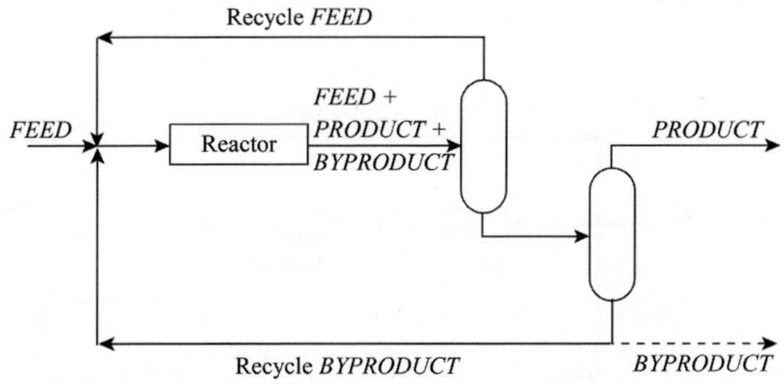

그림 10.3 ▸ 만약 부산물이 부 반응에서 가역적으로 생산된다면 부산물 재순환은 부산물 생산을 억제한다.

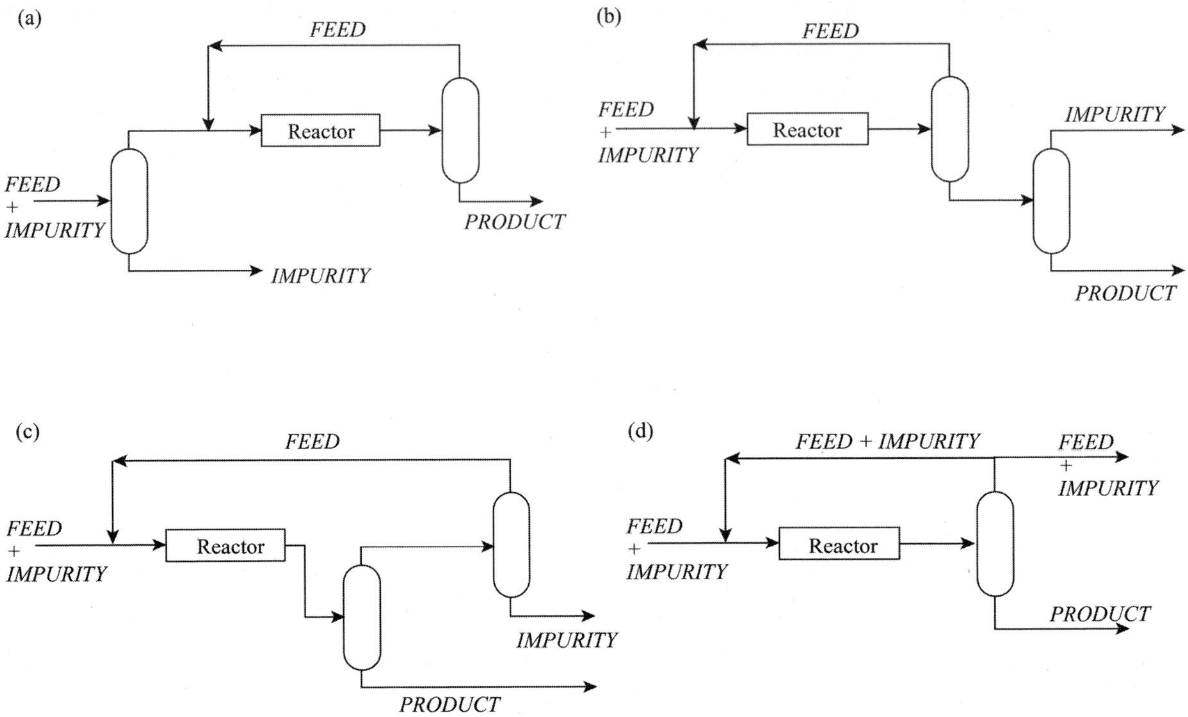

그림 10.4 ▸ **원료의 불순물은 재순환 구조의 또 다른 옵션을 제공한다.**

상 반응물의 분압을 낮추기 위해서 필요하다. 일반적으로 희석제는 재순환된다. 한 예를 그림 10.5에 나타내었다. 실제 사용되는 분리 시스템의 구성은 성분들의 휘발도에 의존한다.

어떤 반응은 용매 내에서 액상으로 수행된다. 만약 이런 경우에 용매는 그림 10.5에서와 유사한 배열로 분리되고 재순환된다.

7) ***반응기 열운반체*** 4장에서 지적했듯이, 만약 단열 운전이 불가능하고 직접 열전달에 의한 온도 제어도 불가능한 경우, 반응기의 열량 흐름(즉, 질량유속과 비열용량의 곱)을 증가시키거나 발열 반응에서의 온도상승을 줄이기 위해, 또는 모든 흡열 반응에서의 온도 하강을 줄이기 위해 불활성 물질이 주입된다. 열운반체로서의 외부 성분의 도입은 공정도의 재순환 구조에 영향을 준다. 그림 10.6a는 이러한 공정에서의 재순환 구조 예를 보여준다.

가능한 한 외부 물질을 공정 내로 도입하는 것을 피하고, 공정 내에서 이미 존재하는 물질을 사용해야 한다. 그림 10.6b에서 열운반체로서의 생산물의 사용법을 보여준다. 이것은 공정도의 재순

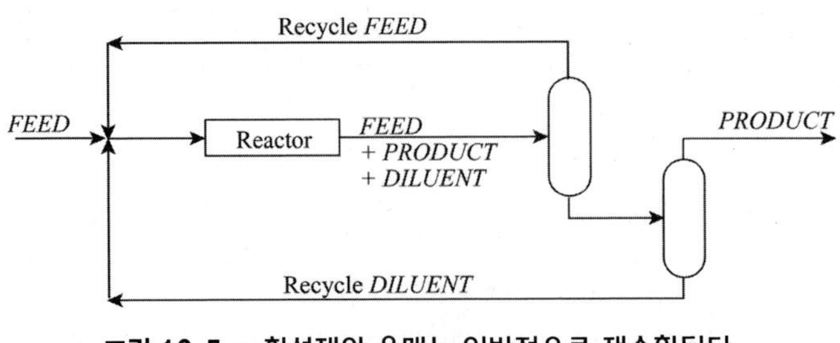

그림 10.5 ▸ **희석제와 용매는 일반적으로 재순환된다.**

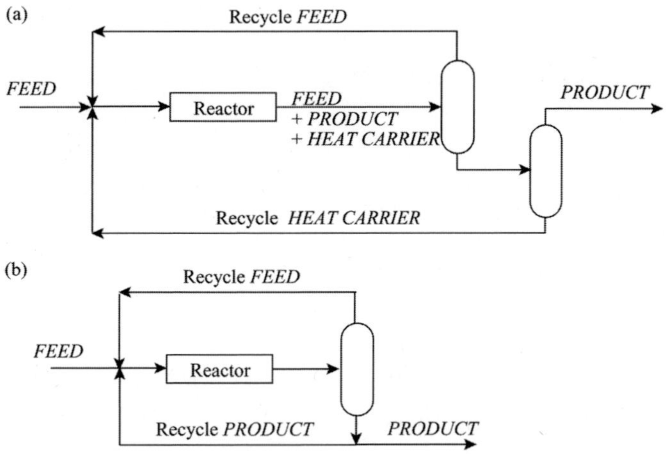

그림 10.6 ▸ 열운반체는 일반적으로 재순환된다.

환 구조를 단순화시키고 분리기 하나를 제거한다(그림 10.6b). 열운반체로서의 생산물의 사용은 그 생산물이 원하지 않는 부산물을 만드는 부 반응을 가져오지 않는 경우로 제한된다. 재순환된 미전환 원료 역시 자체로서 열운반체의 역할을 한다. 그러므로 온도 상승(또는 하강) 방지를 위하여는 생산물의 재순환에 의존하기보다, 낮은 전환율이나 원료의 많은 재순환을 이용하도록 한다.

외부 물질, 생산물, 혹은 원료이든 무엇이 열운반체로 사용되건 간에 실제 분리 시스템의 구성은 전과 같이 휘발도 정도에 달려 있다(역시 분리 수단으로 증류를 가정).

재순환 여부를 결정해 주는 중요 인자들을 고려했다면, 공정도가 다중 재순환을 요구하는지에 대해 주의해야 한다. 반응기로 들어가기 전에 어딘가에서 재혼합되기 때문에 재순환된 휘발도가 비슷한 두 성분을 분리하는 것은 비생산적이다. 설계자는 항상 불필요한 분리와 불필요한 혼합을 피하도록 유의해야 한다.

예제 10.1

모노클로로데칸(MCD)은 데칸(DEC)과 염소의 반응으로 생성된다(Powers, 1972; Rudd, Powers and Siirota, 1973).

$$\underset{\text{DEC}}{C_{10}H_{22}} + \underset{\text{chlorine}}{Cl_2} \longrightarrow \underset{\text{MCD}}{C_{10}H_{21}Cl} + \underset{\text{hydrogen chloride}}{HCl}$$

부 반응에 의해 디클로로데칸(DCD)이 생성된다.

$$\underset{\text{MCD}}{C_{10}H_{21}Cl} + \underset{\text{chlorine}}{Cl_2} \longrightarrow \underset{\text{DCD}}{C_{10}H_{20}Cl_2} + \underset{\text{hydrogen chloride}}{HCl}$$

부산물인 DCD는 이 사업에서는 필요하지 않다. 염산은 이웃 공장으로 팔 수 있다. 이 단계에서는 모든 분리가 증류에 의해서 이루어진다고 가정하자. 끓는점은 표 10.1에 주어져 있다.

표 10.1 ▸ 공정 물질에 대한 자료

Material	Molar mass ($kg \cdot kmol^{-1}$)	Normal boiling point (K)	Value ($\$ \cdot kg^{-1}$)
Hydrogen chloride	36	188	0.35
Chlorine	71	239	0.21
Decane	142	447	0.27
Monochlorodecane	176	488	0.45
Dichlorodecane	211	514	0

a) 원료 물질의 전환율 수준과 과잉 반응물을 각각 다르게 가정해서 선택 가능한 공정의 재순환 구조를 결정하라.

b) 어떤 구조가 부 반응을 가장 효과적으로 억제할 것인가?

c) 이익이 창출되는 운전을 위해 달성되어야 할 데칸의 최소 선택도는? 물질의 분자량 등의 자료에 대한 값을 표 10.1에 나타내었다.

›풀이

a) 4가지 가능한 배열을 생각할 수 있다.

i) ***두 원료의 완전 전환*** 그림 4.7a는 가장 바람직한 배열을 나타낸다. 데칸과 염소가 반응기 내에서 완전히 전환된다. 반응기 유출물에서의 반응물의 부재는 재순환이 필요 없음을 의미한다.

그림 4.7a에서 보인 공정도는 매우 매력적이지만 실제적이지는 않다. 이것은 주 반응과 부산물 반응 모두에서 요구하는 양을 감안한 데칸 대 염소의 양론비에 대한 세심한 조절이 필요하다.

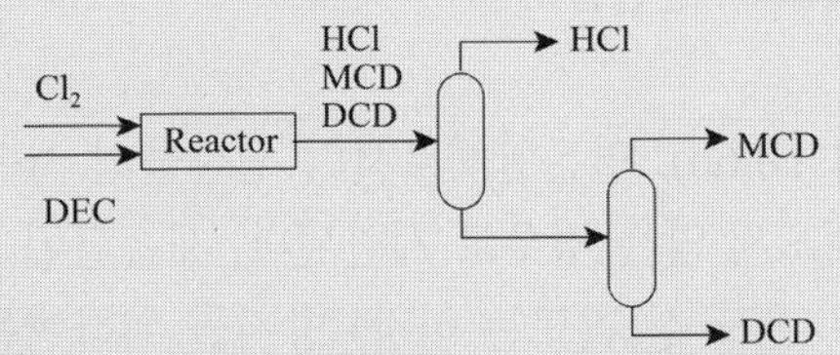

(a) 원료 두 가지가 모두 완전 전환된다는 가정

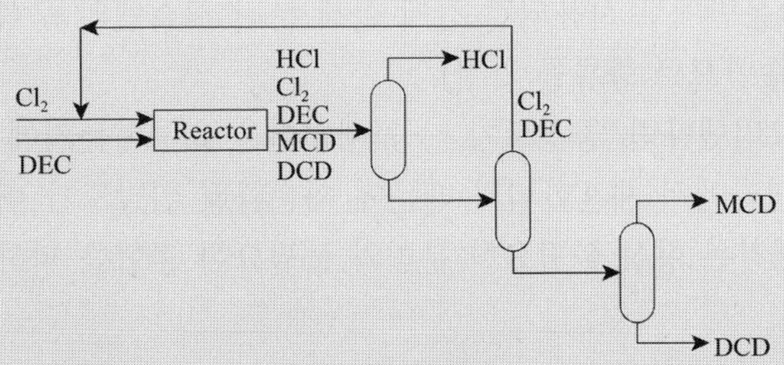

(b) 원료 두 가지 모두 완전 전환되지 못한다는 가정

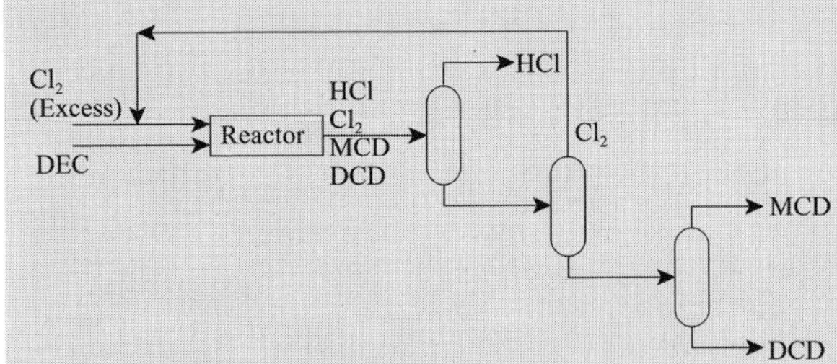

(c) 염소의 과량 도입 가정

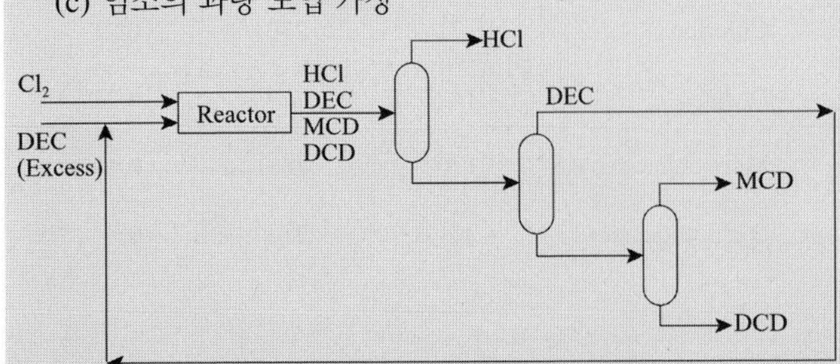

(d) 데칸의 과량 도입 가정

그림 10.7 ▸ MCD 생산을 위한 다른 재순환 구조.

비록 반응물 수지를 정확하게 잡을 수 있다 하더라도, 공정 조건에서의 조그만 흔들림에도 데칸 또는 염소 중 하나를 과잉으로 되게 하여 그 성분이 반응기 유출물에 포함될 수 있다. 만약 이런 성분이 그림 10.7a의 공정도에서 반응기 유출물에 포함되게 된다면 그들 물질을 분리할 분리기도 없고, 미반응 원료 물질을 재순환할 방법도 없을 것이다.

또, 비록 반응 선택도에 대한 데이터는 없지만, 전환율 증가에 따른 선택도 손실의 증가가 기대된다. 완전 전환은 받아들일 수 없을 정도의 선택도 손실을 가져올 것이다. 마지막으로 완전 전환을 위해 필요한 반응기 부피는 극단적으로 커지게 될 것이다.

ii) ***두 원료의 불완전 전환*** 만약 완전 전환이 현실적이지 못하다면 불완전 전환을 고려해 보자. 이것을 그림 10.7b에 나타내었다. 그러나 이런 경우에는 모든 성분이 반응기 유출 내에 존재한다. 따라서 부가적인 분리기와 재순환이 필요하다. 그러므로 완전 전환 경우와 비교해 볼 때 복잡성은 다소 증가한다.

데칸과 염소가 반응기로 재순환된 후에 섞이게 되므로 염소와 데칸을 분리하기 위한 아무런 시도도 없었음에 유의하라.

iii) ***과잉 염소*** 반응기에서의 염소의 과잉 사용은 데칸을 실제적으로 완전한 전환에 이르게 한다(그림 10.7c). 반응기 유출물에서는 데칸이 없으며, 3개의 분리기와 재순환이 필요하다.

실제로는 반응 유출물 내에서 극소량의 데칸은 존재하기 쉽다. 그렇지만 이것은 미반응 염소와 함께 재순환되거나 생성물인 모노클로로데칸과 함께(제품 규격을 여전히 만족한다고 하면) 배출될 수 있으므로 문제가 되지 않는다.

그림 10.7c가 가능하기 위해서 얼마나 많은 과잉의 염소가 필요한지 이 단계에서는 알 수 없다. 이것을 평가하기 위해서는 반응 화학에 대한 실험 작업이 필요할 것이다. 그렇지만 과잉의 구체적 양이 기본 구조를 변화시키지는 않는다.

iv) ***과잉 데칸*** 반응기에서 과잉 데칸의 사용은 염소를 실제적으로 완전 전환에 이르게 한다(그림 10.7d). 반응기 유출물 내에 염소가 포함되어 있지 않으며, 3개의 분리기와 미전환된 원료 물질의 재순환이 필요하다.

실제에 있어서는 반응기 유출물 내에 염소의 잔량이 있을 수 있다. 이것은 미반응 데칸과 함께 반응기로 재순환되거나 또는 염산 생성물(부산물 규격을 만족한다면)과 함께 밖으로 배출될 수 있다.

이 단계에서는 그림 10.7d를 가용하게 하기 위해서 얼마나 많은 양의 과잉 데칸이 필요할 것인가를 정확히 알 수가 없다. 이것은 실험적으로 평가되어야 하지만, 과잉의 구체적 양이 기본 구조를 변화시키지는 않는다.

b) 부 반응을 억제하도록, 즉 선택도 손실이 작도록 배열을 선택해야 한다. 부 반응은 반응기 내의 모노클로로데칸이나 염소를 줄여줌으로써 억제된다. 반응기가 모노클로로데칸을 생산하기 위해 설계되었으므로, 전자의 옵션은 실제적이지 못하다. 그러나 데칸의 과잉 사용은 실제적이다.

위에서 만들어진 4가지의 공정도 옵션 중에서 마지막 것, 반응기 내의 과잉으로 특징되는 데칸이 선호된다(그림 10.7d).

c) 선택도 S는 다음과 같이 정의된다.

$$S = \frac{\text{반응기 내에서 MCD 생산}}{\text{반응기 내에서 DEC 생산}} \times \text{양론 계수}$$

이 경우 양론 인자는 1이다. 이것은 소비된 DEC로부터 얻어진 MCD 양에 대한 척도이다. 선택도 손실을 평가하기 위해서 주 반응에 의해 생산된 MCD는 최종 제품이 되는 것과 부산물이 되는 것으로 나뉜다. 그러므로 반응 양론식은

$$C_{10}H_{22} + Cl_2 \longrightarrow SC_{10}H_{21}Cl + (1-S)C_{10}H_{21}Cl + HCl$$

부산물 반응에 대해

$$(1-S)C_{10}H_{21}Cl + (1-S)Cl_2 \longrightarrow (1-S)C_{10}H_{20}Cl_2 + (1-S)HCl$$

두 반응을 더하면 전체 반응은

$$C_{10}H_{22} + (2-S)Cl_2 \longrightarrow SC_{10}H_{21}Cl + (1-S)C_{10}H_{20}Cl_2 + (2-S)HCl$$

원료 가격만 고려한다면, 공정의 잠재경제성(EP)은 다음과 같이 정의된다.

$$\begin{aligned} EP &= \text{Value of products} - \text{Raw materials costs} \\ &= [176 \times S \times 0.45 + 36 \times (2-S) \times 0.35] \\ &\quad - [142 \times 1 \times 0.27 + 71 \times (2-S) \times 0.21] \\ &= 79.2S - 2.31(2-S) \\ &\quad - 38.34 \ (\$ \cdot \text{kmol}^{-1} \text{ decane reacted}) \end{aligned}$$

허용될 수 있는 최소의 선택도는 잠재 경제성(EP)이 0일 때이다.

$$\begin{aligned} 0 &= 79.2S - 2.31(2-S) - 38.34 \\ S &= 0.53 \end{aligned}$$

다시 말해서, 공정이 경제성을 가지기 위해서는 적어도 53%의 데칸이 디클로로데칸으로 반응하기보다는 모노클로로데칸으로 반응해야 한다. 이 구도는 생산되는 염산을 인접 공장에 팔 수 있다는 것을 가정한다. 만약 팔 수 없다면, 염산에 대해서는 아무런 가치가 없다. 현재 버려지는 염산에 대해 처리 및 폐기 비용이 들지 않는다고 가정하면 최소 잠재 경제성(EP)은 다음과 같이 주어진다.

$$\begin{aligned} 0 &= [176 \times S \times 0.45] - [142 \times 1 \times 0.27 + 71 \\ &\quad \times (2-S) \times 0.21] \\ &= 79.2S - 14.91(2-S) - 38.4 \\ S &= 0.72 \end{aligned}$$

이제 공정에서는 데칸이 모노클로로데칸으로 최소한 72% 정도가 전환되어야 한다.

만약 염산을 팔 수 없다면, 어떻게 하든 처리해야 한다. 다른 대안으로서 반응을 통해 염소로 다시 전환시킬 수 있다.

$$2HCl + \frac{1}{2}O_2 \rightleftharpoons Cl_2 + H_2O$$

그리고는 MCD 반응기로 재순환시킨다. 이제 전체 반응 양론식은 바뀐다. 부산물로 생성되었던 염산 중 (2 − S)몰이 염소 원료를 대체하여 재순환된다.

$$(2-S)HCl + \frac{1}{4}(2-S)O_2 \longrightarrow \frac{1}{2}(2-S)Cl_2 + \frac{1}{2}(2-S)H_2O$$

그러므로 전체 반응은

$$C_{10}H_{22} + \frac{1}{2}(2-S)Cl_2 + \frac{1}{4}(2-S)O_2 \longrightarrow SC_{10}H_{21}Cl + (1-S)C_{10}H_{20}Cl_2 + \frac{1}{2}(2-S)H_2O$$

이제 잠재 경제성은 다음과 같이 주어진다.

$$\begin{aligned} 0 &= [176 \times S \times 0.45] - [142 \times 1 \times 0.27 + 71 \\ &\quad \times 1/2(2-S) \times 0.21] \\ &= 79.2S - 7.455(2-S) - 38.34 \\ S &= 0.61 \end{aligned}$$

허용될 수 있는 최소의 선택도는 61%가 된다.

10.2 퍼지가 있는 재순환

앞 장에서 논의한 바와 같이 퍼지(purge)는 재순환 흐름내의 한 성분을 분리하는 비용을 절감하기 위해 사용할 수 있다. 그러나 대체로는 기상 재순환으로 저 비점 성분을 제거하는 데 자주 사용된다. 화학반응기 유출물이 큰 상대 휘발도를 갖는 성분들로 이루어진 일반적인 경우를 생각해 보자.

6장에서 논의된 바와 같이 기상의 혼합물의 단순 상 분리에 의한 부분응축은 종종 효과적인 분리를 얻어낸다. 냉각수 온도 이하로의 냉각은 바람직하지 않다. 이러한 경우 냉동이 요구된다. 6장에서 보듯 시스템 압력에서의 간단한 이슬점 계산에 의해 냉각수 온도 이상에서의 부분응축이 가능한지를 알 수 있다. 만약 냉각수 온도를 낮춘다 하더라도 부분응축이 일어나지 않는다면 반응기 압력의 증가 또는 냉동의 사용(혹은 둘 다)이 상분리를 위해 고려될 수 있다. 반응기 압력 증가는 반응기 설계 결정에 관계되기 때문에 면밀히 계산해 보아야 한다. 그러나 원래의 특성상 단 분리로는 순수한 제품들을 얻을 수 없다. 따라서 액체 또는 기체 흐름 모두에 대한 추가적 분리가 종종 요구된다.

6장에서 보았듯이 한 성분이 모두 기상에 남아 있게 하려면 K 값이 커야 하며, 전형적으로 10보다 큰 값이라야 한다(Douglas, 1988). 만약 한 성분이 액체에 모두 남아 있게 하려면 K 값이 작아야 하며, 전형적으로 0.1 이하이어야 한다(Douglas, 1988). 이상적으로는, 상분리에서의 경질 주성분에 대한 K 값은 10보다 커야 하고, 동시에 중질 주성분에 대한 K 값은 0.1보다 작아야 한다. 이러한 조건하에서 단일 단에서의 우수한 분리 성능을 얻을 수 있다. 그러나 상분리기의 사용은 만약 주성분의 K 값이 아주 극단적이지 않다면 여전히 공정상에서 효과적일 수 있다. 이런 조건들 하에서는 좀 더 원시적인 분리가 받아들여진다.

이 방법을 이용한 상분리는 경질 주성분이 그 임계온도를 상당히 초과할 때 아주 효과적이다. 만약 한 성분이 그 임계온도를 초과할 경우, 진정한 응축은 일어나지 않는다. 그러나 일부는 액상에서 "용해된다". 이것은 K 값이 극단적으로 큰 값을 가지게 됨을 의미한다. 많은 공정들은(특히 석유화학 산업에서) 예를 들어 수소와 메탄 같은 낮은 끓는점을 가진 성분과 훨씬 덜한 휘발성을 가진 유기 성분이 섞인 혼합물로 구성된 반응기 유출물을 생산한다. 이런 상황에서는 부분응축과 뒤따르는 단순 상분리로도 효과적인 분리를 할 수 있다.

만약 상분리로부터 나온 증기가 절대적으로 많은 생산물이거나 부산물이라면 그것은 공정에서 제거되어야 한다. 만약 증기가 미전환 원료를 절대적으로 많이 포함하고 있다면 일반적으로 이것을 반응기로 재순환시킨다. 이러한 경우들에서는 증기에 대한 어떠한 분리도 필요치 않다. 만약, 증기흐름이 미전환 원료와 제품, 부산물의 혼합물로 구성되어 있다면, 증기에 대한 분리가 필요하다. 상분리로부터의 증기는 만약 원료가 냉각수 온도까지 이미 냉각된 경우라면 응축하기 어렵다. 증기의 분리가 필요하다면 다음의 방법 중 한 가지를 사용할 수 있다.

1) ***냉동응축*** 응축에 의한 분리는 응축 성분들의 휘발도 차이에 의존한다. 냉동 혹은 냉동과 고압의 조합이 필요하다. 만약 냉동응축을 이용한 단일 단 분리가 적절한 분리를 달성하지 못한다면 *환류 응축기*(refluxed condenser) 혹은 *분류기*(dephlegmator)를 반복적으로 사용할 수 있다.
2) ***낮은 온도/높은 압력 증류*** 낮은 온도 단일 단 응축 혹은 환류 응축기보다는 일반적 증류를 사용한다. 이러한 경우 분리는 단에서 낮은 온도 응축기 혹은 높은 압력 조업을 사용하거나 두 가지 복합 사용을 할 수 있다.
3) **흡수** 가능하다면 공정도상에 이미 존재하는 성분을 용매로 사용해야 한다. 공정도 내로의 외부 물

질의 도입은 이후의 설계에 있어서 부가적인 복잡성과 환경오염 가능성의 증가와 안정성 문제를 초래한다.

4) *흡착* 흡착은 어떤 성분의 고체 표면으로의 이동을 의미한다. 예로서는 활성탄소에 의한 유기증기의 흡착이 있다. 활성탄소는 석탄 혹은 나무같이 다양한 탄소질 원료 물질로부터 만들어진 매우 많은 다공성 형태의 탄소이다. 흡착제는 스팀과 같은 증기흐름에 의해서 재생되어야 할 수도 있다. 이때 재생흐름은 추가적인 분리가 필요하다. 재생에 항상 증기 혹은 가스가 필요한 것은 아니다. 때로는 압력 혹은 온도를 변화시킴으로써도 가능하다. 전체 분리 부하량을 감소시켜주기 때문에 가용하다면 일반적으로 이러한 방법들은 증기에 의한 재생보다 더 선호된다.

5) *막분리* 막(membrane)은 막을 통한 압력구배(전형적으로 40 bar 혹은 그 이상)에 의해 가스들을 분리한다. 어떤 가스들은 다른 가스에 비해 막을 훨씬 빨리 통과하여 저압부에 농축된다. 저분자량 가스와 극성이 큰 가스는 높은 투과율을 가지며 빠른 가스로 알려져 있다. 느린 가스는 고분자량 가스이고, 대칭적인 분자가 해당된다. 그러므로 막 가스 분리기는 분리할 가스가 이미 고압 하에 있거나 혹은 단지 부분 분리만 요구될 때 매우 효과적이다.

앞서 언급한 분리기 중의 하나에 증기를 보내기보다는, 퍼지를 이용할 수도 있다. 이것은 분리기의 필요성을 없애주지만, 원료 물질의 손실을 초래한다. 물질의 손실은 비용문제뿐만 아니라 환경문제를 일으킬 수 있다. 다른 옵션으로는 퍼지와 분리기를 조합해서 사용하는 것이다.

예를 들어, 암모니아 합성을 보자. 암모니아 합성 루프에서는 수소와 질소가 반응해서 암모니아가 생성된다. 반응기 유출물은 부분응축되며, 암모니아는 액상으로 분리된다. 미반응 기체 수소와 질소는 반응기로 재순환된다. 재순환에서의 퍼지는 불순물로서 시스템에 들어오는 아르곤과 메탄의 축적을 막는다. 퍼지는 연료 용도로 태울 수도 있다. 다량의 수소가 퍼지에 의해 손실되므로 수소의 회수는 종종 경제적일 수 있다. 이런 수소 회수 응용에 대해서는 단지 두 공정, 즉 극저온 응축과 막만이 가능하다. 응축에 의한 분리는 성분들의 휘발도 차에 의존한다. 막에서의 가스 분리는 가스가 막을 통과하는 속도 차이에 의해 이루어진다. 막은 수소와 같은 빠른 가스를 메탄과 같은 느린 가스로부터 분리한다. 90%에 근접한 부분적 회수가 단일막으로도 가능하며, 90% 이상의 수소 순도를 얻을 수 있다.

예제 10.2

다음 반응에 의해 톨루엔으로부터 벤젠이 생산된다 (Douglas, 1985).

$$\underset{\text{toluene}}{C_6H_5CH_3} + \underset{\text{hydrogen}}{H_2} \longrightarrow \underset{\text{benzene}}{C_6H_6} + \underset{\text{methane}}{CH_4}$$

반응은 기상에서 진행되며 일반적으로 700°C, 40 bar 부근에서 운전된다. 벤젠의 일부가 아래의 가역 부 반응에 의해서 원하지 않는 부산물, 다이페닐로 반응된다.

$$\underset{\text{benzene}}{2C_6H_6} \rightleftharpoons \underset{\text{diphenyl}}{C_{12}H_{10}} + \underset{\text{hydrogen}}{H_2}$$

실험 결과에 따르면 반응기 내의 과도한 코크 형성을 막기 위해서 반응기 입구에서 수소–톨루엔 비가 5가 되어야 한다. 비록 과량의 수소를 사용한다 해도, 톨루엔이 완전히 전환되지는 않는다. 선택도(반응된 톨루엔이 벤젠으로 전환된 분율)는 전환율(유입된 톨루엔 중 반응된 톨루엔 분율)과 아래의 관계가 있음을 실험 결과에서 알 수 있다(Douglas, 1985).

$$S = 1 - \frac{0.0036}{(1-X)^{1.544}}$$

여기서 S = 선택도
X = 전환율

반응기 유출물 내에는 수소, 메탄, 벤젠, 톨루엔, 다이페닐 등이 포함될 가능성이 크다. 이 성분들의 큰 휘발도 차이 때문에, 부분응축을 사용하여 유출물을 주로 수소와 메탄을 포함하는 기체흐름과 주로 벤젠, 톨루엔, 다이페닐을 포함하는 액체흐름으로 분리할 수 있을 것이다.

증기흐름 내의 수소는 반응물이므로, 반응기 입구로 재순환시켜야 한다(그림 10.8). 메탄은 원료 불순물로서 공정으로 유입되며 주 반응으로부터의 부산물이고, 공정에서 제거되어야 한다. 수소-메탄의 분리는 비용이 많이 들지만 퍼지의 수단에 의해 공정으로부터 메탄을 제거할 수 있다(그림 10.8).

액체흐름은 증류에 의해서 순수한 성분으로 용이하게 분리된다. 벤젠은 제품으로서, 다이페닐은 원하지 않는 부산물로서 얻어지며 톨루엔은 재순환된다. 선택도를 향상시키기 위해 다이페닐을 재순환시킬 수도 있지만, 여기에서는 하지 않는다고 가정한다. 수소 원료에는 불순물로서 메탄이 0.05몰분율만큼 포함되어 있다. 요구되는 벤젠의 생산량은 265 kmol · h^{-1}이다. 상분리를 사용함으로써 수소와 메탄만을 포함하는 증기흐름과 벤젠, 톨루엔, 다이페닐만을 포함하는 액체흐름으로 반응기 유출물을 분리할 수 있고, 액체분리 시스템을 사용해서 순수한 제품을 생산할 수 있다고 초기 가정을 하자. 반응기 내 전환율이 0.75일 때,

a) 상 분리로부터 퍼지로 보내진 증기분율(α)과 재순환과 퍼지 내의 메탄 분율(y) 간의 관계를 결정하라(그림 10.9에 나타난 대로).

b) 주어진 가정에 대해 재순환과 퍼지내의 메탄 분율이 0.4일 때 반응기 유출물 조성을 추정하라(그림 10.9 재순환 중 퍼지 분율).

>풀이

a) Douglas (1985)에 따라 P_B를 벤젠의 생산 속도로 두면,

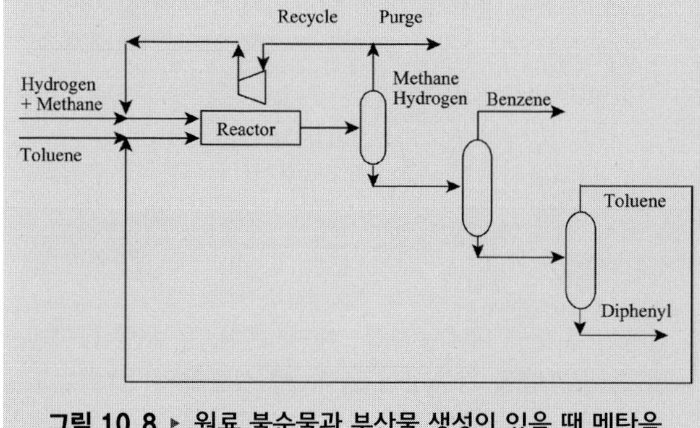

그림 10.8 ▸ 원료 불순물과 부산물 생성이 있을 때 메탄을 퍼지로 제거하는 벤젠 생상의 공정 흐름도.

$$C_6H_5CH_3 + H_2 \longrightarrow C_6H_6 + C_6H_6 + CH_4$$
$$\frac{P_B}{S} + \frac{P_B}{S} \qquad\qquad P_B + P_B\left(\frac{1}{S}-1\right) + \frac{P_B}{S}$$

$$2C_6H_6 \rightleftharpoons C_{12}H_{10} + H_2$$
$$P_B\left(\frac{1}{S}-1\right) \qquad\qquad \frac{P_B}{2}\left(\frac{1}{S}-1\right) + \frac{P_B}{2}\left(\frac{1}{S}-1\right)$$

$X = 0.75$:

$$S = 1 - \frac{0.0036}{(1-0.75)^{1.544}} = 0.9694$$

톨루엔 수지

$$\text{새 톨루엔 원료} = \frac{P_B}{S}$$

$$\text{톨루엔 재순환} = R_T$$

$$\text{반응기로 들어가는 톨루엔} = \frac{P_B}{S} + R_T$$

$$\text{반응기 유출물 내의 톨루엔} = \left(\frac{P_B}{S} + R_T\right)(1-X) = R_T$$

$P_B = 265\ \text{kmol}\cdot\text{h}^{-1}$, $X = 0.75$, $S = 0.9694$:

$$R_T = 91.12\ \text{kmol}\cdot\text{h}^{-1}$$

$$\text{반응기로 들어가는 톨루엔} = \frac{265}{0.9694} + 91.12 = 364.5\ \text{kmol}\cdot\text{h}^{-1}$$

수소 수지

$$\text{반응기로 들어가는 수소} = 5 \times 364.5 = 1823\ \text{kmol}\cdot\text{h}^{-1}$$

$$\text{반응에서 소모된 순 수소} = \frac{P_B}{S} - \frac{P_B}{2}\left(\frac{1}{S}-1\right) = \frac{P_B}{S}\left(1 - \frac{1-S}{2}\right) = 269.2\ \text{kmol}\cdot\text{h}^{-1}$$

$$\text{반응기 유출물 중의 수소} = 1823 - 269.2 = 1554\ \text{kmol}\cdot\text{h}^{-1}$$

$$\text{퍼지로 손실된 수소} = 1554\alpha$$

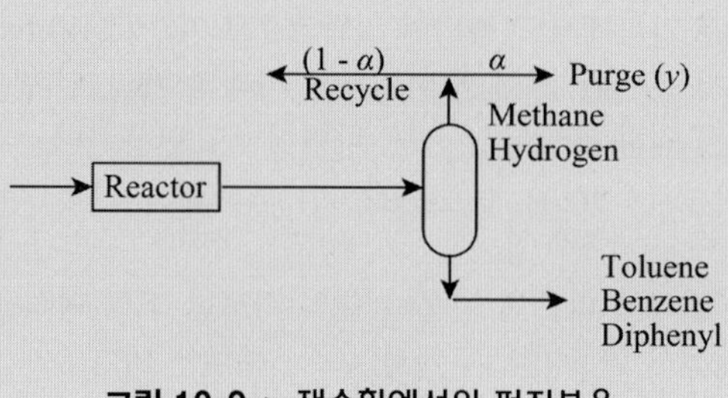

그림 10.9 ▸ 재순환에서의 퍼지분율.

공정으로 들어가는 수소 원료 = $1554\alpha + 269.2$

메탄 수지

$$\text{불순물로서의 메탄 원료} = (1554\alpha + 269.2)\frac{0.05}{0.95}$$

$$\text{반응기에 의해 생성된 메탄} = \frac{P_B}{S}$$

$$\text{퍼지내의 메탄} = \frac{P_B}{S} + (1554\alpha + 269.2)\frac{0.05}{0.95}$$

$$= 81.79\alpha + 287.5$$

$$\text{총괄 퍼지 흐름속도} = 1554\alpha + 81.79\alpha + 287.5$$

$$= 1636\alpha + 287.5$$

퍼지(와 재순환) 중의 메탄 분율:

$$y = \frac{81.79\alpha + 287.5}{1636\alpha + 287.5} \quad \textbf{(10.5)}$$

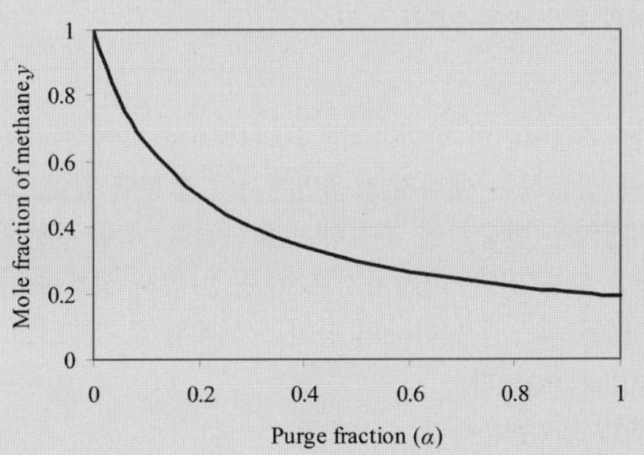

그림 10.10 ▸ 퍼지 분율의 기상 성분의 변화.

그림 10.10는 식 (10.5)를 나타낸 그림이다. 퍼지 분율 α가 증가하면 퍼지의 흐름속도도 증가하지만, 퍼지와 재순환내에 메탄의 농도는 감소한다. 이 변화(반응기 전환율과 연관된)는 나중에 볼 수 있듯이 반응과 분리 시스템의 최적화에 있어서 중요한 자유도이다.

b) 메탄 수지

상분리기로부터 나온 증기 중에 포함된 메탄의 몰분율 = 0.4

$$\text{반응기 유출물 중의 메탄} = \frac{0.4}{0.6} \times 1554$$

$$= 1036\ \text{kmol} \cdot \text{h}^{-1}$$

다이페닐 수지

$$\text{반응기 유출물 중의 다이페닐} = \frac{P_B}{2}\left(\frac{1}{S} - 1\right)$$

$$= 4\ \text{kmol} \cdot \text{h}^{-1}$$

반응기 유출물 조성이 표 10.2에 주어져 있다. 이 계산은 상분리에서의 모든 분리는 완벽하다고 가정했다.

표 10.2 ▸ 반응기 유출물의 조성

Component	Flowrate (kmol·h^{-1})
Hydrogen	1554
Methane	1036
Benzene	265
Toluene	91
Diphenyl	4

10.3 반응과 분리의 융합

반응과 분리가 적절히 연결되어 곧이어 바로 수행된다고 가정되어 왔다. 액상 발열 평형반응을 고려하자.

$$FEED1 + FEED2 \rightleftharpoons PRODUCT + BYPRODUCT \quad \textbf{(10.6)}$$

만약 반응이 한 반응기 내에서 그림 10.11a와 같이 일어나고 생산물이 기화되어 반응기를 빠져나간다면 3장에서 논의한 바와 같이 평형 전환율은 보다 높게 이동될 것이다. 어쨌든 기화는 생산물에서만 생기지 않고 어쩌면 원료 물질이나 부산물에서도 생길 수 있다. 이런 경우 그림 10.11b와 같이 반응기에 증류의 정류 영역을 추가하여 정류를 수행해 증류탑 꼭대기에서 순수한 생산물만 얻도록 할 수 있다. 물론 기화된 성분들 간의 상대 휘발도가 적절한 단위로 차이나 분리가 잘 일어나는 조건을 가져

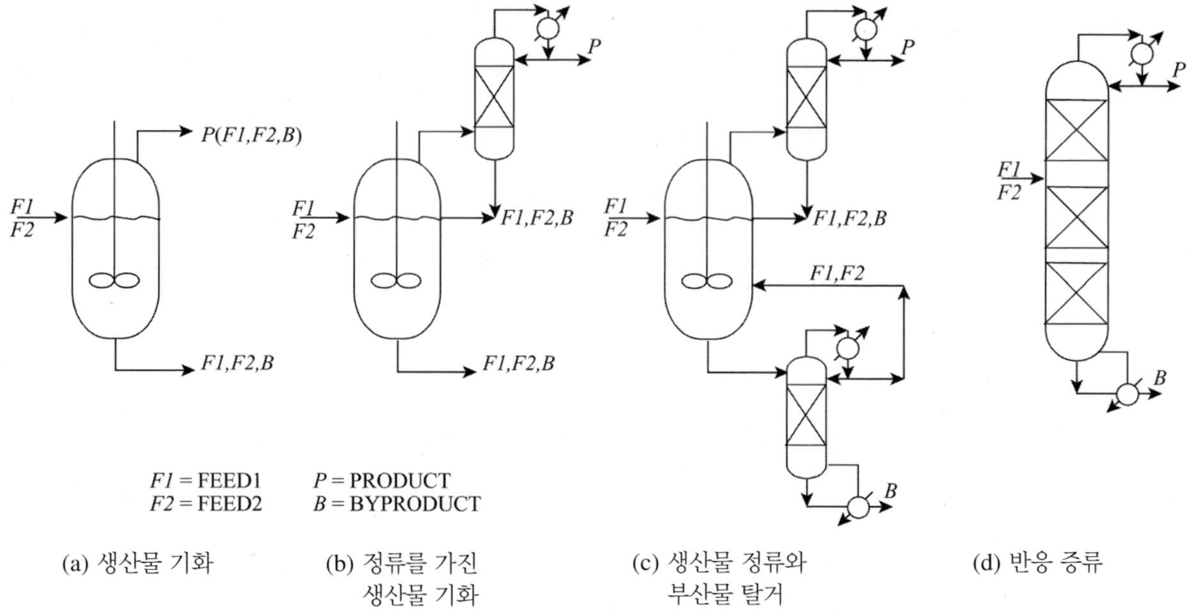

그림 10.11 ▸ 반응과 증류의 융합–반응 증류기.

야 한다. 또한 반응기 온도와 증류탑 온도가 비슷한 조건이어야 한다. 그림 10.11b에서 보여주는 조합은 반응기의 반응열이 증류탑에 높은 에너지 기체를 공급하는 에너지 효율면에서의 장점도 있다. 그림 10.11c에서와 같이 위 아이디어는 증류탑의 탈거 영역을 반응기에 추가하여 부산물을 액체 부분으로 보내고, 원료 물질은 반응기로 되돌리는 것을 수행할 수도 있다. 마찬가지로 이 공정 역시 성분들 간의 충분한 상대 휘발도 차이가 필요하다. 결과적으로 모든 시스템은 하나의 장치로 설계될 수 있고, 그 결과가 그림 10.11d에 나타난 반응 증류(reactive distillation)이다.

이것은 연속 복합 반응에서의 반응기, 분리기 융합에도 유용하다.

$$\begin{aligned} &FEED1 + FEED2 \longrightarrow PRODUCT \\ &PRODUCT \longrightarrow BYPRODUCT \end{aligned} \tag{10.7}$$

이것은 생산물을 될 수 있는 대로 빨리 제거함으로써 반응이 더 진행되어 부산물이 생성되는 것을 막을 수 있다. 이것 역시 성분들 간의 상대휘발도의 차이가 충분해야 한다.

반응 증류의 잠재적 장점은 다음과 같다.

- 반응평형이 보다 높은 전환율로 이동한다(때때로 완전 전환됨).
- 부 반응은 억제되고 선택도가 증가한다.
- 투자비가 줄어든다.
- 발열 반응의 생성열이 분리를 위한 열로 제공되므로 조업운전비가 줄어든다.

어떤 경우는 다행스럽게도 반응과 분리가 곧 바로 일어나게 된다면 분리공정에서 공비점(azeotropes)이 제거되기도 한다.

반응 증류의 단점은 다음과 같다.

- 적절한 상대휘발도에 맞아야 한다.

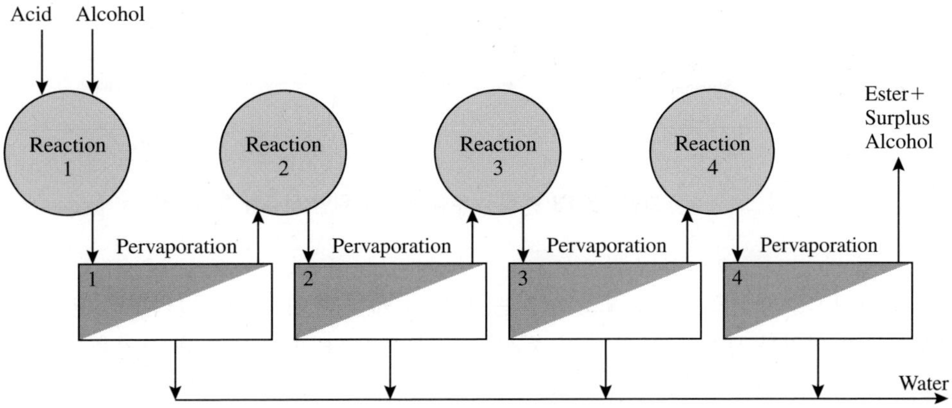

그림 10.12 ▸ 반응과 투과증발의 혼성 구성.
(From Wynn N, 2001, *Chem Eng Progr*, Oct: 66, reproduced by permission of AiChE.)

- 증류조건은 반응속도와 적절히 맞아야 한다.
- 면밀한 연구, 시험, 심지어 파일럿 공장의 시행착오가 요구된다.

그림 10.12는 반응-분리 혼성의 예를 보여준다. 9장에서 살펴본 바와 같이 이것은 반응기들 사이에서 투과증발을 이용한 물의 분리를 수반하는 에스테르화 반응을 보여준다(Wynn, 2001). 에스터화 반응은 비균질촉매를 이용한 4개의 단계 반응을 진행한다. 각 단계는 성분들이 들어와 평형에 가까이 가는 반응기 단계와 혼합흐름이 투과증발기에서 반응에 의해 생성된 물이 제거되는 단계를 거친다. 이것도 평형 전환율을 바람직하게 이동시킨다. 다음 단계로 가면서 계속 반응, 분리가 동시에 진행된다.

10.4 공정수율

분리와 재순환 물질을 고려했다면, 이제는 공정 내로 들어오고 나가는 흐름을 정립할 수 있다. 그림 10.13은 전형적인 입력과 출력흐름을 나타낸다. 원료흐름이 공정 내로 들어오고 생산물과 부산물, 퍼지흐름이 분리를 거쳐 공정에서 나가며, 재순환 시스템이 정해지게 된다.

대부분의 공정들에서 원료 물질의 비용이 운전비용의 대부분을 차지한다. 또한 만약 원료 물질이 효과적으로 사용되지 않는다면, 이것은 폐기물을 형성시키게 되고 나아가 환경문제를 초래한다. 그러므로 원료 물질 사용의 효율성을 위한 평가가 중요하다. 공정수율은 다음과 같이 정의된다.

$$\text{공정수율} = \frac{\text{원하는 생산물의 생산량}}{\text{공정으로 들어가는 원료 반응물 양}} \times \text{양론 계수} \tag{10.8}$$

여기서 양론 계수는 제품 1몰당 요구되는 반응물의 양론 몰수이다. 하나 이상의 반응물이 사용될 때는(또는 하나 이상의 제품이 생산될 때), 식 (10.8)을 각각의 반응물(또는 제품)에 대해 적용할 수 있다.

일반적으로, 공정에서의 수율 손실에는 두 가지 원인이 있다.

- 재순환이 불가능할 때 미전환 원료 물질이나 부산물 형성에 의한 반응기 내에서의 손실
- 분리와 재순환 시스템으로부터 손실

그림 10.13 ▸ **공정 수율 계산을 위한 전공정 물질수지.**

그림 10.13의 공정으로 들어오고 나가는 흐름에 대해 구체적으로 살펴보면, 가능한 한 줄여 주어야 할 부산물과 퍼지를 통한 물질 손실이 존재함을 알 수 있다. 따라서 다음 작업을 진행하기 전에 아래 질문들을 살펴보아야 한다.

1) 재순환에 의해서 부산물 형성을 피하거나 줄일 수 있을까? 이것은 부산물이 가역 부 반응으로 일어난다면 종종 가능하다.

2) 만약 부산물이 원료 불순물의 반응에 의해 일어난다면, 원료의 정제를 통해 이러한 부산물을 피하거나 줄일 수 있을까?

3) 추가적 반응에 의해 부산물의 가치를 향상시킬 수 있을까? 예를 들어, 대부분의 유기 염소화 반응은 부산물로 염산을 생산한다. 만약 염산을 팔 수 없다면, 그것을 처리비용이 추가되어야만 한다. 다른 대안은 예제 10.1에서 논의한 것과 같이 이 반응을 통해 염산을 다시 염소로 전환하는 것이다.

$$2HCl + \frac{1}{2}O_2 \rightleftharpoons Cl_2 + H_2O$$

이 염소는 재순환될 수 있다.

4) 원료 정제를 통해서 퍼지흐름 내의 유용한 물질의 손실을 피하거나 줄일 수 있을까? 만약 퍼지가 반응기에서 형성된 부산물을 제거하는 데 요구된다면, 이것은 확실히 불가능하다.

5) 퍼지에 추가적인 분리를 함으로써 퍼지 내에서의 유용한 물질의 손실을 줄일 수 있는가? 이러한 관점에서의 냉동응축, 막 등의 역할은 이미 논의되었다.

6) 추가적인 반응에 의해 퍼지흐름에서의 유용한 물질의 손실이 감소될 수 있겠는가? 만약 퍼지흐름이 많은 양의 반응물을 포함하고 있다면 퍼지 상에서 반응기와 추가적인 분리를 수행하는 것이 때로는 의미가 있게 된다. 이러한 기술은 에틸렌 산화물 공정의 설계에 종종 사용된다.

예제 10.3

예제 10.2에서의 대략적 상분리에 대하여, 톨루엔으로부터 벤젠의 공정수율과 수소로부터 벤젠의 공정수율을 계산하라.

>풀이

$$\text{벤젠 수율} = \frac{\text{생산된 벤젠}}{\text{공정 내로 들어간 톨루엔}} \times \text{양론 계수}$$

양론 계수 = 벤젠 1몰을 생산하는 데 요구되는 톨루엔의 양론적 몰수
= 1

$$\text{톨루엔으로부터의 벤젠 수율} = \frac{P_B}{P_B/S} \times 1 = S = 0.97$$

이 경우는 분리와 재순환 시스템에서의 원료 물질의 손실이 없기 때문에 수율 손실은 반응기에서만 일어나고, 따라서 공정수율은 반응기 선택도와 같다.

$$\text{수소로부터의 벤젠 수율} = \frac{\text{생산된 벤젠의 양}}{\text{공정 내로 들어가는 수소의 양}} \times \text{양론 계수}$$

양론 계수 = 벤젠 1몰을 생산하는 데 요구되는 수소의 양론적 몰수

= 1

$y = 0.4$에 대하여, $\alpha = 0.3013$:

$$\text{수소로부터의 벤젠 수율} = \frac{P_B}{1554\alpha + 269.2} \times 1 = \frac{265}{1554 \times 0.3013 + 269.2} = 0.36$$

10.5 원료, 제품 및 중간 저장소

대부분 공정들은 원료와 제품의 저장이 요구된다. 원료 공급이 회분식(예, 바지선, 기차, 트럭)으로 이루어지면 원료 저장조는 반드시 필요하다. 만약 원료가 연속적으로 기체나 액체의 경우 파이프라인이나 고체의 경우 컨베이어벨트로 수송된다 하더라도 중간 끼어들기가 없다는 보장은 없다. 예를 들어, 공장의 앞쪽만이 연속적인 원료공급이더라도 공장의 가동 중단이 여러 가지 이유와 예기치 못한 고장 등으로 일어날 수 있다.

액체, 고체는 저장이 간단하나 기체는 매우 어렵다. 비교적 작은 양의 기체는 주변 온도의 고압 용기에 저장할 수 있다. 그러나 많은 양의 기체는 액화가 요구된다. 이는 냉동기를 사용하여 냉각하거나 압력을 높이거나 둘 다 수행해야 한다. 고압 용기는 용접된 두꺼운 용기를 필요로 하기 때문에 고가이다. 저온 용기 역시 냉동기를 사용해야 하므로 고가이다. 기체의 저장은 비용, 조업조건, 안전 등을 포함한 여러 가지 변수에 의존한다.

만약 회분식으로 공급받고 연속적으로 사용된다면 저장조는 그 양이 많았다 적었다 할 것이다. 이를 *활성재고*(active stock)라 한다. 예를 들어 공장이 액체 원료로 정상 상태에서 조업한다면 원료 탱크는 공급 받은 후 80%부터 20%이며, 20%가 되면 *비활성*(inactive)을 나타낸다. 보통 액체용 저장조는 10% 미만에서 작동하지 않게 설계되어 있고, 이는 조업에서 어려움을 초래하기 때문이다. 바꾸어 말해서 90% 이상에서는 작동하지 않도록 만들어진다. 빈 공간을 요구하며, 이는 저장조가 안전과 팽창을 허용하는 범위이다. 만약 원료의 공장 내 유량이 m_{FEED} tons/yr이고, 최대 활성재고가 m_{STOCK}라면 연간 공급 횟수는 m_{FEED}/m_{STOCK}가 된다.

저장장치의 투자비용은 저장용량에 비례한다. 이 비용은 고체와 액체의 경우 물질처리 장비비(펌프, 컨베이어 등)를 포함하며 기체의 경우 냉동비를 포함한다. 또한 저장되어 있는 물질의 가치가 저장조에 묶여 있는 운전자본(working capital)도 포함된다.

원료 저장은

- 원료의 배달과 공장으로 원료의 공급 사이에서 나타난다.
- 원료 물질 생산 공장의 고장 등 예기치 못한 상황으로 인한 원료 공급 차단을 보완한다.
- 시장 조건에 따른 단기 생산 증가를 허용한다.
- 휴가 기간으로 인한 원료 공급 중단을 보완한다.
- 원료 공급의 계절 요인 변화를 보완한다.
- 현재 원료가 저렴하거나 나중을 위해 사두어야 할 때의 시장 변화를 허용한다.
- 원료 물성의 변화를 완충한다.

원료 저장량은 다음에 의존한다.

- 배달의 빈도
- 1회 배달량
- 배달의 재현성(요구할 때마다 잘 오는가?)
- 공장의 용량
- 원료의 상(기, 액, 고)
- 원료의 자연상태 위험성(위험물일 경우 최소화)
- 원료 저장조와 연관된 장치의 투자비와 조업 운용비(기체를 액화시키는 냉동 시스템)
- 원료 물질 가치가 묶여 있어 드는 비용(working capital)
- 원료 구입 가격의 시장 등락으로 얻을 수 있는 경제적 이익

생산물(제품)역시 원료 저장과 비슷한 이유로 저장되어야 한다. 제품의 출하 역시 연속적인 것은 아니기 때문이다.

생산품 저장은

- 생산과 출하의 속도 차이 균형
- 관리를 위한 가동 중단 동안도 제품배달 유지
- 갑작스런 가동 중단 동안도 제품배달 유지
- 순간 혹은 계절적 수요에 대응
- 휴가 기간 배송이 안 될 때 품질 보관
- 단기간 시장 조건이 좋지 않거나 가격 폭락에 판매 보유 시 물질 보관 허용
- 제품 품질 저하의 변동을 허용

생산물 저장조의 양은 다음에 의존한다.

- 제품 배송의 빈도
- 배송의 크기
- 배송의 안정성
- 공장의 용량
- 생산물의 상(기, 액, 고)
- 생산물의 유험성(유해물질의 저장은 최소화)
- 제품 저장 장비와 관련된(예, 액화 가스 저장을 위한 냉동 시스템) 장비 투자비와 조업 비용
- 판매 가격의 변동으로 얻는 경제적 이익

원료와 제품의 저장에 대해서 중간 제품도 저장이 필요할 수 있다. 원료로부터 제품이 되기까지 여러 단계를 거치는 경우 중간 제품의 저장이 요구된다. 이것은 공장조업의 유연성을 제공한다. 만약 복잡한 반응 시스템 다음에 복잡한 분리 시스템이 따라오고 두 시스템은 연결조업이 아니라면 이들 사이에 중간저장 탱크를 두어 분리 시스템 조업이 끝나지 않았더라도 반응이 끝난 중간 제품을 중간 저장고에 넣고 바로 반응을 또 시작할 수 있다. 또 규격 미달의 중간 제품은 저장조에 넣어둔 후 시간이 지나 다시 반응하거나 버릴 수도 있다. 중간 저장조는 이 두 시스템을 독립적으로 조업할 수 있게 한다.

이는 일시적 조업 중단이 생길 때에도 유용하다. 반응과 분리사이의 저장조는 조성, 온도, 흐름량 등의 변동에도 대응하게 된다. 많은 양의 중간 저장조는 보다 많은 조업 유연성을 가져야 한다.

10.6 연속 공정 재순환 구조 – 요약

반응기 설계에서 반응물, 희석제, 또는 열운반체의 사용은 공정도의 재순환 구조에 중대한 영향을 미친다. 때로는 원하지 않는 부산물을 반응기로 재순환해 줌으로써 부산물 생성을 근원적으로 억제하기도 한다. 만약 이러한 것이 이루어진다면, 원료 물질의 전체적 사용이 개선되고 유출물 배출 문제도 제거될 것이다. 물론, 재순환은 그 자체로 조금의 비용이 든다.

반응기 유출물의 혼합물에 넓은 범위의 휘발도를 가지는 성분들이 포함되어 있을 때는 종종 액체로부터 부분 증기화(기체화) 또는 기상으로부터 부분 응축과 뒤따르는 단순 상분리에 의해서 좋은 분리를 얻을 수 있다. 만약 이러한 상분리로부터 나온 기체를 응축하기가 어렵다면, 막과 같은 기상분리 장치를 이용해서 추가적으로 분리할 필요가 있다. 회분식 공정은 먼저 연속식 공정을 합성하고 이것을 회분식 운전으로 전환해 줌으로써 합성할 수 있다.

공정수율은 원료 물질의 효율성과 환경 영향에 관한 중요한 척도이다.

10.7 연습 문제

1. 에틸렌은 촉매 공기 산화반응에 의해 산화에틸렌이 된다.

$$\underset{\text{ethylene}}{C_2H_4} + \underset{\text{oxygen}}{\frac{1}{2}O_2} \longrightarrow \underset{\text{ethylene oxide}}{C_2H_4O}$$

부 반응은 선택도 손실을 유발한다.

$$\underset{\text{ethylene}}{C_2H_4} + \underset{\text{oxygen}}{3O_2} \longrightarrow \underset{\text{carbon dioxide}}{2CO_2} + \underset{\text{water}}{2H_2O}$$

공기(O_2 21%, N_2 79%)와 순수 에틸렌이 부피비로 10:1로 혼합되어 재순환 흐름과 혼합되어 반응기로 도입된다. 또 에틸렌은 40% 산화에틸렌으로 20% 이산화 탄소와 물로 전환되고, 나머지는 반응하지 않는다. 반응기 출구 가스는 각각 산화에틸렌, 물 그리고 나머지 재순환으로 분리된다. 이산화 탄소의 누적을 피하고 반응기 도입흐름양을 유지하기 위해 재순환 흐름의 일부는 퍼지가 필요하다.

a) 기본 공정도를 작성하라.

b) 퍼지로 에틸렌 도입의 8% 이상이 손실되지 않도록 재순환 중 퍼지의 비율로 정하라.

c) 반응기 도입 가스의 상응하는 성분 비를 구하라.

2. 벤젠이 톨루엔의 수소 알킬분해 반응에 의해 생성된다.

$$\underset{\text{toluene}}{C_6H_5CH_3} + \underset{\text{hydrogen}}{H_2} \longrightarrow \underset{\text{benzene}}{C_6H_6} + \underset{\text{methane}}{CH_4}$$

어떤 벤젠을 아래와 같이 연속된 부 반응을 통해 디페닐을 만든다.

$$\underset{\text{benzene}}{2C_6H_6} \rightleftharpoons \underset{\text{diphenyl}}{C_{12}H_{10}} + \underset{\text{hydrogen}}{H_2}$$

실험실에서 이 반응의 선택도(생성된 벤젠/반응하는 톨루엔)는 전환율(반응한 톨루엔/도입된 톨루엔)과 관련되므로 연구를 밝혔다.

$$S = 1 - \frac{0.0036}{(1-X)^{1.544}}$$

여기서 S = 선택도, X = 전환율

도입 수소흐름은 0.05몰분율의 메탄 불순물이 포함되어 있다. 첫째, 반응기 유출은 수소, 메탄, 벤젠, 톨루엔, 디페닐을 포함하여 단순 상 분리에 의해 수소, 메탄이 기상에, 나머지 아로마류 성분들이 액상으로 분리된다. 수소, 메탄 흐름은 에탄의 반응기 내 농도 증가를 막기 위해 퍼지를 포함한 재순환으로 반응기로 돌아간다. 액상흐름은 아로마류 성분들이 포함되는데 벤젠과 디페닐을 분리되고 톨루엔은 재순환된다. 원료와 제품들의 가격이 표 10.3에 주어져 있다.

수소와 메탄 그리고 부산물인 디페닐이 포함된 퍼지 흐름은 로에서 태워지며, 표 10.4에 나타나 있는 연료 가격으로 그 가치를 산정할 수 있다.

표 10.3 ▸ 연습 문제 2의 원료와 생산물의 가치

	Molar mass ($kg \cdot kmol^{-1}$)	Value ($\$ \cdot kg^{-1}$)
Hydrogen	2	1.06
Toluene	92	0.21
Benzene	78	0.34

표 10.4 ▸ 연습 문제 2의 폐기물의 원료로서의 가치

	Molar mass ($kg \cdot kmol^{-1}$)	Fuel value ($\$ \cdot kg^{-1}$)
Hydrogen	2	0.53
Methane	16	0.22
Diphenyl	154	0.17

a) 벤젠의 생산량이 300 $kmol \cdot h^{-1}$이 되기 위해 퍼지 내의 수소 몰분율 0.05가 되게 수소의 흐름량을 선택도 S의 함수로 나타내어라.

b) 공장이 적절하게 운동되는 반응기 전환율 범위를 결정하라.

3. 연습 문제 2의 톨루엔 원료로 수소 알킬 분해반응을 통한 벤젠을 생산하는 개략적 공정도가 그림 10.8에 주어져 있다.

a) 톨루엔으로부터 벤젠을 얻는 반응기 수율을 개선하기 위한 다른 재순환구조를 제안하라.

b) 수소로부터 벤젠을 얻는 반응기 수율을 개선하는 두 가지 방법을 제안하라.

4. 산화에틸렌(EO)은 암모니아와 반응하여 모노에탄올아민(MEA)를 다음과 같이 생산한다.

$$\underset{\text{ethylene oxide}}{C_2H_4O} + \underset{\text{ammonia}}{NH_3} \rightleftharpoons \underset{\text{monoethanolamine}}{NH_2-CH_2-CH_2OH}$$

두 연속 부 반응이 일어나 디에탄올아민(DEA)과 트리에탄올아민(TEA)을 다음과 같이 얻는다.

$$\underset{\text{monoethanolamine}}{NH_2-CH_2-CH_2OH} + \underset{\text{ethylene oxide}}{C_2H_4O} \rightleftharpoons \underset{\text{diethanolamine}}{NH(CH_2CH_2OH)_2}$$

$$\underset{\text{diethanolamine}}{NH(CH_2CH_2OH)_2} + \underset{\text{ethylene oxide}}{C_2H_4O} \rightleftharpoons \underset{\text{triethanolamine}}{N(CH_2CH_2OH)_3}$$

모든 위 반응은 발열 가역 반응이다. 반응기 도입흐름에 DEA 혹은 TEA가 있으면 그 만큼 이들은 생성이 억제된다.

이들 성분들의 정상상태 끓는점은 아래 표와 같다.

Component	Boiling point (°C)
Ammonia	−33
Ethylene oxide	11
Monoethanolamine	170
Diethanolamine	269
Triethanolamine	335

3가지 아민류들의 시장 수요가 있다. 아민들의 어떤 특정 조합도 생산해 낼 수 있는 유연한 공장의 설계가 목적이라고 하자. 전형적으로 반응은 액상 암모니아로부터 산화 에틸렌을 얻는다. 모든 성분은 수용성이다.

a) 반응기의 EO에 대한 암모니아 비율, 중간 제품의 재순환, 중간 제품의 제거가 제품에 어떤 영향을 끼치는가?

b) 고순도 암모니아 제품들의 유연한 생산이 가능 재순환–분리 개념을 제안하라.

5. 원료가 10일마다 제공되고 저장조에 저장되는 공정을 고려하자. 배송은 공급자에게 도착하는 데 5일에서 15일 소요된다. 최소 저장 재고는 20일 공급 분량이다. 탱크 사이즈는 얼마만큼의 기간인가?

참고 문헌

Douglas JM (1985) A Hierarchical Decision Procedure for Process Synthesis, *AIChE J*, **31**: 353.

Douglas JM (1988) *Conceptual Design of Chemical Processes*, McGraw-Hill.

Powers GJ (1972) Heuristics Synthesis in Process Development, *Chem Eng Prog*, **68**: 88.

Rudd DF, Powers GJ and Siirola JJ (1973) *Process Synthesis*, Prentice-Hall, New Jersey.

Smith R and Linnhoff B (1988) The Design of Separators in the Context of Overall Processes, *Trans IChemE ChERD*, **66**: 195.

Wynn N (2001) Pervaporation Comes of Age, *Chem Eng Prog*, **97**: 66.

제 11 장 열교환망 I – 열교환망 구조 목표치

Heat Exchanger Networks I – Network Targets

주 공정 단계들(반응기, 분리기, 재순환)의 선택이 물질수지와 에너지수지로 성립되고 나면, 이제 가열과 냉각 필요량(예, 열교환망과 유틸리티)이 얼마인가를 알 수 있다. 반면 열교환망의 완전한 설계는 완성된 설계의 평가를 위해 반드시 필요치는 않다. 완전한 공정설계의 성능 평가를 위한 열교환망과 유틸리티의 *목표치*들은 실제적으로 설계로의 적용 없이도 정해질 수 있다. 이들 *목표치*는 열교환과 유틸리티의 에너지와 투자비용 모두가 될 수 있다. 더 나아가서 이들 목표치는 설계자로 하여금(열교환망과 유틸리티의 에너지 그리고 투자비용 목표치의 개선을 위해 반응기, 분리기, 재순환 시스템) 공정의 변화도 제안할 수 있게 한다.

열교환망의 설계 목표치들의 이용이 많은 가능한 설계 옵션들 중 더 나은 설계들을 사용하는 것을 보다 빠르고 편리하게 선별해 준다. 많은 완전한 설계들의 선별작업은 보통 시간과 노력의 측면에서 단적으로 비현실적이다. 13장부터 15장까지 반응기, 분리기, 재순환 시스템의 보다 개선된 설계를 에너지 목표치를 사용하여 제공한다.

11.1 복합선도

열교환망의 구성은 첫째로 물질수지와 에너지수지의 균형에 의한 온류(*열 공급류*)와 냉류(*열 수용류*)로 나눌 수 있다. 첫째로 아주 간단한 하나의 온류와 냉류를 가진 공정을 생각해 보자. 초기 온도(*공정에서 주어진 온도*), 마지막 온도(*목표치 온도*)와 각 흐름의 엔탈피 변화는 표 11.1에 주어져 있다.

180°C의 스팀과 20°C의 냉각수를 이용한다. 즉 차가운 쪽에 열을 가할 때는 스팀을, 뜨거운 쪽을 식힐 때는 냉각수를 이용할 것이다. 그러나 이것은 지나친 에너지 비용을 사용할 수 있다. 이는 또한 산업활동을 유지할 수 있는 최소한의 에너지 사용이라는 목표에 어긋난다. 대신에 만약 가능하다면 열회수를 위한 노력을 시도할 수 있다. 열회수의 범위는 온도와 엔탈피 축 위의 두 흐름으로 확인할 수 있다. 두 흐름의 열교환이 가능하기 위해 모든 점에서 냉류보다 온류가 반드시 뜨거워야 한다. 그림 11.1a는 문제에서 최소 온도차 ΔT_{min}가 10°C일 때를 보여준다. 그림 11.1a에서 두 흐름 사이에 겹쳐지는 영역은 가능한 열회수량을 뜻한다(ΔT_{min} = 10°C에 대해). 이 문제의 경우, 열회수량 Q_{REC}는 11 MW이다. 온류의 출발점을 넘어선 냉류 부분은 열회수에 의해 데워질 수 없으므로 스팀을 요구한다. 이것은 최소 뜨거운 유틸리티 혹은 *에너지 목표치* Q_{Hmin}이고, 그 양은 이 문제에서 3 MW이다. 냉류의 출발점보다 아래쪽에 있는 온류의 부분은 열회수에 의해 차가워질 수 없고 냉각수를 필요로 한다. 이것은 최

표 11.1 ▸ 두 흐름의 열회수 문제

Stream	Type	Supply temperature T_S (°C)	Target temperature T_T (°C)	ΔH (MW)
1	Cold	40	110	14
2	Hot	160	40	−12

소 차가운 유틸리티 열량 Q_{Cmin}이며, 여기서는 1 MW이다. 또한 그림 11.1a의 아랫부분에서는 각 온도-엔탈피 선도로부터 유도된 열교환기의 조합을 보여준다.

이 흐름들의 온도나 엔탈피 변화는 바꿀 수 없다. 당연히 이 선도의 기울기도 마찬가지이다. 그러나 두 흐름의 상대적 위치는 각각의 수평적인 이동에 의해 바꿀 수 있다. 이것은 온류에 대한 표준엔탈피는 냉류에 대한 표준엔탈피에 대해 독립적으로 그래프상에서 온도는 고정한 채 수평으로 이동시킬 수 있기 때문에 가능하다. 그림 11.1b는 같은 두 흐름에 대해 ΔT_{min}이 지금은 20°C인 움직여진 상대 위치를 보여주고 있다. 두 흐름들 사이에 겹쳐진 부분은 10 MW로 줄어들었다. 따라서 열회수량도 줄었다. 온류의 출발점보다 큰 H 값에 냉류가 있고, 따라서 가열량도 4 MW로 늘어났다. 또한 냉류의 출발점보다 더 작은 H 범위에 온류가 있고, 이것을 처리하기 위해 냉각수의 요구량도 2 MW도 늘어났다. 따라서 이 똑같은 온도-엔탈피(T–H) 축에서 냉류, 온류의 이러한 접근은 주어진 ΔT_{min}의 값에 의해 가열량과 냉각량의 크기를 결정할 수 있다. 이제 이것을 확장하여 다수의 온류와 냉류로 접근해 보자.

그림 11.2와 같은 간단한 흐름도를 고려해보자. 각 흐름에 대한 흐름의 양, 온도, 열부하가 나타나 있다. 흐름 중 둘은 열 공급원(온류)이고, 흐름 중 둘은 열 수용원(냉류)이다. 열용량은 일정하다고 가정

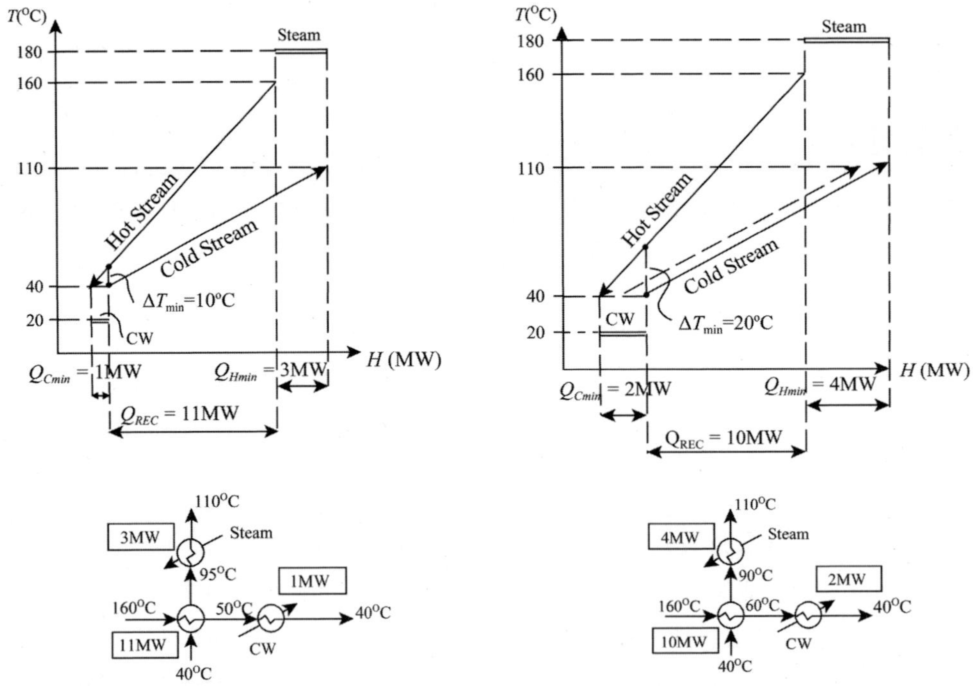

(a) ΔT_{min} = 10°C일 때의 열회수 (b) ΔT_{min} = 20°C일 때의 열회수

그림 11.1 ▸ 한 개의 냉류와 한 개의 온류의 단순한 열회수.

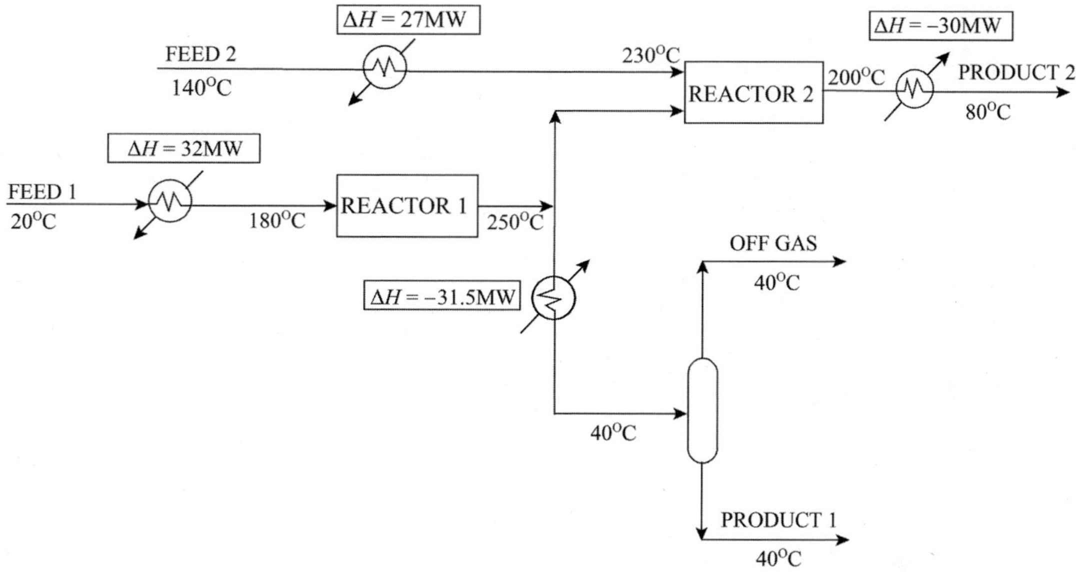

그림 11.2 ▸ 두 냉류, 두 온류의 간단한 공정도.

하면 표 11.2처럼 흐름들을 온류와 냉류로 분류할 수 있다. 여기서 열용량 CP는 비열용량과 물질 이동량의 곱인 총괄 열용량이다($CP = mC_P$). 열용량들은 다양하게 나타나기 때문에 선형 요소들의 연결에 의해 온도–엔탈피의 비선형성을 나타내어야 한다.

표 11.1에 주어진 것과 같은 각각의 흐름들의 처리 대신에 공정 전체를 들여다보는 것이 필요하다. 그림 11.3a에서는 온도–엔탈피 축에서 두 개의 온류를 각각 보여준다. 두 흐름의 결합에 의해서 어떻게 이 온류들의 거동이 전체 주어진 온도 범위에서 정량적으로 보여지는가?(Hohman, 1971; Huang and Elshout, 1976; Linnhoff, Mason and Wardle, 1979). 이 문제에서 온도 범위는 엔탈피 전체 변화와 함께 하는 온도 변화로 정의된다. 만약 열용량이 일정하다면 변화는 시작과 끝에서만 일어난다. 따라서 그림 11.3에서 온도축은 흐름들의 공급(도입) 온도와 목표(배출) 온도들로 구간분할을 한다.

각 온도 구간에서 흐름들은 조합되어 하나의 복합온류를 만든다. 이 복합온류는 각각의 온도 구간에서 개별흐름의 합인 CP를 갖는다. 어떤 온도 구간에서 복합흐름의 엔탈피 변화는 각각의 흐름들의 엔탈피 변화의 합이다. 그림 11.3b에서는 온류들의 *복합선도*(composite curve)를 볼 수 있다. 만약 그들이 하나의 흐름이라면 그 합성 흐름은 어떻게 각각의 흐름들이 거동할 것인가를 보여준다. 비슷하게 문제에 냉류들의 복합선도가 나올 수 있다(그림 11.4).

표 11.2 ▸ 그림 11.2의 공정도에서의 열교환 흐름 데이터

Stream	Type	Supply temperature T_S (°C)	Target temperature T_T (°C)	ΔH (MW)	Heat capacity flowrate CP (MW·K^{-1})
1. Reactor 1 feed	Cold	20	180	32.0	0.2
2. Reactor 1 product	Hot	250	40	–31.5	0.15
3. Reactor 2 feed	Cold	140	230	27.0	0.3
4. Reactor 2 product	Hot	200	80	–30.0	0.25

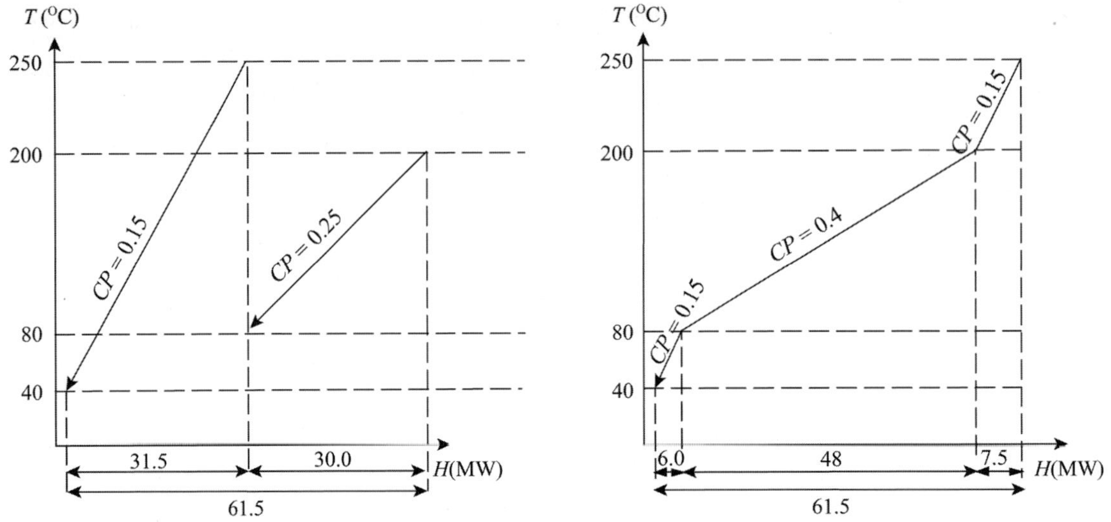

(a) 각각 그려진 온류들 (b) 복합온류

그림 11.3 ▸ 온류들은 결합되어 복합온류를 얻는다.

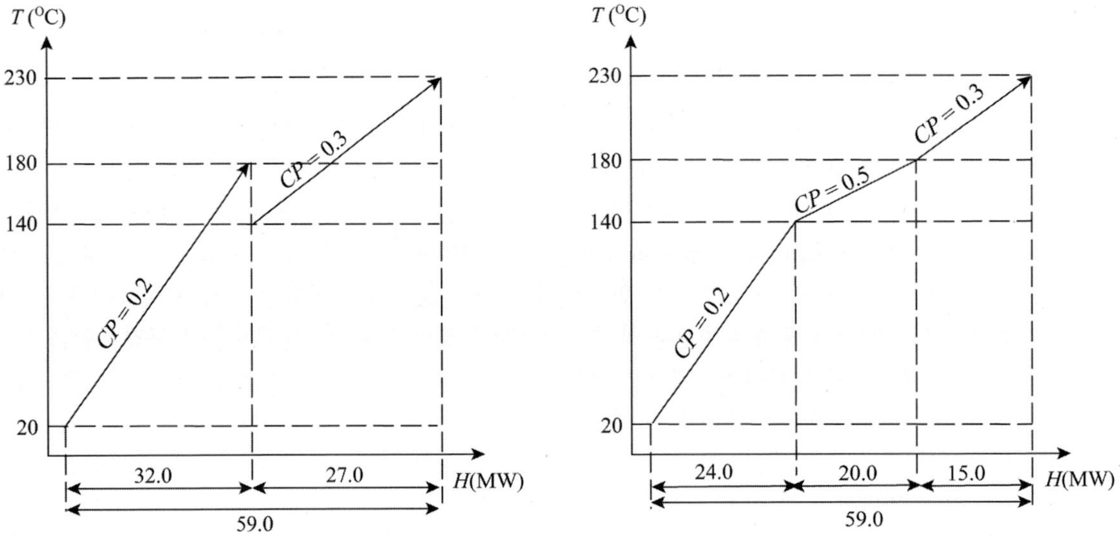

(a) 각각 그려진 냉류들 (b) 복합냉류

그림 11.4 ▸ 냉류들은 결합되어 복합냉류를 얻는다.

복합온류, 냉류 흐름선도를 같은 축 안에 놓을 수 있다(그림 11.5). 그림 11.5a에서 두 곡선들이 10°C의 최소 온도 차이를 가지도록 배치한다. 그림 11.5a의 두 복합흐름이 겹치는 곳에서 열은 온류들로 이루어진 온류 복합선도로부터 냉류들로 이루어진 냉류 복합선도로 수직적 열이 전달된다. 복합선도들이 구성되는 과정(온류 복합선도는 단조 감소, 냉류 복합선도는 단조 증가)은 두 선도 간의 최대 겹침과 최대 에너지 회수를 나타내준다. ΔT_{min} = 10°C인 이 문제는 최대 열회수 Q_{REC}가 51.5 MW이다.

그림 11.5a에서 온류 복합선도의 시작점 밖에 있는 냉류 복합선도는 스팀과 같은 외부의 가열기로

부터 열을 공급받아야 한다. 이것으로 인해 뜨거운 유틸리티(Q_{Hmin})가 공정에 필요하게 된다. 이 문제에서 ΔT_{min} = 10°C이고, Q_{Hmin} = 7.5 MW이다. 그림 11.5a에서 냉류 복합선도의 시작점 밖에 있는 온류 복합선도 부분은 열회수가 불가능하고, 외부의 냉각수와 같은 차가운 유틸리티가 반드시 공급되어야 한다. 이것은 차가운 유틸리티의 열 목표치(Q_{Cmin})를 나타낸다. 이 문제에서 ΔT_{min} = 10°C일 때, Q_{Cmin} = 10.0 MW이다.

뜨거운 유틸리티, 차가운 유틸리티, ΔT_{min}은 두 곡선들의 상대적 위치에 고정된다. 그림 11.1의 단순한 문제처럼 두 곡선들의 상대적 위치는 열교환기 배치에 있어서 하나의 자유도가 된다(Linnhoff *et al*., 1982). 다시 말해, 두 곡선들의 상대적 위치는 수평적으로 서로 움직임에 의해 변화될 수 있다. 명백히 온류로부터 냉류로의 열회수를 고려할 때, 열전달이 가능하게 하기 위해 온류 복합선도는 항상 냉류 복합선도의 위쪽에 위치해야 한다. 이렇게 하여 선도들의 상대적 위치를 정한다. 그림 11.5b는 ΔT_{min} = 20°C에 대한 선도를 보여준다. 뜨거운 그리고 차가운 유틸리티 목표치는 11.5 MW와 14 MW

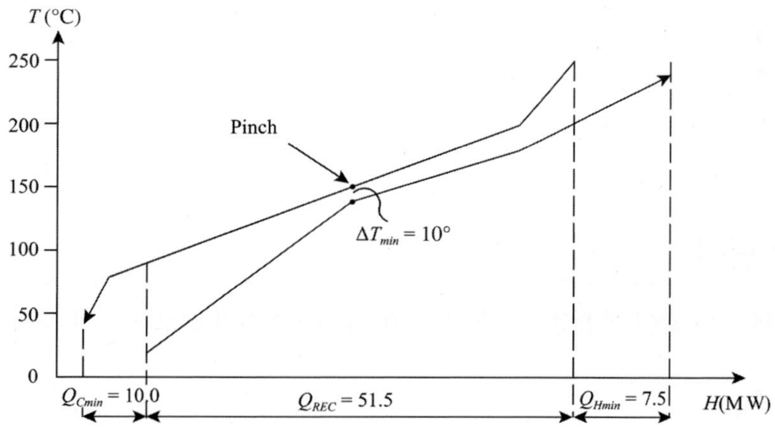

(a) ΔT_{min} = 10°C일 때 온류 및 냉류 복합선도가 함께 작도되었다.

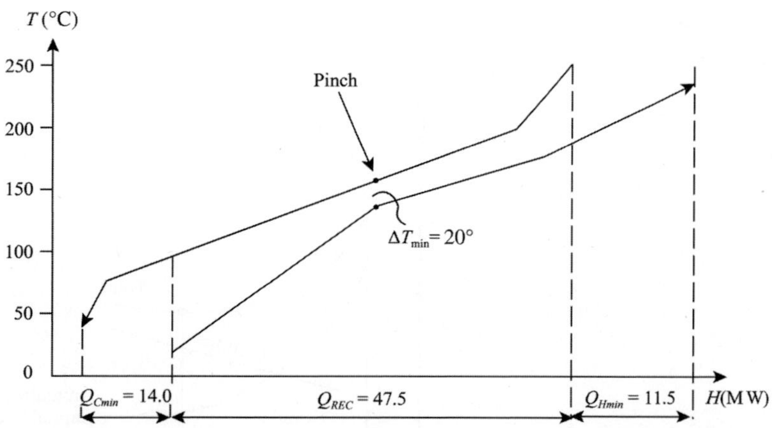

(b) ΔT_{min}을 10°C에서 20°C로 증가시켰을 때 뜨거운 유틸리티와 차가운 유틸리티 목표치는 증가한다.

그림 11.5 ▸ **온류 및 냉류 복합선도를 함께 작도함으로써 뜨거운 유틸리티와 차가운 유틸리티의 목표치를 얻게 된다.**

로 각각 증가한다.

그림 11.6은 ΔT_{min}의 값의 범위에 따라 복합선도들의 상대적 위치 변화에 의한 시스템의 비용에 어떤 문제가 생기는지를 보여준다. 만약 선도들이 접하게 되면 공정 내의 한 점(접점)에서 열전달의 추진력이 없어지고, 이것은 무한대의 열교환 면적을 요구하게 되고, 그렇기 때문에 무한대의 투자비가 들게 된다. 에너지 목표치(그리고 선도들 사이의 ΔT_{min})가 증가하면, 투자비는 줄어든다. 이 결과는 공정 전반에 걸친 온도 차이의 증가와 열교환 면적의 감소로부터 오는 결과들이다. 반면 ΔT_{min}이 증가함에 따라 에너지 비용도 증가한다. 즉 에너지와 설비 투자비용 간에 절충점이 있으며 에너지 회수의 경제성 최적점이 있다.

그러나 ΔT_{min}을 설정할 때 실제적인 제약 조건들을 무시하지 않도록 노력해야 한다. 작은 ΔT_{min}을 얻기 위해 설계는 순수한 맞흐름의 열교환기들이 요구된다. 다관형 열교환기들은 비록 단일-원통, 단일 관 경로의 설계가 사용되더라도 이것이 불가능하다. 왜냐하면 원통 쪽의 흐름들은 주기적으로 교차 흐름이 되기 때문이다. 결국 10°C 이하의 ΔT_{min}으로의 조업은 특별한 경우를 제외하고 사용되지 않아야 한다. 판형 열교환기를 사용할 경우 5°C보다 작은 ΔT_{min}을 얻을 수 있으며 그 값은 1°C부터 2°C까지의 작은 값이 될 수 있다. 그러나 이런 제약 조건들은 복합선도들 사이의 가장 가까운 접근 온도점 근처에서 발생되는 열교환기에만 적용된다. 만약 증발과 응축이 가장 가까운 온도차 접근을 일으킨다면 추가적 제약조건들이 적용된다.

11.2 열회수 핀치

앞서 논의된 바와 같이 복합선도의 올바른 배치는 두 흐름의 선도 사이의 경제적 최소 온도차 ΔT_{min}에

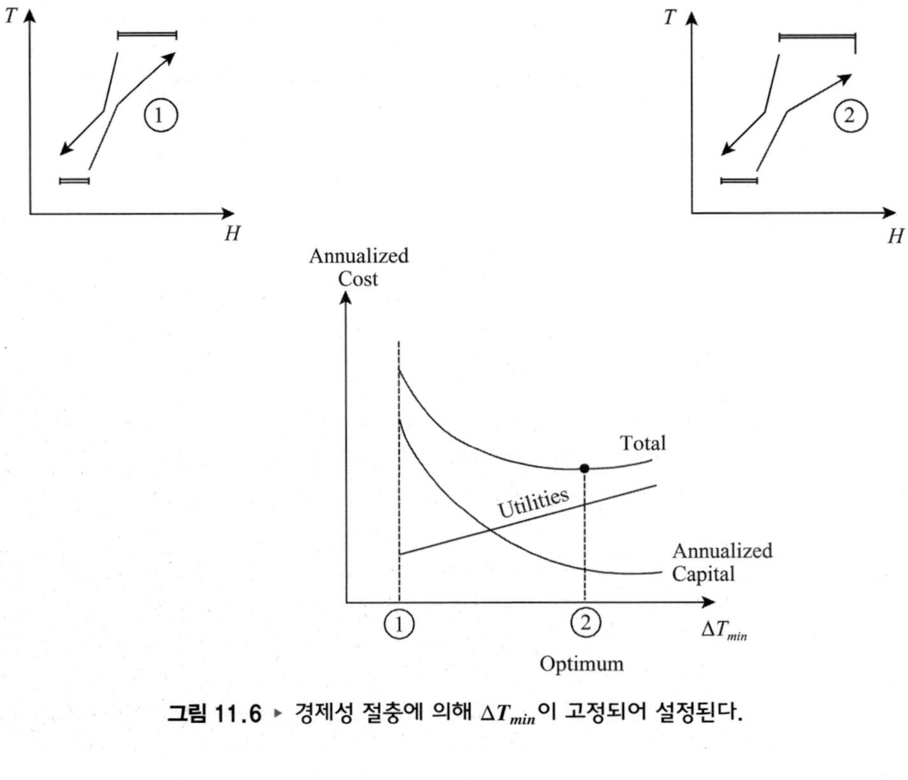

그림 11.6 ▸ 경제성 절충에 의해 ΔT_{min}이 고정되어 설정된다.

의해 정해지는 에너지와 투자비 간의 경제성 절충점에 의해 결정된다. 올바른 경제적 ΔT_{min}가 알려지면, 복합선도들의 상대적 위치가 고정되고, 에너지 목표치가 정해진다. 목표치가 열교환망설계에서 얻어지려면 복합선도의 ΔT_{min}과 이것의 위치는 설계의 중요한 함축들을 갖는다. ΔT_{min}은 일반적으로 온류 및 냉류의 복합선도 사이에서 단 하나의 온도에서 발생한다. 이 온도를 *열회수 핀치*(Umeda, Itoh and Shiroko, 1978; Umeda, Harada and Shiroko, 1979; Umeda, Niida and Shiroko, 1979; Linnhoff, Mason and Wardle, 1979)라 부르고, 이 핀치는 특별한 의미를 가진다.

복합선도들에서 에너지와 투자비 사이의 절충점은 각각의 열교환기들의 ΔT_{min}보다 작지 않은 흐름온도 차이를 가져야 함을 제안한다. 열교환망 설계의 좋은 출발은 각 열교환기가 복합선도들 사이에서 ΔT_{min}보다 작지 않은 흐름온도차를 가져야 한다는 가정을 세우는 것이다.

이 규칙을 따르면, 그림 11.7a에서 나타낸 것과 같이 공정을 핀치에서 나눌 수 있다. 핀치 상부를 보면(온도의 기준으로), 공정의 최소 열 공급량 Q_{Hmin}으로 열수지의 균형을 이루고 있다. 열은 뜨거운 유틸리티로부터 받을 수만 있고, 제거할 수 없다. 이것은 열 수용원으로 작동한다. 핀치 하부(온도 기준)에서 공정은 최소 차가운 유틸리티(Q_{Cmin})와 열수지의 균형을 이루고 있다. 어떤 열도 받지 않지만, 차가운 유틸리티로 열을 방출한다. 이것은 열 공급원으로 작동한다.

이들 두 공정의 열전달 가능성에 대해 고려해보자. 그림 11.7b는 핀치 상부에 있는 온류에서 핀치 하부의 냉류로 열전달이 가능하다는 것을 보여준다. 핀치 온도는 온류 쪽은 150°C이고, 냉류 쪽은 140°C이다. 핀치 상부에서 하부로의 열전달에서 150°C 혹은 그보다 높은 온도의 온류로부터 140°C 혹은 그보다 낮은 온도의 냉류로의 열전달을 그림 11.7b에 나타내었다. 이것은 명백히 가능하다. 반대로 그림 11.7c에서 핀치 하부에 있는 온류로부터 핀치 상부의 냉류로 열전달은 불가능하다는 것을 나타낸다. 150°C 혹은 그보다 낮은 온도의 온류로부터 140°C 혹은 그보다 높은 온도의 냉류로의 열 이동이 요구된다. 이것은 명백히 불가능하다.

그림 11.8a에서와 같이 핀치 상부 공정으로부터 핀치 아래쪽의 공정으로의 열전달을 *XP*라 하고, 이때 핀치 상부는 *XP*만큼의 열 결손이 일어난다. 이 열 결손을 보상해주는 유일한 방법은 뜨거운 유틸리티로부터 그만큼의 열을 추가적으로 받아들이는 것이다. 이와 마찬가지로 핀치 하부의 과량만큼의 열은 추가적인 차가운 유틸리티를 통해 배출시켜야 한다.

유사한 효과가 유틸리티의 부적절한 사용으로 일어난다. 주어진 부분의 공정에서의 엔탈피 불균형만큼을 만족시켜주는 데에 필수적인 양을 사용한다면 유틸리티는 적절히 사용된 것이다. 그림 11.7a의 핀치 상부에서 스팀은 엔탈피 불균형 양만큼을 만족시키는 양이 필요하다. 그림 11.8b는 만약 부적절한 유틸리티의 사용이 일어나면 어떤 일이 일어나는지, 즉 핀치 상부에서 *XP*만큼의 에너지를 온류에서 제거하기 위해 냉각수가 사용되어야 한다는 것을 보여준다. 이런 엔탈피 불균형을 만족시키기 위해 스팀으로부터(Q_{Hmm} + *XP*)만큼의 열을 얻어내야 한다. 또한 전체적으로 (Q_{Cmin} + *XP*)만큼의 열을 제거하기 위한 양의 냉각수가 사용되어야 한다(Linnhoff, Mason and Wardle, 1979; Linnhoff *et al*., 1982).

또 다른 부적절한 유틸리티의 사용은 핀치 하부에서 냉류를 스팀으로 가열하는 경우를 포함한다. 핀치 하부에서 냉각수는 엔탈피 불균형만큼을 만족시켜주는 양이 필요하다. 그림 11.8c는 핀치 하부에서 *XP*만큼의 스팀이 사용될 때 어떤 일이 일어나는가를 나타내었다. Q_{Hmin}는 핀치 상부에서 엔탈피 불균형만큼을 만족시켜주기 위해 여전히 공급되고 있다. 전체적으로 (Q_{Hmin} + *XP*)의 스팀이 사용되고 이와 마찬가지로 (Q_{Cmin} + *XP*)의 냉각수가 사용된다.

다시 말해서 복합선도로부터 도출된 에너지 목표치를 이루기 위해 설계자는 핀치를 경유해서 다음에 의한 열전달이 일어나도록 하면 안 된다는 것이다.

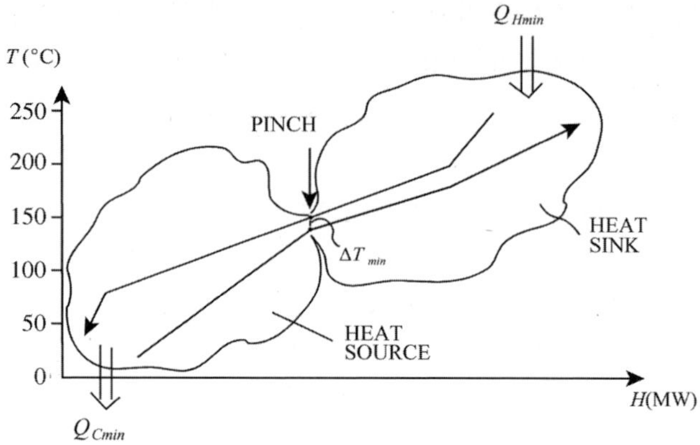

(a) 핀치는 공정을 열 공급부와 열 수용부로 나눈다.

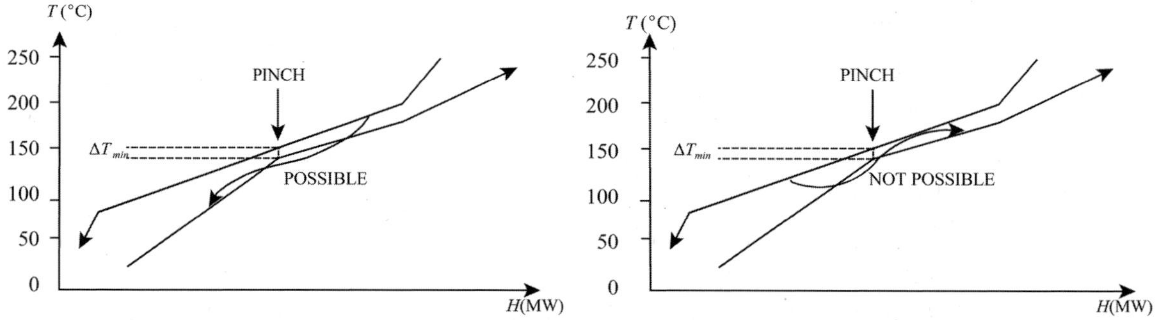

(b) 핀치 상부로부터 핀치 하부로의 열전달은 가능하다. (c) ΔT_{min}을 위배하지 않고 핀치 하부로부터 핀치 상부로 열을 전달하는 것은 불가능하다.

그림 11.7 ▸ 복합곡선은 에너지 목표치와 핀치의 위치를 규정해 준다.

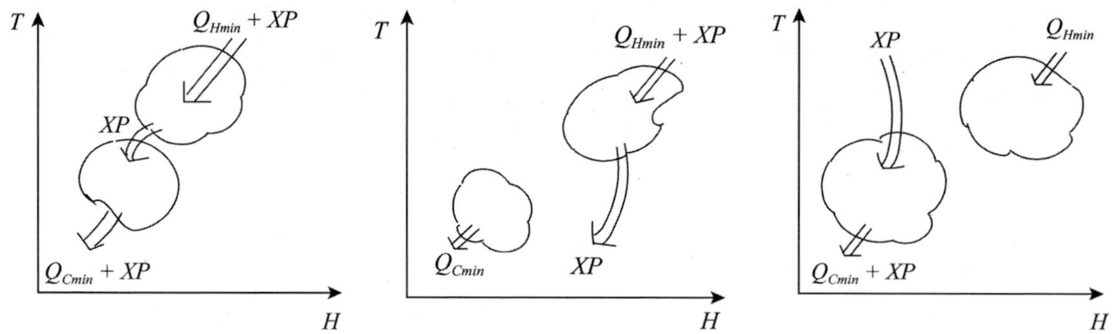

(a) 핀치를 가로지르는 공정-공정 열전달 (b) 핀치 상부의 차가운 유틸리티 (c) 핀치 하부의 뜨거운 유틸리티

그림 11.8 ▸ 핀치를 가로지르는 열전달의 세 가지 형태.

a) 공정 대 공정 열전달

b) 유틸리티의 부적절한(과용의) 사용

이들 규칙은 에너지 목표치를 이루는 것을 보장하기 위한 필요충분조건이며, 어떤 개개의 열교환기도 모두가 온도 차이 ΔT_{min}보다 작은 값을 갖지 않는다는 것이 이런 초기 규칙을 뒷받침해 준다.

그림 11.9a는 ΔT_{min} = 10°C에서 에너지 목표치, Q_{Hmin} = 7.5 MW 그리고 Q_{Cmin} = 10 MW을 얻어낸 그림 11.2의 흐름도에 상응하는 설계를 보여준다. 그림 11.9b는 *격자선도*(Linnhoff and Flower, 1978)로 알려진 한 흐름도의 표현을 보여준다. 이 격자선도는 단지 열전달 조작만을 보여준다. 온류는 위쪽에 있고 왼쪽에서 오른쪽으로 흐른다. 냉류는 아래쪽에 있고, 오른쪽에서 왼쪽으로 흐른다. 열교환 짝지음은 서로 짝지어진 두 흐름 위에 그려진 두 원을 연결하는 수직선으로 나타내었다. 한 열교환기에 사용된 뜨거운 유틸리티는 "H"라는 글자와 원으로 표현되었고, 차가운 유틸리티는 "C"라는 글자와 원으로 표현되었다. 격자선도의 중요한 부분은 명백히 그림 11.9b에서, 어떻게 이 공정을 핀치를 기준으로 두 부분으로 나눌 것인가 하는 것이다. 그림 11.9a에 나타낸 전통적인 공정도를 두 부분으로 나누는 일은 어렵고도 극히 성가신 일이다.

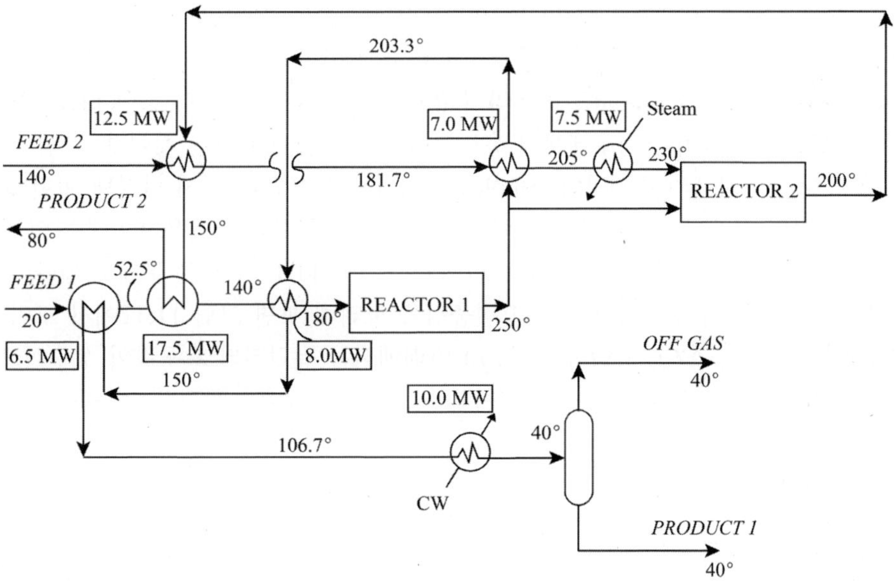

(a) 공정도

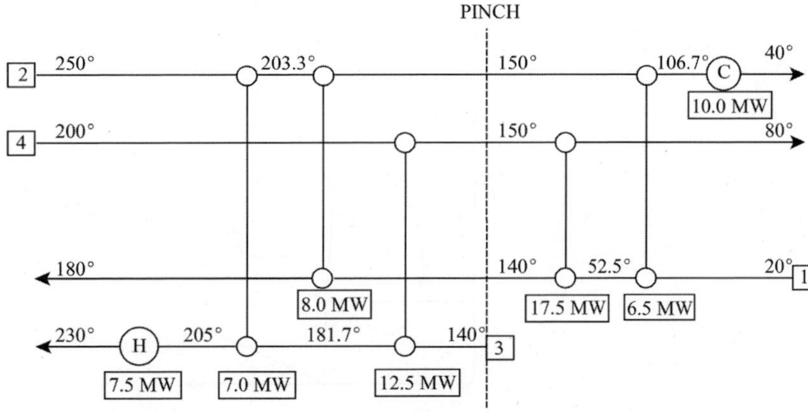

(b) 격자선도

그림 11.9 ▸ 에너지 목표치를 달성하기 위한 설계.

그림 11.9의 설계가 어떻게 개발되었는가는 12장에서 자세히 설명할 것이다. 지금은 설계로부터 얻어진 복합선도로부터 목표치를 얻는 과정, 핀치가 구해지는 방법, 핀치를 가로질러 열교환이 없다는 것, 부적절한 유틸리티의 사용이 없다는 것에 주목하자. 그러나 핀치를 들여다볼 때 열교환망을 설계하기 전에 아직 몇몇 중요한 결정이 이루어져야 한다는 분석이 필요하다.

11.3 한계치 문제들

모든 문제가 공정을 두 부분으로 나누는 핀치를 갖는 것은 아니다(Linnhoff *et al.*, 1982). 그림 11.10a의 복합선도를 고려해 보자. 이 도면에서는 스팀과 냉각수가 모두 필요하다. 복합선도가 서로 가까이 움직임에 따라 스팀과 냉각수 둘 다 그림 11.10b와 같아질 때까지 요구량이 줄어든다. 여기서 복합선도는 고온 부분이 일직선상으로 놓이게 되고, 이것은 뜨거운 유틸리티가 더 이상 필요 없다는 것이 된다. 좀 더 가까이 선도를 옮기면 그림 11.10c와 같이 된다. 이때 저온 부분의 차가운 유틸리티 수요량이 줄어들었지만 고온 부위에서도 차가운 유틸리티가 요구되어 저온 부분에서 감소된 차가운 유틸리티 수요량만큼 고온 부분에서 차가운 유틸리티의 수요가 생긴다. 다시 말해서 그림 11.10b의 구조에서 더 가까이 복합선도들을 움직이는 경우에서의 유틸리티 수요는 일정하다는 것이다. 그림 11.10b의 구조가 바로 최소 유틸리티 사용의 한계치(threshold)를 표시하고 있고, 여기서 나타낸 이런 문제를 *한계치 문제*라고 한다. 몇몇 한계치 문제들에서 그림 11.10의 경우와 같이 뜨거운 유틸리티의 요구량이 없어진다. 또 다른 경우, 차가운 유틸리티 요구량이 없어지는 그림 11.11과 같은 문제도 있다.

한계치 문제들에서 투자비/에너지의 절충점을 고려해 보면 그림 11.12에서 보여주는 두 가지 결과가 가능하다. 한계치 ΔT_{min} ($\Delta T_{THRESHOLD}$) 아래에서는 유틸리티 요구량이 상수이므로 에너지 비용은 상수이다. 그림 11.12a는 최적점이 한계치 ΔT_{min}에서 일어나는 상황을 보여준다. 그림 11.12b는 최적

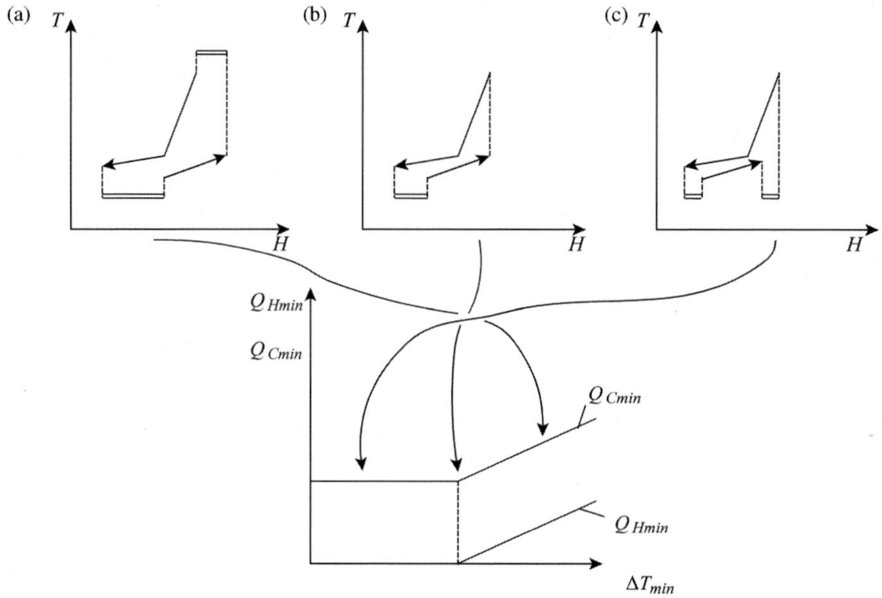

그림 11.10 ▸ ΔT_{min}이 변함에 따라 어떤 문제들은 한계치 ΔT_{min} 아래 값에서 차가운 유틸리티만 요구한다.

점이 한계치 ΔT_{min}의 위쪽에서 일어나는 상황을 보여준다. 한계치 ΔT_{min} 아래의 에너지 비용이 수평선인 것은 최적점이 한계치 ΔT_{min} 아래에 놓이지 않는다는 뜻이다. 최적점은 반드시 한계치 ΔT_{min}보다 높거나 같은 곳에 있다.

그림 11.12a와 같은 상황에서 한계치 ΔT_{min}이 최적 ΔT_{min}이 된다면 여기에는 핀치가 없다. 반면 그림 11.12b와 같은 상황에서 한계치 값보다 높은 최적점일 경우 두 종류의 유틸리티 수요가 모두 있을 수 있고, 여기에는 핀치가 존재한다.

실제적인 문제들에서 한계치 문제는 일반적으로 나타남에 주의해야 하며, 비록 그들에서 공정 핀치가 없더라도 다중의 유틸리티가 부가된다면 핀치들은 디자인을 수행할 때 나타난다. 그림 11.13a는 그림 11.10과 유사한 복합선도를 나타낸다. 그러나 이것은 한 종류의 차가운 유틸리티가 아닌, 두 가지 온도의 유틸리티를 사용하는 것이 다른 점이다. 이 경우 두 번째의 차가운 유틸리티는 스팀을 발생시키는 차가운 유틸리티이다. 이 두 번째 유틸리티의 도입은 핀치를 만든다. 이런 것을 추가된 유틸리티의 도입에 의한 것이기 때문에 *유틸리티 핀치*라고 한다(Linnhoff et al., 1982).

그림 11.13b는 그림 11.11과 유사한 복합선도를 나타낸다. 그러나 이것은 두 종류 의 스팀을 사용한다. 이것 역시 두 번째 온도의 스팀 도입이 유틸리티 핀치 생성의 원인이 되었다.

설계에서 공정 핀치 부분에서의 규칙이 그대로 유틸리티 핀치 부분에 적용된다. 열은 유틸리티 핀치를 가로질러 공정에서 공정으로의 전달이 없어야 하고, 그렇게 해야 부적절한 유틸리티의 사용이 없게 된다. 그림 11.13a에서 핀치 상부에서의 유틸리티는 단지 스팀 발생 유틸리티뿐이고, 핀치 하부는 냉각수뿐임을 보여준다. 그림 11.13b에서는 유틸리티 핀치 상부에서 고압 스팀만이 사용되고, 핀치 하부에서는 저압 스팀만이 사용됨을 보여준다.

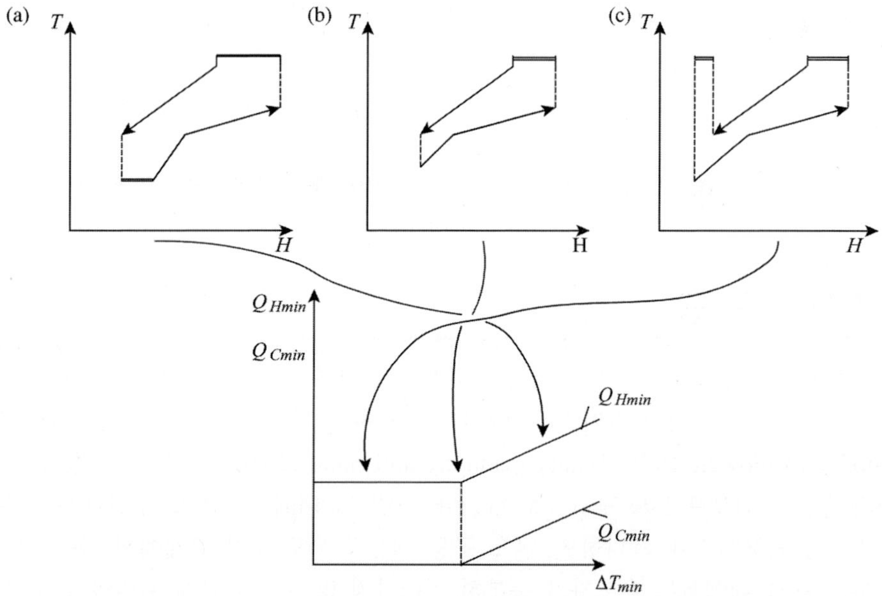

그림 11.11 ▸ 어떤 한계치 문제들에서는 한계치 ΔT_{min} 값 아래에서 뜨거운 유틸리티만을 요구한다.

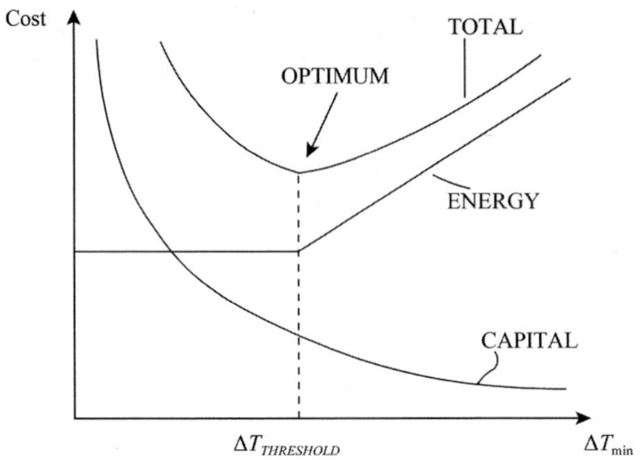

(a) 투자비－에너지 절충은 $\Delta T_{THRESHOLD}$에서 최적값을 가질 수 있다.

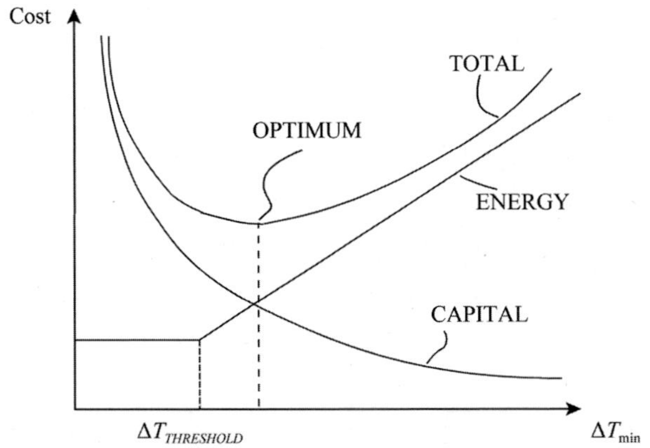

(b) 투자비－에너지 절충은 $\Delta T_{THRESHOLD}$의 위쪽에서 최적값을 가질 수 있다.

그림 11.12 ▸ 한계치 문제들에서 투자비/에너지 절충점에 의한 최적점 설정.

11.4 문제 표 알고리듬

비록 복합선도가 에너지 목표치를 정하기 위해 사용될 수 있으나, 그래프 제작에 기초하기 때문에 불편한 점이 있다. 그래프 작도 없이 바로 에너지 목표치를 계산해내는 방법이 개발되었다(Hohman,1971; Linnhoff and Flower, 1978; Bandyopadhyay and Sahu, 2010). 공정은 우선 복합선도를 작도하기 위한 것과 같은 방법으로 온도 구간들로 나뉜다. 그림 11.14a는 각 온도 구간에서 모든 열을 회수하는 것은 불가능함을 보여준다. 왜냐하면, 온도 구동력이 각 온도 구간 전체에서 가능하지 않기 때문이다(즉, 같은 온도 구간 내에서는 온도차가 충분히 일어나지 않음). 이 문제는 만약 순수하게 설계를 위한 것이지만, 온류들은 $\Delta T_{min}/2$만큼 실제의 자기 온도보다 차갑게, 냉류들은 실제 온도보다 $\Delta T_{min}/2$만큼 뜨거운 것처럼 가정함으로써 해결할 수 있다(그림 11.14c 참조). 이렇게 흐름들로 만든 *이동된 복합선도*(shifted composite curve)는 이제 핀치에서 서로 만난다. 이동된 온도 구간의 이동된 복합선도 간의 열수지는 각 이동된 온도 구간 전체에서 열교환이 가능함을 보여준다. 다만 이때 온류들은 실제로

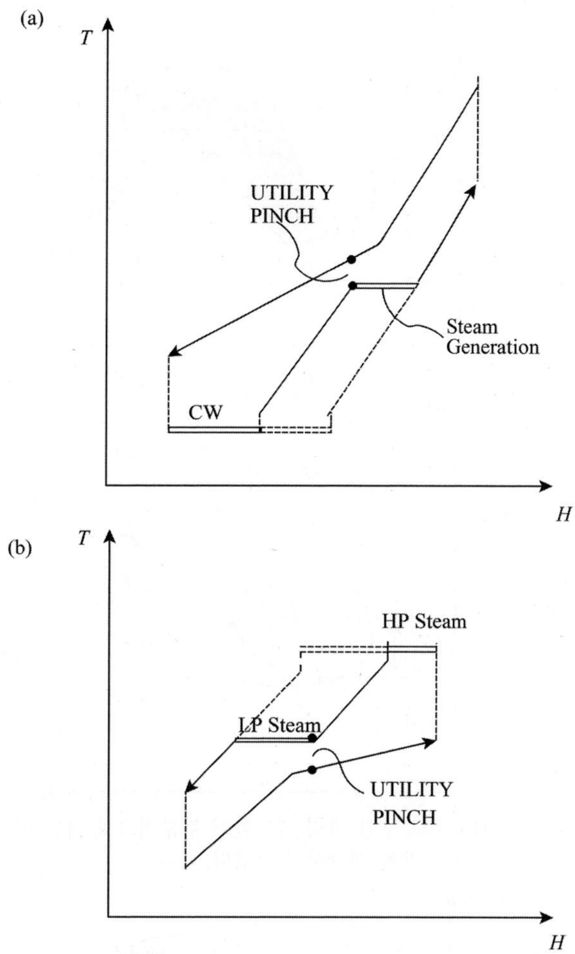

그림 11.13 ▸ **추가적인 유틸리티가 부가될 때 한계치 문제는 핀치 문제로 돌아간다.**

$\Delta T_{min}/2$만큼 더 뜨겁고, 냉류들은 실제로 $\Delta T_{min}/2$만큼 더 차갑다. 그래서 이동된 각 온도 구간 내에서는 뜨거운 흐름들은 실제로 차가운 흐름들보다 ΔT_{min}만큼 더 뜨겁다.

선도를 수직적으로 $\Delta T_{min}/2$만큼 이동시키는 것이 선도들 간의 수평적 겹침의 크기를 바꾸지 않음을 주의하자. 그래서 냉류 복합선도가 문제의 뜨거운 부분 끝 쪽에서 온류 복합선도의 시작보다 더 넘어서 확장됨으로써 열량이 바뀌지 않고, 온류 복합선도가 차가운 부분의 끝 쪽에서 냉류 복합선도의 시작을 넘어서 확장됨으로써 열량이 바뀌지 않는다. 이동은 주어진 온도 구간들에서 단지 열전달 가능 온도를 보장하는 기능을 할 뿐이다.

이러한 이동 기법은 복합선도들의 작도 없이 에너지 목표치를 계산할 수 있게 하는 전략 개발에 사용될 수 있다(Hohman, 1971; Linnhoff and Flower, 1978; Bandyopadhyay and Sahu, 2010).

1) 흐름의 공급과 목표 온도에서 온류들은 $\Delta T_{min}/2$를 빼고, 냉류들은 $\Delta T_{min}/2$를 더하여 이동된 온도 구간들을 작성한다(그림 11.14c 참조).

2) 각 이동된 온도 구간에서 다음 식을 이용하여 단순 에너지수지를 계산한다.

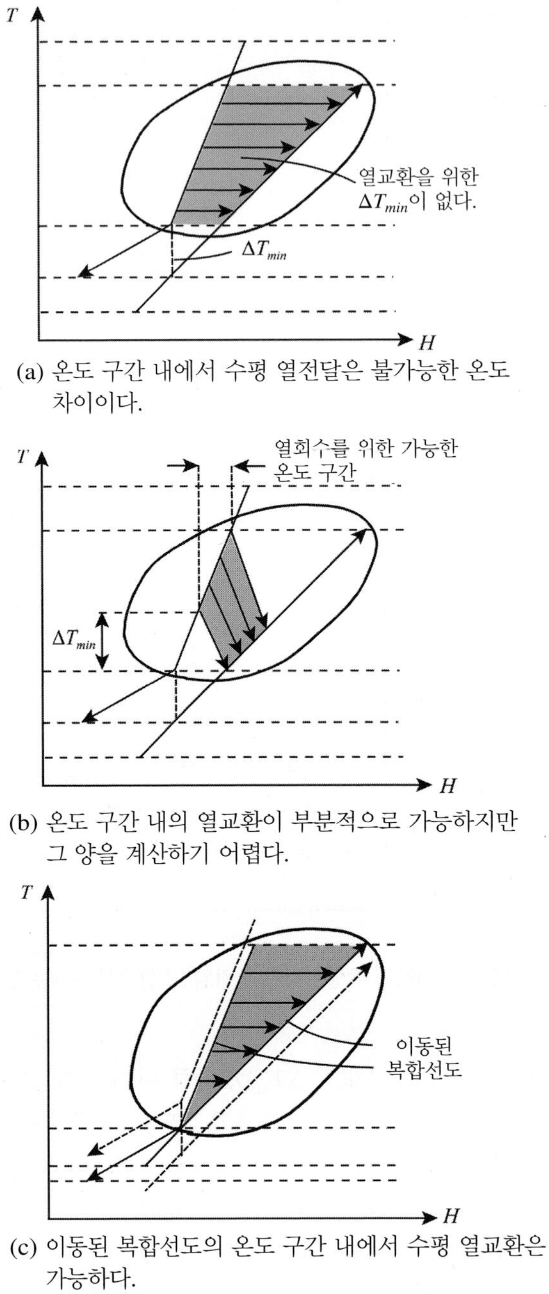

그림 11.14 ▸ 각 온도 구간에서 이동된 복합선도는 완전한 열회수를 가능하게 한다.

$$\Delta H_i = \left[\sum_{Cold\ Streams} CP_C - \sum_{Hot\ Streams} CP_H \right] \Delta T_i \tag{11.1}$$

여기서 ΔH_i는 이동된 구간 i에서의 열수지이고, ΔT_i는 이 구간의 온도 폭이다. 만약 냉류들이 온류들에 비해 열부하가 큰 경우, 이 구간은 순 열결손(부족)이 되고, ΔH는 양수이다. 만약 온류들이 냉류에 비해 열부하가 클 경우, 이 구간은 순 열과잉이 되고 ΔH는 음수이다. 이것은 표준 열역학 관례에 일관되게 표현되었다(발열 반응은 ΔH가 음수). 만약, 뜨거운 유틸리티가 사용되지 않는다면, 이것은 그림 11.15a에서 보인 이동된 복합선도의 작도와 같은 것이 된다.

3) 그림 11.15a에서 보인 것과 같은 이동된 선도들의 역전 겹침은 열교환이 불가능함을 뜻한다. 핀치에서 이런 겹침은 최대값이 된다. 이런 최대 겹침은 겹침을 바로잡기 위해 뜨거운 유틸리티가 더해진다. 그렇게 하면 이동된 선도는 그림 11.15b와 같이 핀치와 접하게 된다. 이동된 선도가 막 닿았다면 실제 선도는 핀치점에서 ΔT_{min}만큼 떨어져 있게 된다(그림 11.15b 참조).

이런 기본적 접근법은 *문제 표 알고리듬*으로 알려진 형식화된 알고리듬으로 개발될 수 있다(Linnhoff and Flower, 1978). 이 알고리듬을 설명하기 위해 $\Delta T_{min} = 10°C$의 표 11.2에 의해 주어진 그림 11.2로부터 나온 데이터를 사용하여 전개해 보겠다.

먼저 실제의 공급 및 목표 온도로부터 이동된 온도 구간 T^*를 정의한다. 각 흐름들은 그림 11.16에서 보여주듯 수직 온도 눈금으로 나타낸다. 구간 온도들은 그림 11.16에서 나타낸 것과 같이 온류 온도들은 $\Delta T_{min}/2$ 낮게, 냉류 온도들은 $\Delta T_{min}/2$ 높게 설정되어 있다.

다음으로, 식 (11.1)에 의해 각 이동된 온도 구간 내에서 열수지 계산을 실행한다. 그 결과는 그림 11.17에 나타내었다. 그림 11.17의 몇몇 이동된 구간들은 열 과잉 상태이고, 또 다른 것들은 열 결손 상

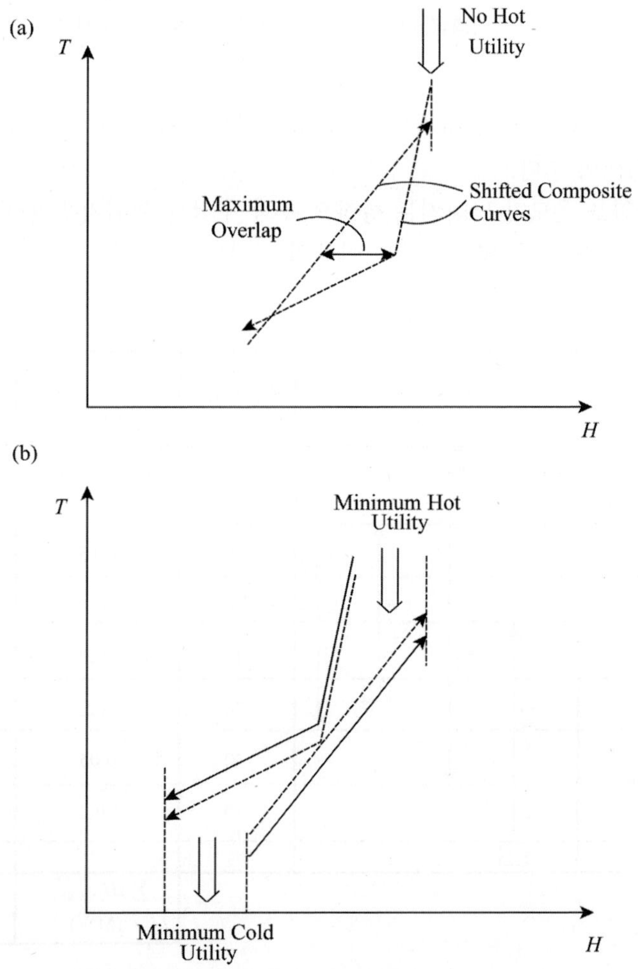

그림 11.15 ▸ 이동된 복합선도에서의 최대 겹쳐짐으로부터 유틸리티 목표치가 결정된다.

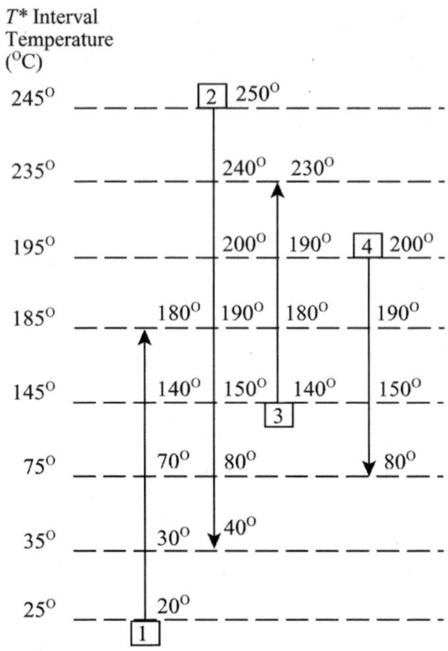

그림 11.16 ▸ 그림 11.2의 각각의 흐름 데이터.

태이다. 각 이동된 구간 내의 열수지는 각 구간 내에서 최대 열회수를 허용한다. 그러나 구간들 사이에서도 열회수가 있어야 한다.

이제 과잉의 열을 온도가 낮아지는 방향으로 각 구간들로 넘겨주면서 계산해 보자. 이것은 어떤 한 구간의 온류들의 가용한 초과열은 다음 아래의 구간의 열 결손된 냉류에 열을 공급해 주기에 충분하

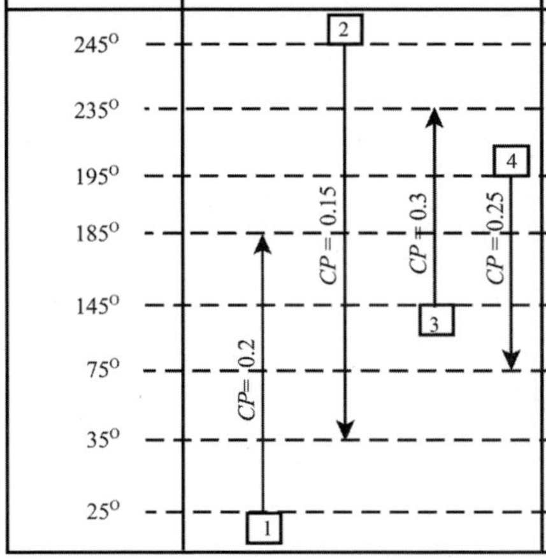

Interval Temperature	Stream Population	$\Delta T_{INTERVAL}$ (°C)	$\sum CP_C - \sum CP_H$ (MW/°C)	$\Delta H_{INTERVAL}$ (MW)	Surplus/ Defict
245°–235°		10	-0.15	-1.5	Surplus
235°–195°		40	0.15	6.0	Deficit
195°–185°		10	-0.1	-1.0	Surplus
185°–145°		40	0.1	4.0	Deficit
145°–75°		70	-0.2	-14.0	Surplus
75°–35°		40	0.05	2.0	Deficit
35°–25°		10	0.2	2.0	Deficit
			$\sum \Delta H_{INTERVAL}$ (MW)	-2.5	Surplus

그림 11.17 ▸ 각 온도 구간의 열수지.

기 때문에 가능하다. 그림 11.18은 이 문제의 열내림 흐름(cascade)을 보여준다. 첫째 첫 번째 구간에서 뜨거운 유틸리티에 의해 어떤 열도 공급되지 않음을 가정한다(그림 11.18a). 첫 구간은 과잉의 열 1.5 MW를 갖는다. 이 열은 아래 구간으로 열내림 흐름을 한다. 두 번째 구간은 6 MW의 열 결손을 갖는다. 그래서 결국, 여기까지의 열내림 흐름 전체량은 –4.5 MW가 된다. 세 번째 구간은 1 MW의 과잉 열을 가지므로, 여기까지의 내림 흐름량이 총 –3.5 MW가 되었다. 이 과정을 계속한다.

그림 11.18a에 나타난 열흐름을 보면, 어떤 구간은 음의 값을 가지며 이것은 불가능한 열전달을 의미한다. 열은 더 뜨거운 쪽으로 전달되지 않기 때문이다. 이 열내림 흐름도를 가능하게 하기 위해 열흐름이 최소한 0이 될 수 있도록 적절한 열이 뜨거운 유틸리티로부터 공급되어야 한다. 뜨거운 유틸리티로부터 요구되는 가장 최소한의 열은 그림 11.18a의 열흐름의 음수값 중 가장 큰 값, 즉 7.5 MW이다. 그림 11.18b에서 7.5 MW가 뜨거운 유틸리티로부터 첫 번째 구간으로 들어오게 한다. 이것은 각 구간에서의 열수지를 바꾸지는 않고, 단지 각 구간들 간의 전체 열흐름량만 7.5 MW만큼 증가시키게 되며, 한 군데의 온도 구간, 즉 145°C에서의 열흐름을 '0'으로 만든다.

7.5MW보다 더 많은 열이 뜨거운 유틸리티로부터 첫 구간으로 공급될 수 있으나, 목표는 최소한의

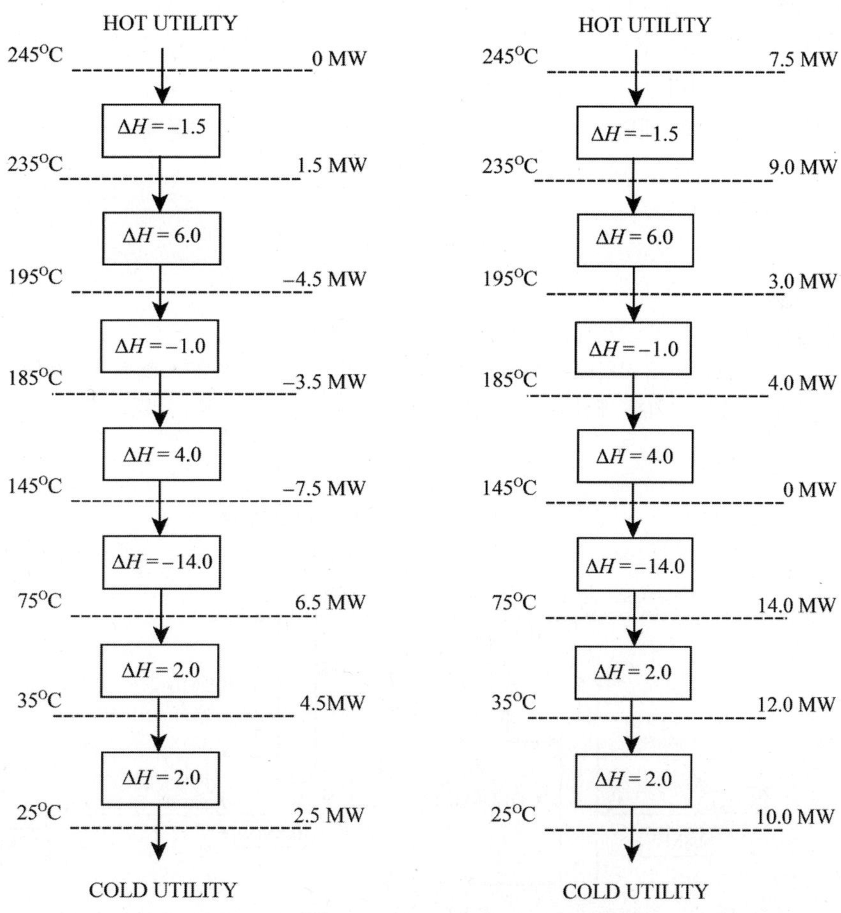

(a) 고온에서 저온으로의 잉여 열내림 흐름

(b) 모든 열흐름을 0 또는 양의 값으로 만들기 위하여 뜨거운 유틸리티로 열을 더한다.

그림 11.18 ▸ **문제 표 열내림 흐름도.**

표 11.3 ▸ 표 11.2로부터 이동된 온도 데이터

Stream	Type	T_S	T_T	T_S*	T_T*
1	Cold	20	180	25	185
2	Hot	250	40	245	35
3	Cold	140	230	145	235
4	Hot	200	80	195	75

뜨거운, 그리고 차가운 유틸리티 값을 구하는 데 있다. 그래서 그림 11.18b로부터 Q_{Hmin} = 7.5 MW 그리고 Q_{Cmin} = 10 MW가 된다. 이것은 그림 6.5a의 복합선도로부터 얻어지는 값과 같다. 한 가지 더 중요한 정보는 그림 11.18b의 열내림 흐름도로부터 유도될 수 있다. 열흐름이 '0'인 온도 T^* = 145°C가 핀치 온도라는 것이다. 그래서 실제의 온류와 냉류의 핀치 온도는 150°C, 140°C이다. 다시 말해서, 이것은 그림 11.5a의 복합선도로부터 얻어진 결과와 일치한다는 것이다.

열내림 흐름의 그림 11.18a의 초기 구조는 이동 복합선도의 그림 11.15a와 같고, 거기에는 온도 역전 겹침이 있었다. 열흐름이 '0' 혹은 양수를 갖는 그림 11.18b의 구조는 이동 복합선도의 그림 11.15b의 구조와 같은 것이다.

복합선도는 공정의 개념을 이해하는 데 유용하게 사용되지만, 문제 표 알고리듬은 보다 편리한 계산 도구이다.

예제 11.1

저온 증류 공정의 공정 흐름도가 그림 11.19에 나타나 있다. ΔT_{min} = 5°C일 때 뜨거운 유틸리티와 차가운 유틸리티의 최소 요구량과 핀치의 위치를 계산하라.

›풀이

먼저 공정도로부터 흐름 데이터를 얻어내야 한다. 이것은 표 11.4에 나와 있다.

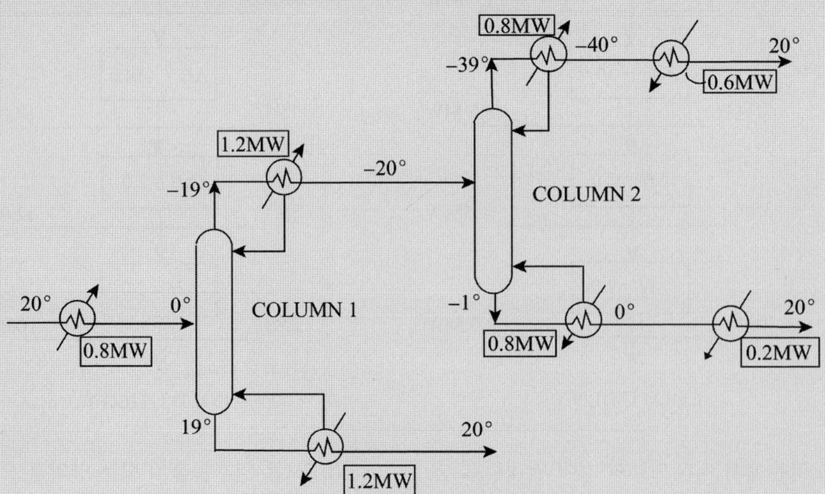

그림 11.19 ▸ 저온 증류 공정.

표 11.4 ▸ 저온 증류 공정의 흐름 데이터

Stream	Type	Supply temperature T_S (°C)	Target temperature T_T (°C)	ΔH (MW)	CP (MW·K^{-1})
1. Feed to column 1	Hot	20	0	–0.8	0.04
2. Column 1 condenser	Hot	–19	–20	–1.2	1.2
3. Column 2 condenser	Hot	–39	–40	–0.8	0.8
4. Column 1 reboiler	Cold	19	20	1.2	1.2
5. Column 2 reboiler	Cold	–1	0	0.8	0.8
6. Column 2 bottoms	Cold	0	20	0.2	0.01
7. Column 2 overheads	Cold	–40	20	0.6	0.01

표 11.5 ▸ 표 11.4의 데이터의 온도 이동

Stream	Type	T_S	T_T	T_S^*	T_T^*
1	Hot	20	0	17.5	–2.5
2	Hot	–19	–20	–21.5	–22.5
3	Hot	–39	–40	–41.5	–42.5
4	Cold	19	20	21.5	22.5
5	Cold	–1	0	1.5	2.5
6	Cold	0	20	2.5	22.5
7	Cold	–40	20	–37.5	22.5

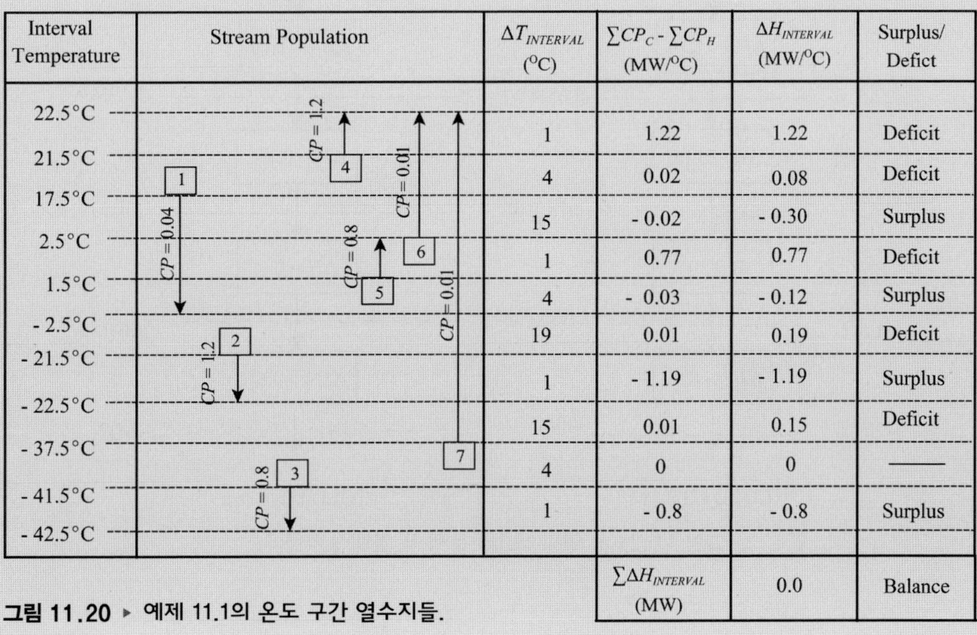

그림 11.20 ▸ 예제 11.1의 온도 구간 열수지들.

다음으로 이동 구간 온도를 계산한다. 온류들은 2.5°C 낮추고, 냉류들은 2.5°C 높인다(표 11.5).

이제 그림 11.20과 같이 각 이동 온도 구간에서 열수지를 계산한다. 결국, 열내림 흐름도가 그림 11.21에 얻어졌다. 그림 11.21a는 뜨거운 유틸리티가 없는 열내림 흐름을 나타내었다. 이것은 음의 열흐름을 나타내고, 가장 큰 음의 값은 −1.84 MW이다. 그림 11.21b와 같이 뜨거운 유틸리티로부터 1.84 MW의 열을 받아들이면 Q_{Hmin} = 1.84, Q_{Cmin} = 1.84 MW가 되고, 온류의 핀치 온도는 −19°C, 냉류의 핀치 온도는 −24°C이다.

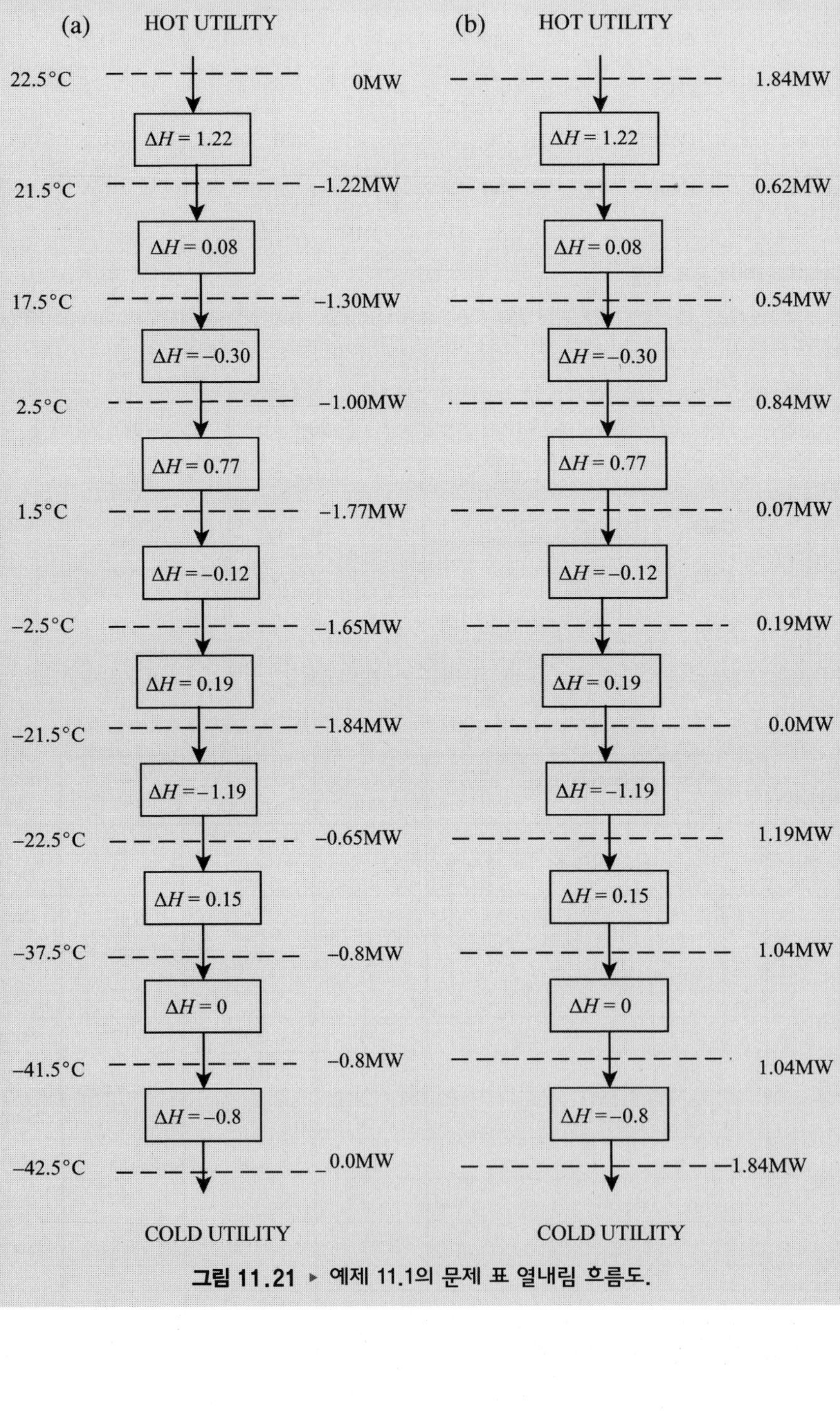

그림 11.21 ▸ 예제 11.1의 문제 표 열내림 흐름도.

11.5 열교환기별로 다른 최소 열교환 온도 차이

열교환망 내 모든 공정 흐름들 간의 열교환 최소 온도 차이는 가정되어 왔다. 그러나 전체 최소 온도 차이가 아닌 열교환기 각각의 최소 온도 차이가 요구될 때도 있다. 예를 들어 열교환망의 흐름들이 액체와 몇몇 기체가 제공되는 경우가 그러하다. 액–액 열교환기는 아마도 ΔT_{min} = 10°C가 근사화될 수 있다. 하지만 기–기 열교환기는 보다 더 큰 최소 온도차가 요구될 것이다. 여기서 ΔT_{min} = 20°C라 하자. 이런 경우 어떻게 목표치 계산에 포함시킬 것인가?

문제 표 알고리듬을 수행할 때 $\Delta T_{min}/2$만큼 냉류는 더해 주고 온류는 빼준다.

$$
\begin{aligned}
T^*_{H,i} &= T_{H,i} - \Delta T_{min,cont,i} \\
T^*_{C,j} &= T_{C,j} + \Delta T_{min,cont,j}
\end{aligned}
$$

여기서 $T^*_{H,i}$와 $T_{H,i}$는 온류 i의 이동 온도와 실제 온도이고, $T^*_{C,j}$와 $T_{C,j}$는 냉류 j의 이동 온도와 실제 온도이다. 그리고 $\Delta T_{min,cont,i}$와 $\Delta T_{min,cont,j}$는 각각 온류 i와 냉류 j의 ΔT_{min}에의 기여 온도차이다. 즉 앞의 문제에서 액체 흐름의 경우 ΔT_{min}에의 기여 온도차는 5°C이고, 기체흐름의 기여 온도차는 10°C이다. 결국 액–액 짝지음은 ΔT_{min} = 10°C, 기–기 짝지음은 ΔT_{min} = 20°C, 기–액 짝지음은 ΔT_{min} = 15°C이다(Linnhoff *et al.*, 1982). 이것을 문제 표 알고리듬에 바로 적용해보자. 복합선도 관점에서 핀치 위치의 ΔT_{min}은 어떤 종류의 흐름이 핀치 위치에 존재하느냐에 달려 있다. 만약 액체들 많이 핀치 지역에 존재한다면 ΔT_{min} = 10°C가 되고, 기체들만 존재한다면 ΔT_{min} = 20°C가 될 것 이다. 기–액 혼합 흐름이 존재하게 된다면 ΔT_{min} = 15°C를 설정하는 것이 적당할 것이다.

11.6 공정 제약

지금까지는 가능한 열교환 온도차가 둘 사이에 존재하는 한 어떤 온류든지 어떤 냉류와의 열교환 짝지음을 할 수 있다고 가정하였다. 그렇지만 자주 실제 공정의 조건들은 이러한 가정을 허락하지 않는다. 예를 들어 만약 두 흐름이 한 열교환기로 열교환될 때 그리고 여기에 누수가 생겨 두 흐름이 직접 만날 수 있고, 이렇게 되면 받아들일 수 없는 위험이 생기는 상황이 있다면 바로 이런 경우일 것이다. 만약 이런 경우라면 의심할 바도 없이 두 흐름은 서로 열교환 짝지음이 될 수 없도록 하는 제약이 가해져야 할 것이다. 또 두 흐름은 지리적으로 너무 멀리 떨어져 있어서 열교환에 받아들일 수 없는 긴 파이프 시공을 해야 할 때도 제약이 걸릴 것이다. 위치 제어나 공정 시동 문제 역시 제약 조건을 요구한다. 제약을 부가하는 여러 가지 것들이 있을 수 있다.

제약을 부과하는 주된 공통적 이유는 *통합 구역*(areas of integrity)으로부터 나온다(Ahmad and Hui, 1991). 한 공정은 보통 논리적으로 하나로 간주할 수 있는 부분 혹은 구역으로 설계한다. 한 그러한 예는 "반응구역", 혹은 "분리구역"의 공정이라는 것이 될 수 있다. 이들 구역들은 시동, 종료, 조업의 유연성, 안전 등의 이유로 각기 분리되어 유지된다. 구역들은 종종 각 구역 간에 공정의 물질들의 중간 저장고를 사용함으로써 서로 독립적으로 조업하도록 되어 있다. 이러한 독립적인 구역들은 일반적으로 *통합 구역*이라 부르고 여기에 열전달의 가능성의 제약을 부과한다. 분명히, 독립적으로 조업을 유지하기 위해 두 구역은 열회수에 의한 가열과 냉각을 서로 의존적으로 할 수 없다.

이제 의문은 어떻게 이러한 제약 조건들의 영향을 시스템의 효율로 계산할 것인가 하는 문제이다. 만약 제약이 부과되어 있다면 직접적으로 문제 표 알고리듬을 적용할 수는 없다. 그러나 자주 제약 조건의 에너지 효율에서의 영향을 약간의 상식적 재치를 보태어 문제 표 알고리듬을 사용함으로써 계산할 수 있다. 다음 예제에 이 문제를 어떻게 계산하는가를 나타내었다(Ahmad and Hui, 1991).

예제 11.2

한 공정이 두 밀집된 구역의 조업의 독립성으로 인해 구역 *A*, 구역 *B*로 나뉜다. 두 구역의 흐름 데이터가 표 11.6에 주어져 있다(Ahmad and Hui, 1991).

ΔT_{min} = 20°C일 때 두 구역을 유지하기 위한 유틸리티의 추가 사용량을 계산하라.

›풀이

추가 사용량을 결정하기 위해 두 지역을 분리하여 각각에 대한 유틸리티 소비를 그림 11.22a에 나타낸 것과 같이 계산한다. 그 후 두 구역에 있는 모든 흐름 들을 하나로 모아 다시 유틸리티 소비량을 계산해 본다(그림 11.22b 참조). 그림 6.23a는 구역 *A*에 대한 문제 표 열내

표 11.6 ▸ 두 밀집 지역 간의 열회수를 위한 흐름 데이터

Area *A*				Area *B*			
Stream	T_S (°C)	T_T (°C)	CP (kW·K^{-1})	Stream	T_S (°C)	T_T (°C)	CP (kW·K^{-1})
1	190	110	2.5	3	140	50	20.0
2	90	170	20.0	4	30	120	5.0

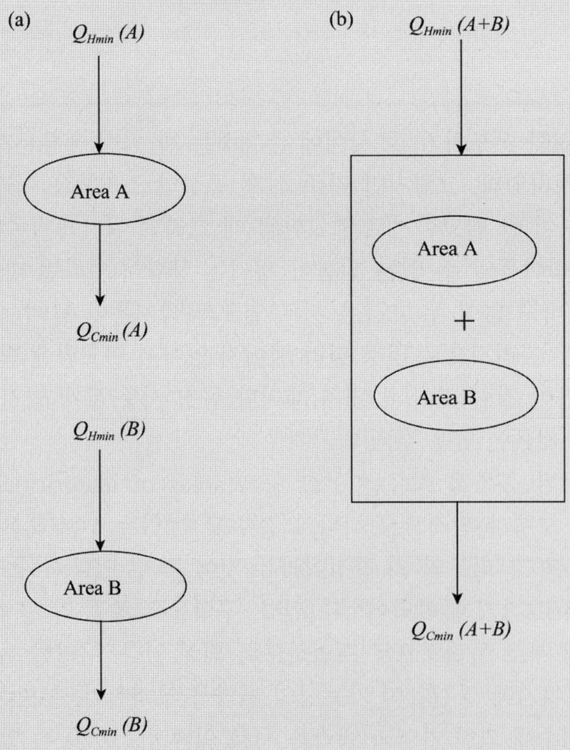

그림 11.22 ▸ 통합 구역들은 각각 목표치가 부여될 수 있고, 다시 결합 목표치를 구할 수도 있다.

림 흐름을 보여주며, 그림 11.23b는 *B* 구역의 열내림 흐름을 보여주고, 그림 11.23c는 구역 *A*와 구역 *B*를 합하여 나타 낸 것이다.

A 구역과 *B* 구역을 분리하였을 경우 뜨거운 유틸리티 소비량은 (1400 + 0) = 1400 KW, 차가운 유틸리티 소비량은 (0 + 1350) = 1350 KW이다. *A* 구역과 *B* 구역을 통합했을 경우, 총 유틸리티 소비량은 950 KW의 뜨거운 유틸리티와 900 KW의 차가운 유틸리티 사용이 된다.

결국 두 구역을 따로 유지하기 위한 추가적인 유틸리티 양은 (1400 − 950) =450 KW의 뜨거운 유틸리티와 (1350 − 900) = 450 KW의 차가운 유틸리티이다.

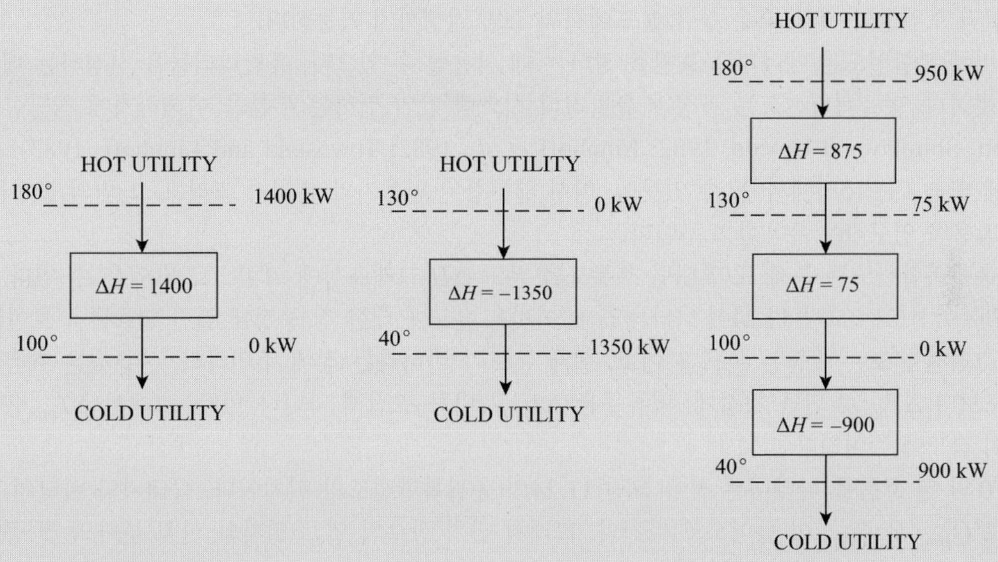

(a) 구역 A (b) 구역 B (c) 구역 A+B

그림 11.23 ▸ **분리된 통합 구역과 합쳐진 통합 구역에 대한 문제 표 열내림 흐름도.**

제약으로 인한 추가 비용은 받아들여질 만한 것인지 너무 비싼지를 결정할 수 있게 해준다. 만약 이것이 너무 비싸면, 다음의 두 가지 선택 중 하나를 택일할 수 있다.

a) 통합 구역 가정을 거부하고, 공정 전체를 하나의 시스템으로 조업한다.

b) 각 구역별로 유지하면서 제약을 극복할 방법을 찾는다. 두 구역 간에 간접적인 열전달을 사용함으로써 종종 가능하다. 가장 간단한 선택은 기존의 유틸리티 시스템을 통하는 방법이다. 예를 들어, 두 흐름 간의 직접 열교환 짝지음보다는 한 흐름으로 스팀을 만들어 기존의 스팀 관으로 넣어주고 다른 하나는 같은 스팀의 관으로부터 스팀을 사용하면 된다. 그렇게 하면 유틸리티 시스템은 두 구역 간의 완충대로 작용할 수 있다. 다른 가능성은 짝지어진 두 흐름 간에 순환하는 뜨거운 기름과 같은 열전달 매개체를 사용하는 방법이다. 조업의 독립성을 유지하기 위해, 만약 두 구역 중 어느 하나가 유틸리티 조업이 되지 않을 때 대기 중인 뜨거운 기름 순환에 의한 유틸리티들로부터 공급되는 가열기, 냉각기가 필요하여 유틸리티들은 짧은 기간 동안 열회수에 대체될 수 있다.

대부분의 제약은 예제 11.2에서 설명한 것처럼 다른 경계치들로 문제의 영역을 줄음으로써 계산이 가능하다. 만약 이 접근법이 적용될 수 없다면 에너지 목표치를 얻기 위해 수리 계획법이 사용되어야 한다.

11.7 유틸리티의 선택

열교환망에서 열회수를 최대화한 후, 열회수에 의해 제공되지 못하는 가열 부하량과 냉각 부하량은 반드시 외부의 유틸리티들로부터 제공되어야 한다. 양파모델의 가장 바깥층은 이제 본격적으로 착수되었지만 아직 목표치들을 저울질하고 있는 단계이다. 유틸리티는 여러 가지이다. 가장 일반적인 뜨거운 유틸리티는 스팀이다. 이것은 보통 여러 가지 단계(온도)로 유용하다. 고온의 가열 부하들은 로의 연도가스나 뜨거운 기름 순환류를 요구한다. 차가운 유틸리티들은 냉동, 냉각수, 공기 냉각, 로의 예열 공기, 보일러 도입물의 예열, 혹은 높은 온도에서의 스팀 발생까지 가능하다.

비록 복합선도는 에너지 목표치를 정하는 데 사용될 수 있으나, 유틸리티들을 선정하는 데는 적절하지 못하다. *총괄복합선도*는 공정과 유틸리티 시스템 간의 접하는 부분을 이해하기에 적당한 도구이다 (Itoh, Shiroko and Umeda, 1982; Linnhoff *et al.*, 1982; Townsend and Linnhoff, 1983). 이것은 이후에 배울 13~15장에서 볼 수 있듯이, 역시 열통합된 반응기와 분리기 그리고 그 외의 공정들 간의 상호 작용을 연구하는 유용한 도구이다.

총괄복합선도는 문제 표 열내림 흐름도를 온도-ΔH 그래프상에 그림으로써 얻을 수 있다. 전형적인 총괄복합선도는 그림 11.24에 나타내었다. 이것은 온도에 대한 전 공정에 걸친 열흐름을 보여준다. 여기에 그려진 온도는 이동된 온도 T^*이고, 실제 온도가 아니라는 점에 주의하라. 온류들은 흐름들의 실제 온도보다 $\Delta T_{min}/2$ 만큼 차갑게, 냉류들은 $\Delta T_{min}/2$만큼 뜨겁게 나타나 있다. 그래서 ΔT_{min}을 허용하는 것이 작도에 주어진다.

'0'의 열 흐름을 나타내는 점이 그림 11.24의 총괄복합선도의 핀치이다. 꼭대기와 바닥의 열려진 입구로 Q_{Hmin}과 Q_{Cmin}이 들어오고 나간다. 그래서 핀치 상수의 열 소멸자와 핀치 부하의 열 공급자는 그림 11.24에 나타낸 것과 같이 정의된다. 그림 11.24에서 빗금으로 표시된 영역을 *포켓*(pocket), 즉 주머니라고 하고, 이 영역은 공정 대 공정 열교환이 직접적으로 일어나는 구역이다. 총괄복합선도의 분포는 문제 표 알고리듬에서 이동된 온도 구간들 내에서 열회수를 한 후 잔여 가열, 냉각의 수요들을 나타

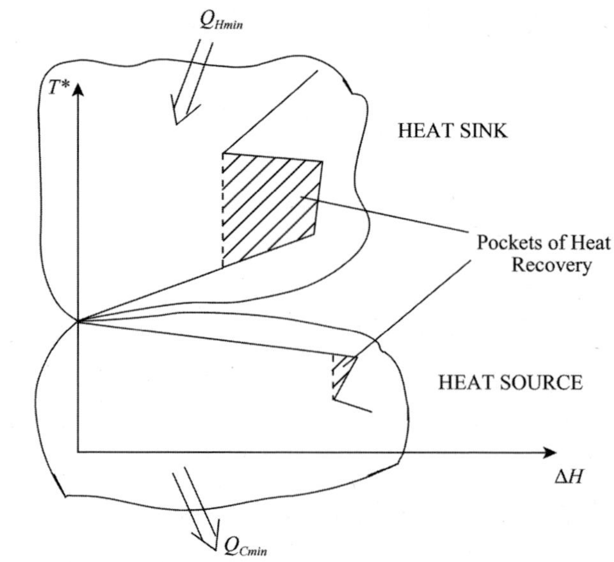

그림 11.24 ▸ 총괄복합선도는 엔탈피와 온도로서 유틸리티 요구량을 보여준다.

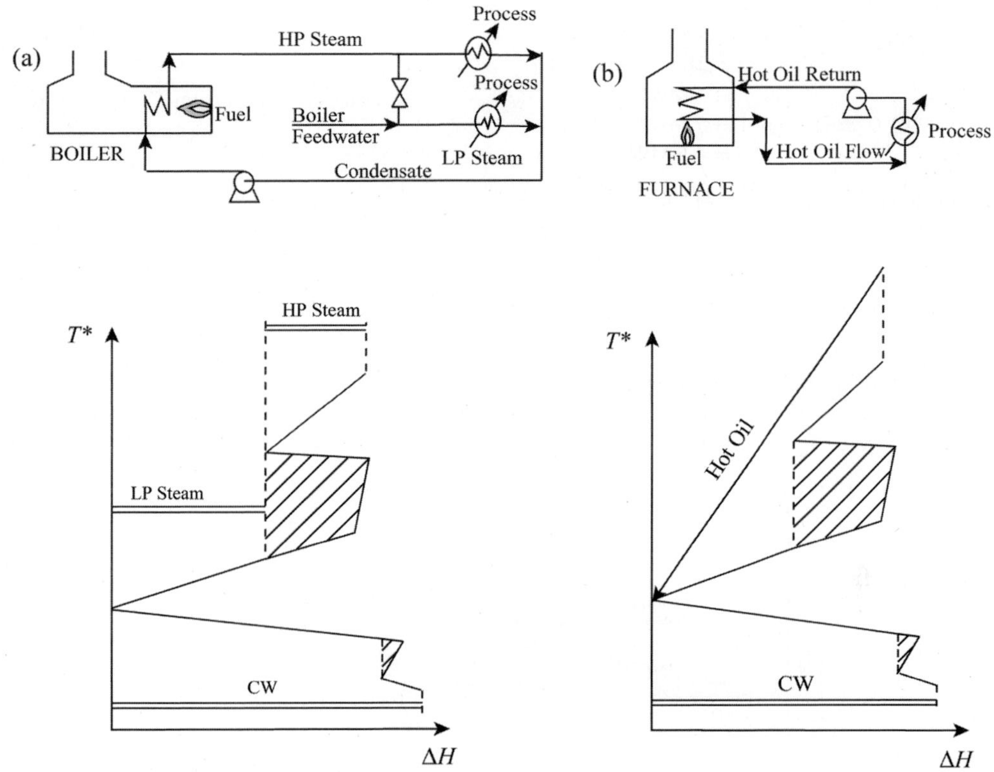

그림 11.25 ▸ 총괄복합선도는 대체될 수 있는 유틸리티 혼합 사용을 계산할 수 있게 한다.

낸 것이다. 그림 11.24에서의 이러한 포켓들은 공정에서 한 지역의 과잉 열이 온도차 ΔT_{min}에서 지역의 결손을 만족시키기 위해 사용되고 있다.

그림 11.25a는 두 단계(온도)의 포화 스팀이 뜨거운 유틸리티로 사용된 총괄복합선도를 보여준다. 그림 11.25a의 스팀 시스템은 포화 상태를 유지하기 위해 압력을 낮춘 후 보일러 도입물을 주입함으로써 저압의 스팀이 과열되지 않았다는 것을 보여준다. 그림 11.25b 뜨거운 유틸리티로서 뜨거운 기름을 사용한 똑같은 총괄복합선도를 보여준다.

예제 11.3

그림 11.2의 공정에 대한 문제 표 열내림 흐름도가 그림 11.18에 주어져 있다. 이 총괄복합선도를 이용하여 다음을 구하라.

a) 포화 상태의 온도 240°C, 180°C의 두 경우의 스팀에 대해, 낮은 압력 스팀의 사용을 최대로 한 두 종류의 스팀의 부하를 결정하라.

b) 스팀을 사용하지 않고, 대신 온도 280°C, C_P = 2.1 kJ·kg^{-1}·K^{-1}인 뜨거운 기름 순환을 사용할 때 최소유량은 얼마인가?

›풀이

a) ΔT_{min} = 10°C일 때 두 단계(온도)의 스팀은 총괄복합선도에 그려져 있는데, 그 온도가 235°C, 175°C이다. 그림 6.26a는 저압의 스팀 사용의 최대치의 열부하를 보여준다. 열내림 흐름의 내삽에 의한 저압 스팀의 부하를 계산하면 T^* = 175°C에서 핀치점은 145°C이고, 온도 구간 145~185°C까지의 열 결손량이 4 MW이므로 180°C, 즉 이동된 온도 175°C의 스팀 부하와 240°C, 즉 이동된 온도 235°C의 스팀 부하는 다음과 같다.

$$180°\text{C 스팀의 부하} = \frac{175 - 145}{185 - 145} \times 4$$
$$= 3\text{ MW}$$
$$240°\text{C 스팀의 부하} = 7.5 - 3$$
$$= 4.5\text{ MW}$$

b) 그림 11.26b는 뜨거운 유틸리티 요구량을 뜨거운 기름으로 준비한 총괄복합선도이다. 만약 최소의 유량이 요구된다면, 이것은 가장 가파른 기울기와 최소의 회귀 온도가 될 것이다. 이 문제의 뜨거운 기름의 최소 회귀온도($T^* = 145$°C, 온류의 경우 $T = 150$°C)는 핀치 온도이다. 다른 문제들에서 핀치에서 멀리 떨어진 공정은 유량의 제한이 있다. 그래서

$$\text{Load on hot oil from } T^* = 195\text{ °C to } T^* = 145\text{ °C}$$
$$= \frac{195 - 145}{275 - 145} \times 7.5$$
$$= 2.9\text{ MW}$$

$$\text{최소 유량} = 7.5 \times 10^3 \times \frac{1}{2.1} \times \frac{1}{(280 - 150)}$$
$$= 27.5\text{ kg·s}^{-1}$$

이다.

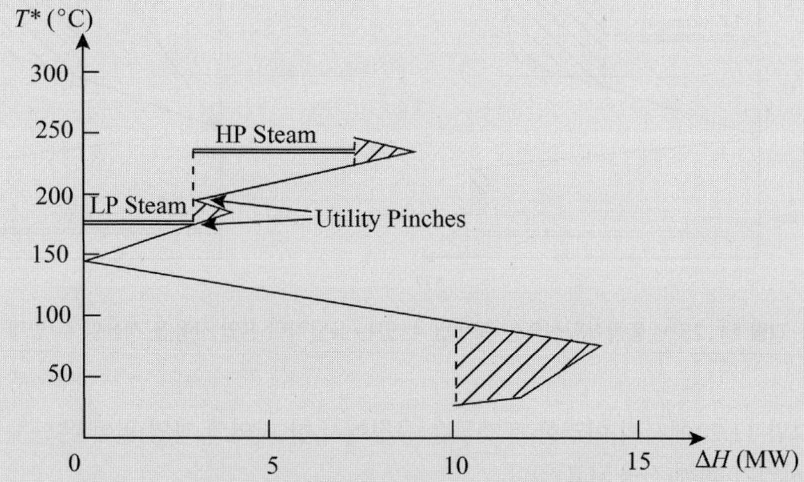

(a) 두 가지 수준의 스팀으로 구성된 뜨거운 유틸리티

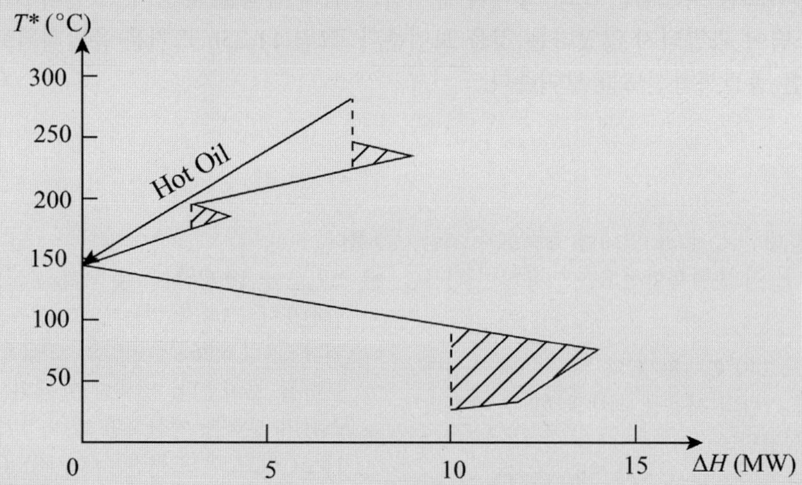

(b) 뜨거운 오일로 구성된 뜨거운 유틸리티

그림 11.26 ▸ 그림 11.2 공정에서의 대체 유틸리티의 혼용.

11.8 로(furnace)

뜨거운 유틸리티가 고온, 혹은 높은 열 유량이 필요할 때 로에서 연료의 연소에 의한 복사 열전달이 사용된다. 로의 설계는 로의 기능, 열부하, 연료의 종류, 연소 공기의 도입 방법 등에 따라 다양하다. 때로는 그 기능은 순수하게 열을 제공하는 것이고, 또 때로는 그 기능이 반응기와 같이 반응열을 제공하는 것이다. 어쨌건 공정 로는 보통 여러 가지 형태를 갖는다. 연소가 일어나는 챔버 내에서 주로 복사에 의해 주위의 챔버 벽으로부터 데워져야 할 유체가 흐르는 관으로 열이 전달된다. 연소 가스가 연소 챔버를 빠져나간 후, 대부분의 로는 이 연도가스가 대기 중으로 빠져나가기 전에 대류 부분에서 연도가스로부터 남은 열을 뽑아내도록 설계되어 있다.

그림 11.27은 로 내의 연도가스가 뜨거운 유틸리티로 제공되는 총괄복합선도를 나타내었다. 연도가스는 이론 불꽃온도(ΔT_{min}에 의해 이동된 총괄복합선도)에서 시작하여 직선의 온도 분포를 나타낸다. 이론 불꽃온도는 연료가 공기나 산소 중에서 열의 가감 없이 연소될 때 얻어지는 온도이다. 이론 불꽃온도와 실제 불꽃온도는 상당히 다르다는 것이 강조되어야 한다. 실제 불꽃온도는 이론 불꽃온도에 비해 낮을 것이다. 왜냐하면 불꽃이 타면서 열 손실을 가져오는데, 다음과 같은 고온에서 일어나는 여러 가지 흡열 분해 반응이 제공하는 열에 부분적 열 손실이 초래되기 때문이다. 그러나 연도가스의 온도가 내려감에 따라 연도가스의 열은 회수되고, 분해 반응은 역반응으로 바뀌면서 열이 방출된다. 그래서 비록 이론 불꽃온도가 실제 불꽃온도를 반영하지 못하지만, 이것은 연도가스가 식혀지면서 연소에 의한 실제 방출되는 열이 얼마인가를 알아내는 편리한 지표를 제공한다.

그림 11.27은 연도가스와 공정 간의 온도 차이를 나타내었다. 즉, 이 그림의 고온 쪽의 연도가스 끝부분의 온도는 그들이 실제로 있는 것보다 더 큰 값을 나타낸다. 연도가스가 식혀짐에 따라 그리고 로의 대류 부분을 지나옴에 따라 온도 차이는 보다 실제에 가까운 값을 나타내 준다. 로의 복사에서의 온

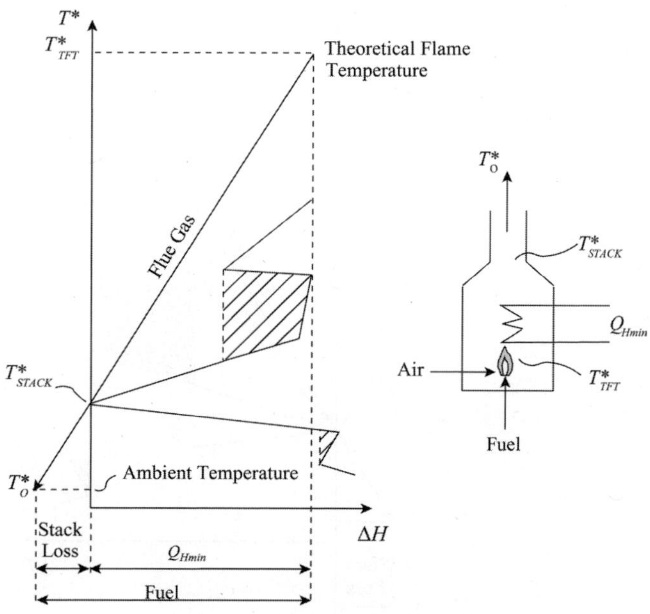

그림 11.27 ▸ 단순 가열 로 모델.

도차는 간단한 모델로 정밀하게 나타낼 수 없으며 정밀한 설명은 보다 세부적인 모사 모델을 요구한다. 그러나 이 모델은 복사 지역의 온도 차이가 매우 클 때 다른 설계들의 범위를 정하고 분류하기 위해 그림 11.27에서 보인 간단한 모델을 사용하여 문제를 표현하는 것은 아닐 것이다. 다시 강조하건데, 그림 11.27에서 보인 간단한 모델은 목표치가 된 수정된 열 부하가 허용된 형태이다.

그림 11.27에서 연도가스는 대기로 방출되기 전까지 핀치 온도로 식혀진다. 핀치 온도와 굴뚝으로부터 빠져나가는 온도(ambient temperature) 사이의 온도인 연도가스로부터 버려지는 열은 굴뚝 손실(stack loss)이다. 그래서 그림 11.27에서 주어진 복합선도와 이론 불꽃온도에 대해 연료와 굴뚝 손실로부터의 열은 계산될 수 있다.

모든 연소 공정들은 연료의 완전 연소를 보장하기 위해 과량의 공기 혹은 산소를 요구한다. 과량의 공기는 전형적으로 연료 종류, 버너의 설계, 로의 설계에 따라 5~20% 정도 과량을 사용한다. 그림 11.28에 나타낸 것처럼 다량의 공기가 연소되어 줄어들수록 이론 불꽃온도는 증가한다. 이것은 굴뚝 손실을 줄이는 효과를 나타내고, 주어진 공정 가열 부하에서 로의 열효율을 증가시킨다. 대안으로, 만약 연소 공기가 예열된다면(열회수에 의해), 이론 불꽃온도는 그림 11.28에서 보듯 증가하고, 굴뚝손실을 줄여준다.

비록 그림 11.28에서 불꽃온도를 높여서 주어진 공정 가열 부하를 위한 연료의 소비를 줄이더라도, 여기에는 중대한 나쁜 점이 있다. 불꽃온도가 증가할수록 환경에 악영향을 주는 질소 화합물의 생성이 증가한다.

그림 11.27과 11.28에서는 연도가스가 대기 중으로 방출되기 전에 핀치 온도까지 식혀질 수 있다. 이것은 항상 가능하지는 않다. 그림 11.29a는 현실적인 이유로 연도가스가 핀치 온도보다 높은 온도로 대기 중에 방출되는 상황을 보여준다. 연도가스의, 굴뚝의 부식을 유발하는 응축이 없는, 식혀질 수 있는 최소한의 온도가 있다. 이것은 산 이슬점(acid dew point)라고 한다. 그림 11.29a의 최소 굴뚝 온도

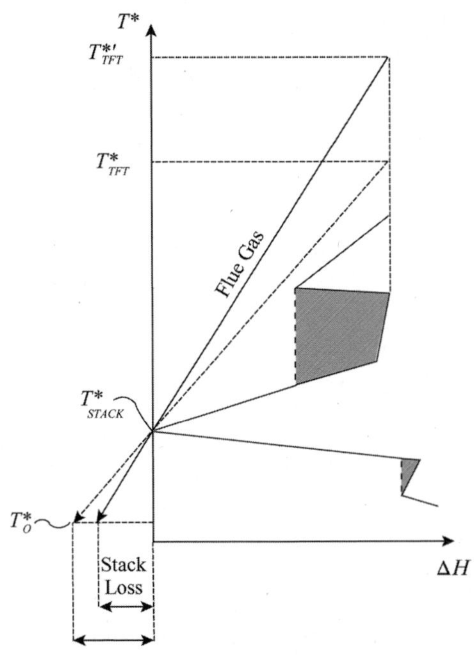

그림 11.28 ▸ 과량의 공기를 줌으로써 이론 불꽃온도를 증가시키거나 연소 공기를 예열하여 굴뚝 손실을 줄인다.

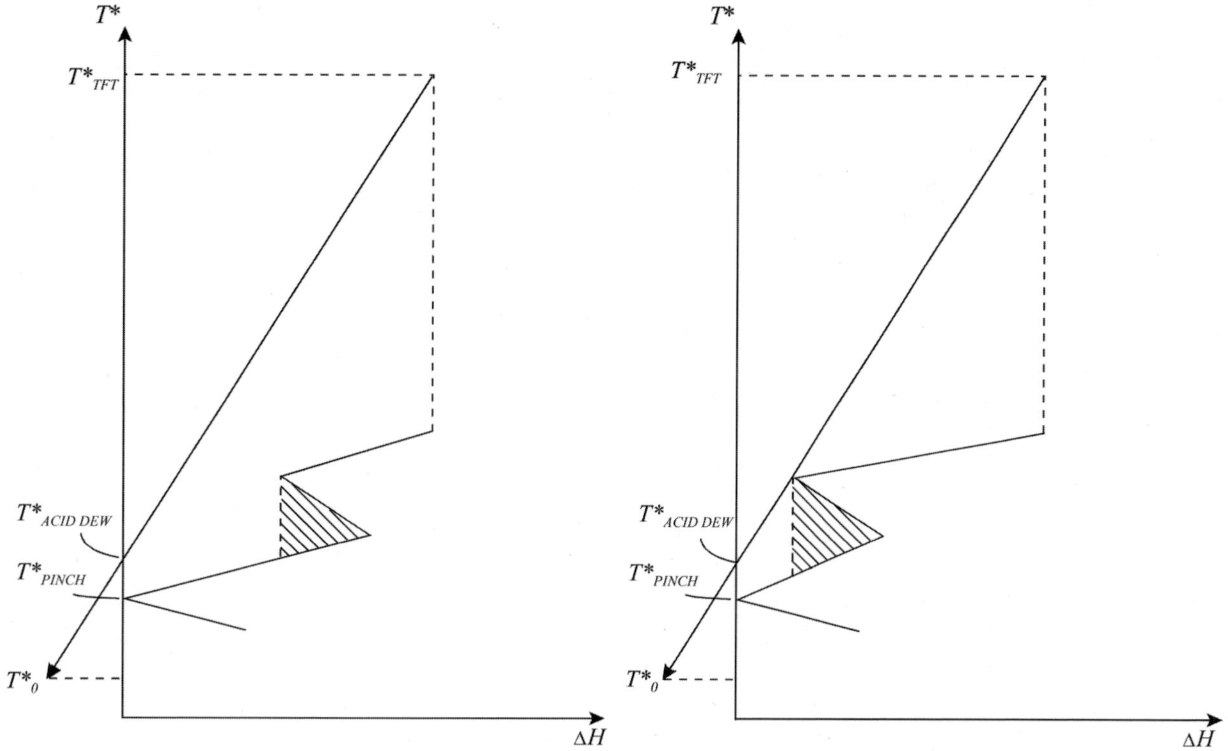

(a) 산 이슬점에 의하여 제한되는 연도가스 온도

(b) 공정에 의하여 핀치로부터 멀어져서 제한되는 연도가스 온도

그림 11.29 ▸ **핀치 온도 이외의 인자에 의해 로의 굴뚝 온도는 제한될 수 있다.**

는 산의 이슬점으로 고정된다(더 식혀져서는 안 됨). 또 다른 경우가 그림 11.29b에 나타나 있는데, 이는 공정에 의해 핀치 온도에서 벗어나는 연도가스 온도선의 기울기를 나타내는 경우로 보다 많은 굴뚝 손실을 유발하게 된다.

예제 11.4

그림 11.2의 공정은 가열로에 의해 공급된 뜨거운 유틸리티를 갖는다고 가정하라. 연소에 대한 이론 불꽃온도는 1800°C이고, 연도가스에 대한 산 이슬점(acid dew point)은 160°C이다. 주변의 공기온도(ambient temperature)는 10°C이다. 공정–공정 간의 열전달에서의 ΔT_{min}은 10°C로 가정하라. 그러나 연도가스–공정 간의 열전달에 대한 ΔT_{min}은 30°C로 가정하라. 연도가스–공정 간의 열전달에서 ΔT_{min}의 높은 수치는 가열로의 대류 지역에서의 낮은 열전달 계수 때문에 선택되었다. 연료 필요량, 굴뚝 손실과 가열로 효율을 계산하라.

›풀이

첫 번째 문제점은 다른 값의 ΔT_{min}은 다른 열교환들을 요구한다는 것이다. 문제 표 알고리듬은 이것을 조절하기 위해 쉽게 개조된다. 이것은 흐름들에게 ΔT_{min}의 기여도를 지정함으로써 성취된다. 만약 5°C의 기여도가 공정 흐름들에게 할당되고, 연도가스에는 25°C의 기여도가 할당된다면 공정–공정 간의 열교환은 (5 + 5) = 10°C의 ΔT_{min}을 가지고 공정–연도가스 간의 열교환은 (5 + 25) = 30°C의 ΔT_{min}을 가진다. 문제 표 알고리듬에서 온도 간격을 설정할 때, 온도 간격의 경계선은 전체 ΔT_{min}의 절반 값을 취하지 않고 오히려 온류들의 온도에서 온류의 기여도를 뺀 것을 설정한다. 비슷하게 온도 간격의 경계선은 냉류들의 온도에서 냉류의 ΔT_{min} 기여도를 더한 것을 기초로 하여 설정한다.

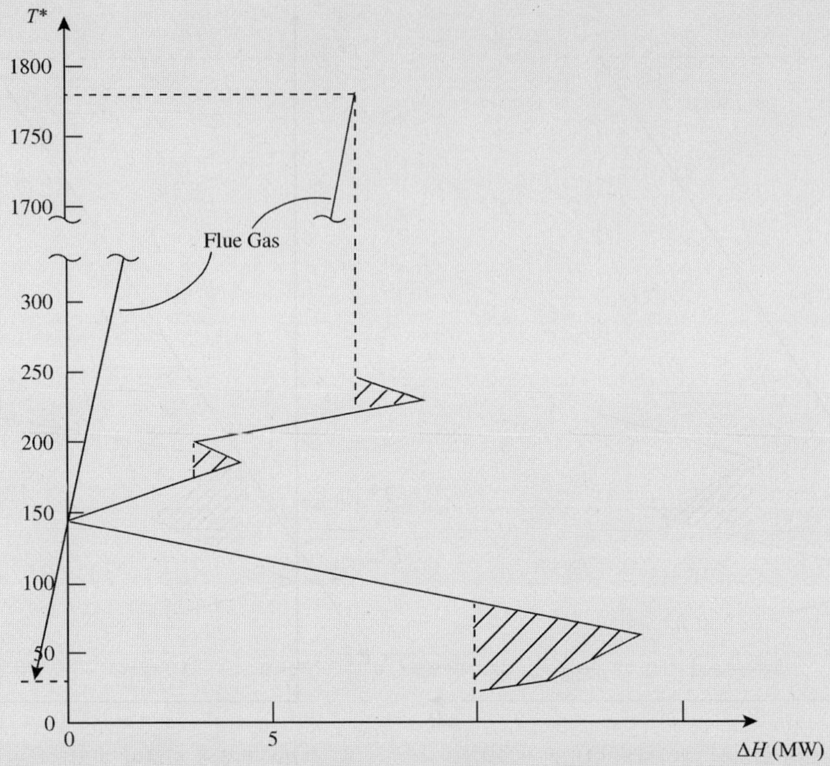

그림 11.30 ▸ 그림 11.2 공정의 총괄복합선도와 연료가스의 조합.

그림 11.30은 그림 11.18b의 문제 표 열내림 흐름도를 도시한 총괄복합선도를 나타낸다. 연도가스의 시작점은 실제 온도로 1800°C이고, 그 온도는 총괄복합선도 상에서 이동된 온도는 (1800 − 25) = 1775°C이다. 연도가스의 분포는 핀치 상부에서는 제한되지 않고 대기 중으로 방출하기 전에 이동된 온도 145°C와 일치하는 핀치 온도까지 냉각될 수 있다. 실제 굴뚝 온도는 145 + 25이므로 170°C이다. 이것은 산 이슬점인 160°C 위에 존재한다. 이제 연료 소모량을 계산하자. 연료 소모량은 연도가스의 온도를 이론 불꽃온도로부터 주변 공기온도까지로 함으로써 계산된다.

$$\text{연료 요구량} = 0.0046\,(1800 - 10) = 8.23\text{ MW}$$

$$\text{굴뚝 손실} = 0.0046\,(170 - 10) = 0.74\text{ MW}$$

$$\text{가열로 효율} = \frac{Q_{H\min}}{\text{Fuel required}} \times 100 = \frac{7.5}{8.23} \times 100 = 91\%$$

11.9 열과 동력의 조합

더 복잡한 유틸리티는 결합된 열과 동력 또는 폐열 발전, 즉 연료를 이중 목적으로 사용하는 경우이다. 여기서 스팀 터빈, 가스 터빈 또는 디젤 엔진과 같은 열 엔진에 의해 방출된 열이 뜨거운 유틸리티로 사용된다.

기본적으로, 열 엔진 배기가스를 열통합시키기 위한 두 가지 가능한 방법이 있다(Townsend and

Linnhoff, 1983). 그림 11.31에서는 공정이 핀치에 의해 열 소멸자와 열 발생자로 분리되는 것을 보여준다. 그림 11.31a와 같이 열기관에 의해 핀치를 가로지르는 열통합을 할 경우 역효과를 초래한다. 그 공정은 여전히 Q_{Hmin}을 필요로 하고, 열 엔진은 그것이 작동하더라도 독립된 장치와 다름없이 수행한다. 핀치를 가로질러 열 엔진을 열통합하는 것은 이득이 없다.

그림 11.31b는 핀치 상부에서 완전히 열통합된 열 엔진을 보여준다. 핀치 상부에서 열을 방출하는 것에 있어서는 전체 열 소멸자인 공정의 일부분 안으로 열을 방출하고 있다. 그렇게 하면서 유틸리티 열 발생자와 공정 열 소멸자 사이에 존재하는 온도차를 이용하여 고효율로 일을 발생시킨다. 그림 11.31b에서 순수 효과는 축일 W를 생산하기 위해 열 발생자로부터 추가 에너지 양의 도입이다. 왜냐하면 공정과 열 엔진은 하나의 시스템으로 작동하기 때문이다. 명백히 열에서 일로의 전환은 100% 효율로 이루어진다고 가정한다(Townsend and Linnhoff, 1983).

이제 그 열 엔진들이 실제로 이런 효율을 달성하는지 알아보기 위해 가장 일반적으로 사용된 두 가지 열 엔진들(스팀 터빈과 가스 터빈)을 좀 더 자세히 살펴보자. 열과 동력을 결합한 방법의 양적 평가를 하기 위해서 총괄복합선도가 사용되어야 하고, 열 엔진 배기가스는 다른 어떤 유틸리티처럼 다뤄야 한다.

그림 11.32는 핀치 상부에서 공정과 열통합된 스팀 터빈을 보여준다. 스팀 터빈은 개념적으로 원심 압축기와 같지만 역방향으로 일을 한다. 스팀은 고압부에서 저압부로 팽창된다. 그림 11.32의 열 Q_{HP}는 고압 스팀으로부터 공정 안으로 취해졌다. 뜨거운 유틸리티 요구량 Q_{LP}의 수지는 스팀 터빈 배기가스로부터 취했다. 그림 11.32a에서 플래시(flash) 스팀은 고압 스팀 응축물의 압력 감소 후에 회수된다. 그림 11.32a에서 열량 Q_{FUEL}은 연료로부터 보일러로 취해진다. 총 에너지수지는 다음과 같다.

$$Q_{FUEL} = Q_{HP} + Q_{LP} + W + Q_{LOSS} \tag{11.2}$$

공정은 핀치 상부에서 엔탈피 불균형을 해결하기 위해 $(Q_{HP} + Q_{LP})$를 요구한다. 보일러로부터 열손

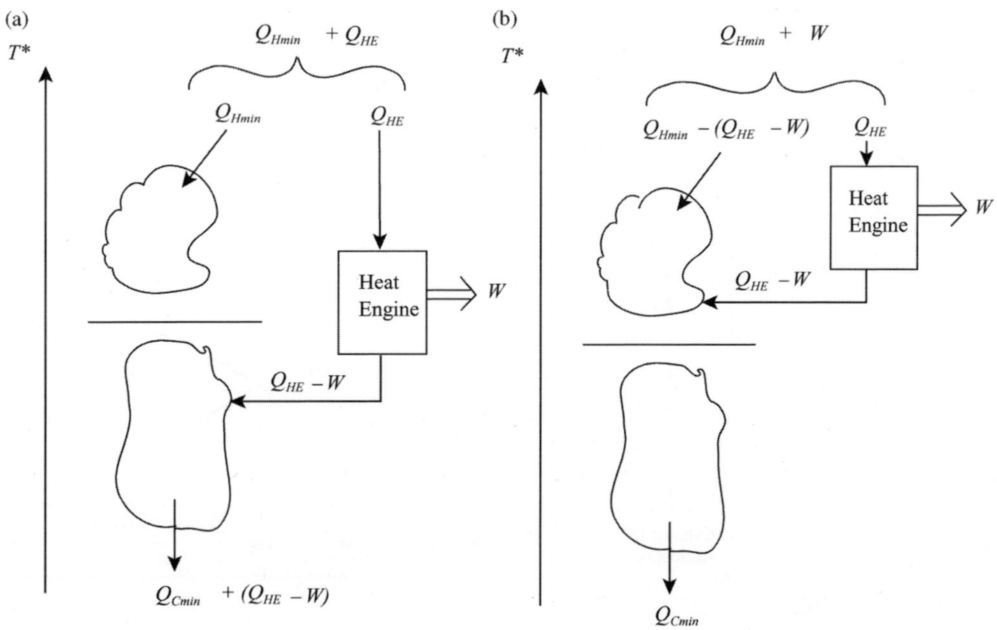

그림 11.31 ▸ 열 엔진 배출은 핀치를 가로지르는, 또는 가로지르지 않는 열통합이 될 수 있다.

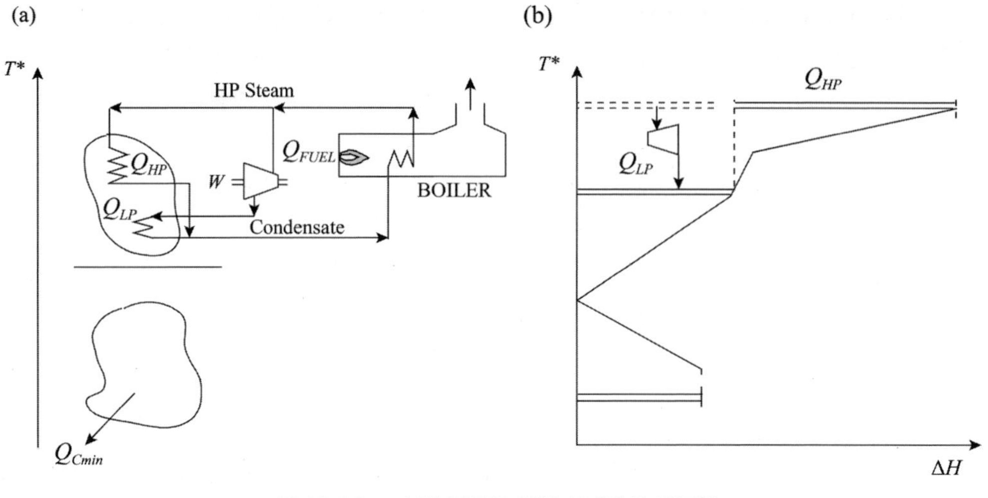

그림 11.32 ▸ 스팀 터빈의 여타 공정과의 열통합.

실이 없다면, 연료류는 100% 효율로 축일로 전환될 것이다. 그러나 보일러 열 손실 Q_{LOSS}는 전환율을 100% 아래의 값으로 감소시킨다. 실제적으로는 보일러 열손실뿐만 아니라 스팀 분배장치로부터의 상당한 열손실 또한 있을 수 있다. 그림 11.32b는 총괄복합선도가 스팀 터빈 사이클을 정하는 데 어떻게 사용될 수 있는지를 보여준다(Townsend and Linnhoff, 1983). 스팀 터빈은 16장에 더 자세히 다루도록 하겠다.

그림 11.33a는 단순 가스 터빈을 보여준다. 그 장치는 본질적으로 터빈에서와 같이 동일한 축을 탑재한 회전식 압축기이다. 공기는 압축기 안으로 들어가고 그곳에서 연소실로 들어가기 전에 압축된다. 여기서 연료의 연소는 공기의 온도를 증가시킨다. 공기 혼합물과 연소가스는 터빈에서 팽창된다. 연소실 내로 들어가는 에너지는 터빈에서 나타내야 할 축일을 가능하게 한다. 팽창된 가스는 그림 11.33a에

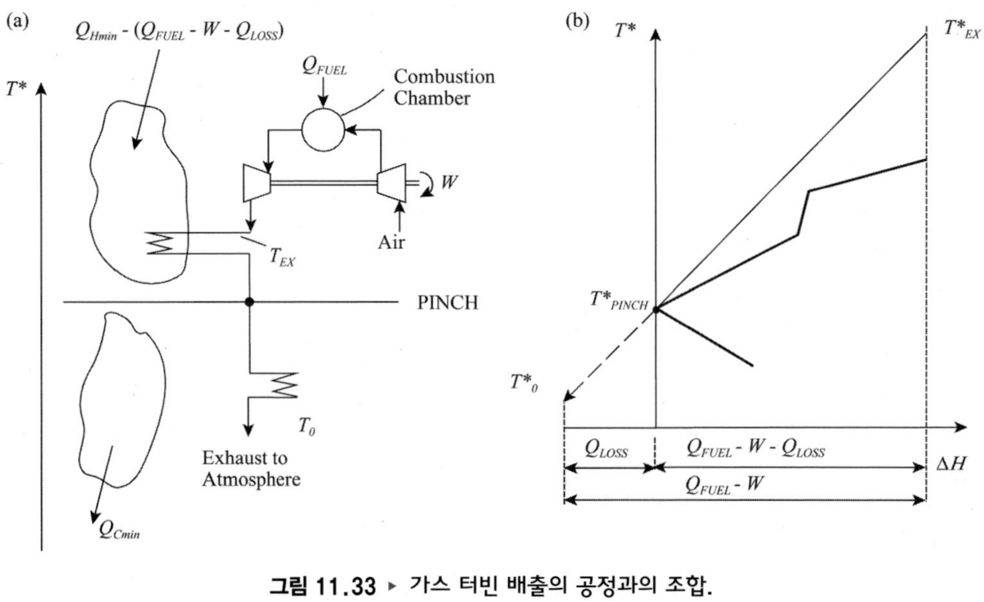

그림 11.33 ▸ 가스 터빈 배출의 공정과의 조합.

나타낸 것처럼 대기 중으로 직접 배출되던지 또는 배출되기 전에 먼저 연소실로 들어가는 공기를 예열하기 위해 사용된다. 장치의 효율은 동력 생산량, 그 장치를 통한 공기 흐름량, 열에서 일로의 전환효율 그리고 배기가스의 온도 등에 의해 특징지어진다. 가스 터빈은 통상적으로 비교적 큰 규모의 응용에 사용된다. 자세한 내용은 16장에서 다루겠다.

그림 11.33b는 가스 터빈에 대한 총괄복합선도를 나타내었다(Townsend and Linnhoff, 1983). 스팀 터빈과 같이 대기에서 굴뚝 손실이 없다면(즉, Q_{LOSS}가 0이라면) W 열은 W 축일로 전환될 것이다. 그림 11.33에서 굴뚝 손실은 열에서 일로의 전환효율을 감소시킨다. 열에서 동력으로의 총 전환효율은 터빈 배기가스 분포, 핀치 온도 그리고 공정의 총괄복합선도의 모양에 의존한다.

예제 11.5

표 11.7 ▸ 예제 11.5의 흐름데이터

Stream		T_S (°C)	T_T (°C)	Heat capacity flowrate (MW·K^{-1})
No.	Type			
1	Hot	450	50	0.25
2	Hot	50	40	1.5
3	Cold	30	400	0.22
4	Cold	30	400	0.05
5	Cold	120	121	22.0

열회수 문제에 대한 흐름 데이터는 표 11.7에 주어졌다.

열내림 흐름도에서 ΔT_{min} = 20°C에 대한 문제 표 열내림 흐름 결과가 표 11.8에 주어졌다. 또한 공정은 7 MW의 동력 요구량을 가진다. 열과 동력이 결합된 두 가지 방법이 경제적으로 비교될 것이다.

a) 첫 번째 방법은 공정을 가열하기 위해 150°C에서 포화된 배기가스를 사용하는 스팀 터빈이 고려된 것이다. 과열된 스팀은 온도 300°C와 41 bar인 중앙 보일러에서 생성된다. 이 과열된 스팀은 85%의 등엔트로피 효율을 가진 한 단의 터빈에서 팽창될 수 있다. 공정과 배기가스인 스팀을 열교환시킴으로써 생성 가능한 최대 축일량을 계산하라.

표 11.8 ▸ 예제 11.5의 문제 표 열내림 흐름

T^* (°C)	Cascade heat flow (MW)
440	21.9
410	29.4
131	23.82
130	1.8
40	0
30	15

b) 두 번째 가능한 방법은 배기가스 온도가 400°C이고, 공기의 유량 97 kg·s^{-1}을 사용하여 가스 터빈이 30%의 효율을 가질 경우이며, 이때 축일 생성량을 계산하라. 순환공기의 온도는 l0°C이다.

c) 가스 터빈에 대해서 연료에 대한 열비용은 \$4.5 GW^{-1}이다. 수입된 전력 비용은 \$19.2 GW^{-1}이다. 전력은 \$14.4 GW^{-1}의 값으로 수출될 수 있다. 스팀 생성량에 대한 연료비용은 \$3.2 GW^{-1}이다. 총 스팀 생성과 분배효율은 80%이다. 스팀 터빈 또는 가스 터빈 중 어느 방법이 가장 비용 측면에서 효율적인가?

›풀이

a) 그림 11.34a에 스팀 터빈의 열통합도를 나타내었다.

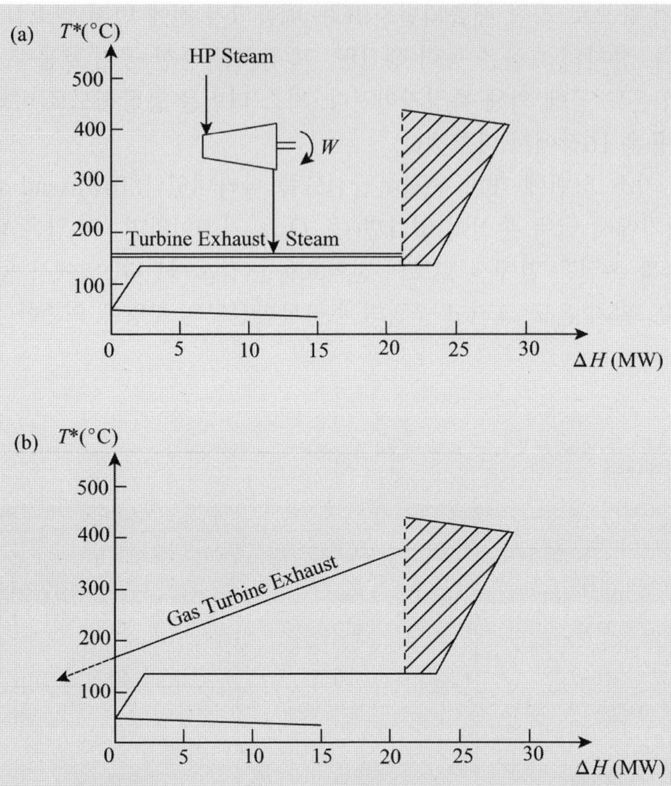

그림 11.34 ▸ 예제 11.5의 열과 동력의 조합 대안들.

스팀 응축 온도 간격은 140°C이다.
터빈 배기가스로부터 필요한 열흐름량: 21.9 MW
스팀표로부터 T_1 = 300°C과 P_1 = 41 bar에서 입구 조건들은 다음과 같다.

$$H_1 = 2959\ \text{kJ}\cdot\text{kg}^{-1}$$
$$S_1 = 6.349\ \text{kJ}\cdot\text{kg}^{-1}\cdot\text{K}^{-1}$$

스팀표로부터 150°C에서 등엔트로피로 팽창한 터빈의 출구 조건은 다음과 같다.

$$P_2 = 4.77\ \text{bar}$$
$$S_2 = 6.349\ \text{kJ}\cdot\text{kg}^{-1}\cdot\text{K}^{-1}$$

젖음 분율(X)은 다음 식으로 계산될 수 있다.

$$S_2 = X\,S_L + (1 - X)S_V$$

여기서 S_L과 S_V는 포화 액체와 포화 스팀 엔트로피이다. 150°C와 4.77 bar에서 스팀표로부터 포화 액체 엔트로피와 스팀 엔트로피를 취해서 계산하면 다음과 같다.

$$6.349 = 1.842X + 6.838\,(1 - X)$$
$$X = 0.098$$

터빈의 출구 엔탈피는 다음 식으로부터 계산될 수 있다.

$$H_2 = X\,H_L + (1 - X)H_V$$

여기서 H_L과 H_V는 포화 액체 엔탈피와 포화 스팀 엔탈피이다. 스팀표로부터 포화 액체 및 포화 스팀 엔탈피를 취해서 계산하면 다음과 같다.

$$H_2 = 0.098 \times 632 + (1 - 0.098)\,2747$$
$$= 2540\ \text{kJ}\cdot\text{kg}^{-1}$$

85%의 등엔트로피 효율을 가진 단일 단의 팽창에 대해서는

$$H'_2 = H_1 - \eta_{IS}(H_1 - H_2)$$
$$= 2959 - 0.85(2959 - 2540)$$
$$= 2603\ \text{kJ}\cdot\text{kg}^{-1}$$

젖음 분율(X')은 다음으로부터 계산될 수 있다.

$$H'_2 = X'\,H_L + (1 - X')H_V$$

여기서 H_L과 H_V는 포화 액체와 포화 스팀 엔탈피이다.

$$H'_2 = 2603 = 632X' + 2747\,(1 - X')$$
$$X' = 0.068$$

$$\text{공정으로의 흐름량} = \frac{21.9 \times 10^3}{2747 - 632} = 10.35\ \text{kg} \cdot \text{s}^{-1}$$

$$\text{터빈을 통과하는 흐름량} = \frac{10.35}{(1 - 0.068)} = 11.11\ \text{kg} \cdot \text{s}^{-1}$$

$$\text{생성된 축일 } W = 11.11\,(2959 - 2603) \times 10^{-3} = 3.96\ \text{MW}$$

b) 터빈으로부터의 배기가스는 작은 양의 연소가스들을 포함한 도입되었던 공기이다. 그러므로 배기가스의 CP는 공기흐름의 C_P로 어림잡을 수 있다. 공기의 C_P를 1.03 kJ·kg^{-1}·K^{-1}로 가정했을 때,

$$CP_{EX} = 97 \times 1.03 = 100\ \text{kW} \cdot \text{K}^{-1}$$

가스 터빈의 선택 사항은 그림 11.34b에 나타냈다.

$$Q_{EX} = CP_{EX}(T_{EX} - T_0) = 0.1 \times (400 - 10) = 39\ \text{MW}$$

$$Q_{FUEL} = \frac{Q_{EX}}{(1 - \eta_{GT})} = \frac{39}{(1 - 0.3)} = 55.71\ \text{MW}$$

$$W = Q_{FUEL} - Q_{EX} = 16.71\ \text{MW}$$

c) 스팀 터빈의 경제성:

$$\text{연료비용} = (21.9 + 3.96) \times \frac{3.2 \times 10^{-3}}{0.8} = \$0.10\ \text{s}^{-1}$$

$$\text{수입한 전력비용} = (7 - 3.96) \times 19.2 \times 10^{-3} = \$0.06\ \text{s}^{-1}$$

$$\text{총 비용} = \$0.16\ \text{s}^{-1}$$

가스 터빈의 경제성:

$$\text{연료비용} = 55.71 \times 4.5 \times 10^{-3} = \$0.25\ \text{s}^{-1}$$

$$\text{수입한 전력비용} = (16.71 - 7) \times 14.4 \times 10^{-3} = \$0.14\ \text{s}^{-1}$$

$$\text{총 비용} = \$0.11\ \text{s}^{-1}$$

그러므로 가스 터빈이 에너지 비용에 대해 더 경제적이다. 그러나 이것은 단지 일부분에 해당한다. 왜냐하면 가스 터빈 설치의 투자비용은 스팀 터빈 설치의 투자비용보다 상당히 비싸기 때문이다.

예제 11.6

공정에 대한 문제 표 열내림 흐름이 ΔT_{min} = 10°C에 대해 표 11.9에 주어졌다.

온도 100°C인 보일러 공급수로부터 스팀을 생성함으로써 공정을 냉각하는 방법이 제안되었다.

a) 230°C의 포화 온도에서 얼마나 많은 스팀이 생성될 수 있는지 결정하라.

b) 230°C의 포화 온도에서 그리고 공정에 대해 가능한 과열된 최대 온도까지에서 얼마나 많은 스팀이 생성될 수 있는지를 결정하라.

c) 단일 단 응축 스팀 터빈은 85%의 등엔트로피 효율로 사용된다고 가정하면 b번 문제에서 과열된 스팀으로부터 얼마만큼의 동력이 생성될 수 있는지 계산하라. 냉각수는 20°C에서 가용하고, 30°C로 냉각탑으로 되돌아간다.

>풀이

a) 235°C 온도에서 스팀 생성에 가용한 열량은 12.0 MW이다. 스팀표로부터 230°C의 포화 온도에서 물의 잠열은 1812 kJ·kg^{-1}이다.

$$\text{스팀 생산량} = \frac{12.0 \times 10^3}{1812} = 6.62\ \text{kg} \cdot \text{s}^{-1}$$

물의 열용량을 4.3 kJ·kg^{-1}·K^{-1}로 취하면, 보일러 공급수 예열에 대한 열부하는 다음과 같다.

$$= 6.62 \times 4.3 \times 10^{-3}(230 - 100) = 3.70\ \text{MW}$$

표 11.9 ▸ 문제 표 열내림 흐름

Interval temperature (°C)	Heat flow (MW)
495	3.6
455	9.2
415	10.8
305	4.2
285	0
215	16.8
195	17.6
185	16.6
125	16.6
95	21.1
85	18.1

스팀 생성분포는 그림 11.35a에서 총괄복합선도에 대해 나타냈다. 그 공정은 보일러 공급수 예열과 스팀 생성 두 가지 모두를 지원할 수 있다.

b) 최대 과열 온도는

$$= 285°C \text{ 구간}$$
$$= 280°C \text{ 실제 온도}$$

그 분포는 그림 11.35b에서 총괄복합선도와 함께 나타냈다.

스팀표로부터 280°C와 28 bar에서 과열된 스팀의 엔탈피는

$$= 2947 \text{ kJ·kg}^{-1}$$

230°C와 28 bar에서 포화된 물의 엔탈피는

$$= 991 \text{ kJ} \cdot \text{kg}^{-1} \text{이다.}$$

$$\text{스팀 생산량} = \frac{12.0 \times 10^3}{(2947 - 991)}$$
$$= 6.13 \text{ kg} \cdot \text{s}^{-1}$$

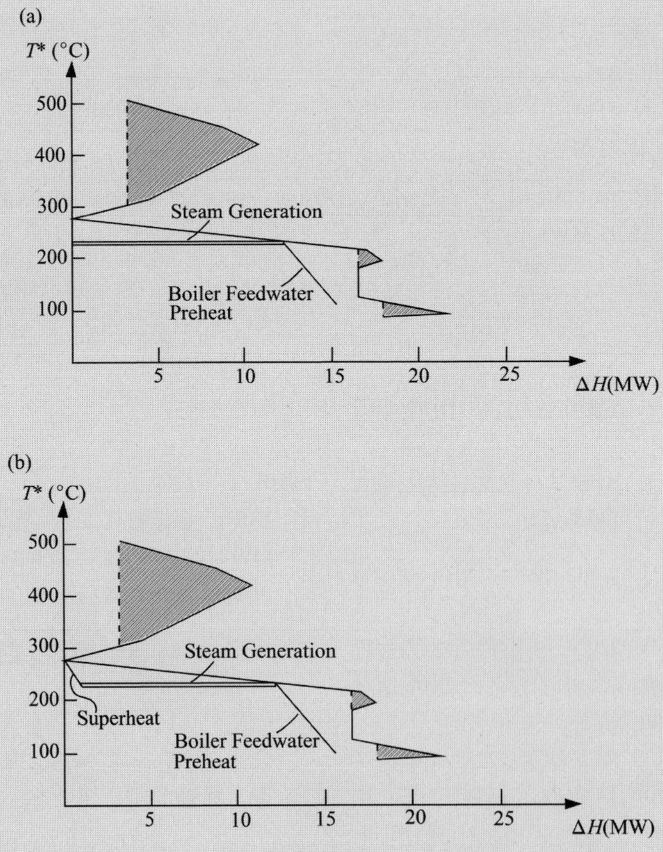

그림 11.35 ▸ 예제 11.6에서 대체 가능한 차가운 유틸리티들.

c) 응축터빈에서 터빈으로부터 배기가스는 냉각수와 달리 진공 하에서 응축된다. 응축온도가 더 낮을수록 동력 생성량을 더 커진다. 이 문제에서 가장 낮은 응축온도는 냉각수 온도에 ΔT_{min}을 더한 것, 즉 30 + 10 = 40°C이다.

스팀표로부터 T_1 = 280°C와 P_1 = 28 bar에서 입구 조건은 다음과 같다.

$$H_1 = 2947 \text{ kJ} \cdot \text{kg}^{-1}$$
$$S_1 = 6.488 \text{ kJ} \cdot \text{kg}^{-1} \cdot \text{K}^{-1}$$

스팀표로부터 40°C까지 등엔트로피 팽창에 대한 터빈의 출구 조건은 다음과 같다.

$$P_2 = 0.074 \text{ bar}$$

S_2 = 6.488 kJ·kg^{-1}·K^{1}에 대해, 젖음 분율(X)과 출구 엔탈피 H_2는 예제 11.5에 나타낸 것처럼 계산될 수 있다.

$$X = 0.23$$
$$H_2 = 2020 \text{ kJ} \cdot \text{kg}^{-1}$$

85%의 등엔트로피 효율을 가진 단일 단의 팽창에 대해,

$$H'_2 = 2947 - 0.85\,(2947 - 2020)$$
$$= 2159 \text{ kJ} \cdot \text{kg}^{-1}$$

축일 생성량(W)은 다음과 같이 주어진다.

$$W = 6.13\,(2947 - 2159) \times 10^{-3}$$
$$= 4.8 \text{ MW}$$

실제 팽창에 대한 젖음 분율은 다음과 같이 계산된다.

$$H'_2 = 2159 = X' H_L + (1 - X')H_V$$
$$= 167.5X' + 2574(1 - X')$$
$$X' = 0.17$$

이 젖음 분율은 어쩌면 너무 높을지 모른다. 왜냐하면 높은 수준의 젖음은 터빈에 손상을 일으킬 수 있기 때문이다. 말하자면, X = 0.15인 더 낮은 젖음 분율을 허용하기 위해 터빈의 출구 압력은 0.2 bar 상승되어야 하고, 그때 응축온도는 60°C이다. 그러나 그렇게 함으로써 축일 생성량은 42 MW까지 감소한다.

11.10 히트펌프의 열통합

간단한 증기 압축 히트펌프의 공정도는 그림 11.36에 나타냈다. 히트펌프는 낮은 온도에서 증발기로 열을 흡수하고 작동유체가 압축될 때 축일을 소비하고 응축기에서 더 높은 온도로 열을 방출하는 장치이다. 응축된 작동유체는 다시 팽창되고 부분적으로 증발되며 이 사이클이 반복된다. 작동유체는 보통 순수 성분이고 이것은 증발과 응축이 등온으로 일어난다는 것을 의미한다. 열 엔진 열통합과 마찬가지로 히트펌프를 열통합하기 위한 적절한 방법과 부적절한 방법이 있다.

또한 히트펌프가 공정과 함께 열통합될 수 있는 기본적인 두 가지 방법이 있다. 즉, 핀치를 가로지르는 것과 핀치를 가로지르지 않는 것이다. 핀치(상부에서)를 가로지르지 않는 열통합은 그림 11.37a에 나타내었다. 이 배치는 축일 W를 외부로부터 얻고 뜨거운 유틸리티를 W만큼 절약한다. 다시 말해

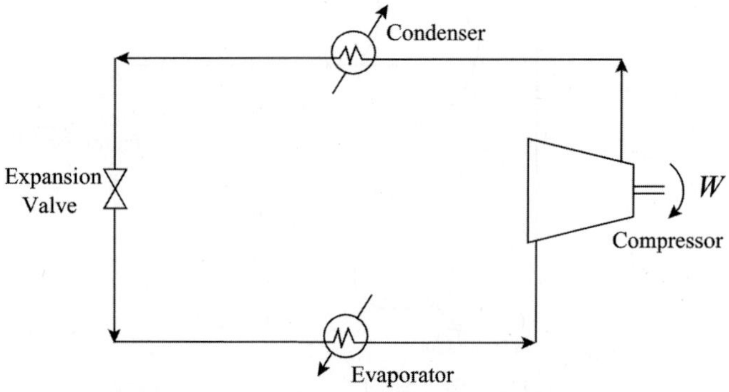

그림 11.36 ▸ 단순한 증기 압축 히트펌프의 개략도.

이 시스템은 동력을 열로 전환하지만 절대 경제적인 방법은 아니다. 핀치(하부에서)를 가로지르지 않는 또 다른 열통합이 그림 11.37b에 나타냈다. 그 결과는 경제적으로 더 나쁘다. 동력이 폐열로 전환된다 (Townsend and Linnhoff, 1983).

핀치를 가로지르는 열통합은 그림 11.37c에 나타내었다. 이 배치는 에너지 절감을 가져온다. 또한

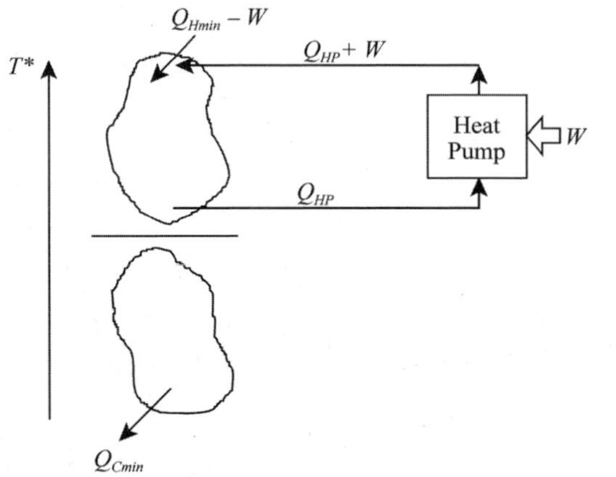

(a) 핀치 상부에서의 히트펌프의 열통합

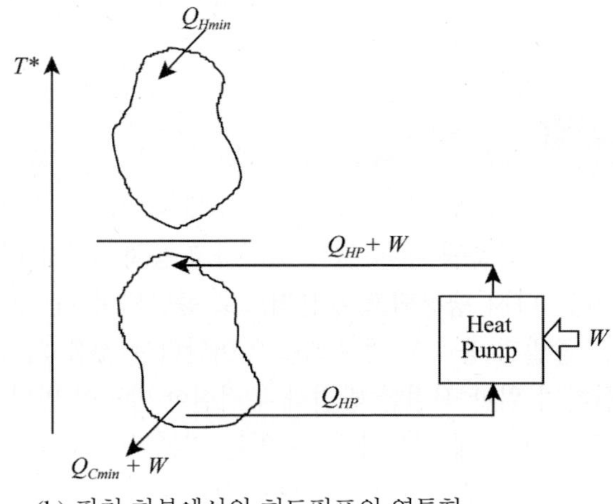

(b) 핀치 하부에서의 히트펌프의 열통합

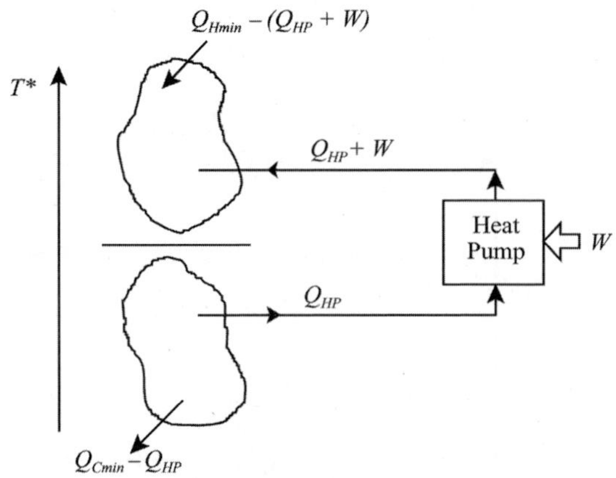

(c) 핀치를 가로지르는 히트펌프의 열통합

그림 11.37 ▸ 공정과 히트펌프의 열통합.

이것은 열이 총괄 열 발생자인 공정의 일부분에서 총괄 열 소멸자인 부분까지 열이 펌핑되므로 전체적으로 의미가 통한다.

그림 11.38은 공정에 대해 적절히 열통합된 히트펌프를 보여준다. 그림 11.38a는 총괄 열수지를 나타낸다. 그림 11.38b는 총괄복합선도가 히트펌프의 크기를 정하는 데 어떻게 사용되는가를 나타냈다. 히트펌프의 성능 계수는 어떻게 결정될 것인가? 일반적으로 히트펌프에 대한 성능 계수는 공정에 전달된 유용한 에너지를 생산하기 위해 소비한 축일로 나눔으로써 정의될 수 있다.

$$COP_{HP} = \frac{Q_{HP} + W}{W} \tag{11.3}$$

여기서 COP_{HP}는 히트펌프 성능 계수이고, Q_{HP}는 낮은 온도에서 흡수한 열이고 W는 소비한 축일이다.

히트펌프의 어떤 주어진 형태에서 더 높은 COP_{HP}는 더 좋은 경제성을 이끈다. 더 좋은 COP_{HP}와 더 좋은 경제성을 가진다는 것은 작은 온도 상승을 통해 히트펌프를 작동하는 것을 의미한다. 더 작은 온도 상승은 COP_{HP}를 더 좋게 한다. 대부분의 응용에서 25°C보다 큰 온도 상승은 거의 경제성이 없다. 주목을 끄는 히트펌프 응용은 보통 25°C보다 작은 온도 상승을 요구한다.

총괄복합선도를 이용해서 열부하와 냉각과 가열부하의 온도, 그리고 통합된 히트펌프의 COP_{HP}는 빠르게 평가될 수 있다.

그러므로 히트펌프의 적절한 배치는 핀치를 가로지르는 위치이다(Townsend and Linnhoff, 1983). 만약 유틸리티 핀치(utility pinch)가 존재한다면 주의 깊게 기본 원리를 해석해 보아야 한다. 이러한 경우 히트펌프는 공정 핀치의 위쪽 혹은 아래쪽에 두어 유틸리티 핀치를 가로지르는 위치에 배치하는 것이 보다 더 경제적일 수 있다. 그림 11.39a는 공정 핀치를 가로지르는 히트펌프가 큰 장점이 없어 보인다. 공정 핀치 바로 위쪽의 열 함량도 작다. 이 경우 공정 핀치를 가로 지르는 히트펌프는 큰 온도 차이에서 이루어지지 않으면 결과적으로 빈약한 COP_{HP}를 얻는다. 그러나 그림 11.39b에서 보듯 다른 히트펌프 위치 선정이 가능하다. 총괄복합선도의 비교적 작은 온도차를 갖는 중압(MP) 스팀에서 포켓 내의 열원을 이용하는 히트펌프가 가능하다. 이렇게 되면 포켓의 열을 공정으로 주던 것 대신 추가적인 저압(LP) 스팀으로 대체해주어 열수지를 맞출 수 있다. 이 방법이 MP와 LP 간의 큰 비용 차가 있을 경우

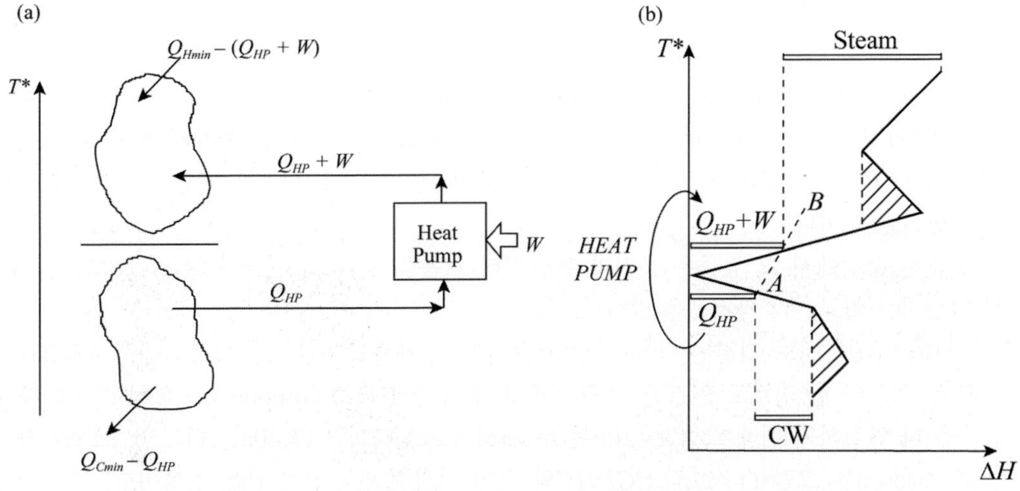

그림 11.38 ▸ 총괄복합선도는 히트펌프 사이클의 크기 알려준다.

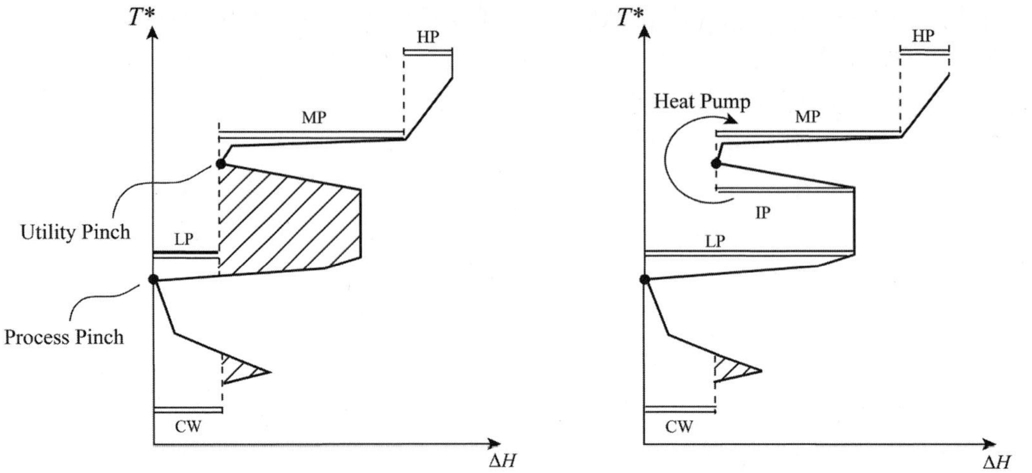

(a) 공정 핀치를 가로지르는 히트펌프의 좁은 입지 (b) 유틸리티 핀치를 가로지르는 히트펌프

그림 11.39 ▸ 히트펌프는 공정 핀치뿐만 아니라 유틸리티 핀치를 가로질러서 적용될 수 있다.

보다 경제적일 수 있다. 비록 히트펌프가 공정 핀치를 가로지르지 않더라도 기본 원리를 위배하지 않고 적절한 히트펌프의 위치를 선정할 수 있다. 그림 11.39b는 유틸리티 핀치를 가로지르는 히트펌프 조작을 보여준다.

11.11 단위 열교환기 수

물질수지와 에너지수지로부터 열교환망과 유틸리티의 에너지 비용을 직접적으로 예측할 수 있으며, 이것이 가능하다면 투자비용을 계산하는 데 유용할 것이다. 위의 각각의 요소들을 차례로 채택하여 물질수지와 에너지수지로부터 각각의 요소들이 얼마나 비중이 있는지를(열교환망의 설계를 완성시키지 않고) 살펴보기로 하자.

한 열교환망 내에서 최소의 열교환기의 개수를 이해하기 위해서 *그래프 이론*의 몇몇 기본적 결과들을 이용할 수 있다(Hohman, 1971; Linnhoff, Mason and Wardle, 1979). *그래프*는 선에 의해서 연결된 몇 개의 짝지어진 점들의 모임이다. 그림 11.40a, b는 그래프의 두 가지 예이다. 그림 11.40a의 선 *BG*, *CE*, *CF*에 주목하라. 이 선들은 서로 교차해서는 안 된다. 다시 말하면 이 그림은 3차원으로 그려져야 한다는 것이다.

이러한 논지에서 그 점들은 공정과 유틸리티 흐름을 뜻하고, 선들은 열 발생자와 열 소멸자 사이에서 발생하는 열교환의 짝지음을 말한다.

경로(path)는 서로 연결된 다른 선들의 순서이다. 예를 들어 그림 11.40a에서 *AECGD*가 경로이다. 어떤 두 점들이 한 경로로 연결된 것을 그래프의 하나의 *요소*(component) 형성이라 한다. 그래서 모든 점들을 다 연결하기 위해 그림 11.40b는 두 개의 요소를, 그림 11.40a는 하나의 요소를 가진다.

루프(loop)는 그림 11.40a의 *CGDHC*와 같이 시작점과 끝점이 같은 경로이다. 만약 두 개의 루프가 공통적인 하나의 선을 가진다면, 그들은 그 공통된 선을 제거함으로써 제3의 루프를 형성하도록 연결

될 수 있다. 예를 들어 그림 11.40a에서 *BGCEB*와 *CGDHC*는 *BGDHCEB*로 연결할 수 있다. 이러한 경우에 이 마지막 루프는 다른 두 개의 루프에 *종속적*이다.

그래프 이론에서 현재의 논지에 필요한 주요 결과는 한 그래프의 독립루프의 수로써 다음 식에 의해 주어진다(Hohman, 1971; Linnhoff, Mason and Wardle, 1979).

$$N_{UNITS} = S + L - C \tag{11.4}$$

여기서 N_{UNITS} = 짝지음 혹은 장치들의 수(그래프 이론에서 선)
S = 유틸리티를 포함한 흐름들의 수(그래프 이론에서 점)
L = 독립루프의 수
C = 요소의 수

일반적으로 최종적인 열교환망 설계는 투자비용을 절감하기 위해서 최소한의 장치로 이루어져야 한다(비록 이것이 투자비용을 절감하는 유일한 고려 방법이 아닐지라도). 식 (11.4)의 장치의 수를 최소화하기 위해서는 L은 0이 되어야 하고, C는 최대가 되어야 한다. 최종 설계에서 L은 0으로 가정하는 것은 합리적인 가정이다. 그러나 C는 어떻게 가정해야 할 것인가? 두 가지의 요소를 가진 그림 11.40b를 살펴보자. 이 두 가지 요소에서 흐름 A와 B의 열부하와 흐름 E와 F의 열부하가 정확히 일치해야 하며, 또한 흐름 C와 D의 열부하와 흐름 G와 H의 열부하도 정확히 일치해야 한다. 그러나 이러한 일치들은 비일상적이고 예측하기도 쉽지 않다. 그래서 C에 대한 가장 안전한 가정은 단 하나의 요소만이(즉, $C = 1$) 존재할 때이다. 이것은 망 구조가 단 하나의 요소를 갖는 루프 없는 구조(loop-free)라는 중요하고도 특별한 경우를 이끌어낸다(Hohman, 1971; Linnhoff, Mason and Wardle, 1979).

$$N_{UNITS} = S - 1 \tag{11.5}$$

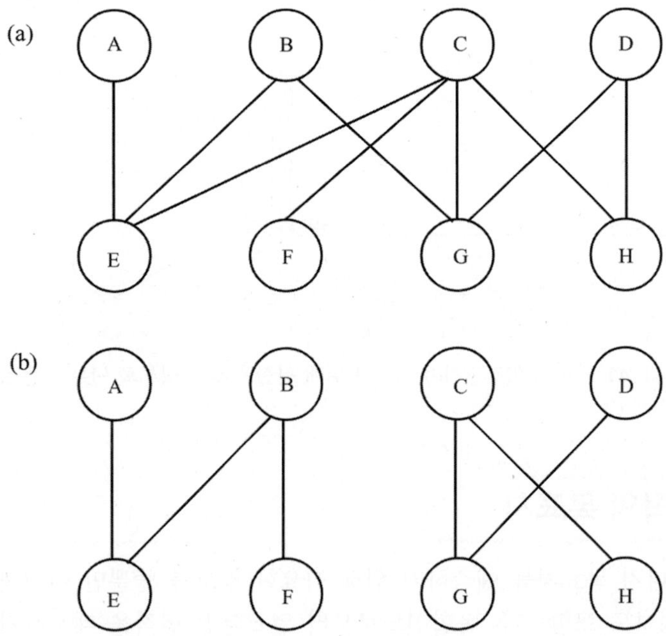

그림 11.40 ▸ 두 대안적 그래프. (Reproduced from Linnhoff B, Mason D and Wardle I, 1979, Comp and Chem Engg, 3: 279, with permission from Elseiver.)

식 (11.5)는 필요한 장치의 최소수는 흐름의 수보다 하나 작다는 의미가 된다.

이것은 유용한 결과인데, 망 구조가 루프 없는 구조이고 단일 요소로 가정된다면 장치의 최소한 수를 흐름의 수만을 가지고 예측할 수 있기 때문이다. 만약 문제가 핀치를 가지지 않는다면 식 (11.5)로 최소한의 장치수를 예측할 수 있다. 또한 문제가 핀치를 가지고 있다면 식 (11.5)는 아래의 식 (11.6)과 같이 핀치의 상하부에 각각 적용된다(Linnhoff, Mason and Wardle, 1979).

$$N_{UNITS} = [S_{ABOVE\ PINCH} - 1] + [S_{BELOW\ PINCH} - 1] \tag{11.6}$$

예제 11.7

그림 11.41의 공정을 보고, 최소한의 장치수를 구하라. 단, 온류의 핀치점은 150°C이고, 냉류의 핀치점은 140°C이다.

›풀이

그림 11.41은 공정을 두 부분으로 나누는 지점에 핀치를 가지는 흐름의 격자도를 보여주고 있다. 핀치 상부에는 유틸리티 스팀을 포함한 다섯 개의 흐름이 있고 핀치 하부에는 냉각수를 포함한 네 개의 흐름이 있다. 식 (11.6)을 적용하면,

$$\begin{aligned} N_{UNITS} &= (5 - 1) + (4 - 1) \\ &= 7 \end{aligned}$$

그림 11.9에서 이 문제에 대해 그려놓은 설계를 보면, 실체로 7개의 최소 장치수를 사용하고 있음을 알 수 있다.

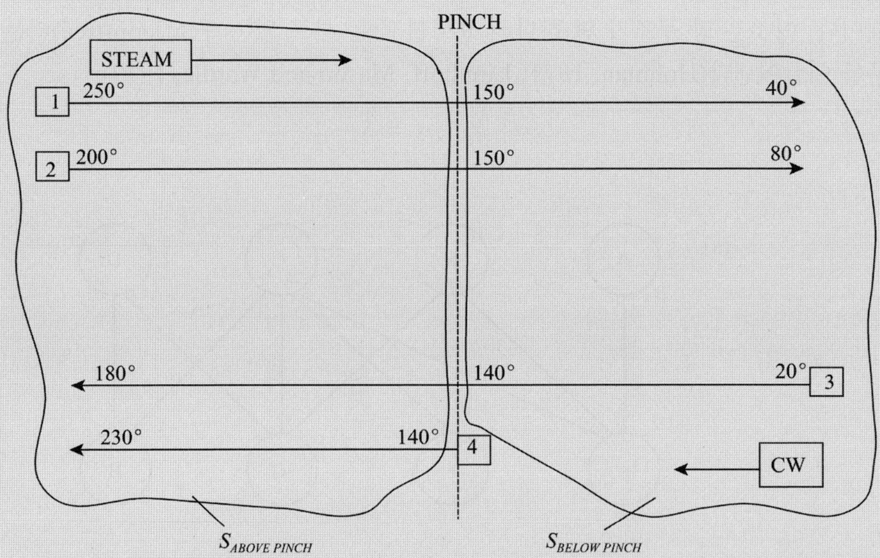

그림 11.41 ▸ 단위 열교환기수 목표를 위해 핀치 하부와 상부로 나누어 문제를 풀이한다.

11.12 열교환 면적의 목표치

복합선도는 에너지 목표치를 예측하기 위해 필요한 정보를 줄뿐만 아니라 열교환망 면적을 예측하기 위해 필요한 정보도 포함한다. 복합선도로부터 열교환망 면적을 계산하기 위해서는 복합선도에 유틸리티 흐름과 공정 흐름이 포함되어야 하며, 그 결과로 열수지를 맞춘 *복합선도*가 얻어진다(Townsend and Linnhoff, 1984), 이것은 그림 11.3과 11.4에서 제시되었던 것과 똑같은 과정을 거친다. 그러나 여기서는 유틸리티 흐름을 포함한 점이 다르다. 결과적으로 얻어진 열수지 균형을 맞춘 복합선도는 유틸리티에 대한 잉여분의 요구가 없다. 열수지 균형을 맞춘 복합선도는 그림 11.42에 나타낸 것처럼 수직의 *엔탈피 간격*으로 나누어진다. 첫 번째로 총괄 열전달 계수 U가 전 공정에 거쳐 일정하다고 가정하자. 그리고 그것을 완전한 교차흐름 열전달로 한다면, 엔탈피 간격 k에 요구되는 *수직적인 열전달*을 위한 열전달 면적은 다음과 같다(Hohman, 1971; Townsend and Linnhoff, 1984).

$$A_{NETWORK\,k} = \frac{\Delta H_k}{U\,\Delta T_{LMk}} \tag{11.7}$$

여기서 $A_{NETWORK\,k}$ = 엔탈피 간격 k에서 수직적인 열전달을 위해 요구되는 열교환 면적
ΔH_k = 엔탈피 간격 k만큼의 엔탈피 변화
ΔT_{LMk} = 엔탈피 간격 k에서의 로그 평균 온도차
U = 총괄 열전달 계수

열교환망 전체의 열교환 면적을 얻기 위해 식 (11.7)가 모든 엔탈피 간격에 적용될 수 있다(Hohman, 1971; Townsend and Linnhoff, 1984).

$$A_{NETWORK} = \frac{1}{U}\sum_{k}^{INTERVALS\,K}\frac{\Delta H_k}{\Delta T_{LMk}} \tag{11.8}$$

여기서 $A_{NETWORK\,k}$ = 전체 열교환망에서 수직적인 열전달을 위해 요구되는 열교환 면적
K = 엔탈피 간격의 총 수

식 (11.8)의 문제점은 총괄 열전달 계수가 전 공정에 걸쳐 일정하지 않다는 것이다. 이 모델에서 개별 열전달 계수를 다룰 수 있도록 확장시킬 수 있는 방법이 있을까?

다음의 표현을 이용하여 개별흐름 경막 열전달 계수의 효과는 포함될 수 있다. 이것의 풀이 과정은

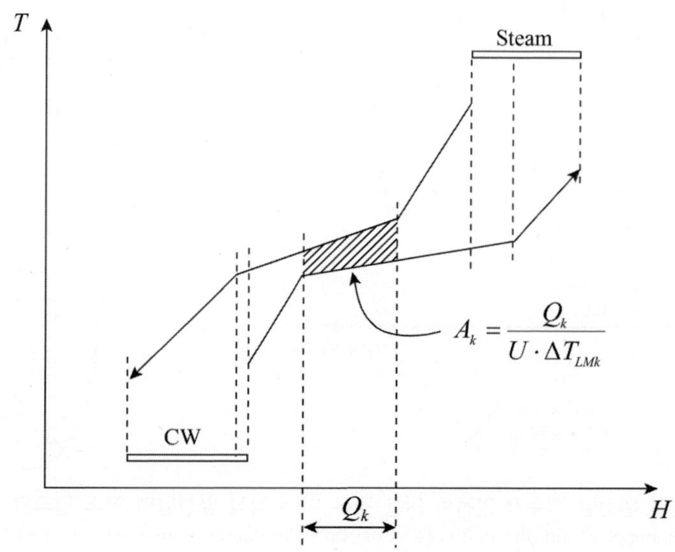

그림 11.42 ▸ 열교환망에서의 열교환 면적을 결정하기 위하여 균형 복합선도를 각각의 엔탈피 간격으로 나눈다.

부록 B를 참조하라(Townsend and Linnhoff, 1984; Linnhoff and Ahmad, 1990).

$$A_{NETWORK} = \sum_{k}^{INTERVALS\ K} \frac{1}{\Delta T_{LMk}} \times \left[\sum_{i}^{HOT\ STREAMS\ I} \frac{q_{i,k}}{h_i} + \sum_{j}^{COLD\ STREAMS\ J} \frac{q_{j,k}}{h_j} \right] \tag{11.9}$$

여기서 $q_{i,k}$ = 엔탈피 간격 k에서 온류 i의 흐름열부하
$q_{j,k}$ = 엔탈피 간격 k에서 냉류 j의 흐름열부하
h_i, h_j = 온류 i와 냉류 j의 경막 열전달 계수(벽과 오염 저항을 포함한)
I = 엔탈피 간격 k에서 온류의 총 수
J = 엔탈피 간격 k에서 냉류의 총 수
K = 엔탈피 간격의 총 수

이 간단한 공식은 경막 열전달 계수가 다양할 경우에 수직적인 열교환 모델을 기반으로 하면서 목표치가 설정된 열교환망 면적을 표현하고 있다. 그러나 만약 경막 열전달 계수의 값이 너무 크게 변화하면, 식 (11.9)은 완전한 최소의 열교환망 면적을 예측할 수 없다. 경막 열전달 계수가 현저하게 차이가 날 때에는 최소 면적을 구하기 위해서 고의적으로 비수직적인 짝지음이 요구된다. 그림 11.43a를 살펴보자. 낮은 경막 열전달 계수를 가진 온류 A는 높은 경막 열전달 계수를 가진 C와 짝지어진다. 높은 계수의 온류 B는 낮은 계수의 냉류 D와 짝지어진다. 이 양쪽의 짝지음에서 온도 차이는 복합선도 간의 수

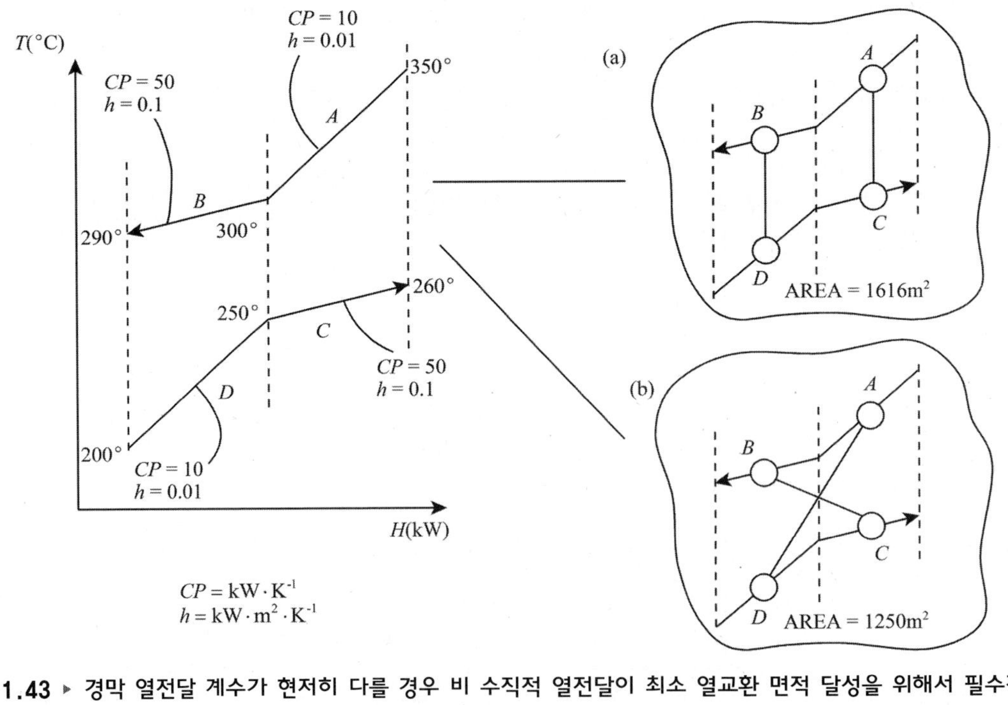

그림 11.43 ▸ 경막 열전달 계수가 현저히 다를 경우 비 수직적 열전달이 최소 열교환 면적 달성을 위해서 필수적이다.
(Reproduced from Linnhoff B and Ahmad S (1990) Cost Optimum Heat Exchanger Networks—1. Minimum Energy and Capital Using Simple Models for Capital Cost, *Comp Chem Eng*, **14**:729., with permission from Elseiver.)

직적인 차이로 간주된다. 이 구성은 전체 1616 m^2의 면적을 요구한다.

대표적으로 그림 11.43b는 다른 구성을 보여주고 있다. 낮은 경막 열전달 계수를 가진 온류 *A*는 냉류 *D*와 짝지어지는데, 냉류 *D* 또한 낮은 경막 열전달 계수를 가지지만 온도 차이는 수직적인 차이보다 크다. 온류 *B*는 냉류 *C*와 짝지어지는데, 이것은 양쪽 모두 높은 열전달 계수를 가지며, 온도 차이는 수직적인 차이보다 작다. 이 구성은 전체 1250 m^2의 면적을 요구하며 수직적인 구성보다 적다. 그래서 경막 열전달 계수가 현저하게 차이가 날 때에는 식 (11.9)이 완전한 최소 열교환망 면적을 예측할 수 없는 것이다. 완전한 최소 면적은 선형계획법을 이용해야만 예측할 수 있다. 그러나 식 (11.9)은 다음과 같은 이유로 투자비용 산정을 위한 열교환망 면적 계산에 여전히 유용한 기초이다.

1) 경막 열전달 계수가 한자리수(one order of magnitude) 이하로 변화한다면 식 (11.9)은 실제 최소치의 10% 이내에서 열교환망 면적을 예측할 수 있음이 발견된다(Ahmad, Linnhoff and Smith, 1990).
2) 열교환망 설계는 실제에서 완전한 최소치에 근사하기가 쉽지 *않다*. 왜냐하면 최초 면적 설계는 보통 너무나 복잡해서 실제적이지 않기 때문이다. 다른 방법에 대한 논지로 최소 면적을 구하는 데 요구되는 복잡한 설계를 보면 복잡성을 줄이는 중요한 과정도 다만 면적을 약간 넓힐 뿐이다.
3) 면적 목표치는 반응/분리기의 다른 배치 등과 같은 대안적인 공정도 선택의 평가로 인한 투자 자본비용/에너지 절충점의 예비 설계적인 최적화를 이용하여 예측된다. 그래서 면적 예측은 자주 고려될 수 있는 정도의 불확실성을 가지는 열교환기에 대한 투자비용 데이터와 함께 사용된다. 투자비용 예측은 식 (11.9)에서 얻어지는데, 이것은 반응기와 증류탑들과 같은 주요한 장치 설비 품목의 투자비용 예측보다 믿을 만하다.

한 가지 문제가 남아 있다. 경막 열전달 계수 h_i, h_j는 어떻게 얻을 수 있는가? 여기 세 가지의 가능성이 있다.

1) 경험적 수치로 표를 만든다.
2) 적절한 유속과 유체의 물리적 속성을 가정함으로써, 표준적인 열전달 관계를 이용할 수 있다.
3) 흐름의 압력강하가 주어진다면, Polley 등의 방법을 이용할 수 있다.

예제 11.8

그림 11.2의 공정에서 열교환망 열전달 면적의 목표치를 계산하라. 240°C의 스팀이 뜨거운 유틸리티로 사용된 후 239°C로 냉각된다. 20°C의 찬물이 차가운 유틸리티로 사용되고 난 후 냉각탑에서 돌아오면 30°C가 된다. 표 11.10은 유틸리티 데이터와 흐름의 열전달 계수와 더불어 흐름 데이터를 나타내고 있다.

열교환망을 위한 열교환 면적 목표치를 계산하라.

>풀이

우선 우리는 표 11.10의 데이터 전체를 이용하여 열수지를 맞춘 복합선도를 그려야 한다. 그림 11.44는 열수지를 맞춘 복합선도를 나타낸다. 복합선도의 단일한 성질을 유지하기 위하여 스팀을 온류 복합선도 구성에 통합시켜야 한다는 사실에 주목하라. 냉류 복합선도에서 냉각수도 똑같이 적용된다. 또한 그림 11.44는 온류 복합선도 상에서 경사의 변화가 있는 곳이나 냉류 복합선도 상에서 경사의 변화가 있는 곳의 엔탈피 차이로 나누어진 선도를 보여준다.

그림 11.45은 온류 온도와 냉류 온도와 함께 각 엔탈피 간격에 대한 흐름의 집단을 보여주고 있다. 식 (11.9)을 계산하여 표를 만들어 보자. 이것이 표 11.11이다.

그래서 ΔT_{min} = 10°C이라는 조건에서 열교환망 면적은 7410 m^2이 된다.

표 11.10 ▸ 그림 11.2 공정의 완성된 흐름과 유틸리티 데이터

Stream	Supply temperature T_S (°C)	Target temperature T_T (°C)	ΔH (MW)	Heat capacity flowrate CP ($MW \cdot K^{-1}$)	Film heat transfer coefficient h ($MW \cdot m^{-2} \cdot K^{-1}$)
1. Reactor 1 feed	20	180	32.0	0.2	0.0006
2. Reactor 1 product	250	40	−31.5	0.15	0.0010
3. Reactor 2 feed	140	230	27.0	0.3	0.0008
4. Reactor 2 product	200	80	−30.0	0.25	0.0008
5. Steam	240	239	7.5	7.5	0.0030
6. Cooling water	20	30	10.0	1.0	0.0010

그림 11.9의 열교환망 설계에서 이미 최소 에너지 소비를 이루었고, 이제 그림 11.9의 설계는 8341 m^2이 요구되는데, 이것은 목표치 면적을 13% 넘은 것이다. 그림 11.9의 최소한의 면적 설계를 조정하기 위한 어떠한 시도도 이루어질 수 없다. 그 대신 최소한의 장치수로 에너지 목표치에 이르는 설계는 가능하다. 이것은 간략한 설계들로 이끄는 경향이 있다.

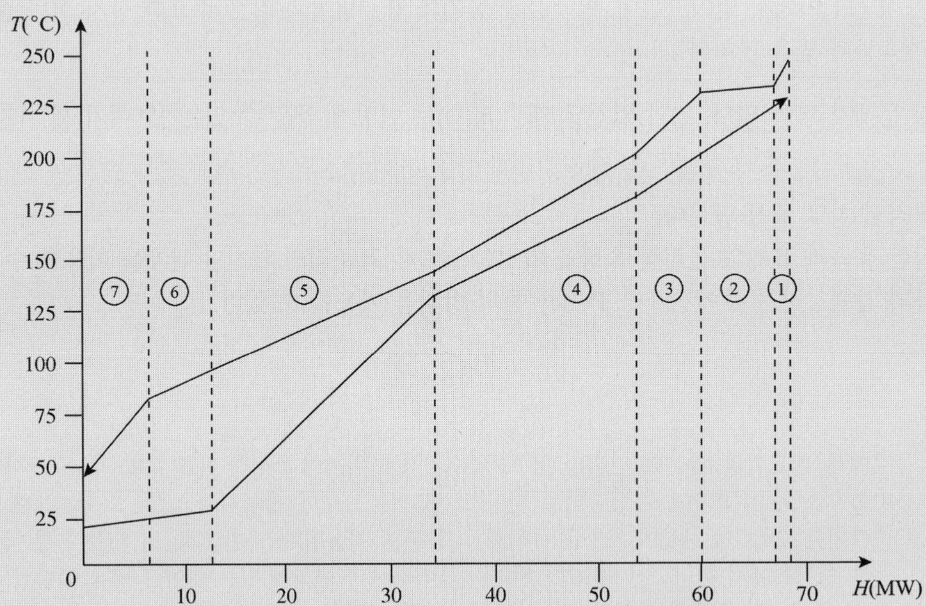

그림 11.44 ▸ 예제 11.8의 균형 복합선도를 위한 엔탈피 간격들.

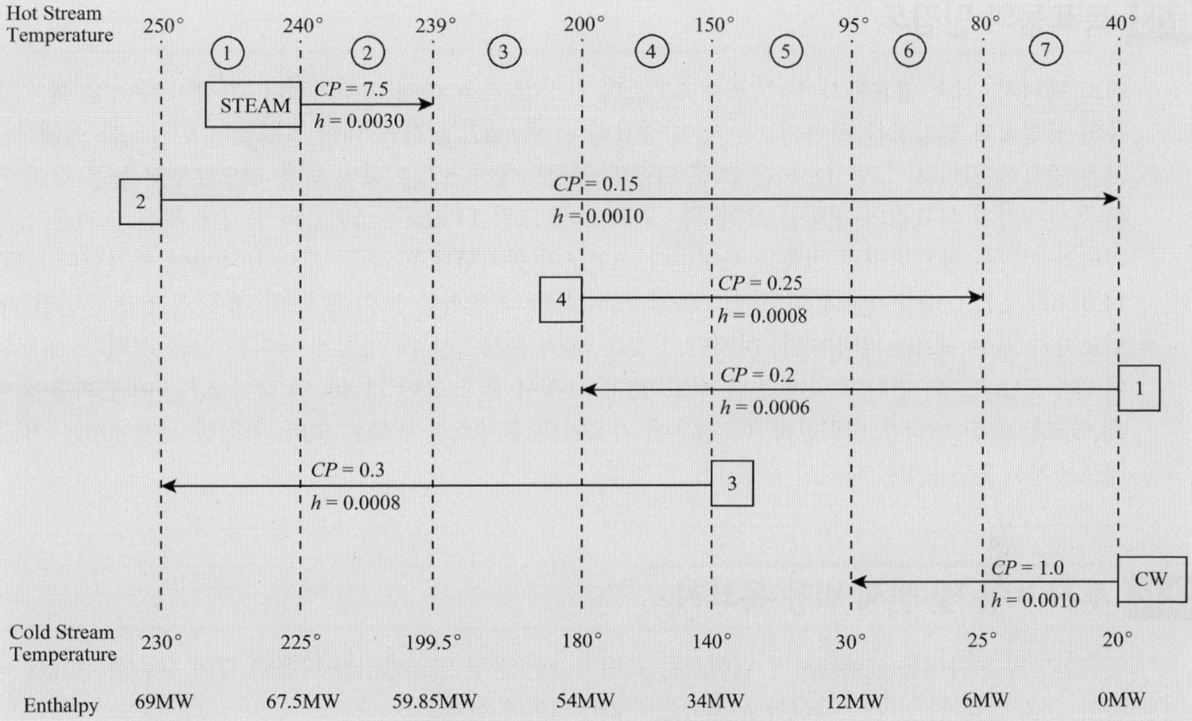

그림 11.45 ▸ 예제 11.8의 흐름들의 엔탈피 간격들.

표 11.11 ▸ 그림 11.2의 공정의 열교환망 면적 목표치

Enthalpy interval	ΔT_{LMk}	Hot streams $\Sigma(q_i/h_i)_k$	Cold streams $\Sigma(q_j/h_j)_k$		A_k
1	17.38	1500	1875		194.2
2	25.30	2650	9562.5		482.7
3	28.65	5850	7312.5		459.4
4	14.43	23,125	28,333.3		3566.1
5	29.38	25,437.5	36,666.7		2113.8
6	59.86	6937.5	6666.7		227.3
7	34.60	6000	6666.7		366.1
				ΣA_k	7409.6

11.13 목표들의 민감도

최소 에너지, 최소 열교환기 수 목표는 ΔT_{min}의 가정의 기초 하에 이루어진다. 가정이 주어질 때 이것들의 공정설계 민감도를 시험해보는 것이 중요하다. 즉, ΔT_{min} 값에 대한 목표들의 민감도를 이해하는 것은 중요한 일이다. 그림 11.46은 그림 11.2의 공정도에서 ΔT_{min} 값이 낮은 값으로부터 높은 값이 되는 동안 3가지 목표값의 변화를 보여주는 도표이다. 그림 11.46a는 ΔT_{min}의 증가에 따른 뜨거운 유틸리티와 차가운 유틸리티의 변화를 보여준다. ΔT_{min}이 증가함에 따라 두 값이 비례하여 증가한다. 그림 11.46b는 ΔT_{min}이 증가함에 따른 열교환기 개수 목표의 변화를 보여준다. 이 경우 문제가 간단할 때, 열교환기 개수 목표는 일정하다. 하지만 이것은 모든 문제에서 다 이렇게 되지는 않을 것이다. 열교환기 개수도 ΔT_{min}의 변화에 따라 변할 수도 있다. 그래서 결국 그림 11.46c와 같이 ΔT_{min}이 변화함에 따른 열교환기 총 면적은 변화한다. 이 경우에 기울기의 갑작스런 변화는 없다. 복잡한 문제에서는 이 그래프들에서 불연속점이 나타날 수 있다.

11.14 투자 비용 및 전체 비용 목표치

열교환망의 투자비용을 예측하기 위해서는 표면적 A인 단일 열교환기가 다음과 같이 단순한 관계에 의하여 값을 정할 수 있다는 사실이 우선적으로 가정되어야 한다.

$$\text{단일 열교환기의 설치 투자비용} = a + bA^c \qquad \textbf{(11.10)}$$

여기서 a, b, c = 교환기의 건설재료, 압력, 유형에 따라 다양한 비용 법칙의 상수들이다.

비용 목표치를 설정할 때 망의 열교환기들 간의 목표 면적의 분포는 모르는 값이다. 그래서 식 (11.10)을 이용하여 열교환망의 비용을 산정하기 위해서 몇몇의 면적 분포를 가정해야 하는데, 그 중 가장 간단한 것이 모든 열교환기가 같은 면적을 가진다는 가정이다.

$$\text{열교환망 투자비용} = N_{UNITS}\left[a + b\left(A_{NETWORK}/N_{UNITS}\right)^c\right] \qquad \textbf{(11.11)}$$

여기서 N_{UNITS}은 최적의 열교환기나 원통의 수이다.

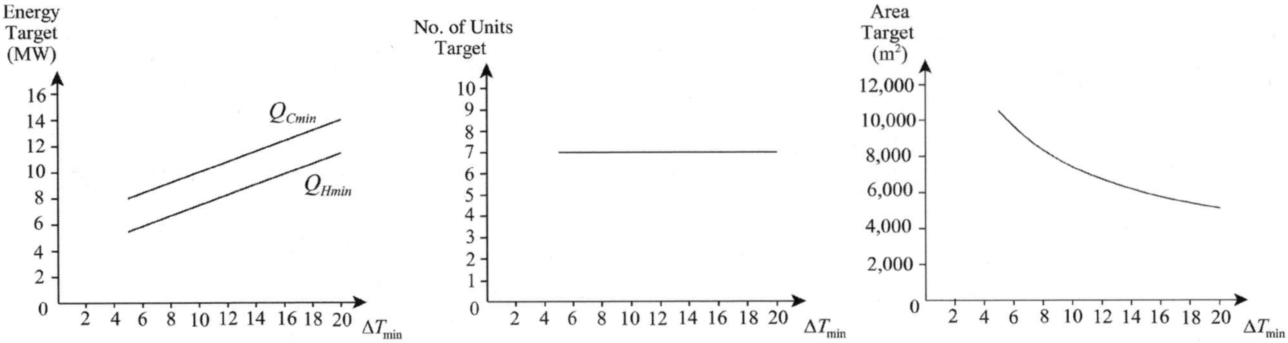

(a) 에너지 목표의 민감도 (b) 열교환기 개수의 민감도 (c) 열교환 면적의 민감도

그림 11.46 ▸ 그림 11.2의 공정 목표들의 민감도.

열교환망이 아직 완성되지 않았기 때문에 어떤 한 설계가 다른 설계보다 더 좋다는 판단이 목표치 설계 단계에서 주어지기 어렵다. 또한 열회수를 위한 온도 차이가 증가함에 따라 선택된 공정에너지 소비량이 증가하고, 필요한 열교환기 면적이 줄어들 것이다(그림 11.46). 열교환망의 투자비 계산은 식 (11.11)에서와 같이 계산된다. 투자비는 부록 A에서 살펴보았듯 연간 비용으로 환산될 수 있다. 그림 11.6에서와 같이 연간 투자비는 연간 유틸리티 비용에 대비하여 최적화 문제가 된다. 총 투자비는 최적 에너지 소비량에서 최소화된다.

열교환망 내의 각각의 열교환기의 비용은 식 (11.10)에 의해 산정될 수 있다고 가정한다. 이 가정은 모든 열교환기가 단일 교차 흐름 열교환기이며, 모두 같은 재료, 같은 종류, 같은 압력 조건 하에 건설되었다는 것을 포함한다. 그러나 열교환망의 투자비는 몇 가지 요소에 의해 일반적으로 결정된다.

1) ***열교환 장치(냉류와 온류의 짝지음) 수*** 이것은 핀치가 없을 때는 식 (11.5)에 의해, 핀치가 있을 때는 식 (11.6)에 의해 결정된다.
2) ***쉘의 수*** 만약 다중 흐름 방향(multipass) 다관형 열교환기를 사용한다면 개별 열교환 장치는 쉘의 수로 구성이 된다. 목표치 설계 단계에서는 주어진 특정 가정들로 쉘의 수를 예측할 수 있다(Ahmad and Smith 1989).
3) ***망의 열교환 면적*** 만약 흐름의 열전달 계수가 그리 중요하지 않다면, 식 (11.9)에 의해 열교환 면적 목표치를 계산할 수 있다. 만약 열전달 계수가 중요하다면 열전달 계수가 우수하지 않더라도 그것을 극복하기 위해 온도 차이가 큰 열교환 짝지음을 선택하는 편이 더 좋다(Ahmad, Linuhott and Smith, 1990). 이것은 선형계획법의 방법으로 열교환망의 열교환 면적 목표를 계산하는 것을 필요로 한다(Saboo, Morari and Colberg, 1986). 더 나아가 다중 흐름 방향 다관형 열교환기가 사용된다면 열교환 면적 목표치 계산에 비 교차흐름 열교환의 보정이 필요하다(Ahmad and Smith, 1989).
4) ***열교환기 제작의 재료들*** 만약 모든 열교환기들이 같은 재료로 제작된다면 식 (11.10)은 적당한 재료를 설정하여 계산될 수 있다. 그러나 공정 흐름이 달라 다른 재료로 제작되는 경우도 종종 있다. 이러한 경우 주어진 흐름에 대해 열전달 계수에 인위적인 가중치 인자를 적용해 망의 열교환 면적을 계산하는 데 적용할 수 있다. 예로서 만약 한 흐름이 보다 값비싼 재질을 요구한다면 인위적으로 망의 열교환 면적과 투자비용이 늘어나도록 열전달 계수를 조정할 수 있다(Hall, Ahmad and Smith, 1990).
5) ***열교환기 종류*** 만약 망 내의 모든 열교환기가 같은 종류라면 식 (11.10)을 적절한 한 종류로 적용될 수 있다. 그러나 종종 다른 종류의 열교환기가 다른 흐름에서 사용되는 것이 요구될 수 있다. 이러한 경우에도 역시 인위적인 가중치가 적용된 열전달 계수를 사용하여 열교환 면적을 바꿈으로써 투자비의 변화를 반영할 수 있다(Hall, Ahmad and Smith, 1990).
6) ***압력 변화량*** 압력 변화량이 다른 흐름들에서 다르게 적용될 경우 열교환기의 기계적 제작이 달라질 수 있다. 압력이 높을수록 열교환기가 보다 기계적으로 강하게 설계되어야 하므로 열교환기의 가격은 증가한다. 열교환망 전체에 같은 압력 변화량이 주어진다면 식 (11.10)은 간단히 사용될 수 있을 것이다. 그러나 다른 압력 변화량이 열교환망 한 부분에서 필요할 수도 있다. 이러한 경우 흐름의 개별 열전달 계수에 가중치를 곱하여 열교환망의 면적 목표치를 계산할 수 있다(Hall, Ahmad and Smith, 1990).

열교환망이 설계되기 전에 흐름 자료로부터 투자비용을 예측하는 데에는 많은 불확실성이 존재한다. 이러한 이유로 투자비와 총 비용 목표치는 성능을 예측하는 데에 사용될 수 없다. 그러나 그 설계로부터 얻어지는 실제 경험적 자료가 없을 때 ΔT_{min}의 적절한 값을 산정하기 위해 이러한 목표치들은 가치가 있다.

예제 11.9

그림 11.2의 공정에 대해 ΔT_{min}와 투자/에너지 절충점의 최적 설정에서의 열교환망 총 투자비를 결정하라. 열교환망 흐름과 유틸리티 정보는 표 11.10에 주어져 있다.

$$\text{스팀 비용} = 120,000\,(\$ \cdot MW^{-1} \cdot y^{-1})$$

$$\text{냉각수 비용} = 10,000\,(\$ \cdot MW^{-1} \cdot y^{-1})$$

사용되는 열교환기는 다관형 열교환기의 단일 교차흐름 형태이다. 설치 투자비용은 다음과 같다.

$$\text{열교환기 투자비용} = 40,000 + 500A\,(\$)$$

여기서 A는 m^2당 열전달 면적이다. 이 투자비용은 5년에 10% 이자로 지불된다.

›풀이

부록 A의 식 (A.8)로부터

$$\text{연간 열교환기 투자비용} = \text{투자비용} \times \frac{i(1+i)^n}{(1+i)^n - 1}$$

여기서 i = 연간 이자분율

n = 년 수

연간 열교환기 투자비용

$$= [40,000 + 500A] \times \frac{0.1(1+0.1)^5}{(1+0.1)^5 - 1}$$

$$= [40,000 + 500A]0.2638$$

$$= 10,552 + 131.9A$$

연간 열교환기 투자비용

$$= N_{UNITS}\left[10,552 + \frac{131.9\,A_{NETWORK}}{N_{UNITS}}\right]$$

이제 ΔT_{min}의 수치의 범위를 살펴보고, 에너지, 장치 수, 열교환망 면적의 목표치를 계산한 후, 이것을 총 비용에 결합시켜라. 결과는 표 11.12에 주어져 있다. 표 11.12의 데이터는 그림 11.47에 그래프로 나타내었다. 최적 ΔT_{min} 값이 10°C로 나왔고, 이는 이 문제에 이용된 초기값을 확인시켜준다. 투자/에너지 절충점의 최적 설정에서 총 연간 비용은 2.05×10^6 \$/yr이다.

표 11.12 ▸ ΔT_{min}에 따른 연간투자비 변동

ΔT_{min}	Q_{Hmin} (MW)	Annual hot utility cost (10^6 \$·y^{-1})	Q_{Cmin} (MW)	Annual cold utility cost (10^6 \$·y^{-1})	$A_{NETWORK}$ (m^2)	N_{UNITS}	Annualized capital cost (10^6 \$·y^{-1})	Annualized total cost (10^6 \$·y^{-1})
2	4.3	0.516	6.8	0.068	15,519	7	2.121	2.705
4	5.1	0.612	7.6	0.076	11,677	7	1.614	2.302
6	5.9	0.708	8.4	0.084	9645	7	1.346	2.138
8	6.7	0.804	9.2	0.092	8336	7	1.173	2.069
10	7.5	0.900	10.0	0.100	7410	7	1.051	2.051
12	8.3	0.996	10.8	0.108	6716	7	0.960	2.064
14	9.1	1.092	11.6	0.116	6174	7	0.888	2.096

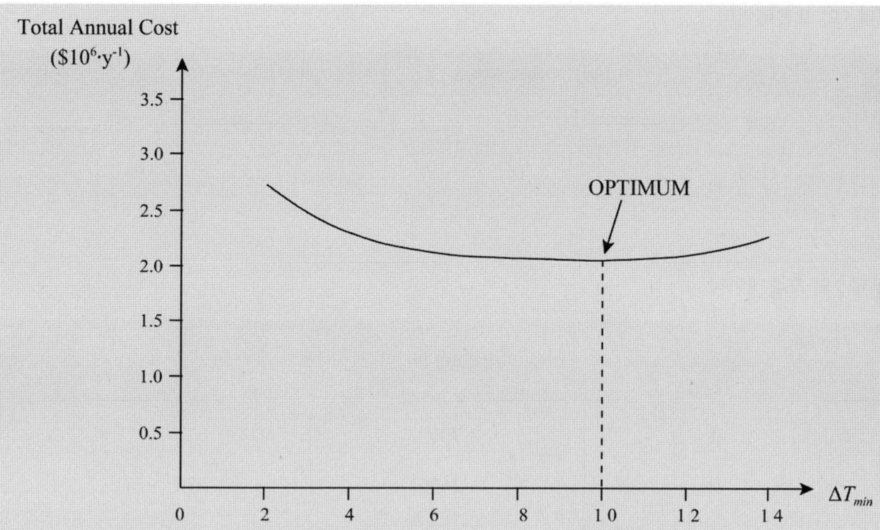

그림 11.47 ▸ 예제 11.9의 투자/에너지 비용을 절충한 최적화 결과.

11.15 열교환망과 목표치 – 요약

열교환망과 유틸리티 시스템 설계가 없이도 에너지 목표치는 주어질 수 있다. 열교환망 설계에 대한 평가에 의지하지 않고 물질과 에너지수지로부터 직접적으로 에너지 비용과 투자비용의 목표치를 설정할 수 있다. 에너지 비용은 양파 모델의 바깥쪽 공정 단계의 설계 없이 산정될 수 있다. 총괄복합선도를 사용하여 열병합 발전과 히트펌프를 포함한 다른 유틸리티 시나리오는 매우 빠르게 그리고 간편하게 분류될 수 있다.

나아가 에너지 목표치를 설정할 때 목표치는 최소 장치 수와 열교환망의 면적을 얻기 위해 설정될 수 있다. ΔT_{min}을 가정하여 목표치의 민감도를 검토할 수도 있다.

11.16 연습 문제

1. 두 흐름의 열회수 문제가 표 11.13에 주어졌다. 스팀은 180°C, 냉각수는 20°C에서 제공된다.

a) 최소 허용 온도차 ΔT_{min}은 10°C일 때 최소 뜨거운, 그리고 차가운 유틸리티 요구량을 계산하라.

b) 냉류와 온류의 핀치 온도는?

c) 만약 스팀이 스팀 터빈의 배출로 공급된다면 적절한 열 엔진이 위치는?

d) 만약 ΔT_{min}이 20°C로 증가한다면 유틸리티의 요구량에 어떤 변화가 생기는가?

2. 발열반응기를 포함한 흐름데이터가 표 11.14에 주어졌다.

a) 문제 표 분석과 총괄복합선도를 ΔT_{min} = 10°C일 때 구하라. 단지 차가운 유틸리티만 필요한 한계치 문제임을 확인하라.

b) 차가운 유틸리티 대신 스팀을 생산한다면 41 bar에서 포화 스팀 온도인 252°C, 그리고 잠열 1706 $kJ \cdot kg^{-1}$일 때 스팀을 얼마나 생산할 수 있는가? 스팀이 포화 상태가 될 수 있는 포화 보일러를 사용한다고 가정하라.

표 11.13 ▸ 연습문제 1의 흐름데이터

Stream	Type	Supply temperature (°C)	Target temperature (°C)	Enthalpy change (MW)
1	Hot	100	40	12
2	Cold	10	150	7

표 11.14 ▸ 연습 문제 2의 흐름데이터

Stream		Enthalpy change (kW)	T_S (°C)	T_T (°C)
No.	Type			
1	Hot	−7000	377	375
2	Hot	−3600	376	180
3	Hot	−2400	180	70
4	Cold	2400	60	160
5	Cold	200	20	130
6	Cold	200	160	260

c) 만약 350°C까지 과열된다면 41 bar에서 스팀 생산량은 얼마인가? 스팀의 열용량이 4.0 $kJ\cdot kg^{-1}K^{-1}$를 가정하라

d) b에서 스팀이 100°C로 생산되고 스팀이 열용량이 4.2 $kJ\cdot kg^{-1}K^{-1}$이라면 어떤 일이 일어나겠는가? 이 조건 하에서 스팀 생산량을 계산하라.

3. 공정의 흐름데이터가 표 11.15에 주어졌다.

a) ΔT_{min} = 10°C에서의 복합선도를 그려라. 최소 뜨거운 유틸리티 목표는 얼마인가?

표 11.15 ▸ 연습 문제 3의 흐름 데이터

Stream				
No.	Type	T_S (°C)	T_T (°C)	Heat duty (MW)
1	Hot	150	30	7.2
2	Hot	40	40	10
3	Hot	130	100	3
4	Cold	150	150	10
5	Cold	50	140	3.6

b) 문제 표 분석법에 의해 ΔT_{min} = 10°C일 때 최소 차가운, 그리고 뜨거운 유틸리티 목표를 계산하라. 또 복합선도에서의 값과 비교하라.

4. ΔT_{min} = 10°C일 때 열내림 흐름도 표가 표 11.16에 주어졌다.

또한 여러 가지 옵션에서 허용되는 최소 ΔT_{min} 값

표 11.16 ▸ 연습 문제 4의 열내림 흐름도 표

Interval temperature (°C)	Cascade heat flow (MW)
360	9.0
310	7.6
230	8.0
210	4.8
190	5.8
190	0
170	1.0
150	7.6
60	3.0

표 11.17 ▸ 다른 열교환 짝지음의 ΔT_{min}

Type of match	ΔT_{min} (°C)
Process/process	10
Process/steam	10
Process/flue gas (furnace or gas turbine)	50

이 표 11.17에 나타나 있다.

a) 연료로 열을 공급할 때, 이론 불꽃온도는 1800°C, 산이슬점 150°C, 주위 온도는 25°C이다. 열 공급 요구량을 충족시킬 수 있는 연료의 양을 계산하라.

b) a에서의 원료가 300°C 고압 포화 스팀과 함께 사용된다면, 또 열전달량이 최대가 된다면, 스팀에서의 그리고 로에서의 열전달량이 얼마인가?

c) a에서의 로가 210°C 저압 포화 스팀과 함께 사용된다면, 또 열전달량이 최대가 된다면, 스팀에서의 그리고 로에서 열전달 열량(heat duty)은 각각 얼마인가?

d) 가스 터빈 배출(온도 445°C)을 위 문제의 로 대신 사용한다. 가스 터빈 내에 흐르는 흐름용량은 공정의 요구 조건에 따라 변화한다. 가스 터빈의 효율은 30%일 때 동력은 얼마나 생성되겠는가?

5. ΔT_{min} = 10°C일 때 열내림 흐름도 표가 표 11.18에 주어졌다.

보일러 물 도입으로부터 온도 80°C의 스팀을 생산함으로써 공정 냉각을 수행한다고 제안한다.

a) 230°C에서 스팀이 얼마나 생기는가? 스팀의 잠열은 1812 kJ·kg^{-1}K^{-1}이다. 물의 열 용량은 4.2 kJ·kg^{-1}K^{-1}이다.

b) 230°C에서 과열 포화 스팀이 얼마나 생성되는가? 스팀의 열용량은 3.45 kJ·kg^{-1}K^{-1}이다.

c) b에서 배출 스팀이 4 bar에서 포화되고 엔탈피는 2738 kJ·kg^{-1}K^{-1}일 때, 과열 스팀을 가정하면 힘이 얼마나 생성되는가? 엔탈피의 비교 온도를 0°C로 가정한다.

6. ΔT_{min} = 20°C일 때 열내림 흐름도 표가 표 11.19에 주어졌다.

표 11.18 ▸ 문제 5의 열내림 흐름도 표

Interval temperature (°C)	Heat flow (MW)
495	3.6
455	9.2
415	10.8
305	4.2
285	0
215	16.8
195	17.6
185	16.6
125	16.6
95	21.1
85	18.1

표 11.19 ▸ 문제 6의 열내림 흐름도 표

Interval temperature (°C)	Heat flow (MW)
440	21.9
410	29.4
130	23.82
130	1.8
100	0
95	15

공정은 여전히 7 MW 축일을 요구한다. 3개의 다른 유틸리티를 쓸 때 경제성이 비교될 수 있다.

a) 스팀 터빈의 배기는 150°C에서 포화되어 공정을 데우는데 사용되고 있다. 스팀은 중앙보일러에서 엔탈피 418 kJ·kg^{-1}의 물 원료로부터 41 bar, 엔탈피 3137 kJ·kg^{-1}로 생성된다. 41 bar에서 포화 응축은 1095 kJ·kg^{-1}이다. 스팀 시스템 전체의 효율은 85%이다. 150°C에서의 포화 스팀의 엔탈피는 2747 kJ·kg^{-1}이고, 잠열은 2115 kJ·kg^{-1}이다 공정을 대상으로 열교환된 배출 스팀에 의해 생성될 수 있는 최대 축일을 계산하라.

b) 흐름 열용량이 0.1 MW·K^{-1}인 가스 터빈의 배출 온도 400°C를 이용하는 것이 두 번째 방안이다. 최소 굴뚝 온도가 100°C로 정해졌다. 30% 효율을 갖는 힘 생산 터빈으로 열을 이용하여 힘을 얻을 때 얻어지는 축일의 양을 계산하라. 외기는 10°C이다.

c) 세 번째 가능한 방안이 공정과 히트펌프를 통합하는 것이다. 히트펌프의 힘 요구량은

$$W = \frac{Q_H}{0.6}\frac{T_H - T_C}{T_H}$$

이다. 여기서 Q_H는 온도 T_H(K)에서 히트펌프의 열 배출이다. 열은 T_C(K) 온도에서 히트펌프로 흡수된다. 히트펌프에 의한 힘 요구량을 계산하라. 유틸리티 비용은 표 11.20에 나타내었다.

스팀의 생산 분배의 총괄 효율은 60%이다. 스팀 터빈, 가스 터빈, 히트펌프 중 어떤 방안이 가장 효율적인가?

7. ΔT_{min} = 10°C일 때 표 11.21은 열내림 흐름도 표를 표현한다.

다음의 유틸리티가 유효하다.

i. 200°C에서 포화 MP(중압) 스팀
ii. 보일러 물 도입 온도 90°C(열용량 4.2 kJ·kg^{-1})로부터 130°C LP(저압), 포화 스팀(증발 잠열 2174 kJ·kg^{-1})
iii. 냉각수(20~30°C까지)
iv. 0°C에서의 냉동
v. −40°C에서의 반응

공정과 냉동기 간 짝지음은 ΔT_{min} = 10°C이다. 총괄복합선도를 그리고 유틸리티 목표를 정하라. 핀치 아래에서 보다 높은 온도를 사용하므로 차가운 유틸리티는 최대치가 되어야 한다.

표 11.20 ▸ 연습 문제 6의 유틸리티 비용

Utility	Cost (\$·MW^{-1})
Fuel for gas turbine	0.0042
Fuel for steam generation	0.0030
Imported power	0.018
Credit for exported power	0.014
Cooling water	0.00018

표 11.21 ▸ 연습 문제 7의 열내림 흐름도 표

Interval temperature (°C)	Heat flow (kW)
160	1000
150	0
130	1100
110	1400
100	900
80	1300
40	1400
10	1800
−10	1900
−30	2200

참고 문헌

Ahmad S and Hui DCW (1991) Heat Recovery Between Areas of Integrity, *Comp Chem Eng*, **15**: 809.

Ahmad S, Linnhoff B and Smith R (1990) Cost Optimum Heat Exchanger Networks – 2. Targets and Design for Detailed Capital Cost Models, *Comp Chem Eng*, **14**: 751.

Ahmad S and Smith R (1989) Targets and Design for Minimum Number of Shells in Heat Exchanger Networks, *Trans IChemE ChERD*, **67**: 481.

Bandyopadhyay S and Sahu GC (2010) Modified Problem Table Algorithm for Energy Targeting, *Ind Eng Chem Res*, **49**: 11557.

Cerda J, Westerberg AW, Mason D and Linnhoff B (1983) Minimum Utility Usage in Heat Exchanger Network Synthesis – A Transportation Problem, *Chem Eng Sci*, **38**: 373.

Hall SG, Ahmad S and SmithR(1990) Capital Cost Targets for Heat Exchanger Networks Comprising Mixed Materials of Construction, Pressure Ratings and Exchanger Types, *Comp Chem Eng*, **14**: 319.

Hohman EC (1971) Optimum Networks of Heat Exchange, PhD Thesis, University of Southern California.

Huang F and Elshout RV (1976) Optimizing the Heat Recover of Crude Units, *Chem Eng Prog*, **72**: 68.

Itoh J, Shiroko K and Umeda T (1982) Extensive Application of the T–Q Diagram to Heat Integrated System Synthesis, International Conference on Proceedings Systems Engineering (PSE-82) Kyoto, 92.

Linnhoff B and Ahmad S (1990) Cost Optimum Heat Exchanger Networks – 1. Minimum Energy and Capital Using Simple Models for Capital Cost, *Comp Chem Eng*, **14**: 729.

Linnhoff B and Flower JR (1978) Synthesis of Heat Exchanger Networks, *AIChE J*, **24**: 633.

Linnhoff B and de Leur J (1988) Appropriate Placement of Furnaces in the Integrated Process, *IChemE Symp Ser*, **109**: 259.

Linnhoff B, Mason DR and Wardle I (1979) Understanding Heat Exchanger Networks, *Comp Chem Eng*, **3**: 295.

Linnhoff B, Townsend DW, Boland D, Hewitt GF, Thomas BEA, Guy AR and Marsland RH (1982) *A User Guide on Process Integration for the Efficient Use of Energy*, IChemE, UK.

Papoulias SA and Grossmann IE (1983)AStructural Optimization Approach in Process Synthesis – II. Heat Recovery Networks, *Comp Chem Eng*, **7**: 707.

Polley GT (1993) Heat Exchanger Design and Process Integration, *Chem Eng*, **8**: 16.

Saboo AK, Morari M and Colberg RD (1986) RESHEX – An Interactive Software Package for the Synthesis and Analysis of Resilient Heat Exchanger Networks – II Discussion of Area Targeting and Network Synthesis Algorithms, *Comp Chem Eng*, **10**: 591.

Townsend DW and Linnhoff B (1983) Heat and Power Networks in Process Design, *AIChE J*, **29**: 742.

Townsend DW and Linnhoff B (1984) *Surface Area Targets for Heat Exchanger Networks*, IChemE Annual Research Meeting, Bath, UK.

Umeda T, Harada T and Shiroko K (1979) A Thermodynamic Approach to the Synthesis of Heat Integration Systems in Chemical Processes, *Comp Chem Eng*, **3**: 273.

Umeda T, Itoh J and ShirokoK(1978) Heat Exchange System Synthesis, *Chem Eng Prog*, **74**: 70.

Umeda T, Niida K and Shiroko K (1979) A Thermodynamic Approach to Heat Integration in Distillation Systems, *AIChE J*, **25**: 423.

스미스의 제2판

화학공정설계

Chemical Process

Design and Integration

제 12 장 열교환망 II – 열교환망 설계

Heat Exchanger Networks II – Network Design

지금까지 반응-분리 시스템의 구조가 결정되었고, 주된 설계변수들(반응기 전환율, 재순환 불활성 기체 농도 등)의 최적화가 수행되었다. 이런 최적화 문제는 단지 열교환망과 유틸리티의 목표치들을 대상으로 수행되었다. 공정 폐기물의 최소화도 고려되었다. 유틸리티, 폐기물 그리고 비용은 열통합을 이용함으로써 최소화된다. 또, 열통합을 개선하는 공정 변형이 열교환망과 유틸리티의 목표치들을 사용하여 수행되었다. 대부분의 자유도가 조사되고 물질 및 에너지 수지가 결정되면, 열교환망에 사용된 온류와 냉류들은 확실하게 정의된다. 남은 일은 열교환망의 설계를 완성하는 것이다.

12.1 핀치 설계 방법

11장에서 열교환망에 있어서 투자자본과 에너지의 절충점에 대해 설명했다. ΔT_{min}이 변함으로써 복합선도의 상대적 위치가 바뀐다(그림 11.6 참조). ΔT_{min}이 작은 값에서 큰 값으로 바뀜에 따라 투자 비용은 감소하지만 에너지 비용은 증가한다. 총 비용을 얻기 위해 두 비용을 결합하면 자본/에너지 절충점에서의 최적점이 ΔT_{min}의 최적값에 따라 결정된다(그림 11.6 참조). 11장에서 지적하였듯이 에너지와 자본 비용 사이의 통합은 대개 개별 열교환기들이 ΔT_{min}보다 작은 온도 차이를 가져서는 안 된다는 것을 전제한다. 좋은 초기화는 어떤 개별 열교환기도 ΔT_{min}보다 작은 온도 차이를 가지지 않는다는 가정을 암시한다.

어떤 개별 열교환기도 ΔT_{min}보다 작은 온도 차이를 가지지 않는다는 것이 결정되면, 두 가지 규칙이 유도된다. 만약 에너지 목표가 복합선도(composite curve) 또는 문제 표 알고리듬(problem table algorithm)에 의해 세워졌다면, 어떤 열교환도

- 공정에서 공정으로의 열교환
- 유틸리티의 부적합한 사용

등에 의해 핀치를 가로질러서는 안 된다.

어떤 개별 열교환기도 ΔT_{min}보다 작은 온도 차이를 가지지 않는다는 가정이 주어지면, 이러한 규칙들은 에너지 목표를 이루기 위한 설계에 있어 필요충분조건이다. 이러한 두 규칙을 따르기 위해 그 공정은 핀치에서 둘로 나뉘어져야 한다. 11장에서 지적하였듯이 이것은 격자선도에서 흐름 데이터를 표시함으로써 가장 분명해진다. 그림 12.1은 표 11.2의 흐름 데이터를 핀치를 표시해서 격자 형태로 나타

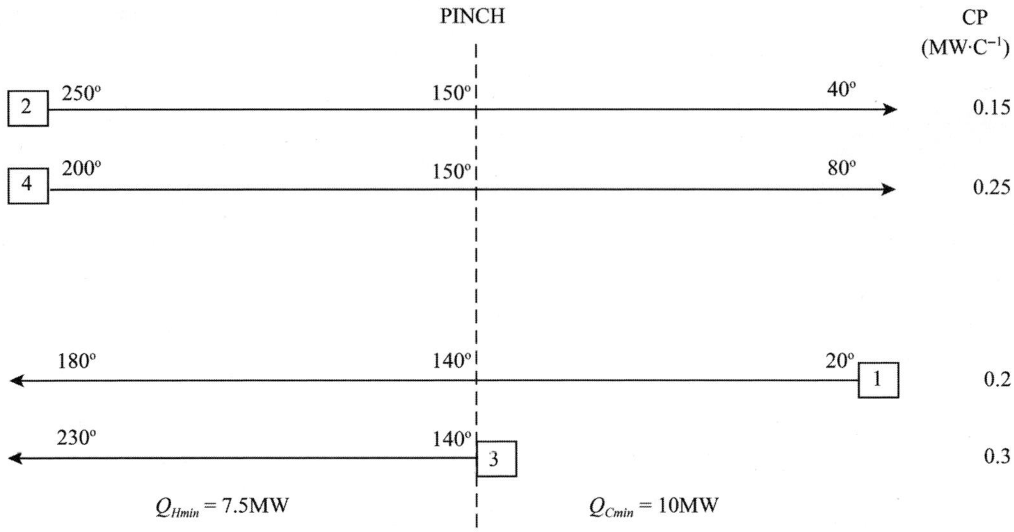

그림 12.1 ▸ 표 11.2 데이터의 격자선도.

낸 것이다. 핀치 상부에서 스팀은 Q_{Hmin}까지 사용할 수 있고, 핀치 하부에서 냉각수는 Q_{Cmin}까지 사용할 수 있다. 하지만 설계에 있어 어떤 방법을 채택해야 하는가? 많은 간략한 기준들이 도움을 주기 위해 개발될 수 있다.

1) ***핀치에서 출발*** 핀치는 그 문제의 가장 제한된 영역이다. 핀치에서 ΔT_{min}이 온류와 냉류 사이에 존재한다. 결국, 이 지역에서 가능한 온류와 냉류 간의 짝지음수(matches)는 매우 제한적이다. 실질적으로 만들어져야 할 필수 열교환(essential match)이 있다. 만약 그런 열교환이 만들어지지 않으면 그 결과는 ΔT_{min}보다 작은 온도차의 사용 또는 핀치를 가로지르는 열전달로 인한 유틸리티의 지나친 사용이 일어날 것이다. 설계가 핀치로부터 먼, 즉 문제의 온류 또는 냉류의 양끝에서 시작한다면, 핀치에 접근할수록 초기 열교환은 다음으로 이어지는 열교환을 필요로 하게 되는 과정으로 점차 핀치에 접근하게 되어, 결국 그 다음 열교환은 핀치나 ΔT_{min}의 조건을 위반하게 된다. 다른 방법으로서 만약 설계가 핀치에서 시작하면 초기 열교환이 문제의 가장 제한된 부분에서 이루어진다. 이 방법이 나중에 어려움을 겪게 할 것이다.
2) ***개별 열교환을 위한 CP 부등식*** 그림 12.2a는 핀치, 즉 핀치 상부에서 개별 열교환기에 대한 온도 윤곽선도를 나타낸다(Linnhoff *et al.*, 1982; Linnhoff and Hindmarsh, 1983). 핀치로부터 멀어질수록 온도 차이는 증가해야 한다. 그림 12.2a는 온류와 온류보다 더 작은 CP를 가진 냉류 사이의 열교환을 보여준다. 핀치에서 열교환은 그 온도 차이가 ΔT_{min}과 같다. 두 흐름의 온도–엔탈피 윤곽선도의 상대 기울기는 핀치에서 멀어질수록 온도 차이가 더 작아지고, 이는 열교환이 불가능해진다는 것을 의미한다. 반면 그림 12.2b는 12.2a에서의 온류와 더 큰 CP를 가진 냉류와의 열교환을 보여준다. 온도–엔탈피 분포도의 상대 기울기는 핀치에서 멀어질수록 온도 차이가 더 커지고, 이는 열교환이 가능해진다는 것을 나타낸다. 그러므로 핀치에서 ΔT_{min}으로 시작하면 핀치점에서 멀어질수록 온도 차이는 증가해야 한다(Linnhoff *et al.*,1982; Linnhoff and Hindmarsh, 1983).

$$CP_H \le CP_C \quad (\text{핀치 상부 영역}) \tag{12.1}$$

그림 12.3은 핀치에서 핀치 하부의 상태를 보여준다. 만약 냉류가 그림 12.3a에서 보여주듯이

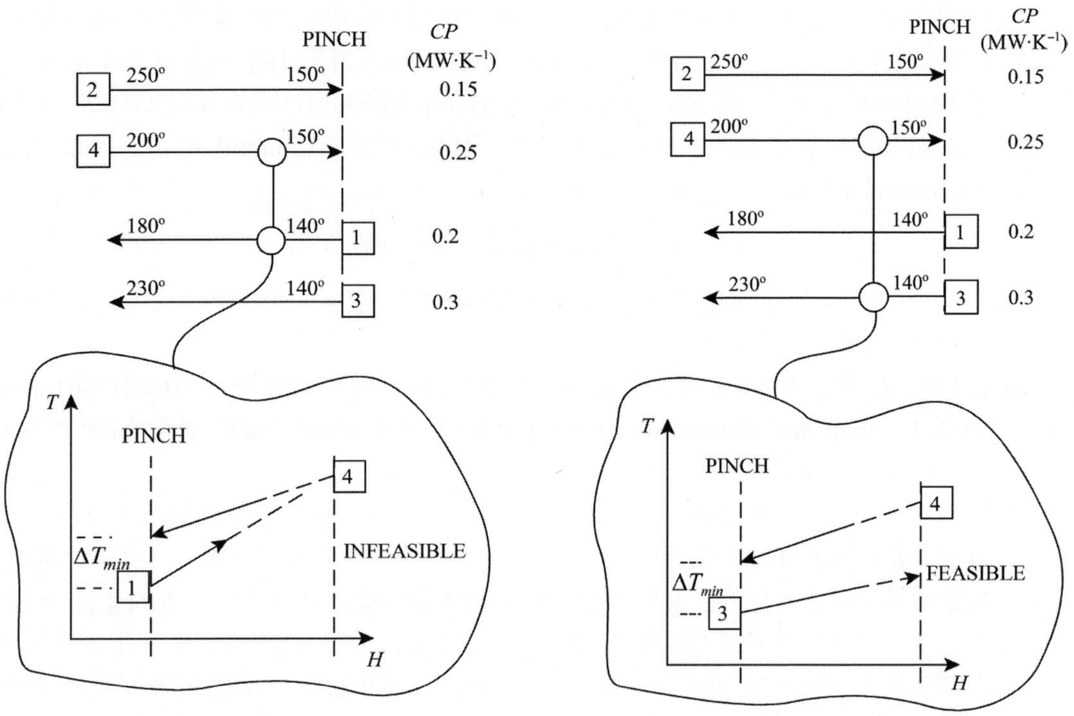

(a) 열교환이 불가능함 (b) 열교환이 가능함

그림 12.2 ▸ 핀치 상부에서의 핀치점 열교환 조건.

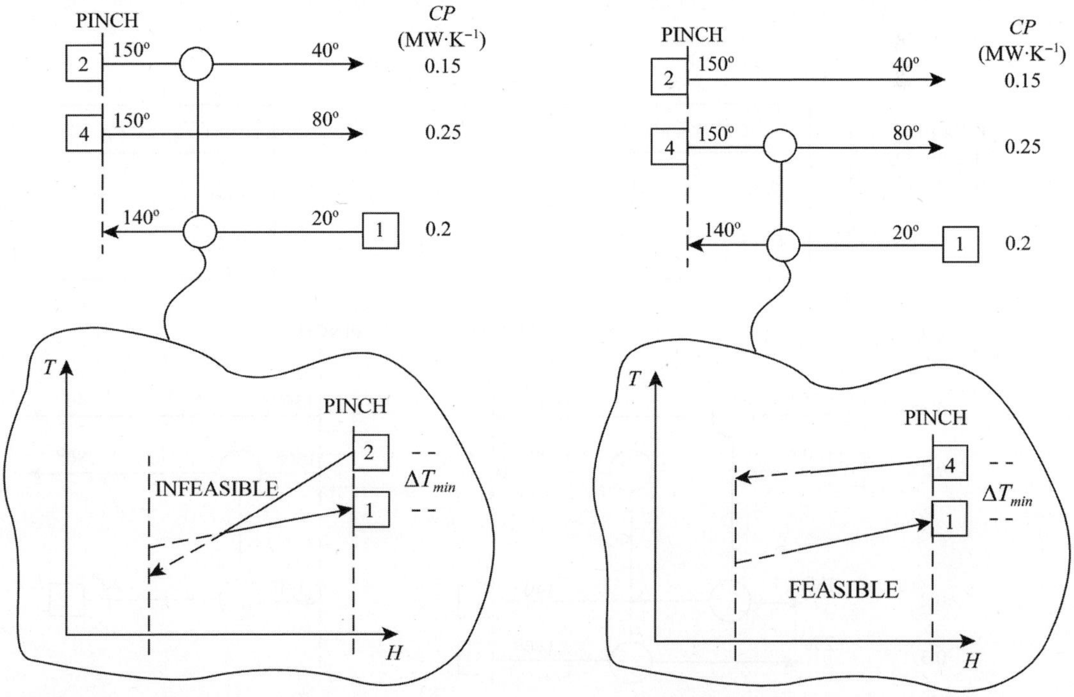

(a) 열교환이 불가능함 (b) 열교환이 가능함

그림 12.3 ▸ 핀치 하부에서의 핀치점 열교환 조건.

더 작은 CP 즉, 더 가파른 기울기를 가진 온류와 열교환하면 온도 차이는 더 작아진다(즉, 열교환이 불가능짐). 만약 같은 냉류와 더 큰 CP(즉, 덜 가파른 기울기)를 가진 온류와 열교환을 하면, 그림 12.3b에서 보여주듯이 온도 차이는 더 커진다(즉, 열교환이 가능해짐). 그러므로 핀치에서 ΔT_{min}으로 시작하면 핀치로부터 멀어질수록 온도 차이는 커진다(Linnhoff *et al*., 1982; Linnhoff and Hindmarsh, 1983).

$$CP_H \geq CP_C \quad \text{(핀치 하부 영역)} \tag{12.2}$$

식 (12.1)과 (12.2)에서 주어진 CP 부등식은 열교환의 두 끝이 핀치 조건일 때 핀치점에서만 적용한다는 것에 주의하라.

3) *CP* 표 핀치의 영역에서 필수 열교환의 확인은 CP 표의 사용에 의해 명확해진다(Linnhoff *et al*., 1982; Linnhoff and Hindmarsh, 1983). CP 표란, 핀치에서의 온류와 냉류의 CP 값을 내림차순으로 기록한 것을 말한다.

그림 12.4a는 핀치 상부에서 설계를 위한 CP 표와 격자선도를 보여준다. 차가운 유틸리티는 핀치 상부에서 사용해서는 안 된다. 즉 온류는 열회수에 의해 핀치 온도까지 식혀져야 한다는 것을 의미한다. 필요하다면 뜨거운 유틸리티는 핀치 상부에서 냉류를 가열하는 데 사용될 수 있다. 그러므로 핀치 상부에서 온류는 냉류와 열교환하는 것이 필수이다. 또한, 온류가 핀치 조건에 있다면 그것과 열교환이 냉류 또한 핀치 조건에 있어야 한다. 그렇지 않으면 ΔT_{min}제약 조건에 위배될 것이다. 그림 12.4a는 핀치 상부에서 가능한 설계 배열은 ΔT_{min}보다 더 작은 온도차를 사용하지 않는다는 것을 보여준다. CP 부등식은 핀치에 있는 두 흐름 사이에 열교환될 때만 적용한다는 것을 다시 한 번 주의하라. 핀치로부터 멀어지면 온도차는 증가하고, 그것은 더 이상 CP 부등식을 따를 필요가 없음을 뜻한다.

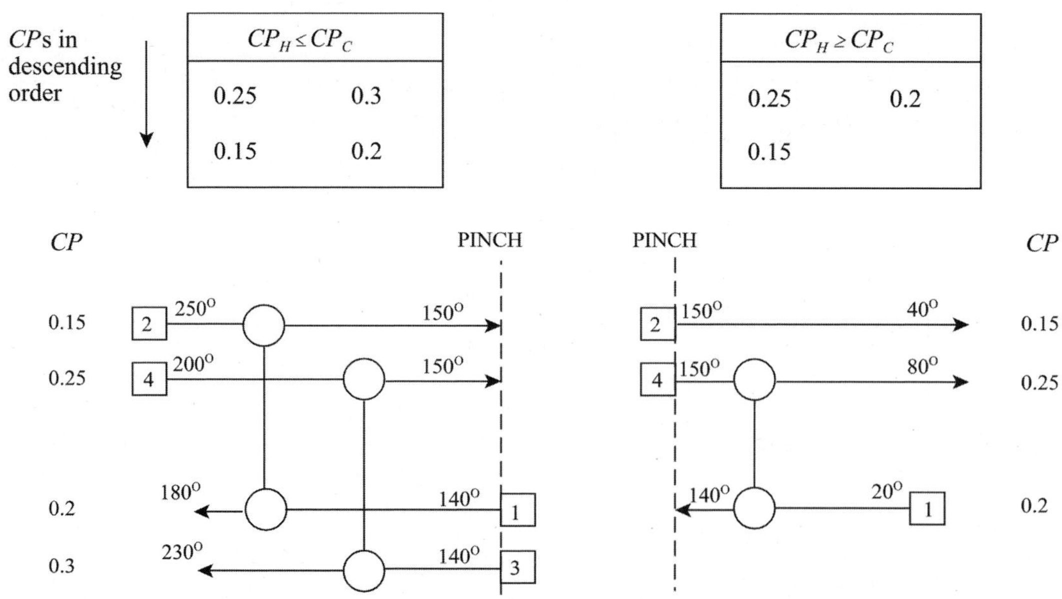

(a) 핀치 상부 (b) 핀치 하부

그림 12.4 ▸ 표 11.2 문제의 핀치 상 · 하부 설계를 위한 CP 표.

그림 12.4b는 핀치 하부에서의 설계를 위한 *CP* 표와 격자선도를 보여준다. 뜨거운 유틸리티는 핀치 하부에서 사용되어서는 안 된다. 즉 냉류는 열회수에 의해 핀치까지 가열되어야 한다는 것을 의미한다. 필요하다면 차가운 유틸리티는 핀치 하부에서 온류에 사용될 수 있다. 그러므로 핀치 하부에서 냉류는 온류와 열교환하는 것이 필수이다. 또한, 만약 냉류가 핀치 조건에 있다면 그것과 열교환될 온류 또한 핀치 조건에 있어야 한다. 그렇지 않으면 ΔT_{min} 제약조건에 위배될 것이다. 그림 12.4b는 핀치 하부에서 설계 배열이 ΔT_{min}보다 더 작은 온도차를 사용하지 않음을 보여준다.

핀치 주위에서 만들어져야 할 몇몇 필수 열교환이 결정되면, 다음 질문은 얼마만큼의 열량을 열교환하는가이다.

4) ***열소진 경험법칙.*** 일단 핀치 부근에서의 열교환이 에너지 최소화 기준을 만족시키기 위해 선택되면, 설계는 투자비용을 최소화하는 방법으로 계속 진행해야 한다. 투자비용에 있어 중요한 기준의 하나는 열교환 장치수이다(물론, 뒷부분에서 언급할 것이다). 열교환 장치수를 최소로 유지하는 것은 열소진(tick-off)이라는 경험법칙으로 얻을 수 있다. 한 흐름을 열소진시키기 위해서는 각 열교환 장치들을 가능한 한 크게 만들어야 한다. 즉, 열교환될 두 흐름 중 열부하가 더 작은 쪽을 소진시킨다.

그림 12.5a는 흐름들의 열소진을 이루는 최대 열부하량만큼으로, 그림 12.4a의 핀치 부근에서의 열교환을 나타낸다. 열소진 경험법칙은 단지 경험법칙이고 때로는 설계를 나쁘게 할 수도 있음을 알아야 한다. 설계를 해나가면서 확인되는 잘못들을 고려할 방법들의 개발은 뒤에서 설명한다.

그림 12.5a에서 설계는 핀치에서 떨어져서 가열부하와 냉각부하를 만족시킴으로써 완성될 수 있다. 핀치 상부에서 냉각수를 사용해서는 안 된다. 그러므로 만약 핀치 상부에서 핀치 열교환을 할 수 없는 온류가 있다면, 부가적인 공정-공정 열회수를 사용해야 한다. 그림 12.5b는 핀치 상부에서 잔여 온류의 냉각을 만족시키기 위한 부가적 열교환을 보여준다. 또, 장치에서의 열부하는 최대한으로 한다. 결국 핀치 상부에서 잔여 가열부하는 냉류로 충족시켜야 한다. 핀치 상부에서 온류는 남지 않으므로, 뜨거운 유틸리티만 사용된다(그림 12.5c).

이제 냉류의 끝부분 설계로 전환해서, 그림 12.6a는 흐름들을 열소진한 핀치 설계를 보여준다. 만약 핀치 하부에서 핀치 열교환을 할 수 없는 냉류가 있다면, 뜨거운 유틸리티를 사용해서는 안 되기 때문에 부가적인 공정-공정 열회수를 사용해야 한다. 그림 12.6b는 핀치 하부에서 잔여 냉류의 가열을 만족시키기 위한 부가 열교환을 나타낸다. 또, 장치에서의 열부하는 최대한으로 한다. 결국 핀치 하부에서 잔여 냉각부하는 온류로 충족시켜야 한다. 핀치 하부에서 냉류는 잔류하지 않으므로, 차가운 유틸리티만 사용된다(그림 12.6c).

최종 설계는 그림 12.5c의 온류 끝부분 설계와 그림 12.6c 냉류 끝부분 설계를 합해서 그림 12.7에 나타내었다. 7.5 MW인 뜨거운 유틸리티의 열부하와 10 MW인 차가운 유틸리티의 열부하는 복합선도와 문제 표 알고리듬에서 예측된 Q_{Hmin}, Q_{Cmin}과 일치한다.

그림 12.7에서 한 가지 더 눈여겨 볼 것이 있다. 총 장치 수는 7개이다(가열기와 냉각기 포함). 예제 11.7을 참조하면 최소 장치 수는 7개이다. 결국 열소진 경험법칙이 장치를 최소화하는 방향으로 유도하는 것이다. 최소 장치 수는 식 (11.5)에서 주어졌다.

$$N_{UNITS} = S - 1 \tag{11.5}$$

열교환을 하기 전에 필요한 장치 수 목표치는 유틸리티 흐름을 포함한 흐름들 수에서 하나를 뺀 것과 같다. 열소진 경험법칙은 하나의 장치가 사용될 때마다 한 흐름의 열부하를 만족시켰다. 열소

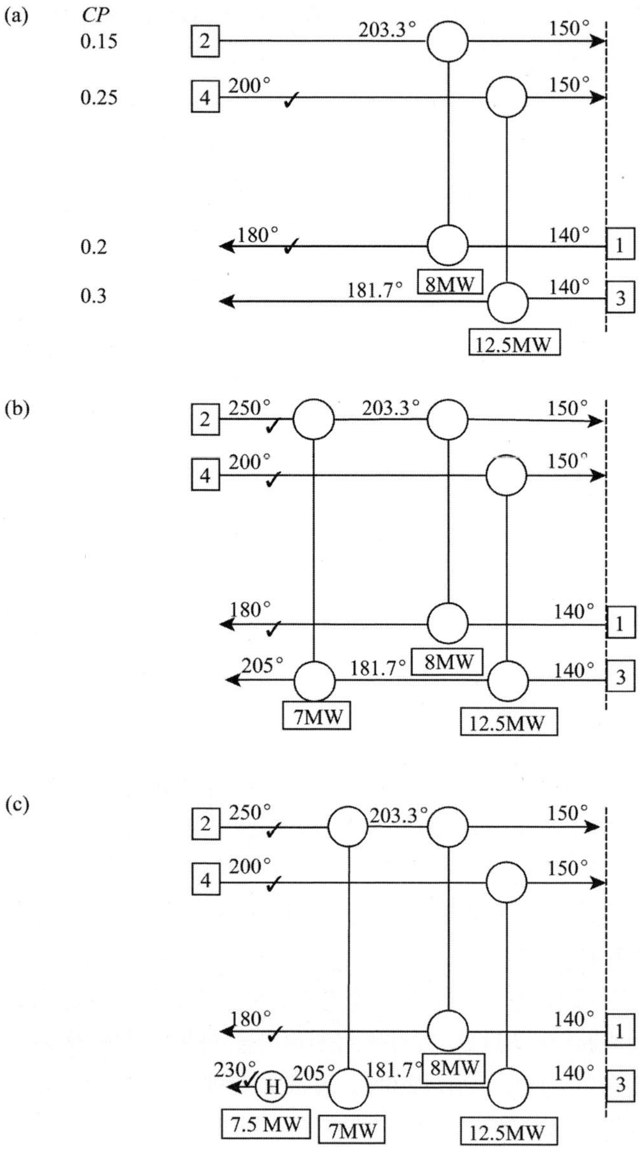

그림 12.5 ▸ 열소진 경험법칙을 이용한 핀치 상부의 장치 크기 결정.

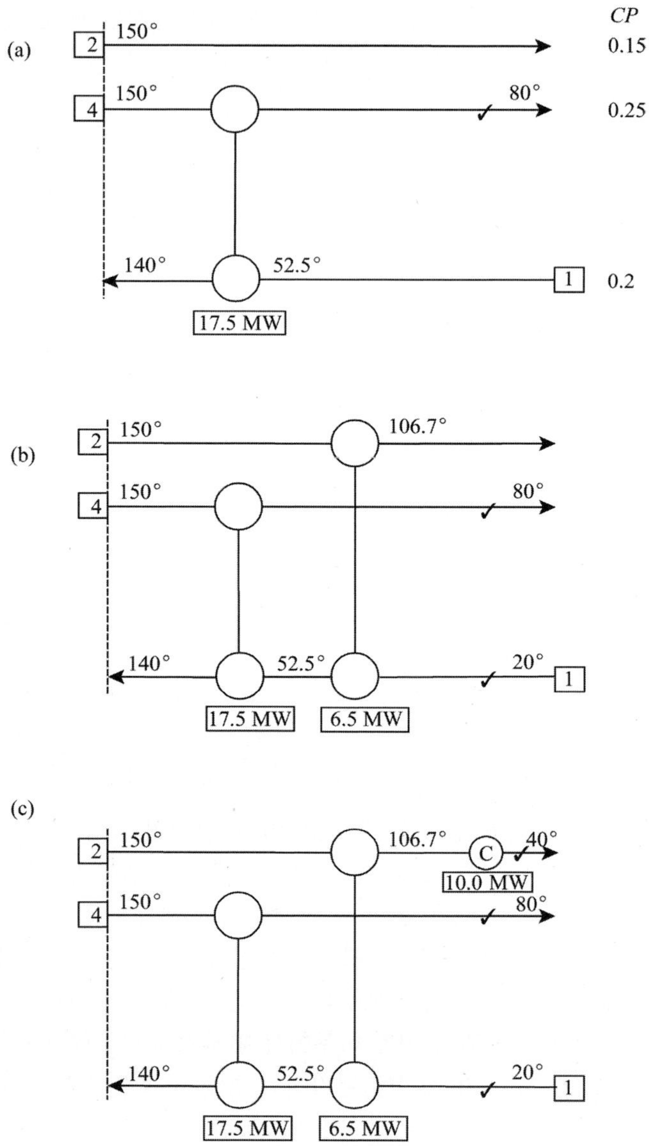

그림 12.6 ▸ 열소진 경험법칙을 이용한 핀치 하부의 장치 크기 결정.

진된 그 흐름은 더 이상 설계 문제의 남은 부분이 아니다. 열소진 경험법칙은 장치를 배치하고 가용 장치들 중 하나를 사용해 버리면, 흐름이 문제로부터 제거된다는 것은 확실하다. 그러므로 모든 열교환이 흐름이나 유틸리티에서 열부하를 만족하면 식 (11.5)를 만족한다.

이 설계법을 *핀치 설계 방법*이라고 하며, 다섯 단계로 요약할 수 있다.

- 핀치에서 문제를 분리된 문제들로 나눈다.
- 분리된 문제들의 설계는 핀치에서 시작해서 양끝 쪽으로 이동한다.
- 열교환 가능 온도 차이 요구는 핀치에서 흐름들을 열교환하기 위해 만족되어야 할 *CP* 제약 조건을 필요로 한다.
- 각 장치의 처리량은 장치수를 최소화하기 위해 열소진 경험법칙으로 결정한다. 때로는 그 방법이

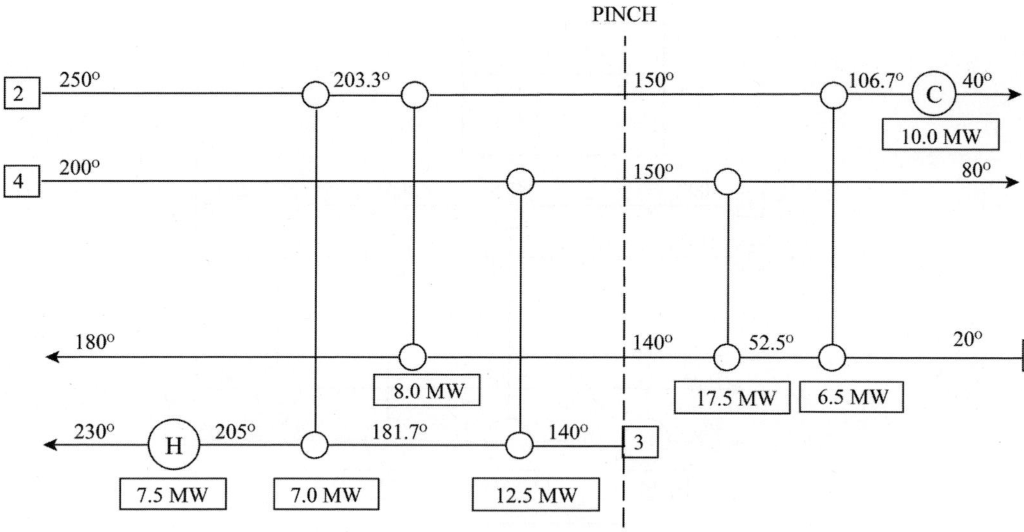

그림 12.7 ▸ 표 11.2의 데이터의 완성된 설계.

문제를 유발한다.

- 핀치에서 멀어지면 좀 더 자유로이 열교환할 수 있다. 이 경우에 설계자는 판단력과 공정 지식을 바탕으로 결정할 수 있다.

예제 12.1

열교환망 문제에 대한 공정흐름 데이터는 표 12.1에 주어졌다.

이 데이터의 문제 분석에서 최소 허용 온도차가 20°C일 때 최소 뜨거운 유틸리티 요구량은 15 MW이고, 최소 차가운 유틸리티 요구량은 26 MW로 밝혀졌다. 그 분석에서 온류의 경우 120°C, 냉류의 경우 100°C에 핀치가 위치하는 것으로 드러났다. 최소의 단위 열교환기로 최대의 에너지 회수를 할 수 있는 열교환망을 설계하라.

표 12.1 ▸ 예제 12.1의 흐름 데이터

Stream		Supply temperature (°C)	Target temperature (°C)	Heat capacity flowrate ($MW \cdot K^{-1}$)
No.	Type			
1	Hot	400	60	0.3
2	Hot	210	40	0.5
3	Cold	20	160	0.4
4	Cold	100	300	0.6

›풀이

그림 12.8a는 온류의 끝부분 설계와 그 *CP* 표를 나타낸다. 핀치 상부에서의 경우 핀치 부근에서는 $CP_H \le CP_C$이다. 단위 열교환기들의 열부하는 열소진 경험법칙에 따라 최대화된다.

그림 12.8b는 냉류 끝부분의 설계와 그 *CP* 표를 나타낸다. 핀치 하부의 경우 핀치 부근에서는 $CP_H \ge CP_C$이다. 또, 열소진 경험법칙에 의해 단위 열교환기들의 열부하는 최대로 된다.

그림 16.8c은 완성된 설계를 보여준다. 이 문제에서 최소 단위 열교환기 수는

$$
\begin{aligned}
N_{UNITS} &= (S-1)_{ABOVE\ PINCH} + (S-1)_{BELOW\ PINCH} \\
&= (5-1) \qquad\qquad + (4-1) \\
&= 7
\end{aligned}
$$

그림 12.8의 설계는 최소 단위 열교환기 수로 이루어짐을 보여준다.

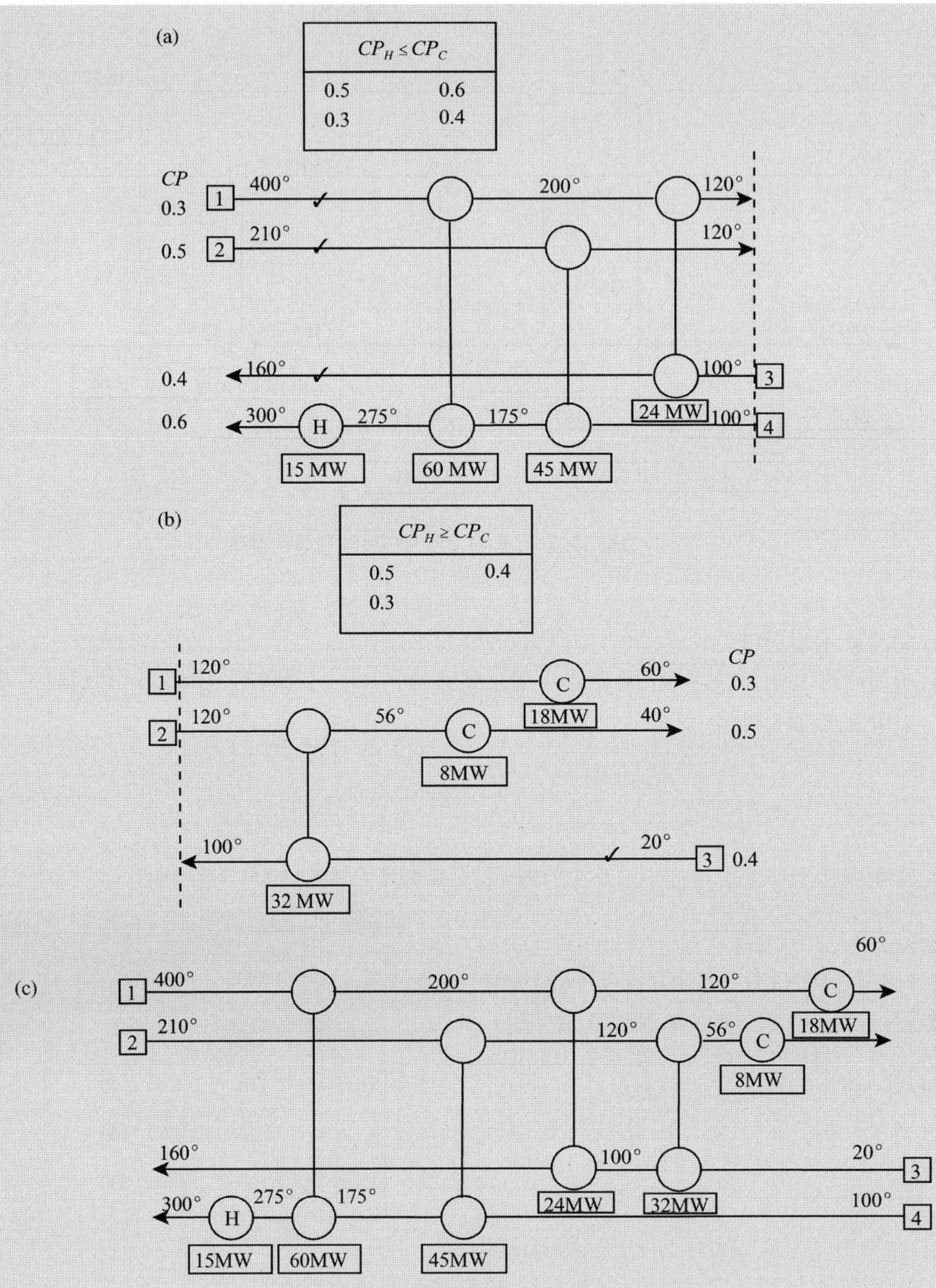

그림 12.8 ▸ 예제 12.1의 최대 에너지 회수 설계.

핀치 설계 방법은 모든 흐름 간 열교환에 같은 ΔT_{min}이 적용되는 가정을 두고 논의하였다. 11장에서는 복합선도와 문제 표 알고리듬이 특정 ΔT_{min} 값으로 어떻게 바뀌어 적용될 수 있는지 알아보았다. 예를 들어 액체 흐름의 경우 ΔT_{min}이 5°C, 기체 흐름의 경우는 10°C인 경우이다. 액–액 열교환은 ΔT_{min} = 10°C이다. 기–기 열교환의 경우는 ΔT_{min} = 20°C이다. 이때 기–액 열교환의 경우는 ΔT_{min} = 15°C로 둔다(Linnhoff *et. al.*, 1982). 문제 표 알고리듬과 복합선도는 흐름의 특정 ΔT_{min} 값을 바로 적용하

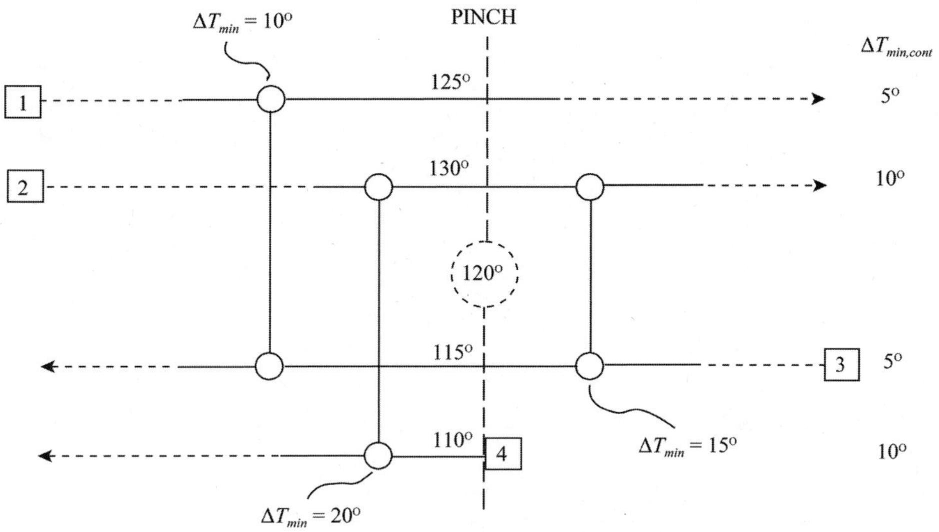

그림 12.9 ▸ ΔT_{min} **값의 변화를 갖는 특별한 흐름 문제의 격자선도 설계.**

면 되지만, 핀치 설계 방법은 이러한 ΔT_{min}을 어떻게 다루어야 하는가? 그림 12.9에서 그 접근법을 나타내었다. 만약 문제 표에서 핀치점 구간이 120°C라고 가정하자. 이것은 뜨거운 흐름의 핀치 온도는 125°C과 130°C로, ΔT_{min} 값은 5°C과 10°C로 각각 주어질 수 있다. 또 핀치점의 온도가 120°C일 때 차가운 흐름의 핀치 온도는 115°C과 110°C로, ΔT_{min} 값은 5°C와 10°C로 각각 주어질 것이다. 흐름 격자선도는 그림 12.9와 같이 핀치 열교환에서 주어지고, ΔT_{min} 값은 어느 흐름 간에 열교환이 이루어지는가에 따라 최종값이 결정된다. 이러한 경우 *CP* 값도 전체 ΔT_{min} 값과 같이 달라진다는 제약이 적용된다.

12.2 한계치 문제의 설계

11.3절에서 한계치 문제, 즉 핀치점이 없는 문제를 언급했다. 그런 문제들은 뜨거운 유틸리티나 차가운 유틸리티 중 하나만을 필요로 한다. 한계치 문제들의 설계를 위해 앞의 방법들이 어떻게 수정되어야 할까?

핀치 설계 방법의 원리는 가장 제한된 영역에서 설계를 시작한다는 것이다. 핀치가 있으면 그 문제는 핀치에서 가장 제한된다. 만약 핀치가 없으면 어디에서 설계가 가장 제한될까? 그림 12.10a는 뜨거운 유틸리티를 필요로 하지 않고 단지 차가운 유틸리티만 필요로 하는 한계치 문제를 보여준다. 이 문제에서 가장 제한된 부분은 유틸리티가 없는 끝부분이다(Linnhoff *et al.*, 1982). 이곳에서 온도 차이는 제일 작고 그림 12.10b에 나타낸 것처럼 일부 냉류를 목적 온도로 맞추려면 특별한 열교환을 해야 한다는 제약이 있다. 또, 각 열교환들에서 한계점의 ΔT_{min}보다 작은 온도 차이를 가져서는 안 된다면 핀치 설계 방법에서 설명한 *CP* 부등식을 적용해야 한다. 대부분의 경우 그림 12.10a와 유사한 문제들은 핀치 문제의 반쪽 문제로 취급된다.

그림 12.11은 뜨거운 유틸리티만 필요한 또 다른 한계치 문제이다. 이 문제는 특성상 그림 12.10의 문제와 다르다. 최소 온도 차이가 문제의 중앙에 있고 이것은 유사 핀치(pseudo-pinch)를 나타낸다. 이

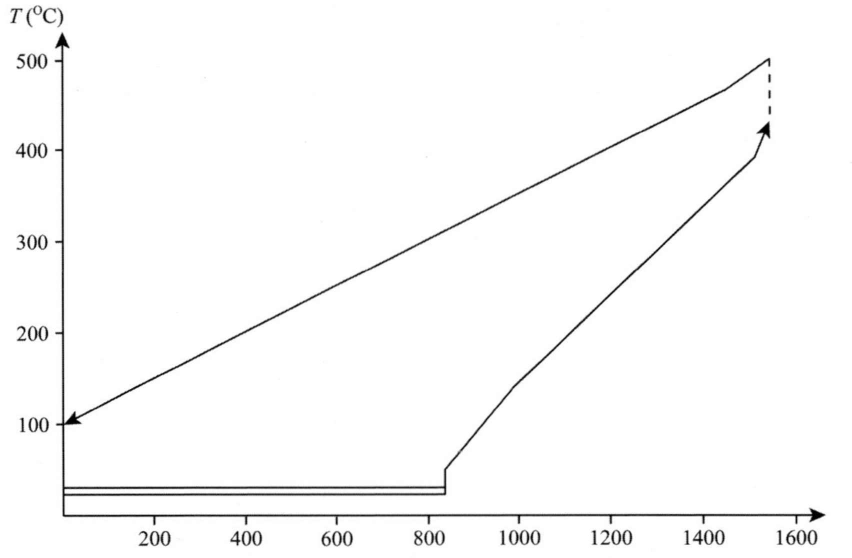

(a) 한계치 문제의 복합선도

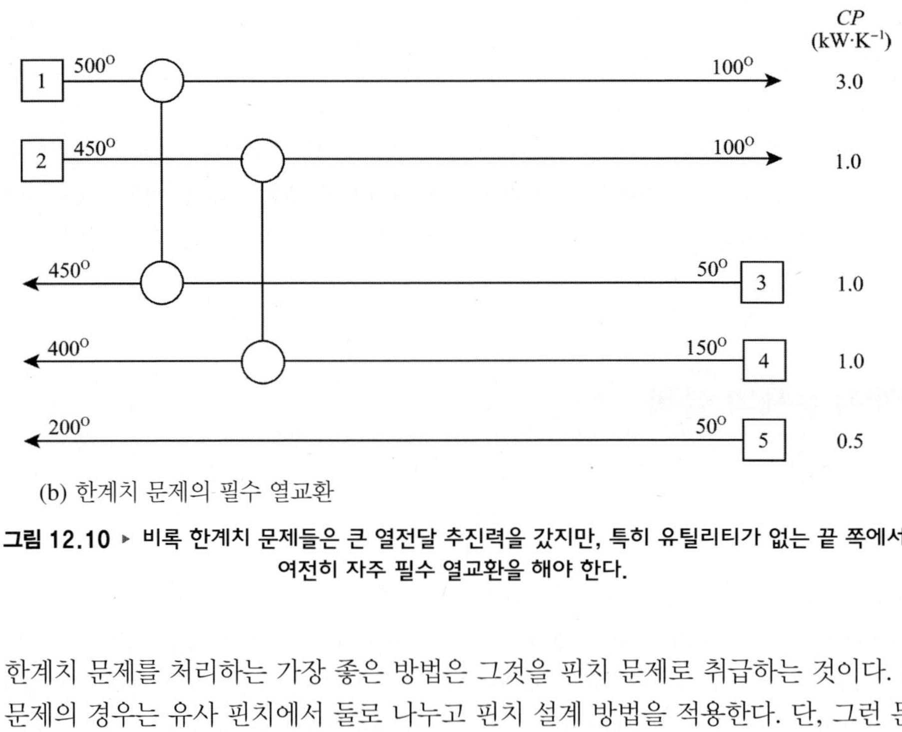

(b) 한계치 문제의 필수 열교환

그림 12.10 ▸ 비록 한계치 문제들은 큰 열전달 추진력을 갖지만, 특히 유틸리티가 없는 끝 쪽에서 여전히 자주 필수 열교환을 해야 한다.

런 형태의 한계치 문제를 처리하는 가장 좋은 방법은 그것을 핀치 문제로 취급하는 것이다. 그림 12.10에 나타낸 문제의 경우는 유사 핀치에서 둘로 나누고 핀치 설계 방법을 적용한다. 단, 그런 문제들에 핀치 설계 방법을 적용함에 있어 어려움은 유틸리티와 열교환함으로써 제공되던 유연성의 특징이 없는 반쪽 부분(그림 12.11의 냉류 끝부분)에 있다.

12.3 흐름 분기

앞에서 개발된 핀치 설계 방법은 최소 단위 열교환기 수로 최소의 유틸리티(또는 최대 열회수)를 설계

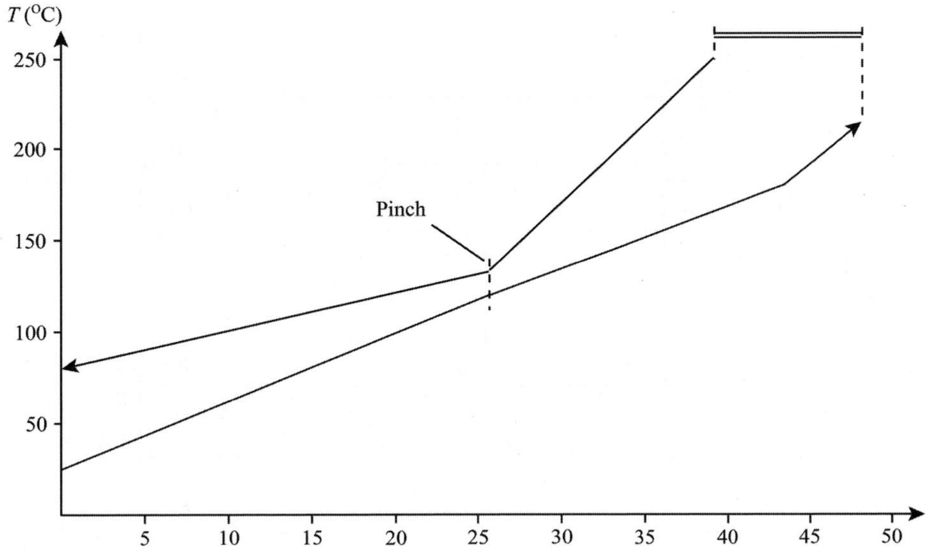

(a) 하나만의 유틸리티를 갖는 핀치 문제의 복합선도

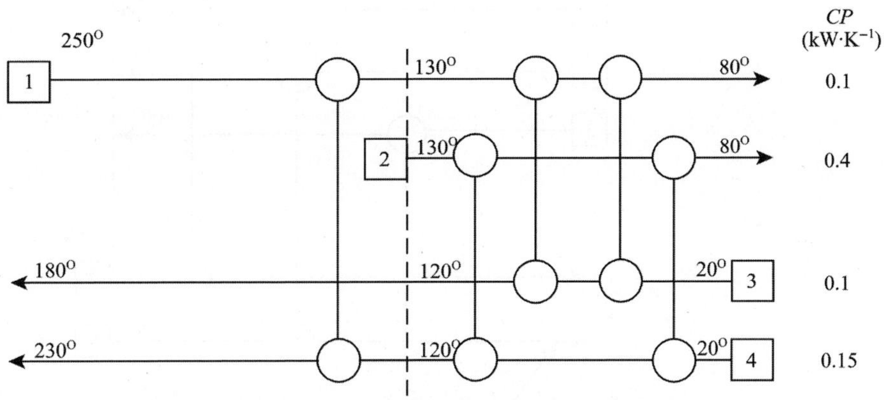

(b) 유틸리티가 없는 끝 부분과 핀치 모두 설계에서 필수 열교환이 요구된다.

그림 12.11 ▸ 어떤 한계치 문제는 핀치 문제로 다루어져야 한다.

하기 위해 몇 가지 규칙과 지침을 따랐다. 가끔은, 하나 또는 다른 설계 기준을 만족시키지 못해서 적절한 열교환을 만들지 못하는 경우도 있다.

설계에 있어 핀치 상부 영역을 나타낸 그림 12.12a를 보자. 차가운 유틸리티는 핀치 상부에서 사용될 수 없고 그것은 모든 온류는 열회수에 의해 핀치 온도까지 식혀져야 한다는 것을 의미한다. 그림 12.12a에서는 3개의 온류와 2개의 냉류가 있다. 그러므로 흐름들의 CP 값에 관계없이, 한 개의 온류는 ΔT_{min} 제약조건의 위반 없이는 핀치 온도까지 식혀질 수 없다. 그 문제는 그림 12.12b에서처럼 한 개의 냉류를 똑같은 두 지류로 나눔으로써 해결될 수 있다. 이제는 각 온류는 열교환할 냉류가 있고, 그 냉류들로 핀치 온도까지 식힐 수 있다. 그러므로 앞에서 설명한 *CP* 부등식 기준뿐만 아니라, 핀치 상부에서 다음의 흐름 수 조건도 도출된다(Linnhoff *et al.*, 1982; Linnhoff and Hindmarsh, 1983).

$$S_H \le S_C \quad \text{(핀치 하부 영역)} \qquad \textbf{(12.3)}$$

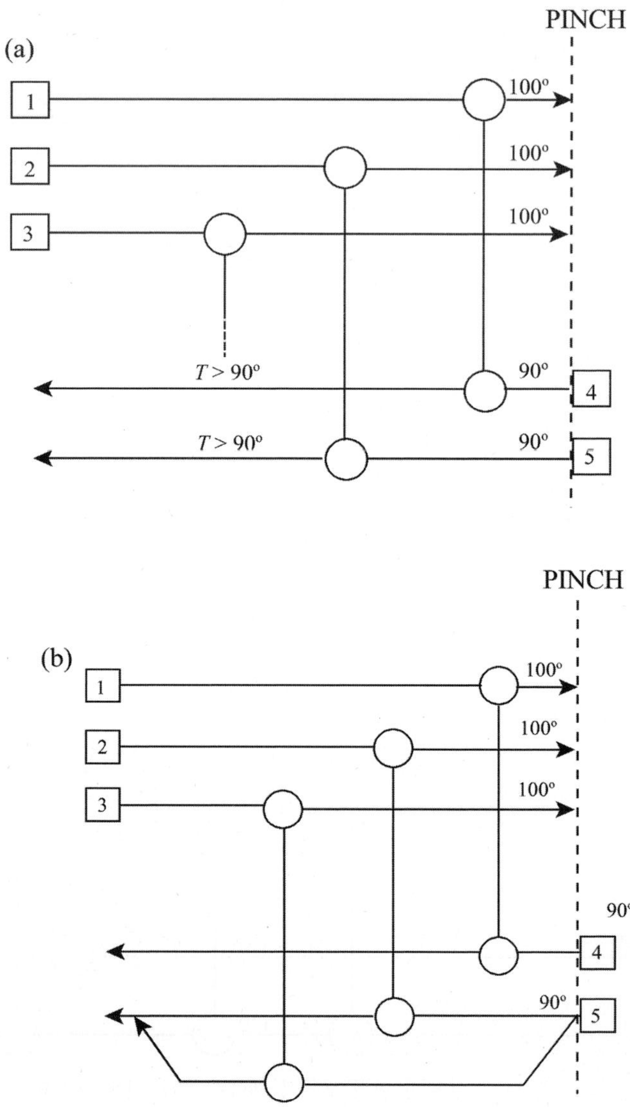

그림 12.12 ▸ 만약 핀치 상부의 핀치에서 온류들의 수가 냉류들의 수보다 많을 때, 냉류의 흐름 분기가 요구된다.

여기서 S_H = 핀치에서 지류를 포함한 온류의 수
S_C = 핀치에서 지류를 포함한 냉류의 수

핀치 상부의 설계에 있어서 온류보다 냉류의 수가 더 많다면 이것은 어떤 문제를 일으키지 않는다. 왜냐하면 뜨거운 유틸리티를 핀치 상부에서 사용할 수 있기 때문이다.

반대로 이제는 핀치 하부의 설계 부분을 고려하자(그림 12.13a). 여기서, 뜨거운 유틸리티는 사용할 수 없고, 그것은 모든 냉류는 열회수에 의해 핀치 온도까지 가열해야 한다는 것을 의미한다. 그림 12.13a에는 3개의 냉류와 2개의 온류가 있다. 또, *CP* 값에 관계없이 한 개의 냉류는 ΔT_{min}의 위반 없이는 핀치 온도까지 가열될 수 없다. 이 문제는 그림 12.13b에서 나타낸 것처럼 한 개의 온류를 두 개의 지류로 분기함으로써 해결할 수 있다. 이렇게 되면 각 냉류는 열교환할 온류들을 가지게 되고, 그 온류에 의해 핀치 온도까지 가열될 수 있다. 그러므로 핀치 하부의 흐름 수 조건은 다음과 같다(Linnhoff

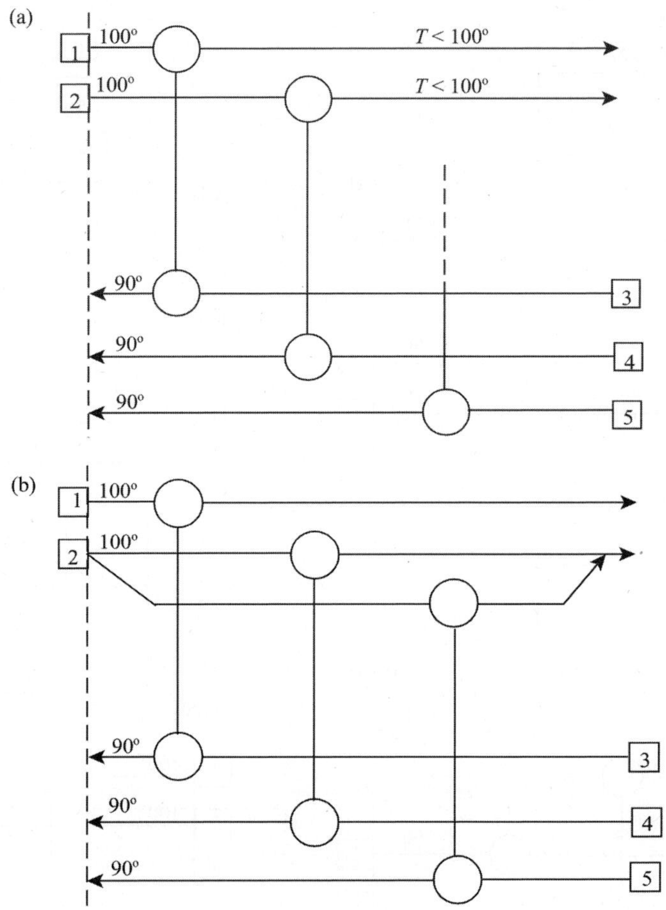

그림 12.13 ▸ 만약 핀치 하부의 핀치에서 냉류들의 수가 온류들의 수보다 많을 때, 온류의 흐름 분기가 요구된다.

et al., 1982; Linnhoff and Hindmarsh, 1983).

$$S_H \geq S_C \quad \text{(핀치 하부 영역)} \tag{12.4}$$

핀치 하부의 설계에서 냉류보다 많은 온류를 가졌다면, 핀치 하부에서 차가운 유틸리티를 사용할 수 있으므로 이것은 문제가 되지 않는다.

핀치에서 흐름들을 분기하기 위해 필요한 것이 흐름 수만은 아니다. 때로는 *CP* 부등식 기준[식 (12.1)과 (12.2)]이 핀치에서 흐름을 분기하지 않고는 만족되지 않을 수도 있다. 그림 12.14a에서 문제의 핀치 하부를 생각해 보자. 온류의 수가 냉류의 수보다 작지 않고 따라서 식 (12.3)을 만족한다. 그러나 *CP* 부등식, 즉 식 (12.1) 또한 만족되어야 한다. 두 냉류 모두 충분히 큰 *CP*를 가지고 있지 않다. 온류를 두 개의 지류로 분기시킴으로써 *CP*를 더 작게 할 수 있다(그림 12.14b).

그림 12.15a는 핀치 하부 문제를 나타낸다. 온류의 수가 냉류의 수보다 크고 식 (12.4)를 만족한다. 하지만, 두 온류는 식 (12.2)의 *CP* 부등식을 만족시킬 만큼 충분히 큰 *CP* 값을 가지고 있지 않다. 냉류를 두 개의 평행흐름으로 분기시킴으로써 더 *CP*를 작게 할 수 있다(그림 12.15b).

분명히 설계에 있어서는 그림 12.14과 12.15의 문제들과 다르다. *CP* 부등식을 충족시키기 위해 흐름을 분기하면, 핀치에서의 흐름 수가 식 (12.3)과 (12.4)를 더 이상 만족시키지 않는 문제를 발생시

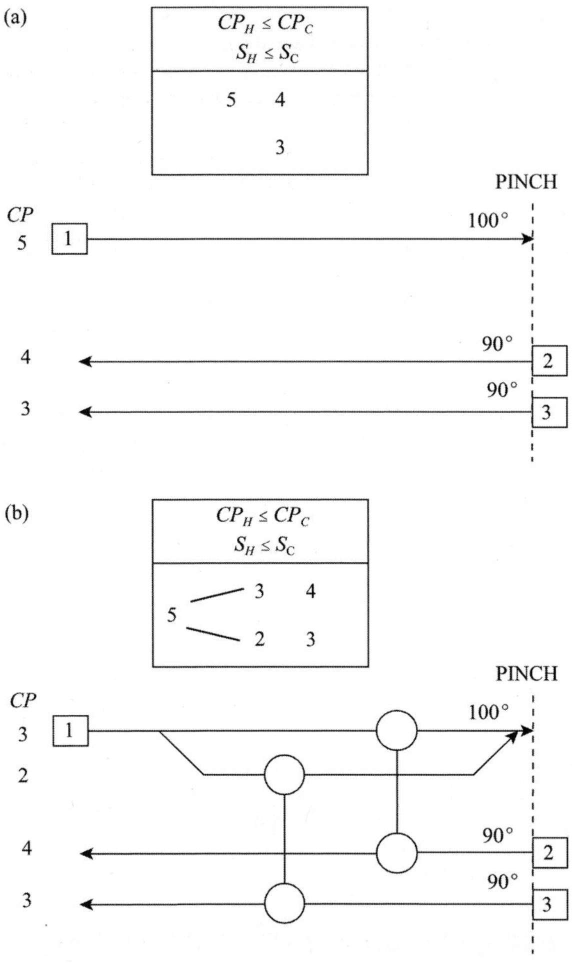

그림 12.14 ▸ CP 부등식 법칙은 핀치 상부의 흐름 분기를 필요로 할 수 있다.

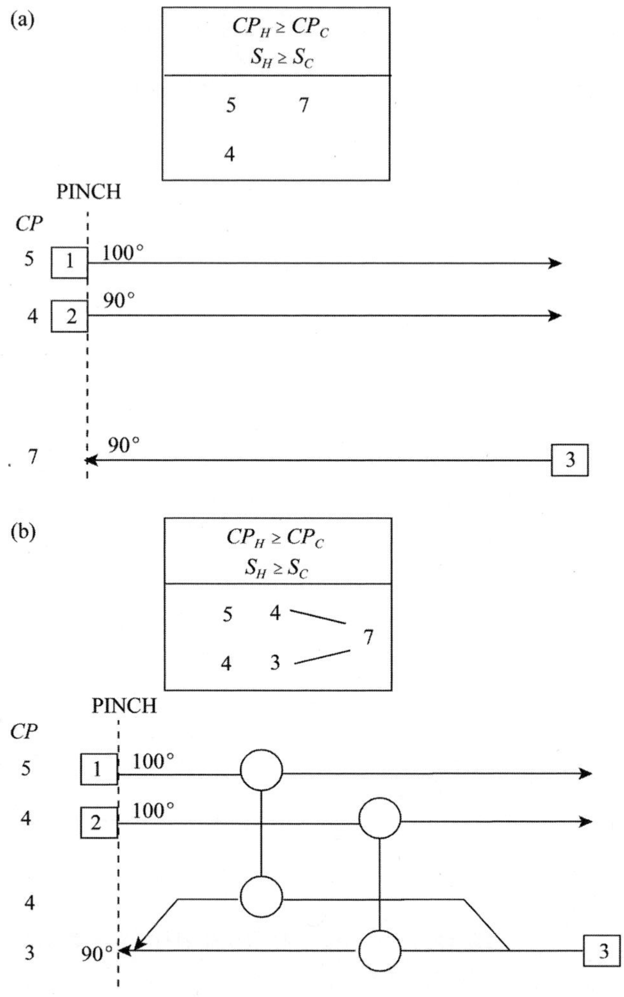

그림 12.15 ▸ CP 부등식 법칙은 핀치 하부의 흐름 분기를 필요로 할 수 있다.

킬지도 모른다. 그렇게 되면 흐름 수 기준을 만족시키기 위해 다른 흐름을 분기해야 할 것이다. 그림 12.16a와 그림 12.16b는 종합적 해결 방법에 대한 알고리듬을 나타낸다(Linnhoff *et al*., 1982; Linnhoff and Hindmarsh, 1983).

한 가지 더 중요한 것은 흐름 분기량을 고려하는 것이다. 그림 12.14에서 온류는 *CP* 부등식 기준을 만족시키기 위해 *CP* 값이 3과 2인 두 흐름으로 분기했다. 그러나 다른 분기도 선택될 수 있다. 예를 들어 지류의 *CP* 값이 4와 1, 2.5와 2.5 또는 2와 3(또는 4와 1, 2와 3 사이의 어떤 값)으로 분기될 수 있다. 이 각각의 값들 또한 *CP* 부등식을 만족시켜야 한다. 그러므로 지류의 흐름량을 선택하는 설계에 있어서는 자유도가 있다. 그림 12.14b에서 두 단위 열교환기의 열부하를 고정하고, 지류 흐름량을 변화시킴으로써 각 단위 열교환기의 온도차가 변한다. 최선의 선택법은 완전한 열교환망을 구성하고 지류 흐름량을 달리했을 때, 각 단위 열교환기의 크기와 비용을 검토해 보는 것이다. 이것은 뒷부분에서 열교환망을 최적화할 때 중요한 자유도이다. 비슷한 논의가 그림 12.15b의 냉류 끝부분의 설계에서도 있을 수 있다.

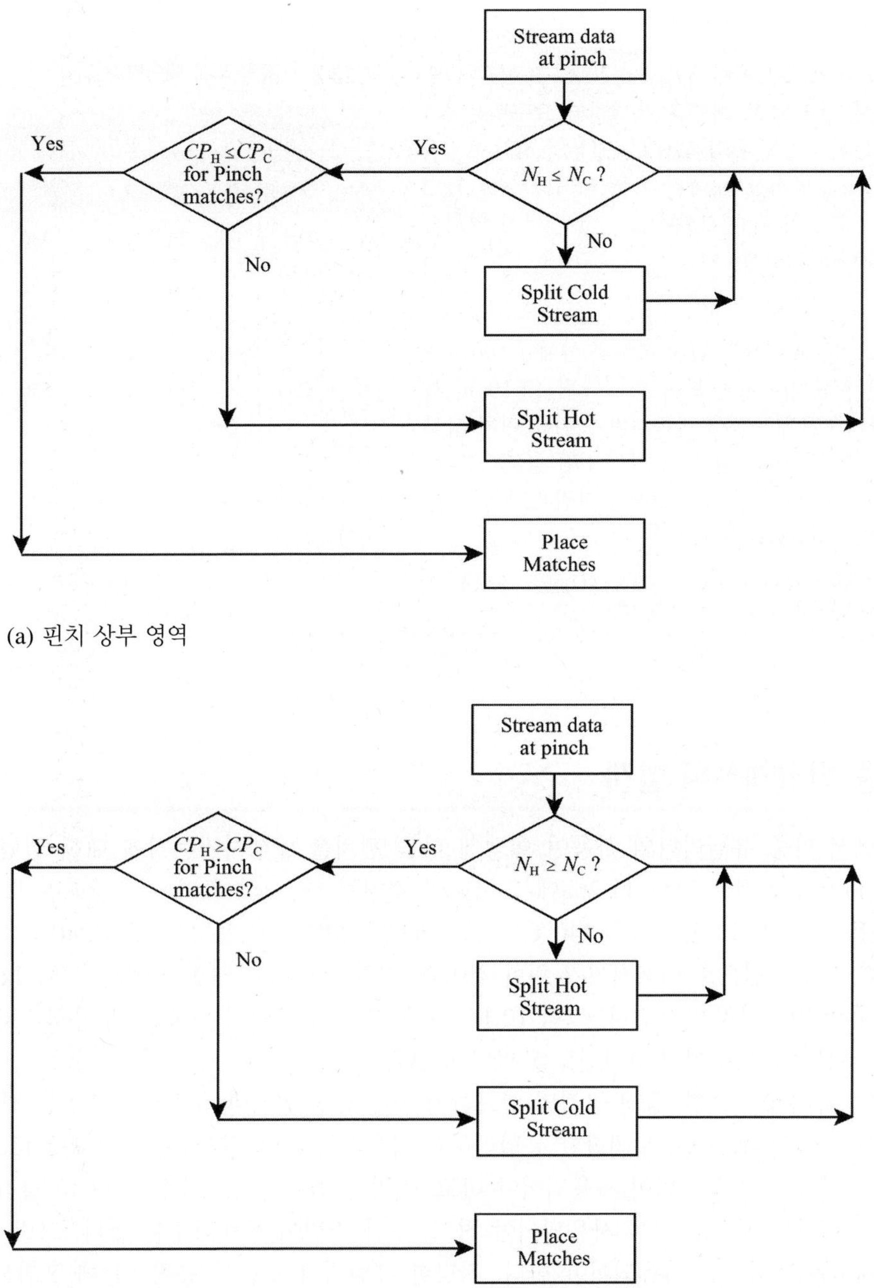

(a) 핀치 상부 영역

(b) 핀치 하부 영역

그림 12.16 ▸ 흐름 분기 알고리듬.

예제 12.2

한 공정의 문제 표 분석에서 ΔT_{min} = 20°C, 뜨거운 유틸리티 요구량은 9.2 MW, 차가운 유틸리티 요구량은 6.4 MW 그리고 핀치는 온류의 520°C, 냉류의 500°C에서 위치하는 것으로 밝혀졌다. 공정 흐름 데이터는 표 12.2에 주어졌다. 최소 단위 열교환기로 최대 에너지 열회수를 하는 열교환망을 설계하라.

표 12.2 ▸ 공정 흐름 데이터

Stream No.	Stream Type	Supply temperature (°C)	Target temperature (°C)	Heat capacity flowrate ($MW \cdot K^{-1}$)
1	Hot	720	320	0.045
2	Hot	520	220	0.04
3	Cold	300	900	0.043
4	Cold	200	550	0.02

› 풀이

그림 12.17a는 핀치 상부와 핀치 하부의 설계에 대해 *CP* 표를 나타낸 흐름 격자도를 보여준다. 그림 12.16a의 알고리듬에 따라 *CP* 부등식을 만족시키기 위해 핀치 상부에서 온류는 분리되어야 한다(그림 12.17b 참소). 그 다음 설계는 바로 진행되고, 최종 설계는 그림 12.17c에 나타내었다. 최소 열교환기 장치수는

$$
\begin{aligned}
N_{UNITS} &= (S-1)_{ABOVE\ PINCH} + (S-1)_{BELOW\ PINCH} \\
&= (4-1) \qquad\qquad\quad + (5-1) \\
&= 7
\end{aligned}
$$

그림 12.17c의 설계는 최소 단위 열교환기 수로 이루어졌음을 보여준다.

12.4 다중 핀치에서의 설계

11장에서 다중 유틸리티의 사용이 어떻게 다중 핀치를 발생시키는지에 대해 설명하였다. 예를 들어 그림 11.2의 공정은 그림 11.26a에서 나타낸 것처럼 한 개의 뜨거운 유틸리티 또는 두 종류의 스팀을 사용할 수 있다. 그 목적은 240°C 고압 스팀 7.5 MW를 사용하는 대신 240°C 고압 스팀 3 MW를 180°C 저압 스팀으로 대체시키기 위한 것이다. 저압 스팀이 그려진 곳에서, 그림 11.26a의 총괄복합선도에 유틸리티 핀치가 생겼다. 그림 12.18a는 두 단계의 스팀이 사용될 때 유틸리티 핀치로 인해 공정이 네 부분으로 나누어진 격자선도를 나타내었다.

핀치 규칙에 따르면, 공정-공정의 열교환에 의해 공정 핀치나 유틸리티 핀치를 가로지르는 열전달이 있어서는 안 된다. 또한, 부적합한 유틸리티를 사용해서도 안 된다. 이것은 그림 12.18a의 유틸리티 핀치 상부에서는 고압 스팀이 사용되어야 하고, 저압 스팀이나 냉각수는 없다. 유틸리티 핀치와 공정 핀치 사이에서는 저압 스팀이 사용되어야 하고, 고압 스팀이나 냉각수는 없다. 그림 12.18의 공정 핀치 하부에서는 냉각수만 사용되어야 한다. 적당한 유틸리티 흐름이 공정흐름에 포함되어 그림 12.18a에 나타내었다.

열교환망은 핀치 설계 방법으로 설계될 수 있다(Linnhoff *et al.*, 1982, Linnhoff and Hindmarsh, 1983). 핀치 설계 방법의 개념은 핀치에서 시작해서 밖으로 움직여 나가는 것이다. 핀치에서는 *CP* 부등식과 흐름 수에 관한 규칙을 따라야 한다. 유틸리티 핀치 상부와 공정 핀치 하부에서는 이 개념을 적용하는 데 문제가 없다. 그러나 두 핀치 사이에서 두 핀치로부터 설계를 하면 둘이 만나는 곳에서 충돌이 생기므로 문제가 된다.

그림 12.18a의 더 주의 깊은 조사에서 두 핀치에서 하나가 다른 것보다 더 제한된다는 것이 드러났다. 유틸리티 핀치 하부에서는 CP_H는 CP_C가 요구되고, 저압 스팀은 매우 큰 *CP*를 가진 온류로 취급된

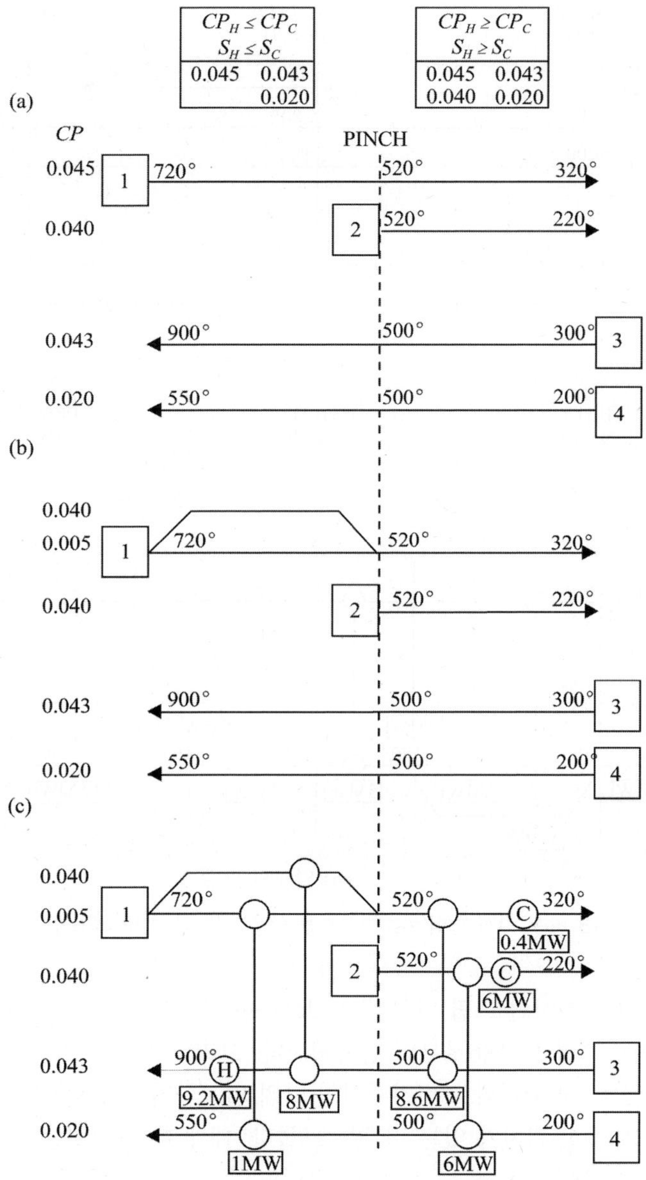

그림 12.17 ▸ 예제 12.2의 최대 에너지 회수 설계.

다. 사실 스팀이 등온으로 응축된다고 가정하면 *CP*는 무한대이다. 그러므로 가장 제한된 영역에서 설계를 시작한다는 개념에 따라, 그림 12.18a에서 핀치들 사이의 설계는 가장 제한된 핀치인 공정 핀치에서 시작해야 한다.

이 방법에 따라, 설계를 진행하고 그 최종 설계를 그림 12.18b에 나타내었다. 최소 장치수로 예제 11.3에서의 에너지 목표를 이루었다. 이 경우 최소 단위 열교환기 수를 계산하기 위해서는 문제의 세 부분에서 따로 흐름 수를 계산해야 한다는 것을 기억해야 한다. 그림 12.18b에서 저압 스팀을 분기한 흐름은 반드시 필요한 것이 아니라 실질적인 이유로 만들어졌다. 흐름 분기 없이는 스팀이 한 단위 열교환기에서 부분 응축되고 스팀–응축 혼합물이 다음 장치로 전달된다. 흐름 분기에는 사용될 저압 스

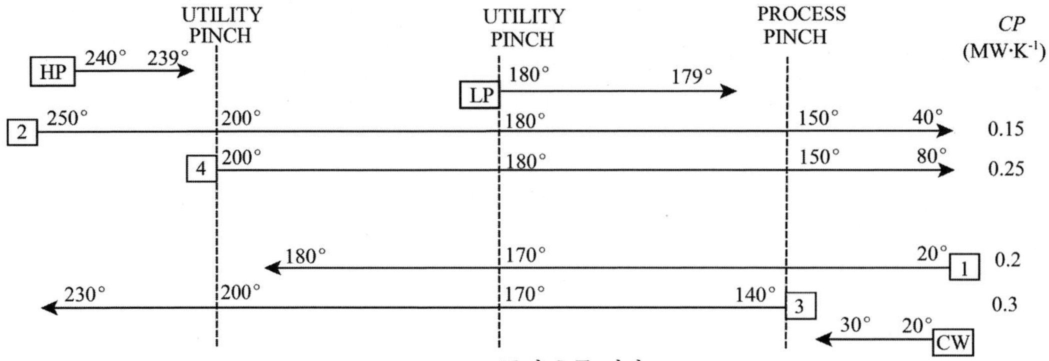

(a) 공정 흐름 격자

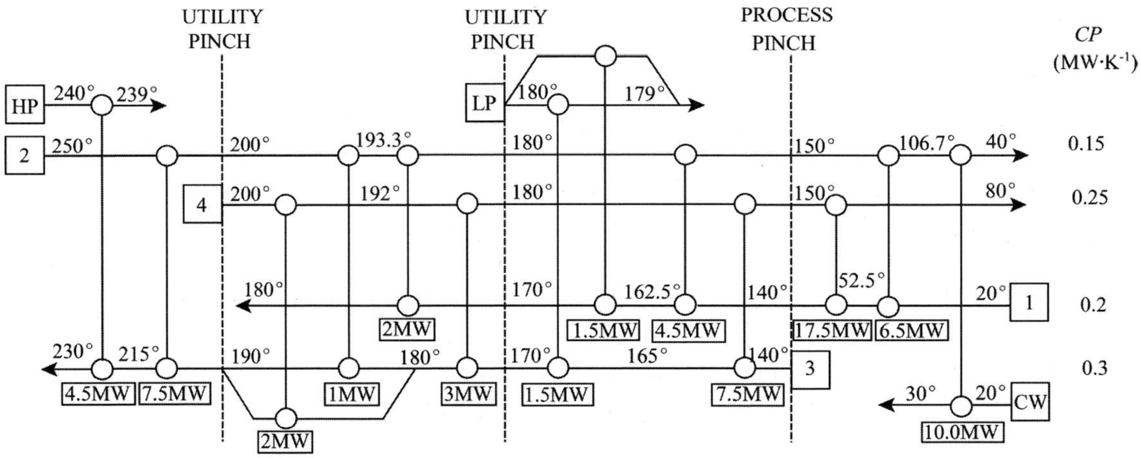

(b) 열교환망 설계

그림 12.18 ▸ 두 가지 압력의 스팀흐름을 사용할 때 그림 12.2의 공정을 위한 열교환망 설계.

팀을 위해 두 개의 전통적인 스팀 가열기가 필요하다. 두 압력의 스팀 사용이 설계의 복잡성을 상당히 증가시킨다는 것은 그림 12.18b로부터 명확해진다. 그러나 이 복잡성은 그 구조가 최적화될 때 뒷부분에서 감소될 수 있다. 이 최적화로 비경제적인 단위 열교환기들이 제거된다.

문제에 두 개의 공정 핀치가 있는 경우는 드물다. 대개 다중 핀치는 유틸리티 핀치를 유발하는 추가 유틸리티의 사용 때문에 생긴다.

예제 12.3

공정의 흐름 데이터가 표 12.3에 주어져 있다. 공정의 가스 터빈 배출물에서 열회수를 하기로 결정했다. 배출 온도는 400°C이고, CP = 0.05 MW·K^{-1}이다. 순환공기는 10°C이다.

a) 문제 표 열내림 흐름도를 계산하라(ΔT_{min} = 20°C).

b) 스팀은 250°C의 고압과 140°C의 저압에서 공정에 의해 생성된다. 고압 스팀의 생성은 최대로 한다. 보일러로 공급되는 물과 최종 스팀 조건이 포화 상태로 가정할 때, 두 종류의 스팀은 얼마만큼 생성될 수 있

표 12.3 ▸ 공정 흐름 데이터

Stream		Supply temperature (°C)	Target temperature (°C)	Heat capacity flowrate (MW·K^{-1})
No.	Type			
1	Hot	635	155	0.044
2	Cold	10	615	0.023
3	Cold	85	250	0.020
4	Cold	250	615	0.020

는가?

c) ΔT_{min}이 20°C에서 최대 에너지 회수를 위한 두 종류의 스팀을 생성하는 열교환망을 설계하라.

d) 잔여냉각 요구량은 얼마인가?

풀이

a) 문제 표 열내림 흐름도는 표 12.4에 주어졌다(ΔT_{min} = 20°C).

b) 고압 스팀에서는 T^* = 260°C, 저압 스팀에서는 T^* = 150°C이다. 그림 12.19는 문제 표 열내림 흐름도로부터 표시된 총괄복합선도를 나타내었다. 두 종류의 스팀 생성량은 다음과 같다.

고압 스팀 생성에서의 열부하 = 6.865 MW

T^* = 150°C에서 문제 표 열내림 흐름도로부터 보간하면

$$= 6.865 + \frac{(260 - 150)}{(260 - 145)} \times (12.73 - 6.865)$$

$$= 12.475 \text{ MW}$$

저압 스팀 생성에서의 열부하 = 12.475 – 6.685

= 5.61 MW

c) 그림 12.19에서 두 종류 다른 압력의 스팀 생성의 사용은 두 개의 유틸리티 핀치를 만든다. 그러므로 흐름 격자를 세 부분으로 나눌 필요가 있다. 그림 12.20은 고압과 저압 스팀 생성에 대한 목적을 이룬 최종 설계를 보여준다. 그림 12.20에서 HP 핀치 상부는 흐름 1과 가스 터빈 흐름의 CP가 흐름 3, 4의 것에 비해 너무 크다. 그림 12.20에서 보듯 흐름 1을 분기시

표 12.4 ▸ 문제 표 열내림 흐름 데이터

Interval temperature (°C)	Cascade heat flow (MW)
625	0
390	0.235
260	6.865
145	12.73
95	13.08
20	15.105
0	16.105

키고 HP 스팀 생성의 무한 CP를 이용하여 이 문제를 극복할 수 있다. 핀치점들 사이 구간에서는 HP 핀치 아래 부분부터 설계를 시작하여 LP 핀치까지 진행하며, LP 스팀 생성의 무한 CP는 CP의 불일치를 만족시키는 데 이용한다. LP 핀치 아래에서는 직접적인 열교환에 의해 CP 불일치를 만족시킬 수 있겠지만 흐름 1의 열량은 다른 흐름들과 비교하여 열량이 모자란다. 이렇게 흐름 1이 LP 핀치 아래에서 유용하지 않다면 가스 터빈의 흐름을 분기해야 한다. 흐름 1의 열량이 작았기 때문에 이렇게 그림 12.20과 같이 완성되었다. 비록 그림 12.20에서 고압, 저압 흐름의 스팀이 분기되어 생성되었더라도 실제 공정에서는 각각의 스팀 생성기가 존재해야 하며, 각각은 따로 보일러 주입 물 흐름을 갖는다. 가스 터빈 배출 흐름의

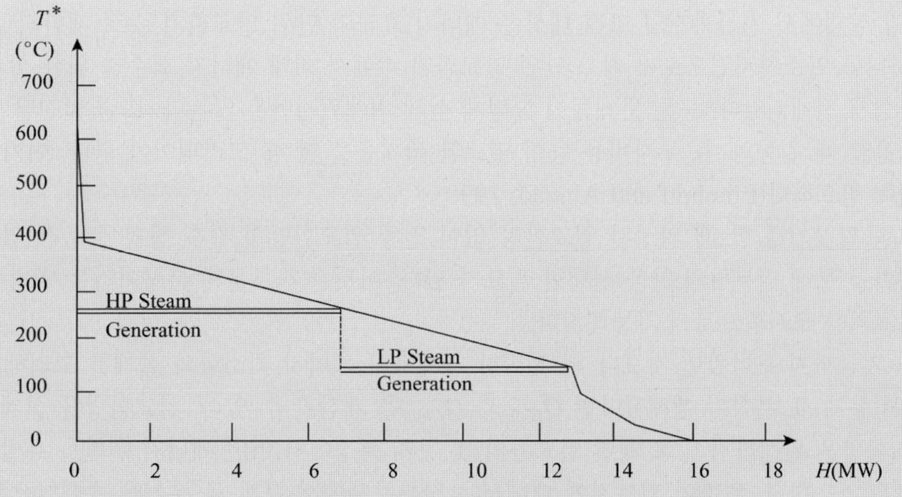

그림 12.19 ▸ 두 가지의 압력의 스팀을 생산하는 예제 12.3의 총괄복합선도.

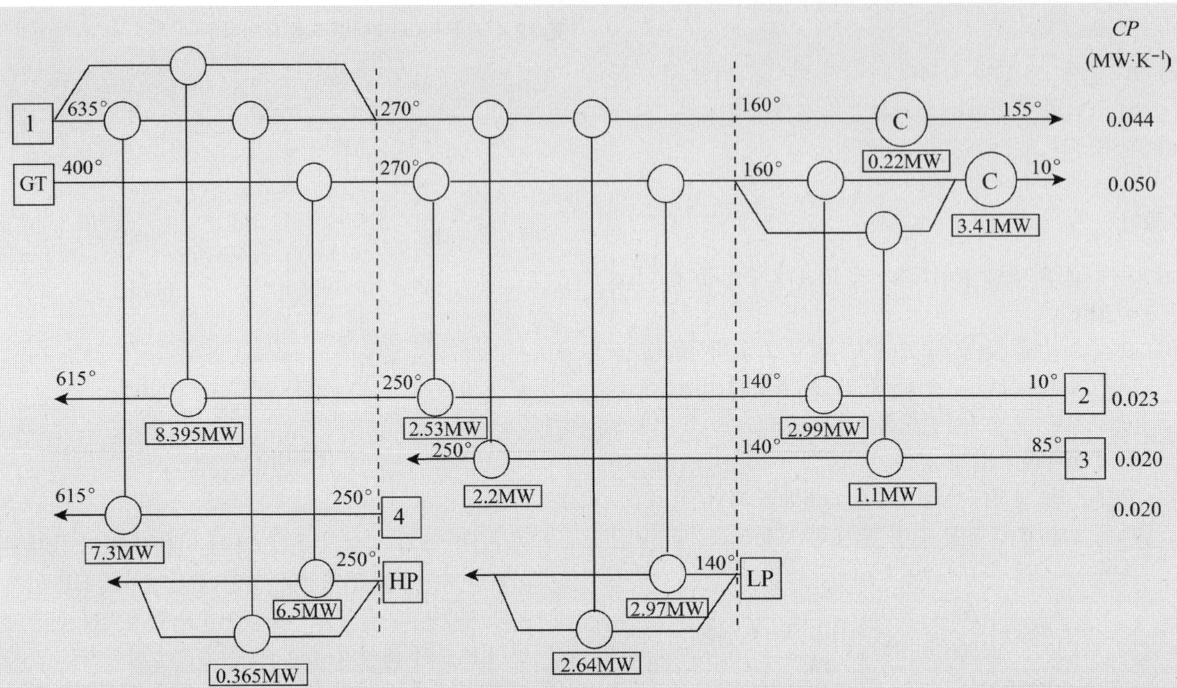

그림 12.20 ▸ 예제 12.3의 열교환망 설계.

분기 역시 동일한 가스 터빈 배출구에 2개의 덕트 혹은 2개의 튜브 세트를 병렬로 설치해야 한다. 이 문제는 설계 비용과 에너지 효율간의 절충점(trade-off) 문제로 설계자에게 주어진다.

d) 흐름 1에 0.22 MW의 냉각 요구가 있으며, 이것은 차가운 유틸리티가 만족시킨다. 가스 터빈 배출에서 3.41 MW의 냉각 요구가 있고, 이것은 열회수 후 대기로의 배출로 만족된다.

12.5 잔류 문제 분석

열교환망 설계에서 지금까지의 고려 대상은 에너지 효과와 단위 열교환기 수로 제한되었다. 게다가 흐름 중 하나를 열소진시킴으로써 최소 단위 열교환기 수에서 최대 에너지 회수를 위한 설계를 얻기 위해 문제는 쉽게 전개되었다. 모든 문제들이 그렇게 쉽게 전개되지만은 않는다. 또한 열전달 면적, 1-2 원통들을 사용할 때 원통의 수, 투자비용 등이 열교환 짝지음을 할 때 고려되어야 한다. 여기서, 좀 더 정교한 방법이 필요하다(Linnhoff and Ahmad, 1990).

열교환 짝짓기를 할 때 완성된 열교환망 없이 전체 열교환망의 전후 상황에서 각 열교환의 열교환양의 평가를 통해 열부하의 양을 선택할 필요가 있다. 이것은 잔류문제 분석이라는 방법을 사용해서 에너지 목표치를 조사함으로써 가능해진다.

우선 지금까지 보아왔던 것보다 더 복잡한 문제로서 에너지 최소화의 설계를 고려해 보라. 흐름 데이터에서 문제 표 분석이 행해졌다면 Q_{Hmin}과 Q_{Cmin}을 계산할 수 있다. 열교환망을 설계하고 열교환할 때, 열교환망을 완성하지 않고 개별 열교환의 몇 가지 특징에서 어떤 에너지 위반을 유발하는지를 평가하는 것은 가능하다. 위반이 되는지에 대해서는 잔류문제에서 문제 표 분석을 수행함으로써 결정될 수 있다. 문제 표 분석은 흐름 데이터를 단순히 반복해서 열교환 짝지음을 만족하는 온류와 난류의 부분들을 제외시켜 나간다. 그러면 그 결과가 아래의 두 가지 중 하나로 나타난다.

1) 그 알고리듬의 결과로 변하지 않은 Q_{Hmin}과 Q_{Cmin}을 얻는다. 이 경우 설계자는 증가된 유틸리티 사용에 의해 열교환기 설계를 불리하게 하지 않는다는 것을 안다.
2) 그 알고리듬의 결과로 증가된 Q_{Hmin}과 Q_{Cmin}이 계산된다. 이것은 비록 설계는 완성했지만 열교환이 핀치를 가로질러 열전달을 하거나 핀치를 가로지르는 열전달을 유발하는 몇 가지 설계 특징이 있다는 것을 의미한다. 직접 핀치를 가로질러 열전달하는 열교환이 없다면, 유틸리티의 증가는 열소진 경험법칙 때문에 너무 큰 열 전달량 짝짓기가 이루어진 결과 때문일 것이다.

잔류문제 분석 방법은 면적 최소화 목적과 같은 열교환망 특징에 적용될 수 있다. 11장에서 열전달 면적[식 (11.9)]을 목적으로 한 방법은 온류 복합선도에서 냉류 복합선도로 "수직" 열전달시키는 것을 기본으로 한다. 열전달 계수가 많이 변하지 않는다면, 이런 모델에서는 대부분의 목적들에 대해 최소 면적 요구량이 적절하게 예측된다(Linnhoff and Ahmad, 1990). 그러므로 열전달 계수가 많이 변하지 않는다면, 설계에서 만들어진 열교환은 복합선도에서의 수직 열전달과 일치하는 조건과 가능하면 가깝게 되어야 한다. 잔류문제 분석은 최소(준 최소) 단위 열교환기 수를 이용해서 실제 설계에 허용되는 것과 가까운 면적의 달성에 사용될 수 있다. 열교환을 했다고 가정해 보라. 그러면 그 면적 요구량을 계산할 수 있다. 잔류문제 분석은 흐름 데이터에서 면적 목표를 계산하고 그 열교환을 만족시킨 데이터를 제거함으로써 실행된다. 열교환 짝짓기의 면적을 잔류문제의 면적 목표치에 더한다. 전체 흐름 데이터에서 원래의 면적 목표치인 $A_{NETWORK}$를 뺀 값은 초래된 면적 위반 값이 된다.

만약 열전달 계수가 많이 변한다면 식 (11.9)에서 채택한 "수직" 열전달 모델은 그림 11.43에서 나타낸 것처럼 실제 최소값보다 더 큰 열교환망의 면적으로 예측된다. 이런 상황에서 수직 열교환이 아닌 형태가 최소 열교환망 면적에 요구된다. 그러나 이런 상황에서 잔류문제 분석 방법이 여전히 최소 면적에 대한 설계의 열쇠를 갖고 있다. 열전달 계수가 많이 변할 때 최소 열교환망 면적은 선형계획법(linear programming)을 사용해서 예측될 수 있다(Saboo, Morari and Colberg, 1986; Ahmad, Linnhoff and Smith, 1990). 잔류문제 분석 방법은 이러한 좀 더 정교한 면적 목적 방법을 이용해서 적용될 수 있다. 그런 상황에서 설계를 최소 면적으로 조절하기가 어려울 것 같이 보이며, 줄일 수 있는 구조의 최적화를 기초로 한 자동설계 방법이 사용될 수 있다. 그것은 뒤에 논의될 것이다. 열교환기 쉘의 수, 투자비와 총 비용 목적치들 또한 지정할 수 있다. 그러므로 잔류문제 분석은 설계변수로 사용될 수 있다.

예제 12.4

공정에 대한 흐름 데이터가 표 12.5에 주어졌다.

스팀은 180°C과 179°C 사이에서 유효하며, 응축되고 냉각수는 20°C과 30°C 사이에 있다. 모든 경막 열전달 계수는 200 W·m^{-2}·K^{-1}이다. ΔT_{min}은 10°C이고 최소 뜨거운 유틸리티 및 차가운 유틸리티는 각각 7 MW와 4 MW이며, 온류 90°C와 냉류 80°C에서 핀치가 있다.

a) 핀치 상부에서 최소 열교환 장치수로 면적 목표에 가까운 최대 에너지 회수 설계를 고안하라.
b) 핀치 하부에서 최소 열교환 장치수로 면적 목표에 가

표 12.5 ▸ 공정 흐름 데이터

Stream		Supply temperature (°C)	Target temperature (°C)	Heat capacity flowrate (MW·K^{-1})
No.	Type			
1	Hot	150	50	0.2
2	Hot	170	40	0.1
3	Cold	50	120	0.3
4	Cold	80	110	0.5

까운 최대 에너지 회수 설계를 고안하라.

풀이

a) 그림 12.21에서 나타낸 핀치 상부의 면적 목표는 8859 m^2이다. 핀치에서 흐름 1로 설계를 시작할 경우 그림 12.21a는 *CP* 부등식을 따르는 가능한 열교환을 나타낸다. 두 흐름을 동시에 열소진할 최대 열부하는 12 MW이다. 이것은 흐름 데이터에서의 결과와 일치하고 핀치 상부에서 흐름 1과 3의 열부하는 같다. 열교환 면적은 6592 m^2이고, 핀치 상부에서 잔류 문제의 목표는 3419 m^2이다. 그러므로 그림 16.21a의 열교환은 총 목표를 1152 m^2(13%)만큼 초과한다. 이것은 좋은 열교환 짝짓기인 것 같지 않다.

그림 12.21b는 흐름 1에 대한 *CP* 부등식을 따르는 다른 열교환 짝짓기를 보여준다. 열소진 방법은 열부하를 12 MW로 고정한다. 열교환 짝짓기는 총 목표를 16 m^2(0.2%)만큼 초과한다. 이것은 더 좋은 열교환을 보이므로 선택된다.

그림 12.21c에 나타낸 것처럼 핀치 상부에서 다음 열교환 또한 *CP* 부등식을 따라야 한다. 그림 12.21c에서 두 열교환의 면적은 7856 m^2이고, 잔류 문제에 대한 목표는 1020 m^2이다. 선택한 두 열교환은 총 면적 목표를 17 m^2(0.2%)만큼 초과했다. 이것은 믿을 만해 보이고 두 열교환을 채택한다. 공정-공정 열교환은 불가능하고 남은 것은 뜨거운 유틸리티의 몫이다.

b) 그림 12.22에 나타낸 문제에 대한 차가운 유틸리티의 목표는 4 MW이다. 핀치에서 흐름 3으로 설계를

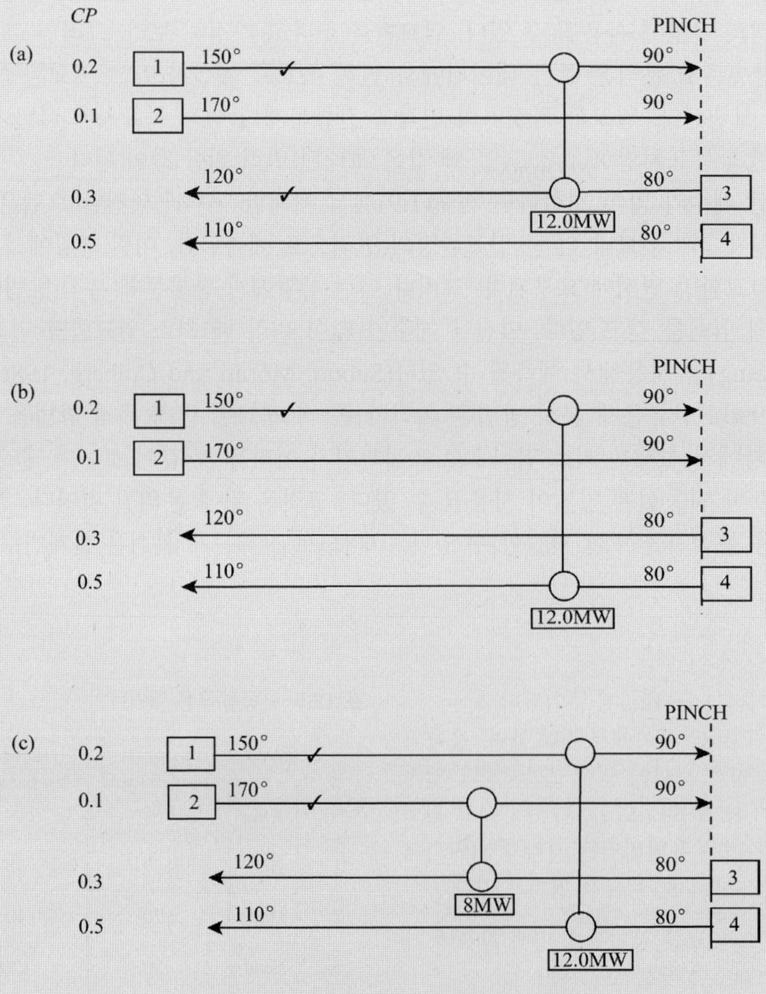

그림 12.21 ▸ 예제 12.4의 핀치 상부 설계.

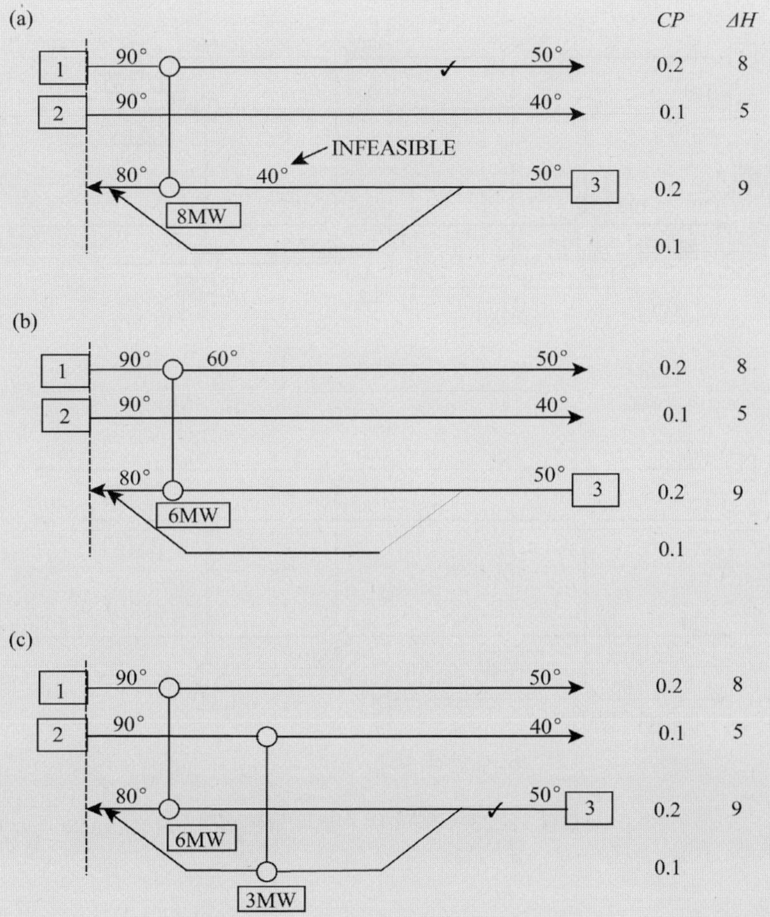

그림 12.22 ▸ 예제 12.4의 핀치 하부 설계.

시작하면 *CP* 부등식을 만족시키기 위해 흐름 3을 분기해야 한다(그림 12.22a). 지류 중 하나와 흐름 1을 열교환하면 흐름 1을 열소진시키기 위한 열부하는 8 MW이다. 이것은 열소진 경험법칙이 문제를 유발하는 경우이다. 열교환은 불가능하고 두 지류 중 한 흐름이 열소진되는 열교환이 가능하게 되기 위해서, 그 열부하는 6 MW로 감소되어야 한다(그림 12.22b).

그림 12.22c는 흐름 3을 열소진시키기 위해 최대 열부하 3 MW로 흐름 3의 남은 지류에 대한 부가적 열교환을 한 것을 보여준다. 공정-공정 열교환은 불가능하고 남은 것은 차가운 유틸리티로 처리한다.

그림 12.23a는 완성된 설계를 보여준다. 핀치 하부에서 흐름을 열소진시키는 것이 불가능하기 때문에 최소 목표보다는 하나 많은 열교환 장치수에서 최대 에너지 회수를 이룬다. 그림 12.21a에서 바꾸어 다른 짝짓기가 받아들여졌고, 설계를 완성했다면 그림 12.23b의 또 다른 설계가 얻어질 것이다. 이것은 면적을 초과시켜서 최소 열교환 장치수 7개를 이룬 것이다. 이것은 그림 12.21a에서 언급한 "열교환량 데이터의 일치"에 기인하고, 이것은 두 흐름을 동시에 열소진시킨다는 것이다. 그 결과는 핀치 상부에서 설계는 핀치 상부에서 두 요소의 구조 때문에 목표보다 하나 적은 단위 열교환장치를 사용한다. 핀치 하부에서의 설계는 목표보다 하나 더 사용한다. 그리고 최종 결과는 총 설계가 최소 단위 열교환기 수의 목표를 이룬다는 것이다.

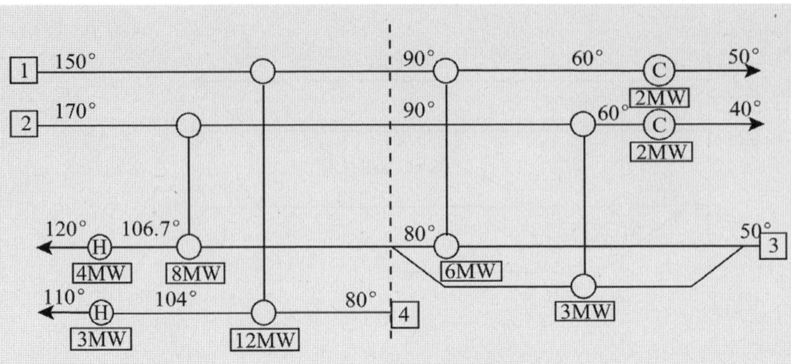

(a) 완성된 설계

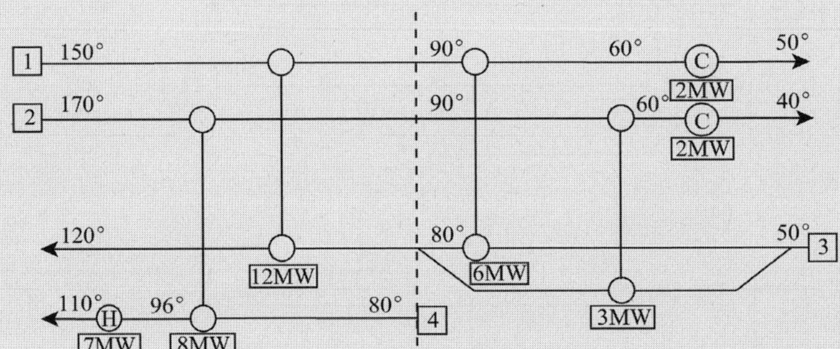

(b) 대안적 설계

그림 12.23 ▸ **예제 12.4의 또 다른 설계.**

12.6 열교환망 모사

일단 열교환망 구조가 만들어지면 좀 더 구체적인 설계가 추가될 수 있다. 이러한 추가 설계의 효율은 설계 실행 전에 모사를 통해 확인해 볼 수 있다. 가장 간단한 경우 각 열교환기의 총괄 열전달 계수 U 값이 추정되거나 계산된 후 최종 결정되는 경우이다. 각 열교환기의 열교환 면적 A도 초기 설계로부터 T_{LM}이 알려지고 결정된다. 만약 U 값과 A 값이 고정되고 각 흐름의 CP(흐름열용량)이 상수로 주어진다면 각 열교환기의 모사 공식은 작성될 수 있다.

$R \neq 1$일 때:

$$(R_k - 1)T_{H1k} + R_k(X - 1)T_{C1k} + (1 - R_kX)T_{H2k} = 0 \qquad R_k \neq 1 \tag{12.5}$$

$$(X - 1)T_{H1k} + X(R_k - 1)T_{C1k} + (1 - R_kX)T_{C2k} = 0 \qquad R_k \neq 1 \tag{12.6}$$

$R = 1$일 때:

$$T_{H1k} + YT_{C1k} - (Y + 1)\,T_{H2k} = 0 \qquad R_k = 1 \tag{12.7}$$

$$YT_{H1k} + T_{C1k} - (Y + 1)T_{C2k} = 0 \qquad R_k = 1 \tag{12.8}$$

여기서

$$R_k = \frac{CP_{Ck}}{CP_{Hk}} \quad \textbf{(12.9)}$$

$$X = \exp\left[\frac{U_k A_k (R_k - 1) F_{Tk}}{CP_{Ck}}\right] \quad \textbf{(12.10)}$$

$$Y = \frac{U_k A_k F_{Tk}}{CP_{Ck}} \quad \textbf{(12.11)}$$

CP_{Hk} = 열교환기 k의 온류의 열용량 흐름(열용량 × 질량흐름량)
CP_{Ck} = 열교환기 k의 냉류의 열용량 흐름(열용량 × 질량흐름량)
T_{H1k} = 열교환기 k의 온류의 도입 흐름의 온도
T_{H2k} = 열교환기 k의 온류의 도출 흐름의 온도
T_{C1k} = 열교환기 k의 냉류의 도입 흐름의 온도
T_{C2k} = 열교환기 k의 냉류의 도출 흐름의 온도
U_k = 열교환기 k의 총괄 열전달 계수
A_k = 열교환기 k의 열전달 면적
F_{Tk} = 열교환기 k의 10 g 평균 온도 보정인자

만약 흐름이 갈라지거나 합쳐진다면 각 흐름은 추가적 수식이 요구될 것이다. 열의 혼합이 없다고 가정할 때,

$$T_{MIX} = \frac{1}{\sum_i CP_i} \sum_i CP_i \, T_i \quad \textbf{(12.12)}$$

여기서 T_{MIX} = 혼합 지역의 온도(°C)
CP_i = 혼합 지역으로 들어가는 흐름 i의 열용량 흐름
T_i = 혼합 지역으로 들어가는 흐름 i의 온도

이들 수식을 열교환망에서 고려하자. 첫 번째로 이해해야 하는 것이 몇 개의 온도를 모르는가(구해야 하는가)이다. 망구조에서 확정되는 온도 지점 개수는 다음 식과 같다.

$$\begin{aligned}\begin{bmatrix}\text{Number of}\\ \text{temperature nodes}\end{bmatrix} &= \begin{bmatrix}\text{Number of streams}\\ \text{including utilities}\end{bmatrix}\\ &\quad + 2 \times \begin{bmatrix}\text{Number of}\\ \text{heat exchangers}\end{bmatrix} + \begin{bmatrix}\text{Number of}\\ \text{mixers}\end{bmatrix}\end{aligned} \quad \textbf{(12.13)}$$

확정되는 온도 지점을 계산해보는 예를 그림 12.24에 나타내었다.

$$\begin{bmatrix}\text{Number of}\\ \text{temperature nodes}\end{bmatrix} = [6 + 2] + 2 \times [12] + [0] = 32 \quad \textbf{(12.14)}$$

결국 32개의 온도 지점이 있고 몇몇은 알려져 있다. 공정흐름들과 유틸리티 흐름들의 초기 온도는 알려져 있고, 이들은 모두 8개이다. 이제 24개가 남았다. 열교환기마다 2개의 수식이 사용될 수 있고, 총 12개의 열교환기가 있으므로 24개 수식이 24개의 모르는 변수에 대해 사용 될 수 있다.

만약 U_k, A_k, R_K, CP_{Ck}, CP_{Hk}, N_{SHELLS}가 고정된 값이라면 식 (12.5)부터 (12.8) 그리고 식 (12.12)는 선형방정식일 것이다. 식 (12.5)와 식 (12.8)은 FT가 주어진다면 선형방정식이 된다. 만약 U_k, A_k,

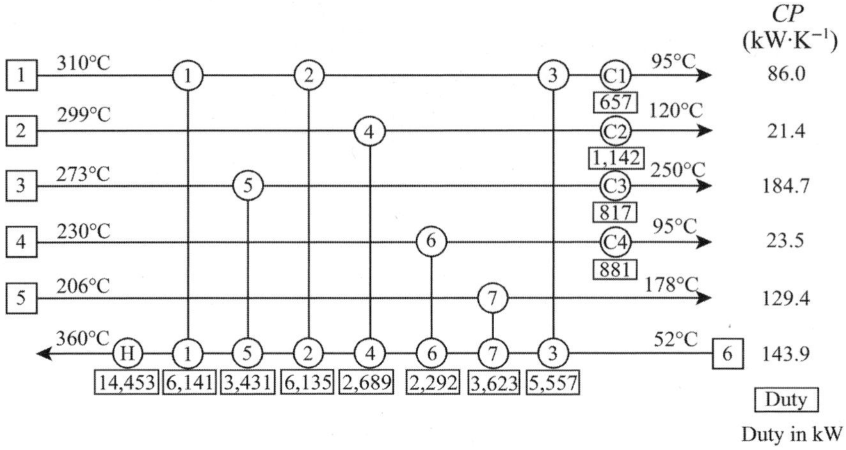

그림 12.24 ▸ 열교환망 합성의 예. (Reproduced from Ning Jiang, Jacob David Shelley, Steve Doyle, Robin Smith (2014) Heat exchanger network retrofit with a fixed network structure, *Applied Energy*, **127**: 25–33, with permission from Elsevier.)

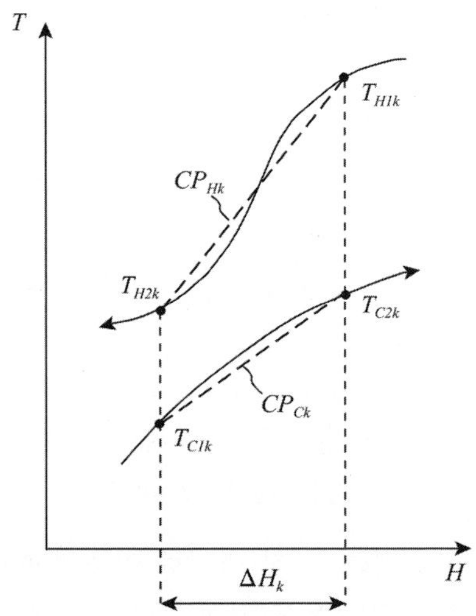

그림 12.25 ▸ 열교환기 *k*에서 비선형 열용량 흐름의 선형화. (Reproduced from Ning Jiang, Jacob David Shelley, Steve Doyle, Robin Smith (2014) Heat exchanger network retrofit with a fixed network structure, *Applied Energy*, **127**: 25–33, with permission from Elsevier.)

R_K, CP_{Ck}, CP_{Hk}, N_{SHELLS}이 고정된다면 X와 Y도 주어지고, 만약 식 (12.12)의 CP_i가 주어진다면 식 (12.5)부터 식 (12.8) 그리고 식 (12.12)는 모두 선형방정식이 된다. 한 선형방정식 집합은 행렬식의 LU 분해법(Press *et al.*, 2007)에 의해 동시에 계산될 수 있다. 각 흐름의 온도 목표값은 최종 열교환 온도 계산을 해주는 모사 계산이 있기 때문에 일일이 얻을 필요가 없다.

열용량 흐름이 비선형성을 갖는 흐름들에 대해서도 접근법이 있다. 그림 12.25를 열교환기 도입, 도출 온도 사이의 H-T 도면의 비선형 열용량 흐름을 선형화하는 것을 보여주며, 이는 *CP*를 선형화하는 방법과 유사하다. 어떻든 흐름의 엔탈피가 온도의 함수로 정의되어야 한다.

열교환기의 도입, 도출 온도 사이의 H-T 도면은 실제로 비선형이다. 그러나 이들은 그림 12.25에 나타난 바와 같이 H-T 도면상에서 선형화될 수 있다.

12.7 고정된 열교환망 구조의 최적화

지금까지 사용한 설계 방법인 핀치 설계 방법은 잉여 특징들이 더해지지 않았다는 점에서 더 줄일 수 없는 구조를 만들어낸다. 그러나 어떤 단위 열교환기들도 ΔT_{min}보다 작은 온도차를 가져서는 안 된다는 것을 가정했다. 이것의 결과는 어떤 열전달도 핀치를 가로질러서는 안 된다는 것이다. 실제 적용에 있어서 이런 제약 조건들은 완화될 수 있고, 보다 더 열교환망은 최적화될 수 있다. 열교환망의 최적화는 열교환기 열부하의 재분배를 기초로 한다. 어떤 열교환기는 더 커져야 하고, 어떤 것은 더 작아져야 하며, 어떤 것들은 결국 설계에서 제거되어야 한다. 최적화에서 어떤 열교환기의 열부하가 0으로 되는 열교환기들은 설계에서 제거된다. 이러한 설계가 가능한 열흐름 폐회로 내에 있는 열교환기들을 루프(loop)라고 한다.

열교환망 구조가 주어지면 11.11절에서 언급했듯이, 그것에 대한 유틸리티 경로와 루프를 확인하는 것이 가능하다(Linnhoff *et al.*, 1982; Linnhoff and Hindmarsh, 1983). 최적화의 전후 상황에서 두 개의 다른 유틸리티가 연결된 경로들을 고려할 필요가 있다. 이것은 스팀에서 냉각수까지의 경로 또는 뜨거운 유틸리티로서의 고압 스팀에서 저압 스팀까지의 경로가 될 수 있다. 이런 두 개의 다른 유틸리티의 경로는 *유틸리티 경로*(utility path)라 불릴 것이다. 루프와 유틸리티 경로 둘 다 최적화에서 자유도를 제공한다.

그림 12.26a를 보자. 이 그림은 점선으로 루프를 표현한 것 이외에는 그림 12.7과 같다. 열은 루프

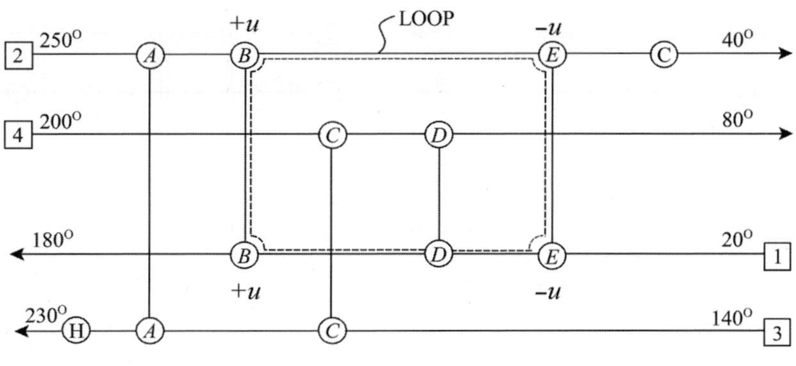

(a) 열부하량은 유틸리티 소비량의 변화 없이 루프 내에서 바뀔 수 있다.

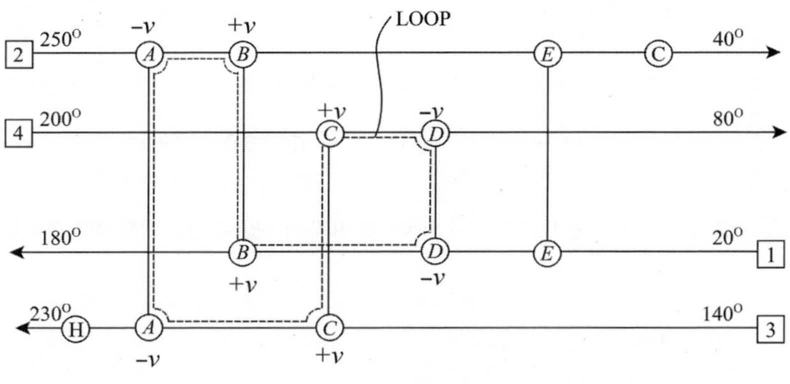

(b) 유틸리티 소비량의 변화 없이 열부하량이 변화된 또 다른 루프

그림 12.26 ▸ 그림 12.7의 설계 최적화를 위해 사용될 수 있는 루프들.

주위에서 이동될 수 있다. 그림 12.26a는 루프 주위에서 열량 *u*만큼이 이동된 결과를 보여준다. 이 루프 안에서 열량 *u*는 열교환장치 E에서 B까지 간단히 이동된다. 루프 주변의 열량 변화는 열교환망의 열균형과 흐름의 공급 및 목표 온도를 유지시킨다. 그러나 루프 주위의 온도가 변하면 루프 내의 열교환기의 온도차뿐만 아니라 그것들의 열부하도 변한다. *u*의 크기는 다른 값으로 바뀔 수 있고, *u* 값의 최적값을 찾기 위해 각 값에서 열교환망 비용을 계산한다. 최적 *u* 값이 원래 장치 표의 열부하인 6.5 MW로 밝혀졌다면, 장치 E의 열부하는 0이 되고 이 장치는 설계에서 제거되어야 한다.

그림 12.26b는 다른 루프를 표시한 열교환망을 보여준다. 그림 12.26b는 루프 주위에서 열량 *v*만큼을 이동시킨 결과를 나타낸다. 또, 열량수지는 유지되지만 루프 주위의 온도와 열부하는 변한다. 앞에서처럼 *v* 값은 다른 *v* 값들에서 비용을 산출함으로써 최적화될 수 있다. *v* 값이 원래 장치 A의 열부하인 7.0 MW에서 최적이라면, 장치 A의 열부하는 0이 되고 이 장치는 설계에서 제거된다.

그림 12.27a는 유틸리티 경로를 점선으로 나타낸 열교환망을 보여준다. 열량은 루프에서와 비슷한 방법으로 유틸리티 경로를 따라 이동될 수 있다. 그림 12.27a는 경로를 따라 열량 *w*가 이동된 결과를 보여준다. 이때 열량수지가 변하는데, 이것은 열부하가 뜨거운 유틸리티로부터 투입되고, 차가운 유틸리티에서 배출되어 둘 다 *w*만큼 변하기 때문이다. 공급 및 목표 온도는 유지된다. *w*가 7.0 MW로 최적화되면 설계에서 장치 A가 제거되는 결과를 낳는다.

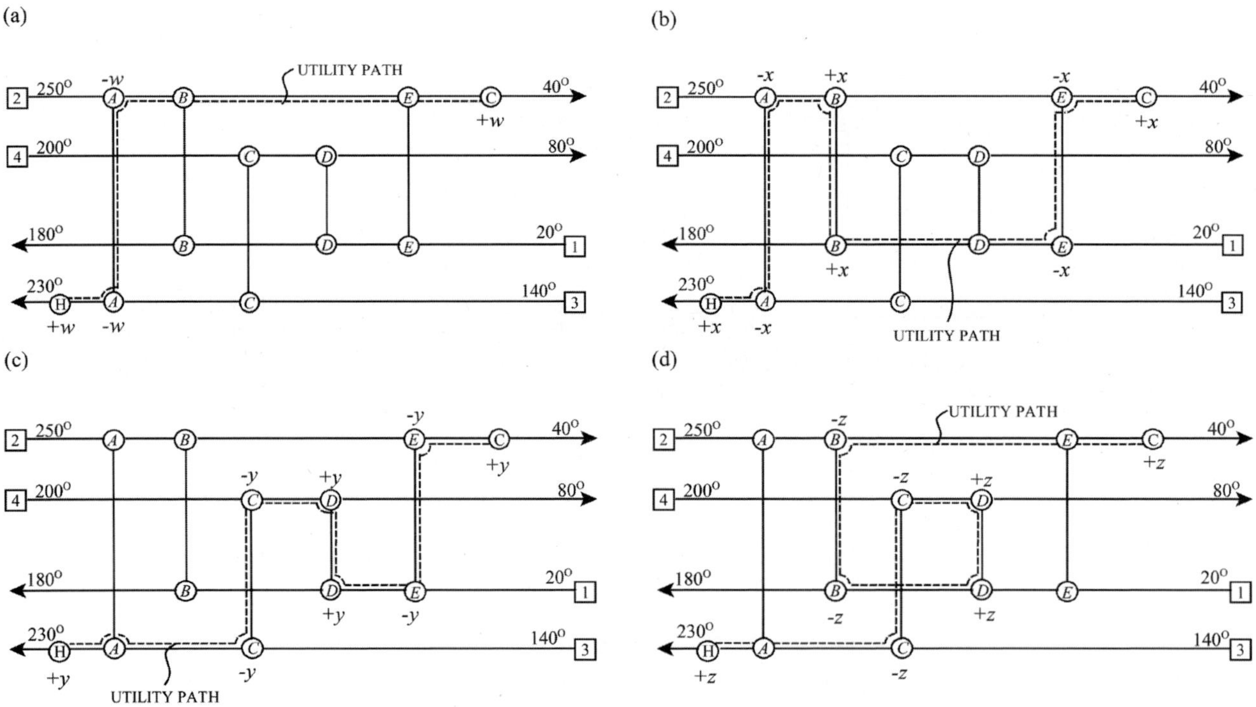

그림 12.27 ▸ 그림 12.7의 설계 최적화를 위해 사용될 수 있는 유틸리티 경로들.

다른 w 값들을 취할 수 있고, w의 최적값을 구하기 위해 각 w 값들에서 열교환망의 크기와 비용을 산출한다. 그림 12.27은 최적화에서 발견할 수 있는 다른 유틸리티 경로들을 나타낸다.

사실, 열교환망의 최적화는 그림 12.26와 12.27에서 u, v, w, x, y, z가 동시에 최적화되는 것을 요구한다. 더욱이 흐름 분기가 설계에 존재할 수도 있으며, 그리고 다양한 흐름량의 지류들이 최적화에서 루프와 경로에 겹쳐 사용될 수도 있다. 이런 최적화를 할 때는 ΔT_{min}보다 더 큰 온도차를 가져야 한다는 것이 더 이상 설계를 제한하지 않는다(비록 개별 열교환기에서 매우 작은 값은 실질적인 이유로 피해야 하지만). 또한 핀치도 더 이상 설계를 독립적인 열역학 지역으로 나누지 않는다. 그리고 더 이상 핀치를 가로지르는 열전달에 대해 염려하지 않아도 된다. 지금의 목적은 단순히 비용의 최소화이다.

새로운 설계의 목적함수는 보통 조업 비용과 연간 투자비를 합한 총 투자 비용의 최소화이다. 루프와 경로의 조작 문제는 다변수 비선형 최적화 문제의 하나이다. 단지 제약 조건은 열전달이 가능한가에 대한 것, 즉 양의 온도차와 각 열교환기의 음수가 아닌 열부하를 갖는가이다. 더욱이, 흐름 분기가 존재한다면 양수의 지류 흐름량이 추가 제약 조건이다.

열교환망이 고정된 에너지 소비에서 최적화되면 루프와 흐름 분기만이 사용된다. 에너지 소비가 변할 때 유틸리티 경로 또한 포함되어야 한다. 열교환망의 에너지 소비가 증가함에 따라 총 투자비는 감소한다.

예제 12.5

그림 12.7의 열교환망을 다음과 같이 진화시켜라.

a) 루프 내의 자유도를 이용하여 열교환망 내의 최소 열회수 열교환 단위를 제거하자.

b) $\Delta T_{min} = 10°C$일 때 열교환망 온도를 다시 산정하라.

c) 유틸리티 경로를 사용하여 $T_{min} = 10°C$를 개선하라.

›풀이

a) 그림 12.28a는 그림 12.7의 열교환망 구조에서 최소 열회수량(6.5 MW)을 갖는 열교환기를 포함하는 루프를 보여주고 있다. 루프 내 관련 두 열교환기 열회수 최소 열교환을 열회수 용량 0로 바꾸고 나머지 1개에 6.5 MW 열회수를 더하므로 해당 열교환기가 제거될 수 있다.

b) 새로이 구성된(하나의 열교환기 제거) 열교환망으로 각 열교환기 열회수량을 다시 계산한 결과가 그림 12.28b에 나타나 있다. $T_{min} = 10°C$이므로 새로이 산정된 열교환기의 온도 중 불가능한 열교환을 그림 12.28b에서 점선으로 나타내었다.

c) 그림 12.28b에 불가능한 온도 차이를 보인 부분(흐름 2의 온도)는 유틸리티 경로를 이용하여 보정해 줄 수 있다. $T_{min} = 10°C$를 수정할 수 있다면 흐름 2의 중간 온도를 117.5°C로 바꿀 수 있고 이것은 그림 12.28c에 나타나 있다. 이렇게 되면 냉각 유틸리티의 열회수량이 추가되어야 한다(x MW). 열수지에 의해 냉각은 다음과 같다.

$$10.0 + x = 0.15(117.5 - 40)$$
$$x = 1.6\,\text{MW}$$

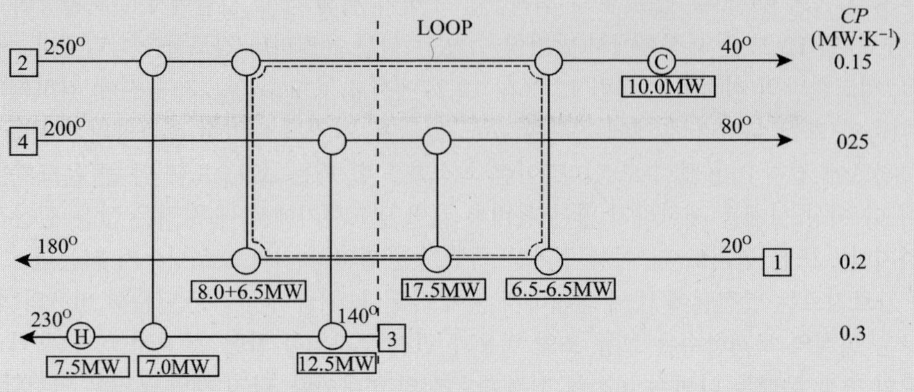

(a) 루프로 통한 6.5 MW의 열교환망 내에서의 이동

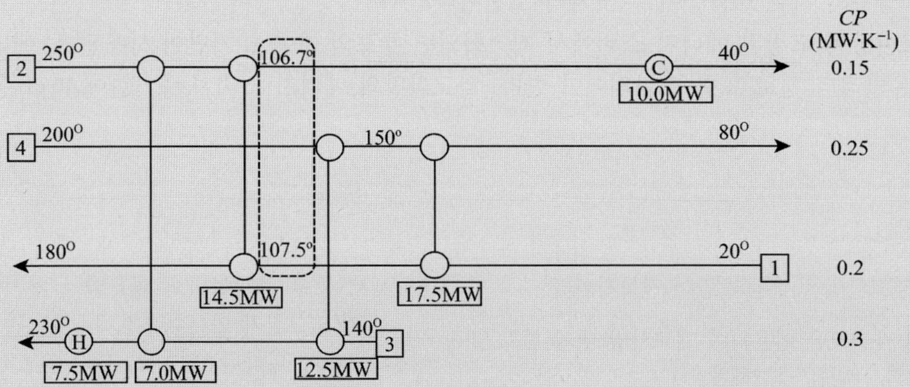

(b) 중간 계산에 의한 불가능 온도의 도출

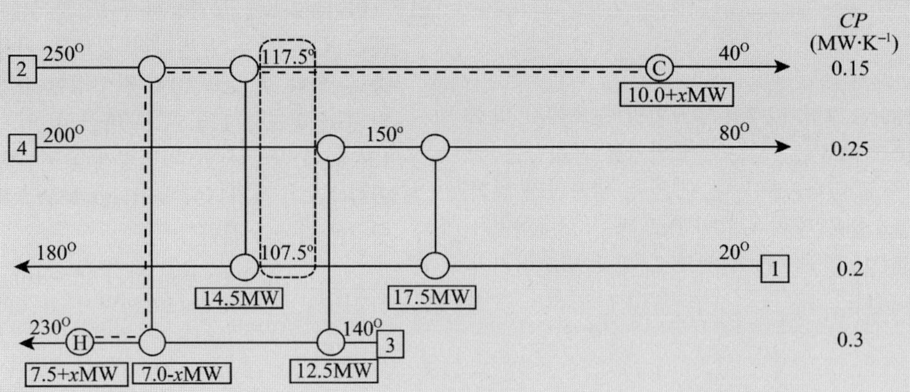

(c) 유틸리티 경로의 열회수 증가에 의한 가능한 온도 재산정

그림 12.28 ▸ 열교환기를 1개 제거하는 열교환망 진화.

12.8 자동설계 방법의 열교환망 설계

지금까지 언급한 열교환망 설계 방법은 수작업에 의한 방법 생성에 기초하였다. 하지만 지금부터는 자동설계 방법을 고려하자. 수작업에 의한 방법은 작은 문제에 적합하였다. 그러나 크고 복잡한 문제는 자동화된 방법이 요구된다. 열교환망을 합성할 때 또한 장치 설계의 보다 상세한 것들이 필요할 경우가 종종 있다. 두 가지 기본적인 접근법이 자동 열교환망 설계법에 적용된다.

1) ***온구조의 최적화*** 수작업에 의한 열교환망 설계는 더 이상 줄일 수 없는 설계로 완성된다. 잉여 설계들이 포함되지 않았다. 물론 최적화할 때 몇 가지 설계들은 최적화에 의해 제거될 것이다. 최적화에서 그런 설계들을 제거하기 위한 범위는 초기 설계구조를 생성할 때 쓰인 가정에 기인한다. 그러나 잉여 설계를 포함한 어떤 신중한 시도도 없었다.

첫 번째 자동 열교환망 설계 접근법은 온구조 또는 초월구조(superstructue)의 최적화로 결정론적(수치해석적) 최적화를 이용하는 방법이다(Floudas, Ciric and Grossman, 1986), 잉여 설계를 포함한 줄일 수 있는 구조를 만들어 이것을 최적화하는 것이다. 잉여 특징들은 최적화 과정에서 제거된다. Floudas, Ciric, Grossman (1986)은 모든 가능한 설계가 포함된 온구조 열교환망을 어떻게 만들어 내는가를 보여 주었다. 온구조의 기본형을 그림 12.29a에 나타내었다. 이 구조는 단일 흐름이 3개의 가지 흐름으로 분화되어 각각 가지에 연결된 것을 보여준다. 이것은 결국 그림 12.29a의 하나

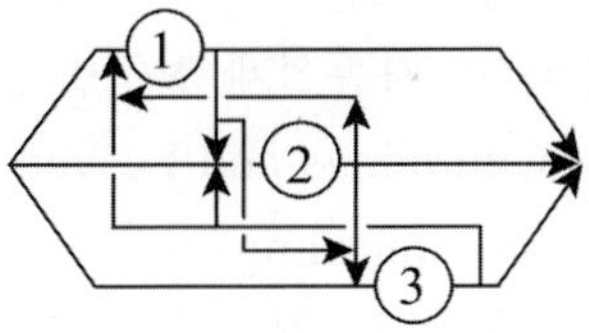
(a) 기본 망형 온구조

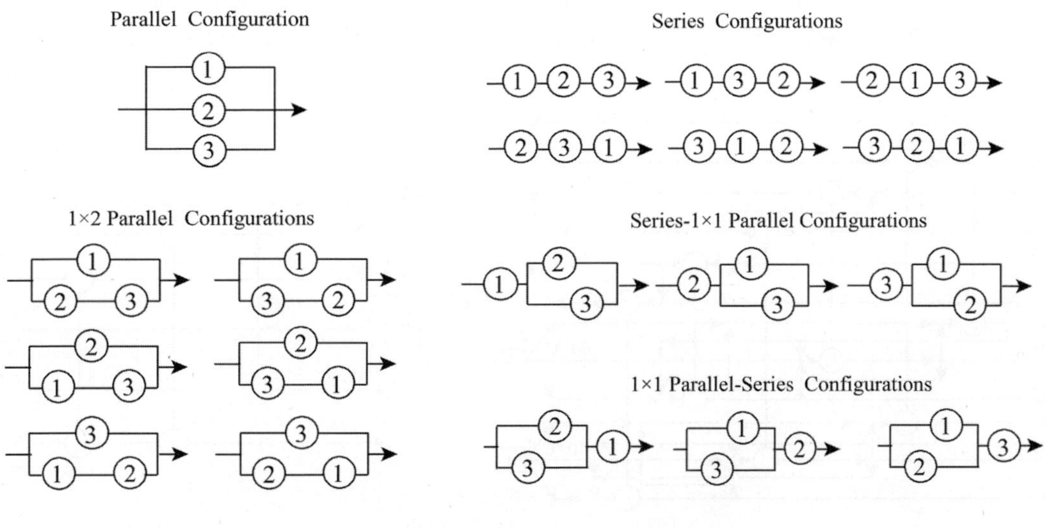

(b) 기본 망형 온구조로부터의 가능한 진화

그림 12.29 ▸ 온구조의 기본 설계는 모든 구조로 진화될 수 있다.

로 흐름 중 선택되지 않은 것을 배제함으로써 진화시켜 나갈 수 있다. 그림 12.29는 어떻게 온구조가 온구조의 연결들을 적절히 제거함으로써 다른 병렬, 직렬, 직–병렬, 그리고 병–직렬 구조로 진화되어 나가는지를 보여준다. 그림 12.30은 2개의 온류와 2개의 냉류가 포함된 열교환망 문제의 한 부분(한 엔탈피 구간)을 나타내었다. 그림 12.30a는 열교환망의 한 엔탈피 구간의 부분의 온구조를 보여준다. 모든 구조적 설계가 포함되었다. 이 접근법은 경비를 최소화하는 방향으로 불필요한 설계를 제거하면서 온구조를 최적화한다. 그림 12.30b는 진화된 한 가능한 결과를 보여준다.

이 접근법은 원리 면에서 간단하게 보이지만 최적화는 비선형 정수 계획법(MINLP)을 요구한다. 이것은 많은 국지적 최적해를 포함하는 매우 어려운 최적화 문제가 된다.

또 다른 이슈는 어떻게 초기 온구조를 설정하는가 하는 것이다. 이 문제는 핀치 설계 방법에서와 같이 핀치점에서부터 문제를 나누어 시작하여 그림 12.30에서의 방법과 같이 온구조를 설정해야 한다. 문제 전체는 엔탈피 구간으로 나누어 각 엔탈피 구간에서 그림 12.31에서와 같이 온구조를 만들어 낼 수가 있다(Yee, Grossmann and Jravanja, 1990). 이것은 최종 설계가 불필요한 복잡성을 띤 구조를 찾아주는 위험을 내포하고 있다. 그림 12.31에서와 같이 각 엔탈피 구간에서의 온구조로 복합선도를 나누어 접근하다 보면 어떤 엔탈피 구간의 구조는 서로 합쳐져 한 블록이 될 수 있다(Zhu *et. al.*, 1995). 그렇게 되면 각 엔탈피 구간마다의 온구조 설정의 복잡성 대신 블록 단위의 온구조 설정 문제로 완화될 수 있다. 열교환망 설계의 온구조 접근법의 주된 장점은 원론적으로 장치의 상세 설계에 의한 복잡한 제약을 설계에 반영할 수 있다는 점이다. 한 주된 단점은 MINLP 최적화의 근본적인 것으로, 문제의 크기가 커지면 매우 어려운 문제가 된다는 것이다. 또 다른 단점으로 설계자는 자신의 결정 사항을 설계 문제에 포함시킬 수가 없다는 것이다.

2) ***확률론적 최적화를 사용한 자동설계*** 자동설계 접근법에서 결정론적 최적화에 대응해 확률론적 최적화 기법이 개발되었다(Dolan, Cummings and Le Van, 1990). 가장 흔히 사용되는 확률론적 최적화 기법은 *담금질 모사법*(simulated annealing)이다. 이 방법에서 초기 설계가 먼저 생성된다. 초기 설계는 어떤 가능한 설계라도 될 수 있고, 최종 설계로 희망하는 설계를 포함할 필요도 없다. 이 부분이 온구조 접근법과 대조되는 부분이다. 초기 설계는 담금질 모사의 진행에 따라 더 나은 구조로 진화해 나아간다. 열교환기의 열교환량 등의 변수를 계속 변화시켜 진행해 나아간다. 예를 들어 새로운 열교환기를 더하는 등의 설계구조 역시 진행의 한 부분이다. 지속적으로 좋은 구조를 찾아 나

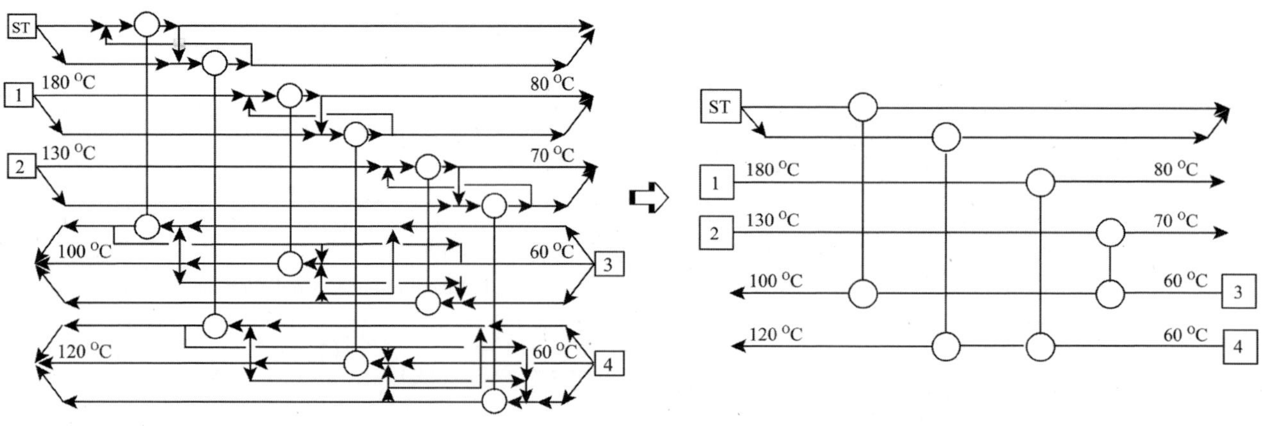

(a) 망형 온구조로부터 얻어진 열교환망 (b) 최적화 결과

그림 12.30 ▸ 각 엔탈피 구간에서의 망형 온구조.

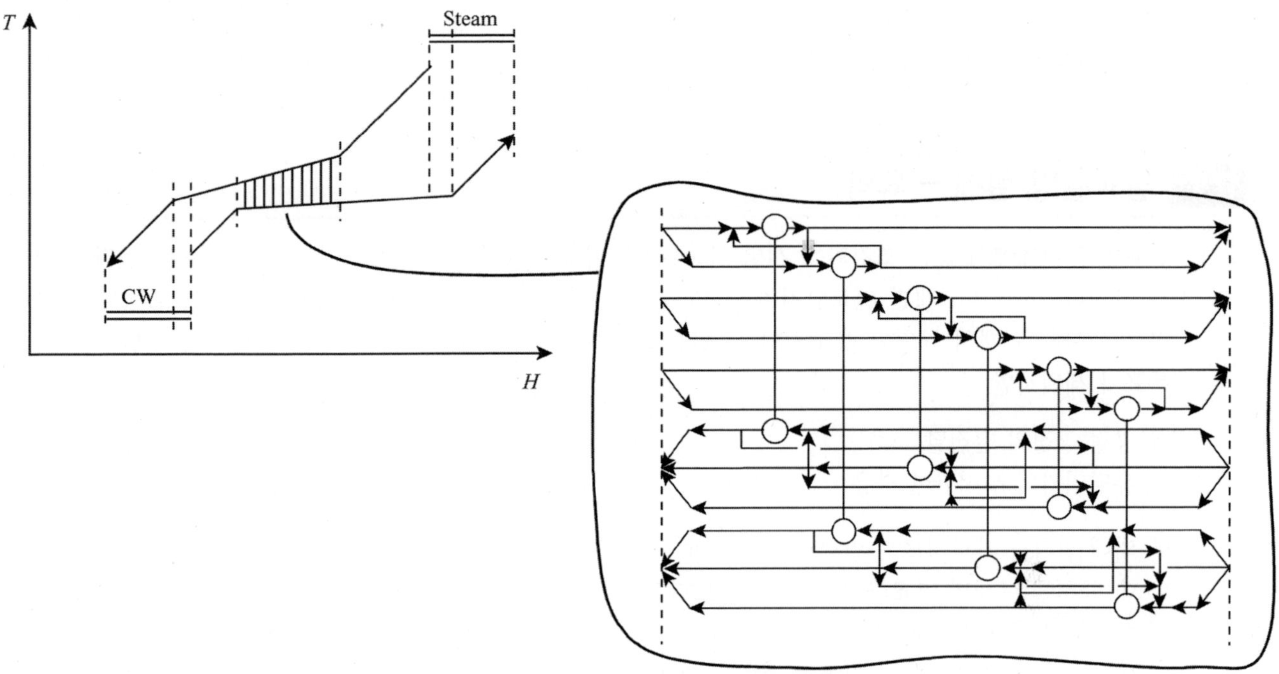

그림 12.31 ▸ 각 엔탈피 영역에서의 온구조 생성.

아가는 진행은 다음의 범주를 포함한다.

연속 변수의 진행

- 열교환기의 열교환량
- 흐름의 분기 분율

이산 변수의 진행

- 열교환기 추가
- 열교황기 삭제
- 열교환기의 새로운 위치로의 이동
- 흐름의 분기 추가
- 흐름의 분기 삭제

각 진행을 마친 후 열교환망 에너지 수지를 다시 계산해야 하며, 목적함수 또한 모사(계산)되어야 한다. 이 최적화는 최적값의 변화량의 크기나 국지 최적점에 빠지는 것에서 자유롭다. 원칙적으로 이 최적화는 초기 가능한 설계로부터 시작하여 충분한 시간을 가지고 전체 최적 설계를 찾아낼 수 있다. 그러나 실제로는 무한한 시간동안 최적 설계를 찾을 수 없으므로, 즉 진행의 수가 한정이 되므로 컴퓨터의 제약과 최적화의 프로그램된 법칙 조건으로 인해 초기 설계가 각각 다르게 설정됨에 따라 결과가 달라지기도 한다. 보통 간략한 초기 설계보다는 보다 복잡한 초기 설계에서 출발하는 것이 더 나은 결과를 얻는다고 한다. 연속적 진행에는, 예를 들어 열교환기에서 이루어지는 열교환량의 경우 얼마나 세밀하게 증가 감소시키면서 진행할 것인가도 하나의 문제이다. 이것 때문에 비선형 계획법(NLP)을 사용하여 최종 설계를 얻을 수도 있다. 또 한 예로 특정의 어떤 두 흐름 간의 열교환은 필수 열교환으로 정의하여 담금질 모사법에서 변화될 수 있는 확률을 '0'으로 만들고 나머지 부분으로 최적화할 수도 있다.

12.9 열교환망 설계 – 요약

열교환망 설계에서 좋은 초기화는 개별 열교환기들이 ΔT_{min}보다 작은 온도차를 가져서는 안 된다는 것을 가정하는 것이다. 개별 열교환기들이 ΔT_{min}보다 작은 온도차를 가지지 않는다는 것이 결정되면 11장으로부터 두 개의 규칙이 유도된다. 복합선도(또는 문제 표 알고리듬)로부터 달성되어야 할 에너지 목표가 세워지면

- 공정-공정의 열전달
- 유틸리티의 부적합한 사용

에 의해 핀치를 가로지르는 열전달은 없어야 한다.

이 규칙들은 개별 열교환기들이 ΔT_{min}보다 작은 온도차를 가지지 않는다는 조건에서 에너지 목표를 이루기 위한 설계에 대한 필요충분조건이다.

열교환망의 설계는 다섯 단계로 종합될 수 있다.

1) 원래 문제를 핀치를 기준으로 분리된 문제로 변환한다.
2) 분리된 문제들의 설계는 핀치에서 시작하고 핀치 밖으로 움직인다.
3) 온도 가능성은 핀치에서 흐름들 사이의 열교환 짝짓기를 만족시킬 *CP* 값의 제약조건을 요구한다.
4) 각 열교환장치들에서의 열부하는 단위 열교환기 수를 최소화하기 위해 열소진 방법을 사용해서 결정한다.
5) 핀치에서 멀어지면 보통 열교환에 선택될 자유도가 증가한다. 이 경우 설계자의 분별력과 공정 지식이 기초가 되어 설계들을 차별화시킬 수 있다.

핀치 상부에서 온류의 수가 냉류의 수보다 크면, 냉류는 ΔT_{min} 제약조건을 만족시키기 위해 분기되어야 한다. 만약 핀치 하부에서 냉류의 수가 온류의 수보다 많다면 온류들은 ΔT_{min} 제약조건을 만족시키기 위해 분기되어야 한다. 핀치에서 모든 흐름들이 *CP* 부등식을 만족시킬 수 없을 경우에도 흐름 분기에 의한 해결이 필요하다.

만약 문제에 한 개 이상의 핀치가 있다면 핀치들 사이에서의 설계는 가장 제한된 핀치로부터 시작해야 한다.

잔류문제 분석은 열교환망을 완성하지 않고 전체 열교환망의 전후 상황에서 열교환의 열교환량 평가를 위해 사용될 수 있다.

초기 열교환망 구조가 결정됐을 때 루프, 유틸리티 경로와 흐름 분기들이 다변수 최적화에서 열교환망 비용 측정에 대해 자유도를 제공한다. 이런 최적화에서는 온도차가 ΔT_{min}보다 커야 한다는 것 또는 핀치를 가로질러서 열교환을 해서는 안 된다는 것 등의 제약조건은 없다. 그 목적은 단순히 총 비용의 최소화를 위한 설계를 하는 것이다.

특히 많은 제약조건, 혼합된 장치설명서 등을 포함하는 더 복잡한 열교환망 설계들에 대해서는 줄일 수 있는 구조에 대한 최적화를 기초로 하는 설계 방법이 사용될 수 있다.

12.10 연습 문제

1. 공정 흐름 데이터를 표 12.6에 나타내었다.

   a) ΔT_{min} = 10°C, 온류의 핀치는 90°C, 냉류의 핀치는 80°C이다. 최소 열교환 단위수를 갖는 최대 열회수 열교환망을 설계하라.

   b) ΔT_{min} = 10°C를 변화시켜 열교환망이 차가운 유틸리티는 없이 뜨거운 유틸리티만 갖도록 열회수를 유틸리티 경로를 이용해 재조정하라.

2. 열회수 망 문제의 흐름 데이터를 표 12.7에 나타내었다.

   a) 뜨거운 유틸리티와 찬 유틸리티의 에너지 목표를 ΔT_{min} = 20°C일 때 결정하라.

   b) 최소 열교환기 수를 갖는 위의 에너지 목표를 실현하는 열교환망을 설계하라.

   c) 에너지 소비를 희생하고 루프와 유틸리티 경로를 조작하여 열교환망 설계를 하라.

   d) ΔT_{min} = 20°C일 때 위의 c를 실현하는 열교환망을 설계하라.

3. 한 공정의 열내림 흐름도 데이터를 표 12.8에 나타내었다. 또한 ΔT_{min} = 10°C에서 온도 구간별 열내림 흐름도의 계산 결과를 표 12.9에 나타내었다.

   a) 최소 열교환기 수를 갖는 열회수 열교환망을 설계하라. 열교환기 수가 최소 열교환기 목표보다 적은 이유는 무엇인가?

   b) 115°C에서 물을 끓이는 보일러에서 포화 스팀인 저압 포화 스팀이 생산된다. 얼마나 많은 양의 저압 포화 스팀이 생기는가? 또 이들은 실현하는 열교환망 설계를 하라.

   c) b로부터 도출된 설계는 2개의 스팀(증기) 생산기(보일러 등)가 필요하다. 스팀 생성에서의 불이익을 감수하고서라도 이들 스팀 생산기 중 하나를 없애 보라. 단 ΔT_{min} = 10°C로 유지해야 한다.

4. 열회수 문제를 위한 공정 흐름 데이터를 표 12.10에 나타내었다. 이 표의 문제는 Q_{Hmin} = 13.95 MW,

표 12.6 ▸ 연습 문제 1의 흐름 데이터

Stream		Supply temperature (°C)	Target temperature (°C)	Heat capacity flowrate ($MW{\cdot}K^{-1}$)
No.	Type			
1	Hot	200	100	0.4
2	Hot	200	100	0.2
3	Hot	150	60	1.2
4	Cold	50	140	1.1
5	Cold	80	120	2.4

표 12.7 ▸ 연습 문제 2의 흐름 데이터

Stream	T_S (°C)	T_T (°C)	CP ($MW{\cdot}K^{-1}$)
1. Hot	300	80	0.15
2. Hot	200	40	0.225
3. Cold	40	180	0.2
4. Cold	140	280	0.3

표 12.8 ▸ 연습 문제 3의 흐름 데이터

Stream	T_S (°C)	T_T (°C)	CP ($kW{\cdot}K^{-1}$)
1. Hot	180	40	200
2. Hot	150	40	400
3. Cold	60	180	300
4. Cold	30	130	220

표 12.9 ▸ 연습 문제 3의 열내림 흐름 데이터

Interval temperature (°C)	Heat flow (MW)
185	6.0
175	3.0
145	0
135	3.0
65	8.6
35	20.0

표 12.10 ▸ 연습 문제 4의 흐름 데이터

Stream	T_S (°C)	T_T (°C)	CP (MW·K^{-1})
1. Cold	18	123	0.0933
2. Cold	118	193	0.1961
3. Cold	189	286	0.1796
4. Hot	159	77	0.2285
5. Hot	267	80	0.0204
6. Hot	343	90	0.0538

Q_{Cmin} = 8.19 MW, 온류 핀치는 159°C 냉류 핀치는 149°C로 ΔT_{min} = 10°C이다.

a) 최소 열교환기 수를 갖는 열교환망을 설계하라. (*힌트*: 핀치 하부에서 흐름의 분지가 필요함.)

b) ΔT_{min}을 보다 10°C 조금 낮게 할 수 있을 때 최소 열교환기 수를 유지하도록 핀치 하부의 흐름 분기를 제거하라.

5. 열회수 문제를 위한 데이터를 표 12.11에 나타내었다. 또 열내림 흐름도 표가 ΔT_{min} = 20°C일 때 표 12.12에 나타내었다. 다음의 데이터를 구하라.

a) 흐름 격자도를 구하라.

b) 최대 에너지 회수 열교환망을 설계하라.

6. 흐름 데이터를 표 12.13에 나타내었다. 뜨거운 유틸

표 12.12 ▸ 연습 문제 5의 열내림 흐름도 표

Interval temperature (°C)	Heat flow (MW)
220	20.95
210	19.95
150	6.75
125	0
110	4.2
100	12
95	13.7
85	14.5
75	16.5
70	18.25
55	28.75
40	31.75

표 12.11 ▸ 연습 문제 5의 흐름 데이터

Stream		T_S (°C)	T_T (°C)	Heat capacity flowrate (MW·K^{-1})
No.	Type			
1	Hot	120	65	0.5
2	Hot	80	50	0.3
3	Hot	135	110	0.29
4	Hot	220	95	0.02
5	Hot	135	105	0.26
6	Cold	65	90	0.15
7	Cold	75	200	0.14
8	Cold	30	210	0.1
9	Cold	60	140	0.05
Steam		250	—	—
Cooling water		15	—	—

표 12.13 ▸ 연습 문제 6의 흐름 데이터

Stream		T_s (°C)	T_T (°C)	Stream heat duty (MW)
No.	Type			
1	Hot	150	50	−20
2	Hot	170	40	−13
3	Cold	50	120	21
4	Cold	80	110	15

리티 스팀은 180°C에서 179°C 범위에서 가용하고 냉각수는 20°C에서 40°C 범위에서 가용하다. ΔT_{min} = 10°C일 때 최소 뜨거운, 그리고 차가운 유틸리티 용량은 각각 7 MW와 4 MW이다. 온류의 핀치는 90°C이고, 병류의 핀치는 80°C이다.

a) 최대 열회수 공정에서 최소 열교환기 목표는 몇 개인가?

b) 최소 열교환기 수를 지키면서 다른 2가지의 최대 열회수 설계를 개발하라.

c) 핀치 하부에서 최소 열교환기 수를 얻을 수 없는 이유를 설명하라.

d) 열교환망 최적화에서 몇 가지 자유도가 가능한가?

7. 흐름 데이터를 표 12.14에 나타내었다. 열내림 흐름 데이터가 $\Delta T_{min} = 10$°C일 때를 표 12.15에 나타내었다. 뜨거운 유틸리티는 뜨거운 오일순환으로 400°C를 공급된다. 냉각수는 20°C이다.

표 12.14 ▸ 연습 문제 7의 흐름 데이터

Stream		T_s (°C)	T_T (°C)	CP (kW·K^{-1})
No.	Type			
1	Hot	170	88	23
2	Hot	278	90	2
3	Hot	354	100	5
4	Cold	30	135	9
5	Cold	130	205	20
6	Cold	200	298	18

표 12.15 ▸ 연습문제 7 열내림 흐름 데이터

Interval temperature (°C)	Heat flow (kW)
349	1528
303	1758
273	1368
210	675
205	520
165	0
140	250
135	255
95	1095
85	1255
83	1283
35	851

a) 오일 CP가 2.1 kJ·kg^{-1}K^{-1}일 때 오일의 최소 순환량을 계산하라. 모든 공정에서 $\Delta T_{min} = 10$°C이다.

b) 모든 공정에서 $\Delta T_{min} = 10$°C를 유지하면서 최소 열교환기 수를 갖는 최대 에너지 회수 열교환망을 설계하라.

c) ΔT_{min}을 어기는 것이 허용될 때 핀치 하부에서 흐름의 분지를 없애는 열교환망 설계 대안을 제안하라.

d) 핀치 하부 영역 설계를 보다 체계적으로 개발하기 위해 어떤 도구가 사용될 수 있는가?

8. 표 12.16에 흐름 데이터가 주어졌다.

a) $\Delta T_{min} = 10$°C에서 T-H 복합선도를 그려라.

b) $\Delta T_{min} = 10$°C에서 뜨거운 유틸리티, 차가운 유틸리티 목표를 결정하라.

c) 최소 열교환기 수를 지키고. $\Delta T_{min} = 10$°C일 때 최대 에너지 회수 열교환망을 설계하라.

d) 열교환망 진화 과정으로 열교환기 수가 줄어들 수 있는가?

9. 표 12.17에 공정 흐름 데이터가 주어졌다. 이 문제는

표 12.16 ▸ 연습 문제 8의 흐름 데이터

Stream No.	Stream Type	T_S (°C)	T_T (°C)	Heat duty (MW)
1	Hot	150	30	7.2
2	Hot	40	40	10
3	Hot	130	100	3
4	Cold	150	150	10
5	Cold	50	140	3.6

$\Delta T_{THERSHOLD}$ = 50°C이고, ΔT_{min} = 20°C이다. 또 ΔT_{min} = 20°C일 때 열내림 흐름 데이터가 표 12.18에 주어져 있다.

표 12.17 ▸ 연습 문제 9의 흐름 데이터

Stream No.	Stream Type	T_S (°C)	T_T (°C)	Heat capacity flowrate ($MW{\cdot}K^{-1}$)
1	Hot	500	100	4
2	Cold	50	450	1
3	Cold	60	400	1
4	Cold	40	420	0.75

표 12.18 ▸ 연습 문제 9의 열내림 흐름 데이터

Interval temperature (°C)	Heat flow (MW)
490	0
460	120
430	210
410	255
90	655
70	600
60	582
50	575

a) 최소 열교환기 수에서의 최대 에너지 회수 열교환망을 설계하라.

b) 이 공정에서 응축 온도 180°C일 때의 스팀이 얼마나 생산될 수 있는가?

c) 180°C에서의 최대 스팀 생산에 대한 T-H 복합선도를 그려라.

d) 180°C 스팀 최대 생산, 최소 열교환기 수를 이루는 최대 에너지 회수 열교환망을 설계하라.

참고 문헌

Ahmad S, Linnhoff B and Smith R. (1990) Cost Optimum Heat Exchanger Networks: II. Targets and Design for Detailed Capital Cost Models, *Comp Chem Eng*, **14**: 751.

Asante NDK and Zhu XX. (1997) An Automated and Interactive Approach for Heat Exchanger Network Retrofit, *Trans IChemE*, **75**: 349.

Dolan WB, Cummings PT and Le Van MD (1990) Algorithm Efficiency of Simulated Annealing for Heat Exchanger Network Design, *Comp Chem Eng*, **14**: 1039.

Floudas CA, Ciric AR and Grossmann I.E. (1986) Automatic Synthesis of Optimum Heat Exchanger Network Configurations, *AIChEJ*, **32**: 276.

Gunderson T and Naess L. (1988) The Synthesis of Cost Optimal Heat Exchanger Networks: An Industrial Review of the State of the Art, *Comp Chem Eng*, **12**: 503.

Jiang N, Shelley JD, Doyle D and Smith R. (2014) Heat Exchanger Network Retrofit with a Fixed Network Structure, *Applied Energy*, **127**: 25.

Linnhoff B and Ahmad S. (1990) Cost Optimum Heat Exchanger Networks: I. Minimum Energy and Capital Using Simple Models for Capital Cost, *Comp Chem Eng*, **14**: 729.

Linnhoff B and Hindmarsh E. (1983) The Pinch Design Method of Heat Exchanger Networks, *Chem Eng Sci*, **38**: 745.

Linnhoff B, Townsend DW, Boland D, Hewitt GF, Thomas BEA, Guy AR and Marsland R.H. (1982) *A User Guide on Process Integration for the Efficient Use of Energy*, IChemE, Rugby, UK.

PressWH, Teukolsky SA, Vettering WT and Flannery BP (2007) *Numerical Recipes: The Art of Scientific Computing*, Cambridge University Press.

Saboo AK, Morari M and Colberg R.D. (1986) RESHEX – An Interactive Software Package for the Synthesis and Analysis of Resilient Heat Exchanger Networks – II. Discussion of Area Targeting and Network Synthesis Algorithms, *Comp Chem Eng*, **10**: 591.

Tjoe TN and Linnhoff B. (1986) Using Pinch Technology for Process Retrofit, *Chem Eng*, **April**: 47.

Yee TF, Grossmann IE and Kravanja Z. (1990) Simultaneous Optimization Models for Heat Integration – I. Area and Energy Targeting of Modeling of Multi-stream Exchangers, *Comp Chem Engg*, **14**: 1151.

Zhu XX and Asante NDK (1999) Diagnosis and Optimization Approach for Heat Exchanger Network Retrofit, *AIChE J*, **45**: 1488.

Zhu XX, O'Neill BK, Roach JR and Wood RM (1995) New Method for Heat Exchanger Network Synthesis Using Area Targeting Procedures, *Comp Chem Eng*, **19**: 197.

스미스의 제2판

화학공정설계

Chemical Process
Design and Integration

제 13 장 반응기의 열통합

Heat Integration of Reactors

13.1 반응기의 열통합 특성

반응기의 열통합 특징은 열의 제거 또는 추가에 대한 결정과 반응기 혼합 특성들에 달려 있다. 첫 번째 예에서는 가장 간단한 설계를 보여주는 단열조작이 고려되었다.

1) ***단열조작*** 만약 단열조작이 발열반응기에서 수용 가능한 온도 상승이나 흡열반응기에서 수용 가능한 온도 강하를 일으키면 이것은 일반적인 조업이다. 반응기로 유입되는 흐름은 가열되어야하고 유출되는 흐름은 식혀져야 한다고 가정하자. 이러한 경우 열통합 특징은 냉류(반응기 공급물)와 온류(반응기 유출물)에 있다. 반응열은 발열반응의 경우 유출흐름의 온도가 높아지고 흡열반응의 경우 온도가 낮아진다.
2) ***열 매개체*** 만약 단열조작이 수용할 수 없을 정도의 온도 상승, 강하를 유발한다면, 4장과 10장에서 논의한 것과 같이 열 매개체를 도입하는 것이다. 조작은 아직 단열이지만, 불활성 물질이 열 매개체로서 반응기 유입물과 함께 유입된다. 열통합 특징은 앞의 것과 같다. 열 매개체는 두 흐름의 열용량, 유속을 증가시키는 역할을 하게 된다.
3) ***차가운 순간투입과 뜨거운 순간투입*** 반응 중인 반응기에서 발열반응인 경우 차가운 새 공급물과 흡열반응인 경우 예열된 공급물의 주입은 반응기의 온도 제어에 사용될 수 있다. 열통합 특징은 단열조작과 비슷하다. 공급물은 냉류이고 유출물은 온류이다. 만약 어떤 열이 차가운 순간투입 흐름에 공급되면 이것들은 추가된 냉류들이 된다. 뜨거운 순간투입의 경우, 반응기로 주입되는 예열된 공급흐름은 추가된 냉류가 된다.
4) ***반응기와의 간접 열전달*** 비록 간접 열전달이 가장 복잡한 반응기 설계 선택사항을 유발하는 경향이 있지만, 종종 열 매개체의 사용보다는 오히려 바람직하다. 열 매개체는 공정도 내의 어디에선가 복잡한 문제를 일으킨다. 간접열전달에서 많은 선택사항들은 4장에서 이미 논의한 바 있다.

열전달이 관계되는 경우, 우선 평류반응기와 잘 혼합된 연속반응기의 구별되는 점을 묘사하겠다. 그림 13.1의 평류반응기에서는 주어진 온도 범위 내에서 열전달이 일어나고 있다. 온도 변화 분포의 모양은

- 입구 공급물의 농도
- 입구 온도
- 입구 압력과 압력 강하(기상반응)

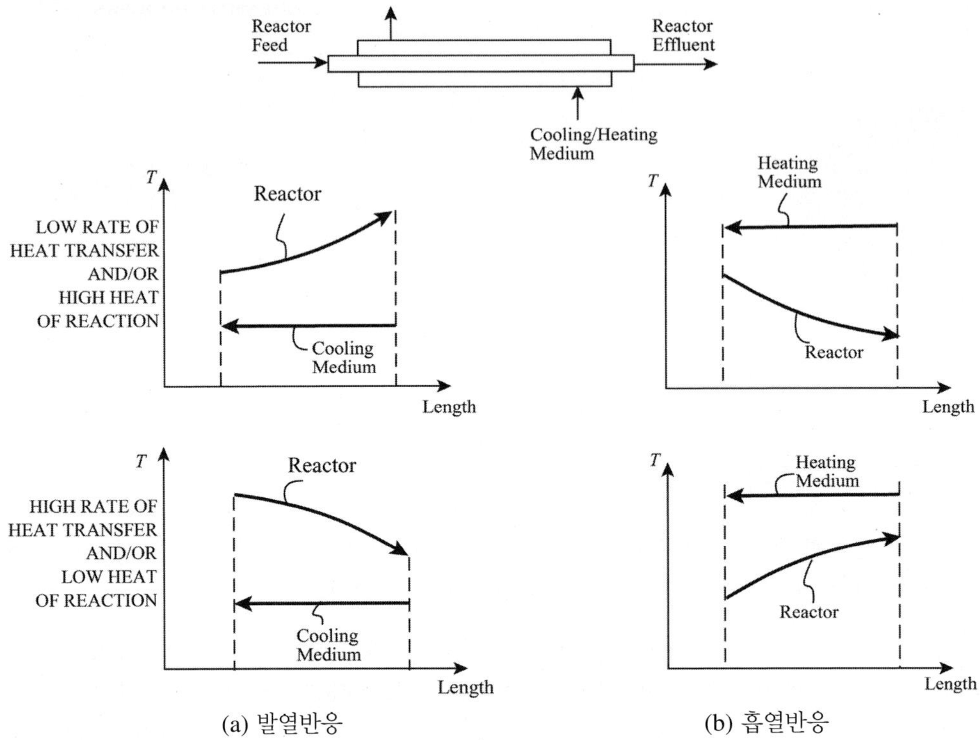

그림 13.1 ▸ 평류 반응기의 열전달 특성.

- 전환율
- 부산물 생성
- 반응열
- 냉각/가열 속도
- 촉매가 존재할 때, 반응기 위치에 따른 촉매의 희석이나 변화에 의존한다.

그림 13.1a는 발열 평류반응기의 두 가지 가능한 열적 분포를 나타낸 것이다. 열 제거 속도가 낮거나 반응 발열량이 높으면 반응흐름의 온도는 반응기의 길이에 따라 증가할 것이다. 열 제거 속도가 높거나 반응열(ΔH)이 낮으면 그 온도는 떨어지게 된다. 그림 13.1a에서 나타난 두 온도 분포 사이의 조건 하에서는 반응기 입 · 출구 사이의 중간 지점에서 온도 최대값이 생길 수도 있다.

그림 13.1b는 흡열 평류반응기의 두 가지 가능한 열적 분포를 나타낸 것이다. 이번에는 열을 가하는 속도가 낮거나 반응열(ΔH)이 크면 온도는 떨어진다. 반대 조건에서는 온도가 상승하게 된다. 그림 13.1b의 두 온도 분포 사이의 조건에서는 입 · 출구 사이의 중간 지점에서 최소값이 생길 수도 있다. 반응기를 통과할 때의 열적 분포는 대부분의 상황에서 선택도, 촉매의 수명 등을 최대화하기 위하여 조심스럽게 최적화된다. 이러한 이유로 다른 공정흐름과의 직접적인 열통합은 거의 수행되지 않는다. 대신 반응기로부터 혹은 반응기로의 열전달은 중간 매개물의 열전달에 의해 주로 수행된다. 예를 들면 발열반응에서 반응물은 물을 끓여 증기를 발생시키고 냉각되며, 그 증기는 그 공정 내 다른 곳의 찬흐름을 가열하기 위하여 차례로 사용될 수 있다.

반대로 반응기가 연속적으로 잘 혼합된다면 반응기는 등온조작된다. 이런 거동은 액상반응을 위한 교반 탱크나 기상반응을 위한 유동층 반응기의 전형적인 형태이다. 혼합은 반응기 내의 온도를 효과적으로 동일하게 해준다.

간접적인 열전달 때문에 반응기의 열통합 특성은 다음 세 가지 경우로 분류할 수 있다.

a) 반응기가 다른 공정흐름과 서로 열교환이 된다면 반응기 온도 분포는 열통합 문제에 반드시 포함되어야 한다. 이때 반응기는 발열반응의 경우 온류가 되고 흡열반응의 경우 냉류가 될 것이다.

b) 중간 매개물 열전달이 이용되고 냉각/가열 매체가 주어져 있다면, 냉각/가열 매체는 열통합 문제에 포함되어야 하고 반응기 온도 분포 그 자체는 포함되지 않는다. 냉각 매체가 발열 반응기를 떠나면, 이것은 반응기로 되돌아오기 전까지는 냉각이 필요한 온류이고, 비슷하게 가열 매개체가 흡열반응기를 떠나면, 이것은 반응기로 되돌아오기 전까지는 가열을 필요로 하는 냉류가 된다.

c) 중간 매개물 열전달이 사용되지만 가열/냉각 매개물의 온도가 고정되지 않는다면, 반응기 온도 분포와 냉각/가열 매개물이 열통합 문제에 포함되어야 한다. 가열/냉각 매개물의 온도는 목표값을 향상시키기 위해 총괄 열통합 문제의 상황 내에서 변화될 수 있다.

반응기 내에서의 간접적인 냉각/가열이 추가될 경우, 반응기 공급물은 추가적인 냉류이고 반응기 생성물은 추가적인 온류이다.

이상적인 회분식 반응기에서는 어떤 시간에서도 반응기 내의 온도는 전체 반응기 내에서 동일하다. 그림 13.2a는 회분식 반응기에서 발열반응에 대해 시간에 따른 온도 변화를 보여준다. 이 곡선들은 열 제거 속도의 증가와 반응열의 감소에 대한 결과를 나타낸다. 각 개별 곡선은 그 회분주기 동안 냉각 매개물로의 열전달 속도가 일정하다고 가정한 것이다. 그림 13.2b는 흡열반응에 대한 곡선이다. 또한, 그림 13.2b의 개별곡선은 그 회분주기 동안 가열 매개물로부터의 열 공급 속도가 일정하다고 가정한 것이다.

회분식 반응기에서 열전달 속도를 고정하는 것은 반응을 제어하기 위한 최선의 방법은 아니다. 가열 또는 냉각 특성들은 반응의 특성들에 맞게 시간에 따라 변화될 수 있다. 회분식 조업의 복잡성

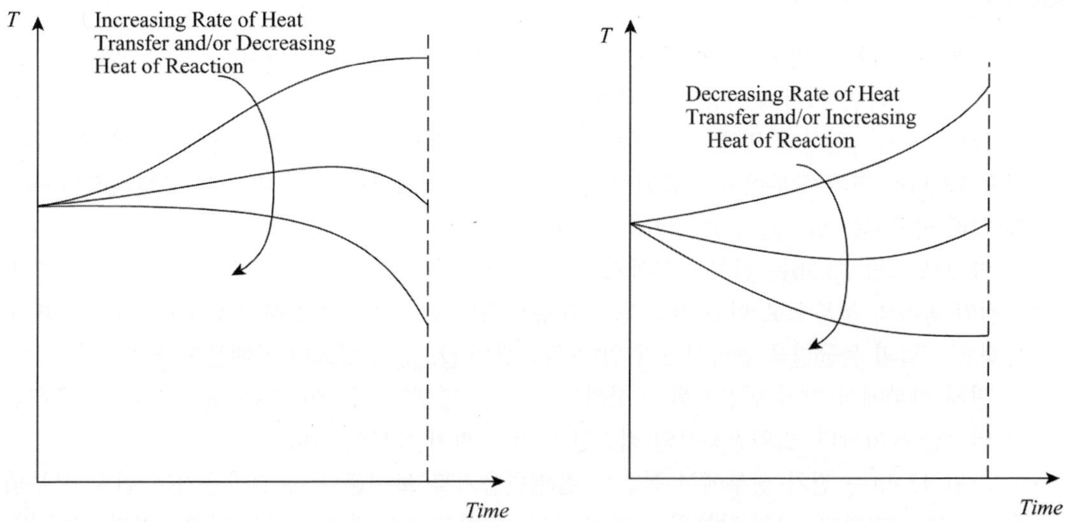

(a) 발열반응 (b) 흡열반응

그림 13.2 ▸ 회분반응기의 열전달 특성.

과 조업이 작은 크기라는 사실 때문에 회분식 반응기로부터의 열회수 또는 회수에 의한 열 공급을 하려는 시도는 드물다. 대신, 유틸리티들이 보통 이용된다.

냉각/가열 매개물에 대한 열부하는 다음 식으로 주어진다.

$$Q_{REACT} = -(\Delta H_{STREAMS} + \Delta H_{REACT}) \quad \textbf{(13.1)}$$

여기서 Q_{REACT} = 반응기 가열 또는 냉각 시 필요한 열량
$\Delta H_{STREAMS}$ = 공급물과 생성물 흐름 사이의 엔탈피 변화
ΔH_{REACT} = 반응 엔탈피(발열반응인 경우 음수)

5) *급냉각* 4장에서 논의한 바와 같이 반응기의 유출물은 빠른 냉각이 필요하다. 이것은 전통적인 열전달 장치를 사용한 간접적인 열전달이나 다른 유체와의 혼합에 의한 직접 열전달에 의해서 가능해진다.

만일 간접적인 열전달이 냉각 속도를 높게 하기 위해 큰 온도 차이를 사용한다면, 냉각유체(예를 들면 끓는 물 등)는 공정의 요구 조건에 의해 고정된다. 이러한 경우 반응열은 반응기 유출물의 온도에서 유용하지 않다. 오히려 반응열은 급냉 유체의 온도에서 유용하다. 그러므로 반응기로의 공급물 흐름은 냉류이고, 급냉 유체는 온류이며, 급냉 후의 반응기 유출물 또한 온류이다.

반응기의 유출물은 직접적인 열전달에 의하여 냉각해야 한다. 왜냐하면 반응을 빠르게 정지시킬 필요가 있거나 전통적인 열교환기가 오염되었거나, 반응기 생성물이 열교환기를 통과하기에는 너무 뜨겁거나 부식시킬 수 있기 때문이다. 반응기 생성물은 재순환 흐름, 냉각된 생성물, 혹은 불활성 물질인 물과 같은 액체와 혼합된다. 액체는 부분적 또는 전체적으로 기화하면서 반응기 유출물을 냉각시킨 다. 여기서 반응기 공급물은 냉류이고, 급냉에 대한 증기나 액체는 온류이다.

이제 총괄 열통합 문제의 관점에서 반응기의 배치에 대해 생각해보자.

13.2 반응기의 적절한 배치

11장에서는 핀치가 열통합 향상에 있어서 어떤 기초적인 중요성을 가지는지를 논의한 바 있다. 이제 핀치에 관련된 다른 위치에 반응기를 배치한 결과에 대해 살펴보자.

그림 13.3은 핀치에 의해 나누어진 열 수용체와 열 공급원으로서의 공정을 간단히 나타낸 것이다. 그림 13.3a는 핀치 상부에서 통합된 발열반응기의 공정을 보여준다. 뜨거운 유틸리티의 최소값은 반응에 의해 방출되는 열, Q_{REACT}에 의해 감소될 수 있다.

반대로 그림 13.3b는 핀치 하부에서 통합된 발열 반응기를 보여준다. 열이 회수된다 하더라도 열 공급원인 공정의 부분으로 회수된다. 뜨거운 유틸리티 요구량은 감소하지 않는다. 왜냐하면 핀치 상부의 공정은 엔탈피 불균형을 만족시키기 위해 최소한의 Q_{Hmin}이 필요하기 때문이다.

핀치 하부에서 발열 반응기를 통합하는 것으로 명백한 이득이 있는 것은 아니며, 오히려 제거해야 할 열량만 늘어난다. 발열반응기의 적절한 배치는 핀치 상부에 있다.

그림 13.4a는 핀치 상부에서 통합된 흡열반응기를 보여준다. 흡열반응기는 핀치 상부의 공정에서 Q_{REACT}를 제거한다. 핀치 상부의 공정(반응기 제외)은 엔탈피 불균형을 만족시키기 위해 최소한 Q_{Hmin}이 필요하다. 따라서 여분의 Q_{REACT} 보충을 위해 뜨거운 유틸리티로부터 열이 도입되어야 한다. 그래서 핀치 상부에서 흡열반응기의 통합에 의한 이득은 없다. 부분적으로는 열회수에 의해 반응이 진행됨에

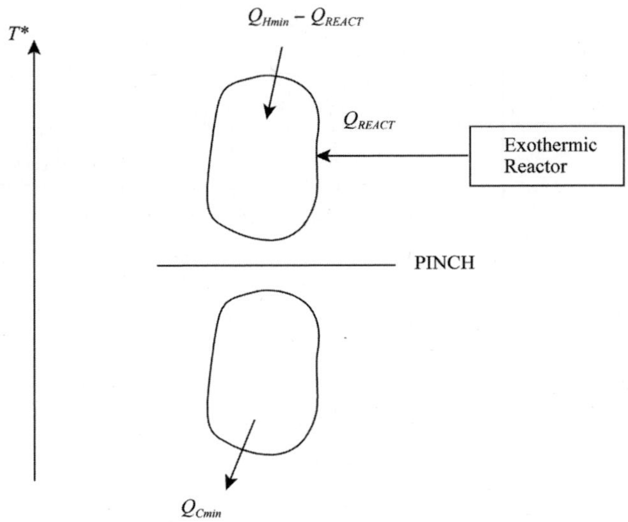

(a) 핀치 상부에서 열통합된 발열반응기

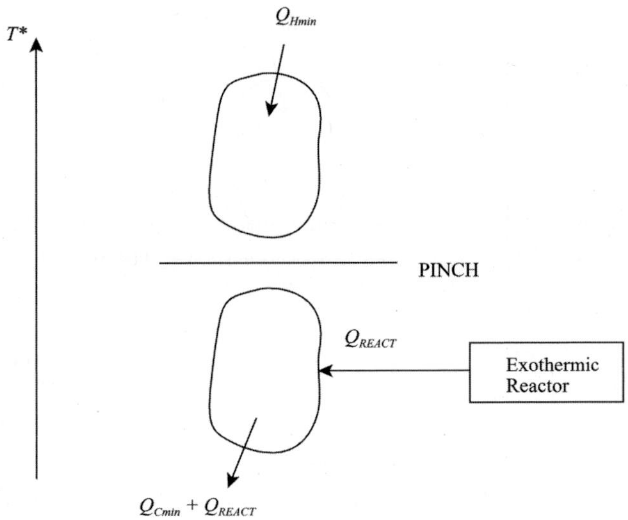

(b) 핀치 하부에서 열통합된 발열반응기

그림 13.3 ▸ 발열반응기의 적절한 배치.

따라 이득이 있는 것처럼 보이기도 한다. 그러나 첨가되는 뜨거운 유틸리티가 열 보충을 위해 외부에서 도입되어야 한다.

반대로 그림 13.4b는 핀치 하부에서 통합된 흡열반응기를 나타낸 것이다. 그 반응기는 열을 내보내야 할 필요가 있는 공정의 한 부분으로부터 Q_{REACT}를 도입한다. 따라서 반응기의 열통합은 Q_{REACT}만큼의 차가운 유틸리티의 소비를 감소시키는 작용을 한다. 통합하지 않는다면 공정과 반응기는 유틸리티로부터 ($Q_{Hmin} + Q_{REACT}$)만큼의 열을 필요로 하기 때문에 뜨거운 유틸리티에서 총괄 열량 절감이 있다.

핀치 상부에서 흡열반응기를 통합하는 것으로부터의 명백한 이득은 없다. 그러므로 흡열반응기에 대해 반응기의 적절한 배치는 핀치 하부에 있다.

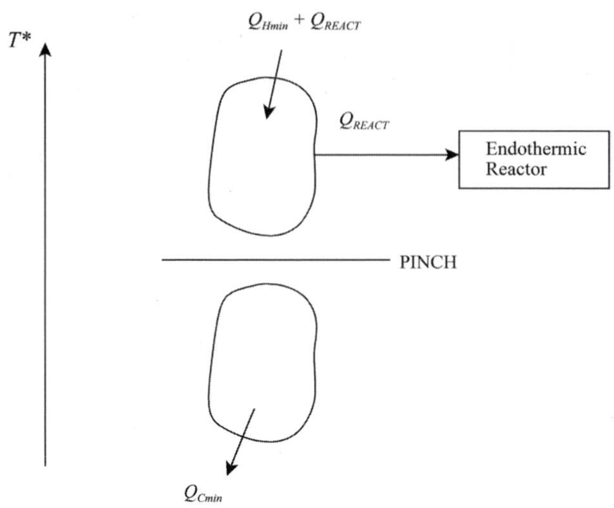

(a) 핀치 상부에서 열통합된 흡열반응기

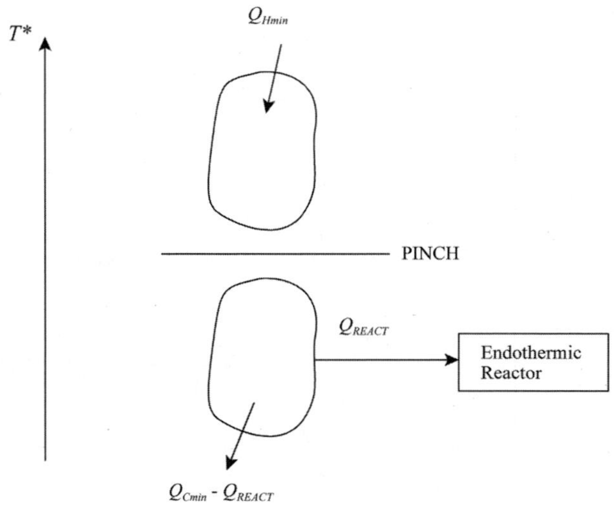

(b) 핀치 하부에서 열통합된 흡열반응기

그림 13.4 ▸ 흡열반응기의 적절한 배치.

13.3 반응기의 열통합을 위한 총괄복합선도의 이용

앞에서 이야기한 적절한 배치에 대한 논의는 주어진 반응기의 온도에서 공정이 반응기의 열부하를 받아들이거나 공급할 수 있는 용량을 가진다고 가정한다. 정량적 계산법은 배경 공정의 용량을 평가하기 위해 필요하다. 이러한 목적을 위해 총괄복합선도가 사용될 수 있고, 반응기 온도 분포는 11장에서 설명한 것과 같이 유틸리티처럼 취급된다.

유틸리티 온도 분포와는 달리, 반응기 온도 분포를 나타낼 때 반응기 온도 분포는 여러 흐름을 포함하고 있다는 문제점이 있다. 반응기 온도 분포는 그림 13.1에서 보인 간접적인 열전달을 위한 흐름뿐만 아니라 반응기의 가열과 냉각 특성의 중요한 특징이 되는 반응기 공급물과 도출물의 흐름을 포함한다.

반응기와 관련된 다양한 흐름들은 반응기의 총괄복합선도를 형성하기 위해 결합될 수 있다. 이것은 나머지 공정의 총괄복합선도의 대응되는 부분과 열교환 짝짓기를 할 수 있다. 다음 예제는 그 방법을 설명하고 있다.

예제 13.1

무수 프탈산은 플라스틱 산업에서 매우 중요한 중간물질이다. 제조는 *o*-자일렌 또는 나프탈렌의 적절한 산화에 의해 이루어진다. 가장 보편화된 방법은 *o*-자일렌을 사용한 다음 반응을 통하는 것이다.

$$\underset{o\text{-xylene}}{C_8H_{10}} + \underset{\text{oxygen}}{3O_2} \longrightarrow \underset{\text{phthalic anhydride}}{C_8H_4O_3} + \underset{\text{water}}{3H_2O}$$

부 반응은 병렬로 일어난다.

$$\underset{o\text{-xylene}}{C_8H_{10}} + \underset{\text{oxygen}}{5/2O_2} \longrightarrow \underset{\text{carbon dioxide}}{8CO_2} + \underset{\text{water}}{5H_2O}$$

반응은 무수프탈산의 선택도가 좋은 5산화란다이움-2산화티타늄 촉매를 고정층으로 사용하고, 공급온도는 비교적 좁은 범위에서 제어된다. 반응은 380~400°C의 반응온도범위에서 기상으로 수행된다.

반응은 발열반응이고, 열전달 매개체에 의한 반응기의 간접적인 냉각을 위해 다관형 반응기를 사용한다. 뜨거운 오일의 순환, 물, 황, 수은 등과 같은 많은 열전달 매개체들은 반응기 냉각을 수행하기 위해 제안되었다. 그러나 좋은 열전 달 매개체는 보통 나트륨–칼륨 질산염–아초산염의 공융 혼합물인 용융 열전달 염이다.

그림 13.5는 *o*-자일렌의 산화에 의한 무수프탈산 제조공정의 공정도이다. 공기와 *o*-자일렌은 *o*-자일렌이 기화되는 벤튜리에서 가열, 혼합된다. 반응혼합물은 관형 촉매 반응기로 들어간다. 반응열은 용융염의 재순환에 의해 반응기로부터 제거된다. 반응기의 온도 제어는 용융염 외의 다른 방법으로 유지하기는 어렵다.

기체 반응 생성물은 냉각수 응축기에 들여보내기 전에 보일러에 공급되는 물에 의해 먼저 냉각된다. 보일러 공급수에 의해 제공되는 냉각 열부하는 응축을 피하기 위해 적당한 선에서 고정된다. 무수프탈산은 냉각수 응축기의 관벽에 고체를 형성하고 70°C로 냉각된다. 주기적으로 작동중인 응축기가 작동 중지되고 고압 온수를 재순환시켜 무수프탈산을 표면에서 녹아 떨어지게 한다. 두 개의 응축기가 병렬로 사용되는데, 하나의 응축기는 공정과 연결되어 응축을 하고 다른 하나는 공정과 끊어지면서 무수프탈산을 회수한다. 그림 13.5에서 나타낸 응축과 용융에 대한 열 부하는 시간-평균값이다. 응축되지 않은 기체는 미량의 부산물과 무수프탈산의 잔재를 함유하고 있고 대기 중으로 방출되기 전에 세정된다.

정제하지 않은 무수프탈산은 부생성물의 반응이 완결되게 하기 위해 260°C로 가열하고, 그 온도를 유지한

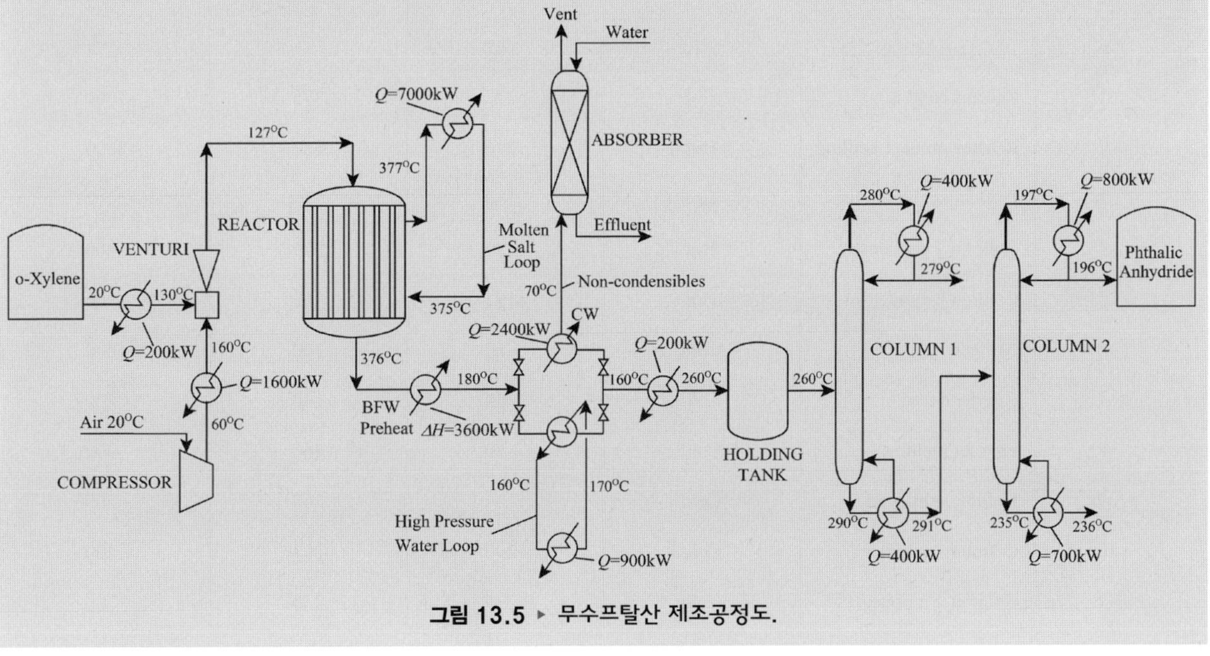

그림 13.5 ▸ 무수프탈산 제조공정도.

다. 정제는 두 개의 증류탑에서 연속적인 증류에 의해 이루어진다. 첫 번째 증류탑에서는 무수말레인산과 벤조산과 톨루익산이 탑상에서 제거된다. 두 번째 증류탑에서는 순수한 무수프탈산이 탑상에서 제거된다. 고 비등 잔유물은 두 번째 증류탑의 탑저에서 제거된다.

이 공정에는 두 개의 스팀관이 있다. 이것들은 41 bar에서 270°C로 과열된 고압 스팀과 10 bar에서 180°C로 포화된 중간 압력의 스팀이다. 보일러 공급수는 80°C이고, 냉각수는 25°C로 공급되어 30°C로 되돌아간다.

a) 공정도로부터 데이터를 추출하라.
b) 공정의 나머지 부분에 관계하는 반응기의 위치를 조사하라.
c) 공정의 유틸리티 요구량을 결정하라.

›풀이

a) 그림 13.5의 공정도로부터 열회수 문제에 관한 흐름 데이터를 추출하여 표 13.1에 나타내었다.

공정도로부터의 자료 추출에 관한 일련의 사항들이 기록되어야 한다.

1. 반응은 고발열반응이고, 데이터는 온류인 용융염으로 가정하여 발췌한 것이다. 용융염의 순환은 반응기 설계의 필수적인 특징이라는 가정이 이 자료의 기준이 된다. 그로부터 용융염이 냉각되는 방법을 선택하는 것이 합당한 자유도를 제공한다.
2. 생성물의 승화와 용융은 둘 다 비연속적인 기준에서 수행된다. 따라서 시간-평균값이 선택되었다.
3. 생성물의 승화와 용융은 비교적 큰 온도 변화에 대하여 엔탈피의 선형적인 변화를 함축하고 있다. 그러나 상변화는 비교적 작은 온도 변화에 의해 발생한다. 따라서 생성물의 승화는 비교적 큰 온도 범위에서 과열 억제, 비교적 작은 온도 변화에 대한 상변화 그리고 비교적 큰 온도 범위에서 과냉각을 포함한 것이다. 생성물의 용융은 비교적 작은 온도 변화에서의 용융이 뒤이어지는 비교적 큰 온도 범위에서 용융을 포함해야 한다. 그러므로 엔탈피에서 선형적 변화로 생성물의 승화와 용융을 표현하는 것은 적절하지 못하다. 그런 사항을 극복하기 위해, 즉 이런 비선형적 온도–엔탈피의 거동을 표현하기 위해 두 흐름을 선형적 부분들로 분류할 수 있다. 여기서 간단히 하기 위해 흐름들은 선형적 온도–엔탈피 거동을 가진다고 가정될 것이다.
4. 공기는 20°C에서 시작하고, 압축기에서 압력을 증가시켜 60°C로 가열된다. 만일 압축기가 그 공정에 반드시 필요하다면 20과 60°C 사이의 가열은 압축기에 의해 이루어지고 열회수 문제에는

표 13.1 ▸ 그림 13.5의 공정의 흐름 데이터

Stream			T_s	T_T	ΔH
No.	Name	Type	(°C)	(°C)	(kW)
1	Reactor cooling	Hot	377	375	−7000
2	Reactor product cooling	Hot	376	180	−3600
3	Product sublimation	Hot	180	70	−2400
4	Column 1 condenser	Hot	280	279	−400
5	Column 2 condenser	Hot	197	196	−800
6	Air feed	Cold	60	160	1600
7	*o*-Xylene feed	Cold	20	130	200
8	Product melting	Cold	70	160	900
9	Holding tank feed	Cold	160	260	200
10	Column 1 reboiler	Cold	290	291	400
11	Column 2 reboiler	Cold	235	236	700

포함되지 않아야 한다.

5. 공기와 *o*-자일렌은 *o*-자일렌이 기화하는 벤투리에서 서로 다른 온도로 혼합된다. 동일하지 않은 온도에서의 혼합은 직접 접촉에 의한 열전달을 일으키고, 원칙적으로 아직 위치를 알지 못하는 핀치를 가로질러 직접 접촉에 의한 열전달이 일어난다. 따라서 혼합이 핀치를 가로지르는 열전달을 일으키면, 직접 접촉에 의한 열전달을 수용하는 것은 불필요한 높은 에너지 목표값을 이끌어내는 결과가 된다. 이 문제를 가능한 한 동일 온도에서 흐름을 혼합함으로써 그 목표값 내에서 피하게 되며, 결국 직접적 접촉에 의한 열전달을 피할 수 있다. 물론 목표값이 설정되었고 핀치의 위치가 알려져 있으면, 흐름은 핀치를 가로질러 열전달이 일어나지 않고, 핀치로부터 멀어지면서 설계하는 방법에서는 서로 다른 온도에서도 혼합될 수 있다. 이러한 경우에 기화는 혼합에 의해 일어나므로 최소한 초기에는 공정조건이 수용될 것이다.

b) 그림 13.6a는 공정의 복합선도를 나타낸다. 이 문제는 분명히 한계치(threshold) 문제이다. 즉, 한계치 ΔT_{min} 값이 86°C일 경우 냉각만 필요로 한다. 그림 13.6b는 ΔT_{min} = 10°C에서 총괄복합선도를 나타낸다. ΔT_{min}이 86°C가 아니고 10°C인 이유는 냉각

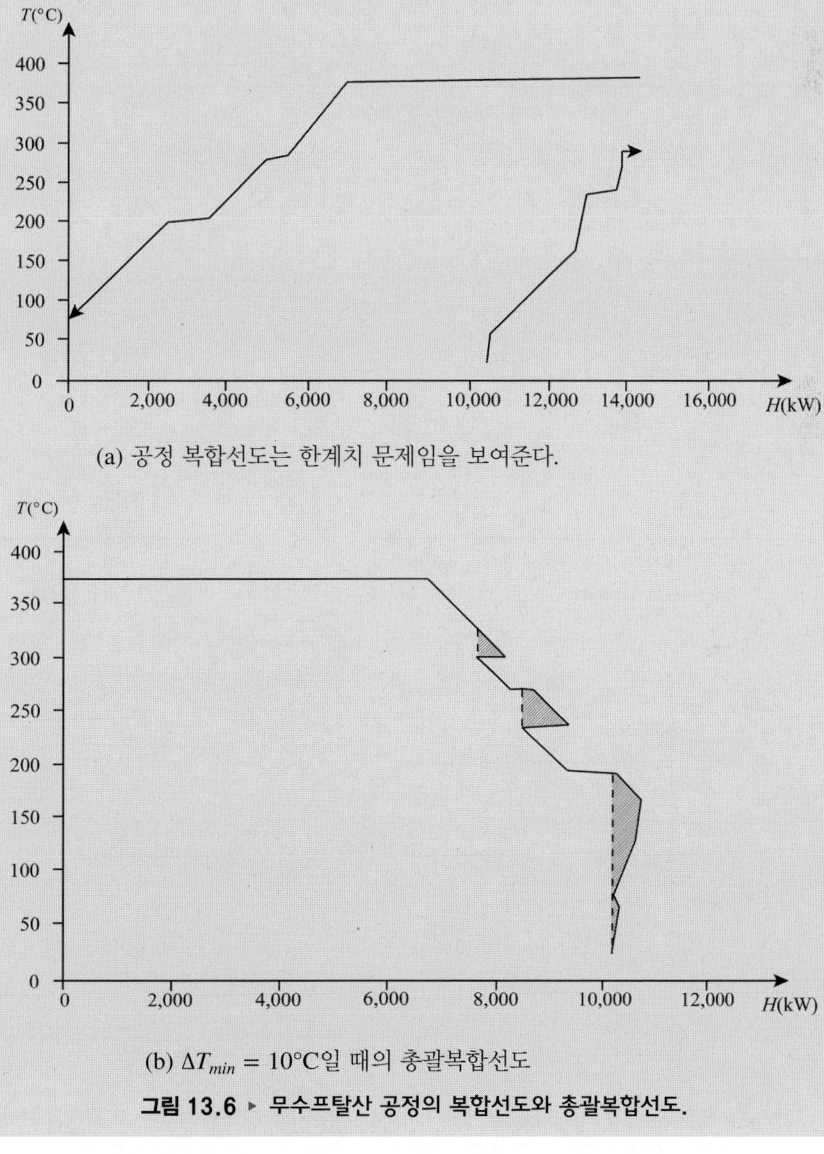

(a) 공정 복합선도는 한계치 문제임을 보여준다.

(b) ΔT_{min} = 10°C일 때의 총괄복합선도

그림 13.6 ▸ **무수프탈산 공정의 복합선도와 총괄복합선도.**

이 스팀 생성 흐름의 도입에 의해 진행되기 때문이다. 이로 인해 한계치 문제는 ΔT_{min}이 10°C인 핀치 문제로 바뀐다. 표 13.1의 흐름데이터는 반응기와 연계된 데이터와 공정의 나머지 부분 데이터를 포함하고 있다. 공정의 나머지 부분과 관계된 반응기의 배치가 조사된다면 반응기와 연계된 흐름들은 공정의 나머지 부분으로부터 분리될 필요가 있다. 그림 13.7은 공정의 두 부분에 대한 총괄복합선도를 나타낸 것이다. 그림 13.7b는 표 13.1의 1, 2, 6, 7번의 흐름에 근거를 둔 것이고, 그림 13.7c는 3, 4, 5, 8, 9, 10, 11번

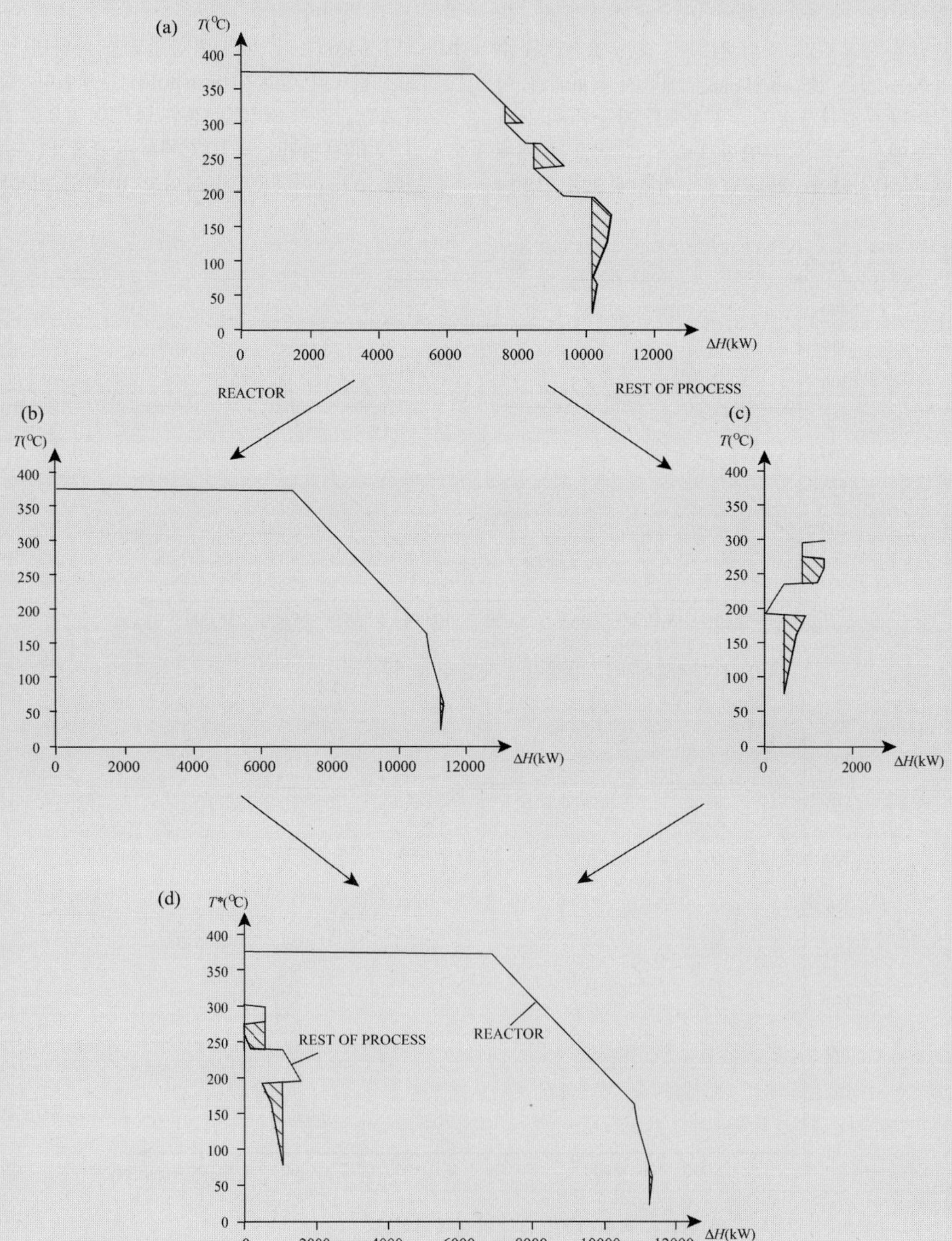

그림 13.7 ▸ 문제는 두 부분으로 나눌 수 있다. 하나는 반응기와 관계된 부분이고 또 다른 하나는 나머지 공정에 관계된 부분(ΔT_{min} = 10°C)이다. 그 후 두 부분을 말한다.

의 흐름에 근거를 둔 것이다. 그림 13.7d는 반응기와 공정의 나머지 부분 각각에 대한 총괄복합선도를 겹쳐 놓은 그림이다. 최대 겹침값을 얻기 위해 곡선 중 하나가 거울상이어야 한다. 그림 13.7d는 반응기가 공정의 나머지 부분과 관계하여 적절한 배치를 이루었음을 보여준다. 반응기의 적절한 배치가 이루어지지 않았다면 적절한 배치를 하기 위해 반응기를 변화시키는 것이 좋을 것 같지 않다. 오히려, 반응기의 적절한 배치를 얻기 위해서는 공정의 나머지 부분이 변해야 할 것도 같다.

c) 그림 13.8은 스팀 생성 온도 분포와 대응되어 열교환 짝지음되는 모든 흐름들에 대한 총괄복합선도를 나타낸 것이다. 공정의 냉각 요구는 270°C로 과열된 보일러 공급수로부터의 고압 스팀(41 bar) 생성에 의해 충족된다. 고압 스팀의 생성은 저압 스팀의 생성보다 더 바람직하다. 명백히 냉각수는 필요 없다. 비응축성 배출물(vent)이 촉매 소각법을 사용하여 처리된다면 흡수법을 이용하는 것보다 더 많은 양의 스팀이 생성될 것이다. 촉매 소각법에 의한 발열량은 스팀 생산에 있어서 더 뜨거운 스팀을 생산할 것이다.

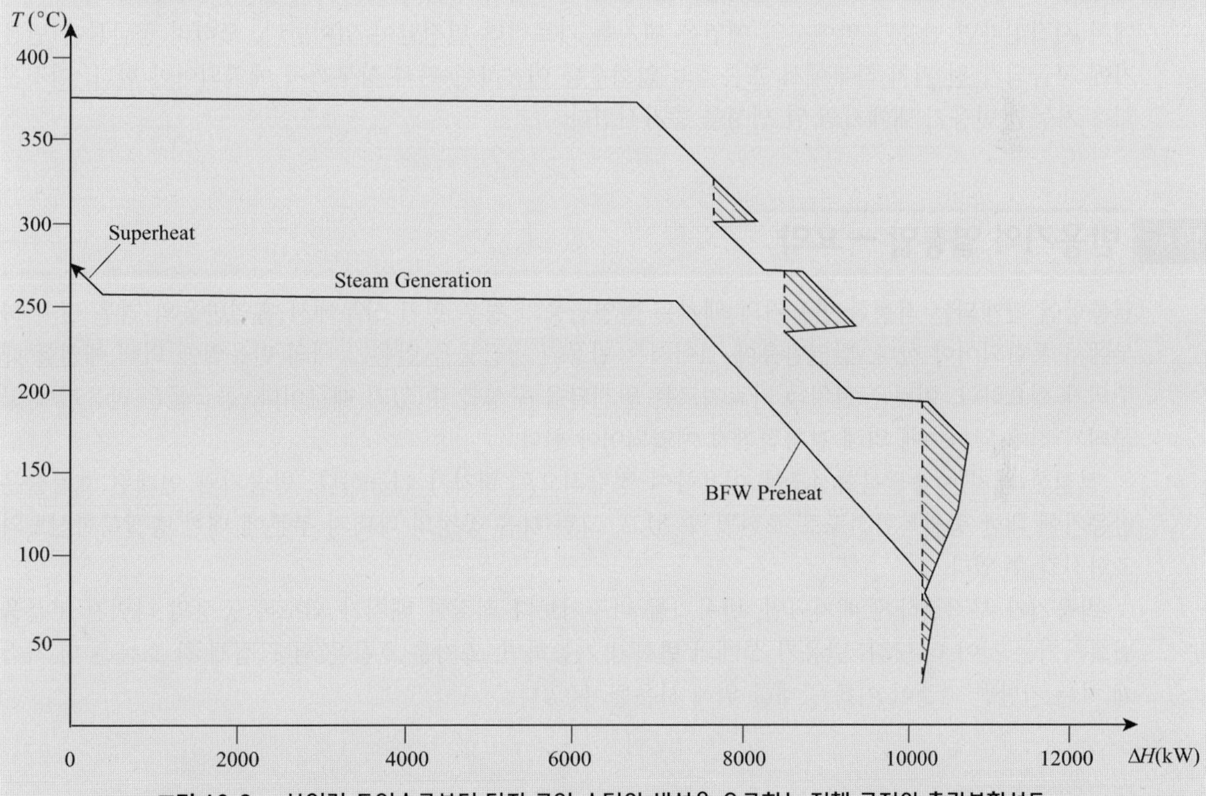

그림 13.8 ▸ 보일러 도입수로부터 단지 고압 스팀의 생성을 요구하는 전체 공정의 총괄복합선도.

13.4 열통합 향상을 위한 반응기 설계의 전개

만일 반응기가 부적절하게 배치되어 있음이 밝혀지면 공정 변화를 통하여 이것을 바로잡을 수 있다. 한 가지 선택은 이것이 발생되는 반응기의 조건을 변화시키는 것이다. 그러나 대부분의 경우 아마도 반응기 조건들은, 열통합의 향상을 가져올 것 같지 않은 조건들인 안정성, 장치들의 재료의 제약들, 제어가 함께 고려되는 선택도, 촉매의 성능에 대해 최적화가 이루어져 왔다. 오히려 적절한 반응기 배치를 얻기 위해서는 공정의 나머지 부분이 많이 변화되어야 할 것이다.

열통합은 온류를 더 뜨거운 온류로 냉류를 더 차가운 냉류로 주어지게 함으로써 더 이득이 클 것이다. 이것은 열통합이 공정흐름들에서 직접 발생하든지 또는 스팀과 같은 중간 매개체를 통해 발생하든지 간에 적용된다. 예를 들면, 그림 13.1a의 발열반응을 생각해보자. 만약 선택도, 촉매의 수명, 안정성의 도입, 제어 문제 등에 방해를 받지 않는다면 반응기가 더 고온에서 조업하는 것을 허용하는 것은 열통합 잠재성을 향상시킨다. 하지만 반응기가 스팀 생성처럼 고정된 중간 냉각유체로 작동된다면 그 유일한 이득은 반응기에서 열전달 면적을 줄이는 것뿐이다. 스팀은 반응기를 떠난 후 열통합에 유용한 온류가 된다. 만일 스팀 생성 압력이 증가되고 그로 인해 온류가 더 뜨거워지면 공정의 나머지 부분과 열통합될 때 에너지 또는 면적 이득이 생길 수 있다.

반응열을 이용해서 반응기 내에서 반응기 공급물을 예열할 때는 주의가 필요하다. 이것은 반응기에 찬 공급물을 직접 통과시키고 반응기 안에서 뜨거운 물질과 혼합에 의한 예열을 허용함으로써 실제로는 간단히 이루어진다. 그러나 발열반응기는 핀치 상부에서 적절히 배치되어 있고, 공급물이 핀치 하부에서 시작된다면 반응기 안에서의 예열은 핀치를 가로질러 열전달이 일어난다. 오히려 공급물은 반응기에 공급되기 전 핀치 하부에서 흐름들의 열회수를 이용하여 핀치 상부까지 예열되어야 한다. 이것은 회수 가능한 반응기 내에서의 열 생성을 증가시킨다.

13.5 반응기의 열통합 – 요약

열통합이 관계되는 적절한 반응기의 배치는 발열반응의 경우 핀치 상부에서 흡열반응의 경우 핀치 하부에서 통합되어야 한다. 발열반응에 있어서는 반응기 공급물을 반응기 내의 반응열에 의해 예열할 때 주의가 필요하다. 이것은 핀치를 가로지르는 열전달을 구성할 수 있기 때문이다. 공급물은 반응기에 공급되기 전에 열회수에 의해 핀치점까지 예열되어야 한다.

적절한 배치는 총괄복합선도를 이용하여 정량적으로 평가가 가능하다. 반응기와 연계된 흐름들은 반응기에 대한 총괄복합선도로 표현될 수 있고, 그런 다음 공정의 나머지 부분에 대한 총괄복합선도와 조화시킬 수 있다.

반응기가 부적절하게 배치되면, 반응기를 바꾸기보다 적절한 배치가 되도록 공정의 나머지 부분을 변화시키는 것이 더 낫다. 반응기 설계의 변화가 가능하면, 뜨거운 흐름은 더 뜨겁게 찬 흐름은 더 차갑게 하는 간단한 기준이 이득 증대를 위해 사용될 수 있다.

13.6 연습 문제

1. 극단적 발열 화학반응의 공정흐름 데이터가 표 13.2에 주어져 있다.

a) ΔT_{min} = 10°C일 때 복합선도를 그리고, 차가운 유틸리티만 필요한 한계치 문제임을 밝혀라.

b) 이것은 차가운 유틸리티로서의 스팀 생산이 제안된다. 포화된 보일러 물 도입을 가정하자. 그것은 공정압력 41 bar에서 스팀을 얼마나 생산할 수 있는지를 계산하기 위해 스팀이 생산이 포화되었다는 것을 의미한다. 이 압력에서 포화 스팀의 온도는 252°C, 잠열 1706 $kJ \cdot kg^{-1}$이다.

c) 만약 스팀이 350°C 과열된다면 41 bar에서 스팀 생산은 얼마나 가능한가? 스팀의 열용량은 4.0 $kJ \cdot kg^{-1} \cdot K^{-1}$이다.

d) 만약 보일러 물 도입흐름이 100°C, 열용량이 4.4

표 13.2 ▸ 발열 화학반응기의 공정흐름 데이터

Stream		Enthalpy change (kW)	T_S (°C)	T_T (°C)
No.	Type			
1	Hot	7000	377	375
2	Hot	3600	376	180
3	Hot	2400	180	70
4	Cold	2400	60	160
5	Cold	200	20	130
6	Cold	200	160	260

$kJ \cdot kg^{-1} \cdot K^{-1}$로 주어져 스팀을 만들 때 어떤 현상이 생길지 설명하라. 이 경우 어떻게 생성된 스팀 양을 계산할 수 있겠는가?

참고 문헌

Glavic P, Kravanja Z and Homsak M (1988) Heat Integration of Reactors: I. Criteria for the Placement of Reactors into Process Flowsheet, *Chem Eng Sci*, **43**: 593.

스미스의 제2판

화학공정설계

Chemical Process

Design and Integration

제 14 장 증류탑의 열통합

Heat Integration of Distillation

14.1 증류탑의 열통합 특성들

증류탑과 관련된 지배적인 가열, 냉각 열부하는 재비기와 응축기의 열부하이다. 그러나 일반적으로 공급물과 생성물 흐름의 가열과 냉각에 관련된 다른 열부하들이 있다. 이러한 현열과 관련된 열부하들은 일반적으로 재비기와 응축기에서의 잠열 변화와 비교해서 작을 것이다.

재비와 응축공정 모두 보통 어떤 온도 범위 내에서 발생한다. 그러나 실제 고려사항은 재비기를 나가는 증기의 이슬점 이상의 온도로 재비기에 공급되어야 하는 열과 액체의 증발점보다 낮은 온도로 응축기에서 제거되어야 하는 열이다. 최소한 예비설계에서는 재비와 응축이 등온에서 발생한다는 것이 가정될 수 있다.

14.2 증류탑의 적절한 배치

열회수 핀치에 관한 여러 위치에 단순 증류탑(즉, 단일 원료흐름, 두 개의 생산물흐름, 단일 재비기와 응축기)의 열통합 배치를 고려해보자. 증류탑은 열량 Q_{REB}를 온도 T_{REB}로 재비기에서 취하고 열량 Q_{COND}를 온도 T_{COND}로 응축기에서 방출해야 한다. 증류탑에서 재비기와 응축기는 열회수 핀치를 가로지르거나 아니면 핀치를 가로지르지 않고 통합되는 두 가지 방법이 있다.

1) ***핀치를 가로지르는 증류*** 이 배치는 그림 14.1a에 나타나 있다. 배후공정(즉, 재비기와 응축기를 포함하지 않는)은 핀치에 의해 분리되는 열 소멸자와 열 발생자로 간단하게 표현된다. 열 Q_{REB}는 핀치 상부 온도에서 재비기로 도입되고, 핀치 하부의 낮은 온도에 있는 응축기로 배출된다. 왜냐하면 핀치 상부 공정 열 소멸자는 엔탈피 불균형을 만족시키기 위해 최소의 Q_{Hmin}를 필요로 하고, 재비기로 빼앗긴 Q_{REB}를 뜨거운 유틸리티로부터 부가적으로 도입하는 것에 의해 보상되어야 한다. 핀치 하부에서는 어떤 방법으로든 Q_{Cmin}을 제거해야 하고, 부가적 열부하 Q_{COND}는 응축기로 제거된다(즉, Q_{COND}만큼 더 부가적으로 제거해 주어야 함).

재비기만을 고려할 때 증류탑을 공정과 열통합함으로써 에너지가 절약된다는 결론에 도달할 수 있다. 재비기에 필요한 열 부하는 열회수에 의해 공급될 수 있다. 그러나 열이 증류탑의 열회수 핀치를 가로질러 전달되어야 하므로 공정에서의 온 · 냉유틸리티의 소모량이 증가된다. 기본적으로 핀치를 가로지르는 증류탑의 열통합에서는 에너지가 절감되지 않는다(Umeda, Niida and Shiroko,

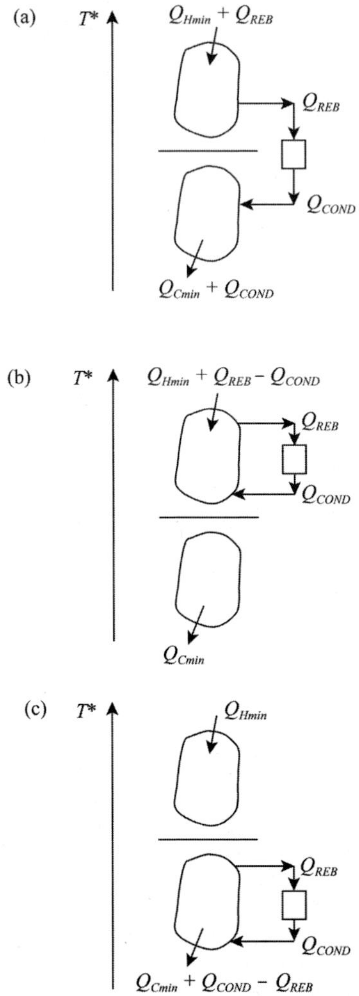

그림 14.1 ▸ **증류탑의 적절한 위치.** (Reproduced from Smith R and Linnhoff B, 1998, *Trans IChemE ChERD*, **66**: 195 by permission of the Institution of Chemical Engineers.)

1979; Linnhoff, Dunford and Smith, 1983).

2) ***핀치를 가로지르지 않는 증류*** 이 경우, 상황은 조금 달라진다. 그림 14.1b는 증류탑이 완전히 핀치 상부에 있는 경우를 보여준다. 증류탑은 공정으로부터 열 Q_{REB}를 얻어서 핀치 상부의 어떤 온도에서 Q_{COND}를 되돌려 준다. 뜨거운 유틸리티 소모량은 ($Q_{REB} - Q_{COND}$)만큼 변한다. 차가운 유틸리티 소모량은 변하지 않는다. 보통 Q_{REB}와 Q_{COND}는 유사한 크기를 갖는다. 만약 Q_{REB}와 Q_{COND}이 같다면, 이때 뜨거운 유틸리티 소모량은 Q_{Hmin}이고, 증류탑을 가동하는 데 요구되는 부가적인 뜨거운 유틸리티는 없다. 공정으로부터 "무임승차(추가의 열량을 요구하지 않음)"를 얻는다. 핀치 하부의 열통합은 그림 14.1c에 나타나 있다. 이 경우 뜨거운 유틸리티 소모량은 변하지 않지만 차가운 유틸리티 소모량은 ($Q_{COND} - Q_{REB}$)만큼 변한다. 또, Q_{REB}와 Q_{COND}가 비슷한 크기라면 그 결과는 핀치 상부의 열통합 경우와 유사하다.

따라서 증류탑의 적절한 열통합 배치는 핀치를 가로지르지 않아야 한다는 것으로 요약될 수 있다 (Umeda, Niida and Shiroko, 1979; Linnhoff, Dunford and Smith, 1983). 이러한 원리는 증류탑의 열통합에 대하여 얻어졌지만 높은 온도에서 열을 받아 낮은 온도로 열을 제거하는 어떤 분리기에 대해서도 적용될 수 있다.

재비기와 응축기가 공정과 열통합될 때, 증류탑의 시운전이나 제어가 어려워질 수 있다. 그러나 그 열통합이 좀 더 밀접하게 고려된다면, 재비기와 응축기 모두가 열통합되어야 할 필요는 없다는 것이 명백하게 된다. 핀치 상부에서 재비기는 핀치 상부에서 열통합된 응축기와 함께 뜨거운 유틸리티로 부터 직접 서비스 받을 수 있다. 이 경우 총괄 유틸리티 소모량은 그림 14.1b에 보인 것과 같게 될 것이다. 핀치 하부에서 응축기는 핀치 하부에서 열통합된 재비기와 차가운 유틸리티로부터 직접 서비스 받을 수 있다. 이때 총괄 유틸리티 소모량은 그림 14.1c에 보인 것과 같게 될 것이다.

14.3 증류탑 열통합을 위한 총괄복합선도의 이용

적절한 열통합 배치 원리는 공정이 요구되는 열부하를 내놓거나 받아들일 수 있는 용량을 가지는 경우에만 적용될 수 있다. 그러므로 주어진 배후공정의 열 발생자와 열 소멸자 용량을 평가할 수 있는 정량적 도구가 필요하며, 총괄복합선도가 이런 목적에 사용될 수 있다. 재비기와 응축기 부하가 증류탑과 연관된 가장 중요한 열 및 냉각 부하라 할 때, 증류탑은 재비기와 응축기 부하를 나타내는 단순한 "상자" 형태로 편리하게 표현할 수 있다(Linnhoff, Dunford and Smith, 1983). 이 상자는 공정의 남은 부분을 표현하는 총괄복합선도와 연결될 수 있다. 총괄복합선도는 공정에 대한 모든 가열과 냉각 열부하, 즉 재비기와 응축기 부하를 제외한 증류탑 공급물과 생산물의 가열 및 냉각과 관련된 모든 부하를 포함한다.

이제 이런 간단한 표현의 사용에 대한 몇 가지 예를 고려해 보자. 그림 14.2a에 나타낸 증류탑은 총괄복합선도에서 재비기와 응축기 부하가 열회수 핀치의 반대편에 별도로 위치하고 핀치를 가로지름으

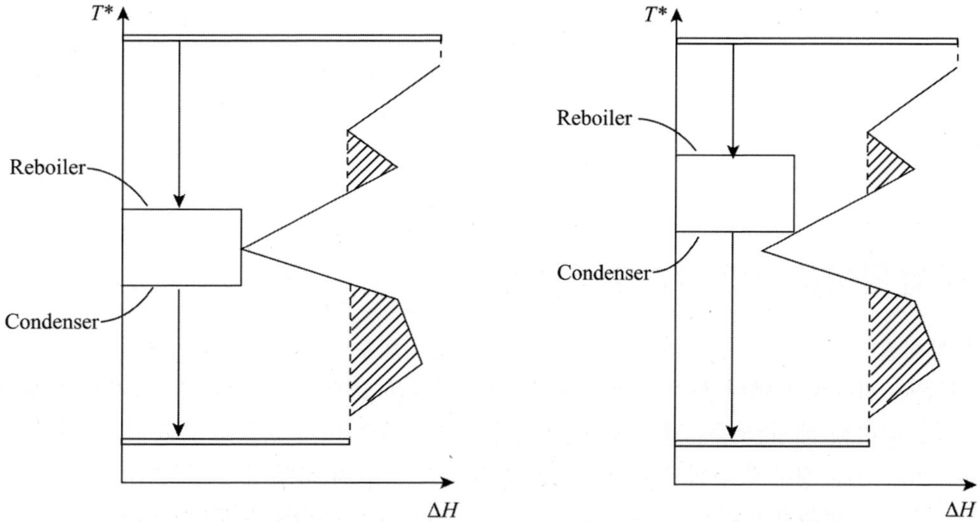

(a) 잘 배치되지 못한 증류탑

(b) 일부만이 열통합될 수 있는 증류탑

그림 14.2 ▸ 총괄복합선도에서 잘 맞지 않는 증류탑. (Reproduced from Smith R and Linnhoff B, 1998, *Trans IChemE ChERD*, **66**: 195 by permission of the Institution of Chemical Engineers.)

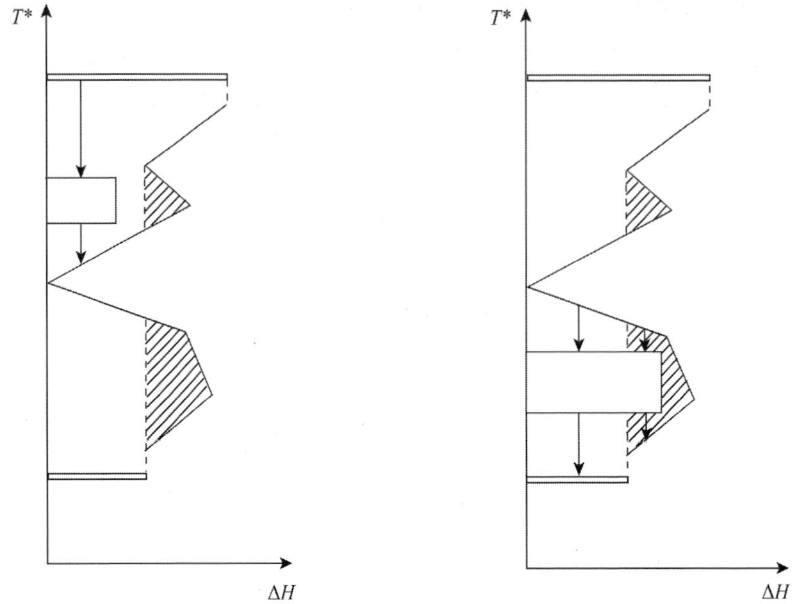

(a) 핀치 상부에 적절히 배치된 증류탑 (b) 핀치 하부에 적절히 배치된 증류탑

그림 14.3 ▸ 총괄복합선도에서 잘 맞는 증류탑. (Reproduced from Smith R and Linnhoff B, 1998, *Trans IChemE ChERD*, **66**: 195 by permission of the Institution of Chemical Engineers.)

로써 적절한 배치가 아님을 알 수 있다. 그림 14.2b의 증류탑은 비록 재비기와 응축기 부하가 핀치 상부에 위치하고 있지만 열 부하량이 적절하지 않으며, 모든 재비기 및 응축기 부하량은 충당하지 못하더라도 열통합에 의하여 약간의 에너지를 더 회수할 수 있는 여지가 있다.

반면에 그림 14.3에 보인 증류탑은 적절한 열통합 배치를 보여주고 있다. 그림 14.3a에서 재비기 열 부하는 뜨거운 유틸리티에서 공급될 수 있다. 이때 응축기 열 부하는 공정과의 열통합을 통하여 해결되어야 한다. 또 다른 예로서, 그림 14.3b에서는 재비기 열 부하는 나머지 공정과의 열통합으로 처리되어야 하고, 응축기 부하 중 일부는 공정과의 통합에 의해서, 나머지는 차가운 유틸리티에 의해 제거되어야 한다.

14.4 열통합 향상을 위한 단순 증류탑 설계

만약 부적절하게 배치된 증류탑을 압력을 변화시켜 열회수 핀치 상부로 이동시킨다면 뜨거운 흐름인 응축흐름은 핀치 하부에서 핀치 상부로 이동된다. 차가운 흐름인 재비흐름은 핀치 상부에 머무른다. 반면에 부적절하게 배치된 증류탑을 압력을 변화시켜 열회수 핀치 하부로 이동시킨다면, 차가운 흐름인 재비흐름은 핀치 상부에서 하부로 이동되고 응축흐름은 핀치 하부에 머무른다. 따라서 적합한 배치는 흐름들의 온도 범위가 이동하는 특별한 경우이고, 또한 가감 원리의 특별한 경우이다.

만약 증류탑이 핀치를 가로질러 부적절하게 배치되면 적절한 배치를 이루기 위해 압력을 변화시키는 것이 가능해질 것이다. 물론 압력이 변하므로 사각형의 모양 역시 변하고, 재비기와 응축기 온도뿐만 아니라 그들 사이의 온도 차이도 역시 변한다. 상대휘발도 역시 영향을 받을 것이다. 그러므로 사각

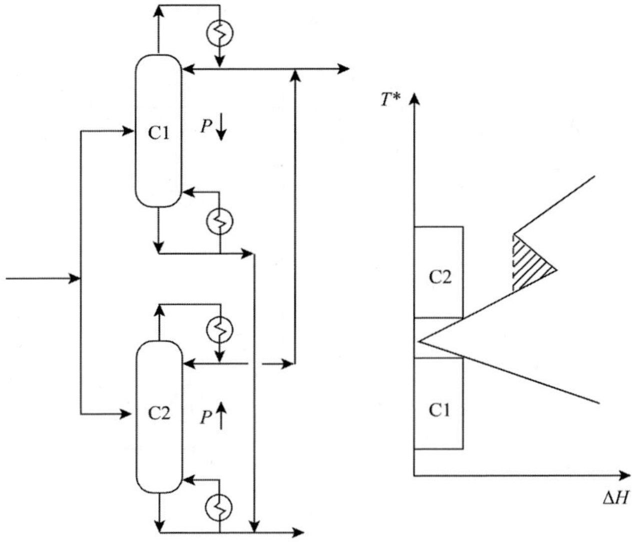

(a) 일반적 이중효과 증류 (b) 이중효과 증류의 개별적 통합

그림 14.4 ▸ 이중효과 증류 배열. (Reproduced from Smith R and Linnhoff B, 1998, *Trans IChemE ChERD*, **66**: 195 by permission of the Institution of Chemical Engineers.)

형의 높이와 넓이는 압력 변화에 따라 변할 것이다. 또한 압력 변화는 증류탑의 공급물과 생산물에 대한 가열 및 냉각 열부하에 영향을 미친다. 이런 흐름들은 일반적으로 배후공정에 포함된다. 그러므로 총괄복합선도의 모양 역시 증류탑의 압력 변화에 따라 다소간 변할 것이다.

증류탑 운전 압력에 제약이 존재할 수 있는데, 큰 분자량의 물질에 대해 종종 나타나게 되는 재비기에서의 물질 분해를 피하기 위하여 증류탑의 최대 허용 온도가 제한되는 것이 흔히 볼 수 있는 일례이다. 큰 분자량 물질을 다루는 증류탑의 경우 가용한 진공 압력으로 종종 제한되게 된다. 그러나 절대적으로 필요한 경우를 제외하면 진공 운전은 피하는 것이 바람직하다. 증류탑 압력의 제약은 열통합 기회를 제한하게 된다.

만약 증류탑이 열부하나 제약 사항으로 인하여 핀치 상부나 핀치 하부에 배치되는 것이 어렵다면 다른 설계 옵션을 고려할 수 있다. 가능한 한 가지 방안으로 그림 14.4에 나타낸 *이중효과*(double effecting) 증류 배열이 있다(Smith and Linnhoff, 1988). 탑 공급물은 분리되어 나란히 있는 증류탑에 따로 공급된다. 증류탑에서 상대적인 압력은 두 증류탑이 각각 적합하게 배치될 수 있도록 선택된다. 분명히 투자비가 단일 증류탑의 투자비보다 더 많지만, 에너지 절감 효과로 정당화될 수 있다. 고압 증류탑의 응축기로부터의 열을 저압 증류탑의 재비기에 공급할 수 있는 적절한 상대 압력값을 선정하는 것이 중요하다. 독립적으로 적용될 경우 소요 에너지는 대략 기존 증류탑의 반 정도로 절감할 수 있는데 이러한 에너지 절감을 위하여 투자비 증가를 치러야 한다. 이중효과 배열 적용 시 전체 증류공정에서의 온도차가 증가하게 되므로 타 공정과의 열통합 시도 시에 불리하게 작용될 수 있다. 이렇게 증가된 온도 차이는 핀치 상부에서의 열통합을 제한하거나(예를 들면 재비기 온도 상승에 따른 오염 유발) 핀치 하부에서의 열통합을 제한할 수 있다(예를 들면 응축기 온도 하강에 따른 비싼 냉매 사용 유발).

증류탑이 총괄복합선도 상에 적절히 맞지 않을 때 고려될 수 있는 또 다른 설계 옵션은 중간 재비기 또는 중간 응축기의 사용이다. 중간 응축기 배열은 그림 14.5에 나타나 있다. 이 경우 중간 응축기가 보

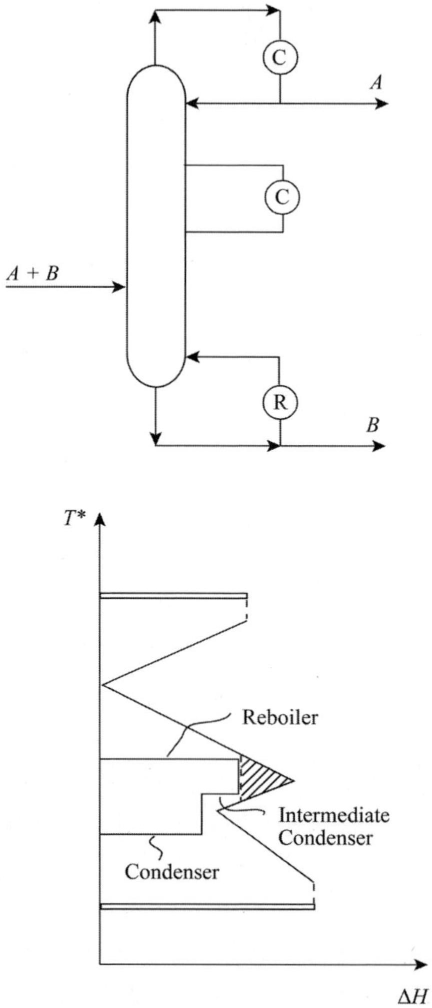

그림 14.5 ▸ 중간 응축기가 있는 증류탑: 증류탑 온도와 에너지 분포는 배후 공정에 맞게 설계될 수 있다.
(Reproduced from Smith R and Linnhoff B, 1998, *Trans IChemE ChERD*, **66**: 195 by permission of the Institution of Chemical Engineers.)

다 높은 온도에서 일부 열을 제거해줌으로써 전 증류탑을 통한 열흐름을 변화시키기 때문에 총괄선도에서의 사각형의 모양도 바뀌게 된다. 그림 14.5에 보인 설계는 적어도 중간 응축기에서 제거된 부분열이 공정을 통과해야 한다. 중간 재비기의 사용에 대한 타당성 평가에도 유사한 접근 방법을 사용할 수 있다. 중간 재비기와 응축기의 위치 선정 과정에 관한 상세한 방법은 여러 문헌(Flower and Jackson, 1964; Kayihan, 1980; Soares-Pinto *et al.*, 2011)에서 찾을 수 있다.

14.5 증류탑에서의 히트펌프 적용

증류탑에서 에너지 절감을 위한 다양한 히트펌프(heat pump) 구조가 제안되었다. 예를 들면 11장에서 소개한 것과 같이 *폐회로* 내에 히트펌프 매개 유체를 사용하는 것이다. 또 다른 방안으로는 *증기 재압축*(vapor recompression)으로, 탑정 증기를 히트펌프 유체로 활용하여 *개회로* 상에서 사용하는 것이다.

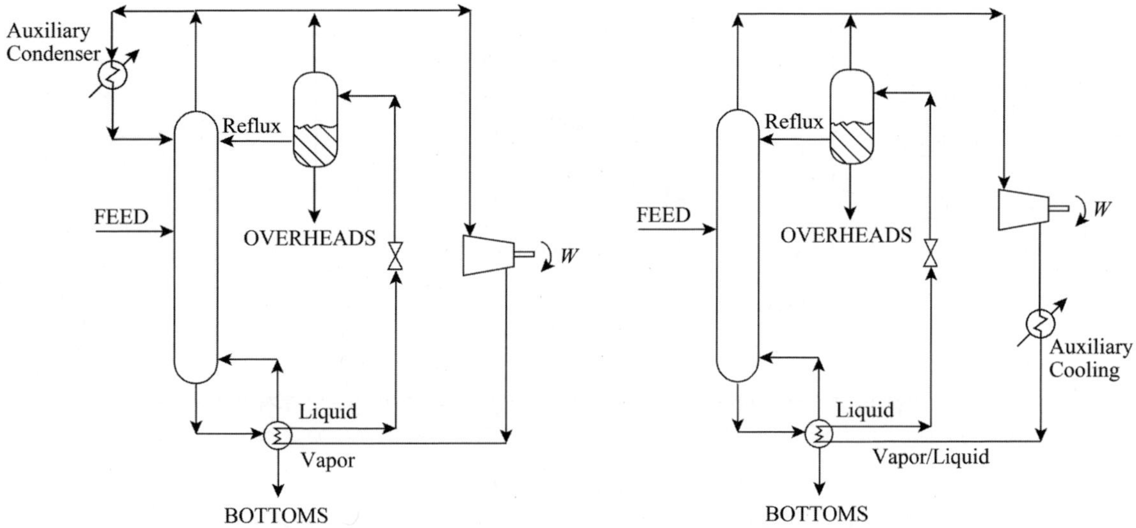

(a) 상온 이상에서 운영되는 증류탑에 대한 전형적인 증기 재압축 구도

(b) 상온 이하에서 운영되는 증류탑에 대한 전형적인 증기 재압축 구도

그림 14.6 ▸ 증기 재압축 히트펌프 증류탑.

다양한 배열이 가능한데 그림 14.6는 두 가지 배열 예를 보여준다. 그림 14.6a는 상온 이상에서 운영되는 증류탑에 대한 전형적 구도로 에너지 수지를 맞추기 위하여 추가의 냉각 유틸리티가 필요하다. 그림 14.6b는 상온 이하에서 운영되는 증류탑에 대한 전형적 구도로 만약 에너지 수지를 맞추기 위하여 추가의 냉각 유틸리티가 필요하다면 압축기 출구의 고온 조건에서 냉각을 공급함으로써 비싼 냉매 사용을 피할 수 있다.

이러한 개회로(증기 재압축) 구도는 폐회로 구도에 비교하여 요구되는 온도 상승(따라서 소요 동력)이 작다는 장점을 가진다. 반면에 폐회로 시스템에서는 같은 온도 상승에 대하여 증류탑 탑정 증기보다 소요 동력을 작게 할 수 있는 히트펌프 유체를 선택할 여지가 있다는 잠재적 장점이 있다.

단일 증류탑에서의 경제적인 히트펌핑을 위해서 히트펌프는 작은 온도 차이에서 작동해야 하는데, 즉 이것은 비점이 비슷한 혼합물을 분리하는 증류탑에 해당된다. 또한 증류탑이 홀로 운영되는 경우나 압력 제한이 있는 경우에 유리하다.

14.6 증류탑 통합에서의 투자 비용 고려

지금까지 증류탑에 대해 제안했던 설계 변화는 증류탑과 나머지 공정 간의 효과적 열통합을 통한 에너지 비용 감소가 주 동기였다. 그러나 증류탑 설계와 열통합을 바꾸기 위해서는 투자비가 필요하게 된다. 이 투자비 변화는 두 가지 넓은 범주로 구분되는데, 즉 증류탑 투자비의 변화와 열교환망 투자비에서의 변화이다. 따라서 이들 투자비의 변화는 투자 비용과 에너지 비용 사이의 최적 절충을 이루기 위해 에너지 비용 변화와 함께 고려되어야 한다.

1) ***증류탑 투자비*** 증류에서 고전적인 최적화는 6장에서 논의한 바와 같이 환류비를 조정함으로써 증류탑의 에너지 비용과 투자 비용을 절충하는 것이다. 이것은 외부 유틸리티를 사용하고 공정과의 열

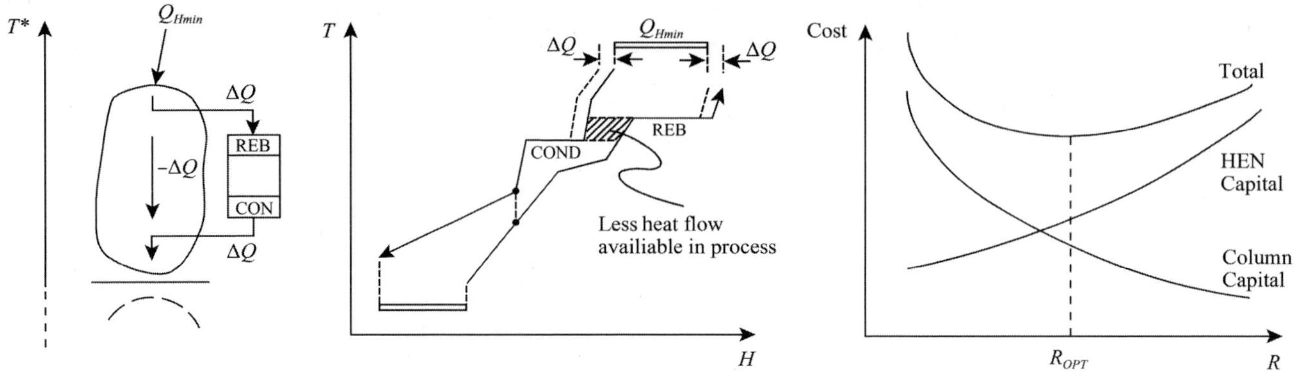

그림 14.7 ▸ **적절하게 열통합된 증류탑의 열교환망 투자비/증류탑 투자비의 절충점.**
(Reproduced from Smith R and Linnhoff B, 1998, *Trans IChemE ChERD*, **66**: 195 by permission of the Institution of Chemical Engineers.)

통합이 없는 증류탑에 대하여 논의되었다. 이러한 고전적 최적화를 통하여 경험적인 최적 환류비는 통상적으로 최소 환류비의 1.1배 내외 범위에 있음을 알 수 있었으며, 특별한 경우를 제외하고는 1.1보다 더 낮은 범위는 지양한다.

그러나 만약 탑이 적절히 열통합된다면 환류비는 종종 그림 14.7에 나타난 것처럼 전체 에너지 소비의 변화 없이 증가될 수 있다. 증류탑을 통한 열흐름 증가는 증류탑에서 단수에 대한 요구는 감소시키지만 증발율을 증가시킨다. 전통적인 경험법칙에 의거한 초기 설계에서 이것은 탑의 투자비를 감소시키는 효과를 가진다. 그러나 그림 14.7에서 볼 수 있듯이 공정을 통한 열흐름의 감소는 온도 구동력을 감소시키고 열교환망의 투자비를 증가시키는 효과가 있다. 따라서 적절히 열통합된 증류탑에서의 절충점은 증류탑의 투자비와 열교환망의 투자비 사이에 있게 된다(Smith and Linnhoff, 1988)(그림 14.7).

따라서 적절하게 열통합된 증류탑에서의 최적 환류비는 문제에 따라 달라지며, 독립된 단일 증류탑에 대한 것과는 아주 다를 것이다.

2) ***열교환의 투자비*** 열통합의 결과로서 온도 구동력은 전체 공정을 통틀어 더 작게 된다. 이것은 투자비용/에너지 비용 절충점이 새로이 조정되어야 함을 의미하며, 더 큰 ΔT_{min}이 요구될 수도 있다. 투자 비용/에너지 비용 절충점의 최적화는 적절한 열통합에 의해 이루어지는 열회수 부분의 일부를 원상태로 되돌릴지도 모른다. 불행히도 실제에서의 전체 설계문제는 더욱 복잡한 양상을 띤다. 큰 온도 차이(즉, 총괄복합선도에서의 공간)는 증류탑 통합에 앞서 중간 온도 유틸리티의 사용이나 히트엔진, 히트펌프 등에 의한 통합을 가능하게 한다. 따라서 증류탑 설계와 통합, 유틸리티 선정, 투자비-에너지 비용 절충 간의 세 방향 절충점이 존재하게 된다.

14.7 증류 배열에서의 열통합 특성

8장에서는 재비기와 응축기에 외부 유틸리티가 사용되는 단독으로 운전되는 증류탑들에 대한 증류 배열 문제를 논의하였다. 8장에서의 접근 방법에 따라서 몇몇 최선의 비통합 증류 배열을 찾을 수 있다. 이러한 배열들은 위에 논의된 바와 같이 열통합될 수 있다. 그림 14.8은 3개의 생산물을 분리하기 위한 2개의 증류탑으로 구성된 순차 배열에 어떻게 열통합이 응용되는지를 보여준다. 그림 14.8a에서 첫 번

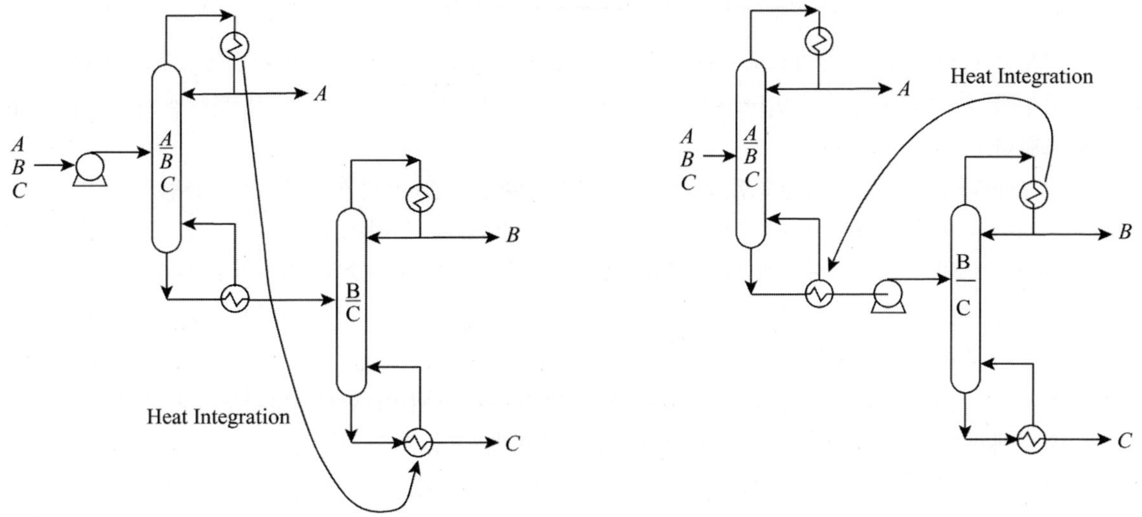

(a) 정방향 열통합 (b) 역방향 열통합

그림 14.8 ▸ **연속된 두 단순탑의 열통합.**

째 칼럼의 압력을 증가시킴으로써 첫 번째 칼럼의 응축기에서 두 번째 칼럼의 재비기의 열부하를 공급하게 된다. 이를 *정방향 통합*이라고 일컫는다. 그림 14.8b에서는 두 번째 칼럼의 압력의 높임으로써 두 번째 칼럼의 응축기가 첫 번째 칼럼의 재비기에서 필요로 하는 열을 공급할 수 있으며, 이를 *역방향 통합*이라 일컫는다. 두 구도 모두 소요 에너지량의 많은 감축을 가져오게 된다. 그러나 이들은 증류탑과 연관하여 5가지의 가열/냉각부하를 포함한다.

- 원료 예열/냉각
- 응축기에서의 냉각
- 재비기에서의 가열
- 탑정생산물의 가열/냉각
- 탑저생산물의 가열/냉각

증류에서의 이들 부하 각각은 아래의 방법 중 하나에 의해서 일반적으로 충족될 수 있다.

- 뜨겁거나 차가운 유틸리티
- 다른 증류탑의 재비/응축과의 열통합
- 배후공정 가열 및 냉각 유틸리티와의 열통합
- 폐회로를 이용한 증류탑의 히트펌프
- 개회로를 이용한 증류탑의 히트펌프
- 폐회로를 이용한 공정 냉각부하 또는 다른 증류탑 응축기로부터의 히트펌프
- 개회로를 이용한 다른 증류탑 응축기 부하로부터의 히트펌프
- 증류탑 응축기 부하로부터 폐회로를 이용한 다른 증류탑 또는 공정 열부하로의 히트펌프
- 증류탑 응축기로부터 개회로를 이용한 다른 증류탑 또는 공정 열부하로의 히트펌프

추가로 17장에서 논의될 복잡한 냉동 시스템을 요하는 냉온 공정 냉동 시스템과 함께 열통합이 수

행될 수 있다. 중간 재비와 응축을 증류탑에 도입함으로써 또 다른 기회를 얻을 수 있다. 전체 문제를 다루는 하나의 접근 방법으로 우선 최선의 비통합 배열을 결정하고, 이후 열통합을 적용하는 두 단계로 나누어 접근하는 방법이 있다. 이 방법은 증류 배열과 열통합의 두 문제가 분리될 수 있다는 가정에 기초한다.

그러나 증류 배열과 열통합 간에는 복잡한 상관관계가 존재한다. 단순 증류탑의 다른 증류 배열의 선정뿐만 아니라 각 증류탑의 압력 또한 실제적 제약으로 인하여 변할 수 있다. 증류탑의 압력이 변동되면, 열통합 옵션도 변하게 된다. 증류 배열에서의 개별 증류탑의 압력이 변동됨에 의하여 발생할 수 있는 문제로 이후에 오는 증류탑에 대한 원료조건에 영향을 준다는 것이 또 다른 인자이다. 만약 두 증류탑이 같은 운전압력을 가진다면, 한 증류탑을 떠나는 생성물은 포화액체로 다음 증류탑으로 들어가게 된다. 그러나 첫 번째 증류탑의 압력이 두 번째 증류탑의 압력보다 낮다면, 첫 번째 증류탑에서 나온 포화액체는 두 번째 증류탑에 과냉 상태로 들어가게 된다. 만약 첫 번째 증류탑의 압력이 두 번째 증류탑의 압력보다 높다면, 첫 번째 증류탑으로부터의 포화액체는 두 번째 증류탑에 부분기화 또는 과열 상태로 들어가게 된다. 이러한 원료 조건은 증류탑 설계에 지대한 영향을 미칠 수 있다.

제약조건들이 투자 비용을 줄이기 위해서 적용될 수도 있다(예를 들면 너무 긴 배관을 피하기 위한). 추가로, 운전성과 제어성을 위하여 복잡한 열통합 배열이 제한될 수도 있다(예를 들면 2개 이상의 열 생성자를 사용하기보다는 단일 열 생성자를 사용하여 재비기에 열회수를 구현하는).

단순 증류탑에 대한 이러한 이슈에 더하여 복잡한 구조의 증류탑을 증류 배열에 도입하는 것과 연계된 이슈들도 있다. 그림 14.9a는 두 단순 증류탑의 직접 배열에 대한 열적 특성을 보여주고 있다. 그림 14.9b에 보인 바와 같이, 두 증류탑이 열적으로 결합이 되면, 전체 열 부하가 줄어들게 된다. 그러나 모든 소요 열이 시스템의 가장 높은 온도를 기준으로 공급되어야만 한다. 따라서 부하의 감소와 공급해야 될 열의 온도 수준이 더욱 높아진다는 점 사이에 절충점이 존재하게 된다. 그림 14.10은 비순차 배열에 대한 해당 사례를 보여준다. 간접 배열이 열적으로 결합되면, 열부하는 줄어들지만, 제거해야 될 모든 열은 가장 낮은 온도 수준에서 이루어져야 한다. 따라서 열부하 감소의 이점이 있는 반면, 보다 극한 수

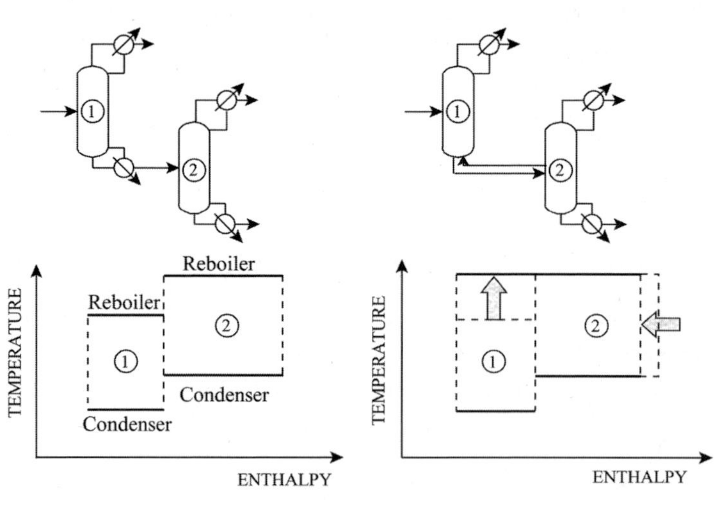

(a) 순차 배열 (b) 열결합된 순차 배열

그림 14.9 ▸ 순차 배열의 열결합은 부하와 온도 수준을 변화시킨다.

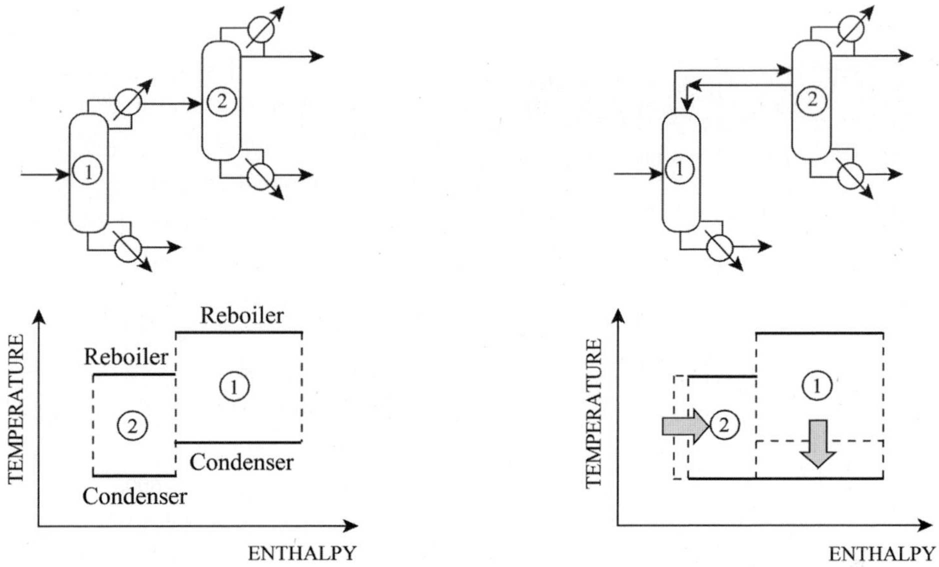

(a) 비순차 배열 (b) 열결합된 비순차 배열

그림 14.10 ▸ 비순차 배열의 열결합은 부하와 온도 수준을 변화시킨다.

준에서 열을 제거해야 한다는 단점도 가지게 된다. 같은 문제가 열적으로 결합된 예비분리기와 분리벽형 증류탑에서도 발생한다. 그러나 이 경우에는 열 공급과 제거가 가장 극한의 온도에서 동시에 이루어져야 한다.

이러한 복잡한 배열들은 순차적인 접근 방법보다 좀 더 고도의 접근 방법을 요구하게 되며, 배열과 열통합이 동시에 탐색되어야 한다.

예제 14.1

두 증류탑이 그림 14.8a와 같은 순차 배열로 구성되어 있는 공정에 대하여 열회수를 위한 열통합 기회를 모색하고자 한다. 탑 1과 탑 2에 대한 자료는 표 14.1과 표 14.2에 주어진 바와 같다. 200°C 재비에 가용한 중압(MP) 스팀과 응축을 위하여 30°C 귀환온도의 냉각수가 가용하다. 열전달을 위한 최소 온도차는 10°C라고 할 때, 다음 경우에서의 최소 유틸리티 요구량을 구하라.

a) 두 증류탑이 1 bar에서 운영될 때
b) 정방향 열통합
c) 역방향 열통합

표 14.1 ▸ 탑 1 자료

P (bar)	T_{COND} (°C)	T_{REB} (°C)	Q_{COND} (kW)	Q_{REB} (kW)
1	90	120	3000	3000
2	130	160	3600	3600
3	140	170	4000	4000
4	160	190	4300	4300

›풀이

a) 만약 $T_{COND} \geq T_{REB} + \Delta T_{min}$이라면, 응축기와 재비기 간의 열통합이 가능하다.

$$T_{COND} \geq T_{REB} + \Delta T_{min}$$

표 14.2 ▸ 탑 2 자료

P (bar)	T_{COND} (°C)	T_{REB} (°C)	Q_{COND} (kW)	Q_{REB} (kW)
1	110	130	5500	5500
2	130	153	6000	6000
3	150	175	6300	6300
4	163	190	6500	6500
5	170	200	6600	6600

표 14.1과 14.2에서 두 증류탑이 1 bar에서 운전된다면 열통합이 불가능하다. 따라서

$$\begin{aligned} Q_{Hmin} &= 3000 + 5500 \\ &= 8500\,\text{kW} \\ Q_{Cmin} &= 3000 + 5500 \\ &= 8500\,\text{kW} \end{aligned}$$

b) 탑 1의 압력을 높여 정방향 열통합을 고려하자. 압력이 증가하면 부하도 증가하기 때문에 낮은 압력이 선호된다. 따라서 탑 2를 1 bar로 고정하여 재비기 온도를 130°C로 유지하면 탑 1의 응축온도는 최소 140°C가 되어야 하며, 이는 운전압력 3 bar에 해당한다. 표 14.1과 14.2로부터

$$\begin{aligned} Q_{Hmin} &= 4000 + (5500 - 4000) \\ &= 5500\,\text{kW} \\ Q_{Cmin} &= 0 + 5500 \\ &= 5500\,\text{kW} \end{aligned}$$

c) 역방향 열통합에서의 적절한 탑 압력은 탑 1은 1 bar 탑 2는 2 bar임을 알 수 있다. 따라서 표 14.1과 14.2로부터

$$\begin{aligned} Q_{Hmin} &= 0 + 6000 \\ &= 6000\,\text{kW} \\ Q_{Cmin} &= 3000 + (6000 - 3000) \\ &= 6000\,\text{kW} \end{aligned}$$

따라서 탑 1을 3 bar, 탑 2를 1 bar로 하는 정방향 열통합이 유틸리티 비용을 최소로 하는 열통합이 된다.

14.8 증류탑의 열통합 – 요약

열통합을 할 때 증류탑의 적합한 배치는 핀치를 가로지르지 않아야 한다. 총괄복합선도는 열통합 가능성을 평가하기 위한 정량적 도구로 사용될 수 있다. 전통적인 증류탑을 전체 공정 안으로 열통합하는 범주는 종종 제한된다. 때로는 실제적인 제약 조건들에 의하여 나머지 공정과 증류탑의 열통합이 제한된다. 만일 증류탑이 배후공정과 통합될 수 없거나 통합에 대한 잠재력이 배후공정의 열흐름에 의해 제한된다면, 증류조작 자체와 복잡한 구조 배열을 다시 고려해야 한다. 일단 증류탑이 열통합되면 복합선도사이의 구동력은 더 작아진다. 바꾸어 말해 이것은 열교환망에 대한 투자비/에너지 비용 절충점이 적절히 재조정되어야 한다는 것을 뜻한다. 불행히도, 전체 설계문제는 실제로 상당히 더 복잡하다. 공정에서 여분 구동력은 증류탑의 열통합에 우선하여 알맞은 유틸리티의 사용 또는 히트엔진, 히트펌프 등의 열통합과 비슷하게 잘 개발될 수 있다.

복잡한 증류탑(측면탈거기, 측면정류기, 열결합형 예비분리기)의 사용은 전체 열부하를 줄여주지만, 재비와 응축에 보다 극한적인 온도를 초래한다. 줄어든 열부하로부터의 열통합 이익은 보다 극한적인 온도를 초래함으로써 열통합을 더욱 어렵게 한다. 따라서 제약조건과 복잡한 증류탑의 도입은 증류 배열과 열회수 문제를 동시에 풀어야 할 필요성을 가져오며, 이를 위하여 초월구조를 결정론적 최적화 기법을 이용하여 풀거나 확률론적 탐색 최적화 기법을 적용할 수 있다.

14.9 연습 문제

1. 온도구간에 따른 열흐름 자료는 표 14.3과 같고 (ΔT_{min} = 10°C), 가용한 유틸리티는 표 14.4와 같다. 냉동에 소요되는 동력은

$$W = \frac{Q_C}{0.6}\left(\frac{T_H - T_C}{T_C}\right)$$

여기서 W = 냉동사이클에 소요되는 동력
Q_C = 냉각 부하
T_C = 냉동사이클로 열이 들어가는 온도(K)
T_H = 냉동사이클에서 열이 제거되는 온도(K)

단일 수준의 냉동만이 사용되고 냉동으로부터 제거된 열은 냉각수로 간다고 가정한다.

공정은 스팀과 냉각수를 사용하는 증류탑을 포함한다. 재비기는 120°C, 응축기는 90°C에서 운영되고, 각각의 부하량은 1400 kW이다.

표 14.3 ▸ 연습 문제 1의 온도 구간별 열흐름

Interval temperature (°C)	Heat flow (kW)
160	1000
150	0
130	1100
110	1400
100	900
80	1300
40	1400
10	1800
–10	1900
–30	2200

표 14.4 ▸ 연습 문제 1의 유틸리티 자료

Utility	Cost
Steam at 180 °C	$135 kW^{-1}·y^{-1}
Cooling water from 20 °C to 40 °C	$4.5 kW^{-1}·y^{-1}
Electricity	$620 kW^{-1}·y^{-1}

a) 증류탑 통합을 하지 않았을 때의 유틸리티 비용은?

b) 현재의 압력을 유지하여 증류탑 통합을 했을 때의 유틸리티 비용은?

c) 압력을 강하시켜 열통합을 했을 때의 유틸리티 비용은? 탑정과 탑정의 온도차와 재비기 응축기 부하량은 압력 변화에 관계없이 일정하다고 가정하라.

d) 통합에 가장 적절한 응축기와 재비기 온도는? 이 때의 유틸리티 비용은?

e) 냉동 비용을 낮추기 위한 방안은?

2. 온도구간에 따른 열흐름 자료는 표 14.5와 같다. (ΔT_{min} = 10°C)

a) 톨루엔과 다이페닐을 순수한 성분으로 분리하는 어떤 증류탑이 공정에 속해 있다. 탑 운전 압력은 초기에 1.013 bara으로 고정되었다. 이 압력에서 톨루엔은 111°C에서 응축되며, 다이페닐은 255°C에서 끓는다. 이 증류탑을 1.013 bara에서 공정과 통합한다면 어떤 결과가 나올 것인가?

b) 공정과 통합하기 위한 보다 적절한 증류탑 운전 압력을 제안하라. 재비기와 응축기의 부하량은 각각 4.0 MW이며, 압력에 따른 변화는 크지 않다고 하자. 톨루엔과 다이페닐의 증기압은 아래의 식으로 표현될 수 있다.

$$\ln P_i = A_i - \frac{B_i}{T + C_i}$$

표 14.5 ▸ 연습 문제 2의 열흐름 자료

Interval temperature (°C)	Cascade heat flow (MW)
295	18.3
285	19.8
185	4.8
145	0
85	10.8
45	12.0
35	14.3

표 14.6 ▸ 연습 문제 2의 증기압 상수 자료

Component	A_i	B_i	C_i
Toluene	9.3935	3096.52	−53.67
Diphenyl	10.0630	4602.23	−70.42

여기서 P_i는 압력(bar), T는 절대온도(K)이고, Antoine 상수 A_i, B_i, C_i는 표 14.6에 보인 바와 같다. 진공운전은 배제하며, 재비기 온도는 오염 방지를 위하여 최대한 낮게 유지한다.

c) 증류탑 통합 이후의 총괄복합선도를 그려라.

3. 기포점 상태의 A, B, C 혼합물을 순수한 A, B, C로 분리하는 두 증류탑의 순차 배열로 이루어진 공정이 있다. 200°C의 스팀과 30°C의 냉각수가 가용하고 ΔT_{min} = 10°C이다. 두 증류탑에 대한 자료는 표 14.7과 14.8에 주어진 바와 같을 때, 다음의 경우에 대하여 최소 유틸리티 소요량을 계산하라.

a) 두 증류탑이 1 bar에서 운영될 때의 열통합.

표 14.7 ▸ 연습 문제 3의 증류탑 1의 자료

P (bar)	T_{COND} (°C)	T_{REB} (°C)	Q_{COND} (kW)	Q_{REB} (kW)
1	90	120	3000	3000
2	130	160	3600	3600
3	140	170	4000	4000
4	160	190	4300	4300

표 14.8 ▸ 연습 문제 3의 증류탑 2의 자료

P (bar)	T_{COND} (°C)	T_{REB} (°C)	Q_{COND} (kW)	Q_{REB} (kW)
1	110	130	5500	5500
2	130	153	6000	6000
3	150	175	6300	6300
4	163	190	6500	6500
5	170	200	6600	6600

b) 적절한 운선압력 조정과 이에 따른 정방향 열통합.

c) 적절한 운전압력 조정과 이에 따른 역방향 열통합.

참고 문헌

Flower JR and Jackson MA (1964) Energy Requirements in the Separation of Mixture by Distillation, *Trans IChemE*, **42**: T249.

Kayihan F (1980) Optimum Distribution of Heat Load in Distillation Columns Using Intermediate Condensers and Reboilers, *AIChE Symp Ser*, **192**(76): 1.

Linnhoff B, Dunford H and Smith R (1983) Heat Integration of Distillation Columns into Overall Processes, *Chem Eng Sci*, **38**: 1175.

Smith R and Linnhoff B (1988) The Design of Separators in the Context of Overall Processes, *Trans IChemE ChERD*, **66**: 195.

Soares-Pinto F, Zemp R, Jobson M and Smith R (2011) Thermodynamic Optimization of Distillation Columns, *Chem Eng Sci*, **66**: 2920.

Umeda T, Niida K and Shiroko K (1979) A Thermodynamic Approach to Heat Integration in Distillation Systems, *AIChE J*, **25**: 423.

제 15 장 증발기와 건조기의 열통합

Heat Integration of Evaporators and Dryers

15.1 증발기의 열통합 특성

증발공정은 일반적으로 비휘발성 물질로부터 단일성분(통상적으로 물)을 분리하는 것이다. 대개의 경우 기화와 응축 공정이 일정한 온도에서 일어난다고 가정할 수 있는 상황이다. 증류에서와 같이 증발기에서의 지배적인 가열과 냉각 열부하는 기화와 응축을 위한 열부하이다.

증류에서와 같이 원료, 생산물, 응축흐름의 가열, 냉각을 위해 증발기와 연계된 다른 열부하들이 있을 것이다. 이런 현열과 관련한 열부하는 잠열의 변화와 비교할 때 일반적으로 작다.

그림 15.1a는 실제 온도 범위와 (최소접근 온도차에 의한) 이동 온도범위 둘 다를 표시한 단일 증발기를 보여준다. 증발과 기화는 실제 온도가 동일하더라도 이동 온도범위에서는 다른 온도를 나타낸다는 것을 주목하라. 그림 15.1b는 3단 증발기의 경우를 나타낸다.

증류에서와 같이 증발도 총괄복합선도 상에서 상자 형태로 표현될 수 있다. 이것은 공급물과 응축물에 필요한 어떠한 가열 또는 냉각도 총괄복합선도에서 다른 공정흐름을 포함해야 함을 가정한다. 그러나 상자를 가로지르는 온도 차이와 증발은 열전달 면적을 변화시킴으로써 조절할 수 있다. 증발단 간의 열전달 면적의 증가는 단 간의 온도 차이를 줄이게 되어 좀 더 작은 총괄 온도 차이를 가져오게 된다.

15.2 증발기의 적절한 배치

증류탑과 증발기의 열통합 특성들은 매우 유사하므로 앞장에서 설명했던 증류탑의 적절한 배치 원리는 증발기의 배치에도 그대로 적용된다. 따라서 증발기의 배치는 핀치를 가로지르지 않아야 한다(Smith and Linnhoff, 1988).

15.3 열통합 향상을 위한 증발기 설계

증발기의 열역학적 분포 역시 조작이 가능하다. 그 접근 방법은 증류탑에서 사용했던 것과 유사하지만 자유도가 명백히 다르다(Smith and Linnhoff, 1988; Smith and Jones, 1990).

그림 15.2a에 보인 것과 같은 배후공정에 대한 3단 증발기를 고려해 보자. 선택된 압력에서 증발기

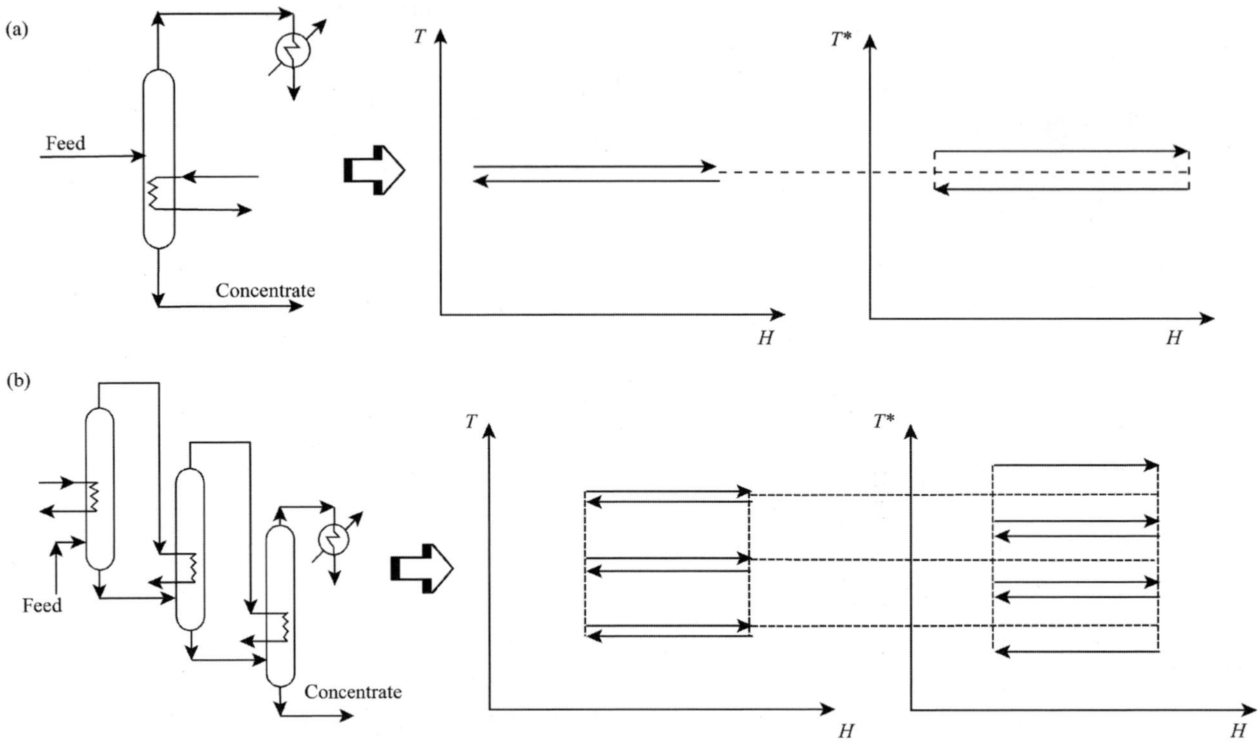

그림 15.1 ▸ 이동된 온도에서의 증발기 표현. (Reproduced from Smith R and Jones P.S (1990) The Optimal Design of Integrated Evaporation Systems, *J Heat Recovery Syst CHP*, **10**: 341, with permission from Elsevier.)

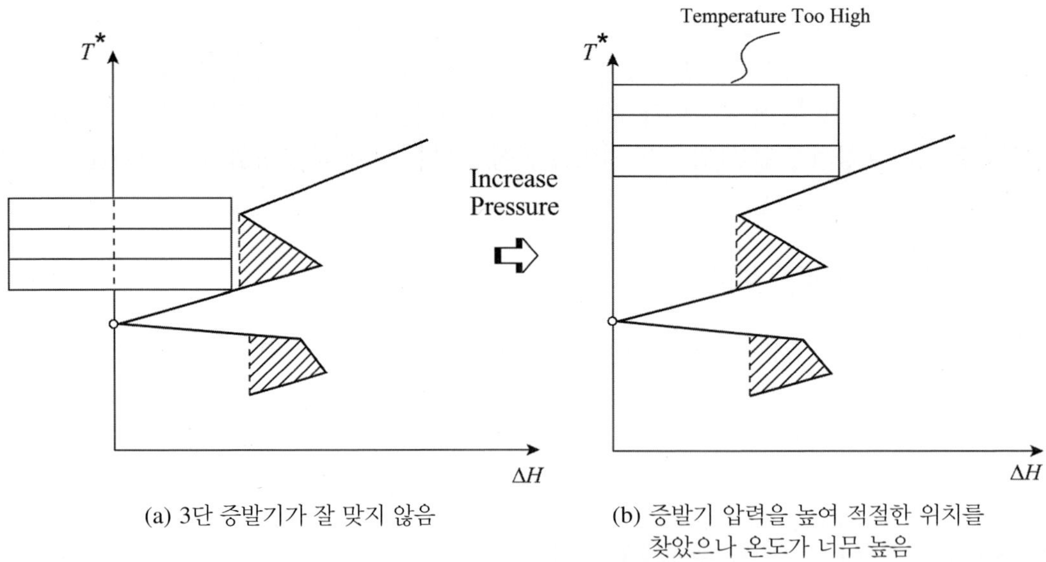

그림 15.2 ▸ 3단 증발기의 열통합.

는 총괄복합선도 상에서 적절한 위치가 아니다. 우선, 증류에서와 같은 방법으로 증발기 압력을 조절함으로서 위치를 핀치 상부로 이동시킬 수 있다(그림 15.2b).

하지만 그림 15.2b에 보여진 온도 증가가 증발기에서 수용할 수 없는 높은 수준의 분해와 오염을 발

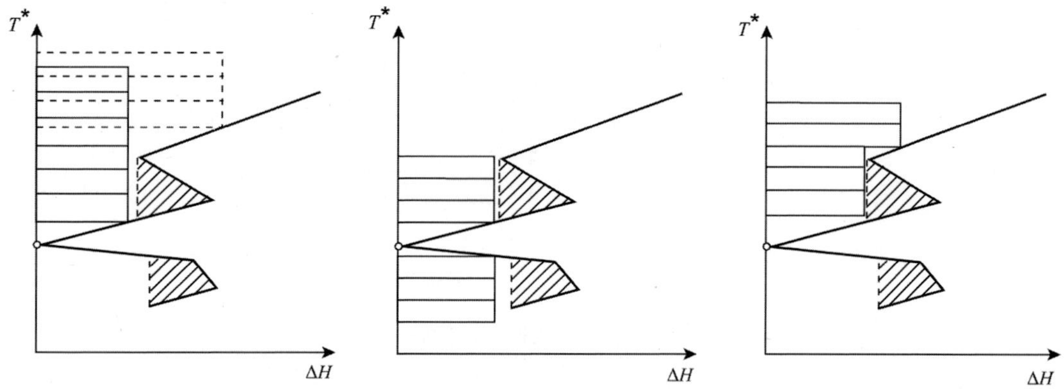

그림 15.3 ▸ 총괄복합선도를 사용한 증발기 설계. (Reproduced from Smith R and Linnhoff B, 1998, *Trans IChemE ChERD*, **66**: 195 by permission of the Institution of Chemical Engineers.)

생시킨다고 가정해보자. 증발단 개수를 늘림으로써(예를 들면, 3단에서 6단으로) 총괄복합선도에서 6단 모두가 핀치 상부에 적절히 배치되는 가능성을 고려해 보자(그림 15.3a). 증발기는 잘 맞춰졌지만 아직 고온에 의한 품질 저하 문제가 있다. 그러나 모든 증발기 단이 서로 열적으로 연결될 필요는 없다. 그림 15.3b는 6단 시스템에서, 3개의 단은 핀치 상부에, 3개의 단은 핀치 하부에 적절히 배치된 경우를 나타낸다. 이것은 위쪽 3단과 아래쪽 3단이 열적으로 연결되어 있지 않거나, 또는 3단 시스템 2개가 병렬로 설치된 전형적인 6단 시스템 중 하나일 수 있다.

그림 15.3c는 증발기의 증발단 간의 열흐름(따라서 물질 흐름)을 바꿔준 또 다른 설계 옵션을 보여준다. 이 배열은 두 번째 증발단에서의 증기 중 일부가 세 번째 증발단의 증발에 사용되는 대신 공정 가열에 사용된다. 이는 세 번째 증발단에서 보다 첫 두 개의 증발단에서 보다 많은 증발이 일어남을 의미한다. 압력이 감소함에 의하여 증발잠열이 증가하기 때문에 전 증발단을 통한 열흐름이 일정하더라도 증발율은 줄어들게 됨에 유의하라.

열부하와 제약들로 인하여 증발기가 남은 공정부분과 열통합되기가 어려울 경우의 옵션으로 히트펌프를 생각할 수 있다. 증류탑에서의 히트펌프 경우와 같이, 증발기에서의 히트펌프 적용도 증발기가 다른 공정과 열통합할 수 없거나 핀치를 가로질러 운전되어야만 하는 경우에 고려된다. 큰 증발 부하가 요구되는 많은 실제 공정에서는 증발 부하와 응축 부하가 핀치를 초래하게 되며 이러한 경우 히트펌프 적용이 의미를 가지게 된다. 그림 15.4는 *기계적 증기 재압축*(mechenical vapor recompression) 구조를 보여준다. 물의 증발의 경우, *열적 증기 재압축*(thermal vapor recompression)에서의 압축을 위해 스팀 이젝터가 사용될 수 있다. 그림 15.4는 단일단 증발기에서의 기계적 증기 재압축을 보여주지만 복수단 증발기도 히트펌프와 조합될 수 있으며 많은 다양한 구도가 가용하다.

15.4 건조기의 열통합 특성

건조기로 입력되는 열은 주로 가스에 의한 것이므로 건조는 어떤 범위에 걸친 온도에서 일어나게 되며, 이때 가스는 증발될 액체의 비점보다 더 높게 가열되어 유입된다. 건조기로부터 배출되는 가스 온도는

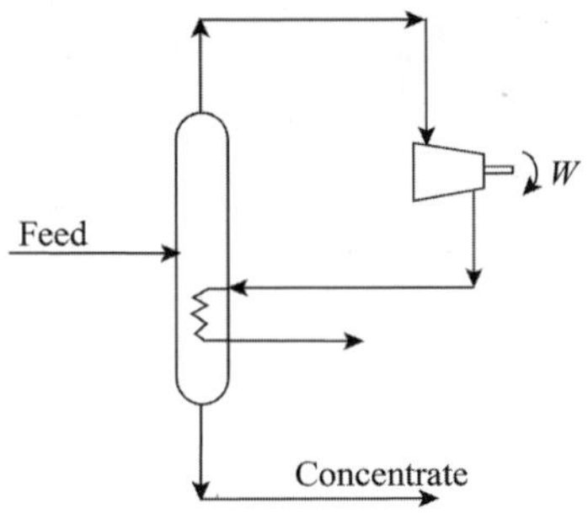

그림 15.4 ▸ 기계적 증기 재압축(MVR) 증발기.

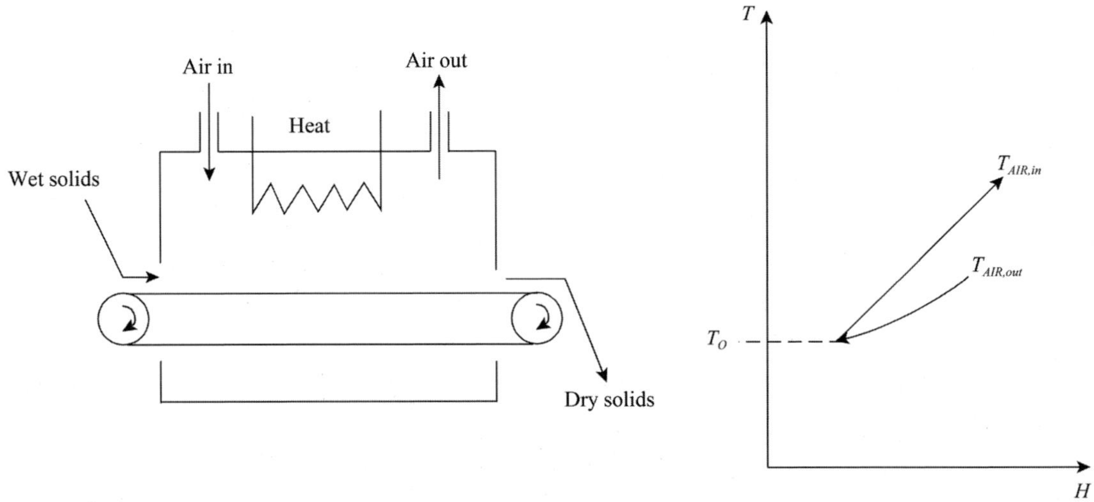

그림 15.5 ▸ 건조기의 열통합 특성.

입력되는 가스 온도보다 더 낮은 온도이지만, 배출되는 가스는 여전히 어떤 온도의 범위에서 그 열을 이용할 수 있다. 건조기의 열특성은 문제에 따라 달라지는 경향이 있으며, 증류와 증발의 특징과는 상당히 다르다. 그림 15.5는 전형적인 건조기의 열통합 특성을 보여준다.

15.5 열통합 향상을 위한 건조기 설계

건조기는 증류와 증발기와는 매우 다른 특성을 가지고 있다고 설명한 바 있다. 그러나 열은 건조기 배출구에서 아직 고온을 가진다. 증류나 증발기에 적용한 것과 같은 원리가 건조기의 적절한 열통합 배치에도 적용된다. 설계자가 건조 온도와 기체흐름양을 조절할 자유도를 가지고 있다면 총괄 유틸리티 비용을 줄이기 위해 가감 원리에 따라 이들을 조절할 수 있다.

15.6 사례 연구

그림 15.6은 식품고정에서 나온 폐곡물로 동물의 사료를 생산하는 공정을 보여준다. 공정은 두 개의 원

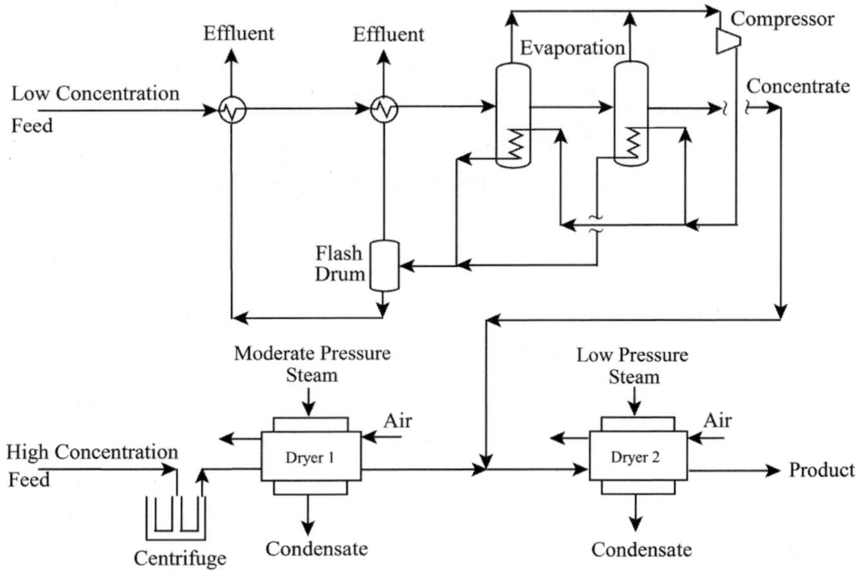

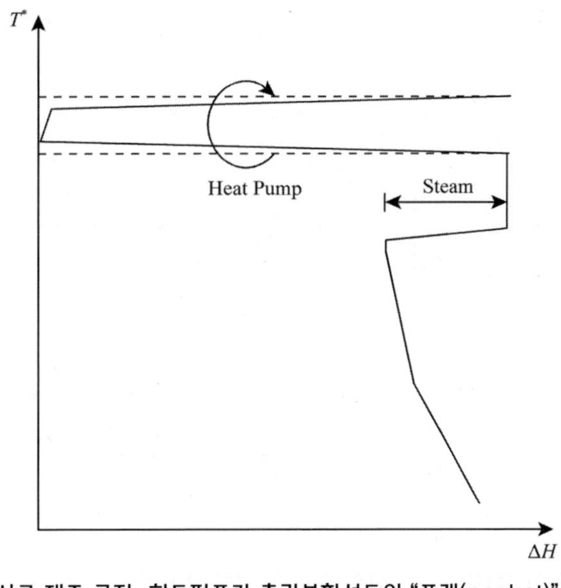

그림 15.6 ▸ **동물 사료 제조 공장. 히트펌프가 총괄복합선도의 "포켓(pocket)"을 침식해 들어간다.**
(Reproduced from Smith R and Linnhoff B, 1998, *Trans IChemE ChERD*, **66**: 195 by permission of the Institution of Chemical Engineers.)

료흐름을 가지는데, 하나는 고농도, 다른 하나는 저농도의 고체이다. 저농도 원료에 함유된 수분은 증발기와 그 뒤 회전식 건조기에 의해 제거된다. 고농도 원료로부터 수분은 원심분리기와 그 뒤 회전식 분리기에서 2단 건조에 의해 제거된다. 이런 공장의 형태는 통상적인 것으로 증발기와 건조기는 공정 상황의 고려 없이 독립 형태로 설계되었다. 독립 형태의 기준에서 증발기의 최적화는 기계적 기상 재압축 시스템을 사용하는 히트펌프가 경제적이라는 것을 암시한다.

그림 15.6은 이 공정의 총괄복합선도와 증발기 히트펌프의 위치를 보여준다. 첫 번째 건조기에 대한 가열 열부하는 요구 온도가 나머지 공정과 열통합을 하기에 너무 높기 때문에 총괄복합선도에서 생략했다. 히트펌프는 핀치를 가로질러 적절히 배치되었음을 볼 수 있다. 그러나 핀치 하부, 즉 차가운 부분

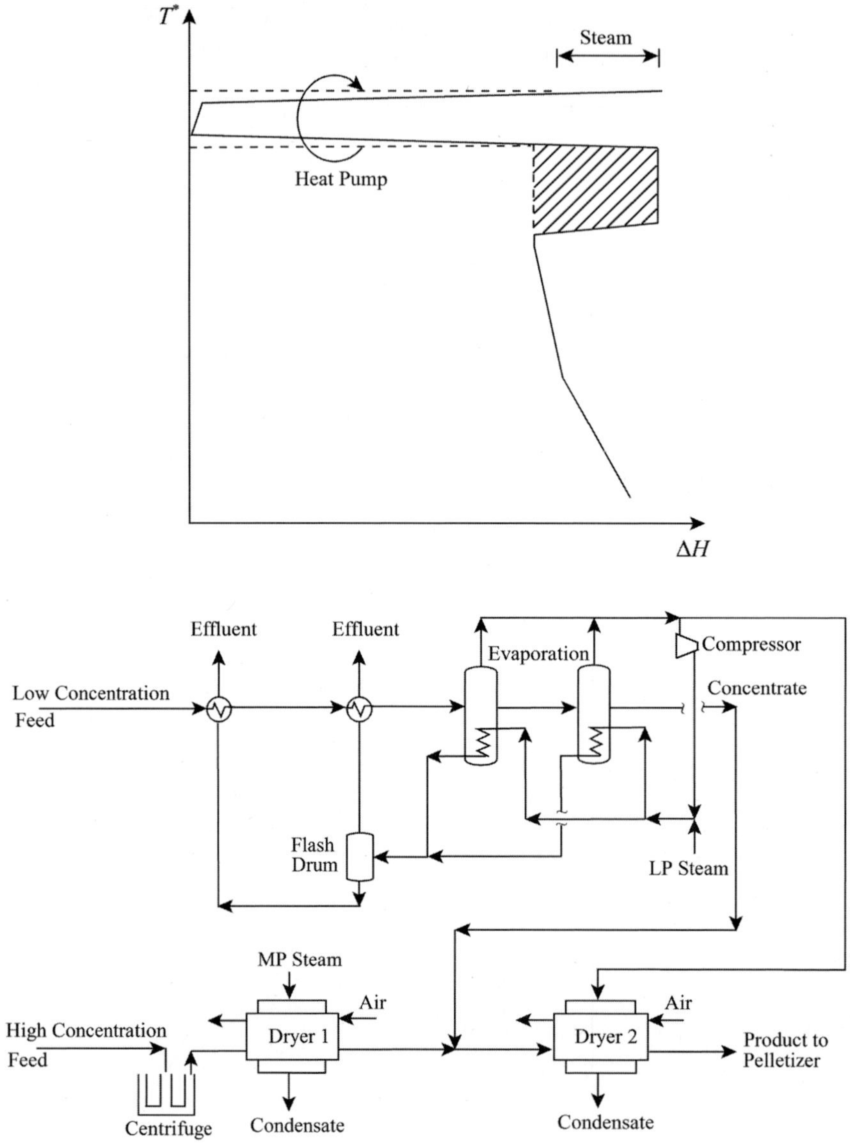

그림 15.7 ▸ 간단한 개선으로 히트펌프 부하(즉, 전력 사용)을 줄인다. (Reproduced from Smith R and Linnhoff B, 1998, *Trans IChemE ChERD*, **66**: 195 by permission of the Institution of Chemical Engineers.)

이 총괄복합선도에서 포켓(pocket) 부분을 형성한다. 포켓 부분을 형성하지 않기 위해 히트펌프의 설계를 바꾼다면, 그림 15.7에 보인 결과가 된다. 스팀 소모량은 사실상 바뀌지 않지만 에너지 소모는 줄어든다. 히트펌프에 걸리는 부하를 감소시키고 그 결과로 전기 요구량을 감소시키는 결과가 된다.

15.7 증발기와 건조기의 열통합 – 요약

증류에서와 같이 증발기와 건조기의 적절한 열통합 배치는 핀치를 가로지르지 않고 핀치의 위에 있거나 아래에 있는 것이다. 총괄복합선도는 적절한 배치를 정량적으로 평가할 수 있다.

또한 증류에서와 같이 증발기의 열적 분포는 압력을 변화시킴으로써 조작될 수 있다. 그러나 증발기 설계에 있어서 늘어난 자유도는 더 많은 옵션을 동반한다.

건조기는 열이 넓은 온도범위에서 첨가되고 제거된다는 점에서 증류탑과 증발기와는 그 특성이 다르다. 건조기 설계는 가감 원리에 의해 변경할 수 있다.

15.8 연습 문제

1. 표 15.1은 어떤 배후 공정의 $\Delta T_{min} = 10°C$에 대한 다단표이다. 1.77 $kg{\cdot}s^{-1}$의 물을 증발시키는 증발기를 공정과 통합하고자 한다. 물의 증발 잠열은 2260 $kJ{\cdot}kg^{-1}$이다. 냉각수의 온도는 25°C이고, 냉각탑으로의 귀환온도는 35°C이다. 배후 공정과 증발기의 열통합 구도를 제안하라.

표 15.1 ▸ 연습 문제 1의 배후 공정 다단표

T^*(°C)	ΔH(kW)
211	0
191	2800
185	3280
171	2580
125	4880
105	2880
95	2680
80	4330
60	4930
51	4480
45	3580

참고 문헌

Smith R and Jones PS (1990) The Optimal Design of Integrated Evaporation Systems, *J Heat Recovery Syst CHP*, **10**: 341.

Smith R and Linnhoff B (1988) The Design of Separators in the Context of Overall Processes, *Trans IChemE ChERD*, **66**: 195.

스미스의 제2판

화학공정설계

Chemical Process

Design and Integration

제16장 스팀 시스템 및 열병합

Steam Systems and Cogeneration

공정 산업에서의 여러 생산 설비들은 통상적으로 하나의 유틸리티 시스템에 연계되어 운전된다. 생산 공정이 오랜 기간 운용되면서 설비들에서 요구되는 유틸리티 요구량 및 질(質)이 변화하게 되어 유틸리티 시스템의 설계 및 운전 조건은 필연적으로 변화하게 된다. 한편 단일 생산 공정들의 투자 및 개선 사업들은 다른 사업 영역에서 독자적 경영적 판단 하에서 개별적으로 진행되는 것이 통상적이기 때문에 단일 공정의 변경으로 인해 유틸리티 시스템의 최적 운전 효율을 저해하게 되는 경우가 발생할 수 있다. 따라서 유틸리티 시스템이 연계된 공정 개선 사업은 단일 사업 영역에 국한하여 검토하지 말고 전체 공정에 대한 분석을 통해 수행되어야 한다.

공정 산업에서 스팀과 발전 시스템의 최적화 설계가 필요한 이유는 다음과 같다.

1) 신규 공장 건설에 따른 새로운 유틸리티 시스템의 설계가 필요한 경우(단, 신규 유틸리티 시스템 설계는 흔한 경우가 아니며, 대부분 기존 공정에서 운용되는 유틸리티 시스템의 개선 및 변경 필요에 따라 진행되는 것이 보편적임)
2) 공정 설비에서 사용하는 스팀이나 전기(또는 축일)의 수요량 변경(신규 공정의 스타트업, 기존 공정의 폐업, 단위 설비 용량 또는 운전 조건 변경 등)에 맞추어 유틸리티 시스템의 변경이 필요한 경우
3) 노후 유틸리티 시스템의 성능 개선 또는 설비 교체가 필요한 경우
4) 유틸리티 시스템 또는 전(全)공정의 운전비 감소를 위해 기존 유틸리티 시스템의 변경이 필요한 경우
5) 신규 공정에서 도입되는 유틸리티의 최적 선택과 공정의 경제성에 미치는 영향을 검토할 경우
6) 에너지 절감 사업 수행 시에 에너지 효율 향상 방안의 실제 경제적 득실에 대한 분석이 필요할 경우
7) 공정 증설 시에 추가 유틸리티 사용에 따른 실제적인 에너지 비용 분석이 필요한 경우

그림 16.1은 공정 산업에서 사용되는 전형적인 유틸리티 시스템을 보이고 있다. 하나의 산업 단지(site)에서는 여러 단위 공정들이 운용되며, 이러한 단위 공정들은 단일 유틸리티 시스템에 연계되어 있다. 유틸리티 시스템에서는 스팀 보일러에서 초고압의 스팀이 생산되거나, 가스 터빈에서 축일(power)을 생산한 연소 배가스에 의해 *폐열회수 스팀 생산설비*(heat recovery steam generator, HRSG)에서 고압 스팀이 생산된다. 생산된 스팀은 스팀 터빈에서 팽창하면서 고압, 중압 혹은 저압의 스팀으로 변환되면서 축일을 생산한다. 스팀 터빈에서 팽창 배출된 최종 흐름은 냉각수에 의해서 응축수로 회수된다. 유틸리티 시스템에서 생산되는 축일의 양과 하부 공정에서 요구되는 축일 또는 전기(electricity) 양과 다른 경우 외부 업체로부터 전기를 공급받거나 또는 외부 업체에게 전기를 공급하기도 한다.

그림 16.1은 세 가지 압력의 스팀이 여러 하부 공정에 공급되는 유틸리티 시스템을 보이고 있다. 그

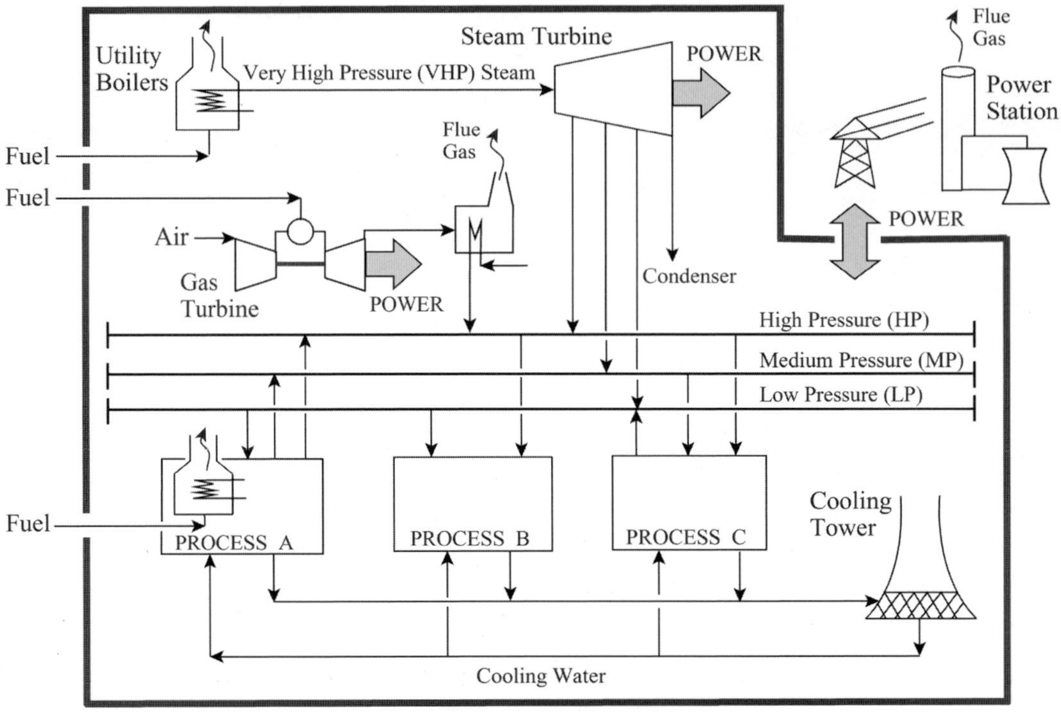

그림 16.1 ▸ 공정산업에서의 유틸리티 시스템.

림 16.1에서 공정 *A*는 자체 연소설비(fired heater)를 갖고 있고, 유틸리티 시스템으로부터 저압 스팀을 공급받으며 고압 및 중압 스팀은 유틸리티 시스템으로 공급하고 있다. 한편 공정 *B*는 고압 및 중압 스팀을 유틸리티 시스템에서 공급받고, 공정 *C*에서는 고압 및 중압 스팀을 공급받으나 저압 스팀은 생산되어 저압 스팀관로(steam main)에 유입된다. 공정 *A*, *B*, *C* 모두 냉각수를 활용하여 폐열을 외부로 배출하고 있다.

이러한 유틸리티 시스템의 체계적인 분석은 매우 어렵다. 유틸리티 시스템에서 스팀은 서로 다른 압력 및 온도 조건에서 생산, 소비 및 분배되고 있고 하부 공정에서는 공정의 특성에 따라 공정별로 서로 다른 특정 압력의 스팀을 생산하거나 소비하는 형태를 갖고 있어서, 유틸리티 시스템과 하부 공정들간 스팀관로들을 통해 상호 연관되어 있다. 그림 16.1은 스팀 터빈들을 통해 *열병합*(combined heat and power; cogeneration) 생산이 이루어지고 있음을 확인할 수 있다. 열병합 발전은 스팀 터빈 또는 가스 터빈이 축일이 필요한 공정 설비에 직접 연계되어 회전축일을 공급하거나, 또는 전기 발전장치에 연계되어 전기를 생산한다. 열병합 발전은 열과 전기를 동시에 생산하는 가장 효율적인 방안으로서 에너지 비용과 연소 관련 배출물질을 절감하는 유용한 방법이다.

스팀 생산 및 열병합 발전 시스템에서 중요하게 고려해야 할 요소는 공정에 공급되어야 하는 스팀 또는 축일(전기) 요구량이 일정하지 않고 많은 변동이 있다는 것이다. 공정 산업단지의 생산 공정들은 시장 상황의 변경 및 유지 보수 필요에 의해 시운전과 운전 정지 기간을 갖기도 하고 생산량이 변화하게 된다. 또한 계절 변화에 따라 대기 조건의 변경으로 에너지 공급량이 변화하게 되거나 장치 고장으로 하부 공정의 에너지 요구량이 일정하지 않게 된다. 따라서 유틸리티 시스템은 서로 다른 조건하에서 유연성 있게 운전이 가능하도록 설계되어야 하며, 이를 위하여 필요한 용량보다 큰 용량을 갖는 설비를 도입하여 예비 용량을 확보하거나 또는 추가 설비를 확보해야 한다.

스팀은 다음과 같이 산업 공정에서 다양한 용도로 사용되고 있다.

1) 열교환기 등을 통해 공정에 열을 공급하는 매개체로서 활용
2) 유체 저장 또는 흐름에서 결빙을 억제하거나 고점도 조건 또는 응축 형성을 줄이기 위해 추가적으로 열을 공급
3) 산업 단지 내의 건물 난방
4) 스팀을 물에 직접적으로 주입하여 공정에 필요한 열을 직접 공급
5) 보일러 탈기설비(deaerator)에서 용존 가스를 제거하기 위해 사용
6) 스팀 터빈에서 팽창시켜 축일 또는 전기 생산
7) 스팀 방사기(ejector)를 통해 진공 운전 조건 형성
8) 가연성 폐가스의 플레어(flare) 운전에서 사용
9) 고점도의 연료유 연소 시 연료 분무에 활용
10) 연소 설비에서 NO_X 발생 저감을 위해 사용
11) 증류 공정에서 분리 성능 향상을 위해 스팀을 공급하는 경우
12) 반응기에서 반응 물질로 직접 사용하거나 반응물질의 분압을 낮추기 위해 사용
13) 탄화수소 원료 사용하는 반응기에서의 코크(coke) 침착물 제거에 활용
14) 연소로 또는 보일러 설비 내부의 그을음과 재 등의 오염 물질 제거에 활용

공정 산업에서는 스팀이 매우 광범위하게 사용되고 있으며, 다음과 같은 장점들을 갖고 있다.

- 한 장소에서 생산되고 분배가 가능함
- 서로 다른 장소로 분배하기가 용이함
- 다양한 운전 온도를 가짐
- 잠열이 높아 많은 열량을 갖는 것이 가능함
- 압력 변화를 통해서 운전 온도 변화가 용이함
- 스팀 터빈을 통해 축일(또는 전기) 생산을 하고 방사기(ejector)를 통해 진공 운전 조건 형성 가능함
- 스팀 기반 설비는 고가의 소재가 필요하지 않음
- 무독성이며 스팀 손실에 대한 보충이 용이함

축일(power)은 산업 공정에서 다음과 같은 다양한 설비에서 활용되고 있다.

- 전기 발생 설비
- 공정 가스 압축기
- 공기 압축기
- 냉동 사이클에서 냉매 압축기
- 송풍기
- 펌프
- 교반기
- 고체 수송 컨베이어
- 고체 공정 설비(예, 분쇄기, 펠레타이저 등)

전기(electricity)는 산업 공정에서 다음과 같은 다양한 용도로 활용되고 있다.

- 전기 가열 설비(예, 전열기, 전기 가마)
- 전기 분해 설비
- 유체 저장 또는 흐름에서 결빙을 억제하거나 고점도 조건 또는 응축 형성을 줄이기 위해 추가적으로 전기를 공급하는 경우
- 전기장 형성이 필요한 설비(예, 전기투석)
- 계장 및 제어 설비
- 조명

다음은 스팀 시스템에서 필요한 주요 핵심 설비에 대하여 먼저 소개하고, 효율적인 스팀 생산 및 열병합 발전을 위한 설계 방법에 대하여 논의하고자 한다.

16.1 보일러 공급수 처리

그림 16.2는 전형적인 보일러 공급수 처리 시스템을 보여주고 있다. 스팀 생산을 위해서 확보된 보일러 공급수를 전처리해야 하며, 이러한 수처리 설비는 원수(原水)의 질(質)과 유틸리티 시스템의 요구 조건에 따라 달라진다. 공급수 수처리에서는 부유 물질, 용존 고형물, 용존 염 및 용존 가스(특히, 산소와 이산화탄소)에 대한 검토가 주요 사항이다(Kemmer, 1988; Betz, 1991).

그림 16.2에 보인 것처럼 보일러 공급수 처리에서 먼저 부유 물질을 제거하기 위해 여과장치를 사용한다. 일반적으로 여과에 사용되는 설비는 모래 여과 방법이고, 그림 16.3에서 보인 중력식 여과설비와

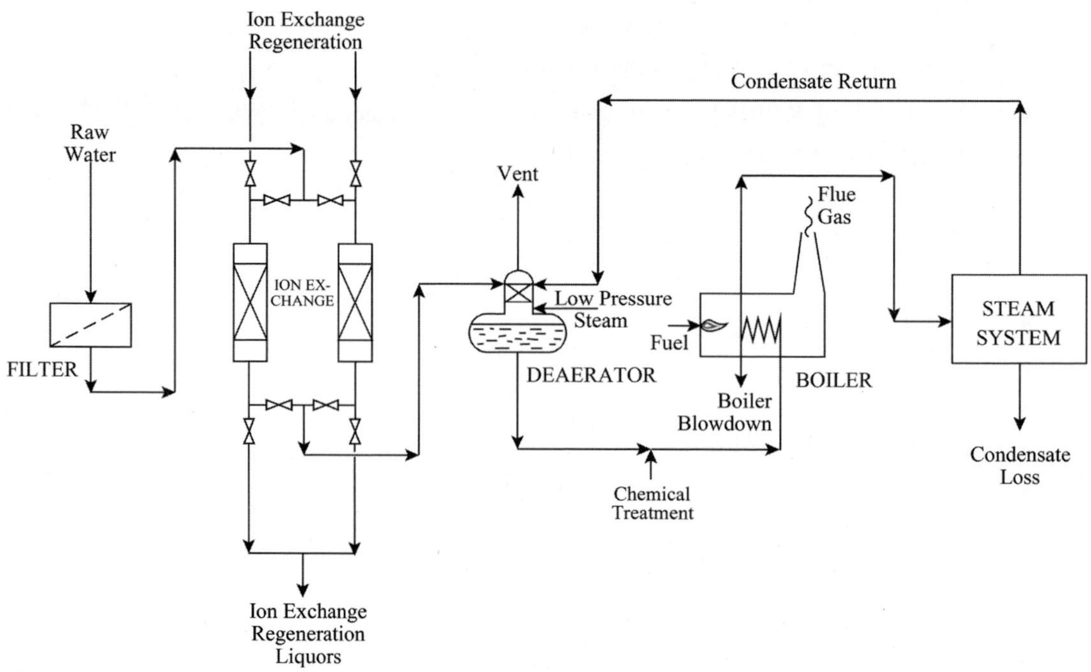

그림 16.2 ▸ 보일러 공급수 처리.

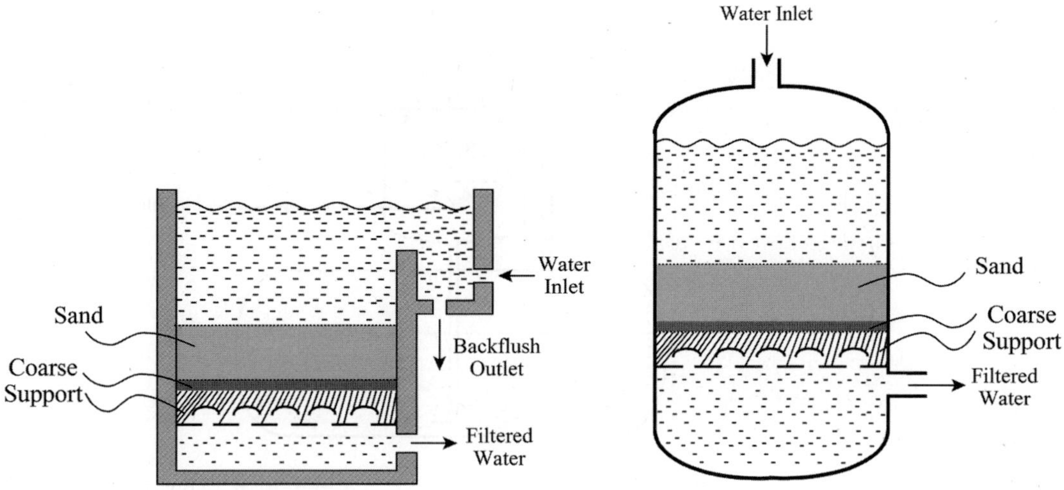

(a) 중력식 여과기 (b) 가입식 여과기

그림 16.3 ▸ **부유 물질 제거를 위한 모래 여과 설비.**

가압식 여과설비가 사용된다. 모래 여과 설비들은 일반적으로 90%에서 95% 정도의 부유 물질을 제거하여 배출수의 부유물질 농도를 약 10~20 μm 수준까지 내릴 수 있다. 여과된 고체물질을 제거하기 위해 여과 설비를 생산 라인에서 주기적으로 격리시키고 순수(clean water)를 사용하여 제거한다. 배출수의 부유물질 농도를 약 0.5 μm 정도로 낮추는 경우에는 분리막 등을 활용한 마이크로여과법 등을 사용하여 제거한다.

용존 염은 스팀 보일러에서 파울링(fouling)과 부식을 유발시키기 때문에 용존 염 제거가 필요하다. 칼슘과 마그네슘과 관련된 염들은 침전되어 열교환 표면이 오염될 수 있으므로 유의해야 하며, 용수에 포함된 실리카는 침전된 오염 물질로 인하여 열전도도가 낮아지고 스팀 터빈 블레이드를 손상시킬 수 있어서 전처리를 통해 제거해야 한다. 나트륨 제올라이트를 사용하는 *연화*(softening) 방법은 가장 간단하게 칼슘과 마그네슘 등 오염 고착 물질(scale)을 유발하는 이온들을 제거하는 것이다.

공정에서는 종종 탈염수(deionized water)의 공급이 필요하고, 이러한 경우에는 연화(softening) 방법 이외에도 추가적으로 이온 교환 수지를 도입하여 여러 용존 고형 물질들과 무기물을 제거한다. 사용된 이온 교환 수지는 생산 라인에서 주기적으로 오프라인시켜 황산과 수산화 나트륨 등을 활용하여 재생시킨다.

이온 교환 수지를 사용하지 않고 나노여과장치와 역삼투 장치 등의 막 기반 설비를 활용하여 탈염수를 생산하기도 한다. 고순도 보일러 공급수를 생산하기 위해서는 역삼투 설비를 적용해야 하고, 나노여과장치는 공유결합 이온 또는 크기가 큰 일가 이온들 정도만 제거할 수 있다. 역삼투 설비는 이온교환 수지에서 사용하는 고가의 유해 화합물을 사용하지 않아도 된다는 장점이 있고, 단순 유지 보수 시간만 필요하여 이온 교환 수지처럼 장기간 재생을 위해 분리시킬 필요성이 없어서 유리하다.

보일러 공급 용수에 존재하는 부유 물질들과 용존 염들을 제거한 후에는 용존 가스들을 제거해야 한다. 특히 이산화탄소와 산소를 용수에서 제거해야 하며, 이는 스팀 보일러에 심각한 부식을 유발을 억제하기 위해서다. 용존 가스를 제거하는 가장 일반적인 방법은 용수의 온도를 올려 용존된 가스를 제거

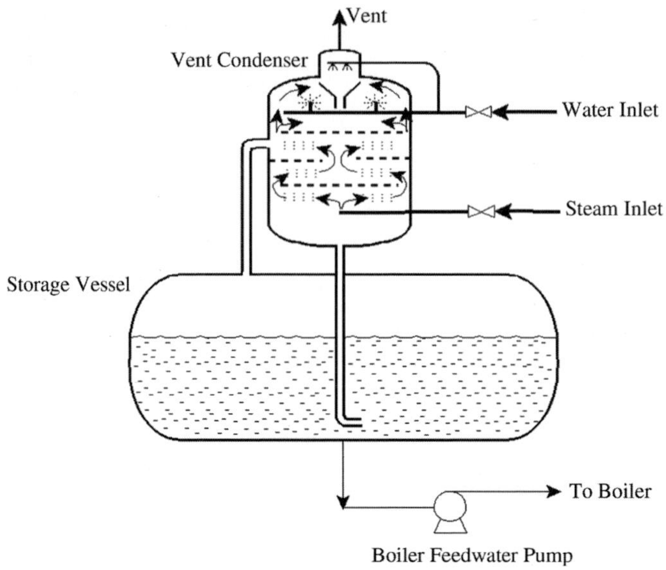

그림 16.4 ▸ 보일러 공급 용수 탈기 설비.

하는 탈기(deaeration) 기법이다(Kemmer, 1988; Betz, 1991). 그림 16.4는 전형적인 탈기 장치를 보여주고 있다. 탈기해야 하는 공기는 설비의 상부에서 공급되며 분무장치를 통해 유입되고, 주입된 스팀과 접촉한다. 일반적으로 보일러 공급수와 스팀 접촉을 증진하기 위하여 충전제 또는 판 형태 구조가 사용되고, 보일러 공급수는 스팀 포화 온도 몇도 내에서 가열되며, 이 때 용존된 비응축 가스들이 유출된다. 탈기된 용수는 설비 하부로 이동되고, 탈기를 위해 사용된 스팀은 상부로 이동한 이후에 대부분 응축되어 생성된 보일러 공급수의 일부가 된다. 비응축성 가스를 포함한 소량의 스팀은 대기중으로 방출된다. 탈기기의 효율적인 운전을 위해 탈기용 스팀과 탈기된 보일러 공급수의 온도는 최소 10°C 정도의 온도 차이가 있어야 한다.

탈기 설비를 거친 보일러 공급용수에는 잔존 산소가 있을 수 있으며, 그런 경우에는 산화방지제 등의 화학품 처리를 통해 추가적으로 산소를 제거한다. 위에 기술된 공급용수 처리 설비들을 통해서 완벽하게 용수에 포함된 고형 물질을 제거하지는 못하기 때문에, 칼슘과 마그네슘 등의 침전을 억제하기 위하여 인산염, 킬레이트 화합물 또는 고분자 분산제 등을 추가 사용하기도 한다. 응축수 시스템에서는 용존 이산화탄소의 해리를 통해서 pH가 5에서 6.5 정도의 값을 갖게 되어 이로 인한 부식 문제가 유발되기 때문에, 휘발성 아민화합물 등을 보일러 공급용수에 포함하여 응축수 관로에서의 수소이온 농도를 중성화하여 부식 피해를 줄인다.

보일러 시스템에서 요구되는 공급 용수의 질(質)은 보일러에서 생산하는 스팀의 압력에 따라 달라지며, 스팀 압력이 높을수록 고순도의 용수가 필요하다.

탈기되고 화학약품 처리를 한 보일러 공급 용수는 보일러에 공급된다. 보일러에서 생산된 스팀은 스팀 시스템에 공급된다. 보일러 용수 전처리에서 제거되지 못한 용존 혹은 부유 고형물질은 보일러에서 계속 축적되어, 과도한 거품 형성(foaming)을 유발하거나 고형물질이 스팀 시스템으로 넘어가게 된다. 또한 고형 물질들은 보일러 성능 저하 또는 과도한 열전달 등을 유발하기 때문에 이에 대한 적절한 처리가 필요하다. 보일러 시스템에서의 고형물질 농도를 효과적으로 제어하기 위하여 용수의 일부분을 의도적으로 유출시키는 것을 고려할 수 있고, 이 때 제거하는 용수를 *유출수*(blowdown)라고 하며, 연

표 16.1 ▸ 스팀 생산 압력에 따른 보일러 공급용수 고형물질 허용 수준

Pressure range (barg)	Total dissolved solids (ppm)
15–25	3000
25–35	2000
35–45	1500
45–60	500
60–75	300
75–100	100

속적으로 또는 주기적으로 용수를 제거한다. 표 16.1은 보일러의 스팀 생산 압력 조건에 따라서 요구되는 전체 용존 고형물질(total dissolved solid, TDS)의 농도를 보이고 있다.

일반적으로 유출수 유량은 용수의 전도도를 측정하여 관리하고, 유출수 유량은 유틸리티 시스템에서의 스팀 유량과의 비율로써 표현된다. 요구되는 유출수 유량은 유틸리티 시스템의 공급용수 전처리와 생산 스팀의 압력에 의해 결정된다. 전형적인 유출수 유량은 저압 스팀 생산용 소규모 보일러인 경우 증발수 유량의 약 5~10%, 고압 스팀 생산용 대규모 보일러인 경우 증발수 유량의 약 2~5% 그리고 초순수 공급수를 사용하는 초대규모 보일러인 경우 증발수 유량의 2% 이하이다.

하부공정에서 사용된 스팀은 사용 후 응축수로 되고 이중 일부는 시스템에서 손실되며 회수된 응축수는 탈기기로 유입된다. 회수된 응축수는 탈이온화 설비를 통해 잔존 고형물질을 제거하기도 하다. 응축수 회수율은 약 90%까지 성취할 수 있으나 산업현장에서는 회수율이 그리 높지 않다. 응축수 회수를 위한 고가의 배관 공사가 필요하다는 관점에서 90% 이상의 매우 높은 응축수 회수율을 얻고자 하는 시도는 경제적 관점에서 유리하지는 않다. 응축수의 손실은 유틸리티 시스템에서의 지속적인 보충수 공급이 필요함을 의미한다.

16.2 스팀 보일러

사용하는 연료와 생산되는 스팀의 압력등에 따라서 다양한 종류의 스팀 보일러가 존재한다(Dryden, 1982). 용도에 따라 요구되는 스팀 압력은 다음과 같다.

- 100 barg: 발전용 스팀 생산을 위한 압력이다.
- 40 barg: 산업용 스팀 분배는 최대 40 barg 압력 내외의 스팀이 필요하다.
- 10~40 barg: 통상적인 산업용 스팀 분배를 위해서는 10~40 barg 압력 내외가 요구된다.
- 2~5 barg: 산업용 스팀 분배를 위해 요구되는 최소 압력 조건이다.

보일러 구조에 따른 분류는 다음과 같다.

- 연관 보일러(fire-tube boiler): 통상적으로 20 barg 내외까지의 스팀 생산에 적합한 소규모 저압 스팀 생산용 보일러(그림 16.5)
- 수관 보일러(water-tube boiler): 가스, 연료유 또는 미분상 고체 연료 등을 사용하는 대규모 고압 스

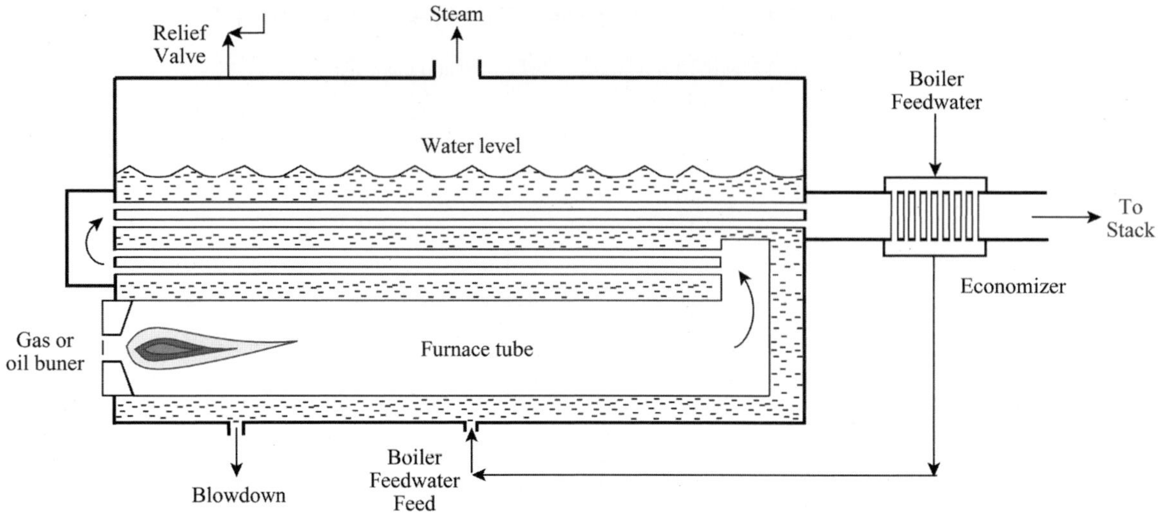

그림 16.5 ▸ 연관 보일러.

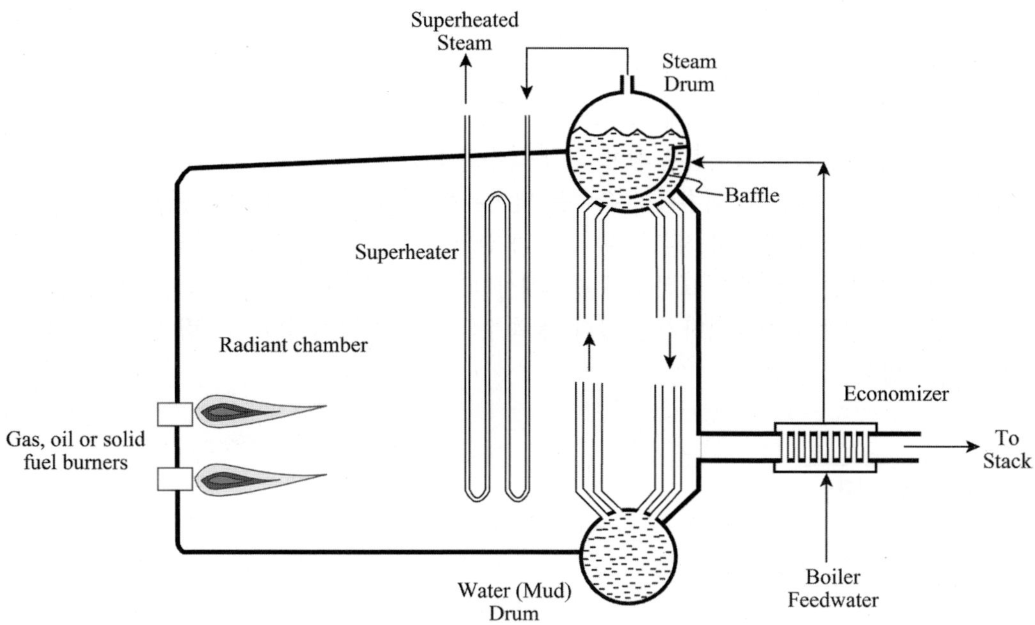

그림 16.6 ▸ 수관 보일러.

팀 생산용 보일러(그림 16.6)

- 유동화 연소 보일러(fludized bed combustion boiler): 고체 연료의 유동화 연소를 통해 스팀을 생산하는 보일러(그림 16.7)

스팀 보일러의 성능 계산을 위해서는 보일러에 유입되는 열량, 생산되는 열량 및 손실 열량에 대한 정보가 필요하다.

1) *유입 열량* *(heat input)* 보일러에 유입되는 열량은 사용되는 연료의 총 발열량(gross calorific value)

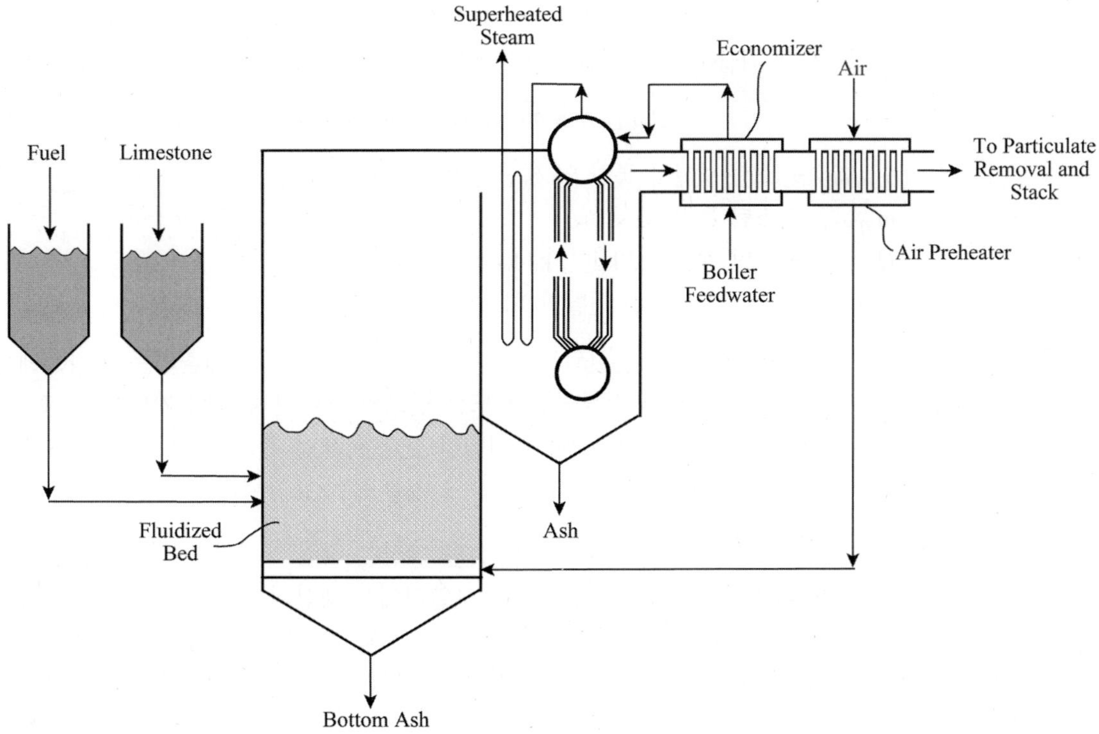

그림 16.7 ▸ 유동화 보일러.

또는 순 *발열량*(net calorific value)을 기준한다. 총 발열량은 표준 온도(15°C 또는 25°C) 및 압력(1.01325 bar) 조건에서 수분을 포함한 연료의 완전한 연소에 의해서 발생되는 열량을 의미한다. 연료에 포함된 수분의 잠열은 통상적으로 연소 장치에서 회수되지 못하기 때문에 순 발열량은 총 발열량에서 연료에 포함된 수분의 증발 잠열을 제외한 열량을 의미한다. 총 발열량과 순 발열량과의 관계는 다음과 같이 표현된다.

$$NCV = GCV - m_{COND}\Delta H_{VAP} \tag{16.1}$$

여기서 NCV (net calorific value) = 순 발열량($J{\cdot}m^{-3}$, $kJ{\cdot}m^{-3}$, $J{\cdot}kg^{-1}$, $kJ{\cdot}kg^{-1}$)
GCV (gross calorific value) = 총 발열량($J{\cdot}m^{-3}$, $kJ{\cdot}m^{-3}$, $J{\cdot}kg^{-1}$, $kJ{\cdot}kg^{-1}$)
m_{COND} = 단위 가스 부피 또는 단위 고체/액체 연료당 응축물의 질량(kg)
ΔH_{VAP} = 표준 온도에서의 증발 잠열($J{\cdot}kg^{-1}$, $kJ{\cdot}kg^{-1}$).

순 발열량은 열 입력에 대한 기준으로 표현된다.

$$Q_{INPUT} = m_{FUEL}NCV \tag{16.2}$$

여기서 Q_{INPUT} = 연료 공급 열량(W, kW)
m_{FUEL} = 연료 유량($m^3{\cdot}s^{-1}$, $kg{\cdot}s^{-1}$)

2) *생산 열량*(*heat output*) 보일러에서 생산되는 열량은 보일러 공급수의 공급 온도에서부터 생산되는 스팀의 최종 온도 조건을 만족하기 위해 필요한 열량을 의미한다. 생산 열량 계산에 보일러 유출수

에 포함된 열을 함께 고려하기도 하지만, 유출수의 일부는 회수되기도 하고 손실되기도 하므로, 유출수를 손실 열량으로 취급하는 것이 적절하다. 생산 열량을 계산하는 식은 다음과 같다.

$$Q_{OUTPUT} = m_{STEAM}(H_{STEAM} - H_{BFW}) \tag{16.3}$$

여기서 Q_{OUTPUT} = 스팀 생산을 통한 열 생산량(W, kW)
m_{STEAM} = 스팀 유량($kg \cdot s^{-1}$)
H_{STEAM} = 스팀 엔탈피($J \cdot kg^{-1}$, $kJ \cdot kg^{-1}$)
H_{BFW} = 보일러 공급수 엔탈피($J \cdot kg^{-1}$, $kJ \cdot kg^{-1}$)

3) *열손실(heat losses)* 보일러에서 손실되는 열은 보일러에서 연소 후 배출되는 배가스에서 손실되거나, 불완전 연소 가스를 통해서 손실되거나 또는 연료의 불완전 연소에 기인한다. 또한, 연소 재(ash)와 함께 손실되는 현열, 보일러 설비 표면에서의 대류 또는 복사 등에 의한 열손실, 유출수에 포함된 열손실 그리고 스팀 분사 등으로 소모되는 열손실 등이 포함된다.

스팀 보일러의 성능은 보일러 효율로 비교하며 효율 계산은 직접 계산법과 간접 계산법이 사용된다. 직접 계산법은 식 (16.4)에 보인 것과 같이 효율을 보일러에서 생산되는 열량과 연료를 통해 공급되는 열량을 이용하여 계산하는 것이며, 간접 계산법은 식 (16.5)와 같이 연료로 공급되는 열량과 열손실을 통하여 계산하는 것이다. 이 책에서 의미하는 효율은 순 발열량 기준이며, 총 발열량 기준의 효율은 순 발열량 기준의 효율보다 낮은 값을 갖는다.

$$\eta_{BOILER} = \frac{Q_{OUTPUT}}{Q_{INTPUT}} = \frac{m_{STEAM}(H_{STEAM} - H_{BFW})}{m_{FUEL}NCV} \tag{16.4}$$

여기서 η_{BOILER} = 보일러 효율(–)

간접적인 방법에서 효율은 연료 투입량과 손실량으로부터 계산된다.

$$\eta_{BOILER} = 1 - \frac{Q_{LOSS}}{Q_{INTPUT}} \tag{16.5}$$

여기서 Q_{LOSS} = 총 에너지 손실량(W, kW)

그림 16.8은 보일러에서 생산되는 스팀 생산을 도식적으로 온도–열량 간의 관계로 보인 것이다. 보일러 배가스의 배출 온도는 약 1800°C이며, 이 배가스의 최종 배출 온도는 대기 온도와 같다. 그림 16.8에서 보인 것과 같이 연소 배가스의 열을 이용하여 보일러 공급수의 예열을 하고 과열(superheated) 스팀을 생산하는 데 활용된다. 일반적으로 스팀 생산 온도는 600°C를 넘지 않는다. 보일러 연료에 포함된 황 성분에 의해서 배가스 관로에 부식 문제을 야기할 수 있기 때문에 통상적으로 배가스의 배출이 이슬점보다 높은 온도 조건에서 운전한다. 이러한 운전 제한 사항 등으로 인하여, 배가스에 포함된 열을 완전하게 활용하지 못하게 되며 연소 비효율의 주요 원인이 된다.

그림 16.9a에 보인 것처럼 보일러의 효율은 운전 용량(load)에 영향을 받는다. *최대 연속 운전 용량*(maximum continuous rating, MCR)은 보일러가 연속적으로 운전할 수 있는 최대 용량이며, 최대 용량 이상에서의 운전은 매우 제한적인 시간 동안만 가능하다. 보일러 운전 최대 효율을 갖는 용량을 *경제적 연속 운전 용량*(economic continous rating, ECR)이라고 하며, ECR은 MCR의 60~80% 정도 값을 갖고 보일러의 평균 운전 영역은 ECR 용량에 기준하여 운전하는 것이 통상적이다. 보일러는 MCR의 20% 정도의 운전 용량에서도 운전하기도 한다. 보일러의 효율은 통상적으로 75~90%이며, 수관보

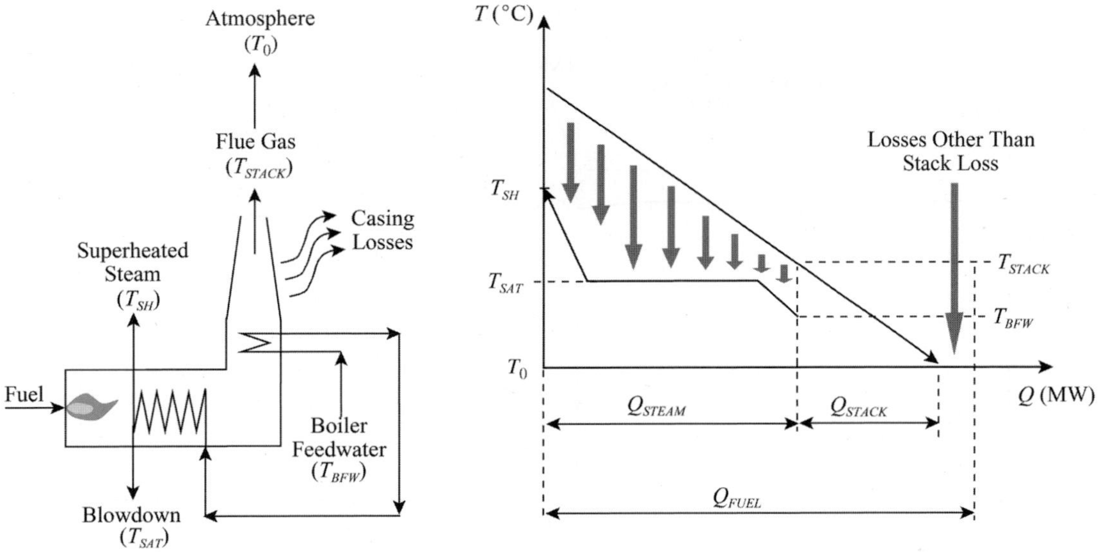

그림 16.8 ▸ **스팀 보일러 모델링.**

일러의 경우에는 93~94% 정도까지 얻을 수 있다. 보일러 설비 표면에서의 복사 등에 의한 열손실은 운전 용량에 무관하게 발생하므로 작은 용량에서 운전하는 것은 설비 표면의 열손실이 상대적으로 커서 보일러 효율의 감소를 유발한다. 한편, 보일러 운전 용량이 증가할 때 배가스의 용량도 증가하지만, 용량이 증가하는 것만큼 배가스에서 열교환으로 전달되는 열전달 속도는 상대적으로 많이 증가하지 않게 된다. 이러한 이유로 인하여 그림 16.9a에서 보인 것과 같이 보일러 효율이 최대가 갖는 지점을 갖게 된다.

다양한 운전 용량 변화 조건하에서 정확하게 보일러 효율을 예측하는 간단한 수학적 경험식을 수립하는 것은 쉽지 않기 때문에 다항식(polynomial equation) 등을 활용하는 방법도 고려해 볼 수 있다. 하지만, 일반적으로 운전 데이터는 정확도가 낮으며 복잡한 비선형식들은 공정 최적화의 계산을 어렵게 하기 때문에 단순한 식의 활용이 요구된다. 식 (16.6)에 보인 식은 좁은 운전 용량 변화 구간에서 적용 가능한 간단한 형태의 보일러 효율 예측 식이다(Shang, 2000).

$$\eta_{BOILER} = \frac{1}{a + b\dfrac{m_{max}}{m_{STEAM}}} \tag{16.6}$$

여기서 m_{max} = 보일러에서 생산되는 최대 스팀 유량($kg \cdot s^{-1}$)

m_{STEAM} = 보일러에서 생산되는 스팀 유량($kg \cdot s^{-1}$)

a, b = 상관 계수들

식 (16.6)에서 사용된 파라미터 a와 b는 여러 용량 조건하에서 얻은 보일러 운전 데이터를 회귀분석하여 얻고, 이 파라미터들 값은 신규 공정의 경우에는 보일러 설계, 기존 공정의 경우에는 운전 및 보수 이력 등에 의해 영향을 받게 된다.

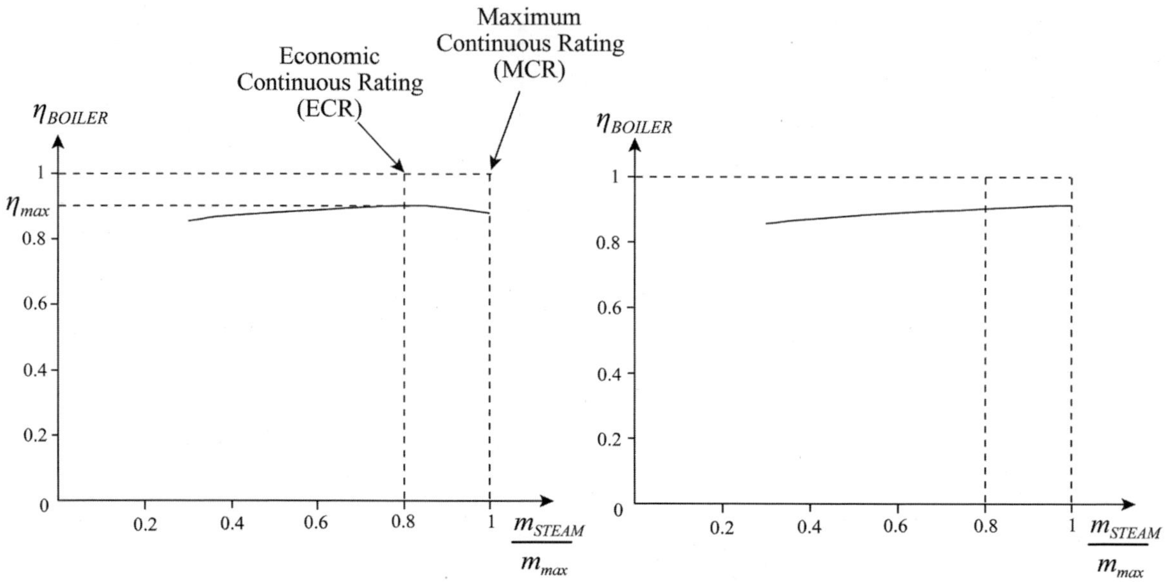

그림 16.9 ▸ **부하에 따른 스팀 보일러 효율 변화.**

$$
\begin{aligned}
Q_{FUEL} &= \frac{Q_{STEAM}}{\eta_{BOILER}} \\
&= \frac{\Delta H_{STEAM}\, m_{STEAM}}{\eta_{BOILER}} \\
&= \Delta H_{STEAM}[a m_{STEAM} + b m_{max}]
\end{aligned}
\tag{16.7}
$$

여기서 ΔH_{STEAM} = 생산된 스팀과 보일러 공급수 간의 엔탈피 차이

식 (16.7)은 연료 소모량과 스팀 생산량과의 관계를 선형식으로 표현하고 있어서 유틸리티 시스템의 모델링과 최적화에 적합하다. 하지만, 그림 16.9b에서 보인 것과 같이 보일러 운전 효율은 용량 변화에 따라 효율이 단조 증가하는 경우도 있으나, 최대치를 갖은 후에 다시 감소하는 경우에는 용량 변화 구간을 나누어 선형 관계식을 각 구간별로 적용하는 것도 고려해 볼 수 있다.

보일러 연소와 관련하여 가장 에너지 손실이 큰 부분은 배가스를 통한 에너지 손실이다. 배가스 배출 온도가 22°C 감소할 때마다 보일러 효율이 약 1% 정도 상승하는 효과를 갖는다. 그림 16.5~16.7에 보인 것처럼 보일러 배가스를 유입되는 보일러 공급수를 가열하는 사용한다(Dryden, 1982). 또는 그림 16.7에 보인 것과 같이 배가스의 폐열을 보일러 연소를 위해 공급하는 *공기의 예열*에 사용하는 방법도 가능하다. 유입 공기 예열은 연소 온도의 상승으로 인해 NO_X 발생량을 증가시키는 단점을 갖는다. SO_X의 응축은 금속 표면의 부식을 유발하기 때문에 배가스에 SO_X가 포함되어 있는 경우에는 배가스 배출의 최소 온도를 제한하게 된다. 통상적으로 SO_X 관련된 부식을 억제하기 위해서는 열교환 설비들의 금속 표면은 약 130°C에서 160°C 정도 이상을 유지하도록 한다.

보일러 연소에 사용되는 과잉 공기량 또한 연소 효율에 큰 영향을 미친다. 적정량 이상의 과잉 공기 공급은 배가스 폐열량의 증가로 귀결되고, 통상적으로 배가스에 과잉 산소가 약 3% 정도 함유되도록 운전된다. 배가스의 과잉 산소량이 1%씩 증가할 때마다 약 1%의 보일러 효율이 감소된다.

예제 16.1

보일러의 사양은 다음과 같다.

스팀 생산량	31.6 $kg \cdot s^{-1}$
스팀 압력	60 bar
스팀 온도	500°C
공급수 온도	100°C
연료, 천연 가스	96.5% 메탄(CH_4), 0.5% 에탄 (C_2H_6), 3.0% 비연소물질
총 발열량 (gross caloric value)	15°C에서 38,700 $kJ \cdot m^{-3}$
연료 소모량	2.9 $m^3 \cdot s^{-1}$

연료의 순 발열량을 기준으로 보일러 효율을 결정하라.

›풀이

$$CH_4(vap) + 2O_2 \rightarrow CO_2 + 2H_2O(vap)$$

CH_4 1 kmol당 2 kmol의 H_2O를 생성하므로, 0.965 kmol의 CH_4는 0:965 × 18 = 34.74 kg H_2O를 생성한다.

$$C_2H_6(vap) + 3\tfrac{1}{2}O_2 \rightarrow 2CO_2 + 3H_2O(vap)$$

C_2H_6 1 kmol당 3 kmol의 H_2O를 생성하므로, 0.005 kmol의 C_2H_6는 3 × 0.005 × 18 = 0.27 kg H_2O를 생성한다. 그러므로 1 kmol의 가스는 34.74 + 0.27 = 35.01 kg H_2O를 생성한다.

또한, 1 kmol의 가스가 차지하는 부피 = (RT/P)

$$= (8314.5 \times 288/1.013 \times 10^5)$$
$$= 23.64\ m^3\ (1.013\ bar,\ 15°C)$$

그러므로 연료 1 m^3당 생성되는 스팀의 양 = 35.01/23.64 = 1.481 kg

GCV와 NCV의 관계식을 활용하면,

$$Q_{GCV} = Q_{NCV} + m_{COND}\Delta H_{VAP}$$
$$Q_{NCV} = 38,700 - (1.481 \times 2441.8) = 35,084\ kJ \cdot m^{-3}$$

스팀표를 활용하면, 작동 유체로 전달되는 열은 다음과 같다.

$$H_{STEAM} - H_{BFW} = 3421 - 419.1 = 3001.9\ kJ \cdot kg^{-1}$$

따라서 보일러 효율은 다음과 같이 주어진다.

$$\eta_B = (3001.9 \times 31.6)/(2.9 \times 35084)$$
$$= 0.93\ (93\%)$$

16.3 가스 터빈

가장 간단한 형태의 가스 터빈은 *압축기*와 *터빈*(또는 *팽창기*)으로 이루어진다. 그림 16.10a에 보인 것처럼 *단일축*을 사용하는 가스 터빈은 압축기와 터빈이 기계적으로 하나의 축에 연결되어 같은 회전 속도로 운전된다. 유입되는 공기는 압축기를 통과하면서 고압 고온 상태를 갖게 되고 연소기에 유입된다. 연소기를 거친 고온 고압 공기와 연소 배가스의 혼합물은 터빈에 공급되고, 혼합 가스가 터빈에서 팽창되면서 축일을 생성한다. 연소기 배출 가스의 온도는 800°C에서 1600°C 이상이 된다. 터빈에서 생산된 축일의 약 2/3 가량은 압축기를 회전하는 데 사용된다. 팽창기에 유입되는 가스의 온도가 높을수록 터빈 효율이 높아지지만, 터빈 블레이드의 재질에 따라 유입 가능한 온도가 결정된다. 그림 16.10b, c, d에서 보인 것처럼 여러 가지 다른 구조의 가스 터빈의 운용도 가능하다. 그림 16.10b는 회전축이 두 부분으로 분리되어 두 개의 터빈 설비를 사용하는 경우로서, 첫 번째 터빈은 압축기에 필요한 축일만을 공급하고, 두 번째 터빈은 생산된 축일을 주변 공정으로 공급하게 된다. 그림 16.10c는 *중공축*(hollow shaft) 가스 터빈으로서 압축기와 팽창기가 각각 이단으로 구성되어 두 개의 축이 개별적으로 연계되어 전체 효율이 최적이 되도록 각 축마다 최적의 회전 속도로 운전한다. 팽창기에서 배출되는 배가스의 잔열을 활용하여 압축기 배출 가스에 추가적인 예열을 하는 구성도 가능함을 그림 16.10d에서 보이고 있다.

가스 터빈의 에너지 효율은 다음과 같이 정의된다.

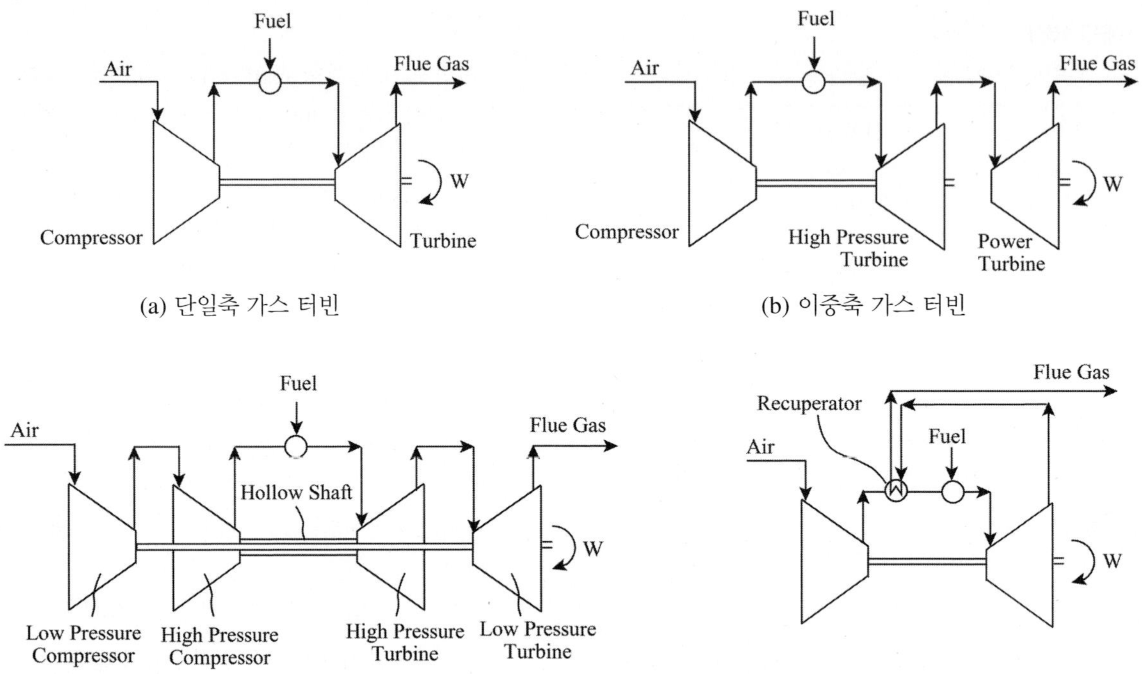

(a) 단일축 가스 터빈 (b) 이중축 가스 터빈

(c) 중공축 가스 터빈 (d) 에너지 회수를 포함한 단일축 가스 터빈

그림 16.10 ▸ **가스 터빈 구성.**

$$\eta_{GT} = \frac{W}{Q_{FUEL}} \tag{16.8}$$

여기서 η_{GT} = 가스 터빈 효율(−)
W = 터빈 축일(kW)
Q_{FUEL} = 연료에서 공급된 열량(kW)

가스 터빈의 효율은 열효율로 나타낼 수 있고, 단순하게 표현한다면 열효율의 역수가 된다[식 (16.9)].

$$HR = \frac{Q_{FUEL}}{W} \tag{16.9}$$

여기서 HR = 가스 터빈 열소비율(−)

식 (16.9)의 W와 Q_{FUEL}의 단위에 따라 열소비율(heat rate)의 단위를 결정한다. 가스 터빈의 성능은 통상적으로 ISO(국제 표준 협회) 조건인 15°C, 1.013 bar, 상대습도 60%인 조건에서 정의한다. 가스 터빈의 최대 용량과 배출되는 열량과의 관계는 식 (16.10)과 같이 표현한다.

$$Q_{FUEL,max} = a + bW_{max} \tag{16.10}$$

여기서 $Q_{FUEL,max}$ = ISO 조건 및 최대 용량 기준에서 연료에서 공급된 열량(MW)
W_{max} = ISO 조건 및 최대 용량 기준에서 터빈의 축일(MW)
a, b = 장비 종류와 제조사에 따른 상수들

$$\eta_{GT,max} = \frac{1}{a + \dfrac{b}{W_{max}}} \tag{16.11}$$

표 16.2 ▸ 가스 터빈 종류

Industrial	Aero-derivative
• Lower-pressure ratio (typically up to 15) • Robust • Lower efficiency (typically 30 to 35%) • Long periods of continuous operation without overhaul • Lower capital cost per unit power output • Sizes over 300 MW	• Higher-pressure ratio (typically up to 30) • Lightweight • Higher efficiency (typically up to 45%) • Require more frequent maintenance than industrial machines • Higher capital cost per unit power output (require advanced materials) • Sizes limited up to 65 MW

식 (16.10)은 식 (16.11)과 같이 표현될 수 있고, 이 두 식은 대략적인 가스 터빈의 용량 결정에 사용할 수 있다.

가스 터빈의 기본적인 특성은 다음과 같다.

- 용량은 약 500 kW에서 300 MW까지 폭넓게 다양하지만 규격화된 특정한 크기를 갖는다.
- *소형 가스 터빈*은 25 kW에서 500 kW 정도의 규모이다.
- 전기 효율은 30~45%이며 냉각형 터빈 블레이드를 사용하게 되면 약 50% 정도까지 증가한다.
- 팽창기에서 배출되는 가스의 온도는 약 450~600°C 정도이다.
- 연소용 연료는 고압 상태이어야 한다.
- 연소용 연료는 황 성분과 고형 입자가 없어야 한다.

통상적으로 사용되는 연료는 연료 가스(예를 들면, 천연 가스, 메탄 가스, 프로판 가스, 합성 가스 등) 또는 경연료유이다.

가스 터빈은 *산업용* 터빈과 *항공용* 터빈의 두 종류로 구분되며, 이 두 가지 터빈의 차이점은 표 16.2에 정리되어 있다. 항공용 터빈은 기계적으로 더욱 복잡하지만 경량이어서, 고효율 저중량 설비의 운용이 필요한 해상용 천연 가스 운송 또는 석유 개발 공정 등에 활용된다. 가스 터빈이 단독적으로 운용되는 경우에는 가스 터빈의 발전효율이 중요한 인자가 되나, 가스 터빈 배가스의 잔열을 효과적으로 회수하고 활용하면 발전 효율의 중요성은 적어진다.

가스 터빈은 기동을 위하여 소형의 전기모터가 필요하다. 기동을 위한 보조 모터는 가스 터빈 축일 생산 용량의 약 15% 정도까지의 전기를 필요로 할 수도 있다. 기동 후에는 보조 모터는 운전을 중지하거나 발전 모드로 전환하여 추가적인 전기 또는 축일을 생산하는 데 활용된다.

가스 터빈의 성능에 영향을 미치는 변수들은 아래와 같다.

1) ***팽창기 유입 가스 온도*** 팽창기에서 생산되는 축일의 양은 팽창기 유입 가스의 절대 온도에 비례한다. 터빈 블레이드의 냉각 없이 유입 가스의 온도는 최대 1300°C까지 가능하다. 가스 터빈에 유입되는 공기의 일부를 터빈 블레이드의 냉각에 사용하게 되면 팽창기 유입 가스 온도를 최대 1600°C 이상도 얻을 수 있게 된다.
2) ***압축비*** 압축기 입구와 출구 조건 간의 압력비가 증가하면 생산 축일량이 증가하다가 최대점을 가진 후에 감소하게 된다. 팽창기 유입 가스의 온도가 증가할수록 최적 압축비는 증가하게 된다. 산업용 가스 터빈은 일반적으로 10~15 정도의 압축비를 갖고, 항공용 가스 터빈은 20~30 정도의 압축

비를 갖는다.

3) *대기 조건* 가스 터빈의 성능은 일반적으로 15°C, 1.013 bar 및 상대 습도 60%의 ISO (international standards organization) 조건에서 지정된다. 압축기에 의해 소비되는 전기는 유입 공기의 절대 온도에 비례한다. 따라서 대기 온도가 낮아지면 가스 터빈의 축일 생산량과 효율이 모두 증가한다. 예를 들어, 40°C에서 축일 생산량은 일반적으로 ISO 조건 하에서의 축일 생산량의 약 90%로 떨어질 수 있다. 0°C에서 축일 생산량은 ISO 조건 하의 축일 생산량보다 6% 증가될 수 있다. 고온 기후에서는 유입 공기의 냉각을 통하여 성능을 향상시킬 수 있다. 그러나 유착 패드(coalescing pad)의 설치에 의해 압축기로 물이 유입되는 현상을 피하도록 주의를 기울여야 하는데, 그렇지 않으면 압축기 파울링이 증가하고 성능이 저하될 수 있다. 상대 습도를 낮추면 출력과 효율이 떨어진다. 고도가 높아지면 출력이 감소한다.

4) *운전 부하* 부하가 감소함에 따라 효율이 급격히 떨어진다. 운전 부하가 100% 정격 용량에서 멀어질수록 시스템 성능 저하가 심해진다. 성능의 저하 정도는 기계 및 제어 시스템에 따라 다르다. 예를 들면, 100% 부하에서의 운전 효율과 비교하면, 전체 부하의 70%에서 운전되는 경우에(기계 및 제어 시스템에 따라 다르게 되지만) 일반적으로 5%에서 15% 정도의 효율이 저하된다. 이중 축 및 중공형 축을 사용하는 경우에는 단일 축보다 부분 부하에서의 운전 성능 저하가 상대적으로 적다. 부분 부하에서의 성능은 장치의 용량에 따라 다르다. 그러나 가스 터빈 열병합 발전 시스템에서, 가스 터빈의 운전 신뢰성을 증가시키기 위해 일상적으로 전체 부하에서만 작동하지는 않도록 설계된다.

5) *배압* 가스 터빈의 가스가 대기 중으로 배출되기 이전에 압력 강하가 있는 장치를 통과할 수 있다. 이것은 열회수 스팀 생산 장치(HRSG), 연소로, 또는 NO_X 처리 장치일 수 있다. 이러한 장치에 의해 생성된 배압(back pressure)은 가스 터빈의 발전량을 감소시킨다.

가스 터빈 내의 연소는 오염 물질을 생성한다. 주요 관심사는 NO_X이다. NO_X 배출량은 18장에서 상세히 다루겠지만, 이 시점에서 가스 터빈과 관련된 문제를 검토하고자 한다. 가스 터빈의 NO_X 배출량은 다음 세 가지 방법 중 하나로 처리한다.

1) *다단계 연소* 가스 터빈의 표준 연소 장치에서 연료와 공기는 연소기에서 혼합된다. 이는 국부적으로 높은 화염 온도를 유도하게 되어, 공기 내의 질소가 산소와 반응하여 NO_X를 생성하기 좋은 조건을 형성하게 된다. *단계적* 또는 *예비 혼합* 연소는 연료와 공기를 양론적으로 필요한 양보다 작은 비율로 혼합하여, 높은 화염 온도 형성을 완화한다. 첫 번째 연소 단계는 연료가 상대적으로 많게 유지하고, 그 이후에 추가적으로 공기가 혼합되어 연소가 최종적으로 완료된다. 이러한 단계적인 연소는 국부적으로 높은 화염 온도 및 NO_X 형성을 낮춘다. NO_X 배출은 기체 연료의 경우 10 ppm으로, 액체 연료의 경우 25 ppm으로 줄일 수 있다.

2) *스팀 주입* 스팀은 불활성 물질로서 연소 영역에 주입되어, 국부적으로 높은 화염 온도를 낮추어 NO_X 생성을 감소시킨다. 스팀 주입 방법은 일반적으로 NO_X 배출의 60% 정도를 감소시킬 수 있다. 분명한 단점은 주입된 스팀이 대기로 손실되고, 스팀의 잠열을 회수할 수 없다는 것이다. 스팀 주입의 긍정적인 효과는 터빈을 통과하는 질량 유량이 증가하는 효과를 갖게 되어, 가스 터빈의 출력이 증가한다는 것이다. 실제로 NO_X 억제에 필요량 이상의 추가적인 스팀 주입은 전기 생산을 증가시키는 데 사용될 수 있다.

3) *배기 가스의 처리* 다단계 연소 또는 스팀 주입이 NO_X 배출 규제 요건을 충족시키지 못하면 가스 터빈 배가스를 직접적으로 처리하여 NO_X를 제거한다. 가스 터빈 배가스에서 NO_X를 처리하는 통상

적인 방법은 선택적 촉매 환원 방법에 의한다. 이것은 18장에서 보다 상세히 다루어지겠지만 화학적으로 NO_X를 질소로 환원시키는 촉매를 사용하고, 촉매에 암모니아를 주입한다.

가스 터빈은 공기압축기, 연소실, 터빈 팽창기의 세 부분으로 나누어 공정 모델링할 수 있다. 특정한 가스 터빈을 모델링하기 위해서는 제조업체가 지정한 ISO 정격 성능과 일치하도록 압축기 효율, 연소 온도, 연소기 압력 강하 및 터빈 효율을 조절하여 설정한다.

이 모델링 방식은 개념 설계에 유용하지만 부분 부하에서의 운전을 고려하기 어렵다. 이것은 ISO 정격 조건 하에서 모델링하는 데 사용된 매개 변수가 부하에 따라 변하기 때문이다. 기계 공학자 Peter William Willans의 이름을 따서 Willans Line 방식을 기반으로 대안적인 접근법을 개발할 수 있다. 이러한 접근법을 개발하기 위해 연료 대 공기 비율과 스팀 대 공기 비율을 다음과 같이 정의한다.

$$f = \frac{m_{FUEL}}{m_{AIR}} \quad s = \frac{m_{STEAM}}{m_{AIR}}$$

물질 수지는 다음과 같다.

$$\begin{aligned} m_{EX} &= m_{AIR} + m_{STEAM} + m_{FUEL} \\ &= \frac{f+s+1}{f} m_{FUEL} \end{aligned} \tag{16.12}$$

여기서 $m_{AIR}, m_{STEAM}, m_{FUEL}, m_{EX}$ = 유입된 공기, 주입된 스팀, 연료 및 배가스의 질량 유속

가스 터빈의 에너지 수지는 다음과 같다(Shang, 2000).

$$\begin{aligned} m_{AIR}H_{AIR} + m_{STEAM}H_{STEAM} + m_{FUEL}H_{FUEL} + m_{FUEL}\Delta H_{COMB} \\ - m_{EX}H_{EX} - W - W_{LOSS} = 0 \end{aligned} \tag{16.13}$$

여기서 $H_{AIR}, H_{STEAM}, H_{FUEL}, H_{EX}$ = 유입된 공기, 주입된 스팀, 연료 및 배가스의 엔탈피

ΔH_{COMB} = 연료의 연소열

W = 축일 생산

W_{LOSS} = 기계적 비효율로 인한 축일 손실

식 (16.12)와 (16.13)을 결합하고 정리하면 다음과 같다(Shang, 2000; Varbanov, Doyle and Smith, 2004).

$$W = n\, m_{FUEL} - W_{LOSS} \tag{16.14}$$

여기서 $n = \frac{H_{AIR}}{f} + \frac{s}{f}H_{STEAM} + H_{FUEL} + \Delta H_{COMB} - \frac{f+s+1}{f}H_{EX}$

고정된 연료 대 공기 비율과 고정된 스팀 대 공기 비율을 가지며 기계적 손실이 운전 부하와 무관하다고 가정하면, 식 (16.14)는 가스 터빈 축일 생산량과 연료의 질량 유량 사이에 선형 관계를 형성한다. 열 엔진(heat enginer)을 통한 축일 생산량과 질량 흐름 간의 관계는 Willans 선(line) (Shang, 2000; Varbanov, Doyle and Smith, 2004)이라고도 불린다. 이것이 엄격하게 적용 가능한 것인지 아닌지는 가스 터빈의 제어 시스템에 달려 있다. 따라서 가스 터빈의 Willans Line은 다음과 같이 쓸 수 있다.

$$W = n\, m_{FUEL} - W_{INT} \tag{16.15}$$

여기서 W_{INT} = Willans Line의 절편(kW, MW)

그러나 식 (16.15)는 가스 터빈이 ISO 조건(15°C, 1.03 bar, 60% 상대 습도의 대기 조건)에서 작동한다는 가정 하에 도출된 관계식이므로, 대기 온도 변화에 따른 관계식 보정이 필요하다. 따라서 식 (16.15)는 다음과 같이 대기 온도에 대한 보정을 포함하도록 수정될 수 있다.

$$W = (n\, m_{FUEL} - W_{INT})(a + bT_0) \tag{16.16}$$

여기서 T_0 = 대기 온도(°C)
a, b = 상관 매개 변수

따라서 부분 부하에서 가스 터빈의 성능을 모델링하려면 회귀 분석에 의해 가스 터빈 운전 데이터를 바탕으로 가장 적절한 n, W_{INT}, a, b 값을 구해야 한다. 식에서 $(a + bT_0)$ 항의 값은 15°C에서 1.0이 되도록 한다. 주변 대기 온도에 따른 출력 변화에 대한 상관 매개 변수들의 값은 가스 터빈 모델에 따라 다르다.

그림 16.11은 가스 터빈의 배가스가 대기로 방출되기 전에 *열회수 스팀 발생기*(HRSG)를 활용하여 스팀을 생성하는 통합형 가스 터빈 시스템을 보여준다. 가스 터빈 배가스가 산소를 함유하기 때문에(일반적으로 15% 정도) 가스 터빈 배가스에 연료를 분사하여 HRSG에 들어가기 이전에 가스 터빈 배가스의 온도를 높일 수 있다. 이를 *추가* 혹은 *보조 연소*라고 한다. HRSG에서 생성된 스팀은 공정 유체의 가열에 직접 사용될 수도 있고, 스팀 터빈으로 유입되어 추가적인 축일을 생성할 수도 있다. 그림 16.11a는 단일 압력의 스팀을 생산하는 HRSG를 보여준다. 그림 16.11b는 서로 다른 압력의 스팀을 생성하는 보다 복잡한 HRSG를 보여준다. 그림 16.12a는 보조 연소가 없는 단일 압력 스팀 생산을 위한

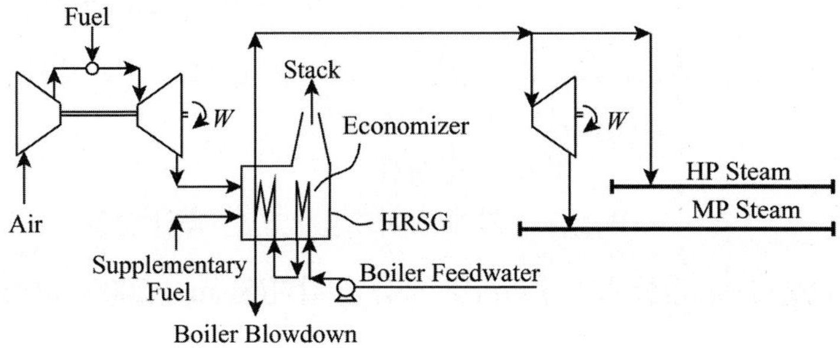

(a) 단일 압력 스팀 생산 HRSG

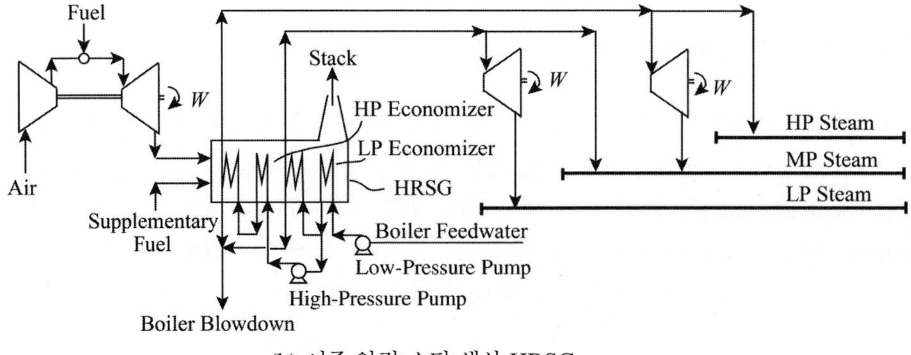

(b) 이중 압력 스팀 생산 HRSG

그림 16.11 ▸ 열회수 스팀 발생 설비(HRSG)가 장착된 가스 터빈.

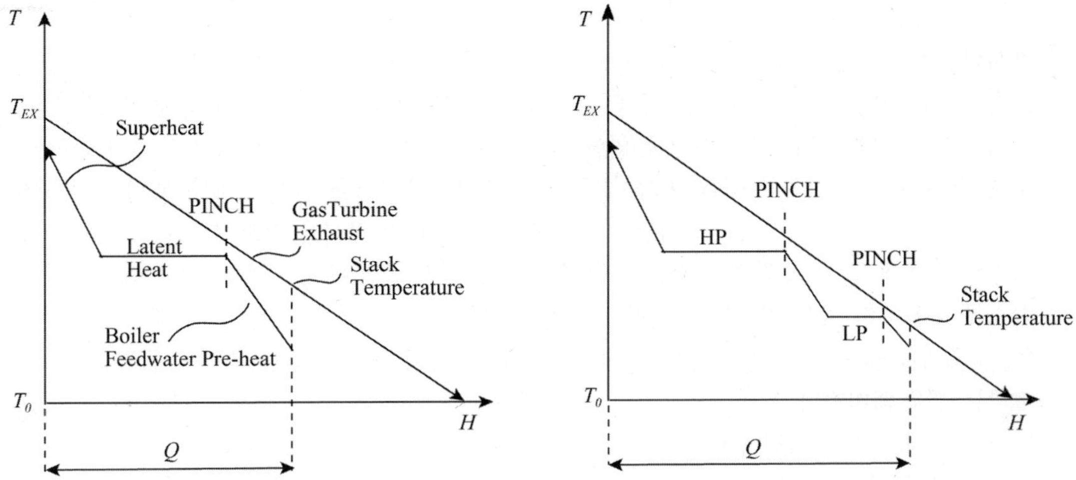

(a) 단일 압력 스팀 생산 HRSG (b) 이중 압력 스팀 생산 HRSG

그림 16.12 ▸ HRSG의 온도-엔탈피 선도.

HRSG의 온도-엔탈피 선도를 보여준다. 스팀 생산 선도는 보일러 공급수의 예열, 잠열 및 과열이 포함된다. 가스 터빈 배가스로부터 스팀 발생으로의 열회수를 최대화하는 것은 가스 터빈 배가스와 스팀 생산 선도 사이의 핀치(열역학적으로 열교환이 가장 어려운 부분)에 의해 제한된다. 그림 16.12b는 두 가지 다른 압력의 스팀을 생산하는 HRSG의 온도-엔탈피 선도를 보여주며, 저압(LP) 및 고압(HP) 수준의 보일러 공급수에 대한 예열, 잠열 및 과열이 모두 포함된다. 이중 압력 스팀을 생산하는 경우에 스팀 생산 선도가 가스 터빈 배가스 선도와 더 잘 일치시킨다. 이는 단일 압력 스팀 생산을 위한 HRSG와 비교할 때 더 많은 열회수가 가능함을 의미한다. 이중 압력 스팀 생산을 위한 HRSG의 경우, LP 및 HP 스팀 생산량에 대한 자유도가 있으므로 열회수를 제한하는 두 개의 핀치가 생성된다. 가장 규모가 큰 가스 터빈은 삼중 압력 스팀을 생산하는 HRSG에 활용되기도 하지만, 일반적으로 발전소에 적용된다.

그림 16.12는 보조 연소 없이 가스 터빈 배기 가스로부터 스팀을 발생시킬 수 있는 가능성을 보여준다. 스팀 생산 가능량은 가스 터빈 배기 가스에 추가적인 연료를 사용하여 보조 연소를 통해 증가될 수 있다. 가스 터빈에는 HRSG 운용과 관련하여 세 가지 운전 모드가 있다.

1) ***보조 연소가 없는 HRSG*** 가스 터빈 배기 가스의 현열만을 이용하여 스팀을 생산한다.
2) ***보조 연소 HRSG*** 보조 연소는 배기 가스에 추가적인 연료를 혼합하고, 배기 가스에 포함된 산소의 일부를 활용하여 연료를 연소시킴으로써 온도를 상승시킨다. 보조 연소는 대류에 의한 열전달을 통해 스팀을 생산하며, 관로 재질의 제한 등으로 최대 925°C 정도까지 온도가 제한된다. 그러나 HRSG의 벽면이 수냉되는 경우에는 연소 온도를 1200~1300°C까지 높일 수 있다.
3) ***완전 연소 HRSG*** 완전 연소 HRSG는 배기 가스의 산소를 최대한 활용하여 최대한 스팀 생산량을 증가시킨다. 통상적으로 효율적인 연소를 확보하기 위해서는 연소 공정의 과잉 산소 공급 비율을 최소 3% 정도 수준으로 감소시키고자 하며, 완전 연소 HRSG에서는 3% 수준까지 운전하는 것을 의미한다. 하지만 이러한 운전은 복사 기반의 열전달을 수반함을 의미한다. 본질적으로 완전 연소라 함은 가스 터빈 배기 가스가 예열된 연소용 공기로서 스팀 보일러에 사용됨을 의미한다.

그림 16.13은 보조 연소에 대한 온도–엔탈피 선도를 보여준다. 보조 연소는 배기 가스의 온도를 증가시킴으로써 이용 가능한 열의 양과 스팀 발생량을 증가시킨다. 보조 연소는 보다 많은 양의 스팀을 고효율로 생산할 수 있게 한다. 또한 더 높은 스팀 과열 온도를 얻을 수 있고, 유연성이 높은 스팀 시스템의 운영을 가능하게 한다. 이미 논의한 바와 같이, 가스 터빈은 부분 부하 운전이 용이하지 않다. 보조 연소는 가스 터빈의 부하를 변화시키지 않고 스팀 발생량을 변화시킬 수 있다. 그림 16.13은 보조 연소가 가스 터빈 배기 가스의 선도와 스팀 생성 선도 간의 간격을 감소시키는 특성을 보여 준다. 보조 연소된 경우에 두 선도 간의 간격을 좁히며 더 가깝게 만들면 배기 가스의 최종 대기 배출 온도가 보조 연소를 사용하지 않은 경우보다 많이 낮아지게 된다. 배기 가스의 최종 대기 배출 온도가 낮아지게 되면, 보조 연소를 통한 스팀 발생에 대한 기여하는 열량이 보조 연소를 위해 공급되는 연료의 열량보다 크다는 것을 의미한다.

지금까지는 가스 터빈 통합 시스템에 중점을 두어 비연소, 보조 연소 또는 완전 연소 시스템에서 스팀 생산을 위해 배기 가스를 활용했다. 그러나 배기 가스는 다른 방법으로 사용할 수 있다. 원칙적으로 공정에서 가열이 필요한 장치나 흐름에 직접 사용될 수 있다. 이것은 공정 유체와 고온의 가스 터빈 배기 가스 사이의 직접적인 열교환을 의미한다. 그러나 이러한 방법은 안전 문제를 고려한다면 적용이 어려울 수도 있다. 공정 유체가 가연성이며 누출이 발생하면 가연성 물질의 화재 및 폭발 가능성이 있게 된다. 가스 터빈 배기 가스는 건조용으로도 사용될 수 있다. 5장에서 논의된 바와 같이, 건조는 보통 뜨거운 공기로 물의 증발을 통해 이루어진다. 일부 적용 예에서, 가스 터빈은 뜨거운 공기를 제공하기 위해 건조기에 직접 연계되어 공급될 수 있다. 그러나 NO_X를 포함한 소량의 연소 생성물이 공정을 오염시키지 않도록 주의해야 한다. 마지막으로, 가스 터빈의 뜨거운 배기 가스는 산소가 약간 부족하더라도 예열된 연소 공기로서 연소로에 공급되기도 한다. 이러한 적용의 예는 정유 공장에서 연소로 반응기 또는 가열 연소로 등을 기반으로 하는 에틸렌 공정이 대표적이다.

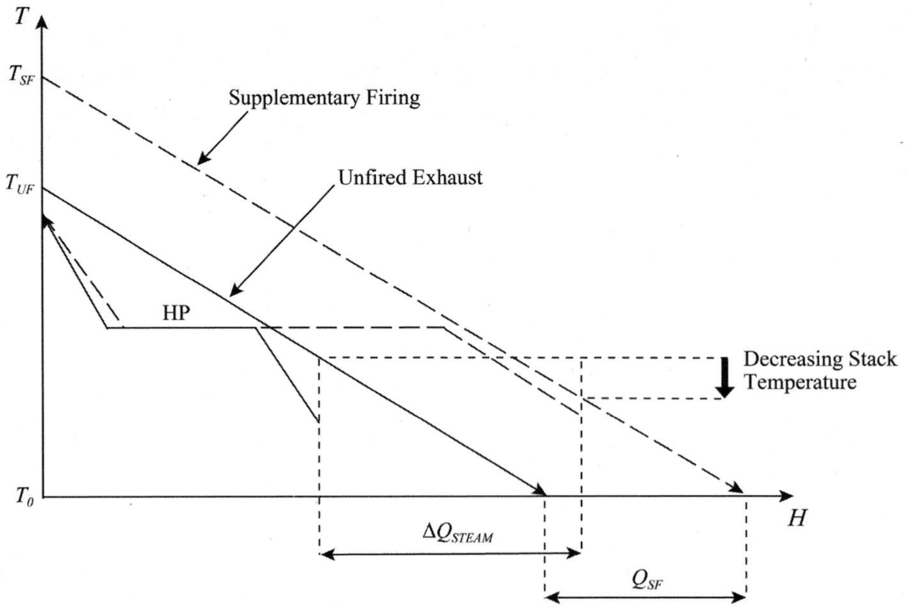

그림 16.13 ▸ 보조 연소 HRSG.

예제 16.2

가스 터빈은 ISO 조건에서 모델링한다. 제조업체의 제공 데이터에서 공기 유량은 641 kg·s^{-1} 그리고 압력비는 17이다. 또한 터빈 입구의 온도는 1250°C이다. 기체의 압축 계수는 1.0이고 평균 분자량은 28.8 kg·kmol^{-1}라고 가정한다. 다음을 계산하라.

a) 등엔트로피 효율 85%로 가정할 때, $\gamma = 1.38$인 가스에 대하여, 압축기에 필요한 동력과 출구 온도를 구하라.

b) 터빈 팽창에 의해 생성된 동력 및 배가스의 온도를 계산하라. (연소기에서의 압력 강하가 입구 압력의 6%, 배출 압력은 1.013 bar, 등엔트로피 효율은 0.88 그리고 $\gamma = 1.32$를 가정하라.)

c) 기계적 손실이 없다고 가정하고, 가스 터빈에 의해 생성된 동력을 계산하라.

d) 연료의 소모 열량, 터빈의 효율 및 터빈 열효율(kJ·kWh^{-1})을 계산하라. (배가스의 평균 몰 열용량을 33.2 kJ·kMol^{-1}·K^{-1}로 가정하라.)

>풀이

a) 압축기에 필요한 전력은 다음 식에서 계산될 수 있다.

$$
\begin{aligned}
W &= \left(\frac{\gamma}{\gamma-1}\right)\frac{ZRT_{in}}{\eta_{IS}}\left[1-\left(\frac{P_{out}}{P_{in}}\right)^{(\gamma-1)/\gamma}\right] \\
&= \frac{641}{28.8}\left(\frac{1.38}{1.38-1}\right) \\
&\quad \times \frac{1.0\times 8314.5\times 288.15}{0.85} \\
&\quad \times \left[1-\left(\frac{17\times 1.013}{1.013}\right)^{(1.38-1)/1.38}\right] \\
&= -2.693\times 10^{8}\ \text{W}
\end{aligned}
$$

압축기의 출구 온도는 다음 식에서 계산할 수 있다.

$$
\begin{aligned}
T_{out} &= \left(\frac{T_{in}}{\eta_{IS}}\right)\left[\left(\frac{P_{out}}{P_{in}}\right)^{(\gamma-1)/\gamma} + \eta_{IS} - 1\right] \\
&= \left(\frac{288.15}{0.85}\right)\left[(17)^{(1.38-1)/1.38} + 0.85 - 1\right] \\
&= 688.8\ \text{K} \\
&= 415.6\ ^\circ\text{C}
\end{aligned}
$$

b) 팽창기에 의해 생성된 전력량은 아래와 같이 계산한다.

$$
\begin{aligned}
W &= \left(\frac{\gamma}{\gamma-1}\right)\eta_{IS,E}ZRT_{in}\left[1-\left(\frac{P_{out}}{P_{in}}\right)^{(\gamma-1)/\gamma}\right] \\
&= \left(\frac{641}{28.8}\right)\left(\frac{1.32}{1.32-1}\right) \\
&\quad \times 0.88\times 1.0\times 8314.5\times 1523.15 \\
&\quad \times \left[1-\left(\frac{1.013}{0.94\times 17\times 1.013}\right)^{(1.32-1)/1.32}\right] \\
&= 5.006\times 10^{8}\ \text{W}
\end{aligned}
$$

터빈 배기 가스의 온도는 아래와 같이 계산한다.

$$
\begin{aligned}
T_{out} &= T_{in}\eta_{IS,E}\left[\left(\frac{P_{out}}{P_{in}}\right)^{(\gamma-1)/\gamma} + \frac{1}{\eta_{IS,E}} - 1\right] \\
&= 1523.15\times 0.88 \\
&\quad \times \left[\left(\frac{1.013}{0.94\times 17\times 1.013}\right)^{(1.32-1)/1.32} + \frac{1}{0.88} - 1\right] \\
&= 867.4\ \text{K} \\
&= 594.2\ ^\circ\text{C}
\end{aligned}
$$

c) 가스 터빈에 의해 생성된 순 전력량(축일)

$$
\begin{aligned}
&= (5.006 - 2.693)\times 10^{8} \\
&= 2.313\times 10^{8}\ \text{W} \\
&= 231.3\ \text{MW}
\end{aligned}
$$

d) 연료로 공급되는 열량

$$
\begin{aligned}
&= \left(\frac{641}{28.8}\right)\times 33.2\times(1250-415.6) \\
&= 6.165\times 10^{5}\ \text{kJ}\cdot\text{s}^{-1}
\end{aligned}
$$

$$
\begin{aligned}
\text{열소비율} &= \frac{6.165\times 10^{5}\times 3600}{231.3\times 10^{3}} \\
&= 9595\ \text{kJ}\cdot\text{kWh}^{-1} \\
\text{효율} &= \frac{231.3\times 10^{3}}{6.165\times 10^{5}} \\
&= 0.375
\end{aligned}
$$

예제 16.3

표준 조건에서 천연 가스를 연소하는 가스 터빈의 주요 사양은 아래와 같다.

$$W = 26,070\,\text{kW}$$
$$HR = 12,650\,\text{kJ}\cdot\text{kWh}^{-1}$$
$$m_{EX} = 446,000\,\text{kg}\cdot\text{h}^{-1}$$
$$T_{EX} = 488\,°\text{C}$$

상기 자료를 활용하여 다음의 값들을 계산하라.

a) 표준 조건에서의 연료 소모량(ΔH_{FUEL}) 및 효율(η_{GT})을 계산하라.

b) 배기 가스에서 가능한 열회수량을 계산하라. ($T_{STACK} = 100°\text{C}$, $C_P = 1.1\ \text{kJ}\cdot\text{kg}^{-1}\cdot\text{K}^{-1}$)

c) 대기 온도가 0°C일 때, $W_{\max}$, HR, η_{GT}, Q_{FUEL}를 계산하라. 가스 터빈 성능은 아래의 식으로 근사하여 예측한다. T_0는 외부 온도(°C).

$$W_{max}(\text{kW}) = 29,036 - 189.4T_0$$
$$HR(\text{kJ}\cdot\text{kWh}^{-1}) = 12,274 + 31.32T_0$$

d) 표준 조건에서 연료를 추가적으로 연소하여 배기 가스의 온도를 850°C까지 증가시킨 경우, 배기 가스로부터 회수 가능한 열량을 계산하라.

›풀이

a) 연료 소모량 및 효율은 아래와 같다.

$$\Delta H_{FUEL} = W\,HR = \frac{26,070(\text{kW}) \times 12,650(\text{kJ}\cdot\text{kWh}^{-1})}{3600(\text{kJ}\cdot\text{kWh}^{-1})} = 91,607\,\text{kW}$$

$$\eta_{GT} = \frac{1}{HR} = \frac{3600\,(\text{kJ}\cdot\text{kWh}^{-1})}{12,650\,(\text{kJ}\cdot\text{kWh}^{-1})} = 0.28$$

b)

$$Q_{EX} = mC_P(T_{EX} - T_{STACK}) = \frac{446,000 \times 1.1 \times (488 - 100)}{3600} = 52,876\,\text{kW} = 52.9\,\text{MW}$$

c) 0°C 조건에서 계산한다.

$$W_{max} = 29,036 - 189.4T_0 = 29,036 - 189.4 \times 0 = 29,036\,\text{kW}$$

$$HR = 12,274 + 31.32T_0 = 12,274\,\text{kJ}\cdot\text{kWh}^{-1}$$

$$\eta_{GT} = \frac{3600}{12,274} = 0.29$$

$$Q_{FUEL} = W\,HR = \frac{29,036 \times 12,274}{3600} = 98,997\,\text{kW}$$

d)

$$Q_{SF} = mC_P(T_{SF} - T_{EXHAUST}) = \frac{446,000 \times 1.1 \times (850 - 488)}{3600} = 49,333\,\text{kW} = 49.3\,\text{MW}$$

추가 연료 연소를 통한 배기 가스로부터의 회수 가능한 열량

$$= 52.9 + 49.3 = 102.2\,\text{MW}$$

16.4 스팀 터빈

스팀 터빈은 *회전바퀴*에 장착된 *블레이드*의 열을 스팀이 통과하면서 팽창되어, 스팀의 에너지를 축일로 변환시켜서 스팀으로부터의 에너지를 추출하는 설비이다(Elliot, 1989). 스팀 터빈 블레이드는 *임펄스형*(충격형) 또는 *반응형*으로 분류될 수 있지만 대부분이 두 요소의 요소가 결합된 형태를 갖는다(Elliot, 1989). *임펄스형 터빈*은 물레방아와 비슷하다. 단일 바퀴 임펄스형 터빈은 그림 16.14a에 있다. 임펄스 노즐은 잘 형성된 고속 제트 흐름 하에서 스팀이 흐르도록 한다. 움직이는 *블레이드* 또는 *버킷*은 제트류의 운동 에너지를 흡수하여 기계적 일로 변환된다. 스팀이 움직이는 블레이드에 충돌하면 방

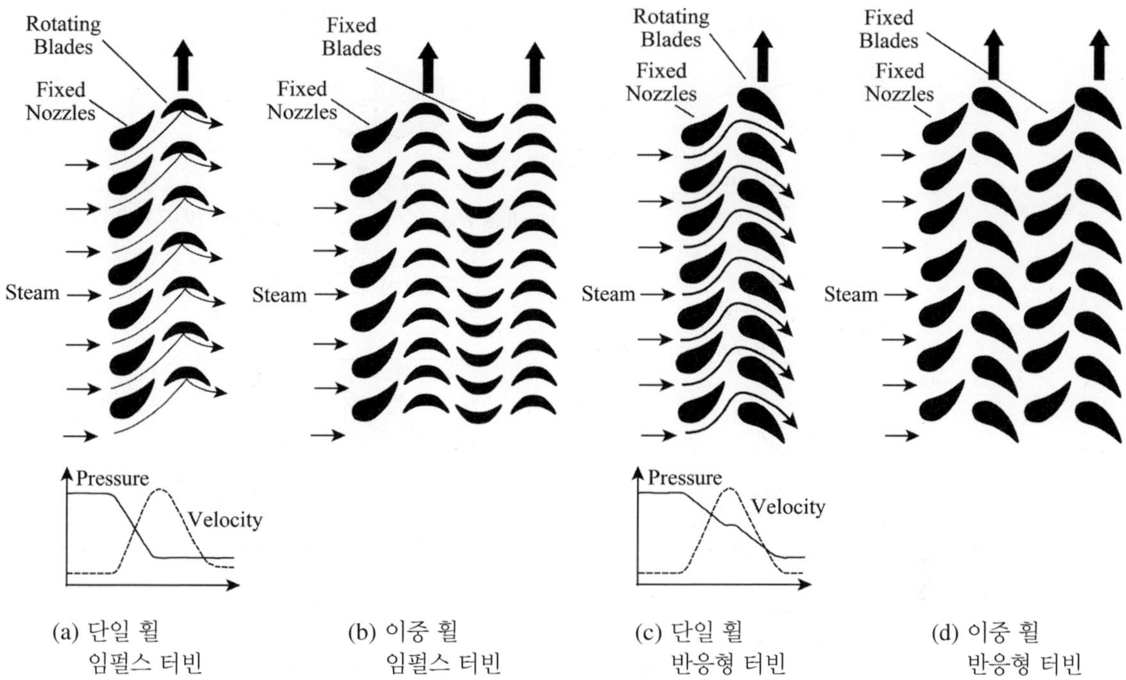

그림 16.14 ▸ 스팀 터빈 유형.

향이 바뀌면서 운동량이 달라진다. 이것이 블레이드에 충격을 준다. 순수한 임펄스형 터빈에서는 움직이는 블레이드에서의 압력 강하는 발생하지 않는다(마찰로 인한 압력 강하는 제외). 압력 강하는 정지된 블레이드에서만 발생한다. 그림 16.14b는 2개의 바퀴가 있는 임펄스형 터빈을 보여준다.

*반응형 터빈*의 원리는 다르다. 단일 바퀴가 있는 반응형 터빈은 그림 16.14c에 나와 있다. 고정 블레이드를 통과하는 스팀은 압력이 약간 감소하면서 속도는 증가한다. 그런 다음 움직이는 블레이드 열을 통과하면서 방향이 바뀌고 따라서 운동량이 변화한다. 그러나 블레이드를 통과하는 동안 스팀의 압력은 추가로 떨어진다. 결과적으로 속도의 증가는 증가된 속도의 반대 방향으로 반작용력을 발생시킨다. 이는 제트 엔진을 사용하여 로켓을 추진하거나 비행기를 추진하는 것과 동일한 원리이다. 스팀 터빈의 추진력은 충격과 반응의 조합된 결과이다. 따라서 실제로는 반응형 터빈의 블레이드는 부분적으로 충동형이고, 부분적으로 반응형이다. 그림 16.14c는 단일 바퀴를 갖는 반응형 터빈을 보여준다. 그림 16.14d는 이중 바퀴를 갖는 반응형 터빈이다.

블레이드는 회전축에 장착된다. 회전 샤프트는 *케이싱* 내에서 고정되어 있다. 케이싱은 회전축, 고정 블레이드 및 스팀 흡입 노즐을 위한 베어링을 고정시키는 역할을 한다.

스팀 터빈의 크기는 100 kW 미만에서 250 MW 이상까지 다양하다. 임펄스형 터빈은 소용량 터빈에 사용된다. 대형 터빈 경우에는 고압 영역에서는 임펄스형 블레이드를 저압 영역에서는 반응형 블레이드를 사용하는 경향이 있다. 최대 스팀 입구 온도는 장비의 설계에 따라 다르며, 일반적으로 585°C 이하이다. 유입 온도가 높을수록 특수 재질이 필요하다.

그림 16.15는 스팀 터빈을 구성할 수 있는 기본적인 방법을 보여준다. 스팀 터빈은 두 가지로 분류할 수 있다.

- 대기압보다 높은 압력에서 스팀을 배출하는 *배압* 터빈.

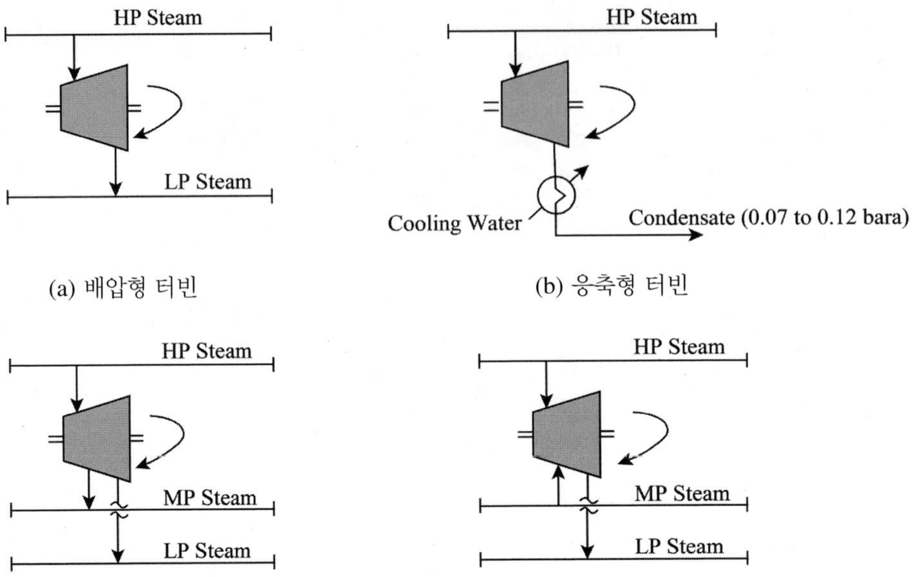

(a) 배압형 터빈 (b) 응축형 터빈

(c) 추기형 터빈 (d) 유입형 터빈

그림 16.15 ▸ 스팀 터빈 구성 형태.

- 대기압보다 낮은 압력에서 스팀을 배출하는 응축 터빈.

스팀 터빈의 배출 압력은 연계된 하류 설비의 작동 압력으로 고정된다. 그림 16.15a는 고압 및 저압 스팀 메인 사이에서 작동하는 배압형 터빈을 보여준다. 저압 스팀 메인의 압력은 다른 곳에서 제어된다(나중에 설명됨).

그림 16.15b는 응축 터빈을 보여준다. 실제로 3가지 유형의 응축설비가 사용된다.

1) 냉각수가 배기 스팀에 직접 분사되는 직접 접촉형 설비
2) 열교환기를 통해 냉각수를 사용하여 배출 스팀을 냉각시키는 설비. 냉각수를 사용하는 대신 보일러 공급 급수를 예열하여 폐열회수에 활용할 수 있다.
3) 공기를 사용하여 스팀을 냉각시키는 설비로써 제거된 열이 대기로 직접 방출된다.

3가지 유형 중에서 냉각수를 사용하는 응축기가 가장 보편적이다. 스팀이 응축되면 부피가 감소하면서 진공이 생성된다. 응축 후 응축되지 않은 스팀은 스팀 배출기 또는 액체 링 펌프로 제거된다. 응축형 터빈의 배출구에서의 압력은 냉각수 온도보다 높은 적절한 온도(예를 들면 0.12 bar에서는 50°C로 0.07 bara에서는 40°C)로 유지된다. 스팀 터빈의 압력 차이가 클수록 터빈에 유입되는 스팀에서 전력으로 전환될 수 있는 에너지는 많아진다. 배출 스팀을 냉각하는 냉각 온도가 낮을수록 고정된 입구 조건에서 주어진 유량의 스팀에 대해 생성될 수 있는 전력은 더 많아진다.

역압 및 응축 터빈은 기계를 통과하는 스팀 흐름의 구성에 의해 추가로 분류될 수 있다. 그림 16.15c는 *추출형* 터빈을 보여준다. 추출형 터빈은 하나 이상의 지점에서 스팀 일부가 배출한다. 추출되는 스팀의 양은 입구와 출구에서의 압력과 터빈에서의 압력 강하에 의해 유량이 결정되거나, 또는 제어 밸브를 통해 제어될 수 있다. 그림 16.15c는 중간에 추출되는 스팀과 최종 배기되는 스팀이 모두 스팀 메인에 공급되는 단일 추출 흐름형 터빈을 보여준다. 최종 배기 스팀은 그림 16.15b에서와 같이 진공 상태

로 응축되어 배출될 수도 있다.

그림 16.15d는 *유입형* 터빈을 보여준다. 유입형 터빈은 추출형 터빈과는 반대의 흐름 방향을 갖는다. 최종 배출 스팀보다 높은 압력의 스팀이 터빈에 유입되어 통과하여 전력 생산이 증가된다. 그림 16.15d의 경우에는 중압 스팀 메인에서 여분의 스팀을 터빈에 유입시켜 추가 전력을 생산하며 저압 스팀으로 배출되는 사용 예를 보이고 있다. 또한 최종 배기되는 스팀은 저압 스팀 메인으로 유입되지 않고 진공상태로 응축되어 배출될 수 있다.

터빈 설비는 최소 및 최대 허용 가능한 스팀 유량이 존재한다. 추출형 및 유입형 터빈의 경우에도 터빈의 각 영역에서 허용되는 최소 및 최대 유량이 있다. 이러한 최소 및 최대 유량은 터빈의 물리적 특성에 의해 개별적으로 결정되고 터빈 제조업체에 따라 다르게 된다.

스팀 터빈의 팽창 과정은 입구 스팀의 에너지의 일부를 동력으로 변환한다. 터빈의 효율은 다음과 같이 정의할 수 있다.

$$\eta_{ST} = \frac{W}{W_{IS}} = \frac{W}{m\,\Delta H_{IS}} \tag{16.17}$$

여기서 η_{ST} = 스팀 터빈 효율(–)

W = 터빈 축 동력(kW)

W_{IS} = 등엔트로피 팽창에 의해 생성된 동력(kW)

ΔH_{IS} = 입구 스팀과 동일한 엔트로피를 갖는 출구 압력으로의 엔탈피 변화$(kJ \cdot kg^{-1})$

$= H_{in} - H_{IS}$

H_{in} = 입구 스팀의 단위 엔탈피$(kJ \cdot kg^{-1})$

H_{IS} = 입구 스팀과 동일한 엔트로피를 갖는 출구 압력에서의 스팀의 단위 엔탈피$(kJ \cdot kg^{-1})$

m = 터빈 스팀 유량$(kg \cdot s^{-1})$

터빈의 전체 효율은 *등엔트로피 효율*과 *기계 효율*의 두 가지 요소로 나타낼 수 있다. 스팀으로부터 에너지를 추출하는 효율은 다음과 같이 정의된다.

$$\eta_{IS} = \frac{H_{in} - H_{out}}{H_{in} - H_{IS}} = \frac{\Delta H}{\Delta H_{IS}} \tag{16.18}$$

여기서 η_{IS} = 터빈 등엔트로피 효율(–)

H_{in} = 입구 스팀의 단위 엔탈피$(kJ \cdot kg^{-1})$

H_{out} = 출구 스팀의 단위 엔탈피$(kJ \cdot kg^{-1})$

H_{IS} = 입구 스팀과 동일한 엔트로피를 갖는 출구 압력에서의 스팀의 단위 엔탈피$(kJ \cdot kg^{-1})$

$\Delta H = H_{in} - H_{out}$

등엔트로피 효율은 터빈을 통한 스팀의 흐름과 관련된 비효율을 반영하고 에너지가 스팀에서 얻어지는 축일을 나타낸다. 기계적 효율은 스팀에서 추출된 에너지가 유용한 전력으로 변환되고 기계 마찰 및 열손실과 관련된 효율을 반영한다. 기계적 효율은 일반적으로 0.97에서 0.99로 높다(Siddhartha and Rajkumar, 1999). 등엔트로피 효율보다 훨씬 높은 기계적 효율은 대부분의 경우 운전 부하에 따라 크게 변하지 않는다. 대조적으로 등엔트로피 효율은 부하에 따라 크게 변화한다. 전체적인 스팀 터빈의 에너지 효율은 다음과 같이 정의할 수 있다.

$$\eta_{ST} = \eta_{IS}\,\eta_{MECH} \tag{16.19}$$

여기서 η_{ST} = 전체 스팀 터빈 효율
η_{MECH} = 기계적 효율

스팀 터빈 효율은 여러 가지 요인에 의해 결정된다. 그들 중 가장 중요한 것은

- 최대 동력 부하 측면에서의 터빈 크기
- 스팀의 입구 압력
- 스팀의 출구 압력
- 운전 부하(부분 부하 운전 조건)

터빈이 전기 발전기를 구동하는 경우 발전과 관련된 효율(일반적으로 95~98%)도 고려해야 한다.

스팀 터빈의 개별적인 물리적 특성을 정의하기 어렵기 때문에, 식 (16.17)~(16.19)에 정의된 터빈흐름들의 엔탈피 차이와 효율로부터 계산하는 것이 일반적이다. 터빈의 에너지 수지식은 다음과 같다.

$$W = \eta_{MECH}\, m(H_{in} - H_{out}) \tag{16.20}$$

식 (16.18)과 (16.20)을 결합하면 다음을 얻을 수 있다.

$$W = \eta_{MECH}\, \eta_{IS}\, m\, \Delta H_{IS} \tag{16.21}$$

이는 개념 설계에 유용하지만 η_{MECH} 및 η_{IS}를 알고 있어야만 한다. η_{MECH}는 η_{IS}보다 값이 크고, η_{MECH}은 0.97에서 0.99로 가정할 수 있기 때문에 식 (16.21)을 사용할 때 가장 중요한 정보는 η_{IS}에 대한 값이다. Peterson and Mann (1985)은 최대 부하에서 작동하는 스팀 터빈의 경우 고정된 출구 압력 조건 하에서 터빈 입구 압력의 크기에 따라 스팀 터빈 효율이 증가함을 보였다. Varbanov, Doyle, Smith (2004)는 터빈 데이터의 조사를 통해 최대 부하에서 터빈의 용량과 등엔트로피 전력 생산량은 선형 관계가 있음을 증명했다. 따라서 최대 운전 부하에서 다음과 같이 가정할 수 있다(Varbanov, Doyle and Smith, 2004, Sun and Smith, 2015).

$$W_{IS,max} = aW_{max} + b \tag{16.22}$$

여기서 $W_{IS,max}$ = 최대 부하에서의 등엔트로피 팽창에 의해 생산되는 축일(kW)
W_{max} = 최대 부하에서의 터빈 축일(kW)
a, b = 모델링 파라미터

최대 부하에서 식 (16.21)의 효율식을 사용하여 식 (16.22)와 결합하면 다음을 얻을 수 있다.

$$\eta_{ST,max} = \frac{1}{a + \dfrac{b}{W_{max}}} \tag{16.23}$$

여기서 $\eta_{ST,max}$ = 최대 부하에서의 스팀 터빈 효율(−)

식 (16.23)은 최대 부하에서 가스 터빈 효율에 대한 방정식과 같은 형태를 갖는다[식 (16.11)]. 계수 a 및 b는 입구 및 출구 압력에 대한 함수이다.

식 (16.23)은 W_{max}가 명시된 경우 최대 부하에서 스팀 터빈의 효율을 예측하는 데 사용될 수 있다. 이것은 설계 단계에서 유용하다. 대안으로는 전력(축일) 생산량 대신에 스팀의 설계 유량을 알고 있다면 식 (16.21)과 (16.22)를 결합하여 W_{max}를 제거하여 다음식을 얻을 수도 있다.

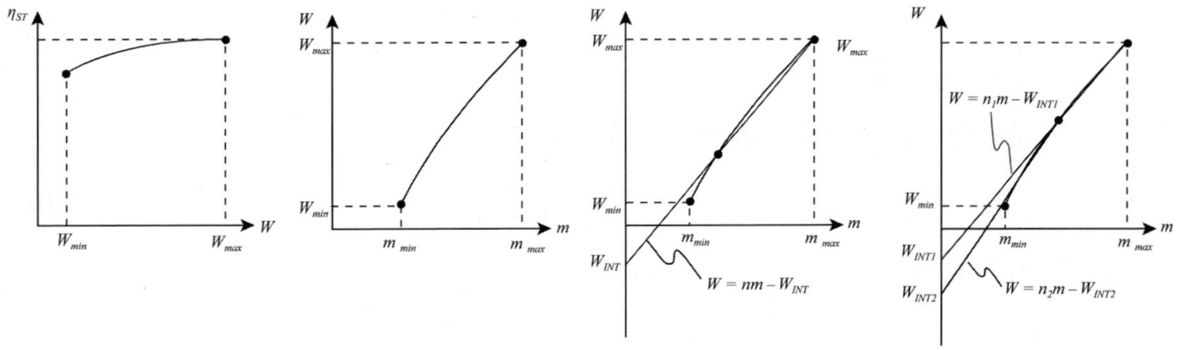

그림 16.16 ▸ 스팀 터빈 운전 부하 및 성능

$$\eta_{ST,max} = \frac{1}{a}\left(1 - \frac{b}{m_{max}\Delta H_{IS}}\right) \tag{16.24}$$

시간에 따라서 변화하는 현장의 요구 사항을 충족시키기 위해서는 스팀 시스템은 유연해야 한다. 압축기와 같은 기계를 직접적으로 구동하는 스팀 터빈의 경우 운전 부하는 일정하다. 그러나 전기 발전기를 구동하는 터빈의 경우는 시간에 따라서 운전 부하가 크게 변할 수 있다. 일반적으로 스팀 터빈의 에너지 효율은 부하가 감소함에 따라 감소한다. 그림 16.16a는 터빈 효율과 터빈을 통한 질량 유량 간의 관계를 나타낸 것이다. 기계적 효율은 등엔트로피 효율보다 매우 크기 때문에, 스팀 터빈 효율의 비선형 경향은 주로 등엔트로피 효율에서 기인한다.

축일과 스팀의 질량 흐름 사이의 관계는 때때로 Willans 선이라고도 불린다. 스팀 터빈의 전형적인 Willans 선은 그림 16.16b에 나와 있다. 대부분의 스팀 터빈에서 이것은 거의 직선이다. 그림 16.16b의 축일량과 스팀 유량의 관계는 그림 16.16c와 같이 선형 관계로 나타낼 수 있다. 이러한 직선 관계는 다음과 같이 주어진다(Mavromatis, 1996; Mavromatis and Kokossis, 1998; Varbanov, Doyle and Smith, 2004, Sun and Smith, 2015).

$$W = n\,m - W_{INT} \tag{16.25}$$

여기서 W = 기계 손실을 포함하지 않는 터빈에 의해 생성된 축일(kW)
m = 터빈의 스팀 질량 유량(kg·s^{-1})
n = Willlans 직선 기울기(kJ·kg^{-1})
W_{INT} = Willlans 직선의 절편(kW)

그림 16.16c와 같이 단일 선형 관계가 적절하지 않은 경우 그림 16.16d와 같이 하나 이상의 선형 선분을 사용할 수도 있다. 그림 16.16d의 각 선형 선분은 식 (16.25)의 형태의 방정식으로 표현되며, 각각은 자체적인 기울기와 절편을 갖는다. 선형 모델은 최적화에서 사용하기에 이점이 있기 때문에 비선형 모델을 사용하는 대신 선형 모델을 유지하는 것이 좋다. 대부분의 경우에는 단일 직선으로 충분하다.

식 (16.22)는 식 (16.25)의 최대값을 정의할 수는 있지만 절편은 어떻게든 정의되어야 한다. 다음과 같이 가정해 보면,

$$W_{INT} = c\,W_{max} \tag{16.26}$$

여기서 c = 모델링 계수

최대 부하에서 식 (16.25)를 사용하여 식 (16.26)과 결합하면

$$W_{max} = \frac{n\,m_{max}}{(1+c)} \tag{16.27}$$

식 (16.22)와 (16.27)을 결합하면 다음을 얻을 수 있다.

$$n = \frac{(1+c)}{a}\left(\Delta H_{IS} - \frac{b}{m_{max}}\right) \tag{16.28}$$

식 (16.22)와 (16.26)을 결합하여, $W_{IS,max} = m_{max}\Delta H_{IS}$를 가정하면,

$$W_{INT} = \frac{c}{a}(m_{max}\,\Delta H_{IS} - b) \tag{16.29}$$

식 (16.28)과 (16.29)는 식 (16.25)에 대한 기울기와 절편을 정의한다. 식 (16.28) 및 (16.29)의 a, b, c 계수는 터빈의 데이터에 맞추어 구해야 한다. 계수 a, b, c 값들의 관계는 일반적으로 다음과 같이 주어진다(Sun and Smith, 2015).

$$a = a_1 + a_2P_{in} + a_3P_{out} \tag{16.30}$$

$$b = b_1 + b_2P_{in} + b_3P_{out} \tag{16.31}$$

$$c = c_1 + c_2P_{in} + c_3P_{out} \tag{16.32}$$

여기서 $a_1 \sim a_3$, $b_1 \sim b_3$, $c_1 \sim c_3$은 모델링 계수들이다. 이러한 모델링 계수들는 214개의 운전 조건를 갖는 70개의 배압 터빈과 335개의 운전 조건을 갖는 104개의 응축 터빈의 데이터를 기준으로 얻어진 결과이며, 축일 생산량 계산에서 평균 2%의 예측 오차를 갖는다(Sun and Smith, 2015).

고정된 입구 압력, 배압 및 입구 온도를 갖는 경우에 주어진 스팀 터빈의 임의의 부하에 대하여 등엔트로피 엔탈피 변화는 일정하다. 실제의 엔탈피 강하는 운전 부하에 따라 등엔트로피 효율의 변경으로 인하여 발생한다. 다음의 모델식은 운전 부하의 변화에 따른 터빈 효율의 변화를 예측하는 데 사용할 수 있다.

$$\begin{aligned}\eta_{ST} &= \frac{W}{W_{IS}} = \frac{W}{m\,\Delta H_{IS}} \\ &= \frac{n\,m - W_{INT}}{m\,\Delta H_{IS}}\end{aligned} \tag{16.33}$$

이 모델식은 기계적 효율이 주어지면 운전 부하에 따른 등엔트로피 효율 변화를 예측하는 데 사용할 수 있다.

$$\begin{aligned}\eta_{IS} &= \frac{\Delta H}{\Delta H_{IS}} = \frac{W}{m\,\eta_{MECH}\,\Delta H_{IS}} \\ &= \frac{n\,m - W_{INT}}{m\,\eta_{MECH}\,\Delta H_{IS}}\end{aligned} \tag{16.34}$$

터빈의 배출 스팀의 엔탈피는 에너지 수지식에 의해 계산될 수 있다. 출구 조건의 엔탈피는 입구 조건 엔탈피에서 생산된 축일과 기계적 손실을 뺀 값이다.

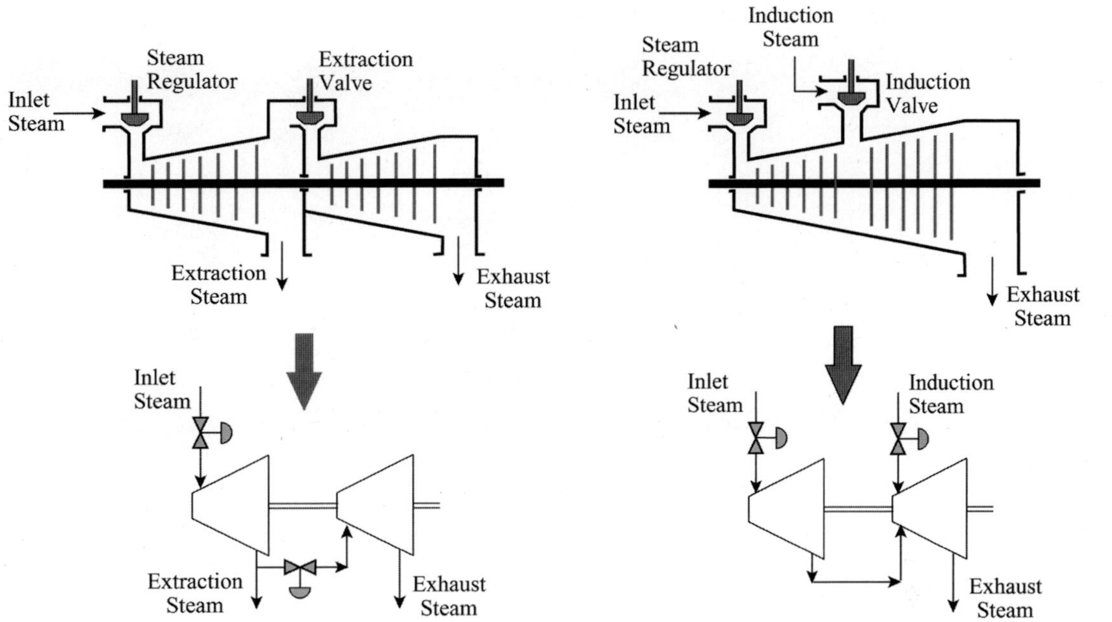

(a) 추출형 복합 스팀 터빈 (b) 유입형 복합 스팀 터빈

그림 16.17 ▸ 복합형 스팀 터빈의 모델링.

$$H_{out} = H_{in} - \frac{W}{\eta_{MECH}\, m} \tag{16.35}$$

출구에서의 엔탈피 및 압력을 알고 있는 경우 출구 온도는 열역학적으로 계산할 수 있다.

지금까지 설명한 스팀 터빈 모델은 단일 공급 및 단일 배출 스팀 흐름을 갖는 단순한 터빈에 대한 경우이다. 이러한 모델링 방법은 여러 흐름을 갖는 복잡한 형태의 터빈에도 확대 적용할 수 있다(Chou and Shih, 1987). 그림 16.17에 예시된 것과 같이 다단 구조의 터빈은 단일단 구조의 여러 터빈으로 같은 유량을 처리하도록 나누어서, 각 영역별로 위에 설명한 모델링 기법을 적용하고, 최종적으로 통합 해석하면 된다. 그림 16.17은 단일 터빈 장치, 흐름 나눔 설비 및 흐름 병합 설비를 구성 요소로 포함하는 두 가지 복합 터빈의 예를 보이고 있다. 그림 16.17a는 두 개의 간단한 단위 터빈이 연계되어 있고, 두 터빈 사이에 일정량의 스팀이 추출되는 형태이다. 그림 16.17b는 두 개의 간단한 단위 터빈이 연계되어 있고, 두 번째 터빈으로 추가 스팀이 유입되는 구조이다. 이와 같은 다단형 터빈의 경우는 제어 기능 및 내부 흐름 패턴에 따라서 2개의 단순 터빈을 기준으로 계산한 것과 비교할 때 추가적으로 비효율을 갖고 있을 수 있다. 따라서 단순 터빈의 형태로 구조를 분해하여 계산하는 방법은 주어진 스팀 유량에 대하여 생산되는 축일의 양을 과대 추정할 수 있다. 이러한 특성은 다단계 팽창 과정에서 약간의 압력 강하를 추가함으로써 보상될 수 있다. 또는 모델링 계수를 특정 터빈에 맞도록 회귀 분석하여 조정할 수도 있다.

기존 공정을 최적화하거나 개선하기 위해 스팀 시스템 모델링의 일부로 기존 터빈을 모델링해야 하는 경우가 종종 있다. 운영 데이터가 없는 경우 표 16.3의 값을 사용할 수 있다. 운전 데이터를 사용할 수 있는 경우 *a*, *b*, *c* 계수는 측정된 데이터에 회귀 분석을 적용하여 얻는다. 그러나 운전 데이터가 충분히 확보되지 못한 경우도 종종 있다. 이러한 경우 모델 계수 중 일부는 표 16.3에서 가져올 수 있고

표 16.3 ▸ **스팀 터빈 모델링 계수**(Sun and Smith, 2015)

	Back-pressure turbines	Condensing turbines
a_1	1.1880	1.3150
a_2	-2.9564×10^{-4}	-1.6347×10^{-3}
a_3	4.6473×10^{-3}	−0.36798
b_1	449.98	−437.77
b_2	5.6702	29.007
b_3	−11.505	10.359
c_1	0.20515	7.8863×10^{-2}
c_2	-6.9517×10^{-4}	5.2833×10^{-4}
c_3	2.8446×10^{-3}	−0.70315

다른 계수는 측정된 데이터에서 회귀할 수 있다. 그림 16.17과 같이 복합형 터빈의 데이터를 회귀 분석할 경우에는, 터빈을 팽창 단계별로 나누어 각 영역에 대한 개별적인 모델 계수를 구하는 것이 적절하다. 하지만, 복합형 터빈의 데이터를 회귀 분석할 때의 문제점은 각각 팽창 단계별로 생성된 축일의 양은 알지 못하고, 전체 축일 생산량만 알고 있는 경우이다. 이러한 상황에서는 단계별로 추출되는 스팀 흐름의 측정된 온도를 활용하여 각 단계별 생성된 축일의 양을 추정한다. 터빈의 회귀 분석은 다음의 목적함수를 최소화하도록 진행한다(Sun and Smith, 2015).

$$\text{minimize} \quad \sum_i \left[\left(\frac{W_{CALCULATED} - W_{MEASURED}}{W_{MEASURED}} \right)_i^2 + \left(\frac{T_{out,CALCULATED} - T_{out,MEASURED}}{T_{out,MEASURED}} \right)_i^2 \right] \tag{16.36}$$
$$\text{subject to } 0.4 < \eta_{ST} < 0.9$$

여기서 $(W_{CALCULATED} - W_{MEASURED})_i$ = 운전 데이터 i에 대해 계산된 축일 양과 측정된 축일 양의 차이

$(T_{out,CALCULATED} - T_{out,MEASURED})_i$ = 운전 데이터 i에 대한 계산된 스팀 출구 온도와 측정된 스팀 출구 온도의 차이

16.5 스팀 분배

스팀은 앞에서 설명한 것처럼 다양한 목적으로 공정에서 분배된다. 스팀 히터, 스팀 활용 설비 및 난방 설비 등에서 스팀을 사용할 때 포화 상태에 가까운 스팀을 공급하는 것이 바람직하다. 일반적으로 공정에 열을 공급하기 위해 과열 스팀을 사용하면 스팀이 응축 전에 포화 상태로 변경되어야 하기 때문에 열전달 계수가 낮아서 적합하지 않다. 또한, 과열로 인한 고온 조건은 공정 흐름 측면에서 오염 또는 제품의 열적 변성을 야기할 수도 있다. 그림 16.18에 보인 것처럼 스팀은 통상적으로 가열기에 유입되기 전에 보일러 급수와 혼합하여 포화 상태의 3~5°C 범위 내에서 국부적으로 과열되지 않도록 조절한다.

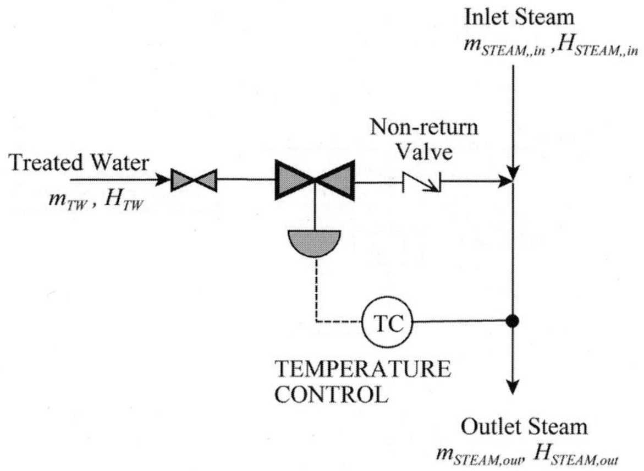

그림 16.18 ▸ **스팀 감압설비.**

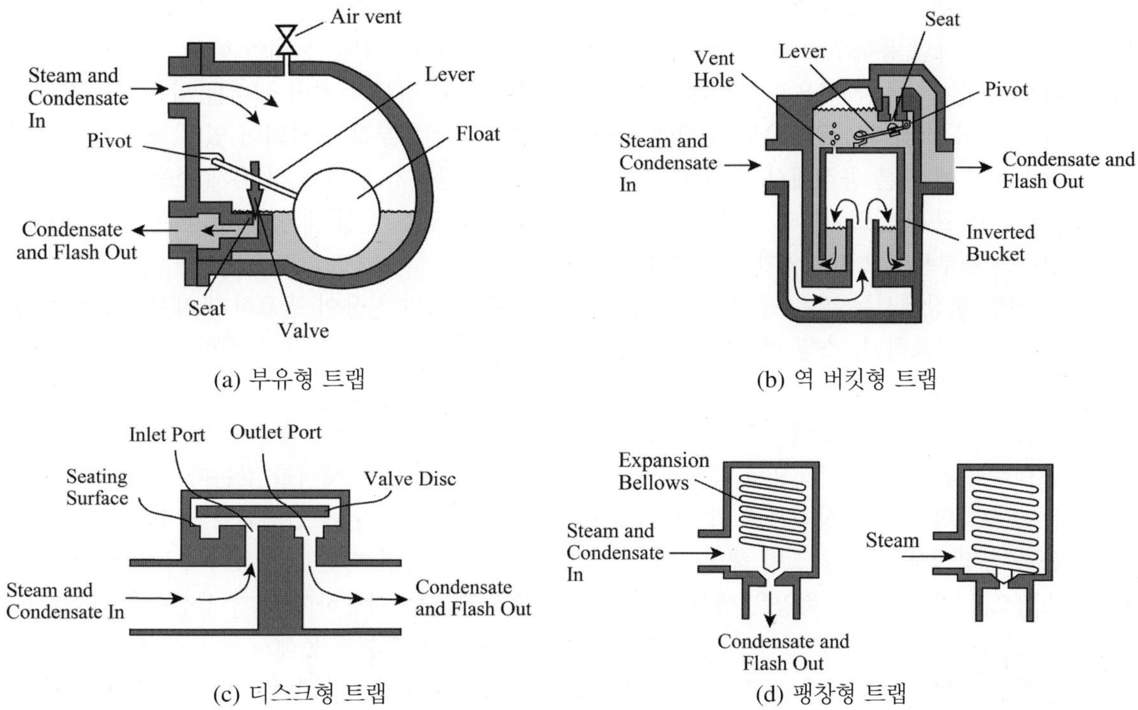

그림 16.19 ▸ **스팀 트랩.**

스팀을 공정에서 사용할 때, 미사용된 스팀은 회수되어야 하고, 응축된 응축수는 열전달 장치에서 배출되도록 해야 한다. 또한 스팀 분배에 사용되는 파이프에서 발생하게 되는 응축수가 축적되는 것도 방지해야 한다. 스팀 트랩은 스팀은 통과하지 못하고 응축수만을 통과시키도록 설계된 장치이다. 또한 운전 전에 유입된 공기는 외부로 방출되도록 해야 한다. 그렇지 않으면 열전달 계수가 크게 저하될 수 있기 때문이다. 다양한 스팀 트랩이 공정 산업에서 사용되며 대표적인 트랩이 그림 16.19에 예시되어 있다.

많은 양의 스팀이 사용되는 경우에 응축수가 감압되면서 발생하는 스팀을 회수하는 것이 좋다. 이러한 배열은 그림 16.20에 나와 있다. 스팀이 스팀 히터로 들어가고 응축수가 스팀과 함께 트랩을 통과한

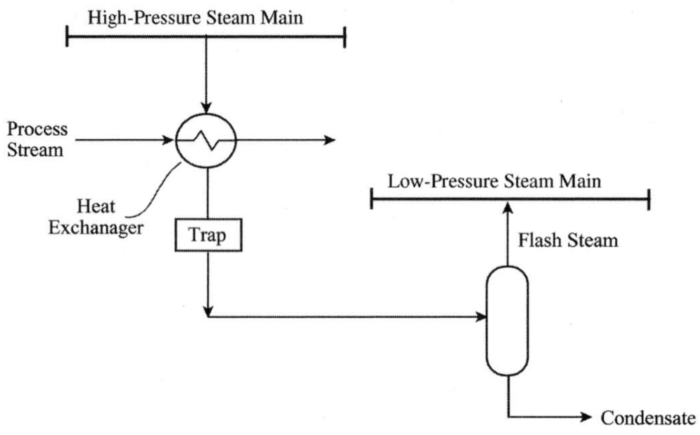

그림 16.20 ▸ 플래시 스팀 회수.

다. 기화하면서 생성된 스팀은 저장용기에서 회수하고 이를 적절한 압력에서 스팀 메인으로 공급한다.

가능하다면 응축수 또한 회수하여 보일러 급수를 위한 탈기기로 보내야 한다. 회수된 응축수를 보일러 생산 설비에서 재사용하기 이전에 오염의 위험이 있는 경우 전처리 설비를 활용하는 것이 통상적이다. 스팀을 직접적으로 사용한 공정에서 회수된 응축수는 대부분 오염되어 있기 때문에 폐기하거나 수처리 이후에 다른 공정에서 재사용을 고려할 수 있다. 반응기 등의 고정 유체 흐름에 포함되어 직접적으로 사용된 스팀으로부터 회수된 응축수는 보일러 급수로서 직접 재사용하기에는 너무 오염되어 있는 경우가 대부분이므로 주의가 필요하다.

산업 현장에서는 많은 공정에서 다양한 목적으로 스팀의 사용이 필요하기 때문에 스팀을 분배하는 시스템이 필요하다. *스팀 메인* 또는 *헤더*를 통해 다양한 압력의 스팀을 분배한다. 스팀 메인의 수는 공정에서 필요한 스팀과 축일(또는 전기)의 필요한 양과 조건에 따라 결정된다. 그림 16.21은 전형적인 스팀 분배 시스템을 보여주고 있다. 원수는 전처리된 후에 보일러에 공급되고, 공급된 용수는 고압 스팀으로 전환된다. 통상적으로 공정 산업에서는 3개의 스팀 분배 헤더를 갖는다. 대규모 산업 단지에서는 초고압의 스팀(통상적으로 약 100 bar)이 생산되어 스팀 터빈에 연계되어 발전용으로 활용된다. 소규모 공장에서는 단일 스팀 헤더만 갖는 경우도 있다. 배압형 터빈을 사용하여 고압의 스팀을 저압의 스팀으로 전환하면서 축일을 생성한다. 또는 응축형 터빈을 사용하여 전기 생산량을 극대화하는 경우도 있다. 그림 16.21에 보인 스팀 시스템은 플래시된 스팀 회수를 통해서 중압과 저압 스팀 헤더로 공급하는 설비를 포함한다. 또한 보일러의 유출된 응축수에서 플래시되면서 발생한 스팀은 회수되고, 이렇게 회수된 폐열은 보일러 급수를 예열하는 용도로 활용될 수 있다. 플래시 스팀 회수의 경제성은 규모의 경제 관점에서 판단해야 한다.

또한 그림 16.21은 스팀 헤더 압력을 제어하기 위해 스팀 헤더들 간에 운용되는 *감압 설비*(letdown stations)을 보여준다. 감압 설비는 낮은 유량을 갖도록 하며 대신, 되도록이면 스팀 터빈을 통해 전기를 생산하도록 운전하는 것이 바람직하다. 그러나 제어를 위해 그리고 배관에서의 응축을 피하기 위해 감압 설비는 유량이 전혀 없는 것은 바람직하지 않으며, 약간의 유량(일반적으로 시간당 몇 톤)을 갖도록 하는 것이 바람직하다. 어떤 경우에는 그림 16.21에 보인 것처럼, 감압 설비는 또한 과열 방지 장치를 포함한다. 단열 조건 하에서 스팀이 고압에서 저압으로 감압되면 스팀 과열이 증가한다. 보일러 급수를 주입하여 스팀 과열을 감소시키고 온도를 제어한다. 스팀 헤더의 과열 정도를 결정하는 두 가지 중요한 요소가 있다.

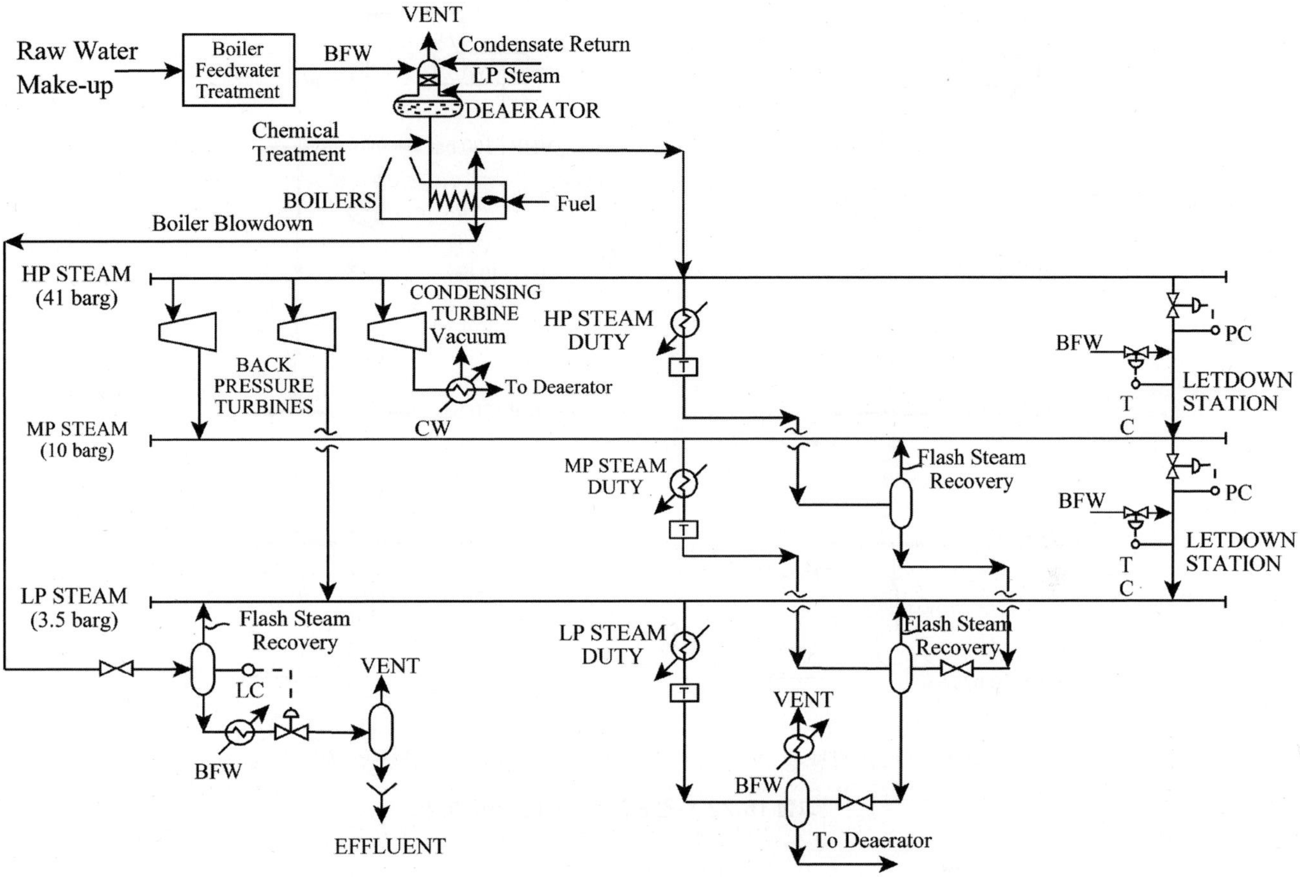

그림 16.21 ▸ 일반적인 스팀 분배 시스템.

a) 스팀을 활용한 가열은 스팀이 응축하기 이전에 응축 과정을 통해서 얻는 잠열을 사용하는 것이 효율적이다. 따라서 스팀 가열기는 스팀의 과열로부터 얻는 열전달 효과는 미미하다. 그러나 스팀 헤더에서 스팀이 과열되어 있지 않으면 관에 과도한 응축이 발생할 수 있으므로 바람직하지 않다. 따라서 스팀 헤더에서 과도한 응축을 피하기 위해 스팀 헤더는 적어도 10~20°C 정도의 과열 상태를 유지하는 것이 바람직하다.

b) 스팀은 스팀 가열에 사용하는 것 외에도, 스팀 터빈을 통한 발전에도 사용된다. 스팀 터빈에서 전기를 발생시켜 공정에서 사용되는 여러 전기 모터에 사용될 수 있다. 또는 스팀 터빈을 사용하여 회전 기계를 직접 구동할 수도 있다. 터빈에서의 스팀 팽창은 압력이 감소되면서 스팀의 과열을 감소시킨다. 터빈 입구에서 공급되는 스팀의 과열이 충분하지 않으면 스팀 터빈에서의 응축이 발생할 수 있다. 스팀 터빈이 소량의 응축은 허용하지만 과도한 응축은 기계에 손상을 줄 수 있다. 또한, 스팀 터빈이 스팀 헤더로 배출되는 경우, 스팀 헤더에서의 과열을 유지하기 위해서, 배출되는 스팀이 어느 정도의 과열도를 갖는 것이 바람직하다.

그림 16.22a와 같은 스팀 터빈이 스팀 헤더들 간에 연계된 시스템을 고려하면, 유틸리티 보일러에서 공급되는 스팀을 제외한 추가적인 스팀 유입은 없다. 스팀 헤더들과 최종 스팀 배출 헤더의 압력은 고정되어 있고, 모든 스팀 터빈의 등엔트로피 효율 또한 주어졌다고 하자. 유틸리티 보일러에서 생성

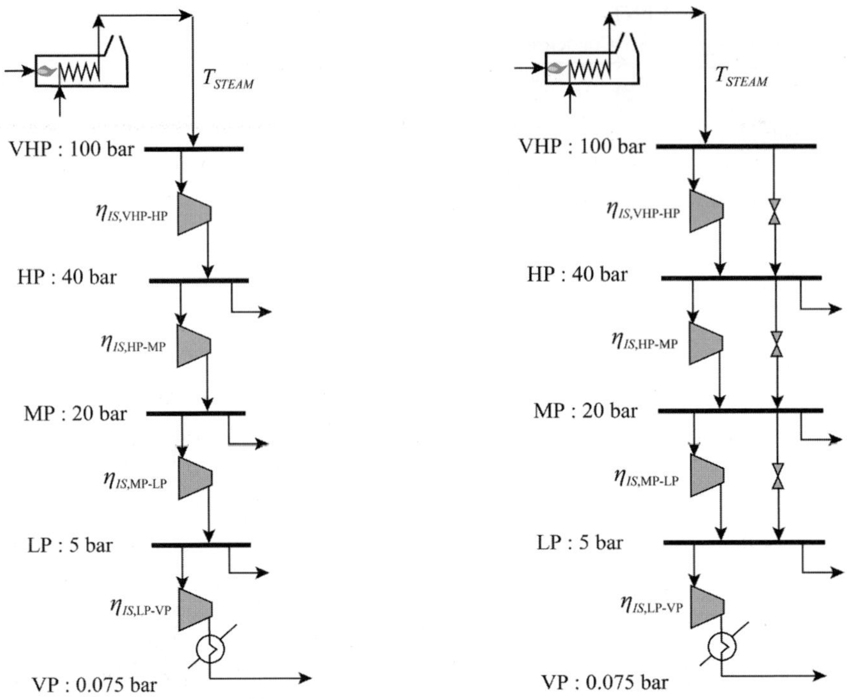

(a) 감압설비가 없고 스팀 터빈으로만 구성된 다단 스팀 팽창 공정

(b) 감압설비와 스팀 터빈이 같이 연계된 다단 스팀 팽창 공정

그림 16.22 ▸ 간단한 스팀 터빈 연계 방법.

된 스팀의 온도가 지정되면 결과적으로 모든 스팀 헤더들의 온도도 결정되며, 이것은 등엔트로피 효율의 정의를 따르기 때문이다. VHP 스팀의 온도와 압력에 따라서 엔탈피는 결정된다. VHP-HP 헤더 사이에 운용되는 스팀 터빈의 등엔트로피 효율을 지정하면 HP 헤더 압력은 고정되어 있으므로 스팀 배출 온도도 고정된다. 이와 같이 순차적으로 더 낮은 압력의 헤더에서의 조건도 고정된다. 스팀이 그림 16.22a와 같은 연계형 다중 터빈 시스템을 통과하면, 스팀의 과열량이 점차적으로 감소한다. 가장 낮은 스팀 과열도를 갖는 스팀 헤더는 저압 스팀 헤더이며, 최소 10~20°C의 과열이 있어야 한다. 또한 그림 16.22a와 같이 응축형 발전을 수행하면 과열은 스팀이 응축되기 시작하는 단계까지 더 감소한다. 12% 이상의 수분을 갖는 경우(또는 경우에 따라서는 이보다 약간 더 높은 수분 함량에서) 스팀 터빈 블레이드의 손상을 초래할 수 있다. 따라서 저압 스팀 헤더에서 과열이 충분하지 않거나 스팀에 수분이 너무 많은 경우, 그림 16.22a에서 저압 스팀의 과열도를 증가시키거나 진공 스팀의 수분 함량을 감소시키는 유일한 방법은 유틸리티 VHP 스팀의 온도를 높이는 것이다. 그러나 배관 및 스팀 터빈 소재의 한계로 인하여 생산되는 VHP 스팀의 최대 허용 온도가 존재한다. 최대 스팀 터빈 입구 온도는 일반적으로 500~585°C이다. 최소 과열도 및 최대 진공 압력 수분 함량 제한 조건을 충족시키는 데 필요한 온도가 550°C보다 큰 경우, 550°C 이하로 온도를 유지하기 위해 스팀 감압 설비를 추가적으로 운영한다(그림 16.22b 참조). 스팀이 감압 밸브를 통해 팽창됨에 따라 에너지가 축일로 전환되지 않기 때문에 저압에서 스팀의 과열도가 증가한다. 따라서 그림 16.22b에서 모든 운전 제한 조건을 만족시키기 위해 스팀 터빈을 통과하는 흐름과 함께 감압 설비를 통해 일부 스팀이 계단식으로 연결되어 통과할 수 있다. 그러나 스팀 터빈에서 전기를 생산할 수 있는 기회를 놓치기 때문에, 가능하다면 감압설비를 통과하는 흐름들은 최소화하는 것이 바람직하다. 실제 상황에서는 하부 공정에서 스팀이 생산되어 스팀 헤더로의 유입이 있을 수 있어 이러한 추가 유입에 따른 스팀 헤더의 과열도가 영향을 받는다.

공정에서 열을 공급하기 위하여 스팀을 사용하는 경우 일반적으로 고압 스팀보다 저압 스팀을 사용해야 한다. 저압 스팀을 활용하여 공정에 열을 공급하게 되면 다음과 같은 혜택이 있다.

- 고압 스팀을 스팀 터빈에서 이용하여 전기를 생산할 수 있다.
- 스팀을 이용한 가열기의 경우 스팀의 더 많은 잠열을 제공할 수 있다.
- 낮은 운전 압력으로 인해 열전달 설비의 장치 비용이 낮아진다.

스팀 분배과정을 통해서 보일러에서 연소된 연료의 약 10% 정도의 매우 큰 열손실이 발생함을 유의해야 한다.

16.6 전공정 복합선도

개별 단위 공정에 대한 에너지 절감 목표를 설정하는 것과 동일하게, 전공정의 에너지 절감 가능성을 확인하는 것도 유용하다. 이를 위해서는 *전공정에 대한 복합선도*의 활용을 통한 열역학적 분석 기법이 필요하다. 전공정 복합선도(site composite curve)는 전체 공정에 대한 온도–엔탈피 관계를 제공하며, 11장에서 소개된 단일 공정에 대한 복합선도와 유사하다. 이러한 선도를 구성하는 데는 두 가지 방법이 있다. 첫 번째는 새로운 플랜트를 설계하는 상황과 관련이 있다.

새로운 플랜트를 설계하는 경우에는, 공장에서의 각 하부 공정들의 총괄복합선도(grand composite curve)를 연계 통합하고, 이를 통해 전체 공정에서의 유틸리티 시스템에 대한 열통합 상황을 규명한다(Dhole and Linnhoff, 1992). 그림 16.23에서 예로 보인 두 개의 단위공정의 총괄복합선도로부터 각각의 열방출원(heat source)과 열흡수원(heat sink)에 대한 부분들을 연계 통합하여(11장에서 보인 복합선도 합성을 위해 개발된 절차를 사용하여) 전공정 온류 및 냉류 복합선도를 얻는다. 유체 흐름들 간의 운전되는 온도 영역이 겹치는 부분이 있고, 겹치는 온도 구간의 열부하(load)들은 함께 합쳐져 하나의 선으로 표현된다.

그림 16.23에서 보인 단위공정의 총괄복합선도에서, 추가적으로 총괄복합선도 상의 열회수가 가능한 포켓(pocket) 부분은 전공정 분석 과정에서 제외되었다. 이러한 열회수는 단위 공정 내에서 일어난다고 취급하고, 나머지 열방출원과 열흡수원의 선도들를 결합하여 전공정의 온류 및 냉류 복합선도를 생성한다(Dhole and Linnhoff, 1992). 일부 공정에서는 이러한 포켓에서의 열회수 정보를 포함시켜야 하는 경우도 존재한다. 그림 16.24는 발열 화학 반응을 통해 다량의 열이 방출되는 흐름을 갖는 공정의 전형적인 단위공정 총괄복합선도를 보여준다. 열방출원 분포 부분과 열흡수원 분포 부분의 온도 간격이 충분이 커서, 열방출원 분포 부분에서 고압 스팀을 생산하고 따라서 저압 스팀을 열흡수원 분포 부분에 공급하는 것이 전공정 관점에서보다 효과적일 수 있다. 이러한 경우에는 열흡수원과 열방출원 데이터를 추가적으로 고려하여 전공정 총괄복합선도를 구성한다.

전공정 복합선도를 구성하는 것과 관련하여 유의해야 할 점이 있다. 그림 16.25에서 볼 수 있듯이 총괄복합선도를 구성하기 위해서는 공정의 뜨거운 유체와 차가운 유체 흐름들의 실제 온도에서 $\Delta T_{min}/2$만큼 이동시키고, 전공정 복합선도를 구성하기 위해서는 추가적으로 $\Delta T_{min}/2$만큼 이동시킨다(Raissi, 1994). 동일하지 않은 ΔT_{min} 값이 다른 공정에 적용되는 경우, 각 단위 공정의 총괄복합선도의

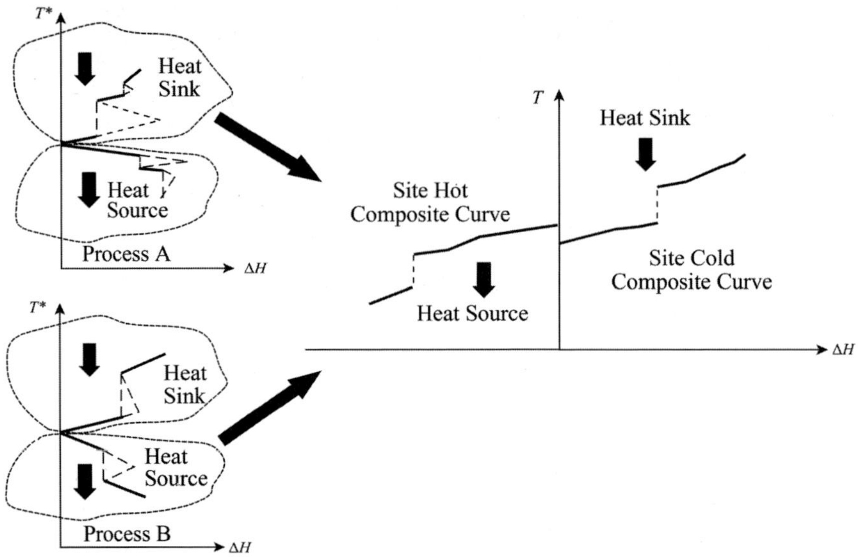

그림 16.23 ▸ 새로운 플랜트 설계를 위한 전공정 복합선도는 개별 공정에 대한 총괄복합선도를 결합하여 생성한다.

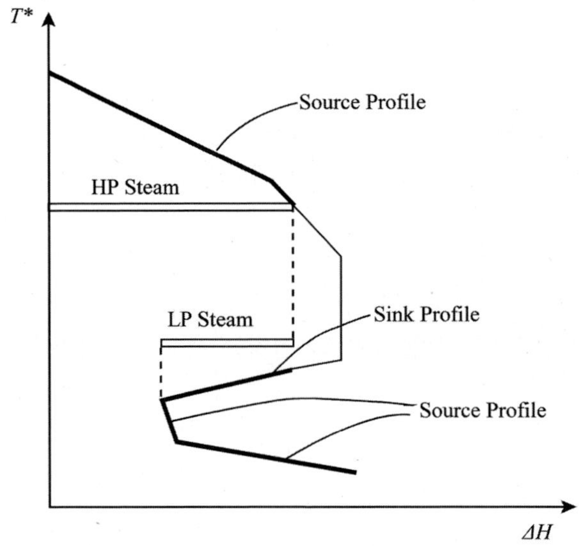

그림 16.24 ▸ 총괄복합선도에서의 특정 포켓에 대한 열회수와 관련된 세부적인 사항이 전공정 복합선도 구성에 포함되어야 하는 경우도 있다.

데이터는 전공정 복합선도의 구성에 적용되기 전에 개별적인 ΔT_{min} 값을 기준으로 개별적인 ΔT_{min} 온도 변경 폭을 부여한다. 11장에서 논의한 것처럼 단일 총괄복합선도 내에서도 서로 다른 ΔT_{min} 온도 변경 폭을 적용하여 구성될 수 있다. 개별적인 유체 흐름은 최종적으로 전공정 복합선도의 구성 전에 해당 유체 흐름에 대하여 ΔT_{min}만큼 온도 변경을 해야 한다.

전공정 복합선도를 만드는 다른 방법은 현재 운전되는 플랜트를 개선하는 상황과 관련이 있다. 이와 같이 개선이 필요한 상황에서는 스팀 및 전기 생산 설비들과 열회수 시스템이 이미 설치되어 운용되고 있다. 열회수는 이미 최대화되어 있어서, 복합선도 및 문제 표 알고리듬(11장 참조)에 의해 설정된 최소 에너지 소비량 목표와 일치할 수도 있다. 이 경우 총괄복합선도는 공정의 유틸리티 수요를 정확하게 반영한다. 그러나 일반적으로 가능한 열회수가 공정 내에서 구현되지 않은 경우가 많다. 따라서 기존 공정 개선 상황에서는 총괄복합선도가 실제의 유틸리티 사용량을 정확하게 보여주지 못한다. 기존 공정에서의 열회수를 고정하면(최대화 여부와 관계없이), 공정에서 유틸리티를 사용하는 열교환기의 부하(duty)를 기준으로 전공정 선도를 구성할 수 있다. 열교환기 내의 공정 유체 흐름에 대한 온도–엔탈피 관계를 바탕으로 공정 복합선도를 구성한 것과(11장에서 설명한 것과) 같은 방식으로 전공정 총괄복합선도를 구성한다. 따라서 전공정 총괄복합선도를 구성하는 이러한 방식은 각각의 공정에서의 열회수 현황을 있는 그대로 수용한다. 온도는 전공정 복합선도 구성을 위해서 변경되어야 한다. 개별 공정 유체 데이터로부터 시작하여 그림 16.25에 표시된 바와 같이 ΔT_{min}만큼의 온도 변경이 있어야 한다. 총괄복합선도를 구성하기 위해서는 모든 유체의 데이터를 수집하여 선도를 구성하는 데 반하여, 지금 설명한 방법은 유틸리티를 사용하는 열교환기의 데이터만을 수집하고 이를 바탕으로 선도를 구성한다는 점에서 장점을 갖는다.

이러한 절차에 따라 엔탈피와 온도를 기준으로 전체 현장의 가열 및 냉각 요구 사항을 보여주는 전공정 복합선도를 완성한다(Dhole and Linnhoff, 1992). 예를 들어, 표 16.4는 다섯 개의 단위공정이 관련된 전체 공장의 데이터를 보여준다(Sun, Doyle and Smith, 2015a). 스팀은 매우 높은 압력에서 생성되고 3개의 낮은 압력으로 전환되면서 하부공정들로 분배되어 사용된다. ΔT_{min}은 모든 공정에서 10°C라고 가정한다(Sun, Doyle and Smith, 2015a).

그림 16.26은 ΔT_{min} 이동 후 개별 공정에 대한 복합선도를 보여준다. 그림 16.27은 11장에서 설명된 단위 공정의 복합선도를 구성하는 것과 동일한 방법에 따라 구성된 전공정 온류 복합선도와 전공정 냉류 복합선도를 보여준다. 그림 16.28a는 전공정 복합선도에 맞추어 가능한 스팀 생성량 및 요구되는 스팀 소모량을 구하는 방법을 예시하고 있다. 그림 16.28a에서는 스팀 생성 및 소모를 표시한 수평선에서 실제 스팀의 잠열 이외 부분은 없다고 가정되어 있다. 실제로는 보일러 급수 예열, 스팀 과열 및 스팀 응축을 포함하여 고려해야 한다. 개별 공정의 복합선도와 대조적으로, 전공정 복합곡선에서는 두 선도들 간의 직접적인 열회수는 허용되지 않는다는 점에 유의해야 한다. 전공정 열통합 분석에서는 모든 가열, 냉각 및 회수는 유틸리티 시스템을 통해서만 이루어진다. 그림 16.28a는 스팀 생산과 스팀 사용 및 전공정 복합선도 사이의 이상적인 일치를 보여준다. 전공정에서의 열원을 효율적으로 활용하는 방안을 정하는 것은 고온에서 공정의 열원을 사용하는 유틸리티[이 경우 고압(HP) 스팀 발생]로부터 시작한다. 고압 스팀 발생량을 최대화하기 위해서 전공정 복합선도와 고압 스팀 생산 선도를 일치시킨다.

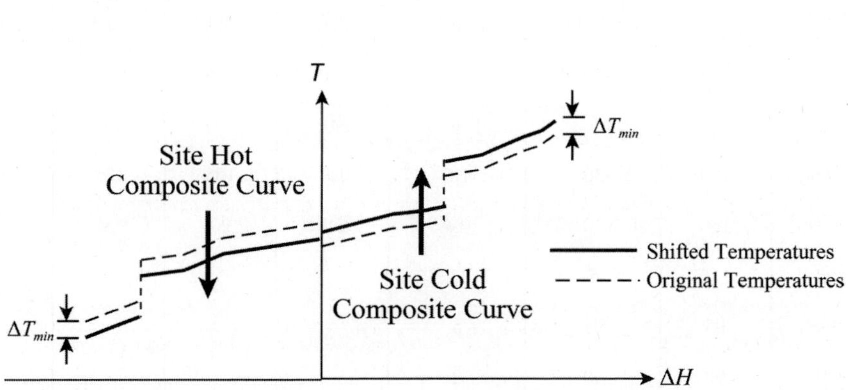

그림 16.25 ▸ 전공정 복합선도 구성을 위해서는 원래 유체 온도에서 ΔT_{min}만큼의 온도 변경을 해야 한다.

표 16.4 ▸ 전공정의 공정 및 스팀 데이터(Sun, Doyle and Smith, 2015a)

Process A				
Stream	T_S (°C)	T_T (°C)	ΔH (MW)	CP (MW·K^{-1})
1	300	280	30	1.5
2	148	135	10	0.769231
3	135	110	20	0.8
4	110	100	10	1

Process B				
Stream	T_S (°C)	T_T (°C)	ΔH (MW)	CP (MW·K^{-1})
1	270	260	10	1
2	260	241	10	0.5263
3	241	240	20	20
4	240	220	10	0.5
5	220	200	5	0.25
6	200	150	5	0.1
7	150	135	10	0.6667
8	135	90	10	0.2222

Process C				
Stream	T_S (°C)	T_T (°C)	ΔH (MW)	CP (MW·K^{-1})
1	169	174	10	2
2	168	169	10	10
3	159	168	10	1.1111
4	179	160	5	0.2632
5	160	150	15	1.5
6	150	135	5	0.3333
7	135	90	5	0.1111
8	90	85	8	1.6
9	85	84	12	12

Process D				
Stream	T_S (°C)	T_T (°C)	ΔH (MW)	CP (MW·K^{-1})
1	209	210	20	20
2	149	150	20	20
3	104	105	30	30
4	119	118	20	20
5	101	100	30	30
6	95	94	20	20

Process E				
Stream	T_S (°C)	T_T (°C)	ΔH (MW)	CP (MW·K^{-1})
1	235	237	5.7143	2.8571
2	230	235	16.1039	3.2208
3	180	230	18.1818	0.3636
4	160	180	30	1.5
5	110	160	20	0.4
6	95	110	5	0.3333
7	90	95	25	5
8	110	90	40	2
9	90	80	20	2

Steam and utility data				
Main	T_S (°C)	T_T (°C)	T_{SAT} (°C)	Pressure (bar)
VHP	111	550	310.9	100
HP	105	270	250.3	40
MP	105	232	212.4	20
LP	105	172	157.8	5
CW	20	30		

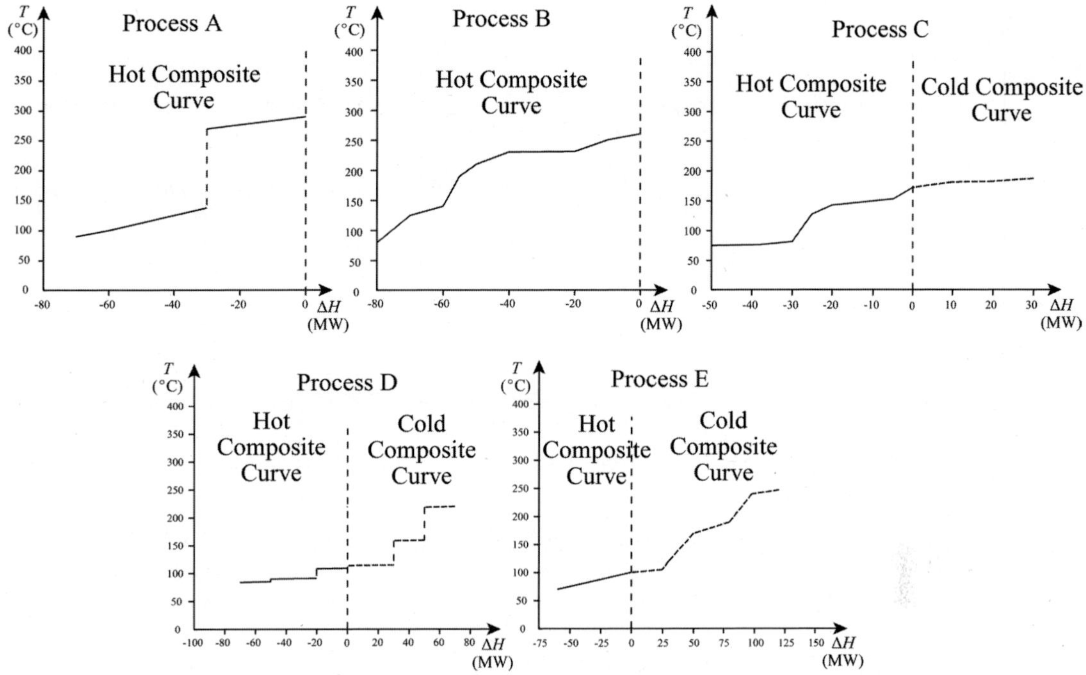

그림 16.26 ▸ 5개 공정을 갖는 전공정에서 개별 공정의 복합선도. (Reproduced from Li Sun, Steve Doyle, Robin Smith, Heat Recovery and Power Targeting in Utility Systems. In Press. Ms. Ref. No.: EGY-D-14-03308, with permission from Elsevier.)

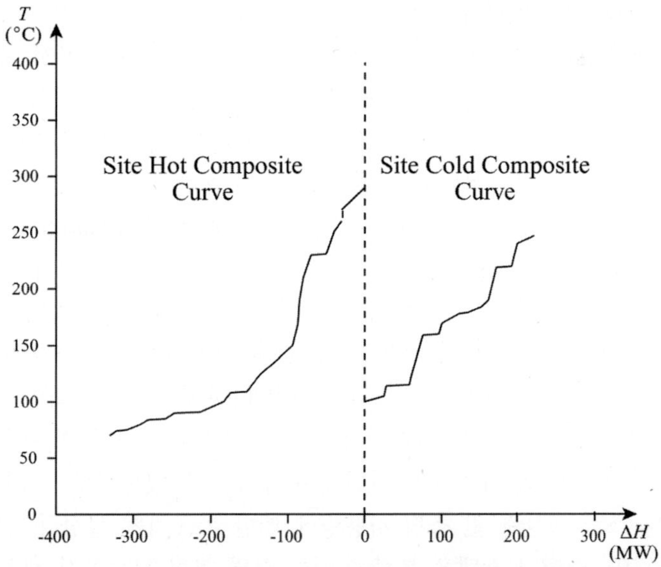

그림 16.27 ▸ 개별 공정의 복합선도를 통합하여 전공정 복합선도를 구성한다.

두 번째로 높은 온도의 유틸리티는 중간 압력(MP) 스팀 생산이며, 고압 스팀 생산 선도와 비슷한 방법으로 생산량을 최대화하도록 한다. 그 다음으로 가장 높은 온도의 유틸리티는 저압(LP) 스팀 생산이다. 이후에는 잔류 열원의 냉각을 위해 냉각수를 사용한다. 스팀 소모량에 대한 목표를 설정하기 위해서는

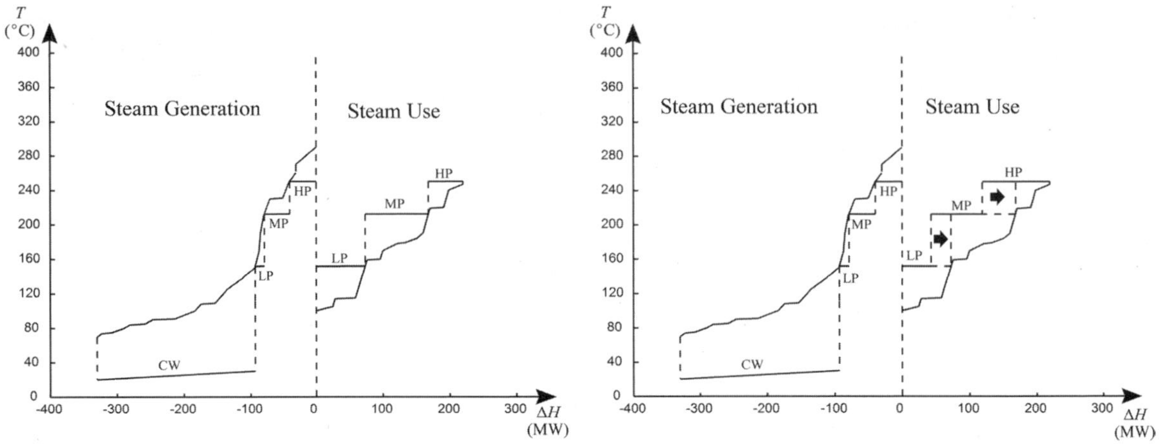

(a) 스팀 생산량 및 필요량이 전공정 복합선도에 맞추어진 경우

(b) 스팀 생산량 및 필요량이 전공정 복합선도와 다른 경우

그림 16.28 ▸ 스팀 생산량은 전공정 온류 복합선도를 기준으로, 스팀 필요량은 전공정 냉류 복합선도를 기준으로 계산할 수 있다. (Reproduced from Li Sun, Steve Doyle, Robin Smith, Heat Recovery and Power Targeting in Utility Systems. In Press. Ms. Ref. No.: EGY-D-14-03308, with permission from Elsevier.)

가장 낮은 온도에서 공정에 열을 공급하는 유틸리티의 사용을 먼저 최대화한다. 이 경우 가장 낮은 온도의 열 공급 유틸리티는 LP 스팀의 사용이다. LP 스팀 사용을 최대화하고, 그 다음으로 가장 낮은 온도에서의 열 공급 유틸리티 사용을 최대화하며, 이 경우 MP 스팀이다. 마지막으로 나머지 고온에서의 열 공급은 HP 스팀으로 처리된다.

그림 16.28a에서 스팀은 실제 온도로 표시되고, 스팀 선도가 전공정 복합선에 닿았을 때, 실제로는 선도 작성을 위한 온도 변동 결과로 인하여 스팀과 공정 유체는 ΔT_{min}의 온도 차이를 갖게 된다는 점에 유의해야 한다. 이것은 11장에서 논의된 유틸리티 선도와 복합선도가 만나게 되는 경우와 유사하다.

그림 16.28b는 전공정 복합선도를 보여 주며 공정 개선 상황과 관련되어 있다. 이번에는 다양한 스팀 헤더에 대한 실제 사용하는 스팀 양이 반영되었다(Dhole and Linnhoff, 1992). 이러한 공정 개선 상황에서는 전공정 복합선도와 스팀 선도가 맞닿지 않는 상황이 발생한다. 그림 16.28b의 예시는 전공정 복합선도와 스팀 생산 선도가 맞닿아 있으나, 스팀 생산 선도는 전공정 복합선도와 간격이 존재한다. 그림 16.28b에서 저압 스팀과 중압 스팀은 지금보다 더 많이 사용될 수 있고, 고압 스팀의 사용량은 낮추어질 수 있다. 궁극적으로 이러한 불일치는 스팀 터빈에서의 추가적인 열병합 발전 기회를 놓친다는 것을 의미한다. 공정에 열을 공급할 때 저압 스팀을 더 많이 사용하면, 상대적으로 고압 스팀 수준에서 더 낮은 압력 수준으로 더 많은 스팀을 터빈에 통과시킬 수 있으므로 더 많은 전력을 생성할 수 있다.

그림 16.28은 스팀 생산량 및 스팀 사용량에 대한 목표치를 설정하고 공정 개선 시에 놓친 기회를 찾는 데 유용하지만, 스팀 시스템을 통한 공정들 간의 열회수는 아직 해결되지 않았다. 그림 16.29a는 고압 스팀, 중압 스팀 및 저압 스팀이 생산되어 하부 공정에서 사용되는 방법을 보여준다. 폐열에 의해 스팀을 생성하게 되면, 유틸리티 시스템의 보일러에서 연료를 태워 스팀을 생산할 필요가 없다. 공정에서 생산된 스팀은 그림 16.29b와 같이 스팀 헤더로 공급되며, 이 스팀 헤더는 이후 하부 공정에서 사용된다. 스팀 시스템을 통한 공정 간 열회수는 전공장 에너지 최적화에 포함되어 고려해야 한다.

그림 16.30a는 전공정 온류 복합선도와 전공정 냉류 복합선도 사이에 겹치는 부분이 없도록 배치된

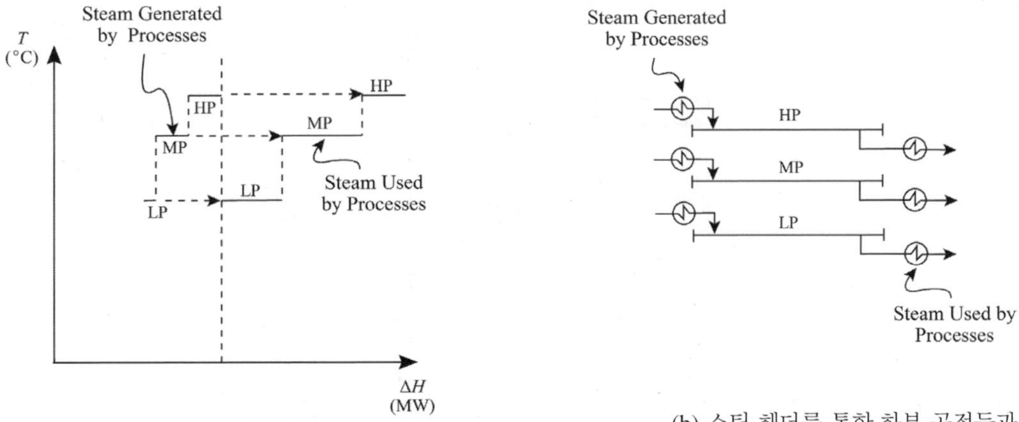

(a) 스팀 선도

(b) 스팀 헤더를 통한 하부 공정들과 스팀 흐름들과 관계

그림 16.29 ▸ 스팀 시스템을 통한 전공정 열회수.

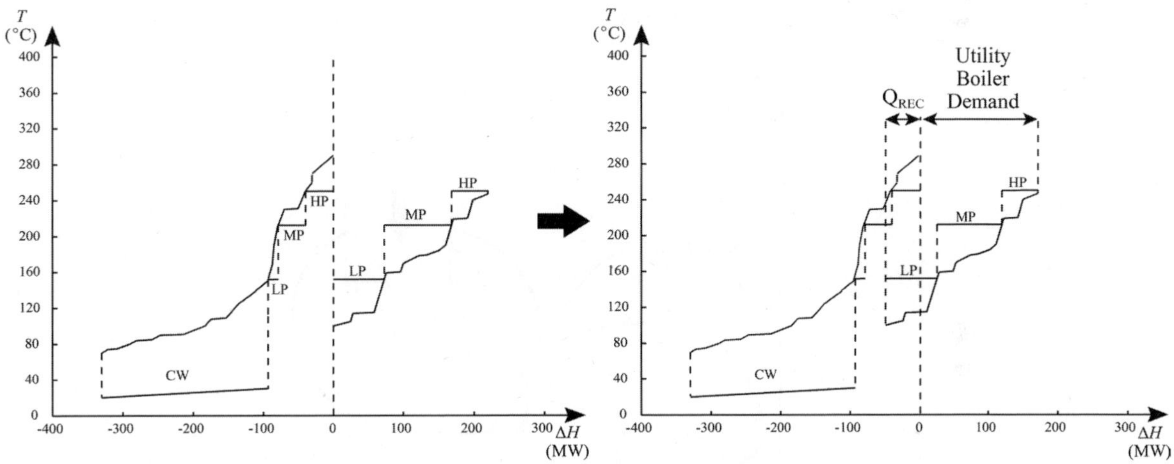

(a) 전공정 스팀 회수가 없는 전공정 복합선도

(b) 전공정 복합선도를 활용한 전공정 스팀 회수 방안

그림 16.30 ▸ 전공정 열통합선도들을 중첩하여 스팀 시스템을 통한 열회수 가능성이 있다.
(Sun, Doyle, Robin Smith, Energy (*in press*) EGY-D-14-03308)

경우를 보여준다. 이러한 설정이 실제로 사용되는 경우에는 전공정 온류 복합선도를 기준으로 생산되는 모든 고압, 중압 및 저압 스팀은 외부로 배출되어야 하고, 전공정 냉류 복합선도를 기준으로 공급되어야 하는 모든 고압, 중압 및 저압 스팀은 유틸리티 시스템에서 생산되는 초고압 스팀에서 공급되어야 한다. 실제로 이러한 방법으로 스팀을 생산하고 배출하지는 않는다. 그러나 전체적인 문제에 접근하려면 열회수와 함께 축일 생산을 고려해야 하며, 이러한 것은 다음 절에 설명된다. 그림 16.30b는 복합선도를 겹쳐서 전체 공정에서의 열회수 가능치를 계산하는 방법을 보여준다. 그림 16.30b에 보인 스팀 선도들 사이의 중첩된 영역은 스팀 시스템을 통하여 공정 전체에서 가능한 열회수량을 의미한다(Raissi, 1994; Klemes *et al.*, 1997). 그림 16.30b에서, 생산되는 중압 스팀의 일부와 저압 스팀 전체는(이런 것

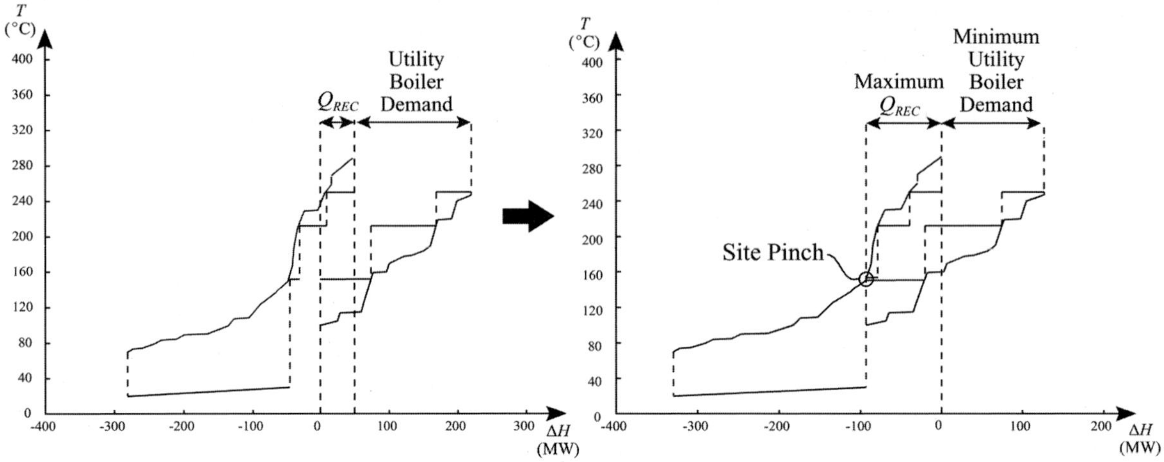

(a) 일부 스팀 회수가 고려된 전공정 복합선도

(b) 최대한의 스팀 회수가 고려된 전공정 복합선도

그림 16.31 ▸ 중첩을 최대화하면 유틸리티 보일러에서의 스팀 생산량이 최소화된다.

(From Sun L, Doyle S and Smith R, 2015, Energy, 84: 196, reproduced by permission.)

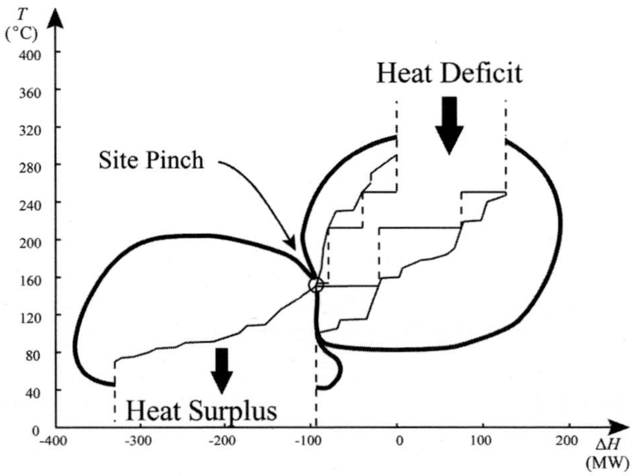

그림 16.32 ▸ 중첩을 최대화하면 사이트 핀치(site pinch)가 생성되어 열흡수 영역과 열방출 영역으로 구분됨(단위 공정 핀치와 유사).

은 실제적으로는 발생하지 않지만) 여전히 외부로 배출되어야 한다. 전공정 냉류 복합선도로 공급되는 중압 스팀의 일부와 고압 스팀은 유틸리티 시스템에서 생성되는 초고압 스팀으로부터 공급받아야 한다. 스팀 선도들 간의 중첩 정도는 설계자가 설계 의도에 따라 결정한다.

그림 16.31은 전공정 복합선도들 간의 열회수율을 증가시키면 유틸리티 보일러에서 생산해야 하는 스팀 생산량과 전공정에서 제거되어야 하는 열량이 감소됨을 보여준다. 그림 16.31b와 같이 전공정 복합선도들 간의 겹침이 최대화되면 유틸리티 보일러에서의 스팀 생산량과 전공정에서 제거되어야 하는 열량이 최소화한다. 열회수가 최대화되는 것은 *사이트 핀치*(site pinch)에 의해 설정된다(Raissi, 1994; Klemes *et al.*, 1997). 그림 16.32는 사이트 핀치 위의 열이 부족한 부분과 사이트 핀치 아래의 열이 남

는 부분으로 구분하는 것을 예시하고 있다. 이는 11장에서 논의된 것처럼 단위 공정을 두 부분으로 나누는 공정의 핀치와 유사하다.

16.7 열병합 발전

지금까지는 공정에 열을 공급하고 제거하는 수단으로서의 스팀 생산 및 사용으로 제한되었다. 그러나 공정에서의 스팀을 터빈에서 팽창시켜 축일(혹은 전기)을 생산시킬 수 있기 때문에, 열을 공급하고 제거하는 수단으로서만 분석하는 것은 적절하지 않다. 이를 위해서는 열을 공급하고 제거하는 것과 연계된 간단한 발전량 예측 모델이 필요하다.

그림 16.22는 스팀 터빈 네트워크에서 스팀의 단계별 사용을 예시하고 있다. 공정에서 생산되어 회수된 스팀이 스팀 헤더로 유입되지 않는 경우, 스팀 헤더들의 압력, 유틸리티 보일러에서 공급하는 초고압 스팀의 온도 및 터빈의 등엔트로피 효율이 지정되면 모든 스팀 헤더들의 온도는 고정된다. 그러나 실제적으로는 스팀 시스템의 운전을 위해서는 제약이 있다. 과도한 응축을 방지하기 위해서는 스팀 헤더에서 유지되어야 하는 최소 과열량이 있다(일반적으로 10~20°C). 또한 그림 16.22에 보인 응축형 터빈의 경우에는 출구에서 스팀의 최소 건조도는 일반적으로 최소 90%로 유지되어야 한다.

예를 들어, 포화 상태로 스팀을 사용하는(즉, 보일러 급수 예열, 스팀 과열 및 응축수 회수 등이 없는) 경우를 표 16.4의 데이터를 기준으로 구성된 그림 16.33a를 고려하고자 한다(Sun, Doyle, Smith, 2015a). 다단 연계된 스팀 터빈 시스템의 분석은 전공정 복합선도(또는 개별적 스팀 생산 및 소비 선도들)의 가열량 및 냉각량을 동시에 고려하는 스팀 팽창에 대한 모델이 필요하다. 주어진 스팀 조건에서 생산되는 스팀의 유량은 전공정 온류 복합선도에서 해당하는 열량에 대한 스팀 생산 선도(보일러 급수 조건 및 스팀 과열도를 고려하면서)와 일치시킴으로써 결정한다. 주어진 스팀 조건에서 공정에 사용되는 스팀의 유량은 전공정 냉류 복합선도에 대하여 스팀 공급 선도와 일치시킴으로써 결정한다. 각 헤더의 스팀 특성은 해당 헤더의 물질 및 에너지 수지식에 의해 결정된다. 이것은 스팀 헤더에 공급되는 공정에서 생성된 스팀의 질과 유량, 헤더에서 공급되어 스팀 터빈으로 유입되는 스팀의 조건 및 등엔트로피 효율, 그리고 헤더에 연결된 감압 설비의 유속 및 유입되는 스팀의 조건 등에 의해 결정된다. 전체적인 계산은 유틸리티에서 생산된 스팀을 기준으로 스팀 터빈 및 감압 설비를 거치는 흐름들에 대하여 고압에서 저압으로의 단계를 따라 가면서 진행한다. 각 스팀 헤더의 물질 및 에너지 수지식을 적용하여 각 헤더의 운전 조건 및 유량이 결정된다. 그림 16.33a는 모든 스팀 터빈이 최소 20°C의 과열을 가지며 75%의 등엔트로피 효율을 적용한 결과를 보여준다. 위에서 언급했듯이 실제 운영 측면에서는 감압설비에 작은 유량의 스팀이 흐르도록 하는 것이 적절하지만, 그림 16.33a에서는 흐름이 없다고 가정하였다. 과열에 대한 조건을 충족하려면, 계산 과정은 시행착오 기법 등을 적용하여 유틸리티 스팀 생산 온도를 변화시키는 과정이 포함된다. 그림 16.33a에서 유틸리티에서 생산되는 스팀은 624°C 온도가 필요하다는 것을 알 수 있다. 이 온도는 너무 높고, 일반적으로 설비 재료의 특성을 고려하여 통상적으로 600°C 이하 조건을 적용한다.

최대 온도가 570°C라고 가정하면, 이 조건에서 저압 스팀의 최소 과열도 20°C를 유지할 수 없다. 이 문제를 해결하는 한 가지 방법은 유틸리티 스팀 생산 온도를 570°C로 고정하고, 감압 설비를 통해 일부 스팀을 통과시키는 것이다. 스팀 터빈을 통한 스팀 팽창은 발전으로 전환된 에너지 때문에 하부 스팀 헤더의 과열도를 줄이는 반면, 감압 밸브의 스팀 팽창은 단열 과정이기 때문에 과열도가 증가된

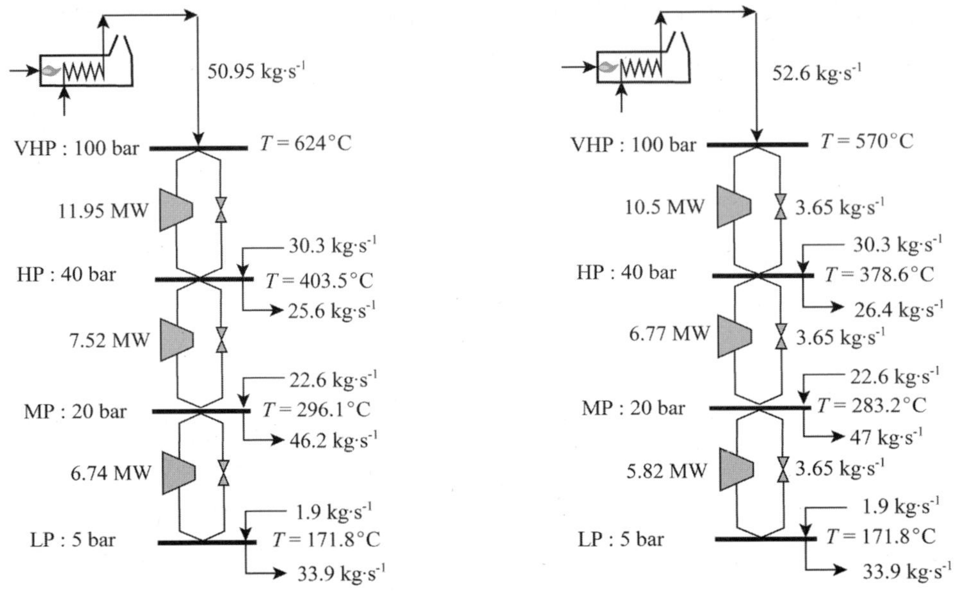

(a) 감압설비를 통한 스팀 흐름이 없는 스팀 터빈 연결 구성 방안

(b) 최대 570°C 스팀 온도와 최소 20°C의 저압 스팀 과열을 갖는 스팀 터빈 연결 구성 방안

그림 16.33 ▸ 보일러 급수 예열, 스팀 과열, 스팀 응축 및 응축수 냉각이 없는 경우에 대하여 발전량을 계산하는 스팀 터빈 연결 구성도 (Reproduced from Li Sun, Steve Doyle, Robin Smith, Heat Recovery and Power Targeting in Utility Systems. In Press. Ms. Ref. No.: EGY-D-14-03308, with permission from Elsevier.)

다. 그림 16.33b에서는 유틸리티 보일러의 스팀 생산 온도가 570°C로 고정되어 있고, 감압 밸브를 통과하는 스팀 유량을 점진적으로 증가시켜 저압 스팀 헤더에서 최소 20°C의 과열도를 갖도록 한다. 이러한 제약 조건을 극복하는 또 다른 방법은 공정에서의 열원을 회수하여 생산되는 스팀의 과열량을 증가시키는 것이다. 그림 16.33b는 가정된 최대 허용 유틸리티 스팀 생산 온도, 터빈 등엔트로피 효율 및 최소 스팀 과열도에 기초하여 계산된 열병합 가능량을 제시한다.

스팀 생산 가능량, 스팀 공급 필요량 및 열병합 발전 가능량에 따라 다양한 방안을 적용할 수 있다. 표 16.5는 570°C의 유틸리티 스팀 생산 온도, 0.75의 터빈 등엔트로피 효율 및 20°C의 최소 스팀 과열도를 기준으로 계산된 여러 가지 방안을 비교한 결과이다(Sun, Doyle and Smith, 2015a).

스팀 터빈를 활용할 수 있는 영역은 그림 16.34(Sun, Doyle and Smith, 2015a)에서처럼 도식화하여 나타낼 수 있다. 이 그림은 전공정 복합선도와 스팀 터빈을 통해 팽창이 가능한 스팀의 운전 영역을 보여준다. 스팀 팽창 영역을 정확히 확인하려면 각 스팀 헤더 사이에서 에너지 수지식을 계산해야 한다. 전공정 온류 복합선도로부터 스팀을 생성하는 데 사용된 열원은 전공정 냉류 복합선도에서 필요한 열을 상쇄한다. 스팀이 부족한 경우 상위의 단계에서 스팀 터빈을 통해서 하위 단계로 연결된다. 잉여 스팀이 있으면 다음 단계로 연계하여 공급할 수 있다.

지금까지는 전공정 복합선도를 기준으로 전공정에서의 열회수를 최대화시켜 유틸리티 시스템의 스팀 생산 보일러의 부하를 최소화시켰다. 그림 16.35는 다단계 스팀 헤더를 통한 최대 열회수를 하지 않는(사이트 핀치가 없는) 전공정 복합선도의 설정을 보여준다. 이러한 방식은 공정 전체적으로 유틸리티 보일러에서 더 많은 스팀을 생산해야 하고, 더 많은 열을 제거해야 함을 의미한다. 그러나 그림 16.35에서 추가적으로 공급되는 스팀을 진공 상태까지 팽창하는 응축 발전을 수행하고 최종적으로 냉각수에

표 16.5 ▸ 다양한 유틸리티 운영 방안 비교(Sun, Doyle and Smith, 2015a)

Source profile	Sink profile	Boiler flowrate (kg·s^{-1})	Letdown flowrate (kg·s^{-1})	Power generation (MW)	Power generation per unit boiler flow (MW·kg^{-1}·s)
BFW preheat + steam superheat	Superheated steam use + condensate heat recovery	50.29	3.6	20.83	0.414
BFW preheat + steam superheat	Superheated steam use, no condensate heat recovery	49.95	3.9	22.68	0.454
BFW preheat + steam superheat	Desuperheated steam use + condensate heat recovery	52.66	3.3	21.35	0.405
BFW preheat + steam superheat	Desuperheated steam use, no condensate heat recovery	52.06	3.7	23.10	0.444
Source profile	**Sink profile**	**Boiler flowrate (kg·s^{-1})**	**Letdown flowrate (kg·s^{-1})**	**Power generation (MW)**	**Power generation per nnit boiler flow (MW·kg^{-1}·s)**
BFW preheat + steam superheat	Superheated steam use + condensate heat recovery	53.35	3.1	21.48	0.403
BFW preheat + steam superheat	Superheated steam use, no condensate heat recovery	53.25	2.8	23.18	0.435
BFW preheat + steam superheat	Desuperheated steam use + condensate heat recovery	55.95	2.8	21.84	0.390
BFW preheat + steam superheat	Desuperheated steam use, no condensate heat recovery	55.48	2.6	23.68	0.427

응축시킴으로써 추가적인 발전을 달성할 수 있다. 따라서 그림 16.35의 스팀 터빈 시스템은 배압형 스팀 터빈과 응축형 스팀 터빈이 혼용하여 운용됨을 나타낸다. 유틸리티 보일러에서 더 많은 스팀을 생산할수록 응축형 발전을 통한 이득이 발생하지만, 추가 스팀 발생을 위한 운전비 및 투자비 지출이 발생하므로 추가 발전량은 최적화를 통한 적정한 수준에서 진행되어야 한다.

그림 16.34와 16.35에서는 스팀 헤더들 사이에서 단일 스팀 터빈이 적용되는 것으로 표현되어 있다. 실제로는 여러 헤더를 가로질러 작동하는 단순형 스팀 터빈, 여러 헤더들에서 연계되어 작동하는 추출형 스팀 터빈 또는 단순 및 추출 장비의 조합형 터빈이 적용될 수 있다. 그림 16.36에는 여러 가지 가능한 구성 방법들을 예시하고 있다. 또한, 그림 16.36에 의해 암시된 바와 같이 각각의 팽창 영역에서 단일 스팀 터빈을 운용하기보다는, 병렬로 작동하는 여러 터빈을 적용할 수도 있다.

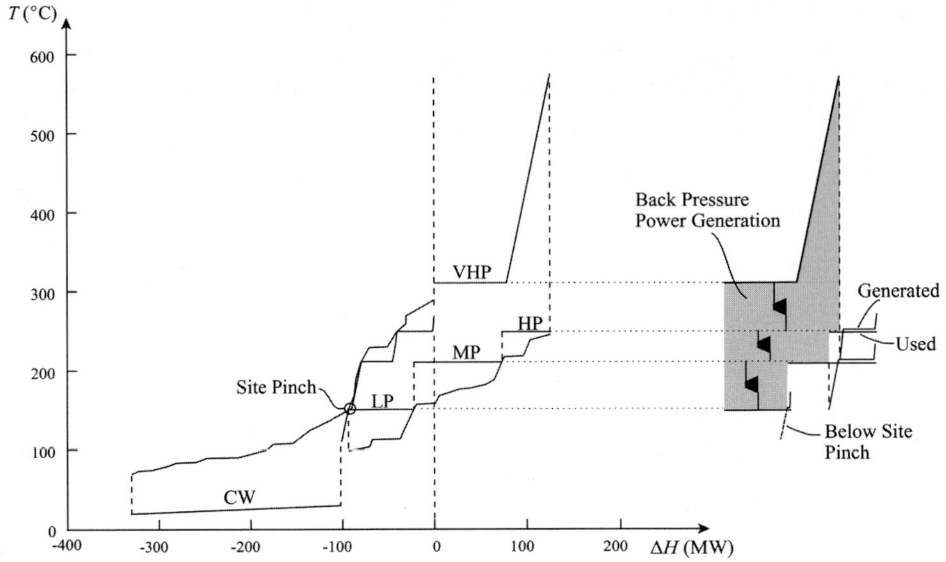

그림 16.34 ▸ 핀치가 존재하는 전공정 발전 생산량 예측. (Reproduced from Li Sun, Steve Doyle, Robin Smith, Heat Recovery and Power Targeting in Utility Systems. In Press. Ms. Ref. No.: EGY-D-14-03308, with permission from Elsevier.)

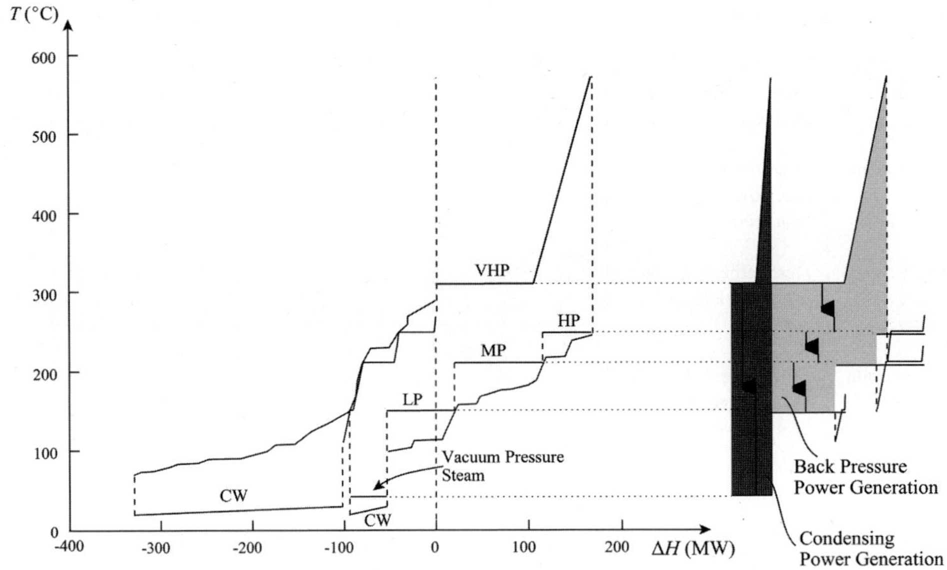

그림 16.35 ▸ 응축 발전을 나타내는 핀치가 없는 조건에서의 전공정 발전 생산량 예측.
(Reproduced from Li Sun, Steve Doyle, Robin Smith, Heat Recovery and Power Targeting in Utility Systems. In Press. Ms. Ref. No.: EGY-D-14-03308, with permission from Elsevier.)

16.8 전기 생산 및 기계 구동 설비

산업 현장은 열과 축일(전기)이 모두 필요하며 가능하면 열병합 설비를 통해 제공한다. 현장에서 기계를 구동하기 위해서 축일 또는 전기의 형태로 공급한다. 전기는 현장에서 생성되거나 전기 생산 업체에서 구매할 수 있다. 현장에서 필요한 전기량을 초과하는 경우에는 전기를 외부에 판매할 수 있다. 현장

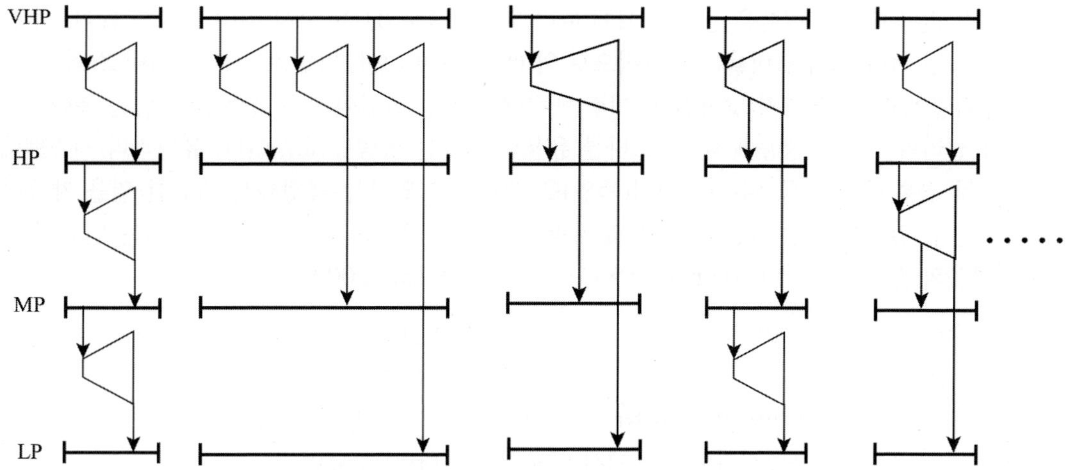

그림 16.36 ▸ 스팀 터빈 네트워크 구성 방안 예시.

에서는 발전기를 구동하는 다음과 같이 설비를 통해 전기를 생산할 수 있다.

- 스팀 터빈
- 가스 터빈
- 가스 엔진(가스 연소 기반 왕복동 엔진)
- 디젤 엔진(디젤 오일 기반 왕복동 엔진)

전기가 발생되면 전기 모터를 통하여 공정의 설비를 구동하는 데 사용할 수 있다. 또는 위의 축일 생산 설비를 기계에 직접 연결하여 구동 장치로 사용할 수 있다.

열병합 발전을 목표로 한다면, 열병합의 부산물로서의 열을 활용하기 위해서 발생되는 열의 온도가 중요한 고려 사항이다. 가스 터빈은 특정 기계에 따라 다르지만 고압 스팀을 생성할 수 있을 만큼 높은 온도의 고온의 배기 가스를 생성한다. 가스 엔진과 디젤 엔진은 약 450°C의 배기 가스를 생산하며, 이는 원칙적으로 어느 정도의 스팀을 발생시키는 데 사용될 수 있다. 또한 엔진 실린더는 냉각수가 공급되는 재킷을 통해서 냉각해야 한다. 이것은 최대 95°C 온도를 갖는 열원을 제공한다. 따라서 가스 엔진 및 디젤 엔진의 경우는 열원의 약 절반이 저온에서만 이용 가능하게 된다. 이러한 경우는, 예를 든다면 많은 양의 뜨거운 물이 필요한 경우에는 적합하지만 많은 양의 스팀이 필요한 경우에는 적절하지 않다. 따라서 공정 산업에서는 가스 엔진과 디젤 엔진을 열병합에 활용하기 어렵다. 그러므로 여기서의 논의는 스팀 터빈과 가스 터빈에 집중될 것이다.

공정 설비에 가장 적합한 구동 방법을 고려하기 전에 현장에 적합한 열병합 발전 시스템의 유형을 고려하는 것이 중요하다. 이를 위해 두 가지 방법을 소개한다. 첫 번째는 전공정 전력 대 열비율이며, 다음과 같이 정의된다(Kenney, 1984; Kimura and Zhu, 2000).

$$R_{SITE} = \frac{W_{SITE}}{Q_{SITE}} \tag{16.37}$$

여기서 R_{SITE} = 전공정 전력 대 열비율(–)

W_{SITE} = 전기와 축일을 모두 포함한 현장의 전력 요구량(kW, MW)

Q_{SITE} = 현장의 공정 열 수요(kW, MW)

전공정 전력 대비 열비율은 공정 특성에 따라 일반적으로 0.03~3 사이이다. 예를 들어, 석유 정유 공정의 전공정 전력 대비 열비율은 일반적으로 약 0.5 정도이지만, 가열로에 대한 열이 스팀 열 수요에 함께 포함되면 0.1 정도로까지 낮아진다. 이런 맥락에서 가장 관련이 있는 항목은 스팀을 통한 열 수요이다.

유틸리티 시스템 성능에 대한 또 다른 유용한 지표는 *열병합 효율*이다. 유틸리티 시스템에서 연료가 연소된 경우 에너지 중 일부는 전기(축일)을 생산하고 일부는 공정에서 필요한 열을 제공하며 일부는 손실된다. 열병합 발전 효율은 전력 및 유용한 공정 열을 생산하기 위해 소비되는 연료의 양을 기준으로 다음과 같이 정의한다(Kenney, 1984; Kimura and Zhu, 2000).

$$\eta_{COGEN} = \frac{W_{SITE} + Q_{SITE}}{Q_{FUEL}} \tag{16.38}$$

여기서 η_{COGEN} = 열병합 발전 효율(−)

Q_{FUEL} = 유틸리티 시스템에서 사용된 연료량(kW, MW)

이러한 정의를 적용하여 열병합 효율과 전공정 전력대 열비율(R_{SITE}) 간의 그림을 작성할 수 있다. 처음에는 전기를 외부에서 현장으로 수입하거나 현장에서 외부로 판매하지 않는다고 가정한다. 그림 16.37은 스팀 터빈만으로 전기를 생산하는 경우에서의 R_{SITE}와 η_{COGEN}의 관계를 보여준다. 스팀 터빈은 R_{SITE} 값이 낮은 현장에 적합하다. 그림에서 공장 전체의 열 수요는 고정되어 있다고 가정한다. 전기(또는 축일) 요구량이 점차 증가하면 R_{SITE}이 증가한다. 그림 16.37과 같이 $R_{SITE} = 0$인 경우는 전력 요구량이 없다고 가정하고, 스팀 터빈의 확장에 의해서 전력을 생성하지 않고 모든 스팀은 감압 설비를 통해 팽창된다. R_{SITE}가 0에서 증가함에 따라 공장의 전체 전력 요구량에 맞추어 스팀 터빈을 통해 전력 생산을 하며 나머지 여분의 스팀은 감압 설비를 통과한다. 그림 16.37에서 R_{SITE} 값이 계속 증가하면 결국에는 배압형 스팀 터빈을 최대 활용하게 되며, 이 지점은 최대한의 열병합 발전을 구현한 것이고, 그림에서 전공정 전력 대 열비율의 핀치(R_{PINCH})로 표현되었다. R_{PINCH} 지점 이후에는 유틸리티 보일러에서 추가적인 스팀을 생산하고 이를 활용한 응축형 발전량이 점진적으로 증가함을 확인할 수 있다. 이 곡선은 점진적으로 독립적인 스팀 기반 전력 생산 사이클의 에너지 효율에 근접하게 된다.

현장에서 비용보다는 열병합 효율을 기준으로 전기에 대한 구매 및 판매를 결정하는 방법은 그림 16.38에 예시되어 있다(Varbanov *et al.*, 2004). R_{SITE} 값이 낮으면 현장에서는 현재 스팀 터빈을 통해서 생산되는 동력보다 더 많은 동력을 발생시킬 수 있는 잠재력이 있음을 의미한다. R_{PINCH} 이하의 영역에서 현장에서의 전력 생산 방법이 독립적인 전력 생산보다 효율적이라면 $R_{SITE} = 0$과 $R_{SITE} = R_{PINCH}$ 사이에서는 가능하다면 열병합 발전을 증가시키고, 현장에서 남는 전기는 외부로 판매하는 것이 유리하다. 그림 16.38에서 R_{SITE} 값이 높을 때는 η_{COGEN}은 감소하고 독립적인 외부의 발전소 효율($\eta_{CENTRAL}$)보다 낮아질 가능성이 있다. 효율의 관점에서 η_{COGEN}이 중앙 집중식 발전 효율 $\eta_{CENTRAL}$보다 낮다면 현장에서 전력 생산을 중단하고 외부로부터 일부 전기를 구매하는 것이 현명하다. 물론 이러한 논의는 비용보다는 열역학적 효율을 기반으로 하며, 전체적인 경제성 분석을 통해서 열역학적 한계점은 변화될 수 있다. 예를 들어 값싼 연료를 대량으로 사용할 수 있다면, 열병합 발전 효율이 낮더라도 넓은 영역의 R_{SITE} 값에 대해서 전기 판매가 효율적일 수 있다. 전기 가격(판매가 및 구매가 모두)은 일반적으로 계절에 따라, 주중 및 주말의 차이에 따라서 또한 시간대에 따라서 가격이 변동할 수 있다는 점을 상기해야 한다.

스팀 터빈은 R_{SITE} 값이 낮은 영역에서 적용되는 것이 적절하다. 현장의 전력 수요가 점차적으로 증가하면 가스 터빈의 도입 혹은 가스 터빈과 스팀 터빈의 조합을 고려하는 것이 효과적이다. 가스 터

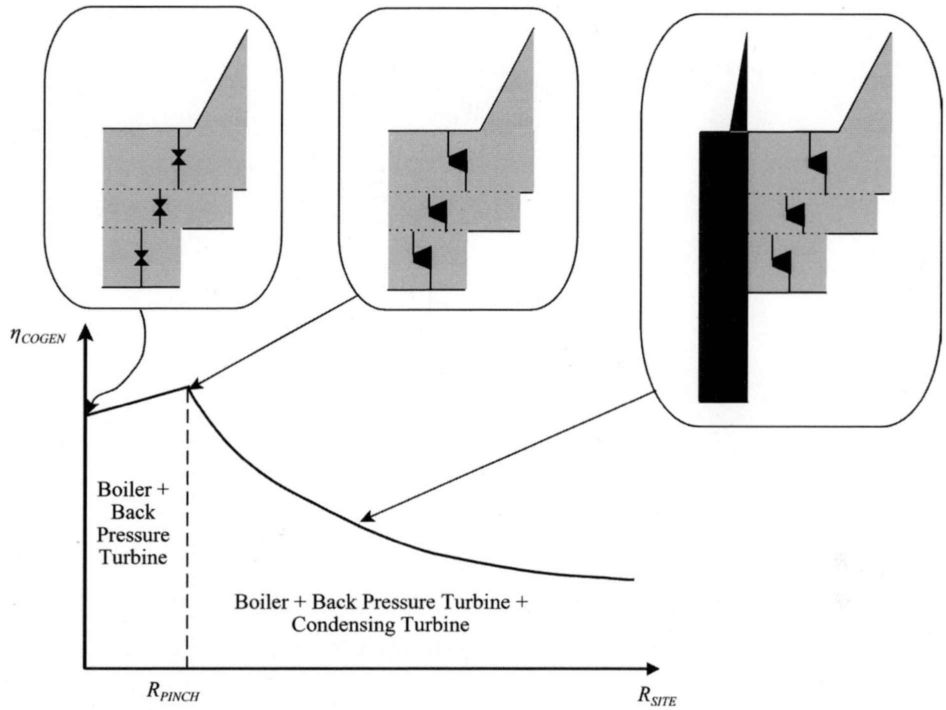

그림 16.37 ▸ 스팀 터빈 기반 발전에 대한 전공정 전력 대 열비율 선도.

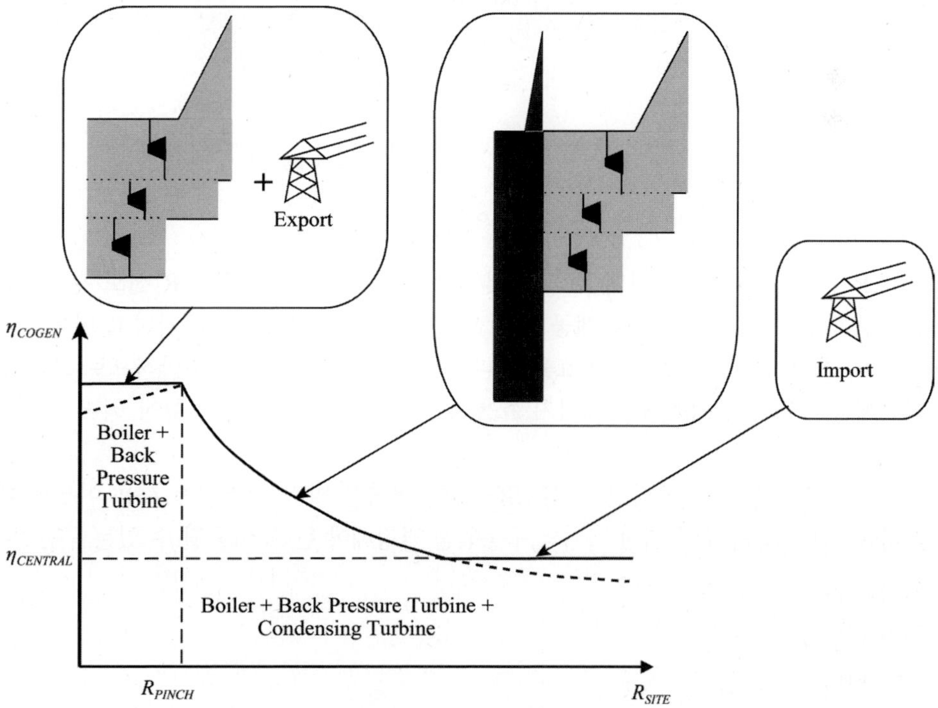

그림 16.38 ▸ 현장 생산된 전기의 판매 또는 구매 결정 예시.

빈을 사용하게 되는 경우에는 R_{SITE} 값이 높더라도 스팀 터빈의 열병합 발전 효율보다 높다(Kenney, 1984).

$$\begin{aligned} R_{GT} &= \frac{W_{GT}}{Q_{REC}} \\ &= \frac{W_{GT}}{\eta_{REC}\left(Q_{FUEL,GT} - W_{GT}\right)} \\ &= \frac{1}{\eta_{REC}\left(\dfrac{Q_{FUEL,GT}}{W_{GT}} - 1\right)} \\ &= \frac{1}{\eta_{REC}\left(\dfrac{1}{\eta_{GT}} - 1\right)} \end{aligned} \tag{16.39}$$

여기서 R_{GT} = 가스 터빈 전기-열비율(−)
W_{GT} = 가스 터빈 전기 생산량(kW, MW)
$Q_{FUEL,GT}$ = 가스 터빈 연료 소모량(kW, MW)
Q_{REC} = 가스 터빈 배가스로부터의 열회수량(kW, MW)
η_{REC} = 가스 터빈 배가스로부터의 HRSG에서 열회수된 비율(−)
η_{GT} = 가스 터빈 비율(−)

또한,

$$\begin{aligned} \eta_{COGEN,GT} &= \frac{W_{GT} + Q_{REC}}{Q_{FUEL,GT}} \\ &= \frac{W_{GT} + Q_{REC}}{W_{GT}/\eta_{GT}} \\ &= \eta_{GT}\left(1 + \frac{1}{R_{GT}}\right) \end{aligned} \tag{16.40}$$

여기서 $\eta_{COGEN,GT}$ = 가스 터빈 열병합 효율(−)

모든 R 선도는 현장 유틸리티 소모량 및 장비 사양에 따라 다르다. R 선도 분석은 유틸리티 시스템의 효율성 향상에 대한 통찰력을 제공할 수 있지만 순전히 열역학에 근거하고 비용을 고려하지 않는다. 예를 들어, 가격이 다른 연료 혹은 효율이 다른 보일러의 특성 등을 종합적으로 고려하지 못한다. 이러한 맥락에서 유틸리티 시스템의 에너지 효율이 높도록 운전하는 것이 항상 최저 비용을 의미하는 것은 아니다.

보일러, 스팀 터빈, 가스 터빈 및 HRSG 등이 열병합 발전 시스템에 사용 여부에 대한 기초적인 결정이 내려지면 현장의 주요 회전 기기의 구동원을 결정해야 한다. 사용될 수 있는 구동원은 다음과 같다.

- 전기 모터
- 스팀 터빈
- 가스 터빈
- 터보 팽창기

전기 모터가 가장 보편적으로 사용되는 구동 설비이다. 모터는 1 kW에서 50 MW 이상의 다양한 크기로 제공된다. 효율은 모터의 크기와 설계에 따라 다르며, 모터는 전체 부하의 50%까지 작동될 수 있다.

$$\eta_{MOTOR} = \frac{1}{1.039 + \dfrac{0.4235}{W}} \tag{16.41}$$

여기서 η_{MOTOR} = 모터 효율(−)

W = 최대 부하에서 모터에 의해 생산된 동력(kW)

스팀 터빈은 축에 연결되어 직접적으로 구동시키는 장치로, 특히 상대적으로 규모가 큰 장치에 사용된다. 가스 터빈은 직접 구동 장치로 사용되지만 천연 가스 액화 공정의 경우처럼 규모가 매우 큰 설비를 구동하는 경우에 사용한다. 터보 팽창기는 주로 팽창기가 공정 내에서 대기보다 낮은 온도를 생성하는데 사용되며, 공정에서의 동력 회수와 함께 사용된다.

대체로 공정 설비에 구동원를 할당하는 두 가지 기본적인 방법이 있다. 전기를 생산하고 이를 분배하여 전기 모터를 활용하거나, 직접 구동 장치와 설비를 연결하여 사용한다. 직접 구동 방식(예, 대형 펌프를 구동하는 스팀 터빈)은 전기를 생산하고 분배하여 전기 모터를 사용하는 방법보다는 저렴한 방안이 될 수 있다. 반면, 대형 단일 발전기로 전기를 생산하여 분배하는 경우에는 많은 수의 전기 모터 구동원을 활용할 수 있게 된다. 직접 구동 방식은 유틸리티 시스템의 운영 측면에서 유연하지 않다. 예를 들어, 스팀 터빈이 대형 펌프를 구동하는 경우 스팀 터빈의 배기 가스에서 생성된 열이 필요하지 않더라도 터빈을 통과하는 흐름을 유지하여 펌프를 계속 작동시켜야 한다. 전기 발전기는 유틸리티 시스템 운영 측면에서 더 유연하다. 전기 발전 방식은 부하를 조정할 수 있고, 전기 모터를 통해 많은 수의 설비에 연계되어 운전할 수 있다. 가장 좋은 해결책은 대개 전기 모터 및 직접 구동 방식이 통합적으로 구성된 조합이다.

가장 적절한 구동원의 조합을 선택할 때는 많은 문제를 고려해야 하며, 최상의 조합을 선택하는 것은 투자비, 운영비, 운전 유연성 및 공정의 신뢰도(reliability)들을 종합적으로 고려하여 결정해야 한다.

대부분의 경우 문제의 복잡성 때문에 전체 시스템의 구성 방안을 도출하는 가장 좋은 방법은 온구조 또는 초월구조(superstructure, 모든 가능한 구조를 모두 포함한 구조)를 최적화하는 것이다. 그림 16.39는 간단한 형태의 온구조 방법론을 설명한다(Del Nogal *et al.*, 2010). 온구조는 최종 설계 방안에 포함될 수 있는 모든 구조적 가능성을 포함한다. 여러 개의 보일러가 서로 다른 스팀 헤더에 스팀을 공급한다. 추가 연소가 가능한 HRSG가 있는 가스 터빈들이 서로 다른 스팀 헤더에 스팀을 공급할 수 있다. 가스 터빈은 직접 구동 장치 또는 발전을 통한 구동 전력 공급 방식으로 운전 방법을 선택할 수 있다. 직접 구동의 경우 동일한 축에 여러 공정이 함께 연계되어 운용될 수 있다. 다수의 가스 터빈을 직접 구동 장치로 사용하거나 또는 발전기 형태로 전기를 생산할 수 있다. 또는 독립적으로 가스 터빈이 공장에서 사용될 수도 있다. 그림 16.39는 가능한 모든 스팀 터빈들과 다수의 스팀 헤더들 간에 모두 연결되어 스팀 터빈 네트워크를 구성한다. 각각의 스팀 터빈은 직접 구동 장치이거나 발전기를 구동할 수 있다. 유틸리티 시스템의 설계에서는 구성 방안들의 선택과 운전 변수들을 동시에 최적화할 수 있도록 수학적 모델을 개발해야 한다(Del Nogal *et al.*, 2010). 최적화를 수행하여 최종 설계안에서 필요하지 않은 구조들은 제거된다. 가능하다면, R 선도 분석을 통해 온구조에서 부적합한 방안들을 최적화 이전에 미리 제거한다.

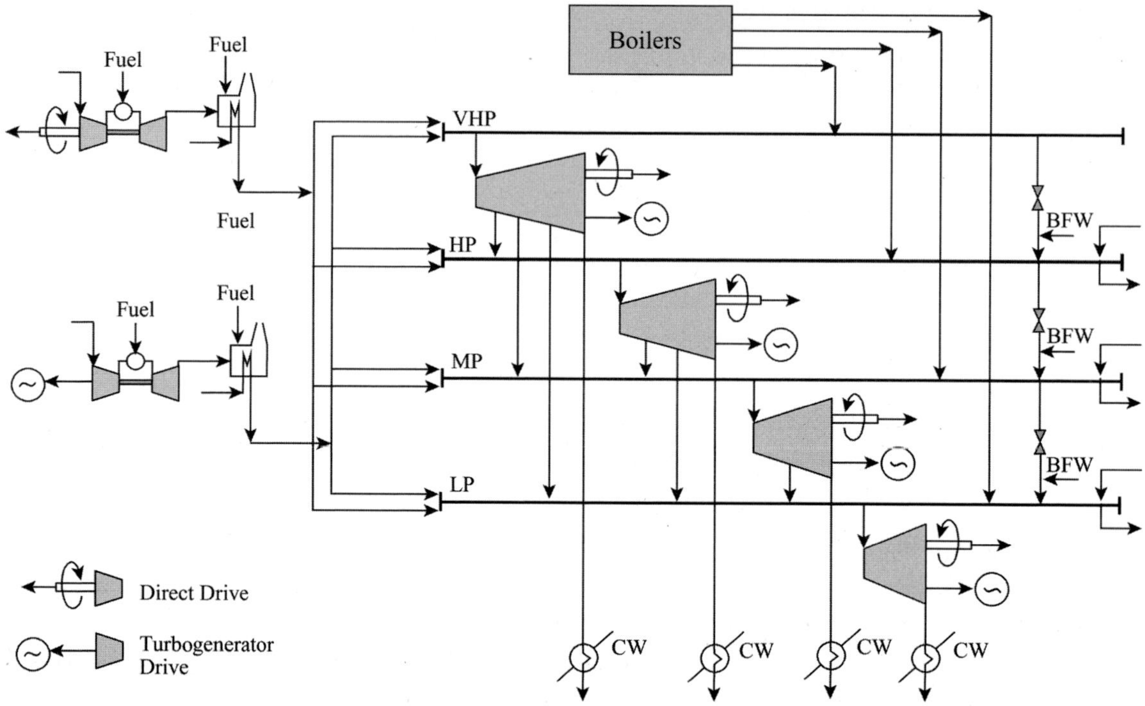

그림 16.39 ▸ 유틸리티 시스템 구조 최적화를 위한 온구조.

16.9 유틸리티 시스템 공정 모사

유틸리티 시스템 구조가 확정되거나 기존 시스템을 개선하고자 한다면 공정 모사 모델을 개발해야 한다. 공정 모사 모델은 다양한 시스템 구성 요소의 용량 변화, 스팀 흐름들의 유량, 압력, 온도 등의 운전 조건 변화, 그리고 발전 및 전력 구매/판매 등을 평가할 수 있어야 한다.

스팀 수지식을 정립하는 예시를 위하여 그림 16.40의 간단한 예를 고려하자. 그림 16.40은 2개의 스팀 헤더가 있고 스팀 터빈이 없는 경우이다. 스팀은 고압에서 저압으로 감압 설비를 통과하며 보내진다. 그림 16.40은 하부 공정으로 스팀이 공급되며, 하부 공정에서 폐열회수를 통해 생성된 스팀의 유입을 포함한다. 전처리된 보일러 공급수는 25°C에서 탈기기로 유입된다. 응축수는 70%(스팀 발생률 기준)가 회수되며, 온도 80°C에서 회수된다고 가정한다. 그림 16.40은 계측 계기 부족 등으로 인해 운전 조건이 알려지지 않은 스팀 흐름들이 포함되어 있다. 유틸리티 보일러에서 생산되는 흐름, 감압 설비 통과 스팀 흐름, 탈기기 스팀, 처리 수 및 응축수 회수 유량 등은 모두 알 수 없다. 이 문제에 대해 탈기기에 유입되는 스팀의 유량을 알면 스팀 수지식을 설정할 수 있다. 우선, 탈기기에 유입되는 스팀 유량을 5 $t{\cdot}h^{-1}$로 가정한다. 또한 유출수 비율이 5%라고 가정한다. 탈기기 유입 스팀 유량을 5 $t{\cdot}h^{-1}$이라고 하면, 감압설비를 통과하는 스팀의 유량은 15 $t{\cdot}h^{-1}$이 되고, 유틸리티에서 생산되는 스팀 유량은 25 $t{\cdot}h^{-1}$로 고정된다(그림 16.41). 공정 및 유틸리티 스팀 생산량에 대해서 5% 유출수 비율을 적용하면 보일러 급수 흐름이 42 $t{\cdot}h^{-1}$됨을 알 수 있다. 응축수 회수율 70%의 경우, 탈기기로의 응축수 회수 유량은 28.0 $t{\cdot}h^{-1}$이 되고, 탈기기로 유입되는 스팀의 5%가 배출된다는 가정을 적용하면 보일러 공급수는 9.3 $t{\cdot}h^{-1}$로 계산된다.

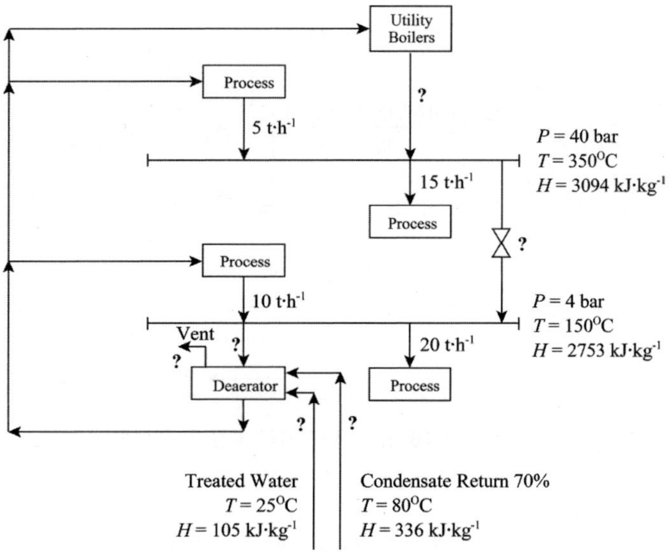

그림 16.40 ▸ 스팀 수지식 예제.

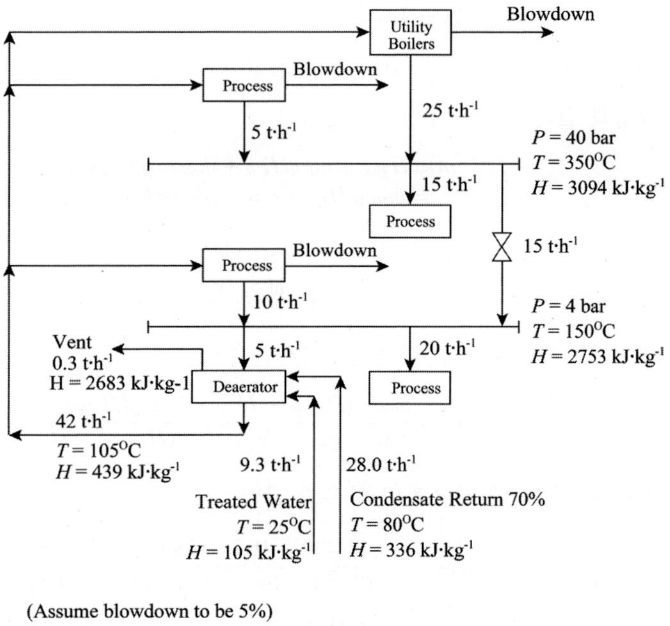

그림 16.41 ▸ 탈기기 유입 스팀을 가정하여 유량을 예측함.

따라서 이 간단한 예에서 탈기기에 유입되는 스팀 유량을 가정하면 스팀 물질 수지식이 완성된다. 그러나 탈기기로의 실제 흐름은 탈기기 주위의 에너지 수지식으로부터 계산할 수 있다. 그림 16.42은 탈기기를 보여준다. 보일러 급수 흐름과 응축수 흐름이 알려진 경우, (가정된) 누출되는 스팀 유량 값과 함께 탈기기 스팀 유입량은 탈기기 주위의 에너지 수지식으로부터 계산될 수 있다.

탈기기 주위의 물질 수지는 다음과 같다.

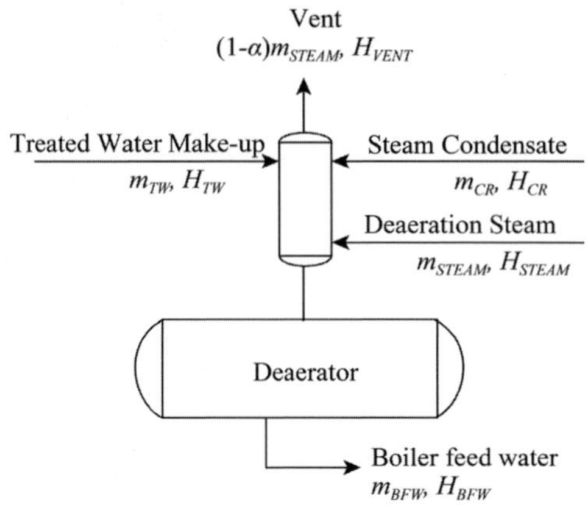

그림 16.42 ▸ **탈기기의 물질 및 에너지 수지식.**

$$m_{TW} = m_{BFW} - m_{CR} - m_{STEAM}(1 - \alpha) \quad \textbf{(16.42)}$$

여기서 $m_{TW}, m_{BFW}, m_{CR}, m_{STEAM}$ = 전처리된 보충수의 유량, 보일러 공급수 유량, 회수된 응축수 유량 및 탈기기에 유입되는 스팀 유량

α = 탈기기에서 누출되는 스팀의 비율

탈기기에 관련된 에너지 수지식은 탈기기의 운전압력이 포화상태이고, 이 압력에서 스팀이 누출된다고 가정하면 다음과 같다.

$$\begin{aligned} m_{TW}H_{TW} + m_{CR}H_{CR} + m_{STEAM}H_{STEAM} \\ = m_{BFW}H_{BFW} + \alpha\, m_{STEAM}H_{VENT} \end{aligned} \quad \textbf{(16.43)}$$

여기서 $H_{TW}, H_{BFW}, H_{CR}, H_{STEAM}, H_{VENT}$ = 보충수, 보일러 공급수, 회수된 응축수, 탈기기 유입 스팀 및 배출 스팀의 엔탈피

식 (16.42)와 (16.43)을 결합하면 다음을 얻을 수 있다.

$$m_{STEAM} = \frac{m_{BFW}(H_{BFW} - H_{TW}) - m_{CR}(H_{CR} - H_{TW})}{(H_{STEAM} - H_{TW}) - \alpha(H_{VENT} - H_{TW})} \quad \textbf{(16.44)}$$

$\alpha = 0.05$라고 가정하고 예제에 적용하면 다음과 같다.

$$\begin{aligned} m_{STEAM} &= \frac{42(439 - 105) - 28.0(336 - 105)}{(2753 - 105) - 0.05(2683 - 105)} \\ &= 3.0\,\text{t}\cdot\text{h}^{-1} \end{aligned}$$

이제 새로운 스팀 수지식을 계산할 수 있으며, 탈기기 주위의 에너지 수지식을 수정하고, 수렴이 될 때까지 이러한 절차가 반복된다. 수렴된 스팀 물질 수지는 그림 16.43과 같다.

다른 문제들에서는 감압설비에서 스팀의 과열을 감소시키는 기능을 고려할 수도 있다. 그림 16.18은 과열 감소기(desuperheater)를 보여준다. 물질 수지는 다음과 같다.

$$m_{STEAM,out} = m_{STEAM,in} + m_{TW} \quad \textbf{(16.45)}$$

에너지 수지는 다음과 같다.

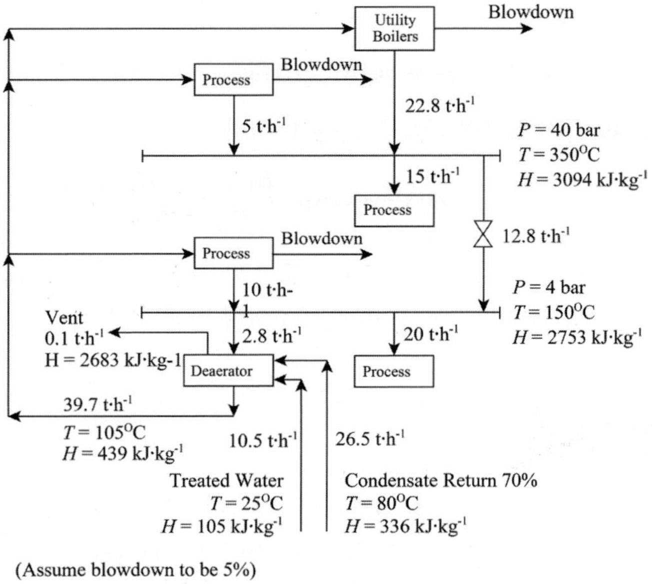

그림 16.43 ▸ 탈기기의 스팀 흐름을 수정하면서 새로운 스팀 물질 수지를 구성한다.

$$m_{STEAM,out}\,H_{STEAM,out} = m_{STEAM,in}\,H_{STEAM,in} + m_{TW}\,H_{TW} \tag{16.46}$$

식 (16.45)와 (16.46)을 결합하면 다음 식을 얻을 수 있다.

$$m_{STEAM,out} = m_{STEAM,in}\frac{H_{STEAM,in} - H_{TW}}{H_{STEAM,out} - H_{TW}} \tag{16.47}$$

스팀 흐름 및 유입되는 스팀의 운전 조건이 알려져 있고, 배출되는 흐름들의 조건은 일반적으로 하부의 스팀 헤더 조건에 의해 고정됨을 활용하여 식 (16.47)을 풀 수 있다.

플래시 설비에 의한 스팀 회수가 가능할 수도 있다. 그림 16.44와 같이 응축수 또는 유출수 흐름이 플래시 설비에 공급된다. 이 때 물질 수지는 다음과 같다.

$$m_{FS} = m_{COND,in} - m_{COND,out} \tag{16.48}$$

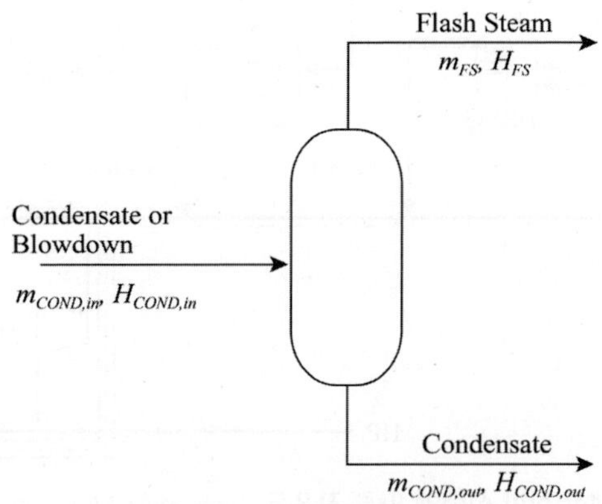

그림 16.44 ▸ 플래시 스팀 회수.

에너지 수지는 다음과 같다.

$$m_{FS} H_{FS} = m_{COND,in} H_{COND,in} - m_{COND,out} H_{COND,out} \tag{16.49}$$

식 (16.48)과 (16.49)을 결합하면 다음을 얻을 수 있다.

$$m_{FS} = m_{COND,in} \frac{H_{COND,in} - H_{COND,out}}{H_{FS} - H_{COND,out}} \tag{16.50}$$

플래시 용기의 압력은 플래시 스팀이 회수될 스팀 헤더의 압력에 따라서 결정된다. 플래시 회수된 스팀과 배출되는 응축수의 엔탈피는 포화 운전 조건에 의해 계산된다.

16.10 스팀 시스템 최적화

크고 복잡한 유틸리티 시스템은 종종 유틸리티 설비들의 구성을 변경하지 않고도 운전 조건 최적화를 통해서 개선할 수 있는 많은 여지를 갖고 있다. 이 장에서는 설비의 구성이 고정된 유틸리티 시스템의 최적화를 고려하고자 한다. 우선 유틸리티 시스템에서 최적화할 수 있는 자유도를 확인한다.

1) ***다중 스팀 생산 설비*** 그림 16.45에서 고압(HP) 스팀의 생산을 고려한다. HP 스팀은 초고압(VHP) 스팀과 관련된 경로들을 통해서 생산된다. VHP 스팀은 보일러 1, 보일러 2 또는 가스 터빈의 HRSG에 의해 생산될 수 있다. 이러한 모든 스팀 발생 장치들의 성능 및 운영비용이 동일하다면, 주어진 스팀 발생 장치 중 특정 설비를 선택하여 운전하는 것이 장점이 되지 않는다. 하지만 일반적으로 장치별 운전 비용과 성능은 다르다. 가령 주어진 예에서 두 보일러는 연료 소모 비용이 다르며 효율이 서로 다를 것이고, 가스 터빈은 HRSG을 통한 추가적인 연소 부분을 포함 할 수도 있기 때문에 스팀 생산 보일러와는 완전히 다른 특성을 갖는다. 따라서 연료의 비용, 보일러 효율의 차이 및 열병합 발전 가능성이 다른 여러 스팀 발생 장치의 선택의 문제로 인해 자유도가 생긴다. 스팀 보일러 및

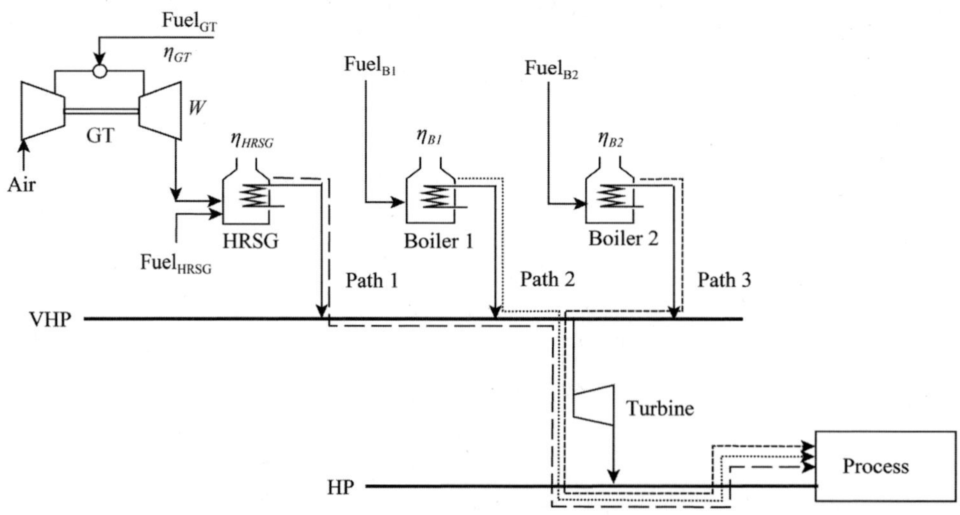

그림 16.45 ▸ 다중 스팀 생산 설비 선택에 따른 자유도. (Reproduced from Varbanov PS, Doyle S and Smith R (2004) Modeling and Optimisation of Utility Systems, *Trans IChemE*, **82A**: 561, with permission from Elsevier.)

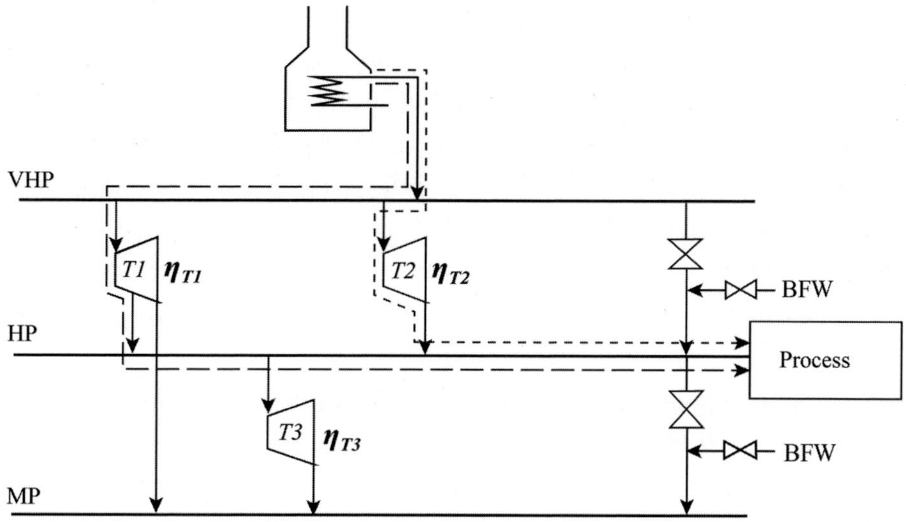

그림 16.46 ▸ **스팀 터빈 네트워크 및 감압 설비 선택에 따른 자유도.** (Reproduced from Varbanov PS, Doyle S and Smith R (2004) Modeling and Optimisation of Utility Systems, *Trans IChemE*, **82A**: 561, with permission from Elsevier.)

HRSG는 운전 가능한 최소 및 최대 유량 제한 범위를 갖는다.

2) ***다중 스팀 터빈*** 그림 16.46에서 하부 공정으로 공급되는 HP 스팀은 터빈 *T*1 또는 *T*2 중 하나를 통해 팽창시키거나 감압 설비를 통해 팽창시키거나 또는 이들의 조합으로 생성할 수 있다. 터빈을 통해 스팀을 팽창시키는 것은 전력 생산 효과가 있기 때문에 감압 설비를 사용하는 경우에 비해서 경제적이다. 또한 터빈 *T*1과 *T*2는 VHP와 HP 스팀 사이의 팽창에 대해서 다른 에너지 효율을 갖게 될 확률이 높다. 따라서 여러 가지 팽창 경로 중에서 가장 적절한 경로를 선택하는 자유도가 존재한다.

3) ***감압 설비*** 스팀이 팽창될 필요가 있다면 발전을 극대화하기 위해 일반적으로 스팀 터빈을 스팀의 흐름을 최대화해야 한다. 그러나 그림 16.47에서처럼 스팀 물질 수지는 유지되어야 하며, 감압 설비(letdown station)도 운전 최적화에서 중요한 자유도를 제공한다. 감압 설비를 통과하는 스팀은 다른

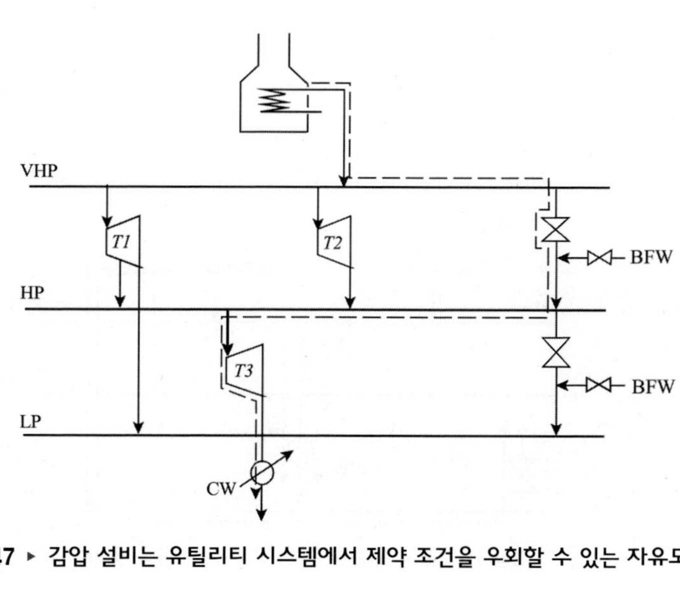

그림 16.47 ▸ **감압 설비는 유틸리티 시스템에서 제약 조건을 우회할 수 있는 자유도를 제공함.**

터빈을 통해서 간접적으로 발전을 증가시킬 수 있다. 보일러 공급수가 첨가되는 감압 설비는 스팀 헤더의 최소 과열 온도를 유지하는 역할을 수행하며, 어느 정도의 유량을 확보하여 안정적인 운전을 도모하며 응축 문제를 방지할 수 있다. 경우에 따라서는 감압 설비에 추가적으로 공급되는 용수를 통해서 스팀 유량을 증가시킬 수도 있다. 이는 스팀 생산 보일러의 스팀 발생량을 일부 대체할 수 있으며, 동시에 저압 영역에서의 스팀 유량을 증가시킨다. 앞서 논의한 바와 같이 스팀 헤더에서의 과도한 응축을 피하기 위해 최소 과열이 스팀 헤더에서 유지되어야 한다.

4) ***응축형 스팀 터빈*** 응축형 터빈은 그림 16.48과 같이 발전을 위한 추가적인 자유도를 제공한다. 응축 터빈의 배기 가스에 포함된 열은 필요하지 않지만 전기 생산에 유연성을 제공하여 구매하는 전력 비용을 줄이거나 잉여 전력을 판매할 수 있게 한다.

5) ***배출*** 그림 16.48은 또한 LP 스팀 헤더에서의 스팀의 배출을 보여준다. 스팀을 대기로 직접 배출하는 것은 합리적이지 않을 수 있는데, 그러한 이유는 외부로 배출되는 스팀은 최종적으로 VHP 수준에서 생산된 스팀이기 때문이다. 그러나 VHP 수준에서 LP 수준으로 스팀 터빈을 통해 팽창시키면 전력이 발생한다. 따라서 상대적으로 전기 비용이 연료 비용에 비해 크다면 발전량을 늘리면서, 스팀을 배출하는 것이 경제적일 수 있다. 그러나 가능하다면 응축형 터빈을 통해 스팀을 팽창시키는 것이 배출시키는 것보다 좋다. 또한 일부 지역에서는 규제로 인하여 스팀 배출이 허용되지 않을 수도 있다.

그림 16.49는 현장에서 운용되는 유틸리티 시스템의 예를 보여준다. 터빈 *T*1~*T*4은 전기를 생성하며, *T*1과 *T*2는 터빈 *DRV*1 및 *DRV*2는 공정 설비를 직접 구동하는 터빈이다.

그림 16.49에서 시스템을 최적화하려면 다음 사항들을 규명할 수 있는 전체 시스템의 모델이 개발되어야 한다.

- 보일러 스팀 생산 단위당 연료비용
- 가스 터빈/HRSG의 단위 전력 및 스팀 생산 단위당 연료비용
- 가스 터빈의 발전 운전 특성
- 스팀 터빈의 발전 운전 특성
- 전기 구매 비용
- 전기 판매 이득
- 연료비 이외의 유틸리티 시스템 운영비

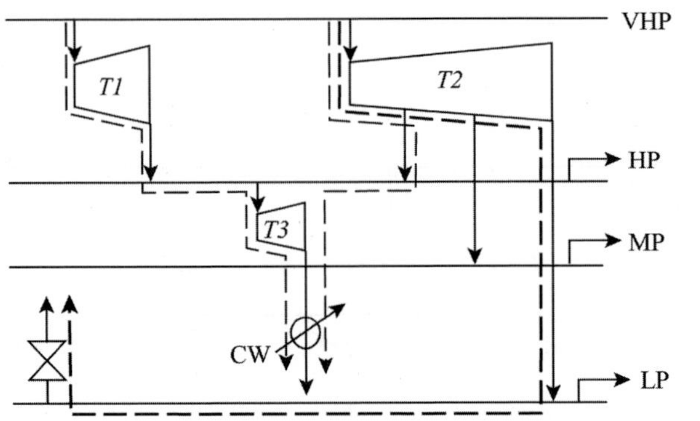

그림 16.48 ▸ 응축형 터빈 및 스팀 배출을 통한 자유도.

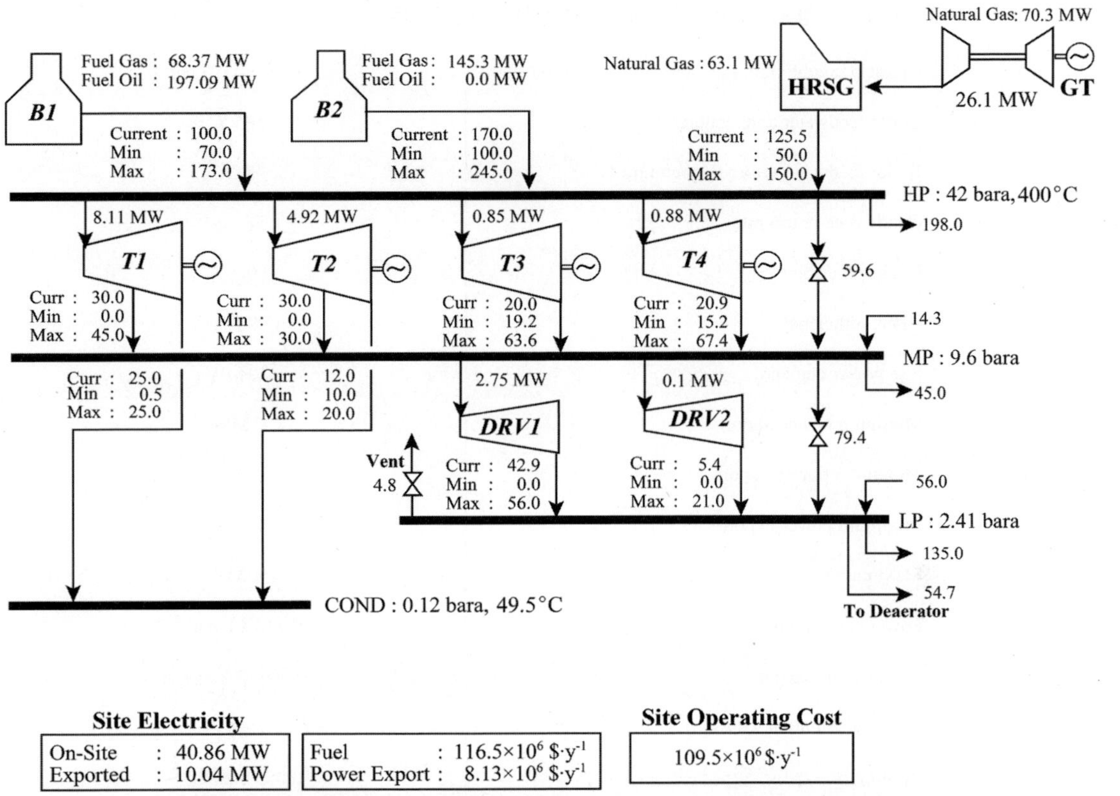

그림 16.49 ▸ **유틸리티 시스템과 공정 운전 조건(스팀 유량은 $t \cdot h^{-1}$로 표기됨).**
(Reproduced from Li Sun, Steve Doyle, Robin Smith, Heat Recovery and Power Targeting in Utility Systems. In Press. Ms. Ref. No.: EGY-D-14-03308, with permission from Elsevier.)

- 시스템 전반에 걸친 흐름들의 유량 제한조건
- 응축수, 유출수 및 배출 손실을 보충하는 탈염수 비용
- 냉각수 비용

그림 16.49는 시스템의 각 설비에 대한 최대, 최소 및 현재 운전되는 흐름의 유량을 보여준다. 그림 16.49의 유틸리티 시스템에 대한 보조 데이터는 표 16.6에, 사용되는 연료에 대한 데이터는 표 16.7에 그리고 스팀 터빈의 데이터는 표 16.3에 있다.

그림 16.50은 최적화된 유틸리티 시스템의 운전 조건을 보여준다. 표 16.8은 그림 16.49의 기준 공정과 그림 16.50의 최적화된 공정의 운전 비용을 비교한다. HP-MP 헤더 간의 감압 설비를 통해 약간의 스팀 흐름을 허용해야 한다면, 결과 값의 조정이 필요하다. 운전 조건 최적화를 통해 총 운영비의 13%까지 절감할 수 있다. 최적화를 통한 비용 절감의 범위는 경우에 따라 다르지만 큰 규모의 공장에서는 대개 약 5% 정도 또는 그 이하이다.

지금까지 논의된 것은 하나의 운전 조건 하에서 운용된다고 가정했다. 실제로는 공정 및 유틸리티 플랜트의 가동 중단 및 유지 보수 등으로 인하여 스팀 흐름의 유량 및 운전 조건이 변경되어 다른 운전 환경을 야기한다. 또한 시간, 요일 및 계절에 따라 판매 전기 및 구매 전기의 가격이 변경되어서 문제는 더욱 복잡해진다. 이러한 가격 결정 구조는 전기 공급자와 협상하여 특정한 가격 결정 구조를 갖지

표 16.6 ▸ 그림 16.49의 유틸리티 시스템 최적화 관련 데이터

Ambient conditions	25 °C, 1.103 bar
Boiler feedwater temperature	105 °C
Boiler feedwater return temperature	30 °C
Condensate return rate	78.1%
Boiler efficiency	90%
HRSG efficiency	90%
Site power demand	30 MW
Minimum power import	0 MW
Maximum power import	30 MW
Minimum power export	0 MW
Maximum power export	50 MW
Power cost (import)	0.118 $·kWh^{-1}
Power value (export)	0.0942 $·kWh^{-1}
Power distribution losses	2%
Cooling water cost	0.005 $·kWh^{-1}
Demineralized water cost	0.005 $·kg^{-1}

표 16.7 ▸ 그림 16.49의 유틸리티 시스템 연료 가격 데이터

Fuel	Net heating value (kJ·kg^{-1})	Density (kg·m^{-3})	Price ($·kg^{-1})	Price ($·kWh^{-1})
Fuel oil	40,245	890	0.6260	0.0560
Fuel gas	32,502	0.668	0.3174	0.0352
Natural gas	46,151	0.668	0.4880	0.0381

만 복잡한 형태를 갖는 것이 일반적이다. 따라서 오랜 기간을 고려하려면, 다양한 경우에 대한 최적화의 적용이 필요하다. 새로운 조건을 반영하기 위해 유틸리티 시스템의 운전 설정을 적절히 변경해야 하며, 이 관점에서 실시간 최적화가 도움이 된다.

유틸리티 구성 방안 변경을 위한 장기간 운전시간을 반영한 최적화가 필요할 경우, 서로 다른 운전 방안들은 각 운전 시나리오를 지속하는 기간에 따라 가중치를 부여하면서 최적화를 진행한다(Iyer and Grossmann, 1998).

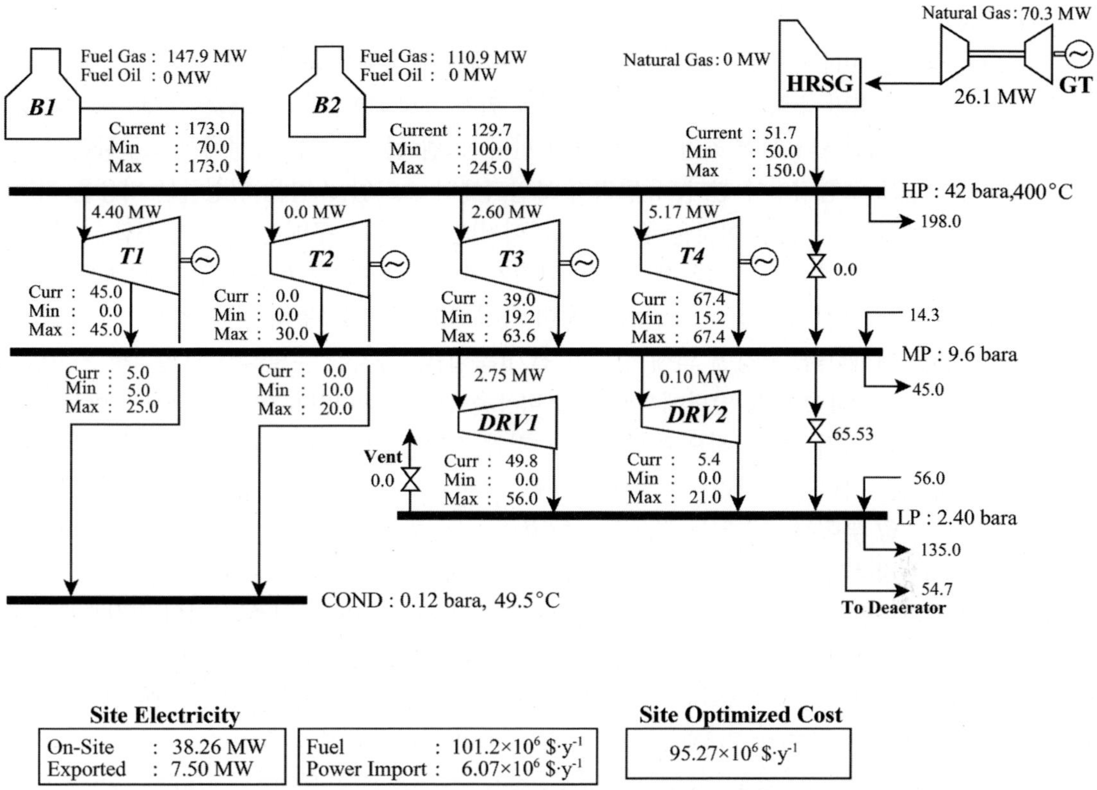

그림 16.50 ▸ 유틸리티 시스템의 최적화된 공정 운전 조건(스팀 유량은 $t \cdot h^{-1}$로 표기됨).
(Reproduced from Li Sun, Steve Doyle, Robin Smith, Heat Recovery and Power Targeting in Utility Systems. In Press. Ms. Ref. No.: EGY-D-14-03308, with permission from Elsevier.)

표 16.8 ▸ 그림 16.50의 유틸리티 시스템 최적화 결과 비교

Cost	Base case ($\$ \cdot y^{-1}$)	Optimized system ($\$ \cdot y^{-1}$)
Export power	8.13×10^6	6.07×10^6
Fuel	116.5×10^6	101.2×10^6
Total operating cost	109.5×10^6	92.27×10^6

16.11 스팀 가격

스팀 가격 산정은 가장 높은 압력의 스팀을 생산하기 위한 연료비와 낮은 압력의 스팀으로 전환되며 생산되는 전기(축일) 값을 기준으로 했다. 단순 등엔트로피 효율 기준의 모델을 사용하여 스팀 터빈을 통한 팽창의 결과로 생성되는 전기량을 계산할 수 있는데, 이것은 스팀 비용 산출에 대한 간단한 방법을 제공한다. 이러한 간단한 방법은 새로운 유틸리티 시스템을 설계하거나, 스팀 시스템의 전체적인 세부 사항을 모르는 경우에 적합하다. 기존 설비의 특성 및 성능 그리고 여러 가지 스팀 네트워크와 관련된 제약 사항을 고려하지 못하는 단점이 있다. 기존 운용되는 스팀 시스템의 경우에는 이 장에서 논의된 모델링 및 최적화 기법을 사용하여 다음의 두 가지 경우에 대하여 실제 스팀 가격을 계산할 수 있다.

1) ***공정에서의 스팀 부하가 고정된 경우의 스팀 비용*** 공정에서 스팀 사용량이 고정되어 있고 공장의 운전 및 생산 비용 산출을 위하여 스팀 가격을 계산하는 것이 목표이다. 스팀 시스템의 실제 스팀 비용을 계산하려면 스팀 시스템에 대한 모델을 먼저 개발해야 한다. 모델은 기존 장비의 성능과 특성 및 스팀 네트워크의 제약 조건을 반영해야 한다. 모델에는 다양한 공정에서 요구하는 스팀 요구량에 대한 사항도 포함되어야 한다. 유틸리티 보일러에서 초고압 스팀을 생성하는 비용은 최적화된 모델로부터 계산될 수 있다. 이것은 주로 연료비이지만 공업용수 구매비, 보일러 공급수 전처리 비용, 인건비, 보일러 급수 펌프 등의 전기비 및 탈기기의 스팀 사용 비용 등과 같은 비용들로 포함한다. 제일 높은 압력에서 생산되는 스팀의 비용이 계산되면, 모델을 통해 다음 압력으로 확장하여 생산한 전력량을 계산한다. 팽창에 의해 생산된 전기(축일)의 가치는 유틸리티 보일러의 초고압 스팀 생산 비용에서 차감하여 다음 압력에서의 스팀 비용을 산출할 수 있다. 이러한 과정을 반복하면서 압력이 낮은 스팀의 가격을 순차적으로 산출한다. 저압 스팀을 생산하는 유틸리티 보일러가 추가적으로 있는 경우에는 이러한 보일러를 운영하는 비용도 해당 수준의 스팀 비용 계산에 포함하여 고려한다.
2) ***공정의 스팀 부하가 변경되는 경우의 스팀 비용*** 두 번째 경우에는 열부하가 변경될 때 스팀 비용을 결정하는 경우이다. 이러한 경우는 에너지 수요를 줄이기 위한 프로젝트(예를 들면, 열회수 증대를 위한 열교환망 개선)일 수 있다. 또한, 신규 설비의 시운전 또는 기존 설비의 확장으로 인한 열 수요 증가를 반영해야 하는 경우도 있다. 계산은 기존 스팀 공급량 기준으로 최적화된 스팀 시스템의 모델을 활용한다. 스팀 헤더의 부하가 변경되면 스팀 시스템의 최적 운전 설정이 변경되고, 기존 장비에 대한 제약 사항도 발생하므로 스팀 비용도 따라서 변경되게 된다.

스팀 사용량 절감과 관련된 실질적인 비용 감소를 평가할 때는, 연료 및 전기 구매가(또는 전기 판매가)를 종합적으로 검토하여 선택한다. 일반적으로 공정에서의 스팀 사용량 절감을 통해 얻은 잉여 스팀은 다음과 같은 방법으로 이용될 수 있다.

- 유틸리티 보일러에서의 연료비 감소
- 응축 터빈에 잉여 스팀을 통과시켜 여분의 전기(동력)를 생산함
- 잉여 스팀을 배압형 터빈을 통과시키고 낮은 압력에서 배출시켜 여분의 전기(동력)를 생산함
- 기존 고압에서 사용되는 스팀 부하는 잉여 스팀을 활용하고, 기존 고압 스팀은 이전보다 더 낮은 저압으로 팽창시킴

스팀이 사용되는 것이 아니라 생산되는 경우에도 동일한 개념을 적용한다. 예를 들어, 그림 16.50에서 공정의 열회수를 향상시켜 HP 스팀이 생성되고, 이것이 스팀 헤더에 추가로 공급되었다고 하면, 이는 HP 잉여 스팀을 의미하며, 이러한 잉여분을 최대한 효율적으로 활용할 수 있는 방법에 관해서도 위에서 언급한 방안들이 적용된다.

하부 공정에서의 에너지 회수가 개선되거나 현장의 생산량이 변경되어 스팀 헤더에서 공급받아야 하는 스팀 유량이 감소할 수 있다. 또는 생산 속도의 증가로 인해 스팀 수요가 증가할 수도 있다. 일반적으로 스팀 헤더의 물질 수지는 다음과 같이 바뀔 수 있다.

- 하부 공정에서의 스팀 수요량 변경
- 하부 공정에서의 스팀 생산량 변경

- 하부 공정으로 공급되는 스팀 헤더의 변경
- 유틸리티 시스템 설비 변경(예를 들면, 보일러 혹은 스팀 터빈의 작동 중지 등)

에너지 절감 프로젝트 등을 통한 스팀 수요의 변화 또는 생산의 변화에 대한 실제 비용의 영향을 반영하는 제일 좋은 방법은 최적화 기법을 사용하는 것이다. 스팀에 대한 한계 비용(marginal cost)의 개념은 스팀 수요 변화에 따른 비용 영향을 정의하는 데 사용된다. 스팀 한계 비용은 주어진 스팀 헤더에서의 스팀 수요의 단위 변화에 따른 유틸리티 시스템 운영비 변화로 정의된다(Sun, Doyle and Smith, 2015b).

$$MC_{STEAM} = \frac{\Delta Cost}{\Delta m_{STEAM}} \tag{16.51}$$

여기서 MC_{STEAM} = 스팀 한계 비용
$\Delta Cost$ = 비용의 변화
Δm_{STEAM} = 스팀 유량 변화

운전 비용의 변화는 스팀 수요 변화 이전의 최적 운전과 스팀 수요 변화 이후의 최적 운전 사이에서의 변화량으로 계산한다는 점이 중요하다. 분명히 이러한 결과들은 운전 시나리오 및 운전 조건에 따라 다르며, 따라서 다른 한계 스팀 비용을 갖게 된다. 또한 한계 스팀 비용은 스팀 헤더에서 얼마나 많은 스팀이 절감되었는지에 따라서도 변할 수 있다.

일반적으로 잠재적인 에너지 절감 프로젝트의 적용을 통한 스팀 절감에 대한 비용적 가치를 결정하고자 한다(Varbanov *et al*., 2004, Sun, Doyle and Smith, 2015b). 첫 번째 단계는 기존의 스팀 요구량 기준으로 유틸리티 시스템의 운전 조건을 최적화하는 것이다. 선택한 스팀 헤더에 대하여 스팀 요구량을 점차 감소시키면서, 각각의 감소 단계별로 전체 유틸리티 시스템을 최적화한다. 스팀 사용량의 추가적인 감소(또는 하부공정에서 생산되어 공급되는 스팀 공급량의 추가적인 증가)가 더 이상 가능하지 않을 때까지 이러한 절차가 반복된다.

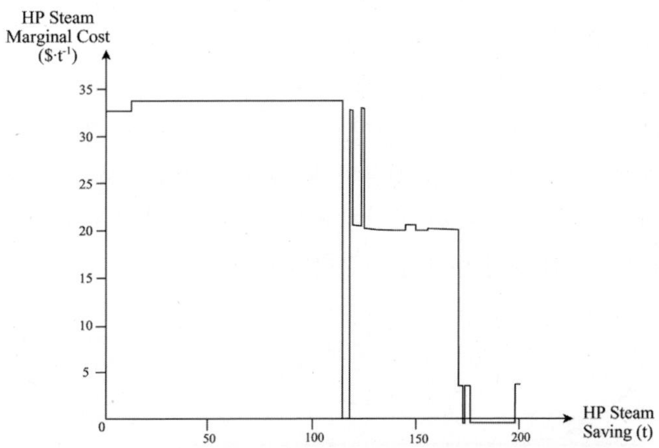

그림 16.51 ▸ 고압 스팀에 대한 한계 비용(marginal costs).

(Reproduced from Li Sun, Steve Doyle, Robin Smith, Heat Recovery and Power Targeting in Utility Systems. In Press. Ms. Ref. No.: EGY-D-14-03308, with permission from Elsevier.)

16.12 스팀 시스템과 열병합 발전 – 요약

대부분의 공정에서의 열 공급은 다양한 압력 수준에서 생산되는 스팀을 생산하고 분배하여 제공된다. 일반적으로 2개 또는 3개의 스팀 헤더를 통해 현장에서 필요한 스팀을 다른 압력조건에서 분배한다. 스팀 시스템은 공정에 열을 공급하는 관점에서 중요할 뿐만 아니라 현장에서 상당량의 전기(동력)를 생산하는 데에도 사용된다.

스팀 압력, 출력 및 연료 유형에 따라 많은 유형의 스팀 생산 보일러가 있다. 유출수는 보일러 급수 처리에서 제거되지 않은 용해된 고형물질들을 제거하는 데 필요하다. 보일러의 효율은 운전 부하에 따라 다르다.

가스 터빈은 터빈, 연소기 및 압축기로 구성된다. 연료의 연소로부터 생성된 압축 가스는 터빈을 거치면서 전력을 생산한다. 가스 터빈은 다양한 용량으로 생산되지만 표준 용량 기준으로 판매된다. 고온의 배기 가스는 스팀을 발생시키는 데 유용하며, 보조 연소를 사용하여 배기 가스의 온도를 높일 수 있다.

스팀 터빈은 스팀 에너지의 일부를 동력으로 변환하는 데 사용되며, 다양한 방식으로 구성할 수 있다. 스팀 터빈은 역압형 터빈과 응축형 터빈으로 구분되며, 터빈의 효율성과 출력은 스팀 유량에 따라 달라진다. 성능 특성은 합리적인 운전 범위 내에서 단순한 선형 관계로 모델링할 수 있다.

스팀 시스템은 일반적으로 유틸리티 보일러에서 대부분의 고압 스팀을 생산하고, 고압 스팀 헤더로 공급된다. 최고 압력이 스팀 헤더는 일반적으로 공정 가열보다는 발전에 활용된다. 스팀은 스팀 터빈 또는 팽창 밸브 등을 통해 높은 압력 수준에서 낮은 압력 수준으로 팽창하면서 전기를 생산한다.

전공정 복합선도는 열역학적으로 현장에서의 열원 공급 및 냉각 요구 사항을 나타내는 데 사용할 수 있다. 이를 통해 현장에서의 열부하 및 수준을 분석할 수 있다. 스팀 터빈 및 가스 터빈에 대한 모델을 사용하여 전공정 열병합 발전 가능량을 계산할 수 있다. 연료 요구량과 열병합 발전량 간의 최적화를 통해 적절한 비용 절충 방안을 도출한다.

전공정 전력 대 열비율은 유틸리티 시스템 설계 및 공정 설비 구동원 선택에 가장 적합한 열병합 발전 시스템을 결정하는 데 매우 중요하다. 공장에서는 다른 유형의 많은 설비들이 필요한 전기 혹은 회전 동력을 공급해야 한다. 공정의 회전 기기들은 현장에서 생산된 전기를 공급받아 전기 모터를 통해 구동되거나, 직접 축일 생산 설비에 연계되어 구동된다.

스팀 시스템은 여러 설비들이 복잡하게 구성되어 있고, 최적화할 수 있는 많은 자유도가 존재한다. 다수의 스팀 발생 장치, 스팀 터빈 및 감압 설비들이 존재하고, 응축형 터빈과 스팀 배출의 사용 등은 운전 최적화를 위한 중요한 자유도를 제공한다. 현장 공정의 개선을 위한 스팀 비용을 설정하려면 최적화 모델을 개발해야 한다. 이를 통해 공정에서의 가열을 위한 스팀 부하를 점차적으로 줄이고, 스팀 시스템을 최적화하면서 스팀 생산 비용을 절감한다.

16.13 연습 문제

1. 40 bar 및 350°C의 스팀을 100,000 kg·h^{-1} 생산하는 보일러가 필요하다. 공급수는 기기로부터 100°C의 온도로 공급되고, 100 ppm의 용존 물질을 포함한다. 보일러에서 허용되는 용존 물질은 최대 2000 ppm이다. 스팀 시스템은 60%의 응축수 회수율을 갖는다. 스팀에 대한 엔탈피 데이터는 표 16.9에 있다. 다음을 계산하라.

표 16.9 ▸ 연습 문제 1의 엔탈피 데이터

	Enthalpy ($kJ·kg^{-1}$)
Steam at 40 bar, 350 °C	3095
Saturated steam at 40 bar	2800
Saturated condensate at 40 bar	1087
Water at 100 °C	422

a) 유출수 유량
b) 88%의 보일러 효율을 고려할 때, 보일러에서의 에너지 소비량

2. 스팀 터빈에서 스팀은 40 barg 및 420°C의 조건으로 유입된다. 터빈의 등엔트로피 효율은 80%이며, 기계 효율은 95%로 가정한다. 표 16.10의 스팀 데이터를 사용하여 10 $kg·s^{-1}$의 스팀이 터빈으로 유입될 때, 아래 출구 조건에서 전력 생산량과 배출되는 스팀 1 kg 당 활용 가능한 열량(즉, 잠열과 현열의 합)을 계산하라.

a) 20 barg
b) 10 barg
c) 5 barg
d) 출구 압력과 배출되는 스팀에의 사용 가능한 열에 대한 상관관계에 대하여 설명하라.

3. 40 barg와 420°C의 유입 조건과 5 barg의 배출 조건 사이에서 작동되는 스팀 터빈이 있다. Willans 모델(표 16.3의 매개 변수 활용)과 표 16.10의 스팀 데이터를 사용하여 최대부하로 운전되며, 스팀 유량이 10 $kg·s^{-1}$인 터빈의 전력 생산량을 계산하라.

4. 추출형 터빈에서 30 bar와 400°C의 조건에서 스팀이 유입되며, 95%의 기계 효율을 가정한다. 추출되는 스팀 압력은 10 bar이고, 최종 배출되는 스팀은 0.12 bar에서 응축된다. 입구에서의 스팀 유량은 40 $kg·s^{-1}$, 추출되는 스팀 유량은 15 $kg·s^{-1}$이며, 따라서 최종 응축되는 스팀 유량은 25 $kg·s^{-1}$이다. Willans 모델(표 16.3의 매개 변수 활용)과 표 16.11의 스팀 데이터를 사용하여 최대 부하로 운전되는 추출형 터빈의 전력 생산량을 계산하라.

표 16.11 ▸ 연습 문제 4의 스팀 특성

	H_{SUP} ($kJ·kg^{-1}$)	S_{SUP} ($kJ·kg^{-1}·K^{-1}$)	ΔH_{IS} ($kJ·kg^{-1}$)
30 bar, 400 °C	3232	6.925	0
10 bar	–	–	290.1
0.12 bar	–	–	1016.3

5. 스팀 시스템은 200°C의 중압(MP) 스팀을 120 MW 공급해야 하며, 150°C의 저압(LP) 스팀을 80 MW 공급해야 한다. 고압(HP) 스팀은 보일러에서 40 bar 및 420°C로 생성되고, 스팀 터빈을 이용하여 MP 및 LP 압력으로 변환시킨다. 공급되는 스팀의 포화 온도는 하부 공정에서 열 공급이 필요한 온도보다 10°C 높아야 한다. 스팀 터빈의 등엔트로피 효율성이 70%이고 기계 효율이 97%라고 가정할 때, 열병합 가능량(target)을 계산하라. 스팀 특성은 표 16.12를 참조하라.

6. ΔT_{min} = 10°C를 기준으로 단위 공정의 최대 열교환 가능치를 분석한 결과가 표 16.13에 Problem Table Cascade로 표현되어 있다. 이 단위 공정에서 필요한 열은 스팀 터빈의 출구 스팀으로 공급받는다. 터빈의 입구에서 스팀 조건은 40 bar와 350°C이다. 스팀 터

표 16.10 ▸ 연습 문제 2의 스팀 데이터

	H_{SUP} ($kJ·kg^{-1}$)	H_L ($kJ·kg^{-1}$)	S_{SUP} ($kJ·kg^{-1}·K^{-1}$)	ΔH_{IS} ($kJ·kg^{-1}$)
420 °C, 40 barg	3261	1095	6.828	0
20 barg	–	920.1	–	188.8
10 barg	–	781.4	–	346.1
5 barg	–	670.8	–	473.8

표 16.12 ▸ 연습 문제 5의 스팀 특성

Streams	P (bar)	H_{SUP} ($kJ \cdot kg^{-1}$)	S_{SUP} ($kJ \cdot kg^{-1} \cdot K^{-1}$)	T_{SAT} (°C)	H_{SAT} ($kJ \cdot kg^{-1}$)	H_L ($kJ \cdot kg^{-1}$)	ΔH_{IS} ($kJ \cdot kg^{-1}$)
HP	40	3262	6.841	250.3	2800	1087	0
MP	19.1	–	–	210	2796	897.7	207.6
LP	6.18	–	–	160	2757	675.5	464.0

빈은 최대부하로 운전되며, Willans 모델(표 16.3의 매개 변수 활용)과 표 16.13의 스팀 데이터를 사용하여 전력량 계산을 수행한다. 기계 효율은 97%라고 가정한다. 터빈에 유입되는 스팀 유량이 공정에서 필요한 열을 모두 공급될 수 있도록 설정될 때의 터빈 발전량을 계산하라. 스팀 특성은 표 16.14 참조.

7. 가스 터빈 데이터는 아래와 같다.

전기 생성량	W	15 MW
전기 효율	η_{GT}	32.5%
배기 가스 유량	m_{EX}	58.32 $kg \cdot s^{-1}$
배기 가스 온도	T_{EX}	488°C
배기 가스 열용량	$C_{P,EX}$	1.1 $kJ \cdot kg^{-1} \cdot K^{-1}$
배출 스택 온도	T_{STACK}	100°C

표 16.13 ▸ 연습 문제 6의 Problem Table Cascade

Interval temperature (°C)	Heat flow (MW)
400	15
400	20
170	20
115	21
115	11.5
100	12
100	0
80	1
80	17.5
50	18
50	5

a) 연료 소비량(Q_{FUEL})을 계산하라.

b) 가스 터빈의 배기 가스에서 이용 가능한 열의 72%가 스팀 발생을 위해 사용될 수 있다고 가정하면, 추가 연료를 사용하지 않는 경우에 HRSG로부터 얼마큼의 스팀(Q_{STEAM})이 생성될 수 있는지 MW 기준으로 제시하라. 가스 터빈 및 HRSG 시스템에 대한 열병합 효율(η_{COGEN})을 계산하라.

c) 추가적인 연료를 사용하는 경우(T_{SF} = 800°C 가정), 이 때 소비되는 연료량(Q_{SF}), 배기 가스의 가용한 열량(Q_{EX}), 83%의 효율을 갖는 HRSG의 스팀 생성량을 계산하라.

d) 가스 터빈과 추가연료를 사용하는 HRSG로 구성된 시스템의 발전 효율(η_{POWER}) 및 열병합 효율(η_{COGEN})를 계산하고, 추가 연료를 사용하면 η_{POWER} 또는 η_{COGEN}을 개선할 수 있는지 검토하라.

8. 가스 터빈은 다음과 같은 성능 데이터를 가진다.

전기 생산량	13.5 MW
열소비율	10,810 $kJ \cdot kWh^{-1}$
배기 가스 유량	179,800 $kg \cdot h^{-1}$
배기 가스 온도	480°C

배기 가스는 최소 배출구 스택 온도가 150°C가 유지되고 추가 연료 사용이 없는 HRSG에서 스팀을 생산하는 데 사용된다. 배기 가스의 열용량은 1.1 $kJ \cdot kg^{-1} \cdot K^{-1}$이다. 스팀에 대한 엔탈피 데이터는 표 16.15에 나와 있다. 다음을 계산하라.

a) 필요한 연료량(MW 기준)

b) 가스 터빈 효율

c) 추가 연료 사용이 없는 HRSG에서 100°C의 보일러 용수가 공급될 때 10 bara 및 200°C 조건을 갖는 스팀 생산량을 계산하라. 열회수는 ΔT_{min} = 20°C를 적용한다.

표 16.14 ▸ 연습 문제 6의 엔탈피 정보

Streams	P (bar)	H_{SUP} (kJ·kg^{-1})	S_{SUP} (kJ·kg^{-1}·K^{-1})	T_{SAT} (°C)	H_{SAT} (kJ·kg^{-1})	H_L (kJ·kg^{-1})	ΔH_{IS} (kJ·kg^{-1})
Inlet	40	3095	6.587	250.3	2800	1087	0
Outlet	1.985	–	–	120	2706	503.7	602.3

표 16.15 ▸ 연습 문제 8의 엔탈피 데이터

	Enthalpy at 10 bar (kJ·kg^{-1})
Steam at 200 °C	2827
Saturated steam (179.9 °C)	2776
Saturated condensate (179.9 °C)	763
Water at 100 °C	420

9. 그림 16.52의 스팀 시스템에 대한 스팀 수지식을 완성하라.

a) $T1$ 및 $T2$ 터빈에서 추출되는 스팀 유량을 계산하라.

b) 발전량은 고정되어 있고, 터빈의 기계 효율이 97%이며, 스팀 터빈 출구에서의 엔탈피가 스팀 메인의 엔탈피와 같다고 가정할 때, $T1$과 $T2$ 터빈에서 응축되는 스팀 유량을 계산하라. 스팀 터빈 입구에 대한 스팀 특성은 표 16.16에 주어진 스팀 헤더의 스팀 특성을 활용한다. 그림 16.47의 스팀 헤더 사이의 등엔트로피 엔탈피 변화는 표 16.17을 참조한다.

c) 스팀 수요량을 충족시키기 위해 유틸리티 시스템의 보일러에서 생산되어야 하는 스팀 생산량을 결정하라.

d) 터빈 입구 운전 조건이 표 16.17에 주어지고 기계 효율이 97%라고 가정할 때, 터빈 $T4$(전기 생산량 = 3.75 MW)에 대한 등엔트로피 효율과 전체 효율을 계산하라.

e) 터빈 $T3$의 운전을 중지하고, $T3$에서 공급하던 축

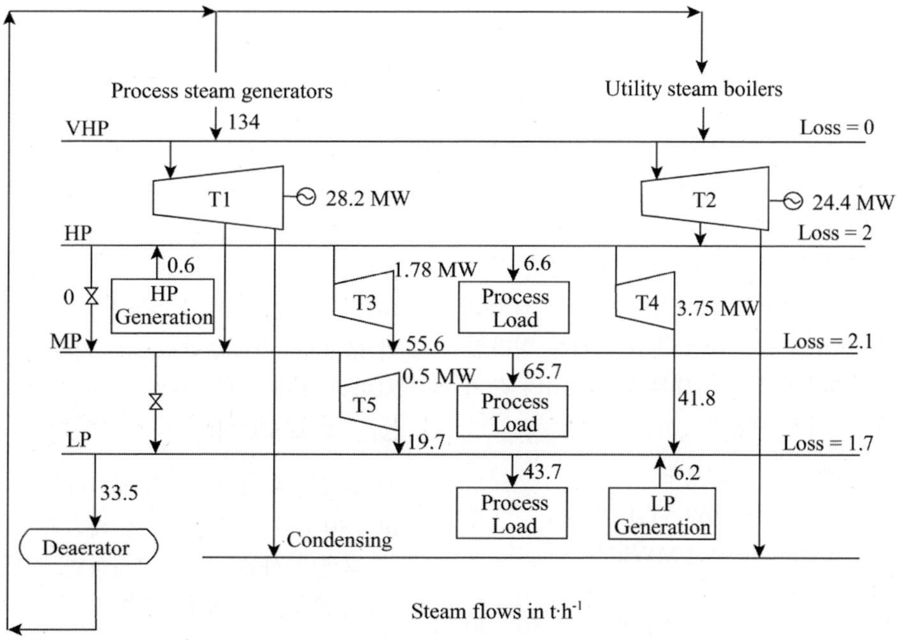

그림 16.52 ▸ 스팀 시스템 수지식.

표 16.16 ▸ 그림 16.52의 스팀 헤더의 스팀 특성

	Pressure (bar)	Superheat temperature (°C)	Enthalpy ($kJ \cdot kg^{-1}$)	Saturation temperature (°C)
VHP	100	500	3375	311
HP	40	400	3216	250
MP	15	300	3039	198
LP	4.5	200	2858	148
Condensation	0.12	–	2591	49.4
BFW	–	–	504	–

표 16.17 ▸ 그림 16.52의 등엔트로피 엔탈피 변화

Inlet	Outlet	ΔH_{IS} ($kJ \cdot kg^{-1}$)
VHP	HP	271.7
VHP	MP	507.6
HP	MP	235.8
HP	LP	467.5
HP	Condensation	991.6
MP	LP	231.6

일은 전기 모터로 전환하여 공급한다. 스팀 터빈에 대한 입구 조건은 스팀 밸런스의 변화로 의해 변하지 않는다고 가정한다. 터빈 *T4*와 *T5*를 통과하는 스팀 흐름은 현재 값으로 유지된다. 기존에 유틸리티 시스템에서 생산되는 전체 축일(전기)량을 계속 생산하려면, 터빈 *T1* 및 *T2*를 통과하는 흐름을 변경해야 하며, 이 조건에서 유틸리티 보일러에서 생산되어야 하는 스팀 유량은 얼마인가? 이러한 변화로 인한 비용 절감 효과는 얼마인가? 각 스팀 헤더의 스팀 상태는 표 16.16의 값으로 고정한다고 가정한다.

보일러 효율 = 0.92%
연료 단가 = 5.69 $\$ \cdot GJ^{-1}$
전기 단가 = 55 $\$ \cdot MWh^{-1}$

10. 현재 공장에서는 해마다 외부 전력망에서 50,000 MWh의 전기를 공급받고 있으며, 가스 보일러에서 연간 80,000 MWh의 스팀을 생산한다. 현재 스팀 생산 방식을 가스 터빈의 열병합 방식을 대체하고자 한다. 열병합 발전에서 가스 터빈의 배가스는 스팀 생산을 위해 사용될 수 있다. 가스 터빈의 발전 효율을 35%, 평균 전기 요금을 0.063 $\$ \cdot kWh^{-1}$, 가스 가격을 0.015 $\$ \cdot kWh^{-1}$, 보일러 효율을 90%, 단위 전기당 가스 터빈의 설치 비용을 1000 $\$ \cdot kWh^{-1}$로 가정하고 공장은 매년 8000시간 동안 운영된다.

a) 현재 운영 체제와 제안된 열병합 발전 계획에 대한 운영비를 각각 계산하라.

b) 열병합 발전을 도입함으로써 절감 가능한 운영비와 투자비 회수 기간을 계산하라.

c) 가스 터빈의 배기 가스에서 열을 회수할 때 고려해야 할 사항을 기술하라.

11. 열 산화 설비의 배기 가스의 폐열을 회수하여 스팀을 생산하고, 생산된 스팀을 인근 지역에 위치한 화학 플랜트에 공급하기 위한 방안으로 검토하고 있다. ΔT_{min} = 10°C를 기준으로 열 산화 설비와 화학 플랜트의 열교환 최대 가능성을 조사하였고, 그 결과가 Problem Table Cascade 기준으로 표 16.18에 제시되어 있다. 여기서 T^*는 이동된 온도를 나타내며, $\Delta T_{min}/2$ = 5°C이다.

a) 전공정 복합선도를 구성하라.

b) 180°C에서 단일 스팀 헤더가 설치되고, 스팀의 잠열만 사용된다고 가정하면, 전체 공정에서 최소로 요구되는 열량은 얼마인가?

c) 전공정 핀치가 존재하는가? 있다면, 어느 온도에서 존재하는가?

표 16.18 ▸ 연습 문제 11에 대한 데이터

Thermal oxidizer		Chemical plant	
T^* (°C)	Q (MW)	T^* (°C)	Q (MW)
605	0	245	17
155	18	125	11
		45	0

참고 문헌

Betz (1991) *Handbook of Industrial Water Conditioning*, 9th Edition, Betz Laboratories Inc.

Brooks FJ (2001) GE Gas Turbine Performance Characteristics, GE Power Systems GER-3567H.

Chou CC and Shih YS (1987) A Thermodynamic Approach to the Design and Synthesis of Utility Plant, *Ind Eng Chem Res*, **26**: 1100.

Del Nogal FL, Kim J-J, Perry S and Smith R (2010) Synthesis of Mechanical Driver and Power Generation Configurations, Part 1: Optimization Framework, *AIChE Journal*, **56**: 2356.

Dhole VR and Linnhoff B (1992) *Total Site Targets for Fuel, Cogeneration, Emissions and Cooling, ESCAPE – II Conference*, Toulouse, France.

Dryden IGC (1982) *The Efficient Use of Energy*, Butterworth Scientific.

Elliot TC (1989) *Standard Handbook of Powerplant Engineering*, McGraw-Hill.

Iyer RR and Grossmann IE (1998) Synthesis and Operational Planning of Utility Systems for Multiperiod Operation, *Comp Chem Eng*, **22**: 979.

Kemmer FN (1988) *The Nalco Water Handbook*, 2nd Edition, McGraw-Hill.

Kenney WF (1984) *Energy Conservation in Process Industries*, Academic Press.

Kimura H and Zhu XX (2000) R-Curve Concept and Its Application for Industrial Energy Management, *Ind Eng Chem Res*, **39**: 2315.

Klemes J, Dhole VR, Raissi K, Perry SJ and Puigjaner L (1997) Targeting and Design Methodology for Reduction of Fuel, Power and CO_2 on Total Sites, *J Applied Thermal Eng*, **17**: 993.

Mavromatis SP (1996) Conceptual Design and Operation of Industrial Steam Turbine Networks, PhD Thesis, UMIST, UK.

Mavromatis SP and Kokossis AC (1998) Conceptual Optimisation of Utility Networks for Operational Variations – I Targets and Level Optimisation, *Chem Eng Sci*, **53**: 1585.

Perry RH and Green DW (1997) *Perry's Chemical Engineers' Handbook*, 7th Edition, McGraw-Hill.

Peterson JF and Mann WL(1985) Steam System Design:How it Evolves, *Chem Eng*, **92** (21): 62.

Raissi K (1994) Total Site Integration, PhD Thesis, UMIST, UK.

Shang Z (2000) Analysis and Optimisation of Total Site Utility Systems, PhD Thesis, UMIST, UK.

Siddhartha M and Rajkumar N(1999) Performance Enhancement in Coal Fired Thermal Power Plants. Part II: Steam Turbines, *Int J Energy Res*, **23**: 489.

Sun L and Smith R (2015) Performance Modelling of New and Existing Steam Turbines, *Ind Eng Chem Res*, **54**: 1905.

Sun L, Doyle S and Smith R (2015a) Heat Recovery and Power Targeting in Utility Systems, *Energy*, **84**: 196.

Sun L, Doyle S and Smith R (2015b) Understanding Steam Costs for Energy Conservation Projects, *Applied Energy*, **161**: 647.

Varbanov PS, Doyle S and Smith R (2004) Modeling and Optimisation of Utility Systems, *Trans IChemE*, **82A**: 561.

Varbanov PS, Perry SJ, Makwana Y, Zu XX and Smith R (2004) Top Level Analysis of Utility Systems, *Trans IChemE*, **82A**: 784.

제 17 장 냉각수 및 냉동 시스템

Cooling and Refrigeration Systems

17.1 냉각수 시스템

대부분의 산업 공정에서는 열 제거 및 온도 제어를 위하여 외부에서 공정의 열을 전달받는 매개체가 필요하다. 에너지를 보존하고 환경 오염을 최소화하기 위해서는 폐열이 공정 외부로 나가는 것을 가능한 한 최소화해야 한다. 그렇게 하기 위해서는 첫 번째로 공정 내에서 발생하는 폐열을 최대한 회수하는 것이다. 만일 폐열이 충분히 높은 온도에서 재사용될 수 있으나 공정 자체에서의 가열에 필요하지 않은 경우에는 공장 전체의 다른 부분에서 이러한 폐열을 활용할 수 있는 기회를 검토해야 한다. 16장에서 논의된 것처럼 산업단지에서는 스팀 시스템을 통해 공정들 간에 열을 스팀을 열전달 매개체로 하여 전달할 수 있다. 또는 오일과 같은 기타 열전달 유체를 사용하기도 한다. 스팀 공급 온도보다 낮은 경우라면 뜨거운 물을 사용하여 열을 공급하기도 한다. 또한, 공정의 폐열은 보일러 급수의 예열 또는 연소 공기의 예열 등으로 활용할 수도 있다. 이러한 공정 내의 열회수 또는 외부 공정과의 폐열 활용이 가능하지 않다면 결국 폐열은 외부 환경으로 배출되어야만 한다.

주변 온도보다 높은 온도에서 열을 방출해야 하는 경우 세 가지 방법을 사용할 수 있다.

- 일회용 냉각수 시스템
- 재순환 냉각수 시스템
- 공기 냉각기

냉각수 또는 공기 냉각을 사용하여 냉각할 수 있는 온도보다 낮은 온도에서 열 제거가 필요한 경우에는 냉동 공정을 활용한다. 냉동 시스템은 저온 냉각을 위한 히트펌프 시스템으로서, 냉동 시스템에서 외부 냉각 유틸리티(예, 냉각수), 공정 내의 열 싱크 또는 다른 냉동 시스템을 통해 열을 제거해야 함을 의미한다. 냉각 시스템은 다른 냉각 시스템, 유틸리티 시스템 그리고 공정과의 통합설계가 필요하다.

우선 대기 온도보다 높은 경우의 냉각부터 고려해보자.

17.2 일회용 냉각수 시스템

일회용 냉각수 시스템은 강, 운하, 호수 또는 바다에서 용수를 냉각용으로 사용하고, 다시 수원으로 방출한다. 이러한 일회용 사용 방식은 외부 환경으로의 열 방출을 하기 때문에 환경적 변화를 초래하며 생태계에 영향을 줄 수 있다. 폐열 유입으로 인한 지표 및 지하수의 온도 변화는 물의 화학적, 생화학적 및 수문학적 특성에 영향을 미치고 잠재적으로 전체 생태계에 영향을 미치게 된다. 일회용 냉각수 시스템은 다량의 용수를 일회용으로 사용한다. 이 방법은 간단하고 저렴하지만 환경에 악영향을 주며, 용수의 전처리가 필요하게 된다.

용수 공급이 제한되거나 환경 규제로 인해 강, 운하, 호수 및 바다 등에 대한 산업 공정의 폐열 방출이 제한되는 경우에는 공냉식 또는 재순환 냉각수 시스템을 사용해야 한다. 재순환 냉각수 시스템은 가장 일반적인 열 제거 방법이다.

17.3 재순환 냉각수 시스템

그림 17.1은 재순환 냉각수 시스템 공정을 보여 준다(Kröger, 1998). 냉각탑에서 생산된 냉각수는 폐열 방출이 필요한 하부 공정의 열교환기에 공급된다. 냉각수는 열교환기에서 가열되고 냉각탑으로 다시 회수된다. 냉각탑으로 회수된 고온의 냉각수는 냉각탑 충진재를 통과하며 역류 또는 공기와 교차 흐름으로 접촉한다. 냉각탑 충진재는 공기와 냉각수 사이의 열 및 물질 전달을 위한 큰 계면 영역을 제공해야 하고, 탑 내에서 공기는 가습되고 가열되며 상승한다. 냉각수는 아래로 흐르는 동안 증발에 의해 냉각되며, 냉각 탑 꼭대기에서 나오는 증발된 수증기 유량은 냉각 과정을 통해 교환된 폐열의 양을 반영한다. 냉각수는 *표류* 또는 *바람*에 의해 손실된다. 표류에 의한 손실은 냉각탑 상부에서 방출되는 공기 중에 혼입된 물방울을 의미하고, 표류에 의한 손실은 재순환 냉각용수와 동일한 조성을 가지며, 이것은 증발과는 다른 현상이다. 이러한 용수 손실은 사용하는 원수의 낭비는 물론이고 냉각탑에서 멀리 떨어진 건물 등을 오염시킬 수 있으므로 최소화해야 한다. *표류에 의한 손실*은 냉각수 순환 유량의 약 0.1~0.3%이다. *유출수*(blowdown)는 그림 17.1에서와 같이 재순환 시스템에서의 오염 형성을 방지하기 위해 필요하다. 증발, 표류 손실 및 유출수로 인한 용수의 손실을 보충하기 위해 *보충수*가 필요하다. 냉각 용수에는 증발의 결과로 재순환되는 고체가 포함되어 있어서, 순환용수의 일부를 배출시켜 부식 및 미생물학적 성장 등에 의해 발생한 고체들을 제거한다. 부식 및 미생물 증식에 의한 오염은 재순환 시스템에 *부식 방지제* 또는 *부식 억제제*와 생물학적 *성장 억제제*를 첨가한다. 그림 17.1은 유출수를 냉각탑 하단 부분에서 제거하는 방법을 보여주고 있으나, 탑으로 되돌아가기 전의 뜨거운 재순환 냉각수에서도 유출수를 취할 수 있다. 고온에서의 유출수 제거는 냉각 시스템으로부터의 열 방출을 증가시

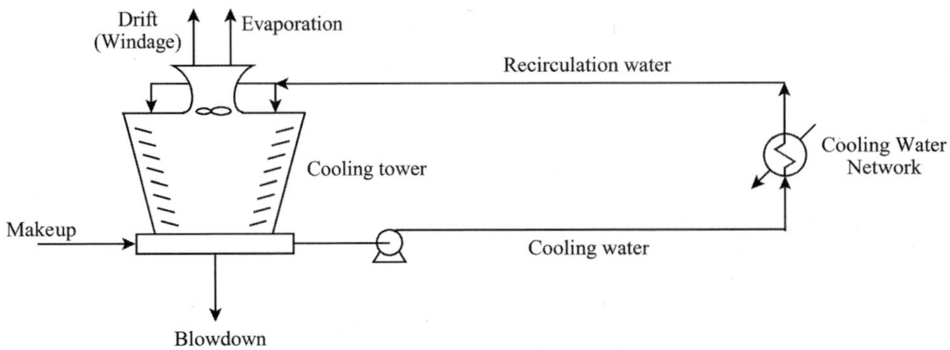

그림 17.1 ▸ 냉각수 시스템.

키는 데 도움이 될 수 있지만, 유출되는 냉각수의 온도가 증가되는 측면에서 환경적으로 가능하지 않을 수도 있다.

냉각탑은 통상적으로 다음의 두 가지 형태로 설계한다.

1) ***자연 통풍식*** 자연 통풍식 냉각탑은 대개 쌍곡선 형태의 콘크리트로 제작된 속이 빈 외부 구조체를 갖고 있다. 외부 구조체의 위쪽 빈 부분은 상승 기류를 증가시키는 역할을 하며, 하부 구조체 안쪽에는 충진재가 설치된다. 상승기류는 탑 내의 따뜻한 습한 공기와 밀도가 높은 주변 공기와의 밀도 차이에 의해 만들어진다.

2) ***기계 통풍식*** 기계 통풍식 냉각탑은 팬을 사용하여 냉각탑에 공기를 공급한다. *강제 통풍식*은 팬이 공기를 유입하여 타워의 바닥으로 공급시키며, 유도 통풍식은 냉각탑 상단에 팬을 설치하여 공기를 흡입한다. 기계 통풍식 냉각탑의 경우 충진재보다 훨씬 높게 제작할 필요가 없다. 많은 냉각수를 처리해야 하는 경우, 기계 통풍식 냉각탑은 에너지 효율을 높이기 위하여 통상적으로 일련의 직사각형 셀들을 연계하여 구성하고, 각각 자체 팬을 가지며 병렬적으로 작동한다.

사용되는 충진재 유형은 스플래시 바처럼 단순할 수 있지만 흡수 및 증류탑에 사용되는 것과 유사한 형태로 제작될 수도 있다. 충진재에 따라 냉각탑 운전 온도의 제한이 있을 수 있다. 특히 플라스틱 재질의 충진재는 온도가 너무 높으면 충진 구조물이 변형되어 냉각 성능이 저하된다. 예를 들면, 폴리염화비닐 충진재는 약 50°C 이내에서 운전되어야 하며, 다른 유형의 플라스틱 충진재는 약 70°C까지의 온도를 견딜 수 있다.

냉각수 시스템에 대한 모델링 그림 17.2를 기준으로 설명하고자 한다. 냉각탑의 경우,

$$T_0 = f(F_2, T_2, G, T_{WBT}) \tag{17.1}$$

$$F_0 = f(F_2, T_2, G, T_{WBT}) \tag{17.2}$$

$$F_E = f(F_2, T_2, G, T_{WBT}) \tag{17.3}$$

여기서 T_0 = 냉각탑 출구 온도

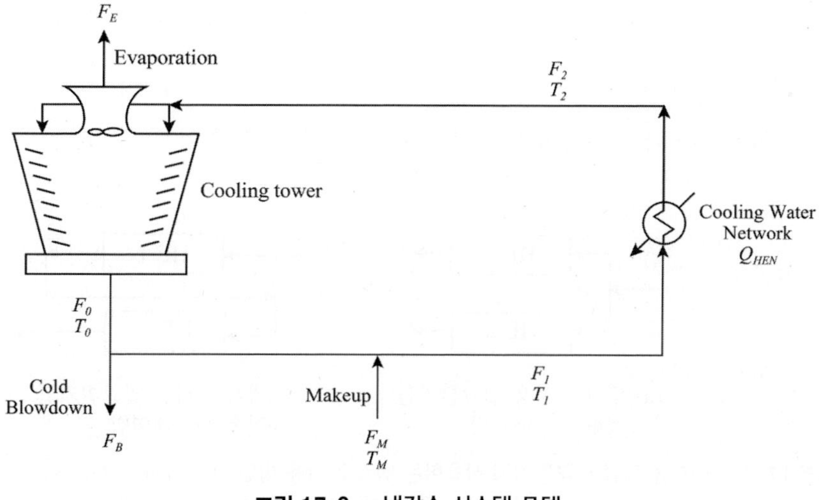

그림 17.2 ▸ **냉각수 시스템 모델.**

T_1, T_2 = 열교환기 네트워크의 입구 온도와 출구 온도(T_2 = 냉각탑 입구 온도)
T_{WBT} = 유입 공기의 습구 온도(유입 공기가 증발하는 물과 이루는 평형 온도이며, 증발이 일어나는 건구 온도보다 항상 작음)
F_0 = 냉각탑에서 나오는 물의 유량
F_1, F_2 = 열교환기 네트워크로 유입되는 또는 유출되는 냉각수의 유량
F_E = 증발율
G = 공기 유량

T_0와 T_{WBT}의 차이는 유입 공기의 불포화 정도를 나타낸다. 유입되는 공기가 수증기로 포화되어 있다면, 냉각수의 기화 또는 습구 온도의 저하는 발생하지 않는다. 개념 설계에 사용될 수 있는 대표적인 간단한 냉각탑의 모델은 Kim and Smith (2001)의 모델을 참고하면 된다.

냉각탑의 설계에서 냉각탑에 유입되는 냉삭수의 온도와 유량과의 관세는 일반적인 경향이 있다. 일정한 냉각 유량에 대하여 냉각수의 유입 온도를 높이면 냉각탑의 성능이 향상되고 더 많은 열을 제거할 수 있다(Kim and Smith, 2001). 또한 냉각수 유입 온도가 일정할 때 냉각수 유량이 감소하는 경우에도 냉각탑의 성능이 향상되어 더 많은 열을 제거할 수 있게 된다(Kim and Smith, 2001). 따라서 냉각수의 유입 온도를 최대화하고 유입 유량을 최소화하면 냉각탑의 성능을 극대화할 수 있게 된다(Kim and Smith, 2001). 냉각탑 충진재와 관련된 냉각탑의 운전 온도 이외에도 파울링 및 부식 문제 등으로 인하여 냉각탑에 유입되는 냉각수의 최대 허용 온도는 제한되는 것이 일반적이다.

냉각수를 사용하는 열교환기들은 일반적으로 그림 17.3a와 같이 병렬로 연결된다. 그림 17.3b와 같이 냉각수를 사용하는 열교환기들이 직렬로 연결되면 사용되는 냉각수 전체 유량을 줄이고 냉각탑으로 회수되는 냉각수의 최종 온도를 높이는 효과가 있다. 그림 17.3a의 병렬 배열은 냉각용 열교환기의 설계에는 유리하지만, 그림 17.3b의 직렬 배열은 냉각탑의 설계에 유리하게 된다. 예를 들어 기존 냉각탑의 냉각 용량이 최대 허용치에 도달했다면, 일부 열교환기를 병렬 배열에서 직렬 배열로 변경하면 냉각탑의 냉각 용량을 늘릴 수 있게 된다.

그림 17.2를 다시 참조하면, 냉각수 시스템의 물질 수지식은 다음과 같다.

$$F_1 = F_0 - F_B + F_M \tag{17.4}$$

여기서 F_1 = 열교환기 네트워크로 흐르는 물의 유량
F_B = 냉각 시스템 유출수 유량
F_M = 보충수 유량

물의 열용량이 일정하다고 가정하면 에너지 수지식도 다음과 같이 쓸 수 있다.

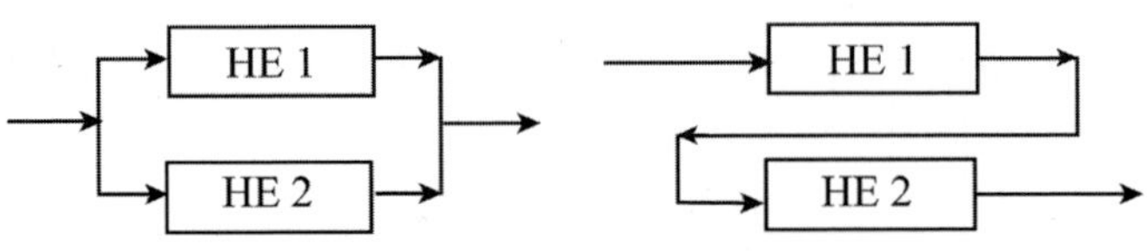

(a) 냉각수 사용 열교환기를 평행하게 배열함 (b) 냉각수 사용 열교환기를 연속으로 배열함

그림 17.3 ▸ 냉각을 위한 열교환기에 사용하는 냉각수 사용 방안. (Reproduced from Kim J-K and Smith R (2001), *Chem. Eng. Sci.* **56**: 3641, with permission from Elsevier.)

$$F_1T_1 = (F_0 - F_B)T_0 + F_MT_M \tag{17.5}$$

여기서 T_1 = 열교환기 네트워크에 대한 입구 온도(보충수 추가 후)
T_0 = 냉각탑에서의 출구 온도(보충수 추가 전)
T_M = 보충수 온도

열교환기 네트워크의 냉각 부하는 다음과 같이 표현된다.

$$Q_{HEN} = F_2C_P(T_2 - T_1) \tag{17.6}$$

여기서 Q_{HEN} = 열교환기 네트워크 냉각 열량
C_P = 물의 열용량

증발되는 물은 순수이기 때문에 순환 시스템에서의 고형물은 재순환되는 용수에 잔존하게 되어 보충수보다 더 농축되어 있게 된다. 유출수의 제거를 통해 순환 시스템에서 고형물을 제거한다. 유출수의 농도는 순환하는 용수와 동일하다. 냉각수의 *농도 사이클*(cycles of concentration)은 유출수의 고형물 농도와 보충수의 고형물 농도 간의 비율로 정의된다. 예를 들어, 농도 사이클이 3이라면, 유출수 고형물 농도는 보충수 고형물 농도의 3배를 의미한다. 계산 목적상 유출수는 증발과 관련되지 않는 모든 냉각수 손실(즉, 표류, 누출 및 의도적인 유출수 제거)의 합으로 정의된다. 원칙적으로 보충수 및 유출수 계산에는 모든 가용성 성분을 포함하여 사이클의 농도를 정의할 수 있다. 예를 들어, 고농도에서 가용성인 염화물 및 황산염을 포함하여 계산할 수 있다. 농도 사이클은 다음과 같이 정의된다.

$$CC = \frac{C_B}{C_M} \tag{17.7}$$

여기서 CC = 농도 사이클
C_B = 유출수 농도
C_M = 보충수 농도

증발되는 냉각수에는 고형물이 없다고 가정하면, 보충수로 들어오는 고형물의 농도 수지식은 다음과 같다.

$$F_MC_M = F_BC_B \tag{17.8}$$

식 (17.7)과 식 (17.8)을 결합하면 다음과 같다.

$$CC = \frac{F_M}{F_B} \tag{17.9}$$

다음의 물질 수지식이 주어진다.

$$F_M = F_B + F_E \tag{17.10}$$

식 (17.9)와 (17.10)을 결합하면 다음 식을 얻을 수 있다.

$$F_B = \frac{F_E}{CC - 1} \tag{17.11}$$

$$F_M = \frac{F_ECC}{CC - 1} \tag{17.12}$$

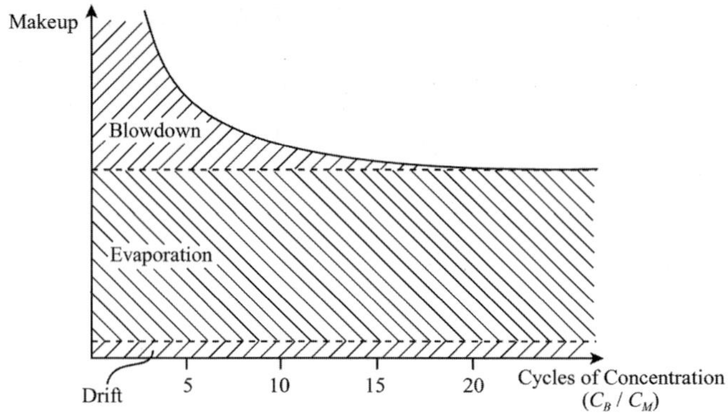

그림 17.4 ▸ **냉각탑의 보충수와 유출수의 관계.**

그림 17.4는 보충수, 유출수, 증발 및 표류 손실량 대비 농도 사이클 사이의 관계를 보여준다. 고정된 냉각 용량과 운전 조건하에서, 농도 사이클이 증가하더라도 증발 및 표류 손실량은 거의 일정하지만, 농도 사이클이 증가함에 따라 유출수가 감소되고, 따라서 보충수가 감소한다. 이는 용수 사용량의 관점에서 중요한 고려 사항이 될 수 있다.

농도 사이클의 증가는 순환되는 냉각수에 용존된 고형물의 농도가 높음을 의미하고 또한 이것은 부식 및 침전 경향이 증가함을 의미한다. 결과적으로 농도 사이클을 증가시키면 냉각 시스템의 용수 소모량은 감소하지만 필요한 화학 약품 소모량은 증가하게 된다.

17.4 공냉식 열교환기

대기 온도보다 높은 조건에서 공정의 폐열 방출은 공냉식 열교환기 즉, *핀-팬 열교환기*를 사용하여 이루어진다(Kröger, 1998). 그림 17.5에는 공냉식 열교환기의 세 가지 형태를 보여주고 있다. 그림 17.5에서 보인 것처럼 냉각이 되는 유체는 관을 통과하고, 외부 공기는 팬에 의해 유입되어 관 주변을 통과하면서 냉각 기능을 수행한다. 열교환기 표면의 외부는 열전달을 향상시키기 위해 확장된 구조를 갖는 것이 일반적이다. 핀 튜브 형태가 통상적으로 사용되며, 열교환기 핀은 다음 세 가지 방법 중 하나로 제작된다.

- 튜브에 연계된 'L' 형태의 알루미늄 조각을 둘러쌈.
- 알루미늄 조각을 관 외부의 사전에 절단된 나선형 홈에 나선형으로 둘러쌈.
- 알루미늄 관의 벽에서 핀을 돌출시켜 성형함. 바이메탈관 내부관과 외부관으로 구성되고, 외부관은 압출형 핀이 있는 알루미늄 관이고, 내부관은 표준 열교환기 튜브와 동일한 재료 및 규격을 따를 수 있다.

일체형 핀을 사용하지 않으면 튜브 벽과 핀 사이의 결합 부분에 추가적으로 열전달에 대한 저항이 발생한다. 유사하게, 바이메탈 관이 사용되는 경우, 관 사이의 결합에 의해 야기되는 추가적인 열전달 저항이 있다. 그러나 이는 정량화하기 어려우며, 기초 설계 단계에서는 무시한다.

열전달의 향상은 관의 치수, 핀의 치수, 단위 길이당 핀 수, 관에 핀이 구성되는 방법, 관의 배열(예, 사각형 또는 삼각형 피치), 유체 및 공기 속도, 물리적 성질, 온도 및 파울링 특성, 핀 재료의 특성 등 많

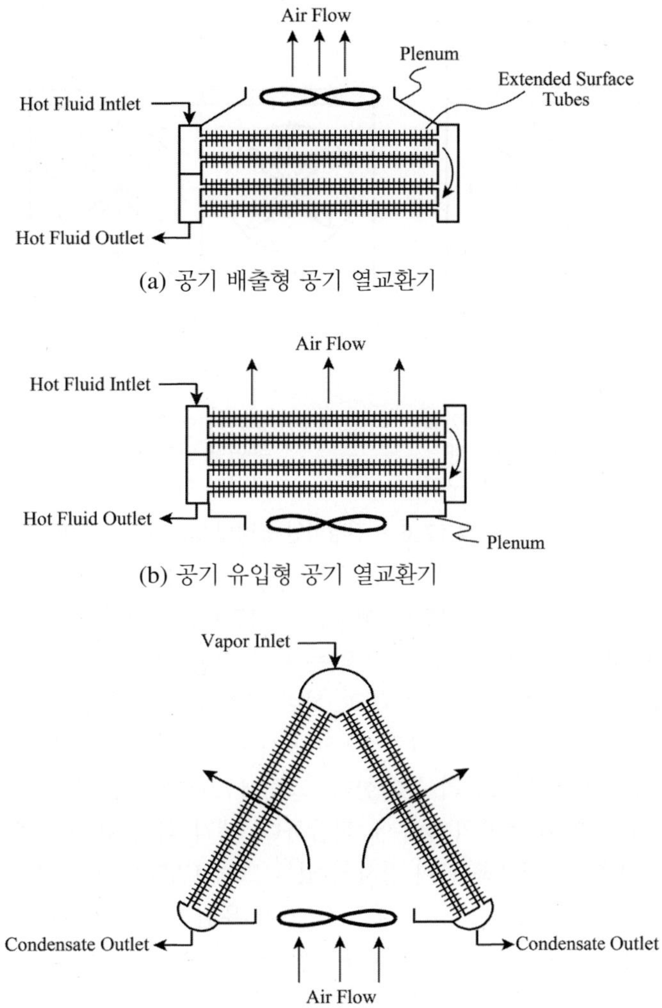

(a) 공기 배출형 공기 열교환기

(b) 공기 유입형 공기 열교환기

(c) A형 공기 열교환기

그림 17.5 ▸ 공냉식 열교환기.

은 요소에 영향을 받는다. 그림 17.6은 세 가지 전형적인 공냉식 열교환기의 구성 레이아웃이다. 관들은 일반적으로 폭이 1~2 m인 직사각형 *묶음*(bundle) 형태로 그룹화되며, 이러한 관 묶음들은 공장에서 조립된다. 각 묶음 내에서 관들은 2~10행으로 배열된다. 단일 관 묶음들이 여러 개가 서로 병렬로 연계되어 베이(bay)로 그룹화되며, 각 묶음들은 입구 및 출구 헤더에 연결된다. 각각의 베이는 관들의 형상에 따라 1~3개의 팬으로 작동될 수 있다.

헤더는 원통다관식(shell-and-tube) 열교환기와 유사한 방식으로 칸막이 판들과 연계되어 구성되며, 이를 통해 관을 통과하는 유체의 흐름 방향을 구성 및 변경할 수 있다. 그림 17.5a와 b는 가장 공통적인 two pass 배열을 보여 주지만 one-four-pass 배열을 사용할 수 있다. 이러한 *교차 흐름* 장치에는 F_T 보정 계수가 필요하다. 공기 유체의 흐름은 혼합되는 것으로 관로의 유체는 혼합되지 않는 흐름으로 가정할 수 있다. 그러나 공기 유체 흐름에는 어느 정도의 혼합이 있고, 이상적이지 않다. 보수적인 가정은 관로 유체 흐름에 수직으로 공기의 흐름은 완전히 섞여 있다고 생각하는 것이다.

전형적인 외부 필름 열전달 계수는 50~70 $W \cdot m^{-2} \cdot K^{-1}$이고, 파울링 계수는 전형적으로 3000

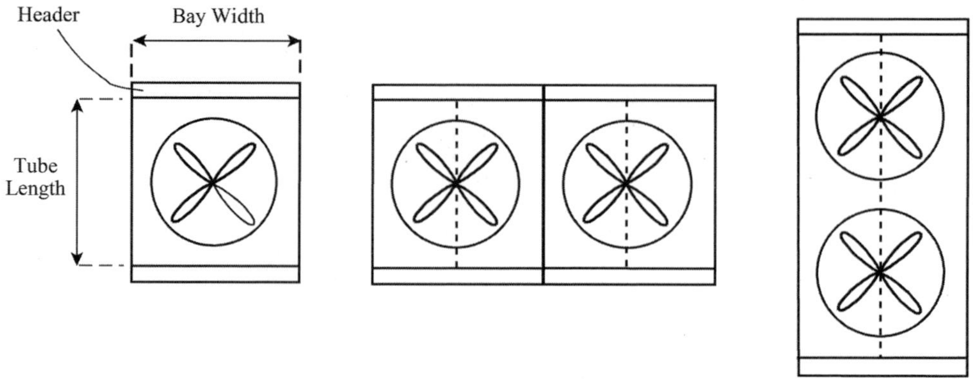

(a) 구역당 단일 번들
구역당 단일 팬
장치당 단일 구역

(b) 구역당 이중 번들
구역당 단일 팬
장치당 이중 구역

(c) 구역당 이중 번들
구역당 이중 팬
장치당 단일 구역

그림 17.6 ▸ 전형적인 공냉식 열교환기 구성 방법.

$W·m^{-2}·K^{-1}$이다. 일반적인 전체 열전달 계수는 표 17.1에 제시되어 있다. 표 17.1의 값은 높이가 높은 핀 튜브를 가정하지만 열전달 면적은 핀이 없는 관을 기준이다.

그림 17.5a에서 관은 수평으로 설치되고, 설비 상부에 설치된 팬을 구동하여 공기 흐름은 하부에서 유입되고 관을 가로질러 통과한다. 그림 17.5b에서 관은 수평으로 설치되지만 공기는 하부의 팬을 통해 강제 유입되어 튜브를 가로질러 통과한다. 그림 17.5a와 b의 수평 배열은 가스의 응축이 일어나지 않는 가스 냉각 또는 액체 냉각의 경우에 적합하다. 냉각 과정 중에 응축 현상이 수반된 경우, 응축된 액체와 증기를 분리할 수 있도록 관이 경사져 있는 그림 17.5c의 *A-프레임* 구성을 활용한다.

유입되는 공기의 유량이 같을 경우, 유도식 공기 유입 방식이 원칙적으로 강제 공기 송풍 방식보다 약간 더 많은 전기를 소모하는데, 이것은 유도식 공기 유입 방식에서는 송풍기가 강제 공기 송풍 방식

표 17.1 ▸ 공냉식 열교환기의 일반적인 전체 열전달 계수(Hudson Products, 2015)

Duty	Overall heat transfer coefficient ($W·m^{-2}·K^{-1}$)
Liquid coolers	
Water	680–880
Light hydrocarbons	400–680
Heavy hydrocarbons	30–170
Gas coolers	
Air or flue gas	55–170
Hydrocarbon gasses	170–510
Condensers	
Steam	770–1100
Hydrocarbons	400–600

보다 밀도가 낮고 부피가 큰 더워진 공기를 압축하기 때문이다. 그러나 유도식 공기 유입 방식은 보다 균일한 공기 분배를 가능케 하는 장점이 있고, 강제식 공기 송풍 방식은 더워진 공기가 다시 공기 흡입구로 재순환될 수 있는 단점이 있다. 공냉식 열교환기의 성능은 주변 조건과 설비 표면의 오염에 의해 크게 영향을 받는다. 관들을 가로지르는 공기 흐름은 가변 피치 팬 블레이드 및 가변 속도 전기 모터를 사용하여 송풍기 제어를 할 수 있다. 설비 외부 표면은 일반적으로 주기적인 물 분사 청소로 성능을 유지한다. 외부 표면에 물을 뿌리면 대기 온도가 높을 때 일시적으로 열전달을 향상시킬 수도 있다. 열교환기가 겨울철에 매우 낮은 온도에서 운전해야 하는 경우 공기 조절창을 장착한 구조물 내부에 설치하여 더운 공기를 재순환시키고 동결을 예방할 수 있다.

공냉식 열교환기에 대한 일반적인 설계 지침은 다음과 같다(Kröger, 1998; Serth, 2007; Hudson Products, 2015).

- 일반적으로 연간 5% 기간 동안에 대하여 공기 온도를 초과하는 것으로 간주한다. 즉, 냉각기가 일년의 95% 이상 기간 동안 필요한 냉각 부하량보다 더 많은 부하량에 대하여 처리 가능할 수 있도록 설계한다는 가정이며, 과냉각을 방지하기 위해 적절한 제어 시스템이 필요하다. 최대 유입되는 공기 온도에 대한 적절한 선택이 필요하다.
- 혼잡한 지역에서는 공기의 재순환 등으로 인하여 비 혼잡 지역의 대기 온도와 비교하여 유입 공기 온도를 1~2°C 높게 설정해야 한다.
- 공기가 유입되는 단면을 기준으로 공기 속도는 일반적으로 3~6 $m{\cdot}s^{-1}$이다.
- 송풍기에 의해 전달되는 공기는 일반적으로 관들의 전면 영역의 40% 이상에 전달되어야 한다.
- 관 다발을 가로지르는 공기의 압력 강하는 일반적으로 100~200 $N{\cdot}m^{-2}$이다.
- 송풍기 효율은 일반적으로 기초 설계 단계에서 약 70%라고 가정한다.
- 최소 온도 허용치(즉, 공정 유체의 유출 온도와 설계 공기 온도의 차이)는 일반적으로 10°C보다 이상이며, 20°C 정도의 값을 갖는 경우도 있다. 하나 이상의 관 흐름이 패스가 있을 경우에는 각각의 관 흐름 패스에 적용한다.
- 관측 액체 속도는 보통 1~2 $m{\cdot}s^{-1}$ 사이이다.
- 대수 평균 온도차 보정 F_T 인자는 관 수, 관 패스 수 및 관측의 유량 등에 따라 다르다. 일반적으로 단일 패스의 기초 설계에서는 0.9의 값이, 이중 패스의 경우 0.96, 삼중 패스의 경우 0.99가 가정된다. 관 유체 흐름 방향 설정은 그림 17.5a 및 b와 같이 역류 방향으로 한다.
- 관 묶음들은 일반적으로 직사각형 형태이며, 일반적으로 삼각형 피치로 배열된 핀 튜브들의 2~10 행으로 구성된다.
- 관의 직경은 1.59~15.2 cm이며, 가장 일반적인 것은 2.54 cm이다.
- 관 피치는 보통 관 직경의 2~2.5배를 취한다.
- 관 길이는 보통 2 m에서 18 m 사이이다.
- 핀 피치는 275~430 $fins{\cdot}m^{-1}$, 핀 높이는 8~25.4 mm, 핀 두께는 0.25~0.9 mm이며, 인접한 핀 사이의 간격은 3~10 mm이다.
- 관 묶음들은 일반적으로 공장에서 조립되고, 운송을 위해 약 3.7 m의 너비 제한하에 제작한다. 물론 묶음들을 나란히 연결하여 설치하여 최종 설비 구성에서는 더 넓은 너비로 제작할 수 있다.

그림 17.5에 보인 공냉식 열교환기는 공정 산업에서 많이 활용되고 있으며, 특히 냉각탑 용수 시스템에 공급할 수자원이 부족한 지역에서는 매우 일반적이다. 또한, 공냉식 열교환기는 냉각탑 운전에서

발생하는 수증기 연기 기둥을 제거하는 측면에서 환경적인 이점이 있다.

예제 17.1

공냉식 열교환기에서 100,000 kg/h의 유량을 갖는 탄화수소 흐름이 90°C에서 50°C로 냉각된다 탄화수소 흐름의 열용량은 2.3 $kJ{\cdot}kg^{-1}{\cdot}K^{-1}$로 가정한다. 공기의 온도를 25°C 기준으로 열교환기 예비 설계를 수행하라. 공기의 열용량은 1.01 $kJ{\cdot}kg^{-1}{\cdot}K^{-1}$이고, 밀도 1.16 $kg{\cdot}m^{-3}$으로 가정한다. 출구의 공기 온도가 40°C일 때, 다음을 계산하라.

a) 관의 외경은 2.54 cm이며, 길이는 10 m이다. 관 직경의 2.5배를 갖는 삼각형 피치 구조일 때, 열교환기 예비 설계를 진행하라. 총괄 열전달 계수는 500 $W{\cdot}m^{-2}{\cdot}K^{-1}$으로 가정한다.

b) 공기 흐름에 대한 압력 강하는 150 $N{\cdot}m^{-2}$이고, 팬의 효율은 70%, 모터 효율은 90%일 때, 팬의 전력 요구량을 계산하라.

›풀이

a) 공정 냉각 요구량 $= \dfrac{100,000}{3600} \times 2.3 \times (90-50)$

$$= 2555.6\ \text{kW}$$

$$\text{공기 유량} = \frac{2555.6}{1.01 \times (40-25)} \times \frac{1}{1.16}$$

$$= 145.42\ m^3 \cdot s^{-1}$$

$$\Delta T_{LM} = \frac{(90-40)-(50-25)}{\ln\left(\dfrac{90-40}{50-25}\right)}$$

$$= 36.07\ °C$$

$$R = \frac{T_{P1}-T_{P2}}{T_{G2}-T_{G1}} = \frac{90-50}{40-25} = 2.6667$$

$$P = \frac{T_{G2}-T_{G1}}{T_{P1}-T_{G1}} = \frac{40-25}{90-25} = 0.2308$$

단일 흐름이라고 가정하면 F_T 인자는 다음과 같다.

$$F_T = \frac{\ln\left[\dfrac{1-P}{1-RP}\right]}{(1-R)\ln\left[1+\dfrac{1}{R}\ln(1-RP)\right]} \qquad R \neq 1$$

$$= \frac{\ln\left[\dfrac{1-0.2308}{1-2.6667 \times 0.2308}\right]}{(1-2.6667)\ln\left[1+\dfrac{1}{2.6667}\ln(1-2.6667 \times 0.2308)\right]}$$

$$= 0.9374$$

$U = 500\ W{\cdot}m^{-2}{\cdot}K^{-1}$일 때, 열전달 면적은 다음과 같다.

$$A = \frac{Q}{U\Delta T_{LM}F_T}$$

$$= \frac{2555.6}{0.5 \times 36.07 \times 0.9374}$$

$$= 151.2\ m^2$$

$$\text{단일 관의 단면적} = \pi \times 0.0254 \times 10$$

$$= 0.7980\ m^2$$

$$\text{관의 개수} = \frac{151.2}{0.7980} = 189.5$$

$$= 190\ \text{개}$$

관 두 층으로 있다고 가정하면, 관들이 통과해야 하는 전체 폭은 다음의 식으로 나타낼 수 있다.

$$= N_{TR}p_T + \frac{3p_T}{2} - d_R$$

$$= \frac{190}{2} \times 0.0254 \times 2.5 + \frac{3 \times 0.0254 \times 2.5}{2} - 0.0254$$

$$= 6.102\ m$$

전체 접촉 면적 = 10 × 6.102 = 61.02 m^2

공기 유속을 계산하면,

$$\text{공기 유량} = \frac{2555.6}{1.01 \times (40-25)} \times \frac{1}{1.16}$$

$$= 145.42\ m^3 \cdot s^{-1}$$

$$\text{전체 접촉 면적 기준 공기 유속} = \frac{145.42}{61.02} = 2.38\ \text{m}\cdot\text{s}^{-1}$$

이 유속은 상대적으로 낮은 편이다. 접촉 면적의 가로 세로 비율을 계산하면 아래와 같다.

$$= \frac{10}{6.102} = 1.6$$

보다 높은 유속을 얻을 수 있도록, 두 개의 팬을 작동하는 기준으로 예비 설계를 다시 진행하고자 한다. 이번에는 4층으로 쌓여 두 번의 열교환 패스(pass)를 갖는 경우를 고려한다.

F_T 인자 및 단면적(A)은 다음과 같다

$$F_T = \frac{\ln\left[\frac{1-P}{1-RP}\right]}{2(1-R)\ln\left[1-\frac{1}{R}\ln\left(\frac{\sqrt{\frac{1-P}{1-RP}}-\frac{1}{R}}{1-\frac{1}{R}}\right)\right]} \qquad R \neq 1$$

$$= \frac{\ln\left[\frac{1-0.2308}{1-2.6667\times 0.2308}\right]}{2(1-2.6667)\ln\left[1-\frac{1}{2.6667}\ln\left(\frac{\sqrt{\frac{1-0.2308}{1-2.6667\times 0.2308}}-\frac{1}{2.6667}}{1-\frac{1}{2.6667}}\right)\right]}$$

$$= 0.9829$$

$$A = \frac{Q}{U\Delta T_{LM}F_T} = \frac{2555.6}{0.5\times 36.07\times 0.9829} = 144.2\ \text{m}^2$$

$$\text{관의 개수} = \frac{144.2}{0.7980} = 180.7$$

$$= 184\text{개}$$

관들이 통과해야 하는 전체 폭은 다음의 식으로 나타낼 수 있다.

$$\text{번들의 폭} = N_{TR}p_T + \frac{3p_T}{2} - d_R$$

$$= \frac{184}{4}\times 0.0254\times 2.5 + \frac{3\times 0.0254\times 2.5}{2} - 0.0254$$

$$= 2.991\ \text{m}$$

$$\text{접촉 면적} = 10\times 2.991 = 29.91\ \text{m}^2$$

접촉 면적에 의한 공기 유속을 계산하면,

$$= \frac{145.42}{29.91} = 4.86\ \text{m}\cdot\text{s}^{-1}$$

이 속도는 전의 계산 값보다 합리적이다. 접촉 면적의 가로 세로 비율을 확인해 보면,

$$= \frac{10}{2.991} = 3.34$$

이것은 두 개의 팬으로 구성될 수 있다.

b) 150 N·m^{-2}의 압력 강하를 기준으로 팬의 전력 소모량을 계산하면 다음과 같다.

$$\text{팬 전력 소모량} = \frac{150\times 145.42}{0.7\times 0.9} = 34{,}619\ \text{W}$$

이 계산 결과는 예비 설계 결과이며, 차후 정확한 내부 및 외부 열전달 계수를 고려한 상세 설계를 진행해야 한다.

17.5 냉동

대기 온도보다 낮은 온도에서 운용되는 가스 분리 및 천연 가스 액화와 같은 공정에서는 저온에서 운전이 가능하도록 냉동 공정이 필요하다. 냉동 시스템은 대기 온도 이하의 온도에서 냉각을 제공하고 냉각수 또는 공기 냉각을 사용하여 냉매로부터 폐열을 제거하는 히트펌프 시스템이다(Gosney, 1982; Isalski, 1989; Dossat, 1991). 따라서 냉동을 이용한 냉동 공정으로 부터의 열 제거는 고온에서의 제거를 요구하며, 열 제거는 외부 냉각 유틸리티(예, 냉각수), 프로세스 내의 열 공급이 필요한 흐름 또는 다른 냉각 시스템을 활용한다. 냉동은 가스의 응축이 요구되는 저온이 필요한 화학공정을 포함하여, 고체 결정화, 반응 온도 제어, 식품 제조 등에서 중요한 역할을 수행한다. 일반적으로, 냉동 시스템에 의해 공급되는 저온의 온도가 낮을수록 냉동 시스템은 더 복잡해지며 에너지 소모량이 커진다. 액화 및 가스 분

리(예, 에틸렌, 액화 천연 가스 등)와 관련된 공정들은 매우 낮은 온도 조건에서 조업되므로 복잡한 냉동 시스템을 통해 공정이 운용된다.

냉동에는 크게 두 가지 종류가 있다.

- 압축식 냉동
- 흡수식 냉동

압축식 냉동 사이클이 일반적이며, 흡수식 냉동 시스템은 특수한 상황에서만 적용된다.

그림 17.7a는 순수한 성분을 냉매로 사용하는 간단한 이상적인 압축식 냉동 사이클을 보여주고 있다. 냉각은 증발기 내의 차가운 액상 냉매에 의해 제공된다. 지점 1에서 냉매의 액체 및 기체 혼합물은 증발기로 들어가며, 이중 액체 냉매가 증발한다. 냉매의 액체는 증발기를 거치면서 기화되고, 이 기화열로 인하여 냉각효과가 발생한다. 지점 2에서 기화된 냉매는 높은 압력으로 압축되고, 압축 과정에 의해 과열된다. 지점 3에서 압축 과정 이후에 냉매는 *응축기*로 유입되고, 응축기에서 응축된 포화된 액체는 사이클의 4번 지점에서 포화 액체 상태를 유지한다. 포화된 액체는 낮은 압력으로 팽창되며 지점 1의 기액 혼합된 냉매 상태가 된다. 팽창 과정은 팽창기를 가로지르는 액체 냉매의 일부가 기화되면서, 지점 1의 상태가 되면서 전체 냉동 사이클이 순환된다. 그림 17.7b는 온도–엔트로피 선도에서 냉동 사이클의 열역학적 이동 경로를 보여준다. 2상 선도의 왼쪽에는 냉매는 액체 상태이며, 2상 선도의 우측에서는 냉매는 기체 상태로 존재한다. 지점 1에서 2상 혼합물로 시작하여 냉매는 증발기로 들어가고 등온 증발이 발생한다. 지점 2에서 지점 3의 과정은 이상 압축기에 의한 등엔트로피 압축 과정이다. 지점 3에서 과열 상태인 냉매는 냉각되어 포화된 액체가 있는 지점 4로 응축된다. 지점 4에서 지점 1의 과정

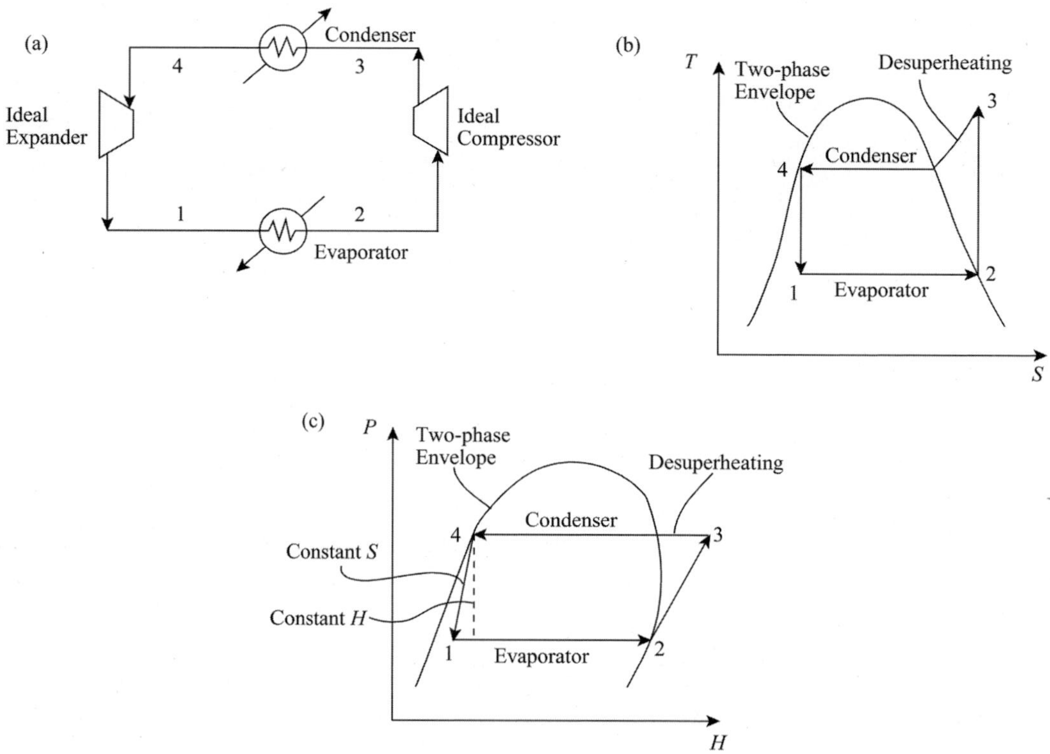

그림 17.7 ▸ 간단한(이상적인) 압축식 냉동 사이클.

은 냉매가 팽창하고, 이상적인 팽창기에 의한 등엔트로피 팽창 과정이다. 그림 17.7c는 동일한 냉동 사이클의 경로를 압력–엔탈피 선도에 표현한 것이다. 그림 17.7에 보인 냉동 사이클은 이상적인 등엔트로피 압축 및 팽창 과정을 가정한다. 다음은 비이상적인 압축 및 팽창 과정을 고려한 경우를 살펴보기로 한다.

그림 17.8a는 순수한 단일 냉매가 포함된 간단한 압축식 냉동 사이클에서 비이상적인 팽창기(예, *팽창 밸브* 또는 *throttle*)와 압축기를 고려한 경우이다. 그림 17.8b와 같이 온도–엔트로피 선도에서 압축 및 팽창 과정은 일정량의 엔트로피가 증가된다. 그림 17.8c의 압력–엔탈피 선도에서는 엔트로피 압축과 비교할 때 비이상 압축 과정은 지점 2와 3 사이에서 더 큰 엔탈피 변화를 갖게 됨을 보여주고 있다. 지점 4와 지점 1 사이의 팽창 과정은 등엔탈피 과정으로 가정되어서 압력–엔탈피 선도에서는 수직선으로 나타낼 수 있다.

그림 17.9a는 응축 과정에서의 추가적인 냉각기를 도입하여 과냉각된 액체 냉매 상태를 갖도록 하는 냉동 사이클을 보여준다. 응축기를 떠나는 액체가 포화되기보다는 과냉각된다는 점을 제외하고는 이전 단순 사이클과 동일하다. 과냉각의 효과는 그림 17.9b의 온도–엔트로피 선도와 그림 17.9c의 압력–엔탈피 선도를 통해 설명할 수 있다. 그림 17.9와 같이 포화 액체 냉매를 과냉각하면 냉동 공정에 이점이 있다. 팽창 공정으로 유입되는 냉매 액체가 과냉각되면, 냉매가 냉동이 필요한 온도까지 팽창되는 과정에서 팽창 공정에서의 증발이 적어진다는 것을 의미한다. 즉, 과냉각되면 증발기로 들어가는 지점 1에서 액체 냉매의 비율이 증가하게 된다. 액체 냉매는 냉각을 제공하지만, 기체 냉매는 증발기를 동일한 온도로 통과한다면 엔탈피의 변화 없이 냉각 효과를 제공하지 않는다. 증발기에 유입되는 냉매에서 상대적으로 액체가 많을 경우, 동일한 냉동 부하를 갖는 냉동 사이클에서 순화되어야 하는 냉매의

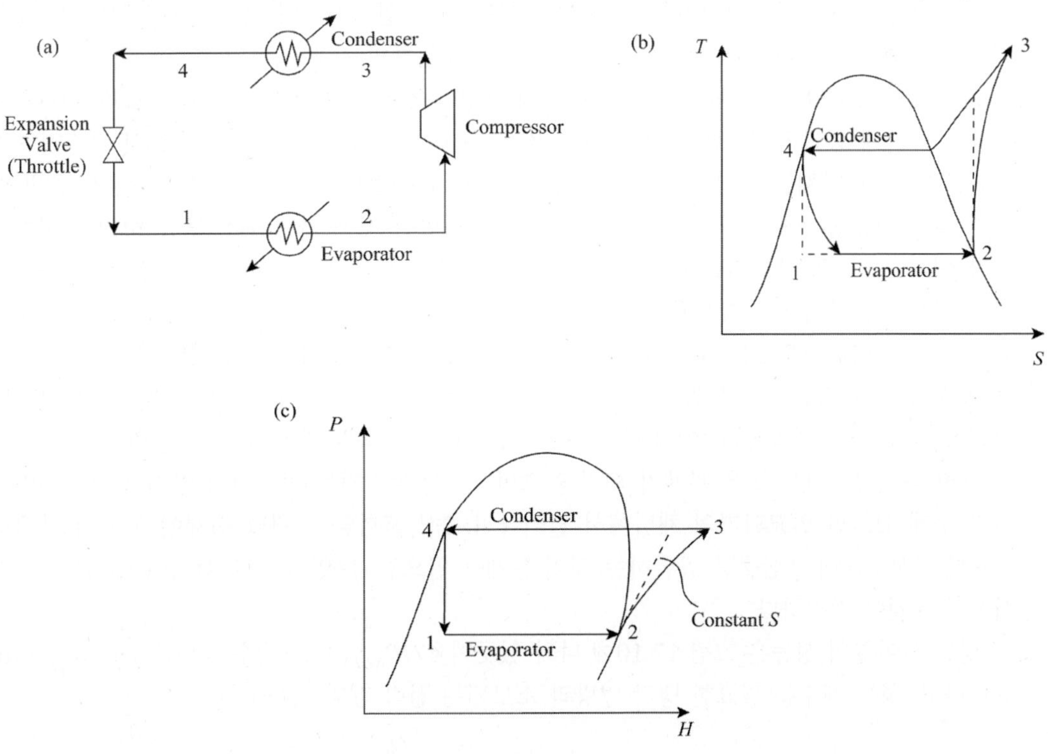

그림 17.8 ▸ 팽창 밸브 및 비 이상 압축기로 구성된 간단한 압축 사이클.

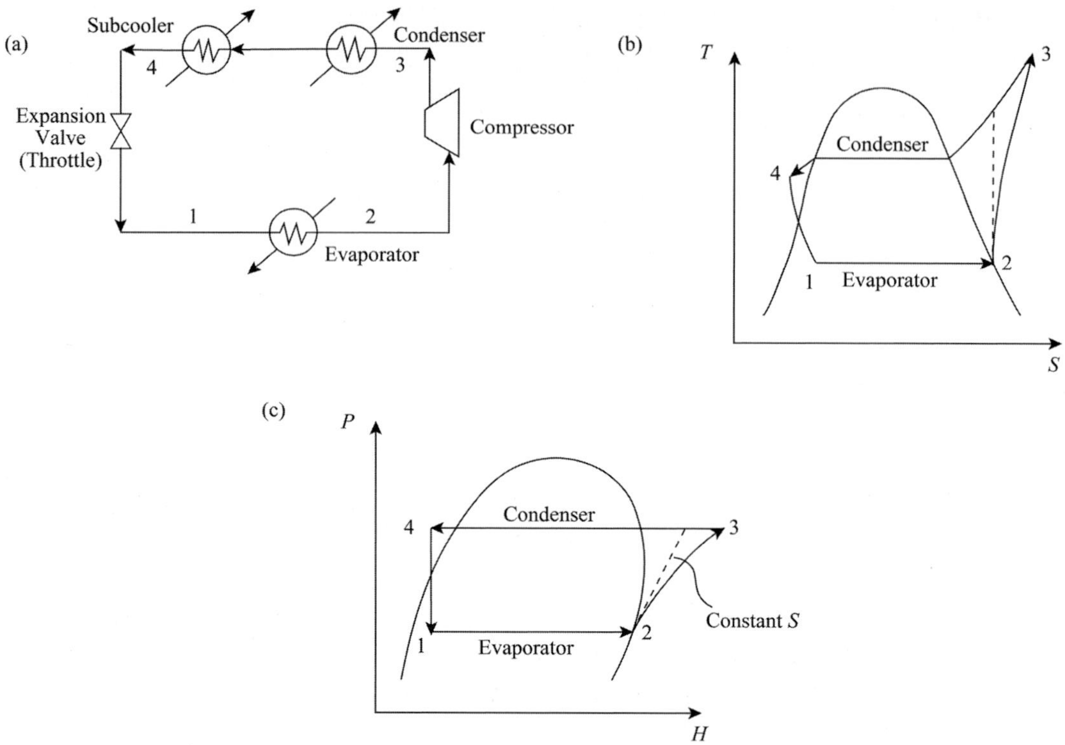

그림 17.9 ▸ 과냉각 액체 냉매를 갖는 간단한 냉동 사이클.

유량이 감소될 수 있음을 의미한다. 이것은 압축기에서 압축시켜야 하는 냉매의 유량을 상대적으로 감소시켜, 에너지 소모량을 저감하게 됨으로써 냉동 사이클의 전체 에너지 효율을 증가시킨다.

그림 17.7a, 17.8a, 17.9a에서 액체 냉매의 팽창 과정은 공정에서 요구되는 냉각 에너지를 제공하기 위해 증발기에 공급되는 2상 증기–액체 냉매 혼합물을 생성한다. 포화 상태에서 순수한 냉매의 기–액 혼합물의 경우, 기체는 압력 강하를 무시한다면 엔탈피의 변화 없이 동일한 온도에서 증발기에 유입 및 유출됨에 따라 냉각에 기여하지 않으며 액체의 기화만 냉각에 기여한다. 냉동 사이클 설계에서 냉매의 팽창 이후에 기–액 분리기를 사용하기도 하며, 분리기의 기체는 압축기로 직접 공급된다. 분리기로부터의 액체는 증발기에서 기화된 후에 압축기로 공급된다. 압력강하를 무시한다면 기–액 분리기를 사용한 경우는 열역학적으로는 분리기가 없는 설계와 동일하다. 분리기는 열역학적으로 이득은 없으나, 냉동 공정의 투자 비용과 복잡성을 증가시킨다. 이러한 분리기의 사용 여부는 증발기에 사용되는 열교환기의 종류에 따라 결정된다. 예를 들면, 냉매의 기화가 케틀형 재비기에서 일어나는 경우에는 2상 기–액 혼합물을 공급하는 것은 문제가 되지 않으며 기–액 분리기는 필요하지 않게 된다. 그러나 냉매의 기화가 플레이트-핀 열교환기의 채널에서 일어나며, 2상 혼합물이 채널 전체에 고르게 분배되기 어렵기 때문에, 2상 기–액 혼합물을 공급하는 것이 문제를 일으킬 수 있다. 그러한 상황에서는 기–액 분리기를 사용하는 것이 적절하다.

냉동 사이클의 성능은 그림 17.10에 나와 있듯이 COP_{REF}(성능 계수, coefficient of performance)로 표현하고, 성능 계수는 필요한 냉각 열량과 소모되는 전력 간의 비율이다.

$$COP_{REF} = \frac{Q_C}{W} \tag{17.13}$$

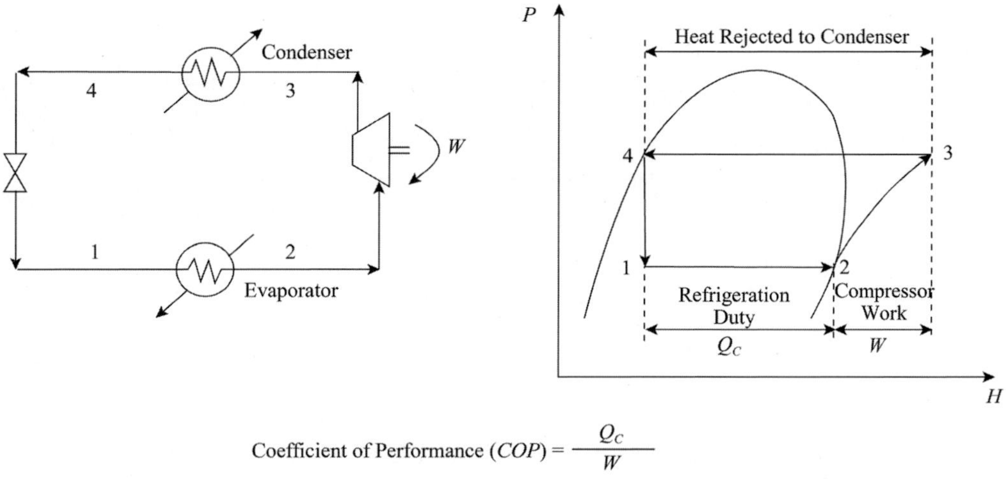

그림 17.10 ▸ 냉동 사이클의 성능.

여기서 Q_C = 냉각 열량

W = 냉동 사이클에 소모되는 전력

성능 계수는 높을수록 냉동 사이클이 더 효율적인 것을 의미한다. 이상적인 성능 계수는 다음과 같이 정의할 수 있다.

$$\text{Ideal } COP_{REF} = \frac{Q_C}{W} = \frac{T_{EVAP}}{T_{COND} - T_{EVAP}} \quad \textbf{(17.14)}$$

여기서 T_{EVAP} = 증발 온도(K)

T_{COND} = 응축 온도(K)

실제 냉동 사이클의 성능은 식 (17.14)에 Carnot 효율을 반영하여 예측할 수 있다.

$$COP_{REF} = \frac{Q_C}{W} = \eta_C \frac{T_{EVAP}}{T_{COND} - T_{EVAP}} \quad \textbf{(17.15)}$$

여기서 η_C = Carnot 효율(−)

Carnot 효율은 작동 유체의 물리적 특성, 사이클 구성, 사이클의 운전 압력 및 압축기 성능 등의 함수이다. 냉동 사이클의 Carnot 효율은 냉동 사이클의 모사를 통해 예측될 수 있고, 이것은 나중에 논의될 것이다. 대략적인 기초 예비 설계를 위해서는 통상적으로 0.6 정도의 값을 사용하는 것이 적절하다.

식 (17.15)에서 냉동 사이클에서의 응축 온도와 증발 온도의 온도차(즉, $T_{COND} - T_{EVAP}$)가 클수록 성능 계수가 낮아지며 주어진 냉동 부하에서 전기 에너지 소모량이 높아진다.

지금까지 논의된 간단한 냉동 사이클은 일반적으로 −40°C 정도의 온도 정도까지의 냉각을 제공하는 데 사용하지만, 이보다 더 저온인 경우에는 복잡한 구성 형태를 갖는 사이클이 사용된다.

냉동 사이클에서 에너지 소모량을 줄이는 한 가지 방법은 그림 17.11a와 같이 다단 압축 및 팽창을 도입하는 것이다. 다단 팽창 배열은 *이코노마이저*(economizer)라고 불리는 기–액 분리기를 사용하여 두 번의 팽창기를 적용하는 것이다. 이코노마이저에서 분리된 기체 냉매는 고압 압축 단계로 직접 공급된다. 이코노마이저에서의 분리된 액체는 두 번째 팽창기로 공급되어 팽창한다. 이코노마이저를 사용

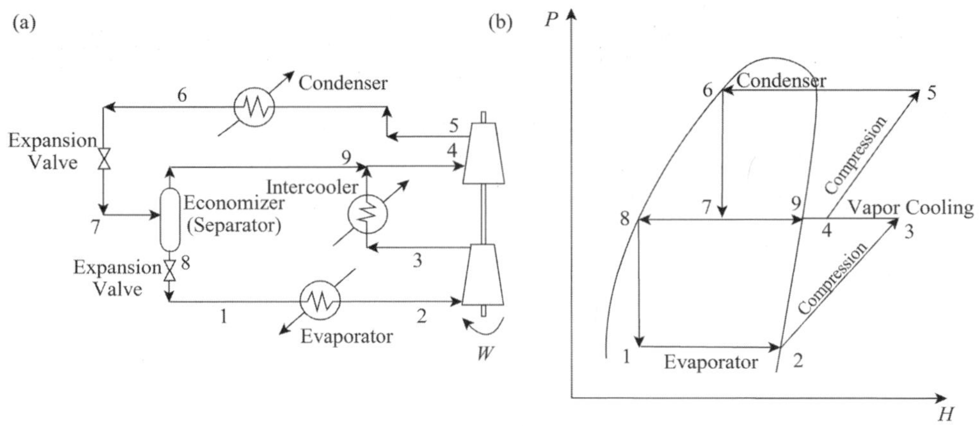

그림 17.11 ▸ 이코노마이저를 통한 다단계 압축 및 팽창 공정.

함으로써 저압 압축 단계에서 압축해야 하는 냉매 기체의 유량이 감소하고, 전체 전력 요구량이 줄어든다. 그림 17.11a는 저압 및 고압 압축기 사이에 냉매 기체의 냉각을 위한 인터쿨러(intercooler)를 보여주며, 이 인터쿨러는 고압 압축 단계에서의 압축기 동력을 더욱 감소시켜 전체 동력 요구량을 줄인다. 그림 17.11b는 이코노마이저를 사용한 냉동 사이클에 대한 압력–엔탈피 선도를 보여주고 있다.

그림 17.12a는 다단 압축 및 팽창을 도입하여 냉동 사이클의 전반적인 동력 요구량을 줄이는 다른 방법을 보여준다. 기–액 분리기를 사용하여 팽창 과정을 두 단계로 나누어 진행하는 것은 동일하지만, 다른 점은 첫 번째 저압 압축기에서 압축된 냉매 기체가 *예비포화기*(presaturator)로 유입된다. 예비포화기는 직접 접촉에 의해 저압 압축 단에서 배출된 냉매 기체를 냉각시키고, 기–액 분리기 역할을 수행한다. 예비포화기에서 분리된 냉매 기체는 고압 압축 단계로 유입되고, 이 때 냉매는 포화 상태의 기체이다. 예비포화기에서 분리된 액체는 두 번째 팽창 단계로 전달된다. 예비포화기의 사용은 저압 압축기

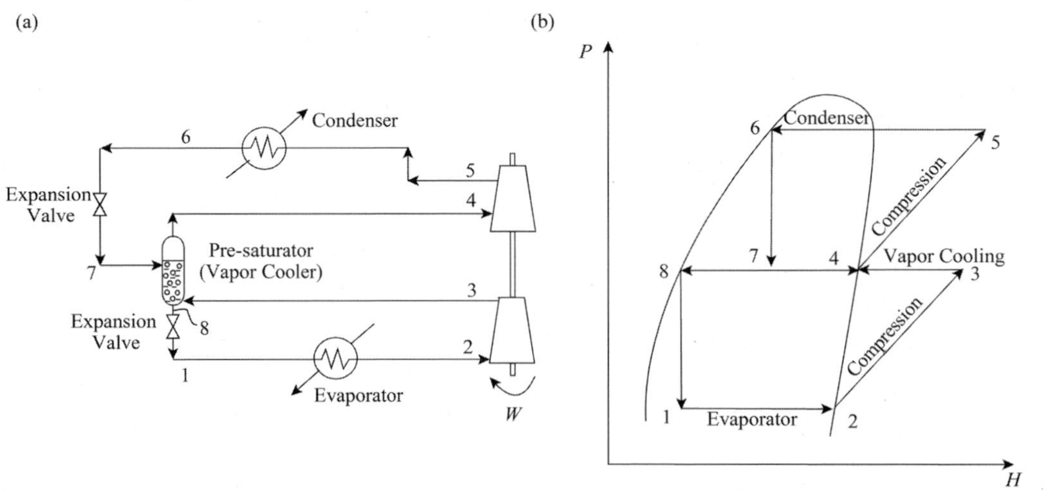

그림 17.12 ▸ 예비포화기를 통한 다단계 압축 및 팽창 공정.

에서의 냉매 기체 유량을 감소시켜 사이클의 전체적인 동력 소모량을 감소시킨다. 그림 17.12b는 예비포화기를 사용하는 냉동 사이클에 대한 압력–엔탈피 선도를 보여주고 있다.

그림 17.13a는 두 개의 냉매 사이클이 연계되어 *중첩된*(cascaded) 냉동 사이클을 보여준다. 각 냉동 사이클마다 서로 다른 냉매가 사용된다. 저온 냉동 사이클은 증발기에서 공정에 공급되어야 하는 냉각을 제공하고, 응축기에서 고온 냉동 사이클에 의해 열을 제거한다. 고온 냉동 사이클은 저온 냉동 사이클에 냉각을 제공하고 최종적으로 냉각수로 열을 배출한다. 단일 냉매 유체가 넓은 온도 범위에서 운전되기에 적합하지 않기 때문에, 매우 낮은 온도에서의 냉동을 제공하는 경우에는 중첩 냉동 사이클을 사용한다. 그림 17.13a는 중첩 냉동 사이클을 보여주고 있으며, 사이클의 운전경로를 압력–엔탈피 선도를 통해서 그림 17.13b에 보이고 있다. 저온과 고온 사이클 사이의 연계된 온도는 일반적으로 고온(상단) 사이클의 증발 온도로 지정되며 *분할*(partition) 온도라고도 불리며, 중첩 사이클 설계에서 매우 중요한 변수이다.

복잡한 구성을 갖는 냉동 사이클은 다양한 방식으로 구현된다. 그 예로서 그림 17.14는 고온(상부) 사이클이 다단 압축 및 확장을 포함하는 중첩 냉동 사이클을 보여주고 있다.

그림 17.15a는 *2단계* 냉동 사이클을 보여주며, 서로 다른 온도에서 공정에서 필요한 냉각을 제공한다. 이러한 구성은 저압 압축 단계를 통과하는 냉매 유량이 감소하여 전체 사이클에서 소모하는 동력량을 감소시키고, 운전 경로는 그림 17.15b에 압력–엔탈피 선도로 확인할 수 있다.

복잡한 냉동 사이클을 구성하는 여러 가지 방법들 중 그림 17.16a와 같이 예비포화기들이 포함된 서로 다른 온도에서(냉각 제공 온도 1과 냉각 제공 온도 2) 냉각을 제공하는 중첩된 냉동 사이클을 구성할 수 있다. 이 사이클은 그림 17.16b의 압력–엔탈피 선도에 표현되어 있고, 이러한 구성은 다양한 기능을 결합한 가능한 복잡한 여러 구성 방안들 중에서 하나일 뿐이다.

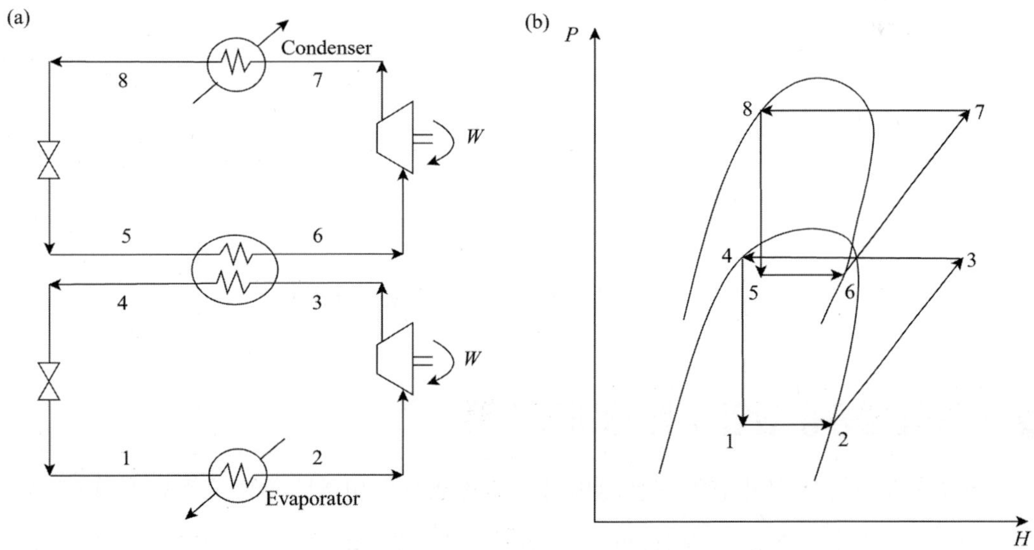

그림 17.13 ▸ 중첩된 냉동 사이클.

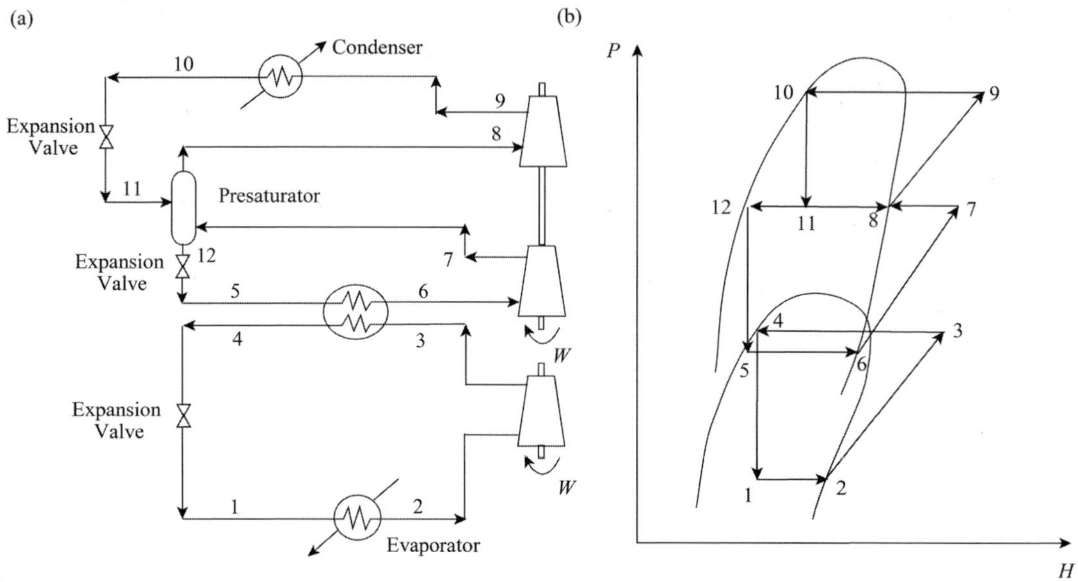

그림 17.14 ▸ 다단계 압축 및 확장을 통한 중첩 사이클.

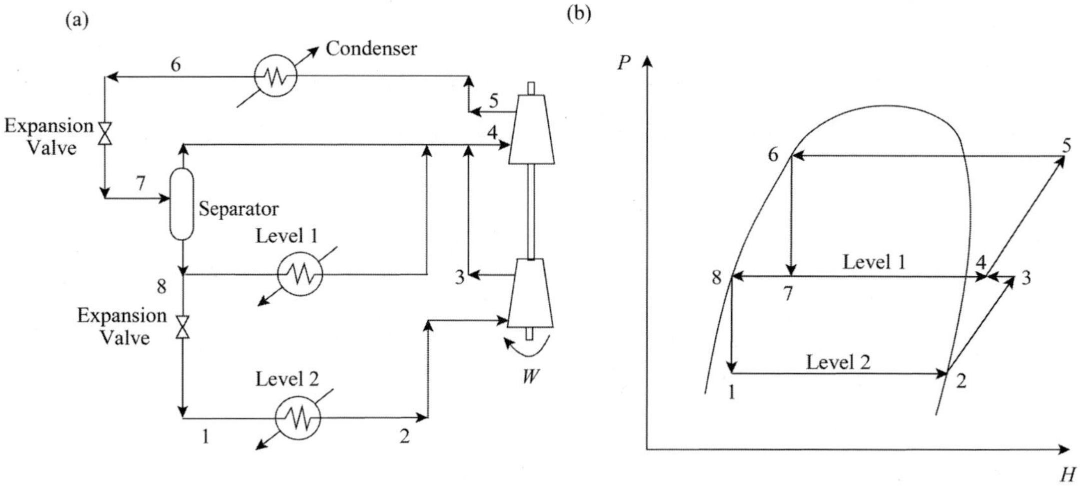

그림 17.15 ▸ 2단계 냉동 사이클.

17.6 압축식 냉동용 단일 성분 냉매의 선택

이제 압축식 냉동을 위한 단일 성분 냉매의 선택에 영향을 미치는 주요 요소를 설명하고자 한다.

1) ***어는점*** 증발기 온도는 사이클의 운전 압력에서 냉동되는 온도보다 충분히 높아야 한다. 대표적인 냉매들에 대한 대기압에서의 어는점은 표 17.2에 정리되어 있다.

2) ***진공 운전*** 그림 17.17에서 예시되었듯이, 운전하고자 하는 냉동 사이클의 증발 온도에서 증발기에서의 냉매 압력을 대기압 이하로 운전하는 것은 가급적 피해야 한다. 증발기 압력이 대기압보다 높으면 냉동 사이클로 공기가 유입될 수 있어 성능 및 안전 문제가 발생할 수 있다. 대기압 이하의 증

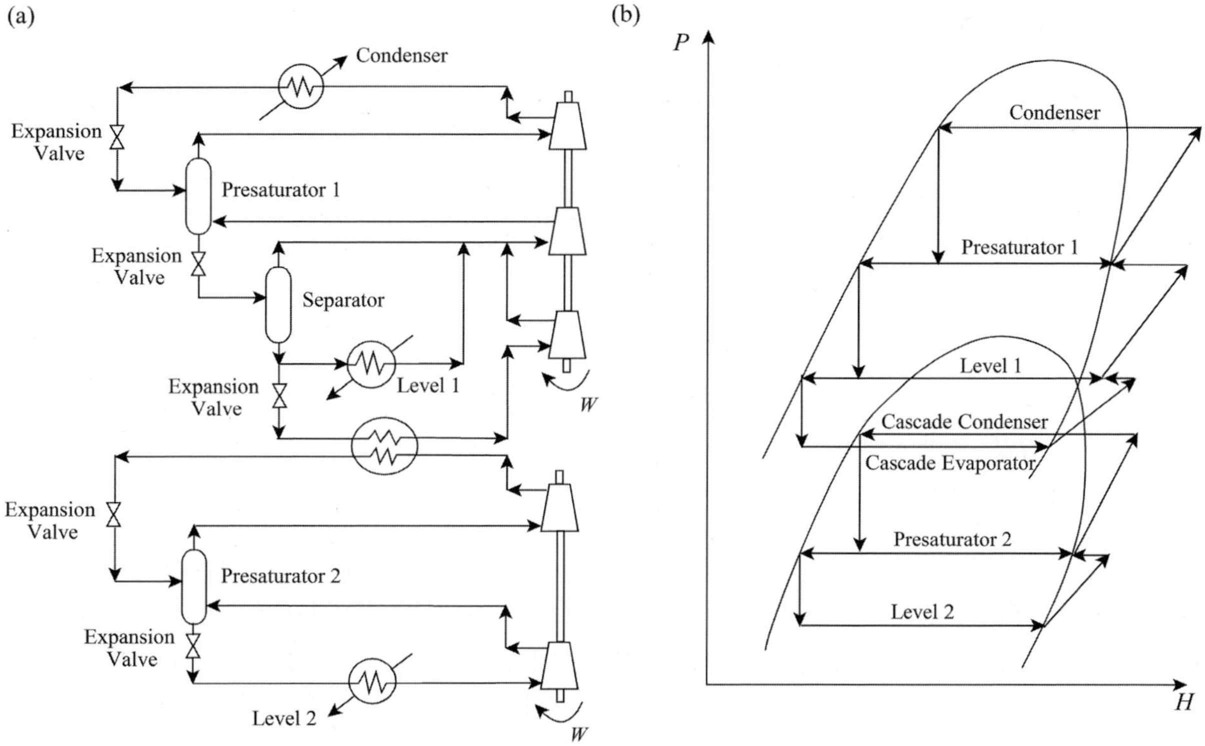

그림 17.16 ▸ 예비포화기를 포함한 2단계 중첩 냉동 사이클.

표 17.2 ▸ 대표적인 냉매의 대기압에서의 어는점 및 끓는점

Refrigerant	Freezing point at atmospheric pressure (°C)	Boiling point at atmospheric pressure (°C)
Ammonia	−78	−33
Chlorine	−101	−34
n-Butane	−138	0
i-Butane	−160	−12
Ethylene	−169	−104
Ethane	−183	−89
Methane	−182	−161
Propane	−182	−42
Propylene	−185	−48
Nitrogen	−210	−196

발기 압력하의 운전은 가능하지만 고가의 설비 및 특수한 설계가 필요하다. 대표적인 냉매들에 대한 대기압에서의 끓는점은 표 17.2에 정리되어 있다.

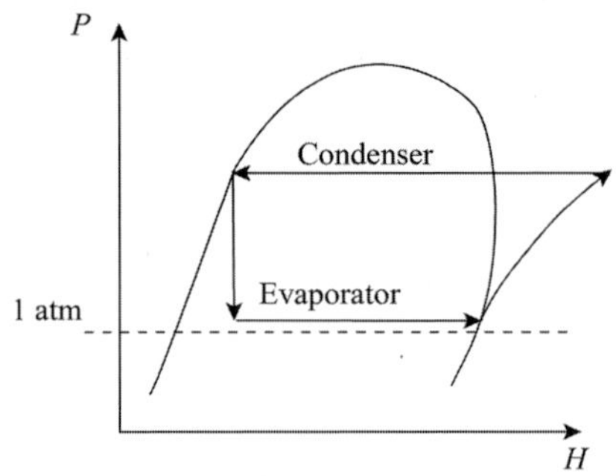

그림 17.17 ▸ 냉매 선택에 있어서 압력 조건의 고려.

3) *증발 잠열* 증발 잠열이 큰 냉매가 유리하다. 증발 잠열이 크면 사이클에서 필요한 냉매 유량을 낮추게 되고 그에 따라 동력 요구량을 감소시킨다. 냉매의 2상 선도의 형태를 살펴보면, 냉매의 온도가 증가하면서 임계 온도에 가까워지면 증발 잠열은 감소한다. 따라서 증발기 및 응축기 운전 온도가 임계 온도보다 충분히 낮도록 하는 것이 바람직하다. 또한 응축기 온도가 임계점에 가까워지면 그림 17.18에 보인 것과 같이 상대적으로 응축되는 부분보다 과열된 부분에서 더 많은 열이 제거된다. 이것은 평균적으로 응축기에서의 열제거 온도가 높아지므로 성능 계수가 감소하고, 또한 응축기의 열전달 필요 면적을 증가시키는 결과를 초래한다. 주어진 냉매 유체에 대하여 증발 잠열이 높고 임계점에서 벗어난 운전 영역에서 작동시키는 것이 바람직하다. 온도와 잠열 변화와의 상관 관계는 Watson 방정식(Poling, Prausnitz and O'Connell, 2001)으로 해석할 수 있고, 이를 통해 냉동 사이클의 운전 영역 설정에 대한 지침을 얻을 수 있다.

$$\frac{\Delta H_{VAP2}}{\Delta H_{VAP1}} = \left(\frac{T_C - T_2}{T_C - T_1}\right)^{0.38} \tag{17.16}$$

여기서 ΔH_{VAP1}, ΔH_{VAP2} = 온도 T_1 및 T_2에서의 증발 잠열

T_1, T_2 = 절대 온도(K)

T_C = 임계 온도(K)

대기압하에서의 끓는점 T_{BPT}와 특정 온도 T를 기준으로 식 (17.16)을 적용하면 다음과 같다.

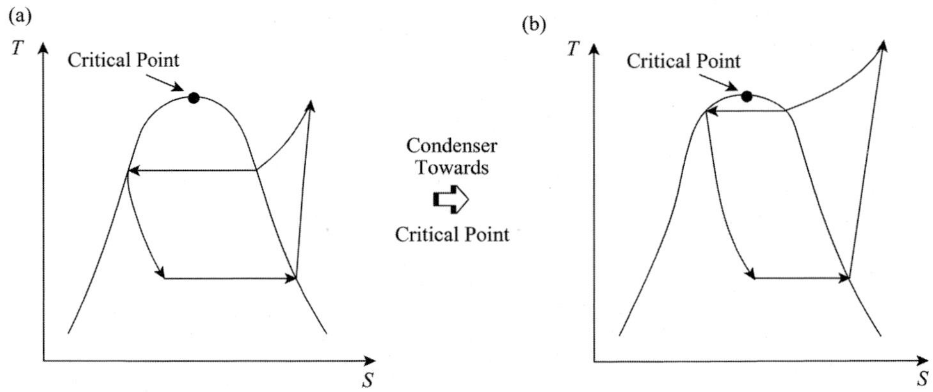

그림 17.18 ▸ 냉매의 임계점이 냉매 선택에 미치는 영향.

$$\frac{\Delta H_{VAP}}{\Delta H_{VAP,BPT}} = \left(\frac{T_C - T}{T_C - T_{BPT}}\right)^{0.38} \tag{17.17}$$

여기서 $\Delta H_{VAP,BPT}$ = 대기압에서의 끓는점 조건하의 증발 잠열

λ를 기화열에 대한 비율이라 하면, 식 (17.17)은 다음과 같다.

$$\lambda = \left(\frac{T_C - T}{T_C - T_{BPT}}\right)^{0.38} \tag{17.18}$$

식 (17.18)을 정리하면 다음과 같다.

$$T = T_C - \lambda^{2.63}(T_C - T_{BPT}) \tag{17.19}$$

따라서 표준 끓는점 T_{BPT} 및 임계 온도 T_C를 갖는 주어진 냉매의 경우, 식 (17.19)는 λ의 최소값이 지정될 경우 허용되는 최대 온도를 계산할 수 있다. 예를 들면 에틸렌의 경우 T_C = 282 K 및 T_{BPT} = 169 K이고, 증발기에서의 최소 증발 열량이 표준 끓는점 조건하에서의 증발 열량의 50% 이상으로 지정하면 최대 허용 온도는 다음과 같다.

$$\begin{aligned} T &= 282 - 0.5^{2.63}(282 - 169) \\ &= 264\text{ K} \end{aligned}$$

λ 값은 일반적으로 50% 정도가 적절하지만, 설계자의 의도에 따라서 60~70% 정도의 보수적인 값을 취할 수도 있다.

4) *냉매의 평형 선도 형태* 냉매의 선택에 영향을 미치는 또 다른 요소는 그림 17.19에서 예시하듯이 온도–엔트로피 선도에서의 2상 영역의 모양과 관련이 있다. 특히 2상 영역에서 포화 스팀선의 기울기가 중요하다. 그림 17.19는 다른 포화 스팀선의 기울기를 가진 두 가지 냉매의 2상 영역을 보여주고 있다. 그림 17.19b의 2상 영역과 같이 기울기가 급하면 과열 영역이 감소하고, 따라서 응축 영역에서의 열제거가 많아지게 된다. 결과적으로 응축기에서의 평균적인 열 제거 온도가 낮아지고 사이클의 성능 계수가 증가하며 열전달 면적을 감소시킨다.

5) *일반적인 고려 사항* 냉매는 가능한 한 무독성, 불연성, 비부식성이어야 하고, 오존 파괴 및 지구 온난화 영향이 가급적 낮아야 한다(18장 참조). 냉동을 위한 새로운 성분을 공정에 도입하면 이에 따

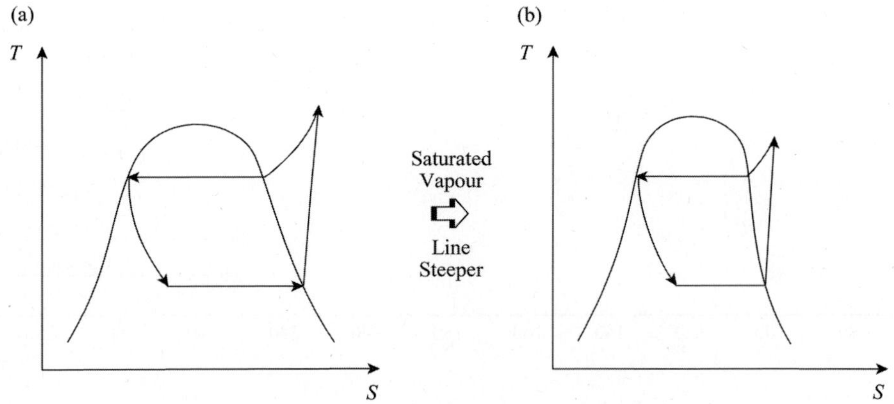

그림 17.19 ▸ 냉매의 포화 스팀선이 냉매 선택에 미치는 영향.

른 추가적인 저장 요구 사항과 새로운 안전 및 환경 문제를 고려해야만 한다. 따라서 가능하다면 공정에서 이미 존재하는 유체를 냉동 사이클에 사용하는 것이 유리하다.

예제 17.2

그림 17.20은 다양한 냉매의 온도 범위를 보인다. 운전 범위의 상한선은 냉매의 임계 온도가 대기 온도보다 높은 경우는 대기온도로 설정하였거나, 대기압에서 기화열의 50%에 해당하는 온도로 설정하였다. 운전 범위의 최저 온도는 냉동 사이클의 진공 조건에서의 운전을 피하기 위해서, 대기압에서 냉매의 끓는점으로 설정하였다. 이러한 규칙을 완화함으로써 그림에 보인 온도 범위를 벗어난 조건에서 운전을 고려해 볼 수도 있다. 또한 그림의 세로축은 단위 냉동 요구량을 처리하기 위해 필요한 사이클의 소모 전력의 상대적인 순서를 나타낸다. 175 K, 200 K, 230 K, 245 K의 온도에서 냉동이 필요하다고 가정할 때, 각 흐름에 대한 적절한 냉매를 제안하라.

> 풀이

175 K 냉동인 경우: 그림 17.20을 통해 175 K의 냉동에 적절한 냉매는 에틸렌임을 확인할 수 있다. 메탄은 운전 상한 값에 너무 가깝다. 에틸렌이 냉매로 선택되고 최종적으로 압축된 냉매 증기의 열을 외부로 방출하는 것은 대기 온도인 313 K에서 진행되므로, 다른 냉매의 사이클과 중첩하여 구성되어야 한다. 원칙적으로 에틸렌은 염소, 암모니아, *i*-부탄, 프로필렌 또는 프로판과 중첩될 수 있다. 그러나 *i*-부탄과는 중첩 가능 온도 범위가 작아, 두 사이클을 연계하는 열교환기에서 작은 온도 차이가 필요하게 된다. 염소를 선택하면 냉동 사이클 전체의 전력 소모량을 감소시키는 데 효과적이지만, 중요한 안전 문제가 발생할 수 있다. 안전사고 예방 측면에서, 공정 산업에서는 이미 공정에서 사용되는 냉매를 사용하는 것을 선호할 수 있다(예, 석유화학공장에서 프로필렌의 사용).

200 K 냉동인 경우: 200 K에서는 에탄 또는 에틸렌이 적합한 냉매이며, 전력 소모량 관점에서 에탄이 더 선호된다. 175 K 경우와 같이, 다른 냉매를 사용한 사이클과 중첩하여 적용한다.

230 K 냉동인 경우: 230 K에서는 프로필렌, 에탄 및 에틸렌은 모두 적절한 냉매이다. 프로필렌은 전력 소모량 측면에서, 또한 대기로의 열 방출을 위한 중첩형 냉동 사이클이 필요하지 않는다는 것을 감안할 때 가

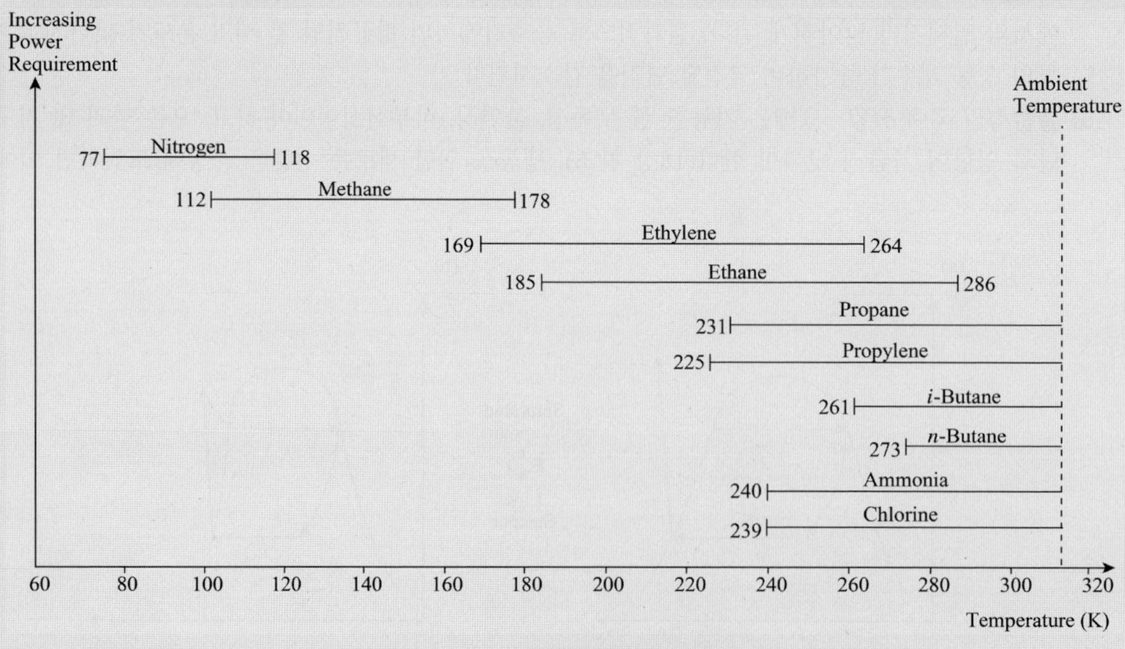

그림 17.20 ▸ 냉매의 운전 온도 영역.

장 적절한 선택이다.

245 K 냉동인 경우: 245 K에서 염소, 암모니아, 프로필렌 및 프로판을 모두 선택할 수 있다. 원칙적으로는 에탄과 에틸렌도 포함될 수 있지만 245 K에서 냉매의 임계 온도에 가깝기 때문에 다른 냉매보다 많은 전력이 소모된다. 염소와 관련된 안전 문제는 암모니아보다 크다. 따라서 암모니아가 적절한 냉매이다. 또한, 공정에 이미 존재하는 냉매를 선택하는 것이 바람직하다.

17.7 단일 냉매를 사용하는 압축식 냉동 사이클의 동력 소모량 계산

냉동 사이클에서 고려되는 여러 가지 설계 구성 방안들에 대한 효과를 평가하기 위해, 냉동 사이클에서의 동력 소모량을 신속하고 신뢰성 있게 계산하는 것은 매우 유용하다(Lee, Zhu and Smith, 2000; Lee, 2001). 냉동 사이클의 최소 동력 소모량에 대한 예측은 다음과 같이 활용된다.

- 설계가 완료되기 이전에 냉동 사이클의 동력 소모량에 추정이 가능하다.
- 상세 설계에 앞서서 전체 냉동 공정의 성능을 평가할 수 있다.
- 여러 가지 설계 방안을 신속하게 비교하고 선별할 수 있다.
- 에너지 및 투자 비용을 평가할 수 있다.

1) ***단순 냉동 사이클*** 그림 17.8과 같은 간단한 냉동 사이클에서 냉각 부하(Q_{EVAP}), 응축 온도(T_{COND}) 및 증발 온도(T_{EVAP})가 주어지면 실제 동력 요구량을 추정하는 방법을 설명하고자 한다.

일반적인 계산 절차는 다음과 같이 수행된다(Lee, Zhu and Smith, 2000; Lee, 2001).

a) 응축 온도(T_{COND})에서 응축기에서의 냉매의 증기압(P^{SAT}_{COND})과 증발 온도(T_{EVAP})에서 증발기에서의 냉매의 증기압($P^{SAT}{}_{EVAP}$)을 식 (17.20)에 보인 Antoine 방정식 등을 활용하여 계산한다.

$$\ln P^{SAT} = A - \frac{B}{C+T} \qquad \textbf{(17.20)}$$

여기서 P^{SAT} = 포화된 액체의 증기압(bar)

A, B, C = 각 냉매에 대해 실험적으로 결정된 상수

T = 온도(K)

일단 운전 압력이 설정되면 열교환기, 기액 분리기 및 배관에서의 압력 강하가 무시된다면, 압축기와 팽창기 양단의 압력 차가 결정된다.

b) 증발기에서의 에너지 수지식을 통해 냉매의 질량 유량을 결정한다(그림 17.8 참조).

$$m = \frac{Q_{EVAP}}{H_2 - H_1} = \frac{Q_{EVAP}}{H_2 - H_4} \qquad \textbf{(17.21)}$$

여기서 m = 냉매 유량($kg{\cdot}s^{-1}$)

Q_{EVAP} = 증발기 열량($J{\cdot}s^{-1}$, $kJ{\cdot}s^{-1}$)

H_1 = 증발기 입구에서의 비엔탈피($J{\cdot}kg^{-1}$, $kJ{\cdot}kg^{-1}$)

H_2 = 증발기 출구에서의 비엔탈피(증발기 압력에서의 포화 스팀 엔탈피) ($J{\cdot}kg^{-1}$, $kJ{\cdot}kg^{-1}$)

H_4 = 응축기 출구에서의 비엔탈피(응축기 압력에서의 포화 액체 엔탈피) ($J \cdot kg^{-1}$, $kJ \cdot kg^{-1}$)

냉매의 엔탈피는 상태방정식 등을 사용하여 계산할 수 있다.이러한 엔탈피 계산은 복잡하며 일반적으로 상업용 물성 패키지를 사용하여 수행된다. 엔탈피가 결정되면 식 (17.21)로부터 냉매의 질량 유량을 결정할 수 있다. 질량 유량이 결정되면 Peng-Robinson 상태 방정식 등을 활용하여 증기 밀도로부터 압축기에 공급되는 냉매의 체적 유량을 구할 수 있다. 그러므로

$$F = \frac{m}{\rho_V} \tag{17.22}$$

여기서 F = 부피 유량($m^3 \cdot s^{-1}$)

ρ_V = 증기 밀도($kg \cdot m^{-3}$)

c) 압축기 효율 결정: 압축기 효율은 가능하면 압축기 제조업체의 데이터를 사용하는 것이 바람직하다. 이것이 가능하지 않다면, 왕복동식 압축기의 경우에 등엔트로피 효율은 식 (17.23)로부터 추정될 수 있다.

$$\eta_{IS} = 0.1091(\ln r)^3 - 0.5247(\ln r)^2 + 0.8577 \ln r + 0.3727 \qquad 1.1 < r < 5 \tag{17.23}$$

여기서 η_{IS} = 등엔트로피 효율

r = 압력비 P_{out}/P_{in}

원심 압축기의 경우, 폴리트로픽 효율은 식 (17.24)에서 추정할 수 있다.

$$\eta_P = 0.017 \ln F + 0.7 \tag{17.24}$$

여기서 η_P = 폴리트로픽 효율

F = 압축기 입구에서의 기체 유속($m^3 \cdot s^{-1}$)

d) 원심 압축기의 경우 폴리트로픽 계수 n은 다음과 같이 계산한다.

$$n = \frac{\gamma \eta_P}{\gamma \eta_P - \gamma + 1} \tag{17.25}$$

e) 압축기의 출구에서의 냉매 온도를 계산한다(T_{out}). 단열 모델의 경우 각 압축 단계에서의 출구 온도는 압축 단계 사이의 냉각기를 통해 압축기 입구의 온도로 다시 냉각된다고 가정하면 다음의 식 (17.26)에서 계산된다.

$$T_{out} = \left(\frac{T_{EVAP}}{\eta_{IS}}\right)\left[(r)^{(\gamma-1)/\gamma} + \eta_{IS} - 1\right] \tag{17.26}$$

여기서 $r = \sqrt[N]{\left(\dfrac{P_{COND}^{SAT}}{P_{EVAP}^{SAT}}\right)}$

N = 압축기 단의 수

폴리트로픽 모델의 경우에 압축기 배출 온도는 식 (17.27)에서 결정할 수 있다.

$$T_{out} = T_{EVAP}(r)^{(n-1)/n} \tag{17.27}$$

폴리트로픽 계수 n은 η_P가 알려진다면 식 (17.28)으로부터 결정할 수 있다.

$$n = \frac{\gamma\eta_P}{\gamma\eta_P - \gamma + 1} \tag{17.28}$$

f) 압축기에서의 에너지 수지식은 다음과 같다.

$$W = m(H_2 - H_3) \tag{17.29}$$

여기서 W = 압축에 필요한 동력($kJ \cdot s^{-1} = kW$)
m = 냉매 유속($kg \cdot s^{-1}$)
H_2 = 압축기 입구에서 P_{EVAP}와 T_{EVAP} 조건에서의 비엔탈피($kJ \cdot kg^{-1}$)
H_3 = 압축기 출구에서 P_{COND}와 T_{OUT} 조건에서의 비엔탈피($kJ \cdot kg^{-1}$)

압축기 입구 및 출구 엔탈피는 상용 물성 소프트웨어를 사용하여 상태 방정식으로부터 계산할 수 있고, 이를 통해 간단한 냉매 기체의 압축을 기반으로 하는 냉동 사이클에서 압축기에서 소모되는 동력 요구량을 예측한다. 압축기의 에너지 수지식을 사용하지 않고, 식 (17.30)로부터 왕복동식 압축기에 대해 소모 동력을 직접 계산할 수도 있다.

$$W = \left(\frac{\gamma}{\gamma - 1}\right)\frac{P_{EVAP}F_{in}N}{\eta_{IS}}\left[1 - (r)^{(\gamma-1)/\gamma}\right] \tag{17.30}$$

여기서 W = 압축에 필요한 동력($N \cdot m \cdot s^{-1} = J \cdot s^{-1} = W$)
P_{EVAP}, P_{COND} = 압축기 입구 및 출구 압력($N \cdot m^{-2}$)
F_{in} = 압축기 입구에서의 부피 유량($m^3 \cdot s^{-1}$)
γ = 열용량의 비율 $C_P/C_V(-)$
η_{IS} = 등엔트로피 효율(−)

$$r = \sqrt[N]{\left(\frac{P_{COND}^{SAT}}{P_{EVAP}^{SAT}}\right)}$$

N = 다단 압축기의 압축 단수

원심 압축기 또는 축류 압축기의 경우 소모 동력은 식 (17.31)에서 직접 계산할 수 있다.

$$W = \frac{n}{n-1}\frac{P_{EVAP}F_{in}N}{\eta_P}\left[1 - (r)^{(n-1)/n}\right] \tag{17.31}$$

여기서 η_P = 폴리트로픽 효율(폴리트로픽 조건하의 소모 동력 대비 실제 소모 동력의 비)

2) ***다단 사이클*** 단순 냉동 사이클의 소모 동력을 계산하는 절차는 그림 17.21a와 같이 다단계 사이클로 확장될 수 있으며, 이를 위해 서로 다른 냉동 공급 온도 1과 2 사이에서 두 유체 흐름이 혼합되는 온도를(그림 17.21a의 T_{MIX})가 결정해야 한다. 냉동 공급 온도 2에서 사용되는 압축기를 거친 냉매는 과열되어 있어서 T_{MIX}는 포화 상태가 아니다. 이러한 고압에서 사용되는 압축기 입구에서의 과열 조건은 질량 유량에 따라 가중치를 부여하면서 압축 단계 사이의 온도를 보정함으로써 추정이 가능하다(Lee, Zhu and Smith,2000; Lee, 2001). 증기의 열용량이 일정하다고 가정할 때 그림 17.21a에서 두 냉매 유체가 혼합되는 지점의 에너지 수지식은 다음과 같다(Lee, Zhu and Smith, 2000; Lee, 2001).

$$(m_1 + m_2)T_{MIX} = m_2 T_{out} + m_1 T_{EVAP1} \tag{17.32}$$

여기서 m_1, m_2 = 냉동 공급 온도 1 및 2에서의 냉매의 질량 유량($kg \cdot s^{-1}$)

T_{MIX} = 냉매 유체 혼합 후의 온도(K)

T_{out} = 저압에서 사용되는 압축기에서의 출구 온도(K)

T_{EVAP1} = 냉동 공급 온도 1에서의 증발 온도(K)

식 (17.32)을 다시 정리하면 다음과 같다.

$$T_{MIX} = \frac{m_2 T_{out} + m_1 T_{EVAP1}}{m_1 + m_2} \tag{17.33}$$

그림 17.21a에서 고압 압축기의 출구 온도는 식 (17.26) 또는 (17.27)에서 T_{EVAP}를 T_{MIX}로 대체하여 계산해야 한다. 이러한 방법으로 혼합되는 부분에서 냉매 유량들 간의 가중치를 사용하여 복잡한 다단 냉동 사이클에 대한 소모 동력을 계산할 수 있다.

그러나 제시된 방법은 매우 복잡한 구성 형태를 갖는 냉동 사이클에 대한 동력 소모량 예측에는 매우 제한적이다. 냉동 사이클의 설계에서 많은 구성 요소들을 연계하여 사용하는 경우에는 동력 소모량에 대한 정확한 예측은 쉽지 않다. 따라서 공정의 설계에 있어서 냉동 공정의 다양한 설계 방안들을 체계적으로 검토하고 공정과 냉동 사이클의 상호 연관 관계를 반영하는 접근 방법이 필요하다.

그림 17.21a와 같은 다단계 사이클은 동력 소모량을 추정하기 위해 간단한 증기 압축 사이클의 조합으로 분해될 수 있다. 그림 17.21b는 동력 소모량을 추정하기 위해 두 개의 단순 냉동 사이클로 모델링된 2단 사이클을 보여주고 있다. 첫 번째 단순 냉동 사이클은 냉동 공급 온도 1에서 주어진 냉각 부하를 만족하기 위해 운전한다. 두 번째 단순 냉동 사이클은 냉동 공급 온도 2에서 주어진 냉

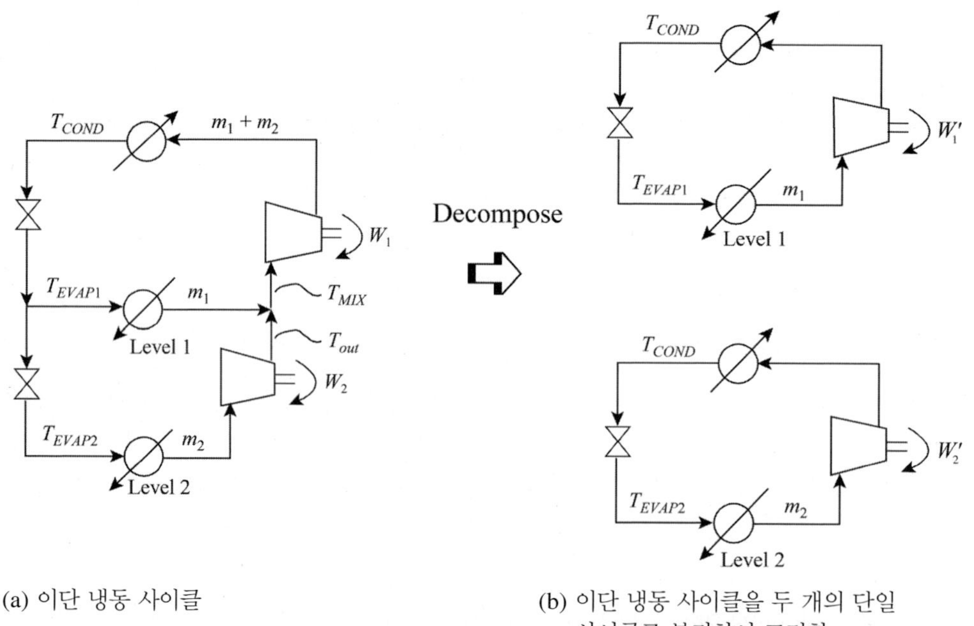

(a) 이단 냉동 사이클

(b) 이단 냉동 사이클을 두 개의 단일 사이클로 분리하여 고려함

그림 17.21 ▸ 다단계 냉동 사이클에 대한 동력 소모량 예측.

각 부하를 만족하기 위해 운전한다.

따라서 냉동 사이클의 소모 동력 예측을 통해 사이클에서 고려되는 여러 가지 설계 방안들에 대한 비교 검토는 복잡한 다단 사이클을 간단한 단순 사이클들의 조합으로 추정하는 것이 가능하다. 냉동 사이클에서 열을 냉각수 등으로 방출하는 대신에, 다른 냉동 사이클 또는 공정으로 제거할 수 있으며 이점은 다음에서 설명될 예정이다. 단순 사이클이 복잡한 사이클로 변경된 경우에는, 단순 사이클들을 병합 연계하여 복잡한 사이클을 모사하고, 이를 통해 동력 소모량을 예측할 수 있다. 하지만, 단순 사이클들에서 계산된 동력 소모 예측량은 병합 연계하는 과정에서 아래와 같은 이유들로 인하여 병합된 복잡한 냉동 사이클의 실제 동력 소모량과 차이를 갖게 된다.

- 복잡한 냉동 사이클은 사이클에서 비 등온 혼합을 가질 수 있어서 동력 요구 사항이 증가하게 된다. 그림 17.21a와 같은 다단계 사이클에서 냉동 공급 온도 1에서의 증발기를 통과한 포화 냉매 기체는 저압 압축기에서 생성된 과열 냉매 기체와의 혼합으로 인하여 고압 압축기 입구에서 과열 입구 조건을 갖게 된다. 고압 압축 단계에 대한 과열 입구 조건은 그림 17.21b에서 보인 병렬로 운전되는 두 개의 단순 사이클과 비교할 때 동력 소모량이 일반적으로 증가된다.
- 기액 분리기(이코노마이저)의 도입은 동력 소모량을 감소시키는 역할을 한다. 예를 들어, 그림 17.15에서와 같이 기액 분리기가 그림 17.21a의 사이클에 도입된 경우 냉동 공급 온도 1에서 사용하는 팽창기의 증기는 냉동 공급 온도 2에서 사용되는 저압 압축기로 전달되지 않게 되어, 저압 압축기 및 사이클 전체의 동력 소모량을 감소시킨다.
- 압축기 부하를 병합하여 용량이 큰 압축기를 사용하는 것이 가능하다면, 용량이 큰 압축기는 단순 사이클에서 사용되는 소형 압축기보다 높은 효율을 가질 수 있다.

따라서 복잡한 다단 냉동 시스템을 간단한 단순 사이클로 분해하여 추정된 동력 소모량은 설계자가 선택한 기준 및 방안 등에 따라 최종 동력 소모량보다 낮거나 높을 수 있음을 의미한다. 복잡한 냉동 사이클을 구성하는 것은 여러 개의 단순한 사이클들을 사용하는 것보다 투자 비용 측면에서 저렴할 것이다. 따라서 냉동 시스템에 대한 최종 설계를 결정할 때는 운영 비용, 투자 비용, 공정의 복잡성, 운전 용이성 및 안전과 관련된 요소들을 모두 종합적으로 고려해서 판단해야 한다.

예제 17.3

암모니아, 프로판 및 프로필렌을 사용하여 −30°C의 증발 온도 및 40°C의 응축온도를 갖는 냉동 사이클을 고려한다. 3 MW의 냉동을 공급해야 하는 경우, 사이클의 전력(축일) 소모량을 계산하라. 왕복동형 압축기를 사용한다고 가정하고, 엔탈피 계산은 Peng-Robinson 상태 방정식을 활용하라.

›풀이

포화 액체-증기압 데이터로부터 냉매의 증발 온도(−30°C) 및 응축 온도(40°C)에서의 압력 조건을 얻는다.

	Pressure (bar)		
	Ammonia	**Propylene**	**Propane**
Evaporator	1.2009	2.1191	1.6815
Condenser	15.548	16.431	13.718
Pressure ratio	12.95	7.75	8.16

열용량 비 γ의 값은 물리적 특성 데이터로부터 얻을 수 있고, 운전 범위에서의 평균값은 아래와 같다.

	Ammonia	**Propylene**	**Propane**
γ	1.30	1.13	1.16

암모니아는 단일 압축 방식으로는 매우 높은 압력비를 갖는다. 따라서 가스 압축 설비를 구성할 때 프로필렌과 프로판의 경우에는 단일단 압축이 가능하겠지만, 암모니아는 중간 냉각을 포함한 두 단의 압축 단계가 적절하다. 그러나 단일 압축과 비교하여 다단 압축의 경우 중간 냉각의 결과로 두 번째 압축기에 유입 및 유출되는 온도가 상대적으로 낮게 돼서, 보다 자세한 검토가 필요하다. 다단 압축의 경우 저압 압축 단계에서 중간 냉각을 도입하면 기체 부피 유량이 감소하여 압축기 전력 소모량을 줄일 수 있다. 본 예제에서는 다른 냉매와 비교하기 위해 모든 냉매의 압축은 단일단으로 수행된다고 가정한다.

냉매에 대한 전력 소모량을 계산하려면 3 MW의 냉동을 공급하기 위한 냉매의 유량을 계산해야한다. 이것은 증발기에서의 유입되는 냉매의 엔탈피(H_1)와 통과한 냉매의 엔탈피(H_2) 차이로 계산될 수 있다. 증발기에서의 엔탈피 차이는 증발기 압력에서의 포화 스팀 엔탈피와 응축기 압력에서의 포화된 액체 엔탈피 사이의 차이로 가정한다. 이것은 냉매가 과냉되는 것을 고려하지 않은 경우이다.

	Ammonia	Propylene	Propane
$H_2 - H_1 (\text{kJ} \cdot \text{kg}^{-1})$	1047	245.8	229.33
$m = \dfrac{Q_{EVAP}}{(H_2 - H_1)} (\text{kg} \cdot \text{s}^{-1})$	2.865	12.21	13.10
$\rho_V (\text{kg} \cdot \text{m}^{-3})$	1.007	4.605	3.850
$F_{in} = \dfrac{m}{\rho_V} (\text{m}^3 \cdot \text{s}^{-1})$	2.845	2.650	3.402

압축기의 등엔트로피 효율, 압축기 배출 온도 및 압축기 소모 전력을 계산할 수 있다.

	Ammonia	Propylene	Propane
η_{IS} (−) 식 (17.23)	0.960	0.866	0.870
T_{out} (K) 식 (17.26)	447	318	337
W (MW) 식 (17.30)	1.24	1.50	1.60

이러한 결과로부터 주목해야 할 사항은 암모니아의 경우 압축기 출구에서의 고온의 냉매 가스가 배출된다는 것이다. 따라서 원칙적으로 암모니아는 축일(전력) 소모량 측면에서 제일 우수하지만, 앞에서 설명한 것과 같이 다단 압축을 고려해야만 한다. 전력 소모량 측면에서 프로필렌과 프로판 간의 분명한 차이는 없다.

17.8 단일 성분 압축식 냉동 사이클의 열통합

그림 17.22a는 총괄복합선도(grand composite curve)와 공정과 통합 연계된 냉동 사이클의 예를 보여주고 있다. 공정에서 제거되어야 하는 열은 가장 낮은 온도에서 냉동 사이클로 배출된다. 그림 17.22a에서 냉동 사이클의 냉매에서 배출되는 열은 냉각수에 의해 제거된다. 그림 17.22a에서 총괄복합선도를 자세히 검사하면, 공정에서 냉각수 온도보다 낮은 온도에서 열을 필요로 함을 알 수 있다. 따라서 그

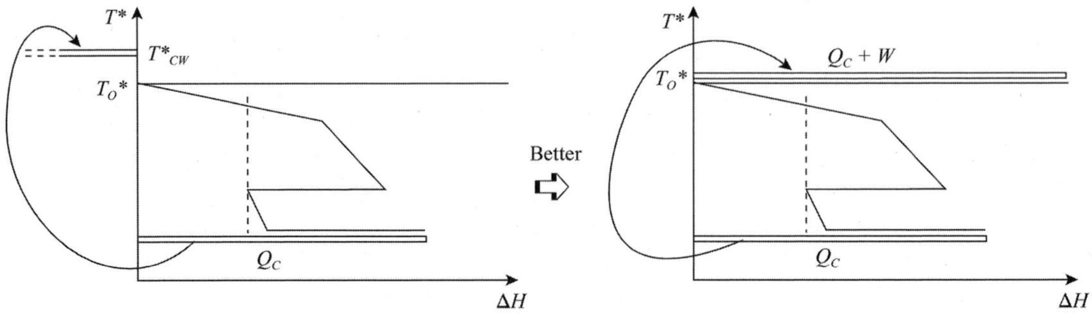

(a) 냉동 사이클에서 외부로 열을 내보냄 (b) 냉동 사이클에서 공정으로 열을 내보냄

그림 17.22 ▸ 단일 레벨 냉동 시스템의 열통합.

림 17.22b는 뜨거운 유틸리티 사용을 줄이기 위해서 냉동 사이클에서 공정으로 열을 방출하도록 설계된 냉동 사이클을 보여주며, 그림 17.22b에 보인 공정과의 연계는 압축 경로를 줄이며 사이클의 소모 동력을 감소시키며 공정에서 사용하는 뜨거운 유틸리티 소모량을 절감시키는 효과를 갖는다.

그림 17.23은 그림 17.22와 같은 동일한 총괄복합선도를 보여주지만, 2단계 냉동 시스템을 활용하는 경우이다. 총괄복합선도는 공정에서 냉각이 필요한 온도에서 열 방출을 효과적으로 하도록 냉동 사이클을 설계하는 데 사용한다. 그림 17.23에서 보는 바와 같이 2단계 냉동 시스템을 사용하면 그림 17.22의 단일 냉동 단계 배열과 비교하여 동력 소모량을 줄일 수 있다. 이것은 고온에서 냉동을 공급하면서 상대적으로 작은 온도 상승에 따른 압축 부하의 감소에 의한 것이다.

그림 17.24는 동일한 총괄복합선도를 기준으로 더 복잡한 냉동 사이클로 연계된 형태를 보여주고 있다. 공정의 폐열은 그림 17.24의 지점 1과 2 사이에서 운용되는 가장 낮은 수준의 냉동 사이클로

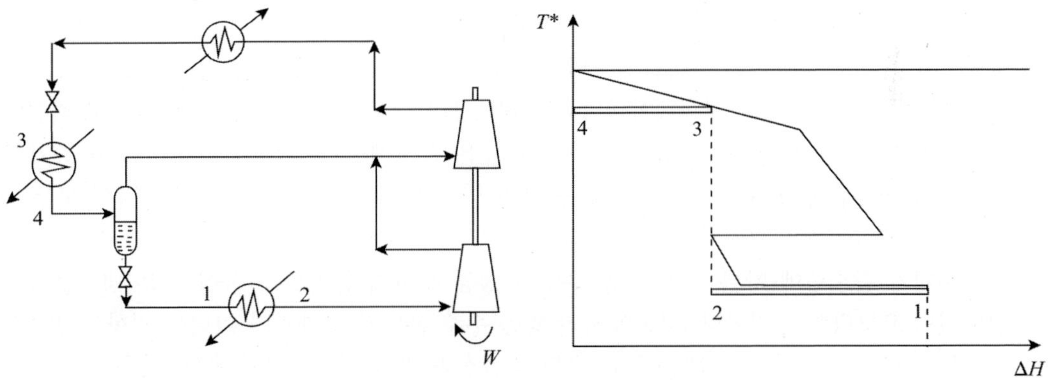

그림 17.23 ▸ 2단계 냉동 시스템의 열통합.

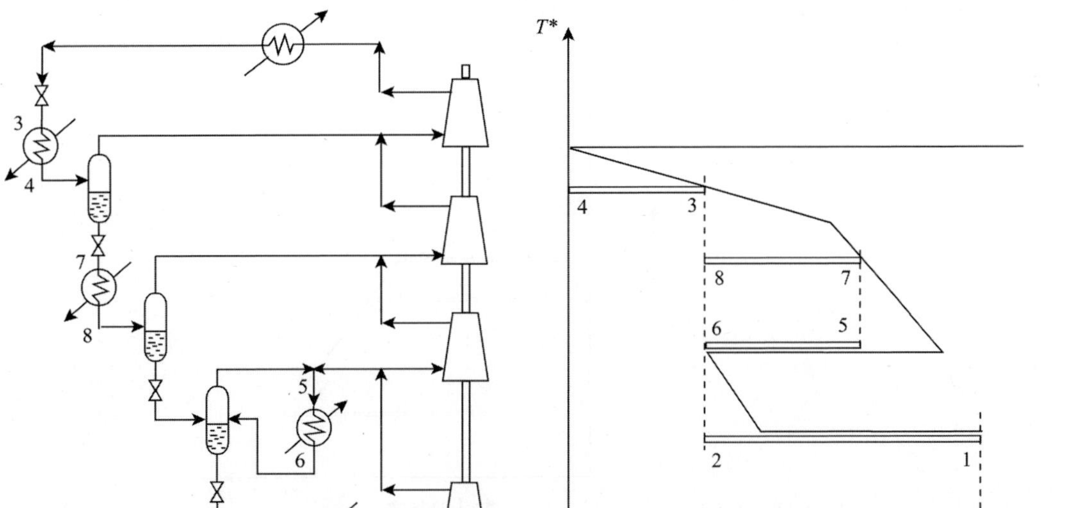

그림 17.24 ▸ 총괄복합선도의 포켓과의 열통합을 활용한 냉동 사이클의 온도 상승 감소 및 축일 감소.

방출된다. 다른 냉동의 공급은 지점 3번과 4번 사이에 배치된다. 이러한 냉동 공급 온도 설정은 그림 17.23과 같다. 하지만 그림 17.24는 추가적으로 냉동 사이클에서 지점 5와 6 사이에서 공정으로 열이 방출되는 기능을 보여준다. 이러한 방법으로 공정으로 열을 방출하면 이와 연계되어서 공정에서 제거되어야 하는 열원이 존재하게 된다. 그림 17.24의 지점 5와 6 사이에서 공정의 열 흡수는 총괄복합선도의 포켓에서 에너지 회수 균형을 깨트리고, 따라서 공정에서 열 제거를 위해 지점 7과 8 사이에서 추가적인 냉각이 필요하게 된다. 그림 17.22의 단일 수준 냉동에서 그림 17.23의 2단계 냉동 및 그림 17.24의 중간 온도 수준에서 공정으로의 열 방출이 포함된 3단계 냉동 시스템으로 되면서, 공정 구성 수준은 점점 복잡해지고 투자 비용은 증가하지만 소모 동력은 감소한다. 따라서 그림 17.24와 같이 복잡하게 공정과의 통합이 연계된 냉동 사이클을 도입하는 것이 가치가 있는지의 여부는 규모의 경제, 에너지 비용과 투자 비용 사이의 적절한 균형에 달려 있다.

냉동 사이클의 냉각 공급 방안을 총괄복합선도와 연계하여 설정할 때, 열을 방출하거나 흡수하는 온도의 선택은 쉽지 않다. 가끔 냉동에 요구되는 온도 수준이 총괄복합선도의 평평한 부분에 잘 연계될 수 있는 경우도 있다(예를 들면 그림 17.23에서 지점 점 1과 2 사이). 하지만, 그림 17.25와 같이 냉동이 공급되는 온도 수준을 총괄복합선도의 경사진 부분에 맞추어야 하는 경우가 생긴다. 이러한 경우 냉동 공급 수준을 변경 또는 선택해야 하는 상황을 가질 수도 있다. 그림 17.25는 서로 다른 온도에서 냉동을 공급하는 시스템을 보여주고 있다. 보다 높은 온도에서 공급되는 냉동 온도가 증가함에 따라 높은 온도의 냉각을 담당하는 사이클의 냉동 부하 및 단위 냉동 부하당 동력 요구량이 모두 감소한다. 이렇게 되면, 더 높은 온도의 냉동 수준에 대한 동력 소모 비용이 감소한다. 그러나 고온 냉동 수준에서의 냉동 부하가 감소함에 따른 저온 냉동 수준의 냉동 부하의 증가로 인하여 저온 냉동을 담당하는 사이클의 전력 요구량이 증가한다. 고온에서의 냉동 수준 온도가 낮아지면 이러한 경향은 반전된다. 따라서 두 냉동 공급 수준에서 중간 냉동 공급 온도의 설정과 관련하여 최적의 온도를 선택하는 자유도가 있게 된다. 이러한 상관 관계를 분석하려면 주어진 냉동 사이클의 증발 및 응축 온도에서 필요한 동력을 정량적으로 예측해야 한다. 냉동 시스템이 중첩된(cascaded) 사이클을 포함하는 경우, 파티션 온도는 최적화될 수 있는 중요한 추가적인 자유도이다.

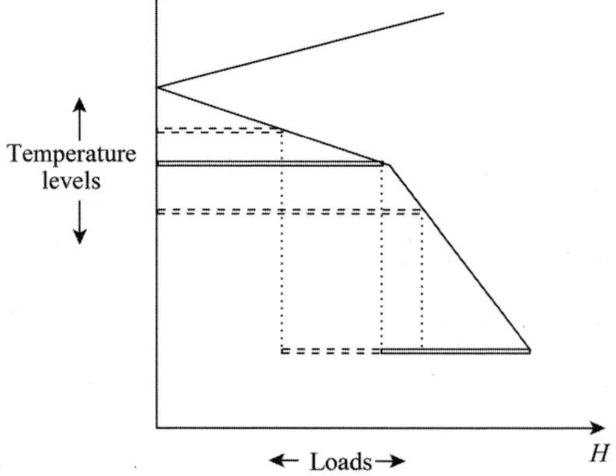

그림 17.25 ▸ 냉동 공급 단계의 최적화.

17.9 혼합 냉매 기반의 압축식 냉동 사이클

순수한 냉매가 운전될 수 있는 온도 범위는 제한적이다. 냉매 유체의 운전 범위는 단일 냉매를 사용하지 않고 여러 냉매의 혼합물을 사용하여 확장 및 수정할 수 있고, 혼합된 냉매를 다단계(multistage) 또는 중첩된 냉동 시스템에 적용할 수 있다. 그러나 순수한 냉매 또는 공비 혼합물과는 다르게 비공비 혼합물에서는 증발하거나 응축함에 따라 일정한 압력하에서도 혼합물의 온도 및 증기, 액체의 조성은 계속 변화한다. 그렇기 때문에 혼합 냉매는 온도의 변화가 큰 냉각이 필요한 경우 효과적일 수 있다. 혼합물의 조성은 공정에서 요구되는 냉각 요구 온도에서 액체 냉매가 증발하도록 적절히 선택된다. 그림 17.26은 냉각 온도의 변화가 큰 경우에 대하여 순수한 냉매(또는 공비 혼합물)와 혼합 냉매가 적용되는 것을 비교하고 있다. 그림 17.26a에서는 순수한 냉매(또는 공비 혼합물)가 일정한 온도에서 증발하여 열교환기의 한쪽 끝 부분에서의 온도 차이는 작지만 다른 끝 부분의 온도 차이는 크다는 것을 알 수 있다. 그림 17.26b와 같이 혼합 냉매는 냉각이 필요한 공정의 온도–엔탈피 선도의 형태에 맞추면서, 일정 범위의 온도 영역에서 증발한다. 저온 공정에서는 작은 온도 차이 조건하에서 열교환이 가능케 되면 냉동 사이클의 동력 소모량을 절감시킬 수 있다. 또한, 냉동 사이클에서 증발되는 냉매의 평균 온도가 높다는 것은 사이클에서의 냉매의 온도 상승 폭이 적고, 따라서 동력 요구량이 낮다는 것을 의미한다.

그림 17.27은 혼합 냉매를 사용하는 간단한 냉동 사이클이다. 또한 그림 17.27은 공정에서 요구하는 냉각 에너지와 냉매가 증발하면서 공급하는 냉각 에너지를 온도–엔탈피 선도에 표현하고 있다. 순수한 냉매의 경우와 비교하여 혼합 냉매의 사용은 공정에서 요구하는 냉각 에너지를 훨씬 작은 온도 차이로 공정의 엔탈피 변화 경향을 추적하면서 공급함을 알 수 있다. 이러한 작은 온도 차이를 갖는 열교환은 공정 유체와 냉매 유체와의 향류(counter-current) 형태를 갖는 플레이트-핀 열교환기에서 수행된다. 그림 17.27에서 볼 수 있듯이 열교환 후 냉매의 최종 조건이 어느 정도의 과열을 유지한다. 이러한 운전 조건 유지는 냉동 사이클에서 일반적인 관행이며, 압축기로 유입되기 전에 냉매를 과열하여 압축기에 유입되는 액체로 인한 잠재적 손상으로부터 압축기를 보호하고자 함이다.

혼합 냉매 기반의 냉동 시스템의 설계에서 고려해야 하는 중요한 설계 변수의 자유도는 아래와 같다(Lee, Smith and Zhu, 2003).

1) ***운전 압력*** 혼합 냉매의 증발을 위한 운전 압력의 선택은 공정의 냉각 곡선과 냉매의 증발 곡선 간 온도 차이에 영향을 미친다. 그림 17.28은 혼합 냉매를 이용하여 천연 가스의 냉각과 액화를 시키는 공정에 대한 온도–엔탈피 선도이다. 그림 17.28a에 나타난 혼합 냉매의 증발 선도는 공정의 냉각 곡

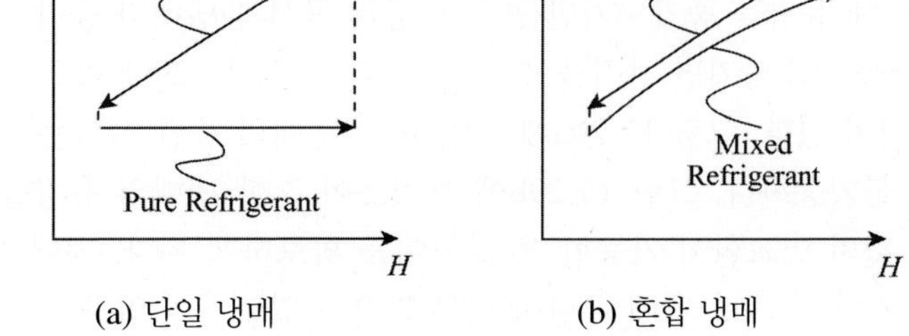

(a) 단일 냉매 (b) 혼합 냉매

그림 17.26 ▸ 순수 및 혼합 냉매.

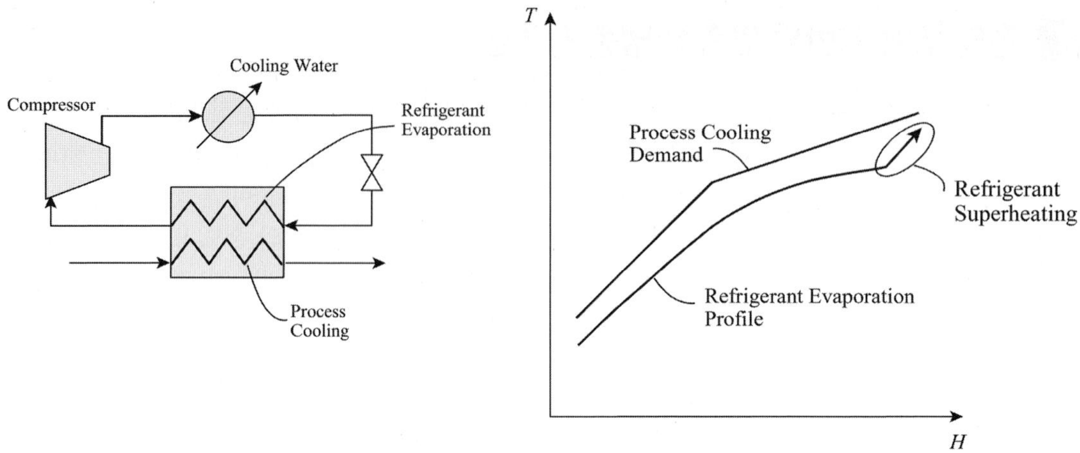

그림 17.27 ▸ 혼합 냉매를 사용한 간단한 냉동 사이클.

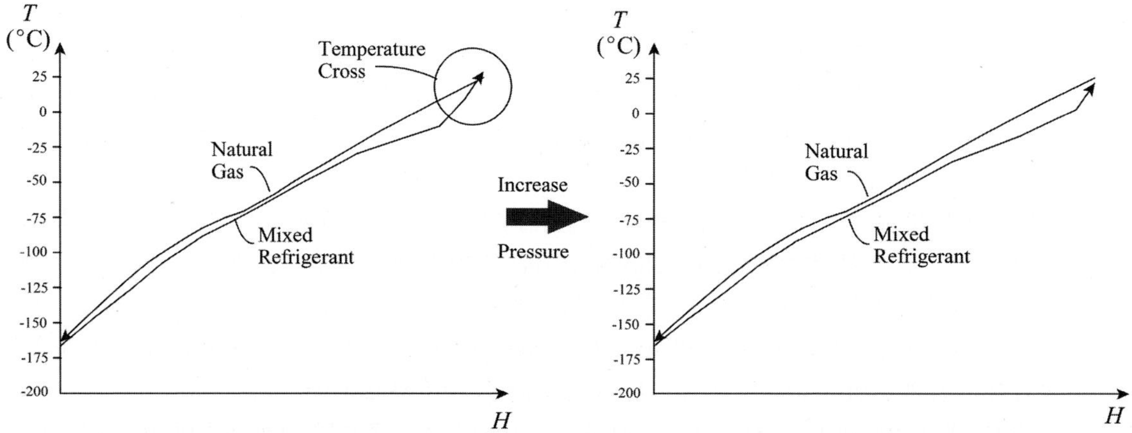

(a) 열교환 온도 교차가 발생하는 천연 가스 액화

(b) 압축기 출구 압력을 증가시켜 전력 사용량은 증가하지만 열교환 온도 교차를 회피함

그림 17.28 ▸ 혼합 냉매를 이용한 천연 가스 액화의 경우 압력 변화가 열교환 가능성에 미치는 영향.

선과 교차하게 되어 열교환이 불가능하다. 하지만 그림 17.28b와 같이 압축기의 배출 압력을 증가시키면 천연 가스 액화 영역 전체에 걸쳐 열교환이 가능한 온도 차이를 확보하게 된다. 하지만, 압축기 소모 동력의 증가로 얻어지는 것으로서 일반적으로 온도 간격을 증가시키면 냉동 사이클의 동력 요구량이 증가한다.

2) ***냉매 유량*** 냉매 유량을 증가시키면 공정의 냉각 곡선과 냉매의 증발 곡선 사이의 온도 간격을 넓힐 수 있고, 유량을 감소시키면 간격을 줄일 수 있다. 그림 17.29에 보인 것처럼 천연 가스 액화 과정을 통하여 예시되어 있다. 그림 17.29a에 보인 혼합 냉매의 증발 선도는 공정 냉각 선도와의 온도 교차로 열교환이 불가능하다. 그림 17.29b에 보였듯이 혼합 냉매의 유량을 증가시키면 천연 가스 액화 영역 전체에 걸쳐 열교환이 가능한 온도 차이를 확보하게 된다. 냉매 유량을 증가시키면 압축기 소모 동력이 증가하게 되고, 냉매 유량이 너무 많으면 압축기의 입구 흐름에 약간의 습기가 있을 수 있어서 피해야 한다. 따라서 냉매 유량은 가능한 범위 내에서만의 변화를 고려해야 한다.

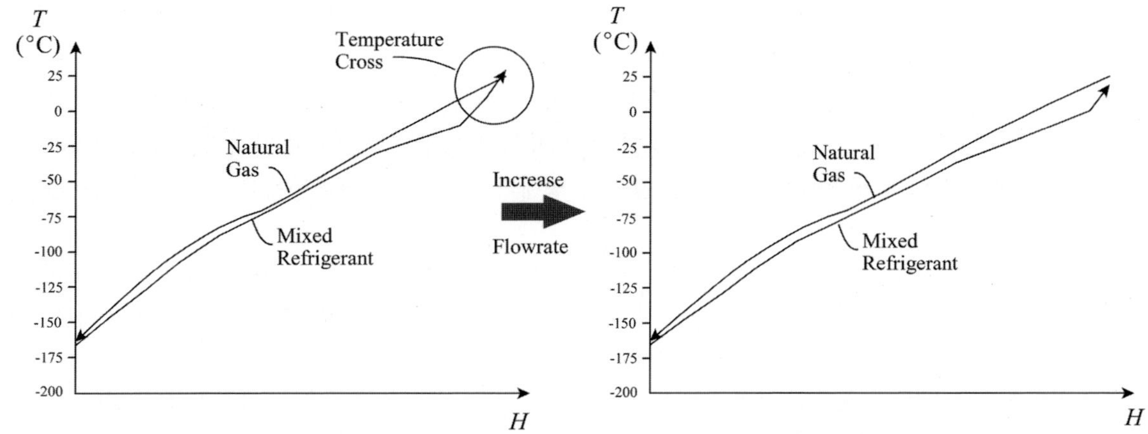

(a) 열교환 온도 교차가 발생하는 천연 가스 액화

(b) 냉매 유량을 증가시켜 전력 사용량은 증가하지만 열교환 온도 교차를 회피함

그림 17.29 ▸ **혼합 냉매를 이용한 천연 가스 액화의 경우 냉매의 유량 변화가 열교환 가능성에 미치는 영향.**

3) ***냉매 조성*** 혼합물의 조성은 공정의 특성에 따라 변경 가능하다. 새로운 공정의 구성 요소를 도입하거나 기존 구성 요소를 새로운 구성 요소로 교체하면 냉동 성능을 향상시킬 수 있다. 냉매의 압력이나 유량을 조정하는 것과는 다르게, 냉매 조성의 최적화는 냉동 사이클의 동력 소모량을 추가적으로 소모하지 않으면서도 열교환 온도 차이를 변경하는 것을 가능하게 한다. 그림 17.30에서 보인 것과 같이, 특정 냉매 조성하에서 공정의 냉각 곡선과 냉동 사이클의 증발 곡선이 교차하게 되지만, 냉매의 조성을 적절히 변경하면 필요한 열교환 온도 차이를 확보할 수 있게 된다. 이 경우 실제로 조성을 변경하면 압축기 소모 동력이 낮아진다. 운전 압력과 냉매의 유량은 특정 범위 내에서만 변경될 수 있기 때문에 혼합 냉매 냉동 시스템을 설계할 때 냉매의 조성 변화가 가장 유연하고 중요한 변수가 된다.

혼합 냉매의 조성 선택이 어려운 이유는 운전 변수들과 공정의 냉각 곡선과 냉매의 증발 곡선 사이

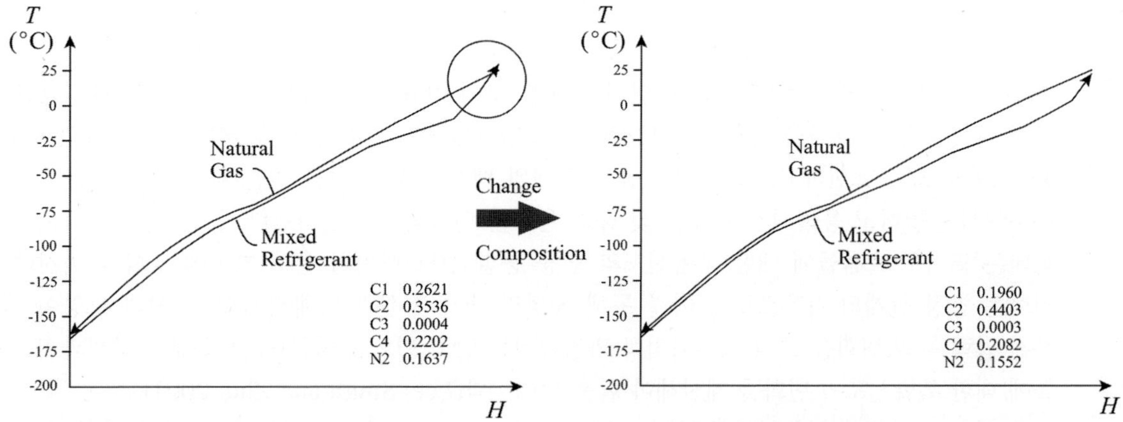

(a) 열교환 온도 교차가 발생하는 천연 가스 액화

(b) 혼합 냉매 조성을 변경하여 전력 사용량을 감소시키며 동시에 열교환 온도 교차를 회피함

그림 17.30 ▸ **혼합 냉매를 이용한 천연 가스 액화의 경우 냉매의 조성 변화가 열교환 가능성에 미치는 영향.**

의 작은 온도 차이 사이의 상호 작용에 기인한다. 냉매의 조성, 증발 압력 또는 냉매 유량의 변화에 따라 냉매의 증발 곡선 모양과 위치가 변경된다.

최적화 기법을 통해서 냉매 조성, 유량 및 압력 조건을 변화시켜 최적의 냉매 조성 및 운전 조건을 얻을 수 있다. 냉매의 증발 곡선이 공정의 냉각 곡선의 형태를 추적하며 따라가는 경향이 있지만, 두 곡선이 반드시 서로 평행하게 구성되지 않으며 냉매의 증발 곡선 최종부에서는 일반적으로 과열 조건을 갖는다.

압축기의 흡입 및 배출 압력, 냉매 유량 및 조성에 대한 최적 조건을 결정하기 위해서는 최적화를 위한 공정 모사 모델을 필요로 한다. 공정의 설계 자유도는 비선형 최적화 프로그래밍을 사용하여 조성, 유량 및 압력을 조작하여 최적화를 수행할 수 있다(Lee, Smith and Zhu, 2003). 최적화의 목적함수는 일반적으로 압축기 동력을 최소화하는 것이다. 그러나 이러한 접근법은 최적화를 구성하는 모델이 비선형인 경우 취약하다. 대안으로는 많은 계산량을 필요로 하는 단점이 있으나, 확률론적 검색 방법에 기초한 최적화 기법이 사용될 수 있다. 유전자 알고리듬은 혼합 냉매 냉동 사이클의 최적화에 적절한 방법이라고 보고되었다(Wang, 2004; Del Nogal *et al.*, 2008). 냉각 과정 전반에 대한 열교환 가능성 확보를 위해 최소 열교환 온도차의 유지 여부에 대한 세심한 주의를 기울여 점검해야 한다.

혼합 냉매 냉동 시스템의 주요 응용 분야는 천연 가스의 액화에 있다(Kinard and Gaumer, 1973; Bellow, Ghazal and Silverman, 1997, Finn, Johnson and Tomlinson, 1999). 일반적으로 탄화수소류(일반적으로 C_1~C_5 범위의 탄소수)와 질소의 혼합물이 냉매로 사용된다(그림 17.30 참조). 냉매의 조성은 전체 온도 범위에 걸쳐 작은 온도 차이로 냉각 곡선과 가열 곡선 사이에 밀접한 일치가 되도록(반드시 두 곡선이 병렬일 필요는 없음) 선택한다. 혼합 냉매를 사용하는 천연 가스 액화를 위한 가장 간단한 형태의 공정이 그림 17.31에 있다. 이러한 액화 공정은 천연 가스의 수송 및 저장을 위해 액체 상태로 전환시키는 것이다. 천연 가스는 일반적으로 대기 온도 및 고압의 조건에서 열교환기로 주입되고 주 열교환기를 통해 향류로 흐르는 혼합 냉매에 의해 액화된다. 주 열교환기는 일반적으로 플레이트-핀 형태이다. 혼합 냉매는 재압축되고 냉각수로 냉각되며, 이때 냉매는 부분적으로 응축된다. 혼합 냉매를 완전히 응축시킬 수 있는 다른 냉각원이 없기 때문에 차가운 냉매 흐름을 활용하여 뜨거운 냉매 흐름의 응축에 활용한다. 따라서 압축기를 떠난 후의 혼합 냉매는 먼저 냉각수에 의해 냉각된 이후에 주 열교환기를 통과하여 증발하는 냉매와의 열교환에 의해 응축된다. 그런 다음 밸브를 통해 확장되어 주 열교환기를 역류 형태로 통과하고 압축기로 유입된다.

그림 17.31은 천연 가스 유체 흐름, 팽창 밸브 이전까지의 따뜻한 냉매 흐름 및 팽창 밸브 이후의 냉매 흐름, 이렇게 3개 흐름의 온도–엔탈피 선도를 보여준다(Lee, Smith and Zhu, 2003). 천연 가스 흐름과 따뜻한 냉매 흐름을 통합하여 11장에서 설명하였듯이 뜨거운 흐름들에 대한 복합선도(hot composite curve)로 표현하고, 이를 통해 공정 전체의 냉각 수요 정보를 얻는다. 혼합 냉매는 일정한 압력 수준에서 증발하고 응축되지만 증발 및 응축 온도는 연속적으로 변화한다. 증발 및 응축기 운전 압력의 선택은 뜨거운 흐름들에 대한 복합선도와 냉동 증발 선도 사이의 온도 차이에 영향을 미친다. 압력의 변화는 공정 설계의 자유도로서 이를 통해 공정의 냉각 곡선과 냉매의 증발 곡선의 모양이 변경된다. 운전 압력 등의 변화를 고려하는 최적화 과정에서는 압력 변화에 따른 공정의 냉각 곡선과 뜨거운 흐름들에 대한 복합선도의 변화를 계산해야 함을 의미한다(Lee, Smith and Zhu, 2003).

그림 17.31의 간단한 사이클을 기반으로 다양한 구조적 변경이 가능하다. 여러 번의 팽창 및 압축 단계를 도입하여 사이클을 더 복잡하게 만들 수 있다. 이러한 구조적 변경은 유전자 알고리듬과 같은 최적화 기법을 사용하여 최적의 변경 방안을 비교 검토할 수 있다(Del Nogal *et al.*, 2008). 혼합 냉매

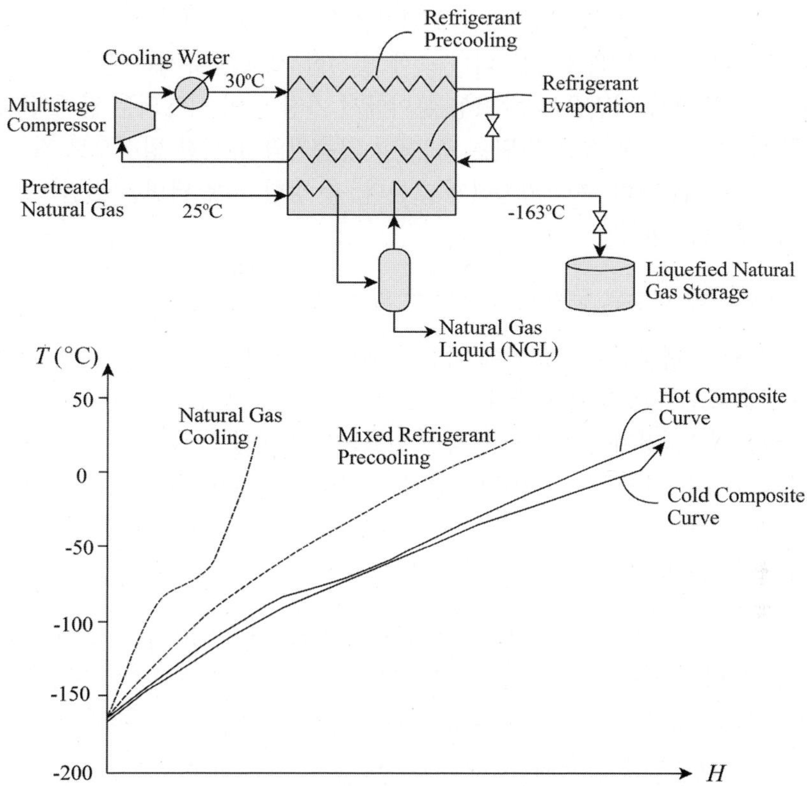

그림 17.31 ▸ **간단한 액화 천연 가스(LNG) 공정.**
(Reproduced with permission from Lee G-C, Smith R and Zhu XX (2003) Optimal Synthesis of Mixed-refrigerant Systems for Low-temperature Processes, *Ind Eng Chem Res*, **41**: 5016. Copyright 2003, American Chemical Society.)

를 이용하는 다양하고 복잡한 냉동 사이클을 사용할 수 있다. 예를 들면, 혼합 냉매 냉동 사이클을 사용하기 전에 서로 다른 혼합 냉매 사이클이 중첩되거나, 예비 냉각으로 사용되는 복합 다단식 순수 냉매 사이클을 사용하기도 한다.

17.10 팽창기

팽창기(expander)는 압력 에너지를 일로 변환시키는 설비이다. 유입 부분에서는 부분적으로 증발이 되는 압력 조건 하에 있는 액체가 팽창기를 거치며, 냉각되고 부분적으로 응축된 기체 또는 팽창의 결과로서 냉각된 기체일 수 있다. 팽창 설비는 동력을 회수하거나 냉각 효과를 생성하거나 또는 두 가지 모두를 동시에 수행한다.

통상적으로 세 가지 유형의 팽창기가 사용된다.

a) ***왕복동식 팽창기*** 왕복동식 팽창기는 왕복동식 압축기와 유사하지만 압축설비와 반대로 작동한다. 설계는 일반적으로 2개의 실린더에서 2개의 피스톤을 사용하고 피스톤은 단일축으로 연결된다. 이 설비는 저온 공정 분야에서 사용되지만, 낮은 유량 및 높은 압력 비율을 갖는 경우에만 제한적으로 사용한다.

b) *방사형 흐름 터빈* 방사형 흐름 기반의 터빈은 *터보 팽창기*라고도 하며, 원심 압축기와 유사하지만 반대로 작동한다. 가스의 흐름은 터빈 축에 일정한 각도를 유지하면서 흐르며, 대개 단일 임펠러를 갖는다. 방사형 흐름 터빈은 저온 응용 분야에서 가장 많이 사용되는 장치이다.

c) *축 흐름 터빈* 축 방향 유동 터빈은 축 방향 압축기와 유사한 방식으로 작동하지만 반대로 작동한다. 가스의 흐름은 터빈 축과 평행하게 흐른다. 축 방향 유동 터빈은 일반적으로 유량이 많고 온도가 높은 가스에 사용된다.

팽창설비에 의해 회수된 동력을 처리할 수 있는 세 가지 방법이 있다.

a) *팽창기-압축기* 팽창기는 압축기에 직접 연계되고 팽창기에서 회수된 동력은 압축기 구동에 필요한 동력의 전부 또는 일부를 공급한다.

b) *팽창기-발전기* 팽창기는 전기 발전기에 연결되어 전기를 생산하여 전기 수송망으로 공급된다.

c) *팽창기-브레이크* 소규모 공정에서는 동력을 복구하는 것이 비경제적일 수도 있다. 이 경우, 회수된 동력은 유압 제동 장치에서 폐열로 변환되며, 이러한 배열은 팽창된 가스가 냉각 공급이 가능하게 된 결과로서 소규모 적용에서 유용할 수 있다.

압축기 냉동 사이클에서 팽창 밸브(throttle valve)를 팽창기(expander)로 대체하면 사이클 효율이 향상되고 동력 회수가 가능하다. 예를 들어, 액체 냉매가 등엔트로피로 확장되는 그림 17.7을 고려해 보자. 그림 17.8의 팽창 밸브를 통한 팽창과 비교할 때, 등엔트로피 팽창은 팽창 이후에 더 많은 액체를 생성한다. 이는 동일한 냉각 부하 조건하에서 더 낮은 냉매 유량을 필요로 하기 때문에 압축기의 소요 동력을 감소시킨다. 그림 17.7의 팽창은 실제로는 불가능하지만, 팽창기를 사용하면 팽창 밸브보다 등엔트로피의 팽창에 근접하므로 압축 에너지 소모량이 감소하는 이점이 있다.

팽창기를 사용한 팽창은 팽창 밸브를 사용한 팽창과 비교할 때 이점이 있다. 대부분 팽창기는 방사형 흐름 터빈이다. 원심 압축기의 성능은 일반적으로 폴리트로픽 효율의 관점에서 특징지어지지만, 방사형 흐름 터빈의 성능은 일반적으로 등엔트로피 효율 기준으로 특성화된다. 등엔트로피 효율은 일반적으로 70~90%, 경우에 따라 90% 이상으로 높다. 팽창기는 유출구에서 질량 유량 40% 이상의 액체가 포함되더라도 일반적으로 효율이 크게 떨어지지 않는다. 그림 17.32는 저온 냉각을 제공하는 데 팽창기가 얼마나 효과적인지 보여주고 있다. 그림 17.32는 10 bar와 350 K에서 프로필렌이 팽창되는 다양한 경로를 보여주고 있다. 등엔트로피 팽창은 1 bar로 팽창되면 출구 온도가 256 K가 된다. 등엔트로피 효율이 감소함에 따라 동일한 출구 압력하에서 팽창 경로는 더 증가하고 높은 출구 온도를 갖게 된다. 등엔트로피 효율이 0%에 해당하는 팽창 경로는 팽창 밸브를 통한 팽창 경로에 해당한다. 팽창 밸브를 통하여 팽창된 가스는 등엔트로피 팽창 조건보다 훨씬 높은 온도(340 K)를 갖는다. 이것은 가스 팽창을 위해 팽창기를 사용하는 경우 동력을 회수하지 않는다면, 생성된 저온 가스를 단순히 브레이크를 사용하는 것이 바람직한 이유를 설명한다.

팽창기 사용의 예를 그림 17.33을 통해 설명한다. 이것은 냉동 사이클에서 질소 가스를 사용하는 천연 가스의 액화 공정이다. 압축된 질소는 대기 온도로 냉각된 이후에 다중 스트림 플레이트-핀 열교환기로 유입된다. 질소 냉매는 팽창기에 유입되기 전에 주 열교환기에서의 열전달에 의해 일부 냉각되며, 이 질소 냉매는 팽창기를 거쳐 천연 가스 냉각에 필요한 저온 조건을 갖는다. 팽창기의 출구에서 질소 냉매는 다시 주 열교환기로 들어가고, 천연 가스에 대한 냉각 및 질소 냉매에 대한 예냉을 모두 제공한

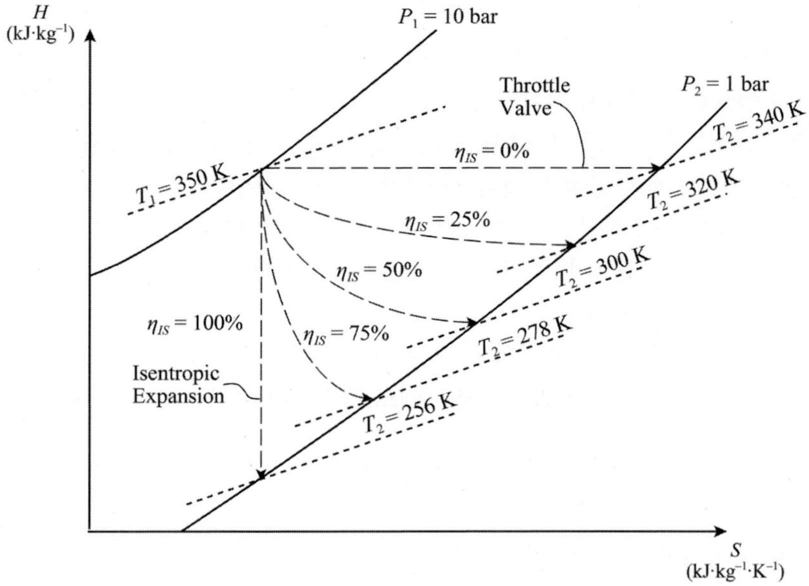

그림 17.32 ▸ 가스의 팽창 경로 비교: 프로필렌의 팽창 사례.

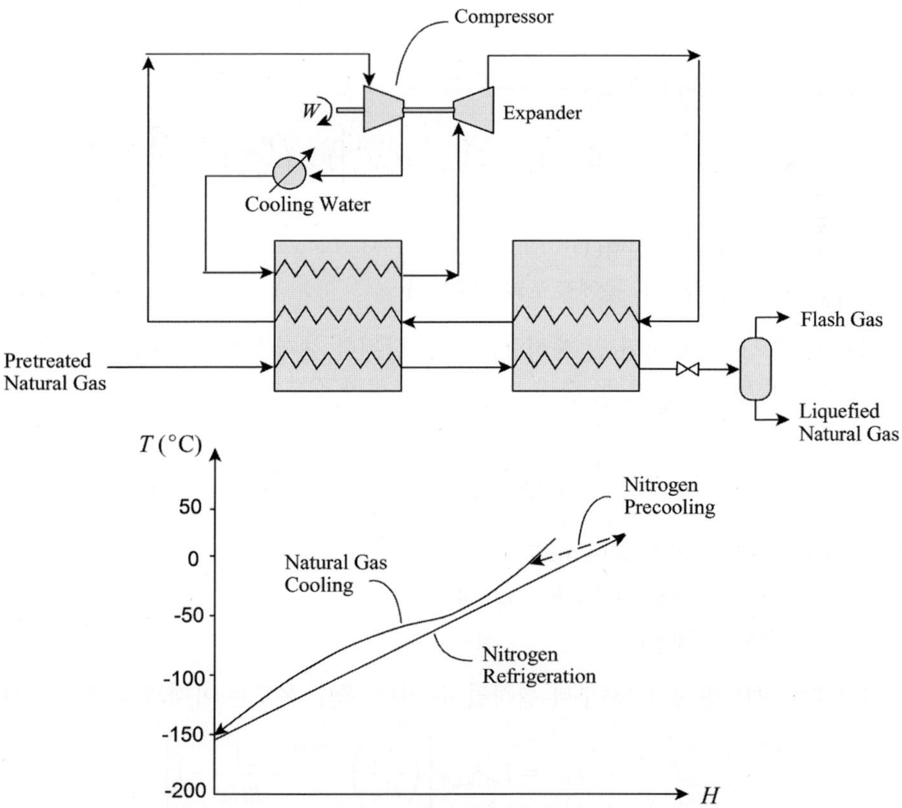

그림 17.33 ▸ 천연 가스 액화를 위한 질소 팽창기 기반 공정.

다. 열교환기에서 유출된 질소 냉매는 압축되고, 팽창기에서 회수된 동력은 압축기 동력의 일부를 제공한다. 부족한 나머지 압축기 동력은 전기 모터, 수증기 터빈 또는 가스 터빈에 의해 공급된다. 질소 냉매에 의해서 열교환기 내에서 액화된 천연 가스는 감압되면서 냉각 공정이 완료된다. 질소를 냉매로 사용하는 냉동 사이클은 비효율적이지만 탄화수소 혼합 냉매보다 질소 냉매 사용의 안전성이 훨씬 우수하기 때문에 소규모 액화 공정에 널리 사용된다. 액화 사이클의 효율은 두 사이클의 열통합을 통하여 연계된 공정을 도입하여 향상시킬 수 있다. 온도가 높은 영역의 사이클은 질소, 메탄 또는 질소와 메탄의 혼합물을 사용할 수 있으며, 차가운 온도 영역에서 사용하는 사이클은 질소 냉매를 사용한다. 두 사이클 모두 팽창기를 사용한다.

팽창기 설비의 모델링은 압축기와 동일한 원리에 기초하고 있다. 이상적인 팽창은 이상적인 압축의 반대이므로, 이상기체의 단열조건에서의 등엔트로피 팽창은 다음의 식을 통해 계산할 수 있다.

$$W_S = \frac{\gamma}{\gamma - 1} P_{in} V_{in} \left[1 - \left(\frac{P_{out}}{P_{in}} \right)^{(\gamma-1)/\gamma} \right] \tag{17.34}$$

여기서 W_S = 이상적인 일 생성량(J)
P_{in} = 입구 압력(N·m^2)
P_{out} = 출구 압력(N·m^2)
V_{in} = 입구 부피(m^3)
γ = 열용량비 C_P/C_V(−)

실제 팽창을 고려하면 다음과 같다.

$$W = \left(\frac{\gamma}{\gamma - 1} \right) \eta_{IS,E} P_{in} V_{in} \left[1 - \left(\frac{P_{out}}{P_{in}} \right)^{(\gamma-1)/\gamma} \right] \tag{17.35}$$

여기서 W = 실제 일 생성량(J)
$\eta_{IS,E}$ = 팽창 과정의 등엔트로피 효율(−)

V_{in}을 용적 유량으로 표현하면 일 생성량은 J·s^{-1} 단위를 갖게 된다. 또는 $PV = ZRT$를 나타내는 압축률 인수를 도입하여 일 생성량은 몰 유량 기준으로 표현할 수도 있다.

$$W = \left(\frac{\gamma}{\gamma - 1} \right) \eta_{IS,E} ZRT_{in} \left[1 - \left(\frac{P_{out}}{P_{in}} \right)^{(\gamma-1)/\gamma} \right] \tag{17.36}$$

여기서 W = 실제 일 생성량(J·kmol^{-1})
R = 가스 상수(8314.5 J·K^{-1}·kmol^{-1})
Z = 압축 인자(−)

압축 인자 Z는 상태 방정식으로부터 결정될 수 있다. 출구 온도는 아래의 식에서 계산할 수 있다.

$$T_{out} = T_{in} \eta_{IS,E} \left[\left(\frac{P_{out}}{P_{in}} \right)^{(\gamma-1)/\gamma} + \frac{1}{\eta_{IS,E}} - 1 \right] \tag{17.37}$$

여기서 T_{out} = 실제 팽창을 계산을 위한 출구 유체의 온도
T_{in} = 유체의 유입 온도

식 (17.35), (17.36), (17.37)은 가스 팽창을 모델링하는 데 사용될 수 있다. 그러나 이 식은 이상 기체의 거동에 기반하고 열용량이 일정하기 때문에 주의해서 사용해야 한다. 압력이 높지 않고 가스가 이상적인 거동에서 크게 벗어나지 않으면 위의 식들을 사용하여 팽창 과정을 모델링할 수 있다. 또한, γ의 실제 값은 팽창 과정에서 상당히 다를 수 있다.

단열조건에서의 팽창 과정을 계산하는 또 다른 방법은 출구와 입구의 전체 엔탈피 차이를 계산하는 것이다.

$$\begin{aligned} W &= H_{in} - H_{out} \\ &= \eta_{IS,E}\left(H_{in} - H_{out,IS}\right) \end{aligned} \tag{17.38}$$

여기서 W = 팽창 과정에서 생성된 동력($\mathrm{N{\cdot}m{\cdot}s^{-1} = J{\cdot}s^{-1} = W}$)
H_{in} = 입구 유체의 총 엔탈피
$H_{out,IS}$ = 등엔트로피 경로로 팽창된 출구 유체의 총 엔탈피
H_{out} = 실제 팽창 경로로 팽창된 출구 유체의 총 엔탈피
$\eta_{IS,E}$ = 팽창 과정의 등엔트로피 효율(–)

팽창기 입구에서의 엔탈피 계산으로 시작하고, 입구에서의 엔탈피와 압력이 주어지면 입구의 엔트로피가 계산된다. 등엔트로피 팽창을 한다면 출구조건에서의 엔트로피는 입구 조건의 엔트로피와 동일하기 때문에, 출구 압력이 주어지면 출구조건에서의 엔탈피가 계산된다. 실제의 엔탈피 변화는 등엔트로피 팽창 가정에 의해 구한 엔탈피 변화에 등엔트로피 효율을 곱하여 계산된다. 기계적 손실을 무시하면 전체적인 동력 생산량이 계산된다. 출구 엔탈피 및 압력을 알면 출구 온도를 계산할 수 있다. 이것은 열열학 모델링이 가능한 소프트웨어에서 일반적으로 사용되는 방법이지만, 실제 수작업 계산을 사용하는 경우에는 계산 과정이 복잡함을 유의해야 한다.

팽창기에서 팽창된 유체는 (냉동 사이클의 냉매가 아닌) 공정의 가스일 수도 있다. 공정에서의 기체 또는 증기 흐름이 고압 조건이며, 후단 공정 조건이 고압을 필요로 하지 않는 경우라면, 고압의 공정 흐름을 팽창시켜 공정 내에서 활용 가능한 냉각 에너지 또는 동력을 제공하도록 할 수 있다. 이러한 팽창 조작은 혼합물의 부분 응축을 통해 휘발성 낮은 성분을 회수하거나 공정의 다른 부분에서 냉각이 필요한 곳에 냉각 에너지를 공급하기도 한다. 팽창 밸브를 통한 확장은 냉각만을 제공하는 반면, 팽창기(expander)를 통한 팽창은 동력 회수와 냉각을 모두 제공한다. 예를 들면, 가벼운 가스 성분을 포함하는 혼합물의 분리를 위해 저온 및 고압에서 증류가 수행되어야 한다고 가정하면, 응축기에서 응축되지 않은 가벼운 가스들은 고압 조건에서 응축될 필요가 없고, 이러한 가스를 팽창하여 저온으로 전환할 수 있다. 이러한 저온 조건을 이용하여 증류탑에 공급되는 원료를 예냉하는 곳에 사용할 수 있다.

17.11 흡수식 냉동

흡수식 냉각을 고려해보자. 압축식 냉동은 냉매 기체를 압축하는 압축기에 의해 구동된다(그림 17.34a). 이것의 단점은 고가의 압축 비용이다. 그림 17.34b는 압축을 만드는 다른 방법을 보여주고 있다. 먼저 냉매 기체가 용매에 흡수된다. 생성된 액체 용액은 펌프를 사용하여 압력을 증가시킬 수 있다. 압축된 냉매는 재생기에서 용매로부터 분리된다. 펌프는 기체 압축과 비교하여 압력을 상승시키는 데 훨씬 적은 동력을 필요로 한다. 이러한 방법은 훨씬 적은 동력으로 냉매의 압력을 증가시키는 것이지

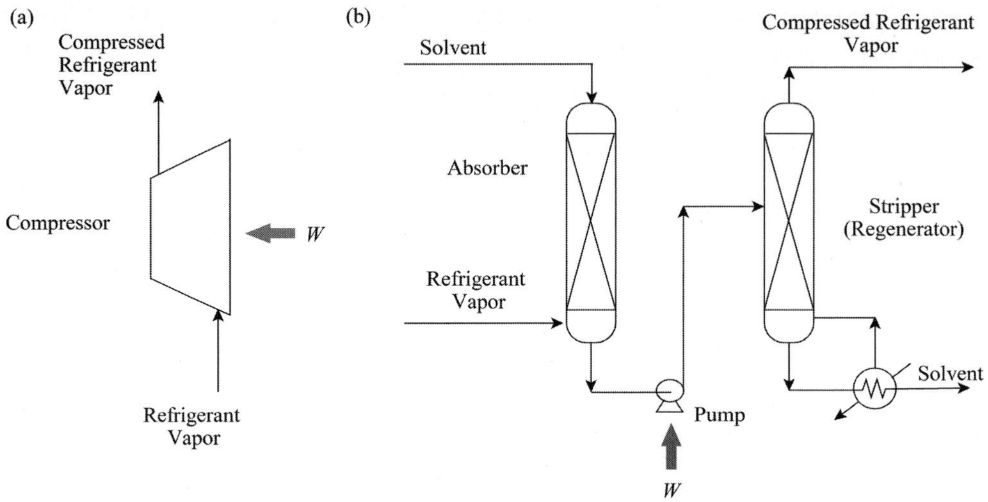

그림 17.34 ▸ 압축식 냉동과 흡수식 냉동의 비교.

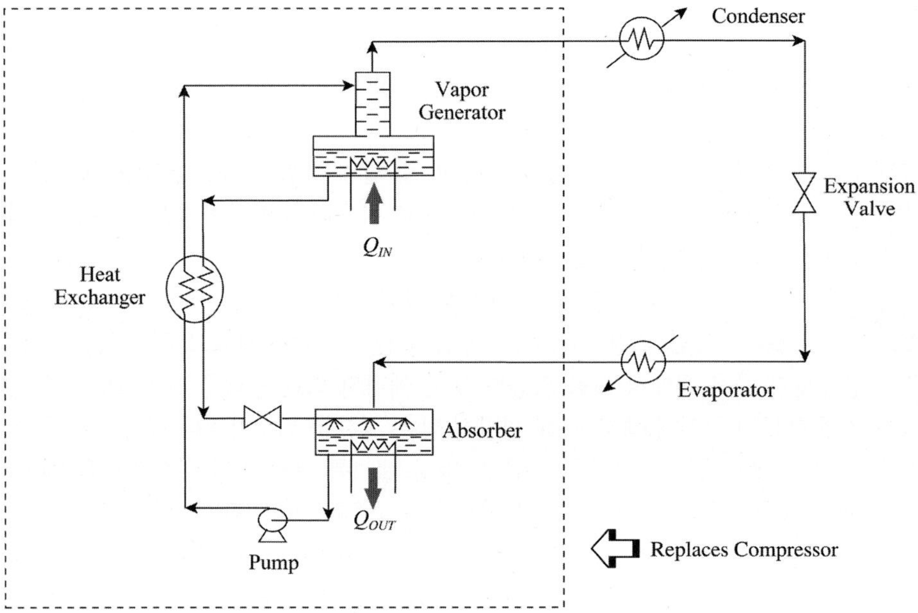

그림 17.35 ▸ 일반적인 흡수식 냉동 공정.

만, 재생기에서 외부로부터의 열 공급이 필요하다는 단점을 갖고 있다.

그림 17.35는 일반적인 흡수식 냉동 공정을 나타낸다. 그림 17.35의 냉동 사이클 왼쪽 영역에는 흡수설비와 재생설비가 있다. 증발기에서 나온 저압 냉매 기체는 먼저 용매로 흡수되고, 그 다음에 압력이 증가한 다음 열교환기에서 온도가 상승한다. 그 이후에 냉매는 가스 제거 설비로 유입되고 냉매가 용매에서 휘발되면서 제거된다. 외부의 열은 가스 제거 설비로 공급되고 재생된 용매는 열교환기에서 냉각된 이후에 압력이 감소되어 흡수기로 되돌아온다. 가스 제거 설비에서 나오는 고압의 냉매 기체는 응축기에서 응축되고 팽창 밸브에서 팽창되어 저온 조건을 갖는다.

표 17.3 ▸ 흡수식 냉각을 위한 일반적인 작동 유체

Refrigerant	Solvent	Lower temperature limit (°C)
Water	Lithium bromide	5
Ammonia	Water	−40

흡수식 냉동의 특징은 압축식 냉동에 비해 동력 요구량이 적지만 냉매의 기화를 위한 열의 공급이 필요하다는 것이다. 일반적으로 흡수 장치에서 발생되는 열은 냉각수를 이용하여 제거한다. 흡수식 냉동은 매우 낮은 온도에서의 냉동은 적합하지 않다. 흡수식 냉동을 위한 일반적으로 적용되는 유체와 운전범위는 표 17.3에 보였다.

압축식 냉동이 아닌 흡수식 냉각을 사용해야 하는 경우를 판단하는 두 가지 기준이 있다. 첫 번째는 너무 낮지 않은 온도 수준에서의 냉장이 필요한 경우에만 흡수식 냉장을 사용할 수 있다. 둘째는 냉매 재생을 위한 많은 양의 열원이 있는 경우에만 사용해야 한다. 열원으로 사용 가능한 것은 보통 온도가 90°C 이상이어야 하며, 높을수록 유리하다.

17.12 간접 냉동

간접 냉각은 자주 사용된다. 그림 17.36은 매개 유체가 재순환하며 공정에 냉동을 제공하는 공정을 보여주고 있다. 냉동 사이클에 의해서 매개 유체로부터 열이 제거된다. 이러한 배치는 공정의 여러 영역에서 냉동이 필요한 경우에 또는 냉매와 공정 유체 간의 직접적인 접촉이 안전 또는 제품 오염의 이유로 허용되지 않는 경우에 사용한다. 이러한 방법은 냉매 유체와 매채 유체 사이의 추가적인 열교환을 통해서 간접적으로 냉각이 이루어지기 때문에 직접 냉각보다 높은 동력 요구를 초래한다.

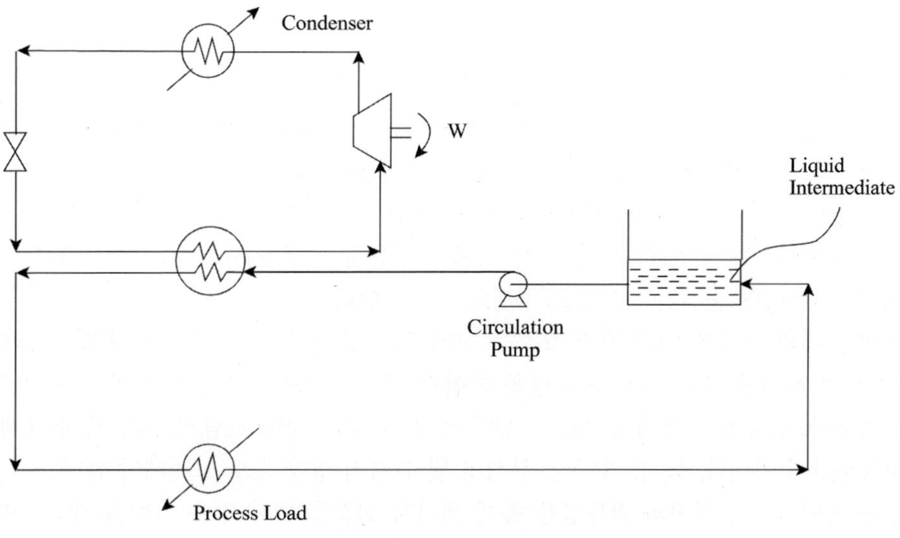

그림 17.36 ▸ 간접 냉동.

사용되는 매개 유체는 다양하며 일반적으로 염(예, 염화칼슘, 염화칼슘), 글리콜(예, 에틸렌 글리콜, 프로필렌 글리콜) 및 알콜(예, 메탄올, 에탄올), 또는 아세톤, 메탄올, 에탄올과 같은 순수 물질 등이 사용된다.

17.13 냉각수 및 냉동 시스템 – 요약

폐열을 제거해야 하는 것은 대부분의 화학공정의 특징이다. 공정의 다른 유체에 폐열을 전달하거나 유틸리티 시스템(예, 스팀 생산)에서 열을 회수할 수 있는 기회가 없다면, 폐열을 외부 환경으로 배출해야 한다. 대기 온도보다 높은 온도에서 열을 방출하는 가장 직접적인 방법은 공냉식 열교환기를 사용하는 것이다. 강물 등의 용수를 활용하는 일회용 냉각 시스템이 사용될 수 있으나, 일회성 시스템은 다량의 물을 필요로 하며 생태계로 방출되는 폐열은 환경 문제를 일으킬 수 있다.

대기 온도 이상 조건에서 폐열을 배출하는 가장 일반적인 방법은 재순환되는 냉각수를 이용한 시스템이다. 자연 통풍식 및 기계 통풍식 냉각탑이 사용된다. 열은 주로 물의 증발을 통해 제거된다. 재순환 및 표류과정에서 일정 부분 용수가 손실됨과 원하지 않는 오염 물질이 축적되는 것을 방지하기 위한 유출수(blowdown) 제거가 필요하게 되어서, 용수의 손실이 발생한다. 농도 사이클을 증가시키면 오염 및 부식을 방지하기 위해 사용하는 화학 약품 소모량이 증가되지만 용출수로 인한 손실은 감소한다.

냉각탑의 설계와 냉각수 네트워크의 설계는 서로 영향을 준다. 여러 냉각기들은 병렬 또는 직렬 형태로 구성할 수 있다. 냉각수의 유량을 줄이고 냉각탑 회수 온도를 높이면 냉각탑의 효율성이 높아진다. 냉각기들을 병렬이 아닌 직렬로 배치하면 전체 유량을 줄이고 회수 온도를 상승시켜 냉각탑의 성능을 향상시킬 수 있다. 그러나 이것은 냉각기에서의 열교환 온도 차이를 줄이고 냉각수의 압력 강하를 증가시키는 단점도 갖고 있다. 냉각수의 재사용을 활용하여 냉각기들을 직렬 배치를 도입하여 설계하는 것은 매우 효과적일 수 있다.

주변 온도보다 낮은 온도로 냉각시키기 위해서는 냉동이 필요하다. 냉동에는 크게 두 가지 종류가 있다.

- 압축식 냉동
- 흡수식 냉동

압축식 냉각이 가장 보편적이다. 간단한 사이클을 사용하여 일반적으로 –40°C까지 냉각을 제공할 수 있다. 보다 저온이 필요한 경우에는 복잡한 사이클이 사용된다. 이코노마이저와 예비포화기 등을 활용하고, 다단 압축 및 팽창을 통한 여러 냉동 공급 온도 수준의 도입은 냉동에 대한 동력 요구 사항을 줄이기 위해 사용할 수 있다. 매우 낮은 온도에 적용하는 냉동 시스템은 서로 다른 냉매를 사용하는 사이클들을 연계하여 중첩된 사이클로 구성하여 사용한다.

냉매 유체의 선택은 여러 가지 요소를 고려한다. 증발기 운전 압력을 대기압 이하로 설계하는 것은 일반적으로 피해야 한다. 동력 요구량을 줄이기 위해서 냉동 사이클을 순환하는 냉매의 유량을 줄이는 것이 필요하고, 증발 조건에서 가급적 많은 잠열을 갖는 것이 바람직하다. 냉매 유체에 대한 2상 영역의 형상뿐만이 아니라, 독성, 가연성, 부식성 및 환경적 영향 등도 고려해야 한다.

냉동 사이클은 공정과의 열통합을 통해 에너지 절감을 위한 많은 기회를 제공하며, 총괄복합선도를 사용하여 조사할 수 있다. 냉동 사이클에 대한 에너지 수지식을 계산하여 특정 냉매 유체를 대상으로 냉동 사이클에서 소모되는 동력량을 계산할 수 있다. 단순 공정 이외에도 다단계의 복잡한 냉동 사이클에 대해서도 최소 냉동 사이클 동력 소모량을 계산할 수 있다.

혼합 냉매 시스템은 순수 냉매 대신 냉매들의 혼합물을 사용한다. 냉매 혼합물은 일정 운전 압력하에서 폭넓은 온도 범위에 걸쳐 증발 온도가 변화하기 때문에, 냉동이 필요한 온도가 많이 변화하는 경우에 공정의 냉동 곡선과 냉매의 증발 곡선 간의 효과적인 열교환을 가능케 한다. 혼합 냉매 시스템을 설계할 때 중요한 자유도는 다음과 같다.

- 냉매 혼합물의 조성
- 운전 압력 조건
- 냉매 유량

팽창기는 팽창 밸브를 통한 팽창보다 저온을 생산하는 데 더 효과적이다. 또한 팽창기는 냉동 사이클 내에서 사용할 수 있다. 공정의 가스 또는 증기가 고압 상태에 있고 하부 공정에서 고압 조건이 필요하지 않은 경우, 공정에서 필요한 냉각 에너지를 공급하거나 동력을 회수하기 위해 팽창기를 활용할 수 있다. 흡수식 냉동은 압축식 냉동보다 제한적인 경우에만 사용되며, 흡수식 냉동은 펌프를 사용하여 용매에 흡수된 냉매 유체를 압축함으로써 동력 소모량을 줄인다.

17.14 연습 문제

1. 냉각수가 냉각수 네트워크에서 20 m^3/min 유량으로 순환된다. 냉각탑에서 생산되는 냉각수 온도는 25°C이며, 사용 후 냉각탑으로 40°C 조건으로 되돌아온다. Cycles of concentration 값은 5이며, 물의 열용량이 4.2 $kJ \cdot kg^{-1} \cdot K^{-1}$이고 보충되는 용수의 온도가 10°C라고 가정하고 다음을 계산하라.

a) 물의 증발 잠열이 2423 $kJ \cdot kg^{-1}$일 때 위의 냉각탑 설계 조건에서 수증기 증발량을 계산하라.

b) 표류 손실은 무시할 때, 필요한 보충수 유량을 계산하라.

2. 냉각탑의 최대 용량 수준에서 운전을 하게 되는 경우, 새로운 냉각탑을 구매하지 않고 추가적인 냉각 요구량을 감당하기 위해 어떤 방법들이 고려될 수 있는지 설명하라.

3. −40°C와 −60°C에서 1 MW의 냉동을 공급하는 냉동 사이클에 대하여 냉각수가 40°C에서 가용하다고 가정할 때, 냉동 사이클에 필요한 축일(전기소모량)을 계산하라. Carnot 효율은 60%이며, 열교환 최소 온도차는 증발기의 경우 5°C, 응축기의 경우 10°C라고 가정한다. 또한, 그림 17.20을 참고하여 이 두 가지 사이클에 적합한 냉매를 제안하라.

4. −90°C에서 냉동을 공급하고, 냉동 사이클에서 외부로 배출되어야 하는 열을 30°C에서 냉각수로 배출하는 중첩형 냉동 사이클을 고려한다. 중간 온도는 상부(고온) 사이클의 증발기 온도를 기준으로 한다. 상위 사이클에서 사용되는 냉매에 허용되는 최소 증발 온도는 225 K이고, 하부(저온) 사이클에서 냉매에 허용되는 최대 증발 온도는 264 K이다. 냉동 사이클은 60% 효율의 Carnot efficiency 모델로 모델링할 수 있다고 가정한다. 전체 냉동 사이클의 축일(전기)을 최소화하는 중첩되는 중간 온도를 구하라. 최소 열교환 온도차는 5°C라고 가정한다.

5. 저온 공정에 유체 흐름 데이터가 표 17.4에 제시되어 있다.

ΔT_{min} = 10°C라고 가정한다. 수증기는 120°C에서 가용하며, 냉각수는 25°C에서 공급되어 35°C의 온도까지 사용된다. 냉동 사이클은 60% 효율의 Carnot efficiency 모델로 모델링할 수 있다고 가정한다.

표 17.4 ▸ 연습 문제 5를 위한 유체 흐름 데이터

Stream	T_S (°C)	T_T (°C)	ΔH (MW)
1. Hot	65	−35	−15
2. Hot	−54	−55	−4
3. Cold	−85	55	7
4. Cold	−6	−5	12

a) 문제 표(problem table) 알고리듬을 수행하고 총괄복합선도를 그려라.

b) 단일 온도에서 냉동을 공급하는 단일 냉매 냉동 사이클을 구성하여 공정에 공급한다. 이때 냉동 사이클에서 냉각수로 열이 방출되는 경우, 사이클에서 필요한 동력을 결정하라.

c) 서로 다른 두 온도에서 냉동을 공급하는 단일 냉매 냉동 사이클을 구성한다. 이 때 냉동 사이클에서 공정으로 열이 방출되는 경우, 사이클에서 필요한 동력을 결정하라.

d) 서로 다른 두 온도에서 냉동을 공급하는 냉동 사이클에서, 사이클의 열을 냉각수보다는 공정으로 방출함으로써 전력 요구량을 줄이기 위한 방안을 제안하라. 냉동 사이클에서 방출되는 모든 열은 공정으로 방출되어야 한다.

6. 열회수 문제에 대한 데이터는 표 17.5에 제시되어 있다. ΔT_{min} = 5°C에 대한 데이터에서 문제 표 분석을 수행하고 총괄복합선도를 그려라.

a) 전력 요구량을 최소로 줄이기 위해서는 서로 다른 온도에서 냉동을 공급해야 한다. 필요한 냉동 온도와 냉각 열량은 얼마인가?

b) 냉매의 기화 및 응축은 모두 냉동 사이클에서 등온적으로 이루어진다. 냉동 사이클에서 냉각수로 열이 배출된다고 가정하고 사이클에서 요구되는 전력량을 계산하라. 냉각수는 20°C에서부터 25°C까지 온도가 변하면서 열을 제거한다. 냉동 사이클에 필요한 전력은 식 (17.15)에 의해 계산한다.

c) 냉동 사이클에서 냉각수로의 열을 방출하는 대신 공정으로 방출할 수 있다. 가능한 많은 열이 공정으로 방출되고, 나머지는 냉각수로 방출되는 경우에, 사이클에서 필요한 전력량을 계산하라.

표 17.5 ▸ 연습 문제 6을 위한 유체 흐름 데이터

Stream		T_S (°C)	T_T (°C)	Stream heat duty (MW)
No	Type			
1	Hot	−20	−20	1.0
2	Hot	−40	−40	1.0
3	Hot	20	0	0.8
4	Cold	20	20	1.0
5	Cold	0	0	1.0
6	Cold	0	20	0.2
7	Cold	−40	20	0.6

7. 그림 17.37은 이중 질소 팽창기 사이클을 사용하여 천연 가스를 액화하는 공정을 보이고 있다. 표 17.6은 공정의 조건과 유체 특성을 나타낸다. 기체 상수 R은 8314.5 J·kmol^{-1}·K^{-1} 값을 이용하라.

a) 팽창기의 등엔트로피 팽창을 통해서 회수되는 전력량을 구하라(등엔트로피 효율 = 85%).

b) 질소를 압축하는 원심 압축기에서 입구 조건은 300 K, 12.3 bar이며, 출구 압력은 59.9 bar이다. 압축률은 0.995로 가정한다. 압축 단계당 최대 압력비는 3이다. 압축 단 사이의 냉각기를 통해 압

표 17.6 ▸ 연습문제 7을 위한 공정 데이터

	Warm cycle	Cold cycle
Flowrate (kmol·s^{-1})	0.60	0.26
Expander inlet temperature (K)	263	182
Expander inlet pressure (bar)	59.8	59.7
Expander outlet pressure (bar)	12.5	12.6
Heat capacity ratio γ	1.49	1.78
Expander inlet compressibility Z	0.962	0.806

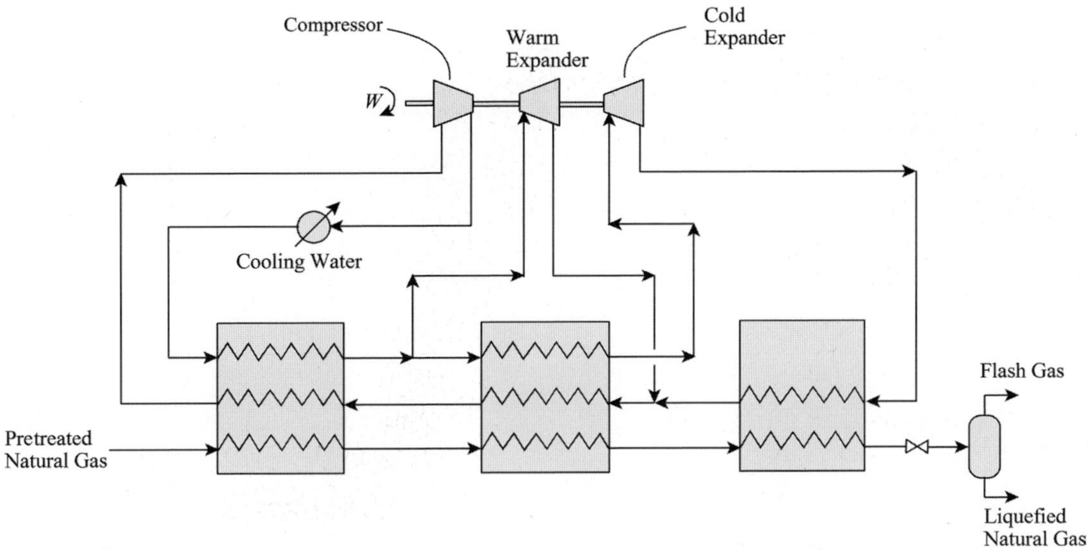

그림 17.37 ▸ 연습 문제 7을 위한 이중 질소 팽창 액화 공정.

축된 질소의 온도를 처음 단의 입구 온도로 냉각시키고, 냉각기는 압력 강하가 없다고 가정한다. 압축기는 폴리트로픽 효율을 사용하여 모델링하고, γ 값은 1.4를 사용하라. 압축기에 필요한 전력량을 계산하라.

참고 문헌

Bellow EG, Ghazal FP and Silverman AJ (1997) Technology Advances Keeping LNG Cost-Competitive, *Oil Gas J*, **June**: 74.

Briggs DE and Young EH (1963) Convection Heat Transfer and Pressure Drop of Air Flowing Across Triangular Pitch Banks of Finned Tubes, *Chem Eng Progr Syp Ser*, **59** (41): 1.

Del Nogal F, Kim JK, Perry S and Smith R (2008) Optimal Design of Mixed Refrigerants, *Ind Eng Chem Res*, **47**: 8724.

Dossat RJ (1991) *Principles of Refrigeration*, 3rd Edition, Prentice Hall.

Finn AJ, Johnson GL and Tomlinson T (1999) Developments in Natural Gas Liquefaction, *Hydrocarbon Process*, **April**: 47.

Gosney WB (1982) *Principles of Refrigeration*, Cambridge University Press.

Hudson Products (2015) Basics of Air-Cooled Heat Exchangers, www.hudsonproducts.com/products/finfan/.

Isalski WH (1989) *Separation of Gases*, Oxford Science Publications.

Kim JK and Smith R (2001) Cooling Water System Design, *Chem Eng Sci*, **56**: 3641.

Kinard GE and Gaumer LS (1973) Mixed Refrigerant Cascade Cycles for LNG, *Chem Eng Prog*, **69**: 56.

Kröger DG (1998) *Air-Cooled Heat Exchangers and Cooling Towers*, Department of Mechanical Engineering, University of Stellenbosch, South Africa.

Lee G-C (2001) *Optimal Design and Analysis of Refrigeration Systems for Low-Temperature Processes*, PhD Thesis, UMIST, UK.

Lee G-C, Smith R and Zhu XX(2003) Optimal Synthesis of Mixed-Refrigerant Systems for Low-Temperature Processes, *Ind Eng Chem Res*, **41**: 5016.

Lee G-C, Zhu XX and Smith R (2000) *Synthesis of Refrigeration Systems by Shaftwork Targeting and Mathematical Optimisation, ESCAPE 10, Florence, Italy*.

Poling BE, Prausnitz JM and O'Connell JP (2001) *The Properties of Gases and Liquids*, McGraw-Hill.

Serth RW (2007) *Process Heat Transfer: Principles and Applications*, Academic Press.

Wang J (2004) *Synthesis and Optimization of Low Temperature Gas Separation Processes*, PhD Thesis, UMIST, UK.

스미스의 제2판

화학공정설계

Chemical Process

Design and Integration

제 18 장 대기 오염 관련 환경 시스템 설계

Environmental Design for Atmospheric Emissions

18.1 대기 오염

대기 오염 물질은 많은 종류가 있으며, 미립자(고체 또는 액체), 증기 및 기체로 특징지어 구분할 수 있다. 일반적으로 규제 및 통제가 어려운 작은 규모에서 대기 오염 배출이 많이 발생하기 때문에 대기 오염을 통제하는 것이 어렵다. 그러므로 입법자들은 모니터링과 검사를 정당화할 수 있는 충분히 큰 배출원으로부터의 배출량을 통제하는 것이 일반적이다. 산업 시설에서의 주요한 대기오염 배출은 다음과 같다.

1) *PM_{10}* 직경 10 μm 이하의 미립자 물질은 불완전 연소와 대기 중의 황 및 질소 화합물 간의 반응을 통한 연소 과정의 부산물로 생성된다. PM_{10}은 인체 호흡기관에 손상을 주기 때문에 매우 중요한 문제이다.

2) *$PM_{2.5}$* 직경이 2.5 μm 미만인 미립자 물질은 PM_{10}과 같은 방식으로 생성되지만 PM_{10}보다 호흡기관 깊숙이 침투할 수 있어 더 위험하다.

3) *O_3* 오존은 상부 대기권(성층권)과 하부 대기권(대류권)에 존재하는 반응성이 매우 강한 화학물질이다. 오존은 성층권에서는 필요한 물질이지만, 지상에서는 인체 건강에 위험을 주고 다른 오염 물질의 형성에 기여한다.

4) *VOC* 휘발성 유기 화합물(VOC)은 대기의 광화학 반응에 참여하는 일산화탄소, 이산화탄소, 탄산, 금속 탄화물 또는 탄산염 및 탄산 암모늄을 제외한 탄소 화합물이다(US Environmental Protection Agency, 1992a). 휘발성 유기 화합물은 지상에서의 오존 생산 및 다양한 광화학 오염 물질의 전구체이다. 이들은 광화학 반응을 통한 스모그 형성의 주요 구성 물질이다(Harrison, 1992; De Nevers, 1995). VOC의 출처는 다양하다.

5) *SO_X* 황 산화물(SO_2와 SO_3)은 황을 함유한 연료의 연소와 화학제품 생산의 부산물로 형성된다.

6) *NO_X* 질소 산화물(주로 NO와 NO_2)은 연소 과정 및 화학제품 생산의 부산물로 형성된다.

7) *CO* 일산화탄소는 연료의 불완전 연소와 화학제품 생산의 부산물로 형성된다.

8) *CO_2* 이산화탄소는 연료의 연소뿐만 아니라 화학제품 생산의 부산물로도 형성된다.

9) ***다이옥신 및 푸란*** 다이옥신과 푸란(furan)은 유사한 화학 구조를 공유하는 200가지가 넘는 독성 물질의 약식 이름들이다. 이것들은 상업용 화학제품은 아니지만 열 산화, 금속 및 제지 제조 공정에서 발생하는 의도하지 않은 부산물이다. 또한 다이옥신과 푸란은 산불과 화산에서 자연적으로도 배출

된다. 이 물질들은 매우 낮은 농도로 지상에 널리 분포되나, 분해되지 않고 축적이 된다. 이 물질들은 발암 물질이며, 건강에 악영향을 주는 것으로 알려져 있다.

대기 오염 물질 배출은 환경 및 인체 건강에 미치는 영향 때문에 법률에 의해 통제된다. 이러한 영향은 지역적인 영향과 전체적인 효과로 분류할 수 있다. 대기 오염과 관련된 6가지 주요 문제가 있다.

1) *도시 스모그* 도시 스모그는 현대 도시에서 흔히 볼 수 있는데, 특히 공기가 분지에 갇혀 있는 곳에서 잘 발생한다. 갈색 빛을 띠는 공기로 관측된다. 도시 스모그의 형성은 햇빛에 의하여 발생하는 아래에 보인 광화학 반응을 통해 일어난다.

$$\text{VOCs} + \text{NO}_X + \text{O}_2 \xrightarrow{hf} \text{O}_3 + \text{기타 광화학 물질} \qquad \textbf{(18.1)}$$

오존, 알데히드 및 peroxyethanoyl (peroxyacetyl nitrate – PAN)과 같은 peroxynitrates 등의 광화학 오염 물질이 형성된다. 오존 및 기타 광화학 물질은 생물에 해로운 영향을 미친다. 이러한 오염 물질들의 농도가 높아지면 호흡 곤란을 일으키거나 천식 등을 유발할 수 있다. 따뜻한 날씨와 바람이 적은 대기조건일 때 더 악화된다. 도시 스모그의 문제는 휘발성 유기 화합물과 NO_X만이 아니라 연료의 불완전 연소로 발생하는 미립자 배출과 일산화탄소에 의해 더욱 악화된다.

2) *산성비* 자연적인 비와 다른 형태의 강수는 pH는 5~6의 범위의 산성이며, 이러한 산성 조건은 SO_X와 H_2S의 자연 배출물에 기인한 황산 및 황을 포함한 산성 물질 또는 용해된 이산화탄소에 의해 생성된 탄산 등에 의해 형성된다. 인간활동에 의해 pH는 최대 2~4 정도의 범위로 크게 낮아질 수 있는데, 주로 황 산화물 또는 질소 산화물의 배출에 의해 야기된다. 대기 오염 물질과 구름은 장거리로 이동하기 때문에 산성비는 지엽적인 문제가 아니다. 산성비 문제는 오염 근원지로부터 멀리 떨어진 지역에서 나타날 수 있다. 산성비는 바다, 담수 및 토양의 *산성화*를 유도한다. 산성비와 관련된 문제는 다음과 같다.

- 식물(특히 숲에서의 식물)의 생명을 손상시킨다.
- 토양의 산성화로 인해 일부 토양의 영양소가 부족해짐에 따라 작물 및 목초 생산량이 감소하거나 토양의 특정 성분이 독성 수준에 도달한다.
- 물의 산성화로 인한 죽은 호수와 하천의 발생, 수생 생물의 손실 및 상수도 공급의 피해가 있게 된다.
- 건물, 특히 대리석과 사암으로 만들어진 건물의 부식이 발생한다.

3) *해양 산성화* 해양의 산성화는 대기로부터의 이산화탄소 흡수로 인한 해수의 pH 감소를 의미한다. 산업 활동 등에서 배출된 이산화탄소의 상당 부분은 해수에 용해된다. 이산화탄소가 바닷물과 결합하여 탄산을 생산하여 물의 산성도를 높이게 된다. 해양 산성화는 해양 생물체 성장에 필요한 탄산염 이온 추출을 저해하고, 생물체가 산성 환경하에서 성장이 되더라도 더 많은 에너지를 소비하게 되어 번식력을 감소시키게 되고, 최종적으로 전체 먹이 사슬의 위험을 초래한다.

4) *부영양화* 부영양화는 육지 또는 해양에 영양분이 증가하여 수생 식물이나 *식물 플랑크톤* 및 *해조류*의 번성을 촉진시키는 경우에 발생한다. 이것은 생태계의 정상적인 기능을 저하시켜 수중 생물의 생존에 필요한 산소의 부족, 생물 다양성의 감소, 종 구성과 지배력의 변화 및 독성 피해와 같은 다양한 문제를 유발한다. NO_X 배출은 부영양화에 기여한다.

5) *오존층 파괴* 상부 대기층은 오존을 다량 함유하고 있다. 하부 대기층에서의 오존은 해롭지만 상부

대기권에 있는 오존은 그렇지 않고 지구 표면에 도달할 수 있는 상당한 양의 자외선을 흡수하므로 필수적으로 존재해야 한다. 오존의 파괴는 상부 대기권에서 질소 산화물의 촉매 반응을 통해 촉진된다.

$$NO^{\bullet} + O_3 \longrightarrow NO_2^{\bullet} + O_2$$
$$NO_2^{\bullet} + O \longrightarrow NO^{\bullet} + O_2$$
$$NO_2^{\bullet} \xrightarrow{hf} NO^{\bullet} + O$$

오존의 파괴 반응은 다음과 같은 특정한 할로겐화 탄소 화합물에 의해 시작된다.

$$CCl_2F_2 \xrightarrow{hf} {}^{\bullet}CClF_2 + Cl^{\bullet}$$
$$Cl^{\bullet} + O_3 \longrightarrow ClO^{\bullet} + O_2$$
$$ClO^{\bullet} + O \longrightarrow Cl^{\bullet} + O_2$$

$Cl^{\bullet}$은 오존과의 추가적인 반응을 할 수 있다. 오존층의 파괴로 인해 오존층이 얇아졌고, 북극 및 남극이 특히 심하다. 오존층 파괴의 결과로 지구에 도달하는 자외선이 증가하여 잠재적으로는 피부암을 일으키고, 극지방 생물체들을 위험에 빠뜨릴 수 있다. 자외선의 흡수량이 낮아짐은 성층권의 냉각과 기상 환경 파괴를 유발한다.

6) ***온실 효과*** CO_2, CH_4, N_2O, H_2O와 같은 가스는 지구 대기에서 저농도로 존재한다. 이 가스들은 지구의 복사율을 감소시키고 지구에 의해 방출되는 열의 일부를 반사한다. 따라서 이러한 효과는 지구를 더 따뜻하게 만드는 "담요"와 같은 역할을 하게 된다. 주로 화석 연료를 태우고 숲을 연소시키면서 이러한 가스들이 발생하고, 그 결과 지구의 기온이 점차적으로 상승하여 극지방의 얼음 덩어리와 빙하가 녹고 해수면이 상승하고 사막화가 일어나고 영구 동토층이 해빙되고 기상 환경이 파괴되며 해류가 바뀌게 된다.

대기 오염 물질에 대하여 법규를 적용할 때, 규제 당국은 개별적인 배출 지점으로부터의 배출을 통제하거나, 제조 시설 전체의 가상적인 "버블(bubble)" 개념을 적용하여 모든 배출을 전체적으로 연계하여 규제할 수도 있다.

18.2 대기 오염원

위에서 언급했듯이 대기 배출물과 관련된 주요 문제점 중 하나는 잠재적인 배출원의 수이다. 고체 대기 오염 물질의 주요 배출원은 다음과 같다.

- 고체 건조 작업
- 고체의 고온 처리에 사용되는 가마
- 금속 제조
- 고형물의 분쇄, 연마 및 스크리닝 작업
- 대기에 개방되어 취급되는 고체 관련 작업
- 용광로, 보일러 및 열 산화제의 불완전 연소 또는 연료 재(ash)
- 플레어 불완전 연소 등

증기 오염 배출물은 배출원이 많을수록 처리하기가 훨씬 더 어렵다. 일부는 식별 가능한 *단일* 출처에서 발생되나, 일부는 *비산 배출물*(fugitive emission)로 알려진 파이프 플랜지, 밸브 또는 펌프 밀봉계통(seal)과 같이 작고 배출속도가 느린 배출들도 있다. 증기 오염 배출원에는 다음이 포함된다.

- 냉각기 통풍구
- 파이프 및 용기에서의 배출
- 파이프 및 용기에서의 불활성 가스의 퍼지(purge)
- 공정에서의 퍼지
- 건조 작업
- 용매 기반 표면 코팅 작업
- 개방형 여과 및 혼합 조작에서의 VOC 증발
- 저장 드럼(drum) 주입 및 배출 조작에서의 VOC 증발
- VOC 누출
- VOC 처리 건물의 공장 환기 설비
- 저장 탱크 적재 및 청소
- 도로, 철도 및 바지선 주입, 배출 및 청소
- 가스킷 및 축 밀봉계통(shaft seal)을 통한 비산 배출
- 하수도 및 하수처리로부터의 비산 배출
- 공정 샘플링 지점에서의 비산 배출
- 용광로, 보일러 및 열 산화 장치의 연료의 불완전 연소
- 플레어에서의 불완전 연소 등

대규모 공장의 경우 VOC 배출량을 감소하려면 탱크 배출, 응축기 및 퍼지, 가스킷 및 축 밀봉 계통의 검사 및 유지 보수와 같은 주요 배출원을 효과적으로 제어해야만 한다.

공정 플랜트에서 대기 오염의 최대 배출원은 연소 가스 배출이다. 이러한 연소 가스 관련 오염 배출원은 다음과 같다.

- 용광로, 보일러 및 열 산화제
- 가스 터빈 배기 가스
- 공정 플레어(flare)
- 촉매에서 코크스(coke)를 제거해야 하는 공정(예, 정유공장에서 유동화 크래킹 촉매 재생 설비)

연료의 연소로 인한 기체 오염 물질 배출 이외에도 황산 생산에 기인한 SO_X, 질산 생산에 기인한 NO_X, 염소화 반응으로 인한 HCl 등과 같이 대기 오염 물질은 화학제품 생산에 의해서도 생성된다.

예제 18.1

저장 용기에 25°C에서 몰분율이 0.2인 벤젠과 몰분율이 0.8인 톨루엔인 혼합물이 채워져 있다. 기화되는 가스는 상압에서 대기로 방출된다고 할 때 저장용기 배출구에서의 벤젠 및 톨루엔 농도를 예측하라.

a) 25°C 기준

b) 0°C, 1 atm 표준 조건 기준

벤젠과 톨루엔의 혼합물은 라울의 법칙을 따르고, 표준 조건에서 1 kgmole의 기체는 22.4 m^3를 차지한

다고 가정한다. 벤젠과 톨루엔의 몰질량은 각각 78 kg·kmol^{-1}과 92 kg·kmol^{-1}이다. 25°C에서 벤젠과 톨루엔의 증기압은 각각 0.126 bar와 0.0376 bar이다.

>풀이

a) $$y_{BEN} = 0.2 \times \frac{0.126}{1.013} = 0.0249$$

$$y_{TOL} = 0.8 \times \frac{0.0376}{1.013} = 0.0297$$

벤젠과 톨루엔을 제외한 나머지는 불활성 공기가 차지한다. 따라서 25°C에서의 농도는 다음과 같이 주어진다.

$$C_{BEN} = y_{BEN} \times \frac{1}{22.4\left(\frac{T}{273}\right)} \times 78 = 0.0249 \times \frac{1}{22.4\left(\frac{298}{273}\right)} \times 78 = 0.0794\ \text{kg} \cdot \text{m}^{-3} = 79,400\ \text{mg} \cdot \text{m}^{-3}$$

$$C_{TOL} = y_{TOL} \times \frac{1}{22.4\left(\frac{T}{273}\right)} \times 92 = 0.0297 \times \frac{1}{22.4\left(\frac{298}{273}\right)} \times 92 = 0.112\ \text{kg} \cdot \text{m}^{-3} = 112,000\ \text{mg} \cdot \text{m}^{-3}$$

b) 0°C 1 atm의 표준 조건 기준

$$C_{BEN} = y_{BEN} \times \frac{1}{22.4} \times 78 = 0.0249 \times \frac{1}{22.4} \times 78 = 0.0867\ \text{kg} \cdot \text{m}^{-3} = 86,700\ \text{mg} \cdot \text{m}^{-3}$$

$$C_{TOL} = y_{TOL} \times \frac{1}{22.4} \times 92 = 0.0297 \times \frac{1}{22.4} \times 92 = 0.122\ \text{kg} \cdot \text{m}^{-3} = 122,000\ \text{mg} \cdot \text{m}^{-3}$$

대략적인 계산 방법의 결과는 대부분의 경우에 허용된 농도보다 훨씬 더 큰 수치를 나타낼 수 있다. 더 정확한 농도의 계산은 상태 방정식(예, Peng–Robinson 상태 방정식)을 사용해야 한다.

18.3 대기로의 고체 오염 입자 배출의 제어

대기로의 고체 오염 입자 배출 처리를 위한 장비의 선택은 여러 가지 요소에 영향을 받는다(Stenhouse, 1981; Svarovsky, 1981; Rousseau, 1987; Dullien, 1989; Schweitzer, 1997).

- 분리될 입자의 크기 분포
- 입자 처리량
- 가스 처리량
- 허용 압력 강하
- 온도

5장에서 논의된 것처럼 고체 입자의 대기 배출을 제어하는 다양한 장비가 있고, 이러한 방법들은 일반적으로 표 18.1와 같이 분류된다(Stenhouse, 1981).

1) ***중력 침강기*** 중력 침강기는 5장에서 설명되어 있다. 밀도 차이를 이용하여 거친 입자를 제거하는 데 사용된다. 이것들은 전처리 여과장치로 사용될 수 있다. 100 μm를 초과하는 고체 입자들의 제거

표 18.1 ▸ 고체 미립자 제거용 설비의 분류

Equipment	Approximate particle size range (μm)
Gravity settlers	>100
Inertial separators	>50
Cyclones	>5
Scrubbers	>3
Venturi scrubbers	>0.3
Bag filters	>0.1
Electrostatic precipitators	>0.001

에 활용하는 것이 적절하다(Stenhouse, 1981; Rousseau, 1987; Dullien, 1989; Schweitzer, 1997).

2) ***관성 분리기*** 관성 분리기는 5장에서 설명되었다. 고체 입자에는 아래 방향으로의 모멘텀이 작용하면서 입자의 침강이 발생한다. 50 μm를 초과하는 입자의 제거에 활용하는 것이 적절하다(Stenhouse, 1981; Rousseau, 1987; Dullien, 1989; Schweitzer, 1997). 중력 침강기와 함께 전처리 여과장치로 널리 사용된다.

3) ***사이클론*** 사이클론 또한 전처리 여과장치로 사용된다. 사이클론도 이미 5장에서 설명되었다. 고체 입자를 포함한 가스는 접선 방향으로 유입되어 아래쪽과 안쪽 방향으로 회전하면서 궁극적으로 장치의 상단 부분에서 배출된다. 고체 입자는 원심력에 의해 바깥쪽 벽으로 방사형으로 이동하면서 장치의 아랫부분에 모인다.

사이클론은 고체 입자가 많이 포함된 가스에 사용하는 것이 적절하다. 유지 보수비가 저렴한 장점이 있지만, 사이클론 벽면에 달라붙는 경향이 있는 고체 입자를 제거할 때는 문제가 발생할 수 있다.

4) ***세정기*** 세정기(scrubber)는 입자를 포함한 가스에 액체를 접촉시켜, 액체가 입자를 포함하여 배출되도록 설계된다. 세정기는 미립자 오염 물질뿐만 아니라 기상 오염 물질을 제거하는 데 사용할 수 있다는 장점이 있다. 오염된 가스는 세정기에 유입되기 전에 냉각 과정이 필요한 경우도 있다. 좀 더 일반적인 유형의 세정설비들의 예는 5장에서 설명하였다.

충진탑은 가스 흡수에 널리 사용되지만 미립자 제거에도 활용된다. 충진탑의 가장 큰 단점은 고체 입자들이 종종 탑 내에서 축적되어 이의 제거가 자주 필요하다는 것이다. 일부 충진탑들은 가스의 상승 흐름을 통해 충진층(bed)이 움직이게 하여 오염 물질의 축적을 방지하도록 설계되곤 한다. 분무형 세정기는 오염될 가능성이 적고, 접선 방향으로 유입되는 유체가 소용돌이를 만들어 분리 성능을 향상시킨다. 벤츄리 세정기(venturi scrubber)를 사용하면, 미립자 제거 효율을 증가시킬 수 있으나, 많은 압력 강하를 동반하게 된다.

5) ***여과포*** 5장에서 보인 것과 같이 여과포(bag filter)는 미립자 물질을 기체로부터 분리하는 가장 일반적인 방법 중에 하나이다. 고체 입자의 영향을 받지 않는 천이나 펠트 기반의 여과용 물질이 사용된다. 여과포는 매우 많은 양의 분진을 포함한 가스에 적합하다. 여과포는 제거 효율이 높지만 압력 강하가 큰 단점이다.

6) ***전기집진기*** 전기집진기는 압력 강하가 낮고 제거 효율이 높다. 전형적인 전기집진기는 5장에 설명

되어 있다. 고체 입자를 품은 가스는 여러 개의 관으로 들어가거나 평행 판들 사이를 통과하고, 이때 충전되어 접지된 평행 판 또는 관 벽에 고체 입자들이 증착된다. 벽면은 축적된 고체 입자층을 제거하기 위해 주기적으로 기계적으로 긁어낸다. 전기집진기는 보일러, 시멘트 공장, 폐기물 열 산화장치 등과 같이 유량이 큰 가스 흐름을 처리하는 데 많이 사용된다.

18.4 VOC 배출 제어

VOC에 대한 배출량 제한치는 벤젠이나 사염화탄소와 같이 특정 성분에 적용되거나 환경 영향이 적은 유기 화합물에 대한 VOC를 전체적으로 통합하여 단일 성분을 기준으로(예, 톨루엔) 적용한다. VOC 배출 제어를 위한 적절한 방법들은 다음과 같고 오름차순으로 갈수록 선호된다(Hui and Smith, 2001).

1) 설계 또는 운전 변경을 통해 VOC 배출을 근본적으로 없애거나 줄인다.
2) 재사용을 위해 VOC를 회수한다.
3) 공정 열회수로 열적 산화를 위한 VOC를 회수한다.
4) 공정 열회수로 VOC를 포함한 가스의 열적 산화를 수행한다.
5) 공정 열회수 없이 VOC를 포함한 가스의 산화를 수행한다.

VOC가 배출되는 곳에서 이를 제거하거나 줄이는 데 있어서 문제점은 VOC 방출원이 다양하다는 것이다.

유기 액체의 저장에 사용되는 상압 저장 탱크에서의 탱크 적재와 관련되어 배출되는 VOC는 대표적인 VOC 배출원이다. 그림 18.1은 상압조건에서 저장 탱크에 적재된 액체를 비우는 것을 보여준다. 액체 액위가 떨어지면 공기 또는 불활성 가스가 탱크로 흡입되어야 한다. 탱크 내부에서는 적재된 휘발성 액체가 증발되어 흡입된 공기 또는 질소 기체는 휘발성 증기에 대하여 포화 상태가 된다. 탱크가 더욱 더 채워지면 액위가 상승하여 VOC 물질에 포화된 탱크의 기체 공간에서 공기 또는 질소가 이동하게 된다. 이러한 저장 탱크에서의 VOC 배출을 막을 수 있는 여러 가지 방법이 있다. 그림 18.2는 평형 라인(balancing line)과 관련된 간단한 기술을 보여준다. 그림 18.2의 상압 지상 저장 탱크에는 저장 탱크의 과압 또는 부압을 방지하기 위한 진공/압력 조절 시스템이 설치되어 있다. 상압 저장 탱크가 비워지고 운반 저장용기가 채워지면 운반 저장용기에서 배출된 기체가 상압 저장 탱크로 다시 유입된다. 이

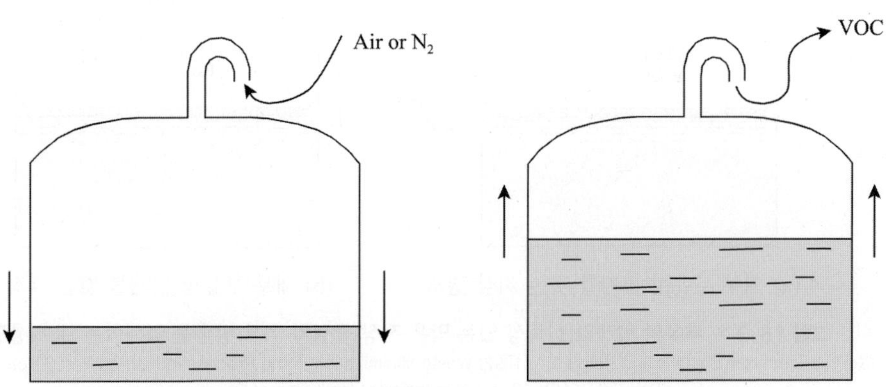

그림 18.1 ▸ 탱크 적재로 인한 VOC의 대기 배출.

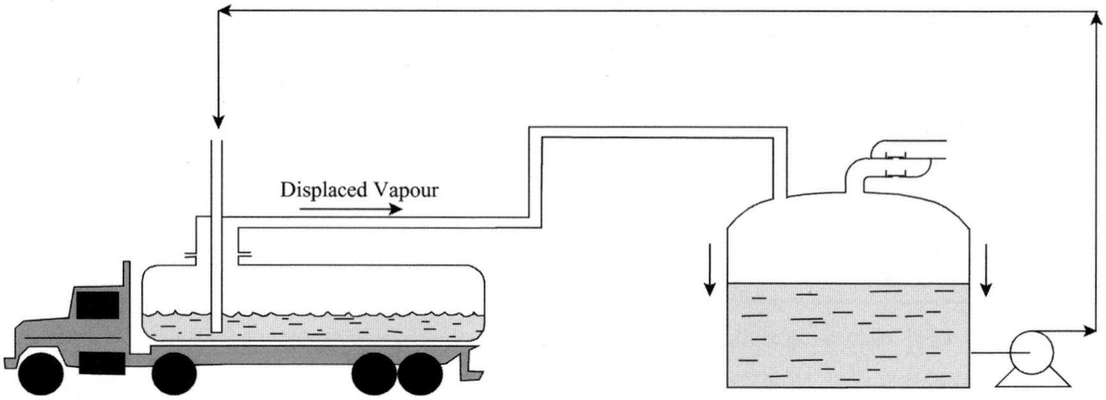

그림 18.2 ▸ 평형 라인은 저장 설비를 채우거나 비울 때 VOC 배출을 방지할 수 있다.

때, 운반 저장용기로부터 옮겨온 기체가 대기로 방출되는 것이 방지된다. 운반 저장 탱크가 비워지고 있는 경우에도 동일한 원리로 작동한다. 상압 지상 저장 탱크가 채워지는 경우, 상압 저장 탱크에서 옮겨온 기체는 운반 저장 탱크의 공간으로 유입되며 대기로 방출되지 않는다. 철도 차량 및 바지선에서도 동일한 기술이 적용된다.

저장 용기가 대기와 "호흡"할 수 있는 또 다른 방법은 주야간의 온도 변화에 따라 저장되는 내용물의 팽창과 수축하는 것을 이용하는 것이다.

그림 18.3과 같이 부유형 덮개(floating roofs)를 사용할 수 있다.

1) ***외부 부유형 덮개*** 덮개는 저장된 액체의 표면에서 직접 부유하면서 대기와 연결되어 있다(그림 18.3a). 부유형 덮개는 덮개와 저장용기 벽 사이의 틈새를 막는 시스템이 있다. 원칙적으로 이 방법은 저장 설비가 대기와의 직접적인 접촉은 없지만, 부유형 덮개의 가장자리와 저장 용기 벽 사이의 밀봉을 유지하는 것이 문제가 될 수 있다.
2) ***내부 부유형 덮개*** 저장 설비는 부유형 덮개 외에 고정된 지붕을 갖고 있으며, 부유형 내부 덮개는 외부에 개방되어 있지 않다(그림 18.3b). 부유형 덮개외 고정된 지붕 사이의 공간의 기체는 일반적

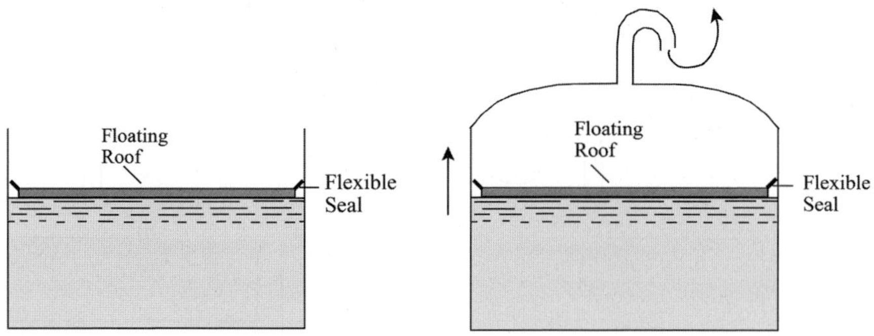

(a) 외부 부유형 덮개를 갖는 저장 탱크 (b) 내부 부유형 덮개를 갖는 저장 탱크

그림 18.3 ▸ 부유형 덮개와 신축성 있는 막은 저장 물질의 외부 방출을 억제하는 데 사용할 수 있다.

(Reproduced from Smith R and Petela EA (1992) Waste Minimization in the Process Industries Part 2 Reactors, *Chem Eng*, Dec (509-510): 17, by permission of Institution of Chemical Engineers)

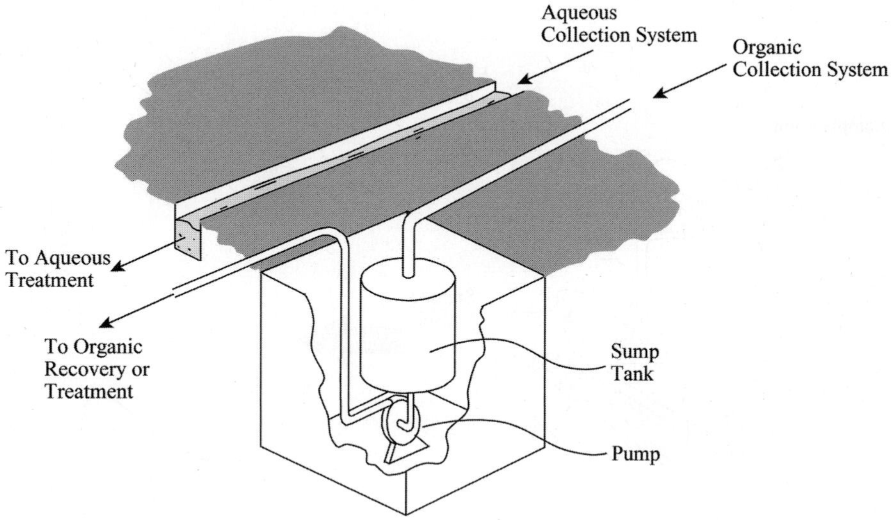

그림 18.4 ▸ 수용성 폐수와 유기성 폐기물의 분리 처리를 통해 VOC 배출을 방지할 수 있다.

으로 비활성 가스로 제거해야 하며, 불활성 가스는 처리 후 대기로 배출된다. 내부 부유형 덮개는 지붕에 무거운 빗물이나 눈이 쌓일 가능성이 있을 때 사용한다.

액체 폐수 시설은 주요 VOC 배출원이다. 유기 물질이 폐수에 포함되어 배출되고 이런 폐수가 개방형 수로에서 증발하면 상당한 양의 VOC 배출이 발생할 수 있다. 이것을 방지하는 방법은 유기물질 폐기물과 폐수에 대하여 별도의 하수관을 운용하는 것이다(그림 18.4). 유기물질 폐기물은 일반적으로 다른 물질과 격리시켜 수집하여 폐기물 수집 탱크로 보내고, 수집된 유기 물질은 처분되기 전 회수하거나 처리할 수도 있다. 그림 18.4에 제시된 폐기물 분리 시스템은 단순히 배수구에서 VOC 배출을 억제하는 것보다 많은 이점이 있다. 그림 18.4에서와 같은 폐수의 분리는 폐기물 처리를 위한 폐수의 양이 감소하기 때문에 유용하다.

실험실 분석을 위한 유기 액체의 샘플링은 품질 관리를 위해 시행되며, VOC 배출의 주요한 원인 중 하나이다. 그림 18.5는 밸브가 있는 전통적인 샘플링 방법을 보여주고 있다. 표본 샘플을 만들기 위해 상당한 양의 폐기물을 생성할 수 있고, 얻어진 샘플 용기를 실험실로 가져와서 필요한 샘플을 채취하고 나머지 내용물을 폐기물로 보낸다. 이 과정에서 배출되는 물질은 하수 설비에서 증발로 인한 VOC 배출을 일으킬 수 있다. 많은 양의 실험실 분석이 필요한 일부 화학공정의 경우, 샘플링 관련 폐기물은 폐수로 보내지는 폐기물 중 중요한 원인 중의 하나이다. 그림 18.5는 샘플링과 관련된 VOC 배출을 제거하는 방법을 보여준다. 샘플링 용기는 2개의 관으로 샘플을 취해야 하는 파이프에 직접 연결된다. 두 개의 샘플링 관은 오리피스 플레이트 또는 밸브와 같은 장치를 갖춘 공정 파이프에 연결된다. 파이프에 연결하는 튜브의 밸브가 열리면 샘플 용기를 통과하는 흐름을 생성하여 대표 샘플을 확보한다. 샘플을 채취한 후에 밸브를 닫고 샘플링 용기를 분리하고, 분석을 위해 실험실로 보내진다. 샘플링 후의 미사용 물질은 공정으로 재반송되어 샘플링 용기와 연결하여 재주입함으로써, 실험실에서의 샘플링 관련 오염 물질 발생을 방지한다.

개스킷과 압축기, 펌프 및 밸브 밀봉 설비에서의 천천히 누출되는 오염 물질들은 VOC의 비산 배출을 야기하는 중요한 원인 중에 하나이다. 이러한 배출량은 효과적인 유지 보수에 의해 감소될 수 있다.

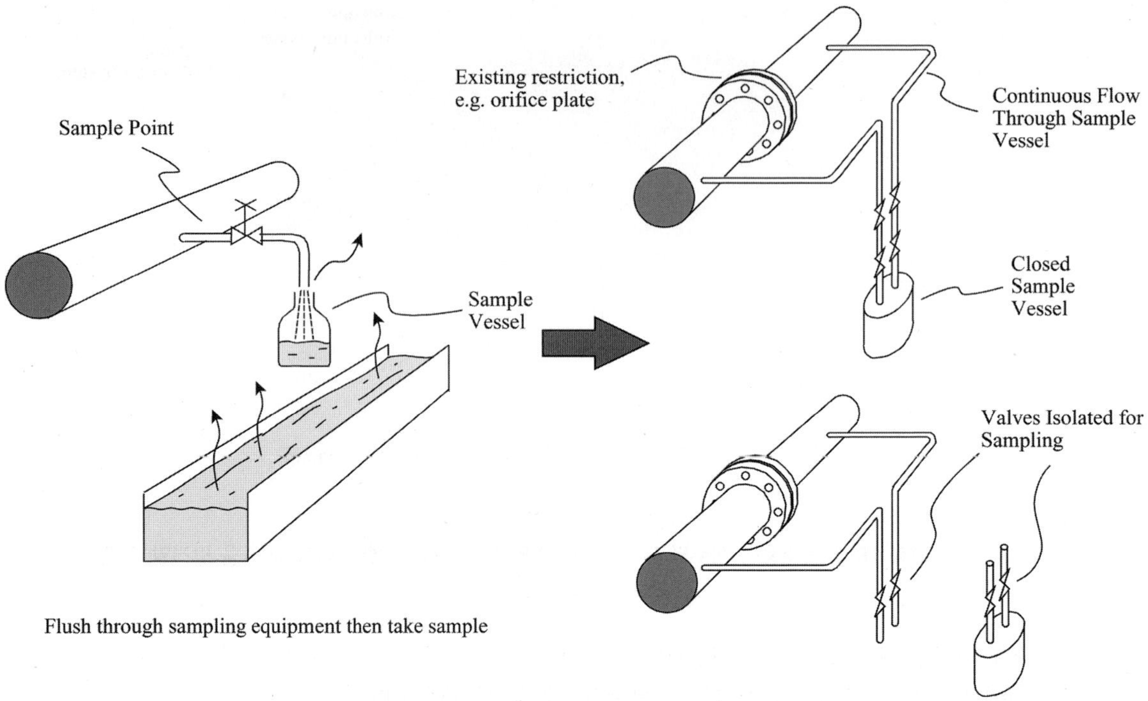

그림 18.5 ▸ 표본 추출과 관련된 오염 물질 배출 방지.

그러나 더 정교한 밀봉 장치를 사용하는 것이 원천적으로 문제를 제거하므로 보다 바람직한 방법이다.

VOC 배출을 원천적으로 제거되거나 감소시키면 그 다음으로 고려해야 하는 것은 VOC를 회수하여 재사용하는 방법이다. 그림 18.6은 상압 저장 설비에 연계된 대기 오염 물질 회수 설비를 보여준다. 저장 탱크에 진공 압력 조절 장치가 설치되어, 저장된 액체의 레벨이 떨어지면 기체가 차지하던 공간으로 공기 또는 질소가 유입되고(그림 18.6a), 저장 탱크가 채워지면 회수 시스템을 통해 저장 물질의 증기가 배출 된다(그림 18.6b).

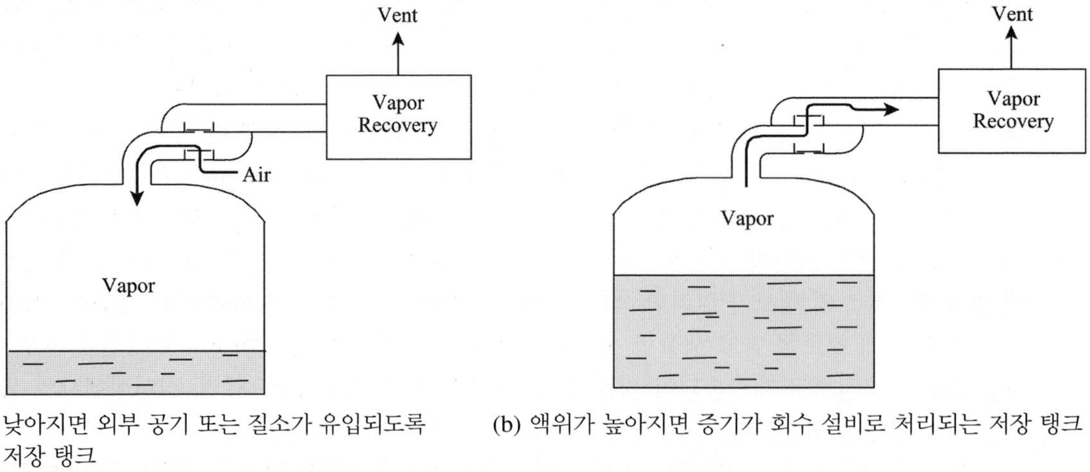

(a) 액위가 낮아지면 외부 공기 또는 질소가 유입되도록 구성된 저장 탱크

(b) 액위가 높아지면 증기가 회수 설비로 처리되는 저장 탱크

그림 18.6 ▸ 대기 오염 처리 시스템이 설치된 저장 탱크.

(Reproduced from Smith R and Petela EA (1992) Waste Minimization in the Process Industries Part 2 Reactors, *Chem Eng*, Dec (509-510): 17, by permission of Institution of Chemical Engineers)

공정 산업에서는 VOC 배출을 유발하는 개방형 작업(예, 여과, 드럼 처리 등)을 수반하는 경우가 많다. 이 경우, 개별적으로 작업별로 오염 물질 통제를 하는 것은 현실적으로 어렵고, 오염 물질이 대기로 방출되기 전에 배출 증기를 배출관로로 모으고 오염 증기 회수 설비로 처리하는 것이 보다 효과적이다.

VOC 회수 방법은 다음과 같다.

- 응축
- 분리막
- 흡수
- 흡착

1) 응축 응축은 압력의 증가 또는 온도의 감소를 통해 달성될 수 있다. 온도를 낮추는 것이 가장 선호된다. 그림 18.7은 공정에서 배출되는 기체 흐름에서 VOC 회수를 하는 두 가지 방법을 보여주고 있다. 그림 18.7a는 공기가 공정으로 유입된 후에 VOC를 포함하게 되며, 공정에서 배출되는 가스는 VOC 회수를 위한 응축기를 통과하고 최종 배기되기 전에 2차 처리설비로 보내진다. 다른 방법은 그림 18.7b에 나와 있는데, VOC가 회수되고 공기는 재순환되어 공정으로 유입되는 방법이다. 두 번째 방법이 가능하다면 외부로의 배기 가스 발생이 제거됨에 따라 그림 18.7a보다 더 나은 방법이 된다.

VOC의 응축은 일반적으로 많은 비용이 드는 냉동을 필요로 한다. 그림 18.8a는 간단한 냉동 사이클을 1차적인 저온을 생성하는 설비로 활용하는 응축 시스템를 보여준다. 그림 18.8b는 VOC 응축기에서 추가적으로 2차 냉매 순환 시스템을 사용하는 구성 방법을 보여준다. 2차 냉매의 사용은 1차 냉매를 직접 사용하는 것보다 비효율적이지만, 여러 곳에서 응축을 위한 냉각이 필요한 경우에 유용할 수 있다.

냉동을 활용한 응축 방법에서는 처리 가스에 수증기 또는 휘발성이 높은 유기 화합물이 포함되어 있는 경우 결빙 문제를 고려해야 한다. 따라서 VOCs를 응축시키기 전에 처리되는 가스를 예냉하여 수분을 제거하는 것이 일반적이다. 그림 18.9a는 수증기와 고비점 유기물을 제거하기 위해 2~4°C의 영역으로 가스 흐름을 예냉하기 위해 냉동 사이클을 먼저 사용하는 공정을 보여주고 있고, 두 번째 냉동 사이클을 이용하여 두 번째 응축기에서 VOC를 응축한다. 그림 18.9b는 18.9a와 비교하여 동일한 기본적인 구성를 보여주지만, 2개의 별도 냉동 사이클 대신 2단계의 냉동 수준을 갖는 냉동 사이클을 사용하는 방법을 설명하고 있다. 그림 18.9의 두 경우에서는, 시간이 지남에 따라 축적되는 물과 유기 물질을 제거하기 위해서 VOC 응축기를 주기적으로 처리해야 하는 경우가 발생할 수

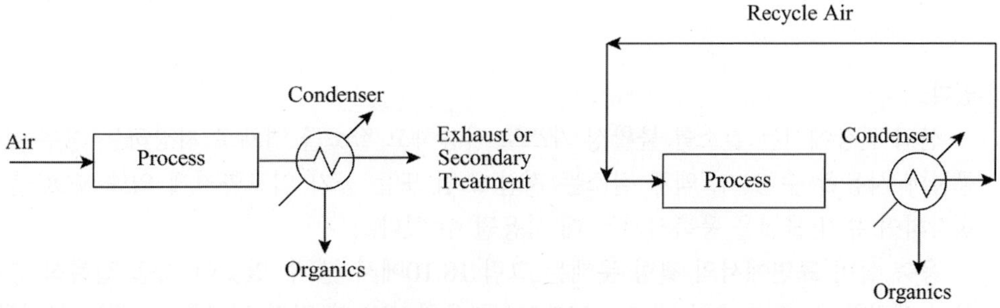

(a) 공기 비순환형 응축 공정 (b) 공기 순환형 응축 공정

그림 18.7 ▸ 휘발성 물질의 응축.

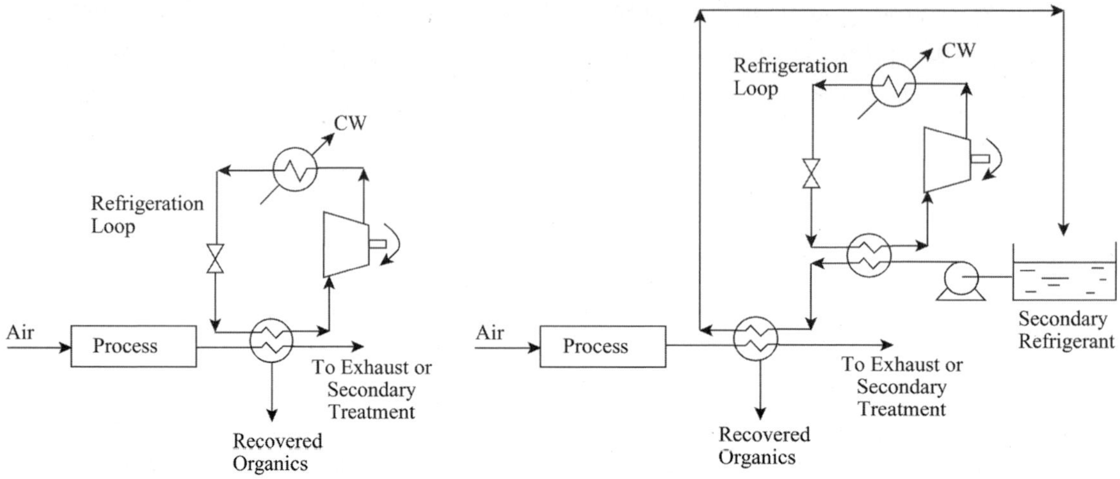

(a) 단일 냉각 시스템을 통한 응축 (b) 다중 냉각 시스템을 통한 응축

그림 18.8 ▸ 오염 배출 가스의 응축에는 보통 냉동이 필요하다.

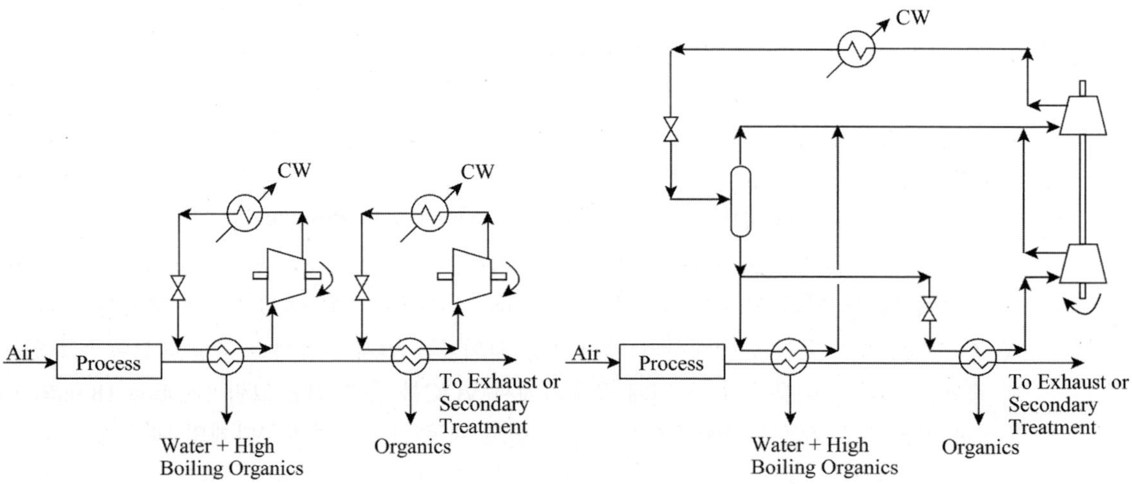

(a) 두 개의 독립적인 냉동 사이클을 통한 응축 (b) 이중 냉동 온도를 갖는 냉동 사이클을 통한 응축

그림 18.9 ▸ 배출 가스에 수증기 또는 비점이 높은 유기 화합물이 포함되어 있는 경우 예비 냉각이 필요하다.

있다.

산업 현장에서는 질소를 불활성 가스로 사용하고 질소를 액체로 저장하는 경우 이를 냉동 에너지 공급에 사용할 수 있다. 액체 질소는 저압 스팀 또는 공기 열교환기에 의해 VOC를 함유한 기체를 냉각하여 유기 물질을 응축시키는 데 사용될 수 있다.

응축 설비 표면에서의 결빙 문제는 그림 18.10에서 볼 수 있듯이 직접 접촉식 응축 방법을 사용하여 해결할 수 있다. 2차 냉매는 VOC를 함유한 가스와 직접 접촉한다. 냉동 사이클은 2차 냉매를 냉각시키는 데 사용된다. 2차 냉매와 응축된 VOC의 혼합물은 분리되고, 2차 냉매는 재순환된다.

VOC의 응축을 위해 가스를 압축하는 것은 일반적으로 비경제적이다. 그림 18.11은 VOC가 포

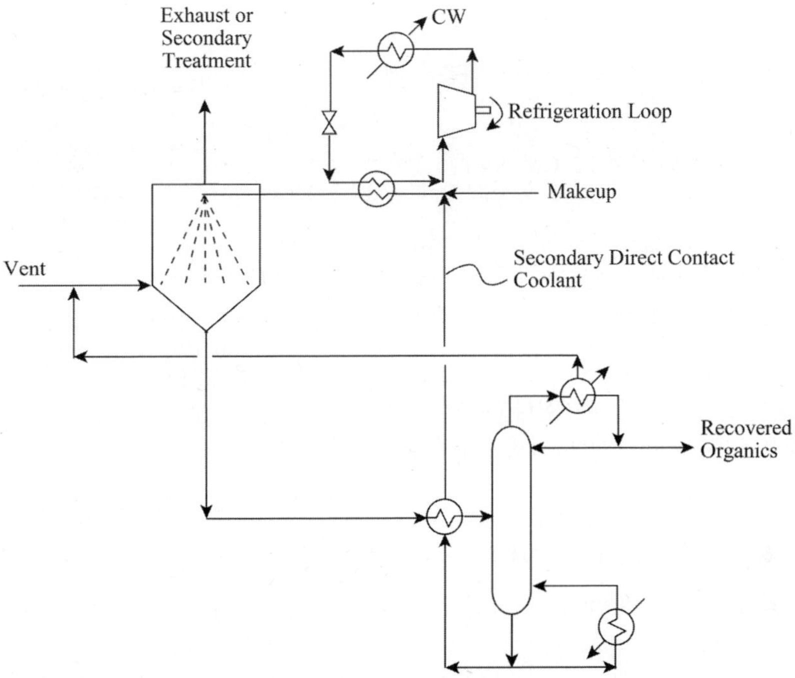

그림 18.10 ▸ **직접 접촉식 응축.**

함 된 배출 가스가 압축되어서, 냉동 사이클 대신 냉각수를 사용하여 응축이 일어날 수 있도록 구성된 공정을 보여준다. 그림 18.11에 보인 공정은 축일의 회수를 위해 팽창 설비가 압축기와 같은 축에 연계되어 있고, 압축에 소모되는 에너지의 약 60%를 팽창 설비를 통해 공급할 수 있다.

VOC의 높은 제거율 달성을 위해서는 저온 조건의 형성이 필요하며, 높은 환경 기준을 달성하려면 매우 낮은 온도가 요구된다. 따라서 환경 기준이 높은 경우, 응축공정은 종종 다른 공정(예, 흡착)과 함께 사용된다.

여러 종류의 VOC가 함유된 가스는 6장에서 설명한 단일 단 평형 계산법을 사용하여 계산을 수

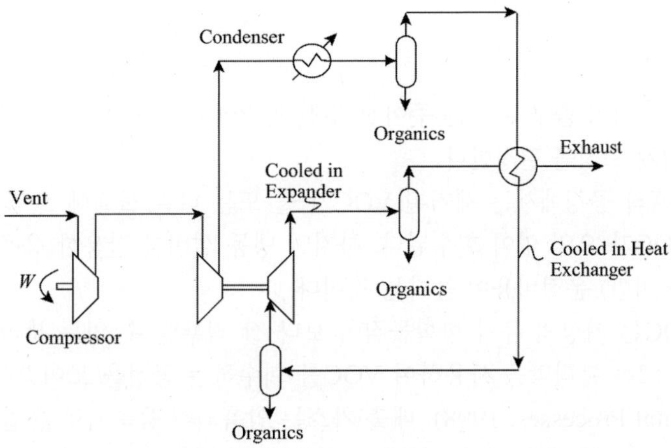

그림 18.11 ▸ **축일 회수를 고려한 배출 가스의 압축.**

예제 18.2

아세톤 증기를 포함한 공기 흐름을 고려한다. 다음을 계산하라.

a) 1기압에서 냉각수를 이용하여 35°C로 냉각할 경우 아세톤의 배출 농도
b) 1기압에서 −20°C로 냉각할 경우 아세톤의 배출 농도
c) 20 mg·m^{-3}의 아세톤의 배출 농도를 갖게 되는 공기 흐름이 냉각되어야 하는 온도

농도는 0°C 및 1기압의 표준 조건으로 표현한다. 표준 조건에서 1 kgmole이 22.4 m^{3}을 차지한다고 가정한다. 아세톤의 몰질량은 58 kg·kmol^{-1}이다. 아세톤의 증기압은 다음과 같다.

$$\ln P^{SAT} = 10.0310 - \frac{2940.46}{T - 35.93}$$

여기서 P^{SAT} = 포화 액체 증기압(bar)
T = 절대 온도(K)

›풀이

a) 아세톤의 부분압이 증기압과 같을 때 아세톤은 응축하기 시작한다. 35°C(308 K)에서 증기압은 다음과 같다.

$$P^{SAT} = \exp\left[10.0310 - \frac{2940.46}{308 - 35.93}\right] = 0.460 \text{ bar}$$

부분압이 0.460 bar일 때, 몰분율은 다음과 같이 주어진다.

$$y = \frac{0.460}{1.013} = 0.454$$

$$\begin{aligned} C &= y \times \frac{1}{22.4} \times 58 \\ &= 0.454 \times \frac{1}{22.4} \times 58 \\ &= 1.18 \text{ kg} \cdot \text{m}^{-3} \\ &= 1.18 \times 10^6 \text{ mg} \cdot \text{m}^{-3} \end{aligned}$$

b) −20°C(253 K)일 때

$$\begin{aligned} P^{SAT} &= 0.0297 \text{ bar} \\ C &= \frac{0.0297}{1.013} \times \frac{1}{22.4} \times 58 \\ &= 0.0759 \text{ kg} \cdot \text{m}^{-3} \\ &= 75,900 \text{ mg} \cdot \text{m}^{-3} \end{aligned}$$

c) 20 mg·m^{-3}(20 ×10^{-6} kg·m^{-3})의 농도일 때

$$\begin{aligned} y &= \frac{20 \times 10^{-6}}{58} \times 22.4 \\ &= \frac{P^{SAT}}{1.013} \end{aligned}$$

$$\begin{aligned} P^{SAT} &= 1.013 \times \frac{20 \times 10^{-6}}{58} \times 22.4 \\ &= 7.825 \times 10^{-6} \text{ bar} \end{aligned}$$

증기압의 관계식을 재배열하면

$$\begin{aligned} T &= 35.93 - \frac{2940.46}{\ln P^{SAT} - 10.310} \\ &= 35.93 - \frac{2940.46}{\ln 7.825 \times 10^{-6} - 10.310} \\ &= 169 \text{ K} \\ &= -104\,^{\circ}\text{C} \end{aligned}$$

이 온도는 사용된 증기압 경험식이 유효한 온도 범위를 벗어나고, 아세톤의 어는점인 −95°C 이하이다. 그러나 휘발성 유기 화합물의 농도를 매우 낮게 유지하려면 매우 낮은 온도 조건을 가져야 함을 보여준다.

행한다. 응축설비의 출구 온도는 주어진 운전 압력에서 가정하고, 시행착오 방법과 물질수지식 계산에 의하여 기체 조성을 결정한다.

흡수 및 흡착 공정에서는 제거된 VOC가 물 또는 다른 물질에 오염될 가능성이 있지만, 응축 공정에서는 VOC가 오염 없이 회수된다. 하지만 냉동 설비를 활용한 응축 공정은 회수율이 낮고(일반적으로 95% 미만) 운전비용이 높다는 것이다.

2) *분리막* VOC는 기상의 유기 화학물질이 보다 잘 침투할 수 있는 분리막을 사용하여 회수할 수 있다. 그림 18.12는 분리막을 사용하여 VOC를 회수하는 공정을 보여준다(Hydrocarbon Processing's Environmental Processes, 1998). 배출 가스는 압축되어 응축기로 유입된다. 응축기에서 일부 VOC가 제거되고, 그 이후에 분리막을 통해 VOC가 농축되고, 농축된 가스는 압축기로 재순환된다. 이러

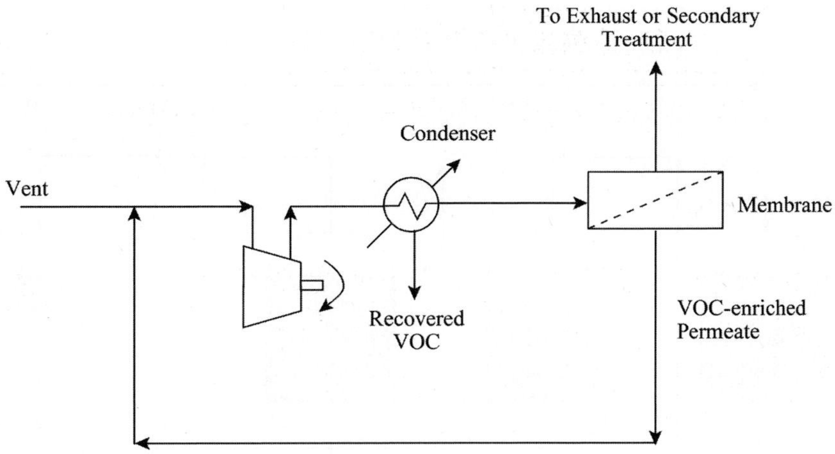

그림 18.12 ▸ 분리막을 이용한 VOC 제거.

한 공정의 VOC 제거율은 90~99% 정도로 높다. 그림 18.12에 표시된 것과 다르게 분리막과 응축 설비의 조합을 사용하는 것도 가능하다.

3) *흡수* 물리적 흡수 방법이 VOC의 회수에 사용될 수 있다. VOC를 회수하면서 사용된 용매는 재생하고 재활용해야 한다. VOC가 수용성인 경우(예, 포름알데히드) 물을 용매로서 사용할 수 있다. 그러나 고비점 유기 용매가 VOC 흡수공정에 가장 많이 사용된다. 회수율은 VOC, 용매 및 흡수 장치 설계에 따라 다르지만 95%까지 얻을 수 있다. 회수율은 온도가 낮을수록 압력이 증가할수록 증가한다. 유기 용매를 사용할 때는 증발된 용매가 기체 흐름에 유입되어 새로운 환경 문제가 발생하지 않도록 용매 선택에서 주의를 기울여야 한다.

4) *흡착* VOC의 흡착은 수증기를 사용하여 재생하는 활성탄을 사용하여 수행된다. 흡착을 위해 여러 가지 배열이 사용되는데, 한 가지 가능한 구성안이 그림 18.13에 나와 있다. 여기에서 보인 예는 3단 시스템이다. VOC를 함유한 가스 흐름은 첫 번째 충진층을 통과하고, 이 가스는 두 번째 충진층으로 들어간다. 두 번째 충진층은 스팀을 사용하여 재생되었고, 첫 번째 충진층을 통과한 가스의 흐름에 의해 냉각된다. 세 번째 충진층은 오프라인 상태에서 스팀을 사용하여 재생된다. 재생 충진층에서 나오는 증기는 포집된 유기물과 함께 응축되고 차후에 유기물을 회수한다. 응축 설비의 벤트는 보통 대기로 직접 배출되기에는 농도가 높아서 일반적으로 첫 번째 충진층의 입구로 다시 재순환된다. 첫 번째 충진층이 포화되면, 주 충진층 역할을 하는 충진층 대신 현재 보조 충진층 역할을 하는 충진층이 새로운 기본 충진층이 된다. 재생된 충진층은 두 번째 충진층이 되고, 주 충진층 역할을 하던 충진층은 재생된다. 이러한 전환 작업은 일반적으로 시간적 배열 순서에 기반하여 이루어진다.

단일 충진층 시스템은 *일회용 카트리지*와 같이 작은 규모의 업무(통상적으로 하루에 5 kg 미만의 유기 물질 배출)에 사용할 수 있다. 환경 기준이 지나치게 높지 않다면 2단 배치를 사용할 수 있다. 1개의 충진층은 다른 충진층이 재생되고 있는 동안 흡수하고, 두 충진층 사이 일정한 전환이 이루어진다. 또한, 그림 18.13보다 더 복잡한 4개의 충진층을 사용하여 운용하기도 한다.

흡착 회수 공정의 효율은 VOC의 몰질량에 따라 증가하고(탄소 흡착제는 몰질량이 일반적으로 40 미만인 저비등 VOC를 제어하는 것에는 적합하지 않음), 흡착 온도가 낮을수록 증가하며, 압력 증가에 따라 증가하고, (흡착에 대한 물의 경쟁으로 인해) 가스 흐름에서 수증기의 농도가 감소함에 따라 증가

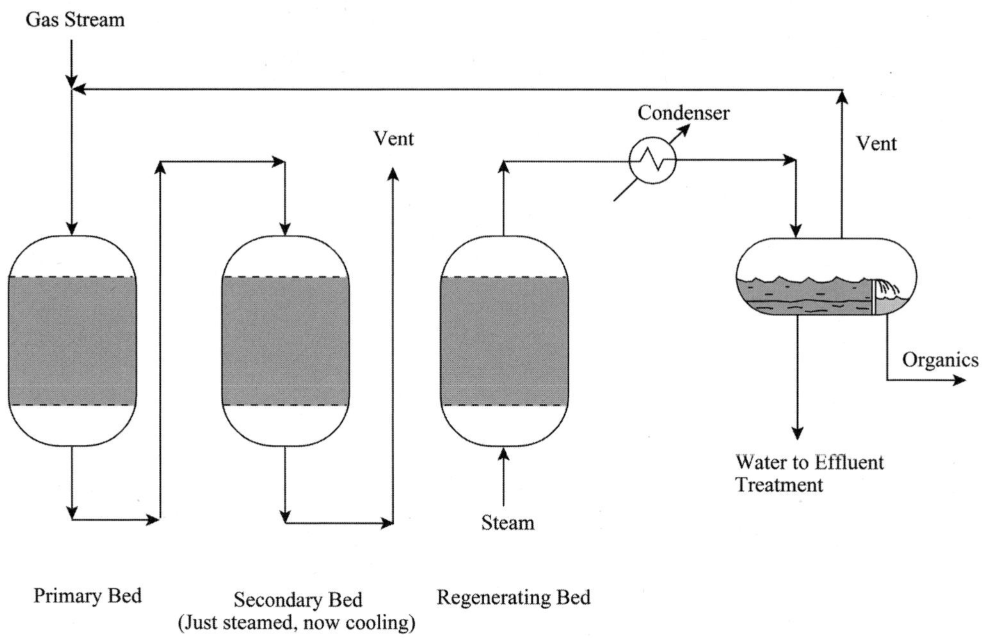

그림 18.13 ▸ 3단 시스템 흡착.

한다. 요약하면, 일반적으로 응축 및 흡수는 VOC 재생의 가장 간단한 방법이다. VOC를 회수하는 방법들을 서로 조합하여 효과적으로 사용할 수는 있으나 비용이 많이 든다. 일반적으로 흡착은 매우 낮은 농도의 VOC를 처리할 수 있는 유일한 방법이다. 기체 흐름이 VOC 혼합물을 포함하면 이때 회수된 액체의 재사용은 적합하지 않을 가능성이 크며, 증류에 의해 분리하거나 열 산화에 의해 제거되어야 한다.

VOC 방출 관련해서 근본적인 생성을 최소화하고, 생성된 VOC에 대해서는 제거하는 방법을 최대한 적용한 이후, 나머지 VOC는 모두 파괴되어야 한다(미국 환경 보호국, 1992a). VOC 파괴에는 일반적으로 다음의 두 가지 방법을 사용한다.

- 열 산화(촉매 열 산화 포함) 처리
- 생물학적 처리

열 산화와 관련하여 사용되는 방법은 아래와 같다.

1) ***플레어 배출*** 플레어(flare)를 통한 가스 연소는 화염 주위의 공기가 연소에 소모되는 산소를 공급하는 개방형 연소 과정이다. 효과적인 연소는 화염의 온도, 연소 영역에서의 체류 시간 및 완전 연소를 위한 혼합 정도에 의존한다. 플레어 배출은 단일 특정 배출 가스에 적용되거나 헤더를 통해 여러 가스 흐름을 모은 것에 적용되며, 다음과 같이 분류할 수 있다.

  - 플레어 팁 높이 기준: 접지형(grounded) 또는 격상형(elevated)
  - 플레어 팁에서 혼합을 하는 방법 기준: 스팀 보조, 공기 보조, 보조 없음

공정 산업에서 사용되는 가장 일반적인 유형은 스팀 보조 플레어이다. 이것은 그림 18.14에 나와 있고, 연소는 플레어 팁에서 발생한다. 플레어 팁에서는 화염을 유지하기 위해 파일럿 버너, 점화 장치 및 연료 가스가 필요하다. 스팀 보조 플레어에서 플레어 팁 주변에서 스팀 노즐을 사용하여 혼합

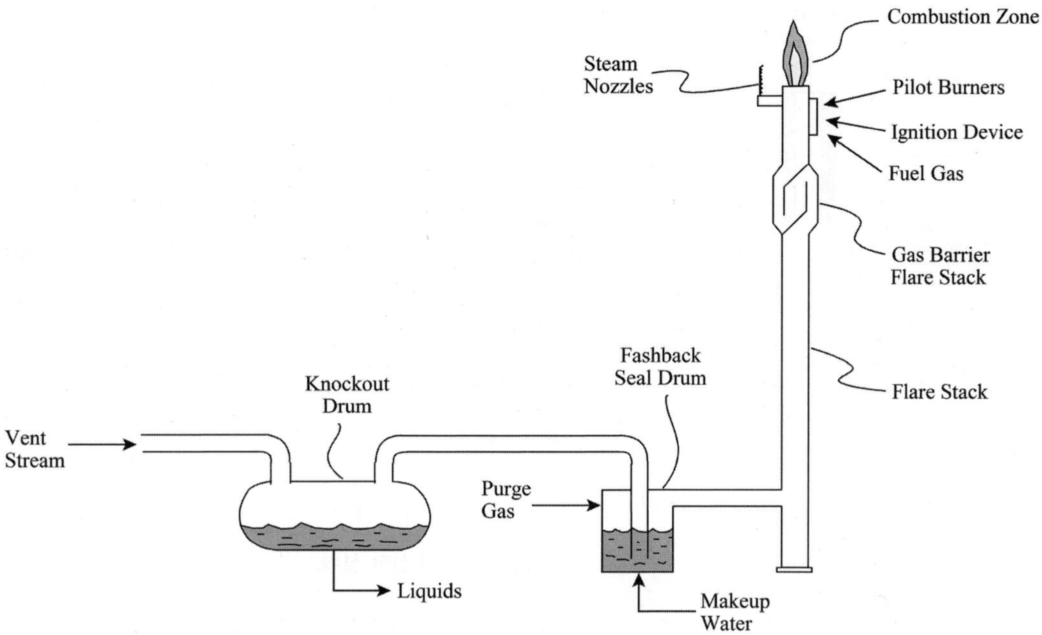

그림 18.14 ▸ 고온 스팀 보조 플레어 배출.

한다. 그림 18.14에서 볼 수 있듯이, 배출 흐름이 플레어 스택에 들어가기 전에 녹아웃 드럼을 사용하여 가스 흐름에 포함된 액체를 제거한다. 액체는 화염을 없애거나 비이상적 연소를 유발하므로 제거해야 한다. 또한, 액체가 완전히 연소되지 않으면 액체가 지면에 닿아 위험을 초래할 수 있다. 화염이 가스 수집 헤더로 다시 전파되지 않도록 설계되어야 한다. *가스 역류 억제* 설비 또는 *화염 확장 방지* 설비는 가스 벤트의 유량이 적을 때 헤더로 화염이 통과하는 것을 방지한다. 물을 포함하는 *역행 방지용 드럼*은 추가적인 보호 기능을 제공한다.

플레어의 성능은 스팀 보조 플레어의 경우 최대 98%의 제거 효율을 달성할 수 있다. 할로겐 및 황 함유 화합물은 플레어로 배출되어서는 안 된다. 플레어는 거의 모든 VOC 함유 흐름에 적용할 수 있으며, 성분 물질, 열량 및 배출구 흐름의 유량에 큰 변동이 있을 때 사용한다.

그러나 플레어는 비정상적인 운전이나 VOC가 많은 가스의 비정상적인 유량을 처리하기 위한 단기적인 필요에 의해서만 사용되어야 한다. 정상적인 운전 환경에서는 다른 방법을 사용하는 것이 적절하다.

2) ***열 산화*** 경우에 따라 벤트되는 가스 흐름을 수증기 생산 보일러로 유입시켜 VOC가 CO_2 및 H_2O로 산화되도록 처리할 수 있다. 그러나 일반적으로 VOC가 포함된 폐기물을 처리하기 위해서는 특별히 설계된 *열 산화* 설비를 사용해야 한다. 그림 18.15는 열 산화를 활용하는 세 가지 방안을 설명한다. 그림 18.15a는 수직형 열 산화 장치이다. 벤트 가스는 보일러의 보조 공기 및 보조 연료가 공급되는 내화물질로 처리된 연소실로 유입된다. 그림 18.15b는 수평형 열 산화 설비이다. 그림 18.15c는 유동화 열 산화 설비이고, 벤트 가스는 보충 연료와 함께 불활성 물질(예, 모래)로 유동화된 충진층으로 들어간다. 유동화 설비는 공기 흐름에 의해 유동화되며, 연소에 적합하도록 혼합된다. 또한 열 저장 기능을 갖고 있어서 유입 가스의 변화를 어느 정도 보정할 수 있다.

열 산화제의 조건은 일반적으로 CO_2 및 H_2O로의 완전한 산화를 가능케 하기 위한 화학양론

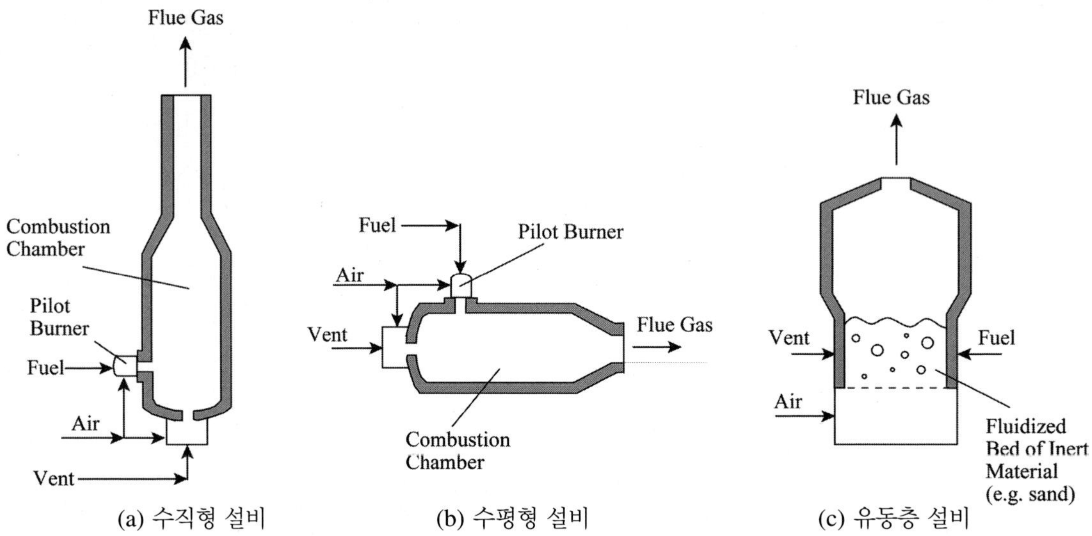

그림 18.15 ▸ 열 산화 설비.

적 요구 사항을 25% 초과하는 과잉 산소이다. 탄소, 수소 및 산소를 포함하는 휘발성 유기 화합물(VOC)의 연소에 필요한 최소 온도는 약 750°C이고, 통상적으로 850~900°C 정도이다. 연소가 일어나는 부분에서 VOC의 체류 시간은 일반적으로 0.5~1초이다. 할로겐화 유기 화합물을 열적으로 산화시킬 때 요구되는 온도는 최소 1100~1300°C이고, 체류 시간은 최대 2초이다. 할로겐화 물질을 함유한 폐기물질을 산화시킬 때는 다이옥신과 푸란이 생성되는 조건을 피하는 것이 중요하다. 다이옥신과 푸란은 열적 산화를 거치는 가스가 냉각될 때 특히 비산회(fly ash)가 존재하는 경우에 형성될 수 있다. 다이옥신과 푸란의 생성이 가장 많을 때는 가스가 500°C와 200°C 사이에서 냉각되는 경우이다. 급냉을 통해 빠르게 냉각된 가스를 통해 다이옥신과 푸란의 생성을 억제할 수 있다. 할로겐화 물질의 열 산화는 일반적으로 1200°C 이상에서 이루어지고, 폐열 보일러를 활용하여 가스는 400°C 정도까지 냉각되고 이후 추가 냉각 공정을 이용하여 70°C 정도의 온도가 된다. 다이옥신 및 푸란의 허용 배출 수준은 일반적으로 0.1 ng /m^3 미만이다. 다이옥신 및 푸란에 대한 배기 가스의 처리에는 분말 활성탄이나 카본 필터에 흡착시켜 제거할 수 있다. 벌집형 촉매를 사용하는 촉매적 산화 방법도 사용될 수 있다.

보일러를 기동하거나 유입되는 유기 물질의 공급 농도가 낮은 경우 보조 연료의 사용이 필요하다. 처리된 최종 가스는 일반적으로 공기 중에서는 VOC가 파괴될 경우 인화성 한계치 이하로, 비활성 가스 혼합물에서는 VOC가 최소 산소 농도 미만으로 되도록 설계되어 있기 때문에 통상적으로 보충 연료가 필요하다(20장 참조). VOC는 일반적으로 공기 혼합물의 인화성 한계치의 25~30% 미만이거나 불활성 가스 혼합물의 최소 산소 농도의 40% 미만이어야 한다. VOC 농도를 지속적으로 모니터링하는 실시간 분석 장비가 설치된 경우라면 이러한 기준치가 증가될 수도 있다. 배출 흐름이 언급된 한계치를 초과하면 일반적으로 공기 유입량은 그에 따라서 증가된다. 그렇지 않으면, 질소가 도입될 수도 있지만 가격이 더 비싸다. 그림 18.15의 장치는 배출 가스에서의 열회수가 없어서 에너지 효율이 좋지 않다. 배기 가스에서 열을 이용할 수 있는 일반적인 두 가지 방법은, 첫 번째로 배기 가스의 열을 유입되는 공급수 예열에 사용하여 연료 요구량을 줄이거나, 가용 열을 사용하여 공정에서 사용되는 스팀을 생산한다.

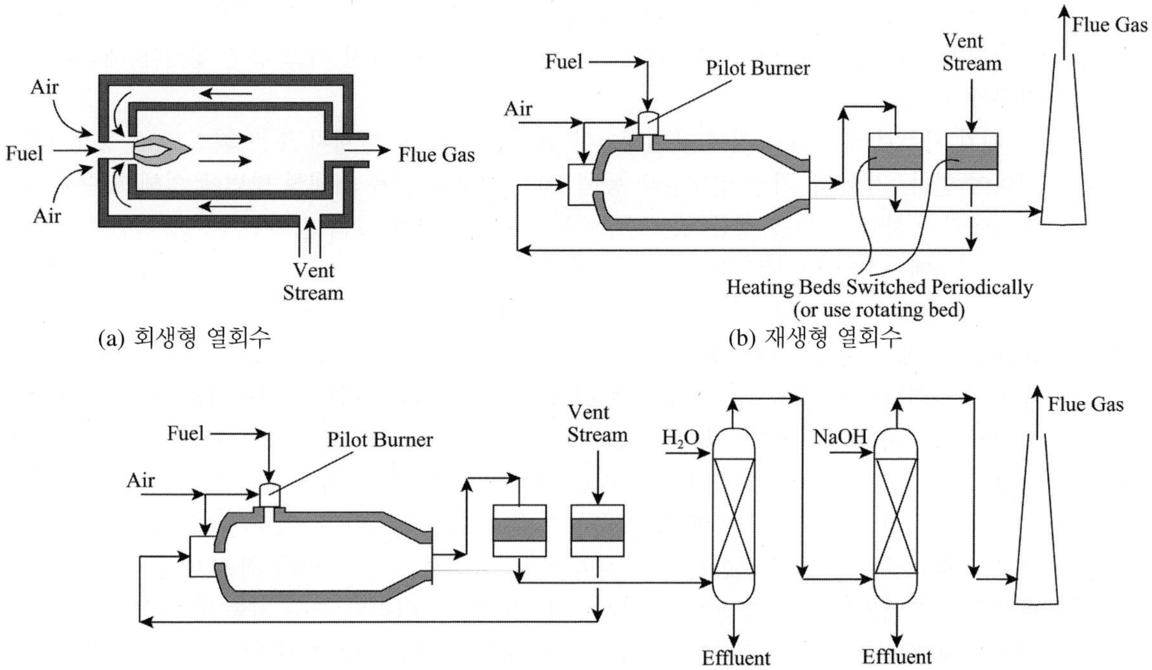

(a) 회생형 열회수

(b) 재생형 열회수

(c) 재생형 열회수와 가스 세정의 연계

그림 18.16 ▸ 열 산화로부터의 회생 및 재생 열회수.

그림 18.16a는 유입되는 공급 흐름을 예열하기 위한 *회생형*(recuperative) 열회수 장치를 보여준다. 이러한 배열에서 연료 및 공기는 연소 영역으로 직접 유입된다. 그러나 배기 가스 흐름은 연소실 벽을 통한 열전달에 의해 예열된다. 열전달 설비 도입을 통하여 열을 회수하는 다양한 방식을 적용할 수 있다. 그림 18.16b는 유입되는 공급 흐름을 예열하기 위한 *재생형*(regenative) 열회수를 사용하는 열 산화 장치를 보여준다. 연료와 공기는 연소 영역으로 직접 유입되지만 연소실에 유입되는 가스 흐름은 산화장치에서 배출되는 가스에 의해 예열된 고온 충진층을 통과하여 연소실 유입 이전에 예열된다. 그림 18.16b에 보인 방법은 주기적으로 열회수용 충진층이 교체되는 이중 재생 충진층 방법을 보여준다. 산화 장치에서 처리되기 위해 유입되는 배기 가스를 예열하면서 고온의 충진층은 점점 냉각이 되고, 다른 충진층은 산화장치에서 배출되는 가스에 의해 가열된다. 다시 가열된 충진층은 냉각된 충진층과 교체되면서 산화장치로 유입되는 가스 흐름을 예열시킨다. 재생 층에 사용되는 재료는 내화물 또는 금속을 사용한다. 이중 충진층 시스템에서는 하나의 충진층이 가열 모드에서 냉각 모드로 전환될 때 아직 처리되지 않은 수증기를 포함하게 된다. 따라서 충진층 내의 처리되지 않은 수증기는 직접 처리되지 않고 대기로 배출된다. 이러한 문제는 추가 충진층을 도입하여 삼중 충진층 시스템을 적용하여 극복할 수 있으나, 투자 비용이 추가되며 조업이 복잡해지는 단점이 있다. 다른 방법으로는 재생 충진층을 교체하는 것이 아닌 연속적으로 운전되는 회전형 충진층을 적용할 수 있다. 회전형 충진층은 저속으로 회전하는 바퀴 형태의 구조를 가지고 있다. 가스 배관 배치는 유입되는 배기 가스 흐름과 고온의 배출 가스가 모두 바퀴형 구조를 가로질러 축 방향으로 흘러가도록 하고, 바퀴 부분이 각 부분은 각 흐름에 노출되도록 한다. 따라서 바퀴 구조에서 서로 다른 부분들에서 동시에 난방 및 냉방 모드를 갖게 된다. 이것은 그림 18.16b에서 보인 교체형 충진층 시스템

과 동일한 목적을 달성하지만 연속적으로 운전된다. 이 연속 운전은 충진층을 교체하는 것보다 바람직하지만 기계 설비 관점에서 더 복잡하고 바퀴 구조 주변에서 가스 유출 방지에 세심한 주의가 필요하게 된다.

배기 가스가 연소되기 전에 예열되어야 한다면, 연소성 한계치 또는 최소 산소 농도 허용치보다 낮아야 한다. 가스 대 가스 열교환을 통해 70% 이상의 열을 회생형 방법에 의해 회수하는 것은 경제적이지 못하다. 스팀을 생산하는 경우에는 일반적으로 80%의 열회수가 가능해진다. 재생형 열회수인 경우에는 약 95% 정도까지 높아질 수 있다.

배출 가스에 할로겐화 물질 또는 황이 포함되어 있으면 방출하기 전에 배출 가스를 세정(scrubbing) 처리해야 한다. 그림 18.16c는 배기 가스가 배출되기 전에 냉각된 가스를 물로 먼저 처리한 후에 수산화나트륨 용액으로 세정하는 전형적인 공정을 보여준다. 그림 18.16c에 보인 물과 수산화나트륨를 사용하는 세정 설비는 세정액을 재순환하는 하도록 운영하는 것이 일반적이다. 그림 18.16c에서는 세정 전에 열 산화기의 배출 가스의 열회수를 포함한 경우이다. 열 산화 장치에서 배출되는 고온의 가스는 세척기에 유입되기 전에 냉각되어야 하고, 이것은 열회수 또는 직접 용수를 주입하거나 또는 이들의 조합을 통해 이루어진다. 환경 규제에 의해 최종 배출되는 배출 가스에서 육안으로 확인되는 연기 발생이 제한되는 경우도 있다. 이러한 경우 최종 배출구에서의 배출가스의 온도를 80°C 이상으로 유지해야 하고, 이를 위해서 배기 가스를 재가열해야 할 수도 있다.

그림 18.17a는 열 산화 장치의 고온 배출 가스가 수증기를 생성하는 데 사용되는 공정을 보여준다. 그림 18.17b는 처리된 가스의 대기 배출 이전에 세정 설비를 사용한 공정이다.

열 산화제를 사용하는 방법은 보통 98% 이상의 제거 효율을 가지며, 통상적으로 제거 효율은 거의 100% 수준에 도달하도록 설계된다(온도, 체류 시간 및 열 산화 장치에서의 혼합에 따라 다름).

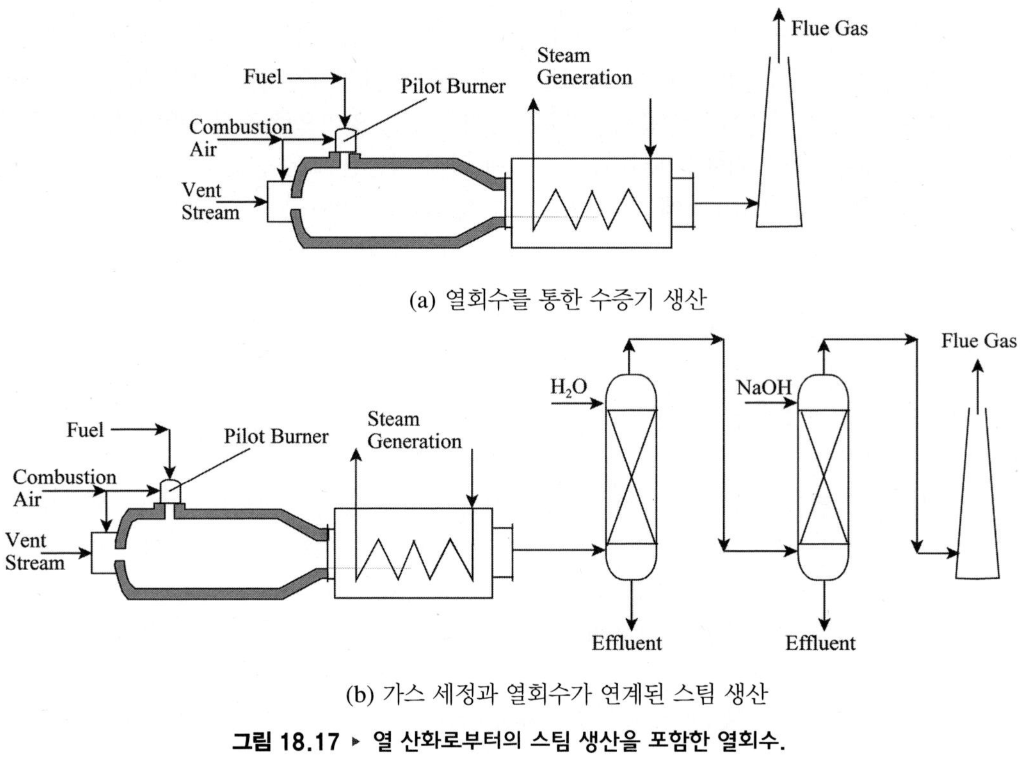

그림 18.17 ▸ 열 산화로부터의 스팀 생산을 포함한 열회수.

열 산화제를 사용하는 공정은 유량의 변화가 작은 경우에 적합하며 큰 변동이 있는 경우에는 적합하지 않다.

3) *촉매 열 산화* 촉매를 사용하여 열 산화의 연소 온도를 낮추고 연료를 절약할 수 있다. 그림 18.18은 촉매를 사용한 열 산화 장치의 개략도이다. 연소 공기 및 보충 연료는 예열된 VOC 함유 가스와 함께 촉매층 이전의 예열 부분으로 유입된다. 그림 18.18에 보인 것과 같은 열회수가 항상 사용되는 것은 아니다. 촉매는 전형적으로 알루미나 지지체상의 백금 또는 팔라듐 또는 크롬, 망간 또는 코발트와 같은 금속 산화물을 사용한다. 배기 가스는 가연성 범위에서 낮은 한계치(20장 참고. 일반적으로 낮은 가연성 한계치의 25~30% 수준)보다 훨씬 낮아야 한다. 촉매는 황, 비스무스, 인, 비소, 안티몬, 수은, 납, 아연, 주석 또는 할로겐을 함유한 화합물에 의해 불활성화될 수 있다. 촉매는 시간이 지남에 따라 점차적으로 비활성화되며, 수명은 일반적으로 2~4년이다. 촉매 운전 온도는 일반적으로 500~600°C를 넘지 않아야 하며, 그렇지 않으면 촉매는 소결로 인해 손상될 수 있다. 일반적인 운전 조건은 200~480°C이며, 체류 시간은 약 0.1초이다. 촉매를 사용하는 열적 산화는 연소 온도가 낮기 때문에 할로겐화 화합물 처리에는 적합하지 않다. 연소시의 열 방출에 의한 촉매의 온도 상승이 너무 높으면, 냉각된 최종 배출 가스의 일부를 재순환하여 산화기로 유입되는 가스흐름과 혼합하여 사용하기도 한다. 회생식(recuperative) 열회수는 최대 70~80%까지 가능하며, 재생형(regenerative) 열회수는 최대 95%까지 가능하다. 제거 효율은 최대 99.9%이지만, 이 공정도 유량의 변동이 큰 경우에는 적합하지 않다.

촉매를 사용하는 열 산화 설비의 장점은 운전 온도가 낮을수록 연료를 절감할 수 있다는 것이다(촉매 사용 없이 효과적인 열회수를 통해 이러한 이점이 상쇄될 수 있음). 촉매 기반 열 산화 공정의 주요한 단점은 2~4년마다 촉매를 주기적으로 교체해야 하고, 투자비가 촉매를 사용하지 않는 열 산화보다 높다는 것이다. 또한 촉매 기반 열 산화는 압력 강하를 증가시키는 경향이 있다.

4) *가스 터빈* 배출되는 가스의 유량이 일정하고 VOC 함유량이 높은 공기의 유량이 높으면 가스 터빈을 열 산화에 사용할 수 있다. 몇 가지 가스 터빈 모델은 이러한 용도로 특별히 설계되었다. 이를 통해 배출 가스에서 직접 전기를 생성할 수 있다. 이러한 응용 분야는 할로겐화 화합물 및 황 성분이 없는 휘발성 유기 화합물로 제한되어야 한다. VOC 함유량이 높으면 추가 연료를 사용하지 않고도 적용할 수 있지만, 그렇지 않으면 보충 연료의 공급이 필요하다. 제거 효율은 최대 99.9%이다.

5) *생물학적 처리* 미생물은 VOCs를 산화시키는 데 사용될 수 있다(Hydrocarbon Processing's Environmental Processes, 1998). VOC 함유 흐름이 미생물과 접촉하고, 유기물질 VOC는 미생물을 위한 영양 공급원이 된다. VOC의 탄소는 CO_2, 수소는 H_2O, 질소는 질산염, 황은 황산염으로 산화된

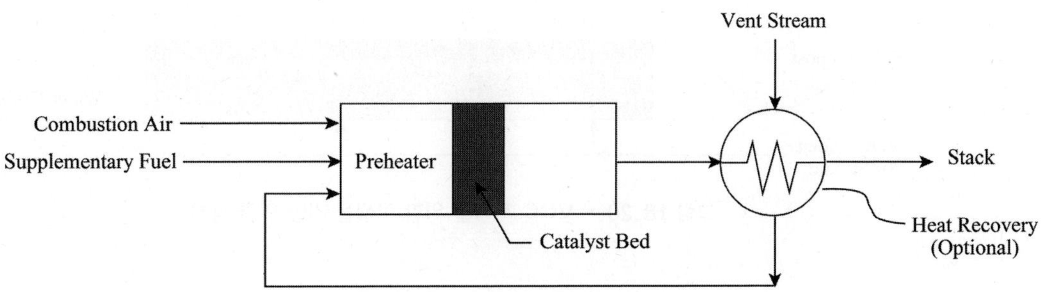

그림 18.18 ▸ 촉매를 적용한 열 산화.

다. 생물학적 성장을 위해서는 충분한 양의 산소와 영양소가 필요하다. 그림 18.19는 미생물 기반 세정 장치를 보여준다. VOC가 함유된 가스는 세정기로 유입되고 물이 흘러내리는 충진물을 통과하며 상승한다. 생물학적 성장을 촉진하기 위해 인산염, 질산염, 칼륨 및 미량 원소 등의 영양소를 추가 공급해야 한다. 미생물은 충진제 표면에서 성장한다. 지나치게 낮은 pH를 방지하기 위해 세정 설비의 출구에서 배출되는 폐수는 재활용하기 전에 적정 pH로 조절되어야 한다. 미생물의 성장이 지속되면 미생물 성장층이 너무 두껍게 되고 충진제에서 분리된다. 이 잉여 슬러지는 재순환되지 않고 폐기해야 한다.

그림 18.20의 공정은 토양 또는 퇴비로 충진제를 대체한 VOC 처리용 *생물적 여과 장치*이다. 생물 여과 장치의 한 가지 장점은 사용되는 퇴비에는 생물학적 성장을 유지하기 위한 영양소가 저장되어 있어 추가적인 영양분 공급이 필요 없다는 점이다. 그러나 생물학적 활동은 결국 감소하기 시작하며, 필터는 일반적으로 5년 후에 교체해야 한다.

생물학적 처리의 제거 효율은 일반적으로 최대 95%이다. 일부 VOC는 분해가 매우 어렵다. 생물학적 방법에 의한 처리는 일반적으로 100,000 m^3h^{-1} 미만 유속의 저농도의 흐름(일반적으로 1000 ppm 미만)으로 제한된다(미국 환경 보호국, 1992b).

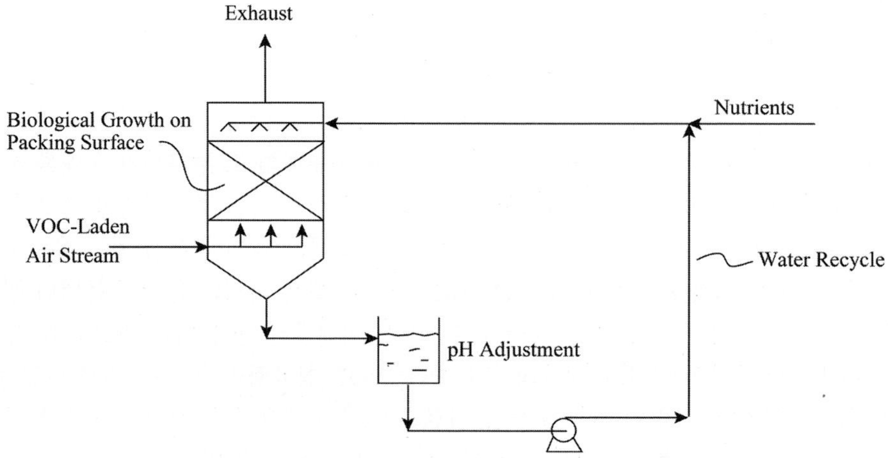

그림 18.19 ▸ VOC 처리를 위한 미생물 기반 세정설비.

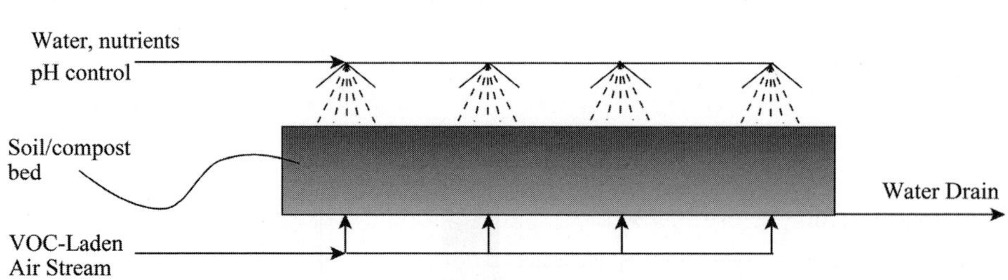

그림 18.20 ▸ VOC 처리를 위한 미생물 기반 여과 장치.

18.5 황 오염 물질의 배출 제어

공정 산업에서 SO_2 및 SO_3 등의 황 배출원을 집합적으로 SO_X라고 하며 다음과 같은 공정에서 발생한다.

- 화학제품 생산, 예를 들어 황산 생산, 술폰화 반응 등.
- 제련 공정, 예를 들면 구리 생산 공정
- 연료 처리 작업, 예를 들어 연료 탈황
- 황 함유한 연료의 연소

SO_2와 SO_3가 연소 과정에서 생성될 때, 화학 평형 원리에 의해 온도가 감소함에 따라 SO_3가 많이 생성된다. 그러나 실제로는 혼합물은 화학 평형을 이루지 못하고 평형은 SO_2에 의해 지배되는 경향이 있다.

대기로 배출되는 황 오염 물질의 처리를 고려하기 전에 배출원에서 생성을 최소화해야 한다. 황 오염 물질은 다음과 같은 방법을 통해 생성원에서 최소화될 수 있다.

- 화학제품 생산에서 공정의 생산 수율 증가
- 에너지 효율의 증가로 연료 사용량 감소
- 황 함유가 낮은 연료로 전환
- 연소 전 연료의 탈황 처리

연소 과정에서 황 오염 물질의 배출을 낮추려면 황 함유가 낮은 연료로 전환해야 한다. 연료의 황 함량은 크게 다르다. 일반적으로, 황 함유량은 기체<액체<고체 순이다. 또한 이 순서는 연료의 종류에 따라 연소 전 탈황의 상대적인 용이성과 연관된다. 연소되기 전에 석탄을 탈황시키는 것은 매우 어렵다. 무기물 형태의 황 성분을 제거하기 위해서는 석탄을 분쇄하여 아주 미세한 입자(100 μm 정도)로 만들어야 한다. 저중량의 석탄은 부유설비(flotation)를 이용하여 중금속과 분리될 수 있다. 하지만 이러한 탈황으로는 약 30~60% 정도의 황만을 제거하고, 나머지는 유기물 성분으로 남아 있게 된다. 액체 연료의 탈황은 훨씬 더 간단하며, 일반적으로 정유 산업에서 실행된다. 황은 메르캅탄, 티올, 티오펜 등의 형태로 존재한다. 액체 연료의 탈황은 높은 온도 및 압력에서 촉매를 통한 수소와의 반응을 통해서 이루어진다. 액체 연료의 유기물 황은 H_2S와 반응한다. 기체 연료의 탈황은 가장 직접적으로 수행된다. 기체 연료의 황은 대부분 H_2S로 존재한다. 이것은 7장에서 논의된 것처럼 아민 기반 흡수공정 등을 활용하여 직접 제거할 수 있다.

가스 흐름으로부터 황을 제거하는 것은 일반적으로 H_2S를 제거하거나 SO_2를 제거하는 것이다(Crynes, 1977). 일반적으로 H_2S의 형태로 황을 제거하는 것은 SO_2의 형태보다 훨씬 간단하다. H_2S는 흡수 공정에 의해 제거될 수 있다. 아민을 이용한 화학적 흡수는 가장 일반적으로 사용되는 방법이다. 화학적 흡수를 위해서는 다른 용매(예, 탄산칼륨)를 사용할 수 있다. 물리적 흡수 공정은 저온 메탄올(Rectisol 공정에서 사용함) 또는 폴리에틸렌글리콜의 디메틸에테르의 혼합물(Selexol 공정에서 사용함)과 같은 용매를 사용한다.

황 함유량이 높은 연료를 연소시킬 필요가 있을 때는 가스화 공정이 선호된다. 가스화는 스팀이 있는 조건에서 순수한 산소(또는 공기)를 사용하는 연료를 부분 연소하는 방법이다. 최고 1600°C 온도와 150 bar 압력 범위 내에서 사용된다. 가스화의 생성물은 CO, CO_2, H_2, H_2O, CH_4, H_2S, COS, N_2,

NH_3, HCN의 혼합물이다. 황은 대체로 약 95% 정도는 H_2S로 전환되고 나머지는 COS(카보닐 황화물)로 전환된다. H_2S, COS, CO_2로 구성된 산성 가스는 흡수 공정에 의해 제거된다. 사용하는 용매에 따라 COS는 먼저 COS 가수 분해 장치에서 H_2S로 전환할 필요가 있다. HCN은 가수 분해 장치에서 NH_3 및 CO로 전환된다. H_2S 및 CO_2는 가스화기 및 최종 합성 가스의 요구 사양에 따라서 동시에 또는 선택적으로 제거될 수 있다. 그런 다음 합성 가스(H_2 및 CO)는 황이 포함되지 않은 연료로 사용하게 된다. 따라서 가스화는 황 함량이 높은 연료를 다룰 때 기존의 연소 공정에 비해 장점이 있다.

그림 18.21은 가스 터빈과 증기 터빈을 조합하여 전기를 생산하는 가스화 복합 사이클의 공정이다. 그림 18.21은 합성 가스를 화학제품 원료로 사용하는 방안을 포함하여 보여준다. 증기와 산소와 함께 황을 함유한 연료가 가스화기에 유입된다. 그런 다음 가스화기에서 생산된 가스에서 미립자 물질을 제거한다. COS는 촉매를 통한 가수 분해 반응으로 H_2S로 전환되고, 전환된 H_2S는 제거된다. 합성 가스는 그림 18.21과 같이 화학제품 생산원료로 사용되거나 또는 가스 터빈 복합 사이클에서 연소될 수 있다. 그림 18.21에는 가스 터빈과 생산 공정을 통합하는 방안이 포함되어 있다. 그림 18.21에서 가스 터빈의 압축기를 사용하여 가스 터빈 사이클용 가스를 압축하는 것과 함께 산소를 생산하는 공기 분리 설비에 압축 공기를 제공하는 역할도 포함한다. 공기 분리기에서 나온 질소는 가압 상태에서 가스 터빈의 연소기에 공급되어 연소설비에서의 화염 온도를 낮추어 NO_X 발생을 억제하고, 이후 팽창기를 압축 공기와 함께 통과하며 팽창되어 축일을 생산한다. 가스 터빈에서 배출되는 배기 가스는 최종 배출되기 전에 스팀을 생산하는 데 사용되고, 생산된 스팀은 스팀 터빈에서 추가적인 전기를 생성하는 데 사용된다. 그림 18.21의 기본적인 공정을 기준으로 많은 변형이 가능하다. 황은 처리되기 이전까지는 SO_2로 산화되지 않기 때문에 가스화에 있어서 중요한 점은 황 함유량이 높은 연료로부터 화학 원료, 전기 및 열을 생산할 수 있는 효과적인 방법이라는 것이다.

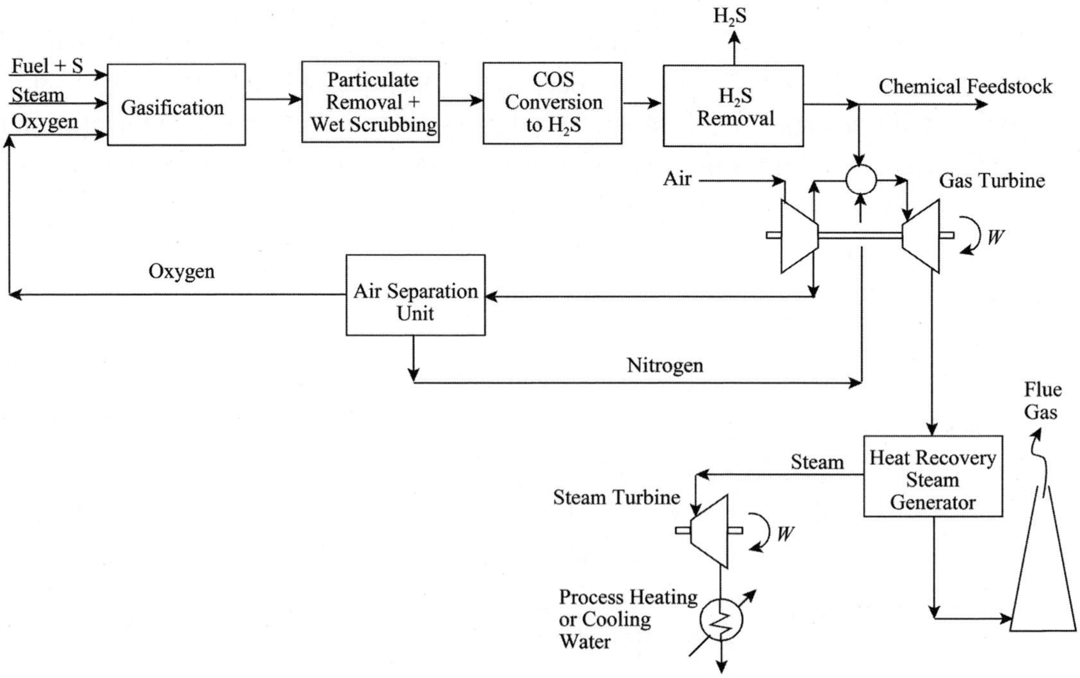

그림 18.21 ▸ 통합 가스화 복합 사이클.

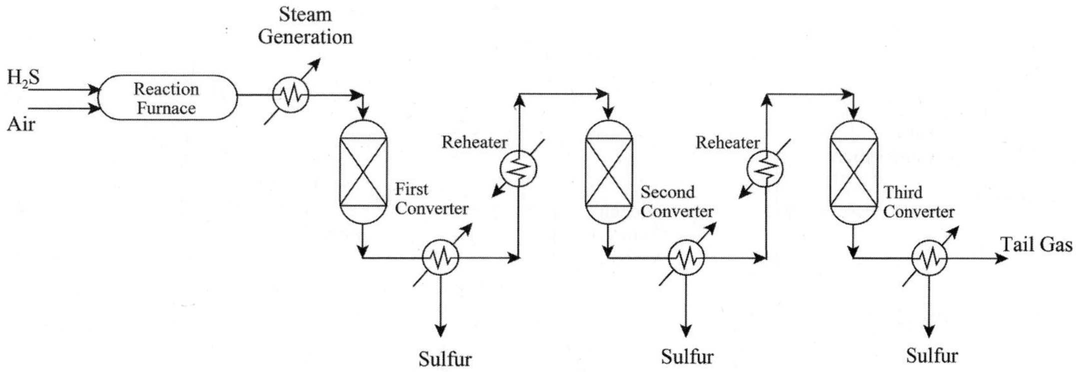

그림 18.22 ▸ Claus 공정을 이용한 H_2S 제거.

H_2S의 형태로 황을 제거하면, H_2S를 대기로 배출할 수 없다. H_2S에 포함된 황은 Claus 공정에서 부분 산화에 의해 황 원소로 회수된다. 그림 18.22는 Claus 공정의 개요를 보여준다. 공기 중의 황화수소는 부분 연소가 일어나는 반응 연소로에 유입된다. 수증기 생산을 위한 열회수 장치에 의해 반응기 배출 가스를 냉각시킨 후 가스는 전환기로 유입된다. 관련된 화학 반응은 다음과 같다.

$$\begin{aligned} &\text{반응 연소로 반응:} && 2H_2S + 3O_2 \rightarrow 2H_2O + 2SO_2 \\ &\text{전환기 반응:} && 2H_2S + SO_2 \rightarrow 2H_2O + 3S \\ &\text{전체 반응:} && H_2S + {}^1\!/_2O_2 \rightarrow S + H_2O \end{aligned}$$

전환기에서 나온 황은 응축되어 회수된다. 전환율은 평형 반응에 의해 약 60%로 제한되므로 그림 18.22와 같이 여러 단계(일반적으로 3단계)의 전환 공정이 사용된다. 각 전환 단계 후 황은 응축되어 회수되고, 가스는 재가열된 후 다음 전환 단계로 유입된다. 최종 처리된 가스는 CO_2, H_2S, SO_2, CS_2, COS, H_2O를 포함하기 때문에 직접 대기로 방출될 수 없다. Claus 공정에서 최종 배출되는 가스의 처리를 위한 다양한 공정의 적용이 가능하다. 그림 18.23은 황 화합물이 수소와의 반응에 의해 H_2S로 전환되는 공정을 보여준다. 수소는 연료 가스의 부분 산화에 의해 생성된다. 황 및 황 화합물은 수소화 반응기에서 황화 수소로 전환된다. 반응기에서 나온 가스는 스팀 생산을 위해 열교환기를 통과하고, 용수가 재순환되며 냉각탑에서 냉각된다(그림 18.23). 그런 다음 황화수소는 흡수(예, 아민 용액 기반 흡수)에 의해 다른 가스 성분에서 분리된다. 흡수 장치로부터의 용매는 재생탑에서 재생되고 황화수소는 Claus 공정으로 재순환된다.

부분 산화에 의한 H_2S의 제거를 위한 다른 공정은 그림 18.24(Hydrocarbon Processing's Environmental Processes, 1998)에 있다. 이것은 H_2S를 부분적으로 산화시키기 위해 철 킬레이트를 사용한다. 그림 18.24에서 보인 것과 같이 유입되는 가스는 흡수 장치에서 철 킬레이트 용액과 접촉한다. Fe^{3+}는 H_2S와 반응하여 Fe^{2+} 및 황 원소를 생성한다. 환원된 철 킬레이트 용액은 공기에 의해 산화되어 흡수 장치로 순환된다. 이 공정은 광범위한 조건에서 운전할 수 있다.

지금까지 설명된 황을 회수하는 기술은 모두 H_2S 형태의 황 처리와 관련이 있다. 이제 SO_2의 형태로 황을 어떻게 처리할 수 있는지 검토해 보도록 한다. SO_2는 수산화나트륨 용액을 사용하여 가스 흐름에서 제거할 수 있다. 산화 반응 환경에서 다음과 같은 반응이 일어난다.

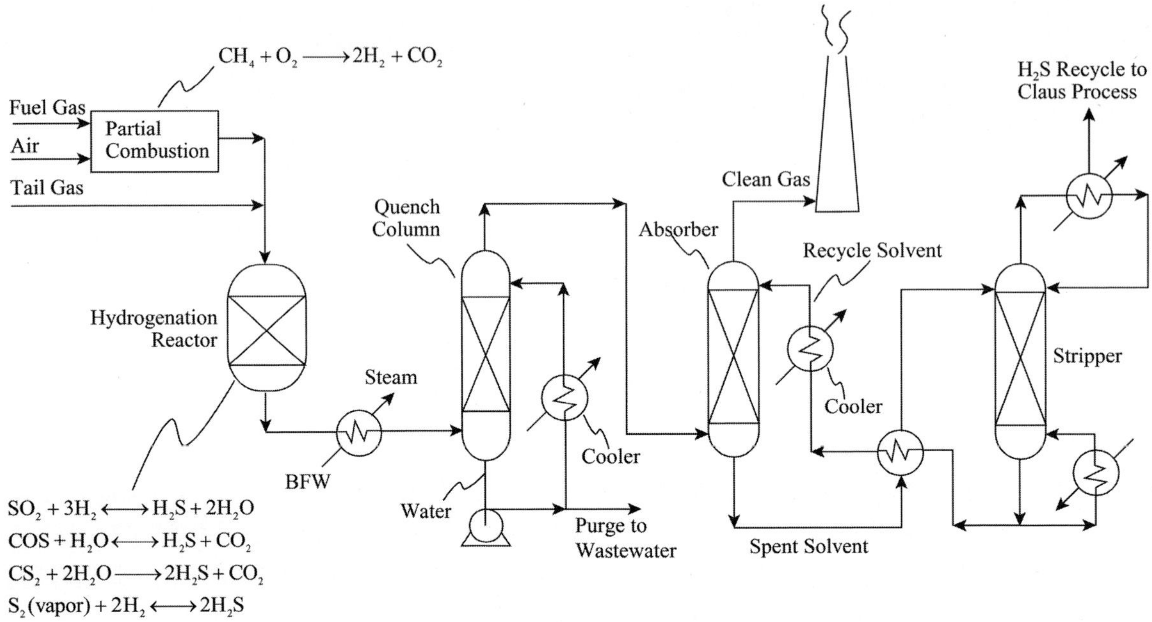

그림 18.23 ▸ Claus 공정의 최종 배출 가스 처리 공정.

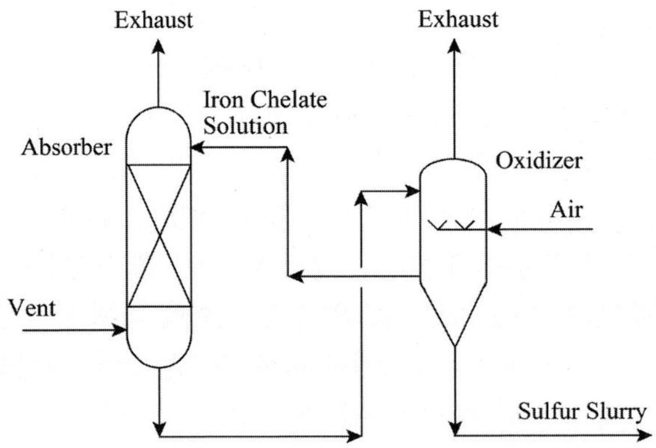

그림 18.24 ▸ 철 킬레이트를 이용한 H_2S의 부분 산화에 의한 H_2S 제거.

$$\underset{\text{sodium hydroxide}}{2NaOH} + SO_2 \rightarrow \underset{\text{sodium sulphite}}{Na_2SO_3} + H_2O$$

$$\underset{\text{sodium sulfite}}{Na_2SO_3} + \tfrac{1}{2}O_2 \rightarrow \underset{\text{sodium sulfate}}{Na_2SO_4}$$

그러나 수산화나트륨은 비싸기 때문에 이 방법은 소규모 공정에서 경제적이다. 이산화황을 제거하기 위해 저렴한 석회석을 사용할 수 있고, 석회석은 이산화황과 반응하여 고체 탄산칼슘을 생산한다 (Crynes, 1977).

$$\underset{\text{Limestone}}{CaCO_3} + SO_2 \rightarrow \underset{\text{Calcium sulfite}}{CaSO_3} + CO_2$$

$$CaSO_3 + \tfrac{1}{2}O_2 + 2H_2O \rightarrow \underset{\text{Gypsum}}{CaSO_4 \cdot 2H_2O}$$

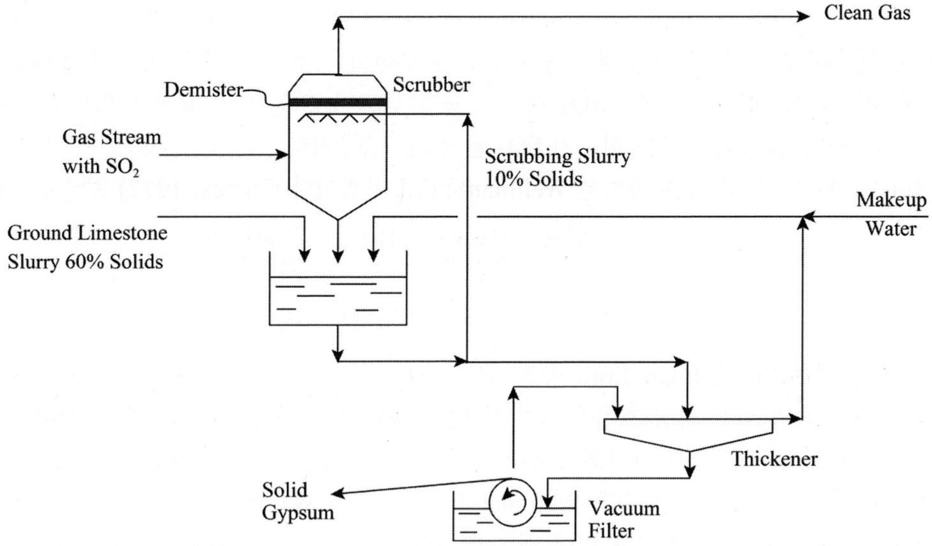

그림 18.25 ▸ **습식 석회암 세정을 이용한 SO_2 제거.**

습식 석회석 세정 방법을 이용한 SO_2 제거 공정은 그림 18.25에 제시되어 있다(Crynes, 1977). SO_2를 함유하는 가스 흐름은 석회석 슬러리가 분사되는 세정기에 유입된다. 이어서 슬러리를 수집하고, 추가적인 농축 및 여과에 의해 분리한다. 이를 통해 고체의 건축 자재로 사용할 수 있는 석고를 얻게 된다. 그러나 석고는 일반적으로 가치가 낮으며 종종 폐기 처리한다.

습식 석회석 세정 방법은 중앙 집중형 발전설비와 같은 대규모 유틸리티 시스템에 효과적일 수 있지만 하부 공정에서 적용되는 소규모 유틸리티 보일러와 같은 경우에는 효과적이지 않다. 그림 18.25의 습식 석회석 세정 공정이 아닌 건식 세정 방법을 사용할 수 있다. 건식 세정은 습식 석회석 세정에 의한 습식 부산물과는 달리 "건조된"부산물이 만들어진다. 이 과정은 그림 18.26에 설명되어 있다. 수산화칼슘(때로는 탄산나트륨)의 수성 슬러리를 유입되는 가스에 분무한다. 이때 화학 반응은 다음과 같다.

$$\underset{\text{calcium hydroxide}}{Ca(OH)_2} + SO_2 \rightarrow \underset{\text{calcium sulfite}}{CaSO_3} + H_2O$$

$$CaSO_3 + {}^1\!/_2 O_2 \rightarrow \underset{\text{calcium sulfate}}{CaSO_4}$$

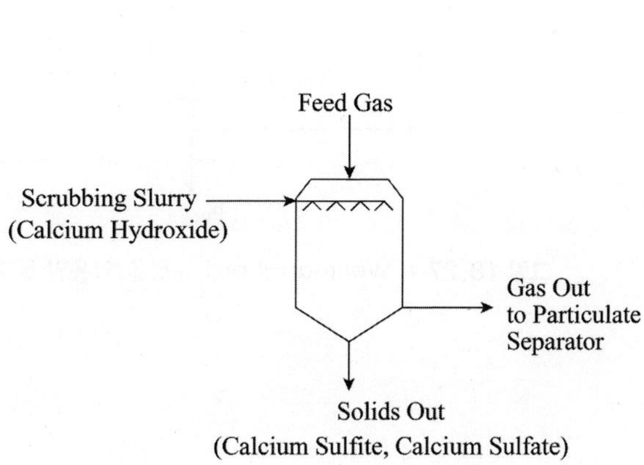

그림 18.26 ▸ **건식 석회석 세정을 이용한 SO_2 제거.**

물은 증발하고 반응 생성물은 건조 고형물로서 제거된다. 습식 세정 방법에 비해서 이러한 건식 세정 방법은 단순하고, 설비 건설이 용이하고 건조된 부산물을 얻으며 폐수 발생이 없다는 장점을 갖고 있다. 하지만, 습식 세정에 비해서 SO_2 제거 효율이 낮으며, SO_2 제거 효율은 일반적으로 70~90% 정도이다. 발생하는 건조 폐기물은 회수된 SO_2 톤당 약 2.2톤이다.

SO_2를 제거하는 또 다른 방법은 Wellman–Lord 공정이다(Crynes, 1977). 반응은 다음과 같다.

$$\underset{}{SO_2} + \underset{\text{sodium sulfite}}{Na_2SO_3} + H_2O \rightarrow \underset{\text{sodium bisulfite}}{2NaHSO_3}$$

$$2NaHSO_3 \xrightarrow{\text{crystallize}} Na_2SO_3 + H_2O + SO_2$$

그림 18.27에 보인 Wellman–Lord 공정에서는 SO_2 함유 가스 흐름이 아황산나트륨 용액이 분무되는 세정 장치로 유입된다. 생성 흐름은 증발기 및 결정화기에 공급되어 생성물인 아황산 수산화나트륨을 결정화시키고, 다시 아황산 수산화나트륨을 황산나트륨으로 전환시켜 SO_2를 방출시킨다. 결정은 물에 용해되고 세정설비로 재순환된다. Wellman–Lord 공정은 SO_2 농도가 낮은 가스 흐름에서 농축된 SO_2 흐름을 생산하는 특징을 가지고 있다. 농축된 SO_2 흐름은 후처리되어야 하며, 통상적으로 황산으로의 전환하는 처리 과정을 거친다. Wellman–Lord 공정은 석회석 세정 공정과 비교하여 고형 부산물을 생성하지 않고 황 함유 가스 흐름을 처리한다. 하지만 농축된 SO_2 함유 흐름을 처리하기 위해서 황산 공정이 필요하다.

Wellman–Lord 공정에서 생성되거나 또는 다른 공정에서 배출된(예를 들어, 구리 제련으로부터의 가스) 농축된 SO_2 흐름을 SO_3로 산화시켜서 황산을 제조할 수 있다.

SO_2를 산화시키기보다는 그림 18.23에서 설명한 것과 비슷한 공정을 통해 SO_2를 환원시킬 수 있다. 이때 SO_2는 H_2S로 환원되고, 생성된 H_2S는 분리되어 황 제거 공정으로 처리될 수 있다.

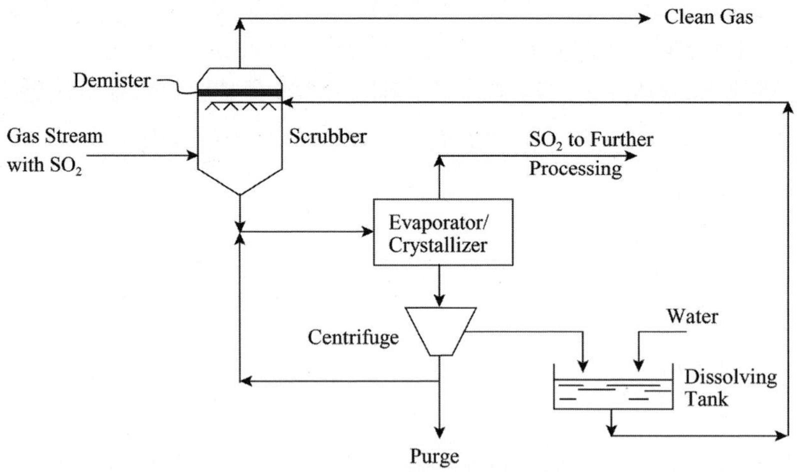

그림 18.27 ▸ Wellman–Lord 공정을 이용한 SO_2 제거.

예제 18.3

발전소에서 SO_2를 0.1%(부피 기준)를 포함한 500 $m^3 \cdot s^{-1}$(표준 조건 기준)의 배가스가 배출된다. 배가스가 대기로 방출되기 전에 SO_2의 90%를 제거해야 하며, SO_2를 제거하는 세 가지 방법을 비교하고자 한다. 기체 1 kgmole이 표준 조건에서 22.4 m^3을 차지한다고 가정한다.

a) 첫 번째 방법은 강에서 채취한 10°C의 용수를 활용하여 대기압 조건에서의 흡수를 적용하는 것이다. 흡수 장치의 출구에서 물의 농도가 평형 농도의 80%라고 가정한다. 흡수 평형은 Henry 법칙을 따르는 것으로 가정한다.

$$p_i = H_i x_i$$

여기서 p_i = 성분 i의 부분압력
H_i = Henry 상수(실험으로 결정됨)
x_i = 액체 상태에서 성분 i의 몰분율

이상 기체 거동을 가정한다($p_i = y_i P$).

$$x_i = \frac{y_i^* P}{H_i}$$

여기서 y_i^* = 증기상이 액체와 평형일 때 성분 i의 몰분율
P = 전체 압력
H_{SO_2} = 10°C에서 22 atm

SO_2를 제거하기 위한 용수 유량은 얼마인가?

b) 두 번째 방법은 수산화나트륨 용액을 이용한 흡수법이다. 수산화나트륨과 SO_2가 산화 분위기에서 반응하여 황산나트륨을 생성한다고 가정한다. 흡수에 필요한 수산화나트륨의 양을 계산하라.

c) 세 번째 방법은 탄산칼슘 슬러리를 이용한 흡수법이다. 흡수에 필요한 탄산칼륨의 양을 계산하라. 설비는 연간 8600시간 운전한다고 가정한다.

›풀이

a)

$$x_{SO_2} = \frac{0.8 y_{SO_2}^* P}{H_{SO_2}} = \frac{0.8 \times 0.001 \times 1}{22} = 3.6 \times 10^{-5}$$

가스 유량(G):

$$G = 500 \times \frac{1}{22.4} = 22.32 \text{ kmol} \cdot s^{-1}$$

기체와 액체의 유량은 동일하다고 가정한다.

$$G(y_{in} - y_{out}) = L(x_{out} - x_{in})$$

$$L = \frac{G(y_{in} - y_{out})}{(x_{out} - x_{in})} = \frac{22.32(0.001 - 0.1 \times 0.001)}{(3.6 \times 10^{-5} - 0)} = 558 \text{ kmol} \cdot s^{-1} = 558 \times 18 \times \frac{1}{10^3} t \cdot s^{-1} = 10 \, t \cdot s^{-1}$$

매우 유량이 크며, 비현실적이다.

b)

$$2NaOH + SO_2 + {}^1\!/_2 O_2 \rightarrow Na_2SO_4 + H_2O$$

$$\text{배가스 } SO_2 = 500 \times \frac{1}{22.4} \times 0.001 = 0.0223 \text{ kmol} \cdot s^{-1}$$

90% 제거를 위한 NaOH 필요량:

$$= 2 \times 0.0223 \times 0.9 \text{ kmol} \cdot s^{-1} = 2 \times 0.0223 \times 0.9 \times 40 \text{ kg} \cdot s^{-1} = 1.606 \text{ kg} \cdot s^{-1} = \frac{1.606 \times 3600 \times 8600}{10^3} t \cdot y^{-1} = 49,722 \, t \cdot y^{-1}$$

c) $CaCO_3 + SO_2 + {}^1\!/_2 O_2 + 2H_2O \rightarrow CaSO_4 \cdot 2H_2O + CO_2$

배가스 $SO_2 = 0.0223 \text{ kmol} \cdot s^{-1}$

90% 제거를 위한 $CaCO_3$ 필요량:

$$= 0.0223 \times 0.9 \text{ kmol} \cdot s^{-1} = 0.0223 \times 0.9 \times 100 \text{ kg} \cdot s^{-1} = 2.007 \text{ kg} \cdot s^{-1} = \frac{2.007 \times 3600 \times 8600}{10^3} = 62,137 \, t \cdot y^{-1}$$

18.6 질소 산화물의 배출 제어

질소는 8가지 종류의 산화물을 형성하지만 주요 관심사는 다음 두 가지 산화물이다.

- 산화질소(NO),
- 이산화질소(NO_2).

이것들을 총칭하여 NO_X라고 한다. NO_X는 다음과 같은 공정에서 배출된다.

- 화학제품 생산(예, 질산 생산, 질산화 반응 등)
- 금속 및 광물 공정에서의 질산 사용
- 연료의 연소

연료의 연소에 의한 NO_X는 초기에 NO로 생성되고, 이어서 NO_2로 산화된다. 연료의 연소로 인한 NO 생성은 다음과 같은 세 가지 배출원이 있다(Wood, 1994).

1) ***연료 NO*** 연료에 포함된 유기적으로 결합된 질소가 산소와 반응하여 NO를 형성한다.

$$[\text{Fuel N}] + \tfrac{1}{2}O_2 \rightleftharpoons \text{NO}$$

유기화합물 질소는 대기 중의 질소보다 반응성이 크다. 연료 NO 생성은 온도 의존성이 적다.

2) ***열적 NO*** 열적 NO는 연소 공기의 질소 분자가 산소와 반응하여 NO를 형성할 때 형성된다.

$$N_2 + O_2 \rightleftharpoons 2NO$$

반응 메커니즘은 자유 라디칼을 통해 이루어지며 온도에 크게 의존한다.

3) ***프롬프트(신속하게 형성하는) NO*** 질소 분자가 화염에서 탄화수소 라디칼과 반응할 때 생성되는 NO를 의미하고, 화염에서만 발생하며 온도에 약하게 의존한다.

그림 18.28은 위의 세 가지 메커니즘이 NO 생성에 기여한 것을 보여준다. 그림 18.28에서 알 수 있

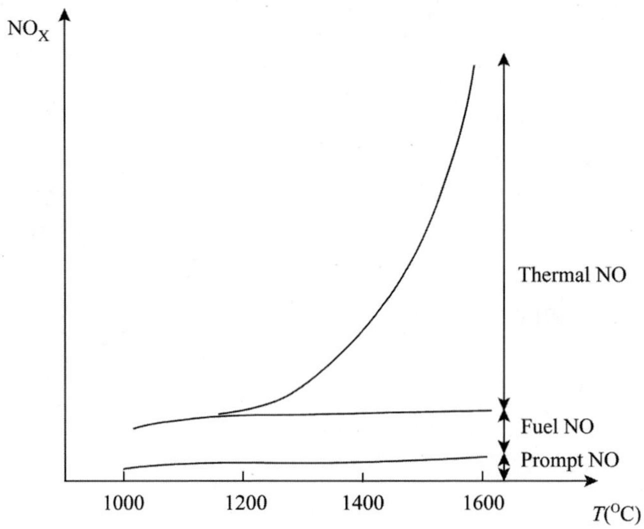

그림 18.28 ▸ NO_X 생성 메커니즘 비교.

듯이 연료 NO와 프롬프트 NO는 온도에 약하게 의존한다. 약 1300°C 이하 온도에서 열적 NO 형성은 무시할 수 있다. 그러나 높은 온도 영역에서는 열적 NO가 가장 중요하다. NO가 형성되면, 다음과 같이 NO_2로 산화될 수 있다.

$$NO + {}^{1}\!/_{2}O_2 \rightleftharpoons NO_2$$

연소 배기 가스의 NO_X는 주로 NO(90% 정도)이다. NO는 대기에서 NO_2로 산화한다.

연소에서의 NO_X 형성은 연료 및 연소 장치의 형태에 달려 있다. 일반적으로 석탄은 가장 높은 농도의 NO_X를 배출하고, 그 다음은 연료유이며, 천연 가스가 가장 낮은 농도의 NO_X를 배출한다. 따라서 NO_X 배출을 감소시키는 한 가지 방법은 연료를 변경하는 것이다. 예를 들어, 연료유를 사용하는 대형 스팀 생산 보일러에서는 약 150 ppm의 NO_X를 포함한 배가스가 배출되지만 원료를 천연 가스로 전환하면 100 ppm 정도로 줄일 수 있다. 실제 NO_X 농도는 연료 및 연소 장치 모두에 의존하며, 이것은 단지 예시적인 수치일 뿐이라는 점에 유의해야 한다.

원천적으로 NO_X의 배출을 최소화하는 방법은 다음과 같다.

- 화학제품 생산에서 공정 수율을 높이고,
- 에너지 효율 증가로 사용하는 연료 소모량을 감소시키고,
- 질소 함량이 낮은 연료로 전환하고,
- 연소 공정에서 NO_X 형성을 최소화한다.

질소 함량이 낮은 연료로 전환하는 것은 일반적으로 석탄에서 연료유 또는 연료유를 천연 가스로 전환하는 것을 의미한다. 천연 가스에는 많은 양의 질소(예, 5%)가 포함되어 있을 수 있지만 이 경우의 질소는 분자 질소이므로 상대적으로 반응성이 적다는 점에 유의해야 한다.

연소 과정에서의 NO_X 생성을 줄이기 위해서는 다음에 제시된 방법 등을 통하여 화염 온도를 감소시킨다(Wood, 1994; Garg, 1994).

1) ***공기 예열 저감*** 연소 공기를 예열하면 화염 온도와 연소 효율이 증가한다. 그러나 화염 온도의 증가는 NO_X 생성을 증가시킨다. 따라서 공기 예열을 줄이면 열적 NO_X 형성이 낮아진다. 하지만 이것은 동시에 연소 효율을 낮추게 된다.
2) ***배기 가스 재순환*** 그림 18.29과 같이 배기 가스의 일부를 재순환하면 불활성 물질이 증가되어 최고 화염 온도를 감소시키고 열적 NO_X 생성을 감소시킨다. 보통 연소 공기의 10~20%를 재순환한다.
3) ***스팀 주입*** 스팀 주입은 연소 공정에 불활성 물질을 첨가해서 연소 온도를 감소시킨다. 원칙적으로 물이나 스팀을 주입할 수 있지만 건조 과열 스팀을 사용하는 것이 일반적이다. 이러한 방법은 연료의 일부 에너지를 스팀 생성에 사용하고, 스팀의 잠열을 회수할 수 없어 전체적으로 연소 효율을 감소시킨다. 따라서 이 방법은 그리 많지 않은 NO_X 생성량 감소가 필요한 경우에 적용하는 것이 적절하다. 스팀 주입 방법은 가스 터빈에 사용할 수 있다.
4) ***초과 공기 감소*** 초과 공기량을 줄이면 NO_X 생성도 감소한다.
5) ***단계적 공기 주입*** 연소 버너에 공급되는 공기를 단계적으로 공급함으로써 NO_X 생성을 줄일 수 있다. 이 원리는 그림 18.30a에 설명되어 있다. 연료와 함께 첫 번째 공기가 주입되며, 이 때 1차적으로 공급되는 공기 유량은 화학양론적으로 필요한 산소량보다 부족한 상태이다. 그런 다음 연소를 완료하기 위해 2차적으로 공기를 주입하여 화학양론적으로 필요한 산소량을 초과하는 공기를 공급한다. 이러한 방법은 최고 화염 온도를 감소시킴으로써 연료 NO 및 열 NO를 감소시키는 것이다. 단

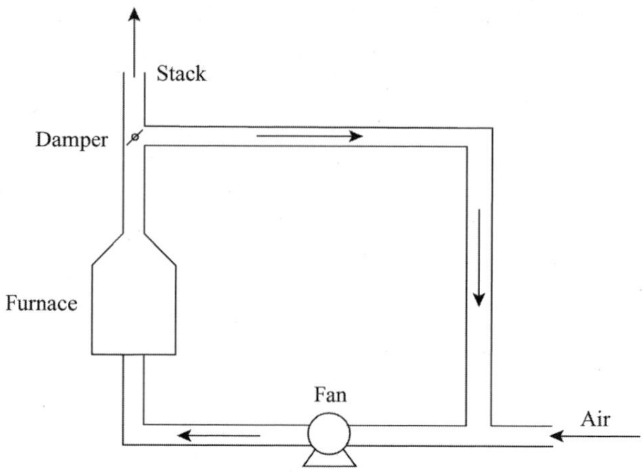

그림 18.29 ▸ 연소 배기 가스 재순환.

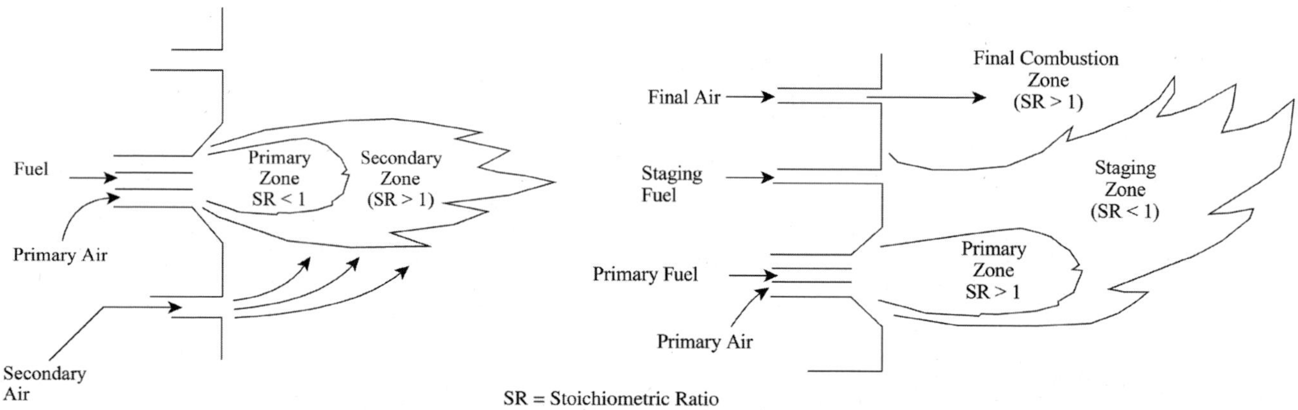

(a) 단계적 공기 유입 (b) 단계적 연료 유입

그림 18.30 ▸ NO_X 생성을 최소화하는 버너.

계적 공기 주입은 연소로 및 가스 터빈 모두에서 사용할 수 있다.

6) ***단계적 연료 주입*** 연료를 순차적으로 주입하는 것이 그림 18.30b에 예시되어 있다. 1차 연료와 1차 공기는 화학양론적 산소 요구량보다 많은 연소 환경에서 연소된다. 2차 연료(보통 1차 연료의 10~20%)는 화학양론적 산소 요구량보다 작은(환원성) 조건 하에서 연소된다. 2차 연료가 주입되는 영역에서 온도는 적어도 1000°C이어야 한다. 최종 연소 영역에서는 연소를 완료하기 위해 추가적으로 공기가 공급된다. NO 형성을 최소화하기 위해서 최종 연소 영역에서는 낮은 온도(1000°C 미만)가 선호된다.

표 18.2는 NO_X 저감 기술들의 성능을 비교하고 있다(Wood, 1994).

일단 NO_X 생성이 발생원에서 최소화된 이후에도, 생성되는 NO_X 수준이 여전히 환경 기준을 달성하지 못하면, NO_X 제거 공정이 고려되어야 한다.

고려될 수 있는 첫 번째 방법은 물을 사용한 흡수 공정이다. 문제는 NO_2는 물에 용해되지만 NO는 용해되지 않는다는 것이다. NO를 흡수하기 위해서는 착화제 또는 산화제를 용매에 첨가해야 한다. 고

표 18.2 ▸ NO_X 저감 기술 성능(Wood, 1994)

Technique	NO_X reduction
Reduced air preheat	25–65%
Flue gas recirculation	40–80%
Water/steam injection	40–70%
Reduced excess air	1–15%
Air staging	30–60%
Fuel staging	30–50%

려해 볼 수 있는 한 가지 방법은 다음과 같이 과산화수소 용액에 흡수하는 것이다.

$$2NO + 3H_2O_2 \rightarrow 2HNO_3 + 2H_2O$$

$$2NO_2 + H_2O_2 \rightarrow 2HNO_3$$

이것은 질산을 질소 산화물로부터 회수할 수 있게 한다. 이러한 방법은 질산을 사용하는 공정, 가령 예를 들면, 금속 가공 작업과 같은 경우에 유용한 기술이 될 수 있다. 보다 일반적으로는 NO_X는 환원하여 제거된다. 반응에 따라서 일반적으로 암모니아가 환원제로 사용된다.

$$6NO + 4NH_3 \rightarrow 5N_2 + 6H_2O$$

$$4NO + 4NH_3 + O_2 \rightarrow 4N_2 + 6H_2O$$

$$2NO_2 + 4NH_3 + O_2 \rightarrow 3N_2 + 6H_2O$$

이 방법은 좁은 온도 범위(850~1100°C)에서 촉매 없이 수행할 수 있고, *선택적 비촉매* 기반 환원 방법으로 알려져 있다(Hydrocarbon Processing's Environmental Processes, 1998). 850°C 미만에서는 반응 속도가 매우 느리다. 1100°C 이상에서의 주 화학반응은 다음과 같다.

$$4NH_3 + 5O_2 \rightarrow 4NO + 6H_2O$$

따라서 이 방법은 역효과를 유발할 수 있다. 그림 18.31은 일반적인 선택적인 비촉매 환원 공정을 보여준다. 수성 암모니아는 기화되고 동반 기체(저압 스팀 또는 압축 공기)와 혼합되어 최적의 온도 및 체류

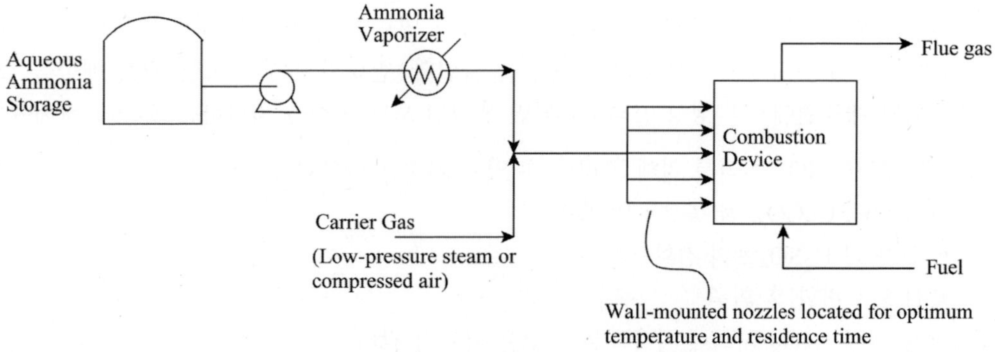

그림 18.31 ▸ 선택적 비촉매 기반 NO_X 저감 방법.

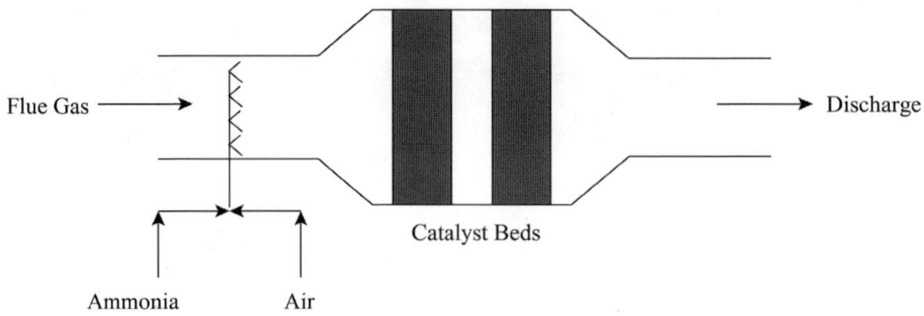

그림 18.32 ▸ 선택적 촉매 환원을 이용한 NO_X 제거.

시간을 유지하면서 노즐에 주입된다(Hydrocarbon Processing's Environmental Processes, 1998). 이 방법은 최내 75%의 NO_X 감소를 달성할 수 있으나 암모니아 누출에 대한 세심한 주의가 필요하다.

선택적 비촉매 환원 공정 대신에 250~450°C에서 촉매(일반적으로 이산화 티타늄에 분산된 오산화 바나듐 및 삼산화 텅스텐)를 사용하여 환원 반응을 수행할 수 있다. 이 방법은 선택적 촉매 환원 공정으로 알려져 있고, 그림 18.32에 나타내었다. 무수 또는 수성 암모니아가 사용될 수 있고, 이것은 공기와 혼합되어 촉매층으로 주입된다. 최대 95%의 제거 효율이 가능하며, 암모니아 누출에 대한 세심한 주의가 필요하다.

18.7 연소 오염 물질의 배출 제어

연료의 연소로 인한 주요 오염 물질은 CO_2, SO_X, NO_X 및 미립자이다(Glassman, 1987). 연소 생성물은 효율적인 열회수를 통해 에너지를 효율적으로 사용하고, 공정 폐기물 생성을 최소화하여 불필요한 오염 물질의 열적 산화를 피함으로써 최소화해야 한다. 연소로 인한 오염 물질 배출은 배출원에서 다음과 같은 방법으로 최소화할 수 있다.

- 연소를 활용할 때 에너지 효율을 향상시킴(예, 열통합을 통한 에너지 회수 증가),
- 유틸리티 시스템에서의 에너지 효율을 향상시킴(예, 열병합 발전의 효율을 높임),
- 연소 공정 개선(예, NO_X 저감용 버너),
- 연료 변경(예, 연료유에서 천연 가스로 변경).

에너지 소모량이 결정된 이후에는 연료 변경만이 배출원에서의 CO_2 및 SO_X 배출량을 줄이는 유일한 방법이다. 예를 들면 석탄에서 천연 가스로의 연소 연료의 전환은 천연 가스의 탄소 함유량이 낮기 때문에 동일한 열량 생성에 대한 CO_2 배출량을 줄인다. 연료의 변경은 또한 NO_X 배출을 줄이는 데 유용하다. 일단 배출원에서의 생성이 최소화되면 생성된 오염 물질을 처리하는 것을 고려해야 한다.

1) ***SO_X 처리*** SO_X 처리를 위해 고려할 수 있는 기술은 다음과 같다.

- NaOH, $CaCO_3$, 물 등으로의 흡수
- 산화 및 H_2SO_4로의 전환
- H_2S로 변환 후 환원

2) ***NO_X 처리*** NO_X 처리에 사용되는 기술은 다음과 같다.

- NO 착화제 또는 산화제로의 흡수

- 선택적 비촉매 또는 촉매 공정을 사용한 환원

3) *미립자 처리* 미립자 처리를 위한 다양한 방법이 5장에서 검토되었다.

- 세정기
- 관성수집기
- 사이클론
- 백 필터
- 전기집진기

4) *CO_2 처리* 온실 가스 배출을 줄이기 위해 CO_2를 다른 연소 결과물과 분리해야 할 경우 연소 방식에 따라 방법이 구분된다. 두 가지 일반적인 이산화탄소 제거 방법은 연소 후 분리 방법 및 연소 전 분리 방법으로 구분된다(Steeneveldt, Berger and Torp, 2006).

a) *연소 후 이산화탄소 분리* 그림 18.33은 연소 후 이산화탄소 분리를 위한 두 가지 방법을 보여준다. 그림 18.33a의 첫 번째 배열은 연료의 연소에 공기를 사용하는 전형적인 연소 공정이다. 연소 후 분리는 연소 배가스의 CO_2 분압이 낮기 때문에 화학적 흡수가 가장 적합하다. 일반적으로 아민 흡수제를 사용하며, 대표적 흡수제는 모노에탄올아민(MEA), 디에탄올아민(DEA) 또는 메틸디에탄올아민(MDEA)이다. 아민 또는 아민 혼합물을 사용하는 대신, 탄산칼륨(K_2CO_3)의 고온 수용액을 사용할 수 있다.

그림 18.33b은 산소를 연소에 사용하는 연소 공정이다. 이 공정은 연소에 순수한 산소를 제공하기 위해 공기 분리 플랜트로 시작하고, 연소 과정에서 질소를 사용하지 않기 때문에 CO_2 및 수증기로 이루어진 연소 배가스를 생성한다. CO_2는 수증기의 응축을 통해 분리될 수 있다. 그러나 순수한 산소만 연소에 사용하면 연소 온도가 3000°C를 초과하게 되어 연소설비 설계의 어려움이 따른다. 따라서 불활성 희석 흐름이 연소 화염 온도를 제어하기 위해 연소실에 추가 유입될 필요가 있고, 분리된 이산화탄소를 재순환하거나 수증기를 유입하여 사용할 수 있다.

b) *연소 전 이산화탄소 분리* CO_2를 분리하기 위해 연소 과정이 종료될 때까지 기다리지 않고, 여러 공정을 사용하여 합성 가스(H_2와 CO의 혼합물)를 생산하고 CO를 CO_2로 전환한 이후에 CO_2를 분리하며, 생성된 H_2는 하부 공정에서 연소 또는 화학제품 생산을 위해 사용한다. 그림 18.34는 이러한 연소 전 이산화탄소 분리 공정을 보여준다. 네 가지 공정은 각각 합성 가스가 생성되는 방식이 다르다. 그림 18.34는 서로 다른 *촉매 개질* 공정을 보여준다. 스팀 개질기에서 공급되는 탄

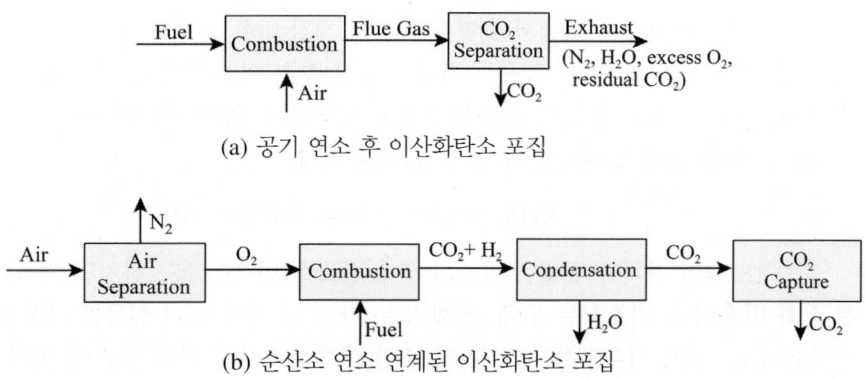

그림 18.33 ▸ 공기와 산소를 사용하는 연소 배가스에서 이산화탄소를 분리하는 연소후 공정.

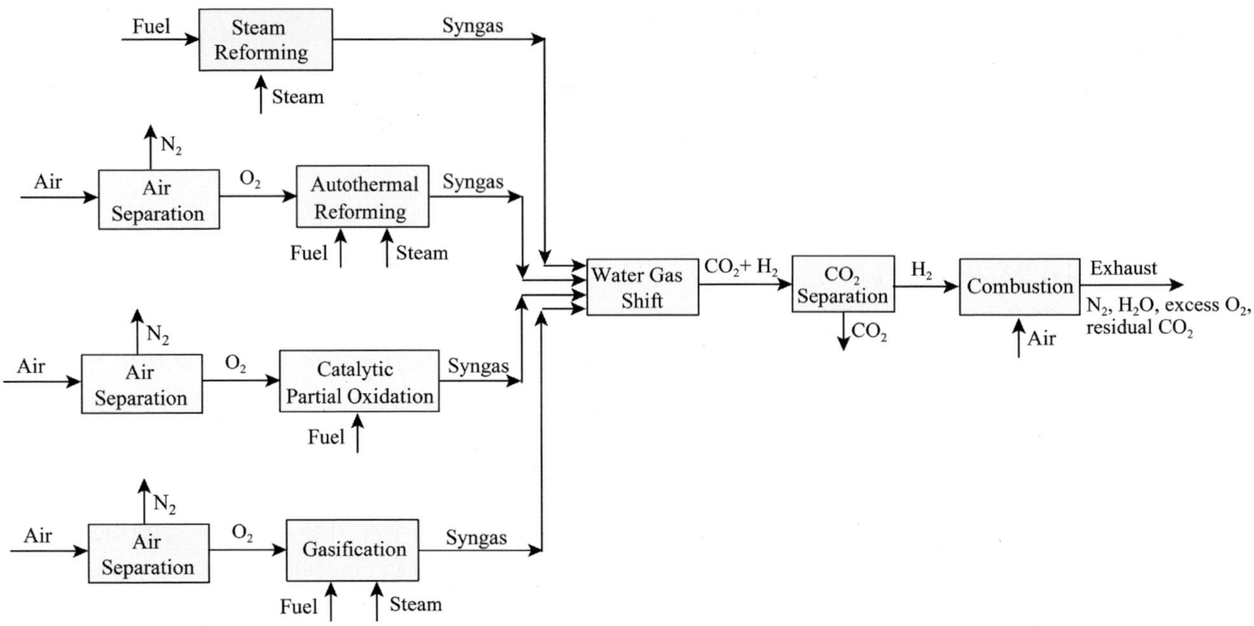

그림 18.34 ▸ 연소전 이산화탄소 분리 공정.

화수소류 성분에 대한 주 반응은 다음과 같다.

$$C_nH_m + nH_2O \rightleftharpoons nCO + (n + m/2)H_2$$

스팀 개질 반응은 강한 흡열반응이며 반응열은 연소로를 통해 공급된다. 스팀 개질은 가벼운 탄화수소류 성분이 많은 원료에 적합한 방법이지만 작은 규모에서의 적용은 효과적이지 않다.

그림 18.34에 보인 가벼운 탄화수소류 성분이 많은 원료에 대한 또 다른 개질 공정은 autothermal 개질이다. 이것은 부분 산화 반응의 열을 수증기 개질 반응에 활용하여 유도하고 수증기 개질보다는 소규모 응용 분야에 더 적합하다. Autothemral 개질 장치는 연소 영역과 촉매 영역의 두 반응기 영역을 사용한다. 전체적으로 반응은 발열 반응이다. 연소 영역하에서 연료, 수증기 및 산소는 다음과 같은 산소가 부족한 화학양론적 환경에서 연소된다.

$$C_nH_m + (n/2 + m/4)O_2 \rightleftharpoons nCO + m/2H_2O$$

촉매 구역에서의 반응은 위에서 설명한 수증기 개질 반응이 진행된다.

그림 18.34에 나와 있는 다른 두 가지 방법은 부분 산화 반응이다. 촉매기반의 부분 산화 공정은 가벼운 탄화수소류 성분이 많은 원료에도 사용할 수 있다. 이러한 촉매 부분 산화는 다음과 같이 산소를(또는 공기를 사용할 수도 있음) 사용한다.

$$C_nH_m + n/2O_2 \rightleftharpoons nCO + m/2H_2$$

그림 18.34의 마지막 방법은 가스화이다. 가스화 반응은 복잡하지만 지배적인 반응은 위의 부분 산화 반응이다. 가스화는 고체, 액체 또는 가스 등 여러 가지 원료를 사용할 수 있다. 가스화는 바이오매스, 석탄, 석유잔사유 및 기타 중질 탄화수소류와 같은 연소에 어려운 원료를 사용하는데 적합하다. 일반적으로 사용되는 원료의 특성 때문에 미립자는 가스화 후에 가스 흐름에서 제

거되어야 한다.

그림 18.34에 보인 공정들은 *수성 가스 전환 반응*을 포함한다.

$$CO + H_2O \rightleftharpoons CO_2 + H_2$$

이 반응은 개질 및 부분 산화 반응 단계에서도 진행되지만 그림 18.34와 같이 촉매 기반의 수성 가스 전환 반응기를 통해 높은 전환율을 얻게 된다. 원칙적으로 CO에 대한 높은 전환율을 얻을 수 있고, 높은 전환율의 달성 여부는 최종적인 합성 가스 사용 방안과 수성 가스 반응 후에 사용되는 분리 방법에 영향을 받는다. 합성 가스가 화학제품 생산에(연소뿐만 아니라) 사용되는 경우 수성 가스 반응의 전환율이 필요할 수 있다. 하지만 환경 배출을 줄이기 위한 목적으로 연소 전에 CO_2를 어느 정도만 분리해야 하는 경우라면 높은 전환율은 타당하지 않을 수 있다. 수성 가스 전환 반응에서 저온일수록 CO로의 전환은 증가된다. 따라서 높은 전환율을 얻기 위해서는 고온과 저온에서의 두 단계의 수성 가스 전환 반응이 필요하다. 고온 및 저온 단계에서 각각 다른 촉매가 사용되며, 고온과 저온 단계 사이에서 중간 냉각기를 사용한다. 고온 반응기는 300~450°C의 범위에서 운전되며, 고온 조건에서의 높은 반응 속도를 얻고, 반응기 출구에서 3% 이하(수분이 없는 조건)의 일산화탄소를 갖게 된다. 저온 반응기는 180~250°C의 온도 범위에서 운전하며 반응기 출구에서 CO 함량을 0.2%(수분이 없는 조건) 정도의 낮은 조성으로 낮출 수 있다. 하나 또는 두 개의 반응기가 사용되더라도, 생성된 가스는 본질적으로 수소, 이산화탄소, 소량의 CO(그리고 원료에 황이 있을 경우 H_2S)의 혼합물이다.

수성 가스 전환 반응 이후에 이산화탄소는(원료에 황이 있으면 H_2S 포함하여) 분리되어야 하며, 하부 공정에서 연소 또는 화학제품 생산에 사용되는 수소가 남게 된다. 연소 전에 이산화탄소를 분리하면 높은 분압 조건에서 분리를 하기 때문에 연소 후 분리의 경우보다 다양한 기술의 적용이 가능하다.

- 아민 또는 고온 탄산칼륨을 사용한 반응 흡수
- Rectisol 공정으로 알려진 저온 메탄올을 사용하거나 또는 Selexol 공정으로 알려진 폴리에틸렌글리콜의 디메틸에테르 혼합물을 사용하는 물리적 흡수
- 알루미나 또는 제올라이트를 사용하는 압력 변동 흡착
- 분리막
- 저온에서 CO_2를 응축하는 극저온 분리

일단 CO_2가 분리되면, 잔류된 가스는 순수한 수소가 되고, 차후 열병합 발전 시스템 등에서 열 또는 동력을 제공하기 위해 연소되거나 또는 화학제품 생산 목적으로 사용될 수 있다. 이때 연소과정에서 발생되는 것은 주로 수증기이다.

분리된 CO_2는 다음과 같이 활용되거나 폐기 처리할 수 있다.

- 식품 및 음료 제품, 소화기, 온실 성장촉진제 등의 소규모 사용. 그러나 이러한 용도는 너무 작은 규모이기 때문에 전세계적 CO_2 배출량 관점에서 큰 의미가 없다.
- CO_2를 화학제품(예, 일산화탄소, 메탄, 메탄올 또는 개미산)으로 전환. 그러나 화학제품으로 전환하려면 에너지 투입이 필요하고, 이는 사용되는 에너지원에 따라 추가적인 CO_2 배출을 야기할 수 있다.
- 분리된 CO_2에서 수분을 제거하고 액체로 압축한 후에 지질 저장소에 저장하거나 가스/오일 회수를 향상시키는 데 사용될 수 있다. 이러한 격리 방법은 장기적 처리를 위한 안정적인 저장

장소가 필요하고, CO_2 수송 및 저장에 많은 비용이 소모된다.

대기로의 CO_2 배출을 감소시키는 것이 중요하다면 최우선적인 방법은 공정의 에너지 효율 향상을 통한 에너지 수요의 감소이다.

18.8 대기 분산

대기 오염 물질의 배출량을 최소화하거나 환경 규제치 이하로 줄이는 것이 중요하다. 그러나 불가피하게 일부 잔여 오염 물질의 대기 배출이 있고, 이러한 오염 물질은 대기 환경에서 안전하게 분산되어야 한다. 대기에서 가스의 분산에 영향을 미치는 요소는 다음과 같다(De Nevers, 1995).

- 온도
- 바람
- 난류

온도는 중요한 요소이다. 일반적으로 대기의 온도는 높이에 따라 감소하며, 높이에 따른 실제 온도 변화는 *환경 체감률*(environmental lapse rate, ELR)로 알려져 있다. 지구 표면으로부터 공기가 상승하는 경우 압력이 변화함에 따라 팽창하기 때문에 냉각된다. 이 냉각되는 속도는 *건 단열 속도*(dry adiabatic lapse rate, DALR)로 알려져 있고, 응축이 발생할 때까지 킬로미터당 약 9.8°C 감소한다. ELR은 한 줌의 공기가 강제로 상승할 경우 이 공기의 온도 변화를 결정한다. 그림 18.35a는 ELR이 DALR보다 높은 온도 변화를 보이는 상황을 보여준다. 이것은 상승된 소량의 공기의 밀도가 주위보다 상대적으로 낮아지고 상향 운동이 지속될 것임을 의미한다. 이러한 조건은 대기 분산적 관점에서 바람직한 조건으로 "불안정한 조건"으로 불려진다. 그림 18.35b는 ELR과 DALR이 비슷한 상황을 보여준다. 이 경우 공기의 부력을 얻거나 잃는 경향이 없는 중립적인 상황이다. 세 번째 경우는 그림 18.35c에 나와 있는데, 온도가 높이와 함께 증가하는 ELR의 경우이며 이러한 상황을 "역전" 현상이라고 한다. 이러한 역전 현상을 "안정된 조건"으로 불리며, 이 조건에서는 상승된 공기가 수직 운동에 강한 저항력을 받게 된다. 이러한 안정한 조건은 기체 분산의 관점에서는 유리한 조건이 아니다.

대기의 높이가 낮은 영역에서는 ELR은 시간에 따라 변화한다. 그림 18.36은 전형적인 대기 안정성

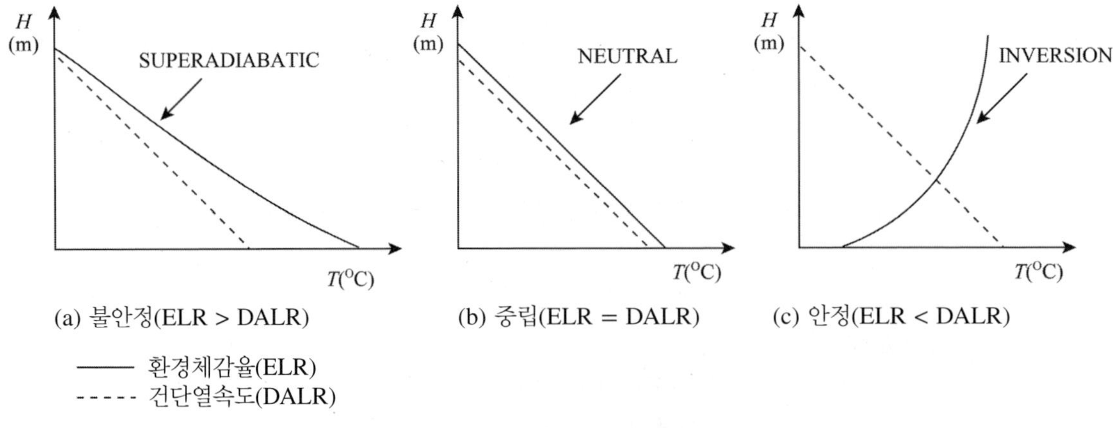

그림 18.35 ▸ 온도와 대기 안정성.

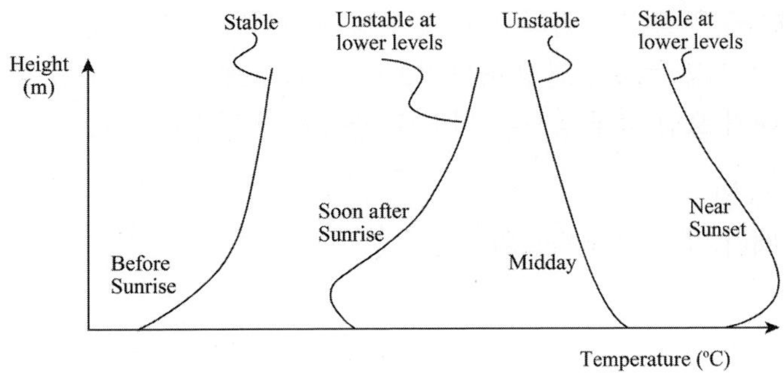

그림 18.36 ▸ 대기 안정성의 전형적인 일일 변화.

에 대한 일일 변화를 보여준다. 지표면의 온도는 일출 전에 제일 낮은데, 이것은 장파 복사로 인한 열 손실에 기인한다. 이러한 현상은 약 100미터 높이까지 역전 현상(즉, 대기 높이가 증가하면서 온도가 함께 증가)을 만든다. 일출 이후에는 지표에서의 온도 상승이 일어나지만 높은 대기층에서는 역전 현상이 유지된다. 정오경, 지표에서의 온도 상승이 계속되면 대기권 전체에 불안정한 조건(즉, 높이가 증가할수록 온도가 감소)이 형성된다. 일몰이 되면 지표로부터의 복사 현상이 있고 표면에서부터 역전 현상이 시작된다.

풍향은 변할 뿐만 아니라 높이가 증가하면서 풍속은 최대 속도까지(자유 공기 또는 지형 풍속과 같은 높이에서 갖는 최대 속도까지) 증가한다. 풍속의 높이에 따른 변화율은 대기 조건의 영향과 지형에 영향을 받는다. 예를 들면, 도시 지역에서는 건물 주위의 공기는 지면 가까이에서 느려지게 되므로, 최고 풍속은 평균적인 것보다 높은 고도에서 발생한다.

대기 오염 물질의 분산에 영향을 미치는 세 번째 요소는 난기류이다. 난기류는 지구 표면의 울퉁불퉁한 표면 형태 때문에 발생한다. 지표에서 멀어지면, 대류성(convective) 난기류(가열된 공기의 상승 및 차가운 공기의 하강을 의미함)가 더욱 중요하다. 난기류의 양과 높이는 지표면의 거칠기, 풍속 및 대기 안정성에 달려 있다.

공정 설계 시에 적절한 굴뚝의 높이를 결정해야 한다. 이것은 그림 18.37을 통해 설명하고자 한다. 이것은 배기 가스가 배출되어야 하는 높이는 굴뚝의 높이와 연기기둥 상승의 합임을 보여준다. 연기 기둥 상승은 배출 속도, 배출 온도 및 대기 안정성의 함수이다(De Nevers, 1995).

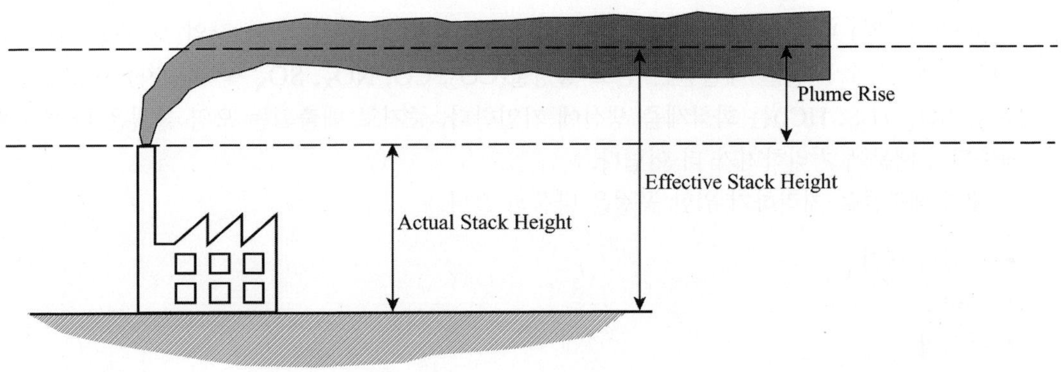

그림 18.37 ▸ 굴뚝 높이.

배기 가스 배출물은 오염 물질의 농도 및 유량과 관련된 환경 규제를 준수해야 한다. 지상에 도달하는 모든 오염 물질의 지상 농도가 환경 규제치보다 낮도록 배기 가스 배출 굴뚝은 충분히 높아야 한다. 지상 수준에서의 대기 오염 물질 농도는 여러 요인에 따라 달라지는데, 가장 중요한 요소는 다음과 같다.

- 방출 굴뚝의 높이
- 굴뚝에서의 배기 가스 배출 속도와 온도
- 바람 속도
- 대기 안정성
- 강수량
- 주변 지형 형태

지면에서의 오염 물질의 농도를 계산하려면 특수한 모델링 기술이 필요하다. 이것은 모든 잠재적인 기상 시나리오 하에서 지표에서의 오염 물질 농도가 안전한 수준 이하로 유지되도록 종종 수년에 걸친 장기간의 기상 조건을 고려할 필요가 있게 된다. 이러한 사항들에 대한 것들은 이 책의 범위를 벗어난다.

18.9 대기 오염 관련 환경 시스템 설계 – 요약

공정 산업에서 고려되는 주요 대기 오염 물질들은 상(phase)에 따라서 다음과 같이 분리된다.

- VOCs
- NO_X
- SO_X
- CO
- CO_2
- 다이옥신과 푸란
- 미립자
- PM_{10}
- $PM_{2.5}$

도시 스모그, 산성비, 해양 산성화, 부영양화, 오존층 파괴 및 온실 효과는 대기 배출로 인한 환경 문제이다.

고체(미립자) 배출은 연료의 불완전 연소, 건조 작업, 분쇄 및 연마 작업, 고형물 취급 등으로 발생한다. 가장 큰 오염 물질 배출물은 연소 생성물(CO_2, CO, NO_X, SO_X 및 미립자)이며, 산성 가스(CO_2, NO_X, SO_X, H_2S, HCl)는 화학제품 생산에 기인한다. 증기로 배출되는 오염 물질은 다양한 배출원에서 배출되기 때문에 처리하기가 더 어렵다.

대기 배출물을 처리하기 위한 공정은 다음과 같다.

- 미립자 제거
- 응축
- 분리막
- 흡착

- 물리적 흡수
- 화학적 흡수
- 열 산화
- 가스 분산

VOC 배출물을 제어하는 순서는 다음과 같다.

- 배출원에서 VOC 배출을 제거하거나 줄인다.
- 재사용을 위해 VOC를 회수한다.
- 공정 열회수를 포함한 열 산화를 통해 VOC를 회수한다.
- 공정 열회수를 포함한 VOC 함유 흐름의 열 산화
- 공정 열회수 없이 VOC 함유 흐름의 산화

VOC 복구에는 네 가지 방법을 사용할 수 있다.

- 응축
- 분리막
- 흡수
- 흡착

VOC 생성이 배출원에서 최소화되고 더 이상의 회수 가능성이 없어지면 다음 방법을 사용하여 잔여 VOC를 처리한다.

- 플레어(그러나 비정상적이며 비상 상황의 배출에만 해당)
- 열 산화
- 촉매 열 산화
- 가스 터빈
- 생물 세정기
- 생물 여과

대기로의 황 배출은 소각 전에 공정 효율 향상 및 연료의 탈황을 통해서 근원적으로 최소화될 수 있다. 연료 탈황은 고체>액체>가스 순으로 어렵다. 황은 SO_2 또는 H_2S로 배출되며 처리된다. H_2S의 제거는 다음과 같다.

- 물리적 흡수
- 화학적 흡수
- 가스화 이후 H_2S 제거
- 원소 황의 부분 산화

SO_2 제거는 다음과 같다.

- 수산화나트륨을 이용한 흡수
- 습식 석회석 세정
- 건식 석회석 세정

- Wellman–Lord 공정
- 그 외 많은 방법이 존재함

NO_X(주로 NO 및 NO_2) 배출은 화학제품 생산, 금속 및 광물 처리 및 연소 과정에서 발생한다. 연소 과정에서 형성되는 NO_X는 세 가지 메커니즘(연료, 열 및 프롬프트 NO)에 의한다. 화학물 생산에서 공정 수율을 높이거나 질소 함량이 낮은 연료로 전환하거나 연소 과정에서 NO_X 형성을 최소화하여 NO_X 배출량을 근원적으로 최소화할 수 있다. NO_X의 생성을 최소화한 후에, 산화 또는 환원에 의한 제거를 고려한다. NO_X는 과산화수소에 흡수시켜 질산으로 전환한다. 환원은 일반적으로 암모니아를 사용하여 다음과 같이 수행된다.

- 850~1100°C의 좁은 온도 영역에서 촉매 없이 사용하는 방법
- 낮은 온도(250~450°C)에서 높은 제거 효율(약 최대 95%)을 갖는 촉매를 사용하는 방법

  배기 가스 배출은 다음과 같은 방법으로 최소화할 수 있다.
- 연소를 활용할 때 에너지 효율을 향상시킴
- 유틸리티 시스템에서의 에너지 효율을 향상시킴
- 연소 공정 개선
- 연료 변경

열통합 방법 등을 통해 연료가 사용된 시점에서 에너지 효율을 높이면 배기 가스 배출을 효과적으로 감소시킬 수 있다. 유틸리티 시스템에서는 하부공정과 유틸리티 시스템간의 연계를 개선하던가 열병합 발전의 효율을 높이는 방법 등을 통해 에너지 효율을 높일 수 있다. 연소 공정의 개선은 NO_X 감소에 효과적이다.

18.10 연습 문제

1. 40°C로 유지되는 저장 탱크가 톨루엔으로 채워져 있고, 대기에 개방되어 있다.

a) 탱크 배출구에서 톨루엔 농도를 예측하라. 환경 규제 한계농도가 80 mg/m^{3}라고 한다면, 현재 상황은 환경 규제를 준수하고 있는 것인가?

b) 탱크에서 배출되는 톨루엔의 농도는 냉동 응축 시스템을 사용하여 감소시킬 수 있다. −20°C까지 배출 가스를 냉각시키면, 80 mg/m^3 이하 농도 유지가 가능한 것인가?

c) 배출되는 가스에 포함된 휘발성 유기 화합물을 냉동 사이클을 이용하여 회수하는 공정을 구성하고, 간략히 공정도를 제안하라.

d) 냉동 응축 시스템을 사용할 때 발생할 수 있는 문제는 무엇인가?

e) −20°C로 냉각하여 환경 규제 한계치 80 mg/m^{3}을 달성할 수 없다면, 동일한 냉각 응축 시스템을 고려할 때 환경 규제 농도를 가능케 하는 저장 탱크의 압력은 얼마인가? 이러한 압력 변경은 현실적인 제안인가?

f) 냉동 사이클을 사용하지 않고 환경 규제를 만족시키는 3가지 대안을 제안하라.

표준 조건에서 1 kgmole은 22.4 m^{3}을 차지한다고 가정한다. 톨루엔의 증기압은 다음과 같이 나타낼 수 있다.

$$\ln P^{SAT} = 9.3935 - \frac{3096.52}{T - 53.67}$$

여기서 P^{SAT} = 액체 포화 증기압(bar)

T = 절대 온도(K)

톨루엔의 어는점은 –95°C이고, 몰질량은 92 kg/kmol이다.

2. 50 m^3 부피를 갖는 저장조가 아세톤의 저장에 사용된다. 저장설비에서 발생하는 가스는 대기로 방출된다. 저장조 온도는 밤에는 5°C이며, 낮 시간에는 25°C로 바뀐다. 액체 윗부분의 가스로 채워진 공간이 주위 공기의 온도와 평형에 있다고 가정하고, 가스는 이상기체 거동을 따르며, 액체 아세톤의 부피 변화는 무시될 수 있다고 가정한다.

a) 온도가 상승하기 시작할 때, 저장조의 아세톤 농도를 계산하라(0°C와 1기압의 표준 조건으로 보정하여 표현할 것).

b) 최고 온도 조건에서 저장조의 아세톤 농도를 0°C, 1기압 표준조건으로 예측하라.

c) 저장조가 평균 20% 채워졌을 때, 부피의 변화를 예측하라(이상 기체 거동 가정)

d) 평균 온도 기준으로 증기압을 가정할 때, 팽창에 의해 대기로 배출되는 아세톤의 질량을 계산하라.

e) 통상적으로 휘발성 유기 화합물의 농도와 질량은 톨루엔 기준으로 표현한다. 아세톤의 방출되는 농도와 질량을 톨루엔 기준으로 표현하라. 규정에 따르면 배출 가스 질량이 연간 5000 kg 이상(톨루엔 환산 기준)인 경우, 배출 가스의 농도는 80 mg/m^3 미만(톨루엔 환산 기준)의 농도여야 한다. 온도 변화가 연간 365일 동안 발생한다고 가정할 경우, 이 배출 가스가 환경 규제를 위반하는지 검토하라.

f) 방출되는 휘발성 유기 화합물의 질량을 줄이는 방법은 액체 수위를 더 높게 유지하는 것이다. 평균 배출되는 질량을 반으로 줄이기 위해서는 수위는 얼마가 되어야 하는가?

g) d의 계산 결과가 배출 농도 및 배출량 측면에서 환경 규제를 준수하는가?

h) 평균 기온 기준으로 증기압을 계산하여 사용하는 것보다 배출되는 질량을 더 정확하게 계산하는 방법을 설명하라.

i) 저감 설비를 사용하지 않으면, 일정한 수위를 유지하는 저장조에서 온도 변화로 인한 오염 물질 배출을 어떻게 줄일 수 있는가?

표준 조건에서 1 kgmole은 22.4 m^3을 차지한다고 가정한다. 아세톤의 몰질량은 58 kg/kmol이고, 톨루엔은 92 kg/kmol이다. 아세톤의 증기압은 다음 식으로 주어진다.

$$\ln P^{SAT} = 10.0310 - \frac{2940.46}{T - 35.93}$$

여기서 P^{SAT} = 액체 포화 증기압(bar)
T = 절대 온도(K)

3. 톨루엔은 표면 코팅을 위한 용매로 사용되며, 이 과정에서 용매가 증발하여 휘발성 유기 화합물의 배출이 발생한다. 일반적으로, 휘발성 유기 화합물 방출과 관련된 규제는 코팅 공정 중에 침착된 고형물 질량의 60% 이하가 되도록 유지하는 것이다. 현재 고려하는 코팅 작업은 연간 50 t의 고형물을 증착한다. 코팅 고형물의 농도는 20%이고, 나머지는 톨루엔이다.

a) 코팅 작업 중에 방출되는 톨루엔의 질량과 환경 규제를 준수하기 위하여 회수되거나 폐기되어야 하는 양을 계산하라.

b) 배출 가스에 공기를 이용한 환기 시스템을 설치하고, 포집된 배출 가스를 열 산화를 사용하여 파괴하는 방법을 고려할 수 있다. 이 때 안전상의 이유로 환기 시스템에서 가연성 물질의 농도는 가연성 농도의 최저 허용치 기준 30% 미만이어야 한다. 공기 중의 톨루엔에 대한 가연성 농도의 최저 허용치는 1.2%(부피 기준)이다. 휘발성 유기화합물 배출량은 연간 8000시간 이상으로 균등하게 배분된다고 가정한다. 소각해야 할 휘발성 유기 화합물을 모으는 데 필요한 열 산화제의 공기 유량을 m^3/h로 계산하라.

c) 톨루엔은 세척 목적으로도 사용되며, 통상적으로 10 m^3의 부피의 저장 탱크에 반 정도 채워져 저장된다. 저장 탱크의 배출 가스는 대기로 배출된다. 저장 탱크 온도는 밤에는 5°C이며, 낮에는 30°C로 바뀐다. 액체 윗부분의 가스로 채워진 공간이 주위 공기의 온도와 평형에 있다고 가정하고, 가스는 이상기체 거동을 따르며, 톨루엔의 부피 변화는 무시될 수 있다고 가정한다. 평균 기압에서의 증기압을 기준으로 팽창의 결과로 배출된 물질의 질량 및 탱크 배출구에서의 톨루엔 농도를 예측하라(0°C, 1기압 표준 조건으로 보정하여 값을 제시할 것).

d) 배출되는 물질이 연간 5000 kg 이상이면 배기 가스의 농도는 80 mg/m^3 미만으로 유지해야 한다. 온도 변화가 연간 365일이라고 가정하면 이 배출 상황은 규정을 준수하고 있는 것인지 검토하라. 표준 조건에서 1 kgmole이 22.4 m^{3}을 차지한다고 가정한다. 톨루엔의 증기압은 다음과 같이 나타낼 수 있다.

$$\ln P^{SAT} = 9.3935 - \frac{3096.52}{T - 53.67}$$

여기서 P^{SAT} = 액체 포화 증기압(bar)
T = 절대 온도(K)

톨루엔의 어는점은 –95°C이고, 몰질량은 92 kg/kmol이다.

4. 10 N·m^3/s(N·m^3 = normal m^3)의 유량을 갖는 배출 가스는 0.1%(부피 기준)의 NO_X(0°C, 1기압에서 NO_2로 표시)와 3%(부피 기준) 산소를 포함한다. 배출 가스는 물을 사용하여 NO_X를 100 ppmv까지 제거하는 공정을 고려한다. NO_2는 용해도가 높지만, NO는 용해도가 매우 낮으며, 기체상에서 다음의 가역 반응이 일어난다.

$$NO + {}^1\!/_2 O_2 \rightleftharpoons NO_2$$

반응에 대한 평형 관계는 다음과 같다.

$$K_a = \frac{p_{NO_2}}{p_{NO}\, p_{O_2}^{0.5}}$$

여기서 K_a는 반응에 대한 평형 상수이고, p는 분압이다. 25°C에서의 평형 상수는 1.4 ×10^6 이고, 725°C에서 0.14이다.

a) 25°C 및 725°C에서 화학 평형을 가정할 때 NO에 대한 NO_2의 몰비를 계산하라.

b) 25°C 및 725°C에서 화학 평형을 가정할 때 NO_2와 NO의 유량을 계산하라. 1 kgmole이 표준 조건에서 22.4 m^{3}을 차지한다고 가정한다.

c) 25°C에서 화학 평형을 가정할 때, 물에 흡수시켜 NO_X를 제거하는 것이 좋은 선택이라고 생각하는가?

d) 최악의 경우 평형이 달성되지 않으면, NO는 NO_2와 반응하지 않을 것이다. 25°C, 1기압의 물에서 흡수하여 100 ppmv의 농도로 NO를 제거하기 위한 물의 유량을 계산하라. 물에 대한 NO의 용해도는 Henry 법칙을 따르는 것으로 가정할 수 있다.

$$x_i = \frac{y_i^* P}{H}$$

여기서 x_i = 액상 i 성분의 몰분율
y_i^* = 액상과 평형인 기상 i 성분의 몰분율
P = 전체 압력
H = Henry 법칙 상수

25°C에서 NO의 경우 Henry 상수는 28 atm이고, 흡수 장치의 출구에서 기체 상태의 농도는 평형 상태의 80%라고 가정하고 이상 기체 방정식을 활용하여, 필요한 물의 유량을 계산하라.

e) NO_X를 처리하는 다른 방법을 제안하라. NO와 NO_2의 몰질량은 각각 30 kg/kmol와 46 kg/kmol이다.

5. 표 18.3에 분석된 석탄은 보일러에서 20% 초과 공기를 사용하여 연소된다. 재에는 칼슘(석탄의 0.15%)과 나트륨(석탄의 0.18%)이 포함되어 있다. 칼슘은 황산칼슘($CaSO_4$)에 반응하고 나트륨은 황산나트륨(Na_2SO_4)에 반응한다고 가정한다. 또한, 남겨진 모든 황이 SO_2에 반응한다고 가정한다. 배가스에 대한 규제는 통상적으로 0°C, 1기압에서 건조 가스(즉, 수증기가 없음)를 기준으로 한다.

a) 석탄에 함유된 황 중에서 얼마만큼이 SO_2로 산화되고, 얼마만큼이 재에 남게 되는가?

b) 황산염 형성의 결과로 연소 후 재의 질량은 얼마인가?

c) 보일러에서 생성된 재를 무시하고 건조 가스 기준으로 20% 초과 공기를 사용한 경우에 대하여,

표 18.3 ▸ 연습 문제 5를 위한 연료 분석

	% by wt
C	78
O	7
H	3
S	1
Ash	6
H_2O	6

단위 연료 질량당 생성되는 배가스의 유량을 계산하라. 표준 조건에서 공기는 산소 21% 및 질소 79%를 함유하고, 1 kgmole당 22.4 m^3을 차지한다고 가정한다.

d) 건조 기준으로 배가스의 조성을 계산하라. 원자 질량과 분자량은 표 18.4에 제시된 값을 사용하라.

6. 표 18.5에서 분석되어 있는 석탄은 보일러에서 20% 초과 공기를 사용하여 연소된다.

재에는 칼슘(석탄의 0.2%)과 나트륨(석탄의 0.24%)이 포함되어 있다. 칼슘은 반응하여, 고체 탄산칼슘($CaSO_4$)을 생성하고, 나트륨은 반응하여 고체 황산나트륨(Na_2SO_4)을 생성한다.

a) 석탄에 함유된 황 중에서 얼마만큼 재에 남아 있으며, 얼마만큼 SO_2로 산화되었는가?

b) 기상의 SO_2로 남아 있는 황의 배출을 막는 한 가지 방법은 석회석($CaCO_3$)을 첨가하여 유동층에서 황과 연소시켜 황산칼슘($CaSO_4$)을 생성하는 것이다. 잔여 SO_2의 배출을 막기 위해 석탄의 질량당 추가되는 석회석은 필요량의 20% 초과된 석회석이 첨가된다고 가정할 때 얼마입니까?

c) 석회석을 사용하여 SO_2의 배출을 막을 수 있는 다른 방법이 있다면, 주요 반응 경로 및 과정에 대하여 설명하라. 또한 이러한 대체 방법은 어떤 이점이 있는지 설명하라.

d) SO_2와 석회석의 반응에 대한 대안은 Wellman–Lord 공정을 통해 SO_2를 회수하는 것이다. 생성된 SO_2가 황산으로 전환되면, 연소된 석탄의 질량당 얼마나 많은 황산(100% 순수한 황산 기준)이 생성되는지 계산하라. 원자 질량과 분자량은 표 18.4에 제시되어 있다.

7. 10.7 MW의 출력과 32.5%의 효율을 가진 천연 가스 연소 기반의 가스 터빈에서, NO_X 배출 규제를 준수하기 위해 연료 kg당 0.6 kg 수증기가 연소기에 공급된다. 가스 터빈에 사용되는 공기 유량은 41.6 kg/s이다. 천연 가스는 16 kg/kmol 몰질량을 갖는 100% 메탄으로 가정한다. 표준 조건에서 1 kgmole은 22.4 m^3를 차지하는 것으로 가정한다.

a) 천연 가스의 질량 유량을 계산하라. 천연 가스 열량은 표준 조건에서 34.9 MJ/m^3이다.

b) NO_X 저감을 위한 수증기 유량을 계산하라.

c) 수증기 유입이 없으면 터빈은 10.7 MW의 전력을 생산한다. 가스 터빈의 동력 생산량은 터빈을 통과하는 질량 유량에 비례한다고 가정할 때, NO_X 배출 감소로 인한 동력 출력량 변화를 추정하라.

d) NO_X 저감을 위해 사용된 수증기가 천연 가스(100% 메탄 가정)를 연소하는 90%의 효율을 갖는 보일러에서 생산되었다고 가정한다. 생산된 수증기의 엔탈피 3138 kJ/kg이며, 20 bar, 350°C 조건에서 생산된다. 보일러 공급수는 엔탈피 420 kJ/kg이며, 100°C에서 공급된다. 보일러와 가스

표 18.4 ▸ 원자 질량 및 분자량

	Atomic/molar mass ($kg \cdot kmol^{-1}$)
H	1
C	12
O	16
N	14
Na	23
S	32
Ca	40
CO_2	44
H_2SO_4	98
$CaCO_3$	100
$CaSO_4$	136
Na_2SO_4	142

표 18.5 ▸ 연습 문제 6을 위한 연료 분석

	% by wt
C	75
O	7
H	3
S	2
Ash	7
H_2O	5

터빈에서 배출되는 CO_2 배출량을 계산하라.

e) 가스 터빈 대신에 증기 터빈을 사용하여 발전을 한다고 가정한다. 증기 터빈에서 20 bar의 증기를 0.075 bar로 이상 팽창시키는 경우에, 1 kWh 생산당 3.7 kg의 수증기가 필요하다. 수증기 터빈의 효율은 75%로 가정한다. 문제 c에서 계산한 출력을 기준으로 CO_2 배출량을 계산하라.

f) 발전을 위해 사용된 가스 터빈과 스팀 터빈의 배출량을 비교하라. 어떤 공정이 더 유익한지 비교하라.

참고 문헌

Crynes BL (1977) *Chemical Reactions as a Means of Separation – Sulfur Removal*, Marcel Dekker Inc.

De Nevers N. (1995) *Air Pollution Control Engineering*, McGraw-Hill, NewYork.

Dullien FAL (1989) *Introduction to Industrial Gas Cleaning*, Academic Press.

Garg A(1994) Specify Better Low-NO_X Burners for Furnaces, *Chem Eng Prog*, **Jan**: 46.

Glassman J (1987) *Combustion*, 2nd Edition, Academic Press.

Harrison RM (1992) *Understanding Our Environment: An Introduction to Environmental Chemistry and Pollution*, Royal Society of Chemistry, Cambridge, UK.

Hui C-W and Smith R (2001) Targeting and Design for Minimum Treatment Flowrate for Vent Streams, *Trans IChemE*, **79A**: 13.

Hydrocarbon Processing's Environmental Processes '98 (1998) *Hydrocarbon Process*, **August**: 71.

Rousseau RW (1987) *Handbook of Separation Process Technology*, John Wiley & Sons, Inc., New York.

Schweitzer PA (1997) *Handbook of Separation Process Techniques for Chemical Engineers*, 3rd Edition, McGraw-Hill, New York.

Steeneveldt R, Berger B and Torp, TA(2006) CO_2 Capture and Storage Closing the Knowing – Doing Gap, Chemical Engineering Research and Design, **84** (A9): 739.

Stenhouse JIT (1981) Pollution Control, in Teja AS, *Chemical Engineering and the Environment*, Blackwell Scientific Publications.

Svarovsky L (1981) *Solid–Gas Separation*, Elsevier Scientific, New York.

US Environmental Protection Agency (1992a) *Hazardous Air Pollution Emissions from Units in the Synthetic Organic Chemical Industry – Background Information for Proposed Standards*, Vol. 1B, *Control Technologies*, US Department of Commerce, Springfield, VA.

US Environmental Protection Agency (1992b) *Control of Air Emissions at Superfund Sites*, Technical Report EPA/625/R - 92/012.

Wood SC (1994) Select the Right NO_X Control Technology, *Chem Eng Prog*, **Jan**: 32.

제 19 장 화학제품 생산에 대한 환경적 지속 가능성

Environmental Sustainability in Chemical Production

화학공정은 산업 활동의 지속 가능성을 극대화하도록 설계되어야 한다. 지속 가능성을 극대화하려면 산업 시스템은 경제적이며 실용적이고 환경 친화적이며 사회적으로 유익한 방법으로 인간의 욕구를 충족시키도록 노력해야 한다(Azapagic, 2014). 따라서 지속 가능성은 경제적, 환경적, 사회적 측면을 갖고 있다. 화학공정 설계에 있어 가장 중요한 문제는 환경적인 측면이다. 그러나 환경 측면에서 설계를 고려할 때 경제성 또한 확보해야 한다.

사회에 대한 이익을 극대화하고 건강에 미치는 악영향, 생태적 피해, 불필요한 원료 사용, 불필요하게 높은 운송 부담 및 악취와 소음으로 인한 불쾌감을 피하기 위해, 지속 가능성에 대한 고려는 제조시설로 국한해서는 안 된다.

생태학적 손상의 주요 잠재적 원인 중 하나는 산업 시설에서의 오염 물질 배출이다. 산업 공정에서 배출되는 오염 물질을 처리할 때 일반적으로 다음의 두 가지 접근법을 고려한다.

1) 열 산화 또는 생물학적 처리 등을 사용하여 오염 물질을 주위 환경으로 배출하기에 적합한 형태로 전환하는 *말단 처리*(end-of-pipe treatment) 방법
2) 공급 원료, 에너지 및 용수의 활용 효율을 증대하여 오염 배출량을 원천적으로 줄이거나 제거하는 *폐기물 최소화*(waste minimization) 방법

산업 시설의 말단에서 처리하는 방법의 경우에는, 일단 오염 물질이 생성되면 제거될 수 없다는 것이다. 오염 물질은 농축되거나 희석될 수 있고, 물리적 또는 화학적 형태의 변경은 가능하지만 파괴될 수는 없다. 따라서 폐기물 처리 시스템의 문제점은 문제를 해결하지 못하고 오염 물질을 한 곳에서 다른 곳으로 옮기는 것이다. 예를 들면 중금속을 함유하는 수용액은 금속을 제거하기 위해 화학 침전에 의해 처리될 수 있다. 처리된 수용액은 추가 처리를 위해 옮겨지거나 배출된다. 그러나 침전된 금속 슬러지는 어떠한가? 이것은 대개 매립 처리된다(Smith and Petela, 1991a).

환경 지속 가능성을 위해서는 원료, 에너지 및 용수의 사용 효율을 증가시켜 오염 물질의 배출량을 줄이거나 제거해야 한다. 그러나 환경적 지속 가능성은 단순히 오염 물질 배출을 제거하는 것 이상의 광범위한 문제들을 갖고 있다. 화학공정 설계의 경우, 공정은 희소 건축 자재를 가능한 한 적게 소비하도록 건설되어야 한다. 이것은 희귀 금속을 포함하는 건축 자재의 사용 시 특히 중요하다. 설치된 설비는 유지 보수하는 과정에서 가능한 한 적은 폐기물을 생성해야 한다. 공정 원료는 환경적으로 유해한 폐기물의 생성을 막고, 원료의 매장량을 보존하기 위해서 가능한 한 경제적이고 실용적이며 효율적으로 사용해야 한다. 화석 연료 연소로 인한 대기 중 이산화탄소의 축적을 감소시키고, 화석 연료 보존을

위해 공정은 가능한 한 경제적이며 효율적으로 에너지를 사용해야 한다. 공업 용수의 사용은 수자원을 보존하고 수자원의 질적 저하를 방지하기 위해 지속 가능하게 소비해야 한다. 특히 대기 오염 및 수질 오염 물질 배출은 환경적으로 유해하지 않도록 해야 하고, 매립 가능한 고체 폐기물은 되도록 제거되어야 한다.

산업 활동의 지속 가능성을 극대화하기 위해서는 산업 설비의 위치 선정, 건설 및 해체, 원료 및 제품, 폐기물에 대한 흐름 및 관련 물류, 그리고 광범위한 산업 간접자본과의 연계를 전주기 관점에서 고려해야 한다.

19.1 전주기 평가

LCA (Life Cycle Assessment, 전주기 평가)는 모든 상부 및 하부 공정의 요구 사항 및 관련된 환경 영향을 평가하는 제품, 공정 또는 서비스에 대한 전체 생애 주기를 분석하는 방법이다(Curran, 1996, Guinee, 2002, Azapagic and Perdan, 2011). 원칙적으로 LCA는 여러 가지 제품들을 고려할 수 있지만 여기서는 특정 제품이 고정되고 해당 제품의 생산이 LCA의 분석 대상이라고 가정한다. 전주기 평가는 천연 자원으로부터 원료를 추출하는 것으로 시작한다. 원칙적으로 동일한 제품에 대해 다른 원료 및 공정 경로를 사용할 수 있다. 원료는 최종 소비자 제품으로 제조되는 과정, 제품의 유통 및 사용되는 과정, 제품이(가능할 경우) 재활용되는 과정 그리고 최종적으로 폐기되는 과정 속에서 다양한 변화를 거친다. 전주기의 각 단계에서 자원을 사용하고 폐기물을 생성한다. 운송 및 제조 장비의 유지 보수에 이용되는 원료 및 생성되는 폐기물도 포함해야 한다.

LCA는 산업 공정과 연계된 환경적 측면 및 그와 관련된 잠재적 영향을 다음과 같은 방법으로 평가한다.

- 건설 자재, 원자재, 에너지 및 용수의 사용량 및 환경 배출물의 목록 작성
- 공급물 및 배출물과 관련된 잠재적인 환경 영향의 평가
- 공정의 지속 가능성을 향상시키기 위한 결과의 해석

LCA는 다음의 네 가지 구성 요소를 포함한다.

1) ***목표와 범위 정의*** 첫 번째 단계는 평가의 목적을 정의하고 분석에 포함될 내용과 제외할 내용을 정의하여 시스템의 범위를 설정하는 것이다. 검토해야 할 범위가 너무 넓으면 입력 및 출력에 대한 정보를 수집하고 분석을 수행하는 데 상당한 시간과 노력이 필요할 것이다. 반면 범위를 너무 좁게 정의하면 실제 전주기적 영향이 과소평가될 수 있다. LCA는 중요한 환경적 영향들을 검토할 수 있을 정도로 포괄적이어야 하지만 분석 가능한 적절한 범위 및 내용으로 구성되어야 한다.
2) ***재고 분석*** 전주기에 대한 재고 분석은 건설 자재, 원료, 에너지 및 용수에 대한 필요량을 정량화하고, 공장 건설 및 해체를 포함하여 공정의 전주기 동안의 대기 오염 물질, 수질 오염 물질 및 고체 폐기물을 정량화함을 의미한다. 전주기 재고 분석 및 조사는 환경 영향 또는 잠재적 개선 가능한 사항들에 대한 비교 평가를 가능케 한다.

   일단 전주기 분석의 경계가 확립되면, 공정도를 검토한다. 시스템 경계 내부의 단위 프로세스들은 통합 연계되고, 이를 통해 건설 및 해체를 모두 포함한 전체 시스템으로부터 공급되며 배출되는 전체적인 현황을 파악하게 된다. 희소 원소를 사용하는 건설 원자재의 사용에 대해서는 특별한 주의

를 기울여야 한다. 공장이 해체되는 경우에는 가능한 단위 공정 또는 건설 자재는 재활용해야 한다. 또한 공장 해체는 생산이 중단된 후 재고 품목별로 재사용이 가능한 것과 폐기를 해야 하는 것을 분류해야 한다.

전체 시스템 경계 안의 각각의 하위 세부 단위별로 원료, 에너지 및 용수 등의 공급이 필요하며 원료 및 필요 품목의 수송을 포함한다. 각각의 하위 세부 단위 시스템에서 제품, 부산물, 대기 오염 물질, 수질 오염 물질 및 고형 폐기물 등이 배출되며 이러한 품목들의 수송을 포함하여 고려해야 한다.

a) ***원료 및 생산 제품*** 각 하위 세부 시스템에 대한 원료 공급량은 원료 생산 및 사용 지점까지의 운반과 관련된 에너지, 용수 및 수송을 고려해야 한다. 제품과 부산물은 생산을 통한 결과물이다. 부산물은 생산의 주요 대상이 아니지만 가치가 있고 폐기물로 분류되지 않는 공정의 결과물이다. 원료, 에너지 및 용수의 사용과 배출물들은 제품 및 부산물에 적절하게 배분되어야 한다. 폐기해야 되는 부산물은 폐기 과정의 일부로서 재사용하거나, 폐기 여부를 결정하는 것을 포함하여 환경 영향 측면에서 평가한다.

b) ***에너지*** 재고 목록에 포함된 에너지 사용량은 *직접적으로* 공정과 운송 과정에서 사용된 에너지를 고려한다. 운송 과정에서 소모되는 에너지는 파이프 수송, 트럭, 철도 차량, 바지선 및 선박과 같은 운송에 필요한 에너지이다. 연료의 연소에 사용된 에너지 이외에도 시스템에 유입되는 다른 형태의 에너지도 포함해야 한다. *간접적인* 에너지 소모량 또는 *연소 전* 에너지는 연료를 추출(예, 석탄 채굴, 석유 시추)하고, 추출된 연료를 사용 가능한 연료로 전환하고 연료를 사용 지점으로 수송하는 데 사용된 에너지를 포함한다. 간접 에너지 소모량은 사용 가능한 연료를 사용 지점까지 전달하는 데 필요한 전체 에너지를 의미한다. 예를 들어, 연료유에 대한 간접 에너지는 석유 탐사와 생산, 연료유 정제, 사용 지점까지의 운송을 모두 포함해야 한다. 이러한 간접 에너지의 영향을 고려해야만 시스템의 전주기적 에너지 소모량에 대한 명확한 설명이 가능하다.

중앙 집중식 발전에서는 석탄, 천연 가스, 석유, 폐기물, 원자력, 수력, 태양, 풍력 또는 지열 에너지 등을 기반으로 전기를 생산한다. 다양한 원료를 사용하여 전기가 생산되기 때문에, 전기 그리드에 공급하는 다양한 발전원들 간의 가중치를 고려하여 평균적인 값을 적용해야 한다. 에너지 손실은 발전설비에서의 손실과 배전과정에서의 손실 모두를 포함한다. 화석 연료의 연소를 기반으로 한 발전도 있지만 그렇지 않은 발전도 있다. 비 화석 연료원이 발전에 기여하는 정도는 같은 기여를 하는 화석 연료의 기준으로 환산 계산하여 설명한다.

c) ***용수*** 전주기 평가에 고려되는 용수 소모량은 모든 출처에서 사용된 용수량을 반영한다. 제품과 부산물에 혼합되거나 증발된 용수는 유입된 용수량의 산정에 고려되어야 한다. 외부 환경으로 배출되는 폐수는 폐수 처리 이후에 폐기물 흐름에 존재하는 양을 포함해야 하며, 최종 배출 지점에서의 실제 폐수를 고려해야 한다. 일반적으로 수질 오염 물질은 생물학적 산소 요구량(BOD), 화학적 산소 요구량(COD), 부유 고형물, 용해된 고형물, 탄화수소, 페놀, 질산염 및 인산염 등이며, 상황에 따라 다른 오염 물질 또는 지표를 사용하기도 한다.

d) ***대기 오염 배출*** 대기로 배출되는 가스의 배출량은 배출 제어 장치를 통과한 이후 대기로 배출되는 유량으로 고려한다. 펌프, 압축기 및 밸브 씰(seal), 파이프 이음부 및 저장소 등에서의 비산 배출물은 대기오염 제어 장치를 통과하지 않지만 여전히 대기오염 배출물에 포함되어야 한다. 일반적인 대기 배출물에는 미립자, 휘발성 유기 화합물(VOCs), 황 산화물, 질소 산화물, 일산화탄소 및 이산화탄소가 포함된다. 공정 생산 과정 이외에도 원료의 연소 및 운송 과정 등에서 발생하는 모든 대기 배출물도 전주기 평가에 포함된다.

e) *고체 폐기물* 고형 폐기물의 경우 일반적으로 처리 방식의 차이를 고려하여 산업 고형 폐기물과 소비자 고형 폐기물로 구별한다. 산업용 고체 폐기물은 제품 생산 과정에서 발생하는 고체 폐기물(해당되는 경우 포장도 포함)이며, 일반적으로 공정 관련 고형 폐기물과 연료 관련 고형 폐기물의 두 가지 범주로 분류된다. 연료 관련 고형 폐기물은 광물 추출 관련 폐기물, 연료 처리 관련 폐기물, 고형 연료의 연소로 인한 회분 및 대기 오염 제어 장치로부터 수집된 고형물을 포함한다. 분석하고자 하는 평가 범위 안에 포함되는 경우에는 소비자 고형 폐기물은 제품 및 포장재를 모두 포함하며, 사용 후 공공시설의 고형 폐기물 처리 설비에서 폐기된다.

3) *영향 평가* 영향 평가는 원료, 에너지 및 용수의 사용과 재고 분석에서 확인된 환경으로의 배출로 인한 인간 및 생태계에 대한 잠재적인 영향과 자원 고갈을 종합적으로 평가한다. 평가 내용의 예는 온실 가스 배출로 인한 지구 온난화 또는 질산염 및 인산염 배출로 인한 부영양화 등이다.

a) *영향 평가 항목 정의* 영향 평가는 인체 건강, 환경 또는 천연 자원의 미래 가용성에 대한 재고(inventory)의 입력 및 출력 흐름에 기인하는 결과를 분석한다. 표 19.1은 LCA에서 일반적으로 사용되는 영향 평가 항목을 보여준다. 각각의 항목은 기준 물질의 질량으로 환산되어 계량화한다(Azapagic and Perdan, 2011). 예를 들어, 온실 가스 배출의 지구 온난화 가능성은 이산화탄소 질량 유량 기준으로 모두 환산하여 정량화한다.

b) *분류* 분류는 환경에 대한 자원 사용량 및 배출량을 적절한 영향 평가 항목에 연계한다. 예를 들면, 이산화탄소 배출량은 지구 온난화 영향 평가 항목으로 분류될 수 있다. 반면에, 질소 산화물은 광화학 스모그 형성, 산성화 및 부영양화의 항목으로 분류될 수 있다.

c) *평가 항목에 대한 특성 규정* 평가 시스템에 대하여 유입되고 배출되는 흐름들의 영향은 평가 환산 계수들을 사용하여 단일 기준 지표로 환산한다. 영향 평가 지표는 일반적으로 다음과 같이 계산한다.

$$\text{영향 평가 지표} = \text{평가 환산 계수} \times \text{입력량 또는 출력량}$$

다른 종의 영향을 단일 기준으로 비교하기 위해 다른 종은 기준 종과 동등한 양으로 환산하여 표현된다. 표 19.1은 평가 환산 계수의 예를 보여준다(Azapagic and Perdan, 2011). 영향 평가를 위한 데이터는 다양한 데이터베이스에서 얻을 수 있다.

모든 온실 가스는 이산화탄소를 기준으로 지구 온난화 지수(global warming potential, GWP)로 표현될 수 있다. 서로 다른 종들 간의 지구 온난화에 대한 영향 비교는 각 종의 이산화탄소 기준의 GWP를 통해 비교한다. 따라서 이산화탄소의 GWP 환산 계수는 1이고, 이것은 시간에 따라 변하지 않는다고 가정한다. 다른 온실 가스의 환경에 대한 영향은 시간에 따라 변하게 되어, 일반적으로 지정된 시간, 보통 20, 100 또는 500년에 걸쳐 얻어진 평균값을 상용한다. 예를 들어, 메탄에 대한 GWP 환산 계수는 20년의 기간 동안 86이고, 100년의 기간에 대해서는 34이다. 지구 온난화 환경 영향 평가의 기준 기간은 일반적으로 100년이다. 메탄에 대한 100년 GWP 환산 계수가 34이면, 이는 1 kg의 메탄 가스는 100년 기간 기준으로 1 kg의 이산화탄소보다 지구 온난화 지수가 34배 더 높음을 의미한다. 1 kg CO_2와 1 kg 메탄의 혼합물은 100년의 기간 기준으로 35 kg의 CO_2에 해당된다.

d) *정규화* 정규화는 평가 항목 결과를 공통 척도로 비교할 수 있도록 선택된 참조 값을 기준으로 결과 값을 나누어서 모든 평가 항목 결과를 환산함을 의미한다. 정규화를 위해 참조 값을 선택하

표 19.1 ▸ 일반적인 영향 평가 항목들(Azapagic and Perdan, 2011)

Impact category	Description	Reference species	Calculation
Abiotic resource depletion (ADP) of elements	Depletion of metals and minerals	Antimony	$ADP = \sum_i ADP_i B_i$ (kg Sb eq.) ADP_i = abiotic depletion of Resource i B_i = quantity of Resource i
Abiotic resource depletion (ADP) of energy	Depletion of fossil fuels	MJ energy	$ADP = \sum_i LHV_i B_i$ (MJ) LHV_i = lower heating value of Fossil Fuel i B_i = quantity of Fossil Fuel i
Primary energy demand (PED)	Total use of energy in the life cycle, including renewable and nonrenewable sources	MJ energy	$PED = \sum_i LHV_i B_i + \sum_i \frac{EF_i + Q_i}{\eta_{EFi}} + \sum_i \frac{ENC_i}{\eta_{ENC_i}}$ (MJ) LHV_i = lower heating value of Fuel i consumed for heating B_i = quantity of Fuel i consumed for heating EF_i = quantity of electricity consumed that is generated from combustion of Fuel i Q_i = useful heat from cogeneration derived from electricity generation from the combustion of Fuel i η_{EFi} = cogeneration efficiency of electricity generation from combustion of Fuel i ENC_i = quantity of electricity consumed that is generated from Non-combustible Source i (e.g. nuclear, hydro, wind, solar) η_{ENCi} = efficiency of power generation from Non-combustible Source i
Global warming potential (GWP)	Global warming potential of greenhouse gases, e.g. CO_2, CH_4 and N_2O	Carbon dioxide	$GWP = \sum_i GWP_i B_i$ (kg CO_2 eq.) GWP_i = global warming potential factor of Species i B_i = emissions of Greenhouse Gas i
Stratospheric ozone layer depletion potential (ODP)	Potential of emissions of chlorofluro-hydrocarbons and other halogenated hydrocarbons to deplete the ozone layer	Trichloro-fluoromethane (CFC-11)	$ODP = \sum_i ODP_i B_i$ (kg CFC-11 eq.) ODP_i = ozone depletion factor for Species i B_i = emissions of ozone depleting Species i
Human toxicity potential (HTP)	Toxicity to humans of species release to air, water and soil	1, 4-Dichloro-benzene (1,4-DB)	$HTP = \sum_i HTP_{Ai} B_{Ai} + \sum_i HTP_{Wi} B_{Wi} + \sum_i HTP_{Si} B_{Si}$ (kg 1, 4-DB eq.) HTP_{Ai}, HTP_{Wi}, HTP_{Si} = toxicological classification factors for air, water and soil B_{Ai}, B_{Wi}, B_{Si} = emissions of Species i to air, water and soil
Eco-toxicity potential (ETP)	Potential for freshwater aquatic, marine aquatic, freshwater sediment, marine sediment and terrestrial toxicity	1, 4-Dichloro-benzene (1,4-DB)	$ETP = \sum_i \sum_j ETP_{ij} B_{ij}$ (kg 1, 4-DB $eq.$) ETP = ecotoxicity classification factor of Species i released into Medium j (freshwater aquatic, marine aquatic, freshwater sediment, marine sediment, terrestrial) B_{ij} = emission of Species i into Medium j
Photochemical oxidant creation potential (POCP)	Potential of VOCs and NO_X to create photochemical smog	Ethylene	$POCP = \sum_i POCP_i B_i$ (kg C_2H_4 eq.) $POCP_i$ = photochemical oxidant classification factor for Species i B_i = emission of Species i participating in the formation of photochemical smog
Acidification potential (AP)	Potential for acid deposition, particularly due to emissions of SO_X, NO_X and NH_3	Sulfur dioxide	$AP = \sum_i AP_i B_i$ (kg SO_2 eq.) AP_i = acidification potential for Species i B_i = emission of acidification Species i
Eutrophication potential (EP)	Potential of nutrients to cause overfertilization of water and soil and the growth of algae, particularly through emissions of NO_X, NH_4^+, PO_4^{3-}, NO_3^-	Phosphate (PO_4^{3-})	$EP = \sum_i EP_i B_i$ (kg PO_4^{3-} eq.) EP_i = eutrophication potential for Species i B_i = emission of eutrophication Species i

는 방법은 다양하다. 일반적인 정규화 방법의 예는 세계적, 지역적 또는 지역적으로 정의된 특정 영역에서 연간 일인당 단위로 계산하는 것이다. 정규화된 데이터는 평가 항목 내에서만 비교할 수 있으며, 서로 다른 평가 항목들 간 비교할 수 없다는 점에 유의해야 한다.

e) *그룹화* 그룹화는 최종 손상군(damaging group)에 대한 서로 다른 영향 평가 항목들을 묶어서 전체적인 결과의 해석을 용이하게 한다. 예를 들어, 환경오염 항목은 수질 오염, 대기 오염 그리고 고체 배출 오염 등으로 그룹화하여 표현할 수 있다. 또는 그룹화는 전세계적인 규모, 국가적인 규모 또는 주변 지역 규모 등으로 그룹화할 수 있다.

f) *가중* 가중치 부여는 상대적인 중요도를 반영하기 위해 특정 평가 항목 또는 특정 자원에 가중치를 부여한다. 그러나 가중치를 할당하는 보편적이고 정확한 방법은 없다. 단일 가중치를 적용하여 서로 다른 옵션을 비교 선별하는 데 도움이 되지만, 가중치 적용한 결과의 해석은 항상 신중해야 한다. 모든 영향 평가 항목에서 하나의 옵션이 다른 옵션보다 우수할 때만 전주기 평가 측면에서 더 나은 것으로 해석할 수 있다.

4) *개선 방안 분석* 공정 설계 및 개발 과정에서 전주기 평가를 활용하는 목적은 환경 및 인체 건강에 미치는 영향에 대한 전주기적 관점에서 선호되는 공정 방안을 선택하는 데 활용하기 위함이다. 따라서 전주기 평가는 물질, 에너지 및 용수의 투입과 이와 관련된 환경오염을 줄이기 위한 방안들을 분석하는 데 활용한다. 그러나 평가를 위해 사용된 가정과 불확실성에 대한 명확한 이해가 있어야 한다. 다른 시스템 영역을 선택하면 결론이 바뀔 수 있다. 평가 환산 계수는 데이터베이스에서 선택되어야 하고, 이러한 계수들은 불확실성이 존재함을 고려해야 한다. 따라서 전주기 평가는 설계 방안들을 비교 선택할 때 유일한 평가 기준으로 사용할 수는 없지만, 설계 방안을 결정할 때 고려할 수 있는 유용한 추가 정보를 제공한다.

공정 설계자에게는 전주기 평가의 결과가 유용한데, 그 이유는 공정의 성능을 직접적인 공정과 관련된 부분만 평가하면 전주기적인 측면에서 다른 영역에서 심각한 문제가 발생함을 간과하기 때문이다. 설계자는 고려 중인 공정의 영역을 설계중인 공정의 경계보다 넓게 변경함으로써 유용한 통찰력을 얻을 수 있다. 그러나 문제를 확인한 설계자는 주로 개선 분석에 중점을 두어야 한다.

예제 19.1

1000 $Nm^3 \cdot h^{-1}$의 유량을 갖는 가스 흐름이 대기로 방출된다. 가스는 47%의 메탄을 함유하고 나머지는 불활성 가스이다. 메탄은 100년 기간 동안 GWP(지구온난화 잠재성) 계수가 34라고 가정한다. 불활성 가스는 지구 온난화에 아무런 영향을 주지 않는 것으로 가정한다. 100년 기간 동안 배출 흐름의 지구 온난화 유발 가능성을 계산하라.

a) 대기로 직접 방출되는 경우
b) 98%의 제거 효율을 가진 스팀 보조형 플레어에서 연소되는 경우. 플레어에 필요한 스팀은 2 bar, 140°C 조건을 갖고 유량은 500 $kg \cdot h^{-1}$이다. 수증기 발생에 필요한 에너지는 2601 $kJ \cdot kg^{-1}$이며, 총괄적으로 스팀 생산과 분배 시스템에서의 효율은 85%라고 가정한다. 스팀은 천연 가스의 연소를 통해 생산한다고 가정한다. 플레어에서 연소를 위해서 필요한 천연 가스의 유량은 15 $Nm^3 \cdot h^{-1}$이다. 연소되는 천연 가스는 100% 메탄이며, 전발열량(net calorific value)은 50 $MJ \cdot kg^{-1}$으로 가정한다. 플레어에서의 연소 및 스팀 생산을 위한 연소 과정 중에, 연소되는 메탄은 CO_2로 완전히 연소되는 것으로 가정한다. 연소를 통해 CO, NO_X(N_2O 포함) 등 다른 성분들도 생성되지만, 이것들의 양은 추정하기 어렵고 매우 작은 양이 생성되므로 본 예제에서는 무시한다. 연소 과정에서 형성된 수증기는 지구 온난화에 기여하지 않는다고 가정한다.

1 kgmole 기체는 표준 조건에서 22.4 m^3를 차지한다고 가정한다. 메탄과 이산화탄소의 몰질량은 각각 16 kg·$kmol^{-1}$과 44 kg·$kmol^{-1}$이다.

›풀이

a) 배출 가스에서의 CH_4 유량

$$= 1000 \times 0.47 \times \frac{1}{22.4} \times 16$$
$$= 335.7\,\text{kg} \cdot \text{h}^{-1}$$

대기로의 직접 배출에 따른 지구 온난화 잠재 가능성

$$= 335.7 \times 34$$
$$= 11,413\,\text{kg CO}_2\text{ 상당량/시간}$$

b) 배출구에서 스팀 보조 연소형 플레어 장치를 통해 대기로 배출되는 경우 지구 온난화에 기여하는 네 가지 원인이 있다. 이것들은 연소되지 않은 메탄, 배출가스의 연소 생성물, 플레어 연소 연료의 연소 생성물 및 스팀 생산을 위한 연소 생성물이다. 설비 제작에 관련된 배출과 간접적인 에너지 배출은 무시한다. 첫 번째는 미연소 메탄이다.

98% 제거율 기준에서 미연소된 메탄의 질량 유량

$$= 335.7 \times 0.02$$
$$= 6.714\,\text{kg}\cdot\text{h}^{-1}$$

배출 가스에 포함된 메탄의 연소

$$CH_4 + 2O_2 \rightarrow CO_2 + H_2O$$

1 kmol 메탄 연소량을 기준으로 1 kmol의 CO_2가 생성되기 때문에, 배출 가스에 포함된 메탄의 연소에서 생성되는 CO_2 양은 아래와 같다.

$$= 1000 \times 0.47 \times 0.98 \times \frac{1}{22.4}$$
$$= 20.56\,\text{kmol} \cdot \text{h}^{-1}$$
$$= 20.56 \times 44\,\text{kg} \cdot \text{h}^{-1}$$
$$= 904.6\,\text{kg} \cdot \text{h}^{-1}$$

플레어 연소를 위하여 필요한 연료 가스의 유량

$$= 15 \times \frac{1}{22.4}$$
$$= 0.6696\,\text{kmol} \cdot \text{h}^{-1}$$

플레어 연소용 가스가 100% 메탄으로 가정되고 메탄이 완전히 연소되었다고 가정하면 플레어 연소로부터 형성된 CO_2의 유량

$$= 0.6696 \times 44\,\text{kg} \cdot \text{h}^{-1}$$
$$= 29.46\,\text{kg} \cdot \text{h}^{-1}$$

스팀을 생산하는 연료가 100% 메탄으로 가정하고, 스팀 생산을 위해 연소되는 메탄 유량은 85% 연소 효율을 기준으로 계산한다. 스팀 생산을 위한 메탄의 유량

$$= 2601 \times 500 \times \frac{1}{50 \times 10^3} \times \frac{1}{0.85}$$
$$= 30.6\,\text{kg} \cdot \text{h}^{-1}$$
$$= \frac{30.6}{16}\,\text{kmol} \cdot \text{h}^{-1}$$
$$= 1.913\,\text{kmol} \cdot \text{h}^{-1}$$

플레어에서 필요한 스팀 생산과 관련하여 생성된 CO_2 유량

$$= 1.913 \times 44$$
$$= 84.17\,\text{kg} \cdot \text{h}^{-1}$$

플레어 배출구에서 대기로 배출되는 가스에 대한 전체 지구 온난화 가능성

$$= 6.714 \times 34 + 904.6 \times 1 + 29.46 \times 1 + 84.17 \times 1$$
$$= 1,247\,\text{kg CO}_2\text{ equivalents per hour}$$

배출되는 가스의 지구 온난화 가능성은 직접 배출 경우에 비해 89% 감소 효과를 갖는다. 미연소 메탄, 플레어에서의 연료 연소 및 스팀 생산과 관련된 배출이 전체 지구 온난화 잠재성의 27%를 차지한다는 점도 주목해야 한다. 플레어를 통한 가스 배출은 비정상 운전 또는 비상 상황에서만 사용해야 한다. 지속적으로 배출되어야 하는 가스는 열 산화 장치에서 연소 후 대기로 배출되어야 한다. 이 방법은 가스 배출과 관련된 지구 온난화 가능성을 더욱 감소시킬 것이지만, 공정의 연속 흐름에 대해서만 감소시킬 수 있다.

19.2 공정 원료의 효율적인 사용

고려하고자 하는 공정에 연계된 상부 및 하부 시스템을 전체적으로 검토하기 이전에, 해당 공정에 대한 원료의 사용과 관련된 성능 향상을 검토한다. 공정 원료의 효율적인 사용은 환경오염 폐기물의 생성을

방지하고 원료 자원을 보존한다. 단위 공정에서 원료 사용 효율을 높일 수 있는 방안은 다음과 같다.

1) ***재순환이 어렵다면 화학 반응기에서 발생하는 폐기물을 줄인다.***

a) ***단일 비가역 반응에 대한 전환율 증가*** 미반응 원료를 분리하여 재순환하기 어려운 경우 가능한 한 높은 전환율을 유지해야 한다. 반응이 비가역적이면, 반응기 체류 시간 증가, 보다 효과적인 촉매의 사용, 보다 높은 온도, 보다 높은 압력 또는 이들의 조합에 의해 반응의 전환율을 증가시킬 수 있다.

b) ***단일 가역 반응에 대한 전환율 증가*** 가역 반응에서 미반응 원료 물질을 분리하여 재순환하기가 어려우면 전환율 증가는 어렵게 된다. 3장에서 아래와 같이 평형 반응에서의 전환율을 증가시키는 방안들을 고려했다.

- 과량의 반응물 투입
- 반응 중 제품 물질의 제거
- 불활성 물질 농도 최적화
- 반응기 온도 최적화
- 반응기 압력 최적화

미반응 원료의 분리 및 재순환이 문제가 되지 않는다면, 통상적으로 반응기에서 최대 전환율 달성을 위해 최적화하기 보다는, 반응기에서는 어느 정도의 높은 전환율을 얻도록 설계 운전하고 미반응된 원료를 분리 및 재순환하여 보완한다.

2) ***폐기물을 생성하는 주 반응에서 폐기물 생성의 최소화*** 폐기 부산물이 반응으로부터 형성되면, 예를 들면

$$\text{원료 1} + \text{원료 2} \rightarrow \text{제품} + \text{폐기 부산물} \tag{19.1}$$

폐기물 생성은 상이한 반응 메커니즘(즉 다른 반응 경로 및 다른 원료물질을 사용하는)에 의해서만 회피될 수 있다.

3) ***폐기물을 생성하는 다중 반응에서 폐기물 생성 최소화*** 다중 반응인 경우에는 주 반응 이외에 부 반응들에서 추가적인 폐기 부산물이 생성될 수 있다. 2~4장까지 아래와 같이 폐기 부산물을 감소키는 방안들을 고려했다.

a) 적절한 반응기 유형 선택
b) 반응물 농도 최적화
c) 반응기 온도와 압력 최적화
d) 촉매 선택

4) ***반응기로 유입되는 원료의 불순물을 제거*** 공급 원료에 불순물이 반응에 참여하는 경우, 공급 원료, 생성물 또는 이들 모두의 낭비를 초래한다. 이러한 폐기물 생성을 억제하는 것은 원료를 먼저 정제함으로써 가장 쉽게 해결된다. 원료 전처리 비용이 증가하더라도, 사용되는 원료의 양이 감소하고 반응 후 분리 및 폐기물 처리 관련 비용을 감소하는 효과를 갖게 된다(그림 19.1).

5) ***폐기물을 활용한 유용한 제품 생산을 통해 폐기물 발생량의 감소*** 폐기물은 때로는 다른 반응 시스템에서 추가 반응을 일으켜 유용한 제품으로 전환될 수 있다. 염소화 반응의 부산물인 염화수소는 염소로 전환되어 염소화 반응기로 재순환함으로써 전체적인 폐기물 발생량을 감소시킨다.

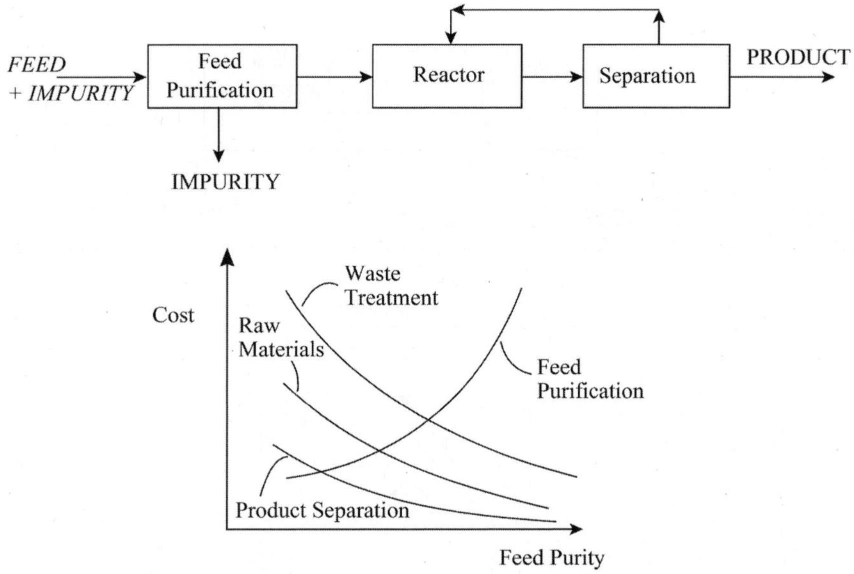

그림 19.1 ▸ **공급 원료에 포함된 불순물이 반응에 참여하는 경우에는 공급 원료 순도의 최적화 필요하다.**
(Reproduced from SmithRand Petela E.A (1991c) Waste Minimization in the Process Industries Part 3 Separation and Recycle Systems, *Chem Eng*, **513**: 24, by permission of the Institution of Chemical Engineers.)

6) ***촉매 관련 오염 물질 발생 최소화*** 촉매는 균질 및 불균질 촉매가 모두 사용된다. 일반적으로, 균질 촉매는 분리 및 재순환이 쉽지 않고 비회수 촉매는 폐기물 발생량을 늘리게 되므로 가능한 한 불균일 촉매가 사용하는 것이 효율적이다. 불균질 촉매가 대규모 공정에서 더 일반적이고, 이러한 촉매는 일반적으로 장시간 운전 후에는 성능이 저하되어 주기적인 교체가 필요하게 된다. 공급 원료 또는 재순환 흐름 등에 포함된 오염 물질이 촉매 수명을 단축시킨다면 반응기에 유입되기 전에 이들 오염 물질을 제거하기 위한 별도의 분리 설비를 고려하는 것이 타당하다. 촉매가 고온과 같은 극한 운전 조건에 민감한 경우, 다음과 방법을 사용하여 반응기내 국부적 과열 지점(hot spot)의 생성을 줄이고 촉매 수명을 연장시킨다.

- 흐름 분포 개선
- 열전달 개선
- 촉매 희석제 도입
- 계측 및 제어 개선

유동층 촉매 반응기는 고체 입자들의 마모현상이 촉매 미분을 생성하여 촉매 손실의 주요 원인이 된다. 반응기의 생산 흐름으로부터 촉매 입자를 보다 효과적으로 분리하고 미분을 최대한 재활용하면 촉매 폐기물을 저감할 수 있다. 촉매의 기계적 강도를 향상시키는 것이 장기적으로 최선의 해결책일 수 있다.

7) ***폐기물의 직접적인 재활용*** 폐기물을 직접 재활용함으로써 폐기물을 줄일 수 있다. 이것은 그림 19.2의 첫 번째 방법이다. 이를 수행할 수 있다면 폐기물을 줄이는 가장 간단한 방법이므로 가장 먼저 고려해야 한다. 가장 직접적으로 재활용할 수 있는 폐기 흐름은 폐수이지만, 비록 오염되었다 하더라도 다른 공정에서 필요한 용수의 일부를 대체할 가능성이 있다.

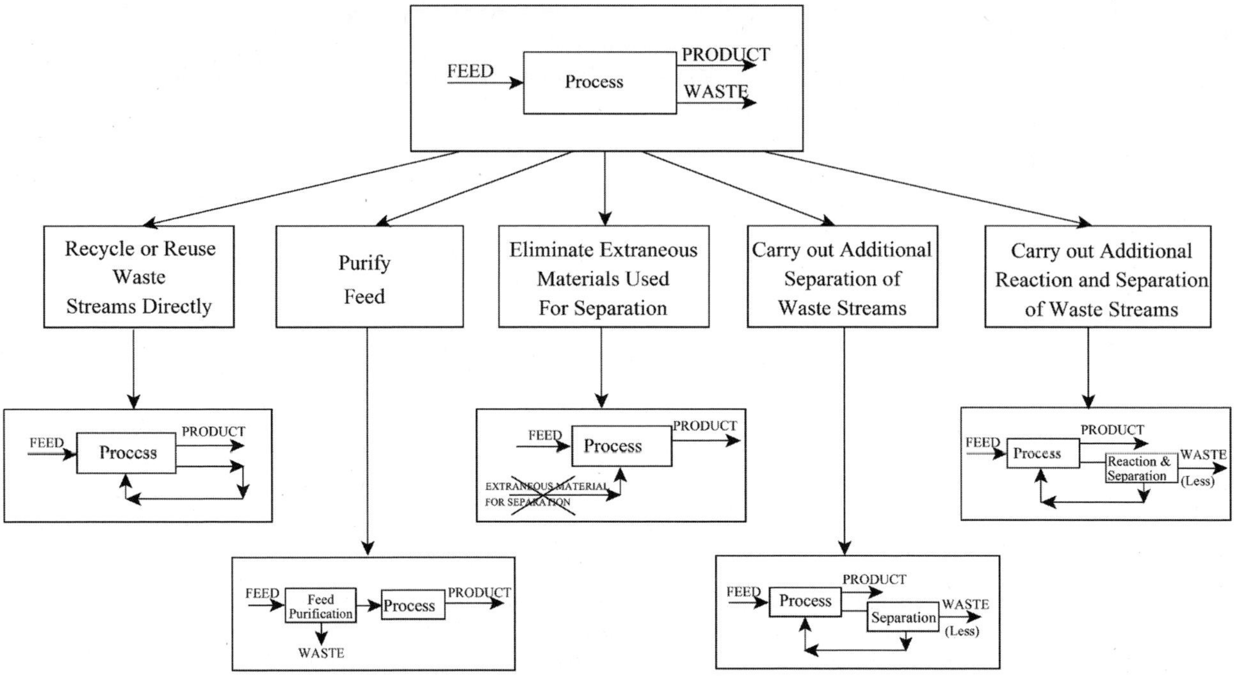

그림 19.2 ▸ 분리 및 재순환 시스템에서의 폐기물 최소화.

그림 19.3a는 프로필렌의 직접 수화에 의한 이소프로필알코올 생산을 위한 단순화된 공정도를 보여준다(Smith and Petela, 1991c). 다양한 반응 기술이 존재하며 여러 가지 분리 및 재활용 공정이 적용될 수 있지만, 그림 19.3a에 보인 공정이 가장 대표적이다. 불순물로서 프로판이 포함된 프로필렌은 물과 반응한다.

$$\underset{\text{propylene}}{C_3H_6} + \underset{\text{water}}{H_2O} \rightarrow \underset{\text{isopropyl alcohol}}{(CH_3)_2CHOH}$$

소량의 부산물이 생성되는데 주요한 부생성물은 디이소프로필 에테르이다. 반응 생성물은 냉각되고 냉각된 기액 혼합물은 상분리를 통해 주로 프로필렌 및 프로판을 함유하는 기체와 다른 성분을 함유하는 액체를 생성한다. 미반응 프로필렌은 반응기로 재순환되고 프로판의 축적을 방지하기 위해 일부 유체 흐름을 배출시킨다. 그림 19.3a의 첫 번째 증류는 분리탑 C1에서 디이소프로필 에테르를 포함한 상대적으로 가벼운 물질들을 제거한다. 두 번째 분리탑 C2는 물을 최대한 제거하여 이소프로필알코올과 물과의 공비 혼합물 조건을 형성시킨다. 그림 19.3a에서 분리탑 C3는 첨가제를 사용하는 공비 증류이다. 이 경우, 이미 공정에 존재하는 물질 중 하나인 디이소프로필 에테르가 첨가제로서 사용될 수 있다.

두 번째 증류탑의 하단과 공비 증류탑의 디캔터(decanter)에서는 물이 배출된다. 이 두 흐름은 본질적으로 거의 순수한 물이지만 소량의 유기물을 포함하므로 최종 배출 전에 수처리 과정을 거쳐야 한다. 이 흐름은 반응기로 재순환시켜 폐수 발생을 피할 수 있다(그림 19.3b). 폐기물 흐름을 직접 재활용할 수 있다면 폐기물을 줄이는 가장 간단한 방법이다. 그러나 대부분의 경우 별도의 분리 처리 공정이 필요하다.

8) *원료 정제* 원료와 함께 유입되는 불순물은 폐기물을 발생시킨다. 원료에 포함된 불순물이 반응을

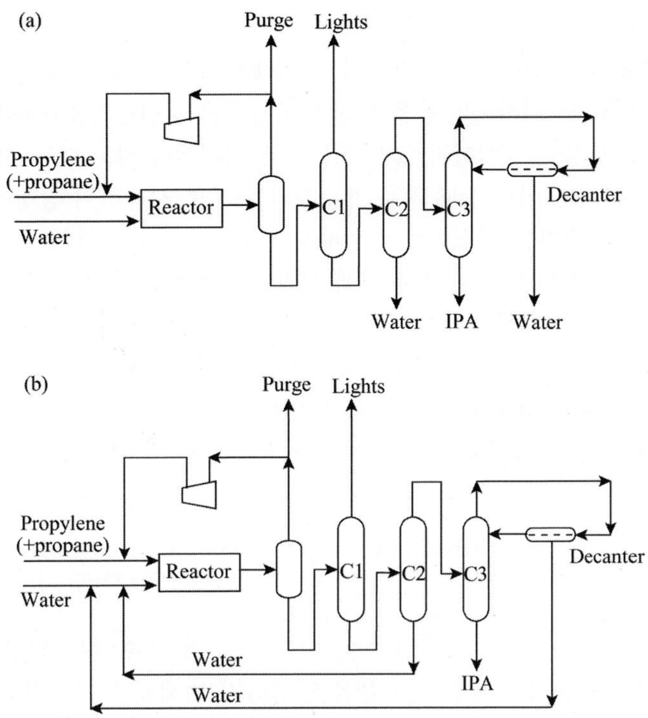

그림 19.3 ▸ **프로필렌의 직접 수화에 의한 이소프로필알코올의 생산 공정도.**
(Reproduced from Smith R and Petela E.A (1991c) Waste Minimization in the Process Industries Part 3 Separation and Recycle Systems, *Chem Eng*, **513**: 24, by permission of the Institution of Chemical Engineers.)

하게 되면, 이미 논의된 바와 같이 반응기에서 폐기물이 발생한다. 불순물이 반응에 참여하지 않는다면 10장에서 논의된 것처럼 여러 가지 방법으로 공정에서 분리될 수 있다. 공정의 재순환 흐름에서 일부 흐름을 배출하는 퍼지(purge)는 폐기물 생성의 가장 큰 원인 중에 하나이다. 불순물은 재순환 과정에서 축적되며, 퍼지 시 원료 물질 및 제품의 손실을 최소화하기 위해 고농도로 농축시키는 것이 바람직하다. 그러나 원료의 불순물이 재순환 과정에서 축적되는 농도를 다음과 같은 이유로 인하여 제한된다.

a) 고농도의 비활성 물질은 반응기 성능 저하를 일으킬 수 있다.

b) 점점 더 많은 불순물이 재순환됨에 따라 재순환량 증가로 인한 비용이 증가하고(예, 재순환 가스의 압축비용 증가 등), 이러한 비용의 증가는 퍼지에서 손실되는 원료를 절감하는 효과보다 크게 된다. 일반적으로 원료의 불순물을 처리하는 가장 좋은 방법은 원료가 공정에 유입되기 전에 원료를 전처리하여 정제하는 것이다. 이것은 그림 19.2에 표시된 두 번째 방법이다.

그림 19.3의 이소프로필 알코올 공정으로 돌아가서, 프로필렌은 원료 불순물인 프로판을 함유하여 공정으로 공급된다. 그림 19.3에서 프로판은 퍼지를 통해 공정에서 제거된다. 이로 인해 소량의 이소프로필 알코올과 함께 프로필렌이 손실된다. 공정으로 유입되기 전에 프로판을 제거하면 퍼지 사용을 피할 수 있다. 이 경우 프로필렌 정제는 증류를 통해 달성할 수 있으며, 이와 비슷한 방법을 구현한 사례가 많다.

많은 화학공정은 산화반응을 통해서 이루어지는 경우가 많고, 이 때 산소의 공급원으로는 주로 공기를 고려한다. 이러한 산화 반응 기반 공정은 예를 들면 아세트산, 아세틸렌, 아크릴로 니트릴, 카본 블랙, 에틸렌 옥사이드, 포름알데히드, 말레산 무수물, 질산, 페놀, 무수 프탈산, 황산, 이산화티탄, 아세트산 비닐 및 염화비닐 등을 생산하는 공정을 포함한다(Chowdhury and Leward, 1984). 공기 중의 질소는 반응에 참여하지 않기 때문에 분리되어야 하고 어느 시점에서는 공정에서 제거되어야 한다. 가스 분리가 어렵기 때문에, 재순환과 퍼지를 사용하여 공정에서 질소를 제거한다. 대안으로서, 반응기로 재순환을 최소화하기 위해서 가능한 한 높은 전환율을 유지한다. 질소는 원료 물질 및 제품과 함께 이송되며 최종 배출 전에 제거되어야 한다. 산화를 위한 공기가 순수한 산소로 대체되면, 최악의 경우라도 퍼지의 양은 매우 작아질 것이다. 이 방법은 순수한 산소를 공급하기 위해 공정의 상류 시스템에서 공기 분리 플랜트를 필요로 한다. 그러나 이러한 단점에도 불구하고 다음 예제에서와 같이 매우 중요한 이점을 얻을 수 있다.

염화비닐 생산을 고려해 보도록 하자. 옥시염소화 반응 단계에서 에틸렌은 염화수소와 산소와 반응하여 디클로로에탄을 생성한다.

$$\underset{\text{ethylene}}{C_2H_4} + \underset{\substack{\text{hydrogen}\\\text{chloride}}}{2HCl} + \underset{\text{oxygen}}{\tfrac{1}{2}O_2} \longrightarrow \underset{\text{dichloroethane}}{C_2H_4Cl_2} + \underset{\text{water}}{H_2O}$$

공기가 사용된다면 공급되는 원료들은 반응기를 거친 후에는 반응기로의 재순환은 없다(그림 19.4a). 따라서 이 공정은 높은 전환율을 달성하기 위해서는 반응기의 각 원료 공급량은 화학양론비에 맞추어 공급된다. 일반적으로 디클로로에탄의 1 kg당 0.7에서 1.0 kg의 배출 가스가 생성된다(Reich, 1976). 공기가 순수한 산소로 대체되면 불활성 가스의 큰 유량 문제는 해결된다(그림 19.4b). 미반응된 기체는 반응기로 재순환될 수 있다. 이를 통해 과량의 에틸렌으로 산화 공정을 운전하여 에틸렌 수율을 감소시키지 않으면서 HCl의 전환율을 높일 수 있다. 하지만 이러한 방법은 반응기 하부 부분에 안전 문제를 야기한다. 전환되지 않은 에틸렌은 산소와 폭발성 혼합물을 생성할 수 있다. 폭발성 혼합물을 피하기 위해서는 소량의 질소를 도입할 수 있다.

질소가 원료에서 제외되고 본질적으로 모든 에틸렌이 재순환되기 때문에 배출 가스량은 크게 감소하며, 퍼지로 배출되는 양은 약 20배에서 100배까지 감소한다(Reich, 1976).

9) ***분리를 위해 사용하는 외부 물질의 제거*** 그림 19.2의 세 번째 방법은 분리를 수행하기 위해 공정에 외부 물질을 새로 추가하여 제거하는 것이다. 대표적인 예는 유기 용제 또는 수성 용제를 첨가하는 것이다. 또한, 산 또는 알칼리 물질을 사용하여 용액으로부터 다른 물질을 침전시킨다. 분리에 사용된 외부 물질들을 고효율로 재활용할 수 있다면 큰 문제는 없다. 그러나 효율적으로 재활용할 수 없게 된다면 분리에 사용된 외부 물질의 배출은 폐기물의 생성을 의미한다. 이러한 오염을 줄이기 위해서는(가령 침전법 대신 증발법을 사용하는 것과 같은) 다른 분리 방법이 필요하다.

예를 들어 염화비닐의 제조를 다시 살펴보자. 이 공정의 첫 단계에서 에틸렌은 염소와 반응하여 디클로로에탄이 생성된다.

$$\underset{\text{ethylene}}{C_2H_4} + \underset{\text{chlorine}}{Cl_2} \rightarrow \underset{\text{dichloroethane}}{C_2H_4Cl_2}$$

염화비닐 공정은 그림 19.5에 보이고 있다(McNaughton, 1983). 반응물(에틸렌 및 염소)은 순환되는 디클로로에탄 액체에 용해되고, 용액에서 반응하여 더 많은 디클로로에탄을 생성한다. 온도는 45~65°C로 유지되며, 소량의 염화제이철이 촉매 역할을 한다. 반응은 상당한 열을 발생한다.

전통적인 생산 방식에서는 일반적으로 반응열을 냉각수로 제거한다. 생성된 디클로로에탄 액체

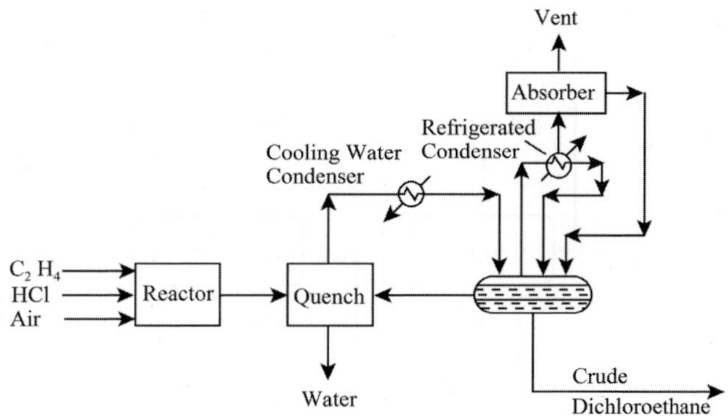

(a) 공기 원료

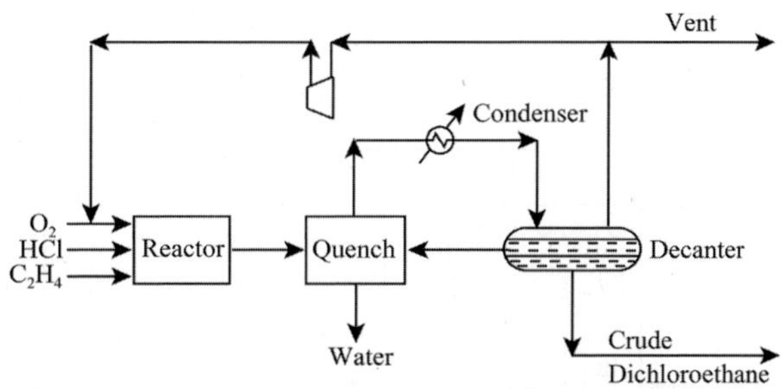

(b) 산소 원료

그림 19.4 ▸ **염화비닐 생산 공정의 순산소 염소화 반응.**

(Reproduced from Smith R and Petela E.A (1991c) Waste Minimization in the Process Industries Part 3 Separation and Recycle Systems, *Chem Eng*, **513**: 24, by permission of the Institution of Chemical Engineers.)

를 반응기로부터 분리하고 산 세척하여 염화제이철을 제거한 후, 묽은 수산화나트륨으로 중화시키고 증류로 정제한다. 염화제이철의 분리에 사용되는 물질은 재순환될 수는 있지만 결국 퍼지를 통한 제거가 필요하다. 이 방법은 환경적으로 매우 해를 끼치는 염화 탄화수소로 오염된 폐기물을 생성하기 때문에 배출되기 전에 반드시 처리해야 한다.

그림 19.5에 보이는 공정의 문제점은 염화제이철 촉매가 반응기에서 생성물과 함께 이송된다는 것이다. 이것은 세척 공정에 의해 분리한다. 염화제이철이 반응기에서 유출되지 않게 반응기를 설계할 수 있다면 세척 및 중화에 의해 생성된 폐기물 문제를 해결할 수 있다. 염화제이철은 비휘발성이기 때문에, 반응열을 이용하여 반응 혼합물의 온도를 끓는점까지 올리고 반응 생성물을 기체 상태로 제거하면 염화제이철이 반응기에 남겨진다. 하지만 반응 혼합물이 비등하는 조건에서는 다음의 두 가지 문제점이 있다.

- 에틸렌과 염소는 액상으로부터 제거되어 전환율이 낮다.
- 부산물 생성이 매우 많다.

이러한 문제점은 그림 19.6에 보인 반응기를 통해 해결된다(McNaughton, 1983). 에틸렌 및 염소는 순환하는 액상의 디클로로에탄과 혼합한다. 에틸렌과 염소는 용해된 상태로 반응하여 더 많은 디클

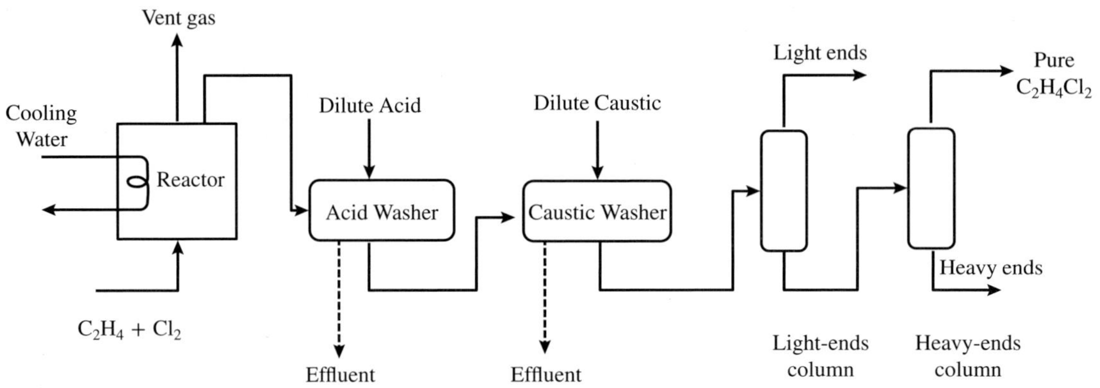

그림 19.5 ▸ 액상반응기 기반의 염화비닐 생산 공정.

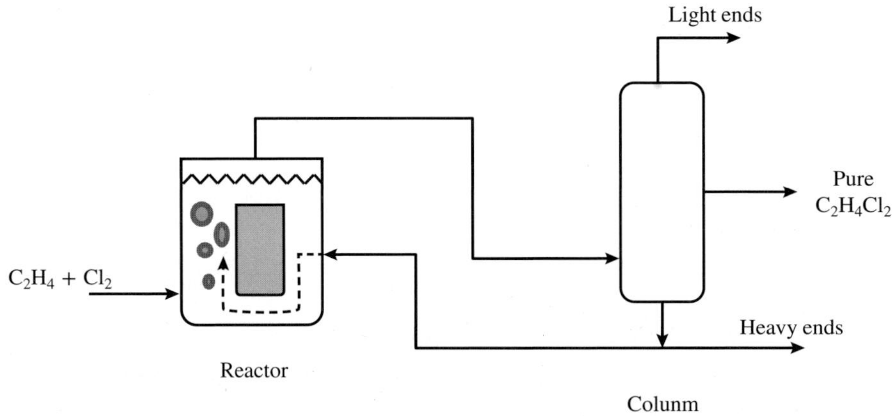

그림 19.6 ▸ 비등반응기 기반의 염화비닐 생산공정.

로로에탄을 생성한다. 반응물이 도입되는 영역과 반응이 진행되는 영역에서 비등은 일어나지 않는다. 그림 19.6에서 볼 수 있듯이 반응기는 가스 상승과 열 사이펀(thermosyphon) 효과의 결과로 디클로로에탄이 순환하게 되는 U자형 형태를 갖는다. 에틸렌과 염소는 끓는 것을 막기 위해 U자형 반응기 하부에 도입된다.

반응물은 용해되고 즉시 반응하여 추가의 디클로로에탄을 형성한다. 반응은 원료가 상승하는 통로부분에서 위로 2/3 지점 부근에서 거의 완료된다. 액체가 계속해서 상승함에 따라 끓기 시작하고 최종적으로 증기–액체 혼합물이 분리탑으로 유입된다. 약간의 과량으로 공급하는 에틸렌을 통해 염소를 완전히 전환시킨다.

그림 19.6에서 알 수 있듯이 반응 생성물은 증류탑 하부에 유입되고, 고순도의 디클로로에탄은 증류탑 상단에서 예닐곱 단 아래의 탑 중간영역에서 회수한다(McNaughton, 1983). 그림 19.6에 제시된 공정은 반응열을 분리를 위해 효과적으로 활용하고, 반응 제품의 추가적인 세척이 필요 없다는 점에서 매우 우수하다. 이 방법은 두 개의 폐수 흐름 생성을 억제하고, 폐수는 불가피하게 유기물을 포함하게 되어 이에 대한 후처리가 필요하고, 이 과정에서 원료의 손실을 초래한다. 개선된 열회수에 의해 공정에서 방출하는 에너지를 분리설비의 에너지원으로 사용할 수 있으며, 이렇게 함으로써 운전비를 절감할 수 있다.

10) ***추가 분리 및 재순환*** 공정의 흐름에 대한 직접적인 재순환 가능성이 없거나 원료 정제 등을 통해 효과적인 분리 및 재사용이 어렵다면 그림 19.2에 보인 네 번째 경우인 폐기물 흐름에서의 물질 회수를 고려한다. 폐기물에 포함된 물질이 가치가 있더라도 일단 폐기물 흐름의 사용이 어렵다면 모두 폐기물 처리 대상에 속하게 된다. 이러한 경우에서는 회수율 선택에 있어서 신중해야 한다. 특히 폐수 처리 비용을 고려할 때, 추가적인 분리를 통해 활용할 수 있는 물질을 재순환하는 것이 보다 경제적일 수 있다.

공정에서의 퍼지 흐름은 원료의 불순물과 반응의 부산물을 처리하는 데 사용된다. 원료 정제에 의하여 퍼지 흐름량을 감소시킬 수 있다. 그러나 원료 정제를 통해 불순물을 제거하거나 반응의 부산물을 제거하여 퍼지 흐름을 낮추는 것이 비실용적이거나 비경제적인 경우에는 추가적인 분리설비의 사용을 고려할 수 있다.

그림 19.7은 원료 및 생산품이 폐기물 흐름에서 회수되어 재순환되는 경우에서 회수율이 경제성에 미치는 영향을 설명한다. 회수율이 증가함에 따라 분리 및 재순환 비용이 증가하지만, 손실되는 원료비용은 감소한다. 원료비는 순 비용이므로, 손실된 원료의 원가는 다음 중 하나로 반영되어야 함을 의미한다.

a) 미회수된 물질에 대한 폐기물 처리 비용을 추가하거나,

b) 회수된 물질을 연소시켜 연소로 또는 보일러에서 유용한 열을 생산하는 경우 그에 상응하는 연료 비용을 공제한다.

그림 19.7은 분리 비용과 원료 비용간의 상대적인 관계를 보여주고 있다. 그림 19.7에 제시된 것 이외에도 전체 비용에 상당한 영향을 미칠 수 있는 경우에는(가령 반응기 가격) 포함해야 한다. 또한, 그림 19.7에 보인 분리 비용 결정 과정에서 소모되는 에너지 비용은 전체적인 열회수 및 열통합의 맥락에서 계산되어야 한다. 분리공정에서 필요한 에너지는 효율적인 공정 내 열회수를 통해 모두 공급될 수도 있다.

11) ***폐기물의 추가 반응 및 분리*** 가끔 폐기물 흐름에 대한 분리뿐만 아니라 추가 반응을 수행하는 것

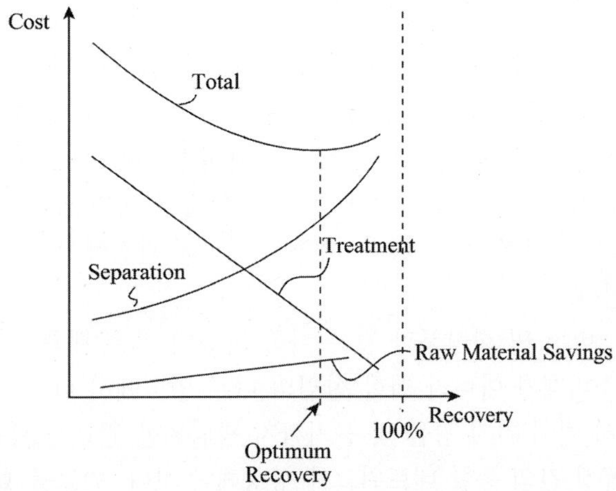

그림 19.7 ▸ **폐기물 처리 비용과 원료 비용을 함께 고려하여 분리 공정에 대한 최적의 회수율을 결정함.**
(Reproduced from Smith R and Petela E.A (1991c) Waste Minimization in the Process Industries Part 3 Separation and Recycle Systems, *Chem Eng*, **513**: 24, by permission of the Institution of Chemical Engineers.)

이 가능하다. 이러한 몇 가지 예시는 이미 10장에서 논의되었다.

12) ***원료의 효율적 사용을 위한 공정 운영*** 공정 운영에서 발생하는 폐기물과 관련된 많은 문제는 공정에서 사용되는 물질 흐름이 적체되거나 많은 양이 보관되면서 처리되는 것에 기인한다. 이것은 본질적으로 안전한 공정을 위한 설계 문제와도 연계된다. 이러한 공정 운전과 관련한 폐기물을 최소화하는 방법은 다음과 같다(Smith and Petela, 1992).

- 공정의 가용성을 높여 공정의 운전 정지 횟수를 최소화한다. 고 신뢰성 장비 또는 대기 장비를 도입한다.
- 보다 유연한 운전이 가능한 연속 공정을 설계한다. 예를 들면 공정의 운전 정지보다는 생산량 감소가 바람직하다.
- 회분식 공정에서 연속공정으로 변경한다. 회분식 공정은 항상 정상 상태가 아닌 조건에서 운전하므로 본실적으로 최적 조건 유지가 어렵다.
- 제품 요구 사양을 벗어난 재료를 재사용할 수 있도록 중간 저장 공간을 충분히 설치한다.
- 이종 제품 생산 전환 과정에서의 설비 청소에 따른 폐기물이 발생하므로, 제품 생산 전환을 최소화하도록 작업 계획을 수립한다.
- 장비 청소 및 검사시료 관련 폐기물을 위한 폐기물 수집 설비를 설치한다. 가능한 경우 폐기물을 분리하고 재활용한다. 일반적으로 유기 폐기물 및 폐수는 하수 설비에서 수집하고 가능한 경우 분리하여 재활용한다. 증기 세척 과정에서 누수된 수증기의 수집, 응축 그리고 가능한 물질의 재활용을 고려해야 한다.
- 비산 배출 및 탱크에서 누출되는 폐기물 발생을 최소화한다.

일부 폐기물질은 설계 과정의 후반 단계에서만 고려가 가능하거나 또는 공장이 실제로 건설되고 가동된 이후에 검토될 수 있다. 예를 들면, 비효율적인 공정 운전으로 인하여 공정이 설계 조건이 아닌 조건에서 운전되어 폐기물을 유발하는 경우가 있다.

19.3 공정들 간의 원료의 효율적인 사용

개별 공정 내에서는 원료 효율을 고려할 때 종종 재사용 및 재순환 방법이 제한적인 경우가 많다. 공정을 실용적이고 경제적으로 운영하기 위해서 일반적으로 반응기 및 분리 설비들의 성능과 재순환 가능성을 제한한다. 설비 또는 공정 성능이 한계에 부딪히면 제품 생산에 사용되지 않는 원료와 상업적 가치가 없는 부산물을 최소화하는 것 이외에는 다른 방법이 거의 없다. 하지만 한 공정의 폐기물질이 다른 공정에서는 유용한 원료가 될 수 있다. 따라서 원료의 관점에서 성능 개선 분석은 상부 및 하부 공정을 모두 고려해야 한다.

수송 연료, 세제, 비누 및 화장품과 같은 화학 산업의 많은 제품은 소비재이다. 그러나 제조된 화학물질의 4분의 3은 소비재가 아니라 화학 산업의 다른 영역에서 다른 제품을 만드는 데 사용된다. 공정 업계는 원유에서부터 여러 가지 광물 및 공기까지 광범위한 원료를 사용한다. 공정 산업은 물질 흐름에 의해 연결된 생산 공정 간의 통합 네트워크를 형성해야 한다. 원료를 효율적으로 사용하고 폐기물과 배출량을 최소화하기 위해서 직접적인 상업 가치가 없는 공정의 부산물을 가능한 한 다른 공정의 원료로 사용할 필요가 있다. 원료의 효율적 사용과 동시에 오염 물질의 배출을 최소화하기 위해서는 서로 다른 공정 또는 설비들 간에 원료를 재사용하거나 재활용이 가능케 하는 *공정 네트워크* 또는 *통합적 클러스터*가 형성되어야 한다.

그림 19.8은 통합된 공정 네트워크의 예를 보여준다. 이 공정의 원료는 원유이다. 이것은 증류공정을 거치면서 여러 가지의 증류 제품으로 분리된다. 그러나 증류 공정을 통해 얻는 각각의 제품들은 하부 공정에서 유용한 제품으로 전환되기 전 수소와의 반응을 통해 *수소화*공정을 거치면서 황 및 질소를 제거한다. 가스유(gas oil)의 경우 수소 및 질소를 제거하는 것 외에도 큰 탄화수소 분자를 더 작은 분자로 분해하는 수소 첨가 분해 장치로 공급된다. 그림 19.8에서 수소화 장치와 수소 첨가 분해 장치에 필요한 수소는 *스팀 개질 장치*에서 생성되며 수소 분배 시스템을 통해 분배된다. 수소 분배 시스템은 다른 순도와 압력을 갖는 수소를 분배하는 네트워크이다. 또한, 스팀 개질기에서의 수소 생성은 천연 가스 네트워크로부터 공급되는 천연 가스 공급이 필요하고, 천연 가스 네트워크는 또한 공정에서의 연료용으로 가스를 분배한다. 수소화 장치 및 수소 첨가 분해 장치에서 원료에 포함된 질소 불순물은 NH_3로 변환되며 물에 용해된다. 황 불순물은 H_2S로 변환되고, H_2S 네트워크를 통해 수집된다. H_2S는 Claus Process(18장 참조)에서 황 원소로 변환된 다음 황산으로 전환된다. 수소화 장치 및 수소 첨가 분해 장치는(원료로 공급되는 수소보다는 농도가 현저히 낮지만) 상당한 양의 수소를 함유하는 배출 퍼지 흐름를 생성한다. 이렇게 유출되는 흐름들은 일반적으로 다른 공정에서 재사용하거나 분리막이나 압력 변동 흡착공정과 같은 설비를 통해 정제된 후에 수소 네트워크로 유입된다. 그러나 일부 저급 가

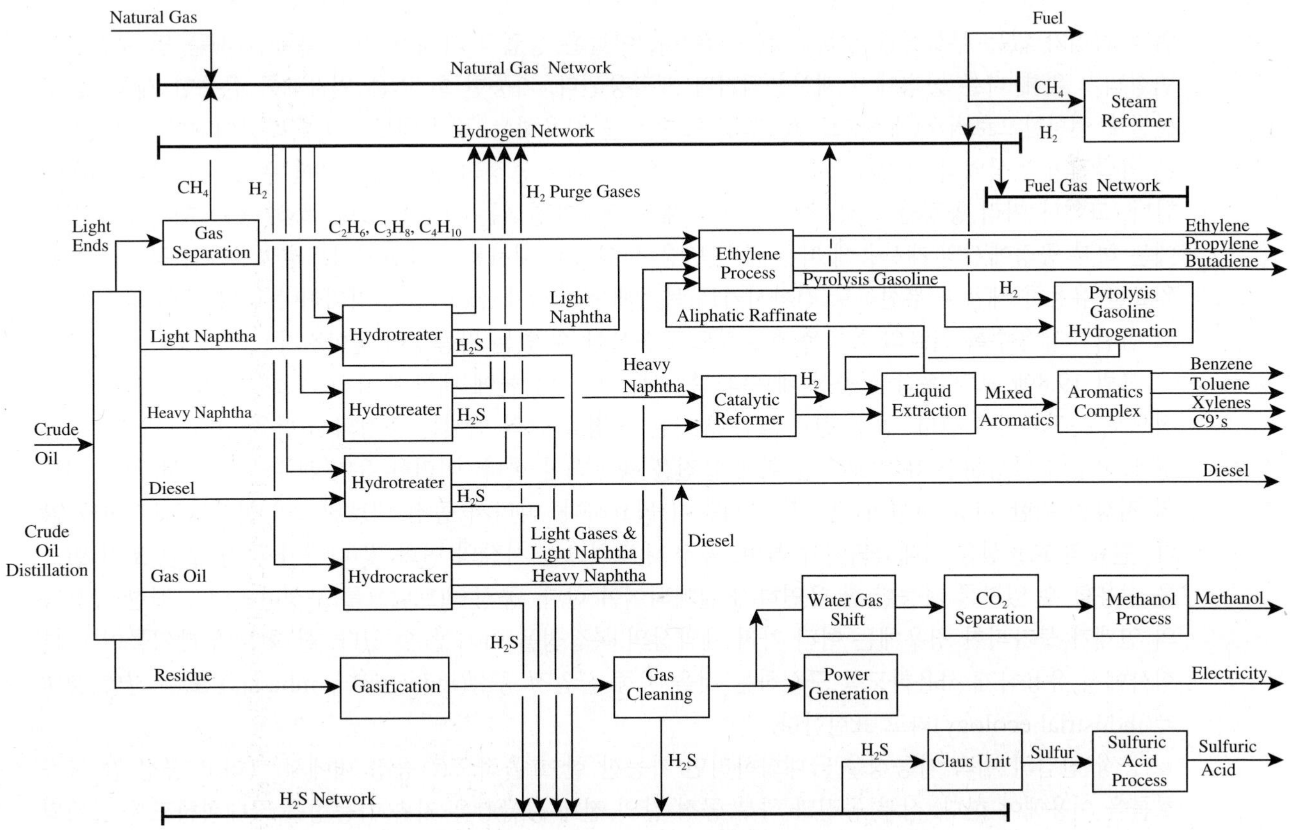

그림 19.8 ▸ 통합 공정 네트워크의 예시.

스는 수소 네트워크에서 연료로 활용되어 공정 히터 및 보일러 등에 연료로 사용된다. 그림 19.8에서 원유 증류 공정을 통해 생성된 경질 나프타 성분은 에틸렌 공정에서 알켄 생성물(올레핀계 제품)로 전환된다. 중질 나프타 성분은 연속 촉매 개질기에 공급되며, 공급물의 방향족 성분을 증가시킨다. *연속 촉매 개질기*의 반응 생성물은 액체 추출 공정에 공급되어 방향족 화합물로부터 지방족 물질을 분리 추출한다. 추출된 지방족 라피네이트를 에틸렌 공정에 공급하고, 추출된 혼합 방향족을 방향족 생산 공정에 공급하여 다양한 방향족 제품을 생산한다. 에틸렌 공정으로부터의 열분해된 가솔린은 수소화 반응을 거쳐 다양한 알켄 성분이 포화되고, 이후 개질기 액체 추출로 공급되어 지방족 및 방향족 화합물을 분리하는 데 사용된다. 그림 19.8에서 원유 증류로 얻은 디젤 성분은 디젤 연료로 판매되고, 가스 오일 성분은 수소 첨가 분해 장치를 거쳐 경질 생성물로 전환되어 에틸렌 공정으로 유입된다. 이때 중간류의 생성물은 연속 촉매 개질기에 공급되며, 중질 생성물은 디젤로 판매한다. 그림 19.8의 원유 증류의 잔여물은 가스화기로 보내지고, 잔류물은 주로 H_2와 CO를 포함한 합성 가스로 전환된다. 생성된 합성 가스는 CO_2, H_2O, CH_4, H_2S, COS, N_2, NH_3, HCN을 소량 포함한다. 미립자와 유황을 제거하기 위해 합성 가스를 정제한 후, 그림 19.8에서 보인 것과 같이 일부는 복합 사이클에 공급되어 전기 생산에 사용되며, 일부는 메탄올로 전환되기 전에 조성을 조정한다.

그림 19.8에 보인 공정 구성 형태는 많은 변경이 가능하다. 예를 들면, 수소 네트워크를 위한 수소는 스팀 개질기가 아닌 가스화에 의해 생성될 수 있다. 제트 연료와 같은 상이한 액체 연료가 제조될 수 있다. 또는 액체 연료가 생산되지 않고 모든 생산물이 화학제품 생산에 사용될 수도 있다. 다른 화학제품을 제조할 수도 있다. 그림 19.8의 공정도에서 주목해야 할 가장 중요한 점은 일부 공정은 직접적인 상업적 가치가 없는 부산물을 생성한다는 점이다. 이들은 상업적 가치가 있는 유용한 제품 및 부산물로 변형되기 위해 다른 공정에서 재사용되거나 재활용된다. 가능한 한 많은 원자재를 유용한 제품 및 부산물로 전환함으로써 전체적으로 효율적으로 원료를 사용하는 공정 네트워크가 만들어진다. 산업 공정은 가급적이면 상업적 가치가 없는 공정의 부산물을 다른 공정의 원료로 사용할 수 있도록 설계되어야 한다. 그러나 여러 공정들 간의 재사용 또는 재활용이 제한되는 경우가 있다. 특히 용수 재사용의 경우에는 하부 공정에서의 재사용에 따른 추가 반응 생성으로 재사용이 제한되기도 한다. 산업 공정은 모든 원료를 유용한 제품과 부산물로 전환시키는 목적에 충실하게 설계 및 운영되어야 한다. 공정의 네트워크 범위가 넓을수록 원료의 흐름을 효율적으로 통합할 수 있는 가능성이 높아진다.

그림 19.8에 보인 복잡한 공정 네트워크는 제품 및 부산물에 대한 수요와 가격의 변동에 따라 유동적으로 운전되어야 한다. 공정 원료 흐름에 따른 공정들 간의 연계는 공정의 운전을 연결하게 된다. 공정에 고장이 발생하면 유지 보수를 위해 운전을 종료해야 한다. 이러한 유지 보수를 위해서 중간 제품의 저장을 위한 저장 시설의 전략적인 사용이 필요하다. 따라서 공정 네트워크의 설계는 단순하지 않다. 원료의 효율성은 최대화되어야 하며, 공정 네트워크는 시장의 변화 및 다양한 공정 운전 조건 변경을 수용할 수 있도록 가능한 한 유연하게 설계되어야 한다. 공정 네트워크를 구성하면서 근접한 공장과의 연계가 불가피한 경우에는 여러 가지 계약상의 복잡성을 야기할 수 있다. 한 회사의 폐기물이 다른 회사에서 유용하게 사용하도록 구성하는 것을 종종 *산업적 공생*(industrial symbiosis) 또는 *산업 생태계*(industrial ecology)라고 표현한다.

공정 산업의 지속 가능성을 극대화하려면 가능한 한 효율적으로 공정 내에서 그리고 공정 간 물질 흐름을 이용해야 한다. 상부 공정과 하부 공정 간의 전체 공급망은 지속 가능성을 극대화하도록 설계되어야 한다. 그러나 모든 구성 요소를 고려하지 못하는 경우가 있으며, 제조 시스템의 다른 부분들을 같이 고려할 필요가 있다. 에너지, 용수 및 폐기물 처리 등은 경제적 및 환경적 영향을 미친다.

19.4 재생 가능 원료의 활용

원유, 천연 가스 및 석탄을 화학제품 생산의 원료로 사용하는 대신 재생 가능한 원료를 화학제품 생산의 대안으로 사용할 수 있다. 재생 가능한 자원은 한두 세대 안에 보충이 가능한 자원으로 정의될 수 있다. 재생 가능한 원료인 바이오매스는 많은 화학제품 생산에 사용될 수 있다. 바이오매스는 생물체에서 유래된 생물학적 원료로, 단순한 미생물부터 포유류 동물까지 생물학적인 먹이사슬을 모두 포함한다. 기본적인 바이오매스의 생산은 햇빛을 포집하여 광합성을 통해 화학 에너지로 변환시키는 것이다. 재생 가능한 원료의 관점에서 바이오매스는 조류 및 곰팡이와 같은 광합성 미생물과 식물들을 의미한다. 이러한 바이오매스는 대기 중 이산화탄소를 흡수하면서 성장한다. 중요한 바이오매스는 다음과 같다.

- 임업 또는 목재 가공에서 나온 목재
- 옥수수, 사탕수수 및 밀과 같은 탄수화물 기반 작물
- 야자, 유채 및 카놀라와 같은 유채 농작물
- 버드나무, 코끼리 풀과 같은 목본 작물을 포함하여 화학제품 또는 에너지 생산을 위해 특별히 개발된 고수확 작물
- 수확 또는 가공 과정에서 발생하는 잔류 작물
- 식품 및 음료 제조에서 발생하는 음식물 폐기물
- 소비자 폐기물
- 생물 공정에서의 산업 폐기물
- 화학 물질 또는 에너지 생산을 위해 사용되는 조류 또는 곰팡이

바이오매스를 화학제품 생산에 사용할 수 있는 중간 원료로 전환하기 위해서 다양한 공정이 사용된다.

1) ***발효*** 발효는 당을 산, 가스 및 알코올로 전환시키는 생화학적 과정이다. 산과 알코올 제품은 유용한 화학 물질이다. 예를 들어, 발효로 제조된 에탄올은 탈수 반응을 통해 디에틸에테르나 에틸렌으로 전환되고, 산화되어 아세트알데히드와 아세트산으로 전환되며, 카복실산과 반응하여 에스테르를 형성할 수도 있다.
2) ***생물학적 축적*** 일부 미생물은 바이오매스를 소비하여 오일 또는 바이오 플라스틱으로 전환시켜 바이오매스를 생물학적 변환하여 축적할 수 있다. 이런 제품을 하부 공정에서의 분리 처리로 생산할 수 있다. 이러한 방법들은 바이오매스를 효과적으로 바이오 플라스틱 또는 오일 제품으로 전환하게 한다.
3) ***혐기성 소화*** 혐기성 소화는 바이오매스를 주로 메탄과 이산화탄소로 구성된 가스로 생화학 전환시키는 데 사용될 수 있다.
4) ***조류로부터 광생물학적 수소 생산*** 조류는 특정 조건 하에서 수소를 생산한다. 어떤 종류의 조류는 황 성분을 제외하면 산소 생산에서 수소 생산으로 전환된다.
5) ***가스화 및 합성 가스 전환*** 석탄과 석유 잔유와 같이 바이오매스는 가스화 과정을 통해 수소와 일산화탄소를 주요 성분으로 하는 합성 가스로 전환된다. 수소와 일산화탄소는 다양한 화학제품 생산의 원료로 사용될 수 있다. 합성 가스는 메탄올과 반응을 통해 아세트산, 디메틸에테르, 포름알데히드, 올레핀(알켄) 등으로 전환될 수 있다. 또한 합성 가스는 암모니아와 반응하여 인산암모늄, 질산, 우

레아 등으로 전환될 수도 있다. 또 다른 방법은 Fischer Tropsch 기술을 사용하여 합성 가스를 액체 연료(가솔린, 제트 연료, 디젤)로 만드는 것이다. 따라서 가스화로부터 생성된 합성 가스는 다양한 화학 물질 생산의 출발점으로 활용될 수 있다.

6) *열분해* 열분해는 600°C 이상의 온도에서 산소가 없는 상태에서 열적으로 분해되는 것을 의미한다. 열분해 산물은 바이오 오일, 물, 숯 및 주로 수소와 일산화탄소로 구성된 가스이다.

7) *열수 액화* 가스화 및 열분해는 건조된 바이오매스를 원료로 사용하며 600°C 이상의 온도에서 진행된다. 열수(hydrothermal) 액화는 물과 촉매의 존재 하에서 바이오매스를 바이오 오일로 직접 액화시키는 방법이다. 반응 온도는 400°C 미만이다.

8) *에스테르 교환 반응* 디젤 연료(바이오 디젤)는 식물성 오일과 일반적으로 메탄올 또는 에탄올과 같은 짧은 사슬 구조의 알코올과 에스테르 교환 반응에 의해 생산될 수 있다. 부산물인 글리세롤도 다량 생성된다.

9) *바이오합성 정제* 바이오합성 정제(biosynfining)는 지방, 조류 및 식물성 오일에 포함된 트리글리세라이드 또는 지방산을 촉매 반응을 통해 알칸, 나프타 및 경질 탄화수소 가스가 풍부한 합성 케로신 및 합성 디젤 등으로 전환시킨다. 이 반응은 세 단계가 포함된다. 먼저, 원료를 전처리하여 촉매를 저해하는 물질과 물을 제거한다. 두 번째는 지방산 사슬은 산소가 제거되면서 수소와의 반응에 의해 주로 알칸으로 전환된다. 세 번째는 길고 곧은 사슬 알칸은 수소 첨가 반응을 거쳐 짧은 분기 사슬 알칸으로 분해된다. 수소 첨가 분해 반응을 통한 생성물은 주로 케로젠과 나프타 비등 범위에 속하는 물질들이다. 나프타 성분과 가벼운 가스 성분은 에틸렌 공정의 원료로 사용될 수 있다.

원료가 재생 가능하다는 이유로 산업 공정이 더 지속 가능하다고 가정해서는 안 된다. 대체되는 원료의 영향을 전주기 평가에 의해서만 판단해야 한다. 바이오매스의 생산은 식량 생산과 경쟁 관계라는 측면이 있으며, 환경에 자체적인 오염 물질의 생성을 유발한다.

19.5 효율적인 에너지 사용

공정의 에너지 효율 향상을 위한 방안을 살펴보도록 하자. 공정에서의 에너지 사용과 관련된 오염 배출원은 열병합 발전소를 포함한 뜨거운 유틸리티, 차가운 유틸리티 그리고 냉각수 시스템이다. 연소로, 스팀 보일러, 가스 터빈 및 디젤 엔진은 모두 연소 생성물로서 기상의 배가스를 생성한다. 이러한 연소 생성물은 온실 효과, 산성화 및 스모그 형성에 여러 가지 방법으로 기여하는 이산화탄소, 황 산화물, 질소 산화물 및 미립자(금속 산화물, 미연소 탄소 및 탄화수소 등)를 포함한다. 기체 오염 물질 이외에도 석탄의 연소는 연소로 인한 재와 배가스로부터 수집된 미립자 등의 고체 오염 물질을 생성한다. 또한 배가스 배출뿐만 아니라 스팀 생산 설비는 보일러 공급수 처리와 관련된 폐수를 생성한다. 에너지 사용으로 발생하는 오염 물질은 공정 폐기물질보다는 일반적으로 환경에 덜 해롭다. 하지만 에너지 사용 관련된 오염 물질의 양은 공정의 폐기물보다 더 큰 경향을 보이므로 공정 오염 물질 배출보다 더 큰 환경 영향을 초래할 수 있다.

1) *전주기적 에너지 사용 관련 오염 물질 배출* 에너지 사용 관련 오염 물질의 배출량을 고려할 때 공정 및 유틸리티 시스템의 국소적인 배출량만으로 제한하는 것은 총체적인 배출 총량과는 많이 다르기 때문에, 외부에서 공급된 전기와 관련된 배출량을 포함하여 포괄적으로 고려해야 한다(그림 19.9).

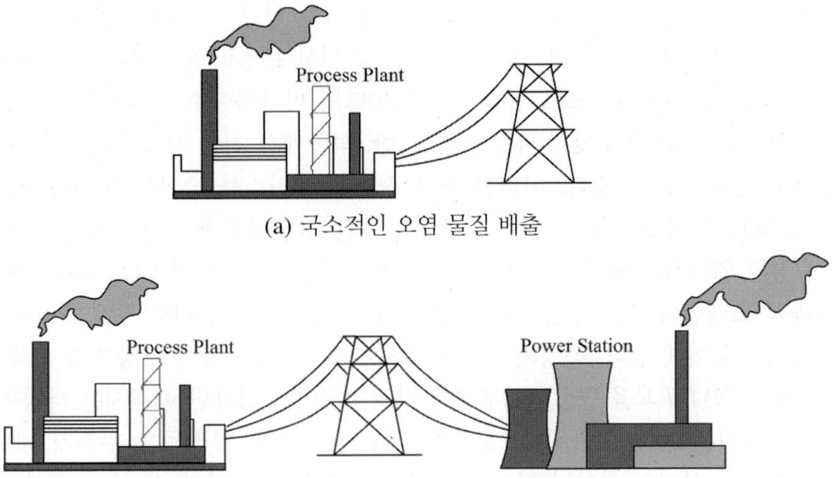

(a) 국소적인 오염 물질 배출

(b) 전체적인 오염 물질 배출

그림 19.9 ▸ 국소적 관점과 전체적 관점에서의 오염 물질 배출. (Reproduced from Smith R and Petela E.A (1992b) Waste Minimization in the Process Industries Part 5 Utility Waste, *Chem Eng*, **523**: 32, by permission of the Institution of Chemical Engineers.)

또한 자료가 있으면 연소 이전 단계에서의 오염 물질 배출량을 포함해야 한다. 이러한 배출은 에너지 사용 관련 오염 물질 배출 평가에 포함되어야 한다.

전주기 오염 물질 배출량 = [현장 유틸리티 관련 오염 배출량]
+ [수입된 전기량에 상응하는 중앙 발전설비에서의 오염 배출량]
− [현장에서 외부로 공급된 전기량에 상응하는 중앙 발전설비에서의 오염 배출량]
+ [에너지 사용 관련 간접적인 오염 배출량] **(19.2)**

열병합 발전은 에너지 관련 오염 물질 배출 저감에 매우 중요한 기여를 할 수 있다. 열병합 발전에 대한 국소적인 관점에서의 평가는 정확한 환경 평가가 될 수 없다. 열병합 발전은 국소적으로 에너지 생산 관련 오염 물질의 배출을 증가시킨다. 열 공급을 위해 연소되는 연료 외에, 전기를 생산하기 위해 추가적인 연료 소모가 필요하다. 따라서 전체 주기를 기준으로 오염 물질 배출을 평가하고, 중앙 발전 설비에서의 전기 생산에 따른 배출량을 종합적으로 평가해야 한다. 중앙 집중식 발전설비는 열병합 발전 방법에 비해 발전 효율이 낮다. 따라서 전기 송전 간 분배 손실과 같은 중앙 집중식 발전의 여러 가지 비효율성이 종합적으로 고려되면, 열병합 발전 시스템과 중앙 집중식 발전 사이의 효율 격차는 더욱 커진다.

예를 들어, 연소로를 통해 공정에서 필요한 열을 공급하는 설비를 고려해 보자. 공정에 공급되는 1 MW의 열 기준으로 시간당 300 kg의 CO_2가 발생하는 90% 열효율을 갖는 최신식 보일러를 가정한다. 전기 송배전 설비를 통해 중앙 집중식 발전에서 전력을 공급받을 수 있다. 연소로 대신 가스 터빈을 설치하면 공정에 전달되는 1 MW의 열 기준으로 시간당 500 kg의 CO_2가 생성되며, 1 MW당 200 kg $CO_2 \cdot h^{-1}$의 국부적 배출량이 증가한다. 그러나 가스 터빈은 400 kW의 전기를 생산하여 중앙 집중식 발전을 통한 전기 공급을 대체한다. 연소로를 보충하기 위해 동일한 전기가 중앙 집중식 발전설비에서 생성되는 경우 시간당 450 kg CO_2가 방출되어 종합적으로는 연소로 사용 시 시간당 총 750 kg CO_2 방출량을 갖는다(Smith and Delaby, 1991).

2) *연료 전환* 연소로와 스팀 생산 보일러에 사용되는 연료의 선택은 연소 생성물로부터의 환경오염 물질 배출에 큰 영향을 미친다. 예를 들어, 스팀 생산 보일러의 연료를 석탄에서 천연 가스로 전환하면 동일한 열 생산량 기준으로 일반적으로 40%의 이산화탄소 배출량을 감소할 수 있다. 이것은 천연 가스의 탄소 함유량이 낮기 때문이다. 또한, 석탄에서 천연 가스로의 전환은 SO_X 및 NO_X 배출량을 상당히 감소시킬 수 있다. 이러한 연료 전환은 배가스를 줄이는 데 바람직하지만 비용이 저렴하지 않다. SO_X 및 NO_X 배출물 감소가 중요하다면 18장에서 논의된 방법들의 적용을 고려할 수 있다.

3) *단일 공정의 에너지 효율 향상* 공정에 과도하게 열을 공급하면 CO_2, NO_X, SO_X 및 미립자의 과도한 배출을 초래한다. 열회수를 개선하면 공정의 전체적인 열원의 수요를 줄이고 에너지 관련 오염물질 배출을 줄이게 된다. 공정의 에너지 효율 향상은 11장에서 15장까지 상세히 논의되었다.

4) *전체 공정의 에너지 효율 향상* 대부분의 산업공정에서 필요한 에너지는 다양한 압력의 수증기가 생산되고 분배되는 수증기 네트워크로부터 제공된다. 모든 공정들은 수증기 네트워크에 연결되어 있으며 16장에서 설명한 것처럼 이 네트워크를 통해 열을 교환할 수 있다. 하부 공정의 폐열이 활용되어 생산되는 수증기 이외에 공정에서 추가적으로 필요한 수증기는 수증기 네트워크에서의 수증기 보일러를 통해 생산된다. 일반적으로 공정에서 2개 또는 3개의 서로 다른 압력을 갖는 수증기 메인(main)이 있다. 일부 공정에서는 가열이 필요한 경우 연소로를 직접 사용하기도 한다. 또한 수증기 네트워크는 전기 및 축일 생산을 위해 필수적인 부분이다.

전공정 복합선도(site composite curve)는 16장에서 논의된 것처럼 열역학적으로 공정에서 가열 및 냉각이 필요한 사항을 표현한다. 이를 통해 전체 공정의 열 필요량과 필요 온도를 분석할 수 있다. 스팀 터빈 및 가스 터빈 모델을 적용하여 공정의 열병합을 통한 전기 생산량을 예측할 수 있다.

단일 공정 내의 에너지 회수 및 여러 공정들 간의 에너지 회수가 극대화되면 불가피하게 저온에서 폐열이 발생한다. 정유, 석유 화학 및 화학공정은 공정의 특성상 다량의 저온 폐열을 사용하기 어렵다. 200°C 이하에서의 폐열은 제한적이지만 사용할 가능성이 있다. 하지만 100°C 이하에서는 가능성이 매우 적다. 그러나 대부분 저온에서 운전되는 생물화공, 식품 및 음료 공정에 대해서는 저온 폐열 활용의 가능성이 높다. 공정에서 에너지를 효율적으로 사용하려면 네트워크를 통하여 원료물질의 재사용 및 회수를 최대화시키는 것과 마찬가지로 에너지 회수 및 재활용이 최대화되도록 네트워크를 최적화해야 한다. 가장 중요한 것은 폐열 발생을 최소화하는 것이다. 이것에 대해서는 16장에서 자세히 설명하였다.

5) *저온 폐열의 이용* 공정에서 폐열 발생을 최소화한 이후에 100°C를 초과하는 저온 폐열을 냉각탑 또는 공기 냉각기를 통해 냉각시키는 대신, 다음과 같이 활용할 수 있다.

a) *보일러 급수 예열* 보일러 공급수는 대기 온도에서 공급되며 보일러 공급수가 탈기기에 공급되기 전에 저온의 폐열을 공급수 예열에 사용할 수 있다. 이것은 탈기기로 공급되어야 하는 스팀양을 감소시키고 결과적으로 스팀 보일러에서 사용되는 연료 사용량을 감소시킨다. 보일러 공급수의 예열 이외에도 스팀 사용 후 응축된 용수를 탈기기에 유입되기 전 예열하는 용도로 사용될 수 있다. 더 높은 온도에서의 폐열을 이용할 수 있는 경우, 탈기기를 거친 후 스팀 보일러에 들어가기 이전의 용수를 예열하는 데 사용되어 보일러의 연료 사용량을 더욱 더 감소시킬 수 있다.

b) *공장 내 난방 활용* 공장에서는 포장 구역, 창고, 작업장 및 사무실 등에서의 난방이 필요하고, 저온 폐열이 스팀 보일러에서 난방을 위해 공급되는 스팀 또는 전기 사용량을 대체할 수 있다.

c) *공장 외부의 지역난방 활용* 공장 울타리 외부의 상업용 및 가정용 사용자들에게 온수 형태로 공

급하도록 공장의 폐열을 활용할 수 있다. 지역난방 활용의 경제성을 확보하려면, 관련된 유틸리티 시스템의 설치 비용과 온수가 운반되어야 하는 거리 등을 종합적으로 고려해야 한다. 화학제품 생산은 연속 공정하의 정상상태 운전이 지속되지만 지역난방의 수요는 시간, 요일 및 계절에 따라 다르게 되어 실제 운영에는 어려운 문제가 발생한다. 온수의 저장을 적절히 활용하면 이 문제를 어느 정도 극복할 수 있다.

d) ***응축 터빈을 이용한 전기 생산*** 16장에서는 스팀 터빈을 통한 전기 생산을 고려했다. 터빈에서 팽창된 스팀이 추가적인 전기 생산 또는 공정 가열을 위해 사용되는 경우에는 배압 터빈을 사용하는 것이 바람직하다. 팽창된 스팀이 하부 공정에서 사용되지 않는다면 냉각수 온도 바로 위의 온도의 진공 압력까지 팽창시켜 최대한의 전기를 생산하도록 운전할 수 있다. 그러나 팽창 이후 스팀에서의 습도(wetness)는 약 10% 이하가 되어야 한다. 그렇지 않으면 터빈 손상을 유발할 수 있다(16장 참조). 스팀 터빈의 배출 스팀 열은 주변 온도보다 약간 높은 온도에서 제거된다.

e) ***유기 Rankine 사이클과 Kalina 사이클 이용한 발전*** 전기 생산을 위한 작동 유체로 일반적으로 스팀이 사용된다. 스팀은 저비용, 비가연성 및 무독성이라는 장점을 제공한다. 그러나 저온의 열원을 활용하는 경우에는 스팀을 작동 유체로 사용하게 되면 높은 효율을 얻기 어렵다. 유기물질을 사용하는 Rankine 사이클은 저온 열원을 활용하는 경우 발전 효율을 높일 수 있다. 그러나 유기물질을 작동 유체로 사용하더라도 발전 효율은 여전히 낮다. 유기 Rankine 사이클(organic Rankine cycle)에서 적절한 작동 유체의 선택이 중요하다(Victor, Kim and Smith, 2013). 작동 유체 선택 이외에도 기존의 Rankine 사이클과 유기 Rankine 사이클의 중요한 차이점은 유체를 팽창시켜 전기를 생산하는 설비에 있다. 일반적인 터빈은 사용할 수 없으며 특별히 제작된 팽창기를 사용해야 한다. 또 다른 방법은 Kalina 사이클(Kalina cycle)이다. Kalina 사이클은 스팀 또는 유기 액체를 사용하지 않고 암모니아와 물의 이성분 혼합물을 작동 유체로 사용한다. 혼합물이 발전 사이클에서 비등온 증발 및 응축을 일으키므로 순수한 작동 유체에 비해 높은 효율을 낼 수 있다. Kalina 사이클에서 작동 유체 혼합물의 조성은 열원과 냉각 매체의 온도에 맞게 최적화할 수 있다. 그러나 유기 Rankine 사이클과 Kalina 사이클의 에너지 효율은 저온 열원을 사용하는 경우(200°C 이하)에서 낮다.

f) ***압축기반 히트펌프*** 히트펌프는 증발기를 통해 저온에서 열을 흡수하고, 작동 유체가 압축될 때 전기를 소비하고 응축기를 통해 고온에서 열을 제거한다. 응축된 작동 유체가 팽창하고 부분적으로 증발된다. 그러면서 전체 주기가 반복된다. 압축 히트펌프의 성능은 성능 계수로 측정된다.

$$COP_{CHP} = \frac{\text{유용한 출력 열량}}{\text{압축기 소모 전력}} = \frac{Q_{COND}}{W} \tag{19.3}$$

여기서 COP_{CHP} = 압축 히트펌프 성능 계수(–)
Q_{COND} = 히트펌프 응축기에서의 유용한 열 출력(W, kW)
W = 압축기의 소모 전력(W, kW)

히트펌프 성능은 작동 유체의 선택, 압축기의 효율, 증발기 및 응축기의 온도에 달려 있다. 실제 성능은 이상적인 성능 계수에 Carnot 효율을 곱하면 예측할 수 있다.

$$\begin{aligned} COP_{CHP} &= \frac{Q_{COND}}{W} = \eta_{CHP} COP_{CHP}^{IDEAL} \\ &= \eta_{CHP} \frac{T_{COND}}{T_{COND} - T_{EVAP}} \end{aligned} \tag{19.4}$$

여기서 η_{CHP} = 압축 히트펌프의 Carnot 효율(−)
T_{COND} = 응축기 온도(K)
T_{EVAP} = 증발기 온도(K)

폐열회수에 필요한 온도 상승이 작을수록 히트펌프가 경제적일 가능성이 높다. Carnot 효율은 다음과 같이 예측할 수 있다(Oluleye *et al.*, 2016).

$$\eta_{CHP} = A + \frac{B}{COP_{CHP}^{IDEAL}} = A + B\left(\frac{T_{COND} - T_{EVAP}}{T_{COND}}\right) \tag{19.5}$$

여기서 A, B = 압축기 등 엔트로피 효율이 75%일 때 표 19.2에 주어진 상관 계수

식 (19.4)와 (19.5)는 성능 검토를 위한 간단한 모델을 제공한다. 그러나 검토가 완료되면 상세한 공정 모델링을 통해 성능식의 결과를 검증해야 한다.

g) ***흡수식 히트펌프*** 간단한 증기 압축 기반의 냉동 사이클과 흡수식 히트펌프 사이클의 기본적인 차이점은 흡수식 히트펌프 시스템에서는 압축기가 *탈거 장치*, *흡수 장치*, *펌프 및 팽창 밸브*(그림 19.10)로 구성된 장치들로 대체된다는 것이다. 작동 유체의 압력 증가는 작동 유체를 용매에 용해시키고, 이후 용액을 펌프를 통해 보다 높은 압력으로 이송한 후에 외부 열원의 열을 통해 작동 유체를 용액으로부터 탈거하는 과정을 거친다. 압축기를 펌프로 교체하면 전기 소모량이 크게 감소한다. 그러나 흡수 사이클은 탈거를 위한 외부 열원을 필요로 하고, 따라서 상대적으로 고온 폐열 공급이 가능한 경우에 적합하다. 기본적인 공정 구성은 그림 19.10에 설명되어 있다. 공정에서 저온의 폐열은 증발기 Q_{EVAP}에서 *작동 유체*(때로는 *냉매*라고 함)를 기화시키는 데 사용한다. 이 과정에서 증발기로의 열 유입은 폐열을 활용한다. 증발기에서의 저압의 기체 유체는 흡수기로 유입되고 저압 조건에서 *용매*에 흡수된다. 기체의 작동 유체가 흡수됨에 따라 Q_{ABS}의 열이 방출된다. 이 열은 유용한 열로 회수되어야 한다. 흡수기로부터의 용액은 펌프를 통과하면서 압력이 증가되고 열교환기를 통해서 온도가 증가된다. 그런 다음 용액은 탈거 장치로 유입되어 고온의 폐열 공급원으로부터 Q_{GEN}만큼의 열을 공급받고 작동 유체가 용매에서 제거된다. 고압의 용액은 열교환기에서 냉각되고 압력이 감소되어 흡수 장치로 되돌아간다. 탈거 설비로부터 생성된 고압 및 고온의 작동 유체는 응축기를 통과하면서 응축되고 이 때 Q_{COND}만큼의 열이 제거된다. 응축기에서 나온 액체의 작동 유체는 밸브에서 팽창한 다음 증발기로 들어가서 공정의 저온 폐열을 제거하면서 전체 주기가 반복된다.

물은 작동 유체(냉매), 리튬 브로마이드는 용제(흡수제)로서 함께 사용될 수 있다. 또는 암모니아는 작동 유체(냉매), 물은 용제(흡수제)로서 함께 사용될 수 있다. 암모니아와 물을 사용하는 경우에는 탈기설비 다음에 추가적으로 *정류기*가 필요할 수 있다. 정류기는 외부로 열을 방출하고, 기체의 농도를 증가시키는 환류식 냉각기이다. 작동 유체와 용매의 다른 조합도 가능하다. 물–리튬 브로마이드 시스템이 가장 일반적으로 사용된다. 사이클의 상평형은 용액의 끓는점과 냉매(물)의 끓는점의 상관관계를 나타내는 Dűhring 도표를 통해 확인한다. 그림 19.11은 물–리튬 브로마이드 시스템에 대한 Dűhring 도표를 보여준다. 용액의 온도는 *x*축(가로 좌표)에 응축기 온도는 *y*축(세로 좌표)에 표시된다. 도표의 선은 용액의 특정 농도를 나타낸다. 탈기기 및 응축기 온도를 고정함으로써 사이클의 용액 농도를 고정시킨다. 또는 탈기기 온도와 농도를 고정해서 응축기 온도를 고정시키거나, 응축기 온도와 농도를 고정시켜 탈기기 온도를 고정시킨다. 유사하게, 흡수기의 온도는 *x*축 상에 나타내고, 이에 대응하는 증발기 온도는 *y*축 상에 나타낸다. 필요

표 19.2 ▸ **기계식 히트펌프의 성능 계수**(Oluleye, Smith and Jobson, 2016)

Working fluid	T_{COND} (°C)	T_{EVAP} range (°C)	A	B
Propylene	50	10–40	0.6705	−0.4313
	60	10–50	0.6391	−0.4264
	70	10–60	0.5913	−0.3847
	80	10–70	0.5110	−0.2541
Propane	50	10–40	0.6811	−0.5107
	60	10–50	0.6550	−0.5290
	70	10–60	0.6165	−0.5254
	80	15–70	0.5554	−0.4697
i-Butane	50	10–40	0.7230	−0.5688
	60	10–50	0.7108	−0.5859
	70	10–60	0.7024	−0.6724
	80	15–70	0.6871	−0.7265
	90	20–80	0.6663	−0.7795
	100	25–90	0.6375	−0.8269
	110	25–100	0.5861	−0.7916
n-Butane	50	10–40	0.7319	−0.5154
	60	10–50	0.7259	−0.5602
	70	10–60	0.7181	−0.6077
	80	15–70	0.7081	−0.6582
	90	20–80	0.6952	−0.7107
	100	25–90	0.6781	−0.7639
	110	30–100	0.6551	−0.8149
	120	35–110	0.6217	−0.8504
	130	35–110	0.5586	−0.7767
Chlorine	50	10–40	0.7228	−0.3337
	60	10–50	0.7144	−0.3261
	70	10–60	0.7037	−0.3167
	80	10–70	0.6901	−0.3035
	90	20–80	0.6724	−0.2837
	100	25–90	0.6492	−0.2526
	110	30–100	0.6175	−0.2022

Working fluid	T_{COND} (°C)	T_{EVAP} range (°C)	A	B
Ammonia	50	10–40	0.7267	−0.4774
	60	10–50	0.7132	−0.4003
	70	15–60	0.7006	−0.3861
	80	25–70	0.6932	−0.4851
	90	25–80	0.6628	−0.3684
	100	25–90	0.6294	−0.282
	110	25–100	0.5732	−0.1195
	120	25–100	0.4971	0.0586

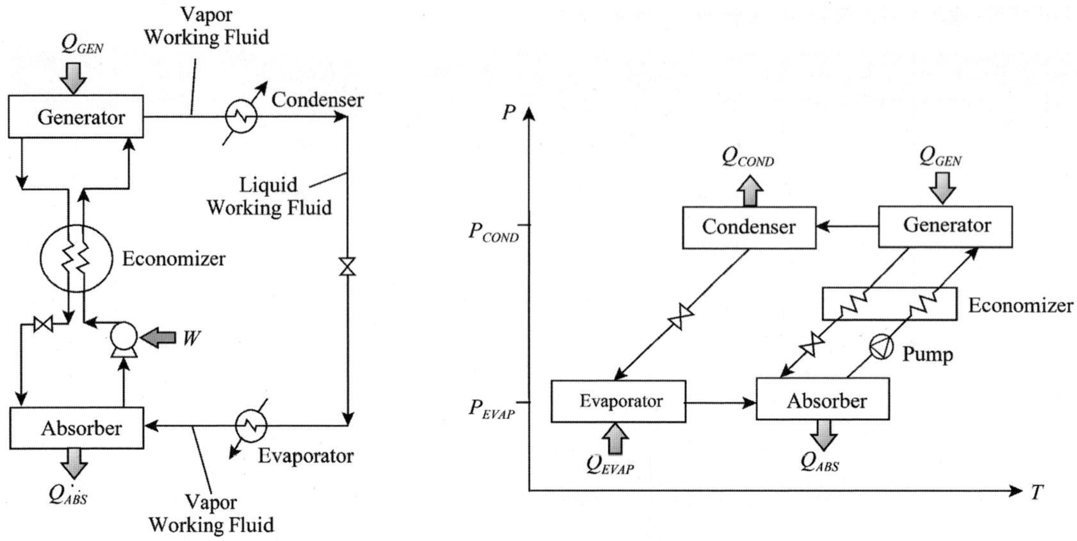

(a) 흡수식 히트펌프 사이클 (b) 흡수식 히트펌프 사이클의 온도–압력 선도

그림 19.10 ▸ 흡수식 히트펌프.

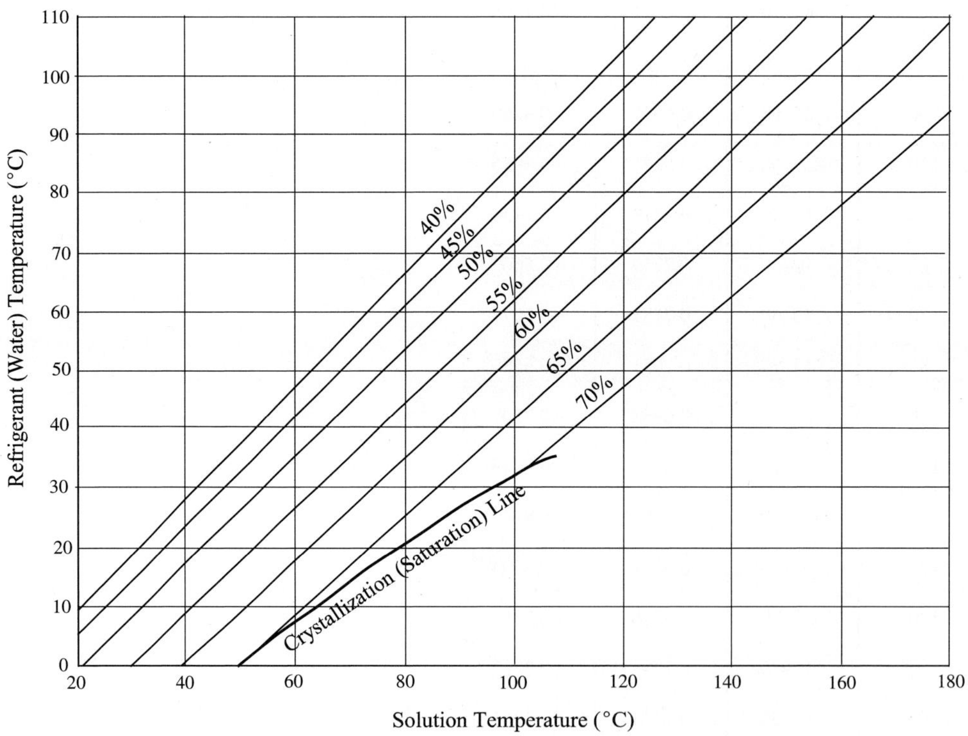

그림 19.11 ▸ 물–리튬 브로마이드 시스템에 대한 Dűhring 도표.

한 온도 조건을 찾으려면 사이클의 운전 압력을 상평형을 고려하여 조정해야 한다. 응축기(또는 증발기)의 압력은 물의 온도 및 증기압 관계에 따라 고정될 수 있다. 그렇게 하면 탈기설비(또는 흡수 장치)의 압력도 고정된다.

흡수식 히트펌프의 성능은 성능 계수로 표현될 수 있다.

$$COP_{AHP} = \frac{\text{유용한 출력 열량}}{\text{에너지 소모량}} = \frac{Q_{ABS} + Q_{COND}}{Q_{GEN} + W_{PUMP}} \tag{19.6}$$

여기서 COP_{AHP} = 흡수 히트펌프의 성능 계수(–)
Q_{ABS} = 히트펌프 흡수기에서의 유용한 열 출력(W, kW)
Q_{COND} = 히트펌프 응축기에서의 유용한 열 출력(W, kW)
Q_{GEN} = 히트펌프 탈기기에서의 소모된 열(W, kW)
W_{PUMP} = 액체 펌프의 소모 전기량(W, kW)

대부분의 경우 액체 펌프 이송으로 인한 동력 소모는 무시될 수 있다. COP_{AHP}를 위한 단순화된 모델은 이상적인 성능 계수에 기초할 수 있다. 이상적인 사이클의 경우 팽창과 액체 이송이 에너지 입력이나 손실 없이 가역적으로 수행된다고 가정하면, 가역적인 히트펌프는 증발기와 응축기에서의 엔트로피 변화가 동일한 가역적인 Carnot 엔진이 된다(Dodge, 1944; Hougen, Watson and Ragatz, 1959, Smith and Van Ness, 2007).

$$\frac{Q_{EVAP}}{T_{EVAP}} = \frac{Q_{COND}}{T_{COND}} \tag{19.7}$$

여기서 Q_{EVAP} = 증발기로의 열 입력(W, kW)
T_{EVAP} = 증발기의 온도(K)
T_{COND} = 콘덴서 온도(K)

이상적인 사이클의 경우 전체 시스템에 대한 엔트로피의 변화는 없다. 그러므로

$$\frac{Q_{EVAP}}{T_{EVAP}} + \frac{Q_{GEN}}{T_{GEN}} = \frac{Q_{ABS}}{T_{ABS}} + \frac{Q_{COND}}{T_{COND}} \tag{19.8}$$

여기서 T_{GEN} = 발전기의 온도(K)
T_{ABS} = 흡수 장치의 온도(K)

식 (19.7)과 (19.8)을 결합하면

$$\frac{Q_{GEN}}{T_{GEN}} = \frac{Q_{ABS}}{T_{ABS}} \tag{19.9}$$

액체 이송에서 에너지 입력을 무시한 전반적인 에너지 수지식은 다음과 같다.

$$Q_{EVAP} + Q_{GEN} = Q_{ABS} + Q_{COND} \tag{19.10}$$

식 (19.6), (19.7), (19.9), (19.10)을 결합하고 펌프에서의 에너지 입력을 무시하면 다음과 같다.

$$COP_{AHP}^{IDEAL} = 1 + \left(1 - \frac{T_{ABS}}{T_{GEN}}\right)\left(\frac{T_{EVAP}}{T_{COND} - T_{EVAP}}\right) \tag{19.11}$$

여기서 COP_{AHP}^{IDEAL} = 흡수식 히트펌프의 이상적인 성능 계수(–)

$$\begin{aligned} COP_{AHP} &= \eta_{AHP} COP_{AHP}^{IDEAL} \\ &= \eta_{AHP}\left[1 + \left(1 - \frac{T_{ABS}}{T_{GEN}}\right)\left(\frac{T_{EVAP}}{T_{COND} - T_{EVAP}}\right)\right] \end{aligned} \tag{19.12}$$

액체 이송으로 얻은 에너지 입력을 무시하면, 물–리튬 브로마이드 시스템의 경우 Carnot 효율은 다음과 같이 주어진다(Oluleye, Smith and Jobson, 2015).

$$COP_{AHP} = A\,\eta_{AHP} + B \tag{19.13}$$

여기서 A, B = 물–브롬화 리튬 시스템에 대해 표 19.3에 주어진 상관 계수

식 (19.12)와 (19.13)은 동시에 COP_{AHP}를 구해야 한다. 이것들은 다른 방안을 비교 검토하기 위한 간단한 모델을 제공하지만, 차후 상세한 공정 모사를 통해 모델을 검증해야 한다.

h) *열 변환기* 열 변환기(heat transformer)를 사용하여 폐열의 온도를 활용이 용이한 충분히 높은 온도로 전환할 수도 있다. 기본적인 구성은 그림 19.12에 나와 있다. 공정의 구성은 흡수식 히트펌프와 동일한 구성 요소를 갖지만 흡수식 히트펌프와는 대조적으로 응축기와 탈기설비는 저압에서 작동하고 증발기와 흡수 장치는 고압에서 작동한다. 공정에서 요구되는 수준과 대기 온도

표 19.3 ▸ **물-리튬 브로마이드 화합물 적용한 흡수 히트펌프의 상관 계수**(Oluleye, Smith and Jobson, 2016)

T_{GEN} (°C)	T_{EVAP} (°C)	$T_{COND} = T_{ABS}$ (°C)	A	B
90	$20 < T_{EVAP} < 30$	50	−2.5064	3.4299
100	$20 < T_{EVAP} < 30$	50	−0.7448	2.2099
	$30 < T_{EVAP} < 40$	60	−2.9497	3.7592
110	$20 < T_{EVAP} < 30$	50	−0.5081	2.0366
	$30 < T_{EVAP} < 40$	60	−0.7478	2.2099
	$40 < T_{EVAP} < 50$	70	−2.4461	3.3795
140	$40 < T_{EVAP} < 50$	80	−1.7978	2.8816

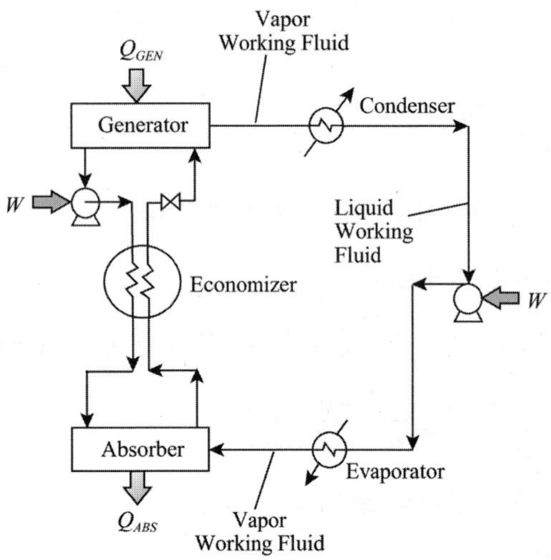

(a) 열변환식 사이클

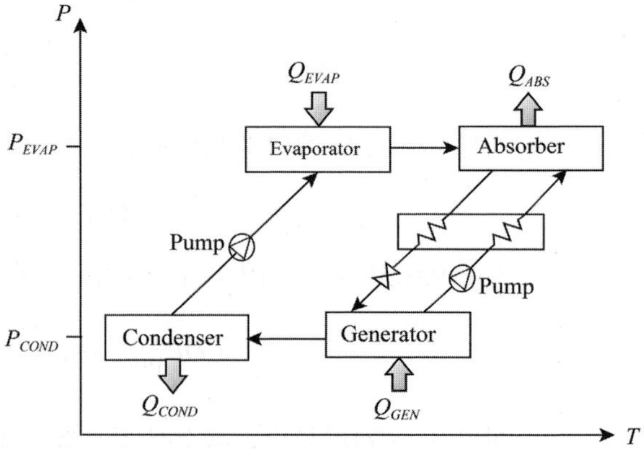

(b) 열변환식 사이클의 온도–압력 선도

그림 19.12 ▸ **열 변환식 히트펌프.**

사이에 있는 중간 온도의 폐열이 증발기 및 탈기기에 공급된다. 더 높은 온도에서 활용이 가능한 열은 흡수 장치에서 생성된다. 그림 19.12에서 온도를 높여야 하는 중간 온도에서의 폐열(Q_{GEN})은 탈기기에 유입되고, 용액으로부터 작동 유체의 일부를 기화시킨다. 기화된 작동 유체는 응축기로 유입되고 응축된다. 응축기에서 배출된 열은 공정에서 필요한 열원으로 사용되거나 냉각수 또는 공기 냉각을 통해 제거된다. 응축기에서 나온 액체의 작동 유체는 펌프를 사용하여 압력을 높이고 고압 증발기로 들어간다. 작동 유체는 중간 온도 폐열 Q_{EVAP}를 사용하여 증발기에서 기화된다. 기화된 작동 유체는 흡수 장치로 유입되어 용액에 흡수된다. 흡수열은 용액의 온도를 증가시킨다. 흡수 장치는 고온에서 유용한 열 Q_{ABS}를 생성한다. 흡수 장치에서 나온 용액은 열교환기를 거치면서 냉각되고 탈기기로 들어가기 전에 팽창 밸브를 거치면서 감압되면서, 전체 사이클이 반복된다.

전체적으로, 열 변환기는 용액의 온도를 폐열원 온도 이상으로 상승시킬 수 있으며, 제일 높은 온도의 열이 입력되는 흡수식 히트펌프와는 대조적이다. 열 변환기에 액체 펌프를 사용하면 압축기반 히트펌프보다 작동하는 데 필요한 전기 소모가 적다는 것을 의미한다. 폐열의 사용은 흡수를 위해 작동 유체를 증발시키고 작동 유체를 용매로부터 기화시키는 데 필요하다.

흡수 히트펌프와 마찬가지로, 물은 작동유체로서 리튬 브로마이드는 용매로서 사용될 수 있다. 이 조합이 가장 일반적이다. 흡수식 히트펌프와 마찬가지로 흡수 장치와 증발기 온도, 그리고 탈기기 및 응축기 온도 사이의 관계는 그림 19.11에 표시된 것처럼 Dűhring 도표를 통해 나타낼 수 있다. 암모니아를 작동유체로 사용하고, 물은 용매로서 함께 사용할 수 있다. 다른 조합도 가능하다.

흡수 열 변환 장치의 성능은 성능 계수로 측정된다.

$$COP = \frac{\text{유용한 출력 열량}}{\text{에너지 소모량}} = \frac{Q_{ABS}}{Q_{GEN} + Q_{EVAP} + W_{PUMP}} \tag{19.14}$$

식 (19.7)~(19.10)은 흡수식 열 변환기에도 적용된다. 식 (19.14), (19.7), (19.9), (19.10)을 결합하고 액체 이송 펌프의 에너지 입력을 무시하면 다음과 같다.

$$COP_{AHT}^{IDEAL} = \frac{T_{ABS}(T_{EVAP} - T_{COND})}{T_{ABS}(T_{EVAP} - T_{COND}) + T_{COND}(T_{ABS} - T_{COND})} \tag{19.15}$$

식 (19.15)와 같은 의미이지만 다르게 표현한 식은 다음과 같다.

$$COP_{AHT}^{IDEAL} = \frac{T_{ABS}(T_{EVAP} - T_{COND})}{T_{GEN}(T_{EVAP} - T_{COND}) + T_{EVAP}(T_{ABS} - T_{GEN})} \tag{19.16}$$

액체 이송과 관련된 에너지 입력을 무시하고, 물–리튬 브로마이드 시스템에서 Carnot 효율은 다음과 같이 주어진다(Oluleye, Smith and Jobson, 2016).

$$COP_{AHT} = \eta_{AHT} COP_{AHT}^{IDEAL} \tag{19.17}$$

$$COP_{AHT} = A\,\eta_{AHT} + B \tag{19.18}$$

여기서 A, B = 물–리튬 브로마이드에 대해 표 19.4에 주어진 상관 계수

식 (19.17)과 (19.18)은 COP_{AHT}를 얻기 위해 동시에 풀어야 한다. 다시 한 번, 검토가 완료되

표 19.4 ▸ 응축기 온도가 30℃일 때 흡수식 열변환기의 상관 계수(Oluleye, Smith and Jobson, 2016)

T_{EVAP} (°C)	T_{ABS} (°C)	T_{GEN} (°C)	A	B
40	$60 < T_{ABS} < 90$	$50 < T_{GEN} < 80$	0.6356	−0.0549
50	$70 < T_{ABS} < 100$	$50 < T_{GEN} < 80$	0.6303	−0.0461
60	$80 < T_{ABS} < 110$	$50 < T_{GEN} < 80$	0.6270	−0.0392
70	$90 < T_{ABS} < 120$	$50 < T_{GEN} < 80$	0.6190	−0.0305
80	$100 < T_{ABS} < 130$	$50 < T_{GEN} < 80$	0.5797	−0.00704
90	$120 < T_{ABS} < 140$	$60 < T_{GEN} < 80$	0.6568	−0.0407

면 상세한 공정 모사를 통해 모델을 검증해야 한다.

i) ***흡수식 냉동*** 흡수식 냉각은 17장에서 논의되었다. 흡수식 냉동은 흡수식 히트펌프와 동일한 사이클을 사용하지만, 냉동을 제공하기 위해 대기 온도 영역에서 작동한다. 이것은 공장에서 추가적인 냉동이 필요하거나 폐열을 이용하여 압축식 냉동을 대체할 수 있는 경우에 사용한다. 또는 공장 외부로 생성된 저온 에너지를 공급받을 수도 있다. 흡수식 히트펌프와 마찬가지로, 흡수식 냉동 사이클은 탈거기에서 비교적 고온의 폐열을 공급받을 수 있는 경우에 적합하다. 사이클의 운영 방식은 그림 19.10과 동일하다. 증발기에서 Q_{EVAP}만큼의 공정 열이 제거되고 작동유체가 기화되면서 냉동이 구현된다. 작동 유체의 기체가 용매에 흡수되면서 열 Q_{ABS}가 중간 온도에서 방출된다. 가능하다면 방출되는 이 열을 유용하게 이용하는 것이 효율적이다. 그렇지 않으면 냉각수 또는 공기 냉각을 통해 제거된다. 고온의 폐열 공급원으로부터 Q_{GEN} 열을 공급받게 되어 작동 유체는 고압에서 용매로부터 기화되며 제거된다. 응축기에서 제거된 열 Q_{COND}는 공정에서 활용하거나 냉각수 또는 공기 냉각을 통해 외부로 방출된다.

흡수식 히트펌프 및 열변환기에 사용되는 것과 동일한 작동 유체를 흡수식 냉동 사이클에 사용할 수 있다. 공급되는 폐열은 90°C를 초과하는 것이 바람직하다. 물–리튬 브로마이드 시스템은 5°C 정도까지 냉동을 공급하고 암모니아–물 시스템은 −40°C 정도까지 냉동을 공급할 수 있다. 흡수식 냉각에서 폐열로 생성된 저온 에너지는 여러 가지 목적으로 사용될 수 있다.

- 공정에서 새로운 냉동 업무를 수행한다.
- 전체적인 전기 사용량을 줄이기 위해 압축식 냉동을 흡수식 냉동으로 대체한다.
- 냉각수를 사용하는 응축기를 냉동으로 대체하여 공정의 물질 회수율을 높이고 원자재 손실을 줄인다.
- 압축설비에서 유입되는 가스를 냉각시키거나 압축기 중간 냉각 단계의 냉각수를 대체하여 압축기 소모 전기량을 감소시킨다.
- 가스 터빈으로 유입되는 공기를 냉각 시켜 열효율을 높인다. (가스 터빈의 배가스가 갖는 열은 흡수 히트펌프를 구동시키고 생성된 냉동은 가스 터빈의 흡입되는 공기를 냉각시킨다.)
- 온난한 기후에 위치한 현장 또는 공장의 창고, 작업장 및 사무실에 냉방을 제공한다.
- 0℃ 이하의 온도에서 냉각수 또는 저온의 용액(예, 글리콜–물 또는 알코올–물) 형태로 주변 사업장에 저온 에너지를 제공한다(예, 식품 가공 산업).

- 더운 기후에서 주변 사업장에 냉방을 제공하기 위해 냉수 형태로 공급한다.

흡수식 냉각 성능은 성능 계수로 측정된다.

$$COP_{AR} = \frac{\text{유용한 냉동 열량}}{\text{에너지 소모량}} = \frac{Q_{EVAP}}{Q_{GEN} + W_{PUMP}} \quad \textbf{(19.19)}$$

액체 펌핑으로 인한 에너지 입력을 무시하면

$$COP_{AR} = \frac{Q_{EVAP}}{Q_{GEN}} = COP_{AHP} - 1 \quad \textbf{(19.20)}$$

100°C 이하의 폐열의 경우에 열을 가장 효과적으로 이용하는 방법은 온수(예, 식품 및 음료수 공정), 보일러 급수 예열, 공장 내 난방 및 지역난방 등이다. 더 높은 온도인 100~200°C 영역에서, 폐열은 유기 Rankine 사이클이나 Kalina 사이클에서 추가 전력을 생성하는 데 사용될 수 있다. 사이클의 효율은 작동 유체의 선택, 열원의 온도 및 열 방출 온도에 따라 달라진다. 하지만, 200°C 정도의 폐열을 사용하더라도 사이클 효율은 일반적으로 20% 미만이다. 증기 압축 사이클을 이용한 히트펌프는 투자비 및 전기 소모량이 많다. 열 변환기를 사용하면 증기 압축 사이클에 비해 전기 소모량이 줄어들지만 투자비 지출이 매우 클 수 있다. 여기에 설명된 단순 사이클을 사용한 히트펌프의 경우 히트펌프를 통하여 상승되는 온도는 일반적으로 50°C 미만이어야 경제적이다. 더 복잡한 사이클을 사용하여 에너지 효율을 높이는 것이 가능하지만, 일반적으로 80°C 이상의 온도 상승인 경우에는 비경제적이다. 저온 폐열을 이용하여 공정의 환경적 친화성을 높이는 간단한 해결책은 없다. 저온 폐열의 발생을 최소화하기 위해서는 열회수를 극대화해야 한다. 열회수를 위한 공정의 통합 검토 범위가 넓을수록 폐열의 연계 활용 방안 도출이 용이하다.

예제 19.2

그림 19.13a는 저압 스팀으로 열공급을 받는 전공정 냉류 복합선도의 일부를 보여준다. 그림 19.13b는 냉각수를 활용하여 냉각되는 전공정 온류 복합선도 일부를 보여준다. 냉각수는 20°C에서 사용할 수 있고, 사용 후 25°C 온도 조건으로 냉각탑으로 회수된다. 또한 연소로에서 390°C의 온도를 가진 배가스가 배출되며, 추가적인 열회수에 활용될 수 있다. 그림 19.13c는 연소 배가스의 열회수 가능량을 보여주며, 배가스의 열용량 유량은 15.974 $kW \cdot K^{-1}$이다. 이 연소 배가스는 103°C에서 공급되는 보일러 용수를 160°C의 스팀을 생산하는 데 사용할 수 있다. 연소로는 유황이 없는 연료를 연소하며, 배가스는 대기로 배출되기 전에 100°C까지 냉각될 수 있다. 스팀 생산을 위한 잠열은 2087 $kJ \cdot kg^{-1}$이고 160°C 및 103°C에서의 물 엔탈피는 각각 670 $kJ \cdot kg^{-1}$ 및 432 $kJ \cdot kg^{-1}$이라고 가정한다. 그림 19.13에서 보인 선도들은 10°C의 최소 열교환 온도차를 적용한 것임을 유의해야 한다. 유틸리티 흐름은 실제 온도로 표시된다. 현재 사용되는 저온 스팀 사용량을 줄이기 위해서, 배가스의 열회수를 통해 생산되는 스팀을 사용하는 방안과 냉각수로 배출되는 열의 일부를 압축식 히트펌프로 대체하는 방법을 고려한다.

a) 연소 배가스로부터 생산될 수 있는 스팀의 양을 계산하라.

b) 연료 배가스에서 생성된 증기를 사용하여 기존의 저압 스팀 사용을 대체하고, 나머지 저압 스팀 공급이 필요한 부분은 암모니아를 작동유체로 하는 압축 히트펌프를 통해 열을 공급하는 방안을 고려할 때, 히트펌프에 필요한 전력(축일) 소모량을 계산하라.

c) 압축식 히트펌프의 에너지 효율이 40%이라고 가정하면, 공급된 전력에 의해서 생성된 폐열량 계산하라.

d) 압축식 히트펌프를 사용하는 대신 물과 리튬브로마이드를 사용한 흡수식 히트펌프를 사용하는 것을 고려한다. 원칙적으로 연소로 배가스의 열은 흡수 히트펌프에서 흡수제 재생기에 열을 공급하는 데 사용할

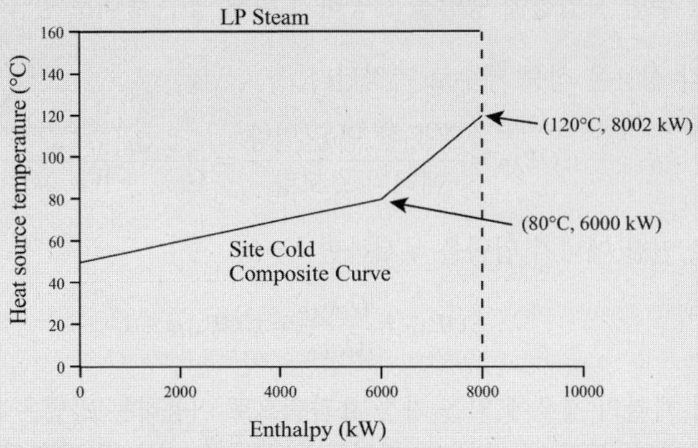

(a) 전공정 냉류 복합선도의 일부

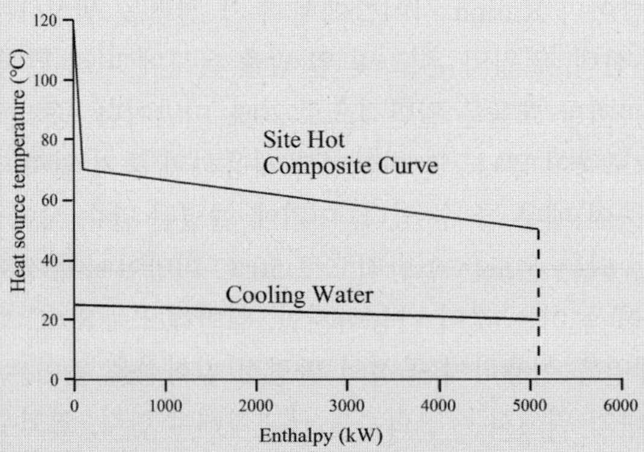

(b) 전공정 온류 복합선도의 일부

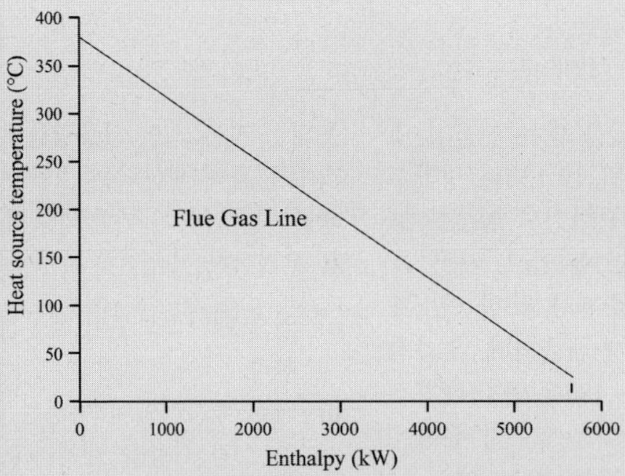

(c) 연소로 배가스의 열회수 가능량

그림 19.13 ▸ 전공정 열회수 문제.

수 있다. 그러나 배가스에서 수증기를 생성하고 발전에 활용하는 것이 더 효과적이다. 흡수식 히트펌프를 사용하여 얼마나 많은 열을 회수할 수 있는지 계산하라.

›풀이

a) 스팀 생성에 대한 핀치가 160°C라고 가정하면, 보일러 용수의 기화에 사용할 수 있는 열량은 아래와 같다.

$$= 15.974 \times (380 - 160)$$
$$= 3514 \text{ kW}$$

스팀 유량

$$= \frac{3514}{2087}$$
$$= 1.684 \text{ kg} \cdot \text{s}^{-1}$$

보일러 급수의 예열이 가능한지 확인해야 한다.
보일러 급수 예열에 필요한 열

$$= 1.684 \times (670 - 432)$$
$$= 401 \text{ kW}$$

스팀 생산을 위한 총 열량

$$= 3514 + 401$$
$$= 3915 \text{ kW}$$

배가스를 103°C로 냉각될 때 가용한 열회수량

$$= 15.974 \times (380 - 103)$$
$$= 4425 \text{ kW}$$

따라서 그림 19.14a에서 보였듯이 배가스는 1.684 $\text{kg} \cdot \text{s}^{-1}$의 포화 스팀을 160°C에서 생성할 수 있다.

b) 배가스에서 생산된 스팀의 잠열만 공정에 열원으로 공급한다고 가정하면, 히트펌프를 통해서 추가로 공급되어야 하는 열량

$$= 8002 - 3514$$
$$= 4488 \text{ kW}$$

추가적으로 필요한 열량은 그림 19.14b와 같이 압축 히트펌프에 의해 공급되어야 하는 열이다. 히트펌프의 운전 조건을 T_{COND} = 80°C 및 T_{EVAP} = 50°C로 가정하고, 히트펌프의 COP를 계산한다. 식 (19.5) 및 표 19.2로부터

$$\eta_{CHP} = A + B\left(\frac{T_{COND} - T_{EVAP}}{T_{COND}}\right)$$
$$= 0.6932 - 0.4851 \times \left(\frac{353 - 323}{353}\right)$$
$$= 0.6520$$

식 (19.4)에서

$$W = \frac{Q_{COND}}{COP_{CHP}}$$
$$= \frac{4488}{7.672}$$
$$= 585 \text{ kW}$$
$$Q_{EVAP} = Q_{COND} - W$$
$$= 4488 - 585$$
$$= 3903 \text{ kW}$$

히트펌프에 관련된 냉각은 그림 19.14c에서 확인할 수 있다.

c) 전기 생산 효율이 40%라고 가정하면, 압축 히트펌프의 낭비되는 열은

$$= 585 \times \frac{60}{40}$$
$$= 877.5 \text{ kW}$$

이것은 공정의 폐열을 줄이기 위해 히트펌프를 사용하는 경우 사용된 전력의 결과로 상당량의 폐열이 생성됨을 보여준다.

d) 히트펌프 운전 조건을 $T_{COND} = T_{ABS}$ = 80°C 및 T_{EVAP} = 50°C로 가정한다. 흡수제 재생 온도는 사용 가능한 열원에 의해 결정될 수 있다. 그러나 운전 온도는 Dűhring 선도에 의해 제한된다. 결정화되는 경우는 피해야 한다. 스팀 생산 온도가 160°C인 경우 T_{GEN} = 140°C로 계산된다. 이를 통해 연소 배가스와 스팀 생산, 그리고 스팀 활용 및 재생 설비 사이에 ΔT_{min} = 10°C를 가능케 한다. 그림 19.11의 T_{COND} = 80°C와 T_{GEN} = 140°C 조건은 흡수제 재생기에서 63% 흡수제 농도를 의미하며, T_{EVAP} = 50°C와 T_{ABS} = 80°C 조건은 흡수탑에서 52% 용액 농도를 의미한다. 따라서 결정화가 일어나지 않는다. 식 (19.12)을 활용하면

$$COP_{AHP}^{IDEAL} = 1 + \left(1 - \frac{T_{ABS}}{T_{GEN}}\right)\left(\frac{T_{EVAP}}{T_{COND} - T_{EVAP}}\right)$$
$$= 1 + \left(1 - \frac{353}{413}\right)\left(\frac{323}{353 - 323}\right)$$
$$= 2.564$$

표 19.3에서 $A = -1.7978$이고, $B = 2.8816$이고, 식 (19.12)와 (19.13)을 적용한다.

$$COP_{AHP} = \eta_{AHP} COP_{AHP}^{IDEAL}$$
$$= 2.564\eta_{AHP}$$
$$COP_{AHP} = A\,\eta_{AHP} + B$$
$$= -1.7978\eta_{AHP} + 2.8816$$

이 식들을 동시에 풀면 다음과 같다.

$$\eta_{AHP} = 0.6606$$

그러면

$$COP_{AHP} = 0.6606 \times COP_{AHP}^{IDEAL}$$
$$= 0.6606 \times 2.564$$
$$= 1.694$$

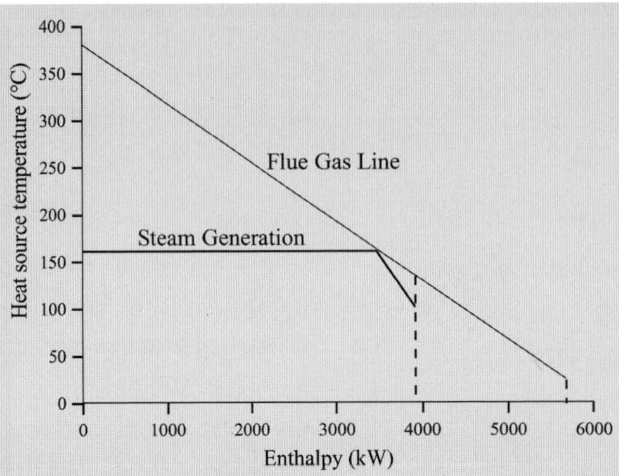

(a) 배가스를 이용한 스팀 생산

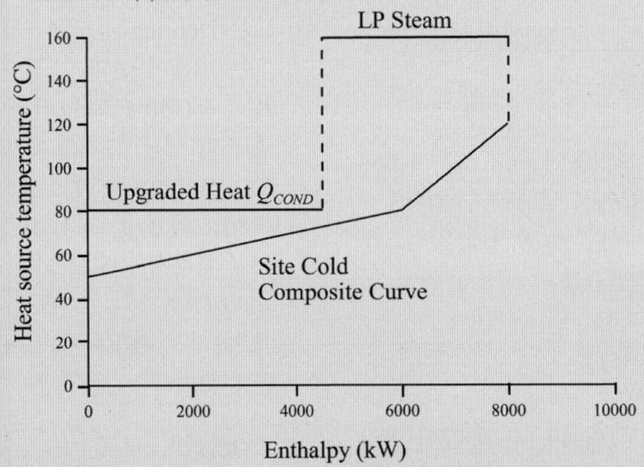

(b) 히트펌프를 이용한 공정 열 공급

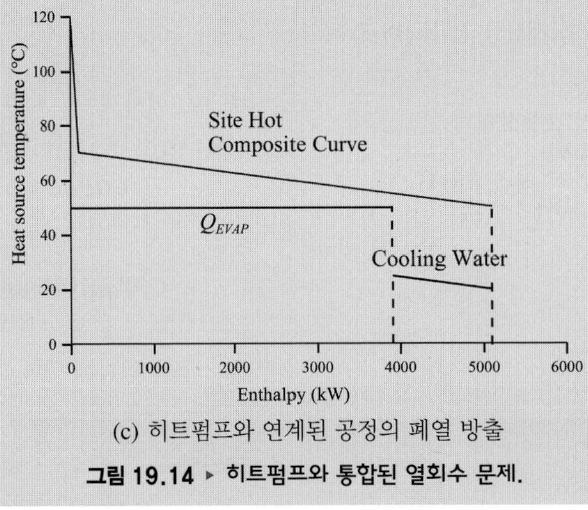

(c) 히트펌프와 연계된 공정의 폐열 방출

그림 19.14 ▸ **히트펌프와 통합된 열회수 문제.**

식 (19.6)에서 액체 유송을 위한 에너지는 고려하지 않는다.

$$Q_{ABS} + Q_{COND} = COP_{AHP} \times Q_{GEN}$$
$$= 1.694 \times 3514$$
$$= 5953\ kW$$

따라서 히트펌프에 의해 생성된 고온의 열량은 5953 kW이다. 이것은 그림 19.13를 통해서 확인해 보면, 80°C에서 사용 가능한 열원으로 적용될 수 있다. 총 필요한 스팀 열량은 8002 kW이므로 (8002 − 5953) = 2049 kW가 남는다. 고려된 방안을 구체화하면서 보다 심도 깊은 경제성 평가가 수행되어야 한다. 특히 그림 19.14에서 확인해 보면, 흡수제 재생 온도를 더 높을 수 있음을 알 수 있다. 증발기 및 응축기의 온도와 압축 및 흡수 히트펌프의 전체 열 부하는 최적화를 통해 최적 조건을 찾아야 한다.

19.6 폐기물 처리와 에너지 시스템의 통합

폐기물 처리 및 에너지 시스템은 종종 개별적으로 고려된다. 그러나 시스템들 간의 연계와 통합은 공정 전체의 지속 가능성을 증가시킬 수 있다.

여러 가지 오염 물질 흐름에 대해, 실제적으로는 열 산화 장치에서의 연소가 유일한 방법이다. 특히 할로겐화 탄화수소, 살충제, 제초제 등을 포함하는 고체 및 농축 폐기물 및 유독 폐기물을 처리하는 경우에 중요하다. 많은 독성 물질은 생물학적 퇴화에 저항하고 자연 환경하에서 장기간 잔존한다. 이러한 독성 물질이 묽은 수용액 형태로 존재하지 않는다면, 가장 효과적인 처리는 일반적으로 열 산화 방법이다. 또한 열 산화 장치는 호기성 폐수 처리 공정에서 잉여 슬러지를 처리하는 경우에도 사용된다. 잉여 슬러지는 일반적으로 여과 또는 원심 분리에 의해 탈수되고, 그 이후에 건조되고 마지막으로 열 산화된다. 처리되는 폐기물에 따라 열 산화설비는 연료유 또는 천연 가스를 사용한 보조 연소가 필요하거나 필요로 하지 않을 수 있다. 기체 폐기물을 위한 열 산화 장치는 18장에서 논의되었다. 또한 18장에서 논의된 설비들은 기체와 액체 폐기물을 모두 산화시킬 수 있지만 고체 폐기물에는 적합하지 않다. 고형 폐기물을 산화해야 하는 경우, 다음 두 가지 방법이 적합하다.

1) ***회전식 가마*** 회전식 가마(rotary kiln)는 약간 기울어져 있으면서 저속으로 회전하는 내화물로 제작된 원통형 설비이다. 고형물 또는 슬러지는 높은 부분에서 유입되고 가마를 따라 중력에 의해 아래로 흐른다. 액체 유입물 또한 산화될 수 있다. 회전식 가마는 고형 폐기물을 처리하는 데 이상적이지만 투자비 및 유지 보수비용이 높다는 단점이 있다.
2) ***난로형 열 산화기*** 난로형 열 산화기(hearth thermal oxidizer)는 주로 고형 폐기물을 산화하도록 설계되어 있다. 고체 물질이 연소실에서 갈퀴에 의해 이동된다.

오염 물질 생산 현장에 위치한 열 산화 장치는 폐열회수 시스템과 연계되어 스팀 생산 설비를 통해 현장에서 필요한 스팀 배관으로 공급될 수 있다. 가스화는 주로 탄소와 수소를 포함하는 폐기물질을 발전(또는 화학 물질 생산)에 사용할 수 있는 합성 가스로 바꿀 수 있는 공정이다. 가스화를 위해서 현장으로 유입된 바이오매스를 가스화 연료로 보충할 수 있다.

오염 물질이 농축되고 생분해된다면, 혐기성 소화 과정을 통해 오염 물질을 처리하여 메탄을 부산물로 얻고 이를 에너지 생산에 이용할 수 있다. 생물학적 처리로 처리하기에는 너무 강한 유기 물질을 포함한 수용액은 습식기반 산화 방법으로 처리할 수 있다. 습식 기반의 산화 공정은 다량의 열이 생성되고, 이것은 에너지 생산에 활용할 수 있다.

19.7 재생 가능 에너지

재생 에너지원은 다음이 포함된다.

- 풍력 발전
- 수력 발전
- 파력
- 조력
- 태양 에너지
- 지열 에너지
- 바이오매스, 바이오 오일, 바이오 가스

화학제품 생산 관점에서 바이오매스, 바이오 오일 및 바이오 가스만이 재생 불가능한 에너지원을 대체할 수 있는 의미 있는 에너지원이다. 바이오 가스는 연소로, 가스 터빈 및 스팀 보일러에서의 천연 가스 사용을 직접 대체할 수 있다. 바이오 오일은 바이오 디젤과 마찬가지로 연소로 및 스팀 보일러의 연료유를 직접 대체할 수 있다. 연소를 위해서 고체의 바이오매스를 이용하는 것은 더 큰 문제가 될 수 있다. 고체 바이오매스가 공급된 유동층 스팀 보일러의 사용은 16장에서 논의되었다. 또한 고체 바이오매스는 연료로 사용되거나 화학제품 생산에 사용될 수 있는 합성 가스를 생산하기 위해 가스화 공정으로 공급될 수 있다. 고체 바이오매스와 화석 연료원은 연계할 수 있다. 예를 들면 그림 19.8에서 가스화 공정에 공급되는 원료는 고체 바이오매스로 보충할 수 있다.

신재생 에너지는 화학제품 생산 시스템 내에서 열병합 발전 시스템을 통해 재생 가능한 에너지를 생산하기 위해 사용될 수 있다. 그러나 일반적으로 풍력 발전 및 태양광 발전과 같은 재생 가능 에너지의 공정 산업 현장에서의 기여는 미미하다. 재생 가능한 에너지원 기반의 전기는 산업 현장에 활용될 수 있다.

화학제품 시설의 경계 밖에서는, 재생 가능 에너지는 보다 효율적으로 이용될 수 있고 넓은 지역을 담당하면서 기존의 에너지 시스템과 통합 연계될 수 있다. 기존의 중앙 집중식 전기 생산과 비교하여, *분산된 에너지* 생산은 훨씬 작은 규모로 해당 지역에 전기를 공급하는 방법을 의미하며, 전력 생산이 전력 수요에 가깝게 이동되어 이루어진다. 이러한 접근을 통해 추운 기후 지역에서는 열병합을 통한 지역난방을 보다 적극적으로 도입하게 된다. 상대적으로 더운 기후 지역에서는 발전 과정에서 방출된 폐열은 흡수식 냉각설비에서 사용할 수 있다. 분산형 에너지 시스템은 주로 스팀 보일러, 가스 터빈, 가스 엔진, 연료 전지, 히트펌프 또는 태양 전지 패널 및 풍력 터빈과 같은 여러 가지 구성 요소로 이루어진다. 분산 생산된 에너지는 집이나 건물에 개별적으로 공급되거나, 다수의 거주용, 상업용 및 산업용 소비자들에게 제공된다. 온수 또는 스팀 형태의 열이 지역난방 네트워크를 통해 생산되고 분배되는 경우, 분산형 에너지 시스템의 에너지 생산 효율은 85%보다 커질 수 있어, 중앙집중형 발전과 비교했을 때 CO_2 배출량 감소 가능성이 크다.

분산형 에너지 시스템을 가정, 상업 및 산업 수준에서 통합적으로 분석함으로써 지리적으로 이용 가능한 산업 폐열을 효과적으로 이용하는 방안을 제공해 줄 수 있다. 주거용 및 상업용 에너지는 시간대, 요일 및 월별로 소모량이 가변적이라는 것이 문제점이다. 하지만, 대규모 산업 공정은 에너지 수요가 상당히 일정하다는 특징이 있다.

열과 전기 수요가 일정하지 않고, 사용 시간별 전기값이 다르기 때문에 분산형 에너지 시스템은 최대한의 수요를 제공 할 수 있을 정도로 유연해야 한다. 이것은 지리적인 위치, 여름철 냉방과 겨울철의 겨울철 난방 수요에 달려 있다. 이 관점에서 열병합 발전 설비의 선택은 최적화 문제로 귀결된다. 예를 들어, 단일 설비는 규모의 경제에 따라 이득을 얻을 수 있지만, 열수요가 없는 경우 전기 생산을 중단함으로써 손해가 발생한다. 한편, 여러 대의 소형 장치를 설치하는 경우 그 중 일부 장치는 일 년 내내 계속 가동할 수 있게 된다.

19.8 효율적인 용수 사용

용수의 효율적인 사용에는 두 가지 측면이 있다. 첫 번째는 단일 공정 내부 및 여러 공정들 전반에 걸친 용수 사용이다. 두 번째는 수증기 시스템의 에너지 생산 및 냉각수 시스템의 열 방출과 관련된다.

1) ***공정 용수의 효율적인 사용*** 물은 다양한 용도로 공정에서 사용된다.

- 화학 반응기의 반응 매체
- 흡수 작업 및 추출 공정의 용매
- 수증기 탈거설비에서의 에너지 및 물질 전달 매체
- 스팀 방사기(ejector)의 동기 유체
- 장비의 세척 작동 시 매체 세척 및 오염 제거
- 기타

이러한 다양한 작업 간에 물을 재사용하면 원수의 양과 폐수의 양이 모두 줄어든다. 한편, 용수를 다른 설비에서 재사용하기 위해 사용된 용수의 오염 물질을 일부 제거하여 재사용하고, 이를 통해 원수의 양과 폐수의 발생량을 줄인다. 또한 이러한 방법은 폐수 배출 이전에 제거해야 하는 오염물 처리 부하의 일부를 미리 제거함으로써 유출 부하의 일부를 줄인다. 또 다른 방법은 작업 공정에서 나온 배출수에 재생 공정을 적용하고 물을 재활용하는 것이다.

2) ***스팀 시스템에서 용수의 효율적인 사용*** 보일러 공급수 처리 시스템에서는, 응축수가 손실되고 회수되지 않으면 원수로 보충해야 한다. 이러한 구성으로 인해 오염수 배출이 발생한다.

a) 폐수는 이온 교환 수지가 식염수 또는 산 및 알칼리 용액으로 재생될 때 탈이온화 공정을 통해 생성된다.

b) 폐수는 *보일러 유출수*(blowdown)으로부터 발생된다. 보일러 유출수의 주된 문제점은 보일러 용수 처리를 위한 화학 물질로 오염되어 있다는 것이다.

c) 회수되지 않은 응축수는 응축수 시스템에서 부식을 방지하기 위해 첨가된 아민이 수백만 분의 일 정도의 낮은 수준이므로 직접적인 문제를 일으키지는 않는다. 주요한 문제점은 간접적인 문제로서, 응축수 손실은 궁극적으로 보일러의 연소열이 손실된 것이기 때문에 응축수 손실은 연소 과정에서 발생하는 대기 오염 물질의 추가적인 발생을 의미한다. 이러한 폐수 생성 및 수증기 시스템으로부터의 열 손실은 응축수 회수율을 증가시킴으로써 감소될 수 있다. 또한 폐수 발생은 열 회수를 증가시켜 에너지 효율을 높이고 수증기 시스템의 부하를 줄임으로써 감소시킬 수 있다.

3) ***냉각 시스템에서의 용수의 효과적인 사용*** 비효율적인 열회수로 인해 공정에 유입되는 추가적인 열은 최종적으로 외부로 방출되어야 한다. 냉각수 시스템에 대한 이러한 불필요한 부하는 냉각수를 통한 열제거가 증가됨을 의미하고, 이로 인하여 폐수 발생이 증가한다. 대부분의 냉각수 시스템은 용

수를 한번 사용하고 외부로 방출하는 "일회용" 방식보다는 냉각수를 재순환한다. 냉각수는 주로 증발을 통해 냉각탑의 재순환 시스템에서 손실된다. 냉각탑에서의 유출수로 고형물질의 축적이 억제되지만, 냉각탑 유출수는 대부분의 산업 공정에서 가장 많은 양의 폐수 배출원이다. 유출수에는 부식 방지제, 고체 퇴적을 방지하는 고분자 및 미생물 성장을 방지를 위한 살충제가 포함되어 있다. 냉각수 시스템에 불필요한 부하가 발생하면 외부로 불필요한 열 방출, 냉각수 공급수 증가 및 유출수가 발생한다. 공정에서의 열회수를 증가시켜 공정의 에너지 효율을 향상시켜 냉각탑의 열 부하를 감소시키거나 농도 사이클을 증가시킴으로써 냉각탑 유출수 발생량을 감소시킬 수 있다. 냉각수 시스템을 공기 냉각기로 전환하면 공급수 부하 증가 및 유출수 배출 문제를 감소시킬 수 있으나, 공기 냉각기는 팬 사용에 따른 추가적인 전력이 소모된다.

19.9 화학제품 생산에 대한 환경적 지속 가능성 – 요약

화학제품 생산 공정은 산업 활동의 환경적 지속 가능성을 극대화하도록 설계되어야 한다. 지속 가능성을 극대화하려면 산업 공정이 경제적으로 실행 가능하고 환경 친화적이며 사회적으로 유익한 방법으로 인간의 욕구를 충족시키도록 운영되어야 한다(Azapagic, 2014). 산업 활동의 지속 가능성을 극대화하기 위한 공정 설계는 장소 선정, 건설 및 해체, 원료 및 제품, 폐기물 흐름, 운송 및 광범위한 산업 인프라와의 연결을 포함한 전주기 측면에서 고려해야 한다. 전주기 평가(life cycle assessment, LCA)는 모든 상부 공정 및 하부 공정의 요구 사항과 관련된 환경 영향을 침대에서 요람까지의 전과정을 평가하고 분석하는 과정이다. 고려해야 하는 분석 대상은 생산 시설의 경계를 넘어서야 한다.

단일 생산 공정은 가능한 한 원료의 효율적인 사용을 통해 폐기물질 생산을 최소화해야 한다. 폐기물 생성을 원천적으로 최소화할 수 있다면, 폐기물 처리 비용이 감소될 뿐만 아니라 원료 구매 비용이 절감된다.

일부 산업 공정은 직접적인 상업적 가치가 없는 부산물을 생성한다. 가능한 한 많은 원료를 유용한 제품과 부산물로 전환함으로써 전체적으로 효율적으로 원료를 사용하는 공정 네트워크를 만들어야 한다.

석유, 천연 가스 및 석탄을 화학제품 생산의 원료로 사용하는 대신 재생 가능한 자원을 화학 물질 생산의 대안으로 고려할 수 있다. 그러나 원료가 재생 가능하다는 이유만으로 이것이 더 지속 가능한 공정으로 귀결된다고 가정하는 것은 실수일 것이다. 이는 대체되는 원료들 간의 전주기 평가에 의해서만 판단할 수 있다.

에너지 관련 오염 배출량을 고려할 때, 공정 및 그 유틸리티 시스템에서의 국부적인 배출만을 고려하는 것보다는, 중앙 발전 시스템에서 생산된 전기를 사용한 것과 관련된 전체적인 오염 물질 배출을 종합적으로 고려하는 것이 중요하다. 또한 자료가 있다면 연소 이전 과정에서 발생한 배출량을 포함하는 것이 바람직하다. 개선된 열회수는 유틸리티에 대한 전반적인 수요를 줄이고 에너지 관련 오염 배출량을 줄인다. 이는 단일 공정과 전체 공정 수준에서 모두 고려할 수 있다.

폐기물 처리 및 에너지 시스템은 종종 개별적으로 고려된다. 그러나 이러한 시스템들을 통합하여 고려하는 것은 산업 공정의 지속 가능성을 증가시킬 수 있다.

화학제품 생산 관점에서 바이오매스, 바이오 오일 및 바이오 가스만이 재생 불가능한 에너지원을 대체할 수 있는 의미 있는 에너지원이다.

용수 사용의 지속 가능성은 공정 내에서 그리고 공정 전반에 걸쳐서 재사용, 재생 후 재사용 및 재생 후 재활용을 통해 증가될 수 있다.

19.10 연습 문제

1. 과량의 포름알데히드가 존재하는 액상 교반 반응기에서 유기 화합물 간의 반응이 수행된다. 유기 반응물은 포름알데히드와 함께 비휘발성이다. 반응기에서 배출되는 가스는 대기로 배출되기 전 흡수 장치를 거치면서 유기 물질이 제거된다. 흡수 장치에는 깨끗한 용수가 공급되고 유기물을 포함한 용수는 폐수처리장으로 이송된다. 흡수 장치에서 나오는 수성 폐기물의 주요 오염 물질은 포름알데히드이다.

a) 흡수 장치를 유지한다면, 수성 폐기물의 양을 어떻게 줄일 수 있는가?

b) 폐수처리장으로 이송되는 유기 폐기물은 어떻게 제거될 수 있는가?

2. 화학 제조 현장에는 생물학적 처리 과정을 거치는 대규모 폐수가 존재한다. 생물학적 처리로 인한 오염 물질의 배출 농도는 허용 한계보다 작은 값이지만, 배출되는 폐수의 온도가 너무 높다. 방류에 허용되는 최대 온도는 30°C이고, 현재 배출 온도는 40°C이다. 생물학적 처리를 위한 설비로 유입되는 폐수의 온도는 36°C이며, 생물학적 처리 과정에서 4°C의 온도 상승이 발생한다. 생물학적 처리 과정 중 열이 생성되지만, 이 열은 제조 현장 외부에서 냉각된다. 생물학적 처리에서 체류 시간이 길수록 열 손실은 커진다. 냉각탑 하류에 생물학적 처리 설비를 설치함으로써 이 문제를 해결하는 것이 제안되어 왔다. 더 나은 해결책은 근본적으로 폐수 발생 요인을 제거하는 것이다.

a) 문제를 완화하기 위해 생물학적 처리 설비의 유입 부분에서 개선할 수 있는 사항들을 제시하라.

b) 폐수가 생성되는 공정은 비연속성 공정이며 다양한 온도에서 이루어지는 세척 작업에서 발생한다. 이 문제를 해결하기 위해 어떤 변화를 추구해야 하는가?

3. 다양한 화학 물질을 생산하는 화학 공장에서는 항상 폐수 처리에 문제가 있다. 현재 고려하는 공장은 폐수 처리 없이 폐수를 배출한다. 이 폐수는 유기물이 많고, pH가 낮다. 환경 규제 당국은 중화와 함께 유기물 배출량의 90% 감소를 요구한다. 폐수 처리 시스템이 설계되고 원가가 계산되었다. 수처리 시스템은 모든 폐수 흐름들을 모은 후 석회를 사용하여 중화시킨 다음 생물학적 처리를 수행하는 것으로 구성한다. 중화 및 생물학적 처리 비용은 처리되는 폐수 부피 유량에 비례한다. 또한, 생물학적 처리 비용은 유기 물질 처리량에 따라 증가한다. 수처리 시스템의 비용이 과다하여 회사는 오염 물질 최소화를 기반으로 하는 대안을 준비하고 있다.

a) 유기물 함유량이 가장 큰 폐수 흐름이 플랜트 A의 공정 1에서 발생한다. 이 폐수는 추출공정에서 염이 없도록 유기물질을 세척하면서 발생한다. 제품을 탱크에서 물과 혼합한 후, 침전용기에서 침전시켜 유기 생성물로부터 물을 분리하면서 폐수가 생성된다. 세척 작업은 염뿐만 아니라 유기물도 같이 추출된다. 이 염은 극도로 가용성인 반면, 유기 생성물은 거의 용해되지 않는다. 발생된 폐수는 유기 오염 물질로 포화 상태가 되지만, 염에 대해서는 포화 수준보다 훨씬 낮은 농도를 유지한다. 이 작업을 격리하여 수행하게 된다면, 폐수의 부피 유량과 유기물의 함량을 줄이기 위해 수행할 수 있는 방법은 무엇인가?

b) 플랜트 A의 공정 2에서는 순환형 냉각 공정에서 물을 사용한다. 물은 유기성 증기와 직접 접촉하며, 유기성 증기의 응축에 사용된다. 이 작업에서 유기성 증기는 냉각수가 분사되는 용기를 통과한다. 생성된 2상 혼합물은 침전조에서 침전을 통해 분리된다. 물은 유기 오염 물질로 포화되고, 냉각탑을 통해서 재순환된다. 순환 냉각 시스템에서 일부 냉각수를 의도적으로 배출시키고 이는 폐수처리장으로 보내진다. 이때 냉각 시스템의 유출수

는 플랜트 A로부터 유래된 또 다른 폐수이다. 공정 1과 공정 2를 통합하여 전체적으로 플랜트 A의 폐수를 줄이기 위해 할 수 있는 일은 무엇인가? 이 제안이 폐수의 부피 유량과 유기물 함량에 미칠 영향에 대하여 설명하라.

c) 플랜트 B는 물을 배출 가스와 접촉시켜 염화수소를 제거한다. 생성된 물은 강한 산성이지만 유기물질로 오염되어 있지는 않다. 이 공장의 다른 폐수는 중성이다. 폐수처리 비용을 줄이기 위해 어떤 방법이 있는가?

d) 플랜트 C는 유기 오염 물질로 오염된 폐수를 배출한다. 공정에서 사용된 수증기에 대한 응축수 회수가 고려되지 않아, 다량의 수증기 응축수가 폐수 설비로 보내진다. 또한 대형 냉각탑을 사용하고 있어, 냉각탑에서의 증발 손실을 보충하기 위해 많은 양의 냉각수 공급이 필요하다. 냉각탑에서 배출되는 유출수는 폐수 처리 설비로 보내지고, 유기 오염 물질을 포함하지는 않는다. 전체 공정의 통합 관점에서, 지금까지 제안된 조치 이외에 효과적으로 폐수 처리 비용을 줄이기 위해 수행할 수 있는 방법은 무엇인가?

참고 문헌

Azapagic A (2014) Sustainability Considerations for Integrated Biorefineries, *Trends in Biotechnology*, **32**: 1.

Azapagic A and Perdan S (2011) *Sustainable Development in Practice: Case Studies for Scientists and Engineers*, 2nd Edition, Wiley-Blackwell.

Chowdhury J and Leward R (1984) Oxygen Breathes More Life into CPI Processing, *Chem Eng*, **19**: 30.

Curran MA (1996) *Environmental Life Cycle Assessment*, McGraw-Hill, New York.

Dodge BF (1944) *Chemical Engineering Thermodynamics*, McGraw-Hill.

Guinee JB (2002) *Handbook on Life Cycle Assessment, Operational Guide to the ISO Standards*, Kluwer Academic Publishers.

Hougen OA, Watson KM and Ragatz RA (1959) *Chemical Process Principles. Part II Thermodynamics*, John Wiley & Sons.

McNaughton KJ (1983) Ethylene Dichloride Process, *Chem Eng*, **12**: 54.

Oluleye O, Smith R and Jobson MR (2016) Modelling and Screening Heat Pumping Options for the Exploitation of Low Temperature Waste Heat in Process Sites, *Applied Energy*, **169**: 267.

Reich P (1976) Air or Oxygen for VCM? *Hydrocarbon Process*, **March**: 85.

Smith R and Delaby O (1991) Targeting Flue Gas Emissions, *Trans IChemE*, **69A**: 492.

Smith R and Petela EA (1991a) Waste Minimization in the Process Industries. Part 1 The Problem, *Chem Eng*, **506**: 31.

Smith R and Petela EA (1991b) Waste Minimization in the Process Industries. Part 2 Reactors, *Chem Eng*, **509**/510: 12.

Smith R and Petela EA (1991c) Waste Minimization in the Process Industries. Part 3 Separation and Recycle Systems, *Chem Eng*, **513**: 24.

Smith R and Petela EA (1992) Waste Minimization in the Process Industries. Part 4 Process Operations, *Chem Eng*, **517**: 9.

Smith JM and Van Ness HC (2007) *Introduction to Chemical Engineering Thermodynamics*, 7th Edition, McGraw-Hill.

Victor RA, Kim JK and Smith R (2013) Composition Optimization of Working Fluids for Organic Rankine Cycles and Kalina Cycles, *Energy*, **55**: 114.

제20장 공정 안전

Process Safety

이 책의 뒷부분에서야 안전에 대한 고려 사항을 논의하게 되었지만, 공정 설계 과정에서는 설계 마무리 단계 전에 충분히 고려되어야 한다. 앞서 안전에 영향을 미치는 공정 설계에서의 많은 사항들이 먼저 설명되었다. 안전 고려 사항은 공정 설계 초기 단계부터 포함되어야 한다. 공정상의 이유로 결정된 사항이 차후에 안전, 건강 및 환경 관점에서 복잡한 문제로 이어질 수 있다.

공정 안전은 화재, 폭발 및 유독 물질 방출의 세 가지 주요 위험 요소를 고려하는 것부터 시작해야 한다(Lees, 1989).

20.1 화재

공장의 첫 번째 주요 안전 위험 요소는 화재이며, 일반적으로 폭발 및 유독 물질 방출보다는 위험성이 낮다(Lees, 1989). 그러나 화재는 여전히 주요한 위험 요소이다. 화재는 가연성 물질(가스 또는 증기, 액체, 고체, 가스에 분산된 먼지 형태의 고체), 산화제(일반적으로 공기 중 산소) 및 (항상 필요한 것은 아니지만) 점화원이 필요하다. 화재로 인한 위험을 평가하는 중요한 요소들은 다음과 같다.

1) ***가연성 농도 범위*** 인화성 가스 또는 증기는 제한된 조성 범위에서 공기가 존재할 때 연소된다. 가연성 가스의 특정 농도 이하 조건에서는(즉, 가연성 한계 범위보다 낮으면) 혼합물은 연소되기에 너무 희박하다. 특정 농도 이상의 가연성 한계 범위보다 높으면 혼합물이 많이 존재해서 연소되기 어려운 환경이 된다. 이러한 농도 범위는 가연성 한계를 나타낸다.

가연성 기체와 공기 혼합물의 연소는 혼합물 조성이 가연 범위 내에 있고 발화원이 있는 경우에 발생한다. 또는 연소 혼합물이 가연 범위 내에 있고, 그 자체 발화 온도로 가열되는 경우에 발화원이 없이 연소가 일어날 수도 있다.

가장 가연성이 높은 혼합물은 보통 화학양론적으로 연소에 필요한 성분들로 구성된 혼합물이다. 가연성 하한 및 상한 한계 농도는 화학양론적으로 필요한 농도의 각각 약 1/2과 2배 정도이다(Lees, 1989; Crowl and Louvar, 1990).

가연성 농도 범위는 압력의 영향을 받는다. 압력 변화의 효과는 각 혼합물에 따라 다르다. 경우에 따라서는 압력을 낮추면 가연성 범위가 작아지고 상한과 하한 한계가 동일해지면서 혼합물은 불연성이 된다. 반대로, 압력의 증가는 가연성 농도 범위를 넓힐 수 있다. 그러나 일부 다른 경우에는 가압을 통해 범위가 좁혀지는 경우도 있다(Lees, 1989; Crowl and Louvar, 1990).

가연성 농도 범위는 온도의 영향을 받는다. 온도의 증가는 일반적으로 가연성 범위를 넓혀준다 (Lees, 1989; Crowl and Louvar, 1990).

2) ***한계(최소) 산소 농도*** 가연성 범위 하한 농도는 증기–공기 혼합물의 연소를 허용하는 최저 농도를 정의하지만 불활성 가스(보통 질소, 때로는 이산화탄소 또는 증기)가 연소를 방지하기 위해 혼합물에 첨가되는 경우도 있다. 한계(또는 최소) 산소 농도는 연소가 연료의 농도에 관계없이 화염이 자체적으로 확산되지 않는 조건이 되는, 반응을 통해 발생하는 에너지를 최소화하는 산소 농도를 의미한다. 단위는 가연성 물질의 산소의 부피%로 표시된다. 한계 최소 농도는 압력과 온도에 따라 다르다. 또한 불활성(불연성) 가스의 종류에 따라 다르다.
3) ***최소 발화 에너지*** 최소 발화 에너지는 증기의 발화에 필요한 스파크와 같은 발화원의 최소 에너지이다. 최소 발화 에너지의 값은 매우 다양하다. 일반적인 인화성 증기의 최소 발화 에너지값은 0.025 mJ이다(Crowl, 2012).
4) ***자연 발화 온도*** 가스 또는 증기의 자동 점화 온도는 외부의 발화원 없이 공기 중에서 자발적으로 발화되는 온도이다.
5) ***인화점*** 액체의 인화점은 공기와의 발화 가능한 혼합물을 생성하기에 충분한 만큼의 증기를 방출하는 가장 낮은 온도이다. 인화점은 일반적으로 압력이 증가함에 따라 증가한다.
6) ***분진의 한계 산소 농도*** 분진의 한계 산소 농도는 구름 형태로 분산된 분진에서 연소를 가능케 하는 최소 산소 농도(질소와 같은 불활성 가스로 대체됨)이다. 한계 산소 농도보다 낮은 산소 농도를 갖는 혼합물은 연소가 불가능하므로 연소 이후의 분진 폭발도 억제된다.
7) ***분진의 최소 발화 온도*** 분진의 최소 발화 온도는 구름 형태로 분산된 분진이 발화되는 가장 낮은 온도이다. 이러한 최소 발화 온도는 뜨거운 표면과 같은 발화원에 대하여 분진의 발화 감도를 평가하는 중요한 요소이다. 분진 크기의 증가 및 수분 함량의 증가는 모두 최소 발화 온도를 증가시킨다.

20.2 폭발

안전과 관련된 두 번째 주요 위험 요소는 폭발이며, 사고의 위험성은 일반적으로 화재보다는 크지만 유독물질 배출보다는 낮다(Lees, 1989). 폭발은 갑작스럽고 격렬한 에너지 방출이다. 공정 플랜트에서 폭발로 방출되는 에너지는 다음과 같다.

1) ***화학 에너지*** 화학 에너지는 화학 반응에서 발생된다. 화학 에너지원은 발열 반응 또는 인화성 물질(먼지, 증기 또는 가스)의 연소이다. 화학 에너지를 기반으로 하는 폭발은 균일하거나 전파될 수 있다. 용기의 폭발은 균일하게 폭발하는 경향이 있는 반면, 긴 관의 폭발은 전파되는 경향이 있다. 분진의 경우 최소 폭발 농도는 발화시 화염의 전파를 유발하게 되는 공기 중 최소 농도($g \cdot m^{-3}$)이다.
2) ***물리적 에너지*** 물리적 에너지는 가스의 압력 에너지, 열에너지, 금속 또는 전기 에너지의 변형된 에너지일 수 있다. 물리적 에너지의 방출로 인한 폭발의 예는 고압 가스가 들어 있는 용기의 파손일 수 있다.

열에너지는 일반적으로 폭발 자체의 에너지원이 아닌 폭발 조건을 형성하는 데 중요하다. 특히, 가압 조건하에서 액체의 과열은 우연히 대기로 방출되는 경우에는 액체의 기화를 야기한다.

화학 에너지 방출과 관련된 두 가지 종류의 폭발이 있다.

1) ***폭연*** 폭연 현상에서는 화염의 앞부분이 가연성 혼합물을 통해 상대적으로 천천히 이동한다.
2) ***폭파*** 폭파 현상에서는 화염 앞쪽은 충격파처럼 이동하고, 에너지를 방출하는 연소에 의해 충격파가 유지된다. 폭파의 앞부분은 미반응 매질에서의 소리의 속도보다 빠른 속도로 움직인다.

폭파는 폭연보다 더 큰 압력을 발생시키고 더 파괴적이다. 대기압에서의 탄화수소–공기 혼합물 또는 분진 혼합물의 폭연에 의해 발생되는 최대 압력은 8~10 bar 정도이다. 그러나 폭파는 최고 20 bar 정도의 압력을 가질 수 있다. 특히 폭연은 긴 관을 타고 이동하면서 폭파로 변경될 수 있다.

두 가지 종류의 폭발이 있고, 다음의 두 가지 서로 다른 조건에서 발생한다.

1) ***밀폐된 폭발*** 밀폐된 폭발은 용기, 배관 또는 건물 내에서 발생하는 폭발이다. 공정에서 사용되는 용기 또는 배관에서 가연성 혼합물이 폭발하면 폭연 또는 폭파 현상이 발생한다. 폭연이 발생하기 위한 조건은 가스 혼합물이 가연성 농도 범위 내에 있고 발화원이 있어야 한다. 또는 혼합물이 자동 점화 온도까지 가열되면 발화원 없이 폭연이 발생할 수 있다. 폭연은 폭발로 전환할 수 있다. 이러한 전환 과정은 배관에서 발생할 수 있지만 용기에서는 발생하지 않는다.
2) ***밀폐되지 않은 폭발*** 공중에서 발생하는 폭발은 밀폐되지 않은 폭발이다. 밀폐되지 않은 공간에서의 증기 구름의 폭발은 공정 산업에서 가장 심각한 위험 중 하나이다. 다량의 유독 물질 배출이 더 큰 재해 위험성을 갖지만, 밀폐되지 않은 증기 폭발이 보다 자주 발생하는 경향이 있다(Lees, 1989). 대부분의 밀폐되지 않은 증기 구름의 폭발은 인화성 액체가 새면서 발생한다. 밀폐되지 않은 증기 구름의 폭발의 문제는 폭발에 따른 파괴성도 있지만, 증기 방출 지점으로부터 어느 정도 거리가 있는 지역까지 영향을 미칠 수 있어 상당한 영역에 걸쳐서 위험하게 만들 수 있다는 점이다. 1974년 영국에서 발생한 Flixborough 사고는 시클로헥산 액체가 새면서 기화되어 발생했다. 가연성 증기 구름이 발생하여 밀폐되지 않은 폭발이 발생하여 28명이 사망하고 72명의 인원 중 36명이 중상을 당했다.

   폭발이 한정되지 않은 증기 구름에서 발생하는 경우 폭발 충격파의 에너지는 일반적으로 구름을 구성하는 모든 물질의 연소에서 이론적으로 사용할 수 있는 에너지의 일부에 불과하다. 방출된 실제 에너지와 연소열에서 이론적으로 이용 가능한 에너지의 비율을 폭발 효율이라고 한다. 폭발 효율은 일반적으로 1~10%이며, 통상적으로 3%의 값을 가정한다.

   가압된 액체를 포함하는 용기의 파열은 증기 폭발을 확대시키는 비등성 액체(boiling liquid expanding vapor explosion, BLEVE)를 생성할 수 있다. 용기가 파열되면 액체의 비등을 억제하는 압력의 효과가 사라진다. 파열이 큰 경우 대량의 액체가 순간적으로 끓어올라 급격히 팽창한다. 관련된 물질에 따라서 온도와 압력 조건만으로도 폭발로 이어질 수 있다. 이 때 자체적인 에너지로 인해 폭발이 발생할 수 있으므로 폭발을 일으킬 수 있는 발화성 물질일 필요는 없다. 그러나 인화성 물질이 BLEVE 조건에 있고 점화원이 있는 경우, BLEVE가 추가적인 2차 폭발이 발생할 수 있다. BLEVE 현상은 외부의 화재 또는 필요이상으로 가압된 용기에서의 화학 반응 또는 용기의 기계적 고장으로 인해 발생할 수 있다.

인화성 물질을 처리할 때 폭발의 위험은 일반적으로 공정에서 인화성 가스와 공기와의 혼합물을 갖는 경우를 피함으로써 최소화되어야 한다. 따라서, 발화원 제거에만 의존하지 말고, 공정의 운전 조건을 변경하거나 불활성 물질을 첨가함으로써 가능하다.

20.3 독성 물질 방출

안전을 위협하는 주요한 위험 요소 중 세 번째는 가장 큰 위험성이 있는 유독성 화학 물질의 방출이다(Lees, 1989). 독성 물질 방출에 의해 야기되는 위험은 화학 물질뿐만 아니라 노출되는 조건에도 달려 있다. 유독성 물질 방출로 인한 높은 재해 위험성이 발생하는 경우는 많은 수의 작업자들이 고농도의 독성 물질에 짧은 시간 동안 노출되는 상황이다. 그러나 오랜 기간 동안 저농도에서의 장기간 노출된 상황 또한 심각한 위험을 초래한다. 1984년 보팔(Bhopal) 사고에서 독성의 메틸이소시아네이트가 대기 중으로 방출되어 약 3800명이 사망했다. 최종적으로 1~2만 명의 사람들이 방출 가스와 관련된 질병으로 사망한 것으로 추정된다. 심지어 수천 명이 장애를 갖는 부상을 입었다.

화학 물질이 건강에 악영향을 미치려면 화학 물질이 노출된 신체의 피부와 접촉해야 한다. 이러한 일이 발생하는 방법은 흡입, 피부 접촉 및 섭취이다.

공정 설계에서 가장 중요하게 고려해야 하는 사항은 흡입에 의한 상황이다. 이것은 유독 물질이 대기로 우발적으로 방출되거나, 배관 플랜지, 밸브 글랜드(gland), 펌프 및 압축기 밀봉 설비로부터의 누출로 인해 발생하는 비산 배출되는 경우이다. 또한 탱크 충진은 액체 높이의 상승이 탱크 내의 증기를 대기로 방출하게 만든다.

독성 물질의 노출 허용 기준은 노출이 단기간인지 장기간인지의 여부에 달려 있다. 공기에서 부유하는 화학 물질의 치사 농도와 비부유 물질의 치사량은 동물 실험을 통해 측정된다. 공기 중의 독성 물질에 대한 단기 노출에 대한 치사 농도는 일반적으로 주어진 노출 기간(대개의 경우 4시간) 동안 시험 그룹의 50%가 치명적인 상황에 도달하게 하는 독성 물질의 농도로 측정된다. 그것은 LC_{50}(시험 그룹의 50%에 대한 치사 농도)으로 기록된다. 이 시험 결과는 단일 농축 투여량, 즉 급성 노출에서의 특정 화합물의 절대 독성량과 비교한다. 부유 독성 물질의 경우, 치사량 LD_{50}은 시험 군의 50%를 사망하게 하는 투여된 물질의 양(예, 시험 동물의 kg 체중당 혹은 100 g당 mg)을 의미한다. 동물 실험을 통해 얻은 값들을 인간에게 확대 추정하는 것은 극히 어렵다. 최근 비동물 기반 시험법이 도입되고 있다.

장기간 노출에 대한 한계는 한계치 범위로 표현된다. 이러한 값들은 본질적으로 산업현장에서 수용이 가능한 농도이다. 한계치 값은 다음 세 가지 범주가 있다.

1) ***시간 가중 평균 노출량*** 이것은 지정된 시간 동안(일반적으로 역효과 없이 근로자가 매일 8시간 노동 또는 한주 40시간 노동시간 동안) ppm 또는 $mg \cdot m^{-3}$으로 표시되는 시간 가중 평균 농도이다. 통상적으로 작업시간 동안 30분 이내의 한계치를 초과하는 짧은 노출은 한계치보다 낮은 노출 시간에 의해 서로 보완되는 것을 허용한다.
2) ***단기 노출량*** 이것은 (1) 참을 수 없는 자극, (2) 만성 또는 비가역적인 조직 변화 또는 (3) 혼수상태가 되어 돌발적인 사고를 일으키거나 자제력이 감소하고 생산 효율을 떨어지게 되는 상황을 겪지 않게 되는 작업자가 단기간(보통 15분) 노출될 수 있는 최대 농도이다. 그러나 단기간 노출량은 시간 가중 평균 노출량을 초과하지 않는 범위 내에서 허용된다. 추가 제한 사항은 노출되는 경우가 하루에 네 번을 넘어서는 안 되며, 한번 노출된 이후 다음 노출되는 시점이 적어도 60분이 넘어야 하고, 하루 동안 노출된 전체 오염량이 기준 허용치를 넘어서는 안 된다.
3) ***천장(ceiling) 노출량*** 이것은 짧은 순간이라도 초과해서는 안 되는 농도를 의미한다.

낮은 수준의 독성물 배출은 대부분 누출되는 경우가 많다. 이러한 배출은 누출 방지 장치(예, 단순 밀봉이 아닌 기계식 밀봉장치 또는 밀봉식 펌프를 사용하는 등) 및 정기적인 유지 보수 점검을 사용하여 줄일 수 있다. 장비는 밀폐시키거나 환기될 수 있다. 용기 설비의 충전으로 인한 증기 오염 배출을 줄이는 것은 18장에서 논의되었다.

20.4 위험 요인 식별

공정의 주요 설계 요소들을 결정할 때 설계 초기 단계부터 공정의 위험 요소가 제거되거나 완화되도록 위험 요인들을 식별해야 한다. 이는 주요한 공정의 설계와 설비의 배치 모두에 적용된다. 공정 설비의 배치 및 위치에 대한 사항은 설계가 진행될 때 동시에 고려되어야 한다. 위험 요인에 대한 이해를 통해서만 위험을 제거하거나 완화하기 위한 결정을 내릴 수 있다.

본질적으로 화학공정은 위험하다. 위험 요인들은 주로 위험 물질들을 저장하고 처리하거나 또는 극한의 조건하에서 운전하는 것과 관련이 있지만 그 외에도 다른 많은 위험 요소가 존재한다.

1) ***위험물 저장*** 인화성 또는 유독성 물질의 저장은 잠재적으로 위험을 초래할 수 있다. 인화성 또는 유독성 물질량이 클수록 위험성은 더 커진다. 무엇보다도 피해야 할 경우는 가압으로 인해 끓는점보다 높은 온도에 있는 인화성 또는 유독성 액체의 저장이다. 같은 크기를 갖는 구멍을 통해 배출될 때, 가스는 액체보다 낮은 질량 유량을 배출한다. 액체가 누출되면서 기화되면 과냉각된 액체와 거의 같은 속도로 유출되지만, 방출되면서 기체와 비말의 혼합물이 된다. 이러한 비말이 증기와 마찬가지로 위험하며 바람에 의해 쉽게 퍼질 수 있다. 따라서 같은 크기를 갖는 구멍을 통해 액체가 누출되면서 기화되면 이와 유사한 가스의 누출보다 훨씬 큰 위험이 발생한다(Kletz and Amyotte, 2010).
2) ***높은 압력*** 고압 운전 조건은 공정에서 내재하는 에너지를 크게 증가시킨다. 고압 조건 자체가 건설 자재에 심각한 문제를 야기하지는 않지만, 고압 조건이 고온, 저온 또는 부식성 화학 물질과 함께 적용되는 경우는 큰 위험을 초래할 수 있다(Lees, 1989). 고압 조건하에서는 누출되는 유체의 유량이 증가되므로 훨씬 심각성이 높아진다. 특히 유체가 압력이 떨어지며 기화될 때 특히 심각해진다.
3) ***진공 압력*** 진공 조건은 일반적으로 다른 극한의 운전 조건만큼 위험하지는 않다. 그러나 인화성 물질을 진공 상태에서 운영하는 공정에서는 공기의 유입으로 인화성 혼합물이 형성되는 위험을 갖고 있다.
4) ***높은 온도*** 고압과 함께 고온을 사용하면 공정에 내재된 에너지가 크게 증가한다. 고온 조건을 유지하기 위해 필요한 열은 주로 여러 가지 위험 요인들을 갖는 연소로에서 제공된다. 공정 유체를 운반하는 관이 파열되면서 폭발이 발생할 수 있다. 연료와 공기 간의 비율이 적절하게 제어되지 않으면 연소에 필요한 산소량보다 적은 조건하에서는 일산화탄소와 그을음의 배출로 이어질 수 있다. 다른 곳에서 인화성 물질이 누출되는 경우 버너는 점화원이 될 수 있다. 고온 운전 조건은 장비의 소재 및 건설 자재의 문제를 야기할 수 있다. 장비는 열응력을 받기 쉽고, 특히 시동 및 운전 정지 중에는 변형(creep)이 큰 문제가 된다.
5) ***낮은 온도*** 대기 온도 이하의(즉, 냉각수 온도 이하) 공정은 저온 운전 조건을 생성하기 위해 일반적으로 냉동 사이클을 필요로 한다. 이것은 냉각 사이클 유체로 사용되는 물질이 인화성(예, 프로판) 또는 독성(예, 암모니아)을 갖고 있는 경우 이와 관련된 위험성을 관리해야 하고 고장을 대비한 추가 장비를 필요로 한다. 냉동 공정은 많은 양의 액체가 고압 및 저온 조건하에서 운전된다. 어떤 이유로 고압 또는 저온 조건을 유지할 수 없는 경우에는 액체가 기화되기 시작한다. 이 경우 기화된 물질은

배출되어야 하고, 특히 액체가 모두 증발하게 되는 상황이 되면 비등하는 액체에 포함되었던 불순물들이 고체화되면서 침전되기 쉽다. 침전된 고체는 막힘의 원인일 뿐만 아니라 경우에 따라서는 폭발의 원인이 될 수도 있다. 따라서 저온 공정에서 사용되는 물질의 정제 과정이 필요하다. 저온 공정에서 발생할 수 있는 또 다른 위험 요인은 수화물 형성이다. 기체의 수화물은 메탄, 에탄 또는 프로판과 같은 탄화수소들이 물 분자 격자 사이에 갇혀 있는 비화학양론적 결정성 고형물이다. 기체 수화물은 물과 탄화수소가 저온 고압 조건하에서 생성된다. 기체의 수화물이 형성되면 안전밸브 및 배기 시스템을 포함한 배관이 막힐 수 있다. 저온 운전 조건은 설비의 재료 및 건설 자제 측면에서 심각한 메짐성(embrittlement) 문제를 유발시킬 수 있다. 또한 고온 운전 조건처럼 저온에서도, 특히 시동 및 정지 중에서 장비는 열응력을 받는다.

6) ***유틸리티 고장*** 전력, 냉각 시스템(냉각수, 공기 냉각 또는 냉동), 불활성 가스 및 계측기 공기 등 유틸리티 설비는 고장 위험이 있다. 공정의 안전은 되도록 유틸리티 고장으로 인해 손상되지 않아야 한다.

7) ***폭주 반응*** 반응기에서 발생할 수 있는 종종 최악의 안전 문제는 발열 반응이 냉각 시스템에 의해 제거할 수 있는 것보다 더 빠른 속도로 열을 발생시키는 경우이다. 이러한 폭주 반응(runaway reaction)은 일반적으로 일시적인 냉각수 시스템에서의 펌프 고장 또는 냉각 매체의 이상으로 인해 발생한다. 폭주 반응은 반응 속도가, 따라서 발열량이 온도에 따라 기하급수적으로 증가하는 반면 냉각 속도는 온도에 따라 선형적으로 증가하기 때문에 발생한다. 발열량이 사용 가능한 냉각 용량을 초과하면 온도 상승 속도가 점진적으로 빨라진다(Tharmalingam, 1989). 에너지 방출이 매우 크면 액체는 기화되고 반응기의 과압이 발생할 수 있다.

8) ***낮은 신뢰성*** 역사적으로 과거에 발생한 주요 안전 관련 사고의 대부분은 장비의 고장 및 유지 보수와 관련되어 있었다. 설계는 가능한 신뢰할 수 있고 예상치 못한 오류가 발생하지 않도록 해야 한다. 장비가 예기치 않게 고장 나면 안전 문제를 야기할 수 있는 공정의 비정상적인 운전 환경을 초래하거나 유지 보수 요구사항이 발생하게 되고 이러한 대응을 위한 장비 격리, 오염 물질의 제거 및 설비 해체에 관련된 안전 문제가 발생한다. 선제적 유지 보수는 점검 일정에 따라 유지 보수를 수행하거나 장비 성능을 지속적으로 모니터링하여 장비 고장을 예방함으로써 고장에 대한 선제적 대처가 가능하다. 유지 보수는 운영 중인 장비가 고장을 일으킨 후에 수리하는 방법도 고려된다. 공정에 대한 기본 설계가 이루어지면 공정의 신뢰성, 가용성 및 유지 보수성에 대한 체계적인 분석이 필요하다. 이것은 보다 신뢰성이 높은 장비를 선택하여 운용하는 것을 의미할 수도 있다. 여유 장비는 불필요한 공정의 비정상적인 운전 환경을 피하기 위해 도입된다. 여유 장비에 의해 생성된 여유 용량 또는 예비 장비는 비정상적인 운전 환경을 피하기 위해 운용될 수 있다. 장비의 모니터링 및 예방 정비 정책은 신뢰성에 영향을 미친다. 자산의 신뢰성을 높이려면 유지 보수 전략을 조기에 수립해야 한다. 설비 고유의 신뢰성, 예비 장비의 포함 및 운영 정책, 예방 유지 보수 및 검사 정책 등을 종합적으로 고려한 신뢰성, 가용성 및 유지 보수성 분석이 필요하다. 이러한 고려 사항에 대한 세부 사항은 본서의 범위를 벗어난다.

9) ***유지 보수 관련 위험*** 펌프, 압축기, 밸브, 용기, 계측기 등과 같은 공정 설비들을 검사하고 유지 관리해야 한다. 장비를 유지 보수할 때마다 대부분의 경우 장비를 따로 분리하여 오염을 제거하고 분해해야 한다. 공정의 설계 과정에서 장비의 안전한 검사 및 유지 보수에 대한 사항을 고려해야 한다. 유지 보수를 수행하기 위해서는 장비에 대한 안전한 접근이 필요하다. 불필요한 유지 보수를 피하기 위해서 신뢰성이 높은 설비의 운용을 고려하는 것이 중요하다.

10) *리프팅 관련 위험* 일부 유지 보수 작업은 무거운 장비를 위로 들어올려야 한다. 설계 과정에서 현장에 기중기를 포함하거나, 휴대용 기중기의 사용 등이 가능하도록 리프팅 통로를 안전하게 확보할 수 있도록 해야 한다.

11) *수송 관련 위험* 원료 물질을 공정으로 또는 공정에서 생산된 제품을 이송하는 경우 관련 설비들의 내부 및 외부 모두 위험을 초래할 수 있다. 원료의 이송과 저장은 밀접하게 연관되어 있다. 특히 도로 및 철도 차량을 통한 위험물질 수송은 가능하면 피해야 한다.

12) *출입 및 대피 관련 위험* 운영 및 유지 보수 인력 모두를 위한 공정 영역에 안전하게 접근하고 안전하게 대피할 수 있어야 한다. 또한 유지 보수 작업을 위한 장비 접근도 안전하게 이루어져야 한다.

13) *비상 차량에 대한 접근* 사고가 발생하면 응급 차량은 소방 및 작업자 대피를 위해 출입해야 한다.

14) *건물의 위치* 통제실, 정비실, 분석실 및 사무실과 같은 건물들은 폭발 지역 밖에 위치해야 되며, 또한 누설된 독성 물질이 작업자에게 어떠한 위험도 초래되지 않는 곳에 위치해야 한다. 일반적으로 공정 플랜트는 위험 지역 내에서는 이러한 작업 공간들이 최소한으로 포함되도록 설계되어야 한다. 이는 적절한 거리를 두고 설치된 원격 중앙집중식 제어실 운용을 의미할 수 있다.

15) *풍향* 가능한 한 공장 시설의 배치는 누설된 위험 물질의 확산이 바람에 의해 가장 안전한 방향으로 분산되도록 설계해야 한다.

16) *자연 및 환경 유해성* 극한의 기상 조건(허리케인, 태풍, 토네이도, 초고온, 극저온 등) 및 지진을 고려하고, 그러한 위험의 결과가 최소화하는 방안을 고려해야 한다.

17) *기타 위험* 위의 위험 요소에 대한 목록은 모든 항목들을 포함한 것은 아니다. 산업 공정은 서로 다른 특성을 갖기 때문에, 어떤 특정 공정군에만 적용되는 위험 요소들이 존재한다. 예를 들어 해상 환경에서의 석유 및 가스 생산설비들은 헬리콥터 및 해상 운송 등에 관련된 위험성을 고려해야 한다.

HAZID 분석(Kletz, 1999)으로 알려진 위험 요소들의 식별을 위해 공식적인 관리 방법을 사용할 수 있다. 이것은 구조적인 브레인스토밍 기법이며, 일반적으로 공정 설계, 공정 운영, 안전 시스템 엔지니어, 공정 제어 및 계장, 기계 공학, 시운전 및 프로젝트 관리 인력들이 참여하여 진행한다. 이러한 관리 기법은 공정 흐름도, 기초적인 물질과 에너지 수지식 그리고 예비적인 공정 설비 배치 방안이 확보되는 즉시 가급적 프로젝트 초기 단계에서부터 적용되어야 한다. 공정 설계는 기존 작업현장의 부대시설, 수송, 날씨 및 지역 조건과 관련하여 공장 자체의 위험 요소뿐만 아니라 공장 외부의 위험 요소도 식별할 수 있어야 한다. HAZID 방법은 잠재적인 위험 요인들을 식별할 뿐만 아니라 위험의 결과를 고려하고 위험 요소들을 제거 또는 완화하기 위한 안전장치들을 마련해야 한다.

20.5 공정 안전 관리의 계층

그림 20.1 (Center for Chemical Process Safety, 2009)에서 설명된 것처럼 공정의 잠재적인 안전사고 빈도를 감소시키거나 또는 위험성을 줄이기 위해서는 안전 문제 관리에 대하여 계층적인 접근이 필요하다.

a) *고유한 위험 요소 제거* 위험이 초래되는 곳에서 근본적으로 위험 요소를 제거하거나 감소시키기

그림 20.1 ▸ 공정 안전 관리의 계층. (Reproduced from Center for Chemical Process Safety (2009) *Inherently Safer* Chemical Processes, 2nd Edition, with permission from John Wiley & Sons.)

위해 공정의 변경을 고려한다. 예를 들면, 가연성 용매를 사용하는 공정은 수용성 용매를 사용하는 공정으로 변경한다.

b) ***수동적인 위험 요소 제거*** 설비 자체의 능동적인 기능 변화 없이 위험의 빈도 또는 위험성을 줄이는 방안을 고려한다. 예를 들면 화재 또는 폭발 방지벽을 도입한다.

c) ***적극적인 위험 요소 제거*** 공정 제어, 안전 계장 시스템 및 공정 경보를 사용하여 위험한 상태를 감지하고 대응하며 완화 조치를 취할 수 있다. 예를 들면, 저장 탱크에서 액체 수위가 높아지면 공급 펌프가 차단된다. 작업자의 개입도 적극적인 위험 요소 제거 방법에 속한다. 하지만 작업자가 직접 개입하는 것은 공정 제어 및 안전 계측 시스템에 비해 신뢰성이 높지 않다.

d) ***관리를 통한 위험 요소 제거*** 행정적인 통제 및 응급 대응을 통해 안전사고를 방지하거나 사고의 영향을 최소화할 수 있다. 예를 들면, 유지 보수 작업 이전 작업 허가를 득하는 절차를 준수한다.

이러한 네 가지 계층적 위험 요소 제거 방법들은 공정의 전반적인 안전성 향상에 기여할 수 있다. 그러나 고유한 위험 요소를 제거하는 방법은 공정에서 근본적으로 발생할 수 있는 위험을 제거하거나 줄이기 위한 측면에서 다르다.

20.6 본질적으로 안전한 설계

본질적으로 안전한 공정은 없지만 설계를 진행하면서 화학공정이 본질적으로 안전하게 설계되도록 노력해야 한다. 본질적으로 더욱 안전한 설계를 하기 위함은 위험 요소를 완전히 제거하거나, 매우 수고스러운 안전 관리 시스템 및 관리 절차의 규모를 충분히 줄이는 것이다. 공정 설계 과정에서 유해 물질의 제거 또는 감소는 공정의 고유한 특성에 관련된 방법들을 통해 이루어져야 한다. 유해 물질 사용을 피하고 사용해야 한다면 되도록 적은 양을(또는 불활성 물질로 충분히 희석하여) 극한의 온도와 압력 조건에서 벗어나도록 설계하고, 이를 통해 공정이 본질적으로 안전하게 되고, 정교한 안전 관리 시스템이 필요치 않게 된다(Kletz and Amyotte, 2010). 그림 20.2(Center for Chemical Process Safety, 2009)에 보인 것처럼 본질적으로 더욱 안전한 설계를 위해서는 계층적인 접근을 한다.

1) ***대체*** 공정 설계에서 위험 요소를 처리하는 가장 좋은 방법은 이를 완전히 제거하는 것이다. 가능하면 유해 물질을 덜 위험한 물질로 대체해야 한다. 예를 들어

- 화학 반응에서 반응 경로를 변경하여 위험한 물질의 사용을 피한다.

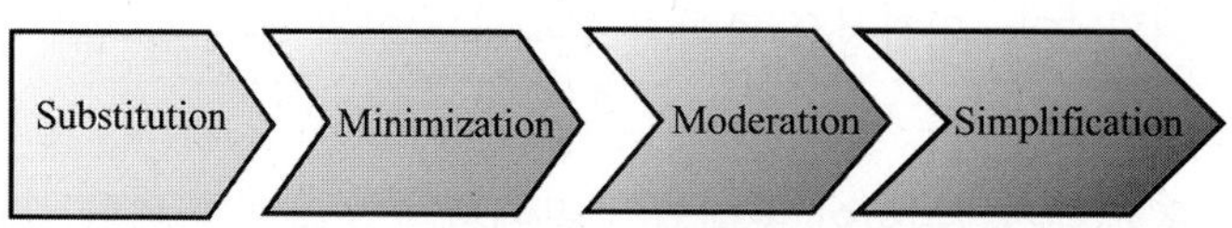

그림 20.2 ▸ 본질적으로 안전한 공정 설계 단계.

- 유기 용매를 물로 교체한다.
- 고압에서의 열전달 매체는 종종 액체의 탄화수소를 사용한다. 가능하다면 비점이 높은 액체를 사용해야 한다. 더 나아가 인화성 물질은 물이나 용융염과 같은 불연성 매체로 대체되어야 한다.
- 일부 작업은 냉동을 필요로 하는 저온에서 수행한다. 이때 냉동 사이클의 유체는, 예를 들면 프로필렌일 수 있으며, 큰 위험을 초래할 수 있다. 높은 압력에서 공정을 운전하면 공정 장비 운용 관련된 위험을 증가시키지만, 다른 한편으로는 냉동이 필요하지 않게 되거나 덜 위험한 냉동용 유체를 사용할 수 있게 된다.
- 기타.

위험 물질은 공정에서 필수적으로 사용되어 대체될 수 없는 경우가 많다. 예를 들면 원유 정제 및 석유 화학공정에서 인화성 탄화수소 물질들은 대체할 수 없다.

2) ***최소화*** 위험 물질을 대체할 가능성이 없다면 위험 물질 사용을 최소화해야 한다. 가급적 피해야 하는 상황은 인화성 또는 유독성 액체가 저압이 되면서 기화하는 경우이다.

a) ***반응기*** 촉매가 이미 사용되는 경우 촉매 또는 대안의 촉매를 사용하여 반응 속도를 향상시킬 수 있다. 대안으로는 극한의 운전 조건을 적용할 수 있다. 보다 극단적인 운전 조건은 처리 용량을 많이 줄일 수 있다. 그러나 극단적인 운전 조건은 그 자체로 위험 문제를 발생시킨다. 높은 온도와 압력에서 작동하는 매우 작은 반응기는 처리 용량이 훨씬 적기 때문에 덜 극한 조건에서 작동하는 반응기 보다는 본질적으로 안전할 수 있다. 대기 온도 및 압력에 근접한 조건에서 운전되는 대형 반응기는 다른 이유로 안전할 수 있다. 누출 사고는 거의 발생하지 않으며, 누출이 발생하더라도 운전 압력이 낮기 때문에 배출량이 작다. 또한 낮은 온도 운전 때문에 누출액으로부터 증기 생성은 거의 없다. 적당한 압력, 온도 및 처리 용량 조건에서의 절충된 운전 환경을 활용할 수 있다. 누출이 발생하는 경우에 대비해서 처리 용량을 충분히 크게 하여 심각한 폭발이나 독성 물질 배출 위험을 줄이는 절충안을 고려할 수 있다. 가압되면 누출량이 증가시키고, 고온 조건은 많은 양의 누출액이 증발하게 한다(Kletz and Amyotte, 2010).

폭주 반응으로 인한 잠재적 위험은 반응기의 처리 용량을 줄이거나 운전 온도를 낮추어 감소시킨다. 회분식 반응기는 연속 반응기보다 많은 저장 시설 및 처리 용량이 필요하다. 따라서 회분식 작업에서 연속 작업으로 변경하면 위험 요소를 감소시킬 수 있다. 대안으로, 회분식 운전은 반응물 중 하나(또는 그 이상)가 일정 기간 동안 첨가되는 반회분식으로 변경될 수 있다. 반회분식 운전의 장점은 적정한 온도(또는 압력) 운전 범위에서 벗어나게 될 경우 원료의 투입을 중단할 수 있다. 이는 차후에 발열을 위해 저장된 화학 에너지를 최소화한다. 연속 반응기의 경우, 플러그형 흐름식 설비는 동일한 전환율을 얻기 위한 혼합 흐름식 설비보다 작은 용적을 필요로 하므로 더 적은 처리 용량이 필요하게 된다.

b) ***증류*** 증류탑 공정은 탑의 하단부는 물론 탑 전체에 걸쳐 많은 양의, 때로는 고압하에서, 비등하는 액체를 가진다. 여러 증류탑이 연계되어 운전되는 경우에는 증류탑 연결 순서는 위험한 물질이 유지되는 용량을 가급적 최소화하도록 결정될 수 있다. 분리벽형 증류탑을 사용하면 두 개의 단순 증류탑을 연계하여 사용하는 경우에 비해 전체적인 탑 내의 물질 재고량이 많이 줄어든다. 분리벽형 증류탑은 단순 증류탑 배열보다 재고량이 낮을 뿐만 아니라 설비의 품목 수가 적기 때문에 누출 가능성이 상대적으로 적게 되어 더욱 안전하다.

증류탑에서 분리되는 유체의 총량은 탑 내부에서 액체 흐름의 정체량(hold-up)을 작게 유지하여 줄일 수 있다. 충전탑은 증류탑보다 유지되는 용량이 상대적으로 적다. 증류탑의 하단부는 탑 다른 부분보다 작은 직경을 갖되 동일한 액체 정체량을 유지하면서, 담겨 있는 유체의 양을 줄일 수 있도록 설계할 수 있다. 증류탑 상부 제품을 수집하는 설비는 작게 또는 완전히 제거되도록 설계될 수 있다. 열사이펀(thermosyphon) 재비기는 케틀형 재비기보다 담겨 있는 유체의 양이 작다. 재비기와 같은 증류탑의 부속 장치들은 증류탑 내부에 위치할 수도 있다(Kletz and Amyotte, 2010).

c) *열전달* 원통다관식(shell-and-tube) 열교환기를 사용하여 열전달을 향상시키면 열교환기의 크기가 작아지고 설비 내 담겨 있는 재고량이 줄어든다. 면적 밀도가 높도록 열교환기를 설계하면 설비 내 담겨져 있는 재고량이 줄어든다.

d) *저장* 위험 물질이 가장 많이 저장되는 경우는 원료 및 제품의 보관 또는 (완충을 위한) 중간 저장을 하는 경우이다. 저장설비에서 저장량을 줄이는 가장 분명한 방법은 위험한 중간 물질을 저장하거나 이송할 필요가 없도록 지근거리에 공정들을 연계하여 생산하고 소비하는 방법을 찾는 것이다(Kletz and Amyotte, 2010). 또한 공정 설계를 보다 유연하게 만들어 저장 요구량을 줄일 수도 있다. 처리 용량의 조정을 통해 원료의 도착 지연, 특정 공정 장소에서의 비이상적 운전 등에 효과적으로 대처하여 전체적으로 저장 설비의 필요성을 줄이는 데 사용될 수 있다(Kletz and Amyotte, 2010).

염소 및 암모니아와 같은 대량의 독성 가스의 사용이나 프로판 및 에틸렌 옥사이드와 같은 인화성 가스의 사용이 필요한 경우에는 저온에서 가압 조건하에서 또는 대기압에서 저장할 수 있다. 대기압 조건에서 저온에서 보관되는 물질의 누출이 있는 경우에 배출되는 유해 물질의 양은 대기 온도에서 가압되어 보관된 경우보다는 적다. 대형 저장 설비의 경우 냉장 보관이 더 안전하다. 그러나 냉동 설비가 누출원을 제공하기 때문에 소규모 저장 장치의 경우에는 그렇지 않을 수 있다. 따라서 소규모 저장에서는 가압하여 저장하는 것이 더 안전할 수 있다(Kletz and Amyotte, 2010; Lees, 1989).

반응기 전환율이 증가함에 따라 반응기의 크기(및 비용)는 증가하지만 관련된 분리, 재순환 및 열교환기 네트워크의 용량은 감소한다. 이러한 경향은 원료의 저장량 및 재고량에 대한 사항에서도 적용된다. 반응기의 재고량은 전환율이 증가함에 따라 증가하지만 반응기 외 다른 시스템의 재고량은 감소한다. 따라서 공정에서 전체적으로 재고량이 최소화되도록 최적화할 수 있다(Boccara, 1992). 반응기의 전환율이 전체 재고량을 최소화하기 위해 변경될 수 있는 것과 동일한 방식으로, 재순환되는 비활성 흐름의 농도 또한 변화될 수 있다. 반응기 전환율을 변경하고 불활성 유체의 재순환 농도를 변경하는 것이 전체적인 비용 증가를 유발하지 않는다면, 이러한 방법을 통해 시스템 전체의 재고량을 크게 줄이는 것이 가능할 수 있다.

3) *적정한 수준으로의 완화* 불필요하게 고온에서 운전되는 유틸리티 또는 열매체의 사용은 가급적 피해야 한다. 이것은 1976년 이탈리아의 Seveso에서 폭주 반응에 의해 광범위한 지역으로 독성 물질 누출 사고를 일으킨 사고의 주요 요인이었다. 반응기는 교반기가 작동되며 액상에서 운전되었다(그림 20.3). 반응이 종료되지 않은 반응 혼합물이 약 160°C의 상태에서 반응기에 남겨졌다. 폭주 반응에 필요한 온도는 약 230°C였다(Cardillo and Girelli, 1981). 반응은 통상적으로 약 300°C의 스팀을 사용하여 가열된 반응기에서 약 160°C의 진공 조건하에서 수행되었다. 액상 혼합물의 온도는 운전 압력에서는 160°C의 끓는점 이상으로 상승할 수 없었다. 이 사고에서 스팀은 반응이 종결되지 않은 혼합물를 담고 있던 반응기로부터 분리되고 교반기는 작동을 멈추었다. 액체 혼합물 액위보다

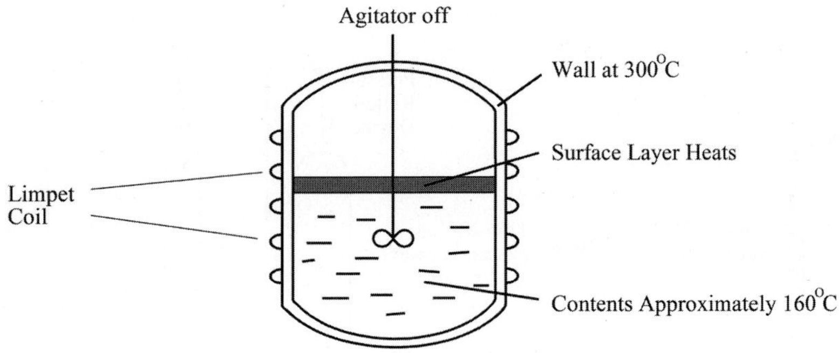

그림 20.3 ▸ Seveso 반응 시스템의 개략도.

낮은 부분의 반응기 벽은 액체 온도와 같은 약 160°C의 온도로 떨어졌다. 액체 혼합물 액위보다 높은 부분의 반응기 벽은 기존에 사용된 고온의 스팀 유틸리티 때문에 더 뜨거워졌다. 열은 전도 및 복사에 의해 벽에서 정체된 액체 혼합물의 최상층까지 전달되어 폭주 반응이 시작될 정도로 충분히 뜨거워졌다(그림 20.3). 상층부에서 시작되면서 반응은 반응기 전체로 전파되었다. 사용된 스팀의 온도가 더 낮았다면, 예를 들어 170°C라면 이러한 폭주 반응은 발생할 수 없었다(Kletz and Amyotte, 2010).

점화원 제거에 의존하기보다는 인화성 가스 및 분진 혼합물의 발생을 피해야 한다. 우선 먼지 혼합물이 연소 가능한 필요 산소 농도보다 적도록, 가스 혼합물이 가연성 범위를 벗어나도록 공정 조건을 변경함으로써 달성할 수 있다. 이것이 가능하지 않다면 질소, 이산화탄소 또는 수증기와 같은 불활성 물질을 도입해야 한다.

먼지의 경우 먼지 분말에 전기가 축적될 수 있다. 그 결과로 인한 불꽃 방전은 화재나 분진 폭발을 유발할 수 있다. 먼지가 많은 물질을 처리할 때는 전하가 누적되는 재료들의 사용은 피해야 한다.

공정의 조건을 적절하게 조정하면 위험한 물질의 저장량을 증가시키지 않으면서 더 안전한 공장을 운영할 수 있다. 또한 공정의 조건을 적절하게 조절하면 보호 장비에 대한 의존도를 줄일 수 있다(Kletz and Amyotte, 2010).

4) *단순화* 단순한 시설은 본질적으로 더 안전하다. 유해 물질을 처리하는 공정의 경우, 다음을 최소화해야 한다.

- 장비 품목 수
- 배관의 길이
- 배관의 연결 이음새
- 설비 관통형 계측 장비의 사용(즉, 가능한 경우 비 관통형 계측 장비 사용)

이러한 방법을 적용하면 누출 가능성은 최소화된다. "보유하고 있지 않으면 누출될 수 없다"(Kletz and Amyotte, 2010). 불필요한 장비를 제거하고 불필요한 복잡성을 제거하면 공정의 제어와 운영을 간단하게 하며, 공정은 오작동에 강건하게 된다. 또한 유지 보수 작업을 간소화하고 유지 보수 작업 요구량이 감소한다.

배출물 긴급 방출 시스템(relief system)은 비용이 많이 들고 많은 환경 문제를 초래한다. 때로는 가능한 최고 운전 압력에 견딜 수 있을 만큼 강한 용기를 사용하여 방출 시스템을 없앨 수도 있다(Kletz and Amyotte, 2010). 이것은 수동적인 위험 요소 제거의 한 형태이다. 안전 규정에 의해 외부 화재의 경우를 대비하여 방출 장치가 설치되도록 지시할 수 있다. 그러나 방출 장치의 크기나 용량뿐만이 아니

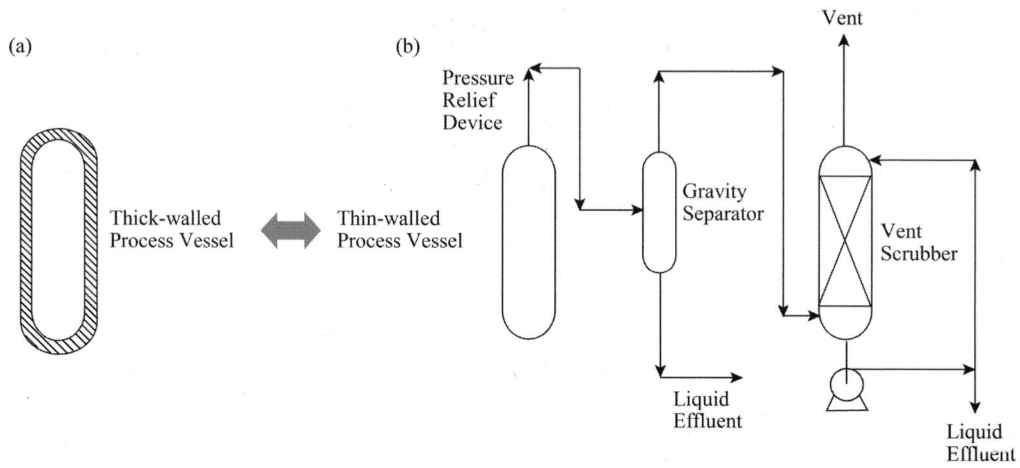

그림 20.4 ▸ 두꺼운 벽의 압력 용기는 배출 시스템이 있는 얇은 벽의 압력 용기와 비교할 때 경제적일 수 있다.

라 관련된 위험성을 감소시키거나 제거시킬 수 있다. 비상사태에서 위험 물질을 방출하는 데 필요한 캐치 포트(catch pots), 급냉 시스템(quench systems), 스크러버(scrubber) 및 플레어 스택(flare stack)을 제거하는 것도 가능할 수 있다. 그림 20.4는 고압에 견디는 두꺼운 압력 용기를 사용하는 경우와 얇은 압력 용기가 배출 시스템과 연계되어 사용하는 경우를 비교하여 보이고 있다. 두꺼운 강한 용기는 종종 더 안전하고 저렴할 수도 있다(Kletz and Amyotte, 2010).

예제 20.1

액체 벤젠을 가압하여 활용하는 공정을 고려하자. 운전 온도 범위는 활용 공정에 따라 다양 할 수 있다. 장비의 치명적인 고장으로 인한 이론적 연소 에너지를 기준으로, 100°C 및 150°C에서 1000 kmol의 액체 벤젠을 저장하고 있을 때의 화재 및 폭발 위험성을 비교하라. 벤젠의 상압에서에의 끓는점은 80°C, 기화 잠열은 31,000 kJ·kmol^{-1}, 단위 열용량은 150 kJ·kmol^{-1}·K^{-1} 및 연소열은 3.2×10^6 kJ·kmol^{-1}을 사용한다. 벤젠의 물성은 고려한 온도 범위에서 일정하다고 가정한다.

›풀이

액체가 증발하여 방출되는 양은 에너지 수지식으로 계산된다(Crowl and Louvar, 1990). 대기압에서의 포화 상태보다 높을 때의 현열은 기화열로 사용된다. 과열된 액체 열량은 다음과 같다.

$$m\,C_P(T_{SUP} - T_{BPT})$$

여기서 m = 액체의 몰수 또는 질량

C_p = 열용량

T_{SUP} = 과열 액체 온도

T_{BPT} = 대기압에서의 끓는점

만약 기화된 액체의 질량이 m_v라면,

$$m_V = \frac{mC_P(T_{SUP} - T_{BPT})}{\Delta H_{VAP}}$$

여기서 m_V = 기화된 액체의 질량 또는 몰수

ΔH_{VAP} = 증발 잠열

따라서 증기 분율(VF)은 다음과 같이 주어진다.

$$VF = \frac{m_v}{m} = \frac{C_P(T_{SUP} - T_{BPT})}{\Delta H_{VAP}}$$

100°C 운전 조건에서

$$VF = \frac{150(100 - 80)}{31,000} = 0.097$$

$$m_V = 0.097 \times 1000 = 97 \text{ kmol}$$

$$\text{이론적인 연소 에너지} = 97 \times 3.2 \times 10^6 = 310 \times 10^6 \text{ kJ}$$

150°C 운전 조건에서

$$VF = 0.339$$
$$m_V = 339 \text{ kmol}$$

이론적인 연소 에너지 = 1085×10^6 kJ

따라서 화재 위험은 100°C에서의 운전 조건과 비교하여 150°C에서 3.5배 정도 더 크다. 실제적인 화재 위험은 계산된 에너지 방출량보다 크다. 보통 이러한 과열 액체의 방출은 증기 배출 이외에 다량의 미세한 스프레이를 발생시킨다. 이러한 현상은 순전히 증발에 기초한 에너지 방출량을 두 배로 늘릴 수 있다.

20.7 여러 보호 계층

본질적으로 보다 안전한 공정 설계 방안이 수립되면, 공정의 안전을 위해 그림 20.5와 같이 여러 단계의 보호 방안이 고려된다. 각 보호 계층에는 고유한 위험 감소 수준이 있다. 각각의 안전 계층이 다른 계층과 독립적인 것이 중요하다. 하나의 안전 계층에 오류가 있으면 다른 계층에 영향을 주지 않으면서, 다른 계층들은 해당하는 위험 감소를 수행해야 한다.

1) *설비 배치 및 수동적인 안전 장벽* 플랜트의 설비 배치는 작업 인원의 안전한 출입과 피난, 유지 보수(이동 크레인 포함) 및 비상 차량 접근을 고려해야 한다. 또한 공간 배치는 작업인원과 주요 장비를 가능한 한 위험으로부터 분리해야 한다. 이 관점에서 플랜트 제어실의 위치가 중요하다. 또한 사고가 발생할 경우에는 확산되는 위험을 피하기 위해서 잠재적 위험 요소들이 서로 구분될 수 있도록 공간 배치가 되도록 한다.

저장 용기 주위에 격납설비를 설치하여 다른 곳으로 누출액이 흘러들어가지 않도록 하여 액체의 유출로 인한 위험을 감소해야 한다. 동일한 목적으로 누출 사고가 발생할 수 있는 장소는 밀폐를 위한 기울어진 형태의 패드(pad)를 설치한다. 주요한 기능은 공정 안전을 위한 것이다(Center for Chemical Process Safety, 2009).

- 인화성 물질이 누출되어 점화된 경우 화재의 확산을 제한하고 다른 장비로의 노출을 방지한다.

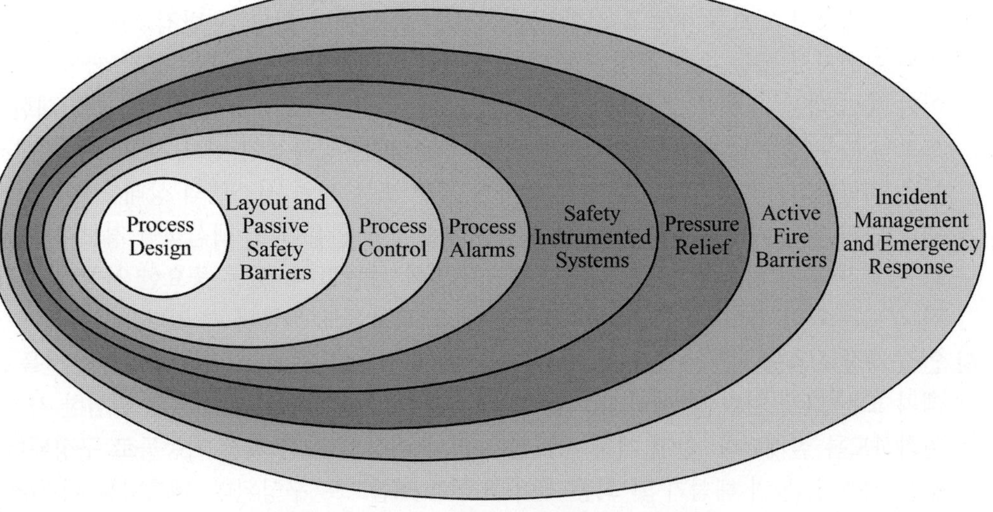

그림 20.5 ▸ 공정 설계를 위한 계층적 보호 단계들.

- 누출 또는 유출시 위험을 초래할 수 있는 반응성 물질들 간의 접촉을 방지한다.
- 누출된 부식성 물질의 확산을 제한하고 부식성 물질과의 접촉으로 손상될 수 있는 장비와의 접촉을 방지한다.

또한 경사진 밀폐형 패드의 사용은 환경을 보호하고 토양 및 지표수의 오염을 방지한다. 이러한 패드는 펌프, 공정 건물 및 구조물, 도로 및 철도 차량 적재 구역 및 기타 다른 유출 지역 등에 설치한다.

방호벽은 구조와 건물 사이에 화재가 확산되는 것을 방지하여 작업 인원과 안전에 중요한 장비를 보호하는 기능을 갖는다. 폭발 벽은 동일한 기능을 수행하고 폭발로 인한 추가 피해를 방지한다.

내화 케이블을 사용하여 화재 발생 시에 중요한 장비 및 비상 조명등을 위한 전원을 계속해서 공급받을 수 있다.

2) ***공정 제어*** 공정 제어 시스템은 공급 유량, 원료 조성, 온도, 압력, 제품 수요의 변화와 같은 외부 교란의 영향을 보상한다. 정상 작동 범위 내에서 안전한 작동을 보장하는 것이 제어 시스템의 가장 중요한 임무이다. 이는 공정 조건을 모니터링하고 정상 작동 범위 내에서 공정 조건을 유지함으로써 달성된다. 외부 교란의 부정적인 영향을 상쇄시키거나 작업자가 설정한 설정값의 변화에 대응하기 위해 공정를 변경하는 제어 메커니즘이 사용된다. 이를 위해서 플랜트의 운전 성능을 측정하기 위한 계측기가 설치되어야 한다. 이러한 *측정 변수*에는 온도, 압력, 유량, 조성, 액위, pH, 밀도 및 입자 크기가 포함될 수 있다. 제어해야 할 변수를 측정한 후에는 제어 목표를 달성하기 위해 다른 변수를 조절해야 한다. 제어 시스템이 설계되어 측정 변수의 변화에 대응하고 운전 변수를 변경하여 공정을 제어한다. 제어 밸브는 가장 가능성이 높은 고장에 대하여 안전하게 공정이 종료되도록 개폐 설계되어야 한다. 공정이 안전하게 종료된 조건은 밸브가 완전히 닫혀 있거나, 완전히 열려 있거나, 현재 밸브의 개폐도를 유지하여 현재 운전 조건을 유지하거나 또는 유량이 임계값 이하로 유지되도록 사전에 정의된 0~100% 사이의 열린 위치로 조작될 수 있다.

3) ***공정 경보*** 경보는 공정 운영자에게 정상 운전 범위의 한계에서 벗어난 비정상적인 운전 상황을 알리는 데 사용된다. 이러한 예는 일반적으로 저장 용기에서 액위가 매우 높거나 낮은 경우처럼 공정에서 설정된 값보다 높거나 낮은 값을 갖는 경우들이다. 공정 운전자의 개입을 통해 원칙적으로 인력 및 환경적 위험을 방지하고 설비의 완전성 및 제품이 품질을 유지할 수 있다. 운전자는 즉각적인 조치가 필요한 경보를 빠르고 정확하게 식별할 수 있어야 한다. 일반적으로 경보 시스템은 이와 관련된 운전자의 행동 수칙 등이 정립되어 있어야 한다. 경보 시스템은 공정 제어 시스템과 독립적이어야 하며 다른 유형일 수 있다. 기본적인 경보는 특정 단일 공정의 측정치들에 대한 편차를 감지함으로써 이루어진다. 수집된 여러 경보 관련 정보 또는 공통적인 경보 사항들은 기본적인 경보 정보들을 취합하고, 단일 알람보다 더 정확하게 공정 또는 관련 시스템의 상태를 설명해 줄 수 있다. 모델 기반의 경보 시스템은 공정의 실시간 공정 모사를 활용한다. 핵심적인 경보 정보는 여러 가지 경보 정보가 혼재되어 활성화된 상황에서도 구별이 가능할 수 있는 중요한 사항에 해당한다. 안전 관련 경보는 핵심 경보로 정의되어야 하지만 다른 경보들도 포함될 수 있다.

4) ***안전 계장 시스템*** 안전 계장 시스템은 사전에 결정된 운전 조건(일반적으로 안전을 고려한 운전 한계치 또는 그 근처의 값)에서 벗어날 때 공정을 안전한 상태로 운전하고 위험한 사건을 예방하거나 완화하도록 설계된다. 안전 계장 시스템은 하나 이상의 안전 계장 기능들로 구성된다. 안전 계측 기능은 계측기, 논리 해석기 및 최종 제어 요소의 조합으로 구성된다. 계측기는 위험한 상황이 발생하는지 여부를 결정하기 위해 정보(예, 온도, 압력, 유속 등)를 수집하다. 이러한 계측기는 안전 계측

기능 전용이며 제어 시스템의 일부가 아니다. 논리 해석기의 목적은 수집된 정보를 기반으로 공정에서 수행해야 할 작업을 결정하는 것으로서, 위험을 방지하기 위해 계측기에서 신호를 읽고 최종 제어 요소로 사전 계산된 동작을 실행하게 하는 제어기들이다. 이러한 논리 해석기는 공정의 오류나 운전 정지 상황에서의 정보들도 제공해야 한다. 최종 제어 요소는 일반적으로 점멸식 밸브이다. 안전 계장 기능은 위험한 상황에서 위험한 부분을 안전하게 격리시켜야 하다. 또한 안전 계장 기능을 활성화하면 제어 시스템을 작동시켜 관련된 제어 밸브가 안전한 운전 조건 상태로 조절되도록 한다.

5) *압력 완화 설비* 압력이 안전 수준 이상으로 높아질 가능성이 있는 시스템은 사람과 장비를 보호하기 위한 안전장치가 필요하다. 압력 완화 장치는 그림 20.6에 보인 압력 완화 밸브와 파열 디스크이다. 그림 20.6a는 조정 가능한 스프링이 내부 압력을 상쇄시키는 데 사용되는 전형적인 압력 완화 밸브를 보여준다. 설정 압력은 압력 완화 밸브가 작동하기 시작하는 압력을 의미한다. 내부 압력이 밸브의 설정 압력을 초과하면 밸브가 열린다. 그림 20.6a에서 보인 단순한 스프링 배열과는 다른 방법들을 사용할 수도 있다. 응용 분야에 따라 여러 종류의 압력 완화 밸브가 있다.

a) *안전 밸브* 안전 밸브는 완전 개방 또는 순간 개방 후 닫히는 동작을 통해서 압력이 안전한 수준으로 떨어지도록 한다. 이러한 설계는 일반적으로 가스 및 수증기 관련 공정에서 사용된다.

b) *압력 완화 밸브* 압력 완화 밸브는 일반적으로 압력 증가에 비례하여 점차적으로 개방되면서 조절하는 밸브이다. 주로 액체 기반 공정에 사용된다.

c) *안전 압력 완화 밸브* 이 밸브는 적용되는 공정에 따라서 압축성 유체 또는 액체 기반 공정에 사용할 수 있다. 압축성 유체에 적용되면 빠른 개방을 갖는 안전 밸브 역할을 수행하고, 액체 유체에 적용되는 경우에는 압력 증가에 비례하여 개방되는 압력 완화 밸브 기능을 수행한다.

다른 종류의 압력 완화 장치는 그림 20.6b에서 보인 *파열 디스크*이다. 파열 디스크는 임계 압력에서 파열되는 얇은 금속 박막이다. 파열 디스크는 일회용으로 사용되며, 압력 완화 밸브와 달리 압력이 완화된 후에는 다시 닫을 수 없다. 파열 디스크에는 여러 가지 종류가 있다.

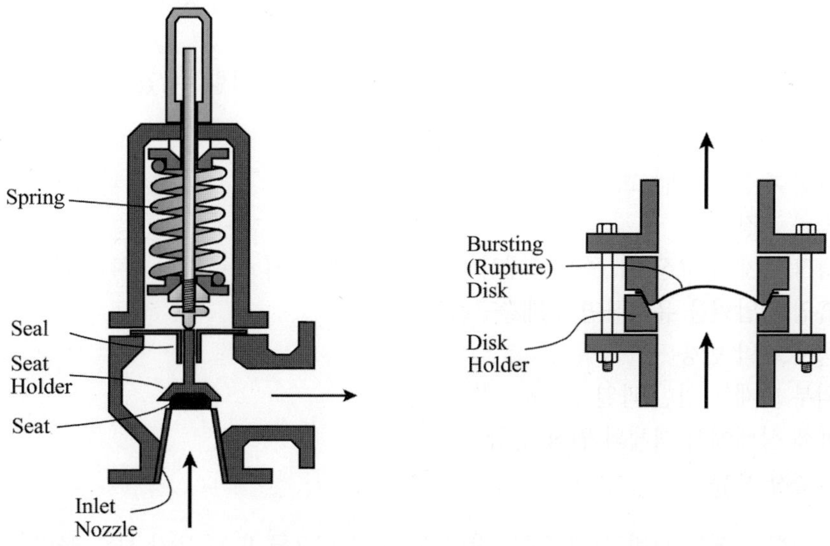

(a) 압력 완화 밸브 (b) 압력 배출 디스크

그림 20.6 ▸ 압력 완화 장치.

a) *정방향식 작동* 그림 20.6b는 내부 압력이 오목한 표면에 작용하는 정방향식 디스크를 보여준다. 압력이 허용 압력을 초과하면 디스크가 부풀어 오르고 장력이 감소한다.

b) *역방향식 작동* 역방향식 디스크에서는 내부 압력이 디스크의 볼록한 면에 작용하다. 가압으로 인해 디스크가 반전되면서 중립 위치가 되면서 파손된다.

파열 디스크와 압력 완화 밸브 사이의 주된 차이점은 밸브는 다시 닫히며 기능을 유지하지만 파열 디스크는 활성화된 이후 재사용되지 못하고 교체해야 한다는 점이다. 파열 디스크 교체는 공장 가동 중단을 의미할 수 있다. 따라서 압력 완화 밸브가 가장 좋은 해결책이며 더 보편적으로 사용된다는 것을 암시한다. 그러나 압력 완화 밸브는 부식될 수 있거나 장치의 막힘을 일으킬 수 있는 공정 환경에 노출되어 있기 때문에 일정 시간이 지나면 제대로 작동하지 않을 수 있다. 따라서 공정의 신뢰성을 확보하기 위해서는 압력 완화 밸브에 대한 정기적인 검사와 유지 관리가 필요하다. 오작동할 경우를 대비하여 2개의 압력 완화 밸브를 병렬로 설치하기도 한다. 다른 해결책은 압력 완화 밸브와 파열 디스크를 동시에 단일 압력 조정 부분에 평행하게 설치하여 압력 완화 밸브가 먼저 열리고, 압력 방출 밸브가 초과 압력을 완화하지 못하는 경우에만 파열 디스크가 작동하도록 한다. 압력 완화 밸브의 또 다른 문제점은 정상적으로 닫히지 않거나 진공 상태라면 공기가 유입될 가능성이 있고 공정 물질이 누출될 수 있다는 것이다. 파열 디스크를 압력 완화 밸브의 상류에 설치하여 공정 물질로부터 밸브를 보호하고 누출을 방지할 수 있다. 공정에 과도한 압력이 가해지면 파열 디스크와 압력 완화 밸브가 모두 작동하지만 압력이 낮아지면 압력 완화 밸브가 다시 닫혀 공정이 계속 운전될 수 있다. 경우에 따라 비이상적 운전 조건에서 발생하는 일시적인 압력 증가 현상을 대체하기 위해서는 압력 완화 밸브가 압력을 완화하기에 충분히 빠르게 작동할 수 없기 때문에 파열 디스크를 사용해야 한다.

공정 설계는 정상 운전 조건에서의 운전 압력을 지정한다. 최대로 허용되는 운전 압력의 설정은 정상 운전 조건 이외에도 시운전, 정지 및 기타 설계 외 조건 등을 모두 포함하여 결정한다. 최대 허용 운전 압력은 공정에서 가장 약한 설비 구성 요소가 지정된 온도 조건에서 안전하게 견딜 수 있는 최대 게이지 압력이다. 이것은 설계 코드를 기반으로 하며 공정의 최대 운전 압력보다 10~25%까지 다양할 수 있다.

압력은 다음과 같은 이유로 최대 허용 운전 압력을 초과할 수 있다.

- 공정 제어 시스템 고장
- 안전 계장 시스템 고장
- 장비 고장
- 냉각 매체의 고장(예, 증류탑에서 비등은 유지되면서 응축기의 냉각 기능 실패)
- 흡입구 압력을 유지하면서 배출구를 닫음
- 폭주 화학 반응
- 외부 화재로 인한 과열
- 폐쇄 상태에서 액체의 열적 팽창
- 작업자 오류

이러한 문제는 설비 설계 오류, 장비 용량 설정 오류 또는 유지 보수 불량으로 인해 악화될 수 있다. 용기 및 배관은 적절한 압력 완화를 통해 최대 허용 운전 압력 이상의 압력으로부터 보호되어야 한다. 가장 높게 설정되는 압력은 최대 허용 운전 압력과 같다. *과압* 비율은 압력 완화 장치의 설정 압력에 대한 운전 압력 증가를 백분율로 나타낸 것이다. 과압 비율은 화재의 경우를 제외하고 최대 운전 압력보다 10% 이내로 제한된다. 화재의 경우 과압 비율은 최대 운전 압력보다 21%를 초과해서는 안 된다.

압력 완화 밸브 및 파열 디스크에서의 비상 압력 배출은 여러 가지 방법으로 처리할 수 있다.

a) 신속하고 안전한 희석을 유도하는 조건하에서 대기로 직접 배출
b) 연결된 용기를 통해 차후에 압력의 최종적인 배출을 실시하는 전체적 방법
c) 압력 완화를 물리적(예, 중력 또는 원심 분리 수단) 방법 또는 화학적(예, 흡수) 방법으로 일부 처리하는 부분적 방법.
d) 플레어를 통한 연소. 플레어 시스템은 일반적으로 액체를 수집하고 가스를 플레어(flare)로 보내는 캐치 포트(catch pot)를 포함한다.

배출 배관의 크기 결정은 단순하지 않으며, 이 책의 범위를 벗어난다. 예를 들면, 일정 액위의 액체를 담고 있는 용기로부터 고압 조건을 완화해야 할 경우, 액체 표면 위에서의 기상물질을 충분하게 제거할 수 있도록 배출 배관의 크기를 결정할 수 있을 것이다. 실제로 갑작스런 압력 손실은 액체가 비등하게 되어 기체와 함께 배출구로 운반될 수 있다. 이 경우에 배출 설비와 관련 배관은 2상 흐름을 처리할 수 있도록 설계되어야 한다.

6) ***능동적 방화 장벽*** 스프링클러 및 일제 살수식 시스템은 화재 진압용 배관 시스템을 통해 화재에 물을 뿌리는 능동적인 방화 기능을 제공한다. *스프링클러 시스템*의 경우 각 스프링클러 분사구는 분사구 주변의 온도가 설정된 온도에 도달할 때까지 물이 흐르는 것이 방지되도록 설계된다. 일제 살수식 시스템에서는 소방 시스템에 연결된 모든 스프링클러가 열린다. 소방 시스템이 작동할 때까지는 배관에 용수가 없다. 이 시스템은 위험 지역 전체에 물을 뿌리기 때문에 급격한 화재 확산이 우려되는 특수한 경우에 사용된다.

7) ***사고 관리 및 응급 대응*** 보호의 최종 단계는 사고 관리 및 응급 대응이다. 큰 안전사고가 발생하면 사고 관리 및 응급 대응책을 적용하여 지속적인 손상, 부상 또는 생명 손실이 최소화하도록 대응한다. 이 단계는 대피 계획과 소방을 포함한다.

20.8 위험성 및 운전성 검토

HAZOP(hazard and operability study)은 잠재적인 안전 및 환경적 위험과 주요 운전성 문제를 식별하고 결과를 평가하며 조치 방안을 생성하는 구조화된 정성적 방법론이지만 공정 설계 결과를 수정하지는 않는다. HAZOP은 공식적인 관리 절차가 적용된다(Kletz, 1999, Crawley and Tyler, 2015). 이것은 여러 분야의 구성원들이 참여하는 팀 환경에서 수행하는 구조화된 브레인스토밍이다. 팀의 구성은 팀을 이끌고 있는 팀장과 HAZOP 연구의 결과를 기록하는 기록관이 포함된다. 팀의 구성은 공정의 특성에 달려 있다. 일반적으로 팀은 공정 설계 엔지니어, 공정 제어 엔지니어 및 공정 작업 담당자들로 구성된다. 공정의 특성에 따라 다른 전문가들이 참여할 수 있다.

HAZOP을 수행하려면 공정 설계 결과가 거의 완성된 단계이어야 하고, 설계안이 수정되고 있는 단계는 피해야 한다. 그러나 배관계장도(P&ID)는 기확보되어야 한다. 배관계장도는 노드(node)로 분할

하여 분석된다. 노드는 명확하게 정의된 경계가 있는 배관계장도에 있는 설비의 한 부분을 의미하고, 공정 변수들에 대해서 정상 운전 조건과의 *편차*를 확인해야 한다. 예를 들어 노드는 다음과 같다

- 부속 설비들을 포함한 저장 용기
- 하나의 저장 용기에서 다른 저장 용기로 액체를 이송하는 펌프와 파이프
- 상 분리기
- 압축기 등

각 경우에 노드는 관련된 제어 및 계측 시스템을 포함한다. 필요한 경우 간단한 노드를 결합하여 *복합 노드*를 구성하여 고려할 수도 있다. 예를 들면, 배관, 펌프 및 열교환기를 통합하여 단일 노드로 고려할 수 있다. 얼마나 큰 노드가 되어야 하는지에 대한 결정은 HAZOP을 수행하는 팀의 재량이다. 노드가 너무 크고 복잡하면, 중요한 사항을 놓칠 수 있다. 공정 변수의 편차가 조사되기 이전에 공정이 정상적으로 어떻게 작동할 것인지에 대한 기준을 정의해야 한다.

다음 단계는 각 노드(node)가 *색인어*(guideword)와 *매개 변수*(parameter)를 결합하여 의도한 운전 환경에서 의미 있는 공정 변수의 편차를 생성한다. 색인어는 정성적으로 공정의 변화를 정의하고 매개 변수는 어떤 매개 변수가 변경되어야 하는지를 정의한다. 표 20.1은 표준적인 색인어와 그들의 일반적인 의미를 보이고 있다. 표 20.2는 공정 운전과 관련된 매개 변수의 예를 나열했다.

편차는 매개 변수를 선택하고 색인어와 차례로 조합하여 의미 있는 운전 편차가 발생하는지 확인한다(매개 변수 우선 방식). 다른 방법은 색인어를 기준으로 각 매개 변수를 순차적으로 검사하는 것이다(색인어 우선 방식). 표 20.1의 처음 일곱 색인어들이 가장 일반적으로 사용되며, 상황에 따라서 다른 색인어들이 포함될 수 있다. 연속과 회분식 공정에 대한 접근 방식은 약간 다르다. 상황에 따라 표준적인 조합들의 변형을 사용할 수 있다. 색인어들은 고려하는 운전 환경에서의 의미 있는 공정의 편차를

표 20.1 ▸ HAZOP의 표준 색인어들과 일반적인 의미(Crawley and Tyler, 2015)

Guideword	Meaning
No (not, none)	None of the design intent is achieved
More (more of, higher)	Quantitative increase in a parameter
Less (less of, lower)	Quantitative decrease in a parameter
As well as (more than)	An additional activity occurs
Part of	Only some of the design intention is achieved
Reverse	Logical opposite of the design intention occurs
Other than (other)	Complete substitution – another activity takes place OR an unusual activity occurs or uncommon condition exists
Other useful guidewords include:	
Where else	Applicable for flows, transfers, sources and destinations
Before/after	The step (or some part of it) is effected out of sequence
Early/late	The timing is different from the intention
Faster/slower	The step is done/not done with the right timing

표 20.2 ▸ 공정 운전과 관련된 매개 변수의 예(Crawley and Tyler, 2015)

Flow	Phase
Pressure	Speed
Temperature	Particle size
Mixing	Measure
Stirring	Control
Transfer	pH
Level	Sequence
Viscosity	Signal
Reaction	Start/stop
Composition	Operate
Addition	Maintain
Separation	Services
Time	Communication
Aging	

표 20.3 ▸ 매개변수와 색인어의 의미 있는 조합의 예(Crawley and Tyler, 2015)

Parameter	Guidewords that can give a meaningful combination
Flow	None, more of, less of, reverse, elsewhere, as well as
Temperature	Higher, lower
Pressure	Higher, lower, reverse
Level	Higher, lower, none
Mixing	Less, more, none
Reaction	Higher (rate of), lower (rate of), none, reverse,
Phase	as well as/other than, part of
Composition	Other, reverse, as well as
Communication	Part of, as well as; other than
	None, part of, more of, less of, other, as well as

찾기 위해 사용된다. 매개 변수의 선택은 HAZOP 팀의 동의가 필요하고 검토하는 공정에 따라 달라진다. 표 20.2에 나열된 매개 변수 이외의 다른 매개 변수들의 적용도 가능하다. 그러나 표 20.2에 나열된 대부분의 매개 변수들이 많이 적용되지는 않는다. 편차를 구할 때 의미 있는 편차를 검토하기 위하여 모든 색인어들이 매개 변수와 결합하지는 않는다. 물리적 의미가 없는 조합에 대해 논하지는 않겠다. 의미 있는 조합의 몇 가지 예를 표 20.3에 나타내었다.

이러한 방법으로 각 노드를 검사하고 공정 설계 결과를 조사하여 잠재적인 위험 시나리오 및 문제가 되는 운전관련 문제를 검토한다. 필요한 후속 조치를 기록한다. HAZOP은 설계 활동이 아니지만 설계를 보증하기 위한 것이라는 것을 강조해야 한다. 설계 결과에 대한 수정과 조정은 HAZOP 밖의 영역에서 수행된다.

20.9 보호 방법 분석의 계층

위험 및 운전성 검토는 위험한 시나리오를 식별하지만 위험의 예방 또는 완화를 다루지 않는다. 위험한 시나리오가 확인되고 그것이 위험 및 운전성 분석 범위를 벗어나는 경우, 위험한 시나리오 상황을 완화하기 위해 다양한 조치를 취해야 한다. 위험성 및 운전성 검토를 통해 위험한 확인한 이후에는 *보호 분*

석 계층(layer of protection analysis, LOPA)을 수행할 수 있다.

위험한 시나리오의 경우, 위험 시나리오의 가능성은 과거 데이터에서 결정되지만 보호 계층 분석상의 이점은 없다. 특정한 위험 시나리오는 많은 보호를 요구하는 여러 가지 원인이 있을 수 있다. 이를 위해서는 실패 빈도는 매년 실패하는 회수로 정의한다. 그러한 완화되지 않은 사건의 확률은 완화된 특정 사건의 확률과 비교된다. 완화되지 않은 사건의 가능성이 완화된 특정 사건의 가능성보다 높으면, 대상 사건의 발생 가능성을 줄이기 위해 독립적인 보호 단계를 적용하여 해결해야 한다. 본질적으로 보다 안전한 설계를 통해서, 완화되지 않은 사건의 가능성과 완화된 사건 가능성 간의 차이를 줄이는 것이 중요하다.

특정 시스템이 지정된 기능을 필요한 때에 수행하지 못할 확률을 결정해야 한다. 필요한 시기에 불능일 확률은 시스템 또는 장치가 작동하고 그것이 의도된 기능을 수행할 준비가 되었는지를 통계적으로 측정한 것이다. 이것은 과거의 데이터를 기반으로 하며 0과 1 사이의 숫자로 나타낸다(0은 운전 불가능함을 나타내고, 1은 운전 가능함을 나타냄). 예를 들어, 압력 완화 밸브는 1×10^{-2} 고장이 발생할 확률을 가질 수 있다. 이것은 압력 완화 설비가 100회마다 한 번씩 기능이 작동되지 않을 가능성이 있음을 의미한다.

안전 계장 기능은 두 가지 측면에서 오작동할 수 있다. 첫 번째는 계획되지 않았으나 안전하게 공정이 종료된 경우이다. 두 번째 유형은 공정의 오류가 감지되지 않고 안전하지 않은 공정 작업이 계속된 경우이다. 비상사태에 대한 대처가 필요한 경우, 안전 계장 기능은 실제 공정에 적용되지 못한다. 이러한 경우는 여러 가지 중에서 주로 시스템의 신뢰성, 점검 간격, 기능 수행의 빈도에 영향을 받는다. 안전 계측 기능이 미작동할 확률을 결정하려면 시스템 구성 요소들에 대한 과거의 고장 데이터가 필요하다. 이 실패율은 점검 간격과 함께 사용되어 미작동 확률을 계산한다. 점검 간격은 점검을 통해 알 수 없는 결함이 발견되기까지의 시간을 나타낸다.

안전 계장 기능을 적용하여 사고 발생 가능성을 목표치 이하로 줄이는 경우에, 안전 계장 기능의 적용 정도는 얼마만큼 안전사고 및 위험을 줄이고자 하는 의도에 좌우된다. 높은 안전성이 요구될수록 안전 계측의 미작동 가능성 확률은 낮춰야 한다. 그러나 안전 요구 수준이 높아지면 시스템 비용과 공정의 복잡성도 증가한다. SIL-1(안전 무결함 수준 1, Safety Integrity Level 1)는 가장 낮은 수준을 의미하며, SIL-4(안전 무결함 수준 4, Safety Integrity Level 4)는 가장 높은 수준을 의미한다. SIL-1은 일반적으로 단일 계측장치, 단일 논리 해석기 및 단일 제어 최종 요소로 구성된다. 높은 수준에서는 여러 대의 계측장치와 다중 채널의 논리 해석기 및 여러 제어 최종 요소를 필요로 한다. SIL-3보다 높은 수준은 공정 산업에서 사용되지 않는 경향이 있다. 수준이 높을수록 시설의 수명이 다할 때까지 더 복잡한 점검과 유지 보수가 필요하다. 필요한 점검과 유지 관리가 부실하면 SIL 관련 안전 기능 시스템이 필요한 보호 기능을 원활히 제공하지 않아 잠재적으로 매우 위험한 상황을 초래할 수 있다. 따라서 위험 보호 분석은 SIL-3 시스템을 사용하지 않으면서도 가능한 한 SIL-2 시스템의 사용을 최소화하기 위해 노력해야 한다. 이러한 시스템에 대한 의존도는 다른 보호 단계를 활용하여 피할 수 있다. 특히, 본질적으로 보다 안전한 설계로 피하는 것이 가장 좋다.

20.10 공정 안전 – 요약

공정 산업의 주요 위험 요소는 화재, 폭발 및 유독물질 배출이다. 잠재적인 위험 요소를 조기에 식별하고 가능하다면 위험한 시나리오를 없애거나 완화하기 위해 설계를 적절히 변경해야 한다. 공정 안전 관리의 계층적 구조는 그림 20.1에 제시되어 있다. 그림 20.5와 같이 위험을 제거하거나 완화하기 위해 다양한 보호 단계를 적용할 수 있다. 각 단계들은 서로 독립적이어야 한다.

본질적으로 보다 안전한 공정의 설계를 통해서 공정의 안전성을 가장 크게 향상시킬 수 있다. 본질적으로 보다 안전한 설계의 철학은 설계 초기부터 적용되어야 하고 설계 전주기 동안 계속되어야 하며 본질적으로 보다 안전하도록 설계 방안들을 지속적으로 검토해야 한다. 본질적으로 보다 안전한 설계의 계층적 검토는 그림 20.2에 나와 있다. 위험을 완화하기 위해 다음과 같은 공정의 변경을 고려해야 한다(Kletz and Amyotte, 2010; Lees, 1989; Crowl and Louvar, 1990, Center for Chemical Process Safety, 2009).

반응기

- 연속 반응기를 회분식 반응기로 변경한다.
- 회분식 반응기를 반회분식 반응기로 변경한다.
- 혼합 흐름 방식을 플러그 흐름 방식으로 변경한다.
- 촉매를 변경하거나, 보다 잘 혼합하거나, 온도 또는 압력을 증가시켜 반응기의 처리량을 줄인다.
- 액상 반응기의 온도를 끓는점 이하로 낮추거나 안전한 용매로 희석한다.
- 온도를 낮추어 폭주 반응의 위험을 줄인다.
- 유해한 용매를 대체한다.
- 외부 가열/냉각 방식을 내부 가열/냉각 방식으로 변경한다.

증류

- 유해 물질 처리 용량의 최소화가 가능하도록 증류탑 연결 순서를 선택한다.
- 두 개의 단순 증류탑 대신 단일 분리벽형 증류탑을 사용하여 처리 용량을 줄이고 장비 항목 수를 줄인다. 그러면 누출 가능성도 낮아진다.
- 적은 액체흐름 정체량(hold-up)이 가능한 탑 내부 구조물 사용한다.

열전달

- 물 또는 기타 불연성 열전달 매체를 사용한다.
- 더 낮은 온도의 유틸리티 또는 열전달 매체를 사용한다.
- 인화성 또는 유독성이 있는 경우 대기압 하에서 끓는점 이하에서 운전되는 액체 열전달 매체를 사용한다.
- 냉동이 필요한 경우 고압 조건을 고려하여 냉동을 제거하거나 또는 덜 위험한 냉매를 사용한다.

저장

- 위험한 중간물질을 저장 및 이송할 필요가 없도록 생산 및 소비 설비 배치를 고려한다.
- 공정의 유연성을 높여 저장 필요성을 줄인다.
- 안전한 형태로 보관한다(극한의 압력 및 온도 조건을 피하고 보다 안전한 화학적 형태로 저장함).

압력 완화 시스템

- 압력 완화 시스템보다는 저장 용기의 강화를 고려한다. 화재 위험시의 압력 완화의 경우에는 압력 완화 밸브가 필요할 수 있다.

전체 재고량

- 반응기 전환율과 재순환 유체의 불활성 농도를 조정하여 전체 재고량을 줄인다.

위험한 물질의 필요성을 피하거나 적은 양을 사용하거나 낮은 온도와 압력에서 사용하거나 비활성 물질로 희석하는 설계는 본질적으로 더 안전하다. 공정을 설계할 때 점화원 제거에 의존하기보다는 인화성 가스 혼합물의 생성을 피해야 한다.

공정을 본질적으로 안전하게 만드는 주요 접근법 중 하나는 위험 물질의 재고 및 저장 용량을 최소화하는 것이다. 가장 피해야 하는 위험 상황은 인화성 또는 독성 액체가 압력이 낮아지면서 비등하게 되는 경우이다. 보다 안전한 원료 및 중간물질을 사용하거나, 위험한 물질을 사용하지 않도록 설계하거나, 저온 및 저압에서 위험한 물질을 사용하거나, 비활성 물질로 희석하여 사용할 수 있는 플랜트를 설계할 수 있다면 나중에 많은 안전사고 문제를 피할 수 있다(Kletz Amyotte, 2010).

설계가 진행됨에 따라 HAZOP(hazard and operability studies)을 수행할 필요가 있다(Lees, 1989; Crawley and Tyler, 2000). HAZOP 수행은 설계 과정의 일부가 아닌 설계를 보증하기 위한 것이다. 위험 시나리오를 식별하면, 위험 사고의 발생 가능성을 줄이기 위해 어떤 독립 보호 계층이 필요한지 결정하기 위한 보호 분석 계층(layer of protection analysis, LOPA) 방법을 수행해야 한다.

20.11 연습 문제

1. 가연성 물질과 독성 물질을 처리할 때, 과열된 액체가 상압에서의 끓는점보다 높은 온도에 노출되는 것을 피해야 하는 이유는 무엇인가?

2. **a)** 100°C와 200°C에서 1000 kmol의 시클로헥산을 저장할 때의 가연성에 관련된 위험을 저장 설비의 치명적인 오류를 비교의 기준으로 하여 설명하라. 시클로헥산의 상압에서의 비점은 81°C, 기화 잠열은 30,000 kJ·kmol^{-1}, 액체 열용량은 210 kJ·kmol^{-1}·K^{-1}이고 연소열은 3.95×10^6 kJ·kmol^{-1}이다.

b) 폭발하는 경우, 이론적으로 얼마만큼의 연소열이 방출될 것으로 예상하는가?

3. 화학공정은 위험요소를 갖는 원료 A를 사용한다. 원료 A는 연속 교반 반응기에 가압하에서 액체로 공급되며, 반응을 통해 유용한 제품 B가 된다. 반응은 1차 등온 반응이며, 반응속도는 $-r_A = k_0\exp(-E/RT)$로 나타내어진다. 여기서 r_A는 반응속도이고, $k_0 = 1.5 \times 10^6$ min^{-1}, $E = 67{,}000$ kJ·kmol^{-1}, $R = 8.3145$ kJ·K^{-1} · kmol^{-1}, T는 반응기 온도(K), 그리고 C_A는 A 농도(kmol·m^3)이다. T는 공급 온도이고, 재고량 m_A가 알려지지 않은 A는 과열 액체 조건으로 공급된다. B 생산량은 100 kmol·h^{-1}이다. T와 m_A는 안전성을 고려하여 선택되어야 한다. A와 B의 혼합물의 경우, 상압에서의 끓는점은 70°C, 기화 잠열은 25,000 kJ·kmol^{-1}, 액체의 비열용량은 140 kJ·kmol^{-1}·K^{-1}이고 연소열은 2.5×10^6 kJ·kmol^{-1}이다. 반응기 체류시간은 1 시간이며, 안전은 화재와 폭발 위험성 측면에서 장비의 치명적인 오류가 일어났을 때의 이론적인 연소 에너지를 기반으로 검토된다.

a) T에 대해 80°C의 선택이 이루어졌다. 원료 A에 대하여 필요한 재고량, 원료 A의 증기 분율 및 이 온도에서 이론적인 연소 에너지를 계산하라.

b) 130°C에서 위의 계산을 반복하고 어떤 온도 설정이 더 안전한 설계인지 설명하라.

참고 문헌

Boccara K (1992) *Inherent Safety for Total Processes*, MSc Dissertation, UMIST, UK.

Cardillo P and Girelli A (1981) The Seveso Runaway Reaction: A Thermoanalytical Study, *IChemE Symp Ser*, **68**, 3/N: 1.

Center for Chemical Process Safety (2009) *Inherently Safer Chemical Processes*, 2nd Edition, John Wiley & Sons.

Crawley F and Tyler B (2015) *HAZOP: Guide to Best Practice*, 3rd Edition, IChemE, UK.

Crowl DA (2012) Minimise the Risks of Flammable Materials, *Chem Eng Progr*, **April**: 28.

Crowl DA and Louvar JF (1990) *Chemical Process Safety – Fundamentals with Applications*, Prentice Hall.

Kletz TA (1999) *Hazop and Hazan*, 4th Edition, IChemE, UK.

Kletz TA and Amyotte P (2010) *Process Plants:A Handbook of Inherently Safer Design*, 2nd Edition, CRC Press, Taylor & Francis Group.

Lees FP (1989) *Loss Prevention in the Process Industries*, Vol. 1, Butterworths.

Tharmalingam S (1989) Assessing Runaway Reactions and Sizing Vents, *Chem Eng*, **Aug**: 33.

스미스의

제2판

화학공정설계

Chemical Process

Design and Integration

부록 A 예비 경제성 평가

Physical Properties in Process Design

A.1 공정 경제의 역할

공정 경제(process economics)는 예비 공정설계에 있어서 세 가지 기본적인 역할을 가진다.

1) ***설계 선택안들에 대한 평가*** 공정설계 선택을 평가하는 데 있어서 비용이 요구된다. 예를 들어 전환되지 않은 원료물질이 재활용되거나 처리될 수 있는가?
2) ***예비공정의 최적화*** 반응기 전환율과 같은 주요 공정변수들이 설계에 주된 영향을 미칠 수 있다. 이러한 주요 변수들에 대한 예비 최적화가 종종 요구된다.
3) ***총괄 프로젝트 수익성*** 프로젝트가 실행 가능한가, 그리고 주요 변화(공정변수)들이 필요한가에 대한 해를 얻기 위한 설계를 하는 동안 각 단계에서 총괄 프로젝트의 경제적 측면이 평가되어야 한다.

A.2 간단한 경제적 기준들

설계 선택을 평가하고 예비공정을 최적화하기 위해서는 간단한 경제적 기준이 요구된다. 공정이 가동된 후 제품 판매로부터 얻을 수 있는 수익은 어떻게 되겠는가? 판매수익은 먼저 생산비와 관계없는 고정 비용에 투입된다. 또한 생산비에 의존하는 변동 비용 역시 충족되어야 한다. 이후 세금이 공제되고 순이익이 남는다.

고정 비용은 다음과 같은 것을 포함한다.

- 자본 비용의 보상비
- 일상적인 유지비
- 간접비(안전서비스, 실험실, 개인 편의시설, 행정서비스비 등)
- 지방세
- 임금
- 보험료 등

변동 비용은 다음과 같은 것을 포함한다.

- 원료비

- 원료 외의 제조에 소비되는 화학물질과 촉매
- 유틸리티(연료, 스팀, 전기, 냉각수, 가공처리수, 압축공기, 불활성 기체)
- 기계작동에 의한 유지비
- 로열티
- 운반비
- 품질 관리비 등

유지비에는 고정적으로 드는 비용과 유동적으로 드는 비용이 있을 수 있다. 고정유지비는 생산비와 관계없이 수행되는 안전밸브에 관한 규칙적인 유지와 같은 일상적인 유지비를 포함한다. 또한 유동적인 유지비가 있을 수 있다. 이것은 장비의 어떤 항목들이 생산비가 증가함에 따라 더 많은 유지비를 필요로 할 수 있다는 사실로부터 발생한다. 또한 다른 회사의 공정기술을 도입하는 비용인 로열티는 다른 기준을 가질 수 있다. 로열티는 때때로 생산비에 비례하여 지불될 수 있기 때문에 변동 비용이 될 수 있다. 선택적으로 로열티는 프로젝트를 시작하는 단계에서 일시불로 지불될 수도 있다. 이 경우 지급된 일시불은 프로젝트의 자본투자의 일부가 되고 그 자체로 연간 자본 보상에 포함될 것이고, 이것은 고정 비용의 일부가 된다.

다음 두 가지 간단한 경제성 기준은 예비공정설계에 있어서 유용하다.

잠재 경제성(EP)

$$EP = \text{생산물 가격} - \text{고정 비용} - \text{변동 비용} - \text{세금} \tag{A.1}$$

총 연간 비용(TAC)

$$TAC = \text{고정 비용} + \text{변동 비용} + \text{세금} \tag{A.2}$$

공정도를 합성할 때 도안이 완성되어 가는 과정에서 이러한 기준들은 다양한 단계에서 적용된다. 그러므로 위에서 열거된 모든 고정 비용과 변동 비용을 고려한다는 것은 불가능하다. 또한 조업비와 현금유동에 대한 완전한 도안이 확립되기 전까지는 세금을 계산한다는 것이 별 의미가 없다.

만약 잠재 경제성(EP)과 총 연간 비용(TAC)이 공정도에서 서로 다른 구조적인 선택안과 서로 다른 조업 매개변수들의 지정에 대한 상대적인 장점들을 비교하는 데 사용된다면 EP와 TAC의 정의는 간략화 될 수 있다. 따라서 비교되는 선택안들에 대해 공통적인 항목들은 무시할 수 있다. 이제 선택 안들을 비교하는 데 가장 중요한 비용을 간단히 재검토해보자.

A.3 조업비

1) ***원료비*** 대부분의 공정에서 단일 비용이 가장 많이 드는 것은 원료이다. 원료비와 생산물의 가격은 공정의 경제성 평가에 가장 큰 영향을 주는 경향이 있다. 원료와 생산물의 가치는 어떤 물질이 계약 협정하(회사 내부에서건 외부에서건 간에) 혹은 공개 시장(현물가격)에서 어떻게 매매되는지에 의존한다. 공개시장 가격은 시간에 따라 상당히 변동할 수 있다. 생산물은 계약 협정 시 보통 공개시장 가격보다 낮게 팔린다.

Chemical Marketing Reporter (Schnell 출판사)와 European Chemical News (Reed Business

출판사)와 같은 매매 전문잡지에서 원료와 생산물의 가격을 찾을 수 있다. 이렇게 공개된 정보는 신제품을 얼마의 가격으로 팔 것인가 또는 주어진 원료비에 대한 최소 허용 판매가를 얼마로 산정할 것인가에 사용될 수 있다.

2) ***유틸리티 조업비*** 유틸리티는 일반적인 원료물질 다음으로 가장 중요한 가변적 조업비이다. 유틸리티 조업비는 다음과 같은 것을 포함한다.

- 연료
- 전기
- 스팀
- 냉각수
- 냉동
- 압축공기
- 불활성 기체

유틸리티 비용은 매우 다양하다. 특히 연료 비용에서 그러하다. 비용이 서로 다른 연료(석탄, 석유, 천연 가스)들이 상당히 다양할 뿐만 아니라 시장변동에 매우 민감하다. 계약관계 또한 연료 비용에 지대한 영향을 끼친다. 연료에 지불되는 가격은 얼마나 많이 구입하느냐에 크게 의존한다.

중앙 집중식 동력회사들로부터 전기를 구입한다면 그 가격은 연료 비용보다 더 안정적일 수 있다. 왜냐하면, 이런 동력회사들은 연료 공급을 위해 장기 계약을 체결하는 경향이 있기 때문이다. 스팀 비용은 연료의 가격에 따라 변한다. 만약 스팀이 단지 낮은 압력에서 생성되고 스팀 터빈으로 동력을 생산하는 데 사용되지 않는다면 효율이 약 75%로 추정될 수 있고, 다른 10%의 분배 손실이 있다고 가정하면 약 65%의 전체 효율을 나타낸다고 추산할 수 있다.

만약 고압 스팀을 사용한다면 스팀의 비용은 간단히 고압을 만들기 위해 드는 추가 가열값으로 계산될 수 없고 오히려 스팀 터빈 안에서 동력 생산 용량과의 어떤 관계로 주어져야 한다. 고압 스팀은 보일러에서 생성되고 저압 스팀은 스팀 터빈을 통하여 압력을 낮춤으로써 생성된다. 스팀의 원가를 산정하기 위한 한 가지 간단한 방법으로는 (어떤 손실이 있더라도) 고압 스팀을 만드는 데 필요한 연료의 비용을 계산하는 것이다. 이 연료 비용은 곧 고압 스팀의 비용이다. 저압관은 고압관의 동력 가치에서 스팀 터빈 안에서 스팀을 저압으로 낮추어서 생산한 동력의 가치를 뺀 값과 동일한 가치를 가진다. 다음 예를 통해 설명하자.

예제 A.1

세 가지 스팀에 대한 압력이 표 A.1에 주어진 상태로 놓여 있다. 중-저압 스팀은 80%의 등엔트로피 효율을 가지는 스팀 터빈을 통하여 고압 스팀을 팽창시킴으로써 만들어진다. 연료 비용은 $4.00 GJ^{-1}이고, 전기 비용은 $0.07 $kW^{-1}\cdot h^{-1}$이다. 보일러 공급수는 4.2 $kJ\cdot kg^{-1}\cdot °C^{-1}$의 열 용량을 가지는 100°C에서 이용할 수 있다. 75%의 보일러 효율과 10%의 분배손실을 가정하여 세 종류의 스팀 비용을 계산하라.

표 A.1 ▸ **스팀 압력**

Mains	Pressure (barg)
HP	41
MP	10
LP	3

>풀이

41-barg 스팀의 비용 스팀 표로부터 400°C에 41 barg 스팀에 대하여

$$\text{Enthalpy} = 3212\,\text{kJ} \cdot \text{kg}^{-1}$$

보일러 공급수에 대하여

$$\begin{aligned}\text{Enthalpy} &= 4.2(100-0) \quad \text{(relative to water at 0 °C)}\\ &= 420\,\text{kJ} \cdot \text{kg}^{-1}\end{aligned}$$

400°C에 41-barg 스팀 생산을 위한

$$\text{Heat duty} = 3212 - 420 = 2792\,\text{kJ} \cdot \text{kg}^{-1}$$

41-barg 스팀에 대하여

$$\begin{aligned}\text{Cost} &= 4.00 \times 10^{-6} \times 2792 \times \frac{1}{0.75}\\ &= 0.01489\,\$ \cdot \text{kg}^{-1}\\ &= 14.89\,\$ \cdot \text{t}^{-1}\end{aligned}$$

10-barg 스팀의 비용 여기 41-barg 스팀은 지금 스팀 터빈 안에서 10-barg로 팽창된다.

스팀 표로부터 400°C, 41-barg에서 입구 상태는

$$\begin{aligned}H_1 &= 3212\,\text{kJ} \cdot \text{kg}^{-1}\\ S_1 &= 6.747\,\text{kJ} \cdot \text{kg}^{-1} \cdot \text{K}^{-1}\end{aligned}$$

10 barg까지 등엔트로피 팽창한 터빈출구 상태는

$$\begin{aligned}H_{2,IS} &= 2873\,\text{kJ} \cdot \text{kg}^{-1}\\ S_2 &= 6.747\,\text{kJ} \cdot \text{kg}^{-1} \cdot \text{K}^{-1}\end{aligned}$$

80%의 등엔트로피 효율을 가지는 단일 팽창에 대해

$$\begin{aligned}H_2 &= H_1 - \eta_{IS}(H_1 - H_{2,IS})\\ &= 3212 - 0.8(3212 - 2873)\\ &= 2941\,\text{kJ} \cdot \text{kg}^{-1}\end{aligned}$$

스팀 표로부터 출구온도는 67°C에서 과열되어 251°C이다. 비록 공정 가열을 위한 스팀이 포화상태에 있는 것이 더 좋을지라도 이 경우에 있어서 포화상태로 하기 위해 보일러 공급수를 주입함으로써 과열을 막게 하는 것은 바람직하지 않다. 만약 포화 스팀이 그 장치에 공급된다면 그 장치로부터의 열 손실로 그 장치 안에서 많은 양의 응축을 일으키기 때문에 바람직하지 않다. 그러므로 그것은 그 장치 안에서의 응축을 피하기 위해 약간 과열된 관에 스팀을 주입시키는 것이 바람직하다.

$$\begin{aligned}\text{동력 생산량} &= 3212 - 2941\\ &= 271\,\text{kJ} \cdot \text{kg}^{-1}\end{aligned}$$

$$\begin{aligned}\text{동력 가격} &= 271 \times \frac{0.07}{3600}\\ &= 0.00527\,\$ \cdot \text{kg}^{-1}\end{aligned}$$

$$\begin{aligned}\text{10-barg 스팀의 비용} &= 0.01489 - 0.00527\\ &= 0.00962\,\$ \cdot \text{kg}^{-1}\\ &= 9.62\$ \cdot \text{t}^{-1}\end{aligned}$$

3-bar 스팀의 비용 여기 첫 터빈 출구로부터 10-barg 스팀은 다른 터빈 안에서 3-barg로 팽창된다고 가정한다. 스팀 표로부터 10 barg와 251°C에서의 입구 상태는

$$\begin{aligned}H_1 &= 2941\,\text{kJ} \cdot \text{kg}^{-1}\\ S_1 &= 6.880\,\text{kJ} \cdot \text{kg}^{-1} \cdot \text{K}^{-1}\end{aligned}$$

3-barg로 등엔트로피 팽창한 터빈 출구 상태는

$$\begin{aligned}H_{2,IS} &= 2732\,\text{kJ} \cdot \text{kg}^{-1}\\ S_2 &= 6.880\,\text{kJ} \cdot \text{kg}^{-1} \cdot \text{K}^{-1}\end{aligned}$$

80%의 등엔트로피 효율을 가지는 단일 팽창

$$\begin{aligned}H_2 &= H_1 - \eta_{IS}(H_1 - H_{2,IS})\\ &= 2941 - 0.8(2941 - 2732)\\ &= 2774\,\text{kJ} \cdot \text{kg}^{-1}\end{aligned}$$

스팀 표로부터 출구 온도는 16°C에서 과열되어 160°C이다. 관 안에서의 응축을 피하기 위해 그 관에 공급된 스팀을 다시 조금 과열하는 것이 바람직하다.

$$\begin{aligned}\text{동력 생산량} &= 2941 - 2774\\ &= 167\,\text{kJ} \cdot \text{kg}^{-1}\end{aligned}$$

$$\begin{aligned}\text{동력 가격} &= 167 \times \frac{0.07}{3600}\\ &= 0.00325\,\$ \cdot \text{kg}^{-1}\end{aligned}$$

$$\begin{aligned}\text{3-barg 스팀의 비용} &= 0.00962 - 0.00325\\ &= 0.00637\,\$ \cdot \text{kg}^{-1}\\ &= 6.37\,\$ \cdot \text{t}^{-1}\end{aligned}$$

냉각수 비용은 연료나 전기의 비용보다 적게 드는 경향이 있다. 냉각수에 의한 냉각 비용은 동력 비용의 1% 정도의 양에 해당된다. 예를 들어, 만약 동력 비용이 $\$0.07\ \text{kW}^{-1} \cdot \text{h}^{-1}$이면 전형적 냉각수 비용이 $\$0.07 \times 0.01/3600 = 0.19 \times 10^{-6}\ \text{kJ}^{-1}$ 혹은 $\$0.19\ \text{GJ}^{-1}$이 될 것이다.

냉동 시스템을 가동시키는 데 필요한 동력 비용은 대략 이상적인 시스템에서 요구되는 동력의 두 배로 추정될 수 있다. 그러므로 이상적 시스템에 대하여

$$\frac{W_{IDEAL}}{Q_C} = \frac{T_H - T_C}{T_C} \tag{A.3}$$

여기서 W_{IDEAL} = 냉동 사이클에 필요한 이상적인 기계적 일
Q_C = 냉각효율
T_C = 냉동 사이클에 유입되는 열의 온도(K)
T_H = 냉동 사이클로부터 제거되는 열의 온도(K)

실제 기계적 일의 이상적 비율은 대체로 0.6 정도이다. 그러므로

$$W = \frac{Q_C}{0.6}\left(\frac{T_H - T_C}{T_C}\right) \tag{A.4}$$

여기서 W는 냉동 사이클에 필요한 실제의 기계적 일이다.

예제 A.2

어떤 공정이 −20°C에서 0.5 MW의 냉각이 필요하다. 냉동 사이클은 이 열을 제거하기 위해 필요하고 25°C에서 공급되어 30°C로 순환되는 냉각수에 열을 버린다. ΔT_{min} = 5°C이고, 증발과 응축의 냉각 과정이 모두 등온으로 일어남을 가정하여 연간 8000시간을 조업하는 시스템을 전기로써 냉각하는 조업 비용을 계산하여라. 전기 비용은 $0.07 kW^{-1}·h^{-1}이다.

›풀이

$$W = \frac{Q_C}{0.6}\left(\frac{T_H - T_C}{T_C}\right)$$

$$T_H = 30 + 5 = 35\,°C = 308\,K$$

$$T_C = -20 - 5 = -25\,°C = 248\,K$$

$$W = \frac{0.5}{0.6}\left(\frac{308 - 248}{248}\right) = 0.202\,MW$$

$$\text{Cost of electricity} = 0.202 \times 103 \times 0.07 \times 8000 = \$113,120\,y^{-1}$$

3) *노동 비용* 노동 비용은 측정하기 매우 어렵다. 노동 비용은 그 공정이 회분식인지 연속식인지, 자동화 수준, 공정단계의 수 그리고 생산 수준이 어느 정도인지에 의존한다. 공정도를 종합할 때 보통 같은 종류(예를 들면 연속식), 같은 자동화 수준, 비슷한 공정단계의 수, 그리고 같은 생산 수준을 가지는 등의 공정 선택 사양을 분리해 보는 것이 필요하다.

이 경우 노동 비용은 모든 선택사양에 대해 공통적이므로 비교에 영향을 주지 않을 것이다. 그러나 만약 회분식과 연속식 조업 사이의 비교와 같이 종류가 매우 다른 것을 비교할 수밖에 없다면 그 노동 비용 차이에 대한 약간의 고려가 있어야 한다.

4) *유지비* 유지비는 공정 유체가 고체인지 또는 기체, 액체인지에 의존한다. 고체를 취급하는 것은 유지비를 증가시키는 경향이 있다. 부식성이 높은 공정 유체는 유지비를 증가시킨다. 평균적으로 유지비는 고정자본 투자의 약 6% 정도이다.

A.4 자본 비용

한 프로젝트에 대해 필요로 하는 총 투자는 네 가지 부분으로 나눌 수 있다.

- 배터리 구역 투자
- 오프사이트 투자
- 엔지니어링 비용
- 유동자본

1) *배터리 구역 투자* 배터리 구역은 공정의 제조 지역을 나타내는 지리적인 경계이다. 이것은 공정 설비와 그 설비를 들여 놓은 건물 혹은 구조물을 포함하지만, 보일러 설비, 오염 제어장치, 현장 간접 자본 구조 등은 배제한다. 배터리 구역 투자는 설치 인자들을 설비의 개개 항목 비용에 적용함으로써 평가되기도 한다.

특정 장치 항목에 대한 비용은 다음 인자들의 함수이다.

- 크기
- 제작물질
- 설계압력
- 설계온도

설비 비용은 설비 공급자 또는 공인된 비용 자료에서 알 수 있다. 공인된 비용 자료는 일반적으로 비용 대 용량 도표로 주어지거나 용량의 멱수법칙으로 표시한다.

$$C_E = C_B\left(\frac{Q}{Q_B}\right)^M \tag{A.5}$$

여기서 C_E = 용량 Q에 요구되는 설비 비용
C_B = 용량 Q_B 설비에 대한 알려진 기본적인 투자
M = 설치 유형에 따른 상수값

이런 자료들은 개방된 많은 문헌에서 찾을 수 있다(Guthrie, 1969; Anson, 1977; Hall, Matley and McNaughton, 1982; Ulrich, 1984; Hall, Vatavuk and Matley, 1988; Remer and Chai, 1990; Gerrard, 2000; Peters, Timmerhaus and West, 2003). 그러나 불행히도 사용될 자료들은 종종 진부하거나, 때로는 다른 세대의 잡다한 원천들에서 산출된 것이다. 그런 자료는 비용지수를 사용하여 현재에 맞게 개선하여 일반적인 기초로 사용할 수 있다.

$$\frac{C_1}{C_2} = \frac{INDEX_1}{INDEX_2} \tag{A.6}$$

여기서 C_1 = 년 1에서의 장치 비용
C_2 = 년 2에서의 장치 비용
$INDEX_1$ = 년 1에서의 비용지수
$INDEX_2$ = 년 2에서의 비용지수

일반적으로 사용되는 지수로는 *Chemical Engineering Magazine*에서 출판된 화학공학설비 비용

지수(CE Index, 1957~1959 지수 = 100)와 Marshall & Swift 지수(1926 지수 = 100), 그리고 *Oil and Gas Journal*에서 출판되는 정유산업에 대한 Nelson–Farrar 비용지수가 있으며, 이 중 화학공학설비 비용지수가 특별히 유용하다.

표 A.2는 여러 가지 장치에 대한 2000년 1월 기준(CE 장치 지수 = 435.8) 자료이다. 표 A.3은 여러 가지 제작물질의 장치자본 비용과 관련된 대략적 평균 인자를 보여준다. 표 A.4와 표 A.5는 각각 증류탑과 원통다관식 열교환기에 대한 여러 가지 제작물질의 장치자본 비용 인자를 보여준다. 운전 압력도 용기의 두께와 직결되어 장치자본 비용에 영향을 준다. 온도가 증가하면 허용 응력도 줄어들게 되는 등의 이유로 온도도 장치자본 비용에 영향을 주게 된다. 표 A.6과 표 A.7은 각각 대략적인 압력 및 온도 반영 인자를 보여준다.

따라서 평균적 온도와 압력에서의 탄소강 재질의 장치를 기본 비용으로 할 때, 실제 비용은 다음과 같이 계산될 수 있다.

$$C_E = C_B\left(\frac{Q}{Q_B}\right)^M f_M f_P f_T \quad \textbf{(A.7)}$$

여기서 f_M = 제작물질 보정인자
f_P = 설계압력 보정인자
f_T = 설계온도 보정인자

장치의 구매 비용에 더하여, 장치를 설치하기 위한 투자가 필요하다. 설치 비용은 다음을 포함한다.

- 설치비
- 절연물
- 배관 및 밸브
- 제어 시스템
- 기초물
- 구조물
- 소방시설
- 전기
- 페인트
- 엔지니어링비
- 비상대비 비용

배터리 구역 투자에 덧붙여, 오프사이트 투자가 필요하다. 이것은 화학공정에 직접적으로 투입되지 않는 모든 구조물, 장비, 서비스를 포함한다. 이 광대한 범주를 크게 두 가지로 분류하는데, 즉 유틸리티와 서비스 시설이다.

2) *유틸리티 투자* 유틸리티공장의 자본투자는 다음과 같은 장치를 포함한다.

- 전기 발전
- 전기 분배
- 스팀 발전
- 스팀 분배
- 공정 용수

표 A.2 ▸ 전형적인 장치들의 용량과 자본 비용 상관관계

Equipment	Material of construction	Capacity measure	Base size Q_B	Base cost C_B ($)	Size range	Cost exponent M
Agitated reactor	CS	Volume (m^3)	1	1.15×10^4	1–50	0.45
Pressure vessel	SS	Mass (t)	6	9.84×10^4	6–100	0.82
Distillation column (empty shell)	CS	Mass (t)	8	6.56×10^4	8–300	0.89
Sieve trays (10 trays)	CS	Column diameter (m)	0.5	6.56×10^3	0.5–4.0	0.91
Valve trays (10 trays)	CS	Column diameter (m)	0.5	1.80×10^4	0.5–4.0	0.97
Structured packing (5 m height)	SS (low grade)	Column diameter (m)	0.5	1.80×10^4	0.5–4.0	1.70
Scrubber (including random packing)	SS (low grade)	Volume (m^3)	0.1	4.92×10^3	0.1–20	0.53
Cyclone	CS	Diameter (m)	0.4	1.64×10^3	0.4–3.0	1.20
Vacuum filter	CS	Filter area (m^2)	10	8.36×10^4	10–25	0.49
Dryer	SS (low grade)	Evaporation rate (kg $H_2O\cdot h^{-1}$)	700	2.30×10^5	700–3000	0.65
Shell-and-tube heat exchanger	CS	Heat transfer area (m^2)	80	3.28×10^4	80–4000	0.68
Air-cooled heat exchanger	CS	Plain tube heat transfer area (m^2)	200	1.56×10^5	200–2000	0.89
Centrifugal pump (small, including motor)	SS (high grade)	Power (kW)	1	1.97×10^3	1–10	0.35
Centrifugal pump (large, including motor)	CS	Power (kW)	4	9.84×10^3	4–700	0.55
Compressor (including motor)		Power (kW)	250	9.84×10^4	250–10,000	0.46
Fan (including motor)	CS	Power (kW)	50	1.23×10^4	50–200	0.76
Vacuum pump (including motor)	CS	Power (kW)	10	1.10×10^4	10–45	0.44
Electric motor		Power (kW)	10	1.48×10^3	10–150	0.85
Storage tank (small atmospheric)	SS (low grade)	Volume (m^3)	0.1	3.28×10^3	0.1–20	0.57
Storage tank (large atmospheric)	CS	Volume (m^3)	5	1.15×10^4	5–200	0.53
Silo	CS	Volume (m^3)	60	1.72×10^4	60–150	0.70
Package steam boiler (fire-tube boiler)	CS	Steam generation ($kg\cdot h^{-1}$)	50,000	4.64×10^5	50,000–350,000	0.96
Field erected steam boiler (water-tube boiler)	CS	Steam generation ($kg\cdot h^{-1}$)	20,000	3.28×10^5	10,000–800,000	0.81
Cooling tower (forced draft)		Water flowrate ($m^3\cdot h^{-1}$)	10	4.43×10^3	10–40	0.63

CS = carbon steel; SS (low grade) = low-grade stainless steel, for example, type 304; SS (high grade) = high-grade stainless steel, for example, type 316.

표 A.3 ▸ 전형적인 장치 제작물질들에 대한 평균적 장치 자본 비용 인자

Material	Correction factor f_M
Carbon steel	1.0
Aluminum	1.3
Stainless steel (low grades)	2.4
Stainless steel (high grades)	3.4
Hastelloy C	3.6
Monel	4.1
Nickel and inconel	4.4
Titanium	5.8

표 A.4 ▸ 압력용기와 증류탑에 대한 전형적인 제작물질 자본 비용 인자 (Mulet, Corripio and Evans, 1981a, 1981)

Material	Correction factor f_M
Carbon steel	1.0
Stainless steel (low grades)	2.1
Stainless steel (high grades)	3.2
Monel	3.6
Inconel	3.9
Nickel	5.4
Titanium	7.7

표 A.5 ▸ 원통다관식 열교환기에 대한 전형적인 제작물질 자본 비용 인자 (Anson, 1977)

Material	Correction factor f_M
CS shell and tubes	1.0
CS shell, aluminum tubes	1.3
CS shell, monel tubes	2.1
CS shell, SS (low grade) tubes	1.7
SS (low grade) shell and tubes	2.9

표 A.6 ▸ 전형적인 장치 압력 자본 비용 인자

Design pressure (bar absolute)	Correction factor f_P
0.01	2.0
0.1	1.3
0.5–7	1.0
50	1.5
100	1.9

표 A.7 ▸ 전형적인 장치온도 자본 비용 인자

Design temperature (°C)	Correction factor f_T
0–100	1.0
300	1.6
500	2.1

- 냉각수
- 수 처리
- 냉동
- 압축 공기
- 불활성 기체

유틸리티 비용은 그들이 공급되는 화학공정 범위 내에서 그들의 근원들로부터 고려된다.

3) ***오프사이트 투자*** 오프사이트 투자는 다음을 포함한다.

- 사무실, 병원, 직원, 금고, 수위실, 창고 매장 같은 보조건물
- 도로와 통로
- 철로
- 소방 시스템

- 통신 시스템
- 쓰레기 처리 시스템
- 공정에 직접 관련되지 않는 최종 생산물, 공업용수, 연료에 대한 저장 시설
- 운반도구, 적재와 화재에 관련된 장치

오프사이트와 유틸리티 비용은 배터리 구역의 총 설치 비용의 20~40% 정도이다. 일반적으로 공장이 클수록 오프사이트와 유틸리티에 드는 비용은 더 커진다. 규모가 작은 프로젝트는 오프사이트와 유틸리티에 총 설치비의 20%가 소요되는 반면, 규모가 큰 프로젝트는 오프사이트와 유틸리티에 총 설치비의 40%까지 소요된다.

4) ***유동 자본*** 유동 자본은 공정이 생산적인 작동을 하도록 하기 위해 투자되어야 하는 자본이다. 유동 자본은 팔아야 할 제품이 생산되기 전에 투자된 돈이고, 다음과 같은 것을 포함하는 비용이다.

- 공장 가동을 위한 원료물질
- 원료와 생산재고품
- 운용 비용과 물질의 수송
- 지불할 수 있는 돈(공급자에 의해 연장된 신용금액)보다 적은 받을 수 있는 돈(고객에게로 연장된 신용금액)의 차이를 메워주는 돈
- 조업을 개시할 때 지불 급료 총액을 지불할 비용

이론적으로 고정 투자비와는 대조적으로 이 돈은 손실되지 않고 공정이 끝날 때 회복될 수 있다. 평가하기 위해 다음 두 가지 중 어느 하나든 택한다.

a) 연간 판매의 30% 또는

b) 고정 자본투자의 15%

A.5 연간 자본 비용

새로운 설치에 대한 자본은 다음으로 얻을 수 있다.

a) 은행 대부

b) 주식과 채권(또는 사채)의 발행

c) 이익으로 발생하는 순현금흐름

자본 비용은 출처에 달려 있다. 자본의 출처는 프로젝트의 초기 단계에는 알려지지 않지만, 초기 단계에서는 공정 옵션들 중에서 하나를 선택할 필요가 있고 자본과 조업 비용의 기초에서 예비 최적화를 실행한다. 이는 자본과 조업 비용을 일반적인 기준으로 나타낼 수 없다면 실행하기 어렵다. 만일 자본을 고정 이자율로 고정된 기간(대개 5~10년)에 걸쳐 빌릴 수 있다고 가정하면 자본 비용은 연간 기준으로 표현할 수 있으며 이 경우 자본 비용은 다음에 의하여 연간화될 수 있다.

$$\text{연간 자본 비용} = \text{자본 비용} \times \frac{i(1+i)^n}{(1+i)^n - 1} \tag{A.8}$$

여기서 i = 연간 이자 비용 분율

n = 년 수

식 (A.8)의 유도는 다음과 같다.

P = 추정된 자본 비용의 현재가치
F = 추정된 자본 비용의 미래가치

1년 후 자본 비용의 미래가치 F와 현재가치 P는 다음과 같이 주어진다.

$$F(1) = P + Pi = P(1 + i) \tag{A.9}$$

2년 후 가치는

$$\begin{aligned} F(2) &= P(1 + i) + P(1 + i)i \\ &= P(1 + i)^2 \end{aligned} \tag{A.10}$$

3년 후 가치는

$$\begin{aligned} F(3) &= P(1 + i)^2 + P(1 + i)^2 i \\ &= P(1 + i)^3 \end{aligned} \tag{A.11}$$

n년 후 가치는

$$F(n) = P(1 + i)^n \tag{A.12}$$

일반식으로 다시 쓰면

$$F = P(1 + i)^n \tag{A.13}$$

자본 비용을 n년 동안 매년 말에 만들어지는 일련의 연간 지불액 A로 균등하게 전개하라. 첫 번째 지급 시 $(n - 1)$년이 지난 후 이자를 획득하고, $(n - 1)$년이 지난 후에 미래 가치는

$$F = A(1 + i)^{n-1} \tag{A.14}$$

$(n - 2)$년이 지난 후 두 번째 연간 지불액의 미래 가치는

$$F = A(1 + i)^{n-2} \tag{A.15}$$

모든 연간 지불액을 합한 가치는

$$F = A[(1 + i)^{n-1} + (1 + i)^{n-2} + (1 + i)^{n-3} + \cdots + (1 + i)^{n-n}] \tag{A.16}$$

이 식의 양변에 $(1 + i)$을 곱하면

$$F(1 + i) = A[(1 + i)^n + (1 + i)^{n-1} + (1 + i)^{n-2} + \cdots + (1 + i)] \tag{A.17}$$

식 (A.17)에서 식 (A.16)을 빼면

$$F(1 + i) - F = A[(1 + i)^n - 1] \tag{A.18}$$

다시 정리하면

$$F = \frac{A[(1 + i)^n - 1]}{i} \tag{A.19}$$

식 (A.19)과 식 (A.13)을 조합하면

$$A = \frac{P[i(1+i)^n]}{(1+i)^n - 1} \tag{A.20}$$

이렇게 식 (A.8)이 얻어진다.

이전에 언급했듯이 자본의 출처를 보통 알지 못하므로 식 (A.8)가 자본 비용을 나타내는 데 적합한지 그렇지 않은지 역시 알지 못한다. 엄격히 말해 식 (A.8)는 자본 지출에 대한 돈이 고정 기간 동안 고정 이자율로 대부될 때 적정하다. 게다가, 만일 식 (A.8)가 받아들여진다면, 연간 환산된 자본에서의 단위 년수는 이자율로서는 알려질 수 없다. 그러나 가장 중요한 것은 비록 자본의 출처가 알려지지 않고 불확실한 가정이 필요하더라도 식 (A.8)는 프로젝트 경쟁 비교에 있어 일반적 기준을 제시한다.

예제 A.3

증류탑의 구입 비용은 1백만 달러이고, 설치까지 드는 비용은 구입 비용의 5.8배로 추정된다. 만일 자본이 5년간 5%의 고정된 이자율로 연간 환산된다면 이때 연간 자본 설치 비용을 계산하라.

›풀이

첫째, 식 (A.6)으로 설치 자본 비용을 계산하라.

$$\begin{aligned} C_F &= f_i C_E \\ &= 5.8 \times (1,000,000) \\ &= \$5,800,000 \end{aligned}$$

$$\begin{aligned} \text{Annualization factor} &= \frac{i(1+i)^n}{(1+i)^n - 1} \\ &= \frac{0.05(1+0.05)^5}{(1+0.05)^5 - 1} \\ &= 0.2310 \end{aligned}$$

$$\begin{aligned} \text{Annualized capital cost} &= 5,800,000 \times 0.2310 \\ &= \$1,340,000 \text{ y}^{-1} \end{aligned}$$

최적화를 수행하기 위해 연간환산 자본 비용을 사용할 때 설계자는 자본 연간 환산에 관련된 불확실성을 주시해야 한다. 특히, 연간 환산 기간을 바꾸는 것은 매우 다른 결과를 초래할 수 있는데, 예를 들어, 자본과 에너지의 상호교환을 수행할 때이다. 최적화를 실행할 때 가정에 있어, 변화의 결과에 대한 민감도를 테스트해야 한다.

A.6 프로젝트 현금흐름과 경제성 평가

설계가 진행됨에 따라 더 많은 정보가 축적된다. 양자 중 이익을 산정하는 최대의 방법은 프로젝트를 진행하는 동안 발생하는 현금흐름의 투시도에 근거하는 것이다(Allen, 1980).

그림 A.1은 전형적인 프로젝트의 현금흐름 유형을 보여준다. 현금흐름은 누적 현금흐름이다. 그림 A.1에서 곡선 1을 가정하자. *A*점의 프로젝트의 시작에서부터 현금은 어떤 즉각적인 반환도 없이 쓰인다. 프로젝트의 초기 단계는 개발, 설계, 그리고 다른 예비 작업으로 이루어지는데, 이는 누적곡선이 *B*로 내려가는 것의 원인이 된다. 건물, 공장, 장비에 있어 자본투자 주요 단계가 이를 따르며, 곡선은 좀 더 급격히 *C*로 떨어진다. 유동자본은 *C*와 *D* 간의 공정을 작동시키는 데 쓰인다. 생산은 *D*에서 시작하는데, *D*에서 판매를 시작함으로써 소득을 얻는다. 처음에는 전 공정 가동인 *E*점이 이루어질 때까지 생산율이 설계 조건보다 낮을 것 같다. *F*점에서 누적현금 흐름은 다시 0이 된다. 이 점이 프로젝트의 손익분기점이다. 프로젝트의 기간이 끝날 즈음인 *G*점에서 제품의 시장가격이 하락하고 유지비가 증가함

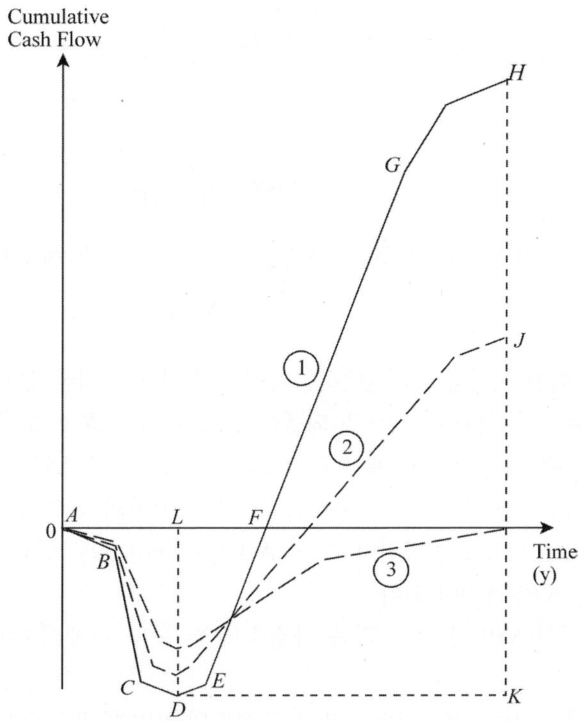

그림 A.1 ▸ 전형적인 프로젝트에서의 현금흐름 유형. (Reproduced from Allen DH, (1980) A Guide to the Economic Evaluation of Projects, by permission of the Institution of Chemical Engineers.)

으로써 순현금 흐름 비율이 줄어들 수 있다.

궁극적으로는 그 공정이 영원히 중단되거나 개조될지도 모른다. 이것이 프로젝트의 끝인 *H*점으로 표시된다. 만약 그 공정이 멈춘다면 유동자본이 회복되고 잔가가 있을 수 있고, 그것은 프로젝트의 최종 단계에서 마지막 현금유입을 창출한다.

프로젝트의 기간을 통해 예상된 프로젝트 누적 현금흐름 곡선은 좀 더 상세한 평가를 위한 기준을 형성한다. 많은 양의 방책과 지표들이 제안되었다. 각각의 경우, 누적 현금흐름 곡선은 나타나게 되며, 지표로서의 단일 수량 치수로 변형 가능하다.

1) ***원금 회수 기간*** 원금 회수 기간은 프로젝트 시작인 *A*에서 손익분기점 *F*까지 경과한 시간이다. 원금 회수 기간이 더 짧아질수록 프로젝트는 더 큰 관심을 유발시킬 것이다.

2) ***순 현재가치(NPV)*** 이자를 얻기 위해 돈이 투자될 수 있기 때문에 지금 받은 돈은 미래의 어느 시점에서 받는 돈보다 더 큰 현재가치를 가진다. 프로젝트의 순 현재가치는 각 개개의 현금흐름의 현재가치의 합이다. 이 경우 현재 시점은 프로젝트의 시작점이다.

연간 이익 할인율 A_{DCF}를 얻기 위해 이자율을 가지는 연간 현금흐름 A_{CF}를 할인함으로써 시간이 계산에 고려된다. 그러므로 1년 말에는

$$A_{DCF1} = \frac{A_{CF1}}{(1+i)}$$

2년 말에는

$$A_{DCF2} = \frac{A_{CF2}}{(1+i)^2}$$

n년 말에는

$$A_{DCFn} = \frac{A_{CFn}}{(1+i)^n} \quad \textbf{(A.21)}$$

n년 동안의 연간 이익 할인율의 총합 ΣA_{DCF}이 프로젝트의 순 현재가치(NPV)로 나타난다.

$$NPV = \sum A_{DCF} \quad \textbf{(A.22)}$$

NPV 값은 물론 어떤 이자율 i을 선택하는가에 직접적으로 의존한다.

프로젝트의 누적 현금흐름 곡선을 되돌아보면, 할인의 효과 또한 그림 A.1에 나타나 있다. 곡선 1은 할인이 없는 원래 곡선이다. 예를 들어 $i = 0$이고 프로젝트의 순 현재가치는 H점으로 주어진 최종 순 현금 위치와 동일하다. 곡선 2는 고정이 자율에서의 할인 효과를 보여주고, 상응하는 프로젝트 순 현재가치는 J점으로 주어진다. 그림 A.1에서 곡선 3은 좀 더 높은 이자율을 보여주지만 프로젝트의 끝에서는 NPV가 0이 된다.

프로젝트에 대한 NPV가 양의 값을 가질수록 더욱 더 경제적이며, 음의 값을 가질수록 비경제적이 된다.

3) ***회수 이익 할인율*** 회수 이익 할인율은 프로젝트의 NPV를 0으로 만드는 할인율 i로 정의된다(그림 A.1의 곡선 3).

$$NPV = \sum A_{DCF} = 0 \quad \textbf{(A.23)}$$

이 식에서 주어진 i의 값은 회수 이익 할인율로써 알 수 있다. 그것은 도표나 시행착오로도 알 수 있다.

프로젝트에 대한 *회수 이익 할인율*(DCFRR)의 값이 클수록 더 관심을 가지게 된다. 회수 이익 할인율의 수용할 수 있는 최소값은 시장 이자율이다. 만일 회수 이익 할인율이 시장 이자율보다 낮다면 돈을 은행에 저금하는 편이 낫다. 이보다 더 큰 회수 이익 할인율 값에 대해서 그 프로젝트는 이익을 줄 것이다. 더 낮은 값에 대해서는 손실이 발생한다.

4) *NPV와 DCFRR의 비교*

a) ***순 현재가치*** 순 현재가치는 이익을 측정하지만 얼마나 효율적으로 자본이 쓰이는지에 대해 표시하지 않는다.

b) ***회수 이익 할인율*** 회수 이익 할인율은 자본이 얼마만큼 효율적으로 쓰이는지를 측정하지만 얼마나 많은 이익이 생성되었는지는 표시하지 않는다.

만일 목표가 이익을 최대화하는 것이라면 순 현재가치가 사용된다. 만일 자본공급이 제한된다면(이것은 일반적임), 회수 이익 할인율이 어떤 프로젝트가 자본을 가장 효과적으로 사용하는지를 결정하는 데 사용된다.

프로젝트에 대한 미래 현금흐름을 예상하는 것은 프로젝트 기간을 포함해 많은 불확실성으로 인해 매우 어렵다. 하지만, 만약 지속성이 있는 가정들이 만들어진다면 현금흐름의 구체화에 의해 경쟁적인 프로젝트들 중에 하나를 선택할 수 있다.

예제 A.4

어떤 회사가 두 프로젝트 A나 B 중 하나에 투자를 한다. 두 프로젝트 모두에 대한 자본 비용이 \$1000만이라 하자. 두 프로젝트에 대해 추측되는 연간 현금흐름은 표 A.8에 나타나 있다. 자본은 제한되어 있고 회수 이익 할인율을 토대로 하여 자본을 선택한다.

표 A.8 ▸ **예측된 연간 현금흐름**

Year	Cash flows ($\$10^6$)	
	Project A	Project B
0	−10	−10
1	1.6	6.5
2	2.8	5.2
3	4.0	4.0
4	5.2	2.8
5	6.4	1.6

›풀이

프로젝트 A

먼저 20%의 *DCFRR*로 초기 추측을 시작하고 증가시켜라.

20%는 너무 낮다. 왜냐하면 ΣA_{DCF}이 5년 말에는 양이 되기 때문이다. 30%는 너무 크다. 왜냐하면 ΣA_{DCF}가 5년 말에는 음이 되기 때문이다. 그리고 25%의 경우도 그렇다. 해답은 20%와 25% 사이 있어야 한다. ΣA_{DCF} 기준으로는 회수 이익 할인율(*DCFRR*)이 약 23%일 때가 적당하다.

프로젝트 B

다시 20%의 DCFRR로 먼저 초기 추측을 시작하고 증가시켜라.

5년 말의 ΣA_{DCF}을 보면 20%는 너무 낮고, 40%는 너무 높다는 것을 알 수 있다. 그리고 35% 또한 너무 낮다. ΣA_{DCF} 기준으로 삽입할 회수 이익 할인율은 38%이다. 따라서 프로젝트 B가 선택된다.

표 A.9 ▸ **예측된 연간 현금흐름**

Year	A_{CF}	DCF 20%		DCF 30%		DCF 25%	
		A_{DCF}	ΣA_{DCF}	A_{DCF}	ΣA_{DCF}	A_{DCF}	ΣA_{DCF}
0	−10	−10	−10	−10	−10	−10	−10
1	1.6	1.33	−8.67	1.23	−8.77	1.28	−8.72
2	2.8	1.94	−6.73	1.66	−7.11	1.79	−6.93
3	4.0	2.31	−4.42	1.82	−5.29	2.05	−4.88
4	5.2	2.51	−1.91	1.82	−3.47	2.13	−2.75
5	6.4	2.57	0.66	1.72	−1.75	2.10	−0.65

표 A.10 ▸ **예측된 연간 현금흐름**

Year	A_{CF}	DCF 20%		DCF 40%		DCF 35%	
		A_{DCF}	ΣA_{DCF}	A_{DCF}	ΣA_{DCF}	A_{DCF}	ΣA_{DCF}
0	−10	−10	−10	−10	−10	−10	−10
1	6.5	5.42	−4.58	4.64	−5.36	4.81	−5.19
2	5.2	3.61	−0.97	2.65	−2.71	2.85	−2.34
3	4.0	2.31	1.34	1.46	−1.25	1.63	−0.71
4	2.8	1.35	2.69	0.729	−0.521	0.843	0.133
5	1.6	0.643	3.33	0.297	−0.224	0.357	0.490

부록 B 열교환면적 목표를 위한 알고리듬

Algorithm for the Heat Exchanger Network Area Target

그림 B.1은 수직 엔탈피 구간으로 나누어진 복합선도(composite curve) 한 쌍을 보여준다. 또한 그림 B.1은 한 엔탈피 구간에서 모든 가열, 냉각의 필요조건을 만족시켜주는 한 열교환망을 나타내었다. 그림 B.1의 그 엔탈피 구간을 위해 나타낸 망은 격자도형 형태이다. 그림 B.1에서 망의 배열은 각 열교환이 온도 간격의 ΔT_{LM}을 가지도록 위치한다. 또한 망은 최소 열교환수(S − 1)를 사용한다. 주어진 엔탈피 간격 안에서 (1) 그 안의 흐름의 완전한 엔탈피 변화를 만족시키고, (2) 두 복합선도 사이의 (필요하다면 흐름의 분기를 통해) 같은 비율의 CP 값을 만족해가면서 각 열교환을 제공하여 어떤 구간에서도 이런 열교환망을 얻어낼 수 있다.

각 열교환이 그 구간에 성공적으로 위치함으로써, 또한 흐름의 수보다 하나 적은 열교환과 그 구간에서 남아있는 흐름의 CP비(즉, 남아 있는 흐름의 ΣCP_H와 ΣCP_c의 비)가 여전히 복합곡선 사이의 CP비를 만족시키기 때문에 최소 열교환기 수는 달성될 수 있다.

그러므로 (S − 1)개의 열교환과 그 구간에서 로그평균 온도차를 가지며, 작동하는 각 열교환으로 구간설계를 얻는 것은 항상 가능하다.

총괄 열전달 계수가 개개의 열교환 사이에 변화하는 것을 허용할 때 엔탈피 구간 k에 의해 요구되는 열전달 면적을 고려해 보자.

$$A_k = \frac{1}{\Delta T_{LM_k}} \sum_{ij} \frac{Q_{ij,k}}{U_{ijk}} \tag{B.1}$$

여기서 A_k = 엔탈피 구간 k에서 수직 열교환을 기초로 한 열교환망 면적

ΔT_{LM_k} = 엔탈피 구간 노에서의 로그평균 온도 차이

$Q_{ij,k}$ = 온류 i와 냉류 j 사이의 열교환 열량

$u_{ij,k}$ = 온류 i와 냉류 j 사이의 총괄 열전달 계수

개별 경막 열전달 계수는 다음과 같다.

$$A_k = \frac{1}{\Delta T_{LM_k}} \sum_{ij} Q_{ij,k} \left(\frac{1}{h_i} + \frac{1}{h_j} \right) \tag{B.2}$$

여기서 h_i와 h_j는 온류 i와 냉류 j(벽과 오염저항을 포함한)에 대한 경막 열전달 계수이다.

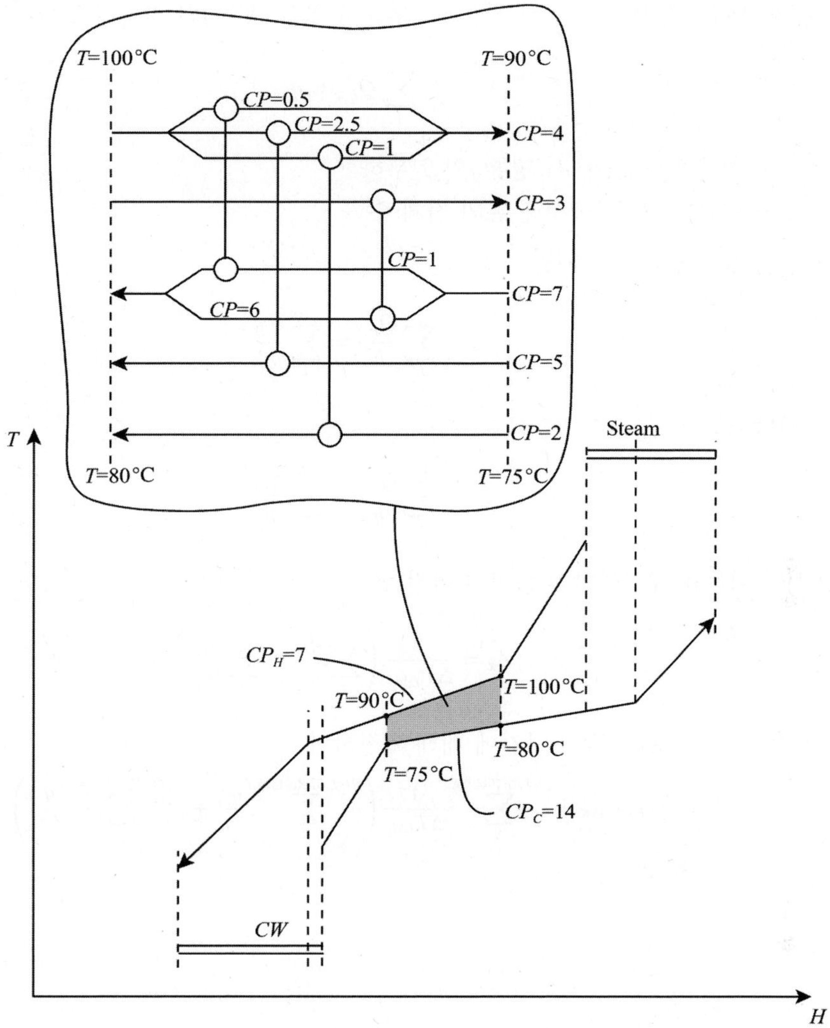

그림 B.1 ▸ **복합선도의 각 엔탈피 구간에 대하여 해당 복합선도에 해당하는 열교환망을 설계할 수 있다.**
(Reproduced from Ahmad S and Smith R, 1989, *IChemE ChERD*, **67**: 48, by permission of the Institution of Chemical Engineers.)

식 (B.2)로부터

$$A_k = \frac{1}{\Delta T_{LM_k}}\left(\sum_{ij}\frac{Q_{ij,k}}{h_i} + \sum_{ij}\frac{Q_{ij,k}}{h_j}\right) \quad \textbf{(B.3)}$$

엔탈피 구간 k가 열수지 하에 있기 때문에 그때 온류 i와 열교환되는 냉류들의 열교환 합은 온류 i에서의 열부하로 나타낸다.

$$\sum_{j}^{J} Q_{ij,k} = q_{i,k} \quad \textbf{(B.4)}$$

여기서 $q_{i,k}$ = 엔탈피 구간 k에서 온류 i의 열부하
J = 엔탈피 구간 k에서 냉류의 전체 수

이와 유사하게 냉류 j와 열교환되는 온류들의 열교환 합은 냉류 j의 열부하로 나타난다.

$$\sum_{i}^{I} Q_{ij,k} = q_{j,k} \tag{B.5}$$

여기서 $q_{j,k}$ = 엔탈피 구간 k에서 냉류 j의 열부하
I = 엔탈피 구간 k에서 온류의 전체 수

그러므로 식 (B.4)로부터

$$\sum_{ij} \frac{Q_{ij,k}}{h_i} = \sum_{i}^{I} \frac{q_{i,k}}{h_i} \tag{B.6}$$

그리고 식 (B.5)로부터

$$\sum_{ij} \frac{Q_{ij,k}}{h_j} = \sum_{j}^{J} \frac{q_{j,k}}{h_j} \tag{B.7}$$

식 (B.3)에 이들을 대입하면 다음이 주어진다.

$$A_k = \frac{1}{\Delta T_{LM_k}} \left(\sum_{i}^{I} \frac{q_{i,k}}{h_i} + \sum_{j}^{J} \frac{q_{j,k}}{h_j} \right) \tag{B.8}$$

이 식을 복합선도의 모든 엔탈피 구간에 대해 확장하면

$$A_{NETWORK} = \sum_{k}^{INTERVALS\ K} \frac{1}{\Delta T_{LM_k}} \left(\sum_{i}^{HOT\ STREAMS\ I} \frac{q_{i,k}}{h_i} + \sum_{j}^{COLD\ STREAMS\ J} \frac{q_{j,k}}{h_j} \right) \tag{B.9}$$

가 된다.

찾아보기

Index

ㄱ

가스 터빈(gas turbine) • *314, 427*
가스 터빈 복합 사이클(gas turbine combined cycle) • *553*
가스세정기(Scrubbing) • *133*
가스화(gasification) • *595*
가스화 공정(gasification process) • *553*
가스화 반응(gasification reaction) • *567*
가스화 복합 사이클(integrated gasification combined cycle) • *553*
가스화기(gasifier) • *553*
가연성 농도 범위(flammability limit) • *617*
가연성 물질(flammable material) • *617*
가중치 부여(weighting assignment) • *582*
간접 냉동(indirect refrigeration) • *525*
감압 설비(letdown station) • *446, 468, 471*
개시단계(initiation) • *40*
개조(retrofit) • *24*
건 단열 속도(dry adiabatic lapse rate, DALR) • *568*
건식 세정(dry scrubbing) • *557*
건조(drying) • *135*
건조기 효율(dryer efficiency) • *136*
격납설비(containment dike) • *629*
격자선도(grid diagram) • *291, 339*
결정화(crystalization) • *195*
결합상(conjugate phase) • *251*
경제적 연속 운전 용량(economic continous rating, ECR) • *424*
경질 주성분(light key component) • *159, 272*
경험적 방법(heuristics) • *28*
계단함수층 분포(step function distribution) • *89*
계측기(instrument) • *630*
계층적 보호 단계(layers of protection) • *629*
고압 스팀(high pressure steam) • *454*
고정식 밸브단(fixed valve) • *150*
고체 오염 입자(solid particulate emission) • *535*
고형 폐기물(solid waste) • *580*
공기 냉각기(air cooler) • *485*
공냉식 열교환기(air-cooling heat exchanger) • *490*
공비 시스템(azeotropic System) • *227*
공비점(azeotropes) • *276*
공비증류(azeotropic distillation) • *227*
공비첨가제(entrainer) • *227*
공정 경보(process alarm) • *630*
공정 경제(process economics) • *641*
공정 네트워크(process network) • *593*
공정 안전(process safety) • *617*
공정 제어(process control) • *630*
공정 핀치(process pinch) • *321*
공정 흐름도(process flow diagram, PFD) • *15*
공정수율(process yield) • *277*
과냉각(subcooling) • *497*
관성(inertia) • *127*
관성 분리기(inertial separator) • *536*
광화학 반응(photochemical reaction) • *531, 532*
광화학 오염 물질(photochemical pollutant) • *532*
교차흐름여과(cross-flow filtration) • *132*
구역 분포(section profile) • *241*
굴뚝 높이(stack height) • *569*
굴뚝 손실(stack loss) • *310*
균일분포(uniform distribution) • *89*
균질 혼합물(homogeneous mixture) • *139*
균질촉매(homogeneous catalyst) • *87*
그래프 이론(graph theory) • *322*
그룹화(grouping) • *582*
극저온 분리(cryogenic separation) • *567*
기계 통풍식 냉각탑(mechanical

draft cooling
tower) • 487
기계적 증기 재압축(mechenical vapor recompression) • 409
기-액 평형상수(vapor-liquid equilibrium constant) • 139
기체 침투(gas permeation) • 191
기포점(bubble point) • 143
기포제(frother) • 135
깊이여과(depth filtration) • 131

ㄴ

나노여과(nanofiltration) • 193
나선형 배열(spiral wound arrangement) • 191
난로형 열 산화기(hearth thermal oxidizer) • 611
내화 케이블(fire-resistant cable) • 630
냉각수(cooling water) • 485
냉각수 시스템(cooling water system) • 485
냉각탑(cooling tower) • 486
냉동 공정(refrigeration process) • 485
냉동 사이클(refrigeration cycle) • 496
냉동응축(refrigerated condensation) • 272
냉류(cold stream) • 283
냉류 복합선도(cold composite curve) • 286
냉매(refrigerant) • 496
노동 비용 • labor cost • 645
노드(node) • 633
논리 해석기(logic solver) • 630
농도 사이클(cycles of concentration) • 489
농축기(thickener) • 124
누수(weeping) • 149
능동적 방화 장벽(active fire barrier) • 633

ㄷ

다단계 압축 및 팽창(multistage compression and expansion) • 500
다운커머(downcomer) • 149
다운커머 역류 플러딩(downcommer backup flooding) • 151
다운커머 초크 플러딩(downcommer choke flooding) • 151
다이옥신(dioxin) • 532
다중 핀치(multiple pinch) • 354
다중 흐름 방향 다관형 열교환기 • 331
단기 노출량(short-term exposure) • 620
단순 배열(simple arrangement) • 212
단순탑(simple column) • 203
단일 교차 흐름 열교환기 • 331
단일 반응(elementary reacation) • 37, 44, 55
단일-관 경로(single-tube pass) • 288
단일-원통 경로(single-shell pass) • 288
단탑(tray colum) • 149
달걀껍질형 분포(egg-shell distribution) • 89
달걀노른자형 분포(egg-yolk distribution) • 89
대기 분산(atmospheric dispersion) • 568
대기 안정성(atmospheric stability) • 568
대기 오염(atmospheric pollution) • 531
대류권(troposphere) • 531
대류성 난기류(convective turbulence) • 569
도시 스모그(city smog) • 532
독성 물질(toxic chemicals) • 620
동일 휘발도선(equivolatility curve) • 250
등엔트로피 압축(isentropic compression) • 496
등엔트로피 팽창(isentropic expansion) • 497
등엔트로피 효율(isentropic efficiency) • 508
디켄터(decanter) • 124, 251
뜨거운 순간투입(hot shot) • 379

ㄹ

라피네이트(raffinate) • 181
루프(loop) • 365

ㅁ

막분리(membrane separation) • 273
말단 처리(end-of-pipe treatment) • 577
매개 변수(parameter) • 634
메시 패드(mesh pad) • 124
메짐성(embrittlement) • 622
문제 표 알고리듬(problem table algorithm) • 297, 300, 339
물리적 흡수(physical absorption) • 175
물리적 흡착(physical adsorption) • 185
미립자 처리(particulate treatement) • 564
밀폐되지 않은 폭발(unconfined explosion) • 619
밀폐된 폭발(confined explosion) • 619

ㅂ

바이오 가스(biogas) • 612
바이오 디젤(biodiesel) • 596
바이오 오일(biooil) • 612
바이오 플라스틱(bioplastic) • 595
바이오매스(biomass) • 595, 612
바이오합성 정제(biosynfining) • 596
반응 경로(reaction path) • 36
반응 증류기(reactive distillation) • 276
반응 차수(order of reaction) • 44
반응 흡수(reactive absorption) • 567
반응기 수율(reactor yield) • 41
반응기의 열통합(Heat Integration of Reactor) • 379

반응속도(rate of a reaction) • 43
반응속도 상수(reaction rate constant) • 44
반응형 터빈(reaction turbine) • 437
발열 반응(exothermic) • 97
발효(fermentation) • 595
방사형 흐름 터빈(radial flow turbine) • 520
방호벽(firewall) • 630
배관계장도(piping and instrumentation diagram, P & ID) • 27, 633
배압(back pressure) • 430
배압 터빈(back presssure turbine) • 437
배출물 방출 시스템(relief system) • 627
배터리 구역 투자 • battery limits investment • 646
벤츄리 세정기(venturi scrubber) • 536
변형제(modifier) • 134
병렬 복합 반응(multiple reaction in parallel) • 38
병렬 혼합 반응(mixed parallel reaction) • 39
보일러 공급수 처리(boiler feedwater treatment) • 418
보일러 효율(boiler efficiency) • 425
보조 연소 HRSG(supplementary fired HRSG) • 433
보조 연소가 없는 HRSG(Unfired HRSG) • 433
보충수(makeup water) • 489
보호분석 계층 (layer of protection analysis, LOPA) • 635
복합선도(composite curve) • 283, 339
복합온류(composite hot stream) • 285
부분 몰 자유에너지(partial molar free energy) • 67
부분 산화 반응(partial oxidation reaction) • 567
부분응축기(partial condenser) • 167
부분재비기(partial reboiler) • 158
부식 방지제(corrosion inhibitor) • 486
부영양화(eutrophication) • 532, 580
부유(flotation) • 133, 553
부유식 밸브단(floating valve) • 150
부유형 덮개(floating roofs) • 538
분류기(classifier) • 125
분류기(dephlegmator) • 272
분리막(membrane) • 189
분리벽형 증류탑(dividing-wall column) • 219
분리인자(separation factor) • 181
분무 건조기(spray dryer) • 135
분산형 에너지 시스템(distributed energy system) • 612
분자체 제올라이트(molecular sieve zeolite) • 186
분진의 최소 발화 온도(limiting oxygen concentration of a dust) • 618
분진의 한계 산소 농도(minimum ignition temperature of a dust) • 618
분포 계수(distribution coefficient) • 181
분할 온도(partition temperature) • 501
비 주성분(non-key component) • 159
비가역적 최적화(irreducible optimization) • 28
비균질 혼합물(heterogeneous mixture) • 121
비균질촉매(heterogeneous catalyst) • 87
비단일 반응(non-elementary reacation) • 44
비등성 액체(boiling liquid expanding vapor explosion, BLEVE) • 619
비산 배출물(fugitive emission) • 534
비산회(fly ash) • 548
비상 압력 배출(emergency pressure discharge) • 633
비순차 배열(indirect sequence) • 203

ㅅ

사고 관리(incident management) • 633
사이클론(cyclone) • 536
사이트 핀치(site pinch) • 456
산성비(acid rain) • 532
산업용 터빈(industrial turbine) • 429
산 이슬점(acid dew point) • 310
산화제(oxidant) • 617
삼각도표(ternary diagram) • 229
삼투압(osmetic pressure) • 192
상대적 휘발도(relative volatility) • 141
상압 저장 탱크(atmospheric storage tank) • 537
상압증류탑(crude oil distillation column) • 217
상이점(difference point) • 247
상태방정식(equation of state) • 139
색인어(guideword) • 634
생물학적 성장 억제제(biocide) • 486
생물학적 처리(biological treatment) • 546
생물학적 축적(bioaccummulation) • 595
생화학 반응(biochemical reaction) • 40, 59
선택도(selectivity) • 41
선택적 비촉매 기반 환원 방법(selective noncatalytic reduction) • 563
선택적 촉매 환원 공정(selective catalytic reduction) • 564
설정값(set point) • 630
성능 계수(coefficient of performance) • 498
성층권(stratosphere) • 531
세공성 분리막(microporous membrane) • 189
세류 반응기(trickle-bed reactor) • 106
세정기(scrubber) • 536

속도 지배(율속) 단계(rate-controlling step) • 88
손상군(damaging group) • 582
수관 보일러(water-tube boiler) • 421
수성 가스 전환 반응(water gas shift reaction) • 567
수소 네트워크(hydrogen network) • 594
수증기 개질(steam reforming) • 565
수집 효율 곡선(collection efficiency curve) • 127
순 발열량(net calorific value) • 423
순 현재가치(net present value, NPV) • 653
순면적(net area) • 150
순산소 염소화(oxychlorination) • 589
순차 배열(direct sequence) • 203
쉘(shell) • 331
스모그(smog) • 531
스팀(steam) • 415
스팀 가격(steam price) • 475
스팀 감압설비(steam desuperheater) • 445
스팀 보일러(steam boiler) • 421
스팀 분배(steam distribution) • 444
스팀 생산 선도(steam generation profile) • 454
스팀 수지식(steam balance) • 466
스팀 터빈(steam turbine) • 313, 436
스팀 트랩(steam trap) • 445
스팀 한계 비용(steam marginal price) • 477
스팀관로(steam main) • 416
스프링클러(sprinkler) • 633
슬러피 증류(sloppy distillation) • 214
습식 석회석 세정 방법(wet limestone scrubbing) • 557
시간 가중 평균 노출량(time weighed exposure) • 620
신뢰도(reliability) • 465
신재생 에너지(renewable energy) • 612
실리카겔(silica gel) • 185
실제 불꽃온도 • 309
심층여과(deep-bed filter) • 132

ㅇ

안전 계장 시스템(safety instrumented system) • 630
안전 무결함 수준 1 [SIL-1 (Safety Integrity Level 1)] • 636
안전 무결함 수준 4 [SIL-4 (Safety Integrity Level 4)] • 636
안전 문제 관리(safety management) • 623
안전 밸브(safety valve) • 631
안전 압력 완화 밸브(pressure relief valve) • 631
안전 장벽(safety barrier) • 629
압력 변동 흡착(pressure swing adsorption) • 567
압력 완화 밸브(relief valve) • 631
압력 완화 설비(pressure relief) • 631
압축기 효율(compressor efficiency) • 508
압축식 냉동(compression refrigreration) • 496
양파 모델(onion logic) • 22
어는점(freezing point) • 502
엉김물(flocs) • 125
엉김제(flocculating) • 125
에스테르 교환 반응(transesterification) • 596
엔탈피 간격(enthalpy interval) • 325
여과(filtration) • 131
여과포(bag filter) • 132, 536
역류세정(back-flushing) • 195
역방향식 디스크(reverse acting disk) • 632
역삼투(reverse osmosis) • 192
역전 현상(inversion) • 568
연간 자본 비용 • annualized capital cost • 650
연관 보일러(fire-tube boiler) • 421
연도가스(flue gas) • 309
연료 NO(fuel NO) • 560
연료 전환(fuel switching) • 598
연소 전 이산화탄소 분리(pre-combustion CO_2 capture) • 565
연소 후 이산화탄소 분리(post-combustion CO_2 capture) • 565
연소설비(fired heater) • 416
연속 공정(continuous process) • 23
연속교반탱크 반응기(continuous-stirred-tank reactor, CSTR) • 45
연화(softening) • 419
열 건조(thermal drying) • 135
열 공급원(heat source) • 382
열 변환기(heat transformer) • 604
열 산화(thermal oxidation) • 546
열 수용체(heat sink) • 382
열 엔진 • 312
열결합(thermal coupling) • 216
열교환망(heat exchanger network) • 19, 330
열내림 흐름(cascade) • 299
열방출원(heat source) • 449
열병합(combined heat and power, cogeneration) • 416
열병합 발전(cogeneration) • 457
열병합 발전 효율(cogeneration efficiency) • 462
열분해(pyrolysis) • 596
열사이펀 재비기(thermosyphon reboiler) • 158
열소비율(heat rate) • 428
열소진 경험법칙(tick-off heuristic) • 343
열수 액화(hydrothermal liquefaction) • 596
열적 NO(thermal NO) • 560
열적 증기 재압축(thermal vapor recompression) • 409
열통합(heat integration) • 19, 393
열흡수원(heat sink) • 449
염화 비닐 생산(vinyl chloride pro-

duction) • 589
영향 평가(impact assessment) • 580
영향 평가 지표(impact category) • 580
예비분리기(prefractionator) • 214
예비포화기(presaturator) • 500
오존(ozone) • 531
옥시염소화 반응(oxychlorination reaction) • 589
온류(hot stream) • 283
온류 복합선도(hot composite curve) • 286
온실 효과(greenhouse effect) • 533
완전 연소 HRSG(fully-fired HRSG) • 433
완전응축기(total condenser) • 167
왕복동식 압축기(reciprocating compressor) • 508, 520
왕복동식 팽창기(reciprocating expander) • 519
용수 사용(water use) • 613
용질(solute) • 181
운전 부하(working load) • 430
운전 잎새(operation leaf) • 242
원금 회수 기간(payback time) • 653
원료비(raw material cost) • 642
원심 압축기(centrifugal compressor) • 508
원심분리(centrifugal separation) • 127
원통다관식 열교환기(shell-and-tube heat exchanger) • 491
위험 시나리오(hazardous scenario) • 636
위험물 저장(inventories of hazardous material) • 621
유기 Rankine 사이클(organic Rankine cycle) • 599
유독 물질(toxic material) • 617
유동층 건조기(fluidized-bed dryer) • 135
유동화 연소 보일러(fludized bed combustion boiler) • 422
유사 핀치(pseudo-pinch) • 347
유입형 터빈(induction turbine) • 439
유지비(maintenance cost) • 645
유출수(blowdown) • 421, 486, 489
유틸리티 경로(utility path) • 365
유틸리티 시스템(utility system) • 415
유틸리티 조업비(utility cost) • 643
유틸리티 핀치(utility pinch) • 293, 321
응급 대응(emergency response) • 633
응집제(aggregate) • 125
응축 부하량(condenser duty) • 163, 206
응축수 회수율(condensate return) • 467
응축형 터빈(condensing turbine) • 438, 472
이동된 복합선도(shifted composite curve) • 294
이론 불꽃온도(theoretical flame temperature) • 309
이산화탄소(carbon dioxide) • 531
이산화탄소 제거(carbon dioxide removal) • 565
이상 회분 모델(ideal-batch model) • 44
이상 회분 반응기(ideal-batch reactor) • 45
이성분 증류(binary distillation) • 148
이슬점(dew point) • 143
이음선(tie line) • 251
이중효과 증류 배열(double-effect distillation) • 397
이코노마이저(economizer) • 499
인터쿨러(intercooler) • 500
인화점(ignition temperature) • 618
일산화탄소(carbon monoxide) • 531
일제 살수식 시스템(deluge system) • 633
일회용 냉각수 시스템(once-through cooling water system) • 485
임펄스형 터빈(impulse turbine) • 436

ㅈ

자동 촉매 반응(autocatalytic reaction) • 49
자동설계 방법(automated method) • 369
자연 발화 온도(auto ignition temperature) • 618
자연 통풍식 냉각탑(natural draft cooling tower) • 487
잔류(retentate) • 189
잔류 문제 분석(remaining problem analysis) • 358
잔류선(residue curve) • 235
잠재 경제성(economic potential, EP) • 36, 642
장파 복사(long-wave radiation) • 569
재고 분석(inventory analysis) • 578
재비 부하량(reboiler duty) • 164, 207
재비기(reboiler) • 149
재생 가능 원료(recyclable raw material) • 595
재생형 열회수(regenerative heat recovery) • 549
재순환 냉각수 시스템(recirculating cooling water system) • 485
재혼합 효과(remixing effect) • 215
저압 스팀(low pressure steam) • 454
저하제(depressant) • 134
전 환류(total reflux) • 158
전개단계(propagation step) • 40
전공정 분석(site analysis) • 415
전공정 전력 대 열 비율(site power-to-heat ratio) • 461
전공정 복합선도(site composite curve) • 449
전기 모터(electric motor) • 465
전기집진기(electrostatic precipitation) • 130, 536
전기투석(electrodialysis) • 193
전역 최적(global optimum) • 30
전주기 평가(life cycle assessment) • 578
전환율(coversion) • 41

점화원(source of ignition) • 617
접선 핀치(tangent pinch) • 158
정규화(normalization) • 580
정류(rectification) • 275
정류부(rectifying section) • 149
정밀여과(microfiltration) • 193
정방향식 디스크(forward acting disk) • 632
정지단계(termination step) • 40
정화기(clarifier) • 125
제어 밸브(control valve) • 630
제어 시스템(control system) • 26
조밀 분리막(dense membrane) • 190
조업비(operating cost) • 642
조작선(operating line) • 182
주성분(key component) • 159, 203
중간분포(middle distribution) • 89
중공사형 배열(hollow fiber arrangement) • 191
중공축 가스 터빈(hollow shaft gas turbine) • 427
중력 침강기(gravity settler) • 535
중압 스팀(medium pressure steam) • 454
중질 주성분(heavy key component) • 159, 272
중첩된 냉동 사이클(cascade refrigeration cycle) • 501
중합 반응(polymerization reaction) • 40, 58
증기 압축 히트펌프(vapor compression heat pump) • 319
증기 재압축(vapor recompression) • 398
증기압(vapor pressure) • 140
증류(distillation) • 272
증류 경계(distillation boundary) • 237
증류 배열(distillation sequence) • 203
증류선(distillation line) • 233
증류탑(distillation column) • 148
증발(evaporation) • 196
증발 잠열(latent heat for evaporation) • 504
지구 온난화(global warming) • 580
지구 온난화 지수(global warming potential, GWP) • 580
지역 최적값(local optimum) • 30
지역난방(district heating) • 598
직렬 복합 반응(multiple reaction in series) • 38
직렬 혼합 반응(mixed series reaction) • 39
진공 운전(vacuum operation) • 502
진화적 최적화(evolutionary optimization) • 31
질소 산화물(oxides of nitrogen, NO_X) • 531

ㅊ

차가운 순간투입(cold shot) • 379
천연 가스 액화(natural gas liquefaction) • 518
천장 노출량(ceiling exposure) • 620
철 킬레이트(iron chelate) • 555
체단(sieve tray) • 150
초월구조(온구조) 최적화(optimization of a superstructure) • 28, 369
초월구조(온구조, superstructure) • 28, 220, 465
촉매 개질(catalytic reforming) • 565
촉매 열 산화(catalytic thermal oxidation) • 551
총 발열량(gross calorific value) • 422
총 연간 비용(total annual cost, TAC) • 642
총괄복합선도(grand composite curve) • 306, 395, 449, 512
총괄 열용량(total heat capacity) • 285
최대 연속 운전 용량(maximum continuous rating, MCR) • 424
최대공비점(maximum-boiling azeotrope) • 145
최소 발화 에너지(minimum ignition energy) • 618
최소 증기 흐름량(minimum vapor flowrate) • 163
최소 환류비(minimum reflux ratio) • 207
최소공비점(minimum-boiling azeotrope) • 144
최종 제어 요소(final control element) • 630
추출(extract) • 181
추출용매(extraction solvent) • 181
추출증류(extractive distillation) • 245
추출형 터빈(extraction turbine) • 438
축 흐름 터빈(axial flow turbine) • 520
충진탑(packed column) • 151, 536
측면정류기(side-rectifier) • 216
측면탈거기(side-stripper) • 216
측면흐름(side stream) • 212
측정 변수(measured variable) • 630
침강(settling) • 122
침전(sedimentation) • 122
침투(permeate) • 189
침투비(permeance ratio) • 189
침투성(permeance) • 189

ㅋ

케이크여과(cake filtration) • 131
케틀 재비기(kettle reboiler) • 158

ㅌ

탈거(stripping) • 175, 276
탈거부(stripping section) • 149
탈거인자(stripping factor) • 179
탈기(deaeration) • 420
탈기기(deaerator) • 467
탈속(disengagement) • 124
탈염수(deionized water) • 419
탈황(desulfurization) • 553
터널 건조기(tunnel dryer) • 135
터보 팽창기(turboexpander) • 464
통 건조기(drum dryer) • 135
통합적 클러스터(integrated cluster) • 593
투과증발(pervaporation) • 193
투석(dialysis) • 193

ㅍ

파열 디스크(bursting disk) • *631*
팽창 밸브(throttle valve) • *520*
팽창기(expander) • *519, 520*
퍼지(purge) • *266*
펌프 재순환(pump-around) • *218*
평가 환산 계수(characterization factor) • *580*
평류 모델(plug-flow model) • *45*
평류흐름 반응기(plug-flow reactor) • *48*
평형라인(balancing line) • *537*
평형선(equilibrium line) • *182*
평형 전환율(equilibrium conversion) • *42*
폐기물(waste) • *577*
폐기물 최소화(waste minimization) • *577*
폐열회수 스팀 생산설비(heat recovery steam generator, HRSG) • *415*
포집 효율(collection efficiency) • *124*
포집제(collector) • *134*
포켓(pocket) • *306*
폭발(explosion) • *617, 618*
폭연(deflagration) • *619*
폭주 반응(runaway reaction) • *622*
폭파(detonation) • *619*
폴리트로픽 계수(polytropic coefficient) • *508*
폴리트로픽 효율(polytropic efficiency) • *508*
표류에 의한 손실(drfit loss) • *486*
표준 반응열(standard heat of reaction) • *97*
표준 생성열(standard heat of formation) • *97*
푸란(Furan) • *532*
풀뿌리 설계(grass root) • *24*
프롬프트(신속하게 형성하는) NO(prompt NO) • *560*
플래시(flash) • *143*
플레어 배출(flare emission) • *546*
플레어 시스템(flare system) • *633*
핀치(pinch) • *158, 382*
핀치선(pinch point curve) • *239*
핀치 온도(pinch temperature) • *289*
필수 열교환(essential match) • *340*

ㅎ

하이드로 원심분리기(hydro cyclone) • *128*
한계 (최소) 산소 농도[limiting (minimum) oxygen concentration] • *618*
한계치(threshold) ΔT_{min} • *292*
한계치 문제(threshold problem) • *292, 347*
한외여과(ultrafiltration) • *193*
합성 가스 전환(syngas conversion) • *595*
합성 디젤(synthetic diesel) • *596*
합성 케로신(synthetic kerosene) • *596*
항공용 터빈(aero-derivative turbine) • *429*
항력 계수(drag coefficient) • *123*
해양 산성화(ocean acidification) • *532*
허용 압력 강하(permissible pressure drop) • *535*
혐기성 소화(anaerobic digestion) • *595*
혼합 냉매(mixed refrigerant) • *515*
혼합흐름 반응기(mixed-flow reactor) • *46*
화재(fire) • *617*
화학공학설비 비용지수[Chemical Engineering (CE) Index] • *646*
화학양론(stoichiometry) • *43*
화학적 흡수(chemical absorption) • *175*
화학적 흡착(chemical adsorption) • *185*
확률론적 최적화 • stochastic search optimization • *370*
환경 지속 가능성(environmental sustainability) • *577*
환경 체감률(environmental lapse rate, ELR) • *568*
환류(reflux) • *149*
환류 응축기(refluxed condenser) • *272*
환류비(reflux ratio) • *166*
활동도(activity) • *67*
활동도 계수 모델(activity coefficient model) • *140*
활성면적(active area) • *150*
활성수명(active life) • *40*
활성알루미나(activated alumina) • *186*
활성재고(active stock) • *279*
활성탄소(activated carbon) • *185*
활성화제(activator) • *134*
황 산화물(oxides of surfur, SOX) • *531*
황 오염 물질(sulfur emission) • *553*
회분 공정(batch process) • *23*
회생형 열회수(recuperative heat recovery) • *549*
회수 이익 할인율(DCFRR) • *654*
회전 건조기(rotary dryer) • *135*
회전식 가마(rotary kiln) • *611*
효과특성(effectiveness factor) • *88*
휘발성 유기 화합물(volatile organic compound, VOC) • *531*
휘산도(fugacity) • *67, 139*
흐름 분기(stream splitting) • *348*
흐름 분기 알고리듬(stream splitting algorithm) • *353*
흐름도(flowsheet) • *15*
흡수(absorption) • *175, 272*
흡수식 냉동(absorption refrigeration) • *496, 523, 606*
흡수식 히트펌프(absorption heat pump) • *600*
흡수인자(absorption factor) • *177*
흡열 반응(endothermic) • *97*
흡착(adsorption) • *185, 273*
흡착등온선(adsorption iso-

therms) • 186
히트펌프(heat pump) • 398, 495, 599

기타

Antoine 식(Antoine equation) • 140
autothemral 개질(autothermal reforming) • 566
Carnot 엔진(Carnot engine) • 603
Carnot 효율(Carnot efficiency) • 499
Claus 공정(Claus process) • 553
CP 부등식(CP inequality) • 340
CP 표(CP table) • 342
Dirac Delta Function 형 분포(Dirac Delta function distribution) • 89
Dűhring 도표(Dűhring diagram) • 600
Fenske 식(Fenske equation) • 159
Fenske-Gilliland-Underwood 방법(Fenske-Gilliland-Underwood equation) • 212
Fischer Tropsch 기술(Fischer Tropsch technology) • 596
Freundlich 등온선(Freundlich isotherms) • 186
Gibbs 자유에너지(Gibbs free energy) • 65
Gilliland 식(Gilliland correlation) • 164
HAZID 연구(hazard identification study) • 623
HAZOP(hazard and operability study) • 633
height equivalent of a theoretical plate (HETP) • 178
Henry 법칙(Henry's Law) • 105, 175
Henry 상수(Henry's Law constant) • 105
Kalina 사이클(Kalina cycle) • 599
Kirkbride 식(Kirkbride correlation) • 164
Kremser 식(Kremser equation) • 177
Marshall & Swift 지수(Marshall & Swift index) • 647
McCabe-Thiele 방법(McCabe-Thiele method) • 153
MESH 식(MESH equation) • 170
Nelson-Farrar 비용지수(Nelson-Farrar cost index) • 647
NO 생성(NO formation) • 560
NO_X 생성 메커니즘(NO_X formation mechanism) • 560
NO_X 처리(NO_X treatment) • 564
O'Connell 총괄 단효율 추정(O'Connell overall tray efficiency estimation) • 165
once-through 재비기(once-through reboiler) • 158
Petlyuk 탑(Petlyuk column) • 218
PM10 • 531
PM2.5 • 531
Rachford-Rice 식(Rachford-Rice equation) • 142
Raoult 법칙(Raoult's law) • 140
Rectisol 공정(Rectisol process) • 553, 567
Reynolds 수(Reynolds number) • 123
Selexol 공정(Selexol process) • 553, 567
Seveso 반응(Seveso reaction) • 627
SO_X 처리(SO_X treatment) • 564
Stoke 법칙(Stoke's law) • 123
Underwood 식(Underwood equation) • 160, 207
VOC 배출 제어(VOC emissions control) • 537
VOC 처리용 생물적 여과 장치(biological filtration for VOC treatment) • 552
VOC 회수(VOC recovery) • 540
Watson 방정식(Watson equation) • 504
Wellman-Lord 공정(Wellman-Lard process) • 558
Willans 선 (Willans line) • 431, 441

▶ 옮긴이 소개

• 영남대학교 화학공학부 이문용*, 정재학

• 한양대학교 화학공학과 김진국

(*옮긴이 대표)

스미스의 제2판

화학공정설계

Chemical Process
Design and Integration

| 발행일 2020년 3월 1일 2판 1쇄

| 지은이 Robin Smith

| 옮긴이 이문용, 정재학, 김진국

| 발행인 박 종 성

| 발행처 사이플러스 Science plus

| 주 소 (우) 04003 서울특별시 마포구 잔다리로 101

| 전 화 02-332-6171

| 팩 스 02-332-6185

| 등 록 2005.10.20. 제2005-00222호

| ISBN 979-11-88731-08-4 93430 값 42,000원

스미스의 제2판

화학공정설계

Chemical Process

Design and Integration